面向新工科专业建设计算机系列教材

科学计算基础编程
——Python 版（第五版）

（挪）汉斯·佩特·兰坦根（Hans Petter Langtangen）　著

张春元　刘万伟　毛晓光

陈立前　周会平　李　暾　译

清华大学出版社

北　京

内 容 简 介

本书面向高校本科生，是大学生学习使用计算机解决计算问题的入门教材。本书以中学数学、物理等知识为基础，使用 Python 为计算机语言，通过对物理、数学、生物、医学、工程学、社会学等多应用领域问题实例的求解训练，使学生初步掌握使用计算机在各个学科领域中解决问题的能力，为进一步在专业学习中使用好计算工具奠定基础。本书也可以作为研究生、科研人员等学习使用计算机解决本领域问题的入门参考书。

北京市版权局著作权合同登记号　图字：01-2017-0247

Translation from the English language edition：
A Primer on Scientific Programming with Python（5th Ed.）by Hans Petter Langtangen
Copyright © Springer-Verlag Berlin Heidelberg 2009，2011，2012，2014，2016
This Springer imprint is published by Springer Nature
The registered company is Springer-Verlag GmbH
All Rights Reserved

图书在版编目(CIP)数据

科学计算基础编程：Python 版：第五版/(挪)汉斯·佩特·兰坦根著；张春元等译. —北京：清华大学出版社，2020.7
(2024.7 重印)
书名原文：A Primer on Scientific Programming with Python
面向新工科专业建设计算机系列教材
ISBN 978-7-302-54943-7

Ⅰ. ①科… Ⅱ. ①汉… ②张… Ⅲ. ①软件工具－程序设计－高等学校－教材 Ⅳ. ①TP311.561

中国版本图书馆 CIP 数据核字(2020)第 030729 号

责任编辑：张瑞庆　战晓雷
封面设计：常雪影
责任校对：梁　毅
责任印制：曹婉颖

出版发行：清华大学出版社
网　　　址：https://www.tup.com.cn，https://www.wqxuetang.com
地　　　址：北京清华大学学研大厦 A 座　　　　　　邮　　编：100084
社 总 机：010-83470000　　　　　　　　　　　　　邮　　购：010-62786544
投稿与读者服务：010-62776969，c-service@tup.tsinghua.edu.cn
质量反馈：010-62772015，zhiliang@tup.tsinghua.edu.cn
课件下载：https://www.tup.com.cn，010-83470236
印 装 者：三河市龙大印装有限公司
经　　销：全国新华书店
开　　本：203mm×260mm　　　　印　张：47　　　　字　数：1587 千字
版　　次：2020 年 7 月第 1 版　　　　　　　　　　　印　次：2024 年 7 月第 5 次印刷
定　　价：128.00 元

产品编号：072350-01

前　言

计算机程序设计就是编程。本书以数学和自然科学为背景,使用 Python 作为编程语言讲授编程。Python 语言兼有强大的问题表现力及非常干净、简单和紧凑的语法;Python 容易学习,非常适合作为编程的入门语言;Python 与 MATLAB 很像,做数学计算很方便;把 Python 与科学计算常用的其他编程语言(如 FORTRAN、C 和 C++)结合起来也很容易。

本书中的例子将编程与数学、物理学、生物学和金融应用结合起来。其中和数学内容关联密切的部分,假设读者在高中阶段已经掌握了一元微积分。同时,学习大学微积分课程肯定会对本书的学习有所帮助,最好能够包含经典微积分和微积分数值计算两个方面的内容。另外,良好的高中物理学知识背景,可以加深读者对本书中许多例子的理解。

许多编程入门书籍的主要内容就是简单明了地列出编程语言的功能。然而,学习编程其实是学习程序员如何思考。本书主要侧重于思维过程训练:因为编程是问题求解的技术,所以本书主要篇幅用在编程案例研究上,先把要求解的问题说清楚,然后研究如何写出求解的代码。新的句法结构和编程风格(所谓理论)也是通过实例引入的。本书特别关注了程序的校验和排错,这是数学计算软件非常麻烦的问题,因为其中往往混杂了不可避免的数值逼近误差和编程错误。

通过学习本书中的许多例子,作者希望读者能学会如何正确思考,从而以更快、更可靠的方式编写程序。记住,没有人可以只通过阅读来学会编程——必须亲自做大量解决问题的习题。因此,本书包括各种习题类型:现有例题的修改、全新的习题或调试给定的程序。

为配合本书的学习,作者建议使用 Python 2.7。第 5 章到第 9 章以及附录 A 到附录 E,需要用到 Python 的 NumPy 和 Matplotlib 两个包,最好还有 IPython 和 SciTools 两个包,附录 G 需要用 Cython。本书中要用的其他软件包是 nose 和 SymPy。H.1 节提供了有关如何访问 Python 和相关软件包的更多信息。

本书的网页地址是 http://hplgit.github.com/scipro-primer,其中包含书上所有例子的程序以及在各种平台上安装软件的信息。

Python 版本 2 还是 3?

Python 程序员中的一个常见问题是在 Python 2 或 Python 3 之间进行选择,编写本书时就是在 2.7 版本和 3.5 版本之间进行选择。通常建议使用 Python 3,因为这是将来要进一步开发的版本。问题是很多有用的 Python 数学软件现在还没有移植到 Python 3 上。因此,Python 2.7 是最受欢迎的用于科学计算的版本,所以本书选用了 2.7 版本。

对于用 Python 编程的软件开发人员,如果编写的程序有在两个版本上都能运行的需求,广泛使用的策略是开发 Python 2 和 Python 3 的通用版本。很容易首先编写一个面向 Python 2.7 的程序,然后通过运行 futurize 实现程序自动转换。在 4.10 节通过一个简单实例演示了这个过程。

本书的 Python 2.7 代码完全采用 Python 3 可移植的句法结构,使代码尽可能接近等效的 Python 3 代码。任何时候都可以运行 futurize 来查看这些 Python 2.7 版代码与对应的 Python 3.5 版本之间的差异。

本书主要内容

第 1 章是数学公式的计算,通过实例引入变量、对象、模块和文本格式。第 2 章介绍使用 while 和 for 循环来编程,引入列表和嵌套列表。第 3 章讨论编程中的两个基本概念: 函数和 if-else 结构。

第 4 章研究程序如何输入数据并处理输入中的错误。第 5 章介绍数组和数组计算(包括向量化),如何使用数组绘制 $y = f(x)$ 曲线和制作曲线动画。前 5 章中的许多例子都是密切相关的。通常,第 1 章中的公式用于在第 2 章中生成数字表格,然后将公式封装在第 3 章的函数中。在第 4 章中从命令行获取函数的输入,并检查输入的有效性。第 5 章把公式显示为图形。学完第 1 章到第 5 章,读者应该已经有了足够的解决数学问题的编程知识,这就是所谓"MATLAB 风格"编程。

第 6 章解释如何使用字典和字符串,特别是处理文件中的文本数据,将提取的信息存储在恰当的数据结构中。第 7 章介绍类编程,包括用于数学计算的用户定义类型(重载运算符)。第 8 章通过游戏应用和随机游走讨论随机数和统计计算。第 9 章的主题是面向对象编程,主要是类层次结构和继承,核心案例是构建一个工具包,用于数值微分、积分和图形学计算。

附录 A 通过数列和差分方程引入数学建模。附录 A 中只使用了第 1 章到第 5 章的编程概念,目的是巩固编程基础知识并将之用于数学问题求解。通过差分方程这种简单的方法引入了一些重要的数学专题: 牛顿迭代法、泰勒级数、反函数和动态系统。

附录 B 涉及函数的网格化(离散化)表示、数值微分和数值积分。附录 C 中提供常微分方程数值计算的入门知识。附录 D 介绍如何完整地处理一个物理项目,包括使用数学建模、数值方法和第 1 章到第 5 章的基本编程元素。该项目是计算科学中问题求解的一个好实例,需要综合运用物理学、数学、数值计算和计算机科学的知识。

附录 E 的主题是编写解常微分方程的软件,同时使用了基于函数和面向对象两种编程方法。附录 E 汇集了本书中很多物理应用和微分方程的内容。

附录 F 专门讨论编程调试的技巧,调试就是广义的问题求解。附录 G 中 Cython 的例子是通过将代码迁移到 C来加速 Python 中的数值计算。最后的附录 H 处理各种高级技术主题。

虽然本书的大部分例子和习题都很短,但是许多习题是相关的,并且一起形成更大的作业。例如,傅里叶级数(习题 3.21、习题 4.21、习题 4.22、习题 5.41、习题 5.42)、数值积分(习题 3.11、习题 3.12、习题 5.49、习题 5.50、习题 A.12)、泰勒级数(习题 3.37、习题 5.32、习题 5.39、习题 A.14、习题 A.15、习题 7.23)、分段常函数(习题 3.29~习题 3.33、习题 5.34、习题 5.47、习题 5.48、习题 7.19~习题 7.21)、反函数(习题 E.17~习题 E.20)、物体下落(习题 E.8、习题 E.9、习题 E.38、习题 E.39)、人口增长的振荡(习题 A.19、习题 A.21、习题 A.22、习题 A.23)、流行病建模(习题 E.41~习题 E.48)、优化和财务(习题 A.24、习题 8.42、习题 8.43)、统计和概率(习题 4.24、习题 4.25、习题 8.23、习题 8.24)、风险游戏(习题 8.8~习题8.14)、随机漫步和统计物理(习题 8.32~习题 8.40)、噪声数据分析(习题 8.44~习题 8.46)、数值方法(习题 5.25~习题5.27、习题 7.8、习题 7.9、习题 A.9、习题 7.22、习题 9.15~习题 9.17、习题 E.30~习题 E.37)、制作微积分计算器(习题 7.34、习题 9.18、习题 9.19)以及创建一个模拟振动工程系统工具包(习题 E.50~习题 E55)。

第 1~9 章和附录 A~E 从 2007 年开始成为奥斯陆大学本科生第一学期"科学编程"课程(INF1100,10 学分)的核心。

第 5 版与第 4 版的变化

第 4 版有实质性变化,第 5 版主要是调整巩固。改正了一些印刷错误,文字和习题也得到了改善。重点突出单元测试和测试功能,特别是在习题中比以前版本更强化。通过 SymPy 的支持,更大地扩展了符号计算的使用,并在全书中与数值计算进行了整合。现在所有的类都是新样式的,不再是以前版本的旧式/经典的样式。Matplotlib 上的示例不再使用 pylab 模块,但为了减小在 Python 和 MATLAB 之间转换的难度,pyplot 模块和"MATLAB 风格"的语法还继续使用。闭包的概念比在早期版本中更加明晰(见第 5 版 7.1.7 节),闭包是一种快捷的流行结构,在 Python 的科学计算社区里广泛使用。第 5 版还讨论了 Python 2 和 Python 3 之间的差异,演示如何使用 future 模块编写在两个版本下均可运行的代码。

第 5 版中最重要的新内容在第 5 章的最后部分,关于高性能计算、线性代数和标量/向量场的可视化。虽然这些内容在本书的其他部分没有使用,还是有许多读者为了以后的工作需要学习这些基本方法,包括从单个变量到两个变量或从向量到矩阵,或者在解决更高级问题时使用本书作为编程参考。第 5 章中的这些新内容是和 Øyvind Ryan博士联合编写的。

致谢

本书源于我和同事 Aslak Tveito 有启发的讨论,他编写了本书的附录 B 和附录 C。本书的立项和大学相关课程的建设都源于 Aslak 在 2007 年的热情投入,非常感谢 Aslak 对本书的持续支持,也给我注入了持续的动力。早期的另一个重要贡献者是 Ilmar Wilbers,他在协助本书立项和建立奥斯陆大学 INF1100 课程上做了很多工作。我觉得如果没有 Ilmar 解决无数的技术问题,本书第 1 版可能永远不会付梓。特别感谢 Johannes H. Ring,当初为了应付 Python 麻烦不断的绘图功能,Johannes 开发了 Easyviz 图形工具,后来他又维护了与本书相关的软件。

Loyce Adams 教授通读了全书,做了所有习题,发现了一些错误,并提出了许多改进建议,非常感谢她的贡献。Helmut Büch 最近非常深入仔细地通读了第 1 章到第 6 章,测试了软件,发现了一些印刷错误,并提出了很多批评建议,使本书有了很多重大改进,非常感谢他在第 4 版筹备期间付出的努力和热情。第 5 版从 Hakki Eres 对第 4 版的仔细检查中获益良多,他发现了一些印刷错误和代码错误,其中一些错误甚至回溯到了第 1 版。

特别感谢 Geir Kjetil Sandve,他是 3.3 节、6.5 节、8.3.4 节和 9.5 节中生物信息学计算示例的主要作者,此外还有 Sveinung Gundersen、Ksenia Khelik、Halfdan Rydbeck 和 Kai Trengereid 的贡献。感激 Øyvind Ryan 在第 5 章中完成的有关线性代数和标量/向量场可视化的工作。

有几位同事对文字、习题和相关的软件的改进提出了建议。尤其要提到 Ingrid Eide、Ståle Zerener Haugnæss、Kristian Hiorth、Timothy Keough、Arve Knudsen、Espen Kristensen、Tobias Vidarssønn Langhoff、Martin Vonheim Larsen、Kine Veronica Lund、Solveig Masvie、Håkon Møller、Rebekka Mørken、Mathias Nedrebø、Marit Sandstad、Helene Norheim Semmerud、Lars Storjord、Fredrik Heffer Valdmanis 和 Torkil Vederhus。非常感谢 Hakon Adler,他仔细阅读了早期的各种版本的手稿。非常感谢 Fred Espen Bent 教授、Ørnulf Borgan 教授、Geir Dahl 教授、Knut Mørken 教授和 Geir Pedersen 教授,他们从各自的应用领域设计了一组精彩的习题。还要感谢好友 Jan Olav Langseth 给本书设计的封面。

奥斯陆大学有一个非常全面而成功的教学改革计划——科学教育中的计算(Computing in Science Education, CSE),本书及相关课程是其中的一部分。教学改革计划的目标是把本科所有使用数学模型的自然科学课程和计算机编程整合起来。本书为后续课程中应用计算机进行问题求解奠定了技术基础。与这些在后面推动这一改革的同事在一起工作是非常鼓舞人心的,尤其是 Morten Hjorth-Jensen 教授、Anders Malthe-Sørenssen 教授、Knut Mørken 教授和 Arnt Inge Vistnes 教授。

非常感谢 Springer 出版系统,特别是 Martin Peters、Thanh-Ha Le Thi、Ruth Allewelt、Peggy Glauch-Ruge、Nadja Kroke、Thomas Schmidt、Patrick Waltemate、Donatas Akmanavicius 和 Yvonne Schlatter 多年来出色的协助,确保了这本书所有版本的顺利和快速出版。

奥斯陆

2016 年 2 月

Hans Petter Langtangen

中文版前言

数千年来,计数一直是人类文明不可分割的一部分。计数迟早会产生计算,也就是通过执行一长串简单乏味的步骤来应对数字带来的挑战。这个需求推动了计算机的诞生,从最初的机械计算机,到现在(2019年)能够在一秒内完成超过 10^{17} 次算术运算的数字计算机。

第一个计算机科学系成立于20世纪60年代初,现在计算机科学已经成为一门显学。尽管计算机最初的设计目标是自动数学计算装置,但计算机科学已经成为一门汇聚的学科,涉及工程、艺术、社会和人文科学以及自然科学的元素。随着计算机科学的成熟,已经形成了关于该学科的入门教育的传统模式:包括主题、例题和习题的本科教学体系。

与此同时,计算机和计算以我们难以预料的方式改变了社会,特别是它使几乎所有学科的学术研究都发生了转变,为很多以往被人们认为不太可能的跨学科研究工作铺平了道路。

早在20世纪60年代,就有人预言计算将改变教和学。最著名的倡导者是美国麻省理工学院(MIT)的数学家、计算机科学家和认知科学家 Seymour Papert。他出版了许多著作阐述其"计算使教育受益"的设想,并创造了术语 Computational Thinking(CT,计算思维)。当时曾有一些将 Papert 的想法付诸实践的动议,特别是在学校,但收效甚微。

在大学,含有初级编程内容的计算机科学课程主要由计算机科学系开设。在自然科学和一般工程学科中,只要有编程,就会采用与计算机科学专业相同的教学内容。

计算能力发生了巨大的飞跃,计算令几乎所有学科的研究焕然一新,然而计算机和计算对本科教育的影响却极为滞后。尽管计算机科学确实已经成为一门成熟的学科,但它对数学、物理学、化学、生物学等学科的本科课程的影响还是太小。

直到20世纪末,奥斯陆大学(University Of Oslo)的情况仍是如此。虽然数学和自然科学的一些研究小组使用了先进的数值计算方法,他们在专业课程中对计算的要求已经达到了很高水平,但无论是数学还是自然科学,其基础教学内容却基本上仍然未涉及计算。

结合挪威2003年的全国教育改革,我们在传统学科的基础上引入了完整的计算观点,以改革数学和物理学课程计划的基础部分。

这不是一个为了吸引学生兴趣而制订的选修方案,而是要求所有学生在第一学期在学习经典微积分和数值微积分的同时学习编程。改革启动时,数学和物理学各专业的学生与计算机科学专业的学生在同一个课堂学习编程课程。

从2007年开始,Hans Petter Langtangen 给数学和物理学专业的学生设计并讲授单独的编程课程(直到2014年),其间他编写了本教材并修订到第5版。从那时起,我们的学生对这项计划表示了高度的满意。他们在第一学期要上3门课:古典微积分(MAT1100, Calculus)、数值微积分(MAT-INF1100, Modelling and Computations)和编程(IN1900, Introduction to Programming with Scientific Applications)。在编程课上,他们对在数值微积分课上学习的数值算法进行编程。

例如,学生第一周在 MAT1100 课程中学习导数;第二周在 MAT-INF1100 课程中学习数值微分,包括截断和舍入误差;第三周在 IN1900 课程中对数值导数进行编程(见本书中的例子)。这样一下就开启了这3门课之间的叠加效应。许多学生反映,这种设置让他们对数学形成了新视野,同时数学也以一种自然的方式促进了编程。

上述计划共授课14周,学生学习本书所有章节的内容,包括面向对象编程。每周包括4次45min的课堂讲授和现场编程,还包括两次45min的分组学习(每组为20～30名学生)。需要说明的是,上述计划中不包括数值方法,数值方法另开一门课程(MAT-INF1100)。

奥斯陆大学所有理学学士教学计划的第一学期必修课程都包括编程;数学、物理学和电气工程学的教学计划由 IN1900 课程涵盖;其他专业的教学计划包括不同的内容,教学大纲取自本书的前 5 章,后面各章用各个专业自身的案例和数学模型来替代,使学生针对本专业的实际应用学习编程。

这种做法的核心思想是用综合的、计算的观点更新数学和科学教育,其目标是使学生能够将数值方法和传统方法结合起来,自如地应对科学挑战。其中很重要的一点是,学生应该能够根据实际情况设计自己的方法,而不应受标准计算软件的束缚。同样重要的还有,这种学习数学和科学的教学方法(包括编程)应该从他们的第一堂课就开始实施。

应该强调的是,我们进行这种改革的初心是科学的。要让我们的学生在观念模式上为未来的研究做好准备,我们认为,不训练他们掌控计算机的技能是不负责任的,仅仅把他们培养成为一个被动的计算机用户也是远远不够的。在做出教学改革的决定之后,我们就希望做到以学生的学习为中心,以良好的方式实施这项改革计划。

和大多数人一样,学生学得最好的是他们每天都做的事情,所以我们认为,将编程深度融合到各个学科的大多数课程内容中才是关键。通过这种融合,即使新生也会清楚,编程和计算思维(或算法思维)是解决科学问题的一种关键能力,而其中的重点是"思维",而学习编写计算机代码只是整个技能中的一小部分。

算法思维是将具有挑战性的科学问题通过适配和公式化转变成易于编程处理的问题的过程。几个世纪以来,这种思维一直是数学和科学教育的一部分,因此它提供了与传统科学教育非常好的连接。事实上,我们的经验是:编程可以改善许多学生的学习和他们对数学和科学知识的理解,这是因为程序运行所展示的即时结果能够激发他们对问题求解以及基本原理的深入思考。目前,我们正在与教育学专家合作研究,以证实这种主张。

我们注意到,目前有越来越多的人将编程与学科教育相结合,特别是在学校中。这激励了周以真和 David Weintrop 等研究人员对算法和计算思维的研究。

计算机已经存在了 70 多年,直到现在,计算才开始深入地整合到不同科学的核心课程中,这看起来有些奇怪。根据我们的经验,这是由于基本的学术机制所导致的,即把科学划分为学科,并在大学建立相应的学系,各学科、各院系自然地以自己的科学传统和特色自矜。

这种学科分类在许多情况下都是有益的,并取得了巨大的成功,但在需要跨越传统学科边界进行协作时,这也造成了计算融合的困难。例如,要将计算有机地融入物理学教育中,就必须首先通过融入数值求解来改革数学模块,计算机科学提供的编程课程中包含的问题和实例必须让物理学家觉得有价值,同时物理学课程中的主题、实例和问题必须适应新的计算工具。

这种基础性的数学和科学教育改革是对我们继承的教育传统的挑战,是对传统学科、计算、教学法和教育学的整合。换句话说,这需要全世界的大学教授们共同努力。我相信本书中文版的出版将被证明是这个发展过程的一个重要部分。因此,我们都应该感谢张春元教授和他在国防科技大学的同事们所做的工作。他们采纳了上述教育改革思想,即在奥斯陆大学被称为"科学教育中的计算"的思想,并在教学中实施。这些都给我留下了深刻的印象。

Hans Petter Langtangen 在很多方面都是一个非凡的人。他有强大的工作能力,他的研究对计算科学的许多领域做出了贡献。他开发了很多软件,指导了重大的研究项目,写了大量的书(他在病重的两年中写了不少于 6 本书)。他还是一个重要学术期刊的主编。他自己说,有两个学术活动给了他特别的乐趣:一个是有价值、有点激烈但不失幽默基调的讨论——计算如何能够(也应该)改变科学教育;另一个,也是他最喜欢的,是与学生互动,作为一名导师,也是一位礼堂规模课堂的教师,他擅长在数百名学生面前进行现场编程。他具有年轻人一样的魅力,对学习怀有真正的热情,因此,来自世界各国的专家和学生都能通过与他交流科学思想而得到启示和深深的鼓励。我们很幸运,他的思想能够通过他的书流传下来。

Mørken, Knut Martin 教授

挪威奥斯陆大学学术管理副主任(研究与教育)

2019 年 7 月 3 日

译者序

近 30 年来,计算机已经发展成为现代技术的基础构件,社会发展对大学生运用计算机解决问题的能力要求日益提高,能够用计算机技术解决各个领域的特有问题,提升产品技术指标,成为社会对大学生的基本要求。计算机技术成为大学公共基础课程的必修内容,而承担这项教学任务的教师长期困惑于一个非常基础的命题: 如何让学生学好、用好计算机,满足学生成长发展的需要。

回顾这 30 年大学计算机技术公共基础课程的发展,可以看到我们的辛勤探索和困惑。20 世纪 90 年代,教育部高等学校计算机科学与技术教学指导委员会(简称计算机教指委)就组织相关人员对面向大学所有专业的计算机技术基础进行了广泛的研究,在"面向 21 世纪课程教材"系列中,出版过王行言的《计算机信息管理基础》、康仲远的《电脑文化简明教程》等教材,同时出版了一大批《计算机导论》《计算机基础》《大学计算机概论》教材,这一批教材带有明显的计算机专业和市场产品两种特征,教材内容一般包括简化的计算机原理和常见软件操作两大部分,核心是个人计算机的使用和汉字录入,以 DOS 命令和 WPS 使用为典型内容。这个阶段的教学极大地促进了大众使用计算机的热情,商业产业也开始介入计算机普及教育。进入 21 世纪,随着 Windows 和互联网的成熟和普及,大学公共计算机技术的基础教学转移到了 Windows+Office 使用、上网浏览和下载、常用工具软件等,少数大学给个别工程类专业开设程序设计的内容,如 Visual Basic,内容集中在程序设计语言本身。在这个时期,随着商业市场的开拓,大量培训机构的出现很好地满足了社会对计算机技术人才的需求,同时社会也表现出对大学教育中计算机应用能力教学的极大不满,这些现象都促进了大学内部的反思。2006 年,美国卡内基·梅隆大学计算机科学系主任周以真(Jeannette M. Wing)教授提出计算思维(Computational Thinking),认为"计算思维是运用计算机科学的基础概念进行问题求解、系统设计以及人类行为理解等涵盖计算机科学之广度的一系列思维活动"。国内大学计算机教学界把计算思维作为计算机应用能力的一种描述,在计算机基础教学领域很快就计算思维开展了持续至今的研究和实践,也取得了一系列的应用成果。

作为计算机教育的积极参与者和探索者,国防科技大学计算机学院近 30 年来的计算机公共基础课程教学实践做了大量扎实的工作,也遭遇了一系列严峻挑战。早期的"计算机导论"课程以汉字录入和软件使用为主。教师很快发现很多新生在汉字录入和计算机使用方面已经有相当的基础。通过改进,新版的《大学计算机基础》教材对排版和计算机结构等内容做了更多的介绍,引入了一些复杂的排版、图像处理、多媒体制作等,同时提高了计算机专业知识的复杂性,结果导致很多其他专业的疑惑,以至于有些专业开始不选这门课程。为了增加课程吸引力和有效性,教师们从"计算思维是什么",到图形编程软件 Scratch,再到设计乐高机器人、制作图灵机……虽然吸引了不少学生,还获得过各种比赛奖励,但是一直没有系统地确立计算机公共基础课的目标,也很难得到其他专业老师的认可。当时一位数学系教授说: 大学工科的数学课程有好几百小时,都没有说数学思维训练;计算机课程只有几十小时,就说计算思维训练?

由于我与挪威奥斯陆大学和 Simula 实验室在天河超级计算机上有科研合作,2013 年秋季,我去奥斯陆大学和 Simula 实验室访问交流,其间 Xing Cai 教授引荐了奥斯陆大学计算机公共基础课负责人 Knut Mørken 教授和 Hanne Sølna 老师,了解到他们从 2002 年开始的 CSE(Computing in Science Education)课程改革计划。Mørken 教授认为,这个计划的核心思想是"Computational methods should be an integrated part of the bachelor education for all students of mathematics and science",我对这句话的理解为"对本科生结合数理基础和专业课程学习,融合多学科开展有实用价值的计算教学"。国防科技大学计算机学院多次组团去奥斯陆大学交流,也多次邀请奥斯陆大学参与 CSE 课程改革计划的老师来学校开设强化班、举办研讨会和上示范课,和奥斯陆大学几乎所有参与 CSE 课程改革计划的教授都有沟通,和本书作者 Langtangen 教授就教学实施也进行过深入细致的研讨,Langtangen 教授不但给了我们很多建议,还毫无保留地提供了他的几乎所有教学资料、辅助资料以及对后续教学改革的设想。2015 年和 2016 年,在学校的支持下,采用本书英文版(*A Primer on Scientific Programming with Python*)第 3 版作为教材,针对软件工程和指挥两个专业进行了试点教学。2017 年,在全校范围推广该教材。为了适应学校的教学条件和基础,对原有《大学计算机基础》教材进行修订,赶印了《大学计算机基础》(第 2 版)。2018 年,结合军队高等院校计算机公共基础课程的需求,再次修订了《大学计算机基础》(第 3 版)。与此同时,学校选择了 4 个本科大类专业继续采用本书英文版(第 5 版)教材,为了便于教学运行管理,课程定名为"大学计算"(Undergraduate Computing)。

我们已经在 4 届一年级新生中使用这本英文版教材,既包括计算机大类专业,也有电子、航空航天、材料、微电子、指挥等专业。使用本教材的教师可以在参考原书作者在前言中对本书各章节的内容说明和使用建议的基础上参考下面的建议。

以下建议的教学对象均为编程零基础的大学生,有中学数学、物理学、化学、生物学的基础,其中数学包括中学微积分基础。

建议开课时间为大学一年级,最好是在第一学期"高等数学"开课一周以后。

使用全书内容的课堂教学时间约为 90h 左右,包括全书第 1 章到第 9 章的内容和附录的全部内容。这 90h 分解为 40h+50h 两个部分,前 40h 主要关注有效解决问题,后 50h 重点放在高效解决问题上。

前 40h 建议完成本书第 1 章到第 5 章,同时把附录 A、附录 B、附录 C 作为案例纳入教学活动,不单独作为课堂系统讲授的内容。以下章节可以不作为必须讲授的教学内容: 第 1 章的 1.6 节和 1.7 节,第 4 章的 4.3 节和 4.4 节,第 5 章的 5.7 节～5.12 节(如果同期或先期开设了"线性代数"课程,可以讲授 5.8 节和 5.9 节)。这部分内容的教学目标: 通过少量代码,解决多个专业领域的计算和数据处理问题,不求高效,但求有效。

后 50h 的课堂教学时间可以完成教材其他内容的教学。这一部分的教学重点是解决问题的方法、技巧、工具和案例,通过大量编程实践,提升学生编程效率和利用程序求解问题的效率。学习类、面向对象、高性能计算、CPU 和存储器效率分析等,训练编写和使用较大规模的软件的能力,使学生在后续的学习和工作中不再担忧计算机编程,包括 C/C++ 、Java、FORTRAN 等。这一部分课程的教学目标是复杂计算和数据处理问题的高效求解。

无论教学时数是多少,附录 F 和附录 H 都是教师需要阅读和实践的内容。

一个一直有争议的话题是: 选择 Python 2 还是 Python 3? 由于历史原因,本书使用 Python 2。这些年我们在教学实施过程中,课堂讲授按照 Python 2 进行,课后实训和作业采用 Python 2 和 Python 3 混合模式,考试采用 Python 3,效果比较令人满意。其实本书第 1 章到第 5 章中 Python 2 和 Python 3 的差异很容易理解,学生通过 40h 左右的训练,对这种计算机语言的差异也渐渐习惯了,这对于学生跨越计算机语言心理障碍是非常有益的。

本书特别强调编程实践。根据这些年的教学实践,课堂教学时间中有一半左右用于课堂实践,边讲边练。课后更要有充分的作业,开展编程训练,课内外时间比例应不少于 1∶1,实际上,不少学生达到 1∶3。如果有较好的在线训练平台,可以提升教学效果。我们的很多教学活动就是通过学院教师研制的 educoder 网站(www.educoder.net)开展的。

教学活动的效果不仅取决于教材、教师、作业、考试,更取决于教学活动实施者对课程教学目标的理解。以往的教学突出计算机相关知识的学习和理解,导致学生的主要学习活动是完成较高比例的记忆训练。这些年,我们有组织地深入学习和研究教育学的理论,把已经证明有效的教学法逐步运用在本课程的教学活动中,全程采用参与式教学、形成性评价、做中学、无标作业、群组学习、游戏化作业、跨学科问题求解等一系列方法,把能力训练作为课程产出,来保证本课程教学目标的达成。

最后,我从国际工程教育专业认证(Washington Accord)的角度来简单分析这门课程,供感兴趣的教师和教学管理者参考。我认为,对于所有专业的本科生,本书都是实施以学生为中心、以成果(产出)为导向(Outcomes-Based Education,OBE)教学原则的理想教材。针对国际工程教育专业认证中毕业要求的 12 个指标点,这里按照"支撑""弱支撑"(不系统、不深入支撑标点中的内容)、"部分支撑"(不全面支撑指标点中的内容)和"不支撑"4 个支撑强度进行简单分类,这门课程对 12 个指标点的支撑可以描述如下:

(1) (支撑)工程知识。能够将数学、自然科学、工程基础和专业知识用于解决复杂工程问题。

(2) (支撑)问题分析。能够应用数学、自然科学和工程科学的基本原理,识别、表达并通过文献研究分析复杂工程问题,以获得有效结论。

(3) (弱支撑、部分支撑)设计/开发解决方案。能够设计针对复杂工程问题的解决方案,设计满足特定需求的系统、单元(部件)或工艺流程,并能够在设计环节中体现创新意识,考虑社会、健康、安全、法律、文化以及环境等因素。

(4) (部分支撑)研究。能够基于科学原理并采用科学方法对复杂工程问题进行研究,包括设计实验、分析与解释数据,并通过信息综合得到合理、有效的结论。

(5) (支撑)使用现代工具。能够针对复杂工程问题,开发、选择与使用恰当的技术、资源、现代工程工具和信息技术工具,包括对复杂工程问题的预测与模拟,并能够理解其局限性。

(6) (弱支撑)工程与社会。能够基于工程相关背景知识进行合理分析,评价专业工程实践和复杂工程问题解决方案对社会、健康、安全、法律、文化以及环境的影响,并理解应承担的责任。

(7) (不支撑)环境和可持续发展。能够理解和评价针对复杂工程问题的工程实践对环境、社会可持续发展的影响。

(8) (弱支撑)职业规范。具有人文社会科学素养和社会责任感,能够在工程实践中理解并遵守工程职业道德和规范,履行责任。

(9) (部分支撑,如果课程中设计了分组作业和讲评)个人和团队。能够在多学科背景下的团队中承担个体、团队成员以及负责人的角色。

(10) (弱支撑)沟通。能够就复杂工程问题与业界同行及社会公众进行有效沟通和交流,包括撰写报告和设计文稿、陈述发言、清晰表达或回应指令,并具备一定的国际视野,能够在跨文化背景下进行沟通和交流。

(11) (不支撑)项目管理。理解并掌握工程管理原理与经济决策方法,并能在多学科环境中应用。

(12) (支撑)终身学习。具有自主学习和终身学习的意识,有不断学习和适应发展的能力。

大学新生通过本课程的学习,在以后的数学、物理学、自然科学和本专业等课程学习中,既可以深化对本课程知识的理解和应用,例如"概率与统计"课程可以直接采集网络数据进行大数据统计分析,更可以促进专业课的深化训练,例如"人工智能"课程可以直接使用多种深度学习算法对特定应用领域的数据进行训练。这些年的实践让教师深刻地体会到:引导+放手,给学生信任,学生一定会还给你惊喜。

计算机技术按照摩尔定律发展,计算机专业老师的压力是持续存在的,各方面对计算机公共基础课程教学的要求越来越高。我很庆幸找到了一个能够说服自己并且可以实施的教学改革方案,很庆幸学院有一支特别热爱教学的教师队伍,很庆幸学校和学院领导以及相关部门给予我们的政策、财力和物力的保障。

本书翻译由张春元负责组织多位老师合作完成:前言、第 1 章、附录 A、附录 B、附录 C、附录 F、附录 G 由张春元完成,第 2 章、第 6 章、附录 H 由陈立前完成,第 3 章由周会平完成,第 4 章由李暾完成,第 5 章、第 8 章由毛晓光完成,第 7 章、第 9 章、附录 D 由刘万伟完成,附录 E 由多位老师联合完成。

原书作者有一套教学课件,为使用本书的教师提供指导性素材。周会平老师结合自己的教学,把这些课件翻译成中文,并对其中少量内容和错误做了订正,作为配套教学资源提供给读者。

由于参加翻译工作的老师都承担了繁重的教学、科研和管理工作,本书的翻译工作持续了两年多时间,特别给等待本书中文版的同仁们致歉。

感谢 Knut Martin 教授为本书中文版撰写了序言。

感谢清华大学出版社为本书翻译版权、出版和发行所做的大量细致工作。

本书的作者 Hans Petter Langtangen① 教授(1962—2016)因病英年早逝。后来我才知道,在我们交流的后期,他已经确诊身染重病,我们多次邀请他来学校交流,他均未成行。本书中文版也是对这位勤奋、和蔼、开放、有责任感、有造诣的科学家的纪念。

---

① http://hplgit.github.io/homepage/cv.pdf.

限于译者的学养,译文中不当之处在所难免,欢迎同行和读者批评指正。

"大学计算"课程仅仅是 CSE 教学改革计划的开始,我校在部分专业的"大学物理"课程中已经开始 CSE 教学改革计划的后续试点工作,已经有专业开始着手在后续的工程类专业课程教学中推进试点。

祝大家顺利!

张春元
2019 年夏于长沙国防科技大学计算机学院

目　录

第 1 章 公式的计算

本章从计算数学公式的程序编写开始,学习如何使用 Python 这种计算机语言来编程,编程就是编写程序。本章还要学习如何使用变量,如何计算 e^x 和 $\sin x$ 这样的数学函数,以及如何把 Python 当作计算器一样交互式使用。

假设读者对使用计算机已经有一点基础,知道文件和目录(目录也叫文件夹),知道怎样在不同目录之间移动文件,也知道怎样编写并保存、修改文本等。

所有程序示例都能在网页 http://hplgit.github.com/scipro-primer 上找到,格式为 tar 或 zip。强烈推荐读者下载这些示例。示例以目录树的形式存储,其根目录名为 src,其下每一个子目录对应一个相应的章节。例如,formulas 子目录含有第 1 章的所有示例。章节所对应的子目录名在每一章的开头都列出了。

从 GitHub 资源库页面 http://tinyurl.com/pwyasaa 上可以直接访问包含示例的目录,单击 formulas 的目录来查看本章所有示例。打开目录就可以看到其中的文件列表。单击 Raw 可以显示纯文本格式的文件,然后右击文件并在快捷菜单中选择"另存为"命令。

1.1 编程计算: 第一个公式

第一个公式是上抛小球的垂直运动方程,用牛顿第二定律来建立小球垂直位置的数学模型。设小球的垂直位置坐标为 y,它随时间 t 的改变而变化的方程为

$$y(t) = v_0 t - \frac{1}{2}gt^2 \tag{1.1}$$

其中,小球上抛的初速度为 v_0,g 为重力加速度,t 为时间。把小球 $t=0$ 时处在的位置定义为 y 轴零点位置,注意:这个公式忽略了空气阻力的影响。除非初速度 v_0 特别大,一般来说空气阻力都很小(见习题 1.11)。

要计算小球经过上抛运动最终回到初始位置所需要的时间,可以在式(1.1)中令 $y=0$ 来求解:

$$v_0 t - \frac{1}{2}gt^2 = t\left(v_0 - \frac{1}{2}gt\right) = 0 \Rightarrow t = 0 \text{ 或 } t = 2v_0/g$$

也就是说,小球在 $2v_0/g$ 秒后返回初始位置。所以,式(1.1)的定义域设定为 $t \in [0, 2v_0/g]$。

1.1.1 用程序作计算器

对于给定的 v_0、g 和 t,编写一个程序来计算公式(1.1)。令 $v_0 = 5\text{m/s}$,取 $g = 9.81\text{m/s}^2$,则小球返回初始位置的时间为 $t = 2v_0/g \approx 1\text{s}$。所以,这里关心的是小球在时间区间 $[0,1]$ 内的运动。如果要计算 $t=0.6\text{s}$ 时小球在竖直方向上的位置,由式(1.1),有

$$y = 5 \times 0.6 - \frac{1}{2} \times 9.81 \times 0.6^2 \tag{1.2}$$

通过一个仅仅一行的 Python 程序,就可以计算这个算术表达式的值:

```
print 5 * 0.6 - 0.5 * 9.81 * 0.6**2
```

在 Python 语言或其他任何编程语言中，＋、－、＊、/代表加减乘除四则运算的运算符。指数运算在 Python 语言中用双星号表示，例如，0.6^2 写作 0.6**2。

创建一个程序并运行它就是接下来要学习的内容。

1.1.2　程序和编程

一个计算机程序其实就是一个计算机命令序列，每条命令又叫作计算机语言的语句，计算机执行程序，是按照语句（命令）序列完成运算的过程。为了让计算机更加有效地完成各种不同的应用需求，科学家已经设计了数千种计算机语言，大多数计算机语言看起来和英语有些相似，但它们比英语简单。计算机语言的词汇和语句类型数量都非常有限，为了完成一个复杂的运算过程，就需要将许多不同的语句组合起来使用。这些语句序列构成一个或多个文本，被存储在一个或多个计算机文件中，计算机只是严格按照这些语句来运算。

计算机程序还有另一种理解的方式——一种通过鼠标双击来启动运行并完成某些特定任务的文件。有时候，这个文件包含人可以直接阅读的文本式的指令（Python 程序就是这种情况）；有时候，它包含的指令被转换成特定计算机才能够高效识别和执行的语言，多数情况下，这些语言对于普通人来说难以理解。本章的所有程序都非常简短，并且保存在单一的文件中。其他一些经常使用的程序，由于指令数量巨大，例如 Firefox 和 IE 网页浏览器，都由很多不同的文件构成，每一个文件中都保存了特定部分的指令代码。这些程序通常是由很多程序员用很多年才完成的，并且需要持续修改不断出现的编程错误。

编程远不是简简单单地"把正确的指令写入文件"的过程。第一步是如何用合适的一系列过程来描述给定的问题，这往往是计算机编程中最困难的部分。第二步是将这些过程用计算机语言的指令正确地表达出来，形成程序，并将程序存储在文件中。第三步是检验结果的有效性，刚刚编写的程序运行的结果一般都与程序员的期待不一致，这就需要第四步，系统地检查错误并改正。掌握这 4 个步骤需要大量和长期的练习。完成本书的习题，是学习编程很好的入门途径。

1.1.3　编写程序的工具

以下 3 种工具都可以用来编写 Python 程序：

- 纯文本编辑器。
- 带有文本编辑器的集成开发环境（Integrated Development Environment，IDE）。
- IPython Notebook。

选择哪种工具和使用 Python 的方式有关。附录 H 中收录了多种安装 Python 的资料。既可以使用单位和学校已经预装好的 Python 环境，也可以通过浏览器以云服务的方式使用 Python。

作者已经使用本书及之前版本给 3000 多名学生上过课。根据这些教学经验，对大学生有以下建议：

- 如果用本书作为课程的教材，老师或许已经指定了使用 Python 的方式，此时按老师的要求做。
- 如果 Linux 是你所在学校的主流操作系统，此时可以在你的计算机上安装 Ubuntu 虚拟机，在 Ubuntu 环境下使用文本编辑器来编写 Python 程序，常用的文本编辑器有 Gedit、Atom、Sublime Text、Emacs 和 Vim，然后在终端窗口中运行程序（推荐使用 gnome-terminal）。
- 如果 Windows 是你所在学校的主流操作系统，你也使用 Windows，此时可以安装 Anaconda，使用里面的 Spyder 编写和运行 Python 程序。
- 如果你只是想先尝试一下 Python，并不确定今后是否用 Python 编程，可以通过云服务（例如通过 Wakari 网站）使用 Python。
- 如果是在 Mac 上使用 Python，使用 Mac OS X 系统中的编译和连接软件，建议安装 Anaconda，用 Spyder 来编写和运行程序。也可以使用 Atom、TestWrangler、Emac 或 Vim 文本编辑器来编写程序，在终端中运行。但如果你不能熟练地在 Mac 上配置软件，例如设置环境变量 PATH，那么从长远来看，在 Ubuntu 虚拟机使用 Python 更省事。

1.1.4 第一个 Python 程序

如果 Python 系统运行环境确定了，使用文本编辑器还是 IPython Notebook 编程也就已经确定了，真正的差别不是"编写"的程序内容，而是运行程序的方法。附录 H 的 H. 2 节和 H. 4 节简要地介绍了用文本编辑器编写 Python 程序然后在终端窗口运行的过程，也介绍了在 Spyder 中编写和运行程序的过程以及在 IPython Notebook 中如何工作的过程。建议读者可以先阅读这部分材料并适当练习。

现在，打开文本编辑器并输入以下语句：

```
print 5 * 0.6 - 0.5 * 9.81 * 0.6**2
```

这是式(1.2)求值的完整 Python 程序。将这个只有一行命令的程序保存为一个文件，并命名为 ball1. py。

如何运行这个程序取决于要运行的环境：

- 在终端窗口中，转到存放 ball1. py 文件的目录下，输入 python ball1. py。
- 在 IPython Notebook 中，单击 Play 按钮来运行此程序。
- 在 Spyder 中，在 Run 的下拉菜单中选择 Run 项。

输出是 1. 2342，它将出现的位置如下：

- 在终端窗口中，紧跟在 python ball1. py 命令之后。
- 在 IPython Notebook 中，紧跟在程序语句之后。
- 在 Spyder 中，在右下角的窗口中。

在此说明一下，在终端窗口中还有运行 Python 程序的其他方法，详见附录 H 的 H. 5 节。

如果想要在 $v_0 = 1$ 和 $t = 0.1$ 的条件下求式(1.1)的值，也很容易。将光标移动到编辑窗口，将程序改为

```
print 1 * 0.1 - 0.5 * 9.81 * 0.1**2
```

再在 Spyder 或 IPython Notebook 中运行这段程序。如果使用纯文本编辑器，那么每次修改完程序文本之后都需要保存它，然后再回到终端窗口运行程序：

```
Terminal>python ball1.py
0.05095
```

运算结果发生了改变。如果用纯文本编辑器修改后没有保存，运行的就是未修改的程序。

操作系统命令的排版：

本书使用 Terminal＞来表示 UNIX 或 DOS/PowerShell 终端窗口中的命令提示符，Terminal＞之后的语句必须是有效的操作系统的命令。Terminal＞仅仅是一个示意，在不同计算机的终端窗口中，其实会看到不同的提示符，例如用户名或者当前所在的目录。

1.1.5 输入程序文本时的警告

虽然程序只是文本，但程序文本和供人阅读的文本之间存在本质的差异：人在阅读文本时，即便文本内容不准确或者有语法错误，也能够理解文本所传达的信息。如果前面的那行程序写成下面这样：

```
write 5 * 0.6 - 0.5 * 9.81 * 0.6^2
```

大部分人会把 write 和 print 理解成相同的意思，也会理解 $6\wedge2$ 是 6^2。但在 Python 语言系统中，write 是一个语法错误，而 $6\wedge2$ 是按位异或操作（一种逻辑运算），其含义与求幂操作 $6**2$ 相去甚远。通过程序与计算机进行的交流必须非常精准，不允许有任何语法错误或逻辑错误。著名计算机科学家 Donald Knuth 说过："编写程序对于'准确性'要求非常高，程序不单是要让其他人理解，它必须要让计算机理解才行。"

其实计算机只做程序让它做的事情。程序中的任何错误，不论大小，都会影响整个程序。有些错误可能很难被察觉，但更多情况下，程序错误就会导致程序停止运行或产生错误的结果。结论：对于语言，计算机比大多数人都要机械呆板！

程序在输入时必须小心翼翼，要确保每个字母的输入都正确。在练习本书中的示例程序时，要确保你的输入和在书上看到的是一模一样的，例如空格的数量，因为空格在 Python 中十分重要，要数清楚空格数，然后正确输入。开始编程时养成好习惯非常重要，如果不严格遵从教材中给出的建议，计算机就会狠狠地教训你。程序员是从不计其数的错误甚至失败中成长起来的。

1.1.6 验证结果

正确永远是编程的第一要务。即使非常有经验的程序员也会出现错误，必须把程序中的问题找出来。对于前面的应用，可以简单地用计算器来验证程序的正确性。把 $t=0.6$、$v_0=5$ 代入式(1.1)，用计算器算一下，结果是 1.2342，就说明程序正确。

1.1.7 变量

一旦需要对许多不同的 t 值计算 $y(t)$ 的值，就要在程序里修改涉及 t 的两个地方，改变 v_0 只要修改一个地方，虽然简单，但在实际操作中，如果频繁修改，还容易将正确的改错。如果用变量符号来描述公式，代替直接写数值，改变数值的操作就会变得容易一些。大多数计算机语言里的变量和数学里的变量概念是相同的，Python 就是这样，可以在程序里将 v0、g、t 作为变量，通过赋值进行初始化，然后将这 3 个变量代入式(1.1)等号右边的表达式，再把运算结果赋值给变量 y。

使用了变量后的程序如下：

```
v0 = 5
g = 9.81
t = 0.6
y = v0 * t - 0.5 * g * t**2
print y
```

在 Python 中定义变量就是设置一个名字（上面的 v0、g、t 和 y）等于一个数值，即"变量名＝数值"，同时赋予了这个变量初值，或者设置一个名字等于一个由已经定义过的变量所组成的表达式。

修改后的第二版程序比第一版更容易阅读，因为它更接近式(1.1)。同时，第二版程序也更加容易修改。当一个数字有了其对应的名称，这个数字所代表的含义也更清晰。前面变动 t 的值要修改两个地方，现在只需要修改一个地方（t＝0.6 处）。

将这个修改后的程序保存为 ball2.py。运行后得到正确的输出为 1.2342。

1.1.8 变量名

使用有关联的单词作为变量名，有利于增强程序的可读性和可靠性（正确性），所谓有关联的单词就是与求解问题的数学表达式有紧密联系的词。Python 的合法变量名可以包含任意大小写字母、数字 0～9 和下画线，但不能以数字开头。注意，Python 的变量名区分大小写字母，所以 X 和 x 表示两个不同的变量。前面例子中一些可选择的变量名如下：

```
initial_velocity = 5
acceleration_of_gravity = 9.81
TIME = 0.6
VerticalPositionOfBall = initial_velocity * TIME - \
                    0.5 * acceleration_of_gravity * TIME**2
print VerticalPositionOfBall
```

一旦使用这么长的变量名，公式求值的代码将也变得冗长，可能要两行才能写下。一条语句如果要占用两行，要在语句第一行末尾加一个反斜线符号"\"来标示。注意，要确保反斜线符号的后面没有空格符！

本书变量名约定：变量名使用单词的小写字母形式，多个单词的变量名用下画线分隔单词。对于变量表示的数学符号，就用这个符号或与之相似的符号来给变量命名。例如，数学中的 y 在程序中也用 y 来表示，数学中的 v_0 在程序中用 v0 表示。问题表述中使用的数学符号和程序中使用的变量名相同或相似，有利于提高程序的可读性，也有利于检查程序中的错误。前面的程序段体现了这样一个原则：长变量名可以很好地解释它们所代表的含义，但在检查计算 y 的公式的正确性时，使用长变量名的程序要困难一些，而使用 v0、g、t 作为变量名的程序检查起来要更加轻松一些。

对于与问题的数学描述或数学符号无关的变量，就要使用描述性的变量名，体现该变量所代表的含义。例如，在某个问题的描述中用符号 D 来代表空气阻力，那么在程序中也可以引入变量 D；但如果在问题描述中没有用符号来表示这个力，那么在程序中就要赋予这个力一个描述性的名字，例如 air_resistance、resistance_force 或者 drag_force。

选择变量名的原则（建议）：

- 让程序中的变量名和问题的数学描述中使用的名称保持一致。
- 对于那些没有数学定义和数学符号的变量，要仔细选择一个描述性的变量名。

1.1.9　Python 中的保留字

每种计算机语言都会保留一些单词来构造语言系统本身，这些保留的单词称为该语言的保留字。保留字不能作为变量名使用。Python 的保留字有 and、as、assert、break、class、continue、def、del、elif、else、except、False、finally、for、from、global、if、import、in、is、lambda、None、nonlocal、not、or、pass、raise、return、True、try、with、while 和 yield。注意，其中有几个保留字首字母是大写的。如果一定要用保留字作为变量名，一个常见的做法是在保留字末尾加下画线"_"。例如，数学量 λ 可以用 lambda_ 作为变量名。不满足要求的变量名称为非法变量名，在程序中一旦误用，计算机语言系统往往会提示该程序存在语法错误。习题 1.16 安排了一些专门针对非法变量名挑错的练习。

程序文件可以随便选择一个文件名，但不要使用与 Python 保留字或模块名一样的名字，例如不要用 math.py、time.py、random.py、os.py、sys.py、while.py、for.py、if.py、class.py 或者 def.py 这样的文件名。

1.1.10　注释

编程时，程序员经常在程序语句后面附加一些注释，这些注释一般使用自然语言，用来记录编程时的想法，这些注释对于程序调试、阅读、多人共同开发软件和后续使用、修改都具有重要价值。在 Python 语言中，单行的注释语句以 # 符号开头，该行内从 # 开始之后的内容在程序执行时都会被忽略。下面就是把 1.1.7 节的程序加上解释性注释后的程序：

```
#Program for computing the height of a ball in vertical motion
v0 = 5                  #initial velocity
g = 9.81                #acceleration of gravity
t = 0.6                 #time
y = v0 * t - 0.5 * g * t**2   #vertical position
print y
```

对于计算机来说,这个程序和 1.1.7 节原始版本的运行结果是一模一样的;但是对于人来说,有注释的版本更好理解。

对于那些有很多行语句的程序来说,清晰的注释加上恰当的变量名是十分必要的,否则,对于程序编写者本人和其他人将来理解程序都会造成困难。要写出真正有指导意义的注释,是需要进行反复练习的。注释不要重复那些在程序语句中含义已经很清楚的词汇,注释要提供重要但在代码中又不能明确体现的信息。常见注释包括数学变量名称的含义、变量的作用、对于接下来的一段代码(若干条语句)的概述、代码(程序)采用的求解问题的思路等。

提醒:如果在注释中使用了非英文字符,Python 系统会报错:

```
SyntaxError: Non-ASCII character '\xc3' in file …
but no encoding declared; see
http://www.python.org/peps/pep-0263.html for details
```

Python 允许使用非英文字符,但在非英文字符出现之前,程序中必须加上以下这行语句:

```
#- * -coding: utf-8 - * -
```

这也是一条注释,但它不会被 Python 忽略。6.3.5 节会详细讲述非英文字符和 UTF-8 编码。

1.1.11 指定文字和数字的输出格式

对于前面的小球实例,如果用一句自然语言的语句输出 y 的计算结果,会比简单地输出 y 的数值更加易于理解,例如,输出

```
At t=0.6 s, the height of the ball is 1.23 m.
```

这里还包括选择 y 的位数,这行语句输出的 y 只精确到厘米。

printf 语法:上面的输出形式是通过 print 语句实现的,其中包含了一些指定数字格式的方法。广为人知的最古老的 printf 风格(printf-style)使用的就是这种方法(源于 C 语言的 printf 函数)。对于编程新手,printf 风格看起来可能略显怪异,但是它易于学习,使用起来非常方便灵活,很多计算机语言中都使用 printf 风格。

上面例子中的输出就是通过下面使用了 printf 风格的语句产生的:

```
print 'At t=%g s, the height of the ball is %.2f m.' % ( t, y)
```

下面详细解释这行代码。用 print 语句"打印"一个字符串,Python 中的字符串是一对引号(单引号和双引号均可使用,但必须成对使用)中包含的所有内容。上面的字符串就是用 printf 风格来指定格式的,这个字符串含有许多占位符来供程序中的变量使用,占位符以百分号(%)开始,后面跟着占位符格式说明。上面的语句中有两个占位符:%g 和%.2f,相应地有两个变量使用这两个占位符。根据 Python 语法的要求,在字

符串后面一般跟着一个百分号和一对圆括号,圆括号里就是按照字符串中每个占位符的顺序对应列出的变量序列,圆括号中的每个变量之间用逗号隔开,圆括号中的变量必须和字符串中的占位符一一对应。第一个变量 t 插入第一个占位符中。这个占位符的格式用％g 来指定,其中％是占位符的位置标识,字母 g 代表格式为最短十进制形式的实数。第二个变量 y 插入第二个占位符中,格式是.2f,表示一个精确到小数点后两位的实数。.2f 中的 f 意思是 float,是浮点数(float-point number)的简写。实数在计算机中一般用浮点数这个术语表示。

下面是完整的程序,程序的输出中既有文字也有数字:

```
v0 = 5
g = 9.81
t = 0.6
y = v0 * t - 0.5 * g * t**2
print 'At t=%g s, the height of the ball is %.2f m.' % (t, y)
```

该程序可以在本书程序包中找到,目录是 src/formulas,文件名为 ball_print1.py。

输出格式有很多种,一般用不同的字母来指定。例如科学记数法,就是小写字母 e 前面有一个绝对值为 1~10 的数字,e 后面也紧接着写一个数字,这个紧随其后的数字是 10 的幂次,例如 1.2432×10^{-3} 在计算机上就写成 1.2432e-03 的形式。大写字母 E 同样也可以用来表示指数,用 E 代替 e,上面的数字就写成 1.2432E-03 的形式。

对于用十进制记数法表示的数字,可以使用占位符％f,输出带有小数点的十进制数字,例如,0.0012432,而不是 1.2432E-03。对于 g 格式,在输出数字非常大或非常小的时候,就会转换为科学记数法输出。一般都采用十进制记数法,这种格式实现了一个实数最紧凑的输出。使用科学记数法形式时,小写字母 g 与 e 对应,而大写字母 G 与 E 对应。

可以指定 10.4f 或 14.6e 这样的格式。10.4f 表示将一个浮点数写成含有 4 位小数且字段宽度为 10 个字符的十进制记数法格式。14.6e 表示将一个浮点数写成含有 6 位小数且字段宽度为 14 个字符的科学记数法格式。

表 1.1 列举了常用的 printf 风格的格式规范(程序 printf_demo. py 示范了其中一些占位符的用法)。

表 1.1 常用的 printf 风格的格式规范

占位符	格 式 说 明
％s	字符串
％d	整数
％0xd	整数,其字段宽度为 x,不足则在左侧以 0 填补
％f	6 位小数的十进制记数法
％e	紧凑的科学记数法,指数用 e 表示
％E	紧凑的科学记数法,指数用 E 表示
％g	紧凑的十进制记数法或科学记数法,指数用 e 表示
％G	紧凑的十进制记数法或科学记数法,指数用 E 表示
％xz	右对齐的某种格式 z,字段宽度为 x
％-xz	左对齐的某种格式 z,字段宽度为 x

续表

占位符	格 式 说 明
%.yz	有 y 位小数的某种格式 z
%x.yz	有 y 位小数且字段宽度为 x 的某种格式 z
%%	百分号(%)本身

想要获得 printf 风格的格式字符串的完整规范，请查询 Python 标准的在线文档库，从文档库的索引中可以找到 printf-style formatting 的链接。

理解 printf 风格最有效的方法是编写代码做实验。通过修改程序向计算机屏幕上输出更多的数字来尝试各种格式。下面这个程序的文件名是 ball_print2.py：

```
v0 = 5
g = 9.81
t = 0.6
y = v0 * t - 0.5 * g * t**2

print """
At t=%f s, a ball with
initial velocity v0=%.3E m/s
is located at the height %.2f m.
""" % (t, v0, y)
```

注意，这里使用了三引号字符串，即该字符串从头到尾由 3 个单引号'''或 3 个双引号"""组成。三引号字符串中间不能有其他任何字符，也不能有空格，三引号经常在跨行字符串文本中使用。

在上面的打印语句中，以 f 的格式打印变量 t，默认包含 6 位小数；v0 为.3E 格式，有 3 位小数且字段宽度最小；y 的.2f 格式则是包含两位小数且字段宽度最小的十进制记数法。输出结果如下：

```
Terminal>python ball_print2.py

At t=0.600000 s, a ball with
initial velocity v0=5.000E+00 m/s
is located at the height 1.23 m.
```

要仔细查看输出的每个数字，并仔细研究与之对应的格式的细节。

格式字符串语法(format string syntax)：通过另一种语法，Python 提供了比 printf 风格更多的功能，这种语法通常被称为格式字符串语法。下面采用格式字符串语法输出与前面的 printf 风格对应的结果：

```
print 'At t={t:g} s, the height of the ball is {y:.2f} m.'.format(t=t, y=y)
```

前面用来指定变量占位符的百分号被一对大括号代替了，变量名放在大括号里面，后面跟着一个可选择的冒号和格式说明符，格式说明符和 printf 风格是一样的。所有变量和它们的值必须在语句末尾列出，此时这些占位符都有了名字，所以变量并不需要按照格式字符串中的顺序排列。

将这个程序写成多行就是

```
print """
At t={t:f} s, a ball with
```

```
initial velocity v0={v0:.3E} m/s
is located at the height {y:.2f} m.
""".format(t=t, v0=v0, y=y)
```

换行符：程序员经常希望采用多行的形式输出结果。上面的例子通过三引号字符串来达到多行输出的目的。还可以通过单引号加上一个特殊字符来换行，这个特殊字符就是\n，即反斜线符号加上字母 n。以下两个 print 语句的输出是相同的：

```
print """y(t) is
the position of
our ball."""
```

```
print 'y(t) is\nthe position of\nour ball.'
```

它们的输出都是

```
y(t) is
the position of
our ball.
```

1.2　计算机专业术语

现在要学习一些程序员们在谈论编程时经常使用的词汇，这种词汇叫作术语：算法、应用程序、赋值、空格（空白）、错误、代码、代码段、程序段、调试、执行、可执行、实现、输入、库、操作系统、输出、语句、语法、用户和验证，这些词汇中有些既是名词又是动词。作为日常用词时，这些词汇的含义和使用时的语境相关；但作为计算机编程的术语时，每个词汇的意义都是有明确定义的。

"程序"和"代码"可以互换。程序段/代码段指的是一个程序中的一段连续语句的集合。"应用程序"往往表达和"程序""代码"相同的含义。与此相关的"源代码"是指构成程序的文本。一个程序的源代码可以存放在一个或多个文本文件中。普通文本文件通常用 txt 作为扩展名；而程序文本文件（也就是源代码文件）的扩展名通常与使用的计算机语言相关，例如，Python 程序文件扩展名为 py，而 py 文件中的内容和 txt 文件中的纯文本是一样的。

"运行一个程序"和"执行一个程序"或"执行一个文件"是一回事，有时也说"跑一个程序"。对于 Python 语言系统，要执行的文件就是存储的程序文本文件，这个文件又叫"可执行文件"或"应用程序"。一个程序的文本文件可以有很多个，但可执行的往往只是其中的一个文件，通过这个文件来运行整个程序。运行文件有多种方式，例如，双击文件图标，在终端窗口中输入文件名，或者将文件名提供给某些程序。本书中的程序到目前为止都使用最后一种方法来运行：将文件名提供给程序 python 来运行，也就是通过执行一个叫 python 的程序来运行用 Python 语言写成的程序，可以理解为一个叫 python 的程序解读我们编写的 Python 程序文件中的文本。

"库"又叫"程序库"，用于称呼一组程序段（代码段）的集合，每个程序段完成某个特定功能，一个程序库是一组具有某种关系或属性的程序段的集合。库里面的代码段可以在不同的场景下被反复调用。调用程序库可以大大减少程序员的工作量，而且库里面的代码段一般都会比程序员自己编写的更好。Python 语言中拥有海量的库。Python 的库由"模块"和"包"组成。1.4 节会首次使用 math 模块，这个模块中有一些标准的数学函数，例如 $\sin x$、$\cos x$、$\ln x$、e^x、$\sinh x$、$\sin^{-1} x$ 等。后面还能见到更多实用的模块。Python 的"包"是"模块"的集合。Python 标准发行版已经配备了大量的包，而且还可以从互联网上下载更多的包，有需求时可以去 www.python.org/pypi 网站看看。其实编程任务中的很多功能别人已经实现了，所以找到一些别人已经编好的模块来使用是可能的。例如，很多程序员都遇到过要计算两个日期之间有多少天的问题，Python 有一个用来进行日期计算的模块——datetime 就可以很好地完成这个工作。

"算法"是问题求解步骤的描述，也是指导程序编写步骤的描述。本书前几章例子中的算法都非常简单，很难将它和程序文本区分开来。1.1 节的例子中的算法包括 3 个步骤：

（1）给变量 v_0、g 和 t 赋初值。

（2）根据式(1.1)为 y 求值。

（3）将 y 值显示到屏幕上。

Python 程序非常接近这个文本，但编程新手需要先用自然语言把任务写清楚，然后再编写成 Python 语言的代码。

本书后面章节中的例子就比较复杂了，在编写程序代码之前，需要精心地设计算法，算法往往比它对应的程序代码更简洁易懂。

"实现"是把算法编写成程序并测试的过程。测试阶段也被称为"验证"，程序文本编写完毕后，就需要验证程序是否能正确工作。程序产生结果，验证这些结果是一项非常重要而且麻烦的工作。

"错误"是指程序中产生了故障，定位和消除故障的过程称为"调试"。调试是计算机编程中最困难和最具挑战性的部分，程序员编写程序的绝大部分时间都是在调试。附录 F 中列举了一些调试的技巧。在维基百科中可以找到"故障"（bug）和"调试"（debug/debugging）这两个术语对应的奇怪英文单词的来历。

程序是由语句构成的。语句的类型有很多。例如

```
v0 = 3
```

是一个赋值语句，而

```
print y
```

是一个打印语句。通常情况下，一行是一个语句，但是如果语句之间用分号分隔，那么在一行上也可以写多条语句。再看一个例子：

```
v0 = 3; g = 9.81; t = 0.6
y = v0 * t - 0.5 * g * t**2
print y
```

很多编程新手都会认为自己能理解上面程序中每条语句的含义，这里要提醒一下：对于计算机程序和数学公式，其中使用的一些符号在含义和用法上都存在着重大差异。在数学上，带有等号（＝）的式子通常被当然地理解为"等式"，如 $x+2=5$，或"定义"，如 $f(x)=x^2+1$。但在很多计算机语言中（Python 就是如此），等号具有完全不同的含义，被称为"赋值"。赋值的左侧是一个变量，右侧为一个表达式。右侧的表达式通常为数值、变量和运算符的组合，当表达式计算出结果以后，这个结果的值要赋给左侧的变量。在上面的例子中，第一行将数值 3 赋给变量 v0，将数值 9.81 赋给变量 g，将数值 0.6 赋给变量 t，第二行语句首先计算右侧的表达式 v0 * t－0.5 * g * t**2，然后将结果数值赋给变量 y。

赋值和等号有什么不同呢？看下面的赋值语句：

```
y = y + 3
```

这个赋值语句在数学上是完全不成立的！但在程序中它是赋值语句,先计算右侧表达式 y＋3 的值,再将计算结果赋给变量 y。也就是说,首先给 y 的当前值加 3,然后将结果赋给 y。要特别注意的是,原先 y 的值被更新了。

可以把＝想象成一个箭头,就是 y＜－y＋3,箭头右侧表达式的计算结果被保存到箭头左侧的变量中。其实用于统计学计算的 R 语言就使用箭头,许多较老的编程语言,如 Algol、Simula 和 Pascal,则使用：＝来明确表示赋值,以区别于数学上的等号。

下面用一个例子来加深对变量赋值原理的理解：

```
y = 3
print y
y = y + 4
print y
y = y * y
print y
```

运行这个程序,结果会在屏幕上分 3 行显示 3 个数字：3、7、49。初学者要仔细阅读这个程序,直到确保自己理解每个语句的运行结果是什么。

用计算机语言编写的程序首先必须语法正确。程序文本的每一条语句都必须严格遵循所使用的计算机语言的规范。例如,Python 打印语句的语法是在单词 print 后面跟一个或多个空格,然后是要打印内容的表达式,如变量、用引号括起来的文字、数字等。计算机对语法的要求非常严格。例如,下面两行语句大家都很容易理解是要做什么：

```
myvar = 5.2
prinnt Myvar
```

但 Python 系统会在第二行报错：prinnt 是一个未知的指令,Myvar 是未定义的变量。实际运行时,首先只会报告第一个错误(拼写错误),一旦 Python 发现这个错误就会停止程序运行。改正了这个错误以后,计算机会发现并报告第二个错误。Python 能发现的所有语法错误都很容易修改,调试中真正的困难是找到并修正其余的错误,例如公式错误或操作顺序错误等。

Python 程序中的空格很特殊,有时很重要,有时不重要,要看具体情况。在 2.1.2 节中,某些空格对于程序的正确性是必不可少的。但在＝或者其他算术运算符周围,空格可有可无,例如,1.1.7 节的程序可以写成

```
v0 = 5; g = 9.81; t = 0.6; y = v0 * t - 0.5 * g * t**2; print y
```

但代码成了密密麻麻一串符号,阅读不便。其实代码和英语一样,单词、短语、符号和语句间的空格起到分隔作用,有利于提高程序代码的可读性,可读性对于发现程序中的错误和理解程序都是非常重要的,这些都是编程中最困难的事情。推荐在 Python 程序中,＝、＋和－符号两边各放置一个空格,而 ＊、/和＊＊两边都不放置空格,这样便于表达式的阅读。注意,print 之后必须有至少一个空格,print 是 Python 中的命令,而 printy 不能被识别,Python 会把 printy 当成一个未被定义的变量。

人与计算机程序交互时,通常会向程序提供一些信息,并且从程序里获得一些信息。程序必须获知的信息通常称为输入数据,简称输入；运行程序产生的结果称为输出数据,简称输出。上面示例中的 v0、g 和 t 需要输入,而 y 产生输出。一般程序在运行时先输入数据,再计算,然后输出结果。输入的方式有很多,可以在程序中以通过变量初始化完成,如上面的示例；也可以在程序运行时由用户通过键盘输入,参见第 4 章；还可以通过预先准备的文件输入。输出可以显示在终端窗口中,如上面的示例；也可以在屏幕上显示图形,参见

5.3 节；还可以存储到文件中供以后访问，参见 4.6 节。

"用户"这个词是指与程序进行交互的人。在用 Python 编程时，程序员既是的文本编辑器的用户，也是自己所编写的程序的用户。编程时，程序员很难想象出其他用户将如何与程序交互，往往用户会输入错误或者误解输出。编写用户易用的程序同样是非常具有挑战性的事情，这事主要取决于用户类型。作者在为本书开发程序时，是将普通读者视为典型用户的。

操作系统绝对是计算机系统的核心构件，它其实是一大堆程序的集合，用于管理计算机硬件和软件资源。目前主流计算机操作系统有 3 个：Windows、macOS(以前叫 Mac OS X)和 Linux。此外，手持设备使用 Android 和 iOS 操作系统。Windows 操作系统自 20 世纪 90 年代以来发布过多个重要的桌面版本：Windows 95/98/2000、Windows Me/XP/Vista、Windows 7、Windows 8 和 Windows 10。UNIX 早在 1970 年就出现了，并有许多不同的版本。现在最为常见的 UNIX 来自两个开源系统：Linux 和 FreeBSD UNIX。苹果公司 Mac 系列计算机使用的 macOS 操作系统的核心就是 FreeBSD UNIX。而 Linux 主要以多种发行版方式存在，Red Hat、Debian、Ubuntu 和 OpenSuse 都是目前最重要的发行版本。本书使用 UNIX 这个词代表从原始的 UNIX 系统演化而来的所有操作系统，包括 Solaris、FreeBSD、macOS 和所有 Linux 的发行版等。本书的读者应该清楚地知道自己使用的是什么操作系统。

用户通过一组程序来与操作系统交互，最常见的交互是查看目录中的文件和启动程序运行。用户可以在终端窗口中发出命令或使用图形化的程序与操作系统进行交互。例如，想要查看目录中的文件，在 UNIX 终端窗口中运行 ls(都是小写字母)命令，在 DOS(Windows)终端窗口中运行 dir(字母大写、小写或者大小写混合都可以)命令。可供选择的图形化程序很多，最常见的有：Windows 上的"文件资源管理器"，UNIX 上的 Nautilus 和 Konqueror，以及 Mac 上的 Finder。要启动程序运行的通常做法是双击文件图标或在终端窗口中输入程序的名称。

1.3 计算另一个公式：摄氏度与华氏度的转换

本节编写摄氏度与华氏度转换的程序。下面是把摄氏度转换为华氏度的公式：

$$F = \frac{9}{5}C + 32 \tag{1.3}$$

式(1.3)中 C 代表以摄氏度为单位的温度，F 代表相应的以华氏度为单位的温度。下面编写的计算机程序用于在已知 C 的情况下通过式(1.3)计算出 F。

1.3.1 容易被忽略的错误：整数除法

直接套用公式编程： 首先直接按照式(1.3)来写，代码如下：

```
C = 21
F = (9/5) * C + 32
print F
```

9/5 外的括号不是必需的，$(9/5) * C$ 和 $9/5 * C$ 在 Python 语言系统中计算结果相同，加括号主要是为了消除阅读时把 $9/5 * C$ 理解成 $9/(5 * C)$ 的问题。1.3.4 节会对这个问题展开讨论。

在 2.x 版本的 Python 上运行这个程序时，输出结果为 53。这个程序文件名为 c2f_v1.py，存放在本书的示例程序中，目录是 src/formulas(可以到本书程序包网站 http://hplgit.github.com/scipro-primer 上下载)。程序文件名中的 v1 是版本号，表示第 1 版。本书经常对一个应用开发多个程序版本，每个版本有一个版本号，但最终版没有版本号。

验证结果： 验证这个结果的正确性很容易，用计算器算一下 9/5 * 21+32，结果是 69.8，不是 53。哪里出错了？数据清晰，程序简单，公式也是正确的呀！

浮点除法和整数除法： 上面程序中的错误是数学软件中最常见的错误之一，但对于编程初学者来说并不容易察觉。许多计算机语言中存在两种类型的除法：浮点除法和整数除法。浮点除法就是通常数学中学到的除法：9/5 以十进制记数法表达为 1.8。

对于大部分计算机语言，整数 a 和 b 相除（a/b）的结果还是一个整数。从数学角度来看，这里存在商的小数部分如何处理的问题。对于 Python 语言，小数部分被截断，在数学上称为下舍入，也就是只保留整数部分，将小数部分直接丢弃。更确切地说，运算结果是满足 $b * c \leqslant a$ 的最大的整数 c。这意味着 9/5 的结果是 1，因为 $1 * 5 = 5 \leqslant 9$ 而 $2 * 5 = 10 > 9$。再如，1/5 结果是 0，这是因为 $0 * 5 \leqslant 1$ 且 $1 * 5 > 1$。再看一个例子：16/6，其结果为 2。

如果两个操作数 a 和 b 都是整数，许多计算机语言都会把除法运算 a/b 理解为整数除法，包括 FORTRAN、C、C++、Java 和 Python 2.x 在内。只要 a 或 b 其中有任何一个是实数（浮点数），那么 a/b 将按照数学中标准的浮点除法计算。在有些语言（例如 MATLAB 和 Python 3.x）中，即使两个操作数都是整数，也会把除法运算 a/b 理解为浮点除法。如果操作数之一是复数，则进行复数除法。

前面程序的问题是公式 $(9/5) * C + 32$ 的代码书写所带来的。该公式的计算过程：首先计算 9/5，因为 9 和 5 都被 Python 认为是为整数，所以 Python 2.x 计算 9/5 时执行整数除法，这一步的结果是 1；然后用 1 乘以 C，结果等于 21；最后，21 加上 32 等于 53，就是最终结果。

写出温度转换程序的正确版本并不难，但首先引入一个在 Python 编程中经常使用的术语会更好，这个术语叫作对象。

1.3.2　Python 中的对象

对于语句

```
C = 21
```

Python 把赋值符右侧的 21 识别为一个整数，并创建一个 int（整型）对象来保存 21 这个值，变量 C 就是这个 int 对象的名称。同样，如果代码是 C=21.0，Python 首先将 21.0 识别为一个实数，并因此创建一个 float（浮点型）对象来保存 21.0 这个值，C 是这个 float 对象的名称。事实上，任何赋值语句都具有左侧是变量名而右侧是对象的形式。可以这样说：Python 编程求解问题就是通过定义和改变对象的指令序列来实现的。

目前，尚不需要知道对象的真正意义，只要把 int 对象想成一个集合，或者说一个放着一个整数及相关信息的储物盒。这些信息被保存在计算机存储器中的某个地方，并且通过使用 C 这个名字，程序可以访问这些信息。现在的问题是，21 和 21.0 在数学上代表相同的数字，而在 Python 程序中却不同，21 产生了一个整型对象，而 21.0 产生了一个浮点型对象。

Python 中有很多对象类型，同时允许用户创建自定义对象类型。某些对象包含大量数据，而不仅仅是一个整数或一个实数。对于以下语句：

```
print 'A text with an integer %d and a float %f' % (2, 2.0)
```

一个没有被命名的 str（字符串）对象由一对引号标识，构成一段文本，然后打印这个 str 对象。可以用下面两条语句来说明如何做到这一点：

```
s = 'A text with an integer %d and a float %f' % (2, 2.0)
print s
```

1.3.3 避免整数除法

有一个经验法则是：数学公式编程时应该避免整数除法。也有一些情况，数学算法的确需要用到整数除法，Python 这时使用双斜线（//）作为整数除法运算符。

在 Python 3.x 中，只有指明才会使用整数除法，所以问题只出现在 Python 2.x（以及许多其他用于科学计算的常用编程语言）中。有很多方法可以避免在使用/符号时执行整数除法。在 Python 2.x 中最简单的补救办法是在每个使用除法的程序文件开头处（使用/操作符之前）写下这个语句：

```
from __future__ import division
```

另一种方法是在终端窗口的命令行中运行一个名为 someprogram.py 的 Python 程序，并使用-Qnew 参数：

Terminal>python –Qnew someprogram.py

一种适用性更为广泛的方法是将其中一个操作数强制转换成 float 对象，这种方法除了 Python 2.x，对于其他编程语言也适用。对于前面的例子，有很多种实现的方法：

```
F = (9.0/5) * C +32
F = (9/5.0) * C +32
F = float(C) * 9/5 +32
```

在前两行中，其中一个操作数被写成十进制实数，代表它是一个浮点型对象，因此执行浮点除法。在最后一行中，float(C) * 9 代表转换成浮点数以后的 C 与整数相乘，其结果是一个浮点型对象，所以也会执行浮点除法。

看一个结构类似的句子：

```
F = float(C) * (9/5) +32
```

得到的结果却不是我们想要的。因为在转换成浮点数的 C 做乘法之前，括号中的 9/5 就已经执行了整数除法并得到了结果——整数 1(1.3.4 节讨论复合运算的优先级问题)，公式变成了 F=C+32，就出错了。

明白了 v1 版本程序出错的原因后，就能知道可将程序修正如下：

```
C =21
F = (9.0/5) * C +32
print F
```

也可以只写 9.而不写 9.0(9 后面的小数点表示这个数是浮点数)。这个程序文件是 c2f.py，运行它就可以看到输出结果变为 69.8，这才是正确的。

定位潜在整数除法：在终端窗口中用-Qwarnall 参数运行 someprogram.py 程序。

Terminal>python –Qwarnall someprogram.py

那么在 Python 2.x 中，每当遇到整数除法表达式时，程序都会输出警告。

注意：在本书第一个例子里，如果不把公式 $\frac{1}{2}gt^2$ 写成 0.5 * g * t**2，而是写成(1/2) * g * t**2，那么这

个表达式恒为 0,这是很容易遇到的问题。

1.3.4 算术运算符和优先级

在 Python 程序中公式的求值方式和数学一致。Python 从左到右对表达式中的每一分项进行运算,项与项之间由加号或减号分隔。每一项里的指数操作优先于乘法和除法进行运算,如 a^b,在程序中写作 a**b。同样,像在数学中一样,可以使用括号来指定公式中运算的结合性与优先级。下面看两个例子:

- 5/9＋2 * a**4/2:①计算第一项 5/9(整数除法,结果为 0);②计算第二项 a^4(a**4);③用 2 乘以 a^4;④2 * a^4 的结果除以 2,得到第二项结果;⑤第一项的结果与第二项结果相加,最终结果是 a^4。
- 5/(9＋2) * a**(4/2):①计算 9＋2(结果为 11);②计算 5/11(整数除法,结果为 0);③计算 4/2(整数除法,结果为 2);④计算 a**2;⑤计算 0 * a^2,结果总是 0。

从这两个例子可以明显看出,程序员在编写计算数学公式的代码时,常常无意识地使用了整数除法。虽然在 Python 中可以关闭整数除法,但弄清楚整数除法的概念,养成良好的编程习惯更加重要。因为整数除法在许多常见的计算机语言中都有,所以最好是尽早学习如何处理它,而不是依赖于 Python 特有的功能来回避它。

1.4 求标准数学函数的值

科学计算中经常用到的数学函数有 sin、cos、tan、sinh、cosh、exp、log 等。科学型计算器上有这些函数的按钮。计算机程序设计语言中也类似地有现成的数学函数可以使用。虽然程序员也可以自己编写程序来实现函数求值,例如 sin(x)函数,但是编写出好用的常用数学函数是一个非常重大的课题。专家们花了几十年来研究这个课题,并将他们认为最好的算法编码实现,作为常用函数供大家直接使用。本节研讨在 Python 中如何使用现成的 sin、cos 等常用数学函数。

1.4.1 示例:使用平方根函数

问题: 对于向上竖直抛出的小球,向上的初始速度为 v_0,则高度 y 的公式为

$$y = v_0 t - \frac{1}{2} g t^2$$

其中 g 表示重力加速度,t 表示时间。计算小球到达高度 y_c 需要的时间,令 $y＝y_c$,则

$$y_c = v_0 t - \frac{1}{2} g t^2$$

这是一个以 t 为未知数的一元二次方程。对方程进行整理,得到

$$\frac{1}{2} g t^2 - v_0 t + y_c = 0$$

使用一元二次方程求根公式,得到

$$t_1 = (v_0 - \sqrt{v_0^2 - 2 g y_c})/g, \quad t_2 = (v_0 + \sqrt{v_0^2 - 2 g y_c})/g \tag{1.4}$$

该方程有两个解,因为小球在抛出向上运动($t＝t_1$)和下落时向下运动($t＝t_2 > t_1$)的过程中都会经过高度 y_c。

程序: 要根据式(1.4)求出 t_1 和 t_2,就需要使用平方根函数。在 Python 中,平方根函数和许多其他数学函数,如正弦(sin)、余弦(cos)、双曲正弦(sinh)、指数(exp)和对数(log)等,都可以在导入 math 模块后调用。使用 Python 模块之前必须先导入,使用语句 import math,然后就可以用 math. sqrt(a)计算变量 a 的平方根。在下面计算 t_1 和 t_2 的程序中,就可以看出如何使用这个函数:

```
v0 = 5
g = 9.81
```

```
yc =0.2
import math
t1 = (v0 -math.sqrt(v0**2 -2 * g * yc))/g
t2 = (v0 +math.sqrt(v0**2 -2 * g * yc))/g
print 'At t=%g s and %g s, the height is %g m.' % (t1, t2, yc)
```

程序的输出是

```
At t=0.0417064 s and 0.977662 s, the height is 0.2 m.
```

这个程序在 src/formulas 目录中，文件名是 ball_yc. py。

两种导入模块的方式：导入模块（例如 math 模块）的标准方式是

```
import math
```

然后，在使用函数时，在函数名之前加模块名和"."（称为模块名前缀）来访问模块中的各个函数：

```
x =math.sqrt(y)
```

经常使用数学函数会觉得 math. sqrt(y)使用起来没有 sqrt(y)那么简便。万幸的是 Python 还提供了另一种导入语句，可以略过模块名前缀。这种导入语句的形式是 from module import function。上面的例子就可以写成

```
from math import sqrt
```

然后就可以直接使用 sqrt 而不需要 math. 前缀。用这种方式还可以同时导入多个函数：

```
from math import sqrt, exp, log, sin
```

甚至可以一次导入模块内的所有函数，导入语句为

```
from math import *
```

math 模块中包括 sin、cos、tan、asin、acos、atan、sinh、cosh、tanh、exp、log（以 e 为底）、log10（以 10 为底）、sqrt 等函数以及重要的常数 e 和 pi。使用星号（ * ）可以从一个模块导入所有的函数和常数。这样虽然方便，但会导致程序中被引入大量其实并不需要使用的函数名，而对于这些函数名，程序中用户就不能再自己定义并使用了。尽管如此，由于 from math import * 语句简洁方便，大家在实际中仍喜欢使用它。

通过使用 from math import sqrt 语句，可以把公式代码写得更清爽：

```
t1 = (v0 -sqrt(v0**2 -2 * g * yc))/g
t2 = (v0 +sqrt(v0**2 -2 * g * yc))/g
```

导入并重新命名：在导入语句中可以给导入的模块和函数重新命名，例如：

```
import math as m
#m is now the name of the math module
```

```
v =m.sin(m.pi)

from math import log as ln
v =ln(5)

from math import sin as s, cos as c, log as ln
v =s(x) * c(x) +ln(x)
```

在 Python 中,任何东西都是一个对象。变量是对象,因此新变量既可以代表模块和函数,又可以代表数字和字符串。上面重新命名的示例也可以通过显式地引入新变量来实现:

```
m =math
ln =m.log
s =m.sin
c =m.cos
```

1.4.2　示例: 计算 sinh x

本示例讲述从 math 模块中调用数学函数的方法。先来看双曲线正弦 $\sinh x$ 函数的定义:

$$\sinh x = \frac{1}{2}(e^x - e^{-x}) \tag{1.5}$$

可以用 3 种方法求 $\sinh x$ 的值:①调用 math. sinh;②使用 math. exp 计算式(1.5)右侧的表达式;③进一步细化式(1.5)右侧的表达式计算,导入常数 e 并以指数方式(e**x 和 e**(−x))完成计算。该程序在本书程序包中的文件名是 3sinh. py,程序的核心代码如下:

```
from math import sinh, exp, e, pi
x =2 * pi
r1 =sinh(x)
r2 =0.5 * (exp(x) -exp(-x))
r3 =0.5 * (e**x -e**(-x))
print r1, r2, r3
```

程序的输出表明这 3 种计算方法得出的结果相同:

```
267.744894041 267.744894041 267.744894041
```

1.4.3　初窥舍入误差

在前面的例子中使用了 3 种数学上等价的方法来计算,然后用 print 输出这 3 个方法的计算结果,看到所得数值结果是相等的。其实这不是事情的全部,如果打印 r1、r2、r3 到小数点后 16 位:

```
print '%.16f %.16f %.16f' % (r1,r2,r3)
```

这个语句的输出结果如下:

```
267.7448940410164369 267.7448940410164369 267.7448940410163232
```

17

可以看到：r1 和 r2 还是相等,但 r3 的最后 4 位数字与 r1 和 r2 不同。为什么会这样呢?

上面的程序使用实数进行计算,实际的实数往往有无限位小数,而计算机存储空间有限,只能将无限位小数截为有限位。目前计算机的通用标准是保留一个相当于十进制实数的约 17 位有效数字。本书不去深究截断究竟是如何实现的,维基百科里有这个问题的答案(http://en. wikipedia. org/wiki/Floating_point_number),这里只提醒读者,计算机上的绝大部分实数都是近似的,从而存在小的误差,只有少数实数是精确的。

因此,大多数算术运算是对不精确的实数的运算,结果可能更加不精确,也就是说误差会积累和传播。计算 1/49 * 49 和 1/51 * 51,这两个表达式在数学上结果都等于 1,但在 Python 中计算时,

```
print '%.16f %.16f' % (1/49.0 * 49, 1/51.0 * 51)
```

结果是

```
0.9999999999999999 1.0000000000000000
```

在第一种情况下误差就表现出来了,而第二种情况的误差没有表现出来。

总而言之,浮点数存在误差,数学计算会传递误差,运算结果只是数学精确值的近似。这种运算结果的误差通常称为舍入误差。在所有计算机语言的程序设计中都会经常遇到舍入误差。

Python 有一个特殊的 decimal 模块,如果用 SymPy 包里面的 mpmath 模块来替代它,就可以允许程序员自行调节实数表示的精度,从而控制舍入误差尽可能地小(3.1.12 节末尾有一个这样的例子)。然而这些模块很少用到,比起舍入误差,本书中使用的许多数学方法所引入的近似误差往往要大得多。

1.5 交互式计算

Python 的一个特别方便的特性是能够交互地执行语句和为表达式求值。可以交互式编写程序的环境就是 Python shell。最简单的 Python shell 只需在终端窗口中输入 python 命令即可进入。若出现提示符＞＞＞,就说明 Python shell 启动了,同时会显示一些关于 Python 系统的信息。此时在提示符＞＞＞后面就可以输入命令,包括 Python 语句或表达式。交互式 Python shell 可以作为计算器使用。在提示符后输入 3 * 4.5－0.5,然后按回车键,就会看到 Python 对这个表达式的回应:

```
Terminal> python
Python 2.7.15 (v2.7.15:ca079a3ea3, Apr 30 2018, 16:30:26) [MSC v.1500 64 bit (AMD64)] on win32
Type "help", "copyright", "credits" or "license" for more information.
>>>3 * 4.5 - 0.5
13.0
>>>
```

这里提示使用的是支持 64 位 Windows 环境的 Python 2.7.15 版本的 Python shell。

提示符＞＞＞之后的一行文字是用户输入的(shell 输入),不带＞＞＞提示符的文本是 Python 的计算结果(shell 输出)。在 Python shell 下很容易恢复先前的输入并进行编辑,这个编辑功能可以使用户更方便地验证语句和表达式的使用。

1.5.1 使用 Python shell

1.1.7 节中的程序可以被逐行地输入到 Python shell 中:

```
>>>v0 = 5
>>>g = 9.81
>>>t = 0.6
>>>y = v0 * t - 0.5 * g * t**2
>>>print y
1.2342
```

计算 v0 的另一个值所对应的 y 的值也很容易：按键盘的向上方向键↑和向下方向键↓来选择之前的语句，直到 v0＝5 这条语句，然后按回车键，这条语句就到了当前提示符后面。然后就可以使用左右方向键←和→来定位光标，编辑这一行语句，例如把 5 改为 6：

```
>>>v0=6
```

按回车键就会执行这个语句。通过输入 v0 或者 print v0 来查看当前 v0 的值：

```
>>>v0
6
>>>print v0
6
```

下一步是用这个新的 v0 值重新计算 y 的值。多次按向上方向键↑回到对 y 赋值的语句，按回车键，对 y 赋值的语句就会出现在当前提示符后面，再按回车键，对 y 赋值的语句就又执行了一次，只不过这次的 v0 值已经变为 6。输入 y 或 print y 来查看计算的结果：

```
>>>y = v0 * t - 0.5 * g * t**2
>>>y
1.8341999999999996
>>>print y
1.8342
```

之所以得到两个稍有不同的结果，是因为只输入 y 时，显示的是所有存储在计算机里的 y 的小数位（16 位）；而输入命令 print y 时，输出 y 的总宽度是 6 位，小数位就少了。1.4.3 节提到过计算机上的计算必然有舍入误差，这个计算也不例外，本来这个示例的精确答案就是 1.8342，计算导致了第 16 位小数上的误差，误差值是 4×10^{-16}。

1.5.2　类型转换

使用 Python 变量时，一般不必关心这些变量所代表的对象类型。尽管如此，在 1.3.1 节还是遇到了整数除法这样一个严重的问题，所以要小心地处理计算对象类型。交互式 shell 对于探索性问题非常方便、有用。下面的例子演示了 type 函数的用法和如何将对象从一种类型转换为另一种类型。

首先创建一个命名为 C 的 int 对象，用 type(C) 查看它的类型：

```
>>>C = 21
>>>type(C)
<type 'int'>
```

下面把这个 int 对象转换成 float 对象：

```
>>>C = float(C)      #type conversion
>>>type(C)
<type 'float'>
>>>C
21.0
```

在 C＝float(C)语句中，用原来 C 所代表的对象创建了一个新的对象，并同样用 C 来命名它，所以这个语句前后两个 C 所指向的对象是不同的。要特别注意，原来的值为 21 的 int 对象再也没有了（因为它的名字没有了，没有办法再访问），实际上原来的值为 21 的 int 对象 C 已被 Python 自动删除，存储该对象的数据的空间由系统回收了。

也可以将 float 对象转换成 int 对象：

```
>>>C = 20.9
>>>type(C)
<type 'float'>
>>>D = int(C)           #type conversion
>>>type(D)
<type 'int'>
>>>D
20                      #decimals are truncated
```

这说明可以通过 v＝MyType(v)将变量 v 转换成 MyType 类型，前提是这个转换要有意义。

上面的例子将对象从 float 类型转换成 int 类型，这个操作直接舍弃小数部分。如果要得到数学里的四舍五入的结果，可以通过 round 函数实现：

```
>>>round(20.9)
21.0
>>>int(round(20.9))
21
```

1.5.3   IPython

有很多在标准 Python shell 基础上改进的交互式 shell。作者首选 IPython 作为交互式 Python shell。首先需要安装 IPython，可以根据 IPython 网站的建议，下载 Anaconda 安装包，这个安装包带有比较完整的管理功能，其中就有 IPython 和多个集成化开发环境，包括比较常用的 Spyder 环境。Anaconda 安装完成后，IPython 就可以使用了，在终端窗口中输入 ipython 来启动 IPython，启动后的窗口如图 1.1 所示。

IPython 默认的提示符不是＞＞＞，而是 In [X]：其中 X 是当前已输入命令的数目。下面介绍一些在 IPython 中最常用的特性。

运行程序：Python 程序可以在 IPython 中运行：

```
In [1]: run ball2.py
1.2342
```

运行该命令之前，请确保先进入程序文件 ball2. py 所在的目录，然后再运行 IPython。

在 Windows 系统中可以从 DOS 窗口、CMD 窗口或 PowerShell 窗口通过命令行启动 IPython，也可以通过文件资源管理器启动 IPython，方法是双击 IPython 桌面图标或使用开始菜单，当然还有其他一些方法。启

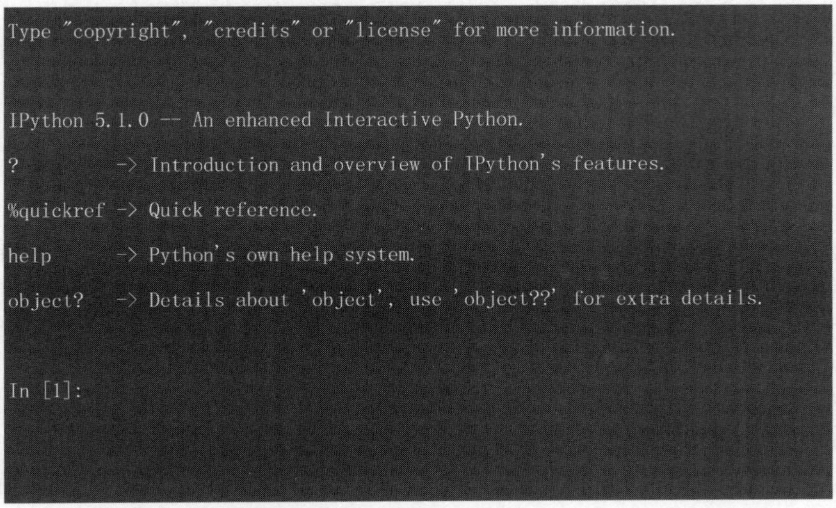

图 1.1　IPython 启动后的窗口

动 IPython 后,必须将当前目录改变为程序所在的目录。改变目录由 os 模块的 chdir 命令实现,如果 ball2. py 程序被放在用户 me 的 My Documents 目录下的 div 目录里,输入以下的内容:

```
In [1]: import os
In [2]: os.chdir(r'C:\Documents and Settings\me\My Documents\div')
In [3]: run ball2.py
```

上面的字符串中引号之前的字母 r 是必不可少的,它让反斜线表示反斜线字符本身。如果想避免每次进入 IPython shell 的时候都要输 os. chdir 命令,那么可以将此命令(和其他这样的命令)放置在一个启动文件里,这样在每次启动 IPython 的时候,它们会自动执行。

在 IPython 中可以调用操作系统命令,用 UNIX 或 Windows 的 cd 命令就进入上面提到的目录中,而不再使用 IPython 的 os. chdir 命令:

```
In [2]: cd C:\Documents and Settings\me\My Documents\div
In [3]: run ball2.py
```

作者建议使用 IPython shell 来运行和调试 Python 程序,当程序出现问题时,IPython 可以帮助程序员检查变量的状态,以便程序员更快地找到错误。

本书运行 Python 程序的格式约定

　　在本书的余下部分,当要表达"程序的执行"时只写程序名和输出:

```
ball2.py
1.2342
```

　　在 IPython 中运行该程序时,需要在程序名前面输入 run 和至少一个空格。如果直接在终端窗口中运行该程序,需要在程序名前面输入 python 和至少一个空格。附录 H 的 H.5 节中还介绍了很多运行 Python 程序的方法。

　　快速恢复之前的输出: 在 IPython 交互环境中,如果需要使用前面语句的执行结果,可以通过格式为_iX(下画线、i 和一个数字 X)的变量来完成，X 为 1 代表最后一条语句，为 2 代表倒数第二条语句，以此类推。还可以采用下画线作为缩写形式来引用变量，_代表_i1，_ _代表_i2，_ _ _代表_i3。上面的 In [1]的结果是1.2342，通过下画线来引用，把它乘以 10，就是

```
In [2]: _ * 10
Out[2]: 12.341999999999999
```

IPython 的语句或表达式的输出以 Out[X]来标识，其中的命令数字 X 就是语句 In [X]中相对应的数字。如果通过 run 命令来执行程序或者执行操作系统的命令，结果都是从操作系统输出，没有 Out[X]标识。

和标准 Python shell 一样，IPython shell 交互会话中先前的命令可以再次编辑并使用，参见 1.5.1 节。同样通过按向上的方向键↑来调用历史命令并根据需要编辑修改它，按回车键后再次执行。

Tab 补齐：按 Tab 键可以补齐一个还没有输入完的函数名、关键词、变量名、环境名等。例如，定义 my_long_variable_name=4 之后，在 In [X]提示符后输入 my，然后按 Tab 键，就会发现后面出现一个以 my 开头的词汇列表，包括刚刚定义的变量 my_long_variable_name，如图 1.2 所示，然后用上下方向键来选择就可以了。这个自动功能叫作 Tab 补齐，它不但可以简化输入工作，而且有索引的意义。

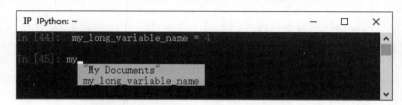

图 1.2　Tab 补齐

恢复以前的命令：在查看命令的历史记录时，用 Ctrl＋P 键或向上的方向键查看前面一条命令，也可以用 Ctrl＋N 键或向下的方向键查看后面一条命令。被选中的命令都可以被编辑和重新执行，以前在 IPython shell 中使用过的命令也存储在命令历史记录中，可以恢复出来。

运行 UNIX/Windows 命令：在 IPython shell 中可以直接运行操作系统命令。下面是运行 UNIX 命令 date、ls、mkdir 和 cd 的示例：

```
In [5]: date
Thu Nov 18 11:06:16 CET 2010

In [6]: ls
myfile.py yourprog.py

In [7]: mkdir mytestdir

In [8]: cd mytestdir
```

如果程序中曾经使用与操作系统的命令相同的词作为 Python 里的变量名，例如，date＝30，那么在运行操作系统命令时前面要加"!"，也就是输入! date 才能运行相应的操作系统命令。为了避免混乱，可以直接在所有操作系统命令前加"!"再使用。

IPython 可以做的比这里列举的要多得多，但在积累足够多的 Python 编程经验和熟悉本书之前，很多功能和相关的文档资料对于初学者而言可能很难理解，目前用处暂时不大。

本书中交互式 shell 的格式约定

在本书的余下部分里,在交互会话中一直使用＞＞＞作为提示符,而不使用 IPython 中默认的 In [X]和 Out[X]作为提示。因为大部分的 Python 教材或者电子文档都用＞＞＞来表示交互式 shell 里输入的提示符。不过使用 IPython 的时候,看到的提示符就是 In [X]而不是＞＞＞。

Notebook: IPython 的一个特别有趣的特性就是其 Notebook,它允许用户使用文本、数学表达式、Python 代码和图形的混合来记录和回放探索性的交互式会话。附录 H 的 H.4 节中对 IPython Notebook 有简单介绍。IPython Notebook 现在的名字叫作 Jupyter Notebook。要知道关于该工具的详细介绍,可以访问 http://ipython.org/notebook.html。

1.6　复数

对于方程 $x^2=2$,大多数人知道 $x=\sqrt{2}$ 是方程的一个解。对数学更感兴趣的读者会说,$x=-\sqrt{2}$ 也是方程的解。但对于方程 $x^2=-2$,对于复数不了解的人很难得出答案。复数在科学上应用非常广泛,因此程序中能够使用这样的数字是十分重要的。

接下来的内容,将把前面讲到的计算从实数扩展到复数。这部分内容是可选的,当前对复数不感兴趣的读者可以放心地跳过本节,直接转到 1.8 节。

一个复数由一对实数 a 和 b 构成,通常写作 $a+bi$ 或 $a+ib$,其中 i 称为虚数单位并作为第二项的标签,a 和 bi 分别称为实部和虚部。数学上,定义 $i=\sqrt{-1}$。对于实数 b,bi 就是虚数,也可以记作 ib。虚数的一个重要特征就是它定义了负数的平方根,例如,$\sqrt{-2}=\sqrt{2}i$,即 $\sqrt{2}\sqrt{-1}$。因此 $x^2=-2$ 的解是 $x_1=+\sqrt{2}i$ 和 $x_2=-\sqrt{2}i$。

两个复数之间有加、减、乘和除的规则,还有将复数作为实数的指数的规则,以及对于一个复数 $z=a+ib$ 计算 $\sin z$、$\cos z$、$\tan z$、e^z、$\ln z$、$\sinh z$、$\cosh z$、$\tanh z$ 的规则。下面假设读者熟悉复数的数学运算,至少能理解示例程序中的这些运算。

令:$u=a+bi$,$v=c+di$(a、b、c、d 均为实数),则有下面的复数运算规则:

$$u = v \Rightarrow a = c, b = d$$

$$-u = -a - bi$$

$$u^* \equiv a - bi(\text{复数共轭})$$

$$u + v = (a+c) + (b+d)i$$

$$u - v = (a-c) + (b-d)i$$

$$uv = (ac - bd) + (bc + ad)i$$

$$u/v = \frac{ac+bd}{c^2+d^2} + \frac{bc-ad}{c^2+d^2}i$$

$$|u| = \sqrt{a^2+b^2}$$

$$e^{iq} = \cos q + i\sin q$$

1.6.1　Python 中的复数运算

Python 支持复数运算。虚数单位在 Python 里写为 j,而不是像数学里那样写为 i。因此,复数 $2-3i$ 在 Python 中表示为 $2-3j$。要注意的是 i 这个数写为 1j,而不只是 j。下面是涉及复数定义和一些简单运算的会话示例:

```
>>>u = 2.5 + 3j        #create a complex number
>>>v = 2               #this is an int
```

```
>>>w =u +v               #complex +int
>>>w
(4.5+3j)
>>>a =-2
>>>b =0.5
>>>s =a +b * 1j          #create a complex number from two floats
>>>s =complex(a, b)      #alternative creation
>>>s
(-2+0.5j)
>>>s * w                 #complex * complex
(-10.5-3.75j)
>>>s/w                   #complex/complex
(-0.25641025641025639+0.28205128205128205j)
```

一个复数对象 s 具有提取实部（real）、虚部（image）和计算其共轭（conjugate）的功能：

```
>>>s.real
-2.0
>>>s.imag
0.5
>>>s.conjugate()
(-2-0.5j)
```

1.6.2　Python 中的复函数

对于一个复数，前面的正弦函数无法直接使用：

```
>>>from math import sin
>>>r =sin(w)
Traceback (most recent call last):
  File "<input>", line 1, in ?
TypeError: can't convert complex to float; use abs(z)
```

原因是从 math 模块导入的 sin 函数只能以实数（浮点数）作为参数，而不能用于复数。在与之类似的模块 cmath 中定义了处理复数的函数，输入参数和返回结果都是复数。下面的例子使用 cmath 模块展示 $\sin ai = i \sinh a$ 的情况：

```
>>>from cmath import sin, sinh
>>>r1 =sin(8j)
>>>r1
1490.4788257895502j
>>>r2 =1j * sinh(8)
>>>r2
1490.4788257895502j
```

另一个相等关系是 $e^{iq} = \cos q + i \sin q$，验证如下：

```
>>>q =8         #some arbitrary number
>>>exp(1j * q)
```

```
(-0.14550003380861354+0.98935824662338179j)
>>>cos(q) +1j * sin(q)
(-0.14550003380861354+0.98935824662338179j)
```

1.6.3 实数函数与复数函数的统一处理

cmath 模块中函数的返回值总是复数,但我们希望函数在结果是一个实数的时候返回一个浮点对象,而在结果是一个复数时返回一个复数对象。Numerical Python(NumPy)库中包含了 math 和 cmath 模块中的基本数学函数,并实现了这种需求。通过以下导入语句

```
from numpy.lib.scimath import *
```

就可以使用这些灵活的数学函数了。这些函数也可以用以下两条语句中的任何一条导入:

```
from scipy import *
from scitools.std import *
```

下面介绍如何使用它们。首先使用 math 模块里的 sqrt 函数:

```
>>>from math import sqrt
>>>sqrt(4)          #float
2.0
>>>sqrt(-1)          #illegal Traceback (most recent call last)
  File "<input>", line 1, in ?
ValueError: math domain error
```

但如果从 cmath 里导入 sqrt 函数:

```
>>>from cmath import sqrt
```

先前的 sqrt 函数将被新导入的版本所覆盖。更确切地说,之前 sqrt 这个名字被绑定在从 math 模块中导入的 sqrt 函数上,而现在被绑定在从 cmath 模块中导入的 sqrt 函数上,此时任何数求平方根的结果都会是一个 complex 对象:

```
>>>sqrt(4)          #complex
(2+0j)
>>>sqrt(-1)          #complex
1j
```

如果用

```
>>>from numpy.lib.scimath import *
```

那么就和其他函数一起导入了一个新的 sqrt 函数。这个函数的执行速度比 math 和 cmath 里的版本都慢,但它更灵活。如果在数学上正确,它返回 float 型结果,否则,它返回 complex 型结果:

```
>>>sqrt(4)          #float
2.0
>>>sqrt(-1)         #complex
1j
```

为了进一步演示这个模块的函数对复数和实数进行灵活处理的能力,下面用二次方程 $f(x) = ax^2 + bx + c$ 的求根公式来编程:

```
>>>a =1; b =2; c =100              #polynomial coefficients
>>>from numpy.lib.scimath import sqrt
>>>r1 = (-b +sqrt(b**2 -4 * a * c))/(2 * a)
>>>r2 = (-b -sqrt(b**2 -4 * a * c))/(2 * a)
>>>r1
(-1+9.94987437107j)
>>>r2
(-1-9.94987437107j)
```

通过使用向上的方向键回到定义初始系数的语句,改变它们的值以使平方根变为实数:

```
>>>a =1; b =4; c =1               #polynomial coefficients
```

再一次计算 r1 和 r2,得到

```
>>>r1
-0.267949192431
>>>r2
-3.73205080757
```

可以看到这两个根都是 float 型对象。如果使用 cmath 模块中的 sqrt 函数,r1 和 r2 将永远是复数对象,而 math 模块中的 sqrt 函数不能处理上述第一种(复数)情况。

1.7　符号计算

　　Python 有一个用于进行符号计算的 SymPy 包,可完成包括积分、微分、方程求解和泰勒级数展开等常见的数学运算的符号化计算。本节只是 SymPy 包的一个简介,目的是引起读者对其强大功能的关注。

　　与 SymPy 交互时建议使用 IPython,也可以使用 isympy 自带的交互 shell,它和 SymPy 一起安装。

　　下面的实例中所有符号都是从 SymPy 中一个一个地导入的,以加深读者的印象。例如,从 math 模块导入的正弦函数只能对实数进行运算,而从 SymPy 包导入的正弦函数就可以对符号表达式进行计算。

1.7.1　基本的微分和积分

　　下面的例子先对公式 $v_0 t - \frac{1}{2} g t^2$ 中的 t 求微分,然后对微分的结果进行积分,得到原公式,其实这对于 Python 是一件很容易的事:

```
>>>from sympy import (
... symbols,      #define mathematical symbols for symbolic math
... diff,         #differentiate expressions
```

```
··· integrate,                        #integrate expressions
··· Rational,                        #define rational numbers
··· lambdify,                        #turn symbolic expressions into Python functions
··· )
>>>t, v0, g =symbols('t v0 g')
>>>y =v0 * t -Rational(1,2) * g * t**2
>>>dydt =diff(y, t)
>>>dydt
-g * t +v0
>>>print 'acceleration:', diff(y, t, t)  #2nd derivative acceleration: -g
>>>y2 =integrate(dydt, t)
>>>y2
-g * t**2/2 +t * v0
```

注意，这里的 t 是一个符号变量，不是数值计算中的 float 型变量。与 y 相关的变量，如 y2，都是符号表达式，也不是数值计算中的 float 型变量。

SymPy 还有一个非常方便的特性：通过 lambdify 函数将符号表达式转变成普通 Python 函数。Python 函数的概念将在第 3 章介绍，这里在讨论 lambdify 时，需要解释一下 lambdify 是怎么把符号表达式转换成普通的 Python 函数的。还是以上面的 dydt 表达式为例，看看如何把它变成一个用于数值计算的 Python 函数 v(t, v0, g)，代码如下：

```
>>>v =lambdify([t, v0, g], dydt)  #arguments in v symbolic expression
>>>v(t=0, v0=5, g=9.81)
5
>>>v(2, 5, 9.81)
-14.62
>>>5 -9.81 * 2                   #control the previous calculation
-14.62
```

1.7.2　方程求解

线性方程式就是表达式 e 等于 0($e=0$)的形式。如果 t 是方程式中的未知数（符号），可以通过 solve(e, t)来求解。对于上面的例子，可按如下方式求得 y=0 的根：

```
>>>from sympy import solve
>>>roots =solve(y, t)
>>>roots
[0, 2 * v0/g]
```

通过把结果代入 y 中可以检查这个答案的正确性。函数 e.subs(e1,e2)就是把表达式 e 中的子表达式 e1 用 e2 代替后所得的结果。继续上面的例子，可以看到

```
>>>y.subs(t, roots[0])
0
>>>y.subs(t, roots[1])
0
```

27

1.7.3 泰勒级数和其他

关于变量 t 的表达式在 t_0 处的 n 级泰勒级数可以通过 e.series(t，t0，n) 来计算。下面用 e^t 和 $e^{\sin t}$ 进行测试：

```
>>>from sympy import exp, sin, cos
>>>f =exp(t)
>>>f.series(t, 0, 3)
1+t +t**2/2 +O(t**3)
>>>f =exp(sin(t))
>>>f.series(t, 0, 8)
1+t +t**2/2 -t**4/8 -t**5/15 -t**6/240 +t**7/90 +O(t**8)
```

甚至可以为数学表达式输出其 latex 格式：

```
>>>from sympy import latex
>>>print latex(f.series(t, 0, 7))
'1 +t +\frac{t^{2}}{2} -\frac{t^{4}}{8} -
\frac{t^{5}}{15} \frac{t^{6}}{240} +\mathcal{O}\left(t^{7}\right)'
```

最后展示扩展和化简表达式的相关函数：

```
>>>from sympy import simplify, expand
>>>x, y =symbols('x y')
>>>f =-sin(x) * sin(y)+cos(x) * cos(y)
>>>simplify(f)
cos(x +y)
>>>expand(sin(x+y), trig=True)     #requires a trigonometric hint
sin(x) * cos(y)+sin(y) * cos(x)
```

后面的章节中还会用 SymPy 处理一些与代数相关的工作，但本书主要内容还是针对数值计算的。

1.8 本章小结

1.8.1 本章主题

程序必须准确！

程序是存储在文本文件中的一系列语句的集合。Python 语句可以在 Python shell 中交互地执行。任何语句中的任何错误都可能导致程序终止运行或得出错误的结果。计算机只会精确地完成程序员告诉它要做的事！

变量

下面的语句定义了一个名为 some_variable 的变量：

```
some_variable =obj
```

这个变量指向对象 obj。这里 obj 也可能是一个表达式，例如，结果为 Python 对象的公式 1＋2.5 表示一个 int 对象和一个 float 对象相加，结果是 float 对象。变量名称可以包含大小写英文字母、下画线和数字 0～9，但不能以数字开头。变量名也不能是 Python 系统的保留字。

如果编程求解的问题有精确的数学描述,那么程序中的变量名应该与数学描述中的变量名一致。对于那些没有数学符号定义的量,应该使用描述性的变量名,也就是具备解释该变量功能的名称。好的变量名有利于提高程序的可读性,对程序的调试、扩展、使用都非常重要,此外还能减少程序的注释。

注释(行)

每一行中 # 之后的所有内容都会被 Python 忽略,可以用来自由地插入文本,称为注释。注释的目的是用自然语言来记录编程时的想法、解释程序结构、说明语句中的各种特性等,以便人能更好地阅读和理解程序。当然,一些比较晦涩的变量名也需要注释。

对象类型

Python 中有许多不同类型的对象。本章使用了以下类型:

- 整数,其 Python 对象类型名为 int。例如:

```
x10=3
XYZ=2
```

- 浮点数,有些计算机语言称之为实数,其 Python 对象类型名为 float。例如:

```
max_temperature=3.0
minTemp=1/6.0
```

- 字符串,其 Python 对象类型名为 str。例如:

```
a ='This is a piece of text\nover two lines.'
b ="Strings are enclosed in single or double quotes."
c ="""Triple-quoted strings can
span
several lines.
"""
```

- 复数,其 Python 对象类型名为 complex。例如:

```
a =2.5 +3j
real =6; imag =3.1
b =complex(real, imag)
```

运算符

Python 的算术表达式中的运算符遵循数学中的规则:括号优先级最高,幂运算优先于乘法和除法,加法和减法最后求值。建议多使用括号来给数学表达式分组,以使表达式更加清晰。例如:

```
-t**2 * g/2
- (t**2) * (g/2)          #equivalent
-t**(2 * g)/2             #a different formula!

a =5.0; b =5.0; c =5.0
a/b +c +a * c            #yields 31.0
a/(b +c)+a * c           #yields 25.5
a/(b +c +a) * c          #yields 1.6666666666666665
```

还有一个编程风格上的建议：在＝、＋和－运算符两边加上空格；在 ＊ 和/运算符两边不加空格，而是直接写变量。这样也有利于提高表达式的可读性。

编程时对分数要特别注意，因为分数中的分数线对应的除法运算符两侧的分子和分母通常需要加括号才能保证表达式的正确。例如，分数

$$\frac{a+b}{c+d}$$

在程序中应该写成(a＋b)/(c＋d)，而 a＋b/c＋d、(a＋b)/c＋d 和 a＋b/(c＋d)结果都是错误的。

常用数学函数

Python 中的 math 模块包含一些常用实数函数，该模块中的函数必须先被导入才能使用。有 3 种方式可以从该模块中导入函数：

```
# Import of module - functions requires prefix
import math
a = math.sin(math.pi * 1.5)

# Import of individual functions - no prefix in function calls
from math import sin, pi
a = sin(pi * 1.5)

# Import everything from a module - no prefix in function calls
from math import *
a = sin(pi * 1.5)
```

打印

要将 Python 程序的计算结果输出到终端上，最常用、最简单的方法就是使用 print 命令。在 print 后面加上一个字符串或者一个变量：

```
print "A string enclosed in double quotes"
print a
```

一个语句可以打印多个对象，对象之间用逗号分隔。输出时对象之间用一个空格分隔：

```
>>>a = 5.0; b = -5.0; c = 1.9856; d = 33
>>>print 'a is', a, 'b is', b, 'c and d are', c, d
a is 5.0 b is -5.0 c and d are 1.9856 33
```

使用 printf 语法可以完全控制实数和整数的输出格式：

```
>>>print 'a=%g, b=%12.4E, c=%.2f, d=%5d' %(a, b, c, d)
a=5, b=-5.0000E+00, c=1.99, d=   33
```

其中，a、b 和 c 都是 float 型，并分别用以下的格式输出：a 为紧凑格式，用％g 指定；b 采用字段宽度为12、精度为 4 位小数的科学记数法格式，用％12.4E 指定；c 用紧凑的、精度为 2 位小数的十进制记数法格式，用％.2f 指定；d 用一个字段宽度为 5 的整数(int 型)表示，用％5d 指定。

小心整数除法陷阱！

在 Python 2.x 中，数学计算中的一个常见错误是：两个整数做除法时可能会执行整数除法（而

非浮点数除法)。

- 任何未带小数位的数字都当作整数。为了避免整数除法,要确保每个除法运算中至少有一个实数,例如 9/5 要写成 9.0/5、9./5、9/5. 或 9/5.0。
- 在用变量表示的表达式中,如 a/b,要确保 a 或 b 有一个是 float 型对象,如果没有或不确定,要进行显式转换,即 float(a)/b 或者 a/float(b),以保证执行的是浮点数除法。
- 如果需要运行整数除法,使用双斜线,如 a//b。
- 在 Python 3.x 中,即便 a 和 b 都是整数,a/b 执行的也是浮点数除法。

复数

复数的值被写成 X+Yj 的形式,其中 X 是实部的值,Y 是虚部的值,如 4－0.2j。如果实部和虚部用变量 r 和 i 表示,那么可以通过 complex(r,i) 生成一个复数。

如果参数是复数,那么应该使用 cmath 模块而不是 math 模块里的数学函数进行运算。NumPy 包也提供了类似的数学函数,它们还能够把实数和复数进行统一处理。

术语

下面对本章中用到一些 Python 和计算机科学中术语作简要回顾。

- 对象:Python 中变量(名)可以代表任何东西,例如一个数字、字符串、函数或模块。也有的对象可以脱离名字而存在,例如 print 'Hello! ',这句话首先用引号里的文本创建一个字符串对象,然后再打印这个没有名称的字符串对象的内容。
- 变量:对象的名称。
- 语句:一条给计算机的指令,Python 程序中通常写在一行中。一行中的多个语句必须用分号隔开,一条语句占用多行时,则每行后面要有一个反斜线。注意,在交互 shell 环境下,最后一行一定不要输入反斜线,否则语句不会结束。
- 表达式:数字、文本、变量和运算符的组合,计算后会产生新对象。
- 赋值:将经过计算的表达式(或对象)绑定到变量(名)的语句。Python 赋值使用等号,但其含义与数学上的等号完全不同。
- 算法:解决问题的详细步骤,用于指导编程。
- 写代码:将算法编写为程序文本的过程(是编程的同义词)。代码是指程序文本。
- 实现:与写代码相同。
- 可执行:启动程序运行的文件。
- 验证:证明程序可以正确工作的过程。
- 调试:定位并纠正程序中的错误的过程。

1.8.2　示例:球的轨迹

问题: 求出以初始速度 v_0 沿与水平线夹角为 θ 的方向抛出的球的轨迹。在习题 1.13 中,通过基本的高中物理知识也可以求解这个问题。如果定义 x 是水平坐标,则球在空中的纵向轨迹 $y=f(x)$ 为

$$f(x) = x\tan\theta - \frac{1}{2v_0^2}\,\frac{gx^2}{\cos^2\theta} + y_0 \tag{1.6}$$

式(1.6)中,g 是重力加速度,v_0 是与 x 轴夹角为 θ 的初始速度,$(0,y_0)$ 是小球的初始位置。编程的目标是写一个程序来求式(1.6)的值。在程序里应该写出所有相关变量的值以及它们的单位。

式(1.6)忽略了空气阻力,而在习题 1.11 中将看到空气阻力的重要性。对于足球,轻轻地踢一下(例如让其初始速度为 $v_0=30$km/h),那么重力比空气阻力大得多;但重踢时,空气阻力就会变得与重力一样重要。

解: 本例全部采用公制单位。假设 v_0 以 km/h 为单位给出,$g=9.81$m/s^2,x、y 和 y_0 都以 m 为单位,θ 以 $°$(度)为单位。这个程序自然地分成 4 个部分:输入数据的初始化,从 math 模块中导入若干函数以及常量 π,

v_0 和 θ 的单位分别转换成 m/s 和 rad，求式(1.6)右侧的值。这里选择将所有数值都保留一位小数。完整的程序在文件 trajectory.py 中。

```
g = 9.81      #m/s²
v0 = 15       #km/h
theta = 60    #degrees
x = 0.5       #m
y0 = 1        #m

print """\
v0      = %.1f km/h
theta   = %d degrees
y0      = %.1f m
x       = %.1f m\
""" % (v0, theta, y0, x)

from math import pi, tan, cos
#Convert v0 to m/s and theta to radians
v0 = v0/3.6
theta = theta * pi/180

y = x * tan(theta) - 1/(2 * v0**2) * g * x**2/((cos(theta))**2) + y0

print 'y       = %.1f m' % y
```

三引号之间的反斜线使得下一行紧接着该行输出。换言之，去掉这两个反斜线将会导致在输出第一行之前和最后一行之后多出一个空行，即将导致输出时 v0 的结果和上方内容之间出现空行。还有一点是关于表达式 1/(2 * v0**2) 的，该表达式看起来好像会自动进行整数除法，但实际把 v0 转化成以 m/s 为单位时要除以 3.6，于是 v0 变为 float 型，从而 2 * v0**2 也是 float 型。程序的其余部分暂且不再多解释了。

执行这个程序的输出是

```
v0      = 15.0 km/h
theta   = 60 degrees
y0      = 1.0 m
x       = 0.5 m
y       = 1.6 m
```

1.8.3　关于本书中的排版约定

本书对不同类型的"计算机文本"使用了不同的设计元素。

代码段会加上虚线框。下面是一个代码段：

```
a = sqrt(4 * p + c)
print 'a =', a
```

而完整的程序会加上实线边框：

```
C = 21
F = (9.0/5) * C + 32
print F
```

作为本书的读者,你可能想知道书中显示的代码是否是可以运行的完整程序,或者它只是程序的一部分(代码段),而需要自己添加外围的语句(例如 import 语句)才能运行。有实线边框的就是完整的代码。

交互式 Python 会话的内容也会加上虚线框,一般都带有提示符:

```
>>> from math import *
>>> p = 1; c = -1.5
>>> a = sqrt(4 * p + c)
```

在终端窗口中运行一个程序,例如 ball_yc.py,并伴随着一些可能的输出时,采用上下两条实线界定:

```
ball_yc.py
At t=0.0417064 s and 0.977662 s, the height is 0.2 m.
```

在 1.5.3 节中,只写了程序名。真正在终端窗口运行程序时需要在程序名前面加上 python 和至少一个空格,而在 IPython 交互式会话中使用 run 命令运行程序。查阅附录 H 的 H.5 节可以看到更多的运行 Python 程序的方法。

有时只有程序的输出被显示,且此输出显示为纯计算机文本,也加上虚线框:

```
h = 0.2
order=0, error=0.221403
order=1, error=0.0214028
order=2, error=0.00140276
order=3, error=6.94248e-05
order=4, error=2.75816e-06
```

包含数据的文件内容在本书中也加上虚线框:

```
date      Oslo      London      Berlin      Paris      Rome      Helsinki
01.05     18        21.2        20.2        13.7       15.8      15
01.06     21        13.2        14.9        18         24        20
01.07     13        14          16          25         26.2      14.5
```

Python 代码的风格指南: 本书中的 Python 代码(主要)是按官方的《Python 代码风格指南》来处理的,该指南在 Python 社区被称为 PEP8(可在 Python 官网中查阅)。有时为了使代码片段更简短,会出现一些例外:一行完成多个导入和减少空行。

1.9　习题

关于做习题: 要学习编程,只有一种方法——大量练习编写程序。虽然阅读是必需的,通过阅读本书可以了解 Python 语法,可以反复研究例题来抓住编程解决问题的思路,但在学习过程中最主要的精力要放在做编程练习的作业上。

做习题分 3 个步骤。第一步,仔细研究习题,了解问题是什么。本书编程习题中的问题都有很明确的设定,所以必须彻底搞清楚习题中要求解的问题是什么。第二步,编写程序,第一步功夫下得越到位,第二步就越容易写出合适的语句。第三步,测试程序并清除错误(在 1.2 节中被称为调试和验证),这是对初学者最大的挑战。很多时候,特别对于初学者,最基础的调试程序的方法是把每个语句运算以后的结果都显示出来,与自己用纸、笔、计算器等计算的结果反复对比,如果两个结果不一致,就要找到原因,然后修改程序。其实很多程序高手在遇到比较棘手的问题时也常常采用这种调试程序的方法。

一上来就急于编写代码的一般都是新手。其实第一步准确理解问题需要花费相当多的时间;对于第三步调试的工作量,新手也往往没法估计。新手在写代码时常常遇到的麻烦是:问题总是没有见过的! 对于本书,只要认真研读习题,就能够在本书的例子中找到各种合适的参考。同样,对问题的深刻理解,可以节省第三步在调试代码和编写测试数据用例上花费的时间,实际上,对习题理解得越好,犯的错误也会越少。以上都是经验之谈。

为了便于读者和助教管理大量习题,需要规定习题作业的命名规则。所有提交的习题作业均以 ex 开头,然后是章和习题编号,跟着是习题的版本号或者若干程序的序列编号。本书共 9 章和 8 个附录,章编号就是 1～9、A～H,习题编号用两位数字 01～99(注意,其中 1～9 建议使用 01～09,以便文件名排序),版本或题目内程序编号用 a～z,后面可以跟一些帮助记忆的单词。例如 ex1-09a-sin2_plus_cos2.py,就是第 1 章的习题 1.9 的 a 小题的 Python 程序,后面的 sin2_plus_cos2 是对程序内容的简单说明,表明它大概是与 sin＋cos 有关的。习题作业的后缀由作业类型确定,纯文本为 txt,结构化文档为 doc(或 docx)、ppt(或 pptx)、pdf 等,Python 程序为 py。在每个习题后面都有建议的文件名。

把习题作业提交给助教时,对于 Python 程序,要求在代码的末尾插入一个运行实例的测试数据结果。先运行该程序并将取得的预定结果输出到文件 result 中:

```
Terminal>python myprogram.py >result
```

然后把 result 的内容复制到程序末尾的三引号字符串里,并在程序语句之后加上适当的注释。下面是一个示例:

```
F =69.8                    #Fahrenheit degrees
C =(5.0/9) * (F -32)       #Corresponding Celsius degrees
print C

'''
Trial run (correct result is 21):
python f2c.py
21.0
'''
```

这就说明该程序针对测试用例的运行结果正确。

习题 1.1: 计算 1+1。

第一个习题是最基本的数学编程:将 1＋1 的结果赋给一个变量并打印该变量的值。

文件名: ex1-01-1plus1.py。

习题 1.2: 编写显示"Hello,World!"的程序。

几乎所有编程语言都以在屏幕上打印"Hello, World!"的程序开始,用 Python 编写这个程序。

文件名: ex1-02-hello_world.py。

习题 1.3: 推导并计算公式。

一个新生婴儿可以活十亿秒(10^9 s)吗? 编写一个 Python 程序计算并回答这个问题。

文件名：ex1-03-seconds2years.py。

习题 1.4: 公制到英制长度单位转换。

编写一个程序,把长度单位为米的输入数据转换为以英寸、英尺、码、英里为单位的相应长度并输出。一英寸是 2.54 厘米,一英尺是 12 英寸,一码是 3 英尺,一英里是 1760 码。验证数据为:640 米对应于 25 196.85 英寸、2099.74 英尺、699.91 码或 0.3977 英里。

文件名：ex1-04-length_conversion.py。

习题 1.5: 计算各种物质的质量。

物质的密度定义为 $\rho=m/V$,其中 m 是该物质的质量,V 是该物质的体积。计算并打印出 1 升下面几种物质的质量:铁、空气、汽油、冰、人体、银和铂。它们的密度可以在表 1.2 中找到。

表 1.2　一些物质的密度

物　　质	密度/(g/cm³)	物　　质	密度/(g/cm³)
空气	0.0012	汞	13.6
汽油	0.67	金	18.9
冰	0.9	铂	21.4
纯水	1.0	地球(平均)	5.52
海水	1.025	地核	13
人体	1.03	月亮	3.3
石灰石	2.6	太阳(平均)	1.4
花岗石	2.7	日核	160
铁	7.8	质子	2.3×10^{14}
银	10.5		

文件名：ex1-05-1liter.py。

习题 1.6: 计算存款的增长。

设 p 为银行的年利率。n 年之后,存款 A 增长到

$$A\left(1+\frac{p}{100}\right)^n$$

假定 3 年期存款的年利率为 5%,编程计算 1000 元存款在 3 年后共计多少钱。

文件名：ex1-06-interest_rate.py。

习题 1.7: 查找程序中的错误。

下面的单行程序用来计算 sin(1):

```
x=1; print 'sin(%g)=%g' % (x, sin(x))
```

创建并运行这个程序。找到它的错误并修改到可以正确运行。

文件名：ex1-07-find_errors_sin1.py。

习题 1.8: 输入程序文本。

在编辑器中输入下面的程序并执行它。如果程序不工作,请检查输入代码是否正确。

```
from math import pi
```

```
h = 5.0      #height
b = 2.0      #base
r = 1.5      #radius

area_parallelogram = h * b
print 'The area of the parallelogram is %.3f' %area_parallelogram

area_square = b**2
print 'The area of the square is %g' %area_square

area_circle = pi * r**2
print 'The area of the circle is %.3f' %area_circle

volume_cone = 1.0/3 * pi * r**2 * h
print 'The volume of the cone is %.3f' %volume_cone
```

文件名：ex1-08-formulas_shapes. py。

习题 1.9: 输入程序并调试程序。

在编辑器中输入程序，找出并纠正错误，直到程序可以执行。

a. 验证公式 $\sin^2 x + \cos^2 x = 1$。

```
from math import sin, cos
x = pi/4
1_val = math.sin^2(x)+math.cos^2(x)
print 1_VAL
```

b. 变量 s 以米为单位，计算 $s = v_0 t + \dfrac{1}{2} at^2$，其中 $v_0 = 3\mathrm{m/s}, t = 1\mathrm{s}, a = 2\mathrm{m/s^2}$。

```
v0 = 3m/s
t = 1s
a = 2m/s**2
s = v0.t +0,5.a.t**2
print s
```

c. 验证下列公式：

$$(a+b)^2 = a^2 + 2ab + b^2$$
$$(a-b)^2 = a^2 - 2ab + b^2$$

```
a = 3,3 b = 5,3
a2 = a**2
b2 = b**2

eq1_sum = a2 +2ab +b2
eq2_sum = a2 -2ab +b2

eq1_pow = (a +b)**2
eq2_pow = (a -b)**2
```

```
print 'First equation: %g =%g',%(eq1_sum, eq1_pow)
print 'Second equation: %h =%h',%(eq2_pow, eq2_pow)
```

文件名：ex1-09-find_errors_programs. py。

习题 1.10: 高斯函数求值。

钟形高斯函数是应用最广泛的函数之一,其表达式为

$$f(x) = \frac{1}{\sqrt{2\pi}s}\exp\left[-\frac{1}{2}\left(\frac{x-m}{s}\right)^2\right] \tag{1.7}$$

参数 m 和 $s>0$ 是规定的实数。当 $m=0$,$s=2$ 和 $x=1$ 时,编写一个程序给这个函数求值,通过计算器再计算相应公式,比较两个计算结果,验证程序的正确性。

文件名：ex1-10-gaussian1. py。

备注: 式(1.7)是以科学家高斯的名字命名的。高斯在分析天文数据的概率时引入了这个公式。约翰·卡尔·弗里德里希·高斯(Johann Carl Friedrich Gauss,1777 年 4 月 30 日—1855 年 2 月 23 日),德国著名数学家、物理学家、天文学家、大地测量学家,是近代数学奠基者之一。高斯被认为是历史上最重要的数学家之一,并享有"数学王子"之称。高斯和阿基米德、牛顿并列为世界三大数学家。他一生成就极为丰硕,以他的名字命名的成果达 110 个,属数学家中之最。他对数论、代数、统计、分析、微分几何、大地测量学、地球物理学、力学、静电学、天文学、矩阵理论和光学皆有贡献。(来源：https://en. wikipedia. org/wiki/Carl_Friedrich _Gauss)

习题 1.11: 计算足球运动时受到的力。

物体在空气运动中受到的空气阻力可以表示为

$$F_d = \frac{1}{2}C_D\rho AV^2 \tag{1.8}$$

其中,ρ 是空气的密度;V 是对象在空气中运动的速度;A 是运动对象在垂直于速度方向上的横截面积;C_D 是阻力系数,这个系数与运动物体的形状和表面粗糙度相关。

质量为 m 的物体的重力为 $F_g=mg$,其中 $g=9.81\text{ms}^{-2}$。

通过 F_d 和 F_g 的公式,可以研究踢足球时空气阻力与重力对足球的作用。空气密度为 $\rho=1.2\text{kg/m}^3$。对于半径为 a 的球,球的最大截面积为 $A=\pi a^2$。足球 $a=11\text{cm}$,质量为 0.43kg。阻力系数 C_D 随速度的变化而改变,可以取为 0.4。

编写程序,计算足球运动中受到的空气阻力和重力,并计算空气阻力和重力的比率,力用牛顿(1N= 1kg・m/s²)为单位并保留一位小数。另外,计算出阻力和重力的比率。

把 C_D、ρ、A、V、m、g、F_d 和 F_g 定义为变量,在程序中写明相应的单位并进行注释。使用本程序分别计算重踢($V=120\text{km/h}$)和轻踢($V=30\text{km/h}$)时球受到的力。速度单位不一致很容易弄混,因此要把 V 转换为用 m/s 表示。

文件名：ex1-11-kick. py。

习题 1.12: 煮出完美的鸡蛋。

煮鸡蛋时,一旦超过临界温度,鸡蛋里面的蛋白质就变性凝结,凝结随着温度升高而加快。蛋清中蛋白质凝结的临界温度是 63℃,而蛋黄中蛋白质凝结的临界温度是 70℃。如果要煮溏心蛋,水温应保持在 63℃~70℃,加热足够长时间就会使蛋清凝固;如果要煮硬心蛋,蛋黄的中心温度应该达到 70℃以上并保持一段时间。

以下公式表示蛋黄中心达到温度 T_y(摄氏度)所需的时间 t：

$$t = \frac{M^{2/3}c\rho^{1/3}}{K\pi^2(4\pi/3)^{2/3}}\ln\left[0.76\frac{T_o-T_w}{T_y-T_w}\right] \tag{1.9}$$

参数 M、ρ、c 和 K 是蛋的性质：M 是质量，ρ 是密度，c 是比热容，K 是热导率。对于鸡蛋，$\rho=1.038\text{g/cm}^3$，$c=3.7\text{J/(g·K)}$，$K=5.4\times10^{-3}\text{W/(cm·K)}$，小鸡蛋 $M=47\text{g}$，大鸡蛋 $M=67\text{g}$。T_w 是水沸腾的温度（以℃计），T_o 是放入水中之前蛋的原始温度（以℃计）。依据式(1.9)编写程序，计算煮鸡蛋的时间，设 $T_w=100$℃及 $T_y=70$℃，并对从冰箱（$T_o=4$℃）和从室温（$T_o=20$℃）取得的大鸡蛋分别计算时间 t。

文件名：ex1-12-egg.py。

习题 1.13: 小球运动轨迹方程式推导。

本习题讨论 1.8.2 节中小球运动轨迹方程式(1.6)在物理上是如何推导出来的。本习题中没有编程任务，只有物理和数学的推导。

球的运动满足牛顿第二定律：

$$F_x = ma_x \tag{1.10}$$

$$F_y = ma_y \tag{1.11}$$

其中，F_x 和 F_y 分别为 x 和 y 方向上的力的合力，a_x 和 a_y 分别是小球在 x 和 y 方向上的加速度，m 是小球的质量。令 $(x(t),y(t))$ 代表球在 t 时刻的水平和垂直坐标。加速度、速度和位置之间存在如下关系：加速度是速度对时间的导数，速度是位置对时间的导数。因此有

$$a_x = \frac{\mathrm{d}^2 x}{\mathrm{d}t^2} \tag{1.12}$$

$$a_y = \frac{\mathrm{d}^2 y}{\mathrm{d}t^2} \tag{1.13}$$

假设重力是小球受到的唯一的外力，那么有 $F_x=0$ 和 $F_y=-mg$。

应用式(1.11)和式(1.12)两个公式对两个分量做积分。速度和位置的初始条件如下：

$$\frac{\mathrm{d}}{\mathrm{d}t}x(0) = v_0\cos\theta \tag{1.14}$$

$$\frac{\mathrm{d}}{\mathrm{d}t}y(0) = v_0\sin\theta \tag{1.15}$$

$$x(0) = 0 \tag{1.16}$$

$$y(0) = y_0 \tag{1.17}$$

使用上面的初始条件确定 4 个积分常数。写出 $x(t)$ 和 $y(t)$ 的最终表达式。证明：当 $\theta=\pi/2$ 时，即小球运动是垂直的，那么可以得到求 y 坐标的式(1.1)。证明：如果消除 t，可得到小球的 x 坐标和 y 坐标之间的关系，即式(1.6)。大学物理教材（如文献[1]）里有更多关于这种类型的运动的参考资料。

文件名：ex1-13-trajectory.doc(x)。

习题 1.14: 找出公式编程中的错误。

对于计算式(1.3)的程序有如下一些编写方法。找到不能正常工作的写法并解释原因，把程序修改到可以得到需要的结果。

```
C = 21;      F = 9/5 * C + 32;        print F
C = 21.0;    F = (9/5) * C + 32;      print F
C = 21.0;    F = 9 * C/5 + 32;        print F
C = 21.0;    F = 9. * (C/5.0) + 32;   print F
C = 21.0;    F = 9.0 * C/5.0 + 32;    print F
C = 21;      F = 9 * C/5 + 32;        print F
C = 21.0;    F = (1/5) * 9 * C + 32;  print F
C = 21;      F = (1./5) * 9 * C + 32; print F
```

文件名：ex1-14-find_errors_division.py。

习题 1.15: 解释为什么程序不能执行。

弄清楚为什么下面的程序不工作：

```
C =A +B
A =3
B =2
print C
```

文件名：ex1-15-find_errors_vars.py。

习题 1.16: 查找 Python 语句中的错误。

在交互式 Python shell 中尝试以下语句。解释为什么有些语句失败，并纠正其中的错误。

```
1a =2
a1 =b
x =2
y =X +4          #is it 6?
from Math import tan
print tan(pi)
pi = "3.14159'
print tan(pi)
c =4**3**2**3
_ =((c-78564)/c +32))
discount =12%
AMOUNT =120.-
amount =120$
address =hpl@simula.no
and =duck
class = 'INF1100, gr 2"
continue_ =x >0
rev =fox =True
Norwegian =['a human language']
true =fox is rev in Norwegian
```

提示：如果对一个赋值语句右侧表达式或左侧变量的正确性都不肯定，应该分别测试右侧表达式的值和左侧变量名的合法性。最后两个语句是可以工作的，但对其的解释超出了本章的范围。

文件名：ex1-16-find_errors_syntax.py。

习题 1.17: 查找程序中的错误。

对于一元二次方程 $ax^2 +bx +c =0$，它的两个根是

$$x_1 = \frac{-b + \sqrt{b^2 - 4ac}}{2a}, \quad x_2 = \frac{-b - \sqrt{b^2 - 4ac}}{2a} \tag{1.18}$$

下面的程序有哪些问题？

```
a =2;b =1;c =2
from math import sqrt
q =b * b -4 * a * c
q_sr =sqrt(q)
x1 =(b +q_sr)/2 * a
x2 =(b -q_sr)/2 * a
print x1, x2
```

纠正程序中的问题，使其能正确计算出给定方程的解。

文件名：ex1-17-find_errors_roots. py。

习题 1.18: 查找程序中的错误。

查找下面程序中的问题并纠正。

```
from math import pi, tan
tan = tan(pi/4)
tan2 = tan(pi/3)
print tan, tan2
```

文件名：ex1-18-find_errors_tan. py。

第 2 章　循环与列表

本章阐述如何通过循环来实现程序中的重复性任务，还将介绍如何应用列表来存储和处理具有特定顺序的数据集。循环和列表与第 3 章中将介绍的函数和分支是 Python 的编程基础。本章相关源程序位于本书配套源码目录 src/looplist[①] 中。

2.1　while 循环

现在要打印一张把温度从摄氏度转换为华氏度的表格，表格的第一列显示摄氏度的值，第二列显示相应的华氏度的值，例如：

```
-20    -4.0
-15     5.0
-10    14.0
 -5    23.0
  0    32.0
  5    41.0
 10    50.0
 15    59.0
 20    68.0
 25    77.0
 30    86.0
 35    95.0
 40   104.0
```

2.1.1　最直接的方法

将以摄氏度为单位的 C 转换为以华氏度为单位的 F 的公式为 $F = 9C/5 + 32$。直接重复这些语句，就可以解决上述温度单位转换问题。为了使代码显得更紧凑，程序中每行写 3 条语句，程序如下：

```
C = -20;    F = 9.0/5 * C + 32;    print C, F
C = -15;    F = 9.0/5 * C + 32;    print C, F
C = -10;    F = 9.0/5 * C + 32;    print C, F
C = -5;     F = 9.0/5 * C + 32;    print C, F
C =  0;     F = 9.0/5 * C + 32;    print C, F
```

---

① http://tinyurl.com/pwyasaa/looplist。

```
C = 5;      F = 9.0/5 * C +32;      print C, F
C =10;      F = 9.0/5 * C +32;      print C, F
C =15;      F = 9.0/5 * C +32;      print C, F
C =20;      F = 9.0/5 * C +32;      print C, F
C =25;      F = 9.0/5 * C +32;      print C, F
C =30;      F = 9.0/5 * C +32;      print C, F
C =35;      F = 9.0/5 * C +32;      print C, F
C =40;      F = 9.0/5 * C +32;      print C, F
```

运行此程序（文件 c2f_table_repeat. py 中），输出为

```
-20    -4.0
-15     5.0
-10    14.0
 -5    23.0
  0    32.0
  5    41.0
 10    50.0
 15    59.0
 20    68.0
 25    77.0
 30    86.0
 35    95.0
 40   104.0
```

这种输出格式看起来不怎么美观，稍后将通过采用带 printf 风格的 print 语句替换"print C，F"来改进。

上述程序的主要问题是语句的大量重复。首先，编写这种重复的语句很枯燥，特别是要计算更多的 C 和 F 值时。其次，计算机的优势在于能够自动完成重复性的工作。所有计算机语言中都有表达重复性工作的语言成分，称为循环。Python 中有两种循环结构：while 循环和 for 循环。本书中的大多数程序都需要使用循环，因此这个概念非常重要。

2.1.2 while 循环

while 循环用于在某条件成立时重复执行某组语句。下面通过之前的温度转换示例来学习这种结构。假设接下来的任务是要通过循环来生成上表中 C 值和 F 值所构成的每一行。变量 C 在循环执行前的值为 -20，只要条件 $C \leqslant 40$ 满足，就会根据 C 的当前取值，计算相应的 F 值，而后再将 C 值增加 5。此外，还在表格上方和下方各打印出一行虚线。相应的算法描述如下：

（1）打印一行虚线。

（2）$C = -20$。

（3）当 $C \leqslant 40$ 时，重复执行下列语句：

- $F = 9/5C + 32$。
- 打印 C 和 F。
- C 增加 5。

（4）打印一行虚线。

用 Python 来实现这样一个描述很详细的算法非常简单。其对应的代码如下：

```
print '------------------'          #table heading
C = -20                             #start value for C
dC = 5                             #increment of C in loop
while C <= 40:                      #loop heading with condition
    F = (9.0/5) * C + 32           #1st statement inside loop
    print C, F                     #2nd statement inside loop
    C = C + dC                     #3rd statement inside loop
print '------------------'          #end of table line (after loop)
```

为了区分哪些语句受 while 循环控制,Python 采用了一种特殊的机制:缩进。在上面的例子中,这样的语句共 3 行,这 3 行必须保持完全相同的缩进。本书中,统一使用四个空格来表示一层缩进。循环结束后的第一条语句与 while 所在行对齐。在本例中,最后一行的 print 语句就起到了这样的作用。请把上述代码输入一个文件中,试着将最后一行也缩进四个空格,并观察会发生什么。这样,输出结果的每行之间都有一条虚线。

注意,while 循环条件后面跟着一个冒号(:),它标志其后是循环体的开始,以后会看到 Python 中有许多类似的程序结构,它们都有一个以冒号结尾的前导语句,后面跟着缩进的一组语句。

程序员需要完全理解程序中会发生什么,并且能够手动模拟程序的执行。以上述代码片段为例。首先设定摄氏度序列的起始值:C = −20;每执行一次循环会将 C 的值增加 dC;然后,再次判断循环条件 C <= 40 是否成立。第一次执行到循环条件时,C 的值是 −20,循环条件为真。于是进入循环并执行所有缩进的语句,即计算当前 C 值所对应的 F 值,打印温度值,并将 C 的值增加 dC。为简单起见,这里先使用不带格式的打印语句"print C, F"。打印出来的列没有对齐,后面再来解决这个问题。

随后第二次进入循环。再次检查循环条件:C 的当前值为 −15,所以 C <= 40 仍为真。执行循环体中的语句,C 变为 −10,仍然小于或等于 40,因此,将再次执行循环体。这一过程一直重复,直到 C 在循环体的最后一个语句中从 40 变为 45。当再一次检查循环条件时,C <= 40 不再为真,循环终止。于是,执行与 while 语句对齐的下一条语句,即最后一行的 print 语句。

编程初学者可能不容易理解如下语句:

```
C = C + dC
```

这一行从数学的角度来看是错误的,但它是合法的计算机代码,表示首先计算等号右边的表达式,然后让左边的变量引用这一计算结果。在上面的例子里,C 和 dC 是两个不同的 int 型对象,操作 C + dC 产生一个新的 int 型对象,并在赋值语句 C = C + dC 中被绑定到名称 C。在赋值之前,C 已经绑定了一个 int 型对象,而当 C 被重新绑定到一个新的对象后并且再没有其他的名字(变量)指向以前的对象时,以前的对象将被自动销毁(如果读者现在尚不理解最后一点,没关系,请继续阅读)。

在程序执行过程中,变量经常需要在当前值的基础上进行更新。因此,Python 提供了一种特殊的更简短的赋值方式,称为复合赋值:

```
C += dC    #equivalent to C = C + dC
C -= dC    #equivalent to C = C - dC
C *= dC    #equivalent to C = C * dC
C /= dC    #equivalent to C = C/dC
```

2.1.3　布尔表达式

前面关于 while 循环的示例中采用 C <= 40 作为循环条件,其计算结果为 True 或 False。除了 <= 外,

还有如下一些常见的比较运算：

```
C ==40       #C equals 40
C !=40       #C does not equal 40
C >=40       #C is greater than or equal to 40
C >40        #C is greater than 40
C <40        #C is less than 40
```

不仅数字之间的比较可以作为 while 循环的条件，而且任何具有布尔值（True 或 False）的表达式都能作为循环条件。这样的表达式被称为逻辑表达式或布尔表达式。

保留字 not 可作用到布尔表达式之前，将其真值反转。为了求 not C==40 的值，首先求 C==40 的值。如果 C 的值为 1，那么 C==40 的值是 False，加上 not 之后变成了 True。相反，如果 C==40 为 True，那么 not C==40 将变为 False。在数学上，C!=40 比 not C==40 更容易阅读，但是这两个布尔表达式是等价的。可以使用 not、and 与 or 形成新的复合布尔表达式，例如下叙述代码中的循环条件：

```
while x >0 and y <=1:
    print x, y
```

假定 cond1 和 cond2 是两个布尔表达式。当 cond1 和 cond2 都为 True 时，表达式 cond1 and cond2 的值才为 True。当 cond1 和 cond2 中至少有一个是 True 时，表达式 cond1 or cond2 的值就是 True。

备注：在 Python 中，cond1 and cond2 或 cond1 or cond2 可以返回其中一个操作数，而不像多数计算机语言那样只返回 True 或 False 值。操作数 cond1 或 cond2 可以是表达式或对象。如果是表达式，那么在求值之前，首先将其转换为一个对象。例如，(5+1) or −1 的计算结果为 6（当第一个表达式为 True 时，无须计算第二个操作数），而(5+1) and −1 的计算结果为 −1。

下面给出一些交互式会话的示例，在这些例子中，输入的表达式只是为了求布尔表达式本身的值，而不是用作循环条件：

```
>>>x =0; y =1.2
>>>x >=0 and y <1
False
>>>x >=0 or y <1
True
>>>x >0 or y >1
True
>>>x >0 or not y >1
False
>>>-1 <x <=0 #-1 <x and x <=0
True
>>>not (x >0 or y >0)
False
```

在最后一个例子的表达式中，not 作用于括号内的布尔表达式的值：x>0 为 False，y>0 为 True，那么用 or 组合后的表达式的值是 True，而 not 把这个值变成 False。

在 Python 中常见的布尔值是 True、False、0（表示 False）和非零的任意整数（表示 True）。读者会在习题 2.22 和习题 2.18 中看到这些值。

对象的布尔运算

Python 中所有的对象其实都可以当作布尔值来进行运算,除了 False、数字 0、空字符串、空列表和空字典表示 False 之外,其他值都表示 True:

```
>>>s ='some string'
>>>bool(s)
True
>>>s ='' #empty string
>>>bool(s)
False
>>>L = [1, 4, 6]
>>>bool(L)
True
>>>L = []
>>>bool(L)
False
>>>a = 88.0
>>>bool(a)
True
>>>a = 0.0
>>>bool(a)
False
```

本质上,if a 用来测试 a 是否是一个非空对象或非零值。这样的结构在 Python 代码中经常出现。

对布尔表达式的误解是计算机程序中的主要错误来源之一,因此当遇到布尔表达式时应仔细检查其表述是否正确。

2.1.4　示例: 累加求和

求和在数学中经常出现。例如,正弦函数可用如下的多项式来近似:

$$\sin x \approx x - \frac{x^3}{3!} + \frac{x^5}{5!} - \frac{x^7}{7!} + \cdots \qquad (2.1)$$

其中 $k! = k \times (k-1) \times \cdots \times 2 \times 1$,是阶乘表达式,可用 math. factorial(k) 来计算。

式 (2.1) 的右侧需要无限多项才能保证等号严格成立。有限多项只能获得 $\sin x$ 的近似值,但这非常适合用程序来计算,因为它仅涉及四则运算及幂运算。假设限定式 (2.1) 右侧表达式展开的最高次幂为 25,若编写代码逐项计算显然十分枯燥,但使用循环来实现就能避免这种重复代码。

若要编写程序实现式 (2.1) 中的累加和,要用到:①一个计数器 k,用于遍历从 1 到 N 的所有奇数;②累加和变量,例如 s,每一遍循环会计算一个新的项,并把它累加到 s。因为项的正负性会交替变化,所以循环中需要引入一个在 1 和 −1 之间来回切换的变量 sign。

上述分析对应的代码如下:

```
x =1.2     #assign some value
N =25      #maximum power in sum
k =1
s =x
sign =1.0
import math
```

```
while k < N:
    sign = - sign
    k = k + 2
    term = sign * x**k/math.factorial(k)
    s = s + term

print 'sin(%g) = %g (approximation with %d terms)' % (x, s, N)
```

理解这样一个程序的最好方法就是手动模拟其执行,即从头到尾逐条模拟语句的执行,并在纸上写下每个变量的状态。

第一次执行时,k<N(即 1<25)的结果为 True,所以进入循环体。然后,计算 sign=-1.0,k=3 以及 term=-1.0 * x**3/(3 * 2 * 1)(注意 sign 是 float 型变量,所以后面做浮点除法),以及 s=x-x**3/6。然后,测试循环条件 3<25,其值为 True,所以会再次进入循环体。这一次得到 term=1.0 * x**5/math. factorial(5),它是公式中第三项的值。随后,k 的值在循环体内会从 23 变成 25,然后循环条件变为 25 < 25,值为 False,随后程序将跳出循环并继续执行 print 语句。注意:该语句和 while 语句具有相同的缩进。

2.2 列表

目前所接触的程序中变量的取值仅为单个数字。有时,一些数字会很自然地被分成若干组。例如,在 2.1.2 节中,表格第一列的所有摄氏度值可作为一组数据保存起来。Python 中的列表结构可用于表示这样一组数据。通过一个引用列表的变量,可以一次性处理整组数据,也可以单独访问其中的各个元素。图 2.1 展示了一个 int 对象和一个列表对象的区别。一般而言,一个列表可以包含给定顺序的任意对象所构成的序列。后面将看到,Python 提供了强大的功能用于操作这样的对象序列。

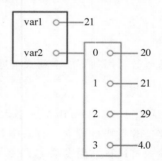

图 2.1　两个变量的说明:var1 引用值为 21 的 int 对象,由语句 var1=21 创建;var2 引用一个 list 对象,值为 [20, 21, 29, 4.0],即 3 个 int 对象和一个 float 对象,由语句 var2=[20, 21, 29, 4.0]创建

2.2.1　列表的基本操作

要使用表格中第一列的数字创建一个列表,只需将所有数字放在方括号中,并用逗号分隔开:

```
C = [-20, -15, -10, -5, 0, 5, 10, 15, 20, 25, 30, 35, 40]
```

变量 C 现在引用一个包含 13 个列表元素的 list 对象。本例中,所有列表元素都是 int 对象。

列表中的每个元素都对应一个索引(或者下标),表示该元素在列表中的位置。第一个元素的索引为 0, 第二个元素的索引为 1,以此类推。上面的 C 列表共有 13 个索引值:从 0 开始,到 12 结束。索引为 3 的元素,即列表中的第 4 个元素,用 C[3]表示。由该列表可得:C[3]对应一个值为-5 的 int 对象。

　　列表中的元素可以被删除,也可以在任何位置插入新元素。列表对象内置了一些操作,一般可以通过点号调用。举两个常用的例子: C. append(v)用于将一个新元素 v 插入到列表的末尾,C. insert(i,v)用于将新元素 v 在放在列表中的第 i 个位置。列表中元素的数目可由 len(C)计算。下面的例子展示了这些操作的效果:

```
>>>C = [-10, -5, 0, 5, 10, 15, 20, 25, 30]      #create list
>>>C.append(35)                                 #add new element 35 at the end
>>>C                                            #view list C
[-10, -5, 0, 5, 10, 15, 20, 25, 30, 35]
```

Python 中使用＋将两个列表连接起来:

```
>>>C = C + [40, 45]            #extend C at the end
>>>C
[-10, -5, 0, 5, 10, 15, 20, 25, 30, 35, 40, 45]
```

连接的结果是将第二个列表追加到第一个列表之后。C+[40,45]的运算结果是一个新的列表对象,然后将其赋值给 C。事实上,新元素可以被添加到列表的任何地方:

```
>>>C.insert(0, -15)            #insert new element -15 as index 0
>>>C
[-15, -10, -5, 0, 5, 10, 15, 20, 25, 30, 35, 40, 45]
```

可以通过 del C[i]从列表 C 中删除索引为 i 的元素。因为该操作将改变列表的内部结构,所以在删除执行后 C[i]将指向下一个元素:

```
>>>del C[2]                    #delete 3rd element
>>>C
[-15, -10, 0, 5, 10, 15, 20, 25, 30, 35, 40, 45]
>>>del C[2]                    #delete what is now 3rd element
>>>C
[-15, -10, 5, 10, 15, 20, 25, 30, 35, 40, 45]
>>>len(C)                      #length of list
11
```

C. index(10)返回列表中第一个值为 10 的元素的索引(在示例列表中,将返回 3):

```
>>>C.index(10)                 #find index for an element (10)
3
```

若仅测试列表中是否有值为 10 的元素,可以使用布尔表达式 10 in C:

```
>>>10 in C                     #is 10 an element in C?
True
```

Python 还支持负索引,它从列表右边开始计数: C[−1] 表示 C 中的最后一个元素,C[−2]表示 C 从右边数第二个元素,以此类推。

```
>>>C[-1]                    #view the last list element
45
>>>C[-2]                    #view the next last list element
40
```

用列出以逗号分隔的所有元素的方法来描述一个长列表是非常烦琐的，但借鉴 2.1.4 节的想法，很容易通过一个循环来自动实现。假设要创建一个值为 $-50 \sim 200$，间隔为 2.5 的温度列表，可以从一个空列表开始，通过 while 循环，每次向其中增加一个元素：

```
C = []
C_value = -50
C_max = 200
while C_value <= C_max:
    C.append(C_value)
    C_value += 2.5
```

后面的章节中将介绍如何用一条语句来替代这 6 行代码。

使用列表可以很方便地给多个变量同时赋值，只需将变量的序列放在赋值号的左侧：

```
>>>somelist = ['book.tex', 'book.log', 'book.pdf']
>>>texfile, logfile, pdf = somelist
>>>texfile
'book.tex'
>>>logfile
'book.log'
>>>pdf
'book.pdf'
```

注意，此时左侧的变量个数必须与列表中的元素个数相同，否则会出现错误。

关于语法：有些列表操作通过点号调用，如 C.append(e)，而其他操作要求传递一个列表对象作为函数参数，例如 len(C)。虽然 C.append 对于一个程序员来说像是一个函数，但其实它是通过列表对象实现的功能，所以严格而言，append 是列表对象的一个方法，而不是一个函数。在 Python 中没有严格规定关于对象的功能是通过方法还是函数来实现的。

2.2.2　for 循环

for 循环的特性：在处理列表中的数据时，经常需要对列表中的每个元素执行相同的操作，所以需要遍历所有列表元素。为此，Python 和许多其他计算机语言提供了一种特殊的控制结构，称为 for 循环。下面用一个 for 循环打印出所有的列表元素：

```
degrees = [0, 10, 20, 40, 100]
for C in degrees:
    print 'list element:', C
print 'The degrees list has', len(degrees), 'elements'
```

语句 for C in degrees 声明了一个遍历列表 degrees 中所有元素的循环。在每一次循环中，变量 C 引用列表中的一个元素，从 degrees[0] 开始，每次索引值加 1，直到最后一个元素 degrees[$n-1$]（其中 n 表示列表 degrees

中元素个数)。

for 循环声明语句以冒号结束,冒号后跟着一组语句块(循环体)。如同 while 循环一样,for 循环中的每个语句必须缩进。在上面的例子中,for 循环体中仅包含一个语句。最后的 print 语句与 for 语句具有相同的缩进,在循环终止后执行。

正如之前提到的,手动模拟程序执行流是一个很好的方法。在这个例子中,首先定义一个列表 degrees,它包含 5 个元素。然后,程序进入 for 循环。在第一次循环中,C 引用列表 degrees 中的第一个元素,其对应的 int 对象的值为 0,而后在循环内部打印文字'list element: '和 C 的值(即 0)。循环体中没有更多的语句要执行,于是继续下一次循环。C 此时引用 int 对象 10,print 语句将把 10 打印在上一次循环输出的文本后面。然后,C 依次引用 int 对象 20 与 40,最后是 100。当打印出 100 后,完成对列表元素的遍历,结束循环。随后,打印出列表中的元素个数。程序的输出如下:

```
list element: 0
list element: 10
list element: 20
list element: 40
list element: 100
The degrees list has 5 elements
```

语句的正确缩进在 Python 中是至关重要的,通过习题 2.23 来了解更多的相关知识。

制作温度转换表: 对于温度的转换问题,利用列表和 for 循环遍历列表元素的知识,不难写出这样一个程序:收集所有摄氏度值,并保存在列表 Cdegrees 中,然后用一个 for 循环计算并输出相应的华氏度值。完整的程序如下:

```
Cdegrees = [-20, -15, -10, -5, 0, 5, 10, 15, 20, 25, 30, 35, 40]
for C in Cdegrees:
    F = (9.0/5) * C + 32
    print C, F
```

其中,"print C, F"语句用默认的格式打印 C 和 F,数字间用一个空格字符(空白)隔开。这看起来并不美观(这里的输出和 2.1.1 节中的输出相同)。通过强制固定 C 和 F 的字段宽度和小数位数,可以获得更美观的格式。适合的 printf 风格语句如下:对 C,格式采用 %5d(或%5.0f);对 F,格式采用 %5.1f。还可以为输出的表格添加标题。完整的程序如下:

```
Cdegrees = [-20, -15, -10, -5, 0, 5, 10, 15, 20, 25, 30, 35, 40]
print '   C    F'
for C in Cdegrees:
    F = (9.0/5) * C + 32
    print '%5d %5.1f' % (C, F)
```

这段代码可在文件 c2f_table_list.py 中找到。此时输出变为

```
   C    F
-20  -4.0
-15   5.0
-10  14.0
 -5  23.0
```

```
 0    32.0
 5    41.0
10    50.0
15    59.0
20    68.0
25    77.0
30    86.0
35    95.0
40   104.0
```

2.3　列表和循环的替代实现

前面章节展示了如何打印出摄氏度和华氏度转换表的问题。然而，针对某个特定问题，通常有多种编写程序的方法。下面探讨一些其他有用的 Python 结构，这些结构都可以用来将数字存储在列表中并打印表格。相应的代码见文件 session.py。

2.3.1　用 while 循环实现 for 循环

任何 for 循环都可以通过一个 while 循环来实现。一般性的 for 循环代码如下：

```
for element in somelist:
    <process element>
```

它可以被转换为如下的 while 循环：

```
index = 0
while index < len(somelist):
    element = somelist[index]
    <process element>
    index += 1
```

例如，打印摄氏度和华氏度转换表的例子可通过如下 while 循环来实现：

```
Cdegrees = [-20, -15, -10, -5, 0, 5, 10, 15, 20, 25, 30, 35, 40]
index = 0
print'    C  F'
while index < len(Cdegrees):
    C = Cdegrees[index]
    F = (9.0/5) * C + 32
    print '%5d %5.1f' % (C, F)
    index += 1
```

2.3.2　Range 结构

编写上述程序时，需要把 Cdegrees 中的元素逐项输入，这项工作略显烦琐。更好的方式是使用循环来自动构建 Cdegrees 列表。这时，可以利用 range 结构。下面给出一些用法示例：

- range(n) 生成整数 $0, 1, 2, \cdots, n-1$。

- range(start，stop，step)生成一个整数序列：start，start＋step，start＋2×step，…直到（但不包括）
  stop。例如，range(2，8，3) 返回 2 和 5(注意，不返回 8)，而 range(1，11，2) 返回 1,3,5,7,9。
- range(start，stop)和 range(start，stop，1)功能相同。

整数上的 for 循环可写成

```
for i in range(start, stop, step):
    ...
```

可利用该方式创建一个由－20、－15、…、40 构成的 Cdegrees 列表：

```
Cdegrees =[]
for C in range(-20, 45, 5):
    Cdegrees.append(C)

# or just
Cdegrees =range(-20, 45, 5)
```

注意，上限必须大于 40，以确保 40 包括在 range 结构生成的整数的范围内。

假设要创建一个由－10，－7.5，－5，…，40 构成的 Cdegrees 列表。此时，不能直接使用 range，因为 range 只能产生整数，而需要构造的列表中包含了－7.5、1.5 等小数。针对这种更为一般性的情形，可引入一个整数计数器 i，并通过公式 C＝－10＋i＊2.5 来生成 C 的值，其中 i＝0,1,2,…,20。代码如下：

```
Cdegrees =[]
for i in range(0, 21):
    C =-10 +i * 2.5
    Cdegrees.append(C)
```

2.3.3 用 for 循环对列表索引进行迭代

可以直接使用如下结构对列表进行迭代：

```
for element in somelist:
    ...
```

还可以对列表索引进行迭代并在循环中通过索引访问对应的列表元素：

```
for i in range(len(somelist)):
    element =somelist[i]
    ...
```

由于 len(somelist)返回 somelist 的长度，最大有效索引值是 len(somelist)－1。由于索引总是从 0 开始，range(len(somelist))生成的索引集为 0,1,2,…,len(somelist)－1。

其他语言（如 FORTRAN、C、C++ 、Java 和 C♯）的程序员往往习惯在 for 循环中使用整数计数器，倾向于使用 for i in range(len(somelist))，然后在循环体内使用 somelist[i]。这种使用方式有时更方便。但是，Python 鼓励程序员使用 for element in somelist 这种读起来更自然的方式。

当需要同时操作两个列表时，在列表索引上进行迭代更合适。例如，如果要先创建 Cdegrees 和 Fdegrees

两个列表，然后把表 Cdegrees 和 Fdegrees 作为一个总表的两列，最后再把总表打印出来，就可以这么做：

```
Cdegrees = []
n = 21
C_min = -10
C_max = 40
dC = (C_max - C_min)/float(n-1)        #increment in C
for i in range(0, n):
    C = -10 + i * dC
    Cdegrees.append(C)

Fdegrees = []
for C in Cdegrees:
    F = (9.0/5) * C + 32
    Fdegrees.append(F)

for i in range(len(Cdegrees)):
    C = Cdegrees[i]
    F = Fdegrees[i]
    print '%5.1f %5.1f' % (C, F)
```

除了通过向列表中不断追加新元素来构建列表外，还可以通过对一个具有相同长度的全零列表填充相应元素的值来完成。创建一个长度为 n 的全零列表可通过如下方式来实现：

```
somelist = [0] * n
```

采用这种方式，前面的程序就可以通过 for 循环在索引上进行迭代：

```
n = 21
C_min = -10
C_max = 40
dC = (C_max - C_min)/float(n-1)      #increment in C

Cdegrees = [0] * n
for i in range(len(Cdegrees)):
    Cdegrees[i] = -10 + i * dC

Fdegrees = [0] * n
for i in range(len(Cdegrees)):
    Fdegrees[i] = (9.0/5) * Cdegrees[i] + 32

for i in range(len(Cdegrees)):
    print '%5.1f %5.1f' % (Cdegrees[i], Fdegrees[i])
```

注意，一定要先用 [0] * n 来创建一个具有正确长度的列表，否则索引[i]将会非法。

2.3.4 修改列表元素

目前，已介绍了两种看似等价的方式来遍历列表：循环遍历元素或遍历索引（下标）。假设要把 Cdegrees 列表中的所有元素都加上 5，如果用

```
for c in Cdegrees:
    c += 5
```

则不会修改 Cdegress，而用

```
for i in range(len(Cdegrees)):
    Cdegrees[i] += 5
```

则可以达到修改 Cdegress 的目的。

那么，第一个循环为什么不会修改 Cdegress 呢？因为 c 是一个临时变量，在循环中引用一个列表元素，在执行 c＋＝5 后，虽然 c 会改变，但不会对列表中的元素造成影响。该循环的前两遍相当于

```
c = Cdegrees[0]      #automatically done in the for statement
c += 5
c = Cdegrees[1]      #automatically done in the for statement
c += 5
```

变量 c 只能用于读取列表元素而不能修改列表元素。只有形如

```
Cdegrees[i] = …
```

的赋值才可以修改列表元素的值。

还有一种遍历列表的方式，即在每一遍循环中都同时利用索引和列表元素：

```
for i, c in enumerate(Cdegrees):
    Cdegrees[i] = c + 5
```

该循环也会将列表中所有元素的值都加上 5。

2.3.5　列表推导式

编程时，有时需要基于某个已有列表来构建一个新的列表。Python 提供了一种简洁的语法来支持该功能，称为列表推导式，其一般性语法如下：

```
newlist = [E(e) for e in list]
```

其中，E(e)表示一个关于 e 的表达式。下面给出 3 个示例：

```
Cdegrees = [-5 + i * 0.5 for i in range(n)]
Fdegrees = [(9.0/5) * C + 32 for C in Cdegrees]
C_plus_5 = [C+5 for C in Cdegrees]
```

列表推导式可看作方括号内的一个 for 循环。本书后面将会经常用到列表推导式。

2.3.6　同时遍历多个列表

在温度转换程序中，需要使用列表 Cdegrees 和 Fdegrees 来构建一张表格。为此，需要遍历这两个列表。此时，使用 for element in list 并不适合，因为这种方式一次只能从一个列表中提取元素。一种解决方案是在列表的索引上使用 for 循环，这样就能通过索引同时访问两个列表：

```
for i in range(len(Cdegrees)):
    print '%5d %5.1f' % (Cdegrees[i], Fdegrees[i])
```

很多时候,我们需要同时遍历两个或多个列表。除了遍历索引的方式外,Python 还提供了另一种方式,其基本框架如下:

```
for e1, e2, e3, ⋯ in zip(list1, list2, list3, ⋯):
    #work with element e1 from list1, element e2 from list2,
    #element e3 from list3, etc.
```

zip 函数把 n 个列表(list1,list2,list3,⋯)变成一个由 n-元组构成的列表,其中,每个 n-元组 ($e1,e2,e3,⋯$) 的第一个元素($e1$)来自第一个列表(list1),第二个元素($e2$)来自第二个列表(list2),等等。当遍历到长度最短的列表尾部时,循环停止。例如,为了同时遍历列表 Cdegrees 和 Fdegrees,可按如下方式使用 zip 函数:

```
for C, F in zip(Cdegrees, Fdegrees):
    print '%5d %5.1f' % (C, F)
```

一般而言,对列表中的元素(如 C 和 F 中的元素)进行遍历比对列表索引进行遍历(如使用 for i in range (len(Cdegrees)))更符合 Python 所鼓励的编程风格。

2.4 嵌套列表

嵌套列表是指其元素也是列表的列表对象。下面通过一些例子来介绍嵌套列表及其上的基本操作。

2.4.1 表格:“行”或“列”构成的列表

前面章节中,表格数据的每一列都是通过一个单独的列表来表示的。如果有 n 列,则需要使用 n 个列表对象来表示表格中的数据。但是,直观上一张表格应该是一个整体,而不是一个由 n 个列表构成的集合。因此,一种很自然的方式是只使用一个参数来引用整个表格。使用嵌套列表很容易实现这一点:嵌套列表中的每个列表项本身也是一个列表。例如,一个表格对象是一个“列表的列表”,可看作表格行元素构成的列表,也可看作表格列元素构成的列表。下面给出一个示例,其中表格是一个由两列构成的列表,而每列又是一个由数字构成的列表:

```
Cdegrees =range(-20, 41, 5)        #-20, -15, ⋯, 35, 40
Fdegrees =[(9.0/5) * C +32 for C in Cdegrees]

table =[Cdegrees, Fdegrees]
```

注意,区间[41,45] 内的任何值都可以用作 range 的第二个参数(stop 值),都能确保 40 在 range 生成的数字范围内。

使用 table[0]可以访问 table 的第一个元素,即 Cdegrees 列表。而 table[0][2]对应其第一个元素中的第三个元素,即 Cdegrees[2]。

具有行和列的表格数据通常会有以下约定:这些数据本质上构成了一个嵌套列表,其中第一维索引表示行,第二维索引表示列。为了让 table 具有这种形式,需要把 table 构建成一个由 [C, F]对组成的列表。这样,第一维索引将遍历所有的行,每一行是一个[C,F]对。下面来看如何构造嵌套列表:

```
table =[]
for C, F in zip(Cdegrees, Fdegrees):
    table.append([C, F])
```

利用列表推导式,上述代码可进一步精简为

```
table = [[C, F] for C, F in zip(Cdegrees, Fdegrees)]
```

以这种方式对 C、F 构成的序偶对进行循环,并在循环的每一遍都创建一个列表元素[C, F]。

table[1]表示 table 中的第二个元素,是一个[C, F]对,而 table[1][0]是其中的 C 值,table[1][1]是其中的 F 值。图 2.2 给出了一个"列的列表"和一个"序偶对的列表"。由图 2.2 可以看出,通过第一维索引可查找外层列表里的某个元素所对应的子列表,而该元素又可以进一步通过第二维进行更细粒度的索引。

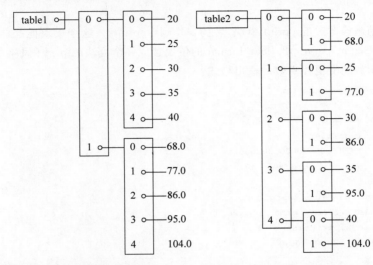

图 2.2　将表格创建为嵌套列表的两种方式。左图是 C 列和 F 列构成的表格,其中 C 列和 F 列都是列表;右图是行构成的表格,其中每一行[C,F]是一个由两个浮点数构成的列表

2.4.2　打印对象

规整打印对象的模块:通过 print table 可立即打印 2.4.1 节中嵌套列表 table 的内容。事实上,任何 Python 对象 obj 都可以通过 print obj 命令打印到屏幕上。输出通常是一行,而如果列表有很多元素,那么这一行可能会很长。例如,像 table 这样一个长列表,如果打印出来,会得到很长的一行:

```
[[-20, -4.0], [-15, 5.0], [-10, 14.0], ···, [40, 104.0]]
```

将输出分割成若干更短的行,可以使布局更好看,可读性也更好。为此,pprint 模块提供了一个更美观的打印功能。pprint 使用方式如下:

```
import pprint
pprint.pprint(table)
```

相应的输出变为

```
[[-20, -4.0],
 [-15, 5.0],
 [-10, 14.0],
 [-5, 23.0],
```

```
    [0, 32.0],
    [5, 41.0],
    [10, 50.0],
    [15, 59.0],
    [20, 68.0],
    [25, 77.0],
    [30, 86.0],
    [35, 95.0],
    [40, 104.0]]
```

本书中使用一个稍微修改过的 pprint 模块，名为 scitools. pprint2。这个模块能控制列表中 float 对象的打印格式，允许用户把 scitools. pprint2. float_format 的值设置成一个合法的 printf 风格的格式化字符串。下面给出一些示例来展示如何变更浮点数的输出格式：

```
>>>import pprint, scitools.pprint2
>>>somelist = [15.8, [0.2, 1.7]]
>>>pprint.pprint(somelist)
[15.800000000000001, [0.20000000000000001, 1.7]]
>>>scitools.pprint2.pprint(somelist)
[15.8, [0.2, 1.7]]
>>>#default output is '%g', change this to
>>>scitools.pprint2.float_format = '%.2e'
>>>scitools.pprint2.pprint(somelist)
[1.58e+01, [2.00e-01, 1.70e+00]]
```

如上所示，pprint 模块会把浮点数打印成带有很多小数位的格式，多到可以显式地看到舍入误差。许多用户不喜欢这种输出，而 scitools. pprint2 模块的默认输出格式则更接近人们希望看到的。

pprint 和 scitools. pprint2 模块都还有一个 pformat 函数，其功能和 pprint 差不多，但该函数将返回一个规整后的格式化字符串，而不是将其打印出来：

```
s =pprint.pformat(somelist)
print s
```

其中，最后的 print 语句的执行效果和 pprint. pprint(somelist)一样。

手动打印：直接使用 pprint 模块并不能以一种非常规整的方式把存储在表格中的数据（例如嵌套列表 table 中的数据）打印出来。人们更倾向于看到的规整输出是一个两列完美对齐的表格。为了实现这样的输出，需要手动编写代码设置输出格式。这并不难：循环遍历每一行，提取每一行中的元素 C 和 F，使用 printf 风格语法并设定输出的字段宽度，代码如下：

```
for C, F in table:
    print '%5d %5.1f' % (C, F)
```

2.4.3 提取子列表

Python 提供了一种简单的语法，可用于提取列表结构中的某些部分，这些部分被称为子列表或切片。例如，A[i：]表示从索引 i 开始直到列表结尾的 A 的子列表：

```
>>>A =[2, 3.5, 8, 10]
>>>A[2:]
[8, 10]
```

A[i：j]表示以索引 i 为起点,以索引 j−1 为结尾并包括 j−1 的 A 的子列表。注意,索引 j 所对应的元素不包括在该子列表中:

```
>>>A[1:3]
[3.5, 8]
```

A[：i]表示从索引 0 开始,直到并包含索引为 i−1 的 A 的子列表:

```
>>>A[:3]
[2, 3.5, 8]
```

A[1：−1]提取列表 A 中除第一个和最后一个元素以外的所有其他元素(注意,索引−1 对应最后一个元素),A[：]表示整个列表:

```
>>>A[1:-1]
[3.5, 8]
>>>A[:]
[2, 3.5, 8, 10]
```

在嵌套列表中,可以针对第一维索引进行切片:

```
>>>table[4:]
[[0, 32.0], [5, 41.0], [10, 50.0], [15, 59.0], [20, 68.0],
 [25, 77.0], [30, 86.0], [35, 95.0], [40, 104.0]]
```

也可以针对第二维索引进行切片,或对第一维和第二维索引一起切片:

```
>>>table[4:7][0:2]
[[0, 32.0], [5, 41.0]]
```

注意,table[4：7]提取的子列表为[[0，32.0]，[5，41.0]，[10，50.0]];通过[0：2]进一步对该子表进行切片,并从中提取前两个元素,分别对应索引 0 和 1。

子列表始终是原列表的副本。因此,若修改子列表,原列表保持不变,反之亦然:

```
>>>l1 =[1, 4, 3]
>>>l2 =l1[:-1]
>>>l2
[1, 4]
>>>l1[0] =100
>>>l1               #l1 is modified
[100, 4, 3]
>>>l2               #l2 is not modified
[1, 4]
```

切片操作得到的是副本这一事实也可以通过以下代码来验证：

```
>>>B =A[:]
>>>C =A
>>>B ==A
True
>>>B is A
False
>>>C is A
True
```

如果 B 中的所有元素都与 A 中的相应元素相等，那么布尔表达式 B==A 的值为 True。如果 A 和 B 是同一个列表的不同名字，那么 B is A 为 True。C=A 使得 C 和 A 引用同一个列表对象，而 B=A[：]使得 B 引用由 A 引用的列表所产生的副本。

示例： 下面的代码将输出列表 table 中 C 值为 10～35（不包括 35）的所有行，即 C 和 F 的值（见 2.4.1 节）：

```
>>>for C, F in table[Cdegrees.index(10):Cdegrees.index(35)]:
... print '%5.0f %5.1f' % (C, F)
...
    10 50.0
    15 59.0
    20 68.0
    25 77.0
    30 86.0
```

在上面例子中，Cdegrees.index(10)返回 Cdegrees 列表中值 10 所对应的索引值。查看 Cdegrees 中的元素，不难发现，这个 for 循环相当于

```
for C, F in table[6:11]:
```

该循环遍历了表格 table 中索引值 6，7，…，10 所对应的元素。

2.4.4　遍历嵌套列表

前面已经看到，遍历嵌套列表 table 可以通过以下形式的循环来完成：

```
for C, F in table:
    #process C and F
```

当事先已知道 table 是列表[C，F]构成的列表时，很自然会想到上面的代码。现在讨论更一般的嵌套列表，此时不一定知道列表的每个列表项中有多少个元素。

假设使用嵌套列表 scores 来记录某游戏中玩家的游戏分数：scores[i]为玩家 i 的历史成绩的列表。不同的玩家玩游戏的次数不同，所以 scores[i]的长度取决于 i。下列代码可帮助大家理解：

```
scores =[]
#score of player no. 0:
scores.append([12, 16, 11, 12])
#score of player no. 1:
```

```
scores.append([9])
#score of player no. 2:
scores.append([6, 9, 11, 14, 17, 15, 14, 20])
```

列表 scores 有 3 个元素, 每个元素对应一个玩家。列表 scores[p] 中索引值 g 所对应的元素表示编号为 p 的玩家在第 g 次游戏中得到的分数。列表 scores[p] 的长度各不相同, 其中 p 为 0、1、2 时列表长度分别为 4、1、8。

　　一般情况下, 可能有 n 个玩家, 有些玩家可能已经玩过很多次游戏了, 这可能使得 scores 是一个很大的嵌套列表。如何遍历 scores 列表, 并将其中的数据以适当的形式输出出来? 表格中的每一行对应一个玩家, 而每一列对应其得分。例如, 上面初始化的数据可以输出成如下形式:

```
12  16  11  12
 9
 6   9  11  14  17  15  14  20
```

不难发现, 编写这样的程序需要使用两层嵌套循环, 一层用于遍历 scores 中的元素, 另一层用于遍历 scores 的子列表中的元素。

　　有两种遍历嵌套列表的基本方式: 一种是遍历索引值, 另一种是使用变量来引用列表元素。首先, 举个例子来说明基于索引的方法:

```
for p in range(len(scores)):
    for g in range(len(scores[p])):
        score = scores[p][g]
        print '%4d' %score,
    print
```

在打印语句后使用逗号, 可以避免换行, 这样表格中的列值(即一个玩家的分数)将会出现在同一行。而关于 g 的循环结束后, 单独成行的 print 命令会在打印完表格的一行之后换行。建议手动模拟循环的执行, 看看每条语句的执行效果(可使用上面用于初始化的简单 scores 列表)。

　　另一种遍历嵌套列表的方式是, 使用变量来遍历 scores 列表及其子列表中的元素, 例如:

```
for player in scores:
    for game in player:
        print '%4d' %game,
    print
```

同样地, 建议一步一步手动模拟代码的执行, 并了解每一遍循环中 player 和 game 的值分别是什么。

　　更一般的情形是一个嵌套列表可能有多维索引: somelist[i1][i2][i3]…。要遍历列表中的每个元素, 有多少维索引, 就要使用多少层嵌套的 for 循环。如果有 4 维索引, 那么在索引上进行迭代的代码如下:

```
for i1 in range(len(somelist)):
    for i2 in range(len(somelist[i1])):
        for i3 in range(len(somelist[i1][i2])):
            for i4 in range(len(somelist[i1][i2][i3])):
                value = somelist[i1][i2][i3][i4]
                #work with value
```

相应地在子列表上进行迭代的代码如下：

```
for sublist1 in somelist:
    for sublist2 in sublist1:
        for sublist3 in sublist2:
            for sublist4 in sublist3:
                value =sublist4
                #work with value
```

2.5 元组

元组与列表非常类似，但元组是不能更改的，换言之，一个元组可以看成一个常量列表。另外，列表使用方括号，而元组使用圆括号：

```
>>>t = (2, 4, 6, 'temp.pdf')          #define a tuple with name t
```

在许多情况下，圆括号可省略：

```
>>>t =2, 4, 6, 'temp.pdf'
>>>for element in 'myfile.txt', 'yourfile.txt', 'herfile.txt':
...    print element,
...
myfile.txt yourfile.txt herfile.txt
```

这里，for 循环作用在一个元组上，因为使用逗号分隔的对象序列，即使没有圆括号，也会自动变成一个元组。注意，print 语句结束处有个逗号，这个逗号能使得 print 命令在输出字符串后不再自动添加换行符，这种方式能将多个 print 语句的输出放在同一行中。

针对列表的很多操作也可用于元组，例如：

```
>>>t =t + (-1.0, -2.0)         #add two tuples
>>>t
(2, 4, 6, 'temp.pdf', -1.0, -2.0)
>>>t[1]                        #indexing
4
>>>t[2:]                       #subtuple/slice
(6, 'temp.pdf', -1.0, -2.0)
>>>6 in t                      #membership
True
```

修改列表的任何操作对元组都无效：

```
>>>t[1] =-1
...
TypeError: object does not support item assignment

>>>t.append(0)
...
AttributeError: 'tuple' object has no attribute 'append'
```

```
>>>del t[1]
...
TypeError: object' doesn't support item deletion
```

有些列表方法,如 index,不适用于元组。读者可能会问:既然列表的功能比元组更丰富,为何还要引入元组呢? 这是因为

- 元组能保护其内容不被意外修改。
- 基于元组的代码比基于列表的代码运行得更快。
- 元组被频繁地用于 Python 代码中,因此读者需要了解这种数据类型。

还有第四个原因:元组对于一种称为字典的数据类型(将在 6.1 节介绍)很重要:元组可以作为字典中的键(key),而列表不能。

2.6 本章小结

2.6.1 本章主题

while 循环

循环用于刻画需要重复执行的一组语句。在 Python 中,循环内的语句必须以相同的缩进量对齐。只要判断条件为 True,while 循环就会一直反复执行:

```
>>>t =0; dt =0.5; T =2
>>>while t <=T:
...    print t
...    t +=dt
...
0
0.5
1.0
1.5
2.0
>>>print 'Final t:', t, '; t <=T is', t <=T
Final t: 2.5 ; t <=T is False
```

列表

列表用于将多个值或变量收集起来放在一个有序序列中:

```
>>>mylist = [t, dt, T, 'mynumbers.dat', 100]
```

列表元素可以是任意 Python 对象,如数字、字符串、函数和其他列表。表 2.1 列出了一些重要的列表操作。

表 2.1　重要的列表操作

操　　作	含　　义
a＝[]	创建并初始化一个空列表
a＝[1, 4.4,'run. py']	列表初始化

续表

操 作	含 义
a. append(elem)	将 elem 对象添加到列表末尾
a+[1,3]	列表连接
a. insert(i, e)	在索引 i 前面添加元素 e
a[3]	通过索引获取列表元素
a[−1]	获取列表中最后一个元素
a[1:3]	切片：将（索引为 1、2 的）数据复制到子列表
del a[3]	删除（索引为 3 的）元素
a. remove(e)	删除值为 e 的元素
a. index('run. py')	找到对应于元素值'run. py'的索引
'run. py' in a	测试列表中是否包含值'run. py'
a. count(v)	计算值为 v 的元素的个数
len(a)	求列表 a 中的元素数
min(a)	求 a 中的最小元素
max(a)	求 a 中的最大元素
sum(a)	求 a 中所有元素之和
sorted(a)	返回列表 a 的排序版本
reversed(a)	返回列表 a 的逆序版本
b[3][0][2]	嵌套列表索引
isinstance(a, list)	如果 a 是一个列表,结果为 True
type(a) is list	如果 a 是一个列表,结果为 True

嵌套列表　如果某列表的元素也是列表,那么该列表是一个嵌套列表。下面的交互式会话展示了嵌套列表的索引和循环遍历方式：

```
>>>nl =[[0, 0, 1], [-1, -1, 2], [-10, 10, 5]]
>>>nl[0]
[0, 0, 1]
>>>nl[-1]
[-10, 10, 5]
>>>nl[0][2]
1
>>>nl[-1][0]
-10
>>>for p in nl:
...    print p
...
[0, 0, 1]
[-1, -1, 2]
[-10, 10, 5]
>>>for a, b, c in nl:
```

```
...    print '%3d %3d %3d' % (a, b, c)
...
   0   0   1
  -1  -1   2
 -10  10   5
```

元组   元组可以被视为常量列表,元组的内容不允许发生变化。元组使用圆括号或不加括号,元素之间和列表一样用逗号分隔:

```
>>>mytuple = (t, dt, T, 'mynumbers.dat', 100)
>>>mytuple = t, dt, T, 'mynumbers.dat', 100
```

很多列表操作同样适用于元组,但那些修改列表内容的操作对元组不适用(例如 append、del、remove、index 和 sort)。

如果对象 a 是由其他对象构成的有序集合且 a[i] 是指该集合中具有索引 i 的对象,那么 a 在 Python 中被称为一个序列(sequence)。列表、元组、字符串和数组都是序列。当元素之间有自然的排序时,编程时应该选择序列类型。而对于无序对象构成的集合,使用字典往往更方便(见 6.1 节)。

for 循环   for 循环可用于遍历列表或元组中的元素:

```
>>>for elem in [10, 20, 25, 27, 28.5]:
...    print elem,
...
10 20 25 27 28.5
```

print 语句尾部的逗号用于防止该语句自动添加换行符。

使用 for 循环来遍历整数序列时,经常会用到 range 函数。再次提醒,range(start,stop,inc)不会将上限 stop 包含在生成的列表元素中。

```
>>>for elem in range(1, 5, 2):
...   print elem,
...
1 3
>>>range(1, 5, 2)
[1, 3]
```

通常,使用 for 循环来实现求和 $\sum_{j=M}^{N} q(j)$,其中 $q(j)$ 是关于整数计数器 j 的数学表达式。例如,令 $q(j) = 1/j^2$,求和可通过以下方法来计算:

```
s = 0    # accumulation variable
for j in range(M, N+1, 1):
    s += 1./j**2
```

规整打印   要打印列表 a,可以使用 print a,但 pprint 和 scitools.pprint2 模块及其 pprint 函数为长列表和嵌套列表提供了一种更好的输出形式。此外,scitools.pprint2 模块允许设置浮点数的输出格式。

术语   本章涉及的重要计算机科学术语如下:

- 列表。
- 元组。
- 嵌套列表（和嵌套元组）。
- 子列表（子元组）或切片 a[i:j]。
- while 循环。
- for 循环。
- 列表推导式。
- 布尔表达式。

2.6.2 示例：分析列表数据

问题描述： 文件 src /misc/ Oxford_sun_hours. txt[①] 包含了自 1929 年一月以来英国牛津每个月的日照时间数据（以小时为单位），且数据已经以嵌套列表格式存储。

```
[
[43.8, 60.5, 190.2, …],
[49.9, 54.3, 109.7, …],
[63.7, 72.0, 142.3, …],
…
]
```

列表中的每行包含了每年 12 个月的日照时数。换言之，嵌套列表中的第一维索引对应于年份，第二维索引对应于月份。更准确地说，双索引 $[i][j]$ 对应于 $(1929+i)$ 年 $(1+j)$ 月（1 月对应的索引为 0）。

试编写程序定义该嵌套列表，并进行以下数据分析：

- 计算整个数据记录期间（1929—2009）每个月的平均日照时数。
- 根据前一步得到的计算结果，判断哪个月的天气最好。
- 对于每个 10 年，即 1930—1939、1940—1949、……、2000—2009，计算 1 月和 12 月的平均每天日照时数。例如，使用 1949 年 12 月、1950 年 1 月、……、1958 年 12 月和 1959 年 1 月的数据作为 1950—1959 年这 10 年的数据。这项指标这几十年之间有什么明显的差别吗？

解： 对数据进行初始化相对简单，只需从 Oxford_sun_hours. txt 文件中将数据复制到程序代码文件中，并在赋值号左侧设置一个变量名即可（由于这部分代码太长太宽，这里只象征性地给出部分代码片段）：

```
data =[
[43.8, 60.5, 190.2, …],
[49.9, 54.3, 109.7, …],
[63.7, 72.0, 142.3, …],
…
]
```

对于第一项数据分析任务，需要建立一个列表 monthly_mean 来保存计算结果，例如，monthly_mean[2] 用来保存 1929—2009 年 3 月的平均日照时数。采用常规方式来计算平均值：对每个月，遍历所有年份，将日照时数累加，最后除以年数（len(data) 或 2009—1929＋1）。

---

① http://tinyurl.com/pwyasaa/misc/Oxford_sun_hours. txt。

```
monthly_mean = []
n = len(data)           #number of years
for m in range(12):     #counter for month indices
    s = 0               #sum
    for y in data:      #loop over "rows" (first index) in data
        s += y[m]       #add value for month m
    monthly_mean.append(s/n)
```

另一种解决方案是为每月平均值引入一个单独的变量,即 Jan_mean、Feb_mean 等。作为练习,读者可以编程实现这个解决方案对应的代码,通过比较可以看到:使用列表 monthly_mean 相对来说是一种更好的编程方式,并能产生更简洁的代码。使用单独变量,对于两三个变量的情况还可以,但对于多达 12 个变量的情况就不太合适了。

接下来,需要改进输出,得到更规整的打印结果。可采取如下方案。

首先,定义一个由月份名称构成的元组(或列表),然后同时遍历它和 monthly_mean:

```
month_names = 'Jan', 'Feb', 'Mar', 'Apr', 'May', 'Jun',\
              'Jul', 'Aug', 'Sep', 'Oct', 'Nov', 'Dec'
for name, value in zip(month_names, monthly_mean):
    print '%s: %.1f' % (name, value)
```

输出结果变为

```
Jan: 56.6
Feb: 72.7
Mar: 116.5
Apr: 153.2
May: 191.1
Jun: 198.5
Jul: 193.8
Aug: 184.3
Sep: 138.3
Oct: 104.6
Nov: 67.4
Dec: 52.4
```

第二项数据分析任务通过人工查看上述输出结果即可完成——结果显示 6 月最好。这里,希望编写程序来代替人工查看,以自动完成该任务。monthly_mean 列表中的最大值 max_value 可调用 max(monthly_mean)得到。调用 monthly_mean.index(max_value)来得到相应的月份索引值。相应的代码如下:

```
max_value = max(monthly_mean)
month = month_names[monthly_mean.index(max_value)]
print '%s has best weather with %.1f sun hours on average' % \
    (month, max_value)
```

要完成第三项数据分析任务,首先需要设计一个计算 10 年平均日照时数的算法。该算法可用自然语言描述如下:遍历这些 10 年;对其中每个 10 年,遍历其中每一年;而对于每一年,把上一年的 12 月数据和当年的 1 月数据累加到累计变量中。最后,将该累计变量的值除以 10、2 和 31,就可以得到在某个特定 10 年里冬季的平均每天日照时数。相应的 Python 代码如下：

```
decade_mean =[]
for decade_start in range(1930, 2010, 10):
    Jan_index =0; Dec_index =11        #indices
    s =0
    for year in range(decade_start, decade_start+10):
        y =year -1929                   #list index
        print data[y-1][Dec_index] +data[y][Jan_index]
        s +=data[y-1][Dec_index] +data[y][Jan_index]
    decade_mean.append(s/(20. * 30))
for i in range(len(decade_mean)):
    print 'Decade %d-%d: %.1f' % \
        (1930+i * 10, 1939+i * 10, decade_mean[i])
```

结果为

```
Decade 1930-1939: 1.7
Decade 1940-1949: 1.8
Decade 1950-1959: 1.8
Decade 1960-1969: 1.8
Decade 1970-1979: 1.6
Decade 1980-1989: 2.0
Decade 1990-1999: 1.8
Decade 2000-2009: 2.1
```

完整的代码见文件 sun_data. py。

备注：文件 Oxford_sun_hours. txt 源于英国气象局提供的数据[1]。6.3.3 节中将解释如何下载数据,解释其内容,并将其制做成类似 Oxford_sun_hours. txt 这样的文件。

2.6.3 如何找到更多的 Python 信息

本书仅介绍了 Python 语言的一部分。当读者在做自己的项目或练习时,可能需要查找更多关于模块、对象等相关的详细信息。幸运的是,有很多优秀的关于 Python 编程语言的文档资料。

首先,推荐读者参考 Python 官方文档网站[2]： docs. python. org。从中可以找到很多重要的资料：Python 教程、非常实用的库参考手册(Library Reference)和语言参考手册(Language Reference)。如果想知道某个模块中包含什么函数,如 math 模块,可以去库参考手册查找 math,即可快速找到该模块的官方文档,也可以从库参考手册的目录中直接选择 math (module)这一条目。类似地,如果想查找 printf 风格格式化输出语法的相关详细信息,可以从总目录中找到 printf-style formatting 这个条目。

提醒：参考手册的技术性非常强,主要面向专家,对于初学者来说,其中的某些内容理解起来可能存在困难。此时,读者需要培养一种能力：浏览手册时,集中精力挖掘出当前需要的关键信息,而不要被不理解的文字所困扰。与编程一样,有效地阅读手册也需要大量的训练。

有个类似于 Python 标准库文档工具,称为 pydoc 程序。在终端窗口中,输入如下命令：

---

[1]   http://www. metoffice. gov. uk/climate/uk/stationdata/。

[2]   http://docs. python. org/index. html。

```
Terminal>pydoc math
```

在 IPython 中,有两种相应的实现方式,采用

```
In [1]: !pydoc math
```

或者

```
In [2]: import math
In [3]: help(math)
```

完整的 math 模块文档将以纯文本的方式显示。如果需要查找某个特定函数的相关信息,可以直接查询,如 pydoc math. tan。由于 pydoc 运行得很快,许多人更愿意使用该工具而不是浏览网页。但和网页文档相比,pydoc 提供的信息较少。

此外,还有许多关于 Python 的书。Beazley 的 *Python Essential Reference*[1] 是一本很好的参考书,对官方网站文档中的信息进行了改进和扩展。*Learning Python*[17] 作为一本入门书籍已经流行了很多年。另外,还有一个很特别的网页①,它列出了市场上大部分的 Python 书籍。专门讲 Python 科学计算的书非常少,但参考文献[4]从数学应用的角度介绍了 Python,比本书更简洁、更进阶,同时它也是一本有关 Python 应用于科学领域的优秀参考书。另外,参考文献[13]是一本较为全面地介绍如何使用 Python 来辅助或自动化科学工作的书。

快速参考条目以紧凑的形式列出几乎所有的 Python 功能,使用起来非常方便。推荐 Richard Gruet[6] 的版本②。

另外,网站 http://www.python.org/doc/上提供了一个实用的 Python 介绍和参考手册的列表。

2.7　习题

习题 2.1: 制作华氏-摄氏温度转换表。
编写 Python 程序,打印一个第一列为华氏度值 $0,10,20,\cdots,100$ 而第二列为相应摄氏度值的表格。

提示：修改 2.1.2 节中的 c2f_table_while. py 程序。

文件名：ex2-01-f2c_table_while. py。

习题 2.2: 生成近似的华氏度-摄氏度转换表。
人们经常使用以下的近似公式快速将华氏度值(F)转换为摄氏度值(C):

$$C \approx \hat{C} = (F - 30)/2 \tag{2.2}$$

修改习题 2.1 中的程序,使其打印 3 列：F、C 和近似值 $\hat{C}$。

文件名：ex2-02-f2c_approx_table. py。

习题 2.3: 使用列表。
设变量 primes 为包含数字 2、3、5、7、11 和 13 的列表。使用 for 循环输出列表中的每个元素。把 17 赋给变量 p,并把 p 添加到列表末尾。打印整个新的列表。

文件名：ex2-03-primes. py。

---

① http://wiki. python. org/mion/PythonBooks。
② http://rgruet. free. fr/PQR27/PQR2. 7. html。

习题 2.4: 生成奇数。

编写程序,生成 $1 \sim n$ 的所有奇数。在程序中,首先设置 n 的值,然后使用 while 循环计算题目要求的奇数(注意:如果 n 是偶数,那么生成的最大奇数是 $n-1$)。

文件名:ex2-04-odd.py。

习题 2.5: 计算前 n 个整数的累加和。

编写程序,计算 $1 \sim n$(包括 n) 的整数的累加和。将程序计算结果与求和公式 $n(n+1)/2$ 的结果进行比较。

文件名:ex2-05-sum_int.py。

习题 2.6: 计算原子中的能级。

氢原子中电子的 n 级能级公式如下:

$$E_n = -\frac{m_e e^4}{8\varepsilon_0^2 h^2} \times \frac{1}{n^2}$$

其中,$m_e = 9.1094 \times 10^{-31}$ kg,是电子质量;$e = 1.6022 \times 10^{-19}$ C,是基本电荷;$\varepsilon_0 = 8.8542 \times 10^{-12}$ C^2 s^2 kg^{-1} m^{-3},是真空介电常数,$h = 6.6261 \times 10^{-34}$ Js。

a. 编写 Python 程序,计算和打印能级 E_n,其中 $n = 1, 2, \cdots, 20$。

b. 电子从能级 n_i 跃迁到能级 n_f 所释放的能量为

$$\Delta E = -\frac{m_e e^4}{8\varepsilon_0^2 h^2} \times \left(\frac{1}{n_i^2} - \frac{1}{n_f^2}\right)$$

在 a 程序的基础上添加语句,尽可能规整地打印出另一个表格,其中 f 行 i 列的元素代表电子从能级 i 跃迁到能级 f 所释放的能量,其中 $i, f = 1, 2, \cdots, 5$。

文件名:ex2-06-energy_levels.py。

习题 2.7: 生成等间距坐标。

需要在 $[a, b]$ 中生成 $n+1$ 个等间距的 x 坐标,并将坐标存储于列表中。

a. 从空列表开始,然后使用 for 循环把每个坐标追加到列表中。

提示:n 个区间对应于 $[a, b]$ 中的 $n+1$ 点,每个区间的长度 $h = (b-a)/n$。然后,可以通过公式 $x_i = a + ih$ 生成坐标,其中 $i = 0, 1, 2, \cdots, n+1$。

b. 换用列表推导式来解决上述问题。

文件名:ex2-07-coor.py。

习题 2.8: 根据公式创建数值表。

编写程序,打印出一个由 t 和 $y(t)$ 值构成的表格,其中

$$y(t) = v_0 t - \frac{1}{2} g t^2$$

要求:在区间 $[0, 2v_0/g]$ 中取 $n+1$ 个间隔均匀的 t 值。

a. 使用 for 循环生成上述表格。

b. 换用 while 循环生成上述表格。

提示:由于潜在的舍入误差,可能需要调整 while 循环的上限,以保证最后一个点($t = 2v_0/g, y = 0$)也会生成。

文件名:ex2-08-ball_table1.py。

习题 2.9: 利用列表存储公式中的值。

使用另外一种方法生成与习题 2.8 相同的表格:首先,把 t 和 y 值分别储存在两个列表 t 和 y 中;然后,用 for 循环遍历这两个列表并打印出相应的表格。

提示:在 for 循环中,使用 zip 同时遍历这两个列表,或使用 range 结构。

文件名：ex2-09-ball_table2.py。

习题 2.10: 手工模拟列表操作。

考虑如下程序：

```
a =[1, 3, 5, 7, 11]
b =[13, 17]
c =a +b
print c
b[0] =-1
d =[e+1 for e in a]
print d
d.append(b[0] +1)
d.append(b[-1] +1)
print d[-2:]
for e1 in a:
    for e2 in b:
        print e1 +e2
```

仔细阅读每条语句，并解释程序的打印输出。

文件名：ex2-10-simulate_lists.doc。

习题 2.11: 计算数学累加和。

以下代码用于计算累加和 $s = \sum_{k=1}^{M} \frac{1}{k}$：

```
s =0; k =1; M =100
while k <M:
    s +=1/k
print s
```

但该程序不正确，请找出 3 个错误（如果试着运行该程序，会发现屏幕上不会有任何输出。此时，按 Ctrl＋C 键，即，先按住 Control(Ctrl)键，然后按 C 键，就可以停止该程序的运行）。请编写正确的程序。

提示：有两种查找程序错误的基本方法：

（1）仔细阅读程序并思考每条语句的执行效果。

（2）打印输出中间结果并与手动计算的结果进行比较。

首先，尝试第一种方法，找出尽可能多的错误。然后，考虑 M＝3 的情形，尝试第二种方法，将 s 的变化情况和手工计算的结果进行比较。

文件名：ex2-11-sum_while.doc。

习题 2.12: 用 for 循环替代 while 循环。

重做习题 2.11，采用 for 循环来替代 while 循环，实现对 k 值的遍历。

文件名：ex2-12-sum_for.py。

习题 2.13: 手工模拟程序的执行。

考虑如下用于计算利率的程序：

```
initial_amount =100
p =5.5 #interest rate
amount =initial_amount
years =0
```

```
while amount <=1.5 * initial_amount:
    amount =amount +p/100 * amount
    years =years +1
print years
```

a. 使用计算器或交互式 Python shell 手工模拟上述程序的执行，写下每一遍循环中 amount 和 years 的值。

b. 把初始化 p 的语句改为 p＝5。为什么会出现死循环？（使用 Ctrl＋C 键停止死循环的运行，参见习题 2.11。）修改程序，排除这种错误。

c. 修改程序，在程序中尽量使用运算符＋＝。

d. 用自然语言来解释该程序能解决什么类型的数学问题。

文件名：ex2-13-interest_rate_loop. py。

习题 2.14: 探索 Python 文档。

假设需要用到反正弦函数 $\sin^{-1} x$。如何在 Python 程序中调用该函数？

提示：math 模块提供了反正弦函数。可在网页版 Python 标准库[①]文档中或使用 pydoc 查看该模块的内容，找到对应的函数名称，参见 2.6.3 节。

文件名：ex2-14-inverse_sine. doc。

习题 2.15: 嵌套列表的索引。

给定如下嵌套列表：

```
q =[['a', 'b', 'c'], ['d', 'e', 'f'], ['g', 'h']]
```

a. 对该列表进行索引并从中提取字母 a、列表['d', 'e', 'f']、元素 h 和元素 d。解释 q[－1][－2]的值为什么是 g。

b. 使用如下嵌套 for 循环，可访问 q 中的所有元素：

```
for i in q:
    for j in range(len(i)):
        print i[j]
```

i 和 j 是什么类型的对象？

文件名：ex2-15-index_nested_list. py。

习题 2.16: 将数据存储在列表中。

修改习题 2.2 中的程序，使所有的 F、C 和 $\hat{C}$ 值分别存储在列表 F、C 和 C_approx 中。然后，创建一个嵌套列表 conversion，使得 conversion[i]保存表格中的一行：[F[i]，C[i]，C_approx[i]]。最后，让程序遍历 conversion 列表，输出与习题 2.2 相同的表格。

文件名：ex2-16-f2c_approx_lists. py。

习题 2.17: 将数据存储在嵌套列表中。

练习以两种不同方式存储表格数据，即列构成的列表或行构成的列表。为了使输出的表格格式规整，需要遍历数据，而遍历的方式取决于表格数据的存储方式。

a. 按照习题 2.9 的解释，分别构建 t 值和 y 值构成的列表。将这两个列表保存在一个新的嵌套列表 ty1

---

① http://docs. python. org/2/library。

中,使得 ty1[0]和 ty1[1]分别对应于这两个列表。通过循环遍历 ty1 列表中的数据,输出两列构成的表格,其中 t 值和 y 值分别对应一列。每个数字输出两位小数。

b. 创建列表 ty2,使得其元素对应 t 值和 y 值构成表格的每一行(正如 2.4 节解释的那样,ty1 是列构成的列表,而 ty2 是行构成的列表)。循环遍历 ty2,以两位小数的形式输出 t 值和 y 值。

文件名:ex2-17-ball_table3.py。

习题 2.18: 布尔表达式的值。

给出下列布尔表达式的真值:

```
C = 41
C == 40
C != 40 and C < 41
C != 40 or C < 41
not C == 40
not C > 40
C <= 41
not False
True and False
False or True
False or False or False
True and True and False
False == 0
True == 0
True == 1
```

注意:将 True 和 False 与整数 0 和 1 比较具有实际意义,但是与其他的整数比较则没有实际意义(例如,True==12 的结果是 False,虽然整数 12 作为布尔值来计算的结果为 True,如 bool(12)或者 if 12)。

文件名:ex2-18-eval_bool.txt。

习题 2.19: 探索多次逆操作导致的舍入误差。

尝试在计算器中输入一个数字,接着多次按下开平方根键,然后再对结果执行相同次数的求平方运算。从数学角度,这些逆操作应该能得到起始值,然而在计算器中未必总是如此。为了避免多次在计算器上按键,可以编写程序让计算机自动完成该过程。看如下程序:

```
from math import sqrt
for n in range(1, 60):
    r = 2.0
    for i in range(n):
        r = sqrt(r)
    for i in range(n):
        r = r**2
    print '%d times sqrt and **2: %.16f' % (n, r)
```

请用自然语言解释该程序在做什么事情,然后运行该程序。当 n 足够大时,舍入误差会使得最终结果与起始值完全不一样。检查程序最终得到的结果是 1 而不是 2 的情形,设定导致这种情况下的某个 n 的取值,并在两个关于 i 的 for 循环中都打印出 r 的值。此时,再来思考为什么会得到 1 而不是 2。

文件名:ex2-19-repeated_sqrt.py。

习题 2.20: 探索计算机中相当于零的值。

输入以下代码并运行:

```
eps =1.0
while 1.0 !=1.0 +eps:
    print '..............', eps
    eps =eps/2.0
print 'final eps:', eps
```

用自然语言逐行解释代码在做什么。然后检查输出结果。思考为什么 $1 \neq 1 +$ eps 可能不成立。换言之,为什么一个约等于 10^{-16}（循环终止时 eps 的值）的 eps 值会给出与 eps 为 0 时相同的结果?

文件名：ex2-20-machine_zero.py。

备注：上面计算的非零 eps 值称为机器极小值或机器零。这是需要知晓的计算机中的一个重要参数,这个参数在应用某些数值技术来控制含入误差时尤其有用。

习题 2.21: 浮点数比较时的误差。

运行如下程序：

```
a =1/947.0 * 947
b =1
if a !=b:
    print 'Wrong result!'
```

从该程序中吸取的教训是,不应该直接使用 a==b 或 a!=b 来比较两个浮点对象,由于舍入误差的存在,两个数学上看似相等的计算结果在计算机中可能不一样。一种更好的方式是判断 abs(a-b)<tol 是否成立,其中 tol 是一个非常小的值。请根据该想法修改程序。

文件名：ex2-21-compare_floats.py。

习题 2.22: 解释代码。

time 模块中的 time 函数会返回自特定日期（称为 Epoch,在很多计算机中是 1970 年 1 月 1 日）起的秒数。因此,Python 程序可以使用 time.time() 来模拟秒表。time 模块中的另一个函数 sleep(n) 可以使程序暂停 n 秒,因此通过该函数可以很方便地插入暂停。根据上述信息,请说明如下代码的作用：

```
import time
t0 =time.time()
while time.time() -t0 <10:
    print '....I like while loops!'
    time.sleep(2)
print 'Oh, no -the loop is over.'
```

循环内的 print 语句会执行多少次? 接下来,复制代码,并将循环中的<改成>。解释程序运行的现象。

文件名：ex2-22-time_while.doc。

习题 2.23: 错误缩进所引发的问题。

在文件中输入如下程序,并仔细检查,确保输入了完全相同的空格：

```
C =-60; dC =2
while C <=60:
    F =(9.0/5) * C +32
        print C, F
C =C +dC
```

运行该程序。遇到的第一个问题是什么？更正该错误。下一个问题是什么？导致该问题的原因是什么？
（至于如何终止一个挂起的程序，参见习题 2.11。）

文件名：ex2-23-indentation. doc。

备注：需要从该习题吸取的教训是：使用 Python 编程时必须非常小心缩进！其他程序设计语言通常会
将循环体包含在花括号、圆括号或起始标记中。Python 只使用缩进的编程习惯有助于提高视觉上的吸引效
果和代码的可读性，但需要程序员以严谨的态度对待空格。

习题 2.24: 探索 Python 程序中的标点符号。

以下赋值语句中有的有效，有的无效。针对每种情况，说明为什么赋值有效或无效。如果有效，x 引用什
么样的对象？print x 会输出什么值？

```
x = 1
x = 1.
x = 1;
x = 1!
x = 1?
x = 1:
x = 1,
```

提示：在交互式 Python shell 中试着执行这些语句。

文件名：ex2-24-punctuation. doc。

习题 2.25: 在处于变化中的列表上应用 for 循环带来的问题。

观察如下交互式会话，并详细解释循环的每一遍执行会发生什么，并以此来理解输出结果。

```
>>>numbers = range(10)
>>>print numbers
[0, 1, 2, 3, 4, 5, 6, 7, 8, 9]
>>>for n in numbers:
...     i = len(numbers)/2
...     del numbers[i]
...     print 'n=%d, del %d' % (n,i), numbers
...
n=0, del 5 [0, 1, 2, 3, 4, 6, 7, 8, 9]
n=1, del 4 [0, 1, 2, 3, 6, 7, 8, 9]
n=2, del 4 [0, 1, 2, 3, 7, 8, 9]
n=3, del 3 [0, 1, 2, 7, 8, 9]
n=8, del 3 [0, 1, 2, 8, 9]
```

注意：本习题想传达的信息是：不要修改正在循环遍历的列表。从技术角度而言，修改是允许的（如上
所示），但必须明确修改后的效果，否则会导致不好理解的程序行为。

文件名：ex2-25-for_changing_list. doc。

第3章 函数与分支

本章介绍两个非常有用的概念：用户自定义函数和程序分支，程序分支通常也叫 if 分支。本章相关的程序在目录 src/funcif[①] 中。

3.1 函数

Python 中的函数有别于传统的数学函数。Python 函数是一个语句集合，在程序中可以随时随地通过调用语句来执行函数。可以给函数传递参数，参与函数中语句的计算，而且函数还可能会返回新的对象（函数的运行结果）。

把相似的代码片段提取出来作为函数，可以使程序减少代码冗余，也更加容易修改。函数还可以将一个长程序分割成更小、更易于管理的代码段，从而使程序的结构变得更加清晰。Python 有大量预定义的函数（如前面已经使用过的 math 函数库中的 sqrt、range 和 len 等）。本节介绍如何编写自定义函数。

3.1.1 数学函数作为 Python 函数

首先用 Python 函数实现一个数学函数，将摄氏度值 C 转换为相应的华氏度值 F：

$$F(C) = \frac{9}{5}C + 32$$

实现该数学函数的 Python 函数需要以 C 作为输入参数，结果返回 F。代码如下：

```
def F(C):
    return (9.0/5) * C + 32
```

所有 Python 函数都以 def 开始，之后是函数的名称（这里是 F），然后是一对括号，括号内是用逗号分隔的函数参数列表，这里只有一个参数 C，参数在函数内作为普通变量使用。括号后面必须有一个冒号（：），函数内的语句必须缩进。在一个函数的尾部通常会用 return 返回一个值，也就是将一个值"送出该函数"。这个值通常与函数的名称相关，例如函数 F 返回的值是数学函数 $F(C)$ 的计算结果。

def、函数名、参数和冒号这一行称为函数头，之后缩进的语句则构成函数体。

函数的使用通过函数调用实现。因为函数 F 返回一个值，需要将这个值存储在变量中或者以其他方式使用它。下面是调用函数 F 的一些方式：

```
temp1 = F(15.5)
a = 10
temp2 = F(a)
print F(a+1)
sum_temp = F(10) + F(20)
```

---

① http://tinyurl.com/pwyasaa/funcif。

因为函数 F 返回的是 float 对象,所以可以在任何能使用 float 对象的位置调用函数 F。上面的 print 语句就是一个例子。

再看一个例子,假设有一个摄氏度值列表 Cdegrees,希望使用函数 F 计算相应的华氏度值:

```
Fdegrees = [F(C) for C in Cdegrees]
```

下面的例子和函数 F 相比稍稍有一点变化,函数 F2 返回了一个有格式的字符串,而不是一个实数:

```
>>>def F2(C):
…    F_value = (9.0/5) * C + 32
…    return '%.1f degrees Celsius corresponds to '\
…           '%.1f degrees Fahrenheit' % (C, F_value)
…
>>>s1 = F2(21)
>>>s1
'21.0 degrees Celsius corresponds to 69.8 defrees Fahrenheit'
```

从函数 F2 中对 F_value 的赋值语句可知,在函数的内部可以根据需要创建变量。

3.1.2　了解程序执行过程

程序员要深刻理解程序执行语句的顺序,能够手动模拟计算机中程序运行的过程。这个过程可以使用调试器(请参阅附录 F 的 F.1 节)或在线 Python Tutor 工具(http://www.pythontutor.com/)。调试器可以用于各种规模的程序,在线 Python Tutor 则主要是一个展示小型程序执行过程的教学工具。来看看 Python Tutor 的使用。

下面的程序名为 c2f.py,它包含一个函数和一个 while 循环,可以打印出一张摄氏度值到华氏度值的转换表格:

```
def F(C):
    F = 9./5 * C + 32
    return F


dC = 10
C = -30
while C <= 50:
    print '%5.1f %5.1f' % (C, F(C))
    C += dC
```

使用在线 Python Tutor 来直观地观察这个程序是如何执行的。访问网站 http://www.pythontutor.com/visualize.html,将文件 c2f.py 的内容粘贴到编辑区,选择 Visualize Excution(可视化运行)命令,再单击 Forward(前进)按钮,一次向前执行一条语句,并在右侧窗口中观察变量的变化。这个演示过程给出了该程序是如何在循环中执行、进入函数 F 并返回的,图 3.1 就是某一时刻变量状态和终端输出的截屏,它同时也指示出了当前执行的语句和下一步要执行的语句。

提示:想了解程序实际上是怎么执行的?

如果对一个带有循环和/或函数的程序的执行流程哪怕有一点点不确定,访问 http://www.pythontutor.com/visualize.html,贴上程序,就可以看到真实的执行过程。

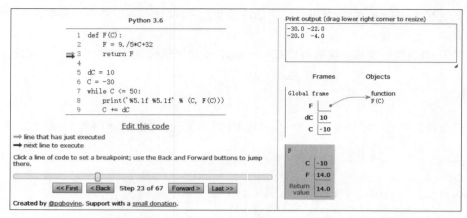

图 3.1　在线 Python Tutor 和程序 c2f.py 的分步执行过程的截屏

3.1.3　局部变量和全局变量

局部变量在函数外部不可见

对于 Python 语言，一般来说，程序从 def 开始到 return 语句结束的部分叫作函数内部，又叫局部，其他部分叫作函数外部。其他计算机语言也有类似的概念。

回头看看 3.1.1 节中定义的函数 F2。变量 F_value 是函数内的局部变量，该变量在函数外部（即主程序中）不可访问。下面通过交互式会话说明这一情况：

```
>>>c1 =37.5
>>>s2 =F2(c1)
>>>F_value
Traceback (most recent call last):
    File "<pyshell#8>", line 1, in <module>
        F_value
NameError: name 'F_value' is not defined
```

错误消息表明，F_value 没有定义，也就是说程序在函数外部的语句是不知道有 F_value 的。另外，函数的参数 C 也是一个局部变量，也不能在函数外部访问：

```
>>>C
Traceback (most recent call last):
    File "<pyshell#10>", line 1, in <module>
        C
NameError: name 'C' is not defined
```

与此相反，在函数外部定义的变量是全局变量，如上述会话中的变量 s1、s2 和 c1。这些变量在程序的任何地方都能访问，也包括在函数 F2 内部。

局部变量屏蔽全局变量

局部变量在函数内部创建，并在程序执行离开函数时被销毁。接下来看下面的会话，函数 F3 中输出了 C、F_value 和全局变量 r 的值：

```
>>>def F3(C):
    F_value = (9.0/5) * C +32
```

```
    print 'Inside F3: C=%s F_value=%s r=%s' % (C, F_value, r)
    return '%.1f degrees Celsius corresponds to '\
          '%.1f defrees Fahrenheit' % (C, F_value)

>>>C = 60        #make a global variable C
>>>r = 21        #another global variable
>>>s3 = F3(r)
Inside F3: C=21 F_value=69.80000000000001 r=21
>>>s3
'21.0 degrees Celsius corresponds to 69.8 defrees Fahrenheit'
>>>C
60
```

这个例子中有两个变量 C：一个是全局的，在主程序中定义，值为 60(int 对象)；另一个是局部的，只有在程序执行到函数 F3 内部时存在，其值在调用函数 F3 时给定(int 对象)。在函数 F3 内部，局部变量 C 屏蔽了全局变量 C，此时引用变量 C，就是局部变量(全局变量 C 可以通过 globals()['C']来访问，但编程时应尽量避免局部变量和全局变量同名)。

在 Python Tutor 上可以看到局部变量和全局变量的信息。例如，在 3.1.2 节的例子中，图 3.1 显示了 3个全局变量 F、dC 和 C 的值以及调用函数 F 时的局部变量 C 和 F 的值。

Python 如何查找变量

当有多个同名变量时，Python 首先尝试在局部变量中查找；如果没找到，则继续在全局变量中查找；最后在内置的 Python 函数中查找。

示例: 下面的程序演示了同名变量的使用。

```
print sum                      # sum is a build-in Python function
sum = 500                      # rebind the name sum to an int
print sum                      # sum is a global variable

def myfunc(n):
    sum = n +1
    print sum                  # sum is a local variable
    return sum

sum = myfunc(2) +1             # new value in global variable sum
print sum
```

程序的第一行没有局部变量，所以 Python 搜索名为 sum 的全局变量，找不到，继续在内置函数查找，并发现了一个名为 sum 的函数。所以 sum 的打印输出变成<built-in function sum>。

第二行为 sum 重新绑定了一个 int 对象，这时 sum 是全局变量。接下来的 print 语句访问 sum 时，Python 在全局变量(依然没有局部变量)中搜索并找到 sum 变量，打印输出 500。函数 myfunc 有一个名为 sum 的局部变量，myfunc(2)调用该函数，在执行到 print sum 时，Python 首先在局部变量中搜索 sum，找到该变量并输出 3(而不是全局变量 sum 的值 500)。函数返回局部变量 sum 的值，加 1 后，得到一个值为 4 的 int 对象，并将这个 int 对象绑定到全局变量 sum。最后的 print sum 在全局变量中搜索 sum，并找到一个值为 4 的全局变量。

在函数中修改全局变量

在函数中可以访问全局变量,但不能修改它,除非变量被声明为 global:

```
a =20; b =-2.5          #global variables

def f1(x):
    a =21               #this is a new local variable
    return a * x +b

print a                 #yields 20

def f2(x):
    global a
    a =21               #the global a is changed
    return a * x +b

f1(3); print a          #20 is printed
f2(3); print a          #21 is printed
```

在函数 f1 中,a＝21 创建了一个局部变量 a。作为程序员,可能会认为这样就改变了全局变量 a,但实际上并没有。强烈建议在在线 Python Tutor 中运行这段程序,这样有助于更好地理解全局变量和局部变量的概念。

3.1.4　多参数

3.1.1 节中的函数 F 和 F2 都只有一个参数 C。其实,根据需要,函数可以有多个参数,只需用逗号分开就行了。

考虑下面这个数学函数:

$$y(t) = v_0 t - \frac{1}{2} g t^2$$

其中,g 是一个常数,v_0 是一个可变的物理参量。从数学上来说,y 是 t 的函数,但是这个函数的值也取决于 v_0。也就是说,计算 y 的值需要有 v_0 和 t 的值。因此,Python 自然地把它实现为有两个参数的函数:

```
def yfunc(t, v0):
    g =9.81
    return v0 * t -0.5 * g * t**2
```

这里,参数 t 和 v0 都是这个函数的局部变量。有效的函数调用有

```
y =yfunc(0.1, 6)
y =yfunc(0.1, v0=6)
y =yfunc(t=0.1, v0=6)
y =yfunc(v0=6, t=0.1)
```

调用时参数可以写成 argument＝value,这样程序的可读性更强。因为对所有参数都使用 argument＝value 语法,所以参数的顺序并不重要,可以把 v0 放在 t 之前。当省略"argument＝"部分时,调用时的参数顺序必须完全匹配函数定义的参数顺序。argument＝value 的参数位置必须在那些只有值的参数后面(例如,yfunc(t＝0.1,6)是非法的)。

无论 yfunc(0.1,6)还是 yfunc(v0＝6, t＝0.1),参数都作为函数的局部变量被初始化,这种方式和直接

给变量赋值是一样的：

```
t = 0.1
v0 = 6
```

代码中不用写上面这些语句,但是调用函数时会以这种方式自动初始化参数。

3.1.5 使用函数参数还是全局变量

数学上 y 被认为是变量 t 的函数,因此会认为在 Python 中 yfunc 这个函数也必须是 t 的函数,在 Python 中就是

```
def yfunc(t):
    g = 9.81
    return v0 * t - 0.5 * g * t**2
```

这个版本和前面 yfunc(t，v0) 的主要区别是:v0 现在变成了全局变量,在调用 yfunc 之前,v0 需要在函数 yfunc 外部(在主程序里)被初始化。下面演示全局变量 v0 没有初始化会发生的情况：

```
>>>def yfunc(t):
    g = 9.81
    return v0 * t - 0.5 * g * t**2

>>>yfunc(0.6)
Traceback (most recent call last):
    File "<pyshell#18>", line 1, in <module>
        yfunc(0.6)
    File "<pyshell#17>", line 3, in yfunc
        return v0 * t - 0.5 * g * t**2
NameError: name 'v0' is not defined
```

补救的方法是在调用 yfunc 之前定义全局变量 v0：

```
>>>v0 = 5
>>>yfunc(0.6)
1.2342
```

对于只把 yfunc 当成 t 的函数的原因在 3.1.12 节中会明确地说明。

3.1.6 非数学函数

前面的 Python 函数大都用来计算一些数学函数,但 Python 函数的用处远远超出数学函数。任何时候如果需要重复执行一些语句,都可以考虑将其实现为 Python 函数。现在要创建一个数字列表,从某个数值开始,到另一个数值结束,增量为某个给定的大小,例如 start＝2、stop＝8 和 inc＝2,就应该产生数字 2、4、6 和 8。下面实现这个函数并调用执行：

```
def makelist(start, stop, inc):
    value = start
    result = []
```

```
    while value <= stop:
        result.append(value)
        value = value + inc
    return result

mylist = makelist(0, 100, 0.2)
print mylist            # will print 0, 0.2, 0.4, 0.6, …, 99.8, 100
```

备注 1：函数 makelist 有 3 个参数，分别是 start、stop 和 inc，它们都是函数的局部变量。value 和 result 也是局部变量。函数外面的程序只定义了一个变量 mylist，这是一个全局变量。

备注 2: 是不是已经有了 range(start，stop，inc)，makelist 函数就显得多余了？其实 range 只能产生整数，而 makelist 可以用于产生实数甚至其他类型的值。这在习题 3.44 中有所展示。

3.1.7　返回多个值

Python 函数可以返回多个值。假设要求 $y(t)$ 和 $y'(t)$ 的值：

$$y(t) = v_0 t - \frac{1}{2}gt^2$$

$$y'(t) = v_0 - gt$$

要返回 y 和 y' 的值，只需要简单地在 return 语句中用逗号分隔它们即可：

```
def yfunc(t, v0):
    g = 9.81
    y = v0 * t - 0.5 * g * t**2
    dydt = v0 - g * t
    return y, dydt
```

因为该函数返回两个值，调用函数 yfunc 时在赋值运算符的左侧需要有两个变量：

```
position, velocity = yfunc(0.6,3)
```

下面是一个用 yfunc 函数产生格式比较好看的 t、$y(t)$ 和 $y'(t)$ 值的表格的例子：

```
t_values = [0.05 * i for i in range(10)]
for t in t_values:
    position, velocity = yfunc(t, v0=5)
    print 't=%-10g position=%-10g velocity=%-10g' % \
        (t, position, velocity))
```

格式%-10g 将实数以尽可能紧凑的格式打印（十进制记数法或科学记数法），且字段宽度为 10 个字符。百分号后的减号（-）意味着数字在字段中是左对齐的，这一特点对于输出对齐非常重要：

```
t=0        position=0          velocity=5
t=0.05     position=0.237737   velocity=4.5095
t=0.1      position=0.45095    velocity=4.019
t=0.15     position=0.639638   velocity=3.5285
t=0.2      position=0.8038     velocity=3.038
```

```
t=0.25      position=0.943437    velocity=2.5475
t=0.3       position=1.05855     velocity=2.057
t=0.35      position=1.14914     velocity=1.5665
t=0.4       position=1.2152      velocity=1.076
t=0.45      position=1.25674     velocity=0.5855
```

当函数返回多个值并在 return 语句中用逗号分隔时,实际上返回的是一个元组。下面的会话可以验证这个结论:

```
>>>def f(x):
...    return x, x**2, x**4
...
>>>s = f(2)
>>>s
(2, 4, 16)
>>>type(s)
<class 'tuple'>
>>>x, x2, x4 = f(2)    #store in separate variables
```

注意,将多个返回值保存在不同变量中,就像上面最后一行中做的那样,这其实和 2.2.1 节中将列表(或元组)元素保存在不同变量中使用的是同样的功能。

3.1.8　求和

本节讨论用 Python 实现求和运算,例如:

$$L(x,n) = \sum_{i=1}^{n} \frac{1}{i}\left(\frac{x}{1+x}\right)^{i} \tag{3.1}$$

可以编写一个循环程序求和,并在循环中将求和的值累加到某个变量中。2.1.4 节给出了解题思路。但是对于带有整数计数器(如式(3.1) 中的 i)的求和表达式,通常采用对计数器 i 做 for 循环的方式实现,而不是像 2.1.4 节中那样使用 while 循环。例如,$\sum_{i=1}^{n} i^2$ 通常可以实现为

```
s = 0
for i in range(1, n+1):
    s += i**2
```

对于其他求和运算,只要在 for 循环里用正确的表达式代替 i**2 就可以了,例如式(3.1)可以实现为

```
s = 0
for i in range(1, n+1):
    s += (1.0/i) * (x/(1.0+x))**i
```

程序中使用了 1.0 来避免整数除法,因为 i 是 int 型而 x 可能也是 int 型。

用 Python 函数实现上述求和非常自然,可以把 x 和 n 作为参数,并返回求和结果:

```
def L(x,n):
    s = 0
    for i in range(1, n+1):
```

```
        s += (1.0/i) * (x/(1.0+x))**i
    return s
```

式(3.1)不是随意写的，可以证明，对于有限的 n 和 $x \geqslant 1$，$L(x, n)$ 是对于 $\ln(1+x)$ 的近似。这个近似在极限情况下可以被无限逼近：

$$\lim_{n \to \infty} L(x, n) = \ln(1 + x)$$

计算 L(x, n)的意义

虽然可以用计算器或者在 Python 中用 math. log$(1+x)$ 计算 $\ln(1+x)$，但读者可能想知道这样一个函数实际上在计算器或 math 模块内是怎样计算的。在大多数情况下，计算必须通过简单的数学表达式来完成，例如式(3.1)。为了计算的效率，计算器和 math 模块会使用比式(3.1)更复杂的公式进行计算。但最重要的一点是，数学函数，如 $\ln(x)$、$\sin x$ 和 $\tan x$ 的值一般都是通过类似于式(3.1)的求和公式来计算的。

除了让函数 L 返回求和的结果外，还可以返回使用 $L(x, n)$ 近似计算 $\ln(1+x)$ 的误差信息。累加项的大小随着 n 的增加而减小，第一个被忽略的项大于后面所有的剩余项，但不一定大于它们的和。因此，第一个被忽略的项可以作为误差大小的衡量指标，是误差的粗略估计。为了便于比较，可以返回确切的误差，因为通过函数 math. log 可以计算 $\ln(1+x)$。

下面实现的 $L(x, n)$ 函数返回函数值、第一个被忽略的项以及确切的误差。函数实现如下：

```
def L2(x,n):
    s = 0
    for i in range(1, n+1):
        s += (1.0/i) * (x/(1.0+x))**i
    value_of_sum = s
    first_neglected_term = (1.0/(n+1)) * (x/(1.0+x))**(n+1)
    from math import log
    exact_error = log(1+x) - value_of_sum
    return value_of_sum, first_neglected_term, exact_error

#typical call:
value, approximate_error, exact_error = L2(x,100)
```

3.1.9 节将展示使用函数 L2 来评估 $L(x, n)$ 逼近 $\ln(1+x)$ 的效果。

3.1.9　无返回值

有时候一个函数只需要执行一组语句，而不需要返回某个值。在这种情况下，简单地去掉 return 语句就可以了。有些编程语言把不返回任何值的函数叫作过程。

下面使用 3.1.8 节的程序构造一个展示函数 $L(x, n)$ 逼近 $\ln(1+x)$ 的列表，并以此作为没有返回值的函数的例子：

```
def table(x):
    print '\nx=%g, ln(1+x)=%g' % (x, log(1+x))
    for n in[1, 2, 10, 100, 500]:
        value, next, error=L2(x,n)
        print 'n=%-4d %-10g(next term: %8.2e' \
              'error: %8.2e)' % (n, value, next, error)
```

这个函数使用不同的 n 值 5 次调用了函数 L2,并输出了返回的结果。下面两条调用语句

```
table(10)
table(1000)
```

输出的结果分别是

```
x=10, ln(1+x)=2.3979
n=1        0.909091   (next term: 4.13e-01   error: 1.49e+00)
n=2        1.32231    (next term: 2.50e-01   error: 1.08e+00)
n=10       2.17907    (next term: 3.19e-02   error: 2.19e-01)
n=100      2.39789    (next term: 6.53e-07   error: 6.59e-06)
n=500      2.3979     (next term: 3.65e-24   error: 6.22e-15)

x=1000, ln(1+x)=6.90875
n=1        0.999001   (next term: 4.99e-01   error: 5.91e+00)
n=2        1.498      (next term: 3.32e-01   error: 5.41e+00)
n=10       2.919      (next term: 8.99e-02   error: 3.99e+00)
n=100      5.08989    (next term: 8.95e-03   error: 1.82e+00)
n=500      6.34928    (next term: 1.21e-03   error: 5.59e-01)
```

从输出结果可以看到,当 x 值较大时,求和收敛速度要比 x 值较小时慢得多。还可以看到,误差值要比第一个忽略项要大很多,甚至大几个数量级。函数 L、L2 和 table 可以在文件 lnsum.py 中找到。

当函数里没有 return 语句时,Python 会自动添加一个不可见的 return None 语句。None 是 Python 中的特殊对象,可以认为它表示的东西是空数据或只是“无”。其他计算机语言,如 C、C++ 和 Java,使用 void 表示一个函数没有返回值。通常情况下,调用函数 table 时不需要将返回值赋给任何变量,但如果非要将返回值赋给一个变量的话,如 result=table(500),则 result 会指向一个 None 对象。

None 一般用于赋值给某个变量,但它的值可以认为是不确定的。测试一个对象 obj 是否被设置为 None 的方式为

```
if obj is None:
    ...
if obj is not None:
    ...
```

也可以使用 obj==None。is 运算符可以测试两个名称是否指代相同的对象,而==测试两个对象的内容是否相同。

```
>>>a =1
>>>b =a
>>>a is b          #a and b refer to the same object
True
>>>c =1.0
>>>a is c
False
>>>a ==c           #a and c are mathematically equal
True
```

3.1.10 关键字参数

一些函数的参数可以被赋予默认值，这样在调用这些函数时可以省略这些参数。一个典型的函数看起来可能像这样：

```
>>>def somefunc(arg1, arg2, kwarg1=True, kwarg2=0):
    print arg1,arg2,kwarg1,kwarg2
```

前两个参数，arg1 和 arg2，是普通参数或位置参数，而后面的两个是关键字参数或命名参数。每个关键字参数都有一个名称（这里是 kwarg1 和 kwarg2）和一个相关联的默认值。函数定义中，关键字参数必须总是在位置参数之后。

调用 somefunc 时可以省略一些或所有的关键字参数，未出现在调用中的关键字参数会获取指定的默认值。下面是函数 somefunc 的调用实例：

```
>>>somefunc('Hello',[1,2])
Hello [1, 2] True 0
>>>somefunc('Hello',[1,2],kwarg1='Hi')
Hello [1, 2] Hi 0
>>>somefunc('Hello',[1,2],kwarg2='Hi')
Hello [1, 2] True Hi
>>>somefunc('Hello',[1,2],kwarg2='Hi',kwarg1=6)
Hello [1, 2] 6 Hi
```

关键字参数的顺序在调用中无关紧要。如果在函数调用时对所有的参数都写明了 name＝value，就可以随意排列位置参数和关键字参数：

```
>>>somefunc(kwarg2='Hello',arg1='Hi',kwarg1=6,arg2=[1,2])
Hi [1, 2] 6 Hello
```

下面再看一个带默认参数的函数例子。考虑 t 的函数 f，如式（3.2），它还包含另外 3 个参数，分别是 A、a 和 ω：

$$f(t;A,a,\omega) = Ae^{-at} \sin \omega t \qquad (3.2)$$

将 f 用 Python 函数实现，变量 t 是普通位置参数，A、a 和 ω 是带有默认值的关键字参数：

```
from math import pi, exp, sin

def f(t, A=1, a=1, omega=2 * pi):
    return A * exp(-a * t) * sin(omega * t)
```

可以只用参数 t 来调用函数 f：

```
v1 = f(0.2)
```

这实际上是在求表达式 $e^{-0.2} \sin(2\pi \times 0.2)$ 的值。其他调用方式还有

```
v2 = f(0.2, omega=1)
v3 = f(1, A=5, omega=pi, a=pi**2)
```

```
v4 = f(A=5, a=2, t=0.01, omega=0.1)
v5 = f(0.2, 0.5, 1, 1)
```

读者应该可以写出这 4 次函数调用所计算的数学表达式。从上面第三行的调用还可以看到：如果把所有参数都写成 name＝value 的形式，那么位置参数 t 也可以出现在关键字参数之后。最后一行展示的是关键字参数可以用作位置参数，即可以省略所有参数名，但这时函数调用中的关键字参数的顺序必须与函数定义中的顺序完全一致。

示例：求和运算中的默认误差。回头再考虑 3.1.8 节中的公式 $L(x,n)$ 与函数 L 和 L2，更好的实现方法应该是指定求和中的误差精度 ε，而不是指定求和的项数 n。这里可以使用第一个被忽略项作为精度估计的依据，也就是说，只要下一项的绝对值还大于 ε，就对该项继续求和。为 ε 赋予默认值非常自然：

```
def L3(x, epsilon=1.0E-6):
    x = float(x)
    i = 1
    term = (1.0/i) * (x/(1+x))**i
    s = term
    while abs(term) > epsilon:
        i += 1
        term = (1.0/i) * (x/(1+x))**i
        s += term
    return s, i
```

下面的函数通过逐步减小误差精度 ε 来观察实际误差以及累加项数的变化：

```
def table2(x):
    from math import log
    for k in range(4,14,2):
        epsilon = 10**(-k)
        approx, n = L3(x, epsilon=epsilon)
        exact = log(1+x)
        exact_error = exact - approx
        print "epsilon:%.0e, exact error:%.2e, n=%d" % (epsilon, exact_error, n)
```

函数调用 table2(10) 的输出为

```
epsilon:1e-04, exact error:8.18e-04, n=55
epsilon:1e-06, exact error:9.02e-06, n=97
epsilon:1e-08, exact error:8.70e-08, n=142
epsilon:1e-10, exact error:9.20e-10, n=187
epsilon:1e-12, exact error:9.31e-12, n=233
```

从输出结果可以看出，不论 epsilon 取什么值，它总是接近实际误差的 $1/10$。由于 epsilon 和实际误差之间的差别在不同数量级时都差不多，所以可以把 epsilon 作为判断误差大小的一个有用的指标。

3.1.11 文档字符串

在 Python 中约定，文档字符串应放在函数定义行 def 之后。文档字符串（Doc String）应该包含关于函数用途、不同的参数以及返回值的简短说明。文档字符串通常包含在三引号"""对中，三引号对中的字符串能够跨越多行。

以下是两个文档字符串的示例：

```python
def C2F(C):
    """Convert Celsius degrees (C) to Fahrenheit."""
    return (9.0/5) * C + 32

def line(x0, y0, x1, y1):
    """
    Compute the coefficients a and b in the mathematical
    expression for a straight line y=a * x+b that goes
    through two points (x0, y0) and (x1, y1).

    x0,y0: a point on the line (floats).
    x1,y1: another point on the line (floats).
    return: coefficients a, b (floats) for the line (y=a * x+b).
    """
    a = (y1-y0)/float(x1-x0)
    b = y0 - a * x0
    return a,b
```

注意，文档字符串必须出现在函数体中的任何语句之前。

有几个 Python 工具可以从源代码中自动提取文档字符串并生成各种类型的文档。其中主要的工具是 Sphinx[①]，见文献[13]和附录 B 的 B.2 节。

文档字符串可以在代码中通过 funcname.__doc__ 获得，其中 funcname 是函数的名称，例如：

```python
print line.__doc__
```

它打印出上述 line 函数的文档：

```
Compute the coefficients a and b in the mathematical
expression for a straight line y=a * x+b that goes
through two points (x0, y0) and (x1, y1).

x0,y0: a point on the line (floats).
x1,y1: another point on the line (floats).
return: coefficients a, b (floats) for the line (y=a * x+b).
```

如果函数 line 在文件 funcs.py 中，也可以在终端窗口中运行 pydoc funcs.line 来查看 line 函数的文档，包括函数签名与文档字符串。

文档字符串通常可以包含从 Python shell 复制的交互式会话，以说明函数的使用方式。在 line 函数的文档字符串里可以添加这样一个会话：

```python
def line(x0, y0, x1, y1):
    """
```

---

① http://sphinx-doc.org/invocation.html#invocation-apidoc。

```
Compute the coefficients a and b in the mathematical
expression for a straight line y=a * x+b that goes
through two points (x0, y0) and (x1, y1).

x0,y0: a point on the line (floats).
x1,y1: another point on the line (floats).
return: coefficients a, b (floats) for the line (y=a * x+b).

Example:
>>>a,b=line(1,-1,4,3)
>>>a
1.3333333333333333
>>>b
- 2.333333333333333
"""
a = (y1-y0)/float(x1-x0)
b =y0 -a * x0
return a,b
```

特别方便的是,文档字符串中的这些交互式会话都可以自动运行,并将新结果与文档字符串中的结果进行比较。这样,在文档字符串中添加交互式会话不仅能说明代码如何使用,而且能测试代码是否能正常工作。

函数的输入和输出

Python 约定,函数参数表示函数的输入,而返回的对象则表示输出。下面是一个简单的 Python 函数:

```
def somefunc(i1, i2, i3, io4, io5, i6=value1, io7=value2):
    #modify io4, io5, io6; compute o1, o2, o3
    return o1, o2, o3, io4, io5, io7
```

其中,i1、i2、i3 是表示输入的位置参数;io4 和 io5 是表示输入和输出的位置参数;i6 和 io7 分别是表示输入和输入输出的关键字参数;o1、o2 以及 o3 是函数的计算结果对象,与 io4、io5 和 io7 一起表示函数的输出。本书后面的所有示例都将使用这种约定。

3.1.12　函数作为函数的参数

执行演算的程序经常需要将函数作为函数中的参数。例如,Python 函数中可能需要一个数学函数 $f(x)$ 来完成相应的功能:

- 方程求根:近似求解 $f(x)=0$（4.11.2 节和 A.1.10 节）。
- 数值微分:近似计算 $f'(x)$（附录 B 的 B.2 节和 7.3.2 节）
- 数值积分:近似计算 $\int_a^b f(x)\mathrm{d}x$（附录 B 的 B.3 节和 7.3.3 节）。
- 求微分方程的数值解:$\mathrm{d}x/\mathrm{d}t=f(x)$（附录 E）。

这样的 Python 函数需要将函数 $f(x)$ 作为一个参数传递进来。这在 Python 中很简单,一看就明白;但在大多数其他计算机语言中,必须使用特殊的结构将函数作为参数传递给另一个函数。

下面以计算任意函数 $f(x)$ 的二阶导数的函数作为示例:

$$f''(x) \approx \frac{f(x-h) - 2f(x) + f(x+h)}{h^2} \tag{3.3}$$

其中 h 是一个值很小的数字。式(3.3)在 h 趋近于 0 时是准确的。计算式(3.3)的 Python 函数可以实现为

```
def diff2nd(f, x, h=1E-6):
    r = (f(x-h) - 2*f(x) +f(x+h))/float(h*h)
    return r
```

该函数的参数 f 和其他任何参数一样，只是一个对象的名字，函数的调用方式也和其他函数完全一样。例如：

```
def g(t):
    return t**(-6)
t =1.2
d2g =diff2nd(g, t)
print "g''(%f)=%f" % (t, d2g)
```

当 h→0 时数值求导的特性: 从数学上可知，式(3.3)随着 h 的减小而变得准确。下面是通过求函数 $g(t) = t^{-6}$ 在 1 附近当 h 趋近于 0 时的二阶导数，并输出一个表格来展示这一预期的特性：

```
for k in range(1,15):
    h =10**(-k)
    d2g =diff2nd(g, 1, h)
    print 'h=%.0e: %.5f' % (h, d2g)
```

输出结果是

```
h=1e-01: 44.61504
h=1e-02: 42.02521
h=1e-03: 42.00025
h=1e-04: 42.00000
h=1e-05: 41.99999
h=1e-06: 42.00074
h=1e-07: 41.94423
h=1e-08: 47.73959
h=1e-09: -666.13381
h=1e-10: 0.00000
h=1e-11: 0.00000
h=1e-12: -666133814.77509
h=1e-13: 66613381477.50939
h=1e-14: 0.00000
```

对于 $g(t) = t^{-6}$，确切的结果是 $g''(1) = 42$，但当 $h < 10^{-8}$ 时，给出的计算结果完全是错误的。问题出在：在计算机中，当 h 很小时，式(3.3)中的舍入误差破坏了准确性。式(3.3)随着 h 的越来越小而变得越来越准确这个数学结果在计算机上并不成立。更确切地说，在这个例子里，这个数学结果当 $h < 10^{-4}$ 时就不再成立了。

不准确的原因是，使用式(3.3)求 $g(t) = t^{-6}$ 的二阶导数的式子中，分子在 $t = 1$ 时是两个几乎相等的数的减法，其结果是一个非常小且不准确的数。这种不准确性被 h^{-2} 放大，因为当 h 非常小时，h^{-2} 会非常大。

将标准浮点数转换成任意高精度的浮点数就可以解决这个问题。Python 的 decimal 库提供了这种能力。

SymPy 带有一个可选模块 mpmath，也提供了类似的任意精度的数学函数，如 sin 或 cos。文件 high_ precision.py 也是基于 decimal 和 mpmath 解决当前问题的。使用 decimal 模块，给 diff2nd 函数里的 x 和 h 都取 25 位小数，程序就能算得 $h \leqslant 10^{-13}$ 时的准确结果；而若使用 mpmath 模块，则在 $h \geqslant 10^{10}$ 时会有舍入误差。

尽管如此，对于式(3.3)的大多数实际应用，一个比较小的 h，例如 $10^{-3} \leqslant h \leqslant 10^{-4}$，就能给出足够的精度，这时使用标准浮点数计算的舍入误差不会导致什么问题。真实世界的科学或工程应用通常有很多不确定的参数，这使得最终的结果也是不确定的，像式(3.3)这样的式子可以以中等精度计算，不会影响整体结果的准确性。

3.1.13 主程序

在包含函数的程序里，经常将程序的一部分称为主程序，这部分包括函数之外的所有语句以及所有函数的定义。例如：

```
from math import *              # in main

def f(x):                       # in main
  e = exp(-0.1 * x)
  s = sin(6 * pi * x)
  return e * s


x = 2                           # in main
y = f(x)                        # in main
print 'f(%g)=%g' % (x, y)       # in main
```

其中所有带注释 in main 的行构成了程序的主程序。程序从主程序的第一行开始执行。当遇到一个函数定义时，在该函数被调用之前，函数体中的程序都不会被执行。所有在主程序中被初始化的变量都是全局变量（参见 3.1.3 节）。

上述程序的执行过程如下：

(1) 从 math 模块导入函数。

(2) 定义一个函数 f(x)。

(3) 定义 x。

(4) 调用 f 并执行函数体。

(5) 定义 y 作为 f 的返回值。

(6) 打印字符串。

在第(4)步时，程序才第一次跳到函数 f 并执行函数中的语句。然后再跳回主程序并把从函数 f 返回的 float 对象赋给 y 变量。

不清楚程序执行过程或者程序执行过程中如何在主程序和函数之间跳转的读者可以使用调试器或在线的 Python Tutor，参见 3.1.2 节。

3.1.14 lambda 函数

Python 有一个一行实现函数的简洁结构，它能让代码变得更紧凑：

```
f = lambda x: x**2 + 4
```

这种结构称为 lambda 函数，也可以等价地写为

```
def f(x):
    return x**2 +4
```

一般来说，可以将

```
def g(arg1, arg2, arg3, …):
    return expression
```

写成

```
g =lambda arg1, arg2, arg3, …: expression
```

lambda 函数通常用于给其他函数传递函数参数时快速定义一个函数。考虑 3.1.12 节中的 diff2nd 函数，该例子要计算 $g(t)=t^{-6}$ 的两次微分，首先需要定义一个函数 g(t)，然后把这个函数作为参数传给 diff2nd。有了 lambda 函数，就可以直接定义一个 lambda 函数作为调用 diff2nd 时的函数参数：

```
d2 =diff2nd(lambda t: t**(-6), 1, h=1E-4)
```

由于 lambda 函数实现非常小的函数时十分简洁，因此受到很多程序员的喜爱。

lambda 函数也可以有关键字参数。例如：

```
d2 =diff2nd(lambda t, A=1, a=0.5: -a * 2 * t * A * exp(-a * t**2), 1.2)
```

3.2 分支

计算机程序的控制常常需要分支。分支的功能是：如果满足一个条件，做一件事；如果不满足这个条件，则做另一件事。一个简单的例子是定义如下的函数：

$$f(x) = \begin{cases} \sin x, & 0 \leqslant x \leqslant \pi \\ 0, & \text{其他} \end{cases} \tag{3.4}$$

这个函数中需要测试 x 的值，可以这样写：

```
def f(x):
    if 0 <=x <=pi:
        value =sin(x)
    else:
        value =0
    return value
```

3.2.1 if-else 语句

分支语句 if-else 的一般形式是

```
if condition:
    <block of statements, executed if condition is True>
else:
    <block of statements, executed if condition is False>
```

当 condition 的计算结果为 True 时,执行程序中的第一个语句块(第二个语句块不会被执行);如果 condition 是 False,则程序控制跳转到 else:行后面,执行第二个语句块(第一个语句块不会被执行)。与 while 和 for 循环一样,if-else 中的语句块要缩进。再看一个例子:

```
if C <-273.15:
    print '%g degrees Celsius is non-physical!' %C
    print 'The Fahrenheit temperature will not be computed.'
else:
    F =9.0/5 * C +32
    print F
print 'end of program'
```

第一个语句块(也叫 if 块)里的两个 print 语句当且仅当 C<－273.15 的计算结果为 True 时才被执行。否则,程序跳过 if 块,然后计算并打印 F。不管 if 测试的结果是怎样的,end of program 这句都一定会被输出,因为这个 print 语句没有缩进,它既不属于 if 块也不属于 else 块。

如果需要,if 语句的 else 部分可以省略:

```
if condition:
    <block of statements>
<next statement>
```

例如:

```
if C <-273.15:
    print '%s degrees Celsius is non-physical!' '%C
F =9.0/5 * C +32
```

这种情况下,F 总会被计算,因为该语句没有缩进,不属于 if 块。

关键字 elif 是 else if 的缩写。使用 elif 可以构建几个嵌套的 if 语句,嵌套的 if 语句有多个分支:

```
if condition1:
    <block of statements>
elif condition2:
    <block of statements>
elif condition3:
    <block of statements>
else:
    <block of statements>
<next statement>
```

如果不需要,最后的 else 部分可以省略。为了说明多分支的应用,下面将实现一个帽状函数,它被广泛应用在科学和工业领域的计算机模拟上。帽状函数的一个例子是

$$N(x) = \begin{cases} 0, & x < 0 \\ x, & 0 \leqslant x < 1 \\ 2-x, & 1 \leqslant x < 2 \\ 0, & x \geqslant 2 \end{cases} \tag{3.5}$$

5.4.1 节的图 5.9 中的实线画出了这个函数的图像,看了图像就明白它为什么被称为帽状函数了。式(3.5)

的 Python 实现需要多个 if 分支嵌套：

```
def N(x):
    if x < 0:
        return 0.0
    elif 0 <= x < 1:
        return x
    elif 1 <= x < 2:
        return 2 - x
    elif x >= 2:
        return 0.0
```

上面的代码直接对应数学公式，这种策略可以减少程序中的潜在错误。也可以使用下面的方法实现，这样代码更短：

```
def N(x):
    if 0 <= x < 1:
        return x
    elif 1 <= x < 2:
        return 2 - x
    else:
        return 0
```

理解第二段示例代码对学习编程很重要。建议使用前一种解决方案，因为它直接与函数的数学定义对应。

一个好的编程习惯是，一个函数只在末尾有一个 return 语句。可以在函数 N 的实现中引入局部变量，在分支块对这个变量赋值，并在函数末尾返回该变量。在上面的例子中，看不出这样写会对程序结构有多大改进；但在长而复杂的程序中，这个编程习惯应该是有帮助的。

3.2.2　内嵌 if 语句

变量常常会根据某个条件而被赋予不同的值。这可以用一般的 if-else 语句实现：

```
if condition:
    a = value1
else:
    a = value2
```

因为这种结构很常用，Python 为上面的程序提供了一种单行语法：

```
a = (value1 if condition else value2)
```

括号可以不要，但建议加上，这样可以增强程序的可读性。再看一个例子：

```
def f(x):
    return (sin(x) if 0 <= x <= 2 * pi else 0)
```

因为内嵌 if 语句的结果是一个值，所以它可以用在 lambda 函数里，例如：

```
f = lambda x: sin(x) if 0 <= x <= 2 * pi else 0
```

传统的带缩进块的 if-else 结构不能在 lambda 函数中使用,因为它不是一个表达式(lambda 函数里不能包含语句,只能是一个表达式)。

3.3 混合循环、分支、函数的生物信息学应用示例

生命是可以数字化的。任何生物体的基因编码都可以表示为一段长长的简单分子的序列,它们叫作核苷,或叫作基,由脱氧核糖核苷酸(更多地被称为 DNA)组成。一共只有 4 种核苷,而人类全部的基因编码都可以看成是一串排列简单但是长达 30 亿个 A、C、G 和 T 字母组成的序列。通过 DNA 分析来获得生物学信息实际上就是在这段由 A、C、G、T 组成的长字符串中寻找特定的字符串排列。这就是生物信息学的研究方法(生物信息学是使用计算机来寻找、探索和使用基因、核糖核酸及蛋白质的信息的学科)。

BioPython 是用于生物信息学研究的主要 Python 软件。本书中的例子(本章以及 6.5 节、8.3.4 节和 9.5 节中的例子)都是一些简单生物信息学问题的描述以及 Python 求解方案。实际问题的求解还是要用到 BioPython,本书后面章节的例子可以了解像 BioPython 这样的包里有些什么东西。

下面从一些 DNA 分析的简单例子开始,这些例子的实现都需要循环、if 语句和函数综合应用。

3.3.1 DNA 字符串中的字母计数

现在有一些 DNA 字符串,每个字符串都包含组成 DNA 的 A、C、G 和 T 这 4 个基。本节的问题是求某个特定的基在一段 DNA 里出现了多少次。例如,如果 DNA 是 ATGGVCATTA,想知道基 A 在这个字符串中出现了多少次。

解决这个问题有很多方法。下面列举了一些可能的方法。

列表迭代

最直接的方法就是遍历字符串里的字母,测试每一个字母是否是要统计的字母,如果是,则计数器加 1。如果字母保存在列表中,遍历会很容易。所以可以把字符串转换为一个列表来轻松实现:

```
>>>list('ATGC')
['A', 'T', 'G', 'C']
```

第一种实现方法如下:

```
def count_v1(dna, base):
    dna =list(dna)      #convert string to list of letters
    i =0                #counter
    for c in dna:
        if c ==base:
            i +=1
    return i
```

字符串迭代

Python 允许直接对字符串进行遍历而不需要将其转换为一个列表:

```
>>>for c in 'ATGC':
...     print c


A
T
G
C
```

事实上，所有包含一串有序元素的 Python 内置对象都可以使用 for 循环遍历，语句为：for element in object。直接遍历字符串的实现为

```python
def count_v2(dna, base):
    i =0 #counter
    for c in dna:
        if c ==base:
            i +=1
    return i

dna ='ATGCGGACCTAT'
base ='C'
n =count_v2(dna, base)

#printf-style formatting
print '%s appears %d times in %s' % (base, n, dna)

#or (new) format string syntax
print '{base} appears {n} times in {dna}'.format(base=base, n=n, dna=dna)
```

这里展示了两种打印文本的方法，其中变量的值都被插入到字符串的"空位"当中。

使用索引遍历

虽然在 Python 中对字母进行遍历十分自然，但是熟悉其他编程语言（如 Fortran、C、Java）的程序员更习惯于使用整数作为索引来对字符串或序列进行遍历：

```python
def count_v3(dna, base):
    i =0                    #counter
    for j in range(len(dna)):
        if dna[j] ==base:
            i +=1
    return i
```

Python 的索引从 0 开始，所以字符串的合法索引是 $0,1,2,\cdots,\text{len(dna)}-1$，其中 len(dna)是字符串 dna 中的字母数。range(x)函数返回一个整数序列 $0,1,2,\cdots,x-1$，所以 range(len(dna))能产生 dna 的所有合法索引。

while 循环

用 while 循环实现上一种方法：

```python
def count_v4(dna, base):
    i =0        #counter
    j =0        #string index
    while j <len(dna):
        if dna[j] ==base:
            i +=1
        j +=1
    return i
```

正确的缩进在这里至关重要，一个典型的错误是错误地缩进了 j+=1 语句。

布尔列表求和

这种方法是创建一个布尔列表 m，如果 dna[i] 是要搜寻的字母（特定基），则 m[i] 置为 True，否则为 False。这样 m 中 True 的数量和 dna 中特定基的数量是相等的。然后使用求和函数来获得这个数，因为对布尔表达式进行数学计算时，计算机会自动把 True 转换为 1，把 False 转换为 0。这样，sum(m) 就可以返回 m 中 True 元素的个数。实现方法如下：

```
def count_v5(dna, base):
    m = []       #matches for base in dna: m[i]=True if dna[i]==base
    for c in dna:
        if c ==base:
            m.append(True)
        else:
            m.append(False)
    return sum(m)
```

内嵌 if 语句

更短、更紧凑的代码往往具有更好的可读性。下面用内嵌 if 语句替代上面例子中的 if 语句：

```
def count_v6(dna, base):
    m = []       #matches for base in dna: m[i]=True if dna[i]==base
    for c in dna:
        m.append(True if c ==base else False)
    return sum(m)
```

直接使用布尔值

上一种方法中的内嵌 if 语句实际上是冗余的，因为 c==base 的值就是 True 或 False，可以直接使用，这样程序更简洁和清晰（至少对有经验的 Python 程序员来说是这样的）：

```
def count_v7(dna, base):
    m = []       #matches for base in dna: m[i]=True if dna[i]==base
    for c in dna:
        m.append(c ==base)
    return sum(m)
```

列表解析

上一种方法中用 for 循环创建列表的代码可以用列表解析压缩到一行：[expr for e in sequence]，其中 expr 是关于循环变量 e 的表达式。实现方法如下：

```
def count_v8(dna, base):
    m = [c ==base for c in dna]
    return sum(m)
```

可以进一步去掉变量 m，将函数体缩减到一行：

```
def count_v9(dna, base):
    return sum([c ==base for c in dna])
```

使用 sum 迭代器

DNA 字符串通常很大，包含 30 亿个字母。创建一个包含 True 和 False 值的布尔序列会使内存的使用量翻倍，就像 count_v5 和 count_v9 那样。能不能只求和而并不真的用一个额外的列表来存储中间结果呢？可以，只需要用 sum(x for x in s) 替代 sum([x for x in s]) 就可以了。使用圆括号不需要在求和之前创建一个列表，只是在 x 逐个访问 s 中的元素时进行求和计算。下面对 count_v9 进行了微小改动：

```
def count_v10(dna, base):
    return sum(c ==base for c in dna)
```

3.3.2 节会通过 CPU 执行时间来评估这些不同的实现方法。

索引提取

除了创建布尔表达式列表之外，还可以收集所有结果匹配的项的索引，然后对索引计数就可以了。这可以通过在列表解析中加入一个 if 语句来实现：

```
def count_v11(dna, base):
    return len([i for i in range(len(dna)) if dna[i] ==base])
```

这段代码非常紧凑，可以使用在线 Python Tutor 帮助理解程序的执行，或者在交互式 Python Shell 中观察程序的执行过程：

```
>>>dna ='AATGCTTA'
>>>base ='A'
>>>indices =[i for i in range(len(dna)) if dna[i] ==base]
>>>indices
[0, 1, 7]
>>>print dna[0], dna[1], dna[7]   #check
A A A
```

运行结果显示，列表 indices 只包含了那些满足 dna[i]===base 的索引。

使用 Python 库

在准备用 Python 实现某个功能时，其实有可能这个功能已经在 Python 预定义对象中实现了，也有可能在 Python 库或第三方库中找到。对字符串中的某个字母计数显然是一个常见的功能，Python 可以用 dna.count(base) 直接完成：

```
def count_v12(dna, base):
    return dna.count(base)
```

3.3.2 效率评估

现在有 12 个不同的版本来实现对字符串中的某个字母计数。哪一种更快？要回答这个问题，需要一些测试数据，即一个很大的 DNA 字符串。

产生随机的 DNA 字符串

产生一个长字符串最简单的方法是将一个字母重复多次：

```
N =1000000
dna ='A' * N
```

产生的结果是'AAA…A'字符串,长度为 N。它适合用来测试 Python 函数的效率。但是,使用一个由 A、C、G、T 组成的 DNA 字符串来做测试更符合实际需求。要获得一个由以上字母随机组合而成的 DNA 字符串,可以先创建一个随机字母列表,然后把这些字母逐个加入到一个字符串里:

```
import random
alphabet = list('ATGC')
dna = [random.choice(alphabet) for i in range(N)]
dna = ''.join(dna)        #join the list elements to a string
```

random. choice(x)函数在列表 x 中随机挑选元素。

注意,N 经常是一个很大的数字。在 Python 2. x 的版本中,range(N)产生一个 N 个整数构成的列表。用 xrange 可以避免这个列表的生成,xrange 每次只产生一个整数,而不是一次性产生整个列表。在 Python 3. x 的版本中,range 函数实际上就是 Python 2. x 里的 xrange 函数。使用 xrange,并用函数来实现上述功能:

```
import random

def generate_string(N, alphabet='ACGT'):
    return ''.join([random.choice(alphabet) for i in xrange(N)])

dna = generate_string(600000)
```

函数调用 generate_string(10)会产生像 AATGGCAGAA 这样的字符串。

测试 CPU 时间

接下来使用一个较大的字符串对这些函数进行测试,记录程序的执行时间,看看不同版本的 count_v * 函数的执行效率。计时可以使用 time 模块完成:

```
import time
…
t0 = time.clock()
#do stuff
t1 = time.clock()
cpu_time = t1 - t0
```

time. clock()以浮点数形式返回当前处理器时间,单位为秒。

调用前面所有函数并记录各自的运行时间,可以用下面的代码实现:

```
import time
functions = [count_v1, count_v2, count_v3, count_v4,
            count_v5, count_v6, count_v7, count_v8,
            count_v9, count_v10, count_v11, count_v12]
timings = []        #timings[i] holds CPU time for functions[i]
for function in functions:
    t0 = time.clock()
    function(dna, 'A')
    t1 = time.clock()
    cpu_time = t1 - t0
    timings.append(cpu_time)
```

Python 把函数也作为普通对象处理,所以创建一个函数的列表和创建字符串或者数字的列表是一样的。现在可以通过 zip 对 timings 和 functions 同时执行循环,以获得一个好看的输出结果:

```
for cpu_time, function in zip(timings, functions):
    print '{f:<9s}: {cpu:.2f} s'.format(
        f=function.func_name, cpu=cpu_time)
```

在 MacBook Air 11 和 Ubuntu 上运行上述程序,从花费的时间来看,使用 list.append 函数所需时间几乎是使用列表解析的函数所需时间的两倍。更快的是直接对字符串执行循环的函数。然而,字符串内置的计数功能 dna.count(base) 的运行时间是自定义的最好的 Python 函数的 1/30,原因是 dna.count(base) 里用的 for 循环实际上是用 C 语言实现的,它比 Python 循环要快很多。

所以,一个好的编程经验是:在要编程完成一个看起来很普通的任务之前,先搜索一下。也许别人已经做过类似的工作了,而且很有可能别人的解决方案比你(随便)想出来的要好很多。

3.3.3 验证实现

接下来将展示如何测试和验证 3.3.1 节的 12 个计数函数,为此需要写一个新函数,通过它获得一个计数问题的正确答案,然后再逐个调用保存在 functions 列表里的 count_* 函数,以检验每个函数是否能正确运行:

```
def test_count_all():
    dna = 'ATTTGCGGTCCAAA'
    exact = dna.count('A')
    for f in functions:
        if f(dna, 'A') != exact:
            print f.__name__, 'failed'
```

这里把 dna.count('A') 的结果作为正确结果。

可以采用 pytest 和 nose 测试框架里的规则来进一步完善这个测试函数(更多关于 pytest 和 nose 的相关信息见附录 H 的 H.9 节)。

根据这些规则,测试函数应该满足以下条件:

- 函数名以 test_ 开头。
- 没有参数。
- 如果测试通过,就将一个布尔参数(如 success)值置为 True,否则置为 False。
- 失败时生成失败的相关信息,并保存在字符串(如 msg)里。
- 使用"assert success,msg"结构,它们在 success 的值为 False 时会终止程序并输出错误信息 msg。

如果遵循上述规则,pytest 和 nose 测试框架可以在一个文件树里搜索所有的 Python 文件,运行所有的 test_*() 函数,并报告测试失败的信息。测试函数可以修改为

```
def test_count_all():
    dna = 'ATTTGCGGTCCAAA'
    exact = dna.count('A')
    for f in functions:
        success = f(dna, 'A') == exact
        msg = '%s failed' % f.__name__
        assert success, msg
```

需要注意的是,程序通过 f.＿＿name＿＿获得函数 f 的名字,它是一个字符串对象。

编写这样(即满足上述规则)的测试函数是一个很好的习惯,因为它可以完全自动地测试所有文件里的函数。当某些文件被修改时,它可以减小再次测试的代价。

上面所有的函数,包括计时和测试程序,都可以在 count.py 中找到。

3.4 本章小结

3.4.1 本章主题

用户自定义函数

当一段代码需要在多个地方被执行多次,或者需要将程序模块化以获得更好的结构时,可以通过自定义函数来实现。函数参数是函数中的局部变量,其值在调用函数时设置。下面是关于二次多项式的函数:

```
# function definition:
def quadratic_polynomial(x, a, b, c):
    value = a * x * x + b * x + c
    derivative = 2 * a * x + b
    return value, derivative


# function call:
x = 1
p, dp = quadratic_polynomial(x, 2, 0.5, 1)
p, dp = quadratic_polynomial(x=x, a=-4, b=0.5, c=0)
```

参数的顺序很重要,除非所有参数都以 name＝value 的形式给出。

函数可能没有参数,也可能没有返回值:

```
def print_date():
    """Print the current date in the format 'Jan 07, 2007'."""
    import time
    print time.strftime("%b %d, %Y")


# call:
print_date()
```

常见的错误是调用函数时忘记括号,print_date 是函数名,print_date()才是对函数的调用。

关键字参数

具有默认值的参数是关键字参数,它们可以为参数提供默认值,这样在函数调用时可以仅提供一部分参数。

```
from math import exp, sin, pi

def f(x, A=1, a=1, w=pi):
    return A * exp(-a * x) * sin(w * x)

f1 = f(0)
x2 = 0.1
f2 = f(x2, w=2 * pi)
```

```
f3 = f(x2, w=4 * pi, A=10, a=0.1)
f4 = f(w=4 * pi, A=10, a=0.1, x=x2)
```

关键字参数的顺序无关紧要，函数调用时未列出的关键字参数会自动使用默认值。非关键字参数称为位置参数，如上例中的 x。位置参数必须在关键字参数前面。不过，在函数调用时位置参数也可以采用 name＝value 的形式（如上例中最后一行），这种语法允许在任何地方列出任何位置参数。

if 语句

if-elif-else 语句用于程序分支，可以根据某些条件的真假选择执行不同的语句：

```
def f(x):
    if x <0:
        value =-1
    elif x >=0 and x <=1:
        value =x
    else:
        value =1
    return value
```

内嵌 if 语句

内嵌 if 语句用于表达式内部，可以根据条件的真假选择不同的值：

```
sign =-1 if a <0 else 1
```

术语

本章中重要的术语如下：

- 函数。
- 方法。
- 返回语句。
- 位置参数。
- 关键字参数。
- 局部和全局变量。
- 文档字符串。
- 含有 if、elif 和 else 的 if 语句。
- None 对象。
- 测试函数（用于验证）。

3.4.2 示例：数值积分

这里使用 Simpson 公式计算积分：

$$\int_a^b f(x)\mathrm{d}x = \frac{b-a}{3n}\left(f(a) + f(b) + 4\sum_{t=1}^{\frac{n}{2}} f(a+(2i-1)h) + 2\sum_{i=1}^{\frac{n}{2}-1} f(a+2ih)\right) \tag{3.6}$$

其中 $h = (b-a)/n, n$ 是偶数。这个问题可以创建一个函数 Simpson(f, a, b, n = 500) 来求解，其返回值是式(3.6) 的右侧部分。可以利用一个事实来验证这个函数：Simpson 公式在 $f(x)$ 的指数小于 2 时是准确的。

然后用 Simpson 公式求函数积分 $\frac{3}{2}\int_0^\pi \sin^3 x dx$（其准确值为 2），并观察其逼近误差和 n 的关系。

解: 对于本例,如果知道怎么求和以及怎么调用函数,求解就很简单了。3.1.8 节中给出了求和的具体方法。

对于求和公式 $\sum_{i=M}^{N} q(i)$ 的计算,可以通过 for 循环实现,每次循环计算一项 $q(i)$,并将之累加到一个变量中:

```
s = 0
for i in range(M, N+1):
    s += q(i)
```

Simpson 公式的计算可以实现为

```
def Simpson(f, a, b, n=500):
    h = (b - a) / float(n)
    sum1 = 0
    for i in range(1, int(n/2) + 1):
        sum1 += f(a + (2 * i - 1) * h)

    sum2 = 0
    for i in range(1, int(n/2)):
        sum2 += f(a + 2 * i * h)

    integral = (b - a) / (3 * n) * (f(a) + f(b) + 4 * sum1 + 2 * sum2)
    return integral
```

Simpson 公式可以计算任何只有一个变量的函数的积分。例如,对于以下函数:

$$h(x) = \frac{3}{2} \sin^3 x \, dx$$

用 Python 实现该函数的代码为

```
def h(x):
    return (3./2) * sin(x)**3
```

然后调用函数 Simpson 来计算 $\int_0^{\pi} h(x) \, dx$,其中 n 可以取任何整数值:

```
from math import sin, pi

def application():
    print 'Integral of 1.5 * sin^3 from 0 to pi:'
    for n in 2, 6, 12, 100, 500:
        approx = Simpson(h, 0, pi, n)
        print 'n=%3d, approx=%18.15f, error=%9.2E' % (n, approx, 2 - approx)
```

这里把这些语句都放在 application 函数里面,主要是因为它们一起完成一个功能,而不是被多次执行。

验证: 调用函数 application,输出为

```
Integral of 1.5 * sin^3 from 0 to pi:
n= 2, approx=3.141592653589793, error=-1.14E+00
n= 6, approx=1.989171700583579, error=1.08E-02
n=12, approx=1.999489233010781, error=5.11E-04
```

```
n=100, approx=1.999999902476350, error=9.75E-08
n=500, approx=1.999999999844138, error=1.56E-10
```

从输出结果可以看出，计算结果的误差随着 n 值的增加而变小。但每个计算结果都不是 2，都有一点偏差。单看这个测试还无法知道这些误差是因为近似计算引起的还是编程错误引起的。因此，更好的验证方法是寻找通过计算能得到精确结果的测试用例。既然已经知道该公式在计算阶数不高于 2 的多项式时是准确的，就可以用一条抛物线测试 Simpson 函数的准确性：

$$\int_{3/2}^{2}(3x^2 - 7x + 2.5)\mathrm{d}x$$

积分等于 $G(2)-G(3/2)$，其中 $G(x)=x^3-3.5x^2+2.5x$。

如果用 == 运算符来比较计算结果和确切值，由于存在舍入误差，可能永远无法得到正确的结果。下面是一个实例：

```
>>>0.1+0.2==0.3
False
>>>0.1+0.2
0.30000000000000004
```

可以看到，0.1+0.2 导致第 17 位小数上的一个小误差。因此，比较的时候必须考虑浮点数的舍入误差：

```
>>>tol =1e-14
>>>abs(0.3-(0.1+0.2))<tol
True
```

在这个特定的例子中：

```
>>>abs(0.3-(0.1+0.2))
5.551115123125783e-17
```

可以考虑把允许误差设为 10^{-16}，但是在算术运算中舍入误差可能会累积，所以应该把允许误差设定为 10^{-15} 或 10^{-14} 更合适。

下面的测试函数在相等的测试中使用了允许误差：

```
def g(x):
    return 3 * x**2 -7 * x +2.5

def G(x):
    return x**3 -3.5 * x**2 +2.5 * x

def test_Simpson():
    a =1.5
    b =2.0
    n =8
    exact =G(b) -G(a)
    approx =Simpson(g, a, b, n)
    success =abs(exact -approx) <1E-14
```

```
    if not success:
        print 'Error: cannot integrate a quadratic function exactly'
```

函数 g 和 G 只在函数 test_Simpson 内部使用。许多人认为,把函数 g 和 G 的定义放到函数 test_Simpson 中,这样会使程序的结构更好一些,Python 支持这样的实现:

```
def test_Simpson():
    def g(x):
        #test function that Simpson's rule will integrat exactly
        return 3 * x**2 - 7 * x + 2.5

    def G(x):
        #integral of g(x)
        return x**3 - 3.5 * x**2 + 2.5 * x

    a = 1.5
    b = 2.0
    n = 8
    exact = G(b) - G(a)
    approx = Simpson(g, a, b, n)
    success = abs(exact - approx) < 1E-14
    if not success:
        print 'Error: cannot integrate a quadratic function exactly'
```

程序员要养成编写类似 test_Simpson 这样的函数来验证函数正确性的好习惯。

单元测试和测试函数

对软件进行正确性测试时,比较好的做法是将软件拆分为许多小的单元并测试每个单元的正确性,这就是所谓的单元测试。在科学计算的软件中,一个单元通常是一个数值计算的模块,如实现 Simpson 方法的函数。下面使用专用的测试函数进行单元测试。

正如 3.3.3 节所述,编写测试函数最好符合 pytest 和 nose 测试框架(见附录 H 的 H.9 节)的要求。例如,符合 pytest 和 nose 测试框架要求的 Simpson 函数的测试函数如下:

```
def test_Simpson():
    """Check that 2nd-degree polynomials are integrated exactly."""
    a = 1.5
    b = 2.0
    n = 8
    g = lambda x: 3 * x**2 - 7 * x + 2.5        #test integrand
    G = lambda x: x**3 - 3.5 * x**2 + 2.5 * x   #integral of g
    exact = G(b) - G(a)
    approx = Simpson(g, a, b, n)
    success = abs(exact - approx) < 1E-14       #never use == for floats!
    msg = 'Cannot integrate a quadratic function exactly'
    assert success, msg
```

这里,g 和 G 都使用了 lambda 函数,这样测试函数看起来更加简洁紧凑(参见 3.1.4 节)。

检查函数参数的有效性

为提高函数的健壮性,需要检查输入数据(即参数)是否合法。上面的程序中需要检查 b>a 是否成立以及 n 是否为偶数。测试 n 是否为偶数时可以使用求余运算,Python 中求余运算符是%,n%d 的结果是 n 除以 d 后得到的余数(其中 n 和 d 都是整数)。例如,3%2 的结果是 1,3%1 为 0,18%8 为 2。当 n%d 为 0 时,n 是 d 的整数倍。例如:

```
>>>18%8
2
```

测试 n 是否为偶数,只需要看 n%2 的结果即可,结果为 1 为奇数,为 0 则为偶数。

改进后的 Simpson 函数增加了参数检查和一个文档字符串:

```python
def Simpson(f, a, b, n=500):
    """
    Return the approximation of the integral of f
    from a to b using Simpson's rule with n intervals.
    """
    if a > b:
        print 'Error: a=%g > b=%g' % (a, b)
        return None

    # check that n is even:
    if n % 2 != 0:
        print 'Error: n=%d is not an even integer!' % n
        n = n+1 # make n even

    h = (b - a)/float(n)
    sum1 = 0
    for i in range(1, int(n/2) + 1):
        sum1 += f(a + (2 * i-1) * h)

    sum2 = 0
    for i in range(1, int(n/2)):
        sum2 += f(a + 2 * i * h)

    integral = (b-a)/(3 * n) * (f(a) + f(b) + 4 * sum1 + 2 * sum2)
    return integral
```

完整的代码见文件 Simpson.py。

手动执行程序是一种很好的习惯,它可以确保编程思路的正确性。也可以借助于在线 Python Tutor 或调试器(参阅附录 F 的 F.1 节)。

3.5 习题

习题 3.1: 实现一个简单数学函数。

编写一个 Python 函数 $g(t)$,实现下面的数学函数的功能,并输出 $g(0)$ 和 $g(1)$ 的值:

$$g(t) = e^{-t}\sin \pi t$$

文件名:ex3-01-expsin.py。

习题 3.2: 实现一个带参数的简单数学函数。

重新实现习题 3.1 中的函数,增加 a 为参数,并输出 $a=10$ 时的 $h(0)$ 和 $h(1)$ 的值。

$$h(t) = e^{-at} \sin \pi t$$

文件名：ex3-02-expsin_2.py。

习题 3.3: 说明程序的工作过程。

手工执行下面的程序：

```
def add(A,B):
    C = A + B
    return C


a = 3
b = 2
print add(a,b)
print add(2 * a,b+1) * 3
```

不要运行该程序,说明该程序的执行过程以及输出结果。

文件名：ex3-03-explain_func.py。

习题 3.4: 编写华氏度值到摄氏度值的转换函数。

华氏度值 F 转换为摄氏度值 C 的公式为

$$C = \frac{5}{9}(F - 32) \tag{3.7}$$

编写实现该公式的函数 C(F),以及一个将摄氏温度转换为华氏温度的函数 F(C)。想想如何测试这两个函数的正确性。

提示：C(F(c))的结果是 c,而 F(C(f))的结果是 f。

文件名：ex3-04-f2c.py

习题 3.5: 编写习题 3.4 的测试函数。

编写测试函数 test_F_C 检查 C(F(c))和 F(C(f))的值。函数 C(F)和 F(C)来自习题 3.4。

提示：值比较时要考虑舍入误差,测试函数要满足 pytest 和 nose 测试框架的要求(简介见 3.3.3 节,更多信息见附录 H 的 H.9)。

文件名：ex3-05-test_f2c.py。

习题 3.6: 根据测试函数编写被测试函数。

下面是一个测试函数：

```
def test_double():
    assert double(2)==4
    assert abs(double(0.1)-0.2)<1E-15
    assert double([1,2])==[1,2,1,2]
    assert double((1,2))==(1,2,1,2)
    assert double(3+4j) ==6+8j
    assert double('hello')=='hellohello'
```

根据测试函数编写被测试函数 double,然后运行测试函数 test_double。

文件名：ex3-06-test_double.py。

习题 3.7: 求和并写出测试函数。

a. 编写实现公式 $s = \sum\limits_{k=1}^{M} \dfrac{1}{k}$ 的求和函数 sum_1k(M)。

b. 手工计算 $M=3$ 时的 s 值,编写测试函数 test_sum_1k(),调用 sum_1k(3)并检查其结果的正确性。

提示：测试函数 test_sum_1k 要满足 pytest 和 nose 测试框架的要求。

文件名：ex3-07-sum_func.py。

习题 3.8: 编写函数求解 $ax^2 + bx + c = 0$。

a. 编写函数 roots(a, b, c)，求解一元二次方程 $ax^2 + bx + c = 0$ 的根并返回根。根是实数时，返回 float 类型的对象，否则返回复数类型的对象。

提示：可以先测试 $b^2 - 4ac$ 的正负，然后根据情况返回 float 类型或 complex 类型的对象。也可以直接使用 numpy.lib.scimath 库中的 sqrt 函数，见 1.6.3 节。该函数在参数为负数时返回 numpy.complex128 类型的对象，非负时返回 numpy.float64 类型的对象。

b. 构建两个结果已知的测试用例，一个有实根，另一个有复根。编写两个测试函数 test_roots_float 和 test_roots_complex，分别使用这两个测试用例检查 roots 函数的正确性。

文件名：ex3-08-roots_quadratic.py。

习题 3.9: 实现求和函数。

Python 内置的 sum 函数可以对一个列表中的所有元素求和：

```
>>>sum([1,3,5,-5])
4
>>>sum([[1,2],[4,3],[8,1]])
[1,2,4,3,8,1]
>>>sum(['Hello',', ','world!'])
'Hello, World!'
```

自己编写 sum 函数，实现同样的功能。

文件名：ex3-09-mysum.py。

习题 3.10: 乘积多项式的计算。

对于 $n+1$ 阶多项式 $p(x)$，可以用下面的公式来计算其 $n+1$ 个根 $r_0, r_1, r_2, \cdots, r_n$ 的值：

$$p(x) = \prod_{i=0}^{n} (x - r_i) = (x - r_0)(x - r_1)(x - r_2)\cdots(x - r_n) \tag{3.8}$$

编写函数 poly(x, roots)，根据 x 和根列表 roots 计算 $p(x)$ 的值并返回。构造一个测试用例案例来验证其正确性。

文件名：ex3-10-polyprod.py。

习题 3.11: 梯形法求积分。

a. 函数 $f(x)$ 在区间 $[a,b]$ 上的积分可以使用梯形法近似计算：4 个端点 $(a,0)$、$(a,f(a))$、$(b,f(b))$、$(b,0)$ 构成一个梯形，使用该梯形的面积作为函数 $f(x)$ 在 $[a,b]$ 上的积分的近似值。计算公式如下：

$$\int_a^b f(x)\mathrm{d}x \approx \frac{b-a}{2}(f(a) + f(b)) \tag{3.9}$$

编写函数 trapezint1(f,a,b)，计算并返回积分近似值。参数 f 是数学函数 $f(x)$ 的 Python 实现。

b. 利用 a 中编写的函数计算积分：$\int_0^\pi \cos x\mathrm{d}x$，$\int_0^\pi \sin x\mathrm{d}x$ 和 $\int_0^{\pi/2} \sin x\mathrm{d}x$，并计算各自的误差（即近似计算值与准确值的差距）。为 3 种情况分别绘制曲线和梯形草图，以了解这种近似方法的原理及不足。

c. 改进式(3.9)，将 $f(x)$ 下的区域用两个相同宽度的梯形来近似。推导出改进的近似公式，并编写函数 trapezint2(f, a, b)实现它。用新函数运行 b 中的用例，看看计算结果有多大程度的提高。绘制曲线和梯形草图，了解准确度提升的原因。

d. 进一步改进，将 $f(x)$ 曲线下的区域划分为 n 个相同宽度的梯形。此时的近似积分公式为

$$\int_a^b f(x)\mathrm{d}x \approx \sum_{i=1}^{n-1} \frac{1}{2}h(f(x_i)+f(x_{i+1})) \tag{3.10}$$

其中，h 为每个梯形的宽度，$h=(b-a)/n$；$x_i=a+ih$，$i=0,1,2,\cdots,n$ 是每个梯形的边的坐标。图 3.2 给出了梯形法的近似原理。

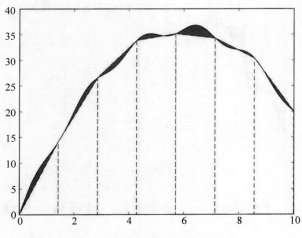

图 3.2　梯形法的近似原理

编写函数 trapezint(f,a,b,n)实现式(3.10)。用 $n=10$ 运行 b 中的用例。

e. 编写测试函数 test_trapezint 验证 d 中的函数 trapezint。

提示：不管 n 取什么值，梯形法对于线性函数都是准确的。另一个更惊人的结果是，梯形法对于 $\int_0^{2\pi} \cos x\mathrm{d}x$ 也总是准确的。可以使用这些案例来编写测试函数。

文件名：ex3-11-trapezint.py。

备注：梯形法一般不会使用式(3.10)。因为每个 $f(x_{i+1})$ 都被计算了两次，第一次是在第 i 项中，第二次是在第 $i+1$ 项中。可以进一步改进，以避免重复计算，梯形法的标准形式为

$$\int_a^b f(x)\mathrm{d}x \approx \frac{1}{2}h(f(a)+f(b))+h\sum_{i=1}^{n-1}f(x_i) \tag{3.11}$$

习题 3.12: 中点法求积分。

中点法的思想是将曲线 $f(x)$ 下的区域划分成 n 个相同宽度的矩形（而不是梯形）。矩形的高度为矩形中点的 f 值。图 3.3 给出了中点法的近似原理。

计算每个矩形的面积并累加，就得到了中点法的公式：

$$\int_a^b f(x)\mathrm{d}x \approx h\sum_{i=0}^{n-1}f\left(a+ih+\frac{1}{2}h\right) \tag{3.12}$$

其中 $h=(b-a)/n$ 是每个矩形的宽度。编写函数 midpoint(f,a,b,n)实现该公式，并使用习题 3.11b 中的用例测试它。怎样比较 $n=1$ 和 $n=10$ 时分别使用中点法和梯形法的计算结果的误差？

文件名：ex3-12-midpointint.py。

习题 3.13: 建立自适应梯形规则。

习题 3.11 中的梯形积分法的问题是如何选定 n 才能达到期望的精度。也就是说，给定一个（小）容差 ε，使得使用梯形法计算积分的误差为 $E \leqslant \varepsilon$。

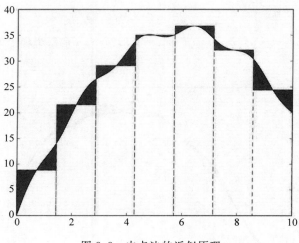

图 3.3　中点法的近似原理

因为确切的积分值 $\int_a^b f(x)\mathrm{d}x$ 无法获得（这也是使用数值方法的原因），计算误差 E 非常困难。幸好，数学家已经证明了

$$E \leqslant \frac{1}{12}(b-a)h^2 \max_{x\in[a,b]} | f''(x) | \tag{3.13}$$

$|f''(x)|$ 的最大值可以（近似地）通过计算大量的 $[a,b]$ 上点的 $f''(x)$ 值得到，取它们的绝对值 $|f''(x)|$ 的最大值。两次求导可以通过如下公式计算：

$$f''(x) \approx \frac{f(x+h) - 2f(x) + f(x-h)}{h^2}$$

通过对 $|f''(x)|$ 的近似计算，可以利用式（3.13）求得相应的 h：

$$\frac{1}{12}(b-a)\,h^2 \max_{x\in[a,b]} | f''(x) | = \varepsilon$$

解出相应的 h，得到

$$h = \sqrt{12\varepsilon}((b-a) \max_{x\in[a,b]} | f''(x) |)^{-\frac{1}{2}} \tag{3.14}$$

然后有 $n=(b-a)/h$，也就是达到精度 ε 所需要的 n。

a. 编写 Python 函数 adaptive_trapezint(f, a, b, eps = 1E−5) 计算积分 $\int_a^b f(x)\mathrm{d}x$，要求计算误差小于或等于 ε(eps)。

提示：首先根据 ε 计算对应的 n，然后调用习题 3.11 中的函数 trapezint(f,a,b,n)。

b. 使用在 a 中编写的函数计算习题 3.11b 中的积分，并输出积分、误差及所使用的 n 值。

文件名：ex3-13-adaptive_trapezint.py。

备注：通过选择离散参数来使误差满足所期望的容差的数值方法称为自适应数值方法。自适应方法的优点是可以控制近似误差，且不需要用户给出确定的 n 值。

习题 3.14: 手工执行程序。

手工执行下面的程序，并给出输出结果。

```
def a(x):
    q = 2
```

```
    x = 3 * x
    return q + x


def b(x):
    global q
    q += x
    return q + x


q = 0
x = 3
print a(x),b(x),a(x),b(x)
```

提示：如果在理解函数调用、局部变量、全局变量上还有困难,可以借助于在线 Python Tutor,一步步运行程序,观察程序执行以及变量值的变化。

文件名：ex3-14-simulate_func. py。

习题 3.15: 测试函数的调试。

给定一个 Python 函数：

```
def triple(x):
    return x + x * 2
```

并编写了一个测试函数来测试它：

```
def test_triple():
    assert triple(3)==9
    assert triple(0.1)==0.3
    assert triple([1,2])==[1,2,1,2,1,2]
    assert triple('hello ')=='hello hello 2'
test_triple()
```

测试函数有什么问题？编写一个测试函数并让其中所有的比较式都为真。

文件名：ex3-15-test_triple. py。

习题 3.16: 计算任意三角形的面积。

任意三角形都可以通过其以逆时针方向编号的 3 个顶点的坐标来描述：(x_1,y_1)、(x_2,y_2) 和 (x_3,y_3)。其面积可以通过以下公式计算：

$$A = \frac{1}{2} \mid x_2 y_3 - x_3 y_2 - x_1 y_3 + x_3 y_1 + x_1 y_2 - x_2 y_1 \mid \tag{3.15}$$

编写函数 triangle_area(vertices),参数 vertices 是三角形顶点坐标的嵌套列表,返回值是三角形的面积。要确保编写的函数能通过下面的测试函数：

```
def test_triangle_area():
    """
    Verify the area of a triangle with vertex coordinates
    (0,0),(1,0),and(0,2)
    """
    v1= (0,0);v2= (1,0);v3= (0,2)
    vertices = [v1,v2,v3]
```

```
expected = 1
computed = triangle_area(vertices)
tol = 1E-14
success = diff(expected - computed) < tol
msg = 'computed area=%g != %g(expected)' % (computed, expected)
assert success, msg
```

文件名：ex3-16-area_triangle.py。

习题 3.17: 计算路径长度。

物体沿着平面上的路径移动。在 $n+1$ 个不同的时间点，分别记录了物品的位置：(x_0, y_0)，(x_1, y_1)，$\cdots$，(x_n, y_n)，从 (x_0, y_0) 到 (x_n, y_n) 的路径总长度 L 是所有单个线段 (x_{i-1}, y_{i-1}) 到 (x_i, y_i) $(i=1, 2, \cdots, n)$ 的和：

$$L = \sum_{i=1}^{n} \sqrt{(x_i - x_{i-1})^2 + (y_i - y_{i-1})^2} \tag{3.16}$$

a. 编写函数 pathlength(x, y)，根据公式计算 L。其中参数 x 和 y 分别保存所有 $x_0, x_1, \cdots, x_n$ 和 $y_0, y_1, \cdots, y_n$ 坐标。

b. 编写测试函数 test_pathlength 测试 pathlength 的正确性。

文件名：ex3-17-pathlebgth.py。

习题 3.18: 计算 π。

π 的值等于半径为 $1/2$ 的圆的周长，下面通过圆周上的 $n+1$ 个点组成的多边形来求圆周长的近似值。多边形的长度可以使用习题 3.17 的函数 pathlength 来计算。根据公式

$$x_i = \frac{1}{2}\cos\frac{2\pi i}{n}, y_i = \frac{1}{2}\sin\frac{2\pi i}{n}, i = 0, 1, \cdots, n$$

计算半径为 $1/2$ 的圆周上的 $n+1$ 个点 (x_i, y_i)。调用函数 pathlength，并输出 $n = 2^k (k = 2, 3, \cdots, 10)$ 时所求的 π 的近似值及其误差。

文件名：ex3-18-pi_approx.py。

习题 3.19: 计算多边形面积。

计算多边形的面积一直是数学领域最重要的问题之一。例如，房产一般是多边形的形状，而税额与房产面积成正比。假设有一个多边形，其顶点分别为坐标 (x_1, y_1)，(x_2, y_2)，$\cdots$，(x_n, y_n)，其顺序为按顺时针或逆时针方向排列。则多边形的面积 A 通过这些边界坐标就可以计算出来：

$$A = \frac{1}{2} \mid (x_1 y_2 + x_2 y_3 + \cdots + x_{n-1} y_n + x_n y_1) -$$
$$(y_1 x_2 + y_2 x_3 + \cdots + y_{n-1} x_n + y_n x_1) \mid \tag{3.17}$$

编写函数 polygon_area(x, y)，其参数为多边形顶点坐标的两个列表，返回值为其面积。

分别使用三角形、四边形和五边形对函数 polygon_area 进行测试，验证其正确性。

提示：因为 Python 列表和数组都从 0 开始编号，所以最好在编程之前将数学公式中的顶点坐标编号为 $x_0, x_1, \cdots, x_{n-1}$ 和 $y_0, y_1, \cdots, y_{n-1}$。

文件名：ex3-19-polygon_area.py。

习题 3.20: 编写函数。

编写 3 个函数 hw1、hw2 和 hw3，使其有如下的运行效果：

```
>>> print hw1()
Hello, World!
>>> hw2()
```

```
Hello, World!
>>>print hw3('Hello, ', 'World!')
Hello, World!
>>>print hw3('Python ', 'function')
Python function
```

文件名：ex3-20-hw_func.py。

习题 3.21: 用正弦函数的和近似计算一个函数。

考虑分段常数函数：

$$f(t) = \begin{cases} 1, & 0 < t < T/2 \\ 0, & t = T/2 \\ -1, & T/2 < t < T \end{cases} \tag{3.18}$$

可以使用正弦和来近似模拟 $f(t)$：

$$S(t,n) = \frac{4}{\pi} \sum_{i=1}^{n} \frac{1}{2i-1} \sin \frac{2(2i-1)\pi t}{T} \tag{3.19}$$

可以证明，当 $n \to \infty$ 时，$S(t,n) \to f(t)$。

a. 编写 Python 函数 S(t, n, T)，返回 S(t,n) 的值。

b. 编写 Python 函数 f(t, T)，计算并返回 f(t) 的值。

c. 输出一个数据表格，显示当 $n=1, 3, 5, 10, 30, 100$ 和 $t = \alpha T$ 时，f(t)－S(t,n) 的值如何变化，其中 $T = 2\pi$，α 为 0.01、0.25、0.49。根据输出结果说明逼近程度与 α 和 n 的关系。

文件名：ex3-21-sinesum1.py。

备注：式（3.19）中的正弦函数（也可以是余弦函数）称为傅里叶级数。用傅里叶级数来逼近函数是科学研究中非常重要的技术。

习题 3.22: 实现高斯函数。

编写 Python 函数 gauss(x, m＝0, s＝1) 实现高斯函数的计算：

$$f(x) = \frac{1}{\sqrt{2\pi} s} \exp\left[-\frac{1}{2} \left(\frac{x-m}{s} \right)^2 \right]$$

输出一个对齐的 x 和 $f(x)$ 表格，其中 x 在 $[m-5s, m+5s]$ 区间中等间隔选取 n 个数（可以自己选择 m、s 和 n）。

文件名：ex3-22-gaussian2.py。

习题 3.23: 用函数重新编写公式。

参照习题 1.12，编写 Python 函数 egg(M，To＝20，Ty＝70) 来实现式（1.9）。参数 ρ、K、c 和 T_w 可以设置为函数内部的局部（常量）变量。函数返回 t。对软鸡蛋和硬鸡蛋，大鸡蛋（$M=67g$）和小鸡蛋（$M=47g$），从冰箱（$T_o=4℃$）和从温暖的房间（$T_o=25℃$）取出的情况，分别计算 t。

文件名：ex3-23-egg_func.py。

习题 3.24: 编写数值微分的函数。

在 h 很小时，可以用下面的公式近似计算 $f(x)$ 的导数：

$$f'(x) \approx \frac{f(x+h) - f(x-h)}{2h} \tag{3.20}$$

a. 编写函数 diff(f, x, h＝1E-5)，使用式（3.20）求出导数近似值。

b. 编写测试函数 test_diff 验证函数 diff 的正确性。要求遵循 pytest 和 nose 测试框架的约定（见 3.3.3 节、3.4.2 节以及附录 H 的 H.9）。式（3.20）对于二次函数是完全准确的（但要考虑舍入误差），可以根据这一事实编写测试用例。

c. 编写函数 application，使用式（3.20）求下列函数的导数，h 设为 0.01，并输出每次计算的结果及误差。

- $f(x) = e^x, x = 0$。
- $f(x) = e^{-2x^2}, x = 0$。
- $f(x) = \cos x, x = 2\pi$。
- $f(x) = \ln x, x = 1$。

文件名：ex3-24-centered_diff.py。

习题 3.25: 阶乘函数。

n 的阶乘定义为

$$n! = n(n-1)(n-2)\cdots 2 \times 1 \tag{3.21}$$

定义

$$1! = 1, 0! = 1 \tag{3.22}$$

例如，$4! = 4 \times 3 \times 2 \times 1 = 24, 2! = 2 \times 1 = 2$。编写函数 fact(n)，计算并返回 $n!$。本题不允许使用任何现成的库函数。

确保该函数能通过下面测试函数的测试（不准直接调用 math.factorial(n)）:

```
def test_fact():
    #Check an arbitrary case
    n = 4
    expected = 4 * 3 * 2 * 1
    computed = fact(n)
    assert computed == expected
    #Check the special cases
    assert fact(0) == 1
    assert fact(1) == 1
```

提示：如果 n 为 1 或者 0 则直接返回 1，否则使用循环求解。

文件名：ex3-25-fact.py。

习题 3.26: 速度和加速度。

假设通过 GPS 记录了驾车沿直线行驶时分别在时间 $t_0, t_1, \cdots, t_n$ 的位置坐标 $x_0, x_1, \cdots, x_n$，则在这些位置坐标的速度 v_i 和加速度 a_i 可以使用下面的公式近似计算：

$$v_i \approx \frac{x_{i+1} - x_{i-1}}{t_{i+1} - t_{i-1}} \tag{3.23}$$

$$a_i \approx 2(t_{i+1} - t_{i-1})^{-1} \left(\frac{x_{i+1} - x_i}{t_{i+1} - t_i} - \frac{x_i - x_{i-1}}{t_i - t_{i-1}} \right) \tag{3.24}$$

其中，$i = 1, 2, \cdots, n-1$，（v_i 和 a_i 分别为位置 x_i 和时间 t_i 的速度和加速度）。

a. 编写函数 kinematics(i, x, t) 计算位置 x_i 的速度 v_i 和加速度 a_i，参数 x 和 t 为位置和时间坐标列表（$x_0, x_1, \cdots, x_n$ 和 $t_0, t_1, \cdots, t_n$）。

b. 编写测试函数 test_kinematics 测试上述函数，测试用例选择以速度 V 匀速行驶，选择的时间点为 $t_0 = 0, t_1 = 0.5, t_2 = 1.5$ 和 $t_3 = 2.2$，位置为 $x_i = V t_i$。使用不同的 i 值进行测试。

文件名：ex3-26-kinematics1.py。

习题 3.27: 函数的最大值和最小值。

计算数学函数 $f(x)$ 在区间 $[a, b]$ 上的最大值和最小值可以通过计算 $[a, b]$ 上大量的点的 f 值来近似实现。编写函数 maxmin(f, a, b, n=1000) 计算并返回函数 $f(x)$ 在 $[a, b]$ 上最大值和最小值，再编写测试函数来验证它，测试用例使用 $f(x) = \cos x, x \in [-\pi/2, 2\pi]$。

提示：$[a, b]$ 上的点 x 可以均匀分布：$x_i = a + ih, i = 0, 1, \cdots, n-1, h = (b-a)/(n-1)$。Python 函数 max (y)和 min(y)分别返回列表 y 中的最大和最小值。

文件名：ex3-27-maxmin_f. py。

习题 3.28: 查找列表中的最大和最小元素。

Python 标准库中的 max(a)和 min(a)可以计算并返回 a 中的最大和最小元素。编写找出它们的 max 和 min 函数。

提示：求最大值时，可以首先把列表中的第一个元素赋值给变量 max_elem，然后逐个访问剩余的列表元素（a[1:]），将每一个元素与 max_elem 比较，如果当前元素比它大，则修改 max_elem 的值。用类似的方法可以求最小值。

文件名：ex3-28-maxmin_list. py。

习题 3.29: Heaviside 函数。

下面的阶梯函数称为 Heaviside 函数，它被广泛应用于数学领域：

$$H(x) = \begin{cases} 0, & x < 0 \\ 1, & x \geqslant 0 \end{cases} \tag{3.25}$$

a. 编写 Python 函数 H(x)实现 Heaviside 函数 $H(x)$。

b. 编写测试函数 test_H 测试 $H(x)$的正确性，验证 $H(-10)$、$H(-10^{-15})$、$H(0)$、$H(10^{-15})$和 $H(10)$是否正确。

文件名：ex3-29-heavside. py。

习题 3.30: 平滑 Heaviside 函数。

习题 3.29 中式（3.25）所示的 Heaviside 函数是不连续的。在许多数值应用中，平滑的 Heaviside 函数会更加有用，即函数本身和其一阶导数都是连续的。下面是一个平滑的 Heaviside 函数：

$$H_\varepsilon(x) = \begin{cases} 0, & x < -\varepsilon \\ \dfrac{1}{2} + \dfrac{x}{2\varepsilon} + \dfrac{1}{2\pi}\sin\dfrac{\pi x}{\varepsilon}, & -\varepsilon \leqslant x \leqslant \varepsilon \\ 1, & x > \varepsilon \end{cases} \tag{3.26}$$

a. 编写函数 H_eps(x, eps=0.01)来实现平滑的 Heaviside 函数 $H_\varepsilon(x)$。

b. 编写测试函数 test_H_eps 测试 H_eps(x, eps=0.01)的正确性，验证 $x < -\varepsilon$、$x = -\varepsilon$、$x = 0$、$x = \varepsilon$ 和 $x > \varepsilon$ 时是否正确。

文件名：ex3-30-smoothed_heavside. py。

习题 3.31: 指示函数。

指示函数是指其值在某个区间为 1，在其他地方则为 0。指示函数的定义为

$$I(x, L, R) = \begin{cases} 1, & x \in [L, R] \\ 0, & \text{其他} \end{cases} \tag{3.27}$$

a. 分别用两种方式实现指示函数，一种是直接测试是否 $x \in [L, R]$，另一种用式（3.25）的 Heaviside 函数实现指示函数：

$$I(x; L, R) = H(x - L) H(R - x) \tag{3.28}$$

b. 编写测试函数验证 a 中函数的正确性，检查在 $x < L$、$x = L$、$x = (L+R)/2$、$x = R$ 和 $x > R$ 时是否正确。

文件名：ex3-31-indicator_func. py。

习题 3.32: 分段常函数。

在为物理学问题进行数学建模时经常会用到分段常函数。分段常函数可以定义为

$$f(x) = \begin{cases} v_0, & x \in [x_0, x_1) \\ v_1, & x \in [x_1, x_2) \\ \vdots & \\ v_i, & x \in [x_i, x_{i+1}) \\ \vdots & \\ v_n, & x \in [x_n, x_{n+1}) \end{cases} \qquad (3.29)$$

也就是说,将$[x_0, x_{n+1}]$分割成多个不重叠的区间,且$f(x)$在每个区间的值都是常数。例如,某函数在$[0,1)$上的值为-1,在$[1,1.5)$上的值为0,在$[1.5,2)$上的值为4,对应式(3.29),则有$x_0 = 0, x_1 = 1, x_2 = 1.5, x_3 = 2$以及$v_0 = -1, v_1 = 0, v_2 = 4$。

a. 编写函数 piecewise(x,data)实现式(3.29)计算并返回$f(x)$的值,其中 data 是(v_i, x_i)对的列表,其中$i = 0, 1, \cdots, n$。例如,上面例子中 data 是$[(0,-1),(1,0),(1.5,4)]$。因为 data 中不包含x_{n+1},没法检查最后一个区间$[x_n, x_{n+1}]$的右边界,所以假设$x \leqslant x_{n+1}$。

b. 编写测试函数 test_piecewise 测试 piecewise 的正确性。

文件名:ex3-32-piecewise_constant1.py。

习题 3.33: 使用指示函数。

式(3.30)使用指示函数实现了习题 3.32 中定义的分段常函数:

$$f(x) = \sum_{i=0}^{n} v_i I(x, x_i, x_{i+1}) \qquad (3.30)$$

其中$I(x, x_i, x_{i+1})$是习题 3.31 中的指示器函数。编写 Python 函数实现式(3.30)。

文件名:ex3-33-piecewise_constant2.py。

习题 3.34: 理解分支。

手工执行下面的程序,并给出输出结果。

```
def where1(x, y):
    if x > 0:
        print 'quadrant I or IV'
    if y > 0:
        print 'quadrant I or II'

def where2(x, y):
    if x > 0:
        print 'quadrant I or IV'
    elif y > 0:
        print 'quadrant II'

for x, y in (-1, 1), (1, 1):
    where1(x,y)
    where2(x,y)
```

文件名:ex3-34-simulate_branching.py。

习题 3.35: 理解嵌套循环。

手工执行下面的程序,并给出输出结果。

```
n = 3
for i in range(-1, n):
    if i != 0:
```

```
        print i

for i in range(1, 13, 2 * n):
    for j in range(n):
        print i, j

for i in range(1, n+1):
    for j in range(i):
        if j:
            print i, j

for i in range(1, 13, 2 * n):
    for j in range(0, i, 2):
        for k in range(2, j, 1):
            b = i > j > k
            if b:
                print i, j, k
```

这个过程可以使用调试器,参见附录 F 的 F.1 节,也可以使用在线的 Python Tutor,网址为 http://www.pythontutor.com/,参见 3.1.2 节,一步步执行代码并观察执行情况。

文件名:ex3-35-simulate_nested_loops.py。

习题 3.36: 重写数学函数。

仔细考虑 3.1.8 节中的式(3.1)和 3.1.10 节中定义的函数 L3(x, epsilon)。求累加和的数学函数 $L(x, n)$ 可以写为

$$L(x,n) = \sum_{i=1}^{n} c_i, \quad c_i = \frac{1}{i}\left(\frac{x}{1+x}\right)^i$$

a. 推导 c_i 和 c_{i-1} 之间的关系,发现有

$$c_i = a c_{i-1}$$

其中 a 是关于 i 和 x 的表达式。

b. $c_i = a c_{i-1}$ 意味着可以从 c_1 开始,逐个推导出后面的每一项,并对这些项进行累加。计算 c_i 的方法为

```
term = a * term
```

编写函数 L3_ci(x, epsilon),使用上述方法对每一项进行累加求和。

c. 编写测试函数 test_L3_ci,通过比较 L3_ci 和原来的函数 L3 来验证 L3_ci 的正确性。

文件名:ex3-36-L3_recursive.py。

习题 3.37: 制作 cos x 函数表。

下面的求和表达式可以近似计算 $\cos x$:

$$C(x,n) = \sum_{j=0}^{n} c_j \tag{3.31}$$

其中:

$$c_j = -c_{j-1} \frac{x^2}{2j(2j-1)}, \quad j = 1, 2, \cdots, n$$

且 $c_0 = 1$。

a. 编写 Python 函数实现 $C(x, n)$。

提示:用一个变量 term 来代表 c_j,在 for 循环中更新 term,然后将 term 累加到另一个变量 sum 中。

b. 以表格形式输出 $C(x,n)$ 的值。第一列为 x 的值，之后每一列是 n 的值以及对应的 $C(x,n)$ 的值。例如，$x=4\pi,6\pi,8\pi,10\pi,n=5,25,50,100,200$ 时的表格输出如下：

```
    x          5        25         50        100        200
 12.5664   1.61e+04   1.87e-11   1.74e-12   1.74e-12   1.74e-12
 18.8496   1.22e+06   2.28e-02   7.12e-11   7.12e-11   7.12e-11
 25.1327   2.41e+07   6.58e+04  -4.87e-07  -4.87e-07  -4.87e-07
 31.4159   2.36e+08   6.52e+09   1.65e-04   1.65e-04   1.65e-04
```

观察误差如何随着 x 的增大而增大，随着 n 的增大而减小。

文件名：ex3-37-cos_sum.py。

习题 3.38: 用 None 作为关键参数。

3.1.8 节和 3.1.10 节中的函数 L2(x, n) 和 L3(x, epsilon) 可以在文件 lnsum.py 中找到。编写一个更灵活的函数 L4，既可以指定一个公差 epsilon，也可以指定求和的项数 n，同时还可以只返回总和或者同时返回总和和项数：

```
value, n = L4(x, epsilon=1E-8, return_n=True)
value = L4(x, n=100)
```

提示：任何"灵活性"的实现都是将某些关键字参数设置为 None。识别 None 的方法是

```
def L3(x, n=None, epsilon=None, return_n=False):
    if n is not None:
        ...
    if epsilon is not None:
        ...
```

也可以使用语句 if n!=None，但 is 操作符更常用。

当 n 和 epsilon 都为 None 或都有给定值时，输出报错信息。

文件名：ex3-38-L4.py。

习题 3.39: 编写 4 元组列表的排序函数。

编写函数为 4 元组列表排序。下面是离太阳系最近的恒星的一些数据的列表。每个恒星是一个 4 元组，分别是恒星的名字、与太阳的距离（以光年计）、视亮度和光度。视亮度是指从地球上看，该恒星的亮度与天狼星 A 的亮度的比值。光度也叫真实亮度，是指如果该恒星和地球的距离与太阳和地球的距离相同时，从地球上看到的亮度。下面的数据在文件 stars.txt 中：

```
data = [
('Alpha Centauri A',      4.3,  0.26,      1.56),
('Alpha Centauri B',      4.3,  0.077,     0.45),
('Alpha Centauri C',      4.2,  0.00001,   0.00006),
('Barnard's Star',        6.0,  0.00004,   0.0005),
('Wolf 359',              7.7,  0.000001,  0.00002),
('BD +36 degrees 2147',   8.2,  0.0003,    0.006),
('Luyten 726-8 A',        8.4,  0.000003,  0.00006),
('Luyten 726-8 B',        8.4,  0.000002,  0.00004),
```

```
('Sirius A',  8.6,  1.00,      23.6),
('Sirius B',  8.6,  0.001,     0.003),
('Ross 154',  9.4,  0.00002,   0.0005),
]
```

要求分别按照距离、视亮度和光度进行排序。编写程序初始化 data,如上所示,并分别输出按距离、视亮度和光度排序的结果,即输出恒星名与距离、恒星名与视亮度、恒星名与光度 3 个列表。

提示:可以使用函数 sorted(data)为列表数据排序:

```
for item in sorted(data):
    ...
```

现在每个元素都是 4 元组,且要求对 4 元组按照第二、三、四个元素进行排序,所以需要一个"裁剪的"排序机制,需要把自定义的排序函数告诉 sorted 函数。有两种可选的实现方法。

方法 1: 使用比较函数

编写一个自定义的比较函数 mysort(a, b),参数 a、b 分别是两个恒星的四元组,并当 a 应该排在 b 前面时返回-1,当 b 应该排在 a 前面时返回 1,当 a、b 相等时返回 0。例如,按照光度排序时的比较函数为

```
def mysort(a, b):
    if a[3] <b[3]:
        return -1
    elif a[3] >b[3]:
        return 1
    else:
        return 0
```

使用比较函数对恒星元组进行排序的语句为

```
sorted(data, cmp=mysort)
```

方法 2: 使用 key 函数

更简洁的方式是给 sorted 函数提供一个键作为参数,帮助 sorted 函数从排序对象中选出排序需要比较的部分。例如,这里想对恒星 4 元组排序,但比较的只是 4 元组中的一个元素,如序号为 3 的元素,程序实现为

```
sorted(data, key=lambda obj: obj[3])
```

这里的 lambda 函数 key 是一个用于过滤的内联函数,将整个对象(4 元组)传递给函数 key,其返回值用于排序。

文件名:ex3-39-sorted_stars_data.py。

习题 3.40: 求素数。

Sieve of Eratosthenes 是查找小于或等于 N 的所有素数的一个算法。在维基百科上阅读这个算法,并编程实现它。

文件名:ex3-40-find_primes.py。

习题 3.41: 找字符对。

编写函数 count_pairs(dna, pair),计算并返回 DNA 字符串(dna)中字符对(pair)出现的次数。例如,

DNA 字符串 ACTGCTATCCATT 中字符对 AT 出现的次数为 2。

文件名：ex3-41-count_pairs.py。

习题 3.42: 找子串。

扩展习题 3.41 的功能，要求计算并返回一个特定的字符串（子串）在另一个字符串（主串）中出现的次数。例如，DNA 字符串 ACGTTACGGAACG 中子串 ACG 的出现次数为 3。编程实现该功能。

提示：每次当主串中的一个字符和子串的第一个字符相同时，检查主串中从该字符开始的 n 个字符是否与子串相同，其中 n 是子串的长度。从主串中选取 n 个字符可以使用切片，如 s[3：9]。

文件名：ex3-42-count_substr.py。

习题 3.43: 找函数中的错误。

看下面的交互式会话：

```
>>>def f(x):
...     if 0 <=x <=2:
...         return x**2
...     elif 2 <x <=4:
...         return 4
...     elif x <0:
...         return 0

>>>f(2)
4
>>>f(5)
>>>f(10)
```

为什么调用 f(5) 和 f(10) 时得不到任何输出？

提示：可以将函数调用的返回值存储在变量 r 中，然后输出 r。

文件名：ex3-43-fix_branching.py。

习题 3.44: 对象类型。

考虑下面对 makelist 函数的调用（makelist 函数见 3.1.6 节）：

```
l1 =makelist(0, 100, 1)
l2 =makelist(0, 100, 1.0)
l3 =makelist(-1, 1, 0.1)
l4 =makelist(10, 20, 20)
l5 =makelist([1,2], [3,4], [5])
l6 =makelist((1,-1,1), ('myfile.dat', 'yourfile.dat'))
l7 =makelist('myfile.dat', 'yourfile.dat', 'herfile.dat')
```

手工模拟每次调用，返回列表中的元素对象是什么类型？每次循环后 value 中的内容是什么？

提示：如果在计算机上直接执行上面的语句，有些语句会导致死循环。可以将 makelist 函数和上面的调用粘贴到在线 Python Tutor 中，然后一步步地运行函数。

文件名：ex3-44-find_object_type.py。

备注：这个习题说明在写一个函数时程序员心里可能默认这个函数的参数应该是什么类型，例如这里的 int 和 float 类型。但函数调用时可能会是其他类型的参数（可能是无意的），例如本例中的列表和字符串，这可能导致一些奇怪的运行结果（这里的问题在于布尔表达式 value ≤ stop 对某些类型的参数没有意义）。

习题 3.45: 找错。

实现公式

$$f(x) = e^{rx} \sin mx + e^{sx} \sin nx$$

的程序为

```
def f(x, m, n, r, s):
    return expsin(x, r, m) +expsin(x, s, n)

x =2.5
print f(x, 0.1, 0.2, 1, 1)
from math import exp, sin

def expsin(x, p, q):
    return exp(p * x) * sin(q * x)
```

但运行这段代码时出现了错误,错误信息如下:

```
NameError: global name 'expsin' is not defined
```

程序出错的原因是什么? 手工模拟程序的执行,或者使用调试器逐行运行,找出原因后改正这个程序。

　文件名: ex3-45-find_error_undef.py。

第4章 用户输入和错误管理

考虑一个根据公式 $x = A\sin wt$ 计算 x 的程序：

```
from math import sin
A = 0.1
w = 1
t = 0.6
x = A * sin(w * t)
print x
```

在这个程序中，A、w 和 t 是参数，也是输入数据。因此，程序在对 x 进行计算之前，必须先知道这些参数的值，最后输出 x 的值。

在程序中可以硬编码输入数据，正如在上面的程序中那样，明确地将变量设置为特定的值：A＝0.1，w＝1，t＝0.6。这种编程风格可能适合于小程序。然而，一般来说，让用户在程序运行过程中提供输入数据是更好的做法。这样，当要实验一组新的输入数据时，不需要修改程序代码。不修改程序代码是一个重要的黄金编程规则，源代码的修改总是意味着有偶然引入新错误的危险。

本章首先描述程序中读入数据的 4 种不同方式：

（1）让用户在终端窗口的对话框中提供输入（见 4.1 节）。

（2）让用户在命令行中提供输入数据（见 4.2 节）。

（3）让用户通过文件提供输入数据（见 4.5 节）。

（4）让用户在图形界面中提供输入（见 4.8 节）。

即使程序正常工作，然而如果用户错误地输入数据，也可能导致程序产生错误的答案甚至崩溃。检查输入数据的正确性是十分重要的，在 4.7 节中将介绍如何通过所谓的"异常处理"来做到这一点。

Python 编程环境由许许多多的模块集合构成。因此，通过软件构建自己的 Python 模块是一件自然而明智的事情。4.9 节将告诉你制作自己的模块有多么容易。

本章的所有程序都可以在 src/input 文件夹中找到。

4.1 提出问题和读入应答

将数据输入程序的最简单的方法之一就是向用户发出询问，让用户输入答案，然后将该答案读入程序，赋给对应的变量。在 Python 2 中，这些任务通过调用名为 raw_input 的函数来完成；在 Python 3 中，函数名是 input。

本节以摄氏度值到华氏度值转换的简单问题为例：$F = \dfrac{9}{5}C + 32$。其中 C 的值在程序中设置。程序代码如下：

```
C = 22
F = 9./5 * C + 32
print F
```

程序可以询问用户问题："C＝?"，并等待用户输入数字。然后，程序读取这个数字，并将其存储在变量 C 中。这些操作由下面的语句执行：

```
C = raw_input('C=?')
```

raw_input 函数总是将用户输入作为一个字符串对象返回。也就是说，变量 C 指向一个字符串对象，必须将该字符串转换为浮点数，方法是：C＝float(C)。读取 C 并计算相应的华氏度值的完整程序现在变成

```
C = raw_input('C=?')
C = float(C)
F = 9.0/5 * C + 32
print F
```

一般情况下，raw_input 函数采用字符串作为参数，在终端窗口中显示这个字符串，等待用户输入，直到用户按下回车键，然后返回一个包含该用户输入的字符序列的字符串对象。

上述程序存储在名为 c2f_qa.py 的文件中（名称的 qa 部分对应"问题和应答"）。可以用几种方式运行这个程序。在本书中只用程序名来代表执行该程序，但在实际环境中运行程序时命令格式要复杂一些：在交互式 IPython 会话中，程序名之前要写 run；而在命令窗口中，程序名之前要写 python。下面是示例程序的执行和与用户对话的结果：

```
c2f_qa.py
C = ? 21
69.8
```

在这个特殊的例子中，raw_input 函数从键盘读取字符 21，并返回字符串 21，这就是变量 C 所指代的内容。然后，通过 float(C) 创建一个新的 float 对象，让变量 C 指向这个 float 对象，它具有值 21。

现在请完成习题 4.1、习题 4.6 和习题 4.9，以了解 raw_input 的函数行为并正确使用它。

4.2　从命令行读取

在 UNIX 计算机上运行的程序通常避免询问用户问题，而是往往从命令行中获取输入数据。本节介绍如何在 Python 程序中访问命令行中的信息。

4.2.1　在命令行上提供输入

再次考察摄氏度值华氏度值的转换程序。现在的想法是：通过跟在程序名后面的一个命令行参数来提供输入的摄氏度值。即如下的运行方式，其中 c2f_cml.py(cml 表示用于命令行)是程序名，后面跟着摄氏度值，用空格分隔开：

```
c2f_cml.py 21
69.8
```

在程序中，21 将存储在 sys.argv[1]中。该 sys 模块用一个列表 argv 包含程序所需要的所有命令行参

数，即运行程序时所有可以在程序名后出现的符号串。在本例中只有一个参数，并将它存储在 sys. argv[1] 中。sys. argv 列表中的第一个元素，即 sys. argv[0]，始终保存的是程序的名称，在本例中是 c2f_cml. py。

命令行参数被视为文本，所以 sys. argv[1]指的是一个字符串对象，在本例中是 21。由于程序中需将该命令行参数解释为一个数字，必须将字符串显式地转换为 float 对象。因此，程序为

```
import sys
C = float(sys.argv[1])
F = 9.0 * C/5 + 32
print F
```

作为另一个例子，考虑用于计算公式 $y(t) = v_0 t - \dfrac{1}{2} g t^2$ 的程序：

```
v0 = 5
g = 9.81
t = 0.6
y = v0 * t - 0.5 * g * t**2
print y
```

除了在程序中对 v0 和 t 进行硬编码外，还可以从命令行中读取两个值：

```
ball2_cml.py 0.6 5
1.2342
```

这两个命令行参数分别保存在 sys. argv[1]和 sys. argv[2]中。于是，完整的 ball2_cml. py 程序为

```
import sys
t = float(sys.argv[1])
v0 = float(sys.argv[2])
g = 9.81
y = v0 * t - 0.5 * g * t**2
print y
```

4.2.2　可变数量的命令行参数

考察程序 addall. py，该程序运行时可以添加所有的命令行参数。也就是说，可以这样运行该程序：

```
addall.py 1 3 5 -9.9
The sum of 1 3 5 -9.9 is -0.9
```

命令行参数存储在子列表 sys. argv[1:]中。每个元素都是一个字符串，所以执行加法之前必须将它们都转换为 float 类型。可以用很多方法编写这个程序。先从第 1 版开始，文件名为 addall_v1. py：

```
import sys
s = 0
for arg in sys.argv[1:]:
    number = float(arg)
    s += number
```

```
print 'The sum of ',
for arg in sys.argv[1:]:
    print arg,
print 'is', s
```

输出是在同一行,但由好几个 print 语句构成,语句最后有一个逗号,它可以避免 print 语句像平时一样自动添加换行符。命令行参数必须在第一个 for 循环中转换为浮点数,因为计算总和需要用到它们。但在第二个 for 循环中只需要打印出来,因而用字符串表示是合适的,不需要转换。

如果需要,上面的程序可以写成更紧凑的形式:

```
import sys
s = sum([float(x) for x in sys.argv[1:]])
print 'The sum of %s is %s' % (' '.join(sys.argv[1:]), s)
```

在这里,把列表 sys.argv[1:] 转换成 float 对象的列表,然后将该列表传递给 Python 的 sum 函数来累加列表中的数据。S.join(L) 的含义是将列表 L 中的所有元素拼接成一个新的字符串,元素之间以字符串 S 分隔。此处的结果是一个包含 sys.argv[1:] 所有元素的字符串,元素之间用空格隔开,这就是最初出现在命令行中的文本。

4.2.3　关于命令行参数的进一步理解

UNIX 命令大量使用命令行参数。例如,用命令 ls -s -t 列出当前文件夹中的文件,其实就运行了带有两个命令行参数-s 和-t 的程序 ls。-s 让 ls 列出文件名和文件大小,-t 根据它们的最后修改日期排序。同样,cp -r my new 将一个文件夹 my 复制到一个新的文件夹 new,它调用的程序 cp 有 3 个命令行参数:-r(用于文件递归复制)、my 和 new。大多数编程语言都支持提取(用户)提供给程序的命令行参数。

一个重要的规则是:命令行参数必须用空格分开。如果想提供一个包含空格的文本作为命令行参数怎么办?解决办法是用单引号或双引号包围含空格的文本。下面是一个只打印命令行参数的程序 print_cml.py:

```
import sys, pprint
pprint.pprint(sys.argv[1:])
```

执行 print_cml.py 的情形如下所示:

```
print_cml.py 21 a string with blanks 31.3
['21', 'a', 'string', 'with', 'blanks', '31.3']
```

可以看到,命令行上的每个单词变成 sys.argv 中的一个元素。在双引号中包含字符串:

```
print_cml.py 21 "a string with blanks" 31.3
[ '21 ', 'a string with blanks', '31.3']
```

则引号内的文本变为单个命令行参数。

4.3　将用户文本转换为活跃对象

可以提供包含有效 Python 代码的文本作为程序的输入,然后将文本转换为活跃对象,就好像文本事先就被直接写入程序一样。这是一个可以让用户指定函数公式的非常强大的工具,例如,可用来作为程序的输入。程序代码自身不知道用户想要使用的函数的种类，但是用户在程序运行时可以指定需要的公式用于计算。

4.3.1 神奇的 eval 函数

Python 的 eval 函数将一个输入的字符串转化为一个 Python 表达式。这个机制可以动态地生成运行代码。为了加深了解，在 IDLE 中输入：

```
>>>r =eval('1+2')
>>>r
3
>>>type(r)
<type 'int'>
```

此处语句 r＝eval('1＋2')的效果和在程序中直接书写 r＝1＋2 相同，即

```
>>>r =1+2
>>>r
3
>>>type(r)
<type 'int'>
```

一般情况下，任何存储为一个文本字符串的有效的 Python 表达式 s 都可以用 eval(s)变成活跃的 Python 代码。

在下面的例子中，要被计算的字符串是 2.5。这将导致 Python 认为 r＝2.5，并生成一个 float 对象：

```
>>>r =eval('2.5')
>>>r
2.5
>>>type(r)
<type 'float'>
```

在下面的例子中用 eval 进行列表的初始化，方法是将列表放在单引号里，然后使用 eval 产生一个 list 对象：

```
>>>r =eval(' [1, 6, 7.5] ')
>>>r
[1, 6, 7.5]
>>>type(r)
<type 'list'>
```

同样，这相当于对 r 的赋值：

```
>>>r =[1, 6, 7.5]
```

也可以利用 eval 和元组语法产生一个元组对象：

```
>>>r =eval(' (-1, 1) ')
>>>r
```

```
(-1, 1)
>>>type(r)
<type 'tuple'>
```

另一个例子是

```
>>>from math import sqrt
>>>r =eval('sqrt(2) ')
>>>r
1.4142135623730951
>>>type(r)
<type 'float'>
```

eval('sqrt(2)')和下面的语句运行后的结果是一样的:

```
>>>r =sqrt(2)
```

当然,仅当 sqrt 函数被定义时该语法才是有效的。因此,运行 eval 之前导入 sqrt,在这个例子中十分重要。

将 eval 应用于字符串

如果在表达式字符串中放入一个用引号括起来的字符串,结果得到一个字符串对象:

```
>>>
>>>r =eval('"math programming"')
>>>r
'math programming'
>>>type(r)
<type 'str'>
```

注意,一定要使用两种类型的引号:内层的双引号来标记 math programming 为一个字符串对象,而外层的单引号(在这里是单引号,也可以使用三引号)用来把文本 math programming 嵌入字符串中。单引号和双引号作为内层引号或外层引号都没有关系,即' "…" '和" '…' "是一样的,因为'与"是可以互换的,只要同一种(任意)类型的引号配对使用即可。

只写

```
>>>r =eval('math programming')
```

和写

```
>>>r =math programming
```

是一样的,都不是一个有效的表达式。这时 Python 会认为 math 和 programming 是两个(未定义的)变量,并把这两个变量并列排列,中间用空格隔开。但这在 Python 中是无效的语法。然而,写为

```
>>>r ='math programming'
```

是有效的。这就是在 Python 中给字符串 r 赋值的方法。重申一下,如果将合法语法'math programming'放在

一个字符串里，例如：

```
s = "'math programming'"
```

则 eval(s)会将双引号里的文本转换为字符串 math programming。

对用户输入应用 eval

那么，为什么 eval 函数这么有用？通过 raw_input 或 sys.argv 获得的输入数据始终是一个字符串对象，往往必须将其转换成另一种类型的对象，通常是 int 或 float 类型。有时候想避免指定一个特定的类型，这时，eval 的功能就有用了：将从输入中得到的字符串对象提供给 eval 函数，让它来解释字符串并转换成合适的对象。

可以用一个例子来说明。考虑某个读取两个值并把它们相加的程序，这两个值可以是字符串、浮点数、整数或列表等，只要可以对该类型的值应用＋运算符即可。因为不知道用户会提供字符串、浮点数、整数还是别的类型的数据，所以通过 eval 对输入数据进行转换，这意味着用户使用的语法将确定转换的类型。程序如下（文件名为 add_input.py）：

```
i1 = eval(raw_input('Give input: '))
i2 = eval(raw_input('Give input: '))
r = i1 + i2
print '%s +%s becomes %s\nwith value %s' % (type(i1), type(i2), type(r), r)
```

注意，程序输出了两个输入值及其类型（通过 eval 函数得到）。以整数和实数作为输入数据运行该程序：

```
add_input.py
Give input: 4
Give input: 3.1
<type 'int'>+<type 'float'>becomes <type 'float'>
with value 7.1
```

第一次调用 raw_input 时返回的字符串 4 被 eval 解释为一个 int 对象，而 3.1 被解释为一个 float 对象。

也可以输入两个列表，如下所示：

```
add_input.py
Give input: [-1, 3.2]
Give input: [9,-2,0,0]
<type 'list'>+<type 'list'>becomes <type 'list'>
with value [-1, 3.20000000000000002, 9, -2, 0, 0]
```

如果要使用这个程序将两个字符串相加，那么应该把字符串包含在引号中，这样 eval 才会把文本识别为字符串对象（若没有引号，eval 会因为一个错误而中止）：

```
add_input.py
Give input: 'one string'
Give input: " and another string"
<type 'str'>+<type 'str'>becomes <type 'str'>
with value one string and another string
```

不是所有对象相加都有意义，例如：

```
add_input.py
Give input: 3.2
Give input: [-1,10]
Traceback (most recent call last):
File "add_input.py", line 3, in <module>
    r = i1 + i2
TypeError: unsupported operand type(s) for +: 'float' and 'list'
```

一个类似的把两个任意命令行参数相加的程序如下(文件名为 add_input.py):

```
import sys
i1 = eval(sys.argv[1])
i2 = eval(sys.argv[2])
r = i1 + i2
print '%s +%s becomes %s\nwith value %s' % (type(i1), type(i2), type(r), r)
```

另一个证明 eval 实用性的例子是在程序中把输入的公式转化为数学运算结果。考虑以下程序:

```
from math import *      #make all math functions available
import sys
formula = sys.argv[1]
x = eval(sys.argv[2])
result = eval(formula)
print '%s for x=%g yields %g' % (formula, x, result)
```

运行该程序需要两个命令行参数:一个公式和一个数字。例如,给出的公式是 $2 * \sin(x) + 1$,数字是 3.14。此信息作为字符串从命令行读取。执行 $x = eval(sys.argv[2])$ 意味着 $x = eval('3.14')$,这相当于 $x = 3.14$,x 指向 float 对象 3.14。eval(formula)表达式意味着 $eval('2 * \sin(x) + 1')$,相应的语句 result = eval(formula),等效于 $result = 2 * \sin(x) + 1$,此时 x 为已经被定义的对象,求值结果是一个 float 型对象(约 1.003)。因为提供 $\sin(x)$ 作为第一个命令行参数,所以需要预先定义 sin,这就是程序中从 math 模块导入所有函数的原因。运行该程序,结果为

```
eval_formula.py "2 * sin(x)+1" 3.14
2 * sin(x)+1 for x=3.14 yields 1.00319
```

使用 $x = eval(sys.argv[2])$ 的一个优点是能够提供像 pi/2 甚至 $\tanh(2 * pi)$ 这样的数学表达式,后者能有效地表示语句 $x = \tanh(2 * pi)$,只要已经导入了 tanh 和 pi,它就能正常运行。

4.3.2　神奇的 exec 函数

在介绍了用 eval 来把字符串转换为 Python 代码后,借此机会再介绍与之相关的 exec 函数,它用来执行任意 Python 代码,而不仅是表达式字符串。

假设用户以一个公式作为程序的输入,并以字符串对象的形式提供给程序,然后将这个公式变成一个可调用的 Python 函数。例如,如果将公式写成 $\sin(x) * \cos(3 * x) + x**2$,那么可以将函数变成

```
def f(x):
    return sin(x) * cos(3 * x) +x**2
```

这很容易通过 exec 实现：只需在一个字符串中用正确的 Python 语法定义 f(x)并对字符串应用 exec 函数。程序如下所示：

```
formula = sys.argv[1]
code = """
def f(x):
    return %s
""" % formula
from math import *      #make sure we have sin, cos, exp, etc.
exec(code)
```

例如，把"sin(x) * cos(3 * x)＋x**2"作为第一个命令行参数。程序将用变量 formula 保存这个公式字符串，然后将其插入到 code 字符串中，于是它变成如下样子：

```
"""
def f(x):
    return sin(x) * cos(3 * x) +x**2
"""
```

此后，exec(code)执行代码，就像把文本代码直接写进程序中那样。使用这种技术，可以将用户提供的任何公式转换为 Python 函数。

现在试着在实际应用中使用这种技术。假设有一个用 n 个间隔的中点法计算 $\int_a^b f(x)\mathrm{d}x$ 的函数：

```
def midpoint_integration(f, a, b, n=100):
    h = (b -a)/float(n)
    I = 0
    for i in range(n):
        I += f(a +i * h +0.5 * h)
    return h * I
```

现在想从命令行读取 a、b、n 以及构成 f(x)函数的公式：

```
from math import *
import sys
f_formula = sys.argv[1]
a = eval(sys.argv[2])
b = eval(sys.argv[3])
if len(sys.argv) >= 5:
    n = int(sys.argv[4])
else:
    n = 200
```

注意，程序导入了 math 模块的所有内容，并使用 eval 读取输入数据 a 和 b，因为它允许用户提供类似 $2 * \cos(\mathrm{pi}/3)$ 这样的值。

下一步是将 f(x)的公式 f_formula 转换为 Python 函数 g(x)：

```
code = """
def g(x):
```

```
    return %s
""" % f_formula
exec(code)
```

现在得到了一个普通的 Python 函数 g(x)，于是可以调用积分函数来积分：

```
I =midpoint_integration(g, a, b, n)
print 'Integral of %s on [%g, %g] with n=%d: %g' % \
    (f_formula, a, b, n, I)
```

完整的代码可以在 integrate.py 中找到。以 $\int_a^{\frac{\pi}{2}} \sin x\mathrm{d}x$ 为例，运行程序：

```
integrate.py "sin(x)" 0 pi/2
integral of sin(x) on [0, 1.5708] with n=200: 1
```

"sin(x)"的引号是必需的，否则 Python shell 会解释括号。

4.3.3 将字符串表达式转换为函数

4.3.2 节中的示例表明，可以方便地向用户索取公式，并将该公式转换为 Python 函数。因为这个操作非常有用，所以本节实现了一个隐藏该操作的特殊工具，名为 StringFunction，其工作原理如下：

```
>>>from scitools.StringFunction import StringFunction
>>>formula = 'exp(x) * sin(x) '
>>>f = StringFunction(formula)    #turn formula into f(x) function
```

现在，对象 f 的行为就和正常的以 x 为参数的 Python 函数一样了：

```
>>>f(0)
0.0
>>>f(pi)
2.8338239229952166e-15
>>>f(log(1))
0.0
```

StringFunction 还能处理 x 以外的其他独立变量的表达式。下面是一个关于函数 $g(t)=Ae^{-at}\sin wx$ 的例子：

```
g =StringFunction('A * exp(-a * t) * sin(omega * x) ',
                  independent_variable='t',
                  A=1, a=0.1, omega=pi, x=0.5)
```

和前面一样，第一个参数是函数公式，但现在需要指定独立变量的名字（默认名是 x）。函数中的其他参数（A、a、w 和 x）必须被赋值。可以用与函数公式中一致的关键字参数来达到这个目的。A、a、omega 和 x 这些参数中的任意一个都可以被以下的调用改变：

```
g.set_parameters(omega=0.1)
g.set_parameters(omega=0.1, A=5, x=0)
```

调用 g(t)时，其运行过程和一个单纯的以 t 为参数的 Python 函数相同。可以使用 pydoc 来查看更多有关 StringFunction 的信息，需要执行以下代码行：

```
pydoc scitools.StringFunction.StringFunction
```

最后一个重点是，StringFunction 对象的计算效率和人工编写的 Python 函数一样高。这个属性是相当惊人的，在大多数其他编程语言中，字符串公式的计算比硬编码在一个普通函数中的公式的计算要慢得多。

4.4 命令行上的参数名-值对

到目前为止，所有使用命令行参数的示例都要求程序用户按照正确的顺序输入所有参数，就像按正确的顺序用位置参数调用函数一样。此外，使用关键字参数可以很方便地达到给命令行参数赋值的目的。也就是说，参数与名称相关联，它们的顺序可以是任意的，并且只需要给出无默认值的参数即可。这种类型的命令行参数中可能有名-值对，其中包括参数的名和参数的值。

下面用一个例子来说明怎样使用名-值对。考虑物体在时间 t 的位置 s(t)的物理公式，假定物体在 $t=0$ 时处在位置 $s=s_0$，物体的初速度为 v_0，加速度为 a，则有

$$s(t) = s_0 + v_0 t + \frac{1}{2} at^2 \tag{4.1}$$

此公式需要 4 个输入变量：s_0、v_0、a 和 t。可以编写一个程序 location.py，它在命令行上接收这 4 个变量及其值。以如下方式运行程序：

```
location.py --t 3 --s0 1 --v0 1 --a 0.5
```

名-值对的顺序是任意的。所有选项都有一个默认值，以便在使用时不需要在命令行中指定每个选项的值。

所有输入变量都应该有合理的默认值，这样在使用时可以不输入有默认值的参数选项。例如，假设默认情况下有 $s_0=0$、$v_0=0$、$a=1$ 和 $t=1$，如果只想更改 t，那么可以这样运行程序：

```
location.py --t 3
```

4.4.1 argparse 模块的基本用法

Python 有一个灵活而强大的模块——argparse，用于读取（解析）命令行上的名-值对。使用 argparse 有 3 个步骤。首先，必须创建一个参数解析器对象：

```
import argparse
parser =argparse.ArgumentParser()
```

然后，需要定义各种命令行选项：

```
parser.add_argument('--v0', '--initial_velocity', type=float,
                    default=0.0, help='initial velocity',
                    metavar='v')
parser.add_argument('--s0', '--initial_position', type=float,
                    default=0.0, help='initial position',
                    metavar='s')
```

```
parser.add_argument('--a', '--acceleration', type=float,
                    default=1.0, help='acceleration', metavar='a')
parser.add_argument('--t', '--time', type=float,
                    default=1.0, help='time', metavar='t')
```

parser. add_argument 的参数是一个要关联的输入参数的选项,包括参数名、类型(type)、默认值(default)、一个帮助字符串(help)和参数值(metavar)的名字(字符串)。argparse 模块允许使用-h 或-help 选项打印包含所有已注册的选项的用法字符串。默认情况下,类型是 str,默认值是 None,帮助字符串是空串,而 metavar 是没有初始破折号的选项名。

最后,必须读入命令行并解读它们:

```
args =parser.parse_args()
```

通过 args 对象,可以提取各种注册参数的值:args. v0、args. s0、args. a 和 args. t。参数的名称是由 parser. add _argument 的第一个选项确定的,所以,若写成

```
parser.add_argument('--initial_velocity', '--v0', type=float,
                    default=0.0, help='initial velocity')
```

将使得初始速度的值显示为 args. initial_velocity。可以添加 dest 关键字以明确指定用来存储该值的名称:

```
parser.add_argument('--initial_velocity', '--v0', dest='V0',
                    type=float, default=0.0,
                    help='initial velocity')
```

现在,args. v0 将搜索初速度的值。如果不提供任何默认值,那么该值将会是 None。

最后,这个例子可以按如下方式求 s:

```
s =args.s0 +args.v0 * args.t +0.5 * args.a * args.t**2
```

也可以引入一个新的变量名,使公式更好地满足数学上的格式:

```
s0 =args.s0; v0 =args.v0; a =args.a; t =args.t
s =s0 +v0 * t +0.5 * a * t**2
```

以上例子的完整程序在文件 location. py 中可尝试用-h 选项来运行,并查看自动生成的合法命令行选项的解释。

4.4.2　将数学表达式作为值

若命令行中涉及数学符号和函数的值,例如-v0 'pi/2',在上述代码示例中会出现问题。在这种情况下,argparse 模块会尝试使用 float('pi/2'),这显然行不通,因为 pi 是一个未定义的名称。要解释 pi/2 这个表达式,必须把 type＝float 改成 type＝eval,但即便是这样,eval('pi/2')也行不通,因为 pi 在 argparse 模块里没有被定义。

这个问题有许多解决办法。第一种方法是编写一个自定义函数,用来把在命令行上给出的字符串转换为所需要的对象。例如:

```
def evalcmlarg(text):
    return eval(text)
parser.add_argument('--s0', '--initial_position', type=evalcmlarg,
                    default=0.0, help='initial position')
```

文件 location_v2.py 演示了如何通过用户提供的转换函数来进行明确的类型转换。需要注意的是，eval 现在被置入程序员的命名空间，且 pi 或其他符号都已经导入。

还可以进行更复杂的转换。假设 s_0 是依赖于某个参数 p 的函数，如 $s_0 = 1 - p^2$。此时，可以用一个字符串 $-s0$ 和 4.3.3 节中的 StringFunction 工具把字符串表达式变成一个函数：

```
def toStringFunction4s0(text):
    from scitools.std import StringFunction
    return StringFunction(text, independent_variable='p')

parser.add_argument('--s0', '--initial_position',
                    type=toStringFunction4s0,
                    default='0.0', help='initial position')
```

给定一个命令行参数'--s0 exp(-1.5)+10(1-p**2)'，它将导致 args.s0 成为一个 StringFunction 对象。以下用 p 的值为它求值：

```
s0 =args.s0
p =0.05
...
s =s0(p) +v0 * t +0.5
```

文件 location_v3.py 包含此例的完整代码。

第二种方法是在 parser 对象读取值之后，再对这些值进行正确的转换。为此，在调用 parser.add_argument 时把参数类型看成字符串，即把 type=float 替换为 type=str（这也是 type 的默认选择）。此时，需要注意的是要用字符串形式设定默认值，例如'0'：

```
parser.add_argument('--s0', '--initial_position', type=str,
                    default='0', help='initial position')
...
from math import *
args.v0 =eval(args.v0)
# or
v0 =eval(args.v0)

s0 =StringFunction(args.s0, independent_variable='p')
p =0.5
...
s =s0(p) +v0 * t +0.5 * a * t**2
```

以上代码可以在文件 location_v4.py 中找到。在试运行程序时，可以把命令行参数设为--s0 'pi/2+sqrt(p)' --v0 'pi/4'。

第三种方法是创建一个 Action 类来处理从字符串到正确类型的转换。这是通常优先选择的转换方式，在 argparse 文档里详细地介绍了这种方法。由于这种技术涉及类(第 7 章)和继承(第 9 章)的知识,因此,此处只给出代码。当用 eval 完成从字符串到其他任何类型的转换时,可以这样写程序:

```
import argparse
from math import *
class ActionEval(argparse.Action):
    def __call__(self, parser, namespace, values,option_string=None):
        setattr(namespace, self.dest, eval(values))
```

然后,那些要被 eval 处理的命令行参数应该有一个 action 参数:

```
parser.add_argument('--v0', '--initial_velocity',
                    default=0.0, help='initial velocity',
                    action=ActionEval)
```

对于被 StringFunction 从字符串转换成函数的-s0 参数,可以这样写:

```
from scitools.std import StringFunction
class ActionStringFunction4s0(argparse.Action):
    def __call__(self, parser, namespace, values, option_string=None):
        setattr(namespace, self.dest, StringFunction(values, independent_variable='p'))
```

在文件 location_v5.py 中有完整的代码。

4.5　从文件中读取数据

从命令行或者以终端窗口问答形式获取数据并输入程序的做法,适合于少量输入数据的情形;当数据量非常大时,可以通过文件获取输入数据。有一些计算机经验的人都习惯于在文件中保存数据和将文件中的数据导入程序。为此,需要理解 Python 是怎样读和写文件的。Python 读写文件基本的方法很简单,下面用例子来展示。

假设已经将一些测量数据记录在文件 src/input/data.txt 中了。第一个示例的目的是读取 data.txt 中的数据值,求出它们的平均值并在终端窗口中打印出来。

在试图让程序读取文件之前,必须知道文件的格式,即这个文件的内容看起来是什么样的,因为文件中文本的结构关系到程序使用什么样的语句读取它们。可以在一个文本编辑或文本查看软件中打开 data.txt 文件(在 UNIX 或者 Mac 上,可以使用 emacs、vim、more 或 less;而在 Windows 上,WordPad 更加合适,DOS 或 PowerShell 上的 type 命令也可以,甚至可以使用 LibreOffice 和 Microsoft Word 这样的文字处理器),看到的是一列数字:

```
21.8
18.1
19
23
26
17.8
```

程序的任务是读取这一列数字,存入程序中的一个列表里,然后计算它们的平均值。

4.5.1　逐行读取文件

要读取一个文件，首先要打开它。这个动作创建了一个对象，在这里它被保存在变量 infile 中：

```
infile =open('data.txt', 'r')
```

open 函数的第二个参数（字符串'r'）传递的信息是以只读方式打开文件。以后将会看到，还可以提供'w'作为第二个参数，打开文件以写入。文件被读取之后，应该用 infile.close 把文件关闭。

逐行读取文件的基本方法是应用如下的 for 循环：

```
for line in infile:
    #do something
```

这个 line 变量保存着当前行的字符串。对于文件中所有行的循环和遍历列表的循环有相同的语法。文件对象 infile 是行元素的一个集合。for 循环按顺序访问 line 变量指向的这些元素（line 每次只指向一行）。如果在对文件的行执行循环时出现了错误，可在循环里执行一个 print line 的操作，查看错误原因。

除了一次只读一行，还可以一次将所有行导入一个字符串（行）列表中，如下面的语句所示：

```
lines =infile.readlines()
```

这个语句等价于

```
lines =[]
for line in infile:
    lines.append(line)
```

或列表推导式

```
lines =[line for line in infile]
```

在这个例子里，把文件加载到了列表 lines 里。下一个任务是计算文件中数字的平均值。试着用一个简单的求和方式来求所有行的数字的和：

```
mean =0
for number in lines:
    mean =mean +number
mean =mean/len(lines)
```

会给出一个报错信息：

```
TypeError: unsupported operand type(s) for +: 'int' and 'str'
```

原因是 lines 将每一行（数字）存储为一个字符串，而不是浮点数或整数。一个改正办法是将每一行都转换成一个浮点数：

```
mean =0
for line in lines:
```

```
    number =float(line)
    mean =mean +number
mean =mean/len(lines)
```

这个代码片段可以正常运行。完整的代码可以在文件 mean1. py 中找到。

在与数字有关的程序中，经常需要把一个列表中的数字相加，所以 Python 提供了一个特殊的 sum 函数来做这件事情。然而，这个例子中 sum 函数需要对一个浮点数列表（而不是字符串）进行操作。可以使用列表解析将 lines 里的所有元素变成相应的浮点数对象：

```
mean =sum([float(line) for line in lines])/len(lines)
```

另一个实现方法是直接将行加载到一个关于浮点数对象的列表中。如果使用这个策略，那么完整的程序（可以在 mean2. py 中找到）如下所示：

```
infile =open('data.txt', 'r')
numbers =[float(line) for line in infile.readlines()]
infile.close()
mean =sum(numbers)/len(numbers)
print mean
```

4.5.2　其他读取文件的方法

编程新手可能会觉得，一个问题有许多种不同的解决方案，这太令人疑惑了。但这就是编程的根本特性。一个聪明的程序员会对解决某个问题的多种方法作出评估，然后选择其中最简单易懂，且今后最容易扩展的方法。因此，下面提供更多读取 data. txt 文件和用其中的数据进行计算的例子。

现代的 with 语句

现代 Python 代码使用 with 语句来处理文件：

```
with open('data.txt', 'r') as infile:
    for line in infile:
        #process line
```

这个程序片段等价于

```
infile =open('data.txt', 'r')
for line in infile:
    #process line
infile.close()
```

注意，在使用 with 语句时不需要显式地关闭文件。with 结构的优点在于它的代码更加简短，而且如果在打开或处理文件时出现错误，它能更好地处理这些错误。with 结构的缺点是它的语法和其他编程语言中传统的开-闭模式非常不一样。在编程时一定要记得关闭文件，这非常关键。为了强化这一点，在本书中大多使用传统的开-闭结构。

旧式的 while 结构

调用 infile. readline 返回一个包含当前行文本的字符串。一个新的 infile. readline 将读取下一行。当

135

infile. readline 返回空字符串时,说明已经到达了文件的底端,此时必须停止读取文件操作。下面的 while 循环用 infile. readline 逐行读取文件:

```
while True:
    line = infile.readline()
    if not line:
        break
    #process line
```

这个循环看起来可能有点奇怪,但它是一种已经十分完善的在 Python 中读取文件的方式,尤其是在较老一些的代码中。上面显示的 while 循环看起来会永远循环下去,因为判断条件永远是 True。然而,在循环内部测试了 line 是否为 False,当它是 False 时说明已经到达了文件的尾部,因为此时 line 是一个空字符串,而 Python 会将值设为 False。当 line 是 False 时,break 语句中断了循环并使程序流跳转到 while 循环体外的第一个语句。

计算 data. txt 中数字的平均值现在也可以用另一种方法来实现:

```
infile = open('data.txt', 'r')
mean = 0
n = 0
while True:
    line = infile.readline()
    if not line:
        break
    mean += float(line)
    n += 1
mean = mean/float(n)
```

将文件读到一个字符串

调用 infile. read 将读取整个文件,并将所有文本作为单个字符串对象返回。下面的交互会话显示了 infile. read 的使用和其结果:

```
>>>infile = open('data.txt', 'r')
>>>filestr = infile.read()
>>>filestr
'21.8\n18.1\n19\n23\n26\n17.8\n'
>>>print filestr
21.8
18.1
19
23
26
17.8
```

注意只写 filestr 和写 print filestr 的差别。前者将字符串一次性全部抛出,其中还包括了换行符(即\n);而后者则是很漂亮的打印方式,换行符转换成了实际的换行。

将数字放在字符串中而不是文件内部看起来并不是一个重大进步。然而,字符串对象具有许多用于提取信息的有用函数。一个非常有用的函数就是 split,filestr. split 将字符串分割成单词(由空格或其他任何已定义的字符作为分隔符号)。当前文件中的单词是数字:

```
>>>words = filestr.split()
>>>words
['21.8', '18.1', '19', '23', '26', '17.8']
>>>numbers = [float(w) for w in words]
>>>mean = sum(numbers)/len(numbers)
>>>print mean
20.95
```

下面是一个更紧凑的程序(名为 mean3.py):

```
infile = open('data.txt', 'r')
numbers = [float(w) for w in infile.read().split()]
mean = sum(numbers)/len(numbers)
```

4.5.3 节将详细介绍如何拆分字符串。

4.5.3 读取文本和数字的混合文件

data.txt 文件的结构非常简单,因为它仅包含数字。许多数据文件是文本和数字的混合。www.worldclimate.com 上的文件 rainfall.dat[①] 就是一个例子:

```
Average rainfall (in mm) in Rome: 1188 months between 1782 and 1970
Jan  81.2
Feb  63.2
Mar  70.3
Apr  55.7
May  53.0
Jun  36.4
Jul  17.5
Aug  27.5
Sep  60.9
Oct  117.7
Nov  111.0
Dec  97.9
Year 792.9
```

那么,如何读取此文件中的降雨数据并将信息存储在适合进一步分析的列表中呢? 最直接的解决方案是逐行读取文件,然后对于每一行,将行分割为单词,将第一个单词(月份)存储在一个列表中,将第二个单词(平均降雨量)存储在另一个列表中。如果想要对后一个列表进行计算,那么它的元素必须是 float 对象。

解析数据代码定义在 extract_data 函数中,如下所示(文件名为 rainfall1.py):

```
def extract_data(filename):
    infile = open(filename, 'r')
    infile.readline()                       #skip the first line
    months = []
    rainfall = []
```

---

① http://www.worldclimate.com/cgi-bin/data.pl? ref=N41E012+2100+1623501G1。

```
    for line in infile:
        words = line.split()
        #words[0]: month, words[1]: rainfall
        months.append(words[0])
        rainfall.append(float(words[1]))
    infile.close()
    months = months[:-1]            #Drop the "Year" entry
    annual_avg = rainfall[-1]       #Store the annual average
    rainfall = rainfall[:-1]        #Redefine to contain monthly data
    return months, rainfall, annual_avg

months, values, avg = extract_data('rainfall.dat')
print 'The average rainfall for the months:'
for month, value in zip(months, values):
    print month, value
print 'The average rainfall for the year:', avg
```

注意，文件中的第一行是注释，程序在运行时会忽略它。因此，用 infile. readline 读取这一行而不把其内容保存在任何对象里。遍历文件中所有行的 for 循环因此从下一行（第二行）开始。

将所有的数据保存为 months 和 rainfall 列表中的 13 个元素。然后还要对列表进行一些操作，因为希望 months 只包含 12 个月的名字，而 rainfall 列表和 months 列表对应。因此，把年平均降雨量从 rainfall 列表中取出来并保存在单独的变量中。前面讲过，-1 索引对应列表中的最后一个元素，而切片":-1"可以选出列表中除了最后一个元素之外的其他所有元素。

也可以编写一个更短的代码，将月份的名称和降雨量存储在嵌套列表中：

```
def extract_data(filename):
    infile = open(filename, 'r')
    infile.readline()              #skip the first line
    data = [line.split() for line in infile]
    annual_avg = data[-1][1]
    data = [(m, float(r)) for m, r in data[:-1]]
    infile.close()
    return data, annual_avg
```

这是一段更高级的代码，是否能理解这段代码的作用，很好地考验了你对于嵌套列表索引和列表解析的理解。该程序在文件 rainfall2. py 中。

本节通过例子介绍了读取结构简单的文件（文本和数字的列）的基本方法，很多与科学计算相关的文件都有这样的形式。但也有很多文件比这要复杂，需综合运用这些基本方法解析文件。

4.6　将数据写入文件

将数据写入文件很容易。基本上只需要一个函数：outfile. write(s)，它将一个由文件对象 outfile 处理的字符串 s 写入文件。与 print 不同的是，outfile. write(s)不对写入的字符串追加换行符。因此，如果希望该字符串 s 在文件中作为单独的一行出现，且 s 末端不含有换行符，那么通常需要人工添加换行符：

```
outfile.write(s +'\n')
```

因此,文件写入其实就是这样一个问题:构建包含希望在文本中出现的内容的字符串,且对每个字符串都调用 outfile. write。

写入文件时要求文件对象以可写入方式被打开:

```
#write to new file, or overwrite file:
outfile =open(filename, 'w')

#append to the end of an existing file:
outfile =open(filename, 'a')
```

4.6.1 示例: 将表格写入文件

作为文件写入的示例,把一个带有表格数据的嵌套列表写入文件。列表示例如下:

```
[[ 0.75,           0.29619813,  -0.29619813,  -0.75        ],
 [ 0.29619813,     0.11697778,  -0.11697778,  -0.29619813],
 [-0.29619813,    -0.11697778,   0.11697778,   0.29619813],
 [-0.75,          -0.29619813,   0.29619813,   0.75        ]]
```

遍历列表中的行(第一个索引),然后对于每一行,遍历列值(第二个索引),并将每个值写入文件。在每行的末尾,必须在文件中插入换行符来达到换行的目的。代码保存在文件 write1. py 中:

```
data =[[ 0.75,           0.29619813,  -0.29619813,  -0.75        ],
       [ 0.29619813,    0.11697778,  -0.11697778,  -0.29619813 ],
       [-0.29619813, -0.11697778,   0.11697778,   0.29619813 ],
       [-0.75,          -0.29619813,   0.29619813,   0.75        ]]

outfile =open('tmp_table.dat', 'w')
for row in data:
    for column in row:
        outfile.write('%14.8f' % column)
    outfile.write('\n')
outfile.close()
```

生成的数据文件变为

```
  0.75000000    0.29619813  -0.29619813  -0.75000000
  0.29619813    0.11697778  -0.11697778  -0.29619813
 -0.29619813   -0.11697778   0.11697778   0.29619813
 -0.75000000   -0.29619813   0.29619813   0.75000000
```

作为这个程序的扩展,加入行和列的标题:

```
          column 1    column 2    column 3    column 4
row  1    0.75000000    0.29619813  -0.29619813  -0.75000000
row  2    0.29619813    0.11697778  -0.11697778  -0.29619813
row  3   -0.29619813  -0.11697778   0.11697778   0.29619813
row  4   -0.75000000  -0.29619813   0.29619813   0.75000000
```

为了获得这个最终的结果，需要在程序 write1.py 里添加一些语句。对于列标题，必须知道列的数量，即行的长度，并从 1 到此长度执行循环：

```
ncolumns = len(data[0])
outfile.write('          ')
for i in range(1, ncolumns+1):
    outfile.write('%10s    ' % ('column %2d' % i))
outfile.write('\n')
```

注意嵌套的 printf 风格结构的使用，想要插入的文本本身就是一个 printf 风格字符串。也可以将文本写成'column'+str(i)的形式，但这样的话，生成的字符串的长度就取决于 i 中数字的位数。通常建议在输出表格格式的时候使用 printf 结构，因为它会自动填充空格以保证输出字符串有相同的字段宽度。宽度的调整通常需不断尝试。

对于添加行标题，需要一个行数计数器：

```
row_counter = 1
for row in data:
    outfile.write('row %2d' % row_counter)
    for column in row:
        outfile.write('%14.8f' % column)
    outfile.write('\n')
    row_counter += 1
```

完整的代码可以在文件 write2.py 中找到。也可以用嵌套循环迭代列表中的行列索引：

```
for i in range(len(data)):
    outfile.write('row %2d' % (i+1))
    for j in range(len(data[i])):
        outfile.write('%14.8f' % data[i][j])
    outfile.write('\n')
```

4.6.2　标准输入和输出作为文件对象

如 4.1 节所述，用函数 raw_input 从键盘读取用户输入。键盘是一个"媒介"，计算机实际上会把它作为一个文件来对待，称为标准输入。

print 命令可以在终端窗口打印文本，计算机把终端窗口当成一个文件，称为标准输出。所有通用编程语言都允许从标准输入读取数据和将数据写入标准输出。读取和写入可以用两种工具来完成：文件对象或特殊工具，如 Python 中的 raw_input 和 print。此处将介绍两个特殊的文件对象：sys.stdin（标准输入）和 sys.stdout（标准输出）。除了不需要打开或关闭之外，这些对象的行为和一般的文件对象相同。例如：

```
s = raw_input('Give s: ')
```

相当于

```
print 'Give s: ',
s = sys.stdin.readline()
```

print 语句后面的逗号避免了默认情况下 print 自动添加到输出字符串末尾的换行符。类似地,语句

```
s =eval(raw_input('Give s: '))
```

相当于

```
print 'Give s: ',
s =eval(sys.stdin.readline())
```

对于终端窗口的输出,语句

```
print s
```

等同于

```
sys.stdout.write(s +'\n')
```

下面用一个例子来说明以文件对象访问标准输入和标准输出的便利性。假设有一个函数,它从一个文件对象 infile 读取数据,然后将数据写入另一个文件对象 outfile 中,该函数如下所示:

```
def x2f(infile, outfile, f):
    for line in infile:
        x =float(line)
        y =f(x)
        outfile.write('%g\n' %y)
```

这个函数对所有类型的文件都适用,甚至 infile 是网页也可以(见 6.3 节)。通过将 sys. stdin 作为 infile 和将 sys. stdout 作为 outfile,x2f 函数对标准输入和标准输出也适用。如果没有 sys. stdin 和 sys. stdout,则需要用不同的代码,利用 raw_input 和 print 来处理标准输入和标准输出。而现在只需要用一个函数就可以统一地处理所有媒体文件。

还有一种输出叫作标准错误。通常这是指作为标准输出的终端窗口。但是程序可以区分"向标准输出写的普通输出"和"向标准错误写的错误信息"。而且,这些媒体输出可以被重新定向,例如定向到文件,以使得用户可以将错误信息从普通输出中分离出来。在 Python 中,标准错误是 sys. stderr。它的一个主要作用就是报错:

```
if x <0:
    sys.stderr.write('Illegal value of x'); sys.exit(1)
```

这个传给 sys. stderr 的消息可以代替 print 语句或引发一个异常。

重新定向标准输入、输出和错误
程序 prog 的标准输出可以重新定向到文件 output 而不是屏幕:

Terminal>prog >output

这里,prog 可以是任何程序,包括 Python 程序 myprog. py。类似地,标准错误媒体上的输出可以通过以下方式被重新定向:

```
Terminal>prog &>output
```

例如,错误消息通常被写入标准错误,以下的示例显示了与此相关的 UNIX 计算机上的终端会话:

```
Terminal>ls bla-bla1 bla-bla2
ls: cannot access bla-bla1: No such file or directory
ls: cannot access bla-bla2: No such file or directory
Terminal>ls bla-bla1 bla-bla2 &>errors
Terminal>cat errors                #print the file errors
ls: cannot access bla-bla1: No such file or directory
ls: cannot access bla-bla2: No such file or directory
```

当程序从标准输入(键盘)读取数据时,同样可以重新定向标准输入到一个文件(例如文件名为 input),使得程序从这个文件读取而不是从键盘读取:

```
Terminal>prog <input
```

也可以将标准输入和标准输出的重新定向结合起来使用:

```
Terminal>prog <input >output
```

注意: 标准输出、标准输入和标准错误的重新定向不适用于在 IPython 中利用命令行执行的 Python 程序。只有直接在操作系统的终端窗口中执行或在 IPython 中将同样的命令以感叹号作为前缀执行时才有效。

在 Python 程序中,还可以用标准输入、标准输出和标准错误对象操作普通文件,以下是方法示例:

```
sys.stdout_orig =sys.stdout
sys.stdout =open('output', 'w')
sys_stdin_orig =sys.stdin
sys.stdin =open('input', 'r')
```

任何 print 语句都会写入 output 文件,而任何 raw_input 的调用都会从 input 文件里读取(由于程序中没有将原来的 sys. stdout 和 sys. stdin 对象保存在新变量里,sys. stdout 和 sys. stdin 对象在重新定向后就丢失了,因此在程序中不能再得到原先的标准输出和标准输入)。

4.6.3 文件到底是什么

本节对于理解本书的其他部分并不是必需的。然而,其中的信息对于理解"文件到底是什么"这个问题却是十分基础的。

文件是字符序列。除了字符序列之外,文件还有一些与其相关联的数据,通常是文件的名称、在磁盘上的位置和文件大小。这些数据由操作系统存储在某处。如果没有这些额外的信息,文件的内容就只是一个字符序列,那么,操作系统无法在磁盘上找到给定名称的文件。

文件中的每个字符表示为一字节,由 8 比特组成。每个比特可以是 0 或 1。一个字节里的 0 和 1 可以有 $2^8 = 256$ 种组合方式。这意味着有 256 种不同类型的字符。其中一些字符可以从键盘输入,但也有一些字符不能用人们熟悉的符号表示,这样的字符打印出来后看起来很神秘。

纯文本文件

要查看文件是否只是一个字符序列,可以调用纯文本编辑器,通常是用来编写 Python 程序的编辑器。

将 4 个字符 ABCD 输入编辑器,不按回车键,并保存为文本文件 test1. txt。用查看文件和文件夹的工具软件查看文件 test1. txt 的属性,将看到 text1. txt 文件的大小是 4 字节。这 4 字节正是 ABCD 这 4 个字母。本质上,这个文件就是硬盘上的一个 4 字节的序列。

回到编辑器,按下回车键增加一行,将新的文件保存为 test2. txt。再次查看文件的大小,可以发现它变成了 5 字节,原因是增加了一个换行符(在符号上表现为\n)。

除了通过文本编辑器或文件夹查看工具检查文件属性,还可以使用 Python 交互式地检查文件属性:

```
>>> file1 = open('test1.txt', 'r').read()   # read file into string
>>> file1
'ABCD'
>>> len(file1)                               # length of string in bytes/characters
4
>>> file2 = open('test2.txt', 'r').read()
>>> file2
'ABCD\n'
>>> len(file2)
5
```

Python 实际上有一个直接返回文件大小的函数:

```
>>> import os
>>> size = os.path.getsize('test1.txt')
>>> size
4
```

字处理软件

大多数计算机用户在文字处理程序(例如 Microsoft Word 或 LibreOffice)中写文本。启动文字处理程序,打开一个新的文档,只输入 4 个字符:ABCD。将文档保存为一个.docx(Microsoft Word)文件或一个.odt(LibreOffice)文件。将这个文件加载到纯文本编辑器中查看其内容,将看到许许多多从未输入的字符。这些附加的"内容"包含了关于这个文件的类型、使用的字体等信息。文件的 LibreOffice 版本包含 8858B 而 Microsoft Word 版本则超过了 26KB。然而,如果将文件保存为纯文本,以.txt 为后缀,文件的大小分别变为 8B(LibreOffice 版本)和 5B(Microsoft Word 版本)。

除了把 LibreOffice 文件加载到文本编辑器中,也可以在 Python 中将文件内容读取为一个字符串,然后检查该字符串:

```
>>> infile = open('test3.odt', 'r')   # open LibreOffice file
>>> s = infile.read()
>>> len(s)   # file size
8858
>>> s
'PK\x03\x04\x14\x00\x00\x08\x00\x00sKWD^\xc62\x0c\'\x00…
\x00meta.xml<?xml version="1.0" encoding="UTF-8"?>\n<office:…
xmlns:meta="urn:oasis:names:tc:opendocument:xmlns:meta:1.0"
```

每个 x、x 后的数字以及 x 前面的反斜线组合在一起代表一个不能在键盘上找到的特殊符号的代码(一共有 256 个字符,只有其中一部分在键盘上有对应的按键)。虽然在以上的文件输出中只显示了全部字符中的一小部分(否则,输出会是成千个类似\x04 的符号,并且占据本书的很多页面),但可以保证在该文件中找不到像 ABCD 这样的纯字符序列。然而，产生这些文件的计算机程序，例如本例中的 LibreOffice，能轻易地解释文件中所有字符的含义，并把它们翻译成可读的文本输出到屏幕上，用户才能辨认出文本 ABCD。

现在可以翻到习题 4.8，看看如果试图在 LibreOffice 中写 Python 程序的话会发生什么。

图像文件

一幅通过电子相机或手机拍摄的电子图像是一个文件。因为它是一个文件，所以它也是一个字符的序列。将一些 JPEG 文件加载到纯文本编辑器中，发现编辑器中显示了许多奇怪的字符。（正常的话）在第一行奇怪的字符之间你会发现一些可辨认的文本，这些文本反映了用来拍摄这张图片的相机类型和图片的拍摄时间。下一行包含与图片相关的更多信息。之后，文件还含有许多用于代表图片的数字。图片的基本表示方法是一个 $m \times n$ 个像素的集合，每一个像素都有一个颜色（由红、绿、蓝组成的 256 个组合中的一个），这个颜色用 3 字节来保存（导致有 256^3 个颜色值）。于是一个 600 万像素的相机需要 $3 \times 6 \times 10^6 = 18MB$ 来保存一张图像。而保存这个图像的 JPEG 文件只包含几兆字节，是因为 JPEG 是一种图片文件的压缩格式，它应用了一种智能技术，丢弃了原图中一些人眼无法辨别的像素信息，因此，文件大小被压缩了，而人眼并不能发现图片质量的降低。

视频是图像序列，所以一个视频也是一串字节。如果视频帧（图像）之间的差别很小，那么用智能技术可以有效地进行图像信息的压缩。这种压缩对视频来说非常重要，因为现在的视频已经变得越来越大，以至于无法在网络上传播了。尺寸小的视频常常视觉效果很差，因为它们都经过了大幅度的压缩。

音乐文件

MP3 文件很像 JPEG 文件：首先是一些与音乐（艺术家、标题、专辑等）有关的信息，然后是音乐本身，它也是一串字节。一个典型的 MP3 文件大小一般是 5 兆字节（5MB），确切的大小取决于音乐的复杂性、曲目的长度和 MP3 分辨率。一个 16GB 的 MP3 播放器上大约可以存储 16GB/5MB≈3200 个 MP3 文件。MP3 和 JPEG 一样也是一种压缩格式。CD 上的歌曲（WAV 文件）的完整数据包含的字节数大约是它的 10 倍。和图像一样，MP3 压缩的原理与 JPEG 类似，人耳几乎不能分辨压缩的音乐文件和未压缩版本之间的差异。

PDF 文件

在纯文本编辑器中查看 PDF 文件，可以看到该文件包含一些可读的文本，混有一些不可读的字符。PDF 文件读取器可以轻松地解读文件的内容，并将文本以人类可读的形式显示在屏幕上。

备注：前面已经重复了很多次，一个文件只是一串字节。如果这串字节在人类语言或计算机语言中有意义，那么人们可以解释（读取）它。但当这个字节序列对任何人都没有意义时，必须使用计算机程序来解释它。

考虑一个报告。当在文本编辑器中将报告作为纯文本写入时，生成的文件仅仅包含从键盘输入的字符。而如果使用了 Microsoft Word 或 LibreOffice 等文字处理程序，那么报告文件将包含大量用于描述文本格式属性的额外字节。这些额外的字节对于人没有意义，必须用计算机程序来解释文件内容，然后以人类可以理解的形式显示它。文件中的字节序列遵循严格的规则，这些规则说明字节序列是什么意思，反映了文件格式。如果规则或文件格式的记录被公开，程序员就可以使用这个记录来创建自己的解读文件内容的程序（然而，解读这样的文件比阅读本书中的文件复杂得多）。然而，也有些时候会用到不公开的文件格式，它们需要用特定公司的特定程序来解释。

4.7　错误处理

假设在 4.2.1 节忘记给 c2f_cml.py 提供命令行参数：

```
c2f_cml.py
Traceback (most recent call last):
  File "c2f_cml.py", line 2, in ?
```

```
    C = float(sys.argv[1])
IndexError: list index out of range
```

Python 会终止程序并显示错误信息,其中包含错误发生位置、错误类型(IndexError)和关于错误是什么的简单解释。从上面的信息可以推断,索引 1 超出了范围。因为这时没有输入命令行参数,所以 sys.argv 只含有一个元素,即这个程序的名字。只有 0 这个索引是合法的。

对于经验丰富的 Python 程序员来说,错误信息通常已经能把错误情况说明得足够清楚了;但是对其他人来说,如果程序可以检测到错误,并且打印正确操作的描述,这将非常有帮助。现在的问题是如何检测程序内的错误。

这个例子中的问题是,sys.argv 中并没有两个元素。为避免这种错误,可以在访问 sys.argv 之前测试它的长度来检测哪里出错了:如果 len(sys.argv) 小于 2,说明用户没有提供有关 C 值的信息。新版本的程序 c2f_cml_if.py 以 if 测试开始:

```
if len(sys.argv) < 2:
    print 'You failed to provide Celsius degrees as input '\
        'on the command line!'
    sys.exit(1)          # abort because of error
F = 9.0 * C/5 + 32
print '%gC is %.1fF' % (C, F)
```

程序使用 sys.exit 函数来终止程序。任何异于零的参数表示该程序因为一个错误而被终止,但参数的准确值并不重要,所以在这里简单地让它为 1。如果没有发现错误,但是仍然想要终止程序,则使用 sys.exit(0)。

一种更先进和灵活的处理程序中潜在错误的方法是先尝试(try)执行某些语句。如果有错误,程序会检测到,然后跳转到一系列以期望的方式处理这些情况的语句。相关的程序结构如下:

```
try:
    <statements>
except:
    <statements>
```

如果在执行 try 语句块里的内容时出现了错误,Python 会触发一个异常(exception),程序会直接跳转到 except 语句块,它提供了对错误的处理方法。4.7.1 节中将用例子更详细地解释 try-except 结构。

4.7.1　异常处理

下面用摄氏度值到华氏度值的转换程序作为例子,更进一步地介绍异常处理的方法。程序中用一个 try-except 块来处理在执行时缺少一个命令行参数的潜在问题:

```
import sys
try:
    C = float(sys.argv[1])
except:
    print 'You failed to provide Celsius degrees as input '\
        'on the command line'
    sys.exit(1)  # abort
F = 9.0 * C/5 + 32
print '%gC is %.1fF' % (C, F)
```

该程序被存储在文件 c2f_cml_except1.py 中。如果命令行参数缺失，那么 sys.argv[1] 中的索引 1 是无效的，于是会引发异常。这时程序将直接跳转到 except 语句块，说明 float 转换没有被调用，且 C 值没有被初始化。在 except 语句块中，程序员可以检索与异常有关的信息，并通过执行一些语句来处理程序的错误。在该例子中，程序知道错误是什么，因此只打印一条消息并终止程序。

假设用户提供了命令行参数。现在，try 语句块被成功执行，然后程序忽略 except 语句块并继续进行摄氏度值到华氏度值的转换。可以用两种方式运行该程序：

```
c2f_cml_except1.py
You failed to provide Celsius degrees as input on the command line!

c2f_cml_except1.py 21
21C is 69.8F
```

在第一种情况下，sys.argv[1] 中的非法索引引发异常，于是执行 except 语句块中的操作步骤。在第二种情况下，try 块成功执行，所以跳过 except 语句块，继续计算并打印结果。

程序员是否使用 if 测试或异常处理机制来修复缺失命令行参数的问题，对程序的用户来说并不重要。然而，异常处理被认为是良好的编程方案，因为它允许用更高级的方法来终止或继续执行程序。因此，本书的余下部分将采用异常处理作为处理错误的标准方法。

特定异常测试

考虑如下的赋值：

```
C = float(sys.argv[1])
```

这个语句有两个典型错误：sys.argv[1] 是非法索引，因为没有提供命令行参数；字符串 sys.argv[1] 中的内容不是一个可以转换成 float 对象的单纯的数字。Python 同时检测这些错误，并在第一个错误发生时引发 IndexError 异常，在第二个错误发生时引发 ValueError 异常。在上面的程序中，不管上述哪个错误导致 try 语句块中的语句发生错误，都会跳转到 except 语句块并发送同样的信息。例如，当确实提供了一个命令行参数，但它的形式是非法的（例如 21C），程序会跳转到 except 语句块并打印出误导性的信息：

```
c2f_cml_except1.py 21C
You failed to provide Celsius degrees as input on the command line!
```

这个问题的解决方案是：根据 try 语句块中引发的异常的不同种类，分别转到不同的 except 语句块中（程序名为 c2f_cml_except2.py）：

```
import sys
try:
    C = float(sys.argv[1])
except IndexError:
    print 'Celsius degrees must be supplied on the command line'
    sys.exit(1)              # abort execution
except ValueError:
    print 'Celsius degrees must be a pure number, '\
        'not "%s"' % sys.argv[1]
    sys.exit(1)
```

```
F = 9.0 * C/5 + 32
print '%gC is %.1fF' % (C, F)
```

现在,如果没有提供命令行参数,会引发 IndexError 异常,此时程序告诉用户应该在命令行中输入 C 值。而如果 float 转换因为命令行存在语法错误而失败了,将会引发 ValueError 异常,此时程序进入第二个 except 语句块,并说明提供的数据存在格式上的错误:

```
c2f_cml_except1.py 21C
Celsius degrees must be a pure number, not "21C"
```

异常类型示例

列表索引超出范围导致 IndexError 异常:

```
>>>data = [1.0/i for i in range(1,10)]
>>>data[9]
...
IndexError: list index out of range
```

一些编程语言(例如 Fortran、C、C++ 和 Perl)允许合法索引值之外的列表索引,这种不被检测的错误可能很难查找。当遇到无效的索引时,Python 总是将程序停止,除非程序员显式地处理异常。

如果某字符串不是一个纯粹的整数或实数,那么将该字符串转换成浮点数不能成功,并会引发 ValueError 异常:

```
>>>C = float('21 C')
...
ValueError: invalid literal for float(): 21 C
```

尝试使用未初始化的变量会引发 NameError 异常:

```
>>>print a
...
NameError: name 'a' is not defined
```

除数为 0 会引发 ZeroDivisionError 异常:

```
>>>3.0/0
...
ZeroDivisionError: float division
```

非法使用 Python 关键词或运行一个语法错误的 Python 语句会引发 SyntaxError 异常:

```
>>>forr d in data:
...
    forr d in data:
        ^
SyntaxError: invalid syntax
```

如果试图用一个浮点数乘以一个字符串会引发 TypeError 异常，因为乘法中的两个对象类型不匹配（str 和 float）：

```
>>>'a string' * 3.14
...
TypeError: can't multiply sequence by non-int of type 'float'
```

题外话： Python 规定，如果数字是整数，则字符串和数字的乘法是合法的，此时的乘法表示字符串被复制的次数。相同的规则也适用于列表：

```
>>>'--' * 10    # ten double dashes = 20 dashes
'--------------------'
>>>n = 4
>>>[1, 2, 3] * n
[1, 2, 3, 1, 2, 3, 1, 2, 3, 1, 2, 3]
>>>[0] * n
[0, 0, 0, 0]
```

当要创建包含 n 个元素的列表并用 for 循环对其中的每个元素赋予特定值时，这个结构十分方便。

4.7.2 产生异常

当程序中出现错误时，既可以打印一条消息并使用 sys.exit(1) 终止程序，也可以抛出一个异常。后者十分容易。只要写 raise E(message) 即可，其中 E 可以是 Python 中的已知的异常类型，message 是解释错误的字符串。大多数情况下 E 意味着 ValueError（如果某些变量的值是非法的）或者 TypeError（如果一个变量的类型是错误的），此外还可以定义自己的异常类型。可以在程序中的任何位置抛出异常。

示例： 4.7.1 节的程序 c2f_cml_except2.py 展示了如何测试不同的异常并终止程序。可以看到，异常只是有时发生，但一旦发生，就希望得到一个更加精确的错误信息来帮助用户。这个目的可以通过在 except 语句块中引发一个新的异常，并提供所需的异常类型及错误信息来达到。

抛出带自定义错误信息的异常还可以应用于输入数据无效的时候。以下的代码展示了怎样在不同的情景下抛出异常。

```
def read_C():
    try:
        C = float(sys.argv[1])
    except IndexError:
        raise IndexError ('Celsius degrees must be supplied on the command line')
    except ValueError:
        raise ValueError ('Celsius degrees must be a pure number, '\
        'not "%s"' % sys.argv[1])
    #C is read correctly as a number, but can have wrong value:
    if C < -273.15:
        raise ValueError('C=%g is a non-physical value!' % C)
    return C
```

有两种使用 read_C 函数的方法。最简单的就是调用函数：

```
C = read_C()
```

现在,错误的输入将导致异常的原始输出抛出,例如:

```
c2f_cml_v5.py
Traceback (most recent call last):
  File "c2f_cml4.py", line 5, in ?
    raise IndexError\
IndexError: Celsius degrees must be supplied on the command line
```

新用户在得到这些异常的原始输出时可能会觉得疑惑,因为像 Traceback、raise、IndexError 这样的单词,只有有一定 Python 编程经验的人才能明白是什么意思。通过调用 try-except 块内部的函数 read_C 可以获得更加容易理解的输出。它可以检查是否有任何异常(更好的说法是:检查 IndexError 或 ValueError)并以更容易理解的形式输出异常信息。通过这种方式,程序员可以完全控制遇到错误时的程序行为:

```
try:
    C = read_C()
except Exception as e:
    print e          #exception message
    sys.exit(1)      #terminate execution
```

Exception 是所有异常的父类名,而 e 是一个异常对象。在一个好看的打印输出中,关于异常的信息应该位于 print e 的正下方。在 except 后面还可以写(ValueError, IndexError),以更有针对性地测试这两种可能由 read_C 函数引发的异常:

```
try:
    C = read_C()
except (ValueError, IndexError) as e:
    print e          #exception message
    sys.exit(1)      #terminate execution
```

在以上的 try-except 块后面,可以继续计算 $F = 9 * C/5 + 32$,并输出 F。完整的程序可以在文件 c2f_cml.py 中找到。现在可以分别测试输入错误和正确时程序的行为:

```
c2f_cml.py
Celsius degrees must be supplied on the command line

c2f_cml.py 21C
Celsius degrees must be a pure number, not "21C"

c2f_cml.py -500
C=-500 is a non-physical value!

c2f_cml.py 21
21C is 69.8F
```

这个程序能处理错误的输入,输出一个包含错误信息的消息,终止程序的执行,且不会出现让人烦恼的行为(即异常的原始抛出)。

和以上这种嵌套式异常处理相比,把 if 测试和 sys.exit 的调用分开被认为是一种不好的编程方式。应该只能在主程序中(而不是在函数内部)停止程序的执行,如此一来,这些函数在用不同的方式处理错误的情况下能够被重用。例如，可以通过设置一些合适的默认数据来避免程序终止。

以上所示的编程风格被认为是处理错误的最好方法，所以建议从此以后，读者在编写程序时都能使用异常来处理潜在的错误。这也是一个有经验的程序员的做法。

4.8 图形化的用户界面

也许读者会觉得有点奇怪，到目前为止，本书中使用的程序以及将在本书其余部分使用的程序与在学校或娱乐时使用的计算机程序不同，那些程序通过一些解释性的图形来运行，而用户要做的事情大多只是用鼠标指指点点，单击屏幕上的某些图形元素，以及填写一些文本。然而，本书中的程序都是通过终端窗口中的命令行或 IPython 来执行的，程序的输入也都用纯文本的格式给出。

没有为本书中的程序配备用于输入的图形界面的原因是，这些图形界面写起来既复杂又冗长。如果本书的目标是解决数学和科学的问题，那么最好只关注这一部分，而不是去关注大量的、只提供一些图形化装饰的代码——这些代码的作用只是把数据输入程序而已。另外，从命令行输入文本也更加快捷。还要记住的是，程序的计算功能显然不依赖于用户界面的类型（文本类型或图形类型）。

作为示例，现在将展示具有图形用户界面（通常称为 GUI）的摄氏度值-华氏度值转换程序。其图形界面如图 4.1 所示。读者可以试用一下这个图形界面——该程序的名称是 c2f_gui.py。

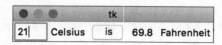

图 4.1 摄氏度值-华氏度值转换程序的图形界面。用户可以输入摄氏度值，
当单击 is 按钮时，相应的华氏度值就会显示出来

完整的程序文本如下：

```python
from tkinter import *
root = Tk()
C_entry = Entry(root, width=4)
C_entry.pack(side='left')
Cunit_label = Label(root, text='Celsius')
Cunit_label.pack(side='left')

def compute():
    C = float(C_entry.get())
    F = (9./5) * C + 32
    F_label.configure(text='%g' % F)

compute = Button(root, text=' is ', command=compute)
compute.pack(side='left', padx=4)

F_label = Label(root, width=4)
F_label.pack(side='left')
Funit_label = Label(root, text='Fahrenheit')
Funit_label.pack(side='left')

root.mainloop()
```

接下来对这段程序进行解释，这只是为了让读者了解 GUI 是怎样编写的，而不是讲解如何编写这样的

程序。

一个 GUI 由许多小的图形元素构成,它们称为窗口部件(widget)。图 4.1 所示的由程序创建的图形化窗口含有 5 个这种部件。从左边开始,先是有一个输入部件,来让用户输入文本。输入部件的右边是一个标签部件,它只是显示一些文本,在这里是 Celsius。然后有一个按钮部件,当它被单击时,程序会执行计算。计算的结果将以文本形式显示在这个按钮部件右边的标签部件中。最后,这个计算结果的右边有另一个标签部件,它显示文本 Fahrenheit。程序必须先构建每个部件,然后将它们正确地打包到完整的窗口中。在当前例子中,所有部件被从左到右打包。

程序的第一个语句从 GUI 工具包 Tkinter 中导入一些构建部件的功能。首先,需要构建一个根部件来保存包含其他所有部件的完整窗口。这个根部件的类型是 Tk。然后构建第一个部件(输入部件)并使它指向一个变量 C_entry。这个部件是一个 Entry 类型的对象,它由 Tkinter 模块提供。部件的构建必须符合以下语法:

```
variable_name =Widget_type(parent_widget, option1, option2, …)
variable_name.pack(side='left ')
```

当创建一个部件时,必须将它绑定到父部件,父部件也是一个图形元素,它可以包含其他的图形元素。该程序中的部件都以根部件作为父部件。不同的部件有不同的设置选项。例如,对于输入部件,可以设置文本的字段宽度,这里 width=4,代表文本的字段宽度是 4 个字符。最后,一定要写打包语句,如果没有它,所有的部件都是不可见的。

其他的部件都用相似的方法来构建。程序的下一个关键是计算功能与"单击 is 按钮"这个事件(event)的联系。首先,按钮部件当然有一个文本,但更重要的是,它通过 command=compute 这个选项把按钮和 compute 函数绑定起来。这说明,当用户单击 is 按钮时,就调用了 compute 函数。在 compute 函数内部,首先使用 C_entry 自带的 get 函数从 C_entry 部件中提取摄氏度的值,然后将这个字符串(用户输入的任何文本都被保存在字符串中)转换成 float 型,再计算相应的华氏度的值。最后,将 F_label 部件的文本更新为计算出的华氏度的值。

GUI 程序的行为与本书中构建的其他程序不同。首先,GUI 程序的所有语句都从上到下执行,这和所有其他程序一样,但这些语句只是构造 GUI 和定义函数而不执行计算。然后 GUI 程序进入一个事件循环:root. mainloop()。这是一个无限循环,它监听用户事件,例如移动鼠标、单击鼠标、在键盘上输入字符等。当一个事件被记录时,程序开始执行关联的操作。在本例中,程序只等待一个事件:单击按钮。当用户单击 is 按钮时,compute 函数被调用,程序开始进行数学计算。程序窗口会一直显示在屏幕上,直到用户单击窗口标题栏上的关闭按钮来关闭窗口。更复杂的图形用户界面通常都会有一个特殊的退出按钮以终止事件循环。

所有 GUI 程序都必须首先创建窗口部件的层次结构,以构建用户界面的所有元素。然后程序进入事件循环并等待用户事件。在创建部件时,事件已经被注册为程序中的动作,因此,当用户单击按钮或将鼠标移动到特定区域时,程序中的函数被调用,即事件发生了。

许多书介绍了如何在 Python 程序中构建 GUI,例如文献[5,7,13,16]。

4.9 制作模块

有时候想在一个新程序中重用旧程序中的一个函数。最简单的方法是将旧的源代码复制并粘贴到新程序中。然而,这不是一个好的编程行为,因为这样永远都在用一个函数的相同版本。当想改进函数或改正错误时,必须记得在所有使用了这个函数的文件中都进行同样的更新,然而在现实生活中,大多数程序员无法维护这么多份相同的代码——质量不同但代码基本一致的不同版本的函数。因此,编程的黄金规则是:对于一段代码,应当有且仅有一个版本。所有想使用这段代码的程序都必须访问那个唯一保留着源代码的地方。如果创建一个包含了以后想在不同程序中重用的代码的模块，那么这个原则就很容易实现。

至此，读者应该已经知道如何使用现成的模块了。例如，如果想计算阶乘 $k! = k(k-1)(k-2)\cdots 1$，可以使用 Python 的 math 模块中的 factorial 函数。可以加上 math 前缀来使用它：

```
import math
value = math.factorial(5)
```

也可以不加：

```
from math import factorial
# or: from math import *
value = factorial(5)
```

下面将学习如何制作自己的 Python 模块。其实很简单，只要将所有构成模块的函数收集在一个文件（例如名为 mymodule.py 的文件）里即可。这个文件自动变成一个模块，名字是 mymodule，随后就可以使用标准方法从这个模块导入函数。下面通过一个例子来详细介绍。

4.9.1　示例：银行存款利息

银行存款增长的经典公式为

$$A = A_0 \left(1 + \frac{p}{360 \times 100}\right)^n \tag{4.2}$$

其中 A_0 是本金，A 是年利率为 $p\%$ 的情况下 n 天后的存款额。该公式通过 $p/360$ 来计算每天的利率，n 代表钱存在银行中的实际天数。Python 的 datetime 模块中的函数能很方便地计算两个日期之间的天数。

式(4.2)涉及 4 个参数：A、A_0、p 和 n。任意给出其中的 3 个，可以求出第 4 个：

$$A_0 = A \left(1 + \frac{p}{360 \times 100}\right)^{-n} \tag{4.3}$$

$$n = \frac{\ln \dfrac{A}{A_0}}{\ln \left(1 + \dfrac{p}{360 \times 100}\right)} \tag{4.4}$$

$$p = 360 \times 100 \left(\left(\frac{A}{A_0}\right)^{\frac{1}{n}} - 1\right) \tag{4.5}$$

假设已经在 4 个函数里分别实现了式(4.2)～式(4.5)：

```
from math import log as ln

def present_amount(A0, p, n):
    return A0 * (1 +p/(360.0 * 100))**n

def initial_amount(A, p, n):
    return A * (1 +p/(360.0 * 100))**(-n)

def days(A0, A, p):
    return ln(A/A0)/ln(1 +p/(360.0 * 100))

def annual_rate(A0, A, n):
    return 360 * 100 * ((A/A0)**(1.0/n) -1)
```

将这些函数保存在一个 Python 文件中,命名为 interest,以便在程序中导入函数并利用它们进行计算。例如:

```
from interest import days
A0 =1; A =2; p =5
n =days(A0, 2, p)
years =n/365.0
print 'Money has doubled after %.1f years' % years
```

接下来介绍怎样构建这个 interest 模块。

4.9.2　将函数收集在模块文件中

构建一个包含 4 个函数 present_amount、initial_amount、days 和 annual_rate 的模块,只需用文本编辑器打开一个空的文件并将所有 4 个函数的程序代码复制到该文件。只要将文件用一个有效的文件名保存,这个文件便自动成为一个 Python 模块,文件的扩展名必须是. py,而文件名就是模块名。在本例中,文件名 interest. py 意味着模块名是 interest。当要在其他程序中使用 annual_rate 函数时,只需在该程序文件中简单地写下

```
from interest import annual_rate
```

或

```
from interest import *
```

如果要导入所有 4 个函数,可以写

```
import interest
```

然后用 interest. annual_rate 这样的形式访问各个函数。

4.9.3　测试块

通常建议在模块中只包含函数,而不要放入除函数外的任何语句。其原因是,在导入期间,模块文件被从上到下地执行。如果模块文件中只有函数定义而没有主程序,那么导入时不会有计算或输出,而仅仅是定义函数,这是最理想的情况。然而,也可以很方便地在模块文件中包含一些测试或演示代码,此时需要一个主程序。Python 有一个非常好的结构特性,它允许文件既可以作为一个只含有函数定义(没有主程序)的模块,又可以作为一个能够运行的正常的程序(同时有函数定义和主程序)。

这种双重性是通过将主程序放在一个 if 测试后面来实现的,形式如下:

```
if _ _name_ _ =='_ _ main_ _':
    <block of statements>
```

__name__变量是任何模块都自动定义的。如果这个模块被导入另一个程序中,那么它等于模块的名字;如果这个模块文件作为一个程序被运行,则它等于字符串'__main__'。这意味着<block of statements>部分的代码仅在将模块文件作为程序运行时才被执行。把<block of statements>称为一个模块的测试块。

关于 Minimalistic 模块中测试块的例子

下面用一个非常简单的例子来说明测试块是如何工作的。文件 mymod. py 如下:

```
def add1(x):
    return x +1

if __name__ =='__main__':
    print 'run as program'
    import sys
    print add1(float(sys.argv[1]))
```

可以将 mymod 作为一个模块导入并使用 add1 函数：

```
>>>import mymod
>>>print mymod.add1(4)
5
```

在导入时，if 测试值为 False，只有函数的定义被执行。然而，如果把 mymod. py 作为程序运行，例如：

```
mymod.py 5
run as program
6
```

if 测试值为 True，打印语句会被执行。

轻松创建模块的提示

如果在某些程序文件中有一些函数和一个主程序，只需将主程序移动到测试块，然后该文件就可以作为一个模块，其中含有可供其他文件使用的所有函数。该文件也可以在命令行中执行，执行方式和原始程序相同。

interest 模块中的测试块

下面用一个很小的主程序来演示 interest 模块中的测试块的功能。测试块从命令行读取 p 并输出在该利率下本金翻倍所需的年数：

```
if __name__ =='__main__':
    import sys
    p =float(sys.argv[1])
    years =days(1, 2, p)/365.0
    print 'With p=%.2f it takes %.1f years to double' % (p, years)
```

如果将该模块作为程序运行，结果如下：

```
interest.py 2.45
With p=2.45 it takes 27.9 years to double
```

为了测试 interest. py 文件也可以作为一个模块这一点，在 Python shell 中导入一个函数并用它进行计算：

```
>>>from interest import present_amount
>>>present_amount(2, 5, 730)
2.2133983053266699
```

至此,证明了文件 interest.py 既可以作为程序又可以作为模块。

关于测试块的推荐做法

让测试块满足以下一个或多个条件是一个良好的编程习惯:
- 提供关于如何使用模块或程序的信息。
- 测试模块中的函数是否正常工作。
- 提供与用户的交互,使得模块文件可以被用作程序。

最好是把语句收集在单独的函数中,然后从测试块中调用,而不是把很多语句直接放在测试块中。

4.9.4　验证模块代码

验证函数应该满足以下条件:
- 名称以 test_ 开头。
- 通过布尔变量(例如 success)表达测试的成功或失败。
- 如果测试失败,运行"assert success, msg"来引发 AssertionError 异常,并附加额外的消息 msg。

如果满足以上条件,pytest 和 nose 工具就可以简单地在一个文件夹里自动运行模块中所有的 test_* 函数。在 3.4.2 节中,提供了关于兼容 pytest 和 nose 的测试函数的一些简单介绍,在附录 H 的 H.9 节中则包含了关于这两个测试框架的更完整的介绍,适合初学者学习。

测试函数用于单元测试。这意味着可以指定软件中的一些单元,然后写一个专用的测试函数来测试每个单元的行为。在本例中,单元可以是 interest 模块,也可以把 interest 模块里每个单独的 Python 函数看作单元。从实际的角度来看,单元通常以适合在测试函数中验证的形式来定义。从目前看来,在同一个测试函数文件中测试 interest.py 里的所有函数是很方便的,所以此处把模块看作单元。

一个与 pytest 和 nose 测试框架兼容的,用于验证 interest 模块功能的测试函数如下:

```python
def test_all_functions():
    #Compatible values
    A = 2.2133983053266699; A0 = 2.0; p = 5; n = 730
    #Given three of these, compute the remaining one
    #and compare with the correct value (in parenthesis)
    A_computed  = present_amount(A0, p, n)
    A0_computed = initial_amount(A, p, n)
    n_computed  = days(A0, A, p)
    p_computed  = annual_rate(A0, A, n)

    def float_eq(a, b, tolerance=1E-12):
        """Return True if a ==b within the tolerance."""
        return abs(a - b) < tolerance

    success = float_eq(A_computed,  A)  and \
              float_eq(A0_computed, A0) and \
              float_eq(p_computed,  p)  and \
              float_eq(n_computed,  n)
    msg = """Computations failed (correct answers in parenthesis):
    A=%g (%g)
    A0=%g (%.1f)
```

```
        n=%d (%d)
        p=%g (%.1f)""" % (A_computed, A, A0_computed, A0,
                          n_computed, n, p_computed, p)
    assert success, msg
```

可能需要一个命令行参数 argument 来执行这个验证。测试块可以表示为

```
if __name__ == '__main__':
    if len(sys.argv) ==2 and sys.argv[1] =='test':
        test_all_functions()
```

4.9.5 获取输入数据

对于 4.9.1 节的示例来说，要创建一个有用的程序，应该允许在命令行中设置 3 个参数，并让程序计算最后一个参数。例如，运行程序使得 p 被计算，此时可以知道在年利率为多少时本金翻倍需要 3 年。

```
interest.py A0=1 A=2 n=1095
```

怎样才能实现这种功能呢？因为变量已经在命令行上被引入和初始化，所以可以抓取这个文本，并以 Python 代码的形式执行，可以分 3 行，也可以用分号分隔赋值语句：

```
init_code = ''
for statement in sys.argv[1:]:
    init_code += statement + '\n'
exec(init_code)
```

有经验的 Python 程序员会将 init_code 写成 '\n'. join(sys. argv[1：])。在以上的例子中，命令行参数是 "A0=1 A=2 n=1095"，这样 init_code 就是以下字符串：

```
A0=1
A=2
n=1095
```

注意，在命令行中不能在等号两边输入空格，因为这样（如 A0＝1）会将一个赋值语句分割成 3 个命令行参数，这会导致在 exec(init_code) 产生 SyntaxError 异常。为了向用户说明这种错误，可以在 init_code 内部添加一个 try-except 块：

```
try:
    exec(init_code)
except SyntaxError as e:
    print e
    print init_code
    sys.exit(1)
```

在这个阶段，程序已经成功地初始化了 3 个参数，接下来要检测需要计算的第 4 个参数。以下的代码可以完成这个工作：

```
if 'A=' not in init_code:
    print 'A =', present_amount(A0, p, n)
elif 'A0=' not in init_code:
    print 'A0 =', initial_amount(A, p, n)
elif 'n=' not in init_code:
    print 'n =', days(A0, A , p)
elif 'p=' not in init_code:
    print 'p =', annual_rate(A0, A, n)
```

用户在赋值时给出了错误的参数或忘记了某个参数,这样的事情时有发生。在这些情况下,用未初始化的参数调用以上 4 个函数之一,Python 会引发一个异常。因此,应该在以上代码中植入一个 try-except 块。一个未初始化的变量将引发 NameError 异常;而另一个经常发生的错误——计算中出现非法值,将引发 ValueError 异常。将用于计算函数中的第 4 个参数的所有代码整合在一起也是一个好习惯。最后将这段代码与模块文件的其他部分分离:

```
def compute_missing_parameter(init_code):
    try:
        exec(init_code)
    except SyntaxError as e:
        print e
        print init_code
        sys.exit(1)
    # Find missing parameter
    try:
        if 'A=' not in init_code:
            print 'A =', present_amount(A0, p, n)
        elif 'A0=' not in init_code:
            print 'A0 =', initial_amount(A, p, n)
        elif 'n=' not in init_code:
            print 'n =', days(A0, A , p)
        elif 'p=' not in init_code:
            print 'p =', annual_rate(A0, A, n)
    except NameError as e:
        print e
        sys.exit(1)
    except ValueError:
        print 'Illegal values in input:', init_code
        sys.exit(1)
```

如果用户在输入时缺少了某个命令行参数,程序会打印一个 Usage 语句。如果第一个命令行参数为 test,程序执行验证;如果是其他情况,则计算第 4 个参数(即执行的主程序):

```
_filename = sys.argv[0]
_usage = """
Usage: %s A=10 p=5 n=730
Program computes and prints the 4th parameter
(A, A0, p, or n)""" % _filename

if __name__ == '__main__':
```

```
    if len(sys.argv) ==1:
        print _usage
    elif len(sys.argv) ==2 and sys.argv[1] =='test':
        test_all_functions()
    else:
        init_code =''
        for statement in sys.argv[1:]:
            init_code +=statement +'\n'
        compute_missing_parameter(init_code)
```

执行用户输入可能是危险的

一些谨慎的编程者绝对不会用如上方式展示 exec 的格式。原因是上面的程序将尝试执行用户写入的任何内容。考虑如下情况：

```
input.py 'import shutil; shutil.rmtree("/")'
```

这个有害的使用方法导致计算机系统上的所有文件被删除（等同于在终端窗口中执行 rm-rf /命令）。不过，对于这种帮助用户进行数学计算的小程序，这种误用带来的潜在危险并没有那么严重（反正用户也只会危及自己的计算机）。

4.9.6　模块中的文档字符串

在模块文件的开头包含一个文档字符串也是一个好习惯。这个文档字符串用来说明模块的功能和用法：

```
"""
Module for computing with interest rates.
Symbols: A is present amount, A0 is initial amount, n counts days,
and p is the interest rate per year.

Given three of these parameters, the fourth can be computed as follows:

    A  =present_amount(A0, p, n)
    A0 =initial_amount(A, p, n)
    n  =days(A0, A, p)
    p  =annual_rate(A0, A, n)
"""
```

可以运行 pydoc 程序来查看关于新模块的文档，它包含如上所示的文档字符串以及模块中所含函数的列表。只需要在终端窗口中执行 pydoc interest 即可。

现在，建议读者查看一下真实的文件 interest.py，可以看到一个好的模块文件所具备的所有元素：文档字符串、一组函数、测试函数、带有主程序的函数、Usage 字符串和测试块。

4.9.7　使用模块

本节进一步展示如何在程序中使用 interest.py 模块。为了便于说明，下面构建了一个单独的程序文件，名为 doubling.py，它包含一些计算：

```
from interest import days

# How many days does it take to double an amount when the
# interest rate is p=1,2,3,…,14?
for p in range(1, 15):
    years = days(1, 2, p)/365.0
    print 'p=%d%% implies %.1f years to double the amount' % (p, years)
```

各种导入语句导入了什么

在模块中导入函数有许多方法,首先在交互式会话中探索这些方法。调用函数 dir 将列出已经定义的所有名称,包括导入的变量和函数的名称。调用 dir(m)将打印在 m 模块内部定义的名称。首先启动一个交互的 shell 并调用 dir:

```
>>>dir()
['__builtins__', '__doc__', '__name__', '__package__']
```

这些变量总是由模块自动定义的。运行 IPython shell 也会引入其他几个标准变量。执行

```
>>>from interest import *
>>>dir()
['__builtins__', '__doc__', '__name__', '__package__',
'annual_rate', 'compute_missing_parameter', 'days',
'initial_amount', 'ln', 'present_amount', 'sys',
'test_all_functions']
```

显示导入了 4 个函数,同时还导入了 ln 和 sys,后两者是 interest 模块需要的,但不一定是新程序 doubling. py 需要的。

另一种方法是执行 import interest,这实际上可以访问更多的模块中的名字,即所有以下画线开头的变量名和函数名:

```
>>>import interest
>>>dir(interest)
['__builtins__', '__doc__', '__file__', '__name__',
'__package__', '_filename', '_usage', 'annual_rate',
'compute_missing_parameter', 'days', 'initial_amount',
'ln', 'present_amount', 'sys', 'test_all_functions']
```

以下画线开头的形式命名所有不包含在 from interest import * 语句中的变量是一个习惯。在当前例子中,这些变量可以通过 interest._filename 或 interest._usage 来使用。

最理想的情况是,通过 from interest import * 语句,只向程序中导入与计算利息相关的 4 个函数。可以通过在模块末尾删除(用 del 语句)所有不需要的名称(在那些不带下画线的名称中)来达到这个目的:

```
del sys, ln, compute_missing_parameter, test_all_functions
```

除了删除变量和在变量名称开头使用下画线以外,一般来说更好的办法是指定一个特殊变量__all__,Python 用它来选择被 from interest import * 语句导入的函数。这里,可以定义__all__使它包含 4 个主要的函数:

```
__all__=['annual_rate', 'days', 'initial_amount', 'present_amount']
```

现在再导入所有函数：

```
>>>from interest import *
['__builtins__', '__doc__', '__name__', '__package__',
'annual_rate', 'days', 'initial_amount', 'present_amount']
```

如何让 Python 找到一个模块文件

只要 doubling. py 程序和 interest. py 模块位于同一个文件夹中，就可以很好地工作。然而，如果把 doubling. py 移动到另一个文件夹再运行，就会产生错误：

```
doubling.py
Traceback (most recent call last):
  File "doubling.py", line 1, in <module>
    from interest import days
ImportError: No module named interest
```

除非模块文件和程序文件位于同一个文件夹中，否则需要告诉 Python 在哪里能找到模块。Python 在列表 sys. path 中包含的文件夹里寻找模块。下面的小程序

```
import sys, pprint
pprint.pprint(sys.path)
```

打印出所有被预定义的模块文件夹，然后就可以做下面两件事之一：

（1）将模块文件放在一个 sys. path 包含的文件夹中。

（2）将包含模块文件的文件夹添加到 sys. path 中。

后者有两种方法。第一种方法是在需要用到模块的程序的 sys. path 中显式地插入一个新的文件夹名：

```
modulefolder ='../../pymodules'
sys.path.insert(0, modulefolder)
```

在这个示例路径中，斜线是 UNIX 特有的。在 Windows 中，必须使用反斜线和原始字符串。一个更好的解决办法是将路径表述为 os. path. join(os. pardir, os. pardir, 'mymodules')，这适用于所有平台。

Python 按照文件夹出现在 sys. path 列表中的顺序来搜索它们，所以通过把文件夹作为第一个元素插入，能确保自定义的模块被很快地找到，而且能保证万一 sys. path 的其他文件夹中含有与该模块同名的模块，导入的也是 modulefolder 中的模块。

第二种方法是在 PYTHONPATH 环境变量中指定文件夹名。所有在 PYTHONPATH 中列出的文件夹在一个 Python 程序开始运行时都被自动包含在 sys. path 中。在 Mac 和 Linux 系统中，像 PYTHONPATH 这样的环境变量位于 home 文件夹的 . bashrc 文件中。如果 $ HOME/software/lib/pymodules 是包含 Python 模块的文件夹，典型方法如下：

```
export PYTHONPATH=$HOME/software/lib/pymodules:$PYTHONPATH
```

在 Windows 系统中，右击“我的电脑”（或“计算机”），在快捷菜单中选择“属性”命令，打开“系统属性”对

话框,选择"高级系统设置"选项卡,单击"环境变量"按钮,打开"环境变量"对话框,在"系统变量"选项组下单击"新建"按钮,添加 PYTHONPATH 变量,并将相关的文件夹作为其值。

如何让 Python 运行模块文件

以上的描述是在程序的任何位置导入一个模块的方法。如果想在系统的任何地方将一个模块文件作为程序运行,操作系统会在 PATH 环境变量中搜索程序名 interest.py。所以,必须将 PATH 更新为 interest.py 所在的文件夹。

在 Mac 和 Linux 系统中,可以对 .bashrc 执行和 PYTHONPATH 相同的操作来达到这个目的:

```
export PATH=$HOME/software/lib/pymodules:$PATH
```

在 Window 系统中,按上面介绍的方法启动"系统属性"对话框并找到 PATH 变量。它已经含有很多内容了,所以要将新的文件夹放在最前面或最后面,用分号把它和原来的那些值分隔开。

4.9.8 发布模块

模块通常是其他用户可以利用的软件片段。虽然别人并不会对这个简单的 interest 模块感兴趣,但可以此为例,展示如何将一个模块以最高效的方式发布给其他用户。在 Python 中,标准的方式是将模块和一个叫作 setup.py 的程序一起发布,这样用户只需执行如下操作:

```
Terminal>sudo python setup.py install
```

就可以将模块安装到 sys.path 的一个目录中,该模块就可以在任何地方使用,既可以被作为模块导入 Python 程序中,也可以作为一个单独的程序运行。

一个模块文件的 setup.py 文件非常短:

```
from distutils.core import setup
setup(name='interest',
    version='1.0',
    py_modules=['interest'],
    scripts=['interest.py'],
    )
```

如果只想导入模块而不需要将它作为程序运行,scripts 这一项可以不写。向列表中添加更多的模块也是很简单的。

一个在 Ubuntu 系统上运行 setup.py 文件的用户将看到,interest.py 被复制到系统文件夹/usr/local/lib/python2.7/dist-packages 和/usr/local/bin,前一个文件夹是给模块文件的,后一个文件夹则是给可执行的程序的。

备注:发布一个单一的模块文件可以通过上述方式完成;但如果有两个或更多的模块文件作为一个整体,那么应该创建一个包。

4.9.9 使软件在互联网上可用

在今天,发布软件意味着使软件在一个主流的项目托管网站(如 GitHub 或 Bitbucket)上可用。通常在自己的计算机上开发和维护项目文件,最后将软件推到云中,以便其他人也可以获得该软件的更新版本。上述网站都十分支持软件的协作开发。

如果还没有 GitHub 账户,那么注册一个。进入账户设置页面,提供一个 SSH 密钥(通常为文件

～/. ssh/id_rsa. pub），这样就可以与 GitHub 通信而不必输入密码。

要创建一个新的项目，在主页上单击 new repository 按钮，并填写项目名称。单击 check 按钮来初始化这个库，同时产生一个 README 文件，然后单击 create repository 按钮。在下一步克隆（复制）GitHub repository 到自己的计算机，然后添加文件。典型的克隆命令是

```
Terminal>git clone git://github.com:username/projname.git
```

其中 username 是自己的 GitHub 用户名，projname 是 repo sitory 的名字。git 克隆的结果是产生一个 projname 目录。转到这个目录并添加文件。即，将 setup. py 和 interest. py 复制到这个文件。最好同时写一个简短的 README 文件，解释该项目是关于什么的。执行以下 git 命令：

```
Terminal>git add .
Terminal>git commit -am 'First registration of project files'
Terminal>git push origin master
```

以上 git 命令和另外几条命令一起构成了当今软件项目的程序员的工作本质，不管项目大小。强烈建议读者了解关于版本控制系统和项目托管网站的更多知识。这些工具在本质上和 Dropbox 以及 Google Drive 差不多，但在与他人合作方面更为强大。

现在项目文件已经存储在云 https：//github. com/username/projname 中。任何人都可以通过上面的 git 克隆命令或通过单击压缩文件的链接来获取这个软件。

每次更新项目文件时，需要按如下方式在 GitHub 上注册更新：

```
Terminal>git commit -am 'Description of the changes you made…'
Terminal>git push origin master
```

现在，GitHub 上的文件就和本地计算机的文件同步了。

以上简要介绍了如何将软件项目放到云端并对他人开放。上述 interest 模块的 GitHub 地址是 https：//github. com/hplgit/interest-primer。

4.10 Python 2 和 Python 3 的代码

本书使用 Python 2.7。Python 有一个更新的版本叫 Python 3（当前最新的版本是 3.9）。不幸的是，Python 2 程序不兼容于 Python 3，反之亦然。Python 新手通常被告知要选择版本 3 而不是版本 2，因为前者有很多改进，代表了编程语言的未来。然而，对于科学计算，版本 3 缺乏许多有用的库，这就是本书仍使用 Python 2.7 的原因。

4.10.1 Python 2 和 Python 3 的基本差异

Python 2 和 Python 3 的主要区别是什么？此处只讲 3 个差异，它们都涉及本书前面用到的语句。

打印语句的变化
以下是 Python 2 中打印语句的一些示例：

```
a =1
print a
print 'The value of a is', a
print 'The value of a is', a,          #comma prevents newline
```

```
b =2
print 'and b=%g' %b
```

在 Python 3 中,print 语句不再是一个语句,而是一个函数。上面的代码需要写成

```
a =1
print(a)
print('The value of a is', a)
print('The value of a is', a, end=' ')        #end='' prevents newline
b =2
print('and b=%g' %b)
```

整数除法在 Python 3 中不再是问题

表达式 1/10 在 Python 2 中等于 0,而在 Python 3 中等于 0.1。然而,还是有很多计算机语言和工具把 1/10 解释为整数除法,因此,强烈建议程序员显式地将其中一个操作数转换成浮点数,如 1.0/10,而不是依赖于特定的语言来把整数除法解释为浮点数除法。

raw_input 函数在 Python 3 中改为 input

Python 2 代码

```
a =float(raw_input('Give a: '))
```

在 Python 3 中变成

```
a =float(input('Give a: '))
```

需要注意的是,在 Python 2 中有一个 input 函数,它等于对 raw_input 使用 eval:

```
a =input('Give a: ')  #Python 2!
#Equivalent to
a =eval(raw_input('Give a: '))
```

4.10.2　将 Python 2 代码转换为 Python 3 代码

假设已经编写了一些 Python 2 代码,并希望在 Python 3 下运行它们。强烈建议为程序创建一种通用版本以便能同时在 Python 2 和 Python 3 环境下运行。使用 future 包(通过 pip install future 安装)很容易做到这一点。

在 future 包中有一个程序——futurize 可以重写. py 文件,使之能在 Python 2 和 Python 3 环境下工作。以文件 c2f_qa. py 为例:

```
C =raw_input('C=?')
C =float(C)
F =9.0/5 * C +32
print F
```

然后通过如下方式转换:

```
Terminal>futurize -w c2f_qa.py
```

现在 c2f_qa.py 内容如下：

```
from __future__ import print_function
from builtins import input
C = input('C=? ')
C = float(C)
F = 9.0/5 * C + 32
print(F)
```

可以看到 raw_input 的调用已被更改为 input，print 语句变成了调用 print 函数。下面的命令显示了新文件如何在两个版本的 Python 上运行：

```
Terminal>python2 c2f_qa.py
C=? 21
69.8
Terminal>python3 py3/c2f_qa.py C=? 21
69.80000000000001
```

上面的测试要求计算机已经安装了 Python 3。

需要注意的是，如果把文件中的除法 9.0/5 改成 9/5，futurize 不会对这个表达式执行浮点数除法（即 Python 2 的语法含义没有改变）。如果希望用 Python 3 的方式解释所有的语法，那么需要添加--all-imports 选项：

```
Terminal>futurize -w --all-imports c2f_qa.py
```

结果为

```
from __future__ import unicode_literals
from __future__ import print_function
from __future__ import division
from __future__ import absolute_import
from future import standard_library
standard_library.install_aliases()
from builtins import input
from builtins import *
C = input('C=? ')
C = float(C)
F = 9/5 * C + 32
print(F)
```

现在，9/5 代表浮点数除法，并且该程序在两个 Python 版本下都能运行。

通常情况下，若不希望 futurize 改写原始的 Python 2 程序，则用如下的方法可以很容易让它生成一个子文件夹而不是更新版本：

```
Terminal>futurize -w -n -o py23 c2f_qa.py
```

上面的命令产生的 c2f_qa.py 的新版本位于 py23/c2f_qa.py 中。

本书中的大多数程序使用命令行输入,程序员应该自己解决任何与整数除法有关的问题,因此,到目前为止,对程序运行 futurize,看到的只是 print 语句的改变。当使用更多的对象和模块时,Python 2 和 Python 3 会有更大的差别。在 6.6 节中包含这方面的更多信息。

4.11 本章小结

4.11.1 本章主题

提示和应答输入

提示用户输入并读取应答作为变量是通过语句实现的:

```
var = raw_input('Give value: ')
```

该 raw_input 函数返回一个用户按下回车键之前在键盘上输入的所有字符构成的字符串。如果想对 var 进行算术运算,那么必须将 var 转换成一个合适的对象(例如 int 对象或 float 对象)。有时,利用以下语句

```
var = eval(raw_input('Give value: '))
```

是将字符串转换成正确类型的对象(整数、实数、列表、元组等)的灵活且简单的方法。然而,除非在输入时将文本包含在引号里,否则最后一个语句将不起作用。将任意不带引号的文本转换成正确对象的一般转换方法是 scitools.misc.str2obj:

```
from scitools.misc import str2obj
var = str2obj(raw_input('Give value: '))
```

例如,输入 3,使得 var 指向一个 int 型变量;输入 3.14,则生成一个 float 变量;输入[−1,1],生成列表;输入(1,3,5,7),生成一个元组;输入 some text,则生成一个字符串'some text'。运行 str2obj_demo.py 来体会这些功能。

获取命令行参数

sys.argv[1:]列表包含提供给一个程序的所有命令行参数(sys.argv[0]保存程序名)。在 sys.argv 中,所有元素都是字符串。一个典型的用法是

```
parameter1 = float(sys.argv[1])
parameter2 = int(sys.argv[2])
parameter3 = sys.argv[3]          #parameter3 can be string
```

使用 option-value 对

推荐使用 argparse 模块来解释命令行中以名-值对的形式输入的参数。以下是一个利用 argparse 模块进行简单参数解析的例子:

```
import argparse
parser = argparse.ArgumentParser()
parser.add_argument('--p1', '--parameter_1', type=float,
                    default=0.0, help='1st parameter')
```

```
parser.add_argument('--p2', type=float,
                    default=0.0, help='2nd parameter')
args =parser.parse_args()
p1 =args.p1
p2 =args.p2
```

根据上面的代码，在命令行中可以使用以下几种选项：

```
--parameter_1 --p1 --p2
```

其中每个选项必须赋予适当的值。不过，argparse 模块的使用也相当灵活，可以轻松处理选项没有赋予值或命令行参数没有任何规约的情况。

在线生成代码

调用 eval(s)将 Python 字符串内容 s 转换为代码，效果与直接写入程序代码一样。以下 eval 函数调用的结果是返回一个包含数字 21.1 的 float 对象：

```
>>>x =20
>>>r =eval('x +1.1')
>>>r
21.1
>>>type(r)
<type 'float'>
```

exec 函数可以接收一个带有任意 Python 代码的字符串作为参数并执行代码。例如：

```
exec("""
def f(x):
    return %s
""" %sys.argv[1])
```

sys. argv[1]中的内容和直接将其硬编码到程序中是一样的。

将字符串形式的公式转换为 Python 函数

给定字符串形式的数学公式 s，可将此公式转换为可调用的 Python 函数 f(x)，如下所示：

```
from scitools.std import StringFunction

f =StringFunction(s)
```

字符串形式的公式可以包含参数和一个非 x 的自变量：

```
Q_formula ='amplitude * sin(w * t-phaseshift)'
Q =StringFunction(Q_formula, independent_variable='t',
                amplitude=1.5, w=pi, phaseshift=0)
values1 =[Q(i * 0.1) for t in range(10)]
Q.set_parameters(phaseshift=pi/4, amplitude=1)
values2 =[Q(i * 0.1) for t in range(10)]
```

Python 也支持多个自变量的字符串形式的函数：

```
f =StringFunction('x+y**2+A', independent_variables=('x', 'y'), A=0.2)
x =1; y =0.5
print f(x, y)
```

文件操作

读取或写入文件时，首先需要打开文件、以便进行读取、写入或添加操作：

```
infile  =open(filename, 'r')      #read
outfile =open(filename, 'w')      #write
outfile =open(filename, 'a')      #append
```

或者

```
with open(filename, 'r') as infile:      #read
with open(filename, 'w') as outfile:     #write
with open(filename, 'a') as outfile:     #append
```

此外，还有 4 种基本的读取命令：

```
line =infile.readline()          #read the next line
filestr =infile.read()           #read rest of file into string
lines =infile.readlines()        #read rest of file into list
for line in infile:              #read rest of file line by line
```

文件写入通常是通过重复使用以下命令实现的：

```
outfile.write(s)
```

其中 s 是一个字符串。与 print 不同，在 outfile 中没有添加换行符。

读取或写入完成后，必须关闭该文件：

```
somefile.close()
```

不过，如果使用 with 语句来读取或写入文件，则无须关闭文件：

```
with open(filename, 'w') as outfile:
    for var1, var2 in data:
        outfile .write('%5.2f %g\n' % (var1, var2))
#outfile is closed
```

异常处理

使用 try-except 块测试潜在错误：

```
try:
    <statements>
except ExceptionType1:
```

```
    <provide a remedy for ExceptionType1 errors>
except ExceptionType2, ExceptionType3, ExceptionType4:
    <provide a remedy for three other types of errors>
except:
    <provide a remedy for any other errors>
...
```

最常见的异常类型是未定义变量（NameError）、操作中出现非法值（TypeError）以及索引超出列表范围（IndexError）。

产生异常

当程序遇到某些错误时，程序员可以通过下面的方式产生异常：

```
if z < 0:
    raise ValueError('z=%s is negative -cannot do log(z)' %z)
r = log(z)
```

模块

通过将一组函数放在文件中可以创建模块。文件名（去除扩展名 py）为模块名。只有当模块位于要导入它的程序所在的文件夹或 sys. path 列表中包含的文件夹中时，程序才能导入该模块（有关如何处理此潜在问题，参见 4.9.7 节）。另外，模块文件可以在末尾添加特殊的 if 构造块，称为测试块，其用途是测试模块或演示其用法。仅当模块文件作为程序运行时，才可以在另一个程序导入该模块时执行测试块。

术语

本章涉及的计算机术语和 Python 工具主要如下：

- 命令行。
- sys. argv。
- raw_input。
- eval 和 exec。
- 文件读写。
- 异常处理和抛出异常。
- 模块。
- 测试块。

4.11.2 示例：二分查找

问题

作为本章的总结示例，本示例给出了求解关于 x 的形式 $f(x)=0$ 的非线性方程的二分方法的实现。例如，等式

$$x = 1 + \sin x$$

将所有项移动到左侧并定义 $f(x)=x-1-\sin x$，则可以 $f(x)=0$ 的形式求解。如果 x 是该等式的解，就说 x 是等式 $f(x)=0$ 的根。非线性方程 $f(x)=0$ 可以有 0 个、1 个、几个或无限多个根。

用数值方法计算根，通常仅能得到近似结果，即 $f(x)$ 不是精确为 0，而是非常接近 0。更准确地说，近似根 x 满足 $|f(x)| \leqslant \varepsilon$，其中 ε 是一个很小的数字。寻找根的方法具有迭代性：从根的粗略近似值开始，重复执行步骤以修正近似值。利用计算根的二分方法可以保证找到近似根，而其他方法，例如广泛使用的牛顿法（参见附录 A 的 A.1.10 节），则可能无法找到根。

二分方法的思想是以含 $f(x)$ 的根的区间 $[a, b]$ 开始。在 $m=(a+b)/2$ 处二分,如果 $f(x)$ 在左半区间 $[a, m]$ 中改变符号,则使用此区间,否则使用右半区间 $[m, b]$。重复此过程多次(例如 n 次),最后保证根在长度为 $2^{-n}(b-a)$ 的区间内。本示例任务就是编写一个实现二分方法并验证这一实现的程序。

解答

为了实现二分方法,将前面的描述转换为精确的算法,该算法几乎可以直接转换为计算机代码。由于区间的减半重复多次,很自然需要利用循环进行此操作。首先从区间 $[a,b]$ 开始。如果根一定在区间的右半部分,则调整 a 为 m;如果根一定在左半部分,则将 b 调整为 m。可以用接近计算机代码的语言精确地表达算法:

```
for i in range(0, n+1):
    m = (a +b)/2
    if f(a) * f(m) <=0:
        b=m #rootisinlefthalf
    else:
        a=m #rootisinrighthalf


#f(x) has a root in [a,b]
```

图 4.2 展示了用于求解 $\cos \pi x=0$ 的算法前 4 次迭代,其初始区间为 $[0,0.82]$。这些图由程序 bisection_ movie.py 自动生成。对于此特定示例,运行该程序的命令如下:

```
bisection_movie.py 'cos(pi * x)' 0 0.82
```

第一个命令行参数是 f(x) 的公式,第二个是 a,最后一个是 b。

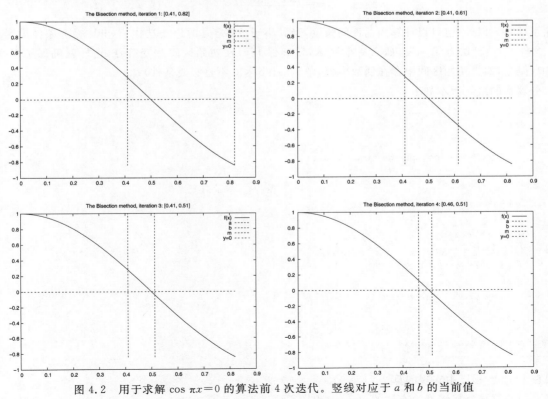

图 4.2 用于求解 $\cos \pi x=0$ 的算法前 4 次迭代。竖线对应于 a 和 b 的当前值

在上面列出的算法中，在每个 if 检验中重新计算 f(a)，但如果 a 在上次 f(a) 计算后没有改变，则不需要这样做。数值编程是一个很好的习惯，可以避免冗余工作。在现代计算机上，二分算法通常运行得很快，可以完成较大的计算量。但是，如果 f(x) 不是一个简单的公式，而是通过程序中的综合计算才能得出结果，则 f 的值检验可能需要几分钟甚至几小时，因此减少二分算法中的检验次数非常重要。因此，在上面的算法中引入额外的变量，以便在 for 循环的每次迭代中保存 f(m) 用于检验。

```
f_a = f(a)
for i in range(0, n+1):
m = (a +b)/2
    f_m = f(m)
    if f_a * f_m <= 0:
        b = m   # root is in left half
    else:
        a = m   # root is in right half
        f_a = f_m


# f(x) has a root in [a,b]
```

要执行上面的算法，需要指定 n，并确保根位于最大范围的区间内。在 n 次迭代之后，当前区间的长度为 $2^{-n}(b-a)$。$[a,b]$ 是初始区间。使当前区间足够小，即

$$2^{-n}(b-a) = \varepsilon$$

的迭代次数为

$$n = -\frac{\ln \varepsilon - \ln(b-a)}{\ln 2} \tag{4.6}$$

除了计算 n 以外，也可以计算当前区间长度，当其小于或等于 ε 时停止迭代。while 循环条件设置为 $b-a \leqslant \varepsilon$。此外，为使算法万无一失，插入一个测试，以确保 f(x) 在初始区间改变符号，这样就确保了根在区间 $[a,b]$ 中（但是，如果初始区间中存在偶数个根，则 f(a)f(b)<0 不是必要条件）。

二分算法的最终版本如下：

```
f_a=f(a)
if f_a * f(b) >0:
    #error: f does not change sign in [a,b]


i=0
while b-a >epsilon:
    i=i+1
    m = (a +b)/2 f_m =f(m)
    if f_a * f_m <=0:
        b=m #rootisinlefthalf
    else:
        a=m #rootisinrighthalf
        f_a =f_m


# if x is the real root, |x-m| <epsilon
```

这是要在 Python 程序中实现的算法。

将上面的算法直接转换为有效的 Python 程序需要进行一些小改动：

```
eps =1E-5
a, b =0, 10

fa =f(a)
if fa * f(b) >0:
    print 'f(x) does not change sign in [%g,%g].' % (a, b)
    sys.exit(1)

i=0                     #iteration counter
while b-a >eps:
    i +=1
    m =(a +b)/2.0
    fm =f(m)
    if fa * fm <=0:
        b=m             #rootisinlefthalfof[a,b]
    else:
        a=m             #rootisinrighthalfof[a,b]
        fa =fm
    print 'Iteration %d: interval=[%g, %g]' % (i, a, b)

x=m                     #this is the approximate root
print 'The root is', x, 'found in', i, 'iterations'
print 'f(%g)=%g' % (x, f(x))
```

该程序位于文件 bisection_v1. py 中。

验证

为了验证在 bisection_v1. py 中实现的功能,选择一个已知根的线性函数 $f(x)=2x-3$,可知 $x=3/2$ 是 f 的根。从上面的源代码可以看出,在 while 循环中插入了一个 print 语句来控制程序。运行程序会产生以下输出:

```
Iteration 1: interval= [0, 5]
Iteration 2: interval= [0, 2.5]
Iteration 3: interval= [1.25, 2.5]
Iteration 4: interval= [1.25, 1.875]
…
Iteration 19: interval= [1.5, 1.50002]
Iteration 20: interval= [1.5, 1.50001]
The root is 1.50000572205 found in 20 iterations
f(1.50001)=1.14441e-05
```

输出结果表明程序有效。要进一步验证,则应当手工计算前 3 次的迭代结果并与程序结果进行比较。

编写函数

此前实现的二分算法可以满足多种用途。当解决一个新的 f(x)=0 的问题时,只需更改程序中的 f(x) 函数即可。但是,如果在另一个上下文中遇到另一个程序中的 f(x)=0 问题,则必须将二分算法重新进行设置。尽管在实践中很简单,但它需要一些工作,并且很容易出错。而如果将该算法作为模块中的函数,导入并调用函数,通过二分算法求解 f(x)=0 的任务更加简单和安全,程序也更简洁。

```
def bisection(f, a, b, eps):
    fa =f(a)
```

```
        if fa * f(b) > 0:
            return None, 0

        i = 0                    #iteration counter
        while b-a > eps:
            i += 1
            m = (a +b)/2.0
            fm = f(m)
            if fa * fm <= 0:
                b = m            #root is in left half of [a,b]
            else:
                a = m            #root is in right half of [a,b]
                fa = fm
        return m, i
```

有了函数定义之后，测试程序如下：

```
def f(x):
    return 2 * x - 3          #one root x=1.5

x, iter = bisection(f, a=0, b=10, eps=1E-5)
if x is None:
    print 'f(x) does not change sign in [%g,%g].' % (a, b)
else:
    print 'The root is', x, 'found in', iter, 'iterations'
    print 'f(%g)=%g' % (x, f(x))
```

完整的程序代码在 bisection_v2. py 中。

编写测试函数

不同于使用主程序验证程序功能，本示例按照 4.9.4 节中的描述在 test_bisection. py 中编写了一个测试函数。将上面的语句移到函数内部，删除输出语句，改为生成布尔变量。如果测试通过则为 True，然后执行"assert success, msg"；如果测试失败，将中止程序。msg 变量是一个包含更多解释测试失败信息的字符串。具有这种结构的测试功能很容易集成到广泛使用的测试框架 nose 和 pytest 中。因此，检查根与精确根的距离的代码变为

```
def test_bisection():
    def f(x):
        return 2 * x - 3                    #one root x=1.5

    eps = 1E-5
    x_expected = 1.5
    x, iter = bisection(f, a=0, b=10, eps=eps)
    success = abs(x - x_expected) < eps     #test within eps tolerance
    assert success, 'found x=%g !=1.5' % x
```

编制模块

将二分算法用函数实现的原因是可以在其他程序中导入此函数来求解 f(x)＝0 方程。因此，需要制作一个模块文件（名为 bisection. py），以便其他程序导入，例如：

```
from bisection import bisection
x, iter =bisection(lambda x: x**3 +2 * x -1, -10, 10, 1E-5)
```

模块文件不应该执行主程序,而只需定义函数、导入模块和定义全局变量。主程序的执行必须在测试块中,否则 import 语句将开始执行主程序,导致另一个求解不同的 $f(x)=0$ 方程的程序语句被执行。

```
if __name__ =='__main__':
    test_bisection()
```

这就是将文件 bisection_v2.py 转换为模块文件 bisection.py 所需的全部内容。

定义用户接口

为了拓展二分模块的功能,下面定义一个用户接口,这样就可以解决实际的 $f(x)=0$ 问题,其中 $f(x)$、a、b 由用户在命令行中输入。专用函数可以从命令行读取并将数据作为 Python 对象返回。为了读取函数 $f(x)$,可以在命令行参数上应用 eval 函数,或者使用 4.3.3 节中更复杂的 StringFunction 工具。eval 函数需要从 math 模块导入,以备用户在 $f(x)$ 的表达式中应用 eval 函数。而 StringFunction 则不是必需的。

用于从命令行获取输入的 get_input 函数可以实现为

```
def get_input():
    """Get f, a, b, eps from the command line."""
    from scitools.std import StringFunction
    try:
        f =StringFunction(sys.argv[1])
        a =float(sys.argv[2])
        b =float(sys.argv[3])
        eps =float(sys.argv[4])
    except IndexError:
        print 'Usage %s: f a b eps' %sys.argv[0]
        sys.exit(1)
    return f, a, b, eps
```

为了解决其对应的 $f(x)=0$ 问题,在测试块中的 if 测试中添加一个分支:

```
if __name__ =='__main__':
    import sys
    if len(sys.argv) >=2 and sys.argv[1] =='test':
        test_bisection()
    else:
        f, a, b, eps =get_input()
        x, iter =bisection(f, a, b, eps)
        print 'Found root x=%g in %d iterations' % (x, iter)
```

期望的模块属性

这里的 bisection.py 代码是一个完整的模块文件,具有 Python 模块所需的以下功能:
- 其他程序可以导入二分函数。
- 模块可以测试自己(使用与 pytest 或者 nose 测试框架兼容的测试功能)
- 模块文件可以通过用户接口运行,用户通过用户接口可以根据具体问题指定 $f(x)$ 的公式以及参数 a、b。

使用模块

假设想使用二分模块求解 $x/(x-1)=\sin x$。步骤是什么？首先，必须将公式重新表示为 $f(x)=0$，即 $x/(x-1)-\sin x=0$，或者两边同时乘以 $x-1$，得到 $x-(x-1)\sin x=0$。

需要识别根所在的区间。通过针对某些点 x 验证 $f(x)$ 可以用试错法确定区间。更方便的方法是绘制函数 $f(x)$ 的曲线图并直观地确定根的位置。第 5 章描述了具体技术，这里只简单地说明这个方法。启动 ipython-pylab 并编写以下代码：

```
In [1]: x = linspace(-3, 3, 50)         #generate 50 coordinates in [-3,3]

In [2]: y = x - (x-1) * sin(x)

In [3]: plot(x, y)
```

图 4.3 展示了 $f(x)$ 的函数曲线图，从中可以清楚地看到，$[-2,1]$ 是一个合适的区间。

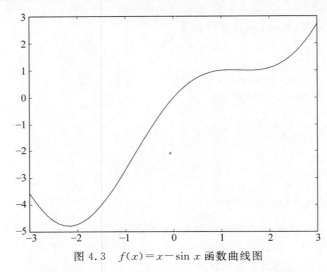

图 4.3　$f(x)=x-\sin x$ 函数曲线图

下一步是运行二分算法。有两种可能性：

- 编写一个计算 $f(x)$ 的程序并调用二分函数。
- 直接运行 bisection.py 程序。

后一种方法最简单：

```
bisection.py "x - (x-1) * sin(x)" -2 1 1E-5
Found root x=-1.90735e-06 in 19 iterations
```

若采用前一种方法，程序如下：

```
from bisection import bisection
from math import sin

def f(x):
    return x - (x-1) * sin(x)
```

```
x, iter =bisection(f, a=-2, b=1, eps=1E-5)
print x, iter
```

潜在的程序问题

尝试解决以下两个问题：

- $x = \tanh x$，初始区间为 $[-10, 10]$，$\varepsilon = 10^{-6}$。
- $x^5 = \tanh x^5$，初始区间为 $[-10, 10]$，$\varepsilon = 10^{-6}$。

以上两个方程都有唯一的根：$x = 0$。

```
bisection.py "x-tanh(x)" -10 10
Found root x=-5.96046e-07 in 25 iterations

bisection.py "x**5-tanh(x**5)" -10 10
Found root x=-0.0266892 in 25 iterations
```

这两个结果看起来很奇怪，在这两种情况下，初始区间 $[-10, 10]$ 二分 25 次，但在第二种情况下，尽管 ε 相同，最终结果的准确度要低得多。仔细检查二分算法，发现不准确是由舍入误差引起的。当 $a, b, m \to 0$ 时，在 $f(x)$ 的表达式中将小数字增加到五次方，产生的结果要小得多。从另一个非常小的数字 x^5 中减去非常小的数字，$\tanh x5$ 可能会导致带有错误符号的小数字，然而 f 的符号在二分算法中是必不可少的。建议通过使用 bisection_plot.py 程序在较小的区间 $[-1, 1]$ 内运行这两个示例，以图形方式验证此现象，以便更好地了解发生了什么。bisection_plot.py 程序的命令行参数是'x-tanh(x)' $-1\,1$ 和'x $**$ 5-tanh(x $**$ 5)' $-1\,1$。后者在 $f(x) \approx 0$ 处图像很平坦。此外，$x \in [-1/2, 1/2]$ 很好地说明了很难找到准确根的原因。

分发二分法模块

运行 setup.py 程序来安装系统：

Terminal> sudo python setup.py install

在 4.9.8 节中给出了二分模块的 setup.py 文件，可以将 bisection.py 和 setup.py 一起分发。

4.12　习题

习题 4.1: 创建一个交互式程序。
编写一个程序，向用户询问华氏度值并读取该数字，计算相应的摄氏度值，然后打印出来。
文件名：ex4-01-f2c_qa.py。

习题 4.2: 从命令行读取一个数字。
修改习题 4.1 的程序，从命令行读取华氏度值。
文件名：ex4-02-f2c_cml.py。

习题 4.3: 从文件中读取一个数字。
修改习题 4.1 的程序，从文件中读取华氏度值，文件内容如下：

```
Temperature data
----------------
Fahrenheit degrees: 67.2
```

提示：创建一个新文件。在程序中，跳过前两行，将第 4 行分割成单词，并取第 3 个单词。

文件名：ex4-03-f2c_file_read.py。

习题 4.4: 从文件读取和向文件写入一些数字。

对习题 4.3 的程序进行扩展，即文件中有许多摄氏度值，把它们全部读入一个列表中，然后转换成摄氏度值。接着，打印一个含有两列的文件，左列是华氏度值，右列是摄氏度值。

输入文件的格式如下：

```
Temperature data
----------------
Fahrenheit degrees: 67.2
Fahrenheit degrees: 66.0
Fahrenheit degrees: 78.9
Fahrenheit degrees: 102.1
Fahrenheit degrees: 32.0
Fahrenheit degrees: 87.8
```

一个示例文件是 Fdeg. dat.

文件名：ex4-04-f2c_file_read_write.py。

习题 4.5: 用异常处理输入错误。

扩展习题 4.2 中的程序，向其中加入一个 try-except 块来处理命令行缺失华氏度值输入时的潜在问题。

文件名：ex4-05-f2c_cml_exc.py。

习题 4.6: 从键盘上读取输入。

写一个读取用户输入的程序，对输入使用 eval 函数，然后打印出结果的类型和值。通过提供 5 种输入类型来测试这个程序：整数、实数、复数、列表、元组。

文件名：ex4-06-objects_qa.py。

习题 4.7: 从命令行读取输入。

a. 编写一个程序，保存对第一个命令行参数使用 eval 函数的结果。打印这个对象和它的类型。

b. 运行该程序，提供不同类型的输入进行测试：整数、实数、列表、元组。

提示： 在 UNIX 系统中，在命令行中需要把元组包含在引号中，这样 UNIX shell 才不会报错。

c. 尝试把字符串 this is a string 作为命令行参数。为什么字符串会导致错误？解决办法是什么？

文件名：ex4-07-objects_cml.py。

习题 4.8: 试着用 Word 或 LibreOffice 写一个程序。

本习题的目的是体会一下用标准文字处理软件写 Python 程序有多困难。

a. 将下面的单行程序输入 Word 或 LibreOffice：

```
print "Hello, World!"
```

Word 和 LibreOffice 都会"自作聪明"地自动将 print 变成 Print，因为一个句子总是应该以大写字母开头。这说明文字处理软适合书写文档，但不适合编写计算机程序。

b. 将程序保存为一个 .docx(Word)或 .odt(LibreOffice)文件。现在，尝试把它作为 Python 程序来运行。得到了什么样的错误信息？能解释原因吗？

c. 在 Word 或 LibreOffice 中将程序保存为一个 .txt 文件并把它作为 Python 程序来运行。现在发生了什么？试着找出问题。

习题 4.9: 提示用户为算式输入。

考虑计算公式 $y(t) = v_0 t - \frac{1}{2} g t^2$ 的最简单的程序：

```
v0 = 3; g = 9.81; t = 0.6
y = v0 * t - 0.5 * g * t**2
print y
```

修改这段代码,使得程序向用户询问问题 t=? 和 v0=?,然后从用户的键盘输入中获取 t 及 v0。

文件名:ex4-09-ball_qa。

习题 4.10: 从命令行读取公式中的参数

修改习题 4.9 中给出的程序,从命令行读取 v0 和 t。

文件名:ex4-10-ball_cml. py。

习题 4.11: 使用异常处理来解决输入缺失问题。

习题 4.10 中的程序从命令行读取输入。加入异常处理来扩展该程序,以便检测缺少的命令行参数。在 except IndexError 块中,使用 raw_input 函数向用户索取缺失的输入数据。

文件名:ex4-11-ball_cml_qa。

习题 4.12: 测试输入数据的有效性。

测试习题 4.10 里读入的数据值是否介于 0 和 $2v_0/g$ 之间。如果不是,打印错误信息并终止程序。

文件名:ex4-12-ball_cml_tcheck. py。

习题 4.13: 在输入错误的情况下引发异常。

在判断 t 值的合法性的 if 测试里引发一个异常,来代替习题 4.12 中显式地打印错误和终止程序的方式。在异常信息中告知用户 t 的合法区间。

文件名:ex4-13-ball_cml_ValueError. py。

习题 4.14: 用文件中的数据计算公式。

考虑公式 $y(t) = v_0 t - 0.5gt^2$,现在想对许多不同的 t 求对应的 y 值,t 值在一个文件中,文件形式如下:

```
v0: 3.00
t:
0.15592  0.28075   0.36807889 0.35 0.57681501876
0.21342619  0.0519085   0.042   0.27   0.50620017 0.528
0.2094294  0.1117  0.53012  0.3729850  0.39325246
0.21385894  0.3464815  0.57982969  0.10262264
0.29584013  0.17383923
```

更确切地说,文件前两行总是存在的,而接下来的每行中包含任意数量的 t 值,它们由一个或多个空格分隔。

a. 写一个函数,读取输入文件并返回 v0 和一个 t 值的列表。样本文件是 ball. dat。

b. 写一个产生输入文件的测试函数,在 a 中调用这个函数来读取文件,然后检查返回的数据是否正确。

c. 写一个函数,产生一个包含两列数据的文件,左边的列代表 t 值,右边的列代表对应的 y 值。让 t 值按照从小到大的顺序排列(注意,输入文件并不要求 t 值是已排序的)。

文件名:ex4-14-ball_file_read_write. py。

习题 4.15: 给定测试函数,写出函数本身。

在 IT 行业中,一个常用的软件开发技术是在编写函数本身之前先编写测试函数。

a. 编写函数 halve(x),它返回其参数 x 的一半。测试函数如下:

```
def test_halve():
    assert halve(5.0) == 2.5      # Real number division
    assert halve(5) == 2          # Integer division
```

写出函数 halve。调用 test_halve(或运行 pytest 或 nose)来验证 halve 是否正确。

b. 编写函数 add(a,b)，返回参数 a 与 b 的和。测试函数如下：

```
def test_add():
    #Test integers
    assert add(1, 2) ==3

    #Test floating-point numbers with rounding error
    tol =1E-14
    a=0.1; b=0.2
    computed =add(a, b)
    expected =0.3
    assert abs(expected -computed) <tol

    #Test lists
    assert add([1,4], [4,7]) ==[1,4,4,7]

    #Test strings
    assert add('Hello, ', 'World!') =='Hello, World!'
```

写出相应的 add 函数。调用 test_halve(或运行 pytest 或 nose)来验证 add 是否正确。

c. 编写一个函数 equal(a, b) 来判断两个字符串 a 和 b 是否相等。如果相等，函数返回 True 和字符串 a。如果不相等，函数返回 False 和另一个显示两者区别的字符串。它包含 a 和 b 中相同的字母，而不同的字母用 | 符号分隔开来。当两者的长度不等时，将短的那个字符串末尾填充 * 来显示不同。例如，equal('abc'，'aBc') 的返回值是 False 和'ab|Bc'，而 equal('abc'，'aBcd') 的返回值是 False 和'ab|Bc * |d'。下面是测试函数：

```
def test_equal():
    assert equal('abc', 'abc') ==(True, 'abc')
    assert equal('abc', 'aBc') ==(False, 'ab|Bc')
    assert equal('abc', 'aBcd') ==(False, 'ab|Bc * |d')
    assert equal('Hello, World!', 'hello world') ==\
        (False, 'H|hello,|  |wW|oo|rr|ll|dd|* !|* ')
```

文件名：ex4-15-testfunc2func. py。

习题 4.16: 计算汽车停止所需的距离。

以速度 v_0 行驶的汽车上，司机突然踩下制动器，需要多远的制动距离才能使车停下来？从牛顿第二定律或对应的能量方程式推导出制动距离：

$$d = \frac{1}{2} \frac{v_0^2}{\mu g} \tag{4.7}$$

写一个程序来计算式(4.7)中的 d，其中车的初始速度 v_0 和摩擦系数 μ 从命令行给出。用两组数据运行该程序：$v_0 = 120 km/h$ 和 $v_0 = 50 km/h$，$\mu = 0.3$(μ 无单位)。

提示：在代入公式求值之前，记得将速度单位从 km/h 换算成 m/s。

文件名：ex4-16-stopping_length. py。

习题 4.17: 查找日历功能。

本习题的目的是编写一个程序，从命令行获取包含年(4 位数)、月(2 位数)和日(1~31)的日期，并打印相应的工作日名称(星期一、星期二等)。Python 自带的 calendar 模块可以使这个习题变得容易，但必须学会怎样使用这个模块。

文件名：ex4-17-weekday. py。

习题 4.18: 使用 StringFunction 工具。

用 4.3.3 节介绍的 StringFunction 工具缩短 4.3.2 节中的 integrate. py 程序。编写一个测试函数来验证这个新的实现。

文件名：ex4-18-integrate2. py。

习题 4.19: 对特定的异常类型进行测试。

最简单的写 try-except 块的方法是测试所有的异常，例如：

```
try:
    C = float(sys.arg[1])
except:
    print 'C must be provided as command-line argument'
    sys.exit(1)
```

将上述语句写入程序并测试程序。那么，这段程序有什么问题？

用户在运行程序时可能忘记提供命令行参数，这是使用 try 块的最初原因。弄清楚这个错误与哪种异常类型相关，并对这种特定类型的异常进行测试，然后重新运行程序。

文件名：ex4-19-unnamed_exception. py。

习题 4.20: 制作一个完整的模块。

a. 写出摄氏度值、开氏度值和华氏度值之间的 6 个转换函数：C2F、F2C、C2K、K2C、F2K 和 K2F。

b. 将这些函数收集在模块 convert_temp 中。

c. 在交互式 Python shell 中导入这个模块并展示一些温度转换的调用示例。

d. 将 c 中的部分插入三引号中，放在模块开头，作为展示模块用法的文档字符串。

e. 编写 test_conversion 函数来验证模块的实现。如果第一个命令行参数是 verify，那么在测试块中调用这个测试函数。

提示：验证 C2F(F2C(f)) 的结果是 f，K2C(C2K(c)) 的结果是 c，K2F(F2K(f)) 的结果是 f（应允许容差）。遵循 4.9.4 节和 4.11.2 节中列出的测试函数的惯例，当测试失败时返回 False，当测试成功时返回 True。在任何一个测试失败的情况下，使用 assert 语句来终止程序。

f. 为这个模块添加一个用户界面，使得用户可以将一个温度值作为第一个命令行参数，相应的温标（即 C、K、F）作为第二个命令行参数，然后输出其他两个温标下的温度值。例如，在命令行输入 21.3 C，输出结果为 70.3 F 294.4 K。将用户界面封装在测试块调用的函数里。

文件名：ex4-20-convert_temp. py。

习题 4.21: 将习题 3.21 的程序组织成为一个模块。

将习题 3.21 中的 f 和 S 函数收集在一个文件里，使其变成一个模块。将制作表格的语句（即习题 3.21 中的主程序）单独置于函数 table(n_values，alpha_values，T) 中。在模块中编写一个测试块来读取 T 和一系列 n、α 的值，并调用相应的 table 函数。

文件名：ex4-21-sinesum2. py。

习题 4.22: 从命令行读取选项和值。

修改习题 4.21 中的程序，使输入是名-值对，其中的选项名可以是-n、-alpha 和-T。在模块文件中提供合理的默认值。

提示：使用 argparse 模块读取命令行参数。不要从 sinesum2 模块中复制代码，而是写一个新的文件，从命令行读取名-值对，并从 sinesum2 模块中导入 table 函数。

文件名：ex4-22-sinesum3. py。

习题 4.23: 检查数学恒等式是否成立。

由于舍入误差,可能发生$(ab)^3 = a^3b^3$在计算机中不成立的情况。测试这个潜在问题的方法是用大量随机数检查恒等式是否成立。可以使用 Python 中的 random 模块产生随机数:

```
import random
a = random.uniform(A, B)
b = random.uniform(A, B)
```

这里,a 和 b 都是大于或等于 A 且小于 B 的随机数。

a. 编写函数 power3_identity(A=−100, B=100, n=1000),对恒等式(a * b)**3 == a**3 * b**3 进行 n (n 应足够大)次测试。返回失败的百分比。

提示:在 n 次循环内部,按如上方法产生随机数 a 和 b,并统计测试结果是 True 的次数。

b. 为将要测试的表达式设置参数。编写 equal 函数:

```
equal(expr1, expr2, A=-100, B=100, n=500)
```

其中 expr1 和 expr2 是包含两个将被测试的算术表达式的字符串。更确切地说,这个函数产生 A 和 B 之间的随机数 a、b 并测试 eval(expr1) == eval(expr2)是否成立。返回测试失败的百分比。

提示:equal 函数应该能处理算术表达式中非法的 a、b 值(例如,$a \leqslant 0$ 对于 ln a 就是非法的)。

c. 测试下面一组恒等式在计算机上的有效性:

- $a-b$ 和 $-(b-a)$。
- a/b 和 $1/(b/a)$。
- $(ab)^4$ 和 a^4b^4。
- $(a+b)^2$ 和 $a^2+2ab+b^2$。
- $(a+b)(a-b)$ 和 a^2-b^2。
- $e^{(a+b)}$ 和 $e^a e^b$。
- ln a^b 和 b ln a。
- ln ab 和 ln a+ln b。
- ab 和 $e^{\ln a + \ln b}$。
- $1/(1/a+1/b)$ 和 $ab/(a+b)$。
- $a(\sin^2 b+\cos^2 b)$ 和 a。
- sinh$(a+b)$ 和 $(e^a e^b - e^{-a} e^{-b})/2$。
- tan$(a+b)$ 和 sin$(a+b)$/cos$(a+b)$。
- sin$(a+b)$ 和 sin a cos b+sin b cos a。

将所有表达式保存在一个二元组的列表中,每个二元组包含两个数学上相等的表达式的字符串,它们可以被 equal 函数传送。打印一个格式良好的表格,每行包含一对相等的表达式和相应的测试失败率。将这个表格写入文件。在产生随机数时让 A=1,B=2 和 A=1,B=100。测试失败率依赖于数字 a 和 b 的大小吗?

文件名:ex4-23-math_identities_failures.py。

习题 4.24: 使用二项分布计算概率。

考虑一个只有两个结果的不确定事件,通常是成功或失败。例如抛硬币,结果是不确定的且有两种类型:正面(可以认为是成功)或反面(失败)。另一个例子是掷骰子,掷出 6 被认为是成功,掷所有其他点数则是失败。这样的实验被称为伯努利试验。

设成功的概率为 p,失败的概率为 $1-p$。如果进行 n 次实验,每次实验的结果不依赖于先前实验的结

果,则成功 x 次、失败 $n-x$ 次的概率为

$$B(x, n, p) = \frac{n!}{x!(n-x)!} p^x (1-p)^{n-x} \qquad (4.8)$$

式(4.8)被称为二项分布。表达式 $x!$ 是 x 的阶乘: $x! = x(x-1)(x-2)\cdots1$。math.factorial 可以完成这个计算。

　　a. 编写函数 binomial(x, n, p)实现式(4.8)。

　　b. 抛硬币 5 次,获得两次正面的概率是多少? 这个概率对应于 $n=5$ 次事件(其中正面代表成功,概率 $p=1/2$),要获得 $x=2$ 次成功。

　　c. 掷一个骰子,连续得到 4 次 1 的概率是多少? 这个概率对应于 $n=4$ 次事件(其中得到 1 代表成功,概率 $p=1/6$),要获得 $x=4$ 次成功。

　　d. 假设某滑雪运动员每 120 次比赛中就会遇到一次雪板折断。因此折断雪板的概率为 $p=1/120$。那么该滑雪运动员在 5 次世界大赛中折断一次雪板的概率 b 是多少?

　　提示:这个问题比前两个问题要求更高一些。要计算雪板折断 1、2、3、4 和 5 次的概率,所以,更简单的做法是计算不折断雪板的概率 c,然后计算 $b=1-c$。定义折断雪板为成功。计算 $n=5$ 次事件、$x=0$ 次成功的概率,其中每一次事件的成功概率 $p=1/120$。最后再计算 b。

　　文件名:ex4-24-Bernoulli_trials.py。

　　习题 4.25: 使用泊松分布计算概率。

　　假设在单位时间内,一个特定的不确定事件(平均)发生 v 次。在一段时间 t 内,该事件发生 x 次的概率大致为

$$P(x, t, v) = \frac{(vt)^x}{x!} e^{-vt} \qquad (4.9)$$

这个公式称为泊松分布(可以看到,式(4.9)是基于式(4.8)的。在式(4.8)中,将一个小的时间间隔 t/n 内事件的发生概率设为 $p=vt/n$,然后令 $n \to \infty$)。一个重要的假设是所有事件彼此独立,并且事件发生的概率不随时间而显著改变。这在概率理论中被称为泊松过程。

　　a. 编写函数 Poisson(x, t, nu)实现式(4.9),编写一个程序从命令行读取 x、t 和 v,然后打印 P(x,t,v)。使用此程序解决以下问题。

　　b. 晚上在某条街上等出租车。平均来说,在这个时间,每小时有 5 辆出租车通过这条街。30min 没有等到出租车的概率是多少? 因为在 1h 内有 5 个事件,所以 $v=5$,要求的概率为 P(0,1/2,5)。等 2h 才等到出租车的概率是多少? 如果有 8 人,需要两辆出租车,那么 20min 内有两辆出租车到达的概率是多少?

　　c. 某地区在过去 50 年发生了 10 次地震。在这个地区 10 年内发生 3 次地震的概率是多少? 一个在此停留一星期的游客不经历任何地震的概率是多少? 因为 50 年发生 10 次地震,所以 $v=1/5$(次/年)。第一个问题的答案可以由式(4.9)直接给出:令 $n=10$ 年、$x=3$ 次即可。第二个问题问的是 1 周($t=1/52$ 年)内发生 $x=0$ 次事件的概率,所以答案是 P(0,1/52,1/5)。

　　d. 统计某报告第一版中的印刷错误的数量,发现每页平均有 6 处。那么读者读完 6 页而没有出现错误的概率是多少? 假设泊松分布可以应用于这个问题,则 $v=6$ 次/页。在 6 页的"时间"内没有发生事件的概率是 P(0,6,6)。

　　文件名:ex4-25-Poisson_processes.py。

第5章　数组计算和曲线绘图

用列表对象存储序列或表格等数据非常便捷。数组和列表非常相似,与列表相比,数组虽然牺牲了灵活性,但具有更高的效率。当用计算机进行数学计算时,常常遇到大量的数字以及相关联的数学运算。在这种情况下将数字用列表存储将会导致程序运行缓慢,而用数组存储则能使程序运行得更快,这对于工业和科学领域动辄运行数小时、数天乃至数周的大量高级数学应用非常重要。因此,任何能减少执行时间的巧妙想法都是至关重要的。

然而,人们可能会说,数学软件的程序员一直过分注重效率和巧妙的程序构想。这使得最终的软件常常难以维护和扩展。本书主张专注于清晰、精心设计、易于理解且功能正确的程序,速度优化则放到之后再考虑。幸运的是,数组对于代码的清晰、正确性和速度都有帮助。

本章主要介绍数组,包括如何创建数组以及数组的用途。数组计算通常得到许多数字,光看数字本身可能很难理解这些数字的意思。因为人类是一种视觉动物,所以一个理解数字的好方法就是可视化。本章介绍单变量函数的可视化曲线,即,$y=f(x)$ 形式的曲线。曲线的同义词是图形,屏幕上的曲线图像通常称为图(plot)。本章使用数组来存储曲线上点的信息。简言之,数组计算需要可视化,可视化需要数组。

本章中的所有示例程序均可在文件夹 src/plot[①] 中找到。

5.1　向量

本节简要介绍向量的概念。本节假设读者对平面向量和空间向量有所了解。当后面开始接触数组和曲线绘图时,这个背景知识将非常有帮助。

5.1.1　向量的概念

有些数学量与一组数字相关联。例如,数学上用两个坐标(实数)表示平面上的一个点,这两个坐标命名为 x 和 y,通常用 (x,y) 表示,即用括号将数字归为一组。除了符号,也可以直接使用数字:$(0,0)$ 和 $(1.5,-2.35)$ 也是平面坐标的例子。

三维空间中的点有 3 个坐标,可以命名为 x_1、x_2 和 x_3,通常也用括号将它们归为一组:(x_1,x_2,x_3);另一种方式是使用符号 x、y、z,并把点记作 (x,y,z)。也可以直接用数字代替其中的符号。

你可能还记得高中的时候求解含有两个未知数的方程组。在大学,你会很快碰到用含有 n 个未知数的 n 个方程表示的问题。这类问题的解包含 n 个数字,用括号将这些数字从编号 1 到编号 n 归为一组:$(x_1,x_2,\cdots,x_n)$。

像 (x,y)、(x,y,z) 和 $(x_1,x_2,\cdots,x_n)$ 这样的量在数学中被称为向量。向量的图形表示是从原点到另一个点的箭头。例如,向量 (x,y) 表示为平面上从原点 $(0,0)$ 到点 (x,y) 的箭头。同样地,(x,y,z) 表示为三维空间中从原点 $(0,0,0)$ 到点 (x,y,z) 的箭头。

---

① http://tinyurl.com/pwyasaa/plot。

数学家发现,引入高于三维的空间也很方便。当把 n 个方程的解封装成一个向量 $(x_1, x_2, \cdots, x_n)$ 时,可以把它想象成 n 维空间中的一个点或一个 n 维空间中从原点 $(0, 0, \cdots, 0)$ 到 $(x_1, x_2, \cdots, x_n)$ 的箭头。图 5.1 以箭头的方式表示向量,可以从原点出发,也可以从任何其他点出发。两个大小和方向都相同的箭头(向量)在数学上是相等的。

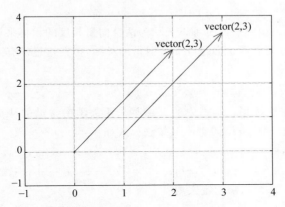

图 5.1　表示向量 $(2, 3)$ 的标准方式为从原点到点 $(2, 3)$ 的箭头,或按照数学等价的方式,从 $\left(1, \dfrac{1}{2}\right)$

(或任意点 (a, b))到 $\left(3, 3\dfrac{1}{2}\right)$(或 $(a+2, b+3)$)的箭头

$(x_1, x_2, \cdots, x_n)$ 被称为一个 n 维向量或有 n 个分量的向量,其中的每一个数字 $x_1, x_2, \cdots, x_n$ 就是一个分量或元素,分别称第 1 分量(元素)、第 2 分量(元素)……第 n 分量。

Python 程序可以用列表或元组表示向量:

```
v1 = [x, y]          # list of variables
v2 = (-1, 2)         # tuple of numbers
v3 = (x1, x2, x3)    # tuple of variables
from math import exp
v4 = [exp(-i * 0.1) for i in range(150)]
```

在这个程序中,v1 和 v2 是 2 维向量,v3 是三维向量,而 v4 是 150 维向量(包含指数函数的 150 个值)。由于 Python 列表和元组将 0 作为第一个下标,因此,在数学上也可以将向量 (x_1, x_2) 写成 (x_0, x_1)。这在数学中并不常见,但使得问题的数学描述更贴近于它在 Python 中的形式。

图形无法表示出 150 维空间的样子。从二维空间到三维空间可以大概感觉到"添加一个维度"是什么意思。但是如果不讨论对空间的视觉感知,这件事在数学上就非常简单了:从 4 维向量到 5 维向量就像往符号或数字列表中加入一个元素那样简单。

5.1.2　向量的数学运算

由于向量可以被视为具有长度和方向的箭头,因此向量在几何和物理学中非常有用。汽车的速度、加速度具有大小和方向,汽车中一个点的位置也是一个向量。三角形的边可以被视为具有方向和长度的线(箭头)。

向量用于几何和物理学应用时,其数学运算很重要。下面将举例说明向量的一些最重要的运算。本节的目标不是讲解如何用向量进行计算,而是为了说明这样的计算是如何根据数学规则定义的。给定两个向量 (u_1, u_2) 和 (v_1, v_2),可以按以下规则将它们相加:

$$(u_1, u_2) + (v_1, v_2) = (u_1 + v_1, u_2 + v_2) \tag{5.1}$$

也可以使用类似的规则将两个向量相减:

$$(u_1, u_2) - (v_1, v_2) = (u_1 - v_1, u_2 - v_2) \tag{5.2}$$

向量可以乘以一个数字。下面的数字 a 通常指标量：

$$a \cdot (v_1, v_2) = (a \cdot v_1, a \cdot v_2) \tag{5.3}$$

两个向量的内积（也叫点乘或标量积）结果是一个数：

$$(u_1, u_2) \cdot (v_1, v_2) = (u_1 v_1 + u_2 v_2) \tag{5.4}$$

在高中数学和物理学课程中，内积或点积也可以表示为两个向量长度的积再乘以它们之间夹角的余弦值，但本节不会用到那个公式。另外还有两个向量或 3 个向量的叉乘，但在这里没有列出叉乘公式。

向量的长度定义为

$$\| (v_1, v_2) \| = \sqrt{(v_1, v_2) \cdot (v_1, v_2)} = \sqrt{v_1^2 + v_2^2} \tag{5.5}$$

同样的运算对于 n 维向量也适用。本书中的下标不采用数学中常见的从 1 开始编号的方式，而是采用 Python 从 0 开始编号的方式。两个 n 维向量的加减法公式如下：

$$(u_0, u_1, \cdots, u_{n-1}) + (v_0, v_1, \cdots, v_{n-1}) = (u_0 + v_0, u_1 + v_1, \cdots, u_{n-1} + v_{n-1}) \tag{5.6}$$

$$(u_0, u_1, \cdots, u_{n-1}) - (v_0, v_1, \cdots, v_{n-1}) = (u_0 - v_0, u_1 + v_1, \cdots, u_{n-1} - v_{n-1}) \tag{5.7}$$

标量 a 和向量 $(v_0, v_1, \cdots, v_{n-1})$ 的乘积定义为

$$(av_0, av_1, \cdots, av_{n-1}) \tag{5.8}$$

两个 n 维向量的内积或点乘定义为

$$(u_0, u_1, \cdots, u_{n-1}) \cdot (v_0, v_1, \cdots, v_{n-1}) = (u_0 v_0, u_1 v_1, \cdots, u_{n-1} v_{n-1}) = \sum_{j=0}^{n-1} u_j v_j \tag{5.9}$$

n 维向量 $\boldsymbol{v} = (v_0, v_1, \cdots, v_{n-1})$ 的长度 $\| \boldsymbol{v} \|$ 定义为

$$\sqrt{(v_0, v_1, \cdots, v_{n-1}) \cdot (v_0, v_1, \cdots, v_{n-1})} = (v_0^2 + v_1^2 + \cdots + v_{n-1}^2)^+$$
$$= \left(\sum_{j=0}^{n-1} v_j^2 \right)^+ \tag{5.10}$$

5.1.3　向量算术和向量函数

5.1.2 节的向量运算可能读者在高中数学课程中就学过。除此之外，还可以定义向量的其他运算，它们对于提高程序运行速度十分有用。接下来要讲到的这些运算几乎不被数学教材采纳，但它们在数学软件中具有重要作用，尤其是在 MATLAB、Octave、Python 和 R 等计算环境中。

一个单变量数学函数 $f(x)$ 作用于一个向量的结果是将 f 分别作用于向量的每个元素所得到的向量。若 $\boldsymbol{v} = (v_0, v_1, \cdots, v_{n-1})$ 是一个向量，那么：

$$f(\boldsymbol{v}) = (f(v_0), f(v_1), \cdots, f(v_{n-1}))$$

例如，对 $\boldsymbol{v}$ 取正弦：

$$\sin \boldsymbol{v} = (\sin v_0, \sin v_1, \cdots, \sin v_{n-1})$$

向量的平方或 b 次方可以定义为将运算作用于每个元素：

$$\boldsymbol{v}^b = (v_0^b, v_1^b, \cdots, v_{n-1}^b)$$

在数学问题的计算机编程中经常出现的另一个运算是两个向量之间的"星号"乘法，它的定义是

$$\boldsymbol{u} * \boldsymbol{v} = (u_0 v_0, u_1 v_1, \cdots, u_{n-1} v_{n-1}) \tag{5.11}$$

标量与向量或数组相加可以定义为标量与每个元素相加。若 a 是标量，$\boldsymbol{v}$ 是向量，则有

$$a + \boldsymbol{v} = (a + v_0, a + v_1, \cdots, a + v_{n-1})$$

一个复合的向量表达式可能是以下形式：

$$\boldsymbol{v}^2 * \cos \boldsymbol{v} * \mathrm{e}^{\boldsymbol{v}} + 2 \tag{5.12}$$

如何计算这个表达式？使用数学中的一般规则，按照从左到右的顺序逐个计算。注意，指数运算要先于乘、除运算，而乘、除运算又先于加、减运算。首先计算 $\boldsymbol{v}^2$，称计算结果为 $\boldsymbol{u}$。然后计算 $\cos v$ 且称计算结果为 $\boldsymbol{p}$。

接着计算 $u*p$，得到一个向量，称为 w。下一步是计算 e^v，称结果为 q。随后计算 $w*q$，将结果存入 r。最后计算 $r+2$，得到最终的结果。将这些运算先后列出来可能更方便理解：

$$u = v^2$$
$$p = \cos v$$
$$w = u * p$$
$$q = e^v$$
$$r = w * q$$
$$s = r + 2$$

用向量 $v=(v_0, v_1, \cdots, v_{n-1})$ 的一般形式写出向量 u、w、p、q、r（务必要做！），从而表明式(5.12)的结果是下面这个向量：

$$(v_0^2 \cos v_0 e^{v_0} + 2, v_1^2 \cos v_1 e^{v_1} + 2, \cdots, v_{n-1}^2 \cos v_{n-1} e^{v_{n-1}} + 2)$$

向量结果中的第 i 个元素等于将式(5.12)作用于 v_i 的结果，其中 $*$ 代表两个数的乘法。

引入以下函数：

$$f(x) = x^2 \cos x e^x + 2$$

那么，$f(v)$ 就是将函数 f 作用于 v 的每个元素的结果。结果与向量表达式(5.12)相同。

在 Python 编程中，为了使计算更快、更方便，常常需要将单变量函数，如 $f(x)$，作用于向量。它的数学意义正是上面所阐述的。习题 5.5 和习题 5.6 有助你理解向量计算。在积累更多的编程经验后，就会发现向量计算的实用性。本章接下来的内容并不要求对于向量计算有非常彻底的理解。

在程序中，常常用数组来表示向量，但数组的操作比向量要广泛得多。直到 5.8 节之前，都可以把程序中的数组和向量等同看待。

5.2 Python 程序中的数组

本节介绍 Python 中的数组编程。这里先创建一些列表并说明数组和列表的不同之处。

5.2.1 用列表来收集函数数据

假设 $f(x)$ 为函数，希望求出该函数在若干 x 点的值：$x_0, x_1, \cdots, x_{n-1}$。将 n 个数对 $(x_i, f(x_i))$ 放在一个列表中；也可以把所有的 x_i 值（$i=0, 1, \cdots, n-1$）放在一个列表中，而把与之对应的 $f(x_i)$ 放在另一个列表中。下面的交互式会话展示了如何创建这 3 种列表：

```
>>>def f(x):
···     return x**3       #sample function
···
>>>n = 5                  #number of points along the x axis
>>>dx = 1.0/(n-1)         #spacing between x points in [0,1]
>>>xlist = [i * dx for i in range(n)]
>>>ylist = [f(x) for x in xlist]
>>>pairs = [[x, y] for x, y in zip(xlist, ylist)]
```

这里使用列表解析来实现紧凑的代码。应理解这些列表解析的含义（如果不能理解，可以尝试用标准 for 循环写出同样的代码，每次循环添加一个新的列表元素）。

上述列表元素是具有相同类型的对象：pairs 中的任一元素都是由两个浮点对象组成的列表，而 xlist 和 ylist 中的任一元素都是浮点数。列表非常灵活，列表元素可以是任何类型的对象。例如：

```
mylist =[2, 6.0, 'tmp.pdf', [0, 1]]
```

mylist 包含一个整数、一个浮点数、一个字符串和一个列表。这种不同类型的对象组合而成的列表称为异构列表。也可以方便地将列表元素移除，或者在列表的任何地方添加新元素。对于程序员来说，列表的这种灵活性非常方便。不过，在元素类型相同、元素个数固定的情况下，可以用数组替代列表。数组的优点在于：计算更快，内存需求更小，并且数学运算更为丰富。由于其高效性和数学上的便捷性，本书将大量使用数组。在 MATLAB、Octave 和 R 等其他编程环境中，也大量使用了数组。当需要灵活地添加或删除元素，或列表元素存在不同类型时，再考虑选择列表来替代数组。

5.2.2　Numerical Python 的数组基础

数组对象可以视为列表的变体，只不过它具有如下的假设和性质：

- 所有元素必须类型相同，并且为了数学计算和存储的效率，最好是整数、实数或复数类型。
- 创建数组时，数组元素个数必须已知。
- 数组不属于标准 Python 数据类型，需要一个额外的 Numerical Python 包（常简写为 NumPy）。在 import 语句中，这个包的名字写为 numpy。
- 有了 NumPy，就可以直接对纯数组运用许多数学运算，而不需要对数组元素进行 for 循环。这通常被称为向量化。
- 含有一个索引的数组通常被称为向量。含有两个索引的数组是存储表格的数据结构，它的效率高于列表的列表。数组也可以含有 3 个或更多的索引。

有两点要注意。首先，在标准 Python 中，其实有一个 array 对象类型，但是这个数据类型在数学计算上效率不高，因此在本书中不使用它。其次，数组中的元素个数是可以改变的，但是计算代价非常大。

下面将列出 NumPy 中关于数组的一些重要功能。更完整的介绍可以参见以下优秀参考书：*NumPy Tutorial*、*NumPy User Guide*、*NumPy Reference*、*Guide to NumPy* 和 *NumPy for MATLAB Users*。它们都可以在 scipy. org[①] 找到。

Numerical Python 包的标准 import 语句如下：

```
import numpy as np
```

用 NumPy 中的 array 函数将列表 r 转换为数组：

```
a =np.array(r)
```

要创建一个长度为 n、元素值均为 0 的新数组，可以使用 zeros 函数：

```
a =np.zeros(n)
```

数组 a 的元素类型对应于 Python 的 float 类型。可以用 np. zeros 的第二个参数来指定其他元素类型，例如 int。可以使用

```
a =np.zeros_like(c)
```

---

① http://scipy. org。

产生一个元素均为 0 的数组，其长度和元素类型都与数组 c 相同。有两个或更多索引的数组将在 5.8 节中讨论。

在数学问题中经常用到这样的数组：其 n 个元素的值在区间 $[p,q]$ 上等间隔分布。NumPy 函数 linspace 可以创建这样的数组：

```
a =np.linspace(p, q, n)
```

和列表一样，可以通过方括号获取数组元素：a[i]。数组也可以与列表一样进行切片，例如，a[1:-1] 挑选出除了第一个和最后一个元素外的其他所有元素。但和列表不同的是，a[1:-1] 并不是 a 中数据的副本。因此，

```
b =a[1:-1]
b[2] =0.1
```

也会将 a[3] 改成 0.1。切片 a[i:j:s] 挑选出从下标 i 开始，步长为 s，直到（但不包括）j 的所有元素。省略 i 代表 i=0，省略 j 代表 j=n，其中 n 是数组中元素的个数。例如，a[0:-1:2] 每两个元素取一个数，直到（但不包括）最后一个，而 a[::4] 则在整个数组中每 4 个元素取一个。

关于导入 NumPy 的说明

使用语句

```
import numpy as np
```

并将后面的所有 NumPy 函数和变量都加上前缀 np，已经逐渐成为成 Python 科学计算界的标准语法。然而，为了使 Python 程序看上去更接近 MATLAB 程序，同时降低 MATLAB 与 Python 语言之间转换的难度，可以用

```
from numpy import *
```

来去除前缀（这个做法已经逐渐成为交互式 Python Shell 中的标准）。本书建议采用 NumPy 数学函数不带前缀的写法，因为这样更接近于它们的数学表示。因此，$f(x)=\sinh(x-1)\sin wt$ 可编码如下：

```
from numpy import sinh, sin

def f(x):
    return sinh(x-1) * sin(w*t)
```

也可以采用最简单的办法：from numpy import *，就可以在程序中直接使用 NumPy 函数和变量。

5.2.3　计算坐标和函数值

在上述运算基础上，本节根据列表 xlist 和 ylist 创建数组：

```
>>>import numpy as np
>>>x2 =np.array(xlist)      #turn list xlist into array x2
>>>y2 =np.array(ylist)
```

```
>>>x2
array([0., 0.25, 0.5, 0.75, 1.])
>>>y2
array([0., 0.015625, 0.125, 0.421875, 1.])
```

可以不采用先创建列表,然后再将这个列表转换为数组的方法,而是直接对数组进行计算。x2 中的等间隔坐标可以直接用 np. linspace 函数计算,y2 数组可以通过 np. zeros 函数创建,从而确保 y2 的长度等于 len (x2)。然后,运行 for 循环来向 y2 填充 f 值:

```
>>>n =len(xlist)
>>>x2 =np.linspace(0, 1, n)
>>>y2 =np.zeros(n)

>>>for i in xrange(n):
...     y2[i] =f(x2[i])
...
>>>y2
array([0., 0.015625, 0.125, 0.421875, 1.])
```

注意,这里的 for 循环用 xrange 而不是 range。因为前者直接一个一个生成数值,避免了整数列表的生成和保存,因此对于长循环来说速度更快。于是,对于长数组的循环,程序员更喜欢使用 xrange 而不是 range。在 Python 3. x 中,range 和 xrange 是一样的。

创建一个指定长度的数组通常被称为分配数组。它只是为这个数组标记出一块计算机存储空间。在数学计算中进行长数组分配常常会占用大量存储空间。

通过列表解析创建 y2 数组可以简化上述代码。然而,列表解析产生的是列表而非数组,所以,需要进一步将列表对象转换为数组对象:

```
>>>x2 =np.linspace(0, 1, n)
>>>y2 =np.array([f(xi) for xi in x2])
```

还有更快的计算 y2 的方法,将在 5.2.4 节中解释。

5.2.4　向量化

长数组的循环可能运行缓慢。数组的一个很大的好处是可以摆脱循环而直接对整个数组应用数学运算函数:

```
>>>y2 =f(x2)
>>>y2
array([0., 0.015625, 0.125, 0.421875, 1.])
```

f(x2)之所以能起作用的神奇之处是建立在 5.1.3 节的向量运算概念上的。除了调用 f(x2)外,还可以等价地直接写函数公式 x2**3。

NumPy 为任意维数的数组实现了向量运算。而且,NumPy 本身也提供了许多常用的数学函数,例如 cos、sin、exp、log 等。它们能够处理数组参数,将数学函数作用于数组的每个元素。下面的代码分别计算每一个数组元素:

```
from math import sin, cos, exp
import numpy as np
x = np.linspace(0, 2, 201)
r = np.zeros(len(x))
for i in xrange(len(x)):
    r[i] = sin(np.pi * x[i]) * cos(x[i]) * exp(-x[i]**2) + 2 + x[i]**2
```

下面是直接对整个数组进行计算的相应代码：

```
r = np.sin(np.pi * x) * np.cos(x) * np.exp(-x**2) + 2 + x**2
```

很多人更喜欢下面没有 np 前缀的公式：

```
from numpy import sin, cos, exp, pi
r = sin(pi * x) * cos(x) * exp(-x**2) + 2 + x**2
```

一个需要理解的重点是，math 模块的 sin 函数和 NumPy 提供的 sin 函数是不同的。前者不允许数组参数；而后者既接受实数作为参数，也接受数组作为参数。

像上面那样，用 sin(pi * x) * cos(x) * exp(—x**2)＋2＋x**2 这样的向量/数组表达式替代计算 r[i] 的循环，称为向量化。循环版本则常被称为标量代码。例如：

```
import numpy as np
import math
x = np.zeros(N); y=np.zeros(N)
dx = 2.0 / (N-1)                # spacing of xcoordinates
for i in range(N):
    x[i] = -1 + dx * i
    y[i] = math.exp(-x[i]) * x[i]
```

就是标量代码，而它相应的向量化版本是

```
x = np.linspace(-1, 1, N)
y = np.exp(-x) * x
```

注意，以下列表解析是标量代码：

```
x = array([-1 + dx * i for i in range(N)])
y = array([np.exp(-xi) * xi for xi in x])
```

因为它依旧使用显式的、缓慢的 Python for 循环操作标量。向量化代码的要求是：没有显式的 Python for 循环。在 NumPy 包中，计算每个数组元素的循环使用运算速度快的 C 或 FORTRAN 代码实现。

大多数使用标量参数 x 的 Python 函数，例如：

```
def f(x):
    return x**4 * exp(-x)
```

能够应用到数组参数 x 上：

```
x = np.linspace(-3, 3, 101)
y = f(x)
```

前提是 f 定义中使用的 exp 函数接受数组参数。这意味着 exp 必须是以 from numpy import * 或者明确地以 from numpy import exp 的方式导入的。当然也可以用 exp 的前缀形式：np.exp，不过这样会降低公式中数学语法的简洁性。

当一个 Python 函数 f(x) 适用于数组参数 x 时，就说这个函数是向量化的。如果 f 中的数学表达式涉及 math 模块中的算术运算和基本的数学函数，那么只要导入时用 numpy 代替 math，就能使 f 自动向量化。然而，如果 f 中的表达式涉及 if 检测，那么代码必须被重写才能适用于数组。5.4.1 节展示了一些在函数向量化时必须进行特殊处理的例子。

向量化对于加速 Python 程序中重量级的数组运算非常重要。而且，向量化使得代码更简短，从而更易于阅读。在第 8 章中将会看到，向量化对于统计学模拟尤为重要。

5.3　绘制函数曲线

函数 $f(x)$ 的可视化是通过在 xy 坐标系中画出 $y = f(x)$ 的曲线来实现的。其在计算机上的实现方式称为绘制曲线。从技术上讲，可以通过在曲线上 n 个点之间画直线的方式来绘制曲线。点越多，曲线就显得越平滑。

假设要绘制函数 $f(x)$ 的曲线，x 的取值范围为 $a \leqslant x \leqslant b$。首先在区间 $[a, b]$ 上选出 n 个 x 坐标，称它们为 $x_0, x_1, \cdots, x_{n-1}$；然后，对每个 $i = 0, 1, \cdots, n-1$ 计算 $y_i (= f(x_i))$。这样就得到 $y = f(x)$ 曲线上的 n 个点 (x_i, y_i)，$i = 0, 1, \cdots, n-1$。通常，等间距地选择 x_i 坐标，即

$$x_i = a + ih, \quad h = \frac{b - a}{n - 1}$$

如果将 x_i 和 y_i 的值保存到两个数组 x 和 y 中，那么，就可以用一个类似于 plot(x, y) 的指令来绘制这条曲线。

有时候，独立变量和函数的名字不是 x 和 f，但绘制的过程是相同的。

5.3.1　用 Matplotlib 实现 MATLAB 风格的绘图

Python 中标准的曲线绘制包是 Matplotlib。鉴于许多读者了解一些关于 MATLAB 的知识或者将来会用到 MATLAB，下面首先举例说明 Matplotlib 与 MATLAB 非常相似的一种绘图方法。

基础绘图

绘制 $y = t^2 \exp(-t^2)$，t 在 0 到 3 之间取值。首先生成等间距的 t 坐标，例如取 51 个值（50 个区间）；然后，计算这 51 个点对应的 y 值；最后，调用 plot(t, y) 指令绘制曲线。下面是完整的程序：

```
from numpy import *
from matplotlib.pylab import *

def f(t):
    return t**2 * exp(-t**2)

t = linspace(0, 3, 51)      # 51 points between 0 and 3
y = zeros(len(t))           # allocate y with float elements
for i in xrange(len(t)):
    y[i] = f(t[i])
```

```
plot(t, y)
show()
```

该程序先为数组 y 分配存储空间,然后通过 for 循环为元素逐一赋值。也可以一次性对数组 t 进行操作,这样生成的代码更快、更短:

```
y = f(t)
```

为了将图形嵌入电子文档,需要 PDF、PNG 或者其他图形格式的文件。savefig 函数能将图形保存为多种格式的文件:

```
savefig('tmp1.pdf')      #produce PDF
savefig('tmp1.png')      #produce PNG
```

文件名后缀决定文件格式:.pdf 是 PDF 文件,.png 是 PNG 文件。图 5.2 展示的就是绘图结果。

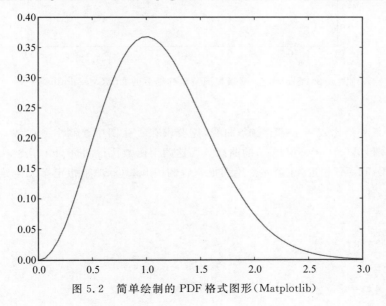

图 5.2　简单绘制的 PDF 格式图形(Matplotlib)

装饰图形

　　曲线图形中的 x 和 y 轴应该有标签,在这里分别是 t 和 y。同样,曲线也应该用标签标注,或者更通用的说法:图例。图形上方带标题也很常见。另外,还可以控制轴的范围(尽管大部分绘图程序会根据数据范围自动调节轴的范围)。以上所有内容都能轻易地在 plot 指令之后进行添加:

```
plot(t, y)
xlabel('t')
ylabel('y')
legend(['t^2 * exp(-t^2)'])
axis([0, 3, -0.05, 0.6])        #[tmin, tmax, ymin, ymax]
title('My First Matplotlib Demo')
savefig('tmp2.pdf')             #produce PDF
show()
```

删除 show()调用可以避免图形在屏幕上立即显示。如果程序需要用 PDF 或 PNG 格式绘制大量图形，这一点就非常有用(你一定不希望所有的绘图窗口都显示在屏幕上,然后再手动一个一个关闭)。图 5.3 给出了经过装饰的图形。

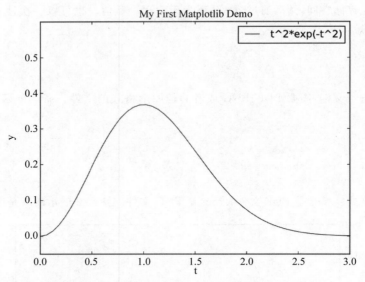

图 5.3　添加标签、标题和调整坐标轴后的曲线(Matplotlib)

绘制多条曲线

一个常见的绘图任务是比较两条甚至多条曲线,这要求在一张图中绘制多条曲线。假设要绘制两个函数 $f_1(t)=t^2\exp(-t^2)$ 和 $f_2(t)=t^4\exp(-t^2)$ 的曲线。为这两个函数执行两个 plot 指令,每个指令绘制一条曲线。为了使语法与 MATLAB 相近,在第一个绘图指令后调用 hold('on')来指定第二个绘图指令将第二条曲线也画在第一张图上。

```
def f1(t):
    return t**2 * exp(-t**2)

def f2(t):
    return t**2 * f1(t)

t = linspace(0, 3, 51)
y1 = f1(t)
y2 = f2(t)

plot(t, y1, 'r-')
hold('on')
#hold(True)
plot(t, y2, 'bo')
xlabel('t')
ylabel('y')
legend(['t^2 * exp(-t^2)', 't^4 * exp(-t^2)'])
title('Plotting two curves in the same plot')
savefig('tmp3.pdf')
show()
```

在这两个 plot 指令中指定了线的类型：r-代表红色（r）线（-），而 bo 代表每个数据点都显示为蓝色（b）圆圈（o）。图 5.4 展示了这个结果。每条曲线的图例都在 legend 指令中说明，该指令参数列表中的字符串顺序对应于 plot 指令的顺序。执行 hold('off')将会使下一个 plot 指令创建新图。

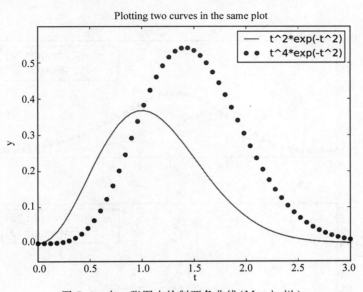

图 5.4　在一张图中绘制两条曲线（Matplotlib）

在一张图中绘制多个图形

有时需要将绘制的图形排成 r 行 c 列，放在同一张图中。subplot(r，c，a)可以做这件事，其中 a 是图形的行计数器。下面是一个有两行、每行一个图形的例子（绘制结果见图 5.5）：

```
figure() #make separate figure
subplot(2, 1, 1)
t =linspace(0, 3, 51)
y1 =f1(t)
y2 =f2(t)

plot(t, y1, 'r-', t, y2, 'bo')
xlabel('t')
ylabel('y')
axis([t[0], t[-1], min(y2)-0.05, max(y2)+0.5])
legend(['t^2 * exp(-t^2)', 't^4 * exp(-t^2)'])
title('Top figure')

subplot(2, 1, 2)
t3 =t[::4]
y3 =f2(t3)

plot(t, y1, 'b-', t3, y3, 'ys')
legend(['t^2 * exp(-t^2)', 't^4 * exp(-t^2)'])
xlabel('t')
ylabel('y')
axis([0, 4, -0.2, 0.6])
```

```
title('Bottom figure')
savefig('tmp4.pdf')
show()
```

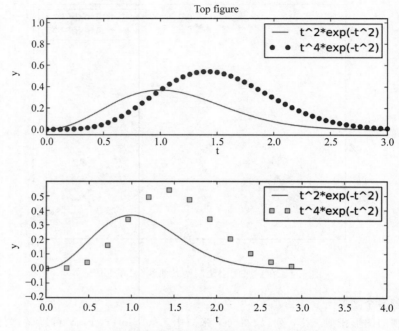

图 5.5　在一张图中绘制两个图形的例子（Matplotlib）

调用 figure() 可以在屏幕上创建一个新的绘图窗口。

以上所有用 Matplotlib 绘图的示例都收集在文件 mpl_pylab_examples. py 中。

5.3.2　Matplotlib 和 Pyplot 前缀

很多 Matplotlib 的开发者不采用上面示例的绘图方式，而是把每个绘图指令都加上 matplotlib. pyplot 模块前缀，同时还给计算数组的指令也加上前缀，以说明它们来自 Numerical Python：

```
import numpy as np
import matplotlib.pyplot as plt
```

图 5.3 中的图形也可以通过给绘图指令加上 plt 前缀进行绘制：

```
plt.plot(t, y)
plt.legend(['t^2 * exp(-t^2)'])
plt.xlabel('t')
plt.ylabel('y')
plt.axis([0, 3, -0.05, 0.6])        #[tmin, tmax, ymin, ymax]
plt.title('My First Matplotlib Demo')
plt.show()
plt.savefig('tmp2.pdf') #produce PDF
```

除了分别给出绘图数据和图例,更常见的方式是

```
plt.plot(t, y, label='t^2 * exp(-t^2)')
```

然而,在本书中,为了易于与 MATLAB 之间相互转换,依然使用 legend 指令。

图 5.4 也可以通过以下代码生成:

```
def f1(t):
    return t**2 * np.exp(-t**2)

def f2(t):
    return t**2 * f1(t)

t = np.linspace(0, 3, 51)
y1 = f1(t)
y2 = f2(t)

plt.plot(t, y1, 'r-')
plt.plot(t, y2, 'bo')
plt.xlabel('t')
plt.ylabel('y')
plt.legend(['t^2 * exp(-t^2)', 't^4 * exp(-t^2)'])
plt.title('Plotting two curves in the same plot')
plt.savefig('tmp3.pdf')
plt.show()
```

同一张图中绘制多个图形的步骤和前面的 subplot 相同,只是给指令加上了 plt 前缀。如上所示的完整的示例和代码可以在 mpl_pyplot_examples.py 中找到。

当创建了一个基本图形后,还可以用很多种方式进行微调,例如,调整坐标轴上的刻度线、插入文本等。Matplotlib 网站上有很多指导性的例子,介绍了如何使用这个出色的包。

5.3.3　SciTools 和 Easyviz

Matplotlib 实际上已经成为 Python 中绘制曲线的事实标准了,但仍有许多其他可选的包,尤其是要绘制 2D/3D 标量和向量场的时候。Python 有许多领先的可视化软件包的接口:MATLAB、Gnuplot、Grace、OpenDX 和 VTK。即便是基本的绘图,这些软件包的语法也有很大差异。要决定使用哪个软件包和什么语法非常具有挑战性。Easyviz 就是为了应对这个挑战产生的,它为上述包括 Matplotlib 在内的可视化软件包提供了一个通用的统一接口。因为大多数科学家和工程师有使用 MATLAB 的经验,将来也很可能在各种场合继续使用 MATLAB,所以这个接口采用与 MATLAB 非常接近的语法(大体上说,本书构造的示例有意识地使用了易于与 MATLAB 相互转换的 Python 语法)。

Easyviz 是 SciTools 包的一部分,它包含一系列建立在 Numerical Python、Scientific Python、SciPy 集成环境和其他 Python 科学计算包之上的 Python 工具。SciTools 特别包含了与文献[13]和本书有关的软件。其安装方式在网页 https://github.com/hplgit/scitools 上讲述得非常清楚。

导入 SciTools 和 Easyviz

标准的 SciTools 导入方法是

```
from scitools.std import *
```

195

这个语句的优点在于：它能以最少的输入导入很多对 Numerical Python 编程很有用的模块：用于 MATLAB 风格绘图的 Easyviz、NumPy 的全部（from numpy import ∗）、SciPy 的全部（from scipy import ∗）、StringFunction 工具（见 4.3.3 节）、许多 SciTools 提供的数学函数和工具以及 sys、os 和 math 等应用模块。导入的标准数学函数（sqrt、sin、asin、exp 等）都来自 numpy. lib. scimath，它们能够透明地处理实数和复数的输入输出（如同相应的 MATLAB 函数一样）：

```
>>>from scitools.std import *
>>>a =array([-4., 4])
>>>sqrt(a)        #need complex output
array([0.+2.j, 2.+0.j])
>>>a =array([16., 4])
>>>sqrt(a)        #can reduce to real output
array([4., 2.])
```

反三角函数在 math 和 NumPy 中的名称不同，这可以阻止用 math 名称写的标量表达式被直接用于数组。因此，为了简化涉及反三角函数数学表达式的向量化，from scitools. std import ∗ 既导入了 NumPy 的 asin、acos、atan 等函数，也导入了 SciPy 的 arcsin、arccos、arctan 等函数。

from scitool. std import ∗ 有两方面缺点。一方面，它让程序或交互式会话被几百个函数名所充斥。另一方面，当使用某特定函数时，不清楚它来自哪个包。这两个问题都可以通过 5.3.2 节中的导入方法来解决：

```
import scitools.std as st
import numpy as np
```

所有 SciTools 和 Easyviz 函数都必须以 st 为前缀。尽管 NumPy 函数也可以使用 st 前缀，但是为了明确说明函数的来源，还是建议 NumPy 函数使用 np 前缀。

用于绘图的 Easyviz 的语法与 MATLAB 以及 Matplotlib 非常接近。这一点将在接下来的例子中说明。使用 Easyviz 的优点在于用于创建图形的底层绘图包（被称为后端）可以很容易用其他包替换。如果 Python 软件的用户没有安装指定可视化包，只要换一个包（可能更容易安装）就能保证该软件继续工作。默认情况下，Easyviz 绘图用的是 Matplotlib 包。其他常用的工具是 Gnuplot 和 MATLAB。对于 2D/3D 标量或向量场，VTK 是 Easyviz 非常常见的后端。

接下来用 Easyviz 语法重做一遍 5.3.1 节的曲线绘制示例。

基础图形

绘制曲线 $y = t^2 \exp(-t^2)$，t 在 0 到 3 之间取值（$t \in [0, 3]$），用 31 个等间隔分布的点（30 个区间），程序如下：

```
from scitools.std import *

def f(t):
    return t**2 * exp(-t**2)

t =linspace(0, 3, 31)
y =f(t)
plot(t, y, '-')
```

使用 savefig 函数将图形保存到文件中，其中的参数为文件名：

```
savefig('tmp1.pdf')        #produce PDF
savefig('tmp1.eps')        #produce PostScript
savefig('tmp1.png')        #produce PNG
```

文件名后缀决定文件格式：.pdf 是 PDF 格式，.ps 或.eps 是 PostScript 格式，.png 是 PNG 格式。savefig 函数的近义词是 hardcopy。

如果绘图窗口很快消失怎么办？

在某些平台上，有的后端可能导致图形仅仅在屏幕上出现零点几秒，然后图形窗口就消失了（Windows 系统上的 Gnuplot 后端和 Matplotlib 就是这样）。为了使窗口保持在屏幕上，可以在程序的末尾添加

```
raw_input('Press the Return key to quit: ')
```

通常图形窗口会在程序运行结束时关闭，而这个语句将暂停程序运行，直到用户按回车键为止。

装饰图形

绘制相同的曲线，并加入图例、标题、轴标签并且指定轴的范围：

```
from scitools.std import *

def f(t):
    return t**2 * exp(-t**2)

t =linspace(0, 3, 31)
y =f(t)
plot(t, y, '-')
xlabel('t')
ylabel('y')
legend('t^2 * exp(-t^2)')
axis([0, 3, -0.05, 0.6])      # [tmin, tmax, ymin, ymax]
title('My First Easyviz Demo')
```

Easyviz 还引入了更符合 Python 风格的 plot 指令：所有绘图属性都能作为关键字参数一次性设定：

```
plot(t, y, '-',
    xlabel='t',
    ylabel='y',
    legend='t^2 * exp(-t^2)',
    axis=[0, 3, -0.05, 0.6],
    title='My First Easyviz Demo',
    savefig='tmp1.pdf',
    show=True)
```

使用 show＝False 使得程序只创建绘图文件而不在屏幕显示图形。

注意，在曲线图例中将 t 的平方写成 t^2（LATEX 格式）而不是 t**2（程序格式）。这两种方式都可以，但有时 LATEX 格式在某些绘图程序（例如 Matplotlib 和 Gnuplot）中更好看。

绘制多条曲线

接下来比较两个函数 $f_1(t) = t^2 \exp(-t^2)$ 和 $f_2(t) = t^4 \exp(-t^2)$。接连写两个 plot 指令会生成两个独立的图形。为了使第二条曲线和第一条曲线出现在同一个图形中，在第一个 plot 指令后执行一个 hold('on') 调用。这样，所有后面的 plot 指令都会将曲线绘制在同一个图形中，直到调用 hold('off') 为止。

```python
from scitools.std import *

def f1(t):
    return t**2 * exp(-t**2)

def f2(t):
    return t**2 * f1(t)

t = linspace(0, 3, 51)
y1 = f1(t)
y2 = f2(t)

plot(t, y1, 'r-')
hold('on')
plot(t, y2, 'b-')

xlabel('t')
ylabel('y')
legend('t^2 * exp(-t^2)', 't^4 * exp(-t^2)')
title('Plotting two curves in the same plot')
savefig('tmp3.pdf')
```

多个图例的顺序是：第一个图例对应第一条曲线，第二个图例对应第二条曲线，以此类推。

除了上面的 hold('on') 方法，还可以将几条曲线一次性发给 plot 指令：

```python
plot(t, y1, 'r-', t, y2, 'b-', xlabel='t', ylabel='y',
     legend=('t^2 * exp(-t^2)', 't^4 * exp(-t^2)'),
     title='Plotting two curves in the same plot',
     savefig='tmp3.pdf')
```

在本书中，经常使用这种紧凑型的 plot 指令，这个指令需要通过 from scitools. std import plot 导入。

改变后端

Easyviz 默认使用 Matplotlib 绘图，所以目前为止得到的图都类似于图 5.2～图 5.4。

其实也可以使用其他后端（绘图包）来创建图形。使用哪个包可以通过配置文件设置（在 Easyviz 文档中找到标题 Setting Parameters in the Configuration File）或者在命令行完成：

Terminal> python myprog.py –SCITOOLS_easyviz_backend gnuplot

---

myprog. py 程序使用 Gnuplot 来创建图，与使用 Matplotlib 创建的图有少许不同（比较图 5.4 和图 5.6）。Gnuplot 的优点是：将图像保存到文件时，线型会自动改变。这样，在黑白图形中线也很容易分辨。如果用 Matplotlib，为了在灰度图中容易辨认，就需要很小心地设置线型。

在一张图中绘制多个图形

最后，重做 5.3.1 节的示例，用 subplot 指令将两个图形放在一张图里：

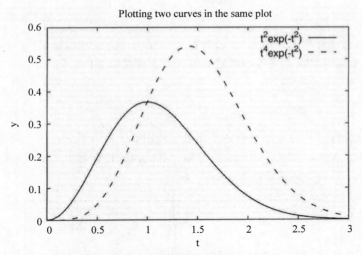

图 5.6 在一个图形中绘制两条曲线的例子(Gnuplot)

```
figure()
subplot(2, 1, 1)
t =linspace(0, 3, 51)
y1 = f1(t)
y2 = f2(t)
plot(t, y1, 'r-', t, y2, 'bo', xlabel='t', ylabel='y',
    legend=('t^2 * exp(-t^2)', 't^4 * exp(-t^2)'),
    axis=[t[0], t[-1], min(y2)-0.05, max(y2)+0.5],
    title='Top figure')

subplot(2, 1, 2)
t3 =t[::4]
y3 =f2(t3)

plot(t, y1, 'b-', t3, y3, 'ys',
    xlabel='t', ylabel='y',
    axis=[0, 4, -0.2, 0.6],
    legend=('t^2 * exp(-t^2)', 't^4 * exp(-t^2)'),
    title='Bottom figure')
savefig('tmp4.pdf')
```

注意,如果想在屏幕上显示不同的绘图窗口,必须使用 figure(),每个 figure()产生一个独立的新图形。

以上所有的 Easyviz 示例均可在文件 easyviz_examples. py 中找到。Easyviz 只是常用的曲线、2D/3D 标量和向量场等绘图函数的浅层访问代码。对于像指定坐标轴刻度这样的图形微调功能还不能支持。原因很简单,因为大部分的曲线绘制不需要这些功能。为了实现图形微调的特殊要求,需要用到 Easyviz 中的一个对象,与创建图形的底层绘图包进行直接交互。只要是底层包允许使用的指令,该对象都支持。Easyviz 手册[1]中对此有解释,另外,也可以通过运行 pydoc scitools. easyviz 看到相关内容。一旦能够消化这些绘图的基本内容,强烈建议阅读 Easyviz 手册中的曲线绘制部分。

---

[1] https://scitools. googlecode. com/hg/doc/easyviz/easyviz. html。

5.3.4 制作动画

一系列图形可以组合成屏幕上的动画，然后保存为视频文件。标准流程是产生一连串单独的图形并依次显示，从而产生动画效果。保存在文件中的图形可以组合成视频文件。

示例：函数

$$f(x;m,s) = (2\pi)^{-+} s^{-1} \exp\left[-\frac{1}{2}\left(\frac{x-m}{s}\right)^2\right]$$

被称为高斯函数或标准（或高斯）分布的概率密度函数。从图 5.7 可以看出，s 变大时函数曲线变宽，s 变小时函数曲线变尖。函数关于 $x=m$（图 5.7 中 $m=0$）对称。本示例的目标是生成动画，观察函数随 s 逐步减小的变化情况。函数 f(x, m, s) 是上述函数的 Python 实现。

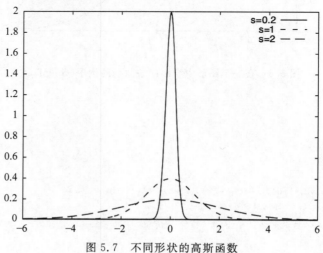

图 5.7 不同形状的高斯函数

在循环中变化 s，每个 s 执行一次 plot 指令，动画就产生了。在屏幕上可以看到一条动态变化的曲线。也可以生成常规视频播放器能够播放的视频，与其他计算机视频没有区别。出于这个目的，每个图形存为一个文件，然后用合适的工具将所有文件组合起来，随后会讲到这一点。

在深入编程细节之前，需要强调一个关键点。

动画中保持轴范围固定

如果不明确指定轴范围，那么底层绘图程序通常会自动调整轴范围以适应曲线的最小值和最大值。对于动画，轴自动调整会带来误解——轴会产生跳动，因此，轴范围必须固定。

本示例中 y 轴范围从 f 的最小值到最大值。最小值是 0，在 $x=m$ 时达到最大值，这个最大值随着 s 的减小而增加。因此，y 轴的范围必须是 $[0, f(m,m,\min(s))]$。

函数 f 定义在 $-\infty < x < \infty$，但离 $x=m$ 左右两侧 3 个 s 距离之外，函数值就非常小了，因此 x 坐标可以限定在 $[m-3s, m+3s]$ 区间内。

Easyviz 动画

使用 Easyviz 生成动画几乎与生成常规的静态图一样，因此，下面就从 Easyviz 入手。绘图引擎可以选用 Gnuplot 或 Matplotlib。使用 Easyviz 绘制高斯函数（s 从 2 变化到 0.2）动画的步骤如下：

```
from scitools.std import sqrt, pi, exp, linspace, plot, movie
import time
```

```
def f(x, m, s):
    return (1.0/(sqrt(2 * pi) * s)) * exp(-0.5 * ((x-m)/s)**2)


m = 0
s_max = 2
s_min = 0.2
x = linspace(m - 3 * s_max, m + 3 * s_max, 1000)
s_values = linspace(s_max, s_min, 30)
#f is max for x=m; smaller s gives larger max value
max_f = f(m, m, s_min)

#Show the movie, and make hardcopies of frames simulatenously
counter = 0
for s in s_values:
    y = f(x, m, s)
    plot(x, y, '-', axis=[x[0], x[-1], -0.1, max_f],
        xlabel='x', ylabel='f', legend='s=%4.2f' % s,
        savefig='tmp_%04d.png' % counter)
    counter += 1
    #time.sleep(0.2)        #can insert a pause to control movie speed
```

注意,s 值是递减的(如果初始值大于终止值,linspace 可以自动处理)。同时注意到,虽然 f 函数恒大于 0,但是,为了让动画在视觉上更具有吸引力,y 轴从 −0.1 开始。完整的代码可以在文件 movie1.py 中找到。

注意: 使用如上所示的单个紧凑型 plot 指令非常关键(轴、标签、图例等在同一次调用中设置)。如果将调用分成单独的 plot、axis 等,会导致曲线和轴产生跳动。同样,当同时可视化多条动画曲线时,也要确保将所有数据传送到单个 plot 指令中。

命名图形文件的注意事项

将视频中的每一帧(图形)存入一个文件,目的是为了随后将所有文件组合成一个平常的视频文件。不同的文件用不同的名字,这样就可以用适当的方法将它们按正确的顺序排列起来。出于这个目的,建议使用如下文件名:tmp0001.png,tmp0002.png,tmp0003.png,…。指令 printf 的 %04d 占位符自动在整数前面填充占位的 0,所以 1 变成 0001,13 变成 0013,以此类推。表达式 tmp*.png 将会(以数字的顺序)扩充为一个按适当顺序排列的所有文件列表。

如果整数前面不填充 0,例如文件名是 tmp1.png,tmp2.png,…,tmp12.png,就会导致视频中的帧排列错乱。例如,tmp12.png 会出现在 tmp2.png 的前面。

Matplotlib 基础动画

用 Matplotlib 生成动画需要对参数作多次循环并在循环中生成图形。其设置与一开始介绍的常规静态图形非常接近。而更新、使用面更广的 FuncAnimation 工具在后面会介绍。

程序的第一部分,即定义 f、x、s_values 和其他的部分,不管用哪种动画技术都是一样的。因此,这里专注于绘图部分:

```
import matplotlib.pyplot as plt
...


#Make a first plot
plt.ion()
y = f(x, m, s_max)
```

201

```
lines =plt.plot(x, y)
plt.axis([x[0], x[-1], -0.1, max_f])
plt.xlabel('x')
plt.ylabel('f')

#Show the movie, and make hardcopies of frames simulatenously
counter =0
for s in s_values:
    y =f(x, m, s)
    lines[0].set_ydata(y)
    plt.legend(['s=%4.2f' %s])
    plt.draw()
    plt.savefig('tmp_%04d.png' %counter)
    counter +=1
```

plt. ion()调用和第一个 plot 很重要，通过它们获得 plot 指令的结果，即一个 Matplotlib 的 Line2D 对象列表。之后的思路是，通过 lines[0]. set_ydata 更新数据，用 plt. draw()来显示图形。多条曲线时必须更新每一条曲线的 y 轴数据，例如：

```
lines =plot(x, y1, x, y2, x, y3)

for parameter in parameters:
    y1 =···
    y2 =···
    y3 =···
    for line, y in zip(lines, [y1,y2,y3]):
        line.set_ydata(y)
    plt.draw()
```

文件 movie1_mpl1. py 包含用原始 Matplotlib 语法生成动画的完整程序。

运用 Matplotlib 的 FuncAnimation

Matplotlib 生成动画的推荐方法是使用 FuncAnimation 工具：

```
import matplotlib.pyplot as plt
import matplotlib.animation as animation
anim =animation.FuncAnimation(
    fig, frame, all_args, interval=150, init_func=init, blit=True)
```

代码中，fig 是当前图像的 plt. figure()对象，frame 是绘制每一帧的用户自定义函数，all_args 是 frame 的参数列表，interval 是相邻帧之间的延迟（单位为 ms），init_func 是用于定义动画背景图的函数，而 blit＝True 使动画加速。对于帧数 i，FuncAnimation 会调用 frame(all_args[i])。因此，用户的任务主要是编写 frame 函数并构建 all_args 参数。

定义好之前所说的 m、s_max、s_min、s_values 和 max_f 之后，开始绘制第一个图形：

```
fig =plt.figure()
plt.axis([x[0], x[-1], -0.1, max_f])
lines =plt.plot([], [])
```

```
plt.xlabel('x')
plt.ylabel('f')
```

注意,plt. plot 的返回值保存在 lines 中,以便更新每一帧的曲线数据。

在本示例中,定义背景图的函数画的是一张空图:

```
def init():
    lines[0].set_data([], [])        #empty plot
    return lines
```

定义动画每个帧的函数主要就是从 f 计算 y 并更新曲线数据:

```
def frame(args):
    frame_no, s, x, lines =args
    y =f(x, m, s)
    lines[0].set_data(x, y)
    return lines
```

多条曲线可以按照之前提到的方法来更新。

上面的内容都准备好之后,开始调用 animation. FuncAnimation:

```
anim =animation.FuncAnimation(
    fig, frame, all_args, interval=150, init_func=init, blit=True)
```

通常接下来的动作是生成视频文件,下面选择每秒 5 帧的 MP4 格式:

```
anim.save('movie1.mp4', fps=5)        #movie in MP4 format
```

因为要在屏幕上看图,因此,最后还要调用 plt. show()。

视频的制作需要诸如 ffmpeg 等额外软件,可能会失败。为便于更好地掌控"脆弱的"视频制作,需要将图形显式地保存到文件中,然后再显式地运行 ffmpeg 等视频制作程序。这样的程序将在 5.3.5 节进行解释。

展示 FuncAnimation 基本用法的完整代码可以在 movie1_FuncAnimation. py 中找到。另外,还有一个 MATLAB 动画教程[1],它包含更多的基本信息。一些动画范例可以在 http://matplotlib. org/examples 中找到。

删除旧图形文件

在生成新文件之前,强烈建议删除以前生成的图形文件。否则,在制作视频时可能会把旧图形和新图形混在一起。下面的代码删除所有 tmp * . png 格式的文件:

```
import glob, os
for filename in glob.glob('tmp_*.png'):
    os.remove(filename)
```

这些代码行应该插入到程序的最开始或者开始生成动画的函数之前。

---

[1]　http://jakevdp. github. io/blog/2012/08/18/matplotlib-animation-tutorial/。

除了上面的方法，也可将所有图形文件保存在一个子文件夹中，随后删除整个子文件夹。下面是相应的代码段：

```
import shutil, os
subdir ='temp'              #sub folder name for plot files
if os.path.isdir(subdir):   #does the subfolder already exist?
    shutil.rmtree(subdir)   #delete the whole folder
os.mkdir(subdir)            #make new subfolder
os.chdir(subdir)            #move to subfolder
#perform all the plotting, make movie
os.chdir(os.pardir)         #optional: move up to parent folder
```

注意，Python 和很多其他语言使用"目录"而不是"文件夹"。因此，处理文件夹的函数的名字包含代表 directory 的 dir。

5.3.5　制作视频

假设有一系列以 tmp_ * . png 形式存储的动画帧，文件名通过 printf 语法'tmp_%04d. png' %i 生成，帧计数器 i 从 0 变化到某个值，相应的文件为 tmp_0000. png，tmp_0001. png，tmp_0002. png，…。很多工具都能够将这些保存在图形文件中的一个个帧制作成通常格式的视频。

GIF 动画文件

ImageMagick[1] 套装软件中包含制作 GIF 动画文件的 convert 程序：

Terminal>magick convert -delay 50 tmp_ * .png movie.gif

命令行语句中，帧与帧之间的延迟是 50，单位是 ms。生成的动画 GIF 文件 movie. gif 可以通过 ImageMagick 套装软件的 animate 程序观看，命令是 animate movie. gif。但最常见的方式是将 GIF 动画文件嵌入网页播放。在包含 . html 扩展名的文件中添加以下 HTML 代码：

```
<imgsrc="movie.gif">
```

然后，用网页浏览器加载文件，视频就会不停播放。可以在线尝试一下[2]。

MP4、Ogg、WebM 和 Flash 视频

最适合在网页浏览器中播放的视频格式是 MP4、Ogg、WebM 和 Flash。ffmpeg 和 avconv 都是创建视频的常见工具。可以用以下命令行语句创建 flash 视频：

Terminal>ffmpeg -i tmp_%04d.png -r 5 -vcodec flv movie.flv

选项-i 用来指定 printf 字符串，该字符串用于生成图形文件的文件名；选项-r 用来指定每秒的帧数，这里是 5；-vcodec 用来指定 Flash 视频解码器，这里是 flv；而最后一个参数是视频文件名。Ubuntu 等 Debian Linux 系统使用 avconv 程序替代 ffmpeg。

其他格式视频的创建方式与此相同，只是需要指定不同的解码器并使用相应的视频文件扩展名，如表 5.1 所示。

---

[1]　http://www.imagemagick.org。

[2]　http://hplgit.github.io/scipro-primer/video/gaussian.html。

表 5.1 常用视频格式的解码器和文件名

视频格式	解码器和文件名	视频格式	解码器和文件名
Flash	-vcodec flv movie. flv	WebM	-vcodec libvpx movie. webm
MP4	-vcodec libx264 movie. mp4	Ogg	-vcodec libtheora movie. ogg

在图形化文件浏览器中,视频文件一般很容易播放:双击文件名,或者右击文件名并从快捷菜单中选择播放器。在 Linux 系统中,有好几个可以从命令行运行的播放器,例如 vlc、mplayer、gxine 和 totem。

用 Python 程序生成视频文件很容易。例如,用 os. system 可以运行任何操作系统指令:

```
cmd = 'magick convert -delay 50 tmp_*.png movie.gif'
os.system(cmd)
```

用户下载和安装的 ffmpeg 版本有可能不能生成上面提到的某些格式的视频,原因是系统里缺失了 ffmpeg 依赖的许多其他包。让 ffmpeg 与制作 MP4 文件的 libx264 解码器兼容通常十分困难。在 Ubuntu 等 Debian Linux 系统中,安装步骤如下:

```
Terminal>sudo apt-get install lib-avtools libavcodec-extra-53  libx264-dev
```

5.3.6 用文本字符绘制曲线

有时候需要以纯 ASCII 文本显示图形,例如,属于程序中的试运行部分,或者作为显示在文档字符串中的图形。为此,本节扩展了 Imri Goldberg 给出的 aplotter. py 模块,并作为一个模块纳入 SciTools。在 scitools. aplotter 中运行 pydoc,可以看到该模块进行这种原始绘图的能力。下面给出一个能够用纯文本绘图的例子:

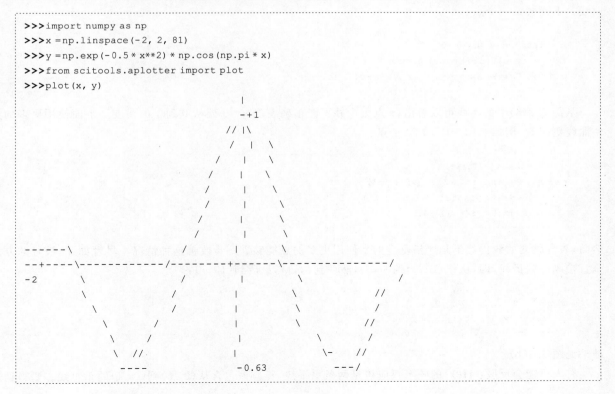

5.4 绘制高难度函数

前面关于绘制函数的例子表明绘图是多么容易的事情。然而，只要一不小心，在绘制某些函数时前面的方法就很容易出错。本节主要介绍两种类型的高难度函数：分段定义函数和快速变化函数。

5.4.1 分段定义函数

分段定义函数在 x 轴的不同区间有不同的函数定义。函数结果由不同段组成，函数值或导数可能不连续。下面两个例子表明，绘制此类函数要非常小心。问题在于，绘图机制是在函数曲线的点之间画直线，而利用这些直线可能无法得到满意的函数图形。第一个例子中的函数在某点不连续，第二个例子中的函数在 3 个点的导数不连续。

示例 下面绘制 Heaviside 函数：

$$H(x) = \begin{cases} 0, & x < 0 \\ 1, & x \geq 0 \end{cases}$$

最自然的处理方式是首先定义以下函数：

```
def H(x):
    return (0 if x < 0 else 1)
```

常规的绘图过程是：定义坐标数组 x，然后调用 y＝H(x)，该过程对于上述数组参数 x 不适用，其原因将在 5.5.2 节中加以说明。然而，用本章的方法能够创建一个适用于数组参数的函数 Hv(x)。但即便有了这个函数，要绘制它还是很困难。

因为 Heaviside 函数由两条水平的直线组成，所以我们可能认为不需要用 x 轴上太多的点就能绘出这条曲线。下面尝试 9 个点：

```
x =linspace(-10, 10, 9)
from scitools.std import plot
plot(x, Hv(x), axis=[x[0], x[-1], -0.1, 1.1])
```

从图 5.8(a)中的实线可以看出，x 点太少并不能正确表现 x＝0 处从 0 到 1 的跳变。下面使用更多的点使曲线更好看，例如－10～10 的 50 个点：

```
x2 =linspace(-10, 10, 50)
plot(x, Hv(x), 'r', x2, Hv(x2), 'b',
    legned=('5 points', '50 points'),
    axis=[x[0], x[-1], -0.1, 1.1])
```

然而，表现跳变的线仍然不是严格垂直的。使用更多的点能够进一步改善这种情况。尽管如此，最好的方法是直接画一条折线，即，从(－10,0)到(0,0)，然后到(0,1)，最后到(10,1)：

```
plot([-10, 0, 0, 10], [0, 0, 1, 1],
    axis=[x[0], x[-1], -0.1, 1.1])
```

结果见图 5.8(b)。

有人可能会反驳：H(x)的图形只应该是两条水平线，不应该包含从(0，0)到(0，1)的垂直线。要得到这

样的图形,必须画两条不同的曲线,每一条代表一条水平线:

```
plot([-10,0], [0,0], 'r-', [0,10], [1,1], 'r-',
    axis=[x[0],x[-1],-0.1,1.1])
```

此时必须为两条线(曲线)指定相同的线条风格,否则,默认情况下在屏幕上会自动显示两条不同颜色的线条,或者在图形的硬拷贝中得到两条不同风格的线条。另外,像 $H(x)$ 这样不连续的函数在可视化时常常在跳变处都会有一条垂直线,和图 5.8(b)一样。

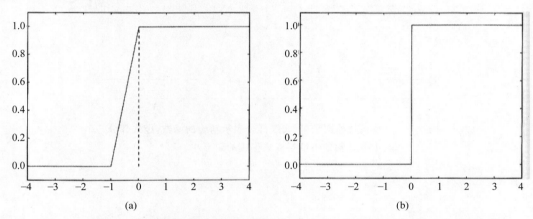

图 5.8　Heaviside 函数绘图结果(左图使用等间距分布的 9 个点,右图在 $x=0$ 处有两个值)

示例　下面绘制如图 5.9 中实线所示的帽状函数 $N(x)$。该函数是一个分段线性函数。要实现 $N(x)$,必须使用 if 检测来定位 x 轴位置,然后计算相应的 $N(x)$ 线性段。简单 if 检测的实现不适用于数组参数 x,但 5.5.3 节中解释了如何生成同样适用于数组参数 x 的 $Nv(x)$ 向量化版本。不管怎么说,标量和向量版本在绘图时都很困难。

第一个绘图方法是

```
x =linspace(-2, 4, 6)
plot(x, Nv(x), 'r', axis=[x[0], x[-1], -0.1, 1.1])
```

其结果显示为图 5.9 的虚线。问题在哪？问题在于 x 向量的计算,它不包括函数值变化很大的点 x＝1 和 x＝2。结果就是函数被“拉平”了。

不得已的补救措施是在函数定义中保证 x 向量包含所有关键点(x＝0,1,2)。可以采用以下方法:

```
x =linspace(-2, 4, 7)
```

或者更简单的方法:

```
x =[-2, 0, 1, 2, 4]
```

以上任何一种 x 加上 plot(x, Nv(x))都会得到图 5.9 中的实线,这条实线才是 $N(x)$ 函数的正确曲线。

在 Heaviside 函数的示例中,最好的方法可能是放弃向量计值,而是直接在函数的关键点之间画直线(因为函数是线性的):

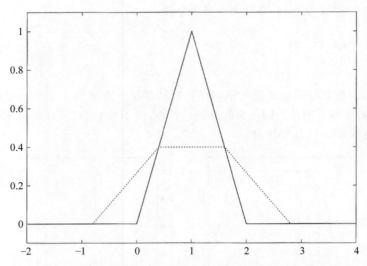

图 5.9　帽状函数绘图结果(实线部分表示精确的函数,虚线部分
表示沿 x 轴的不恰当点集生成的图形)

```
y = [N(xi) for xi in x]
plot(x, y, 'r', axis=[x[0], x[-1], -0.1, 1.1])
```

5.4.2　快速变化函数

现在分别用 10 个点和 1000 个点可视化函数 $f(x) = \sin(1/x)$：

```
def f(x):
    return sin(1.0/x)

from sictools.std import linspace, plot
x1 = linspace(-1, 1, 10)
x2 = linspace(-1, 1, 1000)
plot(x1, f(x1), label='%d points' % len(x1))
plot(x2, f(x2), label='%d points' % len(x2))
```

两个图形如图 5.10 所示。只用 10 个点得到的是完全错误的结果,原因是该函数越靠近原点振荡得越快。用 1000 个点可以获得对振荡的大体概念,但图形在原点附近的准确性依旧很差。理论上,用 100 000 个点的图形有更好的准确性,但原点处的振荡实在太快,所以它将淹没在一片黑色之中(可以自己尝试一下)。

函数 $f(x) = \sin(1/x)$ 的另一个问题是,可以很容易地定义一个包含 $x = 0$ 的向量,于是除零问题就出现了。数学上,$x = 0$ 是函数 $f(x)$ 的一个奇点:很难定义 $f(0)$,所以要在函数定义中将它排除,而以 $x \in [-1, -\varepsilon] \cup [\varepsilon, 1]$ 作为定义域,其中 ε 很小。

从这些例子中获得的经验非常明确:必须了解将要可视化的函数以确保选择曲线上合适的 x 坐标。与此相关,采取的第一步可以是将 x 坐标数加倍,看图形是否改变。如果不变,说明选取的 x 坐标集可能是充分的。

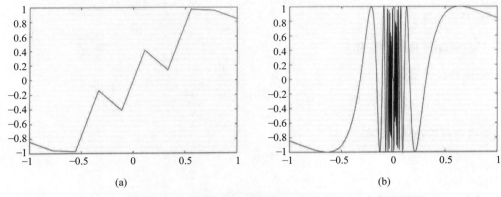

图 5.10　函数 $f(x) = \sin(1/x)$ 分别取 10 个点和 1000 个点的图形

5.5　更高级的函数向量化

到目前为止，通过 Python 函数向量化实现数学函数 $f(x)$ 的可视化好像很容易：在 $f(x)$ 适用于数组参数 x 的情况下，返回 f 作用于 x 每个元素的结果数组。当 $f(x)$ 的表达式以字符串的形式给出且用 StringFunction 工具生成相应的 Python 函数 $f(x)$ 时，需要一个额外的步骤来向量化这个 Python 函数。这个步骤将在 5.5.1 节说明。

只要表达式 $f(x)$ 是没有 if 检测（条件数学表达式）的数学公式，向量化一点问题没有；然而，一旦有 if 检测，向量化就有难度了。5.5.2 节和 5.5.3 节通过两个例子介绍了一些有效方法。这些方法被认为是比较高级的内容，只在需要显著减少大量点的计值耗时时才应考虑使用。

5.5.1　StringFunction 对象向量化

scitools. std 中的 StringFunction 对象能够将一个字符串公式转化为可调用的 Python 函数（见 4.3.3 节）。然而，除非对 StringFunction 对象提出明确要求，否则该函数不接受数组参数。解决方式非常简单。假设 f 是 StringFunction 对象。为了允许使用数组参数，只需调用一次 f. vectorize(globals()) 即可：

```
from numpy import *
x = linspace(0, 1, 30)
# f(x) will in general not work


f.vectorize(globals())
values = f(x)              # f works with array arguments
```

重要的是，在调用 f. vectorize 之前，要先从 NumPy 或 scitools. std 中导入所有内容，如上所示。

读者可能觉得调用 f. vectorize 的方法很不可思议。有些读者也想知道 f. vectorize 解决的是什么问题。为了计算像 sin(x) * exp(x) 这样的表达式，StringFunction 模块需要调用数学函数，而这些数学函数默认从 math 模块中获取，因此不能以数组作为参数。假如用户在主程序中已经导入了适用于数组参数的数学函数，这些函数会在通过调用 globals() 返回的词典中登记。f. vectorize 调用为 StringFunction 模块提供用户的全局命名空间，因此，在计算字符串表达式时就能够使用用户程序中用于数组的数学函数。但如果字符串表达式用了 np. sin(x) * np. cos(x) 等就不行了。因此，要用 from numpy import * 导入数学函数以确保函数名没有任何前缀。

即便调用了 f. vectorize(globals())，StringFunction 对象在向量化时还是可能出现问题。一个例子就是用字符串表达式'1 if x>2 else 0'表示的分段常函数。在 5.5.2 节中会解释为什么 if 检测对于数组处理会失效，以及有什么补救措施。

5.5.2 Heaviside 函数向量化

Heaviside 函数的定义如下：

$$H(x) = \begin{cases} 0, & x < 0 \\ 1, & x \geqslant 0 \end{cases}$$

实现这个函数最简洁的方式是

```
def H(x):
    return(0 if x < 0 else 1)
```

用数组参数 x 调用 H(x)的尝试是失败的：

```
>>>def H(x): return (0 if x < 0 else 1)
...
>>>import numpy as np
>>>x =np.linspace(-10, 10, 5)
>>>x
array([-10., -5., 0., 5., 10.])
>>>H(x)
...
ValueError: The truth value of an array with more than
one element is ambiguous. Use a.any() or a.all()
```

问题出在检测 x<0 处，它生成一个布尔值的数组，然而 if 检测需要一个单一的布尔值（本质上取 bool(x<0)，即将 x<0 强制转换为 bool 值）：

```
>>>b =x < 0
>>>b
array([True, True, False, False, False], dtype =bool)
>>>bool(b)          #evaluate b in a boolean context
...
ValueError: The truth value of an array with more than
one element is ambiguous. Use a.any() or a.all()
>>>b.any()          #True if any element in b is True
True
>>>b.all()          #True if all elements in b are True
False
```

因为检测的目的是逐一地对元素判断 x[i]<0 是否成立，因此，any 和 all 的调用并没有什么作用。

有 4 种方法可以解决 if x<0 检测的问题：①直接利用循环计算每个元素；②用工具自动向量化 H(x)；③布尔值和浮点数混合计算；④人工向量化 H(x)。下面举例说明这 4 种方法。

循环

如果插入一个关于数组元素的简单循环（这样，H(x)只需进行标量操作），那么下面的函数就能很好地适用于数组：

```
def H_loop(x):
    r =np.zeros(len(x))
    for i in xrange(len(x)):
        r[i] =H(x[i])
    return r


#Example:
x =np.linspace(-5, 5, 6)
y =H_loop(x)
```

自动向量化

Numerical Python 包含自动将用于标量(纯数据)参数 x 的 Python 函数 H(x)向量化的方法:

```
import numpy as np
H_vec =np.vectorize(H)
```

H_vex(x)函数适用于向量/数组参数 x。不幸的是,这种自动向量化的函数相比于下面的实现方式在运行速度上要慢得多(5.5.3 节的末尾有具体的时间比较)。

布尔值和浮点数混合计算

一个看起来非常简单的 H(x)函数的向量化方法的实现如下:

```
def H(x):
    return x >=0
```

此时,返回值是一个布尔对象而不是结果类型所期望的整型或浮点型对象。然而,当返回的 H(x)用于数学表达式时,这个布尔对象能够同时适用于标量和向量运算,True 和 False 被解读为 1 和 0。演示如下:

```
>>>x =np.linspace(-1, 1, 5)
>>>H(x)
array([False, False, True, True, True], dtype =bool)
>>>1 * H(x)
array([0, 0, 1, 1, 1])
>>>H(x) -2
array([-2, -2, -1, -1, -1])
>>>
>>>x =0.2          #test scalar argument
>>>H(x)
True
>>>1 * H(x)
1
>>>H(x)-2
-1
```

如果不想返回一个布尔值,可以将布尔对象转换成其他合适的类型:

```
def H(x):
    r =x >=0
    if isinstance(x, (int,float)):
```

```
        return int(r)
    elif isinstance(x, np.ndarray):
        return np.asarray(r, dtype=np.int)
```

人工向量化

人工向量化的意思是将算法转换成 NumPy 包中一系列函数调用,在 Python 代码中不出现循环。H(x) 的最后一个版本是人工向量化,但现在先介绍结果不一定是 0 或 1 时的更为一般的方法。通常,人工向量化并不简单,并且需要对数组计算底层库有一定的经验。幸运的是,有一个简单的 NumPy 方法可以将如下形式的函数:

```
def f(x):
    if condition:
        r =<expression1>
    else:
        r =<expression2>
    return r
```

转换为向量化形式:

```
def f_vectorized(x):
    x1 =<expression1>
    x2 =<expression2>
    r = np.where(condition, x1, x2)
    return r
```

np. where 函数返回一个与 condition 同样长度的数组,如果 condition[i] 为 True,那么数组的第 i 个元素等于 x1[i],否则该元素等于 x2[i]。通过 Python 循环,该原则表达为

```
def my_where(condition, x1, x2):
    r = np.zeros(len(condition))        #result
    for i in xrange(condition):
        r[i] =x1[i] if condition[i] else x2[i]
    return r
```

在 np. where 调用中,变量 x1 和 x2 也可以是标量。

在本例中,可以这样使用 np. where 函数:

```
def Hv(x):
    return np.where(x<0, 0.0, 1.0)
```

除了使用 np. where,还可以应用布尔型下标。思路是:允许将一个布尔数组 b 作为数组 a 的下标:a[b]。得到的 a[b] 是一个新数组,包含 b[i] 为 True 时的所有 a[i] 元素:

```
>>>a
array([0., 2.5, 5., 7.5, 10.])
>>>b =a >5
>>>b
array([False, False, False, True, True], dtype =bool)
```

```
>>>a[b]
array([7.5, 10.])
```

可以对 b 为 True 时的 a 中元素赋新值:

```
>>>a[b]
array([7.5, 10.])
>>>a[b] =np.array([-10, -20], dtype =np.float)
>>>a
array([0., 2.5, 5., -10., -20.])
>>>a[b] =-4
>>>a
array([0., 2.5, 5., -4., -4.])
```

要实现 Heaviside 函数,从一个全 0 数组开始,然后对 x>=0 的元素位置用 1 赋值:

```
def Hv(x):
    r =np.zeros(len(x), dtype=np.int)
    r[x >=0] =1
    return r
```

5.5.3 帽状函数向量化

现在来看如下定义的帽状函数 $N(x)$:

$$N(x) = \begin{cases} 0, & x < 0 \\ x, & 0 \leqslant x < 1 \\ 2-x, & 1 \leqslant x < 2 \\ 0, & x \geqslant 2 \end{cases}$$

其 Python 实现为

```
def N(x):
    if x <0:
        return 0.0
    elif 0 <=x <1:
        return x
    elif 1 <=x <2:
        return 2 -x
    elif x >=2:
        return 0.0
```

不幸的是,这个 N(x)函数不适用于数组参数 x,因为像 x<0 这样的布尔表达式结果是数组,而不能为 if 检测产生单个的 True 或 False 值,正如 5.5.2 节所述。

最简单的解决方法是用 5.5.2 节的 np.vectorize 函数:

```
N_vec =np.vectorize(N)
```

这时,非常重要的一点是 N(x)需要返回浮点数而不是整数,否则向量化的版本会产生整型值,导致结果错误。

人工重写可以得到更快的向量化函数，这比在 Heaviside 函数中更为有用，因为现在 if 检测中有许多分支。大概就是将以下代码

```
if condition1:
    r =<expression1>
elif condition2:
    r =<expression2>
elif condition3:
    r =<expression3>
else:
    r =<expression4>
```

替代为

```
x1 =<expression1>
x2 =<expression2>
x3 =<expression3>
x4 =<expression4>
r =np.where(condition1, x1, x4)      #initialize with "else" expression
r =np.where(condition2, x2, r)
r =np.where(condition3, x3, r)
```

也可以使用布尔型下标。假设 x1～x4 是涉及数组 x 的表达式，其编码为 Python 函数 fn(x)（n 是 1～4）。可以写成

```
r =f4(x)
r[condition1] =f1(x[condition1])
r[condition2] =f2(x[condition2])
r[condition3] =f3(x[condition3])
```

特别地，处理标量参数 x 的函数如下：

```
def N(x):
    if x <0:
        return 0.0
    elif 0 <=x <1:
        return x
    elif 1 <=x <2:
        return 2 - x
    elif x >=2:
        return 0.0
```

一种向量化尝试是

```
def Nv(x):
    r =np.where(x <0,        0.0,   0.0)
    r =np.where(0 <=x <1,  x,      r)
    r =np.where(1 <=x <2,  2-x,    r)
    r =np.where(x >=2,       0.0,   r)
    return r
```

并不一定需要第一行和最后一行,因为可以从全零向量开始(这会使得在第一种情况和最后一种情况时插入 0 成为多余操作)。

　　然而,由于 and 运算符不适用于数组参数,任何像 0＜＝x＜1 这样的情况(等同于 0＜＝x and x＜1),都不能正常运行。幸运的是,这个问题有简单的解决方法:NumPy 的函数 logical_and。要使 Nv 函数起作用,必须对每种情况使用 logical_and 来替代:

```
def Nv1(x):
    condition1 =x <0
    condition2 =np.logical_and(0 <=x, x <1)
    condition3 =np.logical_and(1 <=x, x <2)
    condition4 =x >=2

    r =np.where(condition1, 0.0,  0.0)
    r =np.where(condition2, x,    r)
    r =np.where(condition3, 2-x,  r)
    r =np.where(condition4, 0.0,  r)
    return r
```

使用布尔型下标可以得到另一种形式:

```
def Nv2(x):
    condition1 =x <0
    condition2 =np.logical_and(0 <=x, x <1)
    condition3 =np.logical_and(1 <=x, x <2)
    condition4 =x >=2

    r =np.zeros(len(x))
    r[condition1] =0.0
    r[condition2] =x[condition2]
    r[condition3] =2-x[condition3]
    r[condition4] =0.0
    return r
```

　　同样,如果从全零向量开始,对于 r 的第一个赋值和最后一个赋值可以省略。

　　hat.py 文件实现了 N(x)函数的 4 种向量化版本:N_loop 使用简单循环对数组 x 中的每个元素 x[i]调用 N(x);N_vec 是使用 np.vectorize 自动向量化的结果;上述 Nv1 函数使用 np.where 结构;而 Nv2 函数则使用布尔型下标。如果 x 数组的长度为 1 000 000,在配置为 11in 屏幕、两个 1.6GHz Intel CPU、在 VMware 虚拟机上运行 Ubuntu 12.04 的 MacBook Air 笔记本电脑上,N_loop 用时为 4.8s,N_vec 用时为 1s,Nv1 用时为 0.3s,而 Nv2 用时为 0.08s。显然,布尔型下标是最快的方法。

5.6　Numerical Python 数组深入剖析

本节介绍关于 Numerical Python 数组若干更高级的实用运算。

5.6.1　复制数组

设 x 为数组,语句 a＝x 仅仅让 a 和 x 指向同一个数组,即 x 数组。因此,改变 a 也同时改变 x:

```
>>>import numpy as np
>>>x =np.array([1, 2, 3.5])
>>>a =x
>>>a[-1] =3       #this changes x[-1] too!
>>>x
array([1., 2., 3.])
```

如果只想改变 a 而不改变 x,需要将 x 的副本(而不是 x 本身)赋予 a:

```
>>>a =x.copy()
>>>a[-1] =9
>>>a
array([1., 2., 9.])
>>>x
array([1., 2., 3.])
```

5.6.2　原地运算

设 a 和 b 为两个形状相同的数组。表达式 a＋＝b 代表 a＝a＋b,但不仅仅如此。在语句 a＝a＋b 中,先计算 a＋b 的和,得到一个新的数组,然后将名字 a 绑定新数组。如果不给新数组赋予另一个名字,旧的 a 数组会被丢弃。在 a＋＝b 语句中,b 的元素被直接加到 a 的元素上(在内存中),而不像 a＝a＋b 那样存在隐藏的中间数组。这意味着,因为 a＋＝b 避免了 Python 产生一个额外数组,所以 a＋＝b 在使用存储资源方面效率比 a＝a＋b 更高。称＋＝、*＝等不依赖额外的资源或者依赖极少的额外资源,仅依靠输出覆盖输入来实现的数组运算为数组内原地(in-place)运算。

考虑以下复合数组表达式:

```
a = (3 * x**4 +2 * x +4) / (x+1)
```

实际上的计算是按照如下顺序进行的:

- $r1＝x**4$
- $r2＝3 * r1$
- $r3＝2 * x$
- $r4＝r2＋r3$
- $r5＝r4＋4$
- $r6＝x＋1$
- $r7＝r5/r6$
- $a＝r7$

它产生了 7 个隐藏的数组用于存储中间结果。而使用原地计算只产生 3 个新数组,代价就是代码可读性大大降低了:

```
a =x.copy()
a **=4
a * =3
a +=2 * x
a +=4
a /=x+1
```

上述语句中,3 个额外的数组是由于复制 x、计算右侧的 $2*x$ 和 $x+1$ 而产生的。

　　在计算科学和工程中,通常需要对很大的数组进行大量运算。此时,通过原地运算来节省内存和数组分配时间尤为重要。

　　组合使用赋值和原地运算容易导致无意中更改了多个数组。例如,以下代码中,因为 a 与 x 指向同一个数组,a 的原地运算也会改变 x:

```
a = x
a += y
```

因为 a 和 x 访问的是同一个数组 x,对 a 的运算就是原地操作。

5.6.3　数组分配

　　前面已经看到,用 np.zeros 函数可以方便地创建一个给定大小的数组 a。常常会用到数组大小和类型与一个已有数组 x 相同的数组。此时,可以用如下语句复制原数组,然后再用新的正确值填充 a 中元素。

```
a = x.copy()
```

也可以用如下语句实现:

```
a = np.zeros(x.shape, x.dtype)
```

属性 x.dtype 保存数组元素类型(dtype 指数据类型),x.shape 是保存数组形状的元组,变量 a.ndim 保存数组维数。

　　有时也需要确保某个对象为数组,在该对象不是数组的情况下需要将其转化为数组。函数 np.asarray 对于此类问题非常有用:

```
a = np.asarray(a)
```

如果 a 本来就是一个数组,那么这个操作不会复制任何东西;但如果 a 只是一个列表或者元组,它会创建一个复制了其中的数据的新数组。

5.6.4　广义索引

　　5.2.2 节介绍了如何用切片提取和操作子数组。切片 f:t:i 对应于下标集合 $f,f+i,f+2*i,\cdots$ 直到 t(但不包括 t)。这个下标集合也可显式给出:a[range(f,t,i)]。也就是说,range 产生的整数列表可以作为一个下标集合。事实上,任何整数列表或整数数组均可作为下标(集合):

```
>>>a = np.linspace(1, 8, 8)
>>>a
array([1., 2., 3., 4., 5., 6., 7., 8.])
>>>a[[1, 6, 7]] = 10
>>>a
array([1., 10., 3., 4., 5., 6., 10., 10.])
>>>a[range(2, 8, 3)] = -2          # same as a[2:8:3] = -2
>>>a
array([1., 10., -2., 4., 5., -2., 10., 10.])
```

也可以使用布尔数组生成下标集合。集合中的下标对应布尔数组中值为 True 的下标。该功能允许像 a[x<m] 这样的表达式。下面两个示例继续上面的交互式会话：

```
>>>a[a <0]              #pick out the negative elements of a
array([-2., -2.])
>>>a[a <0] =a.max()
>>>a
array([1., 10., 10., 4., 5., 10., 10., 10.])
>>>#Replace elements where a is 10 by the first
>>>#elements from another array/list:
>>>a[a ==10] =[10, 20, 30, 40, 50, 60, 70]
>>>a
array([1., 10., 20., 4., 5., 30., 40., 50.])
```

使用整数数组或列表的广义索引对于数组元素的向量方式初始化非常重要。更高维数组的广义索引语法略有不同，见 5.8.2 节。

5.6.5　数组类型检测

在交互式 Python Shell 中，可以用 type 函数检查一个对象的类型（见 1.5.2 节）。Numerical Python 数组的类型名为 ndarray：

```
>>>a =np.linspace(-1, 1, 3)
>>>a
array([-1., 0., 1.])
>>>type(a)
<type 'numpy.ndarray'>
```

有时，需要检测一个变量是 ndarray、float 还是 int 类型，此时可以使用 isinstance 函数：

```
>>>isinstance(a, np.ndarray)
True
>>>isinstance(a, (float, int))        #float or int?
False
```

下面介绍使用 isinstance 和 type 检查对象类型的典型用法。

示例　假设有以下常函数：

```
def f(x):
    return 2
```

该函数接收数组参数 x，返回一个浮点数。然而，它的向量化版本应该返回一个与 x 形状相同的数组，其所有元素的值均为 2。其向量化版本的实现如下：

```
def fv(x):
    return np.zeros(x.shape, x.dtype) +2
```

最佳的向量化函数应该能同时适用于标量和向量参数。为此，必须检测参数类型：

```
def f(x):
    if isinstance(x, (float,int)):
        return 2
    elif isinstance(x, np.ndarray):
        return np.zeros(x.shape, x.dtype) +2
    else:
        raise TypeError('x must be int, float or ndarray, not %s' %type(x))
```

5.6.6　数组生成的紧凑语法

r_[f：t：s]是实现 linespace 函数的特殊紧凑语法：

```
>>>a =r_[-5:5:11j]              #same as linspace(-5, 5, 11)
>>>print a
[-5. -4. -3. -2. -1. 0. 1. 2. 3. 4. 5.]
```

其中,11j 指 11 个坐标(-5～5,包括上限 5),即用虚数语法给出数组中元素个数。

5.6.7　形状操作

数组对象的 shape 属性保存数组形状,即每一维的大小。函数 size 返回数组元素的总个数。下面是更改数组形状的若干等价方式：

```
>>>a =np.linspace(-1, 1, 6)
>>>print a
[-1. -0.6 -0.2 0.2 0.6 1.]
>>>a.shape
(6, )
>>>a.size
6
>>>a.shape = (2, 3)
>>>a =a.reshape(2, 3)          #alternative
>>>a.shape
(2, 3)
>>>print a
[[-1. -0.6 -0.2]
 [0.2 0.6 1.]]
>>>a.size                      #total number of elements
6
>>>len(a)                      #number of rows
2
>>>a.shape = (a.size, )        #reset shape
```

注意,len(a)总是返回数组的第一维长度。

5.7　数组的高性能计算

包含大量数组计算的程序会快速消耗大量时间和内存,所以,加快计算速度、使用尽可能小的内存变得十分关键。加速数组计算的主要方法是向量化,即,避免对数组元素的显式 Python 循环。为了节省内存,需要明白分配数组的时机,然后通过原地运算来避开。在继续阅读之前,应该复习 5.6.2 节中关于数组赋值和原地运算的内容。

示例 下面的计算示例分析涉及著名的 axpy 运算:r＝ax＋y,其中,a 是一个数,x 和 y 是数组。所有的实现和相关的实验都能在文件 hpc_axpy.py 中找到。

5.7.1 标量实现方式

axpy 运算的一个朴素循环实现如下:

```
def axpy_loop_newr(a, x, y):
    r = np.zeros_like(x)
    for i in range(r.size):
        r[i] = a * x[i] + y[i]
    return r
```

经典的方式是用 ax＋y 覆盖 y 来实现:y←ax＋y,这里采用既可覆盖 y 也可用另一个数组存储 ax＋y 的实现。上述函数创建一个新数组存储结果。

除了在函数内部分配数组外,也可将这个任务交给用户,由用户提供一个结果数组 r 作为输入:

```
def axpy_loop(a, x, y, r):
    for i in range(r.size):
        r[i] = a * x[i] + y[i]
    return r
```

这个版本的优点在于既可以用 ax＋y 覆盖 y,也可以将 ax＋y 存储到另一个数组中。

```
#Classical axpy
y = axpy_loop(a, x, y, y)

#Store axpy result in separate array
r = np.zeros_like(x)
r = axpy_loop(a, x, y, r)
```

Python 函数返回输出数据

调用:

```
r = axpy_loop(a, x, y, r)
```

等价于以下写法:

```
axpy_loop(a, x, y, r)
```

这在 Fortran、C 和 C++ 中是典型编码风格(其中将 r 作为数组数据的引用或指针进行传递)。Python 不需要 axpy_loop 函数返回 r,因为循环内部对 r[i] 的赋值改变了 r 的所有元素。因此,调用 axpy_loop(a, x, y, r) 后数组 r 会被更改。然而,Python 有一个很好的特性:函数的所有输入数据都作为参数,所有输出数据都以返回值方式返回。代码

```
r =axpy_loop(a, x, y, r)
```

清楚表明了 r 既是输入也是输出。

5.7.2　向量化实现方式

axpy 运算的向量化实现如下：

```
r =axpy_loop(a, x, y, r)
def axpy1(a, x, y):
    r =a * x +y
    return r
```

注意，结果存储在由 a * x＋y 产生的新数组中。向量化的加速十分重要，见图 5.11(hpc_axpy.py 文件的 effect_of_vec 函数实现了向量化加速)。

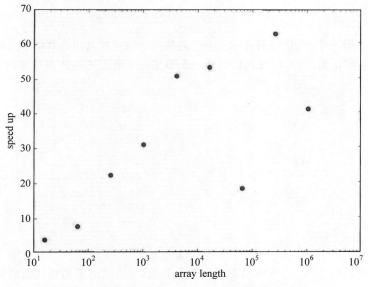

图 5.11　不同数组长度下 axpy 运算向量化的提升效率

向量化实现可能需要临时数组。一个临时变量，称它为 r1，用于 a * x 的计算和存储，分配另一个作为返回值的数组 r，用于 r1＋y 的计算和存储。从表面上看，a * x＋y 只需要分配一个作为返回值的数组(本书作者利用 memory_profiler 模块详细分析了内存消耗)。总之，在对大数组反复调用 axpy1 时，每一次调用都要分配一个新的大数组。

5.7.3　节省内存的实现方式

在大数组应用中应该复用预分配的数组，避开对临时数组不必要的分配。假设干脆为 r＝a * x＋y 的结果分配一个数组。那么，数组 r 可以传递给以上 axpy_loop 函数中的计算函数，并且就用 r 的内存存储中间计算结果。在向量化的代码中，这需要使用数组原地运算(见 5.6.2 节)。

用预分配数组 r 处理 r＝a * x＋y 的原地运算时，首先把 x 的所有元素复制到 r 中，然后元素与 a 逐个相乘，最后元素与 y 逐个相加。

```
def axpy2(a, x, y, r):
    r[:] = x
    r *= a
    r += y
    return r
```

注意：r[：]＝x 将 x 的元素插入 r。数学上的等价构造是 r＝x. copy()，它先分配一个对象，然后填入 x 的值，最后将名字 r 指向该对象。这样，作为函数参数提供的数组 r 被丢弃，返回的是另一个对象。

反复调用 axpy2 函数不会有任何额外的内存分配。这一点可以用以下代码片段来证明，其中 id(r) 用于查看 r 数组的唯一标识。如果在调用中唯一标识保持不变，就说明一直在复用预分配的数组 r。

```
r = np.zeros_like(x)
print id(r)
for i in range(10):
    r = axpy2(a, x, y, r)
    print id(r)
```

可以看到，打印输出的是同一个数，这说明传给 axpy2 的数组 r 和函数返回的数组 r 在物理上是同一个对象。

等价地，可以省略返回 r 的步骤，而仅利用这样一个事实：原地运算对数组的更改总是能反映到在函数外分配的数组 r。

```
def axpy3(a, x, y, r):
    r[:] = x
    r *= a
    r += y
```

下面将调用简化为

```
axpy3(a, x, y, r)
```

然而，正如在 5.7.1 节强调的那样，Python 通常返回输出数据（因为这并不需要什么额外代价，只是在物理上将对象的引用传回调用代码而已）。

5.7.4 内存使用分析

模块 memory_profiler 对于分析程序中每条语句的内存使用情况非常有用。这个模块可以通过以下方式安装：

Terminal>sudo pip install memory_profiler

要分析的每一个函数的上一行必须有@profile。例如：

```
@profile
def axpy1(a, x, y):
    r = a * x + y
    return r
```

然后,可以通过以下方式运行名为 axpy.py 的程序:

```
Terminal>python -m memory_profiler axpy.py
```

数组必须足够大,才能看到内存使用有显著的增加。如果每个数组有 10 000 000 个元素,看到的结果如下:

```
Line #    Mem usage         Increment        Line Contents
================================================
     1    251.977MiB        0.000MiB         @profile
     2                                       def axpy1(a, x, y):
     3    328.273MiB        76.297MiB           r = a * x + y
     4    328.273MiB        0.000MiB            return r


Line #    Mem usage         Increment        Line Contents
================================================
     6    251.977MiB        0.000MiB         @profile
     7                                       def axpy2(a, x, y, r):
     8    251.977MiB        0.000MiB            r[:] = x
     9    251.977MiB        0.000MiB            r *= a
    10    251.977MiB        0.000MiB            r += y
    11    251.977MiB        0.000MiB            return r
```

以上结果表明,与 axpy2 相比,axpy1 消耗更多的内存。

5.7.5　CPU 时间分析

line_profiler 模块可以计算程序每一行的运行时间。通过 sudo pip install line_profiler 可以很容易地安装这个模块。像 5.7.4 节描述的 module_profiler 一样,line_profiler 也要求每个被分析函数的上一行有 @profile。这个模块和用于运行程序的分析脚本 kernprof 一起安装。

```
Terminal>kernprof -l -v axpy.py
```

如果数组长度为 500 000,得到的输出如下:

```
Total time: 0.014291 s
Function: axpy1 at line 1

Line#   Hits      Time      Per Hit    %Time   Line Contents
================================================================
    1                                          @profile
    2                                          def axpy1(a, x, y):
    3      3       14283      4761.0     99.9      r = a * x + y
    4      3           8         2.7      0.1      return r


Total time: 0.004382 s
Function: axpy2 at line 6

Line#   Hits      Time      Per Hit    %Time   Line Contents
```

```
===============================================================
  6                                          @profile
  7                                          def axpy2(a, x, y, r):
  8    3       1981     660.3   45.2            r[:] =x
  9    3       1258     419.3   28.7            r *= a
 10    3       1138     379.3   26.0            r += y
 11    3       5        1.7     0.1            return r


Total time: 1.38674 s
Function: axpy_loop at line 26

Line#   Hits     Time      Per Hit   %Time   Line Contents
===============================================================
 26                                          @profile
 27                                          def axpy_loop(a, x, y, r):
 28   1500006  449747    0.3       32.4        for i in range(r.size):
 29   1500003  936985    0.6       67.6            r[i] =a * x[i] +y[i]
 30   3        10        3.3       0.0        return r
```

可以看到，for 的循环控制占了循环总开销的 1/3。

模块 line_profiler 和 memory_profiler 都是发现低效代码结构非常有用的工具。

5.8 高维数组

5.8.1 矩阵与数组

当数学家需要处理一列数时要用到向量，需要处理表格（按 Python 术语讲就是列表的列表）时要用到矩阵（matrix）。数据表格的数据按照行和列排列。例子如下：

$$\begin{bmatrix} 0 & 12 & -1 & 5 \\ -1 & -1 & -1 & 0 \\ 11 & 5 & 5 & -2 \end{bmatrix}$$

这个具有 3 行 4 列的表格被称为 3×4 矩阵（数学家可能不这样说，但对于我们来说这样就够了）。如果用符号 A 表示这个矩阵，那么 $A_{i,j}$ 指第 i 行第 j 列的数。行和列都从 0 开始计数，例如，$A_{0,0} = 0$，$A_{2,3} = -2$。一般地，$m \times n$ 矩阵 A 表示为

$$\begin{bmatrix} A_{0,0} & A_{0,1} & \cdots & A_{0,n-1} \\ A_{1,0} & A_{1,1} & \cdots & A_{1,n-1} \\ \vdots & \vdots & \ddots & \vdots \\ A_{m-1,0} & A_{m-1,1} & \cdots & A_{m-1,n-1} \end{bmatrix}$$

矩阵可以进行加减运算，还可以与标量（数）相乘。矩阵也有大小的概念。矩阵的运算公式与向量非常相似，但它们的具体形式在此不讨论。

可以用数组给出表格和矩阵更一般化的概念。不失一般性，假设数组有 d 个维度，也可以说，数组的秩为 d。当 $d=3$ 时，数组 A 的元素有 3 个下标：$A_{p,q,r}$。如果 p 从 0 到 n_p-1，q 从 0 到 n_q-1，r 从 0 到 n_r-1，那么数组 A 总共有 $n_p \times n_q \times n_r$ 个元素。有时可能会说到数组的形状：数组形状是一个 d 维向量，存储每个"数组方向"的元素个数，即每个维度的元素个数。对于上面提到的数组 A，其形状为 (n_p, n_q, n_r)。

特殊情况下，$d=1$ 就是向量，$d=2$ 则对应矩阵。如果从数学角度对这些概念不是很熟悉，编程时可以只使用数组而不考虑它到底是向量还是矩阵。下标数量与需要解决的编程问题的最方便形式直接对应。

5.8.2 Python 的二维数值数组

考虑如下构造的具有元素对[C，F]的嵌套列表 table(见 2.4 节)：

```
>>>Cdegrees = [-30 + i * 10 for i in range(3)]
>>>Fdegrees = [9./5 * C + 32 for C in Cdegrees]
>>>table = [[C, F] for C, F in zip(Cdegrees, Fdegrees)]
>>>print table
[[-30, -22.0], [-20, -4.0], [-10, 14.0]]
```

该嵌套列表可以转化为数组：

```
>>>table2 = np.array(table)
>>>print table2
[[-30. -22.]
 [-20.  -4.]
 [-10.  14.]]
>>>type(table2)
<type 'numpy.ndarray'>
```

通常说 table2 是一个二维数组或阶为 2 的数组。

上述 table 列表和 table2 数组在内存中的存储方式差异很大。变量 table 指向包含 3 个元素的列表对象，其中每个元素又指向一个单独的包含两个元素的列表对象。而 table2 变量指向一个单独的数组对象，这个数组对象又继续指向内存中一段连续的字节序列，6 个浮点数就存储在这段字节序列里。与 table2 相关联的数据在内存中是作为"一块"整体存在的，而与 table 相关联的数据被分散在内存中。在现代计算机中，在内存中查找数据比计算数据所花费的代价要高得多。数组使得数据获取更加高效，这也是使用数组的主要原因。然而，这种高效性只有在数组非常大时才能体现出来，而不是 3×2 这样的数组。

嵌套列表的索引分两步：第一步确定外层列表的下标，该下标访问到的元素是另一个列表(内层列表)；第二步确定内层列表的下标。

```
>>>table[1][0]          #table[1] is [-20,4], whose index 0 holds -20
-20
```

这个语法也适用于二维数组：

```
>>>table2[1][0]
-20.0
```

但是对于数组，还有一个更为通用的语法：

```
>>>table2[1, 0]
-20.0
```

二维数组表示包含一定数量的行和列的表格，行作为数组的第一维，列作为第二维。这两个维度可以通过 table2.shape 获得：

```
>>>table2.shape
(3, 2)
```

其中,3 是行数,2 是列数。

对二维数组中所有元素的循环通常用两个嵌套的 for 循环表示,一个循环对应一个维度：

```
>>>for i in range(table2.shape[0]):
...     for j in range(table2.shape[1]):
...         print 'table2[%d, %d] =%g' % (i, j, table2[i,j])
...
table2[0, 0] =-30
table2[0, 1] =-22
table2[1, 0] =-20
table2[1, 1] =-4
table2[2, 0] =-10
table2[2, 1] =14
```

另一个方法是用单个 for 循环访问任意维度数组的每一个元素（但效率较低）：

```
>>>for index_tuple, value in np.ndenumerate(table2):
...     print 'index %s has value %g' % (index_tuple, table2[index_tuple])
...
index(0, 0) has value -30
index(0, 1) has value -22
index(1, 0) has value -20
index(1, 1) has value -4
index(2, 0) has value -10
index(2, 1) has value 14
```

与提取列表的子列表方法相同,可以用切片提取数组的子数组：

```
table2[0:table2.shape[0], 1]          #2nd column (index 1)
array([-22., -4., 14.])

>>>table2[0:, 1]                      #same
array([-22., -4., 14.])

>>>table2[:, 1]                       #same
array([-22., -4., 14.])
```

为了进一步说明数组切片,先创建一个更大的数组：

```
>>>t =np.linspace(1, 30, 30).reshape(5, 6)
>>>t
array([[ 1.,   2.,   3.,   4.,   5.,   6.],
       [ 7.,   8.,   9., 10., 11., 12.],
       [13., 14., 15., 16., 17., 18.],
       [19., 20., 21., 22., 23., 24.],
       [25., 26., 27., 28., 29., 30.]])

>>>t[1:-1:2, 2:]
array([[ 9., 10., 11., 12.],
       [21., 22., 23., 24.]])
```

为了理解这个切片,查看原始的 t 数组并挑选出对应于第一个切片"1:-1:2"的两行:

```
[ 7.,  8.,  9., 10., 11., 12.]
[19., 20., 21., 22., 23., 24.]
```

在这两行中,挑选出对应于第二个切片"2:"的列:

```
[ 9., 10., 11., 12.]
[21., 22., 23., 24.]
```

另一个例子是

```
>>>t[:-2, :-1:2]
array([[ 1.,  3.,  5.],
       [ 7.,  9., 11.],
       [13., 15., 17.]])
```

在 5.6.4 节中,针对一维数组定义的广义索引方法用于高维数组需要更为综合的语法。假如想提取数组 t 的一个子数组,其元素的行下标为 0 和 3,列下标为 1 和 2:

```
>>>t[np.ix_([0, 3], [1, 2])]
array([[ 2.,  3.],
       [20., 21.]])
>>>t[np.ix_([0, 3], [1, 2])] =0
>>>t
array([[ 1.,  0.,  0.,  4.,  5.,  6.],
       [ 7.,  8.,  9., 10., 11., 12.],
       [13., 14., 15., 16., 17., 18.],
       [19.,  0.,  0., 22., 23., 24.],
       [25., 26., 27., 28., 29., 30.]])
```

前面介绍过,切片只是给出数组的一个视图,而不是值的副本。

```
>>>a =t[1:-1:2, 1:-1]
>>>a
array([[ 8.,  9., 10., 11.],
       [ 0.,  0., 22., 23.]])

>>>a[:, :] =-99
>>>a
array([[-99., -99., -99., -99.],
       [-99., -99., -99., -99.]])
>>>t                                      #is t changed to? yes!
array([[ 1.,  0.,  0.,  4.,  5.,  6.],
       [ 7.,-99.,-99.,-99.,-99., 12.],
       [13., 14., 15., 16., 17., 18.],
       [19.,-99.,-99.,-99.,-99., 24.],
       [25., 26., 27., 28., 29., 30.]])
```

5.8.3 数组计算

5.1.3 节中的向量运算可以非常简单地扩展到任意维的数组。考虑将函数 $f(v)$ 作用于向量 v 的概念：将函数作用于 v 的每一个元素。对于二维数组 A（元素为 $A_{i,j}, i = 0, 1, \cdots, m, j = 0, 1, \cdots, n$），相同地，可以定义

$$f(A) = (f(A_{0,0}), \cdots, f(A_{m-1,0}), f(A_{1,0}), \cdots, f(A_{m-1,n-1}))$$

对于任意维度的数组 B，$f(B)$ 意味着将 f 作用于每一个数组项。

5.1.3 节中的星号乘法运算也可以自然地扩展到数组：$A * B$ 代表用 A 中元素乘以 B 中相应的元素，即 $A * B$ 中的 (i, j) 元素是 $A_{i,j} B_{i,j}$。只要两个数组的形状相同，这个概念可以自然地扩展到任意维的数组。

标量与数组相加意味着将这个标量与数组的每一个元素相加。涉及数组的复合表达式，例如 $\exp(-A^2) * A + 1$，和向量的计算方法一样。事实上，可以想象所有的数组元素都一个接一个地存储在一个长向量中（这的确是数组元素在计算机内存中的存储方式），因此，数组运算可以参照 5.1.3 节中向量的运算来定义。

注意：了解矩阵计算的读者可能会对矩阵计算中的 A^2 和数组计算中的 A^2 感到困惑。前者是矩阵和矩阵相乘，而后者意味着对 A 中所有元素取平方。究竟应该用哪条规则取决于上下文语境，例如，是在做线性代数还是向量运算。在数学表示中，A^2 可以写为 AA，而在数组计算中 A^2 可以写为 $A * A$。在程序中，$A * A$ 和 A**2 是相同的运算，都是指对所有元素取平方（数组术运算）。对于 NumPy 数组，矩阵和矩阵 AA 相乘通过 dot(A，A) 获得，矩阵和向量相乘 Ax 可以通过 dot(A，x) 计算，其中 x 是一个向量。然而，对于矩阵对象（见 5.8.4 节）A * A 意味着数学上的矩阵乘法 AA。

对于数组计算和线性代数在表示上的混淆的话题到此为止。因为本书不需要对这些有更深的理解，而且，只要对于程序使用的数学有大体了解，那么这种混淆也几乎不会对程序代码产生严重的影响。

5.8.4 矩阵对象

本节只有在熟悉基本的线性代数和矩阵概念的前提下才有用。到目前为止创建的数组都是 ndarray 类型。NumPy 还有被称为 matrix 或 mat 的矩阵类型，分别对应一维数组和二维数组。一维数组可以通过增加一个额外维度扩展成矩阵，或者是行向量，或者列向量。

```
>>>import numpy as np
>>>x1 = np.array([1, 2, 3], float)
>>>x2 = np.matrix(x1)          # or mat(x1)
>>>x2                          # row vector
matrix([[1., 2., 3.]])
>>>x3 = mat(x1).T              # transpose = column vector
>>>x3
matrix([[1.],
        [2.],
        [3.]])

>>>type(x3)
<class 'numpy.matrixlib.defmatrix.matrix'>
>>>isinstance(x3, np.matrix)
True
```

matrix 对象的一个特殊性质是它们的乘法运算符代表矩阵和矩阵、向量和矩阵以及矩阵和向量相乘，和在线性代数中的含义一样。

```
>>>A = np.eye(3)              #identity matrix
>>>A
array([[1., 0., 0.],
       [0., 1., 0.],
       [0., 0., 1.]])
>>>A = mat(A)
>>>A
matrix([[1., 0., 0.],
        [0., 1., 0.],
        [0., 0., 1.]])
>>>y2 = x2 * A                #vector-matrix product
>>>y2
matrix([[1., 2., 3.]])
>>>y3 = A * x3                #matrix-vector product
>>>y3
matrix([[1.],
        [2.],
        [3.]])
```

需要注意，标准的 ndarray 对象之间的乘法运算符差异很大。

熟悉 MATLAB 的读者，或者打算一起使用 Python 和 MATLAB 的读者，需要认真思考使用 matrix 对象的编程，而不是使用 ndarray 对象，原因是 matrix 类型的表现与 MATLAB 中矩阵和向量非常相似。不过，matrix 不能用于超过两维的数组。

5.9　一些常见的线性代数运算

5.9.1　逆、行列式和特征值

先从如何获取矩阵的逆和行列式开始，然后，说明如何计算矩阵的特征值和特征向量。

```
>>>import numpy as np
>>>A = np.array([[2, 0], [0, 5]], dtype = float)

>>>np.linalg.inv(A)          #inverse matrix
array([[0.5,  0.],
       [0., 0.2]])

>>>np.linalg.det(A)          #determinant
9.9999999999999982

>>>eig_values, eig_vectors = np.linalg.eig(A)
>>>eig_values
array([2., 5.])
>>>eig_vectors
array([[1., 0.],
       [0., 1.]])
```

特征向量被标准化为单位长度。

5.9.2 乘积

函数 np.dot 既可用于标量相乘，也可用于数组对象之间的矩阵和向量、矩阵和矩阵的乘积。

```
>>>a =np.array([4, 0])
>>>b =np.array([0, 1])
>>>np.dot(A, a)            #matrix vector product
array([8., 0.])
>>>np.dot(a, b)           #dot product between vectors
0
>>>
>>>B =np.ones((2, 2))      #2x2 matrix with 1's
>>>np.dot(A, B)           #matrix-matrix product
array([[2., 2.],
       [5., 5.]])
```

注意，使用 matrix 类代替纯数组类（见 5.8.4 节）允许将 * 运算符用于矩阵和向量或矩阵和矩阵乘积。两个长度为 3 的向量 a 和 b 的叉乘 $a \times b$ 可以计算如下：

```
>>>np.cross([1, 1, 1],[0, 0, 1])
array([1, -1, 0])
```

两个向量 a 和 b 之间的角度计算如下：

$$\theta = \arccos \frac{\boldsymbol{a} \cdot \boldsymbol{b}}{\| \boldsymbol{a} \| \ \| \boldsymbol{b} \|}$$

结果是

```
>>>np.arccos(np.dot(a, b) / (np.linalg.norm(a) * np.linalg.norm(b)))
1.5707963267948966
```

5.9.3 范数

NumPy 能够很好地支持矩阵和向量的多种范数。常见例子如下：

```
>>>np.linalg.norm(A)         #Frobenius norm for matrices
5.3851648071345037
>>>np.sqrt(np.sum(A**2))     #Frobenius norm: direct formula
5.3851648071345037
>>>np.linalg.norm(a)         #l2 norm for vectors
4.0
```

关于其他范数的介绍参见 pydoc numpy.linalg.norm。

5.9.4 和与极值

所有元素求和以及行元素求和或列元素求和可以通过 np.sum 计算：

```
>>>np.sum(B)                 #sum of all elements
2.0
```

```
>>>B.sum()                #sum of all elements, alternative syntax
2.0
>>>np.sum(B, axis=0)      #sum over index 0 (rows)
array([4., -2.])
>>>np.sum(B, axis=1)      #sum over index 1 (columns)
array([3., -1.])
```

有时需要求数组的最大值和最小值：

```
>>>np.max(B)             #max over all elements
3.0
>>>B.max()               #max over all elements, alternative syntax
3.0
>>>np.min(B)             #min over all elements
-4.0
>>>np.abs(B).min()       #min absolute value
1.0
```

求最小绝对值的一个常见应用是在验证结果的检测函数中，例如，验证 $AA^{-1}=I$，其中 I 是单位矩阵。下面检查 $AA^{-1}-I$ 的最小绝对值：

```
>>>I =np.eye(2)          # identity matrix of size 2
>>>I
array([[1., 0.],
       [0., 1.]])
>>>np.abs(np.dot(A,np.linalg.inv(A)) -I).max()
0.0
```

不要使用==检测浮点数

可以试着用以下语法检测 $AA^{-1}=I$：

```
>>>np.dot(A, np.linalg.inv(A)) ==np.eye(2)
array([[True, True],
       [True, True]], dtype=bool)
```

但这个检测有两个主要问题：

（1）结果是一个布尔矩阵，它不适用于 if 测试。

（2）对元素为浮点数的矩阵使用==可能因为舍入误差而失败。

第二个问题必须通过计算差值并将它们与小容差相比较来解决，就像前面做的那样。下面是一个使用==失败的例子：

```
>>>A =np.array([[4, 0], [0, 49]], dtype=float)
>>>np.dot(A, np.linalg.inv(A)) ==np.eye(2)
array([[True,  True],
       [True, False]], dtype=bool)
```

$1.0/49*49$ 因为舍入误差的存在而不等于 1。

第一个问题可以使用 C. all( )来解决。如果布尔数组 C 中所有元素都为 True,那么它返回一个布尔值 True;否则,它返回 False。在上面的例子中:

```
>>>(np.dot(A, np.linalg.inv(A)) ==np.eye(2)).all()
False
```

5.9.5　索引

可以通过 A[i, j]来索引一个元素。一行或一列可以通过如下方式提取:

```
>>>A[0, :]     #first row
array([2., 0.])
>>>A[:, 1]     #second column
array([0., 5.])
```

NumPy 通过 np.ix_函数也支持多个下标值。下面的例子提取第 0 行和第 2 行、第 1 列:

```
>>>C =np.array([[1, 2, 3], [4, 5, 6], [7, 8, 9]])
>>>C[np.ix_([0,2], [1])]      #row 0 and 2, then column 1
array([[2],
       [8]])
```

也可以使用冒号提取一个矩阵的其他部分。如果 **C** 是一个 3×5 矩阵,那么:

```
C[1:3, 0:4]
```

给出一个子矩阵,它由 **C** 的第 1 行之后的两行和前 4 列组成(上限 3 和 4 不包括在内)。

熟悉 MATLAB 的读者需要注意,在涉及矩阵的某些部分时,索引功能可能与预期不相符:写 C[[0,2], [0,2]]时,你希望得到行数/列数为 0 和 2 的项,但在 Python 中,这个行为需要用到 np.ix_指令:

```
>>>C =np.array([[1, 2, 3], [4, 5, 6], [7, 8, 9]])
>>>C[np.ix_([0, 2], [0, 2])]
[[1 3
 [7 9]]
>>>#Grab row 0, 2, then column 0 from row 0 and column 2 from row 2
>>>C[[0, 2], [0, 2]]
[1 9]
```

5.9.6　转置和上／下三角部分

通过 B. T 可以获得矩阵 **B** 的转置:

```
>>>B =np.array([[1, 2], [3, -4]], dtype=float)
>>>B.T     #the transpose
array([[1., 3.],
       [2., -4.]])
```

NumPy 包含许多对数组对象进行操作的函数。例如,可以从一个矩阵中提取上三角或下三角部分:

```
>>>np.triu(B)          #upper triangular part of B
array([[1., 2.],
       [0., -4.]])
>>>np.tril(B)          #lower triangular part of B
array([[1.,  0.],
       [3., -4.]])
```

5.9.7　求解线性方程组

线性代数中最常用的操作之一是求解线性代数方程组: $Ax = b$,其中 A 是系数矩阵,b 是给出的右侧向量,x 是解向量。函数 np. linalg. solve(A, b)完成这项工作:

```
>>>A =np.array([[1, 2], [-2, 2.5]])
>>>x =np.array([-1, 1], dtype=float)     #pick a solution
>>>b =np.dot(A, x)                       #find right-hand side

>>>np.linalg.solve(A, b)                 #will this compute x?
array([-1., 1.])
```

5.9.8　矩阵的行列操作

实现高斯消元法是关于矩阵行和列操作很好的一个教学示例。需要用到以下功能:

```
A[[i, j]] =A[[j, i]]      #swap rows i and j
A[i] *=k                  #multiply row i by a constant k
A[j] +=k * A[i]           #add row i, multiplied by k, to row j
```

有了这些操作,高斯消元法可以编程实现如下:

```
m, n =shape(A)
for j in range(n-1):
    for i in range(j+1, m):
        A[i, j:] -=(A[i,j]/A[j,j]) * A[j,j:]
```

注意特殊语法"j:",它代表从 j 开始直到数组末尾的下标。更一般地,对于长度为 n 的数组 a,下列表达是等价的:

```
a[0:n]
a[:n]
a[0:]
a[:]
```

在高斯消元法的代码中,首先通过将按比例缩放的第 1 行加到其他行上来消去对角线下第一列的项,然后,将同样的操作应用于第 2 行和其他行,以此类推。结果得到一个上三角矩阵。如果某些项 A[i, j]中途变为 0,那么这段代码可能失效。为了避免这一点,当问题出现时,可以交换行。以下代码实现了这个方法,即便某些列为 0，它也不会失效。

```python
def Gaussian_elimination(A):
    rank = 0
    m, n = np.shape(A)
    i = 0
    for j in range(n):
        p = np.argmax(abs(A[i:m,j]))
        if p > 0:                    # swap rows
            A[[i, p+i]] = A[[p+i, i]]
        if A[i,j] != 0:              # j is a pivot column
            rank += 1
            for r in range(i+1, m):
                A[r, j:] -= (A[r,j]/A[i,j]) * A[i,j:]
                i += 1
        if i > m:
            break
    return A, rank
```

注意，上面的程序保持了返回函数所有结果的惯例，这里是更改后的矩阵 **A** 和它的秩。

5.9.9　计算矩阵的秩

矩阵的秩等于对矩阵进行高斯消元后其主列的个数，它在上面的代码中用 rank 变量来计算。

由于舍入误差，计算出的秩可能比实际的秩要大：即使高斯消元后的确切结果是 0，但由于舍入误差还是可能导致 A[i, j]！＝0 为真。这种情况可以通过用 if abs(A[i, j])＞tol 代替 if A[i, j]!＝0 来解决，其中 tol 是一个很小的容差。

计算秩更加可靠的方法是计算 A 的奇异值分解，然后检查有多少个奇异值大于阈值 epsilon：

```python
>>> A = np.array([[1, 2.01], [2.01, 4.0401]])
>>> U, s, V = np.linalg.svd(A)              # s are the singular values of A
# abs(s) > tol gives an array with True and False values
# s.nonzero() lists indices k so that s[k] != 0
>>> shape((abs(s) > tol).nonzero())[1]      # rank
1
>>> A, rank = Gaussian_elimination(A)
>>> rank
2
```

如果在 Gaussian_elimination 函数中使用 if abs(A[i, j])＞1E-10 形式的容差检查，代码将显示秩为 1。这个结果是正确的，使用奇异值分解也会得到同样的结果。

众所周知，当且仅当矩阵的秩等于其行/列数时，矩阵的行列式才非 0。因此，对于上面的矩阵 A，行列式为 0。但在这里，舍入误差同样起作用：

```python
>>> A = np.array([[1, 2.01], [2.01, 4.0401]])
>>> A[0,0] * A[1,1] - A[0,1] * A[1,0]
8.881784197e-16
>>> np.linalg.det(A)
8.92619311799e-16
```

使用自己编写的高斯消元函数来计算秩没有调用 NumPy 的奇异值分解的效率高。下面是对于一个随机生成的 100×100 矩阵的运行时间：

```
>>>A =np.random.uniform(0, 1, (100, 100))
>>>%timeit U, s, V =np.linalg.svd(A)
100 loops, best of 3: 3.7 ms per loop
>>>%timeit A, rank =Gaussian_elimination(A)
100 loops, best of 3: 22.3 ms per loop
```

5.9.10　符号化线性代数

SymPy 同样支持线性代数操作的符号化计算。可以创建一个矩阵并计算其逆矩阵和行列式：

```
>>>import sympy as sym
>>>A =sym.Matrix([[2, 0], [0, 5]])

>>>A**-1             #the inverse
Matrix([[1/2,  0],
        [  0,1/5]])

>>>A.inv()           #the inverse
Matrix([[1/2,  0],
        [  0,1/5]])

>>>A.det()           #the determinant
10
```

注意：逆矩阵中的项是有理数（更确切地说，是 sym.Ratioanl 对象）。
特征值也可以确切地计算：

```
>>>A.eigenvals()
{2: 1, 5: 1}
```

结果是一个字典，这意味着 2 是一个重数为 1 的特征值，5 是一个重数为 1 的特征值。将特征值写成列表形式更为方便：

```
>>>e =list(A.eigenvals().keys())
>>>e
[2, 5]
```

特征向量的计算结果稍微复杂一点：

```
>>>A.eigenvects()
[(2, 1, [Matrix([
[1],
[0]])]), (5, 1, [Matrix([
[0],
[1]])])]
```

输出是一个三元组的列表，三元组包含特征值、重数以及类型为 sym.Matrix 对象的特征向量。可以通过列表和元组的下标分离出第一个特征向量：

```
>>>v1 =A.eigenvects()[0][2]
>>>v1
Matrix([
[1],
[0]])
```

该向量是一个带有两个下标的 sym.Matrix 对象。以下将向量元素提取成普通列表：

```
>>>v1 =[v1[i,0] for i in range(v1.shape[0])]
>>>v1
[1, 0]
```

下面的代码将所有特征向量提取成一个由包含两个元素的列表组成的列表，这是表达特征向量的实用数据结构：

```
>>>v =[[t[2][0][i,0] for i in range(t[2][0].shape[0])] for t in A.eigenvects()]
>>>v
[[1, 0], [0, 1]]
```

矩阵或向量的范数有一个确切的表达式：

```
>>>A.norm()
sqrt(29)
>>>a =sym.Matrix([1, 2])   #vector [1, 2]
>>>a

Matrix([
[1],
[2]])
>>>a.norm()
sqrt(5)
```

矩阵和向量乘积以及向量之间的点乘如下所示：

```
>>>A * a                    #matrix * vector
Matrix([
[2],
[10]])
>>>b =sym.Matrix([2, -1])     #vector[2, -1]
>>>a.dot(b)
0
```

也可以精确地求解线性方程组：

```
>>>x =sym.Matrix([-1, 1])/2
>>>x
```

```
Matrix([
[-1/2],
[1/2]])
>>>b =A * x
>>>x =A.LUsolve(b)        #does it compute x?
>>>x                      #x is a matrix object
Matrix([
[-1/2],
[1/2]])
```

有时候,需要将 x 转换成一个普通的、值为浮点数的 NumPy 数组:

```
>>>x =np.array([float(x[i, 0].evalf()) for i in range(x.shape[0])])
>>>x
array([-0.5, 0.5])
```

精确的行操作示例如下:

```
>>>A[1,:] +2 * A[0,:]      #[0,5] +2 * [2,0]
Matrix([[4, 5]])
```

可以在在线 SymPy 线性代数教程[①]中找到更多信息。

5.10　绘制标量和向量场

在 Python 中,标量或向量场的可视化一般通过 Matplotlib 或 Mayavi 来实现。这两个包都支持 2D 标量和向量场的基础可视化。Mayavi 还提供了更为高级的三维可视化技术,尤其是 3D 标量和向量场。

还可以用 SciTools 来可视化 2D 标量和向量场,并使用 Matplotlib、Gnuplot 或 VTK 作为绘图引擎,本书不讨论这部分内容。然而,想要快速实现很大的 2D 标量场的可视化,Gnuplot 是一个可行的工具,同时 SciTools 接口提供了一系列便捷地操作 Gnuplot 的 MATLAB 风格指令集。

本书通过一些常见的例子来说明如何使用 Matplotlib 和 Mayavi 实现标量和向量场的可视化。一个关于 x 和 y 的标量函数可以可视化为带有场等高线的二维图形或者曲面高度对应场函数值的三维曲面。在后面的例子中,还会为图形添加三维的参数化曲线。

为了说明向量场绘图,在绘制标量场的同时,还简单绘制标量场的梯度。变量命名约定如下:

- x、y 表示沿着每个轴方向的一维坐标。
- xv、yv 表示相应的二维坐标向量。
- u、v 表示 xv、yv 对应点的向量场元素。

下面各节包含绘制各种标量和向量场的更多细节。

5.10.1　安装

本书前面的内容已经说明了针对不同平台如何获取 Matplotlib。想要在 Ubuntu 平台上获取 Mayavi,可以执行如下命令:

---

①　http://docs. sympy. org/dev/tutorial/matrices. html。

```
pip install mayavi --upgrade
```

对于 Mac OS X 平台和 Windows 平台，建议使用 Anaconda。想得到适用于 Anaconda 的 Mayavi，可以执行如下命令：

```
conda install mayavi
```

5.10.2 曲面绘图

定义如下的 2D 标量场：

$$h(x,y) = \frac{h_0}{1 + \dfrac{x^2 + y^2}{R^2}} \tag{5.13}$$

$h(x,y)$ 表示孤立圆形山丘的高度，h 是海拔，而 x 和 y 是在地球表面上的笛卡儿坐标，h_0 是山丘的高度，R 是山丘的半径。因为山丘实际上非常平缓（更确切地说，它们的高度相对于其水平尺寸来说较小），所以用米作为垂直方向（z 轴方向）的长度单位，用千米作为水平方向（x 轴和 y 轴方向）的长度单位。在讨论下面的所有代码之前，先用以下数值初始化 h_0 和 R：$h_0 = 2277\text{m}$，$R = 4\text{km}$。

2D 标量场网格

在绘制 $h(x,y)$ 之前，需要在 xy 平面创建一个矩形网格，用其中的点来绘图。不管以后使用哪个包来绘图，网格均可按如下方法创建：

```
x = y = np.linspace(-10., 10., 41)
xv, yv = np.meshgrid(x, y, indexing='ij', sparse=False)

hv = h0/(1 + (xv**2+yv**2)/(R**2))
```

网格基于区间 $[-10, 10]$（单位为 km）上等间距分布的 x、y 坐标。要特别注意 meshgrid 这个神秘的额外参数，它是保证坐标顺序所必需的，这样，计算 hv 的表达式的算术运算才是正确的。该表达式用一个向量化操作计算 41×41 个网格点上的曲面值。

2D 标量场 $h(x,y)$ 的曲面绘图其实是曲面方程 $z = f(x,y)$ 在三维空间中的可视化。大多数绘图包都有用于 2D 标量场曲面图形绘制的函数。有的函数仅仅画出连接网格点的线以构成线框图形，有的函数则在曲面表面都涂上颜色。图 5.12 展示了 $h(x,y)$ 曲面对应的这两种图。5.11.1 节将会给出生成这些图形的代码。

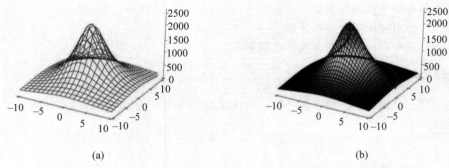

(a)　　　　　　　　　　(b)

图 5.12　山丘的两种不同图形，(b)中还显示了到山顶的一条轨迹

5.10.3 参数化曲线

为了说明三维参数化曲线的绘制,考虑一个盘旋攀爬到山顶的轨迹:

$$r(t) = \left(10\left(1-\frac{t}{2\pi}\right)\cos t\right)i + \left(10\left(1-\frac{t}{2\pi}\right)\sin t\right)j + \frac{h_0}{\dfrac{1+100(1-t/(2\pi))^2}{R^2}}k \qquad (5.14)$$

其中,i、j 和 k 分别代表 x、y、z 方向上的单位向量。$r(t)$ 坐标可以用如下方法生成:

```
s = np.linspace(0, 2 * np.pi, 100)
curve_x = 10 * (1 - s/(2 * np.pi)) * np.cos(s)
curve_y = 10 * (1 - s/(2 * np.pi)) * np.sin(s)
curve_z = h0/(1 + 100 * (1 - s/(2 * np.pi))**2/(R**2))
```

参数化曲线和曲面 $h(x, y)$ 一起展示在图 5.12(b)中。

5.10.4 等高线

等高线是由隐式方程 $h(x, y) = C$ 定义的线,其中 C 代表等高值的某个常数。一般来说,让 C 等间距地取一些值,也常常让绘图程序计算这些 C 值。为了区分等高线,常常给不同的等高线赋予不同的颜色。

图 5.13 显示了用等高线来可视化曲面 $h(x, y)$ 的不同方法。图 5.13(a)和图 5.13(d)是使用两个空间维度的可视化。图 5.13(a)只画出了一小部分等高线,而图 5.13(d)将曲面作为图像显示,颜色与场的值(或等价地说,曲面的高度)相对应。图 5.13(c)实际上结合了 3 种不同类型的等高线,每一种类型保持一个坐标常量,轮廓被投影到一个"墙面"上。5.11.2 节将给出生成这些图形的代码。

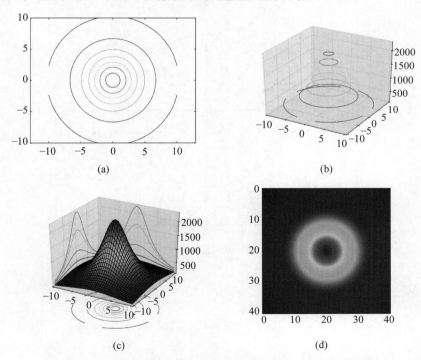

(a)

(b)

(c)

(d)

图 5.13 2D 标量场在二维和三维空间中的不同类型等高线图形

5.10.5 梯度向量场

2D 标量场 $h(x, y)$ 的梯度向量场 ∇h 定义为

$$\nabla h = \frac{\partial h}{\partial x} i + \frac{\partial h}{\partial y} j \tag{5.15}$$

在向量微积分中，梯度指向 h 增加最快的方向，并且梯度与等高线正交。这一点可以很容易地用轮廓和梯度的 2D 图形展示出来。绘制这些图形的一个挑战在于设定合适的箭头长度，使得它们既不相互冲突，造成视觉上的聚集感，又能被清楚地看到。因为在 2D 网格的每个点都绘制箭头，所以，一个控制箭头数量的方法就是控制网格的分辨率。

下面创建一个在水平方向上区间数为 20 而不是 40 的网格：

```
x2 = y2 = np.linspace(-10.,10.,11)
x2v, y2v = np.meshgrid(x2, y2, indexing='ij', sparse=False)
h2v = h0/(1 + (x2v**2 + y2v**2)/(R**2))        #h on coarse grid
```

$h(x, y)$ 的梯度向量场可以用函数 np.gradient 来计算：

```
dhdx, dhdy = np.gradient(h2v)          #dh/dx, dh/dy
```

梯度向量场公式(5.15)和轮廓一起显示在图 5.14，从中可以清晰地看到它们的正交性。5.11.3 节将说明用于产生此图形的代码。

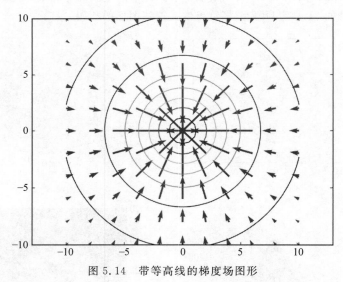

图 5.14　带等高线的梯度场图形

5.11　Matplotlib

将任何可视化包都导入到 plt 名称下，执行下面的命令可以导入 Matplotlib：

```
import matplotlib.pyplot as plt
```

当创建标量和向量场的二维图形时，需要用到 Matplotlib 的 Axes 对象（命名为 ax），实现如下：

```
fig =plt.figure(1)        #Get current figure
ax =fig.gca()             #Get current axes
```

对于三维空间的可视化,需要下面的代码行:

```
from mpl_toolkits.mplot3d import Axes3D

fig =plt.figure(1)
ax =fig.gca(projection='3d')
```

5.11.1 曲面绘图

用于生成 2D 标量场曲面图形的 Matplotlib 函数为 ax. plot_wireframe 和 ax. plot_surface。前者产生一个线框图形,后者将曲面着色。以下代码使用这些函数来生成图 5.12 中的图形。网格按照 5.10.2 节中的定义,而参数化曲线的坐标按照 5.10.3 节的方法计算。

```
fig =plt.figure(1)
ax =fig.gca(projection='3d')
ax.plot_wireframe(xv, yv, hv, rstride=2, cstride=2)

#Simple plot of mountain and parametric curve
fig =plt.figure(2)
ax =fig.gca(projection='3d')
from matplotlib import cm
ax.plot_surface(xv, yv, hv, cmap=cm.coolwarm, rstride=1, cstride=1)

#add the parametric curve. linewidth controls the width of the curve
ax.plot(curve_x, curve_y, curve_z, linewidth=5)
```

最后的 plt. show()指令是必需的,它使得 Matplotlib 将图形显示在屏幕上。

注意,图 5.12(b)的图形是用更细的网格画的。这可以通过 rstride 和 cstride 参数来控制,它们分别设定每个方向上网格线的数量。将它们其中一个设为 1 代表对应方向上网格的每个值都画一条网格线,而设定为 2 则代表网格中每两个值画一条网格线。通常需要对这个参数做试验,以便得到有视觉吸引力的图形。

用颜色来反映高度的曲面需要 color map 规格说明,也就是函数值和颜色之间的映射关系。在上面的代码中应用了常见的 coolwarm 配色,它从蓝色(冷色为小值)到红色(暖色为大值)。有很多 color map 可供选择,需要自己尝试,然后根据自己的品位和要解决的问题找到一个合适的方案。

在图 5.12(b)的图形中,还用 plot 指令加入了式(5.14)定义的参数化曲线 $r(t)$。在此,增加了 linewidth 属性值以使曲线更粗、更清楚。虽然可以使用 plt. hold('on')指令,但 Matplotlib 不需要 plt. hold('on')指令就会将这些图形相互叠加。

5.11.2 等高线绘图

接下来的代码举例说明了不同种类的等高线绘图方法。前两个图形(默认的二维和三维等高线图形)见图 5.13,接下来的 4 个图形见图 5.15。注意,让 Matplotlib 画 10 条等高线时,会惊奇地发现,得到的结果是 9 条等高线,其中一条等高线是不完整的。这种情况在其他绘图包(如 MATLAB)中也会出现:软件包会尽其所能去绘制要求数量的完整等高线,但不能保证这个数量能够被精确地达到。

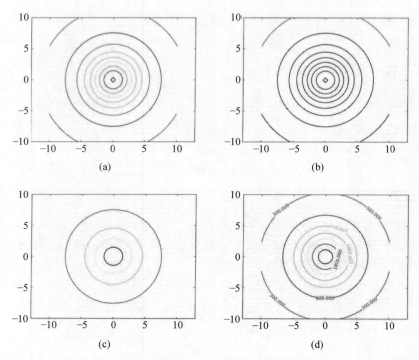

图 5.15　用 Matplotlib 绘制的若干等高线图形：(a)为 10 条等高线，(b)为 10 条
黑色等高线，(c)为指定等高线值，(d)为标注等高线值

```
fig =plt.figure(3)
ax =fig.gca()
ax.contour(xv, yv, hv)
plt.axis('equal')

#Default three-dimensional contour plot
fig =plt.figure(4)
ax =fig.gca(projection='3d')
ax.contour(xv, yv, hv)


#Plot of mountain and contour lines projected on the coordinate planes
fig =plt.figure(5)
ax =fig.gca(projection='3d')
ax.plot_surface(xv, yv, hv, cmap=cm.coolwarm, rstride=1, cstride=1)
#zdir is the projection axis
#offset is the offset of the projection plane
ax.contour(xv, yv, hv, zdir='z', offset=-1000, cmap=cm.coolwarm)
ax.contour(xv, yv, hv, zdir='x', offset=-10,   cmap=cm.coolwarm)
ax.contour(xv, yv, hv, zdir='y', offset=10,    cmap=cm.coolwarm)


#View the contours by displaying as an image
fig =plt.figure(6)
ax =fig.gca()
```

```
ax.imshow(hv)

#10 contour lines (equally spaced contour levels)
fig =plt.figure(7)
ax =fig.gca()
ax.contour(xv, yv, hv, 10)
plt.axis('equal')

#10 black ('k') contour lines
fig =plt.figure(8)
ax =fig.gca()
ax.contour(xv, yv, hv, 10, colors='k')
plt.axis('equal')

#Specify the contour levels explicitly as a list
fig =plt.figure(9)
ax =fig.gca()
levels =[500., 1000., 1500., 2000.]
ax.contour(xv, yv, hv, levels=levels)
plt.axis('equal')

#Add labels with the contour level for each contour line
fig =plt.figure(10)
ax =fig.gca()
cs =ax.contour(xv, yv, hv)
plt.clabel(cs)
plt.axis('equal')
```

5.11.3 向量场绘图

绘制梯度场公式(5.15)和等高线的代码如下,其中网格按照5.10.5节中的定义,相应的图形见图5.14中。

```
fig =plt.figure(11)
ax =fig.gca()
ax.quiver(x2v, y2v, dhdx, dhdy, color='r', angles='xy', scale_units='xy')
ax.contour(xv, yv, hv)
plt.axis('equal')
```

5.12 Mayavi

Mayavi 是一个先进的、容易使用的科学数据可视化免费工具,它突出了三维可视化技术。这个包是用 Python 编写的,并使用 C++ 编写的 VTK(Visulization Toolkit)来渲染图像。因为 VTK 可以,所以 Mayavi 也可以配置不同的后端。Mayavi 是跨平台的,可以在大多数平台上运行,包括 Mac OS X、Windows 和 Linux。

网页 http://doc.enthought.com/mayavi/mayavi/收集了各种 Mayavi 相关文档的链接。后面主要使用 mayavi.mlab 模块,它提供一个绘制 2D 标量和向量场的简单接口,其指令与 MATLAB 风格接近。下面使用绘图包常用名称 plt 下导入这个模块:

```
import mayavi.mlab as plt
```

有两个网页提供 mlab 模块的官方文件，一个是基础功能[①]，另一个是高级功能[②]。其基本的绘图处理[③]与 Matplotlib 非常相似。和 Matplotlib 一样，在 mlab 中，所有绘图指令都会画在同一张图上，除非手动创建新图。

5.12.1　曲面绘图

Mayavi 的 mesh 和 surf 函数用于生成曲面绘图。它们很相似，但 surf 采用正交网格，并使用它来创建高效的数据结构，而 mesh 不对网格作出任何设定。这里仅使用正交网格，所以用 surf。下面的代码绘制式 (5.13) 中的曲面 $h(x,y)$ 以及式 (5.14) 中的参数化曲线 $r(t)$。结果图形显示在图 5.16 中。

```
#Create a figure with white background and black foreground
plt.figure(1, fgcolor=(.0, .0, .0), bgcolor=(1.0, 1.0, 1.0))
#'representation' sets type of plot, here a wireframe plot
plt.surf(xv, yv, hv, extent=(0,1,0,1,0,1), representation='wireframe')
#Decorate axes (nb_labels is the number of labels used in each direction)
plt.axes(xlabel='x', ylabel='y', zlabel='z', nb_labels=5, color=(0., 0., 0.))
#Decorate the plot with a title
plt.title('h(x,y)', size=0.4)


#Simple plot of mountain and parametric curve.
plt.figure(2, fgcolor=(.0, .0, .0), bgcolor=(1.0, 1.0, 1.0))
#Here, representation has default: colored surface elements
plt.surf(xv, yv, hv, extent=(0,1,0,1,0,1))
#Add the parametric curve. tube_radius is the width of the
#curve (use 'extent' for auto-scaling)
plt.plot3d(curve_x, curve_y, curve_z, tube_radius=0.2, extent=(0,1,0,1,0,1))


plt.figure(3, fgcolor=(.0, .0, .0), bgcolor=(1.0, 1.0, 1.0))
#Use 'warp_scale' for vertical scaling
plt.surf(xv, yv, hv, warp_scale=0.01, color=(.5, .5, .5))
plt.plot3d(curve_x, curve_y, 0.01 * curve_z, tube_radius=0.2)
```

可以使用 surf 产生线框图，也可以是曲面表面被涂上颜色的图形。参数 representation 对此进行控制，正如图 5.16(a) 和 (b) 中显示的那样。图 5.16(a) 同时还装饰有坐标轴和标题。

调用 plt.figure() 需要 3 个参数：首先是通常的绘图下标；然后是两个数据元组，分别代表用于指定前景 (fgcolor) 和背景 (bgcolor) 颜色的 RGB 值，白色和黑色分别是 (1,1,1) 和 (0,0,0)。前景色被用于图形中的文字和标签。plt.surf 的 color 属性用于调整曲面，使得它在着色时可以在提供的基础颜色附近做些小变动，此处基础颜色是 (.5, .5, .5)。

指令 plot3d 用于绘制曲线 $r(t)$。在此增大了 tube_radius 属性值，使曲线更粗、更清楚。

Mayavi 默认不对坐标轴做自动调整（这与 Matplotlib 不同），所以，如果垂直和水平方向的大小差别很大，就像 $h(x,y)$ 那样，图形可能在某个方向上特别集中。因此，编程时需要执行某些自动调整的步骤。图 5.16 举例说明了两种方法。(a) 和 (b) 的图形使用参数 extend，它让 Mayavi 自动调节曲面和曲线，以使它们符合 6

[①]　http://docs.enthought.com/mayavi/mayavi/auto/mlab_helper_functions.html。

[②]　http://docs.enthought.com/mayavi/mayavi/auto/mlab_other_functions.html。

[③]　http://docs.enthought.com/mayavi/mayavi/auto/mlab_figure.html。

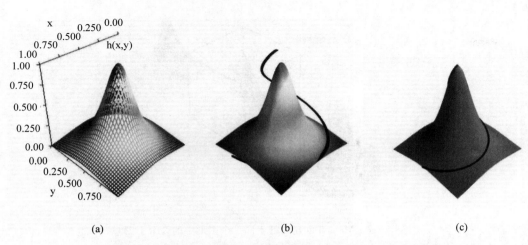

图 5.16　用 Mayavi 的 surf 函数生成的曲面图形,(b)和(c)还显示了曲线 $r(t)$

个列表值所描述的内容(有了更多说明性例子后,将进一步说明这些值的含义)。因为曲线和曲面跨越空间中的不同区域,(b)的图形中自动调整方式的不同导致了不良效果的出现:$r(t)$ 没有被画在曲面上。(c)的图形通过使用调整垂直方向大小的 warp_scale 参数避免了这个问题。但并不是所有的 Mayavi 函数都有这个参数。一个补救办法就是手动调整 z 轴大小,正如最后 plot3d 调用所示的那样。在(c)的图形中,曲线被正确地画在曲面上。接下来用 warp_scale 参数来避免自动调整的问题。

子图

图 5.16 中的两个图形(线框图和曲面图)是作为单独的图创建的,也可以将它们作为一个图的两个子图创建如下:

```
plt.figure(4, fgcolor=(.0, .0, .0), bgcolor=(1.0, 1.0, 1.0))
plt.mesh(xv, yv, hv, extent=(0, 0.25, 0, 0.25, 0, 0.25), colormap='cool')
plt.outline(plt.mesh(
    xv, yv, hv,
    extent=(0.375, 0.625, 0, 0.25, 0, 0.25),
    colormap='Accent'))
plt.outline(plt.mesh(
    xv, yv, hv, extent=(0.75, 1, 0, 0.25, 0, 0.25),
    colormap='prism'), color=(.5, .5, .5))
```

结果显示在图 5.17 中。代码中分开运行 3 个 mesh 指令,每个指令产生当前图形中的一个子图。指令使用不同的 colormap 属性值对曲面进行着色。如果像生成图 5.16(a)和(b)的图形的代码一样不提供这个属性值,那么,使用的就是 colormap 的默认值。

plt.outline 指令可以用来创建子图周围的边框,如图 5.17 所示,后两个子图(左侧和中间的子图)有边框,而第一个子图(最右侧的子图)就没有边框。可以看到,最后一个子图(最左侧的子图)的边框有着不同的颜色,这是通过设置 plt.outline 指令的 color 参数来实现的。

通过计算机代码,可以清楚地知道,extend 中列出的 6 个值描绘出立方体的形态,用于放置相应的图。此处定义的 3 个图的范围保证了它们不重叠。

5.12.2　等高线绘图

下面的代码举例说明如何用 Mayavi 生成等高线图形。这段代码和 Matplotlib 的实现代码非常相近,但

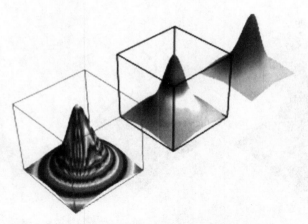

图 5.17　Mayavi 创建的处于同一个图形中的 3 个子图

一个不同之处在于 contours 属性现在既可以代表等高线值的数量,也可以代表等高线值本身。相关图形在图 5.18 中。

```
#Default contour plot plotted together with surf.
plt.figure(5, fgcolor=(.0, .0, .0), bgcolor=(1.0, 1.0, 1.0))
plt.surf(xv, yv, hv, warp_scale=0.01)
plt.contour_surf(xv, yv, hv, warp_scale=0.01)

#10 contour lines (equally spaced contour levels).
plt.figure(6, fgcolor=(.0, .0, .0), bgcolor=(1.0, 1.0, 1.0))
plt.contour_surf(xv, yv, hv, contours=10, warp_scale=0.01)

#10 contour lines (equally spaced contour levels) together
#with surf. Black color for contour lines.
plt.figure(7, fgcolor=(.0, .0, .0), bgcolor=(1.0, 1.0, 1.0))
plt.surf(xv, yv, hv, warp_scale=0.01)
plt.contour_surf(xv, yv, hv, contours=10, color=(0., 0., 0.), warp_scale=0.01)

#Specify the contour levels explicitly as a list.
plt.figure(8, fgcolor=(.0, .0, .0), bgcolor=(1.0, 1.0, 1.0))
levels = [500., 1000., 1500., 2000.]
plt.contour_surf(xv, yv, hv, contours=levels, warp_scale=0.01)

#View the contours by displaying as an image.
plt.figure(9, fgcolor=(.0, .0, .0), bgcolor=(1.0, 1.0, 1.0))
plt.imshow(hv)
```

注意,在 Mayavi 中没有为等高线设置标签的函数。

　　在 Mayavi 中,等高线图形被显示在三维空间中,但如果想得到一个二维图形,可以旋转图形并从它的上方观察。通过包含曲面图形,等高线图形的视觉效果可以得到提升。图 5.18(a) 和(c) 就是这样做的。这两幅图形在视觉效果上有明显的差异:在(a) 中,使用了默认的曲面和等高线配色,这导致等高线不够清晰;但(c) 的图形(plt.figure6) 由于设置了黑色等高线,使得视觉效果更为突出。

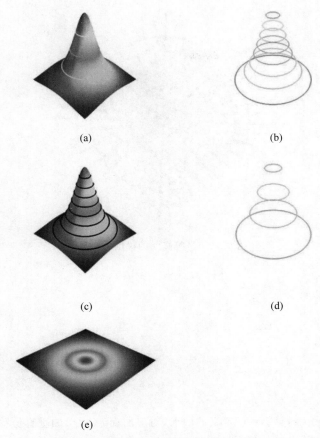

(a)　　　　　　　　　(b)

(c)　　　　　　　　　(d)

(e)

图 5.18　Mayavi 的若干等高线图形

5.12.3　向量场绘图

Mayavi 只支持三维空间中的向量场。因此,下面将通过添加第三个元素 0 来实现二维梯度场公式(5.15)的可视化。下面的代码将 h 的等高线和梯度场一起绘制出来:

```
plt.figure(11, fgcolor=(.0, .0, .0), bgcolor=(1.0, 1.0, 1.0))
plt.contour_surf(xv, yv, hv, contours=20, warp_scale=0.01)

#mode controls the style how vectors are drawn
# color controls the colors of the vectors
#scale_mode='none' ensures that vectors are drawn with the same length
plt.quiver3d(x2v, y2v, 0.01 * h2v, dhdx, dhdy, np.zeros_like(dhdx),
            mode='arrow', color=(1,0,0), scale_mode='none')
```

这将产生 3D 视图,当然还可以进行旋转,然后得到 2D 视图。结果显示在图 5.19 中,它和图 5.14 非常相似。

5.12.4　一个 3D 标量场及其梯度场

Mayavi 有绘制 3D 标量场中等高线曲面的函数。考虑如下的 3D 标量场:

图 5.19　带等高线的梯度场图形

$$g(x,y,z) = z - h(x,y) \tag{5.16}$$

关于 g 的三维网格可以计算如下：

```
x = y = np.linspace(-10.,10.,41)
z = np.linspace(0, 50, 41)
xv, yv, zv = np.meshgrid(x, y, z, sparse=False, indexing='ij')
hv = 0.01 * h0/(1 + (xv**2+yv**2)/(R**2))
gv = zv - hv
```

此时，等高线是用隐式方程 $g(x,y,z)=C$ 定义的曲面，对应曲面 $h(x,y)$ 的垂直位移。

相应的向量场可以用如下公式计算：

$$\nabla g = \frac{\partial g}{\partial x}i + \frac{\partial g}{\partial y}j + \frac{\partial g}{\partial z}k \tag{5.17}$$

NumPy 的梯度函数也可以用于计算 3D 梯度向量场，但需要将场的三维网格作为输入。对于式（5.16）给出的 3D 标量场，其梯度场可以计算如下：

```
x2 = y2 = np.linspace(-10.,10.,5)
z2 = np.linspace(0, 50, 5)
x2v, y2v, z2v = np.meshgrid(x2, y2, z2, indexing='ij', sparse=False)
h2v = 0.01 * h0/(1 + (x2v**2 + y2v**2)/(R**2))
g2v = z2v - h2v
dhdx, dhdy, dhdz = np.gradient(g2v)
```

这里还是对向量场使用了一个较为疏松的网格。

为了同时可视化式（5.16）给出的 3D 标量场及其梯度场，在此绘制了足够多的等高线，正如在图 5.14 的 2D 情况下做的那样。可以使用以下代码：

```
plt.figure(12, fgcolor=(.0, .0, .0), bgcolor=(1.0, 1.0, 1.0))
# opacity controls how contours are visible through each other
plt.contour3d(xv, yv, zv, gv, contours=7, opacity=0.5)
# scale_mode='none': vectors should not be scaled
plt.quiver3d(x2v, y2v, z2v, dhdx, dhdy, dhdz, mode='arrow', scale_mode='none', opacity=0.5)
```

结果显示在图 5.20 中。

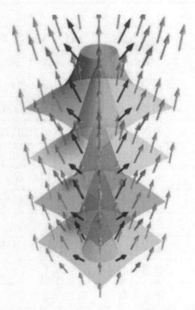

图 5.20　式(5.16)给出的 3D 标量场及其梯度场

这个例子表明了三维向量场绘图的一些困难之处。用来表示向量的箭头不能太密集,也不能太长。不可避免地会发生等高线相互遮蔽的情况。幸运的是,Mayavi 支持设置不透明度,以控制轮廓之间彼此可见的程度。3D 标量场的可视化显然是非常具有挑战性的,上面讨论的只是冰山一角。

5.12.5　动画

利用 Mayavi 制作动画非常简单。在下面的代码中,函数 $h(x,y)$ 在垂直尺度上进行调整,缩放比例为 0~1,且每一幅图形都被保存为单独的文件。然后,可以将这些文件组合成一个标准的视频文件。

```
plt.figure(13, fgcolor=(.0, .0, .0), bgcolor=(1.0, 1.0, 1.0))
s =plt.surf(xv, yv, hv, warp_scale=0.01)


for i in range(10):
    #s.mlab_source.scalars is a handle for the values of the surface,
    #and is updated here
    s.mlab_source.scalars =hv * 0.1 * (i+1)
    plt.savefig('tmp_%04d.png' %i)
```

5.13　本章小结

5.13.1　本章主题

本章介绍了数组计算和数组数据曲线绘制方法。Numerical Python 包中包含大量数组计算函数(表 5.2 列出了其中的部分函数)。绘图所使用的工具的语法和 MATLAB 非常相似。

表 5.2　Numerical Python 中的常用数组计算函数

函　　数	含　　义
array(ld)	将列表数据 ld 复制为 NumPy 数组
asarray(d)	用数据 d 创建数组（如果 d 已是数组，就不用数据复制）
zeros(n)	创建一个长度为 n 的 float 型向量/数组，元素均为 0
zeros(n,int)	创建一个长度为 n 的 int 型向量/数组，元素均为 0
zeros((m,n))	创建一个二维的 float 型数组，形状为 (m, n)
zeros_like(x)	创建一个形状和类型均与 x 相同的数组
linspace(a,b,m)	由在 [a,b] 区间均匀采样的 m 个数构成的序列
a. shape	返回 a 的形状（元组形式表示）
a. size	返回 a 中所有元素个数
len(a)	返回数组 a 作为一维数组的长度（和 a.shape[0] 相同）
a. dtype	返回 a 中元素类型
a. reshape(3,2)	将 a 变为 3×2 数组并返回
a[i]	向量索引
a[i,j]	二维数组索引
a[i: k]	切片：访问下标为 $1,2 \cdots, k-1$ 的元素
a[1: 10: 3]	切片：访问下标为 1,4,7 的元素
b=a. copy()	复制一个数组
sin(a), exp(a), …	作用于数组的 NumPy 函数
c=concatenate((a,b))	c 包含 a 和 b 的连接
c=where(cond,a1,a2)	若 cond 为真，c=a1；否则，c=a2
isinstance(a,ndarray)	若 a 是数组则为 True

数组计算：Python 函数 f(x) 作用于 Numerical Python 数组 x，结果等同于 f 分别作用于 x 的每个元素。然而，当 f 包含 if 语句时，数组 x 用在布尔表达式中一般来说是不合法的。因此，通常需要使用 Numerical Python 中的 where 函数对带 if 语句的函数进行重写。

曲线绘制：5.3.1 节和 5.3.2 节是关于如何用 Matplotlib 绘制曲线的概览。5.3.3 节用 Easyviz 绘图接口对相同例子重新进行了编码实现。

视频制作：视频中的每一帧都必须是一个图形的 PNG 格式的文件。这些图形文件必须用以 0 占位的格式命名。例如，下面的例子使用 tmp_0000. png，tmp_0001. png，tmp_0002. png，…命名的图形文件，生成一个每秒两帧的 GIF 文件 movie. gif：

```
os.system('convert -delay 50 tmp_*.png movie.gif')
```

也可以用图形文件生成 Flash 视频：

```
os.system('ffmpeg -r 5 -i tmp_%04d.png -vcodec flv movie.flv')
```

还可以用其他编解码器生成相应格式的视频文件,参见 5.3.5 节。

术语:

本章重要的主题词如下:

- 数组计算。
- 可视化。
- 绘图。
- 动画。

5.13.2　示例: 动画函数

问题

本章的总结示例如下:将地球内部温度随着地表温度在白天高值和夜晚低值之间波动而产生的变化可视化。如果地表温度在夜间 2℃ 和白天 15℃ 之间变化,那么地表 10m 以下的温度是怎样变化的?

假设 z 轴向下指向地心,且 $z=0$ 对应地表。在时间 t 时,地下深度 z 处的温度记为 $T(z, t)$。如果地表温度以平均值 T_0 作周期性变化,变化方程如下:

$$T(0,t) = T_0 + A \cos \omega t$$

那么,根据热传导的数学模型,在任意深度的温度可表达为

$$T(z,t) = T_0 + Ae^{-az} \cos(\omega t - az), \quad a = \sqrt{\frac{\omega}{2k}} \tag{5.18}$$

参数 k 反映地面的导热能力(叫作热扩散系数或热传导系数)。

现在的任务是制作一个关于地下温度变化情况的动画,即 T 是随时间变化的关于 z 的函数。假设 ω 表示 24h 的某个时间段。平均温度 T_0 取为 10℃,假定最大改变量 A 为 10℃。热传导系数 k 可以设为 $1\text{mm}^2/\text{s}$(用国际单位制表示为 $10^{-6}\text{m}^2/\text{s}$)。

解答

为了制作 $T(z, t)$ 随时间变化的动画,需要对时间点进行循环,每次循环都将 T(关于 z 的函数)的图形保存为文件。然后,将图形文件拼成动画。具体算法如下:

(1) for $t_i = i\Delta t, i=0,1,2,\cdots,n$:

① 绘制曲线 $y(z) = T(z, t_i)$。

② 将图形保存为文件。

(2) 将所有图形文件拼成动画

更好的方法是:编写一个共性的 animate 函数,输入 $f(x, t)$ 函数,生成所有的图形文件。如果 animate 包含设置坐标轴标签和 y 轴范围的参数,那么使用 animate 也能很容易地处理 $T(z, t)$ 函数(只要在绘图中以 z 命名 x 轴,以 T 命名 y 轴)。前面讲过,在制作动画时保持 y 轴范围不变是非常重要的,否则,大多数绘图程序会根据当前数据自动调整轴的范围,因此在动画中,y 轴上的刻度标识会出现上下跳动,结果是使观看者对函数产生错误的视觉认识。

图形文件名最好采用相同的词干加上帧数进行命名,其中帧数的位数应该固定,例如 0001,0002,⋯(否则,当用星号代表帧数指定图形文件集合时,如 tmp *.png,图形文件的顺序可能会出错)。因此,在 animate 中包含了一个用于设定图形文件名词干的参数。默认的词干是 tmp_,此时文件名是 tmp_0000.png,tmp_0001.png,tmp_0002.png,⋯。animate 函数的参数还有绘图的初始时间、绘图帧之间的时间间隔 Δt 以及沿 x 轴方向的坐标。animate 函数形式如下:

```
def animate(tmax, dt, x, function, ymin, ymax, t0=0,
            xlabel='x', ylabel='y', filename='tmp_'):
```

```
    t =t0
    counter =0
    while t <=tmax:
        y =function(x, t)
        plot(x, y, '-',
            axis=[x[0], x[-1], ymin, ymax],
            title='time=%2dh' %(t/3600.0),
            xlabel=xlabel, ylabel=ylabel,
            savefig=filename +'%04d.png' %counter)
        savefig('tmp_%04d.pdf' %counter)
        t +=dt
        counter +=1
```

    $T(z,t)$ 函数很容易实现，但需要决定将 A、ω、T_0 和 k 作为 $T(z,t)$ 的 Python 实现的参数还是设定为全局变量。其原因在于，animate 函数只允许动画函数带两个参数，因此，$T(z,t)$ 的 Python 实现为 $T(z,t)$，而其他参数则作为全局变量（7.1.1 节和 7.1.2 节对这个问题有更详细的解释和更好的实现）。$T(z,t)$ 函数如下：

```
def T(z,t):
    #T0, A, k, and omega are global variables
    a =sqrt(omega/(2 * k))
    return T0 +A * exp(-a * z) * cos(omega * t -a * z)
```

    假设在区间 $[0,D]$ 的 n 个 z 点上绘制 $T(z,t)$，时间 t 的范围是 $[0, tmax]$，时间间隔为 dt。那么，影像中的各个帧可如下生成：

```
#set T0, A, k, omega, D, n, tmax, dt
z =linspace(0, D, n)
animate(tmax, dt, z, T, T0-A, T0+A, 0, 'z', 'T')
```

其中，y 轴的范围设置为 $[T0-A, T0+A]$，y 值根据函数 $T(z,t)$ 计算。

    调用 animate 函数生成名字格式为 tmp_*.png 的一组文件。利用这些文件，运行操作系统命令 convert 和 avconv（或 ffmpeg）即可创建 GIF 动画或 Flash 等格式的视频：

```
os.system('convert -delay 50 tmp_*.png movie.gif')
os.system('avconv -i tmp_%04d.png -r 5 -vcodec flv movie.flv')
```

    创建其他格式视频的方法参见 5.3.5 节。

    剩下就是给程序中的全局变量 n、D、T0、A、omega、dt、tmax 和 k 赋值了。波动周期是 24h，而 ω 与 cos 函数的周期 P 相关：$\omega=2\pi/P$（注意：$\cos(t2\pi/P)$ 的周期是 P），而 $P=24$h，即 $24\times60\times60$s，于是，$\omega=2\pi/P\approx7\times10^{-5}\,\mathrm{s}^{-1}$。整个模拟时间可以设定为 3 个周期，即 $t_{\max}=3P$。$T(z,t)$ 函数随着深度 z 呈指数减少，所以最大深度 D 取一个比 T 几乎为 0 时的深度更大的值没有什么意义。例如 $T=0.001$ 时，根据 $e^{-aD}=0.001$ 可得 $D=-a^{-1}\ln 0.001$。在程序中可以使用这个近似值（作为最大深度 D）。所有参数的初始化可以表述如下：

```
k =1E-6                    #thermal diffusivity (in m * m/s)
P =24 * 60 * 60            #oscillation period of 24 h (in seconds)
omega =2 * pi/P
dt =P/24                   #time lag: 1 h
```

```
tmax = 3 * P              #3 day/night simulation
T0 = 10                   #mean surface temperature in Celsius
A = 10                    #amplitude of the temperature variations in Celsius
a = sqrt(omega/(2 * k))
D = -(1/a) * log(0.001)   #max depth
n = 501                   #number of points in the z direction
```

注意：保持单位的一致性非常重要。这里用到的单位是米、秒、开尔文度或摄氏度。

建议运行 heatwave. py 程序看看结果动画。这个动画存放在文件 movie. gif 中。图 5.21 展示了 $T(z,t)$ 函数在两个不同时间点的快照。

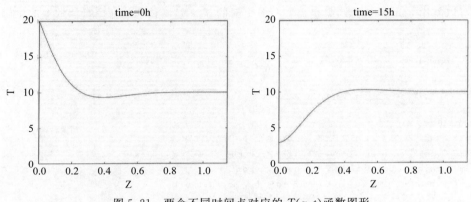

图 5.21　两个不同时间点对应的 $T(z,t)$ 函数图形

无量纲换算

本节示例和其他很多科学问题一样，编写代码比给程序中的输入参数赋予合适的物理值要容易。为了了解本例中热量由地表传导至地下的物理过程，通常方便的做法是对问题中的变量进行无量纲换算，这样就只需要处理没有单位的变量。通过这个无量纲换算过程，一般能大幅度减少需要赋值的物理参数。下面通过本示例展示如何利用无量纲换算。

考虑问题中具有量纲的变量 x。无量纲换算的想法是引入一个新变量 $\bar{x} = x/x_c$，其中 x_c 是 x 的特征尺寸。因为 x 和 x_c 单位相同，所以 $\bar{x}$ 的单位被消去了，即 $\bar{x}$ 是无单位的。通常，一个好的做法是 x_c 取 x 的最大预期值，从而保证 $\bar{x} \leqslant 1$，也就是尽量使得所有的无单位变量在 0 到 1 之间变化。例如，可以引入一个无单位的 z 坐标：$\bar{z} = z/D$，确保 $\bar{z} \in [0,1]$。进行合适的无量纲换算是一个具有挑战性的问题。就本示例来说，只要根据以下步骤来做就足够了。

在本示例中，引入如下无量纲变量：

$$\bar{z} = z/D$$
$$\bar{T} = \frac{T - T_0}{A}$$
$$\bar{t} = \omega t$$

再将 $\bar{z} = \bar{z}D$ 和 $t = \bar{t}/\omega$ 插入到 $T(z,t)$ 的表达式中，得到

$$T = T_0 + Ae^{-b\bar{z}}\cos(\bar{t} - b\bar{z}), \quad b = aD$$

或

$$\bar{T}(\bar{z}, \bar{t}) = \frac{T - T_0}{A} = e^{-b\bar{z}}\cos(\bar{t} - b\bar{z})$$

可以看到，除了独立的无单位参数 z 和 $\bar{t}$ 之外，T 仅仅依赖于一个无单位参数 b。在无量纲换算中，常见的做法是去掉无量纲变量的上画线，而只是写

$$T(z, t) = \mathrm{e}^{-bz} \cos(t - bz) \tag{5.19}$$

这个函数比前面包含很多物理参数的函数绘制起来要容易多了，因为现在已经清楚了 T 在 -1 到 1 之间变化，t 在 0 到 2π 之间变化（一个周期内），而 z 在 0 到 1 之间变化。换算后的温度除了独立变量之外只包含参数 b，即图形的形状完全由 b 来决定。

本示例在前面使用了特定的 D、ω 和 k 值，它们决定了一个特定的 $b = D\sqrt{\dfrac{\omega}{wk}}(\approx 6.9)$。然而，现在可以运行不同的 b 值来观察它对于热传导的影响。程序中不同的 b 值意味着不同的表面温度变化周期和（或）地底岩石成分的不同热传导系数。注意，同时使 ω 和 k 加倍不会改变 b 的值，而只有 ω/k 才对 b 的值有影响。

换算后还可以复用 animate 函数，只是需要写一个新的 $T(z, t)$ 函数和从命令行读取 b 的主函数：

```
def T(z, t):
    return exp(-b * z) * cos(t - b * z)          #b is global


b = float(sys.argv[1])
n = 401
z = linspace(0, 1, n)
animate(3 * 2 * pi, 0.05 * 2 * pi, z, T, -1.2, 1.2, 0, 'z', 'T')
movie('tmp_*.png', encoder='convert', fps=2, output_file='tmp_heatwave.gif')
os.system('convert -delay 50 tmp_*.png movie.gif')
os.system('avconv -i tmp_%04d.png -r 5 -c:v flv movie.flv')
```

用不同的 b 值运行这个程序（在文件 heatwave_scaled.py 中），发现 b 决定了表面 $z = 0$ 处的温度变化可以传导多深。b 值较大时，温度的变化局限于靠近地表的一个薄层之中；而 b 值较小时，温度的变化可以传到地底深处。建议用 $b = 2$ 和 $b = 20$ 分别运行程序来体会其中的巨大差距，也可以直接观看已经制作好的动画[①]。

可以从物理上解释这个结果：ω 递增，波动周期递减，因此，温度的变化更为迅速。为了保持 b 的值，需要将 k 以相同的因子增加。因为 k 越大，代表热量在地下的传导速度越快；k 越小，则速度越慢。可以看到：表面温度变化越快，就要求越大的 k 值来将这种变化传导至地下。相似地，如果表面温度变化很慢，那么即便大地的传导能力（k）很弱，也能将热量传导至深处。

5.14 习题

习题 5.1: 使用函数值填充列表。
定义

$$h(x) = \frac{1}{2\pi}\, \mathrm{e}^{-\frac{1}{2}x^2} \tag{5.20}$$

用 x 和 $h(x)$ 值填充 xlist 和 hlist 列表（使用区间 $[-4, 4]$ 上等间隔的 41 个 x 坐标值）。

提示：可以通过改编 5.2.1 节的示例实现。

文件名：ex5-01-fill_lists.py。

习题 5.2: 填充数组（循环版本）。

本习题的目的是用 x 和 $h(x)$ 的值分别填充 x 和 y 两个数组，其中 $h(x)$ 的定义参见式（5.20）。x 值的设定也和习题 5.1 相同。创建空的 x 和 y 数组，然后，使用 for 循环计算 x 和 y 数组的每一个元素。

[①] http://hplgit.github.io/scipro-primer/video/heatwave.html。

文件名：ex5-02-fill_arrays_loop. py。

习题 5.3: 填充数组(向量化版本)。

对习题 5.2 中的代码进行向量化。用 NumPy 包中的 linspace 函数产生 x 值, $h(x)$ 则使用向量参数 x 进行计算。

文件名：ex5-03-fill_arrays_vectorized. py。

习题 5.4: 绘制函数。

绘制习题 5.1 中的函数图像, $x \in [-4, 4]$。

文件名：ex5-04-plot_Gaussian. py。

习题 5.5: 函数作用于向量。

给定向量 $v = (2, 3, -1)$ 和函数 $f(x) = x^3 + x e^x + 1$, 将 f 作用于 v 中每一个元素。然后, 应用向量计算规则, 按照 NumPy 表达式 v**3＋v＊exp(v)＋1 手工计算 $f(v)$ 的值。由此说明两个结果相等。

文件名：ex5-05-apply_vecfunc. py。

习题 5.6: 手工模拟执行向量表达式。

在以下向量表达式中, 假设 x 和 t 为长度相同的两个数组：

```
y = cos(sin(x)) + exp(1/t)
```

假设 x 有两个元素 0 和 2, t 有两个元素 1 和 1.5, 手工(或用计算器)计算 y 数组。然后, 编写模拟手工计算过程的程序(通常就像 5.1.3 节那样列出一系列操作——使用显式循环, 但最后可以使用 Numerical Python 的功能来检查结果)。

文件名：ex5-06-simulate_vector_computing. py。

习题 5.7: 展示数组切片。

创建一个值为 0, 0.1, 0.2, …, 3 的数组 w。写出 w[：]、w[：-2]、w[：：5]、w[2:-2：6]。确保弄清楚在每个切片中数组的哪些元素将被打印出来。

文件名：ex5-07-slicing. py。

习题 5.8: 用数组计算替代列表操作。

2.6.2 节的数据分析问题是用列表操作来解决的。将列表转换成一个二维数组, 然后用数组操作来计算(即没有显式的循环, 但输出结果还是需要循环)。

文件名：ex5-08-sun_data_vec. py。

习题 5.9: 绘制公式。

绘制函数 $y(t) = v_0 t - \dfrac{1}{2} g t^2$ 的图像, 其中：$v_0 = 10, g = 9.81, t \in [0, 2v_0/g]$。将坐标轴标签设置为 time (s)和 height(m)。

文件名：ex5-09-plot_ball1. py。

习题 5.10: 绘制多参数公式。

编写程序, 从命令行读取一组 v_0 值, 并将不同 v_0 值对应的曲线 $y(t) = v_0 t - \dfrac{1}{2} g t^2$ 绘制在同一张图中, 其中 $t \in [0, 2v_0/g]$。令 $g = 9.81$。

提示：每条曲线需要不同的 t 坐标向量。

文件名：ex5-10-plot_ball2. py。

习题 5.11: 指定图中轴的范围。

扩展习题 5.10 中的程序, 计算出 t 的最大值和最小值以及 y 的值, 然后使用极值来指定轴的范围。在最高的曲线上方留出一些空间，可以让图形更好看。

文件名：ex5-11-plot_ball3.py。

习题 5.12: 绘制精确和不精确的华氏度到摄氏度的转换公式。

用华氏度值快速计算摄氏度值的一个简单方法是减去 30 再除以 2：$C=(F-30)/2$。将把这条曲线和精确的曲线 $C=5(F-32)/9$ 放在同一张图中进行比较（F 在 -20 和 120 之间变化）。

文件名：ex5-12-f2c_shortcut_plot.py。

习题 5.13: 绘制球的轨迹。

球的轨迹由下式给出：

$$f(x) = x\tan\theta - \frac{1}{2v_0^2}\frac{gx^2}{\cos^2\theta} + y_0 \tag{5.21}$$

其中，x 是沿地面的坐标；g 是重力加速度；v_0 是初始速度，与 x 轴夹角为 θ；$(0, y_0)$ 是球的初始位置。

程序从命令行读取输入数据 y_0、θ 和 v_0，然后绘制轨迹 $y=f(x)$（$y\geqslant0$）。

文件名：ex5-13-plot_trajectory.py。

习题 5.14: 绘制双列文件中数据。

文件 src/plot/xy.dat[①]中包含两列数据，对应曲线上的 x、y 坐标。文件的起始部分如下：

```
-1.0000    -0.0000
-0.9933    -0.0087
-0.9867    -0.0179
-0.9800    -0.0274
-0.9733    -0.0374
```

编写程序，将第 1 列读入列表 x，将第 2 列读入列表 y，并据此绘制曲线。打印出 y 的平均值、最大值和最小值。

提示：逐行读取文件，将每一行切分成不同字符串，转换成 float 类型，然后添加到 x 和 y 中。如果将列表转换成数组，那么 y 的计算会更容易。

文件名：ex5-14-read_2columns.py。

备注：NumPy 中的函数 loadtxt 可以读取表格数据的文件（任何列数），并以二维数组的格式返回数据。

```
import numpy as np
#Read table of floats
data =np.loadtxt('xy.dat', dtype=np.float)
#Extract one-dim arrays from two-dim data
x =data[:, 0]              #column with index 0
y =data[:, 1]              #column with index 1
```

本习题实现一个简单版本的 loadtxt。以后需要加载表格数据的文件到一个数组时，还可以使用 loadtxt.py。

习题 5.15: 将函数数据写入文件。

本习题的目标是将 x 和 $f(x)$ 的值存入文件，其中，x 值作为第 1 列，$f(x)$ 值作为第二列。x 在 $[a, b]$ 区间取等间隔的 n 个值。从命令行读取 f、a、b、n 和文件名。

提示：可以使用 StringFunction 工具（见 4.3.3 节和 5.5.1 节）将文本方式表达的 f 转换成 Python 函数（注

---

① http://tinyurl.com/pwyasaa/plot/xy.dat。

意，习题 5.14 中的程序可以用来读取本习题中产生的文件，转换成数组格式，并重新可视化 $y=f(x)$ 曲线）。

文件名：ex5-15-write_cml_function. py。

习题 5.16: 绘制文件数据。

文件夹 src/plot[①]中的文件 density_water. dat 和 density_air. dat 包含不同温度下水和空气密度的数据。数据文件中有一些以 ♯ 开头的注释行，还有一些空行。其他行包含密度数据：第 1 列是温度，第 2 列是相应的密度。本习题的目的是读取文件中的数据并绘制密度-温度曲线图，每个数据点用小圆圈表示。程序以命令行参数的形式读取文件名。将这个程序分别应用于上述两个文件。

文件名：ex5-16-read_density_data. py。

习题 5.17: 将表格写入文件。

给定一个含有两个参数 x 和 y 的函数，创建一个包含函数值表格的文件。表格的左列是按降序排列的 y 值，最后一行是按升序排列的 x 值，即第 1 列和最后一行就像坐标系中的 x 和 y 轴上的数字。其他表格单元包含对应行列 x、y 值的函数值。例如，函数方程为 $x+2y$，x 的值为 $0\sim2$（步长为 0.5），y 的值为 $-1\sim2$（步长为 1），表格如下所示：

```
 2      4      4.5     5      5.5     6
 1      2      2.5     3      3.5     4
 0      0      0.5     1      1.5     2
-1     -2     -1.5    -1     -0.5     0
        0      0.5     1      1.5     2
```

现在的任务是编写以下函数：

```
def write_table_to_file(f, xmin, xmax, nx, ymin, ymax, ny,
                        width=10, decimals=None,
                        filename ='table.dat'):
```

其中，f 是由 Python 函数定义的公式；xmin、xmax、ymin、ymax 是 x、y 的最小值和最大值；nx 是 x 轴上的区间个数（所以，x 方向上的步长为（xmax-xmin）/nx）；ny 是 y 轴上的区间个数；width 是表格中每一列的宽度（正整数）；decimals 是输出数字的小数位数（None 代表不指定位数）；filename 是输出文件名。例如，width＝10 和 decimals＝1 给出的输出格式为％10.1g，而 width＝5 和 decimals＝None 代表％5g。

下面是用来检验函数实现的测试函数：

```
def test_write_table_to_file():
    filename ='tmp.dat'
    write_table_to_file(f=lambda x, y: x +2 * y,
                        xmin=0, xmax=2, nx=4,
                        ymin=-1, ymax=2, ny=3,
                        width=5, decimals=None,
                        filename=filename)
    #Load text in file and compare with expected results
    with open(filename, 'r') as infile:
        computed =infile.read()
    expected ="""\
```

---

① http://tinyurl. com/pwyasaa/plot。

```
  2      4     4.5      5     5.5      6
  1      2     2.5      3     3.5      4
  0      0     0.5      1     1.5      2
 -1     -2    -1.5     -1    -0.5      0
         0     0.5      1     1.5      2"""
assert computed ==expected
```

文件名：ex5-17-write_table_to_file.py。

习题 5.18: 用多项式拟合数据点。

本习题的目的是找到一个水或空气的密度与温度的关系的简单数学公式。想法是：像习题 5.16 那样从文件中加载密度和温度数据，然后应用一些 NumPy 的实用函数来寻找密度关于温度的函数的近似多项式。

NumPy 中的 polyfit(x, y, deg) 函数可以找到阶数为 deg 的多项式，它能最大程度地拟合数组参数 x 和 y 中给出的数据点。polyfit 函数返回拟合多项式系数的列表，其中，第一个元素对应最高次项的系数，最后一个元素对应常数项。例如，给定 x 和 y 中的点，那么 polyfit(x, y, 1)返回最佳拟合多项式 $ax+b$ 中的系数 a 和 b。更确切地说，直线 $y=ax+b$ 是数据点$(x_i,y_i)(i=0,1,\cdots,n-1)$的最佳拟合多项式，其中的 a 和 b 使得方差和 $R = \sum_{j=0}^{n-1} (y_j - (ax_j + b))^2$ 最小。这个方法叫做数据拟合的最小二乘法，它在科学技术中被证明非常有效。

NumPy 还有一个函数 poly1d，它以 polyfit 等函数计算出的系数列表或元组作为参数，然后返回一个可以被求值的多项式 Python 函数。下面的代码段展示 polyfit 和 poly1d 的使用方法：

```
coeff =polyfit(x, y, deg)
p =poly1d(coeff)
print p                    #prints the polynomial expression
y_fitted =p(x)             #computes the polynomial at the xpoints
#Use red circles for data points and a blue line for the polynomial
plot(x, y, 'ro', x, y_fitted, 'b-',
    legend=('data', 'fitted polynomial of degree %d' %deg))
```

a. 写一个函数 fit(x,y,deg)，用数组 x 和 y 中的数据以及列表 deg 中的阶数的拟合多项式（如上所述）绘图。

b. 调用 fit 绘制水密度关于温度的图以及空气密度关于温度的图。两次调用都使用 deg＝[1, 2]，以便比较数据的线性和二次拟合。

c. 观察图像，用简单的数学公式来描述水和空气密度与温度的关系。

文件名：ex5-18-fit_density_data.py。

习题 5.19: 用多项式拟合实验数据。

假设测量一个质量为 m、摆长为 L（绳子质量不计）的单摆的振荡周期 T。改变 L，然后记录相应的 T 值。记录结果可以在文件 src/plot/pendulum.dat 中找到[1]，第 1 列包含 L 值，第 2 列包含相应的 T 值。

a. 绘制 L 关于 T 的图像，每个数据点用小圆圈表示。

b. 假设 L 作为 T 的函数是一个多项式。使用习题 5.18 介绍的 NumPy 实用函数 polyfit 和 poly1d 计算出拟合 L 和 T 数据的 1、2、3 阶多项式。可视化这些拟合数据的多项式曲线。哪一条曲线的拟合效果最好？

文件名：ex5-19-fit_pendulum_data.py。

---

[1]　http://tinyurl.com/pwyasaa/plot/pendulum.dat。

习题 5.20: 读取加速度数据并计算速度。

文件 src/plot/acc. dat[①] 包含一个物体沿直线运动的加速度测量值 a_0，a_1，$\cdots$，a_{n-1}。a_k 是在时间点 $t_k =$ $k\Delta t$ 的测量值，其中 Δt 是测量数据之间的时间间隔。本习题的目的是将加速度数据加载到程序中并计算物体在时间 t 的速度 $v(t)$。

一般来说，加速度 $a(t)$ 和速度 $v(t)$ 之间的关系是 $v'(t) = a(t)$。这意味着

$$v(t) = v(0) + \int_0^t a(\tau) d\tau \tag{5.22}$$

如果只知道 $a(t)$ 在某些离散、等间隔分布时间点上的值：a_0，a_1，$\cdots$，a_{n-1}（本习题即如此），那就只能对式 (5.22) 进行数值积分。例如用梯形积分法则：

$$v(t_k) \approx \Delta t \left(\frac{1}{2} a_0 + \frac{1}{2} a_k + \sum_{i=1}^{k-1} a_i \right), \quad 1 \leqslant k \leqslant n-1 \tag{5.23}$$

假设 $v_0 = 0$。

从文件中将 $a_0, a_1, \cdots, a_{n-1}$ 读入一个数组，绘制加速度关于时间的图形，用式 (5.23) 计算 $v(t_k)$ 值，其中 Δt 和 $k \geqslant 1$ 在命令行指定。

文件名：ex5-20-acc2vel_v1.py。

习题 5.21: 读取加速度数据并绘制速度关于时间的图形。

本习题的任务和习题 5.20 一样，但现在要对所有 $t_k = k\Delta t$ 计算 $v(t_k)$ 的值，并且绘制速度关于时间的图形。现在，只有 Δt 从命令行给出，$a_0, a_1, \cdots, a_{n-1}$ 都从习题 5.20 中的文件读入。

提示： 对所有 k 值重复使用式 (5.23) 效率很低。更高效的方法是将新的梯形面积累加到前面的积分结果（见附录 A 的 A.1.7 节），公式如下：

$$v(t_k) = v(t_{k-1}) + \int_{t_{k-1}}^{t_k} a(\tau) d\tau \approx v(t_{k-1}) + \Delta t \frac{1}{2} (a_{k-1} + a_k) \tag{5.24}$$

其中，$k = 1, 2, \cdots, n-1, v_0 = 0$。使用式 (5.24) 为速度值数组 v 赋值。

文件名：ex5-21-acc2vel. py。

习题 5.22: 利用 GPS 坐标绘制行程的路径和速度。

GPS 设备可以测量移动物体每 s 秒的位置。这些位置对应特定的行程，它以 (x, y) 坐标的形式储存在文件 src/plot/pos. dat[②] 中，第一行包含 s 值，其他每一行都是 x 和 y 值。

a. 绘制文件数据所对应的二维曲线。

提示： 将 s 加载为一个 float 型变量，x 和 y 加载为两个数组。在点之间画直线，即绘制 y 关于 x 的图像。

b. 绘制两张图：一张是 x 方向速度关于时间的图形，另一张是 y 方向速度关于时间的图形。

提示： 如果 $x(t)$ 和 $y(t)$ 是时间点 t 的位置坐标，那么可以用 $v_x(t) = dx/dt$ 和 $v_y(t) = dy/dt$ 分别计算 x 轴和 y 轴方向的速度。因为只知道 x 和 y 在某些离散时间点上的值：$t_k = ks, k = 0, 1, \cdots, n-1$，因此只能使用数值微分。一个简单的（前向微分）公式是

$$v_x(t_k) \approx \frac{x(t_{k-1}) - x(t_k)}{s}, \quad v_y(t_k) \approx \frac{y(t_{k-1}) - y(t_k)}{s}, \quad k = 0, 1, \cdots, n-2$$

请用以上公式得到速度数组 v_x 和 v_y，其中 $k = 0, 1, \cdots, n-2$。

文件名：ex5-22-position2velocity. py。

习题 5.23: 向量化积分的中点法则。

积分近似计算的中点法则表述如下：

---

① http://tinyurl.com/pwyasaa/plot/acc. dat。

② http://tinyurl.com/pwyasaa/plot/pos. dat。

$$\int_a^b f(x)\mathrm{d}x \approx h\sum_{i=1}^{n} f\left(a - \frac{1}{2}h + ih\right) \tag{5.25}$$

其中，$h=(b-a)/n$。

a. 写出中点法则积分函数 midpoint(f, a, b, n)，使用 Python 的 for 循环实现。

b. 写出中点法则的向量化实现，使用 Python 自带的 sum 函数求和。

c. 写出中点法则的向量化实现，使用 NumPy 包中的 sum 函数求和。

d. 用模块文件 midpoint_vec.py 将上面 3 种实现集中组织。编写一个测试函数验证这 3 种实现。用 $\int_2^4 2x$ $\mathrm{d}x = 12$ 作为测试用例，因为中点法则能够准确计算线性积分。

e. 打开 IPython，从 midpoint.py 中导入函数，定义用于积分的数学函数 $f(x)$ 的 Python 实现，并用 IPython 的 %timeit 功能分别测量 3 种不同实现的效率。

提示：%timeit 功能在附录 H 的 H.8.1 节解释。

文件名：ex5-23-midpoint_vec.py。

备注：e 中实验得到的经验是 numpy.sum 比 Python 中自带的 sum 函数要高效得多。在向量化实现中，应该使用 numpy.sum 来求和。

习题 5.24: 向量化计算多边形面积的函数。

多边形的面积在习题 3.19 的式(3.17)中给出。请向量化该公式，使得实现中没有 Python 循环。编写测试函数，选取某些多边形，比较习题 3.19 中的标量实现和新的向量化实现（为此，标量版本必须放在一个模块中，这样才能导入这个函数）。

提示：公式 $x_1 y_2 + x_2 y_3 + \cdots + x_{n-1} y_n = \sum_{i=0}^{n-1} x_i y_{i+1}$ 是两个向量 $\mathbf{x}[:-1]$ 和 $\mathbf{y}[1:]$ 的点乘，可以用 numpy.dot(x[:-1],y[1:]) 计算。

文件名：ex5-24-polygon_area_vec.py。

习题 5.25: 实现拉格朗日插值公式。

假定有某个量 y 的 $n+1$ 个测量结果，这个结果取决于 x：(x_0,y_0)，(x_1,y_1)，$\cdots$，(x_n,y_n)。想要将 y 看作 x 的函数，求出 $x_0,x_1,\cdots,x_n$ 之外的任意 x 点的 y 值。我们并不清楚在测量点之间 y 值是如何变化的，但可以假设或模拟它的行为。这样的问题被称为插值问题。

解决插值问题的一个方法是用一个经过这 $n+1$ 个点的连续函数来拟合，然后对任意的 x 点求函数值。该函数可以是通过所有这些点的一个 n 阶多项式。据此，多项式可写为

$$p_L(x) = \sum_{k=0}^{n} y_k L_k(x) \tag{5.26}$$

其中

$$L_k(x) = \prod_{i=0,i\neq k}^{n} \frac{x - x_i}{x_k - x_i} \tag{5.27}$$

$\prod$ 记号和 $\sum$ 相似，只不过其中的项相乘。例如：

$$\prod_{i=0,i\neq k}^{n} x_i = x_0 x_1 \cdots x_{k-1} x_{k+1} \cdots x_n$$

多项式 $p_L(x)$ 被称为拉格朗日插值公式，而点 (x_0,y_0)，(x_1,y_1)，$\cdots$，(x_n,y_n) 被称为插值点。

a. 编写函数 p_L(x, xp, yp) 和 L_k(x, k, xp, yp)，它们分别用式(5.26)和式(5.27)计算 $p_L(x)$ 和 $L_k(x)$ 在 x 点的值。xp 和 yp 数组分别包含 $n+1$ 个插值点的 x、y 坐标，即，xp 包含 $x_0,x_1,\cdots,x_n$，而 yp 包含

$y_0, y_1, \cdots, y_n$。

  b. 下面来验证程序。注意到：若 $i \neq k$，则 $L_k(x_k) = 1$ 且 $L_k(x_i) = 0$，这说明 $p_L(x_k) = y_k$，即多项式 p_L 经过所有 (x_0, y_0)，(x_1, y_1)，$\cdots$，(x_n, y_n) 点。编写函数 test_p_L(xp, yp)，计算所有插值点 (x_k, y_k) 的 $|p_L(x_k) - y_k|$ 并验证这个值接近 0。用曲线 $y = \sin x (x \in [0, \pi])$ 上 5 个等间隔分布的 xp 和 yp 调用 test_p_L。然后，计算两个插值点之间一个 x 点的 $p_L(x)$ 值，并将 $p_L(x)$ 值与准确值进行比较。

  文件名：ex5-25-Lagrange_poly1.py。

习题 5.26: 绘制拉格朗日插值多项式。

  a. 写一个函数：

```
def graph(f, n, xmin, xmax, resolution=1001):
```

用于绘制习题 5.25 中的 $p_L(x)$。插值点通过某个数学函数 $f(x)$ 进行计算，其中 f 在函数参数中指明。参数 n 代表从函数 $f(x)$ 中采样的插值点数目，resolution 代表用于绘制 $p_L(x)$ 的 xmin 和 xmax 间的点数。n 个插值点的 x 坐标可以在 xmin 和 xmax 之间等间隔分布。在图中，插值点 (x_0, y_0)，(x_1, y_1)，$\cdots$，(x_n, y_n) 用小圆圈标记。令 f 为 sin，在 $[0, \pi]$ 之间选取 5 个点测试 graph 函数。

  b. 制作一个包含 p_L、L_k、test_p_L 和 graph 函数的模块 Lagrange_poly2。在该模块的测试块中需要同时包含对习题 5.25 中 test_p_L 函数的调用和对上述 graph 函数的调用。

  提示：4.9 节描述了如何制作一个模块。具体地说，4.9.3 节解释了测试块，4.9.4 节和 3.4.2 节解释了类似 test_p_L 的测试函数，而 4.9.5 节描述了如何把 test_p_L 和 graph 的调用放在测试块中。

  文件名：ex5-26-Lagrange_poly2.py。

习题 5.27: 研究拉格朗日插值多项式的波动现象。

  习题 5.25 中定义和实现的多项式 $p_L(x)$ 可能出现一些不希望的波动现象，本习题将通过图形来研究它们。用 $f(x) = |x|$ 调用习题 5.26 中的 graph 函数，$x \in [-2, 2]$，$n = 2, 4, 6, 10$。为了便于比较，所有的 $p_L(x)$ 图形应该放在同一张图中。此外，用一张新图绘制用 $n = 13$ 和 $n = 20$ 调用 graph 的结果。本习题的所有代码放在一个单独的程序文件中，该文件导入习题 5.26 中的 Lagrange_poly2 模块。

  文件名：ex5-27-Lagrange_poly2b.py。

  备注：$p_L(x)$ 函数的目的是计算一些给定（通常通过测量得到）的数据点 (x_0, y_0)，(x_1, y_1)，$\cdots$，(x_n, y_n) 之间的 (x, y)。从图形中可以发现，对于较少的插值点，$p_L(x)$ 与用来产生数据点的 $y = |x|$ 非常接近；然而，随着 n 的增加，$p_L(x)$ 开始波动，尤其是在端点 (x_0, y_0) 和 (x_n, y_n) 附近。许多多项式拟合数据点的历史研究都集中在消除这种异常波动的方法。

习题 5.28: 绘制波包。

  函数

$$f(x, t) = e^{-(x-3t)^2} \sin(3\pi(x - t)) \tag{5.28}$$

描述空间中关于某定值 t 的波。请编写一个该函数的可视化程序，其中，$x \in [-4, 4]$，$t = 0$。

  文件名：ex5-28-plot_wavepacket.py。

习题 5.29: 评价绘图结果。

  假设有以下绘制抛物线的程序：

```
def graph(f, n, xmin, xmax, resolution=1001):
import numpy as np
x = np.linspace(0, 2, 20)
y = x * (2 - x)
import matplotlib.pyplot as plt
plt.plot(x, y)
plt.show()
```

然后切换到 $\cos 18\pi x$ 函数，即，将 y 的计算改为 y＝cos(18 ＊ pi ＊ x)。评价绘图结果，它正确吗？将函数 $\cos 18\pi x$ 的 1000 个数据点显示在同一张图中。

文件名：ex5-29-judge_plot.py。

习题 5.30: 绘制水的粘度随温度变化的图形。

水的粘度 μ 随着温度 T（单位为开氏度）的变化关系如下：

$$\mu(T) = A10^{B/(T-C)} \tag{5.29}$$

其中，$A＝2.414\times10^{-5}$Pa·s，$B＝247.8$K，$C＝140$K。请绘制 $\mu(T)$（T 为 0～100℃）。将 x 轴标记为"温度(C)"，y 轴标记为"粘度(Pa·s)"。注意，μ 计算公式中 T 的单位必须是开尔文。

文件名：ex5-30-water_viscosity.py。

习题 5.31: 以图形方式研究复杂的函数。

水面波速 c 取决于波长 λ。c 和 λ 的关系如下：

$$c(\lambda) = \sqrt{\frac{g\lambda}{2\pi}\left(1 + s\frac{4\pi^2}{\rho g\lambda^2}\right)\tanh\frac{2\pi h}{\lambda}} \tag{5.30}$$

其中，g 是重力加速度（9.81m/s²），s 是水的表面张力（7.9×10^{-2}N/m），ρ 是水的密度（可视为 1000kg/m³），h 是水的深度。固定 h 为 50m。首先对很小的 λ 值（0.001～0.1m）绘制 $c(\lambda)$（单位为 m/s），然后对更大的 λ 值（1～2km）绘制 $c(\lambda)$。

文件名：ex5-31-water_wave_velocity.py。

习题 5.32: 绘制 sin x 的泰勒多项式逼近。

正弦函数可以根据以下公式实现多项式逼近：

$$\sin x \approx S(x;n) = \sum_{j=0}^{n}(-1)^j\frac{x^{2j+1}}{(2j+1)!} \tag{5.31}$$

表达式 $(2j+1)!$ 是阶乘（可以用 math.factorial 计值）。逼近 $S(x;n)$ 的误差随着 n 的增加而减小，并且在极限情况下有 $\lim_{n\to\infty}S(x;n)=\sin x$。本习题的目的是可视化逼近 $S(x;n)$ 随 n 增加的变化。

a. 编写计算 $S(x;n)$ 的 Python 函数 $S(x,n)$。根据公式直接计算每项的值，即 $(-1)^jx^{2j+1}$ 除以 $(2j+1)!$（注意，习题 A.14 采用级数方法给出了一个更为有效的项计算方法）。

b. 绘制区间 $[0,4\pi]$ 上的 $\sin x$ 图形以及 $S(x;1)$、$S(x;2)$、$S(x;3)$、$S(x;6)$ 和 $S(x;12)$ 逼近。

文件名：ex5-32-plot_Taylor_sin.py。

习题 5.33: 波包动画。

显示习题 5.28 中函数 $f(x,t)$ 的动画，$x\in[-6,6]$，$t\in[-1,1]$，并生成 GIF 动画文件。

文件名：ex5-33-plot_wavepacket_movie.py。

习题 5.34: 平滑 Heaviside 函数动画。

将 3.26 节定义的平滑 Heaviside 函数 $H_\epsilon(x)$ 可视化为动画，其中，ϵ 从 2 开始，到 0 结束。

文件名：ex5-34-smoothed_Heaviside_movie.py。

习题 5.35: 双尺度温度变化动画。

考虑 5.13.2 节描述的地底温度波动。现在需要可视化日变化和年变化。令 A_1 为年变化的幅度，A_2 为日夜变化的幅度，$P_1＝365$ 天为年波动周期，$P_2＝24$h 为日波动周期。那么，时间 t 时、深度 z 处的温度为

$$T(z,t) = T_0 + A_1e^{-a_1z}\sin(\omega_1 t - a_1 z) + A_2e^{-a_2z}\sin(\omega_2 t - a_2 z) \tag{5.32}$$

其中

$$\omega_1 = 2\pi P_1$$
$$\omega_2 = 2\pi P_2$$
$$a_1 = \sqrt{\frac{\omega_1}{2k}}$$

$$a_2 = \sqrt{\frac{\omega_2}{2k}}$$

令 $k = 10^{-6}\,\mathrm{m^2/s}$，$A_1 = 15℃$，$A_2 = 7℃$，分辨率 Δt 为 $P_2/10$。修改 heatwave.py 程序，可视化式(5.32)。

文件名：ex5-35-heatwave2.py。

备注：该问题假设时间 $t = 0$ 时的温度 T 等于参考温度 T_0，因此温度呈正弦变化而不是式(5.18)中的余弦变化。

习题 5.36: 使用非均匀分布的坐标进行可视化。

观察习题 5.35 中的动画。它说明，在靠近 $z = 0$ 的薄层内，温度波动非常迅速，而远离 $z = 0$ 处的变化在时间和空间上都要小得多。所以，更好的方法是在 $z = 0$ 附近比 z 值更大处使用更多的 z 坐标。给定区间 $[a, b]$ 上一组均匀分布的 $x_0 < x_1 < \cdots < x_n$，对于 $s > 1$，新坐标 $\bar{x}_i$ 计算公式如下（延伸向 $x = a$）：

$$\bar{x}_i = a + (b - a)\left(\frac{x_i - a}{b - a}\right)^s$$

在本习题中，可以用这个公式将 z 坐标延伸到左边。

a. 试着用 $s \in [1.2, 3]$ 和一些（例如 15 个）点将曲线可视化为一条直线，线上的数据点用圆圈表示，这样可以清楚地看到数据点在朝向左端方向上的分布。请为 s 指定一个合适的值。

b. 用前面找到的 s 值和 501 个数据点（不画圆圈）运行动画。

文件名：ex5-36-heatwave2a.py。

习题 5.37: π 逼近动画。

习题 3.18 介绍了一个用圆内多边形周长逼近 π 的方法。将习题 3.18 中的代码用函数 pi_approx(N) 封装，它返回用均匀分布的 $N+1$ 个点组成的多边形对 π 的逼近值。本习题的任务是将多边形可视化为一个动画，动画中的每一帧对应一个 $N+1$ 边形以及其外接圆，并在标题中显示 π 逼近值误差。整个动画的 N 值从 4 变化到 K，即 4，5，6，$\cdots$，K，其中 K 是一个（很大的）描述性的值。动画帧与帧之间停顿 0.3s。播放动画即可看到多边形越来越近似于圆，π 的逼近效果越来越好。

文件名：ex5-37-pi_polygon_movie.py。

习题 5.38: 行星轨道动画。

行星轨道呈椭圆形。本习题的目的是制作行星沿着轨道运动的动画。动画中应该有一个代表行星的小圆盘，沿着一条椭圆形曲线运动。随着行星的运动，用一条逐步形成的实线显示其轨道曲线的延展，标题显示星球的即时速度大小。作为测试，运行一下轨道为圆形的特殊情况，并验证行星在运动过程中速度保持不变。

提示 1：椭圆上点 (x, y) 的表达式为

$$x = a\cos\omega t, \quad y = b\sin\omega t$$

其中，a 是椭圆的半长轴，b 是椭圆的半短轴，ω 是行星的角速度，t 代表时间，一条完整的轨道对应 $t \in [0, 2\pi/\omega]$。将时间离散化为时间点 $t_k = k\Delta t$，其中 $\Delta t = 2\pi/(\omega n)$。动画中的每一帧对应曲线上 t 为 t_0，t_1，$\cdots$，t_i 的所有 (x, y) 点，i 代表帧数（$i = 1, 2, \cdots, n$）。

提示 2：速度向量为

$$\left(\frac{\mathrm{d}x}{\mathrm{d}t}, \frac{\mathrm{d}y}{\mathrm{d}t}\right) = (-\omega a\sin\omega t, \omega b\cos\omega t)$$

向量的大小为

$$\omega\sqrt{a^2\sin^2\omega t + b^2\cos^2\omega t}$$

文件名：ex5-38-planet_orbit.py。

习题 5.39: 泰勒多项式演变的动画。

一个函数通常的逼近级数可以写为

$$S(x;M,N) = \sum_{k=M}^{N} f_k(x)$$

例如, e^x 的 N 阶泰勒多项式等于 $S(x;0,N)$, 其中 $f_k(x) = x^k/k!$。本习题的目的是生成一个动画说明 $S(x;0,N)$ 如何变化,以及随着累加项的增加,逼近效果如何得到提升。动画中的帧对应 $S(x;M,M)$, $S(x;M,M+1)$, $S(x;M,M+2)$, $\cdots$, $S(x;M,N)$ 的图形。

a. 编写函数

```
animate_series(fk, M, N, xmin, xmax, ymin, ymax, n, exact)
```

用于创建动画。参数 fk 是计算项 $f_k(x)$ 的 Python 函数实现, M 和 N 是求和的上下限,之后的参数是绘图中 x 和 y 值的最小值和最大值, n 是绘图曲线中 x 点的个数, exact 则是 $S(x)$ 要逼近的函数。

提示: animate_series 函数需要将 $f_k(x)$ 项的累加值放在变量 s 中,对于每个 k 值,同时绘制 s 关于 x 的图形和精确函数曲线。每一个图形存储为一个文件,例如,文件名为 tmp_0000.png, tmp_0001.png, tmp_0002.png, $\cdots$（这些文件名可以通过 tmp_%04d.png 并使用合适的计数器产生）。使用 movie 函数将所有的图形文件拼成适当格式的动画。

在 animate_series 函数的开头,必须移除所有旧的 tmp_*.png 文件,这可以通过 5.3.4 节中的 glob 模块和 os.remove 函数来完成。

b. 通过调用 animate_series 函数计算 $\sin x$ 的泰勒级数,其中 $f_k(x) = (-1)^k x^{2k+1}/(2k+1)!$, $x \in [0, 13\pi]$, $M=0$, $N=40$, $y \in [-2,2]$。

c. 通过调用 animate_series 函数计算 e^{-x} 的泰勒级数,其中 $f_k(x) = (-1)^k/k!$, $x \in [0,15]$, $M=0$, $N=30$, $y \in [-0.5, 1.4]$。

文件名: ex5-39-animate_Taylor_series.py。

习题 5.40: 绘制管流的速度分布。

流经一个（很长的）管道的流体在管壁处速度为 0,在管的中心线处速度最大。速度 v 在管截面上的分布满足以下公式:

$$v(r) = \left(\frac{\beta}{2\mu_0}\right)^{\frac{1}{n}} \frac{n}{n+1}(R^{1+1/n} - r^{1+1/n}) \tag{5.33}$$

其中, R 是管的半径, β 是压力梯度（使水流沿着管道流动的力）, μ_0 是粘度系数（空气的 μ_0 很小,水的 μ_0 较大,牙膏的 μ_0 则更大）, n 是反映液体粘度性质的实数（对于水和空气, $n=1$;对于很多现代塑形材料, $n<1$）, r 是衡量距离中心线距离的径向坐标（ $r=0$ 代表中心线, $r=R$ 代表管壁）。

a. 编写一个 Python 函数求 $v(r)$ 的值。

b. 绘制 $v(r)$ 的图形。将 $v(r)$ 视为 $r \in [0,R]$ 的函数,其中, $R=1$, $\beta=0.02$, $\mu_0=0.02$, $n=0.1$。

c. 生成一个动画,说明 $v(r)$ 曲线随着 n 从 1 减小到 0.01 的变化过程。因为 $v(r)$ 的最大值随着 n 的减小而减小得很快,所以每条曲线最好用 $v(0)$ 值标准化。这样,曲线的最大值就会一直保持一致。

文件名: ex5-40-plot_velocity_pipeflow.py。

习题 5.41: 绘制函数的正弦和逼近的图形。

习题 3.21 中定义了函数 $f(t)$ 的逼近 $S(t;n)$。在同一张图中绘制 $S(t;1)$、 $S(t;3)$、 $S(t;20)$ 和 $S(t;200)$ 以及准确的 $f(t)$ 函数图像。 $T=2\pi$。

文件名: ex5-41-sinesum1_plot.py。

习题 5.42: 函数的正弦和逼近演变的动画。

先完成习题 5.41。自然地,下一步就是将 $S(t;n)$ 随 n 增加而演变的过程制成动画。制作一个这样的动画,可以发现 $S(t;n)$ 很难准确地近似表达 $f(t)$ 的不连续性,即便 n 很大也不行（在每一帧中绘制 $f(t)$ ）。这是用正弦或余弦(傅里叶)级数近似不连续方程时一个众所周知的缺陷,叫作吉布斯现象。

文件名:ex5-42-sinesum1_movie.py。

习题 5.43: 从命令行绘制函数图形。

为了迅速得到函数 $f(x)$ 在 $x \in [x_{\min}, x_{\max}]$ 的图形,编写一个程序,从命令行获取最少信息,在屏幕上绘制图形,并将图形保存到文件 tmp.png 中。该程序的用法如下:

```
plotf.py "f(x)" xmin xmax
```

$e^{-0.2x} \sin 2\pi x$ 在 $x \in [0, 4\pi]$ 上的图形绘制命令如下:

```
plotf.py "exp(-0.2*x)*sin(2*pi*x)" 0 4*pi
```

用尽可能精炼的代码编写 plotf.py 程序(将输入合法性测试留到习题 5.44)。

提示:根据命令行第二个和第三个参数来产生 x 坐标,将 eval(或 scitools.std 中的 StringFunction,见 4.3.3 节和 5.5.1 节)作用于第一个参数。

文件名:ex5-43-plotf.py。

习题 5.44: 改进命令行输入。

在习题 5.43 程序的基础上增加命令行输入合法性的测试。同时,允许一个可选的第四个命令行参数,用于设置函数曲线上点的个数。在该参数没有给的情况下,其默认值设为 501。

文件名:ex5-44-plotf2.py。

习题 5.45: 展示物理学的能量概念。

向上抛掷小球,其垂直位置 $y(t)$ 由 $y(t) = v_0 t - \frac{1}{2} g t^2$ 给出,其中,g 是重力加速度,v_0 是 $t = 0$ 时的速度。

这个情境中两个重要的物理量为通过克服重力做功获得的重力势能和由运动产生的动能。动能通过 $K = \frac{1}{2} m v^2$ 定义,其中 v 代表小球速度,它和 y 的关系为 $v(t) = y'(t)$。

编写程序,在同一张图中绘制 $P(t)$ 和 $K(t)$,同时还有它们的和 $P + K$。$t \in [0, 2v_0/g]$,m 和 v_0 从命令行读取。使用不同的 m 和 v_0 来运行程序,观察 $P + K$ 的值在运动过程中是否始终保持不变(事实上,对于很大一部分运动,$P + K$ 都保持不变,这在物理学是一个非常重要的结论)。

文件名:ex5-45-energy_physics.py。

习题 5.46: 绘制 w 形函数。

在数学上定义一个看起来像 w 字符的函数。画出这个函数,并编写测试函数来验证这个实现。

文件名:ex5-46-plot_w.py。

习题 5.47: 绘制分段常函数。

考虑习题 3.32 定义的分段常函数。编写绘制该函数图形的 Python 函数 plot_piecewise(data, xmax),其中,data 是习题 3.32 中提到的嵌套列表,xmax 是 x 坐标的最大值。可以使用 5.4.1 节的思路。

文件名:ex5-47-plot_piecewise_constant.py。

习题 5.48: 向量化分段常函数。

考虑习题 3.32 定义的分段常函数。编写该函数的向量化实现函数 piecewise_constant_vec(x, data, xmax),其中 x 是数组。

提示:可以使用 5.5.3 节中的 Nv1 函数的思路。然而,因为区间数目未知,所以有必要将各个区间和条件保存在列表中。

文件名:ex5-48-piecewise_constant_vec.py。

备注：绘制函数 piecewise_constant_vec 返回的数组时，会面临和 5.4.1 节同样的问题。更好的方法是编写用户定义的绘图函数，在每个区间中绘制水平线（见习题 5.47）。

习题 5.49: 可视化中点积分法则逼近。

考虑习题 3.12 中的中点积分法则。使用 Matplotlib 来实现中点积分法则，如图 5.22(a)所示。

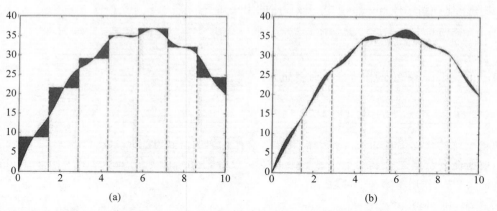

图 5.22　数值积分法则的可视化，(a)是中点法则，(b)是梯形法则，填充区域代表逼近结果与曲线的偏差

图 5.22(a)中使用的函数 $f(x)$ 定义如下：

$$f(x) = x(12-x) + \sin \pi x, \quad x \in [0,10]$$

提示：在 Matplotlib 相关文件中查找函数 fill_between，并用该函数来填充 $f(x)$ 和逼近矩形之间的区域。

注意：fill_between 函数要求两条曲线上的点数相同。为了准确地可视化 $f(x)$，需要相当多的 x 坐标，而 $f(x)$ 的矩形逼近必须使用相同的 x 坐标集。

文件名：ex5-49-viz_midpoint.py。

习题 5.50: 可视化梯形积分法则逼近。

使用习题 3.11 中的梯形法则重做习题 5.49，绘制图 5.22(b)的图形。

文件名：ex5-50-viz_trapezoidal.py。

习题 5.51: 体验函数溢出。

给定如下数学函数：

$$v(x) = \frac{1 - e^{x/\mu}}{1 - e^{1/\mu}}$$

其中 μ 为参数。

a. 编写计算上述 $v(x)$ 公式的 Python 函数 v(x, mu＝1E-6, exp＝math.exp)，其中将 exp 作为可能由用户指定的指数函数。v 函数返回公式中的分子、分母和分数。

b. 在 for 循环中对 0～1 的不同 x 值调用 v 函数，令 mu＝1E-3，内部 for 循环执行两个不同的 exp 函数：math.exp 和 numpy.exp。输出将表明分母如何导致函数溢出以及在计算机上计算这个函数的困难性。

c. 用 μ＝1,0.01,0.001 和 10 000 个[0,1]上的点绘制 $v(x)$，看看它像什么函数。

d. 借助于 NumPy 的 float96 类型将 x 和 e 转换成一个精度更高的实数，然后再调用 v 函数：

```
import numpy
x = numpy.float96(x); mu = numpy.float96(e)
```

用这个变量类型重复 b，观察用 float96 得到的结果比用标准 float(实际上是 float64，数字反映计算机表示实数时用到的位数)得到的结果要优越多少。

e. 用 x 和 mu 按照 float32 变量调用 v 函数,观察函数如何运行。

文件名:ex5-51-boundary_layer_func1.py。

备注:当一个物体(球、车、飞机)在空气中运动时,物体表面有一层极其稀薄的空气,其中的空气速度变化非常迅速:在物体表面的速度和物体运动速度相同,而在几厘米之外则降为 0,这一层叫作边界层。边界层中的物理性质对于空气阻力和物体的冷却/加热非常重要。边界层中速度的改变非常突然,可以用函数 $v(x)$ 建模,其中 $x=1$ 是物体表面,而 $x=0$ 是一段距离以外,在这里感受不到因物体运动而产生的任何风速 $v(v=0)$。风速与物体在 $x=1$ 时的速度一致,这里将它设置为 $v=1$。参数 μ 非常小,且与空气的黏度有关。因为 μ 太小,所以要在计算机上计算 $v(x)$ 非常困难。本习题表明了这种困难性,并提供了一种解决方案。

习题 5.52: 函数作用于秩为 2 的数组。

令 A 为二维数组

$$\begin{bmatrix} 0 & 2 & -1 \\ -1 & -1 & 0 \\ 0 & 5 & 0 \end{bmatrix}$$

将习题 5.5 中的函数 f 作用于 A 中的每个元素。然后,计算数组表达式 $A**3+A*\exp(A)+1$ 的结果,并阐明这两种方法得到的结果相同。

文件名:ex5-52-apply_arrayfunc.py。

习题 5.53: 解释数组计算失败的原因。

下面的循环用 x 计算数组 y:

```
>>>import numpy as np
>>>x =np.linspace(0, 1, 3)
>>>y =np.zeros(len(x))
>>>for i in range(len(x)):
...    y[i] =x[i] +4
```

然而,另一个循环

```
>>>for xi, yi in zip(x, y):
...    yi =xi +5
```

却无法改变 y,为什么? 详细解释在每一次循环中发生的事情,并写下循环过程中 xi、yi、x 和 y 的值。

文件名:ex5-53-find_errors_arraycomp.py。

习题 5.54: 验证线性代数结果。

当要验证某个数学结果为真的时候,常常产生随机的矩阵或向量,然后验证对于这些"任意"的数学对象该结果是否成立。作为例子,考虑验证 $A+B=B+A$,其中 A 和 B 为矩阵:

```
def test_addition():
    n =4                        #matrix size
    A =matrix(random.rand(n, n))
    B =matrix(random.rand(n, n))
    tol =1E-14
    result1 =A +B
    result2 =B +A
    assert abs(result1 -result2).max() <tol
```

使用这个方法写出以下数学结论的测试函数：

（1）$(A+B)C=AC+BC$

（2）$(AB)C=A(BC)$

（3）$\text{rank}A=\text{rank}A^{\mathrm{T}}$

（4）$\det(AB)=\det A\det B$

（5）当 A 是方阵时，A 和 A^{T} 的特征值相等。

文件名：ex5-54-verify_linalg.py。

第 6 章　字典与字符串

本章介绍字典与字符串技术,用于提取文件中的数据,以及将数据存储在合适的 Python 对象中以便于后续数据分析。字典是一种很多场景下都适用且使用起来很方便的 Python 对象。它将一种对象映射到其他对象,通常是把字符串映射到各种数据,而这些数据随后都可以通过字符串查找到。6.1 节将介绍字典。

文件中的数据通常显示为纯文本,为了解析文件中的数据或从文件中提取数据,有时需要对文本进行复杂的操作。Python 中的字符串类型提供了许多方法来支持这样的操作,其常用功能将在 6.2 节描述。

互联网上有很多的信息和科学数据,可以通过编写程序来获取。6.3 节将介绍如何通过编写程序来读取网页并利用字符串操作来解析其内容。

数据处理通常会涉及对电子表格的操作。Python 程序不仅可以从电子表格文件中提取数据,而且可以处理数据,这往往比在 Microsoft Excel 或 LibreOffice 等电子表格程序中处理数据更具优势和更为方便。6.4 节将介绍读写常见电子表格格式的 CSV 文件的相关技术。

本章用到了循环、列表、数组、if 测试、命令行参数和曲线绘制等基础编程概念。本章示例程序及相关数据文件可在本书配套源码文件夹 src/files[①] 中找到。

6.1　字典

前面几章已经介绍了如何在如下几种类型的对象中存储信息:数字、字符串、列表和数组。字典是一种非常灵活的对象,可用于存储各种类型的信息,特别是在读取文件时。接下来,将详细介绍字典类型。

列表存储了一组对象,利用从 0 开始的整数建立对象的索引。但是,比起利用整数索引来查找元素,使用文本来查找元素在实际中用起来会更加方便。简单来说,在 Python 中,以文本为索引的列表称为字典。其他计算机语言也有类似的类型,如 HashMap、关联数组(associative array)等。

6.1.1　创建字典

假设需要存储 3 个城市的温度:奥斯陆、伦敦和巴黎。可以使用以下列表:

```
temps = [13, 15.4, 17.5]
```

但是这需要记住城市的序列,例如,索引 0 对应奥斯陆,索引 1 对应伦敦,索引 2 对应巴黎。换言之,伦敦的温度用 temps[1] 来获得。此时,使用以城市名称作为索引的字典会更加方便,因为这样就可以写 temps['London'] 来查找伦敦的温度。这样的字典可以通过如下两种方式创建:

---

① 　http://tinyurl.com/pwyasaa/files。

```
temps = {'Oslo': 13, 'London': 15.4, 'Paris': 17.5}
# or
temps = dict(Oslo=13, London=15.4, Paris=17.5)
```

如果需要，可以添加其他的文本-值对。例如，可以写

```
temps['Madrid'] = 26.0
```

temps 字典现在有 4 个文本-值对，print temps 将输出

```
{'Oslo': 13, 'London': 15.4, 'Paris': 17.5, 'Madrid': 26.0}
```

6.1.2　字典操作

字典中充当索引的字符串称为键。要针对字典 d 中的键进行循环，可以编写代码 for key in d;，并在循环内使用 key 及其对应的值 d[key]。应用这种方法，可以输出 temps 字典中的温度：

```
>>> for city in temps:
...     print 'The temperature in %s is %g' % (city, temps[city])
...
The temperature in Paris is 17.5
The temperature in Oslo is 13
The temperature in London is 15.4
The temperature in Madrid is 26
```

可以用语法 if key in d 来检查一个键是否存在于字典 d 中：

```
>>> if 'Berlin' in temps:
...     print 'Berlin:', temps['Berlin']
... else:
...     print 'No temperature data for Berlin'
...
No temperature data for Berlin
```

实际上，key in d 是一种标准的布尔表达式，例如：

```
>>> 'Oslo' in temps
True
```

键和值可以作为列表从字典中提取：

```
>>> temps.keys()
['Paris', 'Oslo', 'London', 'Madrid']
>>> temps.values()
[17.5, 13, 15.4, 26.0]
```

字典中的 keys 方法的一个重要特点是：在返回的键列表中，元素的顺序是不可预计的。如果需要以特

定顺序遍历键,可以对键排序,然后按字母序对 temps 字典中的键执行循环遍历,具体实现如下:

```
>>>for city in sorted(temps):
··· print city
···
London
Madrid
Oslo
Paris
```

Python 还有一个特殊的字典类型——OrderedDict,其中的键值对具有特定的顺序,详情请参见 6.1.4 节。
键值对可以通过 del d[key]删除:

```
>>>del temps['Oslo']
>>>temps
{'Paris': 17.5, 'London': 15.4, 'Madrid': 26.0}
>>>len(temps)            #number of key-value pairs in dictionary
3
```

有时候需要复制一份字典,具体实现如下:

```
>>>temps_copy =temps.copy()
>>>del temps_copy['Paris']        #this does not affect temps
>>>temps_copy
{'London': 15.4, 'Madrid': 26.0}
>>>temps
{'Paris': 17.5, 'London': 15.4, 'Madrid': 26.0}
```

注意,如果两个变量引用相同的字典,通过其中任一变量修改了字典的内容,那么这两个变量看到的字典都会随之改变:

```
>>>t1 =temps
>>>t1['Stockholm'] =10.0          #change t1
>>>temps                          #temps is also changed
{'Stockholm': 10.0, 'Paris': 17.5, 'London': 15.4, 'Madrid': 26.0}
```

如果想在向 t1 添加新的键值对时避免影响到 temps,t1 必须是 temps 的副本。

备注:在 Python 2.x 版本中,temps.keys()返回一个列表对象;而在 Python 3.x 版本中,temps.keys()只支持在键上迭代。如果要编写适用于这两个版本的代码,在确实需要用到列表的情况下,可以使用 list(temps.keys());而只针对键执行 for 循环时,只需使用 temps.keys()。

6.1.3　示例: 多项式作为字典

在 Python 中,无法更改其内容的 Python 对象称为不可变数据类型,包括 int、float、complex、str 和 tuple。列表和字典允许更改其内容,称为可变对象。

字典中的键不限于使用字符串。事实上,任何不可变的 Python 对象都可以用作键。例如,不能把一个列表作为键,因为列表属于可变对象,其内容可以改变;但可以把一个元组作为键,因为它是不可变的。

字典中常见的键类型是整数。接下来介绍如何利用以整数作为键的字典来提供一种非常便于表示多项式的方法。考虑如下多项式：

$$p(x) = -1 + x^2 + 3x^7$$

与此多项式相关的数据可视为一组幂次-系数对，在这种情况下，系数 -1 附属于幂次 0，系数 1 附属于幂次 2，系数 3 附属于幂次 7。字典可用于将幂次映射到系数：

```
p = {0: -1, 2: 1, 7: 3}
```

当然也可以使用列表，但是在这种情况下，必须写出所有为零的系数，因为索引必须与幂次匹配：

```
p = [-1, 0, 1, 0, 0, 0, 0, 3]
```

字典的优点是只需要存储非零系数。对于多项式 $1 + x^{100}$，字典只需保存两个元素，而列表需保存 101 个元素（参见习题 6.10）。

如下函数可用于为字典形式表示的多项式求值：

```
def eval_poly_dict(poly, x):
    sum = 0.0
    for power in poly:
        sum += poly[power] * x**power
    return sum
```

参数 poly 必须是一个字典，其中 poly[power] 保存与项 x**power 相对应的系数。

一个更紧凑的实现方式是使用 Python 的 sum 函数来对列表的元素求和：

```
def eval_poly_dict2(poly, x):
    return sum([poly[power] * x**power for power in poly])
```

换言之，首先使用列表推导式创建多项式中各个项构成的列表，然后将该列表送入 sum 函数。事实上，可以删除外层的方括号并将所有 poly[power] * x**power 的值存储在一个列表中。因为 sum 函数可以直接对迭代器（如 for power in poly）中的元素进行累加：

```
def eval_poly_dict2(poly, x):
    return sum(poly[power] * x**power for power in poly)
```

重定义变量时要小心

eval_poly_dict 和 eval_poly_dict2 中都出现了 sum。在前者中，sum 是一个 float 对象；而在后者中，sum 是一个内置的 Python 函数。在 eval_poly_dict 中设置 sum=0.0 时，意味着将名字 sum 绑定到一个新的 float 对象，此时 Python 内置的名为 sum 的函数在 eval_poly_dict 函数内将不能使用（实际上，这样说并不严格，因为 sum 是一个局部变量，而 Python 内置的 sum 函数有一个全局名字 sum 与其关联，总是可以通过 globals()['sum'] 来访问）。然而，在函数 eval_poly_dict 之外，sum 仍然是 Python 内置的求和函数，而 eval_poly_dict 函数内部的局部变量 sum 则被销毁了。

一条重要的原则是，避免使用与常用函数相同的名字作为新变量名，除非编写的函数非常小（如 eval_poly_dict），因为函数小时往往不会发生名字冲突的问题。

当使用列表代替字典表示多项式时，需要实现一个略微不同的求值函数：

```
def eval_poly_list(poly, x):
    sum = 0
    for power in range(len(poly)):
        sum += poly[power] * x**power
    return sum
```

如果 poly 列表中有许多零,则 eval_poly_list 必须对所有这些零系数都执行乘法,而 eval_poly_dict 只需对非零系数进行计算,因此更加高效。

使用字典而不是列表来表示多项式的另一个主要优点是便于表示负数幂次,例如:

```
p = {-3: 0.5, 4: 2}
```

可以表示 $\frac{1}{2}x^{-3} + 2x^4$。如果使用列表表示,那么负数幂次需要更多信息来标记。例如,可以设置

```
p = [0.5, 0, 0, 0, 0, 0, 0, 2]
```

并记住 p[i] 对应幂次 i−3 的系数。特别地,eval_poly_list 函数将不再适用于这样的列表,而 eval_poly_dict 函数则同样适用于具有负键(幂次)的字典。

与列表推导式对应,Python 也提供了字典推导式,用于通过 for 循环快速生成参数化的键值对。这种结构可以很方便地生成多项式中的系数:

```
from math import factorial
d = {k: (-1)**k/float(factorial(k)) for k in range(n+1)}
```

d 字典现在包含了 e^{-x} 对应的 n 阶泰勒多项式的幂-系数对。

读者现在可以试着做习题 6.11,以进一步熟悉字典的概念。

6.1.4　具有默认值和排序的字典

具有默认值的字典

查找字典中不存在的键需要特殊处理。考虑 6.1.3 节中介绍的多项式字典类型,$2x^{-3} - 1.5x^{-1} - 2x^2$ 会表示成

```
p1 = {-3: 2, -1: -1.5, 2: -2}
```

如果编写代码尝试查找 p1[1],此操作会导致 KeyError,因为 1 不是 p1 中注册的键。因此,需要使用

```
if key in p1:
    value = p1[key]
```

或

```
value = p1.get(key, 0.0)
```

其中,如果 key 在 p1 中,那么 p1.get 返回 p1[key];反之,则返回默认值 0.0。还有一种方案是使用具有默认

值的字典：

```
from collections import defaultdict

def polynomial_coeff_default():
    #default value for polynomial dictionary
    return 0.0


p2 =defaultdict(polynomial_coeff_default)
p2.update(p1)
```

p2 可以通过任何键来索引，对于未注册的键，调用 polynomial_coeff_default 函数则可提供一个值。这必须是一个没有参数的函数。通常，不会创建单独的函数，而是插入一个类型或一个 lambda 函数。上面的示例等效于

```
p2 =defaultdict(lambda: 0.0)
p2 =defaultdict(float)
```

对于后一种情况，会为每个未知键调用 float()，它返回一个零值的 float 对象。现在可以试着查找 p2[1]，会得到默认值 0。注意，从此这个键变成了字典的一部分：

```
>>>p2 =defaultdict(lambda: 0.0)
>>>p2.update({2: 8})            #only one key
>>>p2[1]
0.0
>>>p2[0]
0.0
>>>p2[-2]
0.0
>>>print p2
{0: 0.0, 1: 0.0, 2: 8, -2: 0.0}
```

排序的字典

Python 并没有规定字典中元素的排列顺序。例如：

```
>>>p1 ={-3: 2, -1: -1.5, 2: -2}
>>>print p1
{2: -2, -3: 2, -1: -1.5}
```

可以通过对键进行排序来控制字典中元素的排列顺序，如使用默认排序（对字符串键会使用字母序，对数值键会使用升序）：

```
>>>for key in sorted(p1):
... print key, p1[key]
...
-3 2
-1 -1.5
2 -2
```

sorted 函数还能接收可选参数，其中用户可以提供只针对两个键排序的函数（见习题 3.39）。

但是，Python 也提供了一种字典类型，能保留键的注册顺序：

```
>>>from collections import OrderedDict
>>>p2 =OrderedDict({-3: 2, -1: -1.5, 2: -2})
>>>print p2
OrderedDict([(2, -2), (-3, 2), (-1, -1.5)])
>>>p2[-5] =6
>>>for key in p2:
… print key, p2[key]
…
2 -2
-3 2
-1 -1.5
-5 6
```

下面是一个以日期作为键的例子，此时元素排列顺序很重要：

```
>>>data ={'Jan 2': 33, 'Jan 16': 0.1, 'Feb 2': 2}
>>>for date in data:
… print date, data[date]
…
Feb 2 2
Jan 2 33
Jan 16 0.1
```

在上面的循环中，键的顺序并非注册顺序，但是这很容易通过 OrderedDict 来实现：

```
>>>data =OrderedDict()
>>>data['Jan 2'] =33
>>>data['Jan 16'] =0.1
>>>data['Feb 2'] =2
>>>for date in data:
… print date, data[date]
…
Jan 2 33
Jan 16 0.1
Feb 2 2
```

当 data 字典是普通的 dict 对象时，对它进行排序并没有用，因为默认情况下元素将按字母序排列，产生序列'Feb 2','Jan 16'和'Jan 2'。但是，有用的是使用 Python 的 datetime 对象作为反映日期的键，这样这些对象将被正确地排序。可以使用特殊语法（参见 collections 模块帮助文档），利用类似'Jan 2，2017'格式的字符串创建 datetime 对象。相关代码如下：

```
>>>import datetime
>>>data ={}
>>>d =datetime.datetime.strptime        #short form
>>>data[d('Jan 2, 2017', '%b %d, %Y')] =33
>>>data[d('Jan 16, 2017', '%b %d, %Y')] =0.1
>>>data[d('Feb 2, 2017', '%b %d, %Y')] =2
```

按照排序顺序打印，可以得到正确的日期顺序：

```
>>> for date in sorted(data):
...     print date, data[date]
...
2017-01-02 00:00:00 33
2017-01-16 00:00:00 0.1
2017-02-02 00:00:00 2
```

时间会自动地作为 datetime 对象的一部分，在未指定时会设置为 00:00:00。

虽然 OrderedDict 提供了一个更简单也更短的解决方案来保持键（如这里的日期）在字典中的正确顺序，但是，使用 datetime 对象作为日期仍然有很多优点。例如，日期可以格式化为各种形式输出，很容易计算两个日期之间的天数，支持计算对应的周数和星期几，等等。

6.1.5　示例：在字典中存储文件数据

问题

文件 files/densities.dat 中包含一系列物质的密度，单位为 g/cm^3：

```
air            0.0012
gasoline       0.67
ice            0.9
pure water     1.0
seawater       1.025
human body     1.03
limestone      2.6
granite        2.7
iron           7.8
silver         10.5
mercury        13.6
gold           18.9
platinum       21.4
Earth mean     5.52
Earth core     13
Moon           3.3
Sun mean       1.4
Sun core       160
proton         2.3E+14
```

假设需要编写程序访问这些密度数据。以物质名称作为键、以对应的密度作为值的字典似乎非常适合存储这些数据。

解

可以逐行读取 densities.dat 文件，将每行划分成一个个单词，用最后一个单词的 float 类型转换值作为密度值，剩下的一个或两个单词作为字典中的键。

```
def read_densities(filename):
    infile = open(filename, 'r')
    densities = {}
```

```
    for line in infile:
        words =line.split()
        density =float(words[-1])

        if len(words[:-1]) ==2:
            substance =words[0] +' ' +words[1]
        else:
            substance =words[0]

        densities[substance] =density
    infile.close()
    return densities

densities =read_densities('densities.dat')
```

此代码位于文件 density.py 中。使用 6.2.1 节中的字符串操作,可以避免对物质名称中的一个单词或两个单词分别进行处理,从而可以实现更简单和更一般的代码,请参阅习题 6.3。

6.1.6　示例: 在嵌套字典中存储文件数据

问题

假设给定一个数据文件,里面保存了具有给定名称(如 A,B,C,…)的一些属性的相关测量数据。每个属性被测量了指定的次数。数据已被组织为列表的形式,其中,行包含测量值,列表示测量的属性:

```
    A       B       C       D
1   11.7    0.035   2017    99.1
2   9.2     0.037   2019    101.2
3   12.2    no      no      105.2
4   10.1    0.031   no      102.1
5   9.1     0.033   2009    103.3
6   8.7     0.036   2015    101.9
```

单词 no 表示没有数据,即缺乏测量数据。现在想把这个列表读到字典 data 中,以便可以用 data['C'][i] 来查找 C 属性第 i 次的测量值。对于每个属性 p,希望计算所有测量值的平均值,并将其存储到 data[p]['mean'] 中。

算法

创建 data 字典的算法如下:

```
检查第一行,将它拆分为单词,使用属性名称作为键并使用空字典{}作为值初始化一个字典
对于文件中剩下的每一行:
    将行拆分成单词
    对第一个单词之后的每个单词:
        如果单词不是 no:
            将该单词转换为实数并将该实数存储在相关字典中
```

实现

解决方案中需要用到一个新概念——嵌套字典,即字典的字典。首先通过一个例子来解释什么是嵌套字典:

```
>>>d={'key1': {'key1': 2, 'key2': 3}, 'key2': 7}
```

请注意，d['key1']的值是一个字典，它可以进一步用键 key1 和 key2 来索引：

```
>>>d['key1']                    #this is a dictionary
{'key2': 3, 'key1': 2}
>>>type(d['key1'])              #proof
<type 'dict'>
>>>d['key1']['key1']            #index a nested dictionary
2
>>>d['key1']['key2']
3
```

换言之，类似于重复索引可用于嵌套列表，重复索引也可以用于嵌套字典。但重复索引不适用于 d['key2']，因为该值只是一个整数：

```
>>>d['key2']['key1']
  ...
TypeError: unsubscriptable object
>>>type(d['key2'])
<type 'int'>
```

当理解了嵌套字典的概念后，接下来可以给出一个完整的代码，以解决将文件 table.dat 中的表格数据加载到嵌套字典 data 并计算平均值的问题。首先列出程序（存储在文件 table2dict.py 中），并展示程序的输出。随后，将详细剖析代码。

```
infile =open('table.dat', 'r')
lines =infile.readlines()
infile.close()
data ={}                                    #data[property][measurement_no] =propertyvalue
first_line =lines[0]
properties =first_line.split()
for p in properties:
    data[p] ={}

for line in lines[1:]:
    words =line.split()
    i =int(words[0])                        #measurement number
    values =words[1:]                       #values of properties
    for p, v in zip(properties, values):
        if v !='no':
            data[p][i] =float(v)

#Compute mean values
for p in data:
    values =data[p].values()
    data[p]['mean'] =sum(values)/len(values)

for p in sorted(data):
    print 'Mean value of property %s =%g' % (p, data[p]['mean'])
```

此程序相应的输出为

```
Mean value of property A = 10.1667
Mean value of property B = 0.0344
Mean value of property C = 2015
Mean value of property D = 102.133
```

要查看嵌套字典 data，可以导入以下模块和函数：

```
import scitools.pprint2; scitools.pprint2.pprint(data)
```

它会产生如下输出：

```
{'A': {1: 11.7, 2: 9.2, 3: 12.2, 4: 10.1, 5: 9.1, 6: 8.7,
    'mean': 10.1667},
 'B': {1: 0.035, 2: 0.037, 4: 0.031, 5: 0.033, 6: 0.036,
    'mean': 0.0344},
 'C': {1: 2017, 2: 2019, 5: 2009, 6: 2015, 'mean': 2015},
 'D': {1: 99.1,
    2: 101.2,
    3: 105.2,
    4: 102.1,
    5: 103.3,
    6: 101.9,
    'mean': 102.133}}
```

剖析

要理解计算机程序，首先需要理解每条语句的执行效果。接下来逐行剖析代码，看看每条语句在做什么。
首先，将文件的所有行加载到名为 lines 的字符串列表中。变量 first_line 引用字符串

```
'    A    B    C    D'
```

将这一行划分为一个个单词组成的列表，名为 properties，它包含

```
['A', 'B', 'C', 'D']
```

将 properties 中这些属性名称中的每一个都与一个字典相关联，该字典以测量次序编号作为键，以属性值作为值。首先必须将这些内层字典创建为空字典，然后才能添加测量数据：

```
for p in properties:
    data[p] = {}
```

for 循环中的第一遍迭代会提取出字符串

```
'1    11.7    0.035    2017    99.1'
```

作为 line 变量。将这一行划分为一个个单词，第一个单词（words[0]）是测量次序编号，剩下的单词（words[1:]）是属性值列表，这里名为 values。为了把属性和值正确配对，需要同时循环 properties 和 values 列表：

```
for p, v in zip(properties, values):
    if v !='no':
        data[p][i] =float(v)
```

注意，一些值可能丢失了，因此不需要记录该值（当然，也可以将值设置为 None）。因为 values 列表包含了从文件中读取的字符串（单词），所以首先需要显式地将每个字符串转换为 float 类型，然后才能计算。

在 for line in lines[1：]循环之后，会得到 data 字典，其中为每个属性名称和测量次序编号都存储了对应的属性值。图 6.1 为 data 字典的示意图。

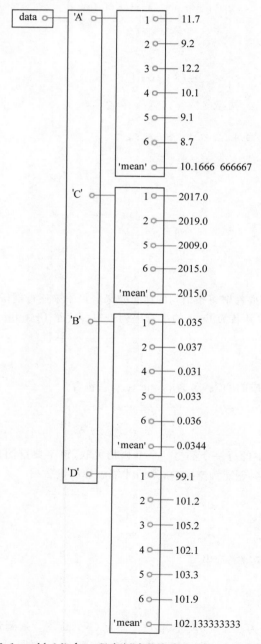

图 6.1　table2dict.py 程序创建的嵌套字典 data 示意图

接下来计算平均值。对于每个属性名称 p，即 data 字典中的键，可以通过列表 data[p].values() 提取记录的值，再将此列表交给 Python 的 sum 函数，然后除以此属性测量值的数量，即列表的长度：

```
for p in data:
    values = data[p].values()
    data[p]['mean'] = sum(values)/len(values)
```

另一种方式是编写一个显式的循环来计算平均值：

```
for p in data:
    sum_values = 0
    for value in data[p]:
        sum_values += value
    data[p]['mean'] = sum_values/len(data[p])
```

假设想要查找属性 B 的第 n 个测量数据。此时需要注意，这个特定的测量数据可能并不存在，所以必须先做一个测试，看看 n 是否是字典 data[p] 的键：

```
if n in data['B']:
    value = data['B'][n]

#alternative:
value = data['B'][n] if n in data['B'] else None
```

6.1.7　示例：读取和绘制在特定日期记录的数据

问题

假设想比较一下计算机行业中一些大型公司的股票价格的演变。股票价格的相关数据文件可从 http://finance.yahoo.com 下载。填写公司名称，并单击页面顶部栏中的 Search Finance（搜索财务情况），然后在左侧窗格中选择 Historical Prices（历史价格）。在生成的网页上，可以为要查看的股票的历史价格指定开始日期和结束日期。在本示例中使用了默认值。勾选 Monthly（每月）值，并单击 Get Prices（获取价格），会显示出股票推出后每个月的股票价格表。该表格可以下载为 CSV 格式的电子表格文件，通常看起来类似于

```
Date,Open,High,Low,Close,Volume,Adj Close
2014-02-03,502.61,551.19,499.30,545.99,12244400,545.99
2014-01-02,555.68,560.20,493.55,500.60,15698500,497.62
2013-12-02,558.00,575.14,538.80,561.02,12382100,557.68
2013-11-01,524.02,558.33,512.38,556.07,9898700,552.76
2013-10-01,478.45,539.25,478.28,522.70,12598400,516.57
...
1984-11-01,25.00,26.50,21.87,24.75,5935500,2.71
1984-10-01,25.00,27.37,22.50,24.87,5654600,2.73
1984-09-07,26.50,29.00,24.62,25.12,5328800,2.76
```

文件格式很简单：列用逗号分隔，第一行包含列标题，数据行的第一列是日期，之后的列是股票价格的各种度量值。阅读 Yahoo!（雅虎）网页上的各种数据的含义可以发现，本示例最关心的是最后一列（因为这些价

格根据股票分割和分红调整过）。在本书配套源码文件夹 src/files[①] 下名为 stockprices_X.csv 的数据文件中可以找到 3 家公司的相关数据，其中 X 表示 Microsoft、Apple 或 Google。

接下来的任务是图形化地展示这些公司股票市场的历史相对价格。为此，很自然的想法是把每个公司的股票价格按最晚进入股票市场的公司的最初股票单位价格标准化。由于输入日期可变，可以跳过一些旧的数据点，使得所有数据点对应于每月的第一个交易日。

解

这个问题涉及两个主要操作：读取文件和绘制股票变化图。读取文件非常简单，而绘制股票变化图需要注意一些特殊事项，因为股票变化图中的 x 值是日期而不是实数。接下来，将逐个解决相关问题，并给出相关的 Python 代码片段。完整的程序可以在文件 stockprices.py 中找到。

首先，从读取文件开始。因为需要重复读取几家公司的数据，因此需要创建一个函数，用于提取指定公司的相关数据。这些数据包括第一列中的日期和最后一列中的股票价格。由于想要绘制价格关于日期的变化图，因此将日期转换为 date 对象会比较方便。更详细的算法如下：

（1）打开文件。

（2）创建两个空列表：dates 和 prices，用于收集数据。

（3）读取第一行（本示例并不关心这一行）。

（4）对于文件剩余部分的每一行执行以下操作：

① 根据逗号将行拆分成一系列单词。

② 将第一个单词追加到 dates 列表。

③ 将最后一个单词追加到 prices 列表。

（5）反转列表（将旧的日期排在前面）。

（6）将日期字符串转换为 datetime 对象。

（7）将 prices 列表转换为 float 数组以进行计算。

（8）返回 dates 和 prices 列表，除了第一个（最旧的）数据点。

还有几点需要考虑。首先，每一行中的单词是字符串，至少需要将价格（最后一个单词）转换为浮点数。其次，需要将 2008-02-04 这样的日期转换为 date（或 datetime）对象，方法如下：

```
from datetime import datetime
datefmt = '%Y-%m-%d'                                    #date format YYYY-MM-DD used in datetime
strdate = '2008-02-04'
datetime_object = datetime.strptime(strdate, datefmt)
date_object = datetime_object.date()
```

使用 date 和 datetime 对象的好处在于可以基于它们开展计算，特别是在使用 Matplotlib 绘图时。

现在可以将算法转换为 Python 代码：

```
from datetime import datetime

def read_file(filename):
    infile = open(filename, 'r')
    infile.readline()             #read column headings
    dates = []; prices = []
```

```
    for line in infile:
        words =line.split(',')
        dates.append(words[0])
        prices.append(float(words[-1]))
infile.close()
dates.reverse()
prices.reverse()
#Convert dates on the form 'YYYY-MM-DD' to date objects
datefmt ='%Y-%m-%d'
dates =[datetime.strptime(_date, datefmt).date()
        for _date in dates]
prices =np.array(prices)
return dates[1:], prices[1:]
```

虽然这个例子只涉及 3 家公司，但是可以将该程序推广到任意数量的公司。假设这些公司的股票价格存储在名称形如 stockprices_X.csv 的文件中，其中 X 是公司名称。借助函数调用 glob.glob('stockprices_*. csv')，就可以得到所有这些文件的列表。通过对此列表进行循环，提取公司名称，并调用 read_file，就可以将日期和相应的价格存储在字典 dates 和 prices 中，然后可使用公司名称来索引：

```
dates ={}; prices ={}
import glob, numpy as np
filenames =glob.glob('stockprices_*.csv')
companies =[]
for filename in filenames:
    company =filename[12:-4]
    d, p =read_file(filename)
    dates[company] =d
    prices[company] =p
```

下一步是使价格标准化，使得它们在某一日期能够一致。这里将这个日期选择为最晚进入股市的公司第一个月的股票数据。在 date 或 datetime 对象的列表中，可以使用 Python 的 max 和 min 函数提取最晚和最早的日期。

```
first_months =[dates[company][0] for company in dates]
normalize_date =max(first_months)
for company in dates:
    index =dates[company].index(normalize_date)
    prices[company] /=prices[company][index]

    #Plot log of price versus years

    import matplotlib.pyplot as plt
    from matplotlib.dates import YearLocator, MonthLocator, DateFormatter

    fig, ax =plt.subplots()
    legends =[]
    for company in prices:
        ax.plot_date(dates[company], np.log(prices[company]),
                '-', label=company)
```

```
            legends.append(company)
        ax.legend(legends, loc='upper left')
        ax.set_ylabel('logarithm of normalized value')


    #Format the ticks
    years =YearLocator(5)            #major ticks every 5 years
    months =MonthLocator(6)          #minor ticks every 6 months
    yearsfmt =DateFormatter('%Y')
    ax.xaxis.set_major_locator(years)
    ax.xaxis.set_major_formatter(yearsfmt)
    ax.xaxis.set_minor_locator(months)
    ax.autoscale_view()
    fig.autofmt_xdate()


    plt.savefig('tmp.pdf'); plt.savefig('tmp.png')
    plt.show()
```

标准化后的价格差异很大。为了更好地查看 30 多年间的发展，考虑取价格的对数。接下来会涉及一些绘图的过程，读者应该更多地把如下代码作为一个参考，而不是简单的一组语句序列，以便真正地理解：

```
import matplotlib.pyplot as plt
from matplotlib.dates import YearLocator, MonthLocator, DateFormatter


fig, ax =plt.subplots()
legends =[]
for company in prices:
    ax.plot_date(dates[company], np.log(prices[company]), '-', label=company)
    legends.append(company)
ax.legend(legends, loc='upper left')
ax.set_ylabel('logarithm of normalized value')


#Format the ticks
years =YearLocator(5)            #major ticks every 5 years
months =MonthLocator(6)          #minor ticks every 6 months
yearsfmt =DateFormatter('%Y')
ax.xaxis.set_major_locator(years)
ax.xaxis.set_major_formatter(yearsfmt)
ax.xaxis.set_minor_locator(months)
ax.autoscale_view()
fig.autofmt_xdate()


plt.savefig('tmp.pdf'); plt.savefig('tmp.png')
```

图 6.2 显示了绘图结果。可以看到，当 Google 公司进入股票市场时，即 2004 年 9 月 1 日，标准化的价格是一致的。注意，纵轴上有对数标度。读者可以把真正的标准化价格绘制出来，以形成最近股票价格显著攀高更深刻的印象，尤其是对于 Apple 公司而言。

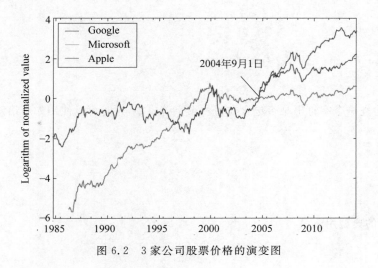

图 6.2　3 家公司股票价格的演变图

6.2　字符串

许多程序都需要对文本进行操作。例如,将文件的内容读入字符串或字符串列表(多行)时,有时需要对字符串的部分文本进行修改,还可能需要将修改后的文本再写入一个新的文件。本章前面已经介绍了如何将文本的部分内容转换为数值并用这些数值开展计算。接下来介绍如何对文本字符串本身进行操作。

6.2.1　字符串常见操作

Python 针对字符串对象提供了一系列非常丰富的操作。下面介绍一些最常见的操作。

子串提取

表达式 s[i：j]提取以索引 i 对应的字符开始并以索引 j−1 对应的字符结束的子串(类似于列表,0 是第一个字符的索引):

```
>>>s ='Berlin: 18.4 C at 4 pm'
>>>s[8:]              #from index 8 to the end of the string
'18.4 C at 4 pm'
>>>s[8:12]           #index 8, 9, 10 and 11 (not 12!)
'18.4'
```

负的索引作为上限,表示从右边开始对元素进行计数。例如,s[−1]是最后一个元素,s[−2]是倒数第二个元素,以此类推。

```
>>>s[8:-1]
'18.4 C at 4 p'
>>>s[8:-8]
'18.4 C'
```

搜索子串

调用 s.find(s1)将返回子串 s1 首次出现在 s 中的索引。如果找不到该子串,则返回−1。

```
>>>s.find('Berlin')         #where does 'Berlin' start?
0
```

```
>>>s.find('pm')
20
>>>s.find('Oslo')          #not found
-1
```

有时，只是为了检查一个字符串是否包含在另一个字符串中，这时可以使用如下语法：

```
>>>'Berlin' in s:
True
>>>'Oslo' in s:
False
```

这种方式在 if 测试中的典型用法是

```
>>>if 'C' in s:
...    print 'C found'
... else:
...        print 'no C'
...
C found
```

另外，有两个方法可以方便地检查字符串是否以指定的字符串开头或结尾，分别为 startswith 和 endswith：

```
>>>s.startswith('Berlin')
True
>>>s.endswith('am')
False
```

替换
调用 s. replace(s1，s2)可以将 s 中所有的子串 s1 替换为 s2：

```
>>>s.replace(' ', '_')
'Berlin:_18.4_C__at_4_pm'
>>>s.replace('Berlin', 'Bonn')
'Bonn: 18.4 C at 4 pm'
```

下面给出最后一个例子的另一种实现方法，可以将几个字符串操作连在一起使用，其中包括替换第一个冒号之前的文本的操作：

```
>>>s.replace(s[:s.find(':')], 'Bonn')
'Bonn: 18.4 C at 4 pm'
```

读者可以在这里暂停并思考一下，以确保自己理解了如何指定要替换的子串。

字符串拆分
调用 s. split 可以利用中间分隔的空白字符（空格、制表符或换行符）将字符串 s 拆分为一个个单词：

```
>>>s.split()
['Berlin:', '18.4', 'C', 'at', '4', 'pm']
```

将字符串 s 拆分为由文本 t 分隔的单词可以通过 s. split(t)实现。例如,可以用冒号进行拆分:

```
>>>s.split(':')
['Berlin', ' 18.4 C at 4 pm']
```

从而知道 s 中包含了一个城市名称、冒号、温度和字母 C:

```
>>>s ='Berlin: 18.4 C at 4 pm'
```

使用 s. splitlines 可以将一个多行字符串分割成若干行(在需要将一个文件读入一个字符串中,然后想组织成一个由行构成的列表时,这个操作将非常有用):

```
>>>t ='1st line\n2nd line\n3rd line'
>>>print t
1st line
2nd line
3rd line
>>>t.splitlines()
['1st line', '2nd line', '3rd line']
```

大小写

s. lower 可以将所有字符转换为其对应的小写形式,s. upper()可以将所有字符转换为其对应的大写形式:

```
>>>s.lower()
'berlin: 18.4 c at 4 pm'
>>>s.upper()
'BERLIN: 18.4 C AT 4 PM'
```

字符串的更改

字符串是常量,不能被更改。换言之,任何更改都会导致生成一个新的字符串。同样,也不能替换其中的字符:

```
>>>s[18] =5
...
TypeError: 'str' object does not support item assignment
```

如果想要替换 s[18],必须构造一个新的字符串。例如,可以保留 s[18]两侧的子串,并在这两个子串之间插入一个字符 5:

```
>>>s[:18] +'5' +s[19:]
'Berlin: 18.4 C at 5 pm'
```

只含数字的字符串

利用 isdigit 可以测试一个字符串是否只包含数字:

```
>>>'214'.isdigit()
True
```

```
>>>' 214 '.isdigit()
False
>>>'2.14'.isdigit()
False
```

空白字符

可以通过调用 isspace 方法来检查字符串中是否只包含空格。更准确地说，isspace 用于测试空白字符，即空格、换行符或制表符：

```
>>>'   '.isspace()              #blanks
True
>>>' \n'.isspace()             #newline
True
>>>' \t '.isspace()            #TAB
True
>>>''.isspace()                #empty string
False
```

isspace 可以很方便地测试文件中的空行。另一种方法是先利用 strip 函数移除字符串中的空格，然后测试得到的是否是空串：

```
>>>line =' \n'
>>>line.strip() ==''
True
```

移除字符串头尾的空格有时很有用，例如：

```
>>>s ='  text with leading/trailing space \n'
>>>s.strip()
'text with leading/trailing space'
>>>s.lstrip()         #left strip
'text with leading/trailing space \n'
>>>s.rstrip()              #right strip
'   text with leading/trailing space'
```

字符串连接

join 可以把一个字符串列表中的元素连接起来，在元素之间使用指定的分隔符。换言之，以下两种类型的语句是反向操作：

```
t =delimiter.join(words)
words =t.split(delimiter)
```

下面给出一个使用 join 的示例：

```
>>>strings =['Newton', 'Secant', 'Bisection']
>>>t =', '.join(strings)
>>>t
'Newton, Secant, Bisection'
```

为了说明 split 和 join 的用处,下面看看如何删除一行中的头两个单词。这个任务可以通过如下方式实现,首先将行分隔成若干单词,然后再把感兴趣的单词连接起来:

```
>>>line ='This is a line of words separated by space'
>>>words =line.split()
>>>line2 =' '.join(words[2:])
>>>line2
'a line of words separated by space'
```

字符串对象还有很多方法。Python 标准库在线文档的 String Methods[①] 部分中描述了字符串对象的所有方法。

6.2.2　示例: 读取数值对

问题

假设有一个由数值对组成的文件,即由 (a,b) 形式的文本组成的文件,其中 a 和 b 是实数值。这种数值对的表示形式经常用于表示平面中的点和向量,或复数。下面给出一个示例文件:

```
(1.3,0)      (-1,2)      (3,-1.5)
(0,1)        (1,0)       (1,1)
(0,-0.01)    (10.5,-1)   (2.5,-2.5)
```

该文件可以在 read_pairs1.dat 中找到。接下来的任务是将这个文件读入嵌套列表 pairs 中,使得 pairs[i] 保存着索引为 i 的数值对,这个数值对是两个 float 对象构成的元组。假设在一个数值对的括号内没有空格(后面需要用到拆分操作,如果没有这个假设,后续方法行不通)。

解

为了解决该编程问题,可以逐行读取这个文件;对于每一行,将其拆分成一个个单词(即,使用空白符号进行分隔);对于每个单词,移除括号,使用逗号进行分隔,并将得到的两个单词转换为浮点数。这个算法描述可以转换为如下 Python 代码:

```
#Load the file into list of lines
with open('read_pairs1.dat', 'r') as infile:
    lines =infile.readlines()

#Analyze the contents of each line
pairs =[]                        #list of (n1, n2) pairs of numbers
for line in lines:
    words =line.split()
    for word in words:
        word =word[1:-1]         #strip off parenthesis
        n1, n2 =word.split(',')
        n1 =float(n1); n2 =float(n2)
        pair =(n1, n2)
        pairs.append(pair)       #add 2-tuple to last row
```

---

① http://docs. python. org/2/library/stdtypes. html # string-methods。

此代码在文件 read_pairs1.py 中。with 语句是 Python 读取文件的现代方式，见 4.5.2 节，其优点在于程序员不需要操心文件的关闭。图 6.3 给出了一个快照，显示了处理完第一行代码之后程序中变量的状态。读者可以试着解释程序中的每一行，并将自己的理解与图 6.3 作比较。

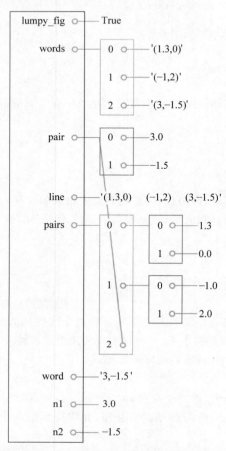

图 6.3　read_pairs.py 程序的第一遍循环处理完数据文件第一行中的所有单词后变量的状态

程序得到如下输出：

```
[(1.3, 0.0),
 (-1.0, 2.0),
 (3.0, -1.5),
 (0.0, 1.0),
 (1.0, 0.0),
 (1.0, 1.0),
 (0.0, -0.01),
 (10.5, -1.0),
 (2.5, -2.5)]
```

上述解决方案在很大程度上依赖于如下假设：括号内不允许有空格。如果允许有空格，就不能直接地将一行中的实数对拆分为一个个单词。那么应该怎么来做呢？

可以先移除一行里所有的空白，然后可以观察到这些实数对是由文本')('分隔的。每一行的第一个实数对和最后一个实数对分别有一个额外的半括号，需要将它们删除。剩下的代码与前面的类似，可以在 read_ pairs2.py 中找到：

```
with open('read_pairs2.dat', 'r') as infile:
    lines =infile.readlines()

#Analyze the contents of each line
pairs =[]                                #list of (n1, n2) pairs of numbers
for line in lines:
    line =line.strip()                   #remove whitespace such as newline
    line =line.replace('  ', '')         #remove all blanks
    words =line.split(')(')
    #strip off leading/trailing parenthesis in first/last word:
    words[0] =words[0][1:]               # (-1,3 ->-1,3
    words[-1] =words[-1][:-1]            #8.5,9) ->8.5,9
    for word in words:
        n1, n2 =word.split(',')
        n1 =float(n1); n2 =float(n2)
        pair =(n1, n2)
        pairs.append(pair)
```

该程序可以在文件 read_pairs2.dat 上进行测试：

```
(1.3, 0)       (-1, 2)      (3, -1.5)
(0, 1)         ( 1, 0)      (1, 1)
(0,-0.01)      (10.5,-1)    (2.5, -2.5)
```

还有一种方法是观察实数对之间是否由逗号分隔，如果是，例如：

```
(1, 3.0),     (-1, 2),     (3, -1.5),
(0, 1),       (1, 0),      (1, 1),
```

那么文件中的文本非常接近一个个二元组构成的列表的 Python 语法，只是缺少一对方括号，

```
[(1, 3.0),     (-1, 2),     (3, -1.5),
 (0, 1),       (1, 0),      (1, 1),]
```

对这段文本调用 eval，将自动地产生想要构建的列表对象。只需要将文件读入一个字符串，在每个右括号后面添加一个逗号，并在字符串首尾分别加上方括号的开括号和闭括号，然后调用 eval（程序见 read_pairs3.py）即可：

```
with open('read_pairs2.dat', 'r') as infile:
    text =infile.read()
text =text.replace(')', '),')
text ='[' +text +']'
pairs =eval(text)
```

通常来说，最好是构建尽可能接近于合法 Python 语法的文件格式，以便可以利用 eval 或 exec 函数将文本转换为活跃对象。

6.2.3 示例：读取坐标

问题

假设有一个包含若干三维空间坐标(x, y, z)的文件。文件格式如下：

```
x=-1.345      y= 0.1112       z= 9.1928
x=-1.231      y=-0.1251       z= 1001.2
x= 0.100      y= 1.4344E+6    z=-1.0100
x= 0.200      y= 0.0012       z=-1.3423E+4
x= 1.5E+5     y=-0.7666       z= 1027
```

目标是读取此文件的内容并创建一个由若干(x, y, z)三元组构成的列表，然后将该嵌套列表转换为一个二维数组。

注意，在＝符号与其之后的数字之间有时有一个空格，有时没有。因此，不能简单地利用空格作为分隔符来提取单词。接下来介绍 3 种解决方案。

解决方案 1：子串提取

该文件的格式看起来很规则，每行的"x＝""y＝"和"z＝"都从固定的列开始。通过计算字符的个数，可以发现"x＝"文本从第 2 列开始，"y＝"文本从第 16 列开始，"z＝"文本从第 31 列开始。通过引入变量

```
x_start =2
y_start =16
z_start =31
```

可获得字符串 line 中的 3 个数值作为子串：

```
x =line[x_start+2:y_start]
y =line[y_start+2:z_start]
z =line[z_start+2:]
```

在文件 file2coor_v1.py 中可以找到以下代码，它创建形状为$(n, 3)$的 coor 数组，其中 n 是形如(x, y, z)坐标的数目。

```
infile =open('xyz.dat', 'r')
coor =[]                      #list of (x,y,z) tuples
for line in infile:
    x_start =2
    y_start =16
    z_start =31
    x =line[x_start+2:y_start]
    y =line[y_start+2:z_start]
    z =line[z_start+2:]
    print 'debug: x="%s", y="%s", z="%s"' % (x,y,z)
    coor.append((float(x), float(y), float(z)))
infile.close()

import numpy as np
coor =np.array(coor)
print coor.shape, coor
```

当执行字符串操作时,一种明智的做法是在循环中使用 print 语句,这主要是因为计算子串索引范围时容易出错。运行该程序,对于数据文件中的第一行,循环将输出如下信息:

```
debug: x="-1.345  ", y="  0.1112  ", z="  9.1928
"
```

双引号显示提取的坐标的确切范围。请注意,最后一个双引号出现在下一行,这是因为 line 结尾有一个换行符(该换行符用来定义一行的结束),因此子串 line[z_start：]包含 line 结尾处的换行符。写成 line[z_start：－1]可以使得换行符不在 z 坐标中。但是,最后一个双引号的问题在实践中没有什么影响,这是因为后续会将子串转换为 float 类型,而额外的换行符或其他空格对此没有影响。

程序结束时的 coor 对象具有如下值:

```
[[ -1.34500000e+00    1.11200000e-01    9.19280000e+00]
 [ -1.23100000e+00   -1.25100000e-01    1.00120000e+03]
 [  1.00000000e-01    1.43440000e+06   -1.01000000e+00]
 [  2.00000000e-01    1.20000000e-03   -1.34230000e+04]
 [  1.50000000e+05   -7.66600000e-01    1.02700000e+03]]
```

解决方案 2: 字符串搜索

上述解决方案有个问题:如果数据文件格式中"x="“y="或"z="所在列的位置发生改变,程序就会出错。可以使用 string 对象中的 find 方法来定位这些列的位置,而不是在程序中直接给出列的位置:

```
x_start = line.find('x=')
y_start = line.find('y=')
z_start = line.find('z=')
```

其余代码与前面列出的完整程序类似,新程序的完整代码见 file2coor_v2.py 文件。

解决方案 3: 字符串拆分

字符串拆分很有用,对于本例而言也是如此。可以利用等号对字符串进行拆分。处理文件的第一行可以得到如下单词:

```
['x', '-1.345 y', ' 0.1112 z', ' 9.1928']
```

舍掉第一个单词,并移除第二个和第三个单词的最后一个字符,最后一个单词可以保留原样。完整的程序可在文件 file2coor_v3.py 中找到,代码如下:

```
infile = open('xyz.dat', 'r')
coor = []                        # list of (x,y,z) tuples
for line in infile:
    words = line.split('=')
    x = float(words[1][:-1])
    y = float(words[2][:-1])
    z = float(words[3])
    coor.append((x, y, z))
infile.close()

import numpy as np
```

```
coor =np.array(coor)
print coor.shape, coor
```

涉及字符串的更复杂的操作示例见 6.3.4 节。

6.3 从网页读取数据

Python 的 urllib 模块使得从网页读取数据比较容易，就像从普通文件中读取数据一样简单（原则上可以这么说，但在实际中，网页中的文本往往比本书前面处理的文件中的文本复杂得多）。在介绍如何从网页读取数据之前，先了解与互联网相关的一些概念。

6.3.1 关于网页

查看网页需要用到 Web 浏览器。现在有许多浏览器，其中比较有名的有 Firefox、Internet Explorer、Safari、Opera 和 Google Chrome。要访问的任何网页都与一个地址相关联，通常类似于

```
http://www.some.where.net/some/file.html
```

这种类型的网址称为 URL（Uniform Resource Locator，统一资源定位器）或 URI（Uniform Resource Identifier，统一资源标识符）。本书会一直使用术语 URL，因为 Python 提供的用来访问互联网资源的工具都以 url 作为其模块和函数名称的一部分。在 Web 浏览器中所显示的内容，即用户看到的网页，包括页面上的文本、图像、按钮等，是由一系列命令生成的。大致来说，这些命令类似于计算机程序中的语句。这些命令存储在文本文件中，并遵循某种类似于编程语言的规则。

定义网页的常用语言是 HTML。网页就是一个文本文件，其中的文本包含了 HTML 命令。除了可以是一个物理文件以外，网页也可以是某个程序的输出文本。在这种情况下，URL 是该程序文件的名称。

Web 浏览器可以解释文本和 HTML 命令，然后决定如何以可视化的方式显示所包含的信息。接下来展示一个非常简单的网页，如图 6.4 所示。此页面是由以下文本使用嵌入式 HTML 命令生成的：

```
<html>
<body bgcolor="orange">
<h1>A Very Simple HTML Page</h1><!--headline -->
Web pages are written in a language called
<a href="http://www.w3.org/MarkUp/Guide/">HTML</a>.
Ordinary text is written as ordinary text, but when we
need links, headlines, lists,
<ul>
<li><em>emphasized words</em>, or
<li><b>boldface text</b>,
</ul>
we need to embed the text inside HTML tags. We can also
insert GIF or PNG images, taken from other Internet sites,
if desired.
<hr><!--horizontal line -->
<img src="http://www.simula.no/simula_logo.gif">
</body>
</html>
```

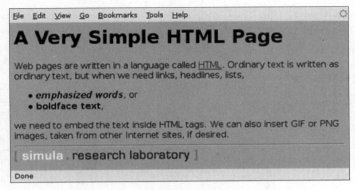

图 6.4　在 Web 浏览器中看到的一个简单的网页

典型的 HTML 命令包含一个开始标签和一个结束标签。例如,文本加粗和倾斜是通过将文本包含在 <em> 和 </em> 标签内来表示的:

```
<em>emphasized words</em>
```

开始标签包含在小于号(<)和大于号(>)之间,而结束标签在标签名称之前有一个正斜线(/)。

在 HTML 文件中,可以看到文件的整个文本以一个 <html> 标签标记文件的开始,以一个 </html> 标签标记文件的结束。类似地,还有一对 <body> 标签,其中第一个还具有参数 bgcolor,用于指定网页的背景颜色。章节标题是通过在 <h1> 标签中的标题文本来指定的。子标题用 <h2> 标签,与 <h1> 标签对应的标题相比,它字体更小。注释出现在 <!--和--> 中。转到其他网页的链接写在带有链接网址参数 href 的 <a> 标签内。列表使用 <ul>(无序列表)进行标记,其中每个列表项只使用开始标签 <li> 写入,而不需要结束标记。图像使用一个名为 <img> 的开始标签来指定,图像文件通过该文件的文件名或 URL 给出,并需要通过双引号引起来作为 src 参数的值。

上面简单地介绍了如何构建网页。可以在纯文本编辑器中手动编写 HTML 文件,也可以使用 Dreamweaver 等软件,在用户友好的环境中以图形方式设计页面,然后这些软件可以自动地生成正确的 HTML 语法,输出到文件中。

6.3.2　如何编程访问网页

为什么了解一些 HTML 知识和如何构造网页会很有用? 原因是网上有许多人们可以通过程序访问和在新的环境中使用的信息。实际上,可以访问的并不是人们看到的可视化网页,而是其背后的 HTML 文件。在屏幕上看到的信息在 HTML 文件中以文本形式存在,通过提取文本,可以获取 HTML 文件中的文本所代表的信息。

给定 URL 作为存储在变量中的一个字符串,Python 程序中有两种方法访问 HTML 文件。

方法 1

下载 HTML 文件并将其存储为具有给定名称的本地文件,如 webpage.html:

```
import urllib
url = 'http://www.simula.no/research/scientific/cbc'
urllib.urlretrieve(url, filename='webpage.html')
```

方法 2

将 HTML 文件作为类似于文件的对象打开:

```
infile =urllib.urlopen(url)
```

这个 infile 对象具有 read、readline 和 readlines 等方法。

6.3.3 示例：读取纯文本文件

有些网页只是纯文本文件。从这些页面提取数据与读取普通文本文件一样简单。以下是关于英国的历史气象数据的网页地址：

```
http://www.metoffice.gov.uk/climate/uk/stationdata/
```

可以选择一个地点，例如 Oxford，它会跳转到以下页面：

```
http://www.metoffice.gov.uk/climate/uk/stationdata/oxforddata.txt
```

可以通过如下方式下载这个数据文件：

```
import urllib
url ='http://www.metoffice.gov.uk/climate/uk/stationdata/oxforddata.txt'
urllib.urlretrieve(url, filename='Oxford.txt')
```

该数据文件内容如下：

```
Oxford
Location: 4509E 2072N, 63 metres amsl
Estimated data is marked with a * after the value.
Missing data (more than 2 days missing in month) is marked by ---.
Sunshine data taken from an automatic ···
yyyy    mm    tmax    tmin      af     rain      sun
              degC    degC     days      mm     hours
1853     1     8.4     2.7      4      62.8      ---
1853     2     3.2    -1.8      19     29.3      ---
1853     3     7.7    -0.6      20     25.9      ---
1853     4    12.6     4.5      0      60.1      ---
1853     5    16.8     6.1      0      59.5      ---
         ...
2010     1     4.7    -1.0      17     56.4      68.2
2010     2     7.1     1.3      7      79.8      59.3
2010     3    11.3     3.2      8      47.6      130.2
2010     4    15.8     4.9      0      25.5      209.5
2010     5    17.6     7.3      0      28.6      207.4
2010     6    23.0    11.1      0      34.5      230.5
2010     7    23.3*   14.1*     0*     24.4*     184.4*    Provisional
2010     8    21.4    12.0      0     146.2      123.8     Provisional
2010     9    19.0    10.0      0      48.1      118.6     Provisional
2010    10    14.6     7.4      2      43.5      128.8     Provisional
```

在 7 个标题行之后，数据由 7 或 8 列数值组成，其中第 8 列与本示例无关。一些数值后面可能附加了 *，在使用该数值之前必须移除这些字符。列包含年份、月份（1～12）、平均最高温度、平均最低温度、月内结霜天数

（af）、月内总降雨量和月日照总时数。平均最高（最低）温度值是该月所有天里的最高（最低）温度的平均值。缺失的数据用 3 个短划线（连字符）标记。

　　数据可以方便地存储在一个字典中，例如具有如下 3 个键的字典：place（名称）、location（位置信息）和 data。而 data 又是一个包含如下两个键的字典：year 和 month。

　　用以下程序创建 data 字典：

```
infile = open(local_file, 'r')
data = {}
data['place'] = infile.readline().strip()
data['location'] = infile.readline().strip()
# Skip the next 5 lines
for i in range(5):
    infile.readline()

data['data'] = {}
for line in infile:
    columns = line.split()

    year = int(columns[0])
    month = int(columns[1])

    if columns[-1] == 'Provisional':
        del columns[-1]
    for i in range(2, len(columns)):
        if columns[i] == '---':
            columns[i] = None
        elif columns[i][-1] == '*' or columns[i][-1] == '#':
            # Strip off trailing character
            columns[i] = float(columns[i][:-1])
        else:
            columns[i] = float(columns[i])

    tmax, tmin, air_frost, rain, sun = columns[2:]

    if not year in data['data']:
        data['data'][year] = {}
    data['data'][year][month] = {'tmax': tmax,
                                 'tmin': tmin,
                                 'air frost': air_frost,
                                 'sun': sun}
```

该代码在文件 historical_weather.py 中。

　　仅使用几行代码，就可以提取所需的数据，例如存储某个月日照总时数的二维数组（这些数据从 1929 年开始记录）：

```
sun = [[data['data'][y][m]['sun'] for m in range(1,13)] for y in range(1929, 2010)]
import numpy as np
sun = np.array(sun)
```

接下来，就可以像 2.6.2 节和习题 5.8 那样对数据进行分析。

6.3.4　示例: 从 HTML 提取数据

很多时候，网页中的数据出现在 HTML 代码中，因此，需要使用字符串操作来从文本中提取信息，并将数据存储在变量中。接下来，用一个例子来说明其基本原理。

网站 www.worldclimate.com 包含世界各地大量城市的温度和降雨量数据。例如：

```
http://www.worldclimate.com/cgi-bin/data.pl?ref=N38W009+2100+08535W
```

包含了一张葡萄牙里斯本一年中每个月的平均降雨量的表格。接下来的任务是下载此网页并提取表格中的数据（每月降雨量）。

下载文件是用 urllib 完成的，参见 6.3.2 节和 6.3.3 节的介绍。在尝试读取和解析文件中的文本之前，需要查看 HTML 代码以找到感兴趣的部分，并确定如何提取数据。带有降雨量数据的表格出现在文件的中间。相关 HTML 代码的结构如下：

```
<p>Weather station <strong>LISBOA</strong>…
<tr><th align=right><th>Jan<th>Feb<th>… <br>
<tr><td>mm <td align=right>95.2 <td align=right>86.7 …<br>
<tr><td>inches <td align=right>3.7<td align=right>3.4 …<br>
```

接下来的任务是逐行浏览文件，处理第一行和第三行：

```
infile =open('Lisbon_rainfall.html', 'r')
rainfall =[]
for line in infile:
    if 'Weather station' in line:
        station =line.split('</strong>')[0].split('<strong>')[1]
    if '<td>mm <td' in line:
        data =line.split('<td align=right>')
```

得到的 data 列表的结构如下所示：

```
['<tr><td>mm ', ' 95.2 ', …, '702.4<br>\n']
```

为了进一步处理该列表，移除最后一个元素的
…部分：

```
data[-1] =data[-1].split('<br>')[0]
```

然后丢弃第一个元素，并将其他元素转换为 float 对象：

```
data =[float(x) for x in data[1:]]
```

现在得到了实数列表形式的每月降雨量数据。完整的程序见文件 Lisbon_rainfall.py。本示例中提供的方法可用于解析许多其他类型的网页，这些网页中 HTML 代码与数据可能交织在一起。

6.3.5　处理非英文文本

默认情况下，Python 只允许程序文件中出现英文字符。如果要在注释和字符串中使用其他语言，要求在出现任何非英文字符之前有一行特殊的注释：

```
#-*-coding: utf-8 -*-
```

这一行表示文件采用 UTF-8 编码。其他备选编码还包括 UTF-16 和 Latin-1，可采用哪种编码具体取决于对应的计算机系统支持哪些编码。UTF-8 是目前最常见的编码。

Python 中有两种类型的字符串：类型为 str 的普通字符串（称为字节字符串）和类型为 unicode 的 Unicode 字符串。要是只处理英文文本，那么使用普通字符串就足够了。一个字符串只是十进制值为 0～255 的字节序列。数值 0～127 对应的字符构成了 ASCII 码字符集。它们可以用如下代码打印出来：

```
for i in range(0, 128):
    print i, chr(i)
```

英语键盘上的键是 ASCII 码值为 32～126 的字符。

建议用 Unicode 字符串表示非英文字符的文本，这是 Python 3 中的默认字符串类型；而在 Python 2 中，则需要通过 u 前缀将字符串显式地标记为 unicode，如 s＝u'my text'。

接下来研究普通字符串和 Unicode 字符串。为此，需要一个辅助函数，用于在终端窗口中显示字符串、打印字符串类型、打印字符串的确切内容和打印字符串的字节长度：

```
def check(s):
    print '%s, %s: %s (%d)' % (s, s.__class__.__name__, repr(s), len(s))
```

例如，用德语键盘输入德语字符：

```
>>> Gauss = 'C. F. ßGau'
>>> check(Gauss)
C. F. ßGau, str: 'C. F. Gau\xc3\x9f' (11)
```

注意，字符串中有 10 个字符，但 len(Gauss) 为 11。可以这样打印出每个字符：

```
>>> for char in Gauss:
...     print ord(char),
...
67 46 32 70 46 32 71 97 117 195 159
```

Gauss 对象中的最后一个字符，即特殊的德语字符 ß，以两个字节表示：195 和 159。其他字符的 ASCII 码值范围为 0～127。

上面的 Gauss 对象是一个普通的 Python 2（字节）字符串。在 Python 2 中可以将字符串定义为 Unicode 类型：

```
>>> Gauss = u'C. F. ßGau'
>>> check(Gauss)
C. F. ßGau, unicode: u'C. F. Gau\xdf' (10)
```

这里，Gauss 对象的 Unicode 表示与预期的字符串长度相等，特殊的德语字符 ß 显示为\xdf。事实上，这个字符的 Unicode 表示为 DF，在定义字符串时，可以直接使用这个编码，而无须通过德语键盘输入 ß：

```
>>>Gauss =u'C. F. Gau\xdf'
>>>check(Gauss)
C. F. ßGau, unicode: u'C. F. Gau\xdf' (10)
```

字符串可以通过 ß 对应的 UTF-8 字节码定义，即 C3 9F：

```
>>>Gauss ='C. F. Gau\xc3\x9f'          #plain string
>>>check(Gauss)
C. F. ßGau, str: 'C. F. Gau\xc3\x9f' (11)
```

在 Unicode 字符串中混合使用 UTF-8 字节码，如 u'CF Gau\xc3\x9f'，会给出可读性很差的输出。

可以将字符的 Unicode 表示先转换为 UTF-8 字节码，然后再转换回去：

```
>>>Gauss =u'C. F. Gau\xdf'
>>>repr(Gauss.encode('utf-8'))              #convert to UTF-8 bytecode
'C. F. Gau\xc3\x9f'
>>>unicode(Gauss.encode('utf-8'), 'utf-8')  #convert back again
u'C. F. Gau\xdf'
```

还可以使用 UTF-16 和 Latin-1 编码：

```
>>>repr(Gauss.encode('utf-16'))
'\xff\xfeC\x00.\x00 \x00F\x00.\x00 \x00G\x00a\x00u\x00\xdf\x00'
>>>repr(Gauss.encode('latin-1'))
'C. F. Gau\xdf'
```

通过 f. write(Gauss)将 Unicode 变量 Gauss 写入文件，在 Python 2 中会导致 UnicodeEncodeError 错误，错误信息为 'ascii' codec can't encode character u'\xdf' in position 9。而字符串的 UTF-8 字节码表示不会对写文件造成任何问题。对于上述 Unicode 字符串问题的解决方案是使用 codecs 模块，然后使用由 Unicode 字符串转换为 UTF-8 字节码后的文件对象：

```
import codecs
with codecs.open('tmp.txt', 'w', 'utf-8') as f:
    f.write(Gauss)
```

对于 Python 3 来说，不需要这么做。所以，如果使用非英文字符，Python 3 比 Python 2 有明显的优势。

总而言之，非英文字符可以使用非英语键盘输入，并以普通（字节）字符串或 Unicode 字符串形式存储：

```
>>>name ='Åsmund Øådegrd'          #plain string
>>>check(name)Å
smund Øådegrd, str: '\xc3\x85smund \xc3\x98deg\xc3\xa5rd' (17)
>>>name =u'Åsmund Øådegrd'          #unicode
>>>check(name)Å
smund Øådegrd, unicode: u'\xc5smund \xd8deg\xe5rd' (14)
```

也可以使用特定编码来表示非英文字符，这具体取决于表示方式是普通 UTF-8 字符串还是 Unicode 字符串。

使用 Unicode 码和 UTF-8 码之间的转换表[1]，可以发现在 UTF-8 码表中，Å 的编码是 C3 85，Ø 的编码是 C3 98，å 的编码是 C3 A5：

```
>>>name ='\xc3\x85smund \xc3\x98deg\xc3\xa5rd'
>>>check(name)Å
smund Øådegrd, str: '\xc3\x85smund \xc3\x98deg\xc3\xa5rd' (17)
```

在 Unicode 码表中，Å 的编码是 C5，Ø 的编码是 D8，å 的编码是 E5：

```
>>>name =u'\xc5smund \xd8deg\xe5rd'
>>>check(name)Å
smund Øådegrd, unicode: u'\xc5smund \xd8deg\xe5rd' (14)
```

上面的示例收集在文件 unicode_utf8.py 中。

6.4 读写电子表格文件

从学生时代开始，大家往往就习惯于使用电子表格程序，如 Microsoft Excel 或 LibreOffice。这种类型的程序可用于编辑由数值和文本组成的表格。每个表项称为单元格，并且很容易对包含数值的单元格进行计算。电子表格程序在数学计算和图形展示方面的应用一直在稳步增长。

Python 可用于对表格数据进行电子表格类型的计算。Python 的优点在于可以轻松地实现一些复杂的计算，远远超出电子表格程序的计算能力。然而，虽然可以将 Python 视为电子表格程序的替代品，但将两者结合起来可能更灵活。假设在某电子表格中保存了一些数据。如何将这些数据读入 Python 程序，对这些数据执行计算，然后将数据写回电子表格文件？这正是下面将介绍的。下面通过一个例子来解释。有了这个例子，大家就会明白将 Excel 或 LibreOffice 与自己写的 Python 程序组合使用其实很容易。

6.4.1 CSV 文件

电子表格中的数据表可以保存在 CSV 文件中，CSV 表示逗号分隔值（Comma Separated Values）。CSV 文件格式非常简单：数据表的每一行对应 CSV 文件中的一行，该行中的每个单元格都用逗号或其他指定的字符分隔。Python 程序可以很容易读入 CSV 文件，电子表格数据可以存储在嵌套列表（见 2.4 节）中，然后按照需要进行处理。修改后的电子表格数据可以写回 CSV 文件，并读入电子表格程序，以便进一步处理。

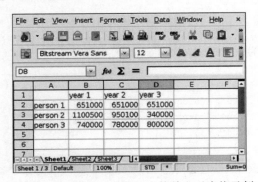

图 6.5　LibreOffice 中的一个简单电子表格示例

---

① http://www.utf8-chartable.de/。

图 6.5 显示了 LibreOffice 中的一个简单的电子表格。该表包含 4×4 个单元格，其中第一行包含列标题，第一列包含行标题。剩下 3×3 的子表包含了可以参与计算的数值。将此电子表格保存为一个 CSV 文件。完整的文件如下所示：

```
,"year 1","year 2","year 3"
"person 1",651000,651000,651000
"person 2",1100500,950100,340000
"person 3",740000,780000,800000
```

接下来的主要任务是将这些数据加载到 Python 程序中，计算每列的总和，并将数据输出为 CSV 格式。

6.4.2　读取 CSV 文件

首先介绍如何将数据加载到一个以嵌套列表来表示的表格中，这个过程将借助 Python 标准库中的 csv 模块。这种方法能够完全控制这一过程的所有细节。以后，可以使用 NumPy 的更多高级功能，以更简洁的代码行实现同样的功能。

csv 模块提供了从一个 CSV 文件一次读取一行的功能：

```
infile = open('budget.csv', 'r')        #CSV file
import csv
table = []
for row in csv.reader(infile):
    table.append(row)
infile.close()
```

row 变量是由 csv 模块从文件读取的列值构成的列表。使用列表推导式可以将计算 table 的 3 行代码压缩为一行：

```
table = [row for row in csv.reader(infile)]
```

可以很容易把 table 打印出来：

```
import pprint
pprint.pprint(table)
```

电子表格在 Python 程序中表示为嵌套列表时的样式如下：

```
[['', 'year 1', 'year 2', 'year 3'],
 ['person 1', '651000', '651000', '651000'],
 ['person 2', '1100500', '950100', '340000'],
 ['person 3', '740000', '780000', '800000']]
```

可以观察到，所有项都用引号引起来了，这意味着所有项都是字符串对象。这是一个一般性的规则：csv 模块将所有单元格读入字符串对象中。要对数值进行计算，需要将字符串对象转换为 float 对象。注意，不要对第一行和第一列进行数值转换，因为这些单元格存储的是文本。因此，从字符串到数值的转换适用于表格（table[r][c]）中的索引 r 和 c，行计数器 r 的有效范围是从 1 到 len(table)−1，而列计数器 c 的有效范围是从 1 到 len(table[0])−1，其中，len(table[0]) 是第一行的长度，这里假设所有行的长度等于第一行的长度。上述转换任务的 Python 代码如下：

```
for r in range(1,len(table)):
    for c in range(1, len(table[0])):
        table[r][c] = float(table[r][c])
```

在完成上述转换后，pprint. pprint(table)语句可以得到如下结果：

```
[['', 'year 1', 'year 2', 'year 3'],
 ['person 1', 651000.0, 651000.0, 651000.0],
 ['person 2', 1100500.0, 950100.0, 340000.0],
 ['person 3', 740000.0, 780000.0, 800000.0]]
```

现在数值有一位小数，但没有引号，说明它们是 float 对象，因此可以进行数学计算。

6.4.3　处理电子表格数据

假设要对 table 执行一个非常简单的计算，即在最后添加一行以保存各列数值之和：

```
row = [0.0] * len(table[0])
row[0] = 'sum'
for c in range(1, len(row)):
    s = 0
    for r in range(1, len(table)):
        s += table[r][c]
    row[c] = s
```

如上面的代码所示，首先创建一个由 0 组成的列表 row；然后，在该行第一列中插入一个文本；最后，对表格中的数值进行循环，并计算每列的总和。table 列表现在变为一个 4 列 5 行的电子表格：

```
[['', 'year 1', 'year 2', 'year 3'],
 ['person 1', 651000.0, 651000.0, 651000.0],
 ['person 2', 1100500.0, 950100.0, 340000.0],
 ['person 3', 740000.0, 780000.0, 800000.0],
 ['sum', 2491500.0, 2381100.0, 1791000.0]]
```

6.4.4　写入 CSV 文件

假设最终任务是将修改后的 table 列表写入 CSV 文件，以便这些数据可以加载到电子表格程序中。写入 CSV 文件的任务由以下代码段完成：

```
outfile = open('budget2.csv', 'w')
writer = csv.writer(outfile)
for row in table:
    writer.writerow(row)
outfile.close()
```

其中 budget2.csv 看起来类似如下形式：

```
year 1,year 2,year 3
person 1,651000.0,651000.0,651000.0
person 2,1100500.0,950100.0,340000.0
person 3,740000.0,780000.0,800000.0
sum,2491500.0,2381100.0,1791000.0
```

最后一步是将 budget2.csv 读入电子表格程序。结果显示在图 6.6 中（在 LibreOffice 中，必须在"打开"对话框中指定电子表格数据是以逗号分隔的，即该文件为 CSV 格式）。

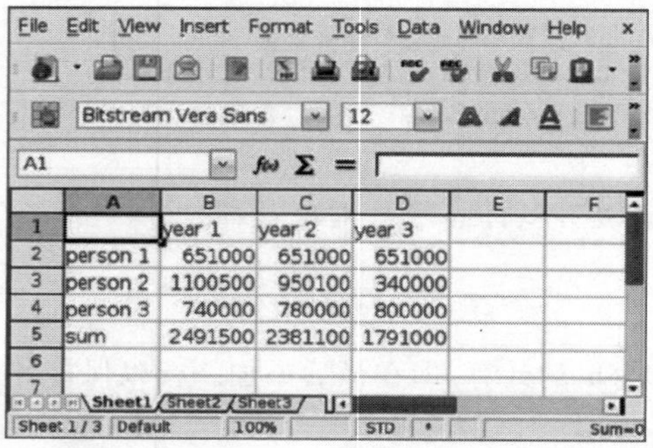

图 6.6 加载到 LibreOffice 的一个经 Python 程序处理过的电子表格

有关读取 budget.csv 文件、处理其数据和写入 budget2.csv 文件的完整程序可以在 rw_csv.py 中找到。参照这个例子，就能够将电子表格程序与自己编写的 Python 程序结合在一起用了。

备注：读者可能想知道为什么在文件有逗号分隔值时要使用 csv 模块来读取和写入 CSV 文件。此时当然可以利用逗号对行进行分割来提取数据（此技术在 6.1.7 节中用于读取 CSV 文件）：

```
infile = open('budget.csv', 'r')
for line in infile:
    row = line.split(',')
```

这适用于当前的 budget.csv 文件，但是当单元格中的文本包含逗号时，例如 "Aug 8，2007"，该方法就失效了。line.split(',')可以对此单元格文本进行拆分，但是 csv.reader 功能更强，可以避免使用逗号来分割文本单元格。

6.4.5　用 Numerical Python 数组表示数值单元格

除了将整个电子表格放在一个嵌套列表中以外，还可以构建一个更适合前面的示例数据的 Python 数据结构。该示例数据包含两个标题（分别对应行和列的标题）和一个由数值构成的子表。标题可以表示为字符串列表；而数值子表可以表示为一个二维 Numerical Python 数组，后者使得对数值执行各种数学运算更加容易。字典可以容纳这 3 项：两个标题列表和一个数组。用于读取、处理和写入数据的相关代码如下，这些代码可以在文件 rw_csv_numpy.py 中找到：

```
infile = open('budget.csv', 'r')
import csv
table = [row for row in csv.reader(infile)]
infile.close()
```

```
#Convert subtable of numbers (string to float)
import numpy
subtable = [[float(c) for c in row[1:]] for row in table[1:]]

data = {'column headings': table[0][1:],
        'row headings': [row[0] for row in table[1:]],
        'array': numpy.array(subtable)}

#Add a new row with sums
data['row headings'].append('sum')
a = data['array']                        #short form
data['column sum'] = [sum(a[:,c]) for c in range(a.shape[1])]

outfile = open('budget2.csv', 'w')
writer = csv.writer(outfile)
#Turn data dictionary into a nested list first (for easy writing)
table = a.tolist()                       #transform array to nested list
table.append(data['column sum'])
table.insert(0, data['column headings'])
#Extend table with row headings (a new column)
[table[r+1].insert(0, data['row headings'][r])
for r in range(len(table)-1)]
for row in table:
    writer.writerow(row)
outfile.close()
```

上述代码大量使用了列表推导式，且嵌套列表（用于文件读取和写入）与 data 字典（用于表示 Python 程序中的数据）之间的转换并不简单。如果读者能理解这个程序中的每一行，说明已经掌握了 Python 编程中的很多方面。

6.4.6　使用更高级的 Numerical Python 功能

通过使用 Numerical Python 中的 genfromtxt 函数，可以显著地将上述程序精简为

```
import numpy as np
arr = np.genfromtxt('budget.csv', delimiter=',', dtype=str)

data = {'column headings': arr[0,1:].tolist(),
        'row headings': arr[1:,0].tolist(),
        'array': np.asarray(arr[1:,1:], dtype=np.float)}

data['row headings'].append('sum')
data['column sum'] = np.sum(data['array'], axis=1).tolist()
```

对由 genfromtxt 返回的数组执行 repr(arr)操作，可以得到如下结果：

```
array([['', '"year 1"', '"year 2"', '"year 3"'],
       ['"person 1"', '651000', '651000', '651000'],
       ['"person 2"', '1100500', '950100', '340000'],
       ['"person 3"', '740000', '780000', '800000']],
       dtype='|S10')
```

换言之，CSV 文件中的数据可用作字符串数组。上述代码显示了如何轻松地使用切片来提取行标题和列标题，如何将其中的数值转换为浮点数组以方便计算，如何计算总和，以及如何将各种对象存储在 data 字典中。然后，还可以像前面的例子（参见 rw_csv_numpy2.py）中所描述的那样把结果写入一个 CSV 文件。也可以采用另一种方法，对 arr 数组进行扩展，额外添加一行，用来存放行标题以及累加和（完整代码参见 rw_csv_numpy3.py）：

```
arr = np.genfromtxt('budget.csv', delimiter=',', dtype=str)

# Add row for sum of columns
arr.resize((arr.shape[0]+1, arr.shape[1]))
arr[-1,0] = '"sum"'
subtable = np.asarray(arr[1:-1,1:], dtype=np.float)
sum_row = np.sum(subtable, axis=1)
arr[-1,1:] = np.asarray(sum_row, dtype=str)

# numpy.savetxt writes table with a delimiter between entires
np.savetxt('budget2c.csv', arr, delimiter=',', fmt='%s')
```

观察代码如何提取 subtable 中的数值，如何用它们计算，如何将结果作为字符串返回到 arr 数组。savetxt 函数将二维数组作为纯表格保存到文本文件中，并用逗号作为分隔符。在这个示例中，使用这个函数就能够满足需求，但是 genfromtxt 和 savetxt 不适用于包含逗号的行标题或列标题。这种情况就需要使用 csv 模块。

6.5 分析 DNA 的示例

接下来，继续深化 3.3 节介绍的生物信息学应用示例。在 Python 中，通过使用列表、字典、NumPy 数组、字符串和文件，分析 DNA 序列变得很容易。下面将通过一系列示例来展示这一点。

6.5.1 计算频率

一个人的基因代码从出生直至死亡基本上不会变化，并且血液和大脑中的基因代码都是相同的。细胞之间的差异在于哪些基因被"打开"或"关闭"。基因的调控是由一个极其复杂的机制来统一协调的，这方面的研究还非常初步。这个机制的核心部分由称为转录因子的分子组成，它们漂浮在细胞内且附着在 DNA 上，并通过某种方式打开或关闭附近的基因。这些分子优先绑定到一些特定的 DNA 序列，这种绑定偏好模式可以用一张由频率构成的表格来表示，其中，模式的每个位置表示给定符号的频率。更确切地说，表格的每一行分别对应碱基 A、C、G、T，而列 j 反映了该碱基在 DNA 序列的位置 j 出现的次数。

例如，如果 DNA 序列集合是 TAG、GGT、GGG，那么表格如下：

base	0	1	2
A	0	1	0
C	0	0	0
G	2	2	2
T	1	0	1

从这张表格可以看出，在 DNA 字符串中，碱基 A 在索引 1 的位置出现一次，碱基 C 根本没有出现过，碱基 G 在所有位置都出现了两次，而碱基 T 分别在字符串开头和结果各出现一次。

接下来,将采用不同的数据结构来存储这样一个表格,并采用不同的方式进行计算。这个表格在生物信息学中被称为频率矩阵。

独立的频率列表

因为已经知道频率矩阵只有 4 行,所以一个显而易见的数据结构是 4 个列表,每一个列表保存一行。用于计算这些列表的函数如下:

```
def freq_lists(dna_list):
    n = len(dna_list[0])
    A = [0] * n
    T = [0] * n
    G = [0] * n
    C = [0] * n
    for dna in dna_list:
        for index, base in enumerate(dna):
            if base == 'A':
                A[index] += 1
            elif base == 'C':
                C[index] += 1
            elif base == 'G':
                G[index] += 1
            elif base == 'T':
                T[index] += 1
    return A, C, G, T
```

需要将列表初始化为合适的长度并用 0 填充每个元素,因为每个列表元素都将作为一个计数器使用。要创建一个长度为 n、所有位置都为对象 x 的列表,可以通过[x] * n 来实现。而决定合适的长度可以通过检查 dna_list 中第一个元素的长度来获得。其中,dna_list 是由所有要被计数的 DNA 字符串构成的列表。假设这个列表中所有元素的长度相同。

在 for 循环中,应用 enumerate 函数,可以在对序列进行迭代的同时提取元素的值和元素的索引。例如:

```
>>> for index, base in enumerate(['t', 'e', 's', 't']):
... print index, base
...
0 t
1 e
2 s
3 t
```

下面是一个测试:

```
dna_list = ['GGTAG', 'GGTAC', 'GGTGC']
A, C, G, T = freq_lists(dna_list)
print A
print C
print G
print T
```

结果如下:

```
[0, 0, 0, 2, 0]
[0, 0, 0, 0, 2]
[3, 3, 0, 1, 1]
[0, 0, 3, 0, 0]
```

嵌套列表

频率矩阵也可以表示成嵌套列表 M，其中 M[i][j] 为 DNA 字符串中碱基 i 在位置 j 的出现频率。这里 i 是一个整数，其中 0 对应 A，1 对应 T，2 对应 G，3 对应 C。频率是在一个 DNA 字符串集合中碱基 i 出现在位置 j 的次数。有时候，这个数字会除以集合中 DNA 字符串的数目来使得频率在 0 和 1 之间。注意，所有 DNA 字符串的长度必须相同。

创建一个嵌套列表最简单的方法是将 A、C、G、T 列表插入到另一个列表中：

```
>>>frequency_matrix =[A, C, G, T]
>>>frequency_matrix[2][3]
2
>>>G[3]            #same element
2
```

也可以直接在这种嵌套列表上进行计算：

```
def freq_list_of_lists_v1(dna_list):
    #Create empty frequency_matrix[i][j] =0
    #i=0,1,2,3 corresponds to A,T,G,C
    #j=0,1,2,···,length of dna_list[0]
    frequency_matrix =[[0 for v in dna_list[0]] for x in 'ACGT']

    for dna in dna_list:
        for index, base in enumerate(dna):
            if base =='A':
                frequency_matrix[0][index] +=1
            elif base =='C':
                frequency_matrix[1][index] +=1
            elif base =='G':
                frequency_matrix[2][index] +=1
            elif base =='T':
                frequency_matrix[3][index] +=1
    return frequency_matrix
```

在有单独列表的情况下，需要把嵌套列表中的所有元素初始化为 0。

如下的调用和打印：

```
dna_list =['GGTAG', 'GGTAC', 'GGTGC']
frequency_matrix =freq_list_of_lists_v1(dna_list)
print frequency_matrix
```

将得到如下结果：

```
[[0, 0, 0, 2, 0], [0, 0, 0, 0, 2], [3, 3, 0, 1, 1], [0, 0, 3, 0, 0]]
```

更加方便索引的字典

Python 函数 freq_list_of_lists_v1 中一系列的 if 测试略显烦琐,尤其是如果想将代码扩展到字母表更为庞大的其他生物信息学问题时,这个问题更加凸显。其实,要构建的是一个从碱基 base(也就是字符)到对应的索引 0、1、2、3 的映射。可以用一个 Python 字典来表示这样的映射:

```
>>>base2index = {'A': 0, 'C': 1, 'G': 2, 'T': 3}
>>>base2index['G']
2
```

有了 base2index 字典,就不需要前一种方法的一系列 if 测试了,且字母表'ACGT'可以扩展得更长而不会增加代码的长度:

```
def freq_list_of_lists_v2(dna_list):
    frequency_matrix = [[0 for v in dna_list[0]] for x in 'ACGT']
    base2index = {'A': 0, 'C': 1, 'G': 2, 'T': 3}
    for dna in dna_list:
        for index, base in enumerate(dna):
            frequency_matrix[base2index[base]][index] += 1
    return frequency_matrix
```

Numerical Python 数组

只要列表的列表中每一个子列表长度相同,那么列表的列表就可以用一个 Numerical Python(NumPy)数组来替代。处理这样的数组比处理嵌套列表数据结构更加高效。为了初始化一个二维 NumPy 数组,需要知道其大小,在这里是 $4 \times \text{len}(\text{dna\_list}[0])$。要使用 NumPy 数组,只需要修改函数 freq_list_of_list_v2 的第一行:

```
import numpy as np

def freq_numpy(dna_list):
    frequency_matrix = np.zeros((4, len(dna_list[0])), dtype=int)
    base2index = {'A': 0, 'C': 1, 'G': 2, 'T': 3}
    for dna in dna_list:
        for index, base in enumerate(dna):
            frequency_matrix[base2index[base]][index] += 1
    return frequency_matrix
```

得到的 frequency_matrix 对象可以用[b][i]或[b,i]来索引,其中 b 和 i 为整数。典型的例子是 b 形如 base2index['C']这样的频率矩阵。

列表的字典

与通过 base2index 把一个字符对应到一个整数索引的方法相比,更自然的方法是用碱基的名字和索引位置直接对 frequency_matrix 进行索引,例如['C'][14]。对于频率矩阵的使用者而言,这是最自然的语法。这时,需要使用由多个列表构成的字典作为相关的 Python 数据结构。换言之,frequency_matrix 是一个字典,其键为'A'、'C'、'G'、'T',每个键的值是一个列表。接下来,对其灵活性进行扩展,使得 dna_list 可以包含具有不同长度的 DNA 字符串。最长的 DNA 字符串的长度作为 frequency_list 中所有列表的长度。相关的函数如下:

```
def freq_dict_of_lists_v1(dna_list):
    n = max([len(dna) for dna in dna_list])
    frequency_matrix = {
        'A': [0] * n,
        'C': [0] * n,
        'G': [0] * n,
        'T': [0] * n,
        }
    for dna in dna_list:
        for index, base in enumerate(dna):
            frequency_matrix[base][index] += 1
    return frequency_matrix
```

运行测试代码：

```
frequency_matrix = freq_dict_of_lists_v1(dna_list)
import pprint                    # for nice printout of nested data structures
pprint.pprint(frequency_matrix)
```

输出结果为

```
{'A': [0, 0, 0, 2, 0],
 'C': [0, 0, 0, 0, 2],
 'G': [3, 3, 0, 1, 1],
 'T': [0, 0, 3, 0, 0]}
```

上面代码中 frequency_matrix 的初始化可以用字典推导式写成更紧凑的形式：

```
dict = {key: value for key in some_sequence}
```

在这个示例中，设置

```
frequency_matrix = {base: [0] * n for base in 'ACGT'}
```

在 freq_dict_of_lists_v1 函数中使用这个结构可以得到一个更紧凑的版本：

```
def freq_dict_of_lists_v2(dna_list):
    n = max([len(dna) for dna in dna_list])
    frequency_matrix = {base: [0] * n for base in 'ACGT'}
    for dna in dna_list:
        for index, base in enumerate(dna):
            frequency_matrix[base][index] += 1
    return frequency_matrix
```

注意，对于计算 DNA 字符串的最大长度，还有其他方法可以实现这一点。max 最经典的用法就是将其应用于一个列表：

```
n = max([len(dna) for dna in dna_list])
```

然而,对于非常长的列表,需要避免因存储列表推导式结果而导致的(过多的)内存开销,即与列表的长度相关。作为替代方案,在计算长度的同时就可以使用 max:

```
n = max(len(dna) for dna in dna_list)
```

也可以写成

```
n = max(dna_list, key=len)
```

其中,len 应用到了 dna_list 中的每一个元素,然后返回其中最大的值。

字典的字典

列表的字典数据结构也可以被字典的字典对象取代,即 frequency_matrix[base] 是一个字典,其键为 i,其值为列表 dna_list 的所有 dna 字符串中 base 出现在 dna[i] 的次数之和。frequency_matrix['C'][i] 的索引方式和其值与上一个例子完全相同,唯一的区别在于 frequency_matrix['C'] 是一个列表还是一个字典。

作用于字典的字典对象 frequency_matrix 的函数可以写成

```
def freq_dict_of_dicts_v1(dna_list):
    n = max([len(dna) for dna in dna_list])
    frequency_matrix = {base: {index: 0 for index in range(n)} for base in 'ACGT'}
    for dna in dna_list:
        for index, base in enumerate(dna):
            frequency_matrix[base][index] += 1
    return frequency_matrix
```

带默认值的字典

手动将每个子字典的值都初始化为 0:

```
frequency_matrix = {base: {index: 0 for index in range(n)} for base in 'ACGT'}
```

这个过程可以通过使用所有键值均为默认值的字典来简化。default(lambda:obj)结构可以创建一个以 obj 为默认值的字典。于是,前面的函数可以利用这个结构简化为

```
from collections import defaultdict

def freq_dict_of_dicts_v2(dna_list):
    n = max([len(dna) for dna in dna_list])
    frequency_matrix = {base: defaultdict(lambda: 0) for base in 'ACGT'}
    for dna in dna_list:
        for index, base in enumerate(dna):
            frequency_matrix[base][index] += 1
    return frequency_matrix
```

备注:字典推导式是 Python 2.7 和 3.1 中新增加的,但在之前的版本中可以通过列表推导式用(key, value)元组来模拟。字典推导式

```
d = {key: value for key in sequence}
```

可以通过如下方式来实现：

```
d =dict([(key, value) for key in sequence])
```

向量化的数组

很容易就可以把列表的字典 frequency_matrix 改为一个 NumPy 数组的字典，只要将初始化方式 [0] * n 替换为 np.zeros(n,dtype=np.int)即可。索引方式保持不变：

```
def freq_dict_of_arrays_v1(dna_list):
    n =max([len(dna) for dna in dna_list])
    frequency_matrix ={base: np.zeros(n, dtype=np.int) for base in 'ACGT'}
    for dna in dna_list:
        for index, base in enumerate(dna):
            frequency_matrix[base][index] +=1
    return frequency_matrix
```

将 frequency_matrix[base]作为 NumPy 数组而不是列表并不会立即显示其优势，因为两种方式消耗的内存和 CPU 时间基本上是一样的。对 dna 字符串的循环和相关索引占用了该程序后续所有的 CPU 时间。然而，NumPy 数组提供了向量化操作以提高效率，它将对 dna 和 frequency_matrix[base]中逐个元素的操作改成了对整个数组的一次性操作。

下面用交互式 Python Shell 来实现向量化。首先将字符串转换为一个由若干字符构成的 NumPy 数组：

```
>>>dna ='ACAT'
>>>dna =np.array(dna, dtype='c')
>>>dna
array(['A', 'C', 'A', 'T'],
```

对于一个给定的碱基，例如 A，可以在一个向量化操作中找到 DNA 中所有含有 A 的位置：

```
>>>b =dna =='A'
>>>b
array([ True, False, True, False], dtype=bool)
```

通过将 b 转换成一个整数数组 i，然后将 i 增加到 frequency_matrix['A']上，就可以更新所有索引的频率计数：

```
>>>i =np.asarray(b, dtype=np.int)
>>>i
array([1, 0, 1, 0])
>>>frequency_matrix['A'] =frequency_matrix['A'] +i
```

这个方法可以重复地应用于所有的碱基：

```
for dna in dna_list:
    dna =np.array(dna, dtype='c')
for base in 'ACGT':
    b =dna ==base
    i =np.asarray(b, dtype=np.int)
    frequency_matrix[base] =frequency_matrix[base] +i
```

事实上,并不需要将布尔数组 b 转换成整数数组 i,因为可以直接对 b 进行算术操作:在算术操作中,False 被解读为 0 而 True 被解读为 1。还可以使用＋＝算符来直接更新 frequency_matrix[base]中所有的元素,而不是先计算两个数组的和 frequency_matrix[base]＋i,然后将结果赋值给 frequency_matrix[base]。将这些想法集中到一个函数里,就可以得到如下代码:

```
def freq_dict_of_arrays_v2(dna_list):
    n = max([len(dna) for dna in dna_list])
    frequency_matrix = {base: np.zeros(n, dtype=np.int) for base in 'ACGT'}
    for dna in dna_list:
        dna = np.array(dna, dtype='c')
        for base in 'ACCT':
            frequency_matrix[base] += dna == base
    return frequency_matrix
```

向量化函数的运行速度是对应的标量版本 freq_list_of_arrays_v1 速度的近 10 倍!

6.5.2　分析频率矩阵

上面已经针对一系列 DNA 字符串建立了频率矩阵,接下来可以用它来做分析。用于建立频率矩阵的短 DNA 字符串通常其实是一个更大的 DNA 序列的子串,这些子串有一些相同的用途。例如,有些子串用来作为某种锚/磁体(给定的分子通过它附着在 DNA 上,并发挥生物学功能,例如控制基因的开闭)。有了从一些已知锚位置(子串)的受限集合构造出来的频率矩阵,可以通过扫描来搜寻其他类似的、可能具有相同功能的子串。最简单的方式是:首先根据频率矩阵找出最典型的子串,即每个位置都是该位置处频率最高的核苷酸的子串。这种子串被称为频率矩阵的共识字符串(consensus string);然后,可以在一个更大的 DNA 序列中寻找与其最相似的串的出现,并认为这种出现可能表明它们具有相同功能(例如,作为某些分子的锚位置)。

例如,给定 3 个子串 ACT、CCA 和 AGA,频率矩阵(列表的列表,其行对应 A、C、G、T)为

```
[[2, 0, 2]
 [1, 2, 0]
 [0, 1, 0]
 [0, 0, 1]]
```

可以看到,位置 0 对应表格中最左边的列,其中符号 A 的出现频率最高(2)。其他位置处出现频率最高的碱基分别为:位置 1 是 C,位置 2 是 A。因此,共识字符串为 ACA。注意,共识字符串不一定要与构成频率矩阵的基的某个子串完全一样(对于上述例子,就是这种情况)。

列表的列表型频率矩阵

接下来,将 frequency_matrix 看作列表的列表。对于每个位置 i,遍历频率矩阵中所有的行,并记录最大频率值及其相应的字母。如果两个或两个以上字母具有相同的频率值,那么在共识字符串中对应的位置用短横线标记,表示不确定。

以下的函数用来计算共识字符串:

```
def find_consensus_v1(frequency_matrix):
    base2index = {'A': 0, 'C': 1, 'G': 2, 'T': 3}
    consensus = ''
    dna_length = len(frequency_matrix[0])

    for i in range(dna_length):           #loop over positions in string
```

```
        max_freq =-1                    #holds the max freq. for this i
        max_freq_base =None             #holds the corresponding base

        for base in 'ATGC':
            if frequency_matrix[base2index[base]][i] >max_freq:
                max_freq =frequency_matrix[base2index[base]][i]
                max_freq_base =base
            elif frequency_matrix[base2index[base]][i] ==max_freq:
                max_freq_base = '-'         #more than one base as max

        consensus +=max_freq_base           #add new base with max freq
    return consensus
```

因为这段代码要求 frequency_matrix 是一个列表的列表，所以插入一个测试，在类型错误时抛出一个异常：

```
def find_consensus_v1(frequency_matrix):
    if isinstance(frequency_matrix, list) and \
       isinstance(frequency_matrix[0], list):
        pass                        #right type
    else:
        raise TypeError('frequency_matrix must be list of lists')
    ...
```

字典的字典型频率矩阵

如果 frequency_matrix 是一个字典的字典，那么应如何修改函数 find_consensus_v1？

（1）不再需要 base2index 字典。

（2）测试字符串的长度和类型时，对子表 frequency_matrix[0] 的访问必须替换为 frequency_matrix['A']。

修改后的函数为

```
def find_consensus_v3(frequency_matrix):
    if isinstance(frequency_matrix, dict) and \
       isinstance(frequency_matrix['A'], dict):
        pass                            #right type
    else:
        raise TypeError('frequency_matrix must be dict of dicts')

    consensus = ''
    dna_length =len(frequency_matrix['A'])

    for i in range(dna_length):         #loop over positions in string
        max_freq =-1                    #holds the max freq. for this i
        max_freq_base =None             #holds the corresponding base

        for base in 'ACGT':
            if frequency_matrix[base][i] >max_freq:
                max_freq =frequency_matrix[base][i]
                max_freq_base =base
            elif frequency_matrix[base][i] ==max_freq:
```

```
                    max_freq_base = '-'          #more than one base as max

            consensus +=max_freq_base           #add new base with max freq
       return consensus
```

下面是一个测试：

```
frequency_matrix =freq_dict_of_dicts_v1(dna_list)
pprint.pprint(frequency_matrix)
print find_consensus_v3(frequency_matrix)
```

输出结果为

```
{'A': {0: 0, 1: 0, 2: 0, 3: 2, 4: 0},
 'C': {0: 0, 1: 0, 2: 0, 3: 0, 4: 2},
 'G': {0: 3, 1: 3, 2: 0, 3: 1, 4: 1},
 'T': {0: 0, 1: 0, 2: 3, 3: 0, 4: 0}}
Consensus string: GGTAC
```

接下来，试试以带默认字典的字典作为输入（freq_dicts_of_dicts_v2）传递给 find_consensus_v3。代码运行良好，但输出结果是 G。原因在于 dna_length 为 1，因此 frequency_matrix 中字典 A 的长度也是 1。打印 frequency_matrix，得到

```
{'A': defaultdict(X, {3: 2}),
 'C': defaultdict(X, {4: 2}),
 'G': defaultdict(X, {0: 3, 1: 3, 3: 1, 4: 1}),
 'T': defaultdict(X, {2: 3})}
```

其中的 X 代表类似于如下文本的缩写：

```
'<function <lambda>at 0xfaede8>'
```

可以注意到，计算默认字典的长度时只计非零项。因此，要使用默认字典，在函数中必须将 DNA 字符串的长度作为一个额外的参数传进来：

```
def find_consensus_v4(frequency_matrix, dna_length):
    ...
```

习题 6.16 建议构建一个统一的 find_consensus 函数，可以适用于前面已经使用过的 frequency_matrix 的所有不同表示方式。

创建和使用频率矩阵的函数可以在文件 freq.py 中找到。

6.5.3 寻找碱基频率

DNA 由 4 种叫作核苷酸的分子或碱基组成，它们可以用字母 A、C、G、T 组成的字符串来表示。但这并不代表这 4 种核苷酸的出现频率接近。例如，在酵母菌里，在它的第一个染色体上的基因表达中，是否有某些碱基的频率高于其他呢？此外，DNA 也不是单链的，而是双链交缠在一起。这种交缠通过把一条链上的

A 绑定到另一条链上的 T，把 C 绑定到 G 来实现（就是说，A 只能对应 T 而不能对应 C 或 G）。这个事实能使得 4 种符号的频率相等吗？理论上 A—T 和 G—C 绑定并没有强制要求这些频率相等，但在实际中，通常会变成这样子，这是由配对相关的进化因素决定的。

接下来的第一个编程任务是计算碱基 A、C、G、T 的频率，即每个碱基在 DNA 字符串中出现的次数除以字符串的长度。例如，如果 DNA 字符串是 ACGGAAA，其长度为 7，A 出现了 4 次，因此频率为 4/7；C 出现了一次，因此频率为 1/7；G 出现了两次，因此频率为 2/7；T 没有出现，因此频率为 0。

从编程的角度，可以创建一个函数来计算 A、C、G、T 在字符串中出现的次数，然后创建另一个函数用来计算频率。在两种情况下，都需要用到字典。这样就可以对字符进行索引，计算出次数或频率。计数函数的实现如下：

```
def get_base_counts(dna):
    counts = {'A': 0, 'T': 0, 'G': 0, 'C': 0}
    for base in dna:
        counts[base] += 1
    return counts
```

然后，这个函数可用于计算碱基的频率：

```
def get_base_frequencies_v1(dna):
    counts = get_base_counts(dna)
    return {base: count * 1.0/len(dna)
            for base, count in counts.items()}
```

在 3.3.2 节末尾介绍过，dna.count(base) 比由程序员自己实现的计数方式要快得多，因此可以写出一个更快、更简单的函数来计算所有碱基频率：

```
def get_base_frequencies_v2(dna):
    return {base: dna.count(base)/float(len(dna))
            for base in 'ATGC'}
```

做一个小测试：

```
dna = 'ACCAGAGT'
frequencies = get_base_frequencies_v2(dna)

def format_frequencies(frequencies):
    return ', '.join(['%s: %.2f' % (base, frequencies[base])
                      for base in frequencies])

print "Base frequencies of sequence '%s':\n%s" % \
    (dna, format_frequencies(frequencies))
```

将得到如下结果：

```
Base frequencies of sequence 'ACCAGAGT':
A: 0.38, C: 0.25, T: 0.12, G: 0.25
```

使用 format_frequencies 函数可以将频率以两位小数的形式打印出来。这行代码有效地将字典、列表推导式和 join 功能结合起来。join 可以在结果的项与项之间正确地插入逗号。有些程序员可能只使用一条 print frequencies 语句,这样会使得结果中会出现花括号和略显杂乱的 16 位小数。

可以在真实的数据上计算频率。文件

```
http://hplgit.github.com/bioinf-py/data/yeast_chr1.txt
```

包含酵母的 DNA。可以从以下网址下载这个文件:

```
urllib.urlretrieve(url, filename=name_of_local_file)
```

其中,url 是文件的 Internet 地址,name_of_local_file 是该文件在本地计算机上的文件名。为了避免多次运行程序时重复下载文件,插入一个测试来检查本地文件是否已经存在。如果当前工作文件夹中已经存在一个名为 f 的文件,那么调用 os.path.isfile(f) 会返回 True。于是,得到如下用于下载的代码:

```
import urllib, os
urlbase ='http://hplgit.github.com/bioinf-py/data/'
yeast_file ='yeast_chr1.txt'
if not os.path.isfile(yeast_file):
    url =urlbase +yeast_file
    urllib.urlretrieve(url, filename=yeast_file)
```

这样,当前的工作文件夹中就会有 Internet 上文件的一个副本,名为 yeast_chr1.txt(关于 urllib 和从 Internet 上下载文件的更多细节,参见 6.3.2 节)。

yeast_chr1.txt 文件包含的 DNA 字符串被分割成很多行。因此需要读取文件中的这些行,将每一行末尾的换行符去掉,然后再将它们全部连接在一起以恢复 DNA 字符串:

```
def read_dnafile_v1(filename):
    lines =open(filename, 'r').readlines()
    #Remove newlines in each line (line.strip()) and join
    dna =''.join([line.strip() for line in lines])
    return dna
```

同样地,还可以设计另一种解决方法:

```
def read_dnafile_v2(filename):
    dna =''
    for line in open(filename, 'r'):
        dna +=line.strip()
    return dna

dna =read_dnafile_v2(yeast_file)
yeast_freq =get_base_frequencies_v2(dna)
print "Base frequencies of yeast DNA (length %d):\n%s" % \
    (len(dna), format_frequencies(yeast_freq))
```

其结果为

```
Base frequencies of yeast DNA (length 230208):
A: 0.30, C: 0.19, T: 0.30, G: 0.20
```

不同核苷酸在 DNA 中的频率不同，这被称为核苷酸偏好。不同生物体的核苷酸偏好也不同，具有各种生物学意义。在很多生物中，核苷酸偏好已经在生物进化过程中被大大优化了，它反映了生物体及其生存环境的特征，例如生物体对生存环境温度的适应。

计算碱基频率的函数可以在文件 basefreq. py 中找到。

6.5.4 将基因转换成蛋白质

对于细胞而言，DNA 的一个重要用处就是存储其蛋白质信息库。简单来说，一个基因本质上就是一段 DNA，由多个编码区组成（称为外显子），其间混杂着非编码区（称为内含子）。编码区连接起来形成一个叫作 mRNA 的字符串，其中字母 T 出现的地方被 U 替代。mRNA 上的每 3 个相邻碱基字母可以编码为一种特定的氨基酸，它们是构成蛋白质的基本单位。mRNA 上这些连续的三字母序列定义了一种特定的氨基酸序列，相当于一种特定的蛋白质。

下面给出一个利用 DNA 到蛋白质的映射来创建乳糖酶蛋白（LPH）的例子。使用乳糖酶基因（LCT）的 DNA 序列作为编码方式。LPH 的一个重要功能是代谢乳糖（乳糖在牛奶中大量存在）。LPH 功能障碍将导致称为乳糖不耐受的消化问题。大多数哺乳动物在停止食用母乳后，都会渐渐丧失 LCT，因此也就不能消化乳类。

文件

```
http://hplgit.github.com/bioinf-py/doc/src/data/genetic_code.tsv
```

包含了一个从基因代码到氨基酸的映射。文件格式如下：

```
UUU    F    Phe    Phenylalanine
UUC    F    Phe    Phenylalanine
UUA    L    Leu    Leucine
UUG    L    Leu    Leucine
CUU    L    Leu    Leucine
CUC    L    Leu    Leucine
CUA    L    Leu    Leucine
CUG    L    Leu    Leucine
AUU    I    Ile    Isoleucine
AUC    I    Ile    Isoleucine
AUA    I    Ile    Isoleucine
AUG    M    Met    Methionine (Start)
```

第一列是基因代码（3 个一组的 mRNA），而其他的列代表相应氨基酸的不同表达方式：单字母符号、三字母名称和全名。

可以用如下的函数下载 genetic_code. tsv 文件：

```
def download(urlbase, filename):
    if not os.path.isfile(filename):
        url = urlbase + filename
        try:
```

```
            urllib.urlretrieve(url, filename=filename)
        except IOError as e:
            raise IOError('No Internet connection')
        #Check if downloaded file is an HTML file, which
        #is what github.com returns if the URL is not existing
        f =open(filename, 'r')
        if 'DOCTYPE html' in f.readline():
            raise IOError('URL %s does not exist' %url)
```

首先，要为这个文件建立一个字典，即从编码（第一列）到单字母符号（第二列）的映射：

```
def read_genetic_code_v1(filename):
    infile =open(filename, 'r')
    genetic_code ={}
    for line in infile:
        columns =line.split()
        genetic_code[columns[0]] =columns[1]
    return genetic_code
```

文件的下载、读取和字典的建立代码如下：

```
urlbase ='http://hplgit.github.com/bioinf-py/data/'
genetic_code_file ='genetic_code.tsv'
download(urlbase, genetic_code_file)
code =read_genetic_code_v1(genetic_code_file)
```

不出意外的话，通过将前两列作为 2-列表的列表收集并将 2-列表转换成字典中的键-值对，可以精简 read_genetic_code_v1 为

```
def read_genetic_code_v2(filename):
    return dict([line.split()[0:2]
        for line in open(filename, 'r')])
```

创建从编码到氨基酸的 3 种名称的映射也很有趣。例如，假设想要实现这样的查询方式：['CUU']['3-letter']或['CUU']['amino acid']，就需要一个字典的字典：

```
def read_genetic_code_v3(filename):
    genetic_code ={}
    for line in open(filename, 'r'):
        columns =line.split()
        genetic_code[columns[0]] ={}
        genetic_code[columns[0]]['1-letter'] =columns[1]
        genetic_code[columns[0]]['3-letter'] =columns[2]
        genetic_code[columns[0]]['amino acid'] =columns[3]
    return genetic_code
```

最后一个函数还可以写成

```
def read_genetic_code_v4(filename):
    genetic_code = {}
    for line in open(filename, 'r'):
        c = line.split()
        genetic_code[c[0]] = {
        '1-letter': c[1], '3-letter': c[2], 'amino acid': c[3]}
    return genetic_code
```

要形成 mRNA,需要取出乳糖酶基因的外显子区域(编码区)。这些区域是乳糖酶基因 DNA 字符串的子串,对应外显子区域的起始和结束位置。因此,必须将 T 替换成 U,然后将所有的子串连接起来,建立 mRNA 字符串。

显然,这可以分成两个子任务:将乳糖酶基因及其外显子位置加载到变量中。位于与其他文件相同 Internet 位置的文件 lactase_gene.txt 存储了乳糖酶基因。这个文件和 yeast_chr1.txt 文件格式相同。使用 download 函数和之前展示过的 read_dnafile_v1,可以很容易地将文件中的数据加载到字符串 lactase_gene 中。

外显子区域在文件 lactase_exon.tsv 中描述,该文件也可以在同一个 Internet 网站找到。调用 download 可以很容易地将这个文件下载到本地计算机。文件格式非常简单,每一行都是一个外显子区域的起始和结束位置:

```
0           651
3990        4070
7504        7588
13177       13280
15082       15161
```

如果想让这些信息以(start,end)二元组的列表形式呈现,可通过如下函数实现:

```
def read_exon_regions_v1(filename):
    positions = []
    infile = open(filename, 'r')
    for line in infile:
        start, end = line.split()
        start, end = int(start), int(end)
        positions.append((start, end))
    infile.close()
    return positions
```

喜欢简洁代码的读者可能更欣赏这个函数的另一版本:

```
def read_exon_regions_v2(filename):
    return [tuple(int(x) for x in line.split())
        for line in open(filename, 'r')]

lactase_exon_regions = read_exon_regions_v2(lactase_exon_file)
```

简单起见,接下来将把 mRNA 看作外显子的连接,尽管实际上在它们末尾会附加一些额外的碱基对。乳糖酶基因是字符串,而外显子区域是(start,end)二元组的列表。这样,就可以很方便地将这些区域作为子串提取，使用 U 代替 T，将所有子串连接起来：

```
def create_mRNA(gene, exon_regions):
    mrna =''
    for start, end in exon_regions:
        mrna +=gene[start:end].replace('T','U')
    return mrna

mrna =create_mRNA(lactase_gene, lactase_exon_regions)
```

想将 mRNA 字符串存储在文件中，使用与 lactase_gene.txt 和 yeast_chr1.txt 相同的文件格式，即，字符串被切分为多行，每一行 70 个字符。以下函数可以达成这个目的：

```
def tofile_with_line_sep_v1(text, filename, chars_per_line=70):
    outfile =open(filename, 'w')
    for i in xrange(0, len(text), chars_per_line):
        start =i
        end =start +chars_per_line
        outfile.write(text[start:end] +'\n')
    outfile.close()
```

最好能用一个单独的文件夹来保存新创建的这些文件。Python 提供了很好的支持来测试某文件夹是否已存在，如果不存在，那么它会创建一个：

```
output_folder ='output'
if not os.path.isdir(output_folder):
    os.mkdir(output_folder)
filename =os.path.join(output_folder, 'lactase_mrna.txt')
tofile_with_line_sep_v1(mrna, filename)
```

在 Python 中，将文件夹看作字典，这就是用于测试文件夹是否存在的函数名为 isdir 的原因。尤其要注意的是，文件夹和文件名的结合是通过 os.path.join 完成的，而不是单单插入一个斜线或反斜线（在 Windows 中），os.path.join 会根据当前的操作系统决定是插入斜线还是反斜线。

有时候，输出文件夹是嵌套的，例如：

```
output_folder =os.path.join('output', 'lactase')
```

在这种情况下，os.mkdir(output_folder) 可能会因为中间文件夹 output 缺失而失效。这时，可以通过 os.makedirs 来创建文件夹以及所有缺失的中间文件夹。可以编写一个更具一般性的用于文件写入的函数，它以一个文件夹名和文件名作为输入，然后支持该文件的写入。还可以增强文件格式的灵活性：可以在每一行上写特定数量的字符或数字，也可以让字符串整个成为很长的一行，后者可以通过 chars_per_line ='inf'（每一行不限字符数）来指定。这样，一个更灵活的文件写入函数如下：

```
tofile_with_line_sep_v2(text, foldername, filename, chars_per_line=70):
    if not os.path.isdir(foldername):
        os.makedirs(foldername)
    filename =os.path.join(foldername, filename)
```

```
    outfile =open(filename, 'w')

    if chars_per_line =='inf':
        outfile.write(text)
    else:
        for i in xrange(0, len(text), chars_per_line):
            start =i
            end =start +chars_per_line
            outfile.write(text[start:end] +'\n')
    outfile.close()
```

要生成蛋白质，需要用 genetic_code. tsv 文件中指定的相应的单字母符号来替换 mRNA 字符串中的三字符组。

```
def create_protein(mrna, genetic_code):
    protein =''
    for i in xrange(len(mrna)/3):
        start =i * 3
        end =start +3
        protein +=genetic_code[mrna[start:end]]
    return protein

genetic_code =read_genetic_code_v1('genetic_code.tsv')
protein =create_protein(mrna, genetic_code)
tofile_with_line_sep_v2(protein, 'output', 'lactase_protein_fixed.txt', 70)
```

遗憾的是，上述模拟转换过程的初步尝试还存在问题。问题在于，正确的转换过程应该总是从蛋氨酸（即编码 AUG）开始，在遇到终止密码子时停止。因此，必须检查起始和终止条件。改进如下：

```
def create_protein_fixed(mrna, genetic_code):
    protein_fixed =''
    trans_start_pos =mrna.find('AUG')
    for i in range(len(mrna[trans_start_pos:])/3):
        start =trans_start_pos +i * 3
        end =start +3
        amino =genetic_code[mrna[start:end]]
        if amino =='X':
            break
        protein_fixed +=amino
    return protein_fixed

protein =create_protein_fixed(mrna, genetic_code)
tofile_with_line_sep_v2(protein, 'output', 'lactase_protein_fixed.txt', 70)

print '10 last amino acids of the correct lactase protein: ', protein[-10:]
print 'Lenght of the correct protein: ', len(protein)
```

输出如下（6.5.5 节将与该输出作比较）：

```
10 last amino acids of the correct lactase protein: QQELSPVSSF
Lenght of the correct protein: 1927
```

6.5.5　有的人可以喝牛奶,而有的人则不能

有一种乳糖不耐受症叫作先天性乳糖缺乏。这是一种罕见的遗传缺陷,患者从出生开始就乳糖不耐受。这种病在芬兰非常常见。它是由于乳糖基因位置 30049(0-基)上的碱基的突变导致的,T 突变成了 A。接下来的目标是看看在碱基突变时蛋白质发生了什么变化。基于前面已经编写好的代码,这个任务很简单:

```python
def congential_lactase_deficiency(
    lactase_gene,
    genetic_code,
    lactase_exon_regions,
    output_folder=os.curdir,
    mrna_file=None,
    protein_file=None):

    pos = 30049
    mutated_gene = lactase_gene[:pos] + 'A' + lactase_gene[pos+1:]
    mutated_mrna = create_mRNA(mutated_gene, lactase_exon_regions)

    if mrna_file is not None:
        tofile_with_line_sep_v2(
            mutated_mrna, output_folder, mrna_file)

    mutated_protein = create_protein_fixed(
        mutated_mrna, genetic_code)

    if protein_file:
        tofile_with_line_sep_v2(
            mutated_protein, output_folder, protein_file)
    return mutated_protein

mutated_protein = congential_lactase_deficiency(
    lactase_gene, genetic_code, lactase_exon_regions,
    output_folder='output',
    mrna_file='mutated_lactase_mrna.txt',
    protein_file='mutated_lactase_protein.txt')

print '10 last amino acids of the mutated lactase protein:', mutated_protein[-10:]
print 'Lenght of the mutated lactase protein:', len(mutated_protein)
```

和之前没有基因突变的蛋白质作比较,现在结果如下:

```
10 last amino acids of the mutated lactase protein: GFIWSAASAA
Lenght of the mutated lactase protein: 1389
```

可以看到,转换提前停止了,产生的蛋白质比之前小了很多,因此它没有乳糖酶蛋白所具备的特性。

LCT 前段部分区域(实际上是其他基因的内含子)上发生的一些突变是常见乳糖不耐受症的原因,就是

只在成年之后发病的那一种。这些突变控制了 LCT 基因的表达，即这个基因是开启还是关闭。有趣的是，在世界上不同地区（例如非洲和北欧）的进化过程中，出现了不同的基因突变。这里给出一个趋同进化的例子：非相关血统形成了相同的生物学特性。乳糖不耐受症的普遍性在不同地区有很大的差异，在北欧是 5%，在东南亚几乎是 100%。

分析乳糖酶基因的函数可以在文件 genes2proteins.py 中找到。

6.6 编写兼容 Python 2 和 Python 3 的代码

4.10 节中提到了 Python 2 和 Python 3 之间的一些基本的差异。对于本章新学到的一些结构，Python 的这两个版本之间还存在一些重要的差异。

6.6.1 Python 2 和 Python 3 之间更多的差异

Python 2 中的 xrange 是 Python 3 中的 range

Python 2 中的 range 函数产生一个整数列表，对于很长的循环，这个列表将消耗非常多的计算机内存。因此，Python 又提供了 xrange 函数，它只产生一系列整数而不存储它们。在 Python 3 中，如果想要得到一个整数列表，需要用 list(range(5)) 将 range 的结果存储到一个列表中。

Python 3 经常会避免返回列表或字典

Python 3 中 range 函数一次产生一个对象而不是把所有对象都存储起来的想法还可以应用于其他很多的结构。假设 d 是一个字典。在 Python 2 中，d.keys() 返回字典中的键构成的一个列表；而在 Python 3 中，d.keys() 只允许在一个 for 循环中对键进行迭代。与此类似，d.values() 和 d.items() 在 Python 2 中返回值或键-值对的一个列表，而在 Python 3 中只能在 for 循环中对值进行迭代。形如

```
for key in d.keys():
    ...
```

简单的循环在两个 Python 版本中都能工作。但是在 Python 2 中，

```
keys =d.keys()
```

即将键存储为一个列表，在 Python 3 中则需要做一些调整：

```
keys =list(d.keys())
```

需要说明的是，for key in d.keys()并不是最好的语法，最好是用 for key in d。同样，如果只想用 for 循环对键-值对进行迭代，那么不论在 Python 2 还是在 Python 3 中，都可以用 d.iteritems()，它不会返回任何列表。

库模块名字不同

6.3.2 节和 6.3.3 节使用了 urllib 模块。这个模块在 Python 3 中有不同的名字：

```
#Python 2
import urllib
with urllib.urlopen('http://google.com') as webfile:
    text =webfile.read()
```

```
urllib.urlretrieve('http://google.com', filename='tmp.html')

#Python 3
import urllib.request as urllibr
with urllibr.urlopen('http://google.com') as webfile:
    text =webfile.read()
urllibr.urlretrieve('http://google.com', filename='tmp.html')
```

还有其他很多模块的名字也发生了改变,但是可以借助 futurize 程序(见 6.6.2 节)找到正确的新名字。

Python 3 有 Unicode 字符串和字节字符串

一个标准的 Python 2 字符串,如 s='abc',是一个字节序列,它在 Python 3 中叫作字节字符串,被声明为 s=b'abc'。Python 3 中的赋值语句 s='abc'会产生一个 Unicode 字符串,等同于 Python 2 中的 s=u'anc'。要将 Python 3 中的字节字符串转换成 Unicode 字符串,可以执行 s.decode('utf-8')操作。对字符串的处理往往是 Python 2 到 Python 3 代码转换时最棘手的问题。

Python 3 在包内有不同的导入语法

如果要使用 Python 包[①],在 Python 2 和 Python 3 中,包内的相关导入语句稍有不同。假如要从模块 somemod 将 somefunc 导入到包里其他相同等级(位于相同子文件夹)的模块中。Python 2 的语法是 from somemod import somedunc,而在 Python 3 中则需要使用 from . somemod import somedunc。模块名前面的点表示 somemod 是与包含这条导入语句的文件位于相同文件夹的模块。Python 2 中另一种导入方式是 import somemod,在 Python 3 中是 from. import somemod。

6.6.2　将 Python 2 代码转换成 Python 3 代码

正如在 4.10 节中展示的那样,可以使用 futurize 程序将 Python 2 程序转换成一个在 Python 2 和 Python 3 中都能工作的版本。对于本书目前阶段涉及的程序以及更高级的程序,建议运行以下命令:

```
Terminal>futurize --all-imports -w -n -o py23 prog.py
```

该命令将在子文件夹 py23 中产生程序 prog.py 的新版本。有时候会需要一些额外的手工修改,但这取决于 prog.py 的复杂程度。

通过经常性地运行 futurize prog.py 并查看需要改变的内容,可以学到很多 Python 2 和 Python 3 之间的差异,还可以将编程风格由 Python 2 改变为更贴近 Python 3。python-future 文档给出了一个很实用的列表,列出了 Python 2 和 Python 3 之间的差异[②],还给出了一些关于如何编写适用于两个版本的代码的指导。

如果要将更大的 Python 2 程序转换成 Python 3 程序,建议采用两步走[③]的方式使用 futurize。

6.7　本章小结

6.7.1　本章主题

字典:

以文本或其他(固定值的)Python 对象作为索引的数组或列表式对象称为字典。字典在用单个数据结构

---

① https://docs.python.org/3/tutorial/modules.html#packages。

② http://python-future.org/compatible_idioms.html。

③ http://python-future.org/futurize.html#forwards-conversion-stage1。

来存储对象的通用集合时非常有用。表 6.1 列出了重要的字典操作。

表 6.1　重要的字典操作

语 法 结 构	含 　义
a＝{}	初始化一个空字典
a＝{'point': [0,0.1], 'value': 7}	初始化字典
a＝dict(point＝[2,7], value＝3)	初始化字典
a.update(b)	利用 b 中的键-值对来添加/更新 a
a.update(key1＝value1, key2＝value2)	添加/更新 a 中的键-值对
a['hide']＝True	将新的键-值对添加到 a 中
a['point']	获取键 point 对应的值
for key in a:	以未指定的顺序对键进行循环
for key in sorted(a):	按字母序对键进行循环
'value' in a	若字符串 value 是 a 中的键,则返回 True
del a['point']	从 a 中删除键为 point 的键-值对
list(a.keys())	键列表
list(a.values())	值列表
len(a)	a 中键-值对的个数
isinstance(a, dict)	如果 a 是字典,则返回 True

字符串:

下面列出了字符串对象 s 上一些常见的功能。

利用分隔符 delimter 将字符串拆分为若干子串:

```
words =s.split(delimiter)
```

将字符串列表中的元素连接起来:

```
newstring =delimiter.join(words[i:j])
```

提取子串:

```
substring =s[2:n-4]
```

用新的字符串 replacement 替换子串 substr:

```
s_new =s.replace(substr, replacement)
```

检查某个字符串中是否包含指定的子串:

```
if 'some text' in s:
    ...
```

查找文本开始处对应的索引：

```
index = s.find(text)
if index == -1:
    print 'Could not find "%s" in "%s" (text, s)'
else:
    substring = s[index:]          #strip off chars before text
```

扩展字符串：

```
s += another_string          #append at the end
s = another_string + s       #append at the beginning
```

检查字符串是否仅包含空格：

```
if s.isspace():
    …
```

注意：不能像更改列表中的元素一样更改字符串中的字符（在这个意义上，字符串像一个元组）。此时，必须创建一个新的字符串：

```
>>>filename = 'myfile1.txt'
>>>filename[6] = '2'
Traceback (most recent call last):
    …
TypeError: 'str' object does not support item assignment
>>>filename.replace('1', '2')
'myfile2.txt'
>>>filename[:6] + '2' + filename[7:]        #'myfile' + '2' + '.txt'
'myfile2.txt'
```

下载 Internet 文件

如果知道 Internet 文件的 URL，就可以下载该文件：

```
import urllib
url = 'http://www.some.where.net/path/thing.html'
urllib.urlretrieve(url, filename='thing.html')
```

下载的信息会存放在当前工作文件夹下本地文件 thing.html 中。也可以将 URL 作为文件对象打开：

```
webpage = urllib.urlopen(url)
```

HTML

如果用字符串操作来对 HTML 文件进行解析，结果通常显得很杂乱。

术语：

本章涉及的重要计算机科学术语如下：

- 字典。
- 字符串与字符串操作。
- CSV 文件。
- HTML 文件。

6.7.2 示例：文件数据库

问题

假设有一个文件包含了学生所修课程的相关信息。文件格式由包含学生数据的块组成，其中每个数据块以学生的姓名（Name：）开头，接下来是学生所修的课程。每个课程占一行，以课程名称开始，然后是考试时间（所在学期），后面是课程的学分，最后是成绩（用字母 A～F 表示）。下面给出一个包括 3 个学生条目的文件示例：

```
Name: John Doe
Astronomy                          2003 fall 10 A
Introductory Physics               2003 fall 10 C
Calculus I                         2003 fall 10 A
Calculus II                        2004 spring 10 B
Linear Algebra                     2004 spring 10 C
Quantum Mechanics I                2004 fall 10 A
Quantum Mechanics II               2005 spring 10 A
Numerical Linear Algebra           2004 fall 5 E
Numerical Methods                  2004 spring 20 C


Name: Jan Modaal
Calculus I                         2005 fall 10 A
Calculus II                        2006 spring 10 A
Introductory C++ Programming       2005 fall 15 D
Introductory Python Programming    2006 spring 5 A
Astronomy                          2005 fall 10 A
Basic Philosophy                   2005 fall 10 F


Name: Kari Nordmann
Introductory Python Programming    2006 spring 5 A
Astronomy                          2005 fall 10 D
```

接下来，要将这个文件读入字典 data，以学生姓名作为键，以课程列表作为值。课程列表中的每个元素是一个包含课程名称、学期、学分和成绩的字典。data 字典中的值类似于

```
'Kari Nordmann': [{'credit': 5,
                   'grade': 'A',
                   'semester': '2006 spring',
                   'title': 'Introductory Python Programming'},
                  {'credit': 10,
                   'grade': 'D',
                   'semester': '2005 fall',
                   'title': 'Astronomy'}],
```

有了 data 字典，下一个任务是打印每个学生的平均成绩。

解

首先可以将该问题分成两个主要任务：将文件数据加载到 data 字典中，然后计算平均成绩。很自然地，这两个任务通过两个函数来实现。

首先，需要一个策略来读取文件和解析其内容。很自然的方式是逐行读取文件，并且对于每一行，检查该行是包含新的学生姓名的行、课程信息行还是空行。如果是空行，则跳到循环的下一轮；如果这一行出现了新的学生姓名，则需要在 data 字典中创建一个新的条目并初始化为空列表；如果是课程信息行，则需要解析该行的内容，这一点后面再介绍。

现在可以用一个尚不完全的 Python 代码片段来描述上述算法的框架：

```python
def load(studentfile):
    infile = open(studentfile, 'r')
    data = {}
    for line in infile:
        i = line.find('Name:')
        if i != -1:
            #line contains 'Name:', extract the name.
            ...
        elif line.isspace():       #Blank line?
            continue               #Yes, go to next loop iteration.
        else:
            #This must be a course line, interpret the line.
            ...
    infile.close()
    return data
```

如果发现'Name：'是 line 中的子串，则必须提取其中的姓名信息。这可以通过子串 line[i+5：]来提取。也可以利用冒号来拆分该行，并取出第一个单词：

```python
words = line.split(':')
name = ' '.join(words[1:])
```

最后给出的程序选择了把姓名作为子串进行提取的策略。

每个课程信息行可以很自然地拆分为一个个单词，以提取信息：

```python
words = line.split()
```

课程名称由多个单词组成，但事先不知道到底有多少个。不过，能够知道每行后面的几个单词包含了学期、学分和成绩。因此，可以从右边开始计数并提取信息。当完成了学期信息的提取后，words 列表中剩下的单词就是课程的名称。代码如下：

```python
grade = words[-1]
credit = int(words[-2])
semester = ' '.join(words[-4:-2])
course_name = ' '.join(words[:-4])
data[name].append({'title': course_name,
                   'semester': semester,
                   'credit': credit,
                   'grade': grade})
```

这个代码是一个很好的示例,可以展示从文本提取信息时拆分和连接操作的有用性。

接下来的任务是计算平均成绩。由于成绩是字母,不能直接用它们来计算。一种自然的方法是将字母先转换为数值,计算平均值,然后将该值转换回字母。字母和数值之间的转换通过字典很容易实现:

```
grade2number = {'A': 5, 'B': 4, 'C': 3, 'D': 2, 'E': 1, 'F': 0}
```

为了将数值转换成等级,构造如下逆字典:

```
number2grade = {}
for grade in grade2number:
    number2grade[grade2number[grade]] = grade
```

计算平均成绩时,应该使用加权和,学分较大的课程权重比学分较小的课程的权重要大。具有权重 $w_i (i = 0, 1, \cdots, n-1)$ 的一组数值 r_i 的加权平均值由下式给出:

$$\frac{\sum_{i=0}^{n-1} w_i r_i}{\sum_{i=0}^{n-1} w_i}$$

然后,将此加权平均值舍入为最接近的整数,后面就可以作为键,在 number2grade 中找到相应的等级,并表示为一个字母。权重 w_i 自然地取该生成绩为 r_i 的课程对应的学分的数值。整个过程由以下函数实现:

```
def average_grade(data, name):
    sum = 0; weights = 0
    for course in data[name]:
        weight = course['credit']
        grade = course['grade']
        sum += grade2number[grade] * weight
        weights += weight
    avg = sum/float(weights)
    return number2grade[round(avg)]
```

完整的代码可在文件 students.py 中找到。运行该程序,将得到如下平均成绩的输出:

```
John Doe: B
Jan Modaal: C
Kari Nordmann: C
```

students.py 代码的一个特征是输出以学生的姓排序。如何实现这一点? 直接使用 for name in data 循环将以未知(随机)顺序访问键。如果要按字母序访问键,需要使用

```
for name in sorted(data):
```

默认排序是对 name 字符串中的首字母进行排序。然而,这里想要针对名称的最后一部分(姓)排序。这样,可以编写代码构建一个自定义的排序函数(习题 3.39 介绍了如何自定义排序函数)。如下函数会提取名称中的最后一个单词,并进行比较:

```
def sort_names(name1, name2):
    last_name1 = name1.split()[-1]
```

```
last_name2 =name2.split()[-1]
if last_name1 <last_name2:
    return -1
elif last_name1 >last_name2:
    return 1
else:
    return 0
```

现在可以将 sort_names 传给 sorted 函数,以获得针对学生姓名中最后一个单词进行排序所得的序列:

```
for name in sorted(data, sort_names):
    print '%s: %s' % (name, average_grade(data, name))
```

6.8　习题

习题 6.1: 利用表格创建字典。

文件 src/files/constants.txt[①] 包含了一张表格,其中给出了物理学中一些基本常量的值和维度。需要将这个表格加载到字典 constants 中,以常量的名称作为键。例如,constants['gravitational constant']是牛顿万有引力定律中的万有引力常数(6.67259×10^{-11})的值。创建一个读取和解析文件中文本的函数,最后返回字典。

文件名:ex6-01-fundamental_constants.py。

习题 6.2: 探索语法差异:列表与词典。

考虑如下代码:

```
t1 ={}
t1[0] =-5
t1[1] =10.5
```

解释为什么上面的代码可以工作正常,而下面的则不行:

```
t2 =[]
t2[0] =-5
t2[1] =10.5
```

如何修改上面的代码片段才能使其正常工作?

文件名:ex6-02-list_vs_dict.py。

习题 6.3: 使用字符串操作来改进程序。

考虑 6.1.5 节中的程序 density.py。这个程序有一个问题,就是物质的名称只能包含一个或两个单词,而更复杂的表格可能包含名称是由几个单词组成的物质。本习题的目的是使用字符串操作来缩短代码,并使其更加通用和优雅。

a. 创建一个 Python 函数,让 substance 对应的物质名字由多个单词组成,这些单词是将 line 拆分所得的除了最后一个单词(表示相应密度的值)之外的所有剩下的单词。使用字符串对象中的 join 方法可将这些单

---

① http://tinyurl.com/pwyasaa/dictstring/constants.txt。

词组合起来构成物质的名称。

　　b. 经观察发现，文件 densities. dat 中的所有密度值都是从同一列开始的。编写一个替代函数，利用子串索引将 line 分为两部分（substance 和 density）。

　　提示：记得要剥除第一部分，以冰为例，就是使得冰的密度通过 densities['ice'] 而不是 densities['ice '] 来得到。

　　c. 创建一个测试函数，调用上述两个函数，然后进行测试，看它们产生的结果是否相同。

　　文件名：ex6-03-density_improved. py。

　　习题 6.4: 解释程序的输出。

　　程序 src/funcif/lnsum. py 产生的输出包括如下信息：

```
epsilon: 1e-04, exact error: 8.18e-04, n=55
epsilon: 1e-06, exact error: 9.02e-06, n=97
epsilon: 1e-08, exact error: 8.70e-08, n=142
epsilon: 1e-10, exact error: 9.20e-10, n=187
epsilon: 1e-12, exact error: 9.31e-12, n=233
```

　　将输出重定向到一个文件（通过 python lnsum. py > file）。编写一个 Python 程序读取该文件并提取与 epsilon、exact error 和 n 对应的数值。将数值存储在 3 个数组中，并绘制出关于 n 的 epsilon 和 exact error 曲线。在 y 轴上使用对数标度。

　　提示：函数 semilogy 是 plot 的替代，它可以在 y 轴上给出对数标度。

　　文件名：ex6-04-read_error. py。

　　习题 6.5：制作字典。

　　基于习题 3.39 中的星体数据，创建一个字典，其中以星体名称为键，以相应的光度为值。

　　文件名：ex6-05-stars_data_dict1. py。

　　习题 6.6: 制作嵌套字典。

　　将习题 3.39 中的星体数据存储在一个嵌套字典中，使得可以用如下方式查询名为 N 的星体的距离、视亮度和光度：

```
stars[N]['distance']
stars[N]['apparent brightness']
stars[N]['luminosity']
```

　　提示：将 stars. txt 中的文本复制到程序中来实现对数据的初始化。

　　文件名：ex6-06-stars_data_dict2. py。

　　习题 6.7: 用文件创建嵌套字典。

　　文件 src/files/human_evolution. txt[①] 保存了关于各种人种的身高、体重和脑容量的信息。编写一个程序，读取此文件并将表格数据存储在嵌套字典 humans 中。humans 的键对应于物种名称（例如 homo erectus），而值是以 height、weight、brain volume 和 when（物种什么时候存在）为键的字典。例如，humans['homo neanderthalensis']['mass'] 应该等于 '55-70'。让程序以类似于文件中的表格形式输出 humans 字典。

　　文件名：ex6-07-humans. py。

---

　　①　http://tinyurl. com/pwyasaa/dictstring/human_evolution. txt。

习题 6.8: 用文件创建嵌套字典。

气体的粘度 μ 取决于温度。对于一些气体,可以采用如下公式:

$$\mu(T) = \mu_0 \frac{T_0 - C}{T + C} \left(\frac{T}{T_0}\right)^{1.5}$$

其中常量 C、T_0 和 μ_0 的值在文件 src/files/viscosity_of_gases.dat[①] 中可以找到。温度以开尔文单位计算的。

a. 将文件加载到嵌套字典 mu_data,以便通过 mu_data[name][X] 查找名称为 name 的气体的 C、T_0 和 μ_0,其中 X 是'C'表示 C,是'T_0'表示 T_0,是'mu_0'表示 μ_0。

b. 编写函数 mu(T, gas, mu_data) 来计算名为 gas(根据文件)的气体的 $\mu(T)$ 以及 mu_data 中关于常数 C、T_0 和 μ_0 的信息。

c. 绘制空气、二氧化碳和氢气在 $T \in [223, 373]$ 段的 $\mu(T)$。

文件名:ex6-08-viscosity_of_gases.py。

习题 6.9: 计算三角形面积。

本习题的目的是像习题 3.16 一样编写 area 函数,但现在假设三角形的顶点被存储在一个字典而不是列表中。字典中的键对应顶点编号(1、2 或 3),而值则是顶点 x、y 坐标构成的二元组。例如,顶点为 $(0,0)$、$(1,0)$ 和 $(0,2)$ 的三角形的 vertices 参数为

```
{1: (0,0), 2: (1,0), 3: (0,2)}
```

文件名:ex6-09-area_triangle_dict.py。

习题 6.10: 采用不同数据结构实现多项式并进行比较。

编写一个代码片段,使用列表和字典来表示多项式 $-(1/2) + 2x^{100}$。打印列表和字典,并使用它们来计算 $x = 1.05$ 的多项式的值。

提示:可以使用 6.1.3 节的 eval_poly_dict 和 eval_poly_list 函数。

文件名:ex6-10-poly_repr.py。

习题 6.11: 计算多项式的导数。

正如 6.1.3 节已经阐述的那样,多项式可以通过一个字典来表示。编写函数 diff 来计算这样一个多项式的导数。diff 函数将多项式作为字典类型参数,并返回其导数的字典表示。下面给出一个使用函数 diff 的示例:

```
>>>p = {0: -3, 3: 2, 5: -1}    # -3 + 2 * x**3 - x**5
>>>diff(p)                      # should be 6 * x**2 - 5 * x**4
{2: 6, 4: -5}
```

提示:多项式求导公式

$$\frac{\mathrm{d}}{\mathrm{d}x} \sum_{j=0}^{n} c_j x^j = \sum_{j=1}^{n} j c_j x^{j-1}$$

意味着导数中的 x^{j-1} 项的系数等于原多项式中 x^j 项系数的 j 倍。用 p 作为多项式字典,dp 作为其导数的字典,那么遍历 p 中所有键时,将得出 dp[j−1] = j * p[j](j = 0 除外)。

文件名:ex6-11-poly_diff.py。

习题 6.12: 在命令行上指定函数。

解释下面两个代码片段的功能,并给出一个例子展示如何应用它们。

---

① http://tinyurl.com/pwyasaa/dictstring/viscosity_of_gases.txt。

提示：阅读 4.3.3 节关于 StringFunction 工具和附录 H 的 H.7 节关于可变数量关键字参数的内容。

a. 代码片段 1：

```
import sys
from scitools.StringFunction import StringFunction
parameters ={}
for prm in sys.argv[4:]:
    key, value =prm.split('=')
    parameters[key] =eval(value)
f =StringFunction(sys.argv[1], independent_variables=sys.argv[2],
             **parameters)
var =float(sys.argv[3])
print f(var)
```

b. 代码片段 2：

```
import sys
from scitools.StringFunction import StringFunction
f =eval('StringFunction(sys.argv[1], ' +\
    'independent_variables=sys.argv[2], %s)' %\
    (', '.join(sys.argv[4:])))
var =float(sys.argv[3])
print f(var)
```

文件名：ex6-12-cml_functions.py。

习题 6.13: 解析函数规约说明。

为了描述关于独立变量 $x_1, x_2, x_3, \cdots$ 和一系列参数 $p_1, p_2, p_3, \cdots$ 的任意函数 $f(x_1, x_2, x_3, \cdots; p_1, p_2, p_3, \cdots)$，在命令行或文件中允许以下语法：

```
<expression>is a function of <list1>with parameter(s) <list2>
```

其中，<expression>表示函数公式，<list1>是以逗号分隔的独立变量列表，<list2>是以逗号分隔的 name=value 参数列表。如果没有参数，则可以省去 with parameter(s) <list2>的部分。独立变量的名称和参数可以自由选择，只要名称能够用作合法的 Python 变量即可。下面给出 4 个不同的示例来说明如何在命令行中利用此语法来描述函数规约：

```
sin(x) is a function of x
sin(a * y) is a function of y with parameter(s) a=2
sin(a * x-phi) is a function of x with parameter(s) a=3, phi=-pi
exp(-a * x) * cos(w * t) is a function of t with parameter(s) a=1,w=pi,x=2
```

创建一个 Python 函数，以这样的函数规约说明作为输入，并返回一个合适的 StringFunction 对象。该对象必须由函数表达式和独立变量与参数列表创建。例如，上面的最后一个函数规约说明通过以下 StringFunction 来创建：

```
f =StringFunction('exp(-a * x) * cos(w * t)',
             independent_variables=['t'],
             a=1, w=pi, x=2)
```

编写一个测试函数来验证该实现(在每次测试之前,为 sys. argv 赋予合适的内容)。

提示:使用字符串操作来提取字符串的各个部分。例如,可以通过调用 split('is a function of')来切分表达式。通常,需要提取＜expression＞、＜list1＞和＜list2＞,并创建一个形如

```
StringFunction(<expression>, independent_variables=[<list1>], <list2>)
```

的字符串,然后传递给 eval 来创建对象。

文件名:ex6-13-text2func. py。

习题 6.14: 比较不同城市的平均气温。

归档压缩包 src/misc/city_temp. tar. gz[①] 中的一组文件包含世界各地大量城市的温度数据。这些文件以 4 列的文本格式分别表示月份、日期、年份和温度。缺失的温度观测值用-99 表示。文本文件名称和城市名称之间的映射在 HTML 文件 citylistWorld. htm 中定义。

a. 编写一个函数,读取 citylistWorld. htm 文件,并创建一个城市和文件名之间映射的字典。

b. 编写一个函数,以这个字典和一个城市名称作为输入,打开相应的文本文件,并将数据加载到合适的数据结构(建议考虑由数组和城市名称组成的字典)中。

c. 编写一个函数,以多个数据结构和相应的城市名称作为参数,绘制一段时间内的温度图。

文件名:ex6-14-temperature_data. py。

习题 6.15: 产生带图片的 HTML 报告。

本习题的目的是编写程序,输出包含习题 5.33 的解的 HTML 格式报告。首先,复制习题 5.33 的程序,如有必要,可以添加额外的解释文本。程序代码可以放在＜pre＞和＜/pre＞标签之间;然后,插入 3 张分别关于 3 个不同 t 值的 $f(x,t)$ 函数的图像(选择合适的 t 值来展示波包的位移);最后,加入一个动画 GIF 文件来展示 $f(x,t)$ 的图形,可以在需要的地方插入标题(使用＜h1＞标签)。

文件名:ex6-15-wavepacket_report. py。

习题 6.16: 允许函数参数的不同类型。

考虑 6.5.2 节中的 find_consensus_v * 函数族。该函数的不同版本可以用于频率矩阵的不同表达方式。编写一个统一的 find_consensus 函数,能接受不同的表示 frequency_matrix 的数据结构。对于不同的数据结构类型进行测试,并执行必要的操作。

文件名:ex6-16-find_consensus. py。

习题 6.17: 增强函数的鲁棒性。

回顾 6.5.3 节的函数 get_base_counts(dna),它计算 A、C、G、T 在字符串 dna 中出现的次数:

```
def get_base_counts(dna):
    counts = {'A': 0, 'T': 0, 'G': 0, 'C': 0}
    for base in dna:
        counts[base] += 1
    return counts
```

遗憾的是,如果 dna 中有其他字母,这个函数就无法工作。编写一个增强版的 get_base_counts2 函数来解决该问题,并使用类似于 ADLSTTLLD 的字符串对其进行测试。

文件名:ex6-17-get_base_counts2. py。

---

① http://tinyurl.com/pwyasaa/misc/city_temp. tar. gz。

习题 6.18: 计算外显子内部和外部的碱基的比例。

考虑 6.5.4 节和 6.5.5 节中描述的乳糖酶基因。乳糖酶基因中外显子内部和外部的碱基 A 的比例是多少？

提示：编写函数 get_exons，返回相连外显子区域内的所有子串。再编写函数 get_introns，返回相连外显子区域之间的所有子串。6.5.3 节中的函数 gat_base_frequencies 可用来分析这两个字符串中碱基 A、C、G、T 的频率。

文件名：ex6-18-prop_A_exons.py。

第 7 章　Python 类简介

一个类的作用是将一组数据与与其相应的操作封装在一起。使用类的目的是通过数据与操作的封装获得粒度更小、更易于维护的代码单元。虽然本书中绝大多数计算并不需要通过定义类给出实现,但在许多问题中,基于类的实现往往使解决方案变得更加优雅且更具有可扩展性。在处理非数学问题时,一般无法借助于相关的数学概念和算法来解决问题,这时大规模软件开发就可能变得非常困难。这时,通过使用类,将有助于加深对问题的理解,有助于简化对程序中数据、操作建模的过程。出于这个原因,当今世界上几乎所有大型软件系统都是基于类设计和实现的。

绝大多数现代编程语言,包括 Python,都支持类这种机制。人们在 Python 编程中频繁地使用类,却往往不去深究"类是什么"这个问题。然而,当浏览相关书籍或在网络上搜索关于 Python 编程的相关资料时,会频繁地接触到类的概念。正如前面所述,使用类往往能够得到更好的编程解决方案。本章介绍类的概念,重点是类在数值计算的应用。关于类的更高级应用,如继承和面向对象,将在第 9 章中介绍。

7.1　简单函数类

在科学计算的许多方面都会用到类,最常见的情形是用类来表示那些除若干个独立变量之外还具有其他参数的数学函数。在 7.1.1 节中会说明为什么这样的数学函数会给编程带来困难,7.1.2 节中展示如何使用类来解决该困难。7.1.4 节中给出另一个例子——用一个类表示一个数学函数。关于类的一些高级内容会在 7.1.5 节和 7.1.6 节中介绍。这些能够帮助某些读者更清晰地理解类的概念。当然,在第一次阅读时,读者也可以跳过这些内容。

7.1.1　挑战: 带参数的函数

本章用带参数的函数来引入类的概念。以函数 $y(t) = v_0 t - \frac{1}{2} g t^2$ 为例。在物理学中,y 被视为 t 的函数,但是 y 也取决于其他两个参数 v_0 和 g,虽然一般不会将 y 视为这两个参数的函数。可以用 $y(t; v_0, g)$ 来表示 t 是独立变量,而 v_0 和 g 是参数。但是,g 这个参数一般是不变的,只要位于地面附近,就可以将 g 视为常量。因此公式中只有 v_0 和 t 的值可被选择。所以,将函数写成 $y(t; v_0)$ 更好。

再看更一般的情况,对于一个关于 x 的函数 $f(x; p_1, p_2, \cdots, p_n)$,它有 n 个参数 $p_1, p_2, \cdots, p_n$。例如下面的函数:

$$g(x; A, a) = A e^{-ax}$$

应该如何实现呢? 最容易想到的方法是将自变量和参数作为参数:

```
def y(t, v0):
    g = 9.81
    return v0 * t - 0.5 * g * t**2

def g(x, a, A):
    return A * exp(-a * x)
```

这样做有一个问题：许多重要的运算只能应用于单变量（单参数）函数。例如，通过如下的近似：

$$f'(x) \approx \frac{f(x+h) - f(x)}{h} \tag{7.1}$$

计算函数 $f(x)$ 微分的方法可编码如下：

```
def diff(f, x, h=1E-5):
    return (f(x+h) - f(x))/h
```

diff 能够作用于任何单参数函数：

```
def h(t):
    return t**4 + 4 * t

dh = diff(h, 0.1)

from math import sin, pi
x = 2 * pi
dsin = diff(sin, x, h=1E-6)
```

然而 diff 不能应用于前面定义的 $y(t, v0)$ 函数。调用 diff(y, t) 会出现内部错误，因为 diff 尝试用单个参数调用 y，但 y 需要两个参数。

为含有两个参数的函数另写一个 diff 函数并不是一个彻底的解决办法，因为它将允许的参数集合限制为一个非常特殊的群体，即那些具有一个独立变量和一个参数的函数的函数。程序设计的一个基本原则是尽量扩展代码的适用范围。目前，diff 函数应该只适用于那些单变量函数，因此只能让 f 仅含一个参数。

综上，函数参数不匹配是一个非常重要的问题，因为许多库都只接收单变量数学函数，包括积分、微分、求解形如 $f(x)=0$ 的方程、求极值等。当我们所提供的函数参数超过一个时，库函数的调用就会中止，而且这样的错误并不容易发觉。

因此，需要定义单变量数学函数的 Python 实现。上面的两个例子可重新实现如下：

```
def y(t):
    g = 9.81
    return v0 * t - 0.5 * g * t**2

def g(t):
    return A * exp(-a * x)
```

这些函数仅在 v0、A 和 a 是全局变量且在调用前已经初始化的情况下才能用。下面是两个调用示例，其中 diff 用来求 y 和 g 的微分：

```
v0 = 3
dy = diff(y, 1)

A = 1; a = 0.1
dg = diff(g, 1.5)
```

但是使用全局变量是一个不太好的办法。一个问题是：当一个函数有多个版本时，在调用时就会很麻烦。假设函数 y(t) 有两个版本，一个对应 $v0=1$，另一个对应 $v0=5$。每一次调用时，都必须记清应该使用哪一个

版本,并在调用前相应地设置 v0 的值:

```
v0 = 1; r1 = y(t)
v0 = 5; r2 = y(t)
```

另一个问题是:像 v0、a 和 A 这样名字非常简单的变量,很容易在程序的其他部分也被作为全局变量使用,这些部分可能改变 v0,这会影响函数 y 的正确性。在这种情况下,说明改变 v0 有副作用,也就是说,这个改变会影响程序地其他部分。编程的一个黄金法则是应该尽可能减少全局变量的使用。

另一种解决方案是编写两个 y 函数,每个都有一个单独的 v0 参数:

```
def y1(t):
    g = 9.81
    return v0_1 * t - 0.5 * g * t**2

def y2(t):
    g = 9.81
    return v0_2 * t - 0.5 * g * t**2
```

现在需要对 v0_1 和 v0_2 分别进行初始化,而后才能使用 y1 和 y2。然而,如果有 100 个 v0 参数,就需要给出 100 个函数实现。这对编程来说是非常枯燥的,而且容易出错,难以管理,因此不是一个好的解决方案。

那么,有没有好的补救办法呢? 答案是肯定的:类可以解决上述所有问题。

7.1.2　将函数表示为类

一个类的内部包含一组变量(数据)和一组函数(操作),它们作为一个功能单元组织在一起。变量在类内的所有函数中可见,也就是说,可以在这些函数中将变量视为全局的。这个特性同样也适用于模块,并且模块也可以提供与类相同的许多优点(参见 7.1.6 节中的说明)。然而,从技术角度来看,类与模块非常不同:一个类可以生成多个副本,而一个模块只能有一个副本。当掌握了模块和类的概念后,就能非常清楚地看到它们的相似性和差异性。现在给出一个具体的关于类的例子。

考虑函数 $y(t;v_0) = v_0 t - \dfrac{1}{2} g t^2$。将数学变量 v_0 和 g 分别对应于程序变量 v0 和 g,就构成了数据部分。再编写一个 Python 函数,例如 value(t),来计算 $y(t;v_0)$ 的值,这个函数必须能够访问数据 v0 和 g,并以 t 作为参数。

熟悉类的程序员会将数据 v0 和 g 及函数 value(t)作为成员收集在一起。此外,类通常具有另一个函数,称为构造函数,用于初始化数据。构造函数名总是 __init__。每个类必须有一个名称,通常以大写字母开头,这里选择 Y 作为其名称,因为该类表示了一个名为 y 的数学函数。图 7.1 用 UML 图描绘了 Y 类的内容。该类将在文件 class_Y_v1_UML.py 中被创建。一个 UML 图有两个框,其中一个列出了所有函数,另一个列出了所有变量。下一步,将基于 Python 实现这个类。

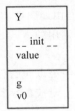

图 7.1　简单类 Y 中的函数和数据的 UML 图,用于表示数学函数 $y(t;v0)$

实现

实现类 Y 的完整 Python 代码如下:

```
class Y:
    def __init__(self, v0):
```

```
        self.v0 = v0
        self.g = 9.81

    def value(self, t):
        return self.v0 * t - 0.5 * self.g * t**2
```

对于刚刚接触类的人而言，最大的困惑之处在于 self 参数，这可能得花一些时间去理解。

用法和解析

在深入解释类的实现中的每行代码之前，下面先展示如何使用类来计算数学函数 $y(t; v_0)$ 的值。

一个类对应一种新的数据类型，这里是 Y，所以在使用类来创建对象时，这些对象的类型都是 Y（实际上，所有的标准 Python 对象，如列表、元组、字符串、浮点数、整数等，都是内置的 Python 类，具有名称 list、tuple、str、float、int 等）。用户自定义类（如 Y）的对象通常称为实例。这里需要生成这样一个实例，以便使用类中的数据并调用 value 函数。下列语句用来构造绑定到变量名 y 的实例：

```
y = Y(3)
```

看起来，生成 Y 的实例就像调用函数一样。

实际上，Y(3) 被 Python 自动转换为调用 Y 的构造函数 __init__。调用中的参数（这里只有数字 3）总是作为参数传递给 __init__ 中 self 后面的变量。也就是说，v0 获得值 3，self 在调用中被丢弃。这可能有点让人不解，但是这是一个规则，self 变量从不用于类中的函数调用。有了实例 y，就可以通过以下语句计算 y 的值（t=0.1，v0=3）：

```
v = y.value(0.1)
```

这里，self 参数同样在调用 value 时被丢弃。要访问类中的函数和变量，必须使用实例的名称和一个点（.）作为函数和变量名的前缀，value 函数可以通过 y.value 访问，而变量以 y.v0 和 y.g 访问。例如，可以通过如下语句打印实例 y 中 v0 的值：

```
print y.v0
```

这时，会获得输出 3。

上面已经引入了术语实例，它表示类的对象。类中的函数通常称为方法，类中的变量（数据）称为数据属性，方法也称为方法属性。在类 Y 中，有两个方法属性 __init__ 和 value 以及两个数据属性 v0 和 g，总共 4 个属性。虽然属性名称可以自由地选择，但是构造函数必须命名为 __init__，否则在创建新的实例时不会自动调用它。

一个普遍使用的方式是使用构造函数初始化类中的变量，当然也可以通过其他的做法达到该目的。

类的扩展

在一个类中可以包含任意有限多个属性，所以可以在类 Y 中添加一个称为 formula 的新方法。它用来打印数学公式 y 对应的字符串。打印这个公式时，需要提供 v0 的值。因此，公式字符串可以表示为

```
'v0 * t - 0.5 * g * t**2; v0=%g' % self.v0
```

其中 self 是 Y 类的一个实例。调用 formula 不需要任何参数，只需

```
print y.formula()
```

就可以打印字符串了。虽然 formula 方法不需要任何参数，但它必须有一个 self 变量，该变量在调用中被忽略，但是在方法内部访问属性时要用到。因此，该方法的实现为

```
def formula(self):
    return 'v0 * t - 0.5 * g * t**2; v0=%g' % self.v0
```

Y 类的完整的代码如下：

```
class Y:
    def __init__(self, v0):
        self.v0 = v0
        self.g = 9.81

    def value(self, t):
        return self.v0 * t - 0.5 * self.g * t**2

    def formula(self):
        return 'v0 * t - 0.5 * g * t**2; v0=%g' % self.v0
```

一个使用示例如下：

```
y = Y(5)
t = 0.2
v = y.value(t)
print 'y(t=%g; v0=%g) =%g' % (t, y.v0, v)
print y.formula()
```

输出结果为

```
y(t=0.2; v0=5) = 0.8038
v0 * t - 0.5 * g * t**2; v0=5
```

在类编程中要注意缩进。对于新手来说，一个普遍性的问题是代码中缩进的使用。不要将类中函数代码与数据属性置于相同的缩进层次。只有属性定义和静态数据成员（见 7.6 节）的赋值可以出现在 class 的下一级缩进块中。普通数据属性的赋值必须在方法内部完成。使用类的主程序必须与 class 有相同的缩进。像普通函数一样使用方法可以创建几个具有不同的 $v0$ 值的 y 函数：

```
y1 = Y(1)
y2 = Y(1.5)
y3 = Y(-3)
```

于是，可以将 y1. value、y2. value 和 y3. value 当作关于 t 的普通函数，可将它们传递给任何需要单变量函数的 Python 函数。特别地，也可以将它们传递给 7.1.1 节中的 diff(f,x) 函数：

```
dy1dt = diff(y1.value, 0.1)
dy2dt = diff(y2.value, 0.1)
dy3dt = diff(y3.value, 0.2)
```

这样，在 diff(f,x) 函数内部，参数 f 表现为带有两个参数 v0 和 g 的单变量函数。当 f 指向 y3. value 时，Python 知道 f(x)等同于 y3. value(x)，并且在 y3. value 方法内部 self 是 y3，于是它可以访问 y3. v0 和 y3. g。

新式类与旧式类

在 Python 2 中，下列代码

```
class V:
    ...
```

得到的是一个旧式类或者经典类。在 Python 2. 2 的修订中，给出了新式类的规范，它要求类名后面加上（object）：

```
class V(object):
    ...
```

新式类包含更多的功能，因此一般建议使用新式类。从现在开始，将类声明写为 V(object)而不是 V。而在 Python 3 中，无论将类声明写成 V 还是 V(object)，生成的类都是新式的。

文档字符串

在 3. 1. 11 节中提到，在函数定义之后可以跟一个文档字符串。文档字符串的作用是对函数进行解释，例如参数和返回值是什么。类也可以有一个文档字符串，它紧跟在 class 所在行后面。习惯上，将文档字符串放在一对三引号("""）之间：

```
class Y(object):
"""The vertical motion of a ball."""
def __init__(self, v0):
    ...
```

更全面的信息可以包括方法的说明以及如何在交互式会话中使用类：

```
class Y(object):
    """
    Mathematical function for the vertical motion of a ball.

    Methods:
        constructor(v0): set initial velocity v0.
        value(t): compute the height as function of t.
        formula(): print out the formula for the height.

    Data attributes:
        v0: the initial velocity of the ball (time 0).
        g: acceleration of gravity (fixed).

    Usage:
    >>>y = Y(3)
    >>>position1 = y.value(0.1)
    >>>position2 = y.value(0.3)
    >>>print y.formula()
    v0 * t - 0.5 * g * t**2; v0=3
    """
```

7.1.3　self 变量

现在解释 self 参数和类方法是如何工作的。在构造函数__init__内部,参数 self 是一个用于保存将要构造的新实例的变量。下面的代码

```
self.v0 =v0
self.g =9.81
```

就为该类定义了两个新的数据属性。self 参数隐式地返回到调用点。Python 将 y = Y(3) 转换为如下的调用:

```
Y.__init__(y, 3)
```

于是,self 就成为要构造的新实例。所以在构造函数中执行 self. v0 = v0 时,实际上是 p 将 v0 赋给了 y. v0。带有前缀 Y. 的访问方式类似于模块中函数(如 math. exp)的访问方式。若使用 Y. 前缀进行访问,则需要显式地为 self 变量传递一个实例,如上面代码行中的 y。但是如果用 y. 前缀(实例名称),则不需要这个 self 变量,Python 会自动将 y 实例赋值给 self 变量。后一种"实例名前缀"是常用的方式。Y. __init__(y,3)不能工作,因为此时 y 尚未定义,且它应该为一个 Y 对象。但是,如果通过 y = Y(2)首先创建 y,然后再调用 Y. __init__(y,3),却是可以的,在该调用后 y. v0 为 3。

现在,通过对 value 方法的调用来观察关于 self 变量的类似用法。下面的代码

```
value =y.value(0.1)
```

将被转换为如下调用:

```
value =Y.value(y, 0.1)
```

于是,实例 y 被代入到 value 方法中的 self 参数中。换言之,value 方法的内部表达式

```
self.v0 * t -0.5 * self.g * t**2
```

等同于

```
y.v0 * t -0.5 * y.g * t**2
```

当同时拥有某个类的多个实例时,self 的用处会更加明显。创建一个仅包含一个参数的类,可以通过打印此参数的值来区别类实例。此外,每个 Python 对象 obj 都有一个唯一的标志 id(obj),可以通过打印它来识别不同实例。

```
class SelfExplorer(object):
    def __init__(self, a):
        self.a =a
        print 'init: a=%g, id(self)=%d' % (self.a, id(self))

    def value(self, x):
        print 'value: a=%g, id(self)=%d' % (self.a, id(self))
        return self.a * x
```

下面是一个关于这个类的交互式会话：

```
>>>s1 = SelfExplorer(1)
init: a=1, id(self)=38085696
>>>id(s1)
38085696
```

可以清楚地看到，构造函数中的 self 与 s1 是同一个对象，可以通过调用构造函数来创建它。

第二个对象可以用如下的方式创建：

```
>>>s2 = SelfExplorer(2)
init: a=2, id(self)=38085192
>>>id(s2)
38085192
```

现在，可以用标准语法 s1.value(x) 或者 SelfExplorer.value(s1，x) 来对 value 方法进行调用。使用两个值 s1 和 s2 就能更好地说明 self 如何分别对应两个实例。同时，可将 SelfExplorer.value 方法看作一个对不同 self 及 x 对象进行操作的函数：

```
>>>s1.value(4)
value: a=1, id(self)=38085696
4
>>>SelfExplorer.value(s1, 4)
value: a=1, id(self)=38085696
4

>>>s2.value(5)
value: a=2, id(self)=38085192
10
>>>SelfExplorer.value(s2, 5)
value: a=2, id(self)=38085192
10
```

上述过程揭示了这样一个事实：当以 s1 和 s2 进行方法调用时，self 变量会分别对应这两个实例。

关于 self 变量的使用规则总结如下：

- 任何类方法必须将 self 作为第一个参数。事实上，第一个参数可以是任何合法的变量名称，但是 self 这个名字是 Python 中广泛接受的约定。
- 在方法体中，self 表示类的（当前）实例。
- 要在类方法中访问类属性，必须用 self 作为前缀，如 self.name，其中 name 是属性的名称。
- self 在类方法的调用中作为参数被丢弃。

7.1.4　另一个函数类的例子

现在，将构造 Y 类的思想应用于下面的函数：

$$v(r) = \left(\frac{\beta}{2\mu_0}\right)^{\frac{1}{n}} \frac{n}{n+1} (R^{1+\frac{1}{n}} - r^{1+\frac{1}{n}})$$

其中 r 是独立变量。也可以把这个函数写成 $v(r; \beta, \mu_0, n, R)$ 以显式地表明它包括一个主要的独立变量参数 r 和 4 个物理参数 β、μ_0、n 和 R。习题 5.40 中给出了一个将 v 作为流体速度的物理解释。下面这个类将物理

参数作为数据属性,并提供了一个 value(r)方法来计算 v 函数:

```
class V(object):
    def __init__(self, beta, mu0, n, R):
        self.beta, self.mu0, self.n, self.R =beta, mu0, n, R

    def value(self, r):
        beta, mu0, n, R =self.beta, self.mu0, self.n, self.R
        n =float(n) #ensure float divisions
        v = (beta/(2.0 * mu0))**(1/n) * (n/(n+1)) * (R**(1+1/n) - r**(1+1/n))
        return v
```

这里有一个新的知识点——可以在同一行中初始化多个变量:

```
self.beta, self.mu0, self.n, self.R =beta, mu0, n, R
```

因为＝两侧由逗号分隔的变量本质上是一个元组,所以这个赋值是有效的。写成多行代码就是

```
self.beta =beta
self.mu0 =mu0
self.n =n
self.R =R
```

在 value 方法中,可以不用 self. 前缀,而直接使用变量名 beta、mu0、n 和 R。这样做可以使公式更易读,也更容易保证书写正确。

备注:另一种解决方案是将函数参数传给某个通用库函数,如 diff。

7.1.5　另一种函数类的实现

为了进一步说明类,现用另一种方法实现 7.1.2 节中的 Y 类。读者可将本节视为高级内容并跳过它。这些知识可以加深对 Y 类以及一般的类编程的了解。

虽然通常会在类中创建一个构造函数并在其中初始化数据属性,但这并不是硬性要求。这里省去构造函数,并将 v_0 作为 value 方法的一个可选参数。若在调用 value 时没有提供 v0 的值,则使用在前次调用中提供并存储为数据属性 self.v0 的值。这可以通过用 None 作为关键字参数的默认值来识别用户是否提供 v0 参数,然后使用语句 if v0 is None 测试即可。

下面是另一种关于类 Y 的实现,这里称之为 Y2:

```
class Y2(object):
    def value(self, t, v0=None):
        if v0 is not None:
            self.v0 =v0
        g =9.81
        return self.v0 * t -0.5 * g * t**2
```

Y2 类中有一个方法和一个数据属性,没提供构造函数,且将 g 作为 value 方法中的局部变量。

那么,在没有构造函数的情况下,如何创建实例呢? 事实上,Python 会为该类自动创建一个默认的构造函数。可以通过语句

```
y = Y2()
```

来创建一个实例 y。因为默认的构造函数中不包含任何操作，所以此时 y 中没有数据属性。所以

```
print y.v0
```

会导致一个异常：

```
AttributeError: Y2 instance has no attribute 'v0'
```

通过调用

```
v = y.value(0.1, 5)
```

可以在 value 函数内部为 self. v0 属性赋值。一般来说，可以在任何方法中创建任何一个属性 name，只要给 self. name 赋一个值即可。现在语句

```
print y.v0
```

会打印出 5。在另一个调用

```
v = y.value(0.2)
```

中，会使用 v0 之前的值(5)。

如果不对 v0 进行初始化，前面的实现会出现问题。例如，代码

```
y = Y2()
v = y.value(0.1)
```

会中止于 value 方法并引发如下异常：

```
AttributeError: Y2 instance has no attribute 'v0'
```

一般情况下，最好为用户提供更多的信息。要检查是否有属性 v0，可以使用 Python 函数 hasattr。只有当实例 self 具有名为'v0'的属性时，调用 hasattr(self，'v0')才会返回 True。改进后的 value 方法变为

```
def value(self, t, v0=None):
    if v0 is not None:
        self.v0 = v0
    if not hasattr(self, 'v0'):
        print 'You cannot call value(t) without first '\
              'calling value(t,v0) to set v0'
        return None
    g = 9.81
    return self.v0 * t - 0.5 * g * t**2
```

也可以在 try-except 块中访问 self. v0，在需要时，引发一个 TypeError 异常（如果函数或方法没有足够的

参数,Python 会自动引发该异常):

```
def value(self, t, v0=None):
    if v0 is not None:
        self.v0 = v0
    g = 9.81
    try:
        value = self.v0 * t - 0.5 * g * t**2
    except AttributeError:
        msg = 'You cannot call value(t) without first'
                'calling value(t,v0) to set v0'
        raise TypeError(msg)
    return value
```

虽然 Python 可以自行检测到 AttributeError,但从使用者的角度来看,这个异常在于没有为调用提供足够的参数,因此返回一个 TypeError 更合适。

一般认为 Y 类比 Y2 类要好,因为前者更简单。正如前面所说,包含构造函数并初始化数据是一个好习惯,不要像 Y2 类中那样随心所欲地记录数据。创建 Y2 类的目的仅为说明 Python 在属性的定义方面提供了很大的灵活性,它不要求类必须包含什么要素。

7.1.6 无构造方法的类

学习者在一开始接触"类"这个概念时,往往需要花一番工夫去理解。本节进一步深入讨论关于无构造方法类的一些细节,以帮助读者加深理解。读者可以直接跳到 7.3 节,因为在本节、7.1.7 节和 7.2 节中不会引入新的重要概念。

一个类包含一个变量(数据)的集合和一个方法(函数)的集合。对于类的不同实例,变量的集合是不同的,这些变量可以看作以变量名为键的字典。因此,每个实例有这样一个字典,并且往往可以将实例本身看作这个字典。当然,实例也可以包含静态数据属性(见 7.6 节),静态数据属性相当于全局变量。

另一方面,方法是所有实例所共有的。可以把类中的方法看作标准的全局函数,它将一个字典形式的实例作为第一个参数。因此,方法可以访问这个实例(字典)中的数据。对于 7.1.2 节中的 Y 类和其实例 y,其方法等价于下列函数:

```
Y.value(y,t)
Y.formula(y)
```

类起到"命名空间"的作用,即所有的函数都必须以类名作为前缀,在这里是 Y。两个不同的类,如 C1 和 C2,可能含有名字相同的函数,例如 value。但此时 value 函数属于不同的命名空间,即它们的全名是 C1. value 和 C2. value,因此它们还是不同的函数。模块同样也是其包含的函数和变量的命名空间(例如 math. sin、cmath. sin 和 numpy. sin)。

Python 类允许使用另一种语法进行方法调用:

```
y.value(t)
y.formula()
```

这与其他计算机语言的传统语法相同,如 Java、C♯、C++、Simula 和 Smalltalk 的方法调用语法。通过点号也可以获取实例中的变量,这样在方法内部就可以写 self. v0 而不需要写 self['v0'](在整个函数调用中,self 代表 y）。

有一种与类相似但非常简单的实现机制，它不需要显式地构建类，而只要一个字典和普通函数。字典用作实例；而方法是将此字典作为第一个参数的函数，以便函数可以访问实例中的所有变量。Y 类现在可以实现为

```
def value(self, t):
    return self['v0'] * t - 0.5 * self['g'] * t**2

def formula(self):
    print 'v0 * t - 0.5 * g * t**2; v0=%g' % self['v0']
```

这两个函数放在名为 Y 的模块中。使用方法如下：

```
import Y
y = {'v0': 4, 'g': 9.81}              #make an "instance"
y1 = Y.value(y, t)
```

这里没有构造函数，变量的初始化是依靠字典 y 完成的，但 Y 模块中可以包含一些初始化函数：

```
def init(v0):
    return {'v0': v0, 'g': 9.81}
```

现在，使用方法稍有不同：

```
import Y
y = Y.init(4)                   #make an "instance"
y1 = Y.value(y, t)
```

这种通过字典和一组普通函数实现类的方法实际上模拟了许多语言中类的实现方法。Python 和 Perl 中有专门的语法与之对应。事实上，Python 中每个实例都有一个字典__dict__作为属性，它保存实例中的所有变量。下面的演示证实了 Y 类中该字典的存在：

```
>>>y = Y(1.2)
>>>print y.__dict__
{'v0': 1.2, 'g': 9.8100000000000005}
```

总结：Python 类可以看作收集在字典中的一组变量及函数，这个字典自动作为类函数的第一个参数，所以类函数总能够完全地访问类中的变量。

备注一：本节从技术角度阐述了类。事实上，也可以将类看作基于数据和相关操作对现实世界进行建模的一种手段。在以数学为基本描述手段的科学分支中，其建模过程也是基于数学结构进行的，数学结构也有助于问题理解及设计程序实现。数学结构有时可以非常容易地映射为程序中的类，使程序更加简单灵活。

备注二：有一些关于类的非常重要的概念未在本节涉及，例如继承和动态绑定（见第 9 章）。为使本节更加完整，这里简要地说明如何通过字典与全局函数组合来处理继承和动态绑定（这里假定读者对继承的定义有所了解）。

数据继承可由子类以超类字典为参数执行 update 调用来获得。这样，超类中的所有数据在子类字典中也可以使用。方法的动态绑定比较复杂，可以把它看成在子类中检查某方法是否存在的过程。如果不存在，

那么继续在其超类中检查,直到这个方法的某个版本被找到为止。

7.1.7 闭包

本节将延续 7.1.6 节中的讨论,并提供一种更先进的机制,它在某些情况下可以作为类构建的替代。

要得到一个算术函数 $y(t; v_0) = v_0 t - \frac{1}{2} g t^2$ 的 Python 实现,它以 t 为唯一参数,但也能访问 v_0 的值,考虑如下返回值是函数的函数:

```
>>>def generate_y():
...    v0 = 5
...    g = 9.81
...    def y(t):
...        return v0 * t - 0.5 * g * t**2
...    return y
...
>>>y = generate_y()
>>>y(1)
0.09499999999999975
```

函数 y 的一个特征是可以记住 v0 和 g 的值,虽然它们既不是父函数 generate_y 的局部变量,也不是 y 的局部变量。特别地,可以将 v0 指定为 generate_y 的参数:

```
>>>def generate_y(v0):
...    g = 9.81
...    def y(t):
...        return v0 * t - 0.5 * g * t**2
...    return y
...
>>>y1 = generate_y(v0=1)
>>>y2 = generate_y(v0=5)
>>>y1(1)
-3.9050000000000002
>>>y2(1)
0.09499999999999975
```

这里,y1(t) 和 y2(t) 分别调用由 v0=1 和 v0=5 得到的实例。

从 generate_y 构建并返回的函数 y(t) 叫作闭包。它可以记住父函数中局部变量的值。闭包可以使数学计算变得非常方便,具体例子见 7.3.2 节。闭包同样还是函数程序设计的核心内容。

在一个函数中产生多个闭包

一旦了解了闭包的概念,就可能会经常使用它。因为闭包的确是将函数与数据打包在一起的好方法。但这里面存在一些容易失误的地方,在后面将会提到。

让参数 v0 取不同的值,产生一系列函数 v(t),并让每个函数返回一个元组(v0, t)以便查看参数。用 lambda 表达式定义每个函数,并将它们放在一个列表中:

```
>>>def generate():
...    return [lambda t: (v0, t) for v0 in [0, 1, 5, 10]]
...
>>>funcs = generate()
```

这样获得的 funcs 是一个单变量函数的列表。对每个函数进行调用并打印返回值 v0 和 t，得到如下结果：

```
>>>for func in funcs:
...    print func(1)
...
(10, 1)
(10, 1)
(10, 1)
(10, 1)
```

正如看到的那样，所有的函数打印出的 v0 的值都是 10，这表明它们保存着最近的 v0 值，但这不是所期望的结果。

解决这个问题的窍门是将 v0 声明为关键字参数，因为一旦函数被定义，其关键字参数的值是不变的：

```
>>>def generate():
...    return [lambda t, v0=v0: (v0, t)
...        for v0 in [0, 1, 5, 10]]
...
>>>funcs =generate()
>>>for func in funcs:
...    print func(1)
...
(0, 1)
(1, 1)
(5, 1)
(10, 1)
```

7.2 更多关于类的例子

在解决数学和物理问题时，类的作用可能并不明显。但在现实世界中，涉及多个对象之间交互的程序却非常适合用类来建模。下面用一些例子来说明如何做到这一点。

7.2.1 银行账户

银行账户非常适合基于类来构建。每个账户都存在一些与之相关的数据，例如持有人的姓名、账号和当前余额。可以做的 3 件事情是提款、存款和打印账户数据。这些操作可以用方法来模拟。通过使用类，可以将数据和操作一起打包为新的数据类型。这样，一个账户就对应于一个程序变量。

账户类 Account 可以用如下方式实现：

```
class Account(object):
def __init__(self, name,
    account_number, initial_amount):
        self.name =name
        self.no =account_number
        self.balance =initial_amount

    def deposit(self, amount):
```

```
        self.balance +=amount

    def withdraw(self, amount):
        self.balance -=amount

    def dump(self):
        s ='%s, %s, balance: %s' %(self.name, self.no, self.balance)
        print s
```

下面是一个关于 Account 类的使用的简单测试：

```
>>>from classes import Account
>>>a1 =Account('John Olsson', '19371554951', 20000)
>>>a2 =Account('Liz Olsson', '19371564761', 20000)
>>>a1.deposit(1000)
>>>a1.withdraw(4000)
>>>a2.withdraw(10500)
>>>a1.withdraw(3500)
>>>print "a1's balance:", a1.balance
a1's balance: 13500
>>>a1.dump()
John Olsson, 19371554951, balance: 13500
>>>a2.dump()
Liz Olsson, 19371564761, balance: 9500
```

　　类的创建者不希望用户直接访问属性，从而更改名称、账号或余额，而只允许用户调用构造函数、deposit、withdraw 和 dump 方法以及查看 balance 属性。其他面向对象编程的语言一般用特殊的关键字来限制对属性的访问，但在 Python 中没有。所以，对于 Python 类的创建者来说，或者期望用户能够按照正确的方式使用这个类，或者遵从一个特殊的约定：类中以下画线开头的名字代表不能更改的属性。一个以下画线开头的名字称为受保护的名字，它们可以在类中方法的内部使用，但不能在外部使用。

　　在 Account 类中，自然需要通过添加下画线前缀来对 name、no 和 balance 属性的访问进行保护。为了使 balance 属性只读，这里提供了一个新的方法，名为 get_balance。这样，用户只能调用类中的方法，而不能直接访问任何数据属性。

　　受保护版本的 Account 类（称为 AccountP）的代码如下：

```
class AccountP(object):
    def _ _init_ _(self, name, account_number, initial_amount):
        self._name =name
        self._no =account_number
        self._balance =initial_amount

    def deposit(self, amount):
        self._balance +=amount

    def withdraw(self, amount):
        self._balance -=amount

    def get_balance(self):
```

```
        return self._balance

    def dump(self):
        s = '%s, %s, balance: %s' % (self._name, self._no, self._balance)
        print s
```

尽管仍然可以通过一些手段访问数据属性,但是这样一来就打破了"以下画线开头的名字不应在类外部被访问"这个约定。以下是 AccountP 类可能的操作:

```
>>>a1 =AccountP('John Olsson', '19371554951', 20000)
>>>a1.deposit(1000)
>>>a1.withdraw(4000)
>>>a1.withdraw(3500)
>>>a1.dump()
John Olsson, 19371554951, balance: 13500
>>>print a1._balance          #it works, but a convention is broken
13500
>>>print a1.get_balance()     #correct way of viewing the balance
13500
>>>a1._no ='19371554955'      #this is a "serious crime"
```

Python 语言有一个特殊的机制,称为性质(property),可用于保护数据属性不被更改。这是非常有用的,但这个概念对于本书的定位来说过于复杂。

7.2.2 电话簿

大家应该很熟悉手机中的电话簿,它包含一个人员列表。对于每个人,可以记录其姓名、电话号码、电子邮件地址以及其他相关数据。编程时,可以非常自然地将个人数据对应到一个类,例如 Person。类的数据属性保存姓名、手机号码、办公室电话号码、私人电话号码和电子邮件地址等信息。可以在类中定义一个打印数据的方法,还可以定义注册其他电话号码和电子邮件地址等方法。在构建 Person 的实例时,通过构造函数初始化一些属性,其他未被初始化的属性可以稍后通过调用适当的方法添加。例如,可通过调用 add_office_number 来添加办公室号码。

Person 类的一个示意性实现如下:

```
class Person(object):
    def __init__(self, name,
                 mobile_phone=None, office_phone=None,
                 private_phone=None, email=None):
        self.name =name
        self.mobile =mobile_phone
        self.office =office_phone
        self.private =private_phone
        self.email =email

    def add_mobile_phone(self, number):
        self.mobile =number

    def add_office_phone(self, number):
```

```
        self.office =number

    def add_private_phone(self, number):
        self.private =number


    def add_email(self, address):
        self.email =address
```

对于各种数据属性，一般使用 None 作为默认值。对象 None 通常用于表示一个变量或属性已定义但尚未赋值。

一个用于展示 Person 类的简短的会话如下：

```
>>>p1 =Person('Hans Hanson',
...     office_phone='767828283', email='h@hanshanson.com')
>>>p2 =Person('Ole Olsen', office_phone='767828292')
>>>p2.add_email('olsen@somemail.net')
>>>phone_book = [p1, p2]
```

可以很方便地添加一个函数来打印 Person 实例中的内容：

```
class Person(object):
    ...
    def dump(self):
        s =self.name +'\n'
        if self.mobile is not None:
            s +='mobile phone: %s\n' %self.mobile
        if self.office is not None:
            s +='office phone: %s\n' %self.office
        if self.private is not None:
            s +='private phone: %s\n' %self.private
        if self.email is not None:
            s +='email address: %s\n' %self.email
        print s
```

使用这种方法，可以非常方便地打印电话簿：

```
>>>for person in phone_book:
...     person.dump()
...
Hans Hanson
office phone:   767828283
email address: h@hanshanson.com

Ole Olsen
office phone:   767828292
email address: olsen@somemail.net
```

电话簿可以实现为 Person 实例的列表，如上所示。但是，如果想快速查找某给定名字的电话号码或电子邮件地址，则将 Person 实例存储在以名字作为键的字典中会更方便：

```
>>>phone_book ='Hanson': p1, 'Olsen': p2
>>>for person in sorted(phone_book):        #alphabetic order
    ...
        phone_book[person].dump()
```

这个例子中的 Person 对象将在 7.3.5 节中进行扩展。

7.2.3　圆

几何图形（如圆）也可以是程序中类的对象。一个圆由其圆心(x_0, y_0)和其半径 R 唯一确定。可以将这 3 个值作为类的数据属性。x_0、y_0 和 R 可以在构造函数中初始化。再添加两个方法 area 和 circumference，前者用于计算面积 πR^2，后者用于计算周长 $2\pi R$：

```
class Circle(object):
    def __init__(self, x0, y0, R):
        self.x0, self.y0, self.R =x0, y0, R

    def area(self):
        return pi * self.R**2

    def circumference(self):
        return 2 * pi * self.R
```

Circle 类的一个示例性用法如下：

```
>>>c =Circle(2, -1, 5)
>>>print 'A circle with radius %g at (%g, %g) has'\
    'area %g' % (c.R, c.x0, c.y0, c.area())
A circle with radius 5 at (2, -1) has area 78.5398
```

Circle 类的设计思想也可以用于其他几何对象：矩形、三角形、椭圆、长方体、球体等。习题 7.4 要求参照 Circle 类构建矩形类和三角形类。

验证

下面是一个测试 Circle 类实现正确性的函数：

```
def test_Circle():
    R =2.5
    c =Circle(7.4, -8.1, R)

    from math import pi
    expected_area =pi * R**2
    computed_area =c.area()
    diff =abs(expected_area -computed_area)
    tol =1E-14
    assert diff <tol, 'bug in Circle.area, diff=%s' %diff

    expected_circumference =2 * pi * R
    computed_circumference =c.circumference()
```

```
diff = abs(expected_circumference - computed_circumference)
    assert diff < tol, 'bug in Circle.circumference, diff=%s'
%diff
```

test_Circle 函数可用 pytest 和 nose 测试框架中的方式编写(见附录 H 的 H.9 节,或 3.3.3 节、3.4.2 节和 4.9.4 节中的例子)。一个必要的约定是:函数名以 test_开头,函数不带参数,所有测试的格式都为 assert success 或 assert success,msg。其中 success 是测试的布尔条件,msg 是测试失败时的提示信息。编写这样的测试函数来验证类的实现是一个好习惯。

备注:通常,一个问题有很多解决方案。圆的表示也不例外。除了使用类,还可以将 x0、y0 和 R 收集在一个列表中,然后创建以列表作为参数的全局函数 area 和 circumference:

```
x0, y0, R = 2, -1, 5
circle = [x0, y0, R]

def area(c):
    R = c[2]
    return pi * R**2

def circumference(c):
    R = c[2]
    return 2 * pi * R
```

一个圆也可以用以 center(圆心)和 radius(半径)为键的字典来表示:

```
circle = 'center': (2, -1), 'radius': 5

def area(c):
    R = c['radius']
    return pi * R**2

def circumference(c):
    R = c['radius']
    return 2 * pi * R
```

7.3　特殊方法

类中存在一些名字以双下画线开头和结尾的方法,称为特殊方法,一个典型的例子就是构造函数__init__。当实例被创建时,此方法自动被调用,而不需要显式写出。其他特殊方法使实例能够执行算术运算,使实例支持关系运算(>、>=、!=等),使示例支持函数调用,以及测试一个实例的计算结果是 True 还是 False 等。

7.3.1　call 特殊方法

计算 7.1.2 节中 Y 类所表示函数的值,可以通过语句 y.value(t)来实现,这里 y 是实例的名称。如果只写 y(t),那么 y 看起来就像是一个函数。因为存在特殊方法__call__,这样的语法是可行的。写 y(t)其实意味着调用

```
y.__call__(t)
```

当然，前提是 Y 类定义了__call__方法。可以按如下方式添加这种特殊方法的定义：

```
class Y(object):
    ...
    def __call__(self, t):
        return self.v0 * t - 0.5 * self.g * t**2
```

这样，以前定义的 value 方法就不再需要了。一个好的编程约定是：在表示算术运算函数的所有类中包含一个__call__方法。带有__call__方法的实例称为可调用对象，就像普通函数也是可调用对象一样。无论对象是函数还是类实例，其调用语法是相同的。对于对象 a，语句

```
if callable(a):
```

用来测试 a 是否是可调用的，即 a 是否是一个函数或一个带有__call__方法的类的示例。特别地，Y 的实例可以作为参数传递给 7.1.1 节中的 diff 函数：

```
y = Y(v0=5)
dydt = diff(y, 0.1)
```

在 diff 内部可以验证：传入的参数 f 并不是一个函数，而是 Y 类的一个实例。但此处只将此参数用于调用，例如 f(x)。这就将带有__call__方法的实例作为一个简单函数来使用。

7.3.2 节将展示__call__方法在数值算法中的应用。

7.3.2 示例：Automagic 差分

问题

假定某数学函数 $f(x)$ 的 Python 实现为 f(x)，接下来要创建用于计算导数 $f'(x)$ 的 Python 函数对象。假设对象类型为 Derivative，这里希望能够像下面这样书写程序：

```
>>>def f(x):
...     return x**3
...
>>>dfdx = Derivative(f)
>>>x = 2
>>>dfdx(x)
12.000000992884452
```

也就是说，dfdx 直接作为一个 Python 函数将 x^3 的导数实现为 $3x^2$（当然，这个计算结果只是一个数值解）。

Maple、Mathematica 和许多其他软件包都可以做包括微积分在内的精确符号运算。Python 中的符号运算包 SymPy（见 1.7 节）可以精确地对函数进行求导运算，同时将结果作为一个函数返回。然而，以算法方式定义的数学函数或者带有分支、随机数等的函数进行符号微分运算就比较困难，这时就只能给出数值微分。因此，一般基于有限差分方程来计算 Derivative 实例的导数。当然使用 SymPy 计算精确的符号微分也可以。

解

最基本的数值微分公式是

$$f'(x) \approx \frac{f(x+h) - f(x)}{h} \tag{7.2}$$

这里的想法是,创建一个类来保存要计算微分的函数,称为 f,在式(7.2)中使用的步长为 h。该变量初值可在构造函数中设置。__call__ 中使用式(7.1)计算微分。这些都可以用几行代码完成

```
class Derivative(object):
    def __init__(self, f, h=1E-5):
        self.f = f
        self.h = float(h)

    def __call__(self, x):
        f, h = self.f, self.h        #make short forms
        return (f(x+h) - f(x))/h
```

这里将返回值的类型转化为浮点数,以避免潜在的整数除法。

下面用这个类求两个函数 $f(x) = \sin x$ 和 $g(t) = t^3$ 的微分:

```
>>>from math import sin, cos, pi
>>>df = Derivative(sin)
>>>x = pi
>>>df(x)
-1.000000082740371
>>>cos(x)            #exact
-1.0
>>>def g(t):
...     return t**3
...     .
>>>dg = Derivative(g)
>>>t = 1
>>>dg(t)             #compare with 3 (exact)
3.000000248221113
```

表达式 df(x) 和 dg(t) 的计算看起来就像直接对函数 $\sin x$ 和 $g(t)$ 求导一样。事实上,Derivative 类几乎可用于对任何一元函数求导。

验证

在类中加入一个测试函数是一个很好的编程习惯。该测试函数可基于以下事实构建:近似差分公式(7.2)对于线性函数是精确的。

```
def test_Derivative():
    #The formula is exact for linear functions, regardless of h
    f = lambda x: a * x + b
    a = 3.5; b = 8
    dfdx = Derivative(f, h=0.5)
    diff = abs(dfdx(4.5) - a)
    assert diff < 1E-14, 'bug in class Derivative, diff=%s'
    %diff
```

这里使用 lambda 函数来紧凑地定义函数 f(见 3.1.14 节)。而此时 f 具有一个特殊性质:由于它是一个闭包(见 7.1.7 节),所以当它被传递给 Derivative 时,它"记得"变量 a 和 b 的值。注意,以上的测试函数遵循 7.2.3 节中的约定。

应用：牛顿法

在什么情况下需要为某个 Python 函数 f(x)生成其导数 df(x)呢？一个典型的例子是在使用牛顿法求解非线性方程 $f(x)=0$ 的根，而又由于某些原因难以计算 $f'(x)$ 时。

考虑一个用牛顿法求解的函数：Newton(f,x,dfdx,epsilon＝1.0E-7,N＝100)。在附录 A 的 A.1.10 节讲到的 Newton.py 文件中给出了该函数的一个实现，其参数列表包括一个表示 $f(x)$ 的 Python 函数 f、一个作为起始猜测值的浮点数 x、一个对应 $f'(x)$ 的 Python 函数 dfdx、一个用于衡量根的准确度 ε 的浮点数 epsilon(算法的终止条件为 $|f(x)|<ε$)以及一个代表最大迭代次数整数 N。所有参数都很容易得到，除了 dfdx，因为它要求计算 $f'(x)$，然后用 Python 函数表示出来。假设这里的目标函数如下：

$$f(x) = 10^5 (x-0.9)^2 (x-1.1)^3 = 0$$

其图形如图 7.2 所示。下面的会话用 Derivative 类来快速求导，使得其可以调用牛顿法：

```
>>>from classes import Derivative
>>>from Newton import Newton
>>>def f(x):
...     return 100000 * (x - 0.9)**2 *  (x -1.1)**3
...
>>>df = Derivative(f)
>>>Newton(f, 1.01, df, epsilon=1E-5)
(1.0987610068093443, 8, -7.5139644257961411e-06)
```

这个三元组的元素依次是根的近似值、迭代的次数以及根的近似值处的函数值(误差)。

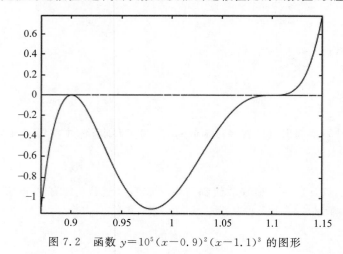

图 7.2　函数 $y=10^5 (x-0.9)^2 (x-1.1)^3$ 的图形

显然，方程有一个准确的根 1.1，但当 f 的导数在 f 的根处为 0 时，牛顿法收敛得非常缓慢；当高阶导数也为 0 时，收敛会更慢，就像在这个例子中一样。注意，x 的误差比方程中的误差(epsilon)要大得多。要使得 epsilon 为 10^{-10}，需要 18 次迭代。使用精确导数给出几乎相同的结果：

```
>>>def df_exact(x):
...     return 100000 * (2 * (x-0.9) * (x-1.1)**3 +\
...         (x-0.9)**2 * 3 * (x-1.1)**2)
...
>>>Newton(f, 1.01, df_exact, epsilon=1E-5)
(1.0987610065618421, 8, -7.5139689100699629e-06)
```

这个示例表明,使用这种非精确的数值求导没有明显的缺点,但有很多优点,最显著的地方是 Derivative 避免了很多潜在错误,可以控制近似过程中的误差,使其足够小,例如这个例子中的容差。

使用 SymPy 求解

Derivative 类用于计算数值微分,也可以创建一个相似的类来计算精确的微分。在 1.7.1 节中提到:可以利用 SymPy 中的 diff(e,x) 计算关于变量 x 的表达式 e 的符号微分。于是,对于输入函数 f,若其可应用于符号变量 x,那么就可以调用 f(x) 来得到一个符号表达式,而后使用 diff 来计算精确微分。于是,可以将导数的符号式表达通过 lambdify 转换为一个 Python 函数,并将该函数定义为类的 __call__ 方法。对应的 Python 代码非常简短:

```
class Derivative_sympy(object):
    def __init__(self, f):
        from sympy import Symbol, diff, lambdify
        x = Symbol('x')
        sympy_f = f(x)                #make SymPy expression
        sympy_dfdx = diff(sympy_f, x)
        self.__call__ = lambdify([x], sympy_dfdx)
```

注意这里的 __call__ 方法是如何通过函数赋值来定义的。虽然 lambdify 返回的函数只是关于 x 的函数,但是它可以对一个 Derivative_sympy 类型的实例 obj 调用 obj(x)。这个类和它的验证都可以放在一个测试函数中:

```
def test_Derivative_sympy():
    def g(t):
        return t**3

    dg = Derivative_sympy(g)
    t = 2
    exact = 3 * t**2
    computed = dg(t)
    tol = 1E-14
    assert abs(exact - computed) < tol

    def h(y):
        return exp(-y) * sin(2 * y)

    from sympy import exp, sin
    dh = Derivative_sympy(h)
    from math import pi, exp, sin, cos
    y = pi
    exact = -exp(-y) * sin(2 * y) + exp(-y) * 2 * cos(2 * y)
    computed = dh(y)
    assert abs(exact - computed) < tol
```

关于 g(t) 的例子应该很好理解。在 Derivative_sympy 类的构造函数中,用符号变量 x 调用 g(x),返回 SymPy 表达式 x**3。因此,__call__ 方法变成了一个函数 lambda x: 3 * x**2。

这里,需要对 h(x) 函数做进一步的解释。当 Derivative_sympy 类的构造函数用符号变量 x 调用 h(x) 时,会返回 SymPy 表达式 exp(-x) * sin(2 * x),这里 exp 和 sin 是 SymPy 函数。因为在调用该构造函数之前执行了 from sympy import exp, sin 操作,所以名字 exp 和 sin 在测试函数中被认为是已经定义过的,而 h 函数

359

可以访问所有的局部变量，正如 7.1.7 节（及 9.2.6 节）中描述的那样，它是一个闭包。于是，当 Derivative_sympy 类的构造函数调用 h 时，h 也可以访问 sym. sin 和 sym. cos。接下来，要进行一些数学运算，因而需要 math 模块中的 exp、sin、cos 函数。如果在导入 math 之后执行 Derivative_sympy(h)，那么 h 将用一个 SymPy 参数调用 math. exp 和 math. sin，这会导致 TypeError 异常，因为 math. exp 需要一个浮点数作为参数，而不是一个 SymPy 中的符号对象。

尽管 Derivative_sympy 类的代码小而紧凑，但它的构建过程引出了很多高级话题。然而我们看到一个非常有趣的事实：用于精确计算 Python 函数微分的类可以用短短几行代码实现。

7.3.3 示例：Automagic 积分

现在可以将 7.3.2 节中的思想应用于一个计算函数积分的类。给定函数 $f(x)$，它将计算

$$F(x;a) = \int_a^x f(t)\,\mathrm{d}t$$

例如，可以使用具有 n 个区间（$n+1$ 个点）的梯形规则对其进行近似：

$$\int_a^x f(t)\,\mathrm{d}t = h\left(\frac{1}{2}f(a) + \sum_{i=1}^{n-1} f(a+ih) + \frac{1}{2}f(x)\right) \tag{7.3}$$

其中 $h=(x-a)/n$。在实际中，用如下简单的方式来计算 $F(x;a)$：

```
def f(x):
    return exp(-x**2) * sin(10 * x)


a = 0; n = 200
F = Integral(f, a, n)
print F(x)
```

这里，F(x)是被积的 Python 函数，F(x)是用于计算 $F(x;a)$ 的值的 Python 函数。

一个简单的实现

考虑下列基于梯形规则的 Python 实现：

```
def trapezoidal(f, a, x, n):
    h = (x-a)/float(n)
    I = 0.5 * f(a)
    for i in range(1, n):
        I += f(a + i * h)
    I += 0.5 * f(x)
    I *= h
    return I
```

接下来要实现的 Integral 类必须包含一些数据属性和一个 __call__ 方法。因为该方法需要仅以 x 为参数，所以其他参量 a、f 和 n 必须被作为数据属性。因此，这个类的实现如下：

```
class Integral(object):
    def __init__(self, f, a, n=100):
        self.f, self.a, self.n = f, a, n

    def __call__(self, x):
        return trapezoidal(self.f, self.a, x, self.n)
```

由于这里只是复用 trapezoidal 函数来执行计算,所以可以将 trapezoidal 的函数体复制到__call__方法中。然而,如果已经将该算法实现为函数并经过了测试,那么最好调用该函数。此时,调用这个函数的类称为这个函数的包装器。

例如,$\int_0^{2\pi} \sin x \mathrm{d}x$ 可用如下方式计算:

```
from math import sin, pi
G = Integral(sin, 0, 200)
value = G(2 * pi)
```

它等价于

```
value = trapezoidal(sin, 0, 2 * pi, 200)
```

通过符号计算进行验证

这里仍然提供一个测试函数。为了规避未知的梯形规则误差,这里使用如下技巧:线性函数的积分在梯形规则下是精确的。线性函数很容易选择,并很容易对它求出积分值,但这里希望借助 SymPy 来完成测试。首先利用 SymPy 对一个符号表达式进行积分,然后将该符号积分转换为 Python 函数进行计算:

```
>>>import sympy as sp
>>>x = sp.Symbol('x')
>>>f_expr = sp.cos(x) + 5 * x
>>>f_expr
5 * x + cos(x)
>>>F_expr = sp.integrate(f_expr, x)
>>>F_expr
5 * x**2/2 + sin(x)
>>>F = sp.lambdify([x], F_expr)          #turn f_expr to F(x) function
>>>F(0)
0.0
>>>F(1)
3.3414709848078967
```

利用该方法计算精确积分,进而测试函数实现如下:

```
def test_Integral():
    #The Trapezoidal rule is exact for linear functions
    import sympy as sp
    x = sp.Symbol('x')
    f_expr = 2 * x + 5
    #Turn sympy expression into plain Python function f(x)
    f = sp.lambdify([x], f_expr)
    #Find integral of f_expr and turn into plain Python function F
    F_expr = sp.integrate(f_expr, x)
    F = sp.lambdify([x], F_expr)
    a = 2
    x = 6
    exact = F(x) - F(a)
    computed = Integral(f, a, n=4)
```

```
        diff =abs(exact -computed)
        tol =1E-15
        assert diff <tol, 'bug in class Integral, diff=%s' %diff
```

若读者觉得用 SymPy 对线性函数做积分有些大材小用了，可以自己进行等价的操作：令 f＝2＊x＋5，F＝lambda x：x**2＋5＊x。

备注：当 x 本身是函数时，利用 Integral 类完成绘制 $F(x;a)$ 图形这样的任务是低效的。在习题 7.22 中将优化该类。

7.3.4   将实例转换为字符串

另一个重要的特殊方法是__str__。当需要将一个类实例转换成字符串时，就调用该方法。例如，当语句 print a 中的 a 是一个实例时，就需要这样做。Python 将在实例 a 中查找__str__方法，它需要返回一个字符串。若这个特殊方法存在，则打印返回的字符串；否则，只打印类名。这里，首先尝试打印 7.1.7 节中类 Y 的一个实例 y（其中没有__str__方法）：

```
>>>print y
<__main__.Y instance at 0xb751238c>
```

这表明 y 是__main__模块（主程序或交互式会话）中的 Y 实例。输出中还包含一个地址，代表 y 实例在计算机内存中的存储位置。要使 print y 以期望的形式打印 y 实例的相关信息，则需要在 Y 类中定义__str__方法：

```
class Y(object):
    ...
    def __str__(self):
        return 'v0 * t -0.5 * g * t**2; v0=%g' %self.v0
```

这样，__str__便替代了之前的 formula 方法，同样，__call__替代了之前的 value 方法。有经验的 Python 程序员一般会类 Y 写成只有特殊方法的形式：

```
class Y(object):
    def __init__(self, v0):
        self.v0 =v0
        self.g =9.81

    def __call__(self, t):
        return self.v0 * t -0.5 * self.g * t**2
    def __str__(self):
        return 'v0 * t -0.5 * g * t**2; v0=%g' %self.v0
```

在会话中，可用如下的方式使用这个类：

```
>>>y =Y(1.5)
>>>y(0.2)
0.1038
>>>print y
v0 * t -0.5 * g * t**2; v0=1.5
```

通过使用特殊方法使我们获得了什么呢？虽然在功能上没有本质的扩充，但是很多人会觉得这种语法更有吸引力，因为代码中的 y(t) 就对应于数学中的 $y(t)$，还可以使用 print y 来查看该公式，它显得对用户更加友好。

注意，每当执行 str(a) 时，便会调用_ _str_ _方法，同时 print a 可以打印出 str(a)，它等价于 print a. _ _str_ _()。

7.3.5　使用特殊方法的电话簿

再看一下 7.2.2 节中的 Person 类，会发现 dump 方法采用__str__来实现会更好。这也很容易做到：只要改变方法名，而后用 return s 代替 print s 即可。

将 Person 实例放在一个字典中构造电话簿虽然是可以的，但要将它放入在一个类中将变得更易用。也就是说，创建一个 PhoneBook 类，它将字典作为一个属性保存，并定义一个用来添加新联系人的 add 方法：

```
class PhoneBook(object):
    def __init__(self):
        self.contacts = {}                #dict of Person instances

    def add(self, name, mobile=None, office=None, private=None, email=None):
        p = Person(name, mobile, office, private, email)
        self.contacts[name] = p
```

添加对__str__方法的定义，让其可按照字母顺序打印电话簿：

```
def __str__(self):
    s = ''
    for p in sorted(self.contacts):
        s += str(self.contacts[p]) + '\n'
    return s
```

要检索 Person 实例，可以以人名为键值调用__call__方法，该方法定义如下：

```
def __call__(self, name):
    return self.contacts[name]
```

这种方法的优点是使语法更简单。对于 PhoneBook 的实例 b 可以通过 b('NN') 来获取有关 NN 的数据，而不需要访问内部字典 b.contacts['NN']。

下面的代码描述了一个添加了 3 个人名的电话簿：

```
b = PhoneBook()
b.add('Ole Olsen', office='767828292', email='olsen@somemail.net')
b.add('Hans Hanson', office='767828283', mobile='995320221')
b.add('Per Person', mobile='906849781')
print b('Per Person')
print b
```

输出结果为

```
Per Person
mobile phone: 906849781
```

```
Hans Hanson
mobile phone: 995320221
office phone: 767828283

Ole Olsen
office phone: 767828292
email address: olsen@somemail.net

Per Person
mobile phone: 906849781
```

这里建议读者独立完成该演示程序,并模拟程序的运行,这是一个非常重要练习。如果得到了与上面相同的结果,那么说明读者已经掌握了类。包含 Person 类、PhoneBook 类和 PhoneBook 类的测试的完整程序可以在 PhoneBook.py 中找到。可在在线 Python Tutor 或调试器(见附录 F 的 F.1 节)中逐句运行这个程序,以确保正确地理解程序的流程。

注意,这里是按照人名对联系人进行排序的,字符串之间的排序默认依照字典序进行。当然,也可以提供自定义的排序函数(如习题 3.39)。例如,将名字分割成多个单词,然后根据最后一个单词来排序:

```
def last_name_sort(name1, name2):
    lastname1 =name1.split()[-1]
    lastname2 =name2.split()[-1]
    if lastname1 <lastname2:
        return -1
    elif lastname1 >lastname2:
        return 1
    else:            #equality
        return 0

for p in sorted(self.contacts, last_name_sort):
    ...
```

7.3.6 支持加法的对象

假设 a 和 b 是 C 类的实例,那么 a+b 有意义吗? 如果 C 类中对特殊方法__add__给出了定义,那么它就是有意义的:

```
class C(object):
    ...
    __add__(self, other):
        ...
```

__add__方法将实例 self 和 other "相加"并将结果返回。所以当 Python 遇到 a+b 时,便会检查 C 类中是否有__add__方法。若有,便将 a+b 转换为 a.__add__(b)。下面的例子将说明这样做的用处。

7.3.7 示例: 多项式的类

这里,为多项式创建一个 Polynomial 类。多项式中的系数可以以列表形式提供给构造函数。列表中的索引 i 代表多项式中 x^i 项的系数。例如,Polynomial([1,0,-1,2]) 就构造了多项式

$$1 + 0 \cdot x - 1 \cdot x^2 + 2 \cdot x^3 = 1 - x^2 + 2x^3$$

多项式支持加法,因此该类中必须有 __add__ 方法。__call__ 也是需要的,它用来求多项式在给定的 x 处的值。下面给出这个类的实现,并随后进行解释。

```python
class Polynomial(object):
    def __init__(self, coefficients):
        self.coeff = coefficients

    def __call__(self, x):
        """Evaluate the polynomial."""
        s = 0
        for i in range(len(self.coeff)):
            s += self.coeff[i] * x**i
        return s

    def __add__(self, other):
        """Return self + other as Polynomial object."""
        # Two cases:
        ##
        self: X X X X X X X
        # other: X X X
        ##
        or:
        ##
        self: X X X X X
        # other: X X X X X X X X

        # Start with the longest list and add in the other
        if len(self.coeff) > len(other.coeff):
            result_coeff = self.coeff[:]          # copy
            for i in range(len(other.coeff)):
                result_coeff[i] += other.coeff[i]
        else:
            result_coeff = other.coeff[:]         # copy
            for i in range(len(self.coeff)):
                result_coeff[i] += self.coeff[i]
        return Polynomial(result_coeff)
```

Polynomial 类有一个数据属性:系数列表。为了求多项式的值,从 $i = 0$ 开始,将第 i 个系数和 x^i 相乘,而后相加。

__add__ 方法看起来更高级,其目标是将两个系数列表相加,但是此时有可能会出现列表长度不相等的情况。因此,要选用较长的那个列表,向其中逐个加入另一列表中的元素。注意,result_coeff 的初值为 self.coeff 的深拷贝。若不这样,求和时对 result_coeff 中的修改变将同时影响 self_coeff,于是,self 本身会变成其与实例 other 的和。换言之,这样计算 p1+p2 会改变 p1 本身,这不是我们想要的。另一种 Polynomial 类的实现方法可以在习题 7.24 中找到。

减法 __sub__ 可按照与 __add__ 类似的方法来实现,不过要复杂一点,这里将它作为习题 7.25。建议读者完成这个练习,因为它会帮助读者更好地理解 Polynomial 类的相关计算和编程之间的关联。

在数学上,关于多项式更复杂的运算是两个多项式的乘法。设 $p(x) = \sum_{i=0}^{M} c_i x^i$ 及 $q(x) = \sum_{j=0}^{N} d_j x^j$ 为两个

多项式，它们的乘积为

$$\left(\sum_{i=0}^{M} c_i x^i\right)\left(\sum_{j=0}^{N} d_j x^j\right) = \sum_{i=0}^{M}\sum_{j=0}^{N} c_i d_j x^{i+j}$$

这个二重和式可以用一个双层循环来计算，但首先须创建一个长度为 $M+N+1$ 的列表来保存结果多项式（因为最高次幂是 $M+N$，外加一个常数项）。因此乘法可以表示为

```python
def __mul__(self, other):
    c = self.coeff
    d = other.coeff
    M = len(c) - 1
    N = len(d) - 1
    result_coeff = numpy.zeros(M+N+1)
    for i in range(0, M+1):
        for j in range(0, N+1):
            result_coeff[i+j] += c[i] * d[j]
    return Polynomial(result_coeff)
```

还可以给出一个用于求多项式微分的方法，该方法基于下列公式：

$$\frac{d}{dx}\sum_{i=0}^{n} c_i x^i = \sum_{i=1}^{n} i c_i x^{i-1}$$

如果 c_i 保存在列表 c 中，那么其导数对应的列表 dc 满足 dc[i−1]＝i*c[i]，其中 i 的取值范围为从 1 到 c 中最大的索引。注意，dc 的元素数比 c 少一个。

实现微分有两种方式：或者改变多项式的系数，或者返回一个新的 Polynomial 实例，这样原始的多项式可以保持不变。前者用 p. differentiate()来实现，即，它没有任何返回值，但实例 p 中的系数被改变了；后者用 p. derivative()来实现，它返回一个新的 Polynomial 对象，其中的系数对应 p 导数的系数。

两种方法的完整实现代码如下：

```python
class Polynomial(object):
    ...
    def differentiate(self):
        """Differentiate this polynomial in-place."""
        for i in range(1, len(self.coeff)):
            self.coeff[i-1] = i * self.coeff[i]
        del self.coeff[-1]

    def derivative(self):
        """Copy this polynomial and return its derivative."""
        dpdx = Polynomial(self.coeff[:])          #make a copy
        dpdx.differentiate()
        return dpdx
```

具有 differentiate 方法而无 derivative 方法的 Polynomial 类是可变的，具有 derivative 方法而无 differentiate 方法的 Polynomial 类是不可变的（虽然可以在类实例中获取 coeff 变量并对其进行修改。在 coeff 的名字前添加下画线，于是这个变量便不能在实例中改变，见 7.2.1 节和 7.5.2 节）。一个好的做法是只提供这两个函数中的一个，使 Polynomial 对象要么可变要么不可变。但因为这里主要是为了展示不同的编程技术，所以将这两个版本都保留了。

为了展示 Polynomial 类的功能，这里定义两个多项式：

$$p_1(x) = 1 - x, p_2(x) = x - 6x^4 - x^5$$

示例代码如下：

```
>>>p1 = Polynomial([1, -1])
>>>p2 = Polynomial([0, 1, 0, 0, -6, -1])
>>>p3 = p1 + p2
>>>print p3.coeff
[1, 0, 0, 0, -6, -1]
>>>p4 = p1 * p2
>>>print p4.coeff
[0, 1, -1, 0, -6, 5, 1]
>>>p5 = p2.derivative()
>>>print p5.coeff
[1, 0, 0, -24, -5]
```

例如，可以通过比较 p3 和 p1＋p2 在 x＝1/2 处的值来验证这个实现：

```
>>>x = 0.5
>>>p1_plus_p2_value = p1(x) + p2(x)
>>>p3_value = p3(x)
>>>print p1_plus_p2_value - p3_value
0.0
```

注意，p1＋p2 与 p1(x)＋p2(x)有很大的不同。前者是将两个 Polynomial 类的实例相加；后者是将两个浮点对象相加，这是因为 p1(x)和 p2(x)会调用__call__，该方法返回一个浮点对象。

7.3.8　多项式的精美打印

也可以在 Polynomial 类中定义用于将多项式打印到屏幕的__str__方法。最粗略的实现方式是将所有形如＋self.coeff[i] * x^i 的字符串简单地拼接起来：

```
class Polynomial(object):
    ...
    def __str__(self):
        s = ''
        for i in range(len(self.coeff)):
            s += ' +%g * x^%d' % (self.coeff[i], i)
        return s
```

然而，从数学的观点来看，这样的输出不够美观。例如，以列表[1,0,0,－1,－6]为系数的多项式打印出来是：

```
+1 * x^0 +0 * x^1 +0 * x^2 +-1 * x^3 +-6 * x^4
```

但实际上人们期望得到下面的形式：

```
1 - x^3 - 6 * x^4
```

具体要求如下：应该删除具有零系数的项；字符串中的'＋－'部分应替换为' －';单位系数应该被丢弃，即

'1 * '应替换成空格;应通过将' x^1 '替换为' x '来删除一次幂;零次幂应该删除并替换为 1;初始空格应该固定;等等。这些调整可以通过调用字符串对象的 replace 方法和字符串切片来实现。新版本的 __str__ 方法将包含必要的调整。如果你觉得这种类型的字符串操不好理解,可以不去看改进后的 __str__ 代码,因为对于目前的学习来说,这些细节不是必要的。

```python
class Polynomial(object):
    ...
    def __str__(self):
        s = ''
        for i in range(0, len(self.coeff)):
            if self.coeff[i] !=0:
                s +=' +%g*x^%d' % (self.coeff[i], i)
        #Fix layout
        s =s.replace('+-', '-')
        s =s.replace('x^0', '1')
        s =s.replace(' 1*', ' ')
        s =s.replace('x^1 ', 'x ')
        if s[0:3] ==' +':          #remove initial +
            s =s[3:]
        if s[0:3] ==' -':          #fix spaces for initial -
            s ='-' +s[3:]
        return s
```

编程时,往往会以一个较为通用的方法作为初始的解决方案,而后针对特殊情况做一系列修正,正如前面 __str__ 方法的修改过程一样。初始版本通常不是最优的解决方案,需要在将来进行额外的改动。

Polynomial 实例的打印效果在交互式会话中展示如下:

```python
>>>p1 =Polynomial([1, -1])
>>>print p1
1 - x^1
>>>p2 =Polynomial([0, 1, 0, 0, -6, -1])
>>>p2.differentiate()
>>>print p2
1 - 24*x^3 - 5*x^4
```

在 Polynomial 类中写一个测试函数 test_Polynomial() 来验证实现的正确性。为此,需要手工构建一些加法、乘法和微分的例子,并用 Polynomial 类验证它能否产生正确的结果。对 __str__ 方法的测试放在了习题 7.26 中。

在 Polynomial 类中,舍入误差可能是一个问题:如果作为加数的多项式系数为整数,__add__、derivative 和 differentiate 都会得到整数系数,而 __mul__ 则总是得到一个以 NumPy 浮点数数组为系数的多项式。整数系数可以用列表的 == 来进行比较,但是 NumPy 数组中的系数必须带容差比较。可以将 NumPy 数组相减,用 max 方法找到最大的差,然后将其与容差比较。也可以使用 numpy.allclose(a, b, rtol = tol) 来以容差 tol 比较数组 a 和 b。

按照惯例,所有的测试均组织为形如 assert success 的形式,其中 success 是测试的一个布尔表达式。文件 Polynomial.py 的测试函数中增加了错误信息提示"msg:assert success, msg"。测试函数的另一个约定是函数的名字以 test_ 开头且不能有参数。

测试函数如下:

```
def test_Polynomial():
    p1 = Polynomial([1, -1])
    p2 = Polynomial([0, 1, 0, 0, -6, -1])
    p3 = p1 + p2
    p3_exact = Polynomial([1, 0, 0, 0, -6, -1])
    assert p3.coeff == p3_exact.coeff
    p4 = p1 * p2
    p4_exact = Polynomial(numpy.array([0, 1, -1, 0, -6, 5, 1]))
    assert numpy.allclose(p4.coeff,
    p4_exact.coeff, rtol=1E-14)
    p5 = p2.derivative()
    p5_exact = Polynomial([1, 0, 0, -24, -5])
    assert p5.coeff == p5_exact.coeff
    p6 = Polynomial([0, 1, 0, 0, -6, -1])          #p2
    p6.differentiate()
    p6_exact = p5_exact
    assert p6.coeff == p6_exact.coeff
```

7.3.9 算术运算和其他特殊方法

给出两个实例 a 和 b,二者的标准算术运算由下述特殊方法定义:

- a+b:a.__add__(b)。
- a— b:a.__sub__(b)。
- a*b:a.__mul__(b)。
- a/b:a.__div__(b)。
- a**b:a.__pow__(b)。

还有其他一些常用的特殊方法:

- a 的长度:a.__len__()。
- a 的绝对值 abs(a):a.__abs(a)__。
- a==b:a.__eq__(b)。
- a > b:a.__gt__(b)。
- a >=b:a.__ge__(b)。
- a < b:a.__lt__(b)。
- a <=b:a.__le__(b)。
- a ! =b:a.__ne__(b)。
- —a:a.__neg__()。
- 将 a 作为布尔表达式求值(如 if a 中):a.__bool__(),它必须返回 True 或 False。如果__bool__没有定义,则调用__len__以查看长度。若长度为 0,返回值为 False;否则返回值为 True。

这些方法都可在 Polynomial 类中实现,见习题 7.25。事实上,7.2 节中给出了上述某些特殊方法的实现。

7.3.10 字符串转换的特殊方法

下面是带有__str__方法的类:

```
>>>class MyClass(object):
...    def __init__(self):
```

```
···          self.data = 2
···     def __str__(self):
···          return 'In __str__: %s' % str(self.data)
···
>>>a = MyClass()
>>>print a
In __str__: 2
```

希望读者能搞清楚得到这样的输出的原因,若不明白,请参考 7.3.4 节。

而如果在交互式 Shell 的命令提示符处只写 a 会得到什么?

```
>>>a
<__main__.MyClass instance at 0xb75125ac>
```

如果只写 a,Python 将在 a 中查找一个特殊方法__repr__。这与__str__类似,它将实例转换为一个字符串,但是,__str__是实例内容的打印,而__repr__是实例内容的完全表示。对于很多 Python 类,包括 int、float、complex、list、tuple 和 dict,__repr__和__str__输出相同的结果。而在 MyClass 类中没有__repr__,所以,如果想通过

```
>>>a
```

来像 print a 一样打印出 a 的内容,则需要添加它。

对于实例 a,在 str(a)中将会调用 a.__str__(),而 repr(a)会调用 a.__repr__()。这说明

```
>>>a
```

实际上是调用 repr(a),而

```
>>>print a
```

实际上等价于 print str(a)。

为了达到这个目的,可以在 MyClass 中添加如下代码:

```
def __repr__(self):
    return self.__str__()          # or return str(self)
```

不过,接下来会看到,__repr__ 最好采用另一种方式来定义。

用字符串重新创建对象

4.3.1 节中指出:当 e 是一个有效的 Python 表达式时,Python 函数 eval(e)可以计算其值。使用 Python 编程应遵从这样一个约定:eval 应用于__repr__返回的字符串后,应产生一个新的实例。例如,在 7.1.2 节关于 Y 类的例子中,当 v0 值为 10 时,__repr__应该返回'Y(10)'。于是,在程序中,eval('Y(10)')就等同于直接写 Y(10)。

下面的例程展示了 7.1.2 节中的 Y 类、7.3.7 节中的 Polynomial 类以及 MyClass 类中各自__repr__的方法:

```
class Y(object):
    ...

    def __repr__(self):
        return 'Y(v0=%s)' % self.v0


class Polynomial(object):
    ...

    def __repr__(self):
        return 'Polynomial(coefficients=%s)' % self.coeff


class MyClass(object):
    ...

    def __repr__(self):
        return 'MyClass()'
```

根据上述代码,当 x 是上述某个类的实例时,调用 eval(repr(x))就会再次得到 x 本身。

```
#somefile is some file object
somefile.write(repr(x))
somefile.close()
...
data = somefile.readline()
x2 = eval(data)                #recreate object
```

这时,x2 等同于 x(即 x2==x 的值为 True)。

7.4　示例: 平面中向量的类

本节介绍如何实现二维向量,使其成为支持加法、减法、内积和其他数学运算的类。要理解下面的内容,需要消化 7.3 节的内容,尤其是 7.3.6 节和 7.3.9 节。

7.4.1　对向量的一些数学运算

平面中的向量由一对实数 (a,b) 来描述。以下是向量的加减法、两个向量内积和求向量模的规则:

$$(a,b) + (c,d) = (a+c, b+d) \tag{7.4}$$
$$(a,b) - (c,d) = (a-c, b-d) \tag{7.5}$$
$$(a,b) \cdot (c,d) = ac + bd \tag{7.6}$$
$$\| (a,b) \| = \sqrt{(a,b) \cdot (a,b)} \tag{7.7}$$

此外,当且仅当 $a=c$、$b=d$ 时,两个向量 (a,b) 和 (c,d) 相等。

7.4.2　实现

在创建平面向量类时,其中的数学运算可以基于特殊方法实现。该类应包含两个数据属性,分别对应于向量的两个元素,以下称为 x 和 y。在类中实现向量的加法、减法、求内积、求模(长度)、两个向量比较(==和!=)以及打印的方法。

```
class Vec2D(object):
    def __init__(self, x, y):
```

```
        self.x = x
        self.y = y

    def __add__(self, other):
        return Vec2D(self.x + other.x, self.y + other.y)

    def __sub__(self, other):
        return Vec2D(self.x - other.x, self.y - other.y)

    def __mul__(self, other):
        return self.x * other.x + self.y * other.y

    def __abs__(self):
        return math.sqrt(self.x**2 + self.y**2)

    def __eq__(self, other):
        return self.x == other.x and self.y == other.y

    def __str__(self):
        return '(%g, %g)' % (self.x, self.y)

    def __ne__(self, other):
        return not self.__eq__(other)          # reuse __eq__
```

根据数学定义，__add__、__sub__、__mul__、__abs__和__eq__方法很容易理解。只是最后__ne__方法的实现重用了__eq__（仅在它之前加了一个 not）。也可以用以下方式实现这个方法：

```
def __ne__(self, other):
    return self.x != other.x or self.y != other.y
```

但是这样无疑增加了录入量，从而增加了出错的概率。当知道__eq__可用时，最好是重用此方法，因为 a!=b 就是!(a==b)。

在实现相等运算符（==，即__eq__）时，有一点需要特别注意：按照数学定义，应该要求每个对应分量相等，但现在分量都是浮点数，其表示存在舍入误差，不宜进行精确的相等比较。因此，一般的判断原则是对应分量相差足够小。可以使用 numpy.allclose 函数执行此测试。因此，语句

```
if a == b:
```

应替换为

```
if numpy.allclose(a, b):
```

一个更加可靠的相等运算符实现如下：

```
class Vec2D(object):
    ...
    def __eq__(self, other):
        return numpy.allclose(self.x, other.x) and numpy.allclose(self.y, other.y)
```

也就是说：永远不要对两个浮点对象施加＝＝测试。

　　有人认为，特殊方法 __len__ 与 __abs__ 所指相同。即，对于 Vec2D 实例 v，函数 len(v) 与 abs(v) 返回值相同，这是因为在数学上向量的长度就是向量的绝对值（模）。但若按如下方式实现：

```
def _ _len_ _(self):
    #Reuse implementation of _ _abs_ _
    return abs(self)            #equivlant to self._ _abs_ _()
```

计算 len(v) 就时会遇到问题，因为它会返回一个浮点数，而 Python 需要该函数返回一个整数值。所以，这里 __len__ 不能视为向量长度，而应视为向量中的元素数目：

```
def _ _len_ _(self):
    return 2
```

虽然这并没有多大作用，因为都知道平面中的向量只有两个分量。但当需要将应用扩展到一般的 n 元向量时，__len__ 方法就变得非常有用了。

7.4.3　用法

　　下面是一些关于 Vec2D 对象的操作：

```
>>>u =Vec2D(0,1)
>>>v =Vec2D(1,0)
>>>w =Vec2D(1,1)
>>>a =u +v
>>>print a
(1, 1)
>>>a ==w
True
>>>a =u -v
>>>print a
(-1, 1)
>>>a =u * v
>>>print a
0
>>>print abs(u)
1.0
>>>u ==v
False
>>>u !=v
True
```

　　请读者运行此会话，检查计算结果的值和类型是否正确，并思考每个计算是如何进行的。事实上，计算过程可以通过跟踪程序的执行流获得。这里，以对表达式 u!＝v 的求值过程为例。首先，它应当得到一个布尔值，并且该值在 u 和 v 对应不同向量时为 True。换句话说，返回值类型应为 bool，其值只可能是 True 或者 False。这可在上述会话中得以验证。对 u!＝v 求值时，会调用

```
u._ _ne_ _(v)
```

进而会调用

```
u.__eq__(v)
```

最后一个调用的结果是 False,因为该特殊方法实际上是对

```
0 ==1 and 1 ==0
```

进行求值。当返回到__ne__方法内部时,就会计算 not False 的值,从而得到最终结果 True。

注意：对于平面向量的计算,只用长度为 2 的数组就够了。但数组本身不支持内积,事实上,$(a,b) \cdot (c,d)$ 的计算结果为 (ac,bd)。Vec2D 类和 Python 数组之间的另一个区别在于 abs 函数,在 Vec2D 类中,该函数计算向量的模;而对于 Python 数组,则该函数返回每个分量的绝对值。

7.5 示例: 复数类

假设 Python 中没有内置的复数类型,现在用一个类来实现,并使其支持标准的数学运算。对于类和特殊方法的使用而言,这个练习是一个非常好的教学示例。

该类应包含两个数据属性：复数的实部和虚部。此外,还希望对复数进行加、减、乘、除运算,并以某种格式打印一个复数。该复数类可以像下面会话中展示的那样使用：

```
>>>u =Complex(2,-1)
>>>v =Complex(1)              #zero imaginary part
>>>w =u +v
>>>print w
 (3, -1)
>>>w !=u
True
>>>u * v
Complex(2, -1)
>>>u < v
illegal operation "<" for complex numbers
>>>print w +4
(7, -1)
>>>print 4 -w
(1, 1)
```

这里不会像 Python 内置复数那样以 j 作为虚数单位,因此要生成一个复数对象,必须调用这里的构造方法。

7.5.1 实现

该类的完整实现如下：

```
class Complex(object):
    def __init__(self, real, imag=0.0):
        self.real =real
        self.imag =imag

    def __add__(self, other):
```

```
        return Complex(self.real +other.real, self.imag +other.imag)

    def __sub__(self, other):
        return Complex(self.real -other.real, self.imag -other.imag)

    def __mul__(self, other):
        return Complex(self.real * other.real -self.imag * other.imag,
            self.imag * other.real +self.real * other.imag)

    def __div__(self, other):
        sr, si, or, oi =self.real, self.imag, other.real, other.imag    #short forms
        r =float(or**2 +oi**2)
        return Complex((sr * or+si * oi)/r, (si * or-sr * oi)/r)

    def __abs__(self):
        return sqrt(self.real**2 +self.imag**2)

    def __neg__(self):                                          #defines -c (c is Complex)
        return Complex(-self.real, -self.imag)

    def __eq__(self, other):
        return self.real ==other.real and self.imag ==other.imag

    def __ne__(self, other):
        return not self.__eq__(other)

    def __str__(self):
        return '(%g, %g)' % (self.real, self.imag)

    def __repr__(self):
        return 'Complex' +str(self)

    def __pow__(self, power):
        raise NotImplementedError ('self**power is not yet impl. for Complex')
```

加法、减法、乘法、除法和绝对值的特殊方法很容易从其数学定义中得到。当 c 是 Complex 对象时,求-c 的操作也很容易定义和实现。对__eq__方法应当注意:上述实现在数学上是正确的,但关于实数使用＝＝比较往往存在误差。实际上,应该采用 abs(self. real-other. real) < eps 和 abs(self. imag-other. imag) < eps 的形式进行判断,其中 eps 是很小的容差,例如取 eps=1E-14。

最后,定义__pow__方法是为了展示如何定义幂运算,它的具体实现将在后面介绍。为此,可以简单地用一行 pass 语句作为函数体:

```
class Polynomial(object):
    ...
    def __pow__(self, power):
        #Postpone implementation of self**power
        pass
```

但最好是引发一个 NotImplementedError 异常，以告知用户求幂操作不可用。而使用 pass 语句只是绕过这个操作。

7.5.2 非法操作

一些数学运算，如比较运算符＞、＞＝等，对复数没有意义。默认情况下，Python 允许 Complex 实例使用这些比较运算符，但其布尔结果在数学上是没有意义的。因此，应该重定义相应的特殊方法，并给出有用的错误消息，指出这些操作不适用于复数。由于消息非常相似，这里使用一个单独的方法来生成所有的错误消息：

```
def _illegal(self, op):
    print 'illegal operation "%s" for complex numbers'
%op
```

注意，函数名使用了下画线前缀，这表明_illegal 方法是该类的局部方法，它不应在类外部被使用，只应被该类的其他方法调用。不同于其他高级编程语言，Python 无法限制任何成员的访问权限，只能靠这种命名约定（名称中的下画线前缀）提醒用户不应在外界访问该部分。

现在，各种比较运算对应的特殊方法可以调用_illegal 发出错误消息：

```
def __gt__(self, other): self._illegal('>')
def __ge__(self, other): self._illegal('>=')
def __lt__(self, other): self._illegal('<')
def __le__(self, other): self._illegal('<=')
```

7.5.3 复数与实数混合运算

Complex 类的实现远非完美。在数学上，完全可以将一个复数和一个实数进行相加，但是：

```
w =u +4.5
```

将会引发一个异常：

```
AttributeError: 'float' object has no attribute 'real'
```

当 Python 遇到表达式 u＋4.5 时，会尝试调用 u. __add__(4.5)，从而导致问题。这是因为 __add__ 方法中的 other 参数是 4.5，它是一个浮点对象，其中不包含名为 real 的属性（在 __add__ 方法中需要访问 other. real，这是导致错误的原因）。

一种办法是在操作前进行类型转化，通过

```
other =Complex(other)
```

就可以把一个浮点数转换成一个 Complex 对象。然而，当参与相加运算的是两个 Complex 对象时，又有了新问题：由于 other 的类型也是 Complex，而构造函数会将其整体存储至 self. real（见方法 __init__）。这不是我们所希望的。

一个更好的办法是测试 other 的类型并执行正确的转换操作：

```
def __add__(self, other):
    if isinstance(other, (float,int)):
        other =Complex(other)
    return Complex(self.real +other.real, self.imag +other.imag)
```

也可以删除对于 other 的转换,实现两种加法规则,具体实施哪一种取决于 other 的类型:

```
def __add__(self, other):
    if isinstance(other, (float,int)):
        return Complex(self.real +other, self.imag)
    else:
        return Complex(self.real +other.real, self.imag +other.imag)
```

第 3 种方法是从 other 对象中查找做加法所需要的内容。在数学上,要求 other 是一个复数或实数就行了;但从 __add__ 的实现来看,所要求的只是 other 具有 real 和 imag 属性。要检查对象 a 是否具有名为 attr 的属性,可以使用以下函数:

```
hasattr(a, attr)
```

对于当前的情形,需要测试

```
if hasattr(other, 'real') and hasattr(other, 'imag'):
```

因此,__add__ 方法的第 3 种实现为

```
def __add__(self, other):
    if isinstance(other, (float,int)):
        other =Complex(other)
    elif not (hasattr(other, 'real') and hasattr(other, 'imag')):
        raise TypeError('other must have real and imag attr.')
    return Complex(self.real +other.real, self.imag +other.imag)
```

第 3 种方法的优点在于:它使得 Complex 类的实例可以和 Python 内置的复数类相加,因为它需要的是一种具有 real 和 imag 属性的对象。

7.5.4　动态类型、静态类型、强类型、弱类型和 Duck 类型

__add__ 的实现实际上涉及一些非常重要的计算机科学问题。在 Python 中,函数参数可以为任何类型的对象,并且参数的类型可以在程序执行期间更改。这个性质称为语言的类型动态性,Python、Perl、Ruby 和 Tcl 等很多语言都支持动态类型。其他语言,如 C、C++、Java 和 C# 将函数参数类型固定,并且不能改变,这些语言称为静态类型语言。代码段

```
a =6        #a is integer
a ='b'      #a is string
```

在动态类型语言中有效,但在静态类型语言中无效。

下面用一个例子讨论强类型和弱类型。考虑以下代码:

```
a = 6
b = '9'
c = a + b
```

表达式 a＋b 将一个整数和一个字符串相加，这在 Python 中是非法的。然而，由于字符串 b 的值是'9'，所以希望计算机将 a＋b 解读为 6＋9。也就是说，如果字符串 b 被转换为整数，就可以计算 a＋b 了。自动执行此转换的语言称为弱类型语言，而需要程序员显式地执行转换的语言称为强类型语言，例如：

```
c = a + float(b)
```

Python、Java、C 和 C♯ 都是强类型语言，而 Perl 和 C++ 支持部分弱类型。在__add__方法的第 3 种实现中，某些类型（如 int 类型和 float 类型）会自动转换为 Complex 类型。因此，程序员对复数的加法运算强加了弱类型。

还有一种称为 Duck（鸭子）类型的东西，它只对对象的属性或方法给出某些要求，而不必强求对象为某种特定类型。关于 Duck，一种形象的说法是："如果一种东西走起来像鸭子，叫起来也像鸭子，那么你就可以说它就是一只鸭子。"同样，不管 a 和 b 是什么类型，只要 a 和 b 在某种意义下可加，那么操作 a＋b 就可以是有效的。为使 a＋b 在__add__方法的第 3 种实现中可行，只要 b 具有 real 和 imag 属性就足够了。也就是说，具有 real 和 imag 属性的对象看起来就像 Complex 对象，至于它们是否真的是 Complex 类型此时并不重要。

在计算机科学界一直争论究竟哪种类型更好：动态还是静态，弱还是强。静态和强类型，如在 Java 和 C♯ 中，支持更加安全的编码，但其代价是代码冗长；而动态和弱类型语言的代码往往更加灵活、简短。有人认为短代码比长代码更具可读性和可靠性。因此，该问题尚无定论。

7.5.5 应用于右操作数的特殊方法

考虑这样一个问题：如果按顺序将一个浮点数和一个 Complex 对象相加会怎样？

```
w = 4.5 + u
```

事实上，该语句会导致如下异常：

```
TypeError: unsupported operand type(s) for +: 'float' and 'instance'
```

这是因为 Python 找不到左操作数是浮点对象而右操作数是 Complex 对象时加法运算的定义。浮点类（float）是早就存在的，它不知道自定义类 Complex。同时，也不宜在 float 类中扩展__add__方法来完成浮点对象与 Complex 对象的加法运算。Python 提供了一个特殊的方法__radd__专门应对这种情况。借助该方法可以实现浮点数（或整数）与 Complex 对象的加法：

```
def __radd__(self, other):          # defines other + self
    return self.__add__(other)      # other + self = self + other
```

对于减法、乘法和除法，也存在类似的特殊方法。对于减法运算符，other-self 可由__rsub__直接实现，也可通过调用 other.__sub__(self) 实现。下面是一种实现：

```
def __sub__(self, other):
    print 'in sub, self=%s, other=%s' % (self, other)
    if isinstance(other, (float,int)):
```

```
        other =Complex(other)
    return Complex(self.real -other.real, self.imag -other.imag)

def __rsub__(self, other):
    print 'in rsub, self=%s, other=%s' % (self, other)
    if isinstance(other, (float,int)):
        other =Complex(other)
    return other.__sub__(self)
```

插入 print 语句的目的是为了更好地理解这些方法。以下的测试展示了运行过程中发生的情况：

```
>>>w =u - 4.5
in sub, self=(2, -1), other=4.5
>>>print w
(-2.5, -1)
>>>w =4.5 -u
in rsub, self=(2, -1), other=4.5
in sub, self=(4.5, 0), other=(2, -1)
>>>print w
(2.5, 1)
```

备注：要获得一个好用的 Complex 类，需要做相当多的努力。幸运的是，Python 提供了 Complex 类，它包含了复数计算所需的一切。知道别人已经实现了什么很重要，这可避免"重新发明轮子"的工作。然而，在学习过程中，研究 Complex 类的细节却能够使人知道"所以然"。

7.5.6　检查实例

本节将说明如何简单地查看类实例的内容，即数据属性和方法。先看一个非常简单的类：

```
class A(object):
    """A class for demo purposes."""
    def __init__(self, value):
        self.v =value

    def dump(self):
        print self.__dict__
```

self.__dict__属性曾在 7.1.6 节中简要地介绍过。它为每个实例所固有，本质上是存储实例所有普通属性的字典，该字典以属性名为键，以属性取值为值。因为类 A 中只有一个数据属性，所以 self.__dict__字典仅包含一个键——'v'：

```
>>>a =A([1,2])
>>>a.dump()
{'v': [1, 2]}
```

另一种查看 a 中内容的方法是调用 dir(a)。该函数列出一个对象的所有方法和变量的名称：

```
>>>dir(a)
['__doc__', '__init__', '__module__', 'dump', 'v']
```

其中，__doc__变量对应于类的 doc 字符串，用于描述这个类：

```
>>>a.__doc__
'A class for demo purposes.'
```

__module__变量保存类所在模块的名称。如果类是在当前程序中定义的，而不是在导入的模块中定义的，那么__module__的值就是'__main__'。dir(a) 列表中其他的值都是该类的属性名，如方法属性__init__和 dump 以及数据属性 v。

现在，尝试对已有实例添加新变量：

```
>>>a.myvar =10
>>>a.dump()
{'myvar': 10, 'v': [1, 2]}
>>>dir(a)
['__doc__', '__init__', '__module__', 'dump', 'myvar', 'v']
```

上述输出表明已成功地在运行时向实例中添加了一个新的属性。现在创建一个新的实例，它只包含类 A 在定义时引入的变量和方法：

```
>>>b =A(-1)
>>>b.dump()
{'v': -1}
>>>dir(b)
['__doc__', '__init__', '__module__', 'dump', 'v']
```

事实上，还可以向实例添加新的方法，但这里不展示。

添加或删除属性对 C、C++ 和 Java 程序员来说是非常难以做到的一件事。然而，还有很多语言视动态的类为自然的和合法的，而且这些特征常常是非常有用的。

从上面的例子可以看出：

(1) 类实例是动态的，并允许在程序运行时添加或删除属性。

(2) 可以通过 dir 函数查看实例的内容，并可通过__dict__成员获取数据属性。

利用特殊模块 inspect 可以更详细地查看 Python 对象。例如，可以获取函数或方法的参数，甚至查看对象的代码。

7.6 静态方法和属性

到目前为止，每个实例都有一份数据属性的副本。但有时可以让某些数据属性在所有实例间共享，例如，用来保存目前为止生成该类实例个数的属性。下面以一个刻画三维空间中的点 (x, y, z) 的简单类来说明如何做到这一点：

```
>>>class SpacePoint(object):
...     counter =0
...     def __init__(self, x, y, z):
...         self.p =(x, y, z)
...         SpacePoint.counter +=1
```

数据属性 counter 在初始化时与类中的方法具有相同的缩进，且其名称不以 self 为前缀。这种在方法外声明的属性可以在所有实例间共享,称为静态属性。要访问 counter 属性,必须用类名 SpacePoint 作前缀,而不是 self,即要用 SpacePoint.counter。在构造函数中,将这个公共计数器加 1。于是,每创建一个新的实例时都更新计数器,以达到追踪目前为止创建的对象数量的目的:

```
>>>p1 = SpacePoint(0,0,0)
>>>SpacePoint.counter
1
>>>for i in range(400):
...    p = SpacePoint(i * 0.5, i, i+1)
...
>>>SpacePoint.counter
401
```

到目前为止出现的方法都必须通过一个实例来调用,该实例作为方法中的 self 变量被传入。事实上,还可以定义不需要用实例来调用的类方法。这种方法跟纯 Python 函数差不多,只是它被定义在类中,且访问时方法名必须以类名作为前缀。这样的方法称为静态方法。下面通过创建只含有一个静态方法 write 的简单类来说明这个语法:

```
>>>class A(object):
...    @staticmethod
...    def write(message):
...        print message
...
>>>A.write('Hello!')
Hello!
```

如上所示,调用 write 时并不需要生成类 A 的任何实例,只需以类名作前缀。还要注意,write 不使用 self 参数。由于静态方法内部并没有这个参数,因此不能在其中访问非静态属性。但是,它可以访问静态属性。

如果需要,也可以创建一个实例,并通过该实例调用 write:

```
>>>a = A()
>>>a.write('Hello again')
Hello again
```

7.7　本章小结

7.7.1　本章主题

类

类包含属性,这些属性可以是变量(数据属性),也可以是函数(方法属性)。可通过枚举属性获得对一个类的粗略概述(例如在 UML 图中)。

下面创建一个具有 3 个数据属性(m、M 和 G)以及 3 个方法(构造函数、force 和 visualize)的类。该类刻画两个物体之间的引力,力由 force 方法计算,而 visualize 方法用于绘制力关于物体间距离的函数。

```
class Gravity(object):
    """Gravity force between two physical objects."""
```

```
def __init__(self, m, M):
    self.m = m                   #mass of object 1
    self.M = M                   #mass of object 2
    self.G = 6.67428E-11         #gravity constant

def force(self, r):
    G, m, M = self.G, self.m, self.M
    return G * m * M/r**2

def visualize(self, r_start, r_stop, n=100):
    from scitools.std import plot, linspace
    r = linspace(r_start, r_stop, n)
    g = self.force(r)
    title='Gravity force: m=%g, M=%g' % (self.m, self.M)
    plot(r, g, title=title)
```

注意，要在 force 方法中访问属性，或在 visualize 方法中调用 force 方法，必须以 self 为前缀。而且，所有方法必须以 self 作为第一参数，但该参数在调用时被忽略。在方法中并不要求将数据属性赋给局部变量（如 G＝self.G)，但它可使数学公式变得更易读，且与标准数学符号更易对应。

该类可在文件 Gravity.py 中找到，还可用它计算月球和地球之间的引力：

```
mass_moon = 7.35E+22; mass_earth = 5.97E+24
gravity = Gravity(mass_moon, mass_earth)
r = 3.85E+8                  #Earth-Moon distance in meters
Fg = gravity.force(r)
print 'force:', Fg
```

特殊方法

在方法名称的前后均有两个下画线的方法称为特殊方法，它是 Python 语言的一种特殊语法。
表 7.1 总结了重要的特殊方法。

表 7.1　重要的特殊方法

结　　构	意　　义
a. __init__(self, args)	构造子：a＝A(args)
a. __del__(self)	析构子：del a
a. __call__(self, args)	作为方法调用：a(args)
a. __str__(self)	打印：print a, str(a)
a. __repr__(self)	实例表示：a＝eval(repr(a))
a. __add__(self, b)	a＋b
a. __sub__(self, b)	a－b
a. __mul__(self, b)	a * b
a. __div__(self, b)	a/b
a. __radd__(self, b)	b＋a

结　　构	意　　义
a.__rsub__(self, b)	b— a
a.__rmul__(self, b)	b * a
a.__rdiv__(self, b)	b/a
a.__pow__(self, p)	a**p
a.__lt__(self, b)	a < b
a.__gt__(self, b)	a > b
a.__le__(self, b)	a <= b
a.__ge__(self, b)	a=> b
a.__bool__(self)	化为布尔表达式,可用于如"if a:"的语句中
a.__len__(self)	a 的长度(整数):len(a)
a.__abs__(self)	abs(a)

术语

本章所涉及较为重要的计算机科学主题包括:

- 类。
- 属性。
- 方法。
- 构造函数(__init__)。
- 特殊方法(__add__、__str__、__ne__等)。

7.7.2　示例:区间运算

数学公式的参数往往会受到不确定性的影响,这通常是由物理量的测量误差或难测量性引起的。在这种情况下,以一个形如[a,b]的区间刻画参数可能更自然。区间的大小反映了该参数的不确定程度。假设所有输入参数均以区间给出,那么公式计算结果的区间(或者说不确定度)应该是多少? 本节设计了一个类,用于计算这种不确定度,其全部的计算均由标准数学运算组成。

考虑下面的物理实验场景:通过记录抛出小球的落地时间来测量重力加速度。不妨让地面对应于 $y=0$ 直线,并让小球从 $y=y_0$ 掉落。则小球的位置 $y(t)$ 满足

$$y(t) = y_0 - \frac{1}{2}gt^2$$

令小球的落地时刻为 T,则得到方程 $y(T)=0$,其解为

$$g = 2y_0 T^{-2}$$

在该实验中,总是假设在测量起始位置 y_0 和时间 T 时会引入一些误差。假设已知 y_0 处于区间[0.99,1.01] (单位为 m)而 T 在区间[0.43,0.47](单位为 s)中。于是,起始位置的测量误差是 2%,落地时间的测量误差是 10%。那么,g 的误差是多少? 借助于本节所设计的类,可以算出 g 的误差为 22%。

问题

将两个数值 p 和 q 用所在区间刻画,记作

$$p = [a,b], \quad q = [c,d]$$

那么，$p+q$ 位于区间 $[a+c,b+d]$ 上。下面列出区间计算的规则，即两个区间加法、减法、乘法和除法的规则：

- $p+q=[a+c,b+d]$。
- $p-q=[a-d,b-c]$。
- $pq=[\min(ac,ad,bc,bd),\max(ac,ad,bc,bd)]$。
- $p/q=[\min(a/c,a/d,b/c,b/d),\max(a/c,a/d,b/c,b/d)]$，要求 $0\notin[c,d]$。

现在实现可进行上述区间操作的类，该类应支持上述运算 $+$、$-$、$\times$、$/$。该类还要能估计类似于下面两个物理量的不确定度：

- 由 $g=2y_0T^{-2}$ 确定的重力加速度，当 $y_0=[0.99,1.01]$（带有 2% 的误差）及 $T=[T_m\cdot0.95,T_m\cdot1.05]$（带有 10% 的误差，其中 $T_m=0.45$）时。
- 由公式 $V=\dfrac{4}{3}\pi R^3$ 给出的小球体积，其中 $R=[R_m\cdot0.9,R_m\cdot1.1]$，带有 20% 的误差，这里 $R_m=6$。

解

将该类命名为 IntervalMath，其数据包括区间的下限和上限。使用特殊方法来实现对象的算术运算和打印。如果能够理解 7.4 节中的 Vec2D 类，也就很容易理解下面的类：

```python
class IntervalMath(object):
    def __init__(self, lower, upper):
        self.lo = float(lower)
        self.up = float(upper)

    def __add__(self, other):
        a, b, c, d = self.lo, self.up, other.lo, other.up
        return IntervalMath(a +c, b +d)

    def __sub__(self, other):
        a, b, c, d = self.lo, self.up, other.lo, other.up
        return IntervalMath(a -d, b -c)

    def __mul__(self, other):
        a, b, c, d = self.lo, self.up, other.lo, other.up
        return IntervalMath(min(a * c, a * d, b * c, b * d), max(a * c, a * d, b * c, b * d))

    def __div__(self, other):
        a, b, c, d = self.lo, self.up, other.lo, other.up
        # [c,d] cannot contain zero
        if c * d <= 0:
            raise ValueError ('Interval %s cannot be denominator because ' 'it contains zero' % other)
        return IntervalMath(min(a/c, a/d, b/c, b/d), max(a/c, a/d, b/c, b/d))

    def __str__(self):
        return '[%g, %g]' % (self.lo, self.up)
```

这个类的实现在文件 IntervalMath.py 中。下面演示了这个类的使用：

```python
I =IntervalMath
a =I(-3,-2)
b =I(4,5)
```

```
expr ='a+b', 'a-b', 'a * b', 'a/b'
for e in expr:
    print '%s =' % e, eval(e)
```

结果是

```
a+b =[1, 3]
a-b =[-8, -6]
a * b =[-15, -8]
a/b =[-0.75, -0.4]
```

实现一个支持区间计算并能估算不确定性的类看起来很容易。下面讨论上面的实现方式存在的一个很大的局限。

若想计算 a * q 的不确定性，其中 a 对应于区间 $[4,5]$，q 是一个浮点数，那么

```
a =I(4,5)
q =2
b =a * q
```

就会产生问题

```
File "IntervalMath.py", line 15, in _ _mul_ _
a, b, c, d =self.lo, self.up, other.lo, other.up
AttributeError: 'float' object has no attribute 'lo'
```

原因在于 a * q 是 IntervalMath 对象 a 和浮点对象 q 之间的乘法。在 IntervalMath 类调用__mul__方法的过程中会尝试提取 q 的 lo 属性，但 q 中不存在该属性。

于是，需要扩展__mul__及其他算术运算方法，使它们允许将数字作为操作数。只需要将数字转换为下限和上限相同的区间即可：

```
def _ _mul_ _(self, other):
    if isinstance(other, (int, float)):
        other =IntervalMath(other, other)
    a, b, c, d =self.lo, self.up, other.lo, other.up
    return IntervalMath(min(a * c, a * d, b * c, b * d), max(a * c, a * d, b * c, b * d))
```

处理公式 $g=2y_0 T^{-2}$ 时又遇到另一个问题：现在要用整数 2 乘以 y_0，当 y_0 对应一个区间对象时，这个乘法没有在整数中定义。为处理这种情况，需要实现__rmul__(self，other)方法来执行 other * self，就像在 7.5.5 节中所做的那样：

```
def _ _rmul_ _(self, other):
    if isinstance(other, (int, float)):
        other =IntervalMath(other, other)
        return other * self
```

加法、减法和除法的相应方法也应在类中实现。

此外，对于表达式 $g=2y_0 T^{-2}$ 而言，当 T 是一个区间时，计算 T^{-2} 也会遇到问题：计算表达式 T**(-2)

时会调用幂运算符(若不将表达式重写为 1/(T * T))，这需要在 IntervalMath 类中实现__pow__方法。这里将幂次限制为整数，这也很容易通过多次乘法运算来实现：

```
def __pow__(self, exponent):
    if isinstance(exponent, int):
        p = 1
        if exponent > 0:
            for i in range(exponent):
                p = p * self
        elif exponent < 0:
            for i in range(-exponent):
                p = p * self
            p = 1/p
        else:                        # exponent == 0
            p = IntervalMath(1, 1)
        return p
    else:
        raise TypeError('exponent must int')
```

另一种非常自然的扩展是将一个区间对象转化为浮点数，转化后将得到该区间的中点：

```
>>> a = IntervalMath(5, 7)
>>> float(a)
6
```

这里，float(a)将调用 a.__float__这个特殊方法，这里的实现是

```
def __float__(self):
    return 0.5 * (self.lo + self.up)
```

__repr__方法返回一个能够重新创建当前实例的串，实现如下：

```
def __repr__(self):
    return '%s(%g, %g)' % (self.__class__.__name__, self.lo, self.up)
```

接下来，就可以对 IntervalMath 类做测试了：

```
>>> g = 9.81
>>> y_0 = I(0.99, 1.01)          # 2% uncertainty
>>> Tm = 0.45                    # mean T
>>> T = I(Tm * 0.95, Tm * 1.05)  # 10% uncertainty
>>> print T
[0.4275, 0.4725]
>>> g = 2 * y_0 * T**(-2)
>>> g
IntervalMath(8.86873, 11.053)
>>> # Compute with mean values
>>> T = float(T)
>>> y = 1
```

```
>>>g = 2 * y_0 * T ** (-2)
>>>print '%.2f' % g
9.88
```

计算球体的体积的公式 $V = \dfrac{4}{3}\pi R^3$ 对 R 的不确定度非常敏感：

```
>>>Rm = 6
>>>R = I(Rm * 0.9, Rm * 1.1)          # 20% error
>>>V = (4./3) * pi * R**3
>>>V
IntervalMath(659.584, 1204.26)
>>>print V
[659.584, 1204.26]
>>>print float(V)
931.922044761
>>>#Compute with mean values
>>>R = float(R)
>>>V = (4./3) * pi * R**3
>>>print V
904.778684234
```

可以看到,关于 R 的 20% 不确定度导致了关于 V 的 60% 的不确定度,并且直接计算 V 的区间均值与用 R 的区间均值计算所得结果非常不同。

IntervalMath 类的完整代码在文件 IntervalMath.py 中。与上面所示的实现相比,该文件中的实现采用了一些技巧来保存区间运算特殊方法中的输入和重复代码。读者可以在维基百科上阅读更多关于区间运算的知识。

7.8　习题

习题 7.1:创建一个函数类。

创建一个类 F,实现函数

$$f(x; a, w) = e^{-ax}\sin wx$$

其中,a 和 w 是数据属性,还要包含一个计算 f 值的 value(x) 方法。在交互式会话中测试时,要显示如下结果：

```
>>>from F import F
>>>f = F(a=1.0, w=0.1)
>>>from math import pi
>>>print f.value(x=pi)
0.013353835137
>>>f.a = 2
>>>print f.value(pi)
0.00057707154012
```

文件名:ex7-01-F.py。

习题 7.2:向类中添加数据属性。

向 7.2.1 节中的 Account 类添加数据属性 transactions,这个新的属性计算在 deposit 和 withdraw 方法中

完成的交易数量。在 dump 方法中打印交易次数，并编写一个测试函数 test_Account 来测试扩展类 Account 是否正确。

文件名：ex7-02-Account2.py。

习题 7.3：向类中添加函数。

在 7.2.1 节中的 AccountP 类中添加 self._transactions 列表，其元素是由交易次数和交易发生时间构成的字典。删除_balance 属性，在 get_balance 方法中借助_transactions 列表来计算余额。用 print_transactions 方法打印所有交易、交易量和交易时间。

提示：用 time 或 datetime 模块来获取日期和当地时间。

备注：观察发现，当前版本的 AccountP 类中余额的计算方法与 7.2.1 节中的版本不同。但是类的使用，特别是 get_balance 方法，保持不变。这是使用类进行编程的一个优点：用户只使用方法，方法中数据结构和计算手段的实现可以改变，而不影响调用类方法的外部程序。

文件名：ex7-03-Account3.py。

习题 7.4：为矩形和三角形创建类。

本习题的目的是创建如 7.2.3 节中的 Circle 那样表示其他的几何图形的类；一个宽为 W、高为 H、左下角在 (x_0, y_0) 的矩形，和一个由 3 个顶点 (x_0, y_0)、(x_1, y_1) 及 (x_2, y_2) 确定的三角形（见习题 3.16）。要求提供 3 种方法：__init__（初始化几何数据）、area 和 perimeter。并编写测试函数 test_Rectangle 和 test_Triangle，用于检查由 area 和 perimeter 产生的结果是否与精确值相同（带有较小的容差比较功能）。

文件名：ex7-04-geometric_shapes.py。

习题 7.5：为二次函数创建一个类。

考虑二次函数 $f(x; a, b, c) = ax^2 + bx + c$。创建一个 Quadratic 类来表示 f，其中 a、b、c 为数据属性，方法有

- __init__，用于存储属性 a、b、c。
- value，用于计算 f 在点 x 处的值。
- table，对 n 均分区间 $[L, R]$，生成关于自变量 x 和函数值 f 的列表。
- roots，计算两个根。

将 Quadratic 类和相应的测试文件组织为一个模块，以便让其他程序可以通过 from Quadratic import Quadratic 来使用该类。再为文件配备一个测试函数，用于验证 value 和 roots。

文件名：ex7-05-Quadratic.py。

习题 7.6：为直线创建一个类。

创建一个类，其构造函数接收两个点 p1 和 p2（或者长度为 2 的元组或列表）作为输入，生成经过这两个点的直线（见 3.1.11 节中的函数 line 和其他关于直线的公式）。value(x)方法计算直线在横坐标 x 处的纵坐标值。再编写函数 test_Line 来验证实现。下面是一个交互式会话中的演示：

```
>>>from Line import Line, test_Line
>>>line =Line((0,-1), (2,4))
>>>print line.value(0.5), line.value(0), line.value(1)
0.25 -1.0 1.5
>>>test_Line()
```

文件名：ex7-06-Line.py。

习题 7.7：灵活使用参数。

习题 7.6 中 Line 类的构造函数仅支持以两个点作为参数。现在希望构造直线的方式更加灵活：可以给出两个点，也可以给出一个点和一个斜率，还可以给出一个斜率及直线与 y 轴的截距。实现这个类的扩展，

并编写检查相应扩展是否有效的测试函数。

提示：让构造函数像之前一样接收两个参数 p1 和 p2，用 isinstance 检测参数究竟是 float 类型还是 tuple 或 list 类型来判断用户提供的是何种数据：

```
if isinstance(p1, (tuple,list)) and isinstance(p2, (float,int)):
    #p1 is a point and p2 is slope
    self.a =p2
    self.b =p1[1] -p2 * p1[0]
elif …
```

文件名：ex7-07-Line2.py。

习题 7.8：将函数封装成类。

本习题的目的是为已经存在的函数创建一个函数接口，以实现习题 5.25 中的拉格朗日插值方法。这里要创建一个 LagrangeInterpolation 类，其典型用法如下：

```
import numpy as np
#Compute some interpolation points along y=sin(x)
xp =np.linspace(0, np.pi, 5)
yp =np.sin(xp)
#Lagrange's interpolation polynomial
p_L =LagrangeInterpolation(xp, yp)
x =1.2
print 'p_L(%g)=%g' % (x, p_L(x)),
print 'sin(%g)=%g' % (x, np.sin(x))
p_L.plot()                    #show graph of p_L
```

plot 绘制介于 xp[0] 和 xp[-1] 之间的 $p_L(x)$ 的函数图形。除了编写类本身之外，还需要编写相应的验证代码。

提示：实现这个类不需要写太多代码，可以调用习题 5.25 中的函数 p_L 和习题 5.26 中的函数 graph。它们可以通过后面的习题中要做的 Lagrange_poly2 模块来获取。

文件名：ex7-08-Lagrange_poly3.py。

习题 7.9：灵活处理函数参数。

除了像习题 7.8 一样手动计算插值点外，还希望类 LagrangeInterpolation 的构造函数同时能接收某些 Python 函数 f(x) 作为参数。通常，这样书写代码：

```
from numpy import exp, sin, pi

def myfunction(x):
    return exp(-x/2.0) * sin(x)

p_L =LagrangeInterpolation(myfunction, x=[0, pi], n=11)
```

使用该代码生成 $n=11$ 个在 $[0,\pi]$ 上均匀分布的点 x，并调用 myfunction 获得相应的 y 值。拉格朗日插值多项式可基于这些点来构建。注意，LangrangeInterpolation(xp, yp) 必须保持有效。

提示：类 LangrangeInterpolation 的构造函数现在必须接收两组不同类型的参数：xp、yp 和 f、x、n。在 Python 中，可使用 isinstance(a,t) 来测试对象 a 是否是 t 类型。用 3 个参数来声明构造函数：arg1、arg2 和 arg3＝None。测试 arg1 和 arg2 是否是数组，即 isinstance(arg1, numpy.ndarray)，在这种情况下对应 xp＝

arg1、yp＝parg2；另一方面，若 arg1 是一个函数（callable（arg1）为 True），arg2 是一个列表或元组，即 isinstance（arg2，（list，tuple）），而 arg3 是整数，那么置 f＝arg1、x＝arg2、n＝arg3。

文件名：ex7-09-Lagrange_poly4.py。

习题 7.10：从会话推导一个类的实现。

编写一个 Hello 类，它的行为如下面的会话所示：

```
>>>a =Hello()
>>>print a('students')
Hello, students!
>>>print a
Hello, World!
```

文件名：ex7-10-Hello.py。

习题 7.11：在类中实现特殊的方法。

修改习题 7.1 中的类，使得以下交互式会话可以运行：

```
>>>from F import F
>>>f =F(a=1.0, w=0.1)
>>>from math import pi
>>>print f(x=pi)
0.013353835137
>>>f.a =2
>>>print f(pi)
0.00057707154012
>>>print f
exp(-a * x) * sin(w * x)
```

文件名：ex7-11-F2.py。

习题 7.12：为序列求和创建一个类。

本习题的任务是利用公式 $S(x) = \sum_{k=M}^{N} f_k(x)$ 进行求和，其中 $f_k(x)$ 是某些用户给定的公式。下面的片段演示了用于计算 $\sum_{k=0}^{N} (-x)^k$ 的 Sum 类的典型用法和功能：

```
def term(k, x):
    return (-x)**k
S =Sum(term, M=0, N=3)
x =0.5
print S(x)
print S.term(k=4, x=x)          # (-0.5)**4
```

a. 实现 Sum 类，使上面的代码段能够工作。

b. 实现测试函数 test_Sum，用于对给定的 $f_k(x)$ 验证 Sum 类中各种方法的结果。

c. 利用 Sum 类计算当 $x=\pi$ 以及 x 和 N 取其他值时的 $\sin x$ 的泰勒多项式近似值。

文件名：ex7-12-Sum.py。

习题 7.13：使用数值微分类。

将 7.3.2 节中的 Derivative 类从模块中分离出来。对 7.1.2 节中的 Y 类做同样的处理。编写一个函数，导入 Derivative 类和 Y 类且用前者求 Y 所表示的函数 $y(t) = v_0 t - \frac{1}{2} g t^2$ 的微分,并将算得的微分与 $t = 0$,

$\frac{1}{2} v_0/g$,v_0/g 时的精确值进行比较。

文件名:ex7-13-dYdt.py,ex7-13-Derivative.py,ex7-13-Y.py。

习题 7.14:实现一个加法运算符。

一个人类学家问一个原始部落的人关于算术的问题。人类学家问:"二加二等于几?"原始部落的人回答说:"五。"当被要求解释时,原始部落的人说:"假设我有一条打了两个结的绳子,再拿一条打了两个结的绳子,把绳子连在一起,就有了五个结。"

a. 制作一个 Rope 类来表示打了给定数量结的绳子。

在这个类中实现加法运算符,使其对应原始部落的人描述的连接方式:

```
>>>from Rope import Rope
>>>rope1 = Rope(2)
>>>rope2 = Rope(2)
>>>rope3 = rope1 + rope2
>>>print rope3
5
```

还要在该类中实现__str__方法,用于返回绳子上有几个结。

b. 为模块文件提供测试函数,用于验证加法运算符的实现。

文件名:ex7-14-Rope.py。

习题 7.15:实现＋＝和－＝运算符。

可以分别使用＋＝和－＝运算符来替代 7.2.1 节里 Account 类中的 deposit 和 withdraw 方法。在 Account 类中实现＋＝和－＝运算符以及__str__方法,最好还要实现__repr__方法。再编写 test_Account 函数来验证 Account 类中所有功能的实现。

提示:特殊方法__iadd__和__isub__分别对应＋＝和－＝运算符。例如,a－＝p 调用 a.__isub__(p)。__iadd__和__isub__有一个重要约定:若要正常工作,必须返回 self(可参考 *Python Language Reference* 的第 3 章)。

文件名:ex3-15-Account4.py。

习题 7.16:实现数值微分类。

一个较为常用的求函数 $f(x)$ 数值微分的公式如下:

$$f'(x) \approx \frac{f(x+h) - f(x-h)}{2h} \tag{7.8}$$

利用它得到的计算结果往往比用式(7.1)得到的结果具有更高的精度,因为它使用中心微分而不是单侧微分。

本习题的目的是使用式(7.2)来对函数 $f(x)$[对应于 Python 函数 f(x)]的微分。更确切地说,应使以下代码正常运行:

```
def f(x):
    return 0.25 * x**4

df = Central(f)                  #make function-like object df
#df(x) computes the derivative of f(x) approximately
x = 2
print 'df(%g)=%g' % (x, df(x))
print 'exact:', x**3
```

a. 实现 Central 类并测试上面的代码能否运行。Central 类的构造函数中应包含可选参数 h，以便可以指定式 (7.8) 中的 h。

b. 编写测试函数 test_Central 来验证类的实现。可以利用式 (7.8) 具有二阶精度这个事实。

c. 编写函数 table(f，x，h=1E−5)，以表格形式打印函数 f 在一些点 x 处用式 (7.8) 计算的数值微分的误差。参数 f 是一个 SymPy 表达式，它可以转换为一个 Python 函数，并作为构造函数提供给 Central 类。可计算 f 导数的符号表达式。参数 x 是 x 点的列表或数组，h 是式 (7.8) 中的 h。

提示：下面的会话展示了 SymPy 如何求算术表达式的微分并将结果转换为 Python 函数：

```
>>>import sympy
>>>x = sympy.Symbol('x')
>>>f_expr = 'x * sin(2 * x)'
>>>df_expr = sympy.diff(f_expr)
>>>df_expr
2 * x * cos(2 * x) + sin(2 * x)
>>>df = sympy.lambdify([x], df_expr)          #make Python function
>>>df(0)
0.0
```

d. 将类和函数组织为一个可以使用的模块。

文件名：ex7-16-Central. py。

习题 7.17：检查程序。

考虑如下近似计算函数 $f(x)$ 后向差分的程序：

```
from math import *

class Backward(object):
    def __init__(self, f, h=e-9):
        self.f, self.h = f, h
    def __call__(self, x):
        h, f = self.h, self.f
        return (f(x) - f(x-h))/h          #finite difference

dsin = Backward(sin)
e = dsin(0) - cos(0); print 'error:', e
dexp = Backward(exp, h=e-7)
e = dexp(0) - exp(0); print 'error:', e
```

其结果为

```
error: -1.00023355634
error: 371.570909212
```

那么，究竟是近似结果太差还是程序中有错误？

文件名：ex7-17-find_errors_class. txt。

习题 7.18：修改计算数值微分的类。

如 7.2.1 节所做的那样，封装 7.3.2 节中的 Derivative 类，编写两个数据属性 h 和 f，即在 h 和 f 的名字前添加下画线前缀，从而告知用户这些属性不能直接访问。然后添加两个方法 get_precision 和 set_precision(h) 用于读取和更改 h。再创建一个单独的测试函数，以检查正确性。

文件名：ex7-18-Derivative_protected. py。

习题 7.19：Heaviside 函数类。

a. 使用类来实现习题 3.29 中的 Heaviside 函数的不连续版本［见式（3.25）］和习题 3.30 中定义的平滑连续版本，使下面的代码可以运行：

```
H = Heaviside()          #original discontinous Heaviside function
print H(0.1)
H = Heaviside(eps=0.8)    # smoothed continuous Heaviside function
print H(0.1)
```

b. 扩展 Heaviside 类，使其可接收数组参数：

```
H = Heaviside()                #original discontinous Heaviside function
x = numpy.linspace(-1, 1, 11)
print H(x)
H = Heaviside(eps=0.8)         # smoothed Heaviside function
print H(x)
```

提示：请借鉴 5.5.2 节中的思路。

c. 扩展 Heaviside 类，使其支持绘图：

```
H = Heaviside()
x, y = H.plot(xmin=-4, xmax=4)          # x in [-4, 4]
from matplotlib.pyplot import plot
plot(x, y)

H = Heaviside(eps=1)
x, y = H.plot(xmin=-4, xmax=4)
plot(x, y)
```

提示：在第一种情况下，需要用 5.4.1 节中的方法来返回 x 和 y 数组，这样才能准确地表示非连续性。而在平滑连续版本中，eps 参数需要有足够高的分辨率。例如，将区间 $[-\varepsilon, \varepsilon]$ 均分，得到 $201/\varepsilon$ 个点；而在这个区间外可以使用一个稍微稀疏的点的坐标集合，因为这时平滑的 Heaviside 函数差不多是常数 0 或 1。

d. 编写测试函数 test_Heaviside 来验证 Heaviside 类中各方法的结果。

文件名：ex3-19-Heaviside_class. py。

习题 7.20：为指示器函数创建一个类。

本习题的目的是将习题 3.31 中的指示器函数实现为一个 Indicator 类，使其能够基于 Heaviside 函数表达指标函数。在调用 Heaviside 函数时允许使用 ε 参数，以方便在函数的不连续版本和平滑连续版本之间进行选择切换：

```
I = Indicator(a, b)            #indicator function on [a,b]
print I(b+0.1), I((a+b)/2.0)
I = Indicator(0, 2, eps=1)     # smoothed indicator function on [0,2]
print I(0), I(1), I(1.9)
```

注意：若基于习题 7.19b 中的 Heaviside 类进行构建，那么任何 Indicator 实例都接收数组参数。

文件名：ex7-20-Indicator. py。

习题 7.21：创建分段常数函数类。

本习题要求用类 PiecewiseConstant 实现习题 3.32 中定义的分段常量函数：

a. 实现最基本的功能，使以下代码可运行：

```
f = PiecewiseConstant([(0.4, 1), (0.2, 1.5), (0.1, 3)], xmax=4)
print f(1.5), f(1.75), f(4)

x = np.linspace(0, 4, 21)
print f(x)
```

b. 为 PiecewiseConstant 类添加一个 plot 方法，以方便地绘制函数的图形：

```
x, y = f.plot()
from matplotlib.pyplot import plot
plot(x, y)
```

文件名：ex7-21-PiecewiseConstant. py。

习题 7.22：加速重复的计算。

读者可能已经注意到，当 x 在点列 $x_0 < x_1 < \cdots < x_m$ 中依次取值时，使用 7.3.3 节中给出的 Integral 类为函数 $F(x) = \int_a^x f(t)\,\mathrm{d}t$ 制表或绘图是一件效率低下的事。这是因为：当计算 $F(x_k)$ 时，会重新计算 $F(x_{k-1})$，这显然是一种浪费。用附录 A 的 A.1.7 节中的思想来改进 __call__ 方法，使得对于数组 x，该方法以最少的计算返回 $F(x_0), F(x_1), \cdots, F(x_m)$ 对应的数组。再写一个测试函数来验证实现是否正确。

提示：Integral 类构造函数中的参数 $n(n)$ 可作为计算 $F(x_m)$ 值的梯形（区间）的个数。对于区间 $[x_k, x_{k+1}]$ 上的积分，可以使用 trapezodial 函数（或一个 Integral 对象）并选择全部 n 个梯形的一部分来计算。该部分可以是 $(x_{k+1} - x_k)/(x_m - a)$，即 $n_k = n(x_{k+1} - x_k)/(x_m - a)$，也可以一个常数（$n_k = n/m$）个梯形在所有的区间 $[x_k, x_{k+1}]$ 上的积分，$k = 0, 1, \cdots, m-1$。

文件名：ex7-22-Integral_eff. py。

习题 7.23：对多项式应用类。

指数函数 e^x 的 N 阶泰勒多项式为

$$p(x) = \sum_{k=0}^{N} \frac{x^k}{k!}$$

创建一个程序，它能够：①导入 7.3.7 节中的 Polynomial 类；②从命令行读取 x 和一系列的 N 值；③对每个 N 值创建 Polynomial 对象，以便用给出的泰勒多项式进行计算；④对所有给定的 N 值打印出 $p(x)$ 和 e^x 的精确值。使用 $x = 0.5, 3, 10$ 和 $N = 2, 5, 10, 15, 25$ 运行程序。

文件名：ex7-23-Polynomial_exp. py。

习题 7.24：在多项式的类中找到一个错误。

阅读下面这个关于 7.3.7 节中 Polynomial 类的替代实现：

```
class Polynomial(object):
    def __init__(self, coefficients):
        self.coeff = coefficients

    def __call__(self, x):
```

```
        return sum([c * x**i for i, c in enumerate(self.coeff)])

    def __add__(self, other):
        maxlength = max(len(self), len(other))
        #Extend both lists with zeros to this maxlength
        self.coeff += [0] * (maxlength - len(self.coeff))
        other.coeff += [0] * (maxlength - len(other.coeff))
        result_coeff = self.coeff
        for i in range(maxlength):
            result_coeff[i] += other.coeff[i]
        return Polynomial(result_coeff)
```

__call__ 方法中的 enumerate 使其能够同时用列表索引和列表元素对列表 somelist 进行迭代：for index, element in enumerate(somelist)。将上面的代码写入文件，并通过演示说明该实现不支持两个多项式相加。找到错误并纠正它。

文件名：ex7-24-Polynomial_error.py。

习题 7.25：实现多项式的减法。

为 7.3.7 节中的类 Polynomial 实现特殊方法 __sub__，在函数 test_Polynomial 中为此功能添加一个测试。

提示：研究 Polynomial 类的 __add__ 方法，并分别处理多项式系数列表长度相同与不同两种情况。

文件名：ex7-25-Polynomial_sub.py。

习题 7.26：测试多项式类的打印功能。

编写新的测试函数 test_Polynomial_str 来验证多项式类中 __str__ 方法的功能。

文件名：ex7-26-Polynomial_test_str.py。

习题 7.27：向量化一个多项式的类。

在类 Polynomial 中使用数组替换列表并不会提高计算效率，除非数学计算也被向量化。换言之，所有显式的 Python 循环必须被向量化的表达式替换。

a. 检查 Polynomial.py，确保 coeff 属性的类型是浮点数组。

b. 更新测试函数 test_Polynomial，并利用 a 中的事实来检查新的实现是否正确。

c. 通过向系数数组公共部分添加较长数组的剩余部分的方法来向量化 __add__ 方法。

提示：通过 concatenate(a, b) 方法实现数组 a 与数组 b 的拼接。

d. 多项式 $\sum_{i=0}^{n-1} c_i x^i$ 的值可通过计算数组 $(c_0, c_1, \cdots, c_{n-1})$ 与 $(x^0, x^1, \cdots, x^{n-1})$ 的内积得到，以此来向量化 __call__ 方法。后一个数组可以用 x**p 获得，其中 p 是一个由 $0, 1, \cdots, n-1$ 构成的数组，而 x 是标量。

e. differentiate 方法可以由以下语句向量化：

```
n = len(self.coeff)
self.coeff[:-1] = linspace(1, n-1, n-1) * self.coeff[1:]
self.coeff = self.coeff[:-1]
```

在 n 为 3 的情况下手动计算，证明向量化语句与原始的 differentiate 方法得到的结果相同。

文件名：ex7-27-Polynomial_vec.py。

习题 7.28：使用字典来保存多项式系数。

使用字典（而非列表）作为 7.3.7 节中 Polynomial 类中的 coeff 属性，用 self.coeff[k] 保存 x^k 项的系数。

字典的优点是只需要存储多项式中的非零系数。

    a . 实现构造函数和__call__方法求多项式的值，使得下列代码可以运行：

```
from Polynomial_dict import Polynomial
p1_dict ={4: 1, 2: -2, 0: 3}          #polynomial x^4 -2 * x^2 +3
p1 =Polynomial(p1_dict)
print p1(2)                           #prints 11 (16-8+3)
```

    b. 实现__add__方法，使以下的代码能够运行：

```
p1 =Polynomial({4:1, 2: -2, 0: 3})    #x^4 -2 * x^2 +3
p2 =Polynomial({0: 4, 1: 3})          #4 +3 * x
p3 =p1 +p2                            #x^4 -2 * x^2 +3 * x +7
print p3.coeff                        #prints {0: 7, 1: 3, 2: -2, 4: 1}
```

    提示：__add__的结构可以是

```
class Polynomial(object):
    ...
    def __add__(self, other):
        """Return self +other as a Polynomial object."""
        result =self.coeff.copy()
        for exponent in result:
            if exponent in other.coeff:
                #add other's term to result's term
            else:
                result[exponent] =other[exponent]
        #return Polynomial object based on result dict
```

    c. 实现__sub__方法，使以下的代码能够运行：

```
p1 =Polynomial({4: 1, 2: -2, 0: 3})    #x^4 -2 * x^2 +3
p2 =Polynomial({0: 4, 1: 3})           #4 +3 * x
p3 =p1 -p2                             #x^4 -2 * x^2 -3 * x -1
print p3.coeff                         #prints {0: -1, 1: -3, 2: -2, 4: 1}
```

    d. 实现__mul__方法，使以下的代码能够运行：

```
p1 =Polynomial({0: 1, 3: 1})          #1 +x^3
p2 =Polynomial({1: -2, 2: 3}))        #-2 * x +3 * x^2
p3 =p1 * p3
print p3.coeff                        #prints {1: -2, 2: 3, 4: -2, 5: 3}
```

    提示：研究 Polynomial 类中的__mul__方法基于列表生成式的实现，并将其基于字典生成式实现。

    e. 为__call__、__add__和__mul__各编写一个测试函数。

文件名：ex7-28-Polynomial_dict.py。

习题 7.29：扩展 Vec2D 类，使其支持列表/元组。

7.4 节中的 Vec2D 类支持加法和减法，仅限于操作 Vec2D 对象。但有时希望 Vec2D 类能够与用列表/

元组表示的点进行加减：

```
u =Vec2D(-2, 4)
v =u + (1,1.5)
w = [-3, 2] -v
```

也就是说，支持以列表或元组作为左右操作数。实现这种扩展的 Vec2D 类。

提示：参考 7.5.3 节和 7.5.5 节。

文件名：ex7-29-Vec2D_lists.py。

习题 7.30：将 Vec2D 类扩展到 3D 向量。

将 7.4 节中 Vec2D 类扩展为三维空间中向量的 Vec3D 类，并添加 cross 方法来计算两个 3D 向量的叉积（外积）。

文件名：ex7-30-Vec3D.py。

习题 7.31：在 Vec2D 类中使用 NumPy 数组。

若将向量表示为 NumPy 数组，而不是单独的元素 x 和 y，那么 7.4 节的 Vec2D 类便可创建任何维数的向量。创建一个新类 Vec，其构造函数支持下列初始化方法：

```
a =array([1, -1, 4], float)      #NumPy array
v =Vec(a)
v =Vec([1, -1, 4])               #list
v =Vec((1, -1, 4))               #tuple
v =Vec(1, -1)                    #coordinates
```

提示：在构造函数中，使用可变数量的参数（见附录 H 的 H.7 节）。

如果参数中只有一个元素，那么它应该是一个数组、列表、元组，或者可以其为参数通过调用 asarray 获得一个 NumPy 数组。如果有多个参数，那么它们是坐标，可通过 array 方法将其转换成 NumPy 数组。假设在所有操作中涉及的向量维数都相同（即 other 与 self 维数相同）。注意：所有算术操作都应返回 Vec 对象而不是 NumPy 数组，否则下一个向量操作是在 NumPy 中而不是在 Vec 中进行的。若 self.v 是将向量转化为 NumPy 数组的属性，那么加法运算符的实现为

```
class Vec(object):
    ...
    def _ _add_ _(self, other):
        return Vec(selv.v +other.v)
```

文件名：ex7-31-Vec.py。

习题 7.32：区间运算的不精确性。

考虑定义在区间 $[1,2]$ 上的函数 $f(x)=x/(x+1)$。计算 f 在 $[1,2]$ 上的导数。而后，再用 7.7.2 节中的区间运算来计算当 $x\in[1,2]$ 时 f 的导数。

文件名：ex7-32-interval_arithmetics.py。

备注：在这种情况下，通过区间计算求得的 f 导数过大，其原因是公式中 x 出现不止一次（导致了所谓的"依赖问题"）。

习题 7.33：为学生和课程制作类。

使用类重新实现 6.7.2 节中提出的问题。要求实现一个 Student 类和一个 Course 类，确定适当的属性和方法。其中，这两个类应包含 __str__ 方法，用于打印内容。

文件名：ex7-33-Student_Course.py。

习题 7.34：计算函数的局部和全局极值。

函数 $f(x)$ 的极值点一般通过求解 $f'(x)=0$ 来获得。更简单的方法是对区间 $[a,b]$ 上的一组离散点计算 $f(x)$ 值，并在这些点中找到局部极小值和极大值。这里使用 $n+1$ 个等间隔点 $a=x_0<x_1<\cdots<x_n=b$ 且记 $x_i=a+ih, h=(b-a)/n$。

首先，找到区域内的所有局部极值点。对于局部极小值有

$$f(x_i) < f(x_{i-1}) \text{ 且 } f(x_i) < f(x_{i+1}), \quad i=1,2,\cdots,n-1$$

类似地，对于局部极大值有

$$f(x_i) > f(x_{i-1}) \text{ 且 } f(x_i) > f(x_{i+1}), \quad i=1,2,\cdots,n-1$$

令 $P_{\min}$ 是取局部极小值的 x 坐标的集合，$F_{\min}$ 是这些极小值处的函数值。另外两个集合 $P_{\max}$ 和 $F_{\max}$ 定义了相应的极大值。

为简单起见，将边界点 $x=a$ 和 $x=b$ 也视为局部极值点：如果 $f(a)<f(x_1)$，$x=a$ 是局部极小值点，反之则是极大值点；类似地，如果 $f(a)<f(x_{n-1})$，$x=b$ 是局部极小值点，反之则是极大值点。端点 a、b 与相应的函数值也要加入到 $P_{\min}$、$F_{\min}$、$P_{\max}$ 和 $F_{\max}$ 中。

全局极大值点被定义为 $F_{\max}$ 中的极大值对应的 x 值。全局极小值点是为 $F_{\min}$ 中的极小值对应的 x 值。

a. 创建具有以下功能的 MinMax 类：

- `__init__`：以 $f(x)$、a、b 和 n 作为参数，并调用_find_extrema 方法来计算局部和全局极值点。
- _find_extrema：实现上面的算法来查找局部和全局极值点，将集合 $P_{\min}$、$F_{\min}$、$P_{\max}$ 和 $F_{\max}$ 作为列表属性保存在 self 实例中。
- get_global_minimum：将全局极小值点以 $(x, f(x))$ 形式返回。
- get_global_maximum：将全局极大值点以 $(x, f(x))$ 形式返回。
- get_all_minima：以 $(x, f(x))$ 的列表或数组的形式返回所有极小值点。
- get_all_maxima：以 $(x, f(x))$ 的列表或数组的形式返回所有极大值点。
- `__str__`：返回一个字符串，它列出以所有局部极值点构成的表以及全局极值点。

下面是使用 MinMax 类的示例代码：

```
def f(x):
    return x**2 * exp(-0.2 * x) * sin(2 * pi * x)
m = MinMax(f, 0, 4, 5001)
print m
```

结果是

```
All minima: 0.8056, 1.7736, 2.7632, 3.7584, 0
All maxima: 0.3616, 1.284, 2.2672, 3.2608, 4
Global minimum: 3.7584
Global maximum: 3.2608
```

要确保程序也适用于无局部极值的函数，如线性函数 $f(x)=ax+b$。

b. 上述算法可以找到局部极值点 x_i，但只反映了极值点存在于区间 (x_{i-1}, x_{i+1}) 上。更精确的算法是在此区间上执行二分法（见 4.11.2 节）来找到满足 $f'(x)=0$ 的极值点。在 MinMax 类中添加方法_refine_extrema，它遍历所有局部极小值和极大值的区间内部，并求解 $f'(x)=0$。用 7.3.2 节介绍的 Derivative 类计算 $f'(x)$，其中 $h \ll x_{i+1}-x_i$。

文件名：ex7-34-minmaxf.py。

习题 7.35：为公司寻找最优生产策略。

PROD 公司基于 3 种不同的材料 M_1、M_2 和 M_3 生产两种不同的产品 P_1 和 P_2。

表 7.2 列出了制造一单位的 P_j 产品所需要材料 M_i 的量。

表 7.2　制造一单位的产品所需材料

材　　料	产　品	
	P_1	P_2
M_1	2	1
M_2	5	3
M_3	0	4

例如，制造一单位的 P_2 需要 1 单位的 M_1、3 单位的 M_2 和 4 单位的 M_3。此外，当前 PROD 公司可以分别提供 100、80 和 150 单位的 M_1、M_2 和 M_3。每单位 P_1 产品的收入是 150NOK[①]，P_2 是 175NOK。另一方面，每单位 M_1、M_2 和 M_3 的成本分别是 10NOK、17NOK 和 25NOK。PROD 公司每种产品应该各生产多少才能最大化其净收入？

a. 令 x 和 y 分别为 P_1 与 P_2 的产量。解释为什么总收入可表示为

$$f(x,y) = 150x - (10.2 + 17.5)x + 175y - (10.1 + 17.3 + 25.4)y$$

并化简这个表达式，这里 $f(x,y)$ 是关于 x 和 y 的线性函数。

b. 解释 PROD 公司的问题为什么可以用以下的数学方式来表述：

$$
\begin{aligned}
\text{maximize} \quad & f(x,y) \\
\text{subject to} \quad & 2x + y \leqslant 100 \\
& 5x + 3y \leqslant 80 \\
& 4y \leqslant 150 \\
& x \geqslant 0, y \geqslant 0
\end{aligned}
\tag{7.9}
$$

这是一个线性规划问题的例子。

c. 产量 (x,y) 可以看成平面上的一个点。用几何的方式来展示所有满足式(7.9)中条件的点的集合 T。该集合中的每个点都称为可行点。

提示：对于每个不等式，首先用等号代替不等号确定直线。然后找到满足不等式条件的点构成的半平面，最后取这些半平面的交集。

d. 编写程序，绘制这些不等式对应的直线。每一条线均写为 $ax+b=c$ 的形式。从命令行以列表的形式读取每条线的 a、b、c 值。

对于本例，命令行参数为

```
'[2,1,100]' '[5,3,80]' '[0,4,150]' '[1,0,0]' '[0,1,0]'
```

提示：对 sys.argv[1:] 执行 eval 操作，以列表的形式提取每条线的 a、b、c 值。

e. 令 α 为一个正数，考虑函数 f 的水平集：

$$L_{\alpha} = \{(x,y) \in T : f(x,y) = \alpha\}$$

该集合由所有净收入为 α 的可行点组成。引入两个新的命令行参数 p 和 q（表示函数为 $f(x,y) = px + qy$）。计算水平集线 $y = \alpha/q - px/q$，并对不同的 α 绘制水平集线（在每条线的图注中标出 α）。

---

① NOK 是挪威货币单位（挪威克朗）——译者注。

f. 基于 e 中的可视化方法，建立式(7.9)的几何求解过程。该解称为最优解。

提示：搜寻使得 L_a 非空的最大的 α。

g. 将 a 中给出的关于收入和成本的参数换成其他值之后，为什么式(7.9)还是在 T 的某个顶点取得最优解？扩展程序，让其计算上述线性不等式确定的区域 T 在所有顶点的取值。该程序还可通过上述计算寻找 $f(x,y)=ax+by$ 在 T 上的最大值和最小值。

文件名：ex7-35-optimization.py。

第8章 随机数和简单的游戏

随机数在科学和计算机编程中有许多应用,特别是在我们感兴趣的现象中存在显著的不确定性时。本章的目的是研究若干涉及随机数的实际问题,了解如何使用随机数进行编程。本章通过构造几个游戏,研究随机数在现实中是如何使用的。本章要求读者熟悉循环、列表、数组、向量化、曲线绘制和命令行参数等编程基本概念。这意味着读者需要理解第 1~5 章的内容。少数例子和习题要求读者熟悉第 7 章中类的概念。

用随机数进行计算机模拟的核心思想是:首先构造待研究现象的算法描述。该描述经常直接映射到一个非常简短的 Python 程序,程序中使用随机数来模拟现象的不确定特征。程序需要执行大量的重复计算,最终答案也只是近似的,但是通常这个近似答案对于实际应用来说已经足够好了。本章涉及的大多数程序都能在几秒内产生结果。在运行时间变长的情况下,可以对代码进行向量化。随机数的向量化计算绝对是本章要求最高的内容,但是就算没有它,读者也能看到用随机数进行数学建模的威力。

与本章示例相关的所有文件位于文件夹 src/random① 之中。

8.1 生成随机数

Python 有一个用于生成随机数的 random 模块。调用 random.random 函数生成一个半开区间[0,1)内的随机数(半开区间[0,1)包括下限但不包括上限)。可以尝试以下操作:

```
>>>import random
>>>random.random()
0.81550546885338104
>>>random.random()
0.449133326809029852
>>>random.random()
0.883206653116367454
```

所有随机数的计算都基于确定性算法(例子参见习题 8.20),因此,算法生成的数字序列并不是真正随机的。然而,由于这些数字序列并不表现出任何模式,因此可以将其看作随机的。

8.1.1 种子

每次导入 random 时,一连串 random.random 调用会产生不同的数字。出于调试目的,每次运行程序时获取的随机数序列最好是相同的。通过在生成数字之前设置种子能够达成此项功能。给定一个种子值,生成的数字序列有且仅有一个。种子是由 random.seed 函数设置的一个整数:

```
>>> random.seed(121)
```

下面一次生成两个随机数序列，用列表解析和保留两位小数的格式进行输出：

```
>>> random.seed(2)
>>> ['%.2f' % random.random() for i in range(7)]
['0.96', '0.95', '0.06', '0.08', '0.84', '0.74', '0.67']
>>> ['%.2f' % random.random() for i in range(7)]
['0.31', '0.61', '0.61', '0.58', '0.16', '0.43', '0.39']
```

如果再次将种子设置为 2，则同样的数字序列被重新生成：

```
>>> random.seed(2)
>>> ['%.2f' % random.random() for i in range(7)]
['0.96', '0.95', '0.06', '0.08', '0.84', '0.74', '0.67']
```

如果不给定一个种子，random 模块将基于当前时间设置种子，也就是说，每次运行程序时种子都不一样，那么，每次生成的随机数序列也就会不一样。这是大多数应用程序的要求。然而，在程序开发过程中，建议设置种子以简化调试和验证。

8.1.2　均匀分布的随机数

由 random. random 生成的数字倾向于在 0 和 1 之间均匀分布，也就是说，在区间 $[0, 1)$ 上没有哪个部分比其他部分的随机数更多。在这种情况下就说随机数的分布是均匀的。函数 random. uniform(a, b) 在半开区间 $[a, b)$ 中生成均匀随机数，其中用户可以指定 a 和 b。以下程序（在文件 uniform_numbers0. py 中）在区间 $[-1, 1)$ 中生成很多随机数，并可视化其分布情况：

```
import random
random.seed(42)
N = 500                    # number of samples
x = range(N)
y = [random.uniform(-1,1) for i in x]

import scitools.std as st
st.plot(x, y, '+', axis=[0,N-1,-1.2,1.2])
```

图 8.1 显示了这 500 个数字的值，数字看起来是随机的，均匀分布在 -1 和 1 之间。

8.1.3　可视化分布情况

查看区间 $[a, b)$ 中 N 个随机数的分布情况是一件有意思的事情，特别是当 $N \to \infty$ 时。例如，当按照均匀分布生成随机数时，期望区间的任何部分都不会获得比其他部分更多的随机数。为了可视化分布情况，可以将区间分为子区间，并显示每个子区间中有多少个数字。

下面更准确地阐述这个方法。将区间 $[a, b)$ 分成 n 个大小相同的子区间，每一个长度为 $h = (b-a)/n$，这些子区间称为箱。通过调用 random. random 函数 N 次可以获得 N 个随机数。用 $\hat{H}(i)$ 表示第 i 个箱 $[a+ih, a+(i+1)h)$ 中随机数的个数，$i = 0, 1, \cdots, n-1$。如果 N 很小，不同箱的 $\hat{H}(i)$ 值可能差别很大；但随着 N 的

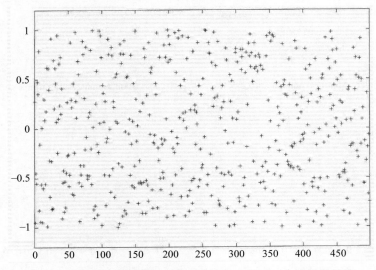

图 8.1　在 $[-1,1)$ 区间按照均匀分布生成的 500 个随机数的值

增长,我们期望 $\hat{H}(i)$ 随 i 变化很小。

我们感兴趣的是 $N\to\infty$ 和 $n\to\infty$ 的理想情况下随机数的分布情况。主要的不利方面是 $\hat{H}(i)$ 随着 N 的增加而增加,随着 n 的增加而减少。量 $\hat{H}(i)/N$ 被称为频率计数,随着 $N\to\infty$ 趋于一个有限界限,然而,随着箱的个数增加,$\hat{H}(i)/N$ 会越来越小。随着 $N,n\to\infty$,量 $H(i)=\hat{H}(i)/(Nh)$ 趋于一个有限极值。一个随机数处于第 i 个子区间的概率为 $\hat{H}(i)/N=H(i)h$。

可以用条形图可视化 $\hat{H}(i)$,见图 8.2,它称为归一化直方图。还可以用 $\hat{H}(i)$ 定义一个分段常函数 $p(x)$:对于 $x\in[a+ih,a+(i+1)h]$,$p(x)=H(i),i=0,1,\cdots,n-1$。随着 $n,N\to\infty$,$p(x)$ 趋近于问题中分布的概率密度函数。例如,random. uniform(a,b) 生成 $[a,b]$ 上均匀分布的随机数,概率密度函数为等于 $1/(b-a)$ 的常数。因此,当增加 n 和 N 时,$p(x)$ 将会趋近于常数 $1/(b-a)$。

scitools. std 中的函数 compute_histogram 返回两个数组 x 和 y,plot(x,y) 绘制分段常函数 $p(x)$ 的图形。因此,该图形是该随机样本集合的直方图。以下程序展示了这个过程:

```
from scitools.std import plot, compute_histogram
import random
samples = [random.random() for i in range(100000)]
x, y = compute_histogram(samples, nbins = 20)
plot(x, y)
```

图 8.2 展示了 N 分别为 10^3 和 10^6 的两个图形。对于较小的 N,某些子区间的随机数比其他子区间多;但随着 N 的增长,随机数在各子区间中的分布越来越均匀。在极限情况 $N\to\infty$ 下,图 8.2 中显示 $p(x)\to1$。

8.1.4　随机数生成的向量化

在 Numerical Python 包中有一个 random 模块,可以用来生成一个可能很大的随机数数组:

```
import numpy as np
r = np.random.random()                    # one number between 0 and 1
```

```
r = np.random.random(size = 10000)          # array with 10 000 numbers
r = np.random.uniform(-1, 10)               # one number between - 1 and 10
r = np.random.uniform(-1, 10, size = 10000) # array
```

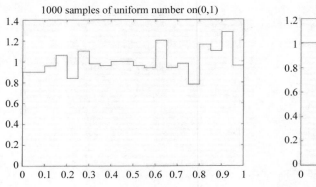
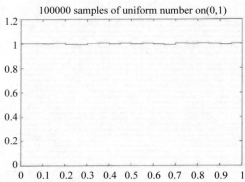

图 8.2　在 20 个箱中均匀分布的随机数的直方图

需要注意，有两个 random 模块：一个在标准 Python 库中，另一个在 NumPy 中。对于生成均匀分布的数字，两个 random 模块具有相同的接口，只是 NumPy 的 random 模块具有额外的 size 参数。两个模块都具有指定种子的功能。

使用 NumPy 的 random 模块进行随机数向量化生成非常有效，因为所有的数字在运行速度很快的 C 语言代码中被"一次"生成。可以使用 time.clock 函数（8.5.3 节和附录 H 的 H.8.1 节）来度量代码执行效率。

警示：很容易犯这样一个错误：先执行 import random，再执行 from numpy import * 或者 from scitools.std import *，而没有意识到后两个 import 语句从 NumPy 导入的 random 模块会覆盖 import random 中的 random 模块，结果是起作用的 random 模块变成了来自 NumPy 的模块。这个问题的一个解决方案是引入 Python 的 random 模块时将其命名为不同的名称，例如：

```
import random as random_number
```

另一个解决方案是：先执行 import numpy as np，然后显式地使用 np.random。

8.1.5　计算平均值和标准差

求 n 个数 x_0, x_1, $\cdots$, x_{n-1} 的平均值的公式如下：

$$x_{\mathrm{m}} = \frac{1}{n} \sum_{j=0}^{n-1} x_j \tag{8.1}$$

x_i 值在平均值 x_{m} 附近的散布情况可以用方差来衡量：

$$x_{\mathrm{v}} = \frac{1}{n} \sum_{j=0}^{n-1} (x_j - x_{\mathrm{m}})^2 \tag{8.2}$$

统计学表明，除以 $n-1$ 比除以 n 更合适，但是在本书中不需要考虑这个问题。式（8.2）的另一种形式如下：

$$x_{\mathrm{v}} = \frac{1}{n} \sum_{j=0}^{n-1} x_j^2 - x_{\mathrm{m}}^2 \tag{8.3}$$

式（8.3）的好处是，随着统计实验的进行和 n 的增加，它能够记录求和结果：

$$s_{\mathrm{m}} = \sum_{j=0}^{q-1} x_j, \quad s_{\mathrm{v}} = \sum_{j=0}^{q-1} x_j^2 \tag{8.4}$$

然后,在需要时,有效地计算 q 个样本后平均值和方差的最近估算:

$$x_{\mathrm{m}} = \frac{s_{\mathrm{m}}}{q}, \quad x_{\mathrm{v}} = \frac{s_{\mathrm{v}}}{q} - \frac{s_{\mathrm{m}}^2}{q^2} \tag{8.5}$$

标准差的计算公式为

$$x_{\mathrm{s}} = \sqrt{x_{\mathrm{v}}} \tag{8.6}$$

标准差通常用作方差的替代,因为标准差与测量值本身具有相同的单位。基于模拟或物理测量数据集 $x_0, x_1, \cdots, x_{n-1}$ 的不确定量 x 的常见表示方式是 $x_{\mathrm{m}} \pm x_{\mathrm{s}}$。这意味着 x 在平均值 x_{m} 的任一侧具有一个标准差 x_{s} 的不确定性。概率论和统计学可以提供许多更精确的不确定性的度量,但这是其他课程的主题。

下面是产生 $[-1,1)$ 上均匀分布的随机数的例子,使用式(8.1)和式(8.3)～式(8.6)来计算实验期间 10 次平均值和标准差的演变。

```python
import sys
N = int(sys.argv[1])
import random
from math import sqrt
sm = 0; sv = 0
for q in range(1, N+1):
    x = random.uniform(-1, 1)
    sm += x
    sv += x**2

    #Write out mean and standard Deviation 10 times in this loop
    if q % (N/10) == 0:
        xm = sm/q
        xs = sqrt(sv/q - xm**2)
        print '%10d mean: %12.5e  stdev: %12.5e' % (q, xm, xs)
```

if 测试使用了 mod 函数(见 3.4.2 节),用于检查一个数是否能够整除另一个数。当 i 等于 $0, N/10, 2N/10, \cdots, N$(即循环执行中的 10 次)时,这个特定 if 测试的结果为 True。该程序保存在文件 mean_stdev_uniform1.py 中。用 $N=10^6$ 运行的输出结果为:

```
 100000    mean:    1.86276e-03    stdev:    5.77101e-01
 200000    mean:    8.60276e-04    stdev:    5.77779e-01
 300000    mean:    7.71621e-04    stdev:    5.77753e-01
 400000    mean:    6.38626e-04    stdev:    5.77944e-01
 500000    mean:   -1.19830e-04    stdev:    5.77752e-01
 600000    mean:    4.36091e-05    stdev:    5.77809e-01
 700000    mean:   -1.45486e-04    stdev:    5.77623e-01
 800000    mean:    5.18499e-05    stdev:    5.77633e-01
 900000    mean:    3.85897e-05    stdev:    5.77574e-01
1000000    mean:   -1.44821e-05    stdev:    5.77616e-01
```

因为生成的是 -1 和 1 之间的数字,所以可以看到平均值越来越小且逐渐接近 0。$N \to \infty$ 时标准差的理论值等于 $\sqrt{1/3} \approx 0.57735$。

下面是用 NumPy 的 random 模块和现成的函数 mean、var 和 std(分别计算数值数组的平均值、方差和标准差)编写的以上代码的向量化版本:

```
import sys
N =int(sys.argv[1])
import numpy as np
x =np.random.uniform(-1, 1, size=N)
xm =np.mean(x)
xv =np.var(x)
xs =np.std(x)
print '%10d mean: %12.5e   stdev: %12.5e' % (N, xm, xs)
```

该程序可以在文件 mean_stdev_uniform2. py 中找到。

8.1.6 高斯或正态分布

某些应用希望随机数聚集在特定值 m 附近。这意味着生成接近 m 的数字的可能性比远离 m 的大。具有该性质且广泛使用的分布是正态分布。例如，某种性别的成人中身高或血压的统计学分布可以通过正态分布很好地描述。正态分布有两个参数：平均值 m 和标准差 s。后者衡量分布的宽度：如果 s 很小，那么产生远离平均值的数字的可能性小；如果 s 很大，那么产生远离平均值的数字的可能性就越大。

正态分布的一个随机数可以通过以下方式生成：

```
import random
r =random.normalvariate(m, s)
```

下面的程序则对于生成长度为 N 的数组更加有效：

```
import numpy as np
r =np.random.normal(m, s, size =N)
r =np.random.randn(N)                    #mean=0, stdev=1
```

以下程序生成 N 个正态分布的随机数，计算其平均值和标准差，并绘制直方图：

```
import sys
N =int(sys.argv[1])
m =float(sys.argv[2])
s =float(sys.argv[3])

import numpy as np
np.random.seed(12)
samples =np.random.normal(m, s, N)
print np.mean(samples), np.std(samples)

import scitools.std as st
x, y =st.compute_histogram(samples, 20, piecewise_constant=True)
st.plot(x, y, savefig='tmp.pdf',
    title ='%d samples of Gaussian/normal numbers on (0,1)' %N)
```

相应的程序文件是 normal_numbers1. py。当 N 为 100 万，m 为 0，s 为 1 时，该程序计算的平均值为 —0.00253，标准差为 0.99970。图 8.3 用直方图显示了随机数聚集在平均值 $m=0$ 附近的情况。当 N 趋近无穷大时，归一化的直方图将接近著名的钟形正态分布概率密度函数[①]。

[①] http://en. wikipedia. org/wiki/Normal_distribution.

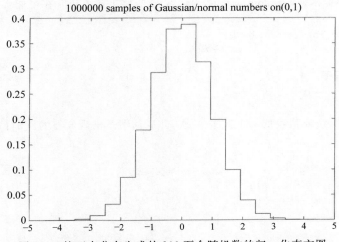

图 8.3 按正态分布生成的 100 万个随机数的归一化直方图

8.2 生成整数

假设要在 $1,2,3,4$ 中随机取一个整数,且每一个值具有相同的概率。一种可行方法是产生 $[0,1)$ 上均匀分布的实数,然后将这个区间划分为 4 个等长的子区间:

```
import random
r = random.random()
if 0 <= r < 0.25:
    r = 1
elif 0.25 <= r < 0.5:
    r = 2
elif 0.5 <= r < 0.75:
    r = 3
else:
    r = 4
```

然而,由于经常需要产生均匀分布的随机整数,因此 Python 提供了用于返回指定区间 $[a,b]$ 上的随机整数的特殊函数。

8.2.1 随机整数函数

Python 的 random 模块有一个内置函数 randint(a,b),用于产生 $[a,b]$ 上的一个整数,即返回值为数字 a, $a+1,\cdots,b-1,b$。

```
import random
r = random.randint(a, b)
```

numpy. random. randint(a, b, N) 函数具有类似功能,用于向量化地产生 $[a,b)$ 上长度为 N 的随机整数数组。因为上限 b 不在产生的数字之内,所以如果想产生 $a,a+1,\cdots,b-1,b$,必须写成

```
import numpy as np
r = np.random.randint(a, b+1, N)
```

另一个 numpy. random 中的函数，random_integers(a，b，N)，将上限 b 包含在可能生成的随机整数集合中：

```
r =np.random.random_integers(a, b, N)
```

8.2.2 示例：投掷骰子

标量版本

编写一个函数，让计算机模拟投掷一个骰子 N 次，并返回骰子出现 6 点的比例：

```
def six_eyes(N):
    M =0                        #number of times we get 6 eyes
    for i in xrange(N):
        outcome =random.randint(1, 6)
        if outcome ==6:
            M +=1
    return float(M)/N
```

代码中使用 xrange 而不是 range，因为前者避免在内存中存储 N 个数字，这在 N 很大时可能非常重要。

向量化版本

为了加快实验，可以用向量化方法产生随机数，并统计成功次数：

```
import numpy as np

def six_eyes_vec(N):
    eyes =np.random.randint(1, 7, N)
    success =eyes ==6      #True/False array
    M =np.sum(success)     #treats True as 1, False as 0
    return float(M)/N
```

eyes＝＝6 的结果是一个元素值为 True 或 False 的数组，作用于该数组的 np. sum 将 True 视为 1，将 False 视为 0（布尔值对应的整数），所以最终的求和结果代表 eyes 中等于 6 的元素个数。这里非常重要的一点是，为了提高计算的效率，使用 np. sum 而不是 Python 中的标准 sum 函数。通过 np. sum 函数，向量化版本的运行速度是标量版本的 60 倍；而用 Python 标准的 sum 函数，向量化版本反而更慢，事实上其耗时是标量版本的 2 倍。可以通过下面的 IPython 会话来说明效率的高低：

```
In [1]: from roll_die import six_eyes, six_eyes_vec

In [2]: %timeit six_eyes(100000)
1 loops, best of 3: 250 ms per loop

In [3]: %timeit six_eyes_vec(100000)
100 loops, best of 3: 4.11 ms per loop

In [4]: 250/4.11                      #performance fraction
Out[4]: 60.8272506082725

In [5]: from roll_die import np

In [6]: np.sum =sum                   #fool numpy to use built-in Python sum
```

```
In [7]: %timeit six_eyes_vec(100000)
1 loops, best of 3: 543 ms per loop
```

注意,上面的代码将 Python 中的标准 sum 函数绑定到 np. sum 这个名称,以使 six_eyes_vec 应用 Python 的 sum 函数而不是 np. sum。

向量化版本与批处理

向量化版本的缺点是所有随机数必须存储在计算机内存中。当 N 很大时,可能导致程序运行内存不足并引发 MemoryError 异常。除了一次生成所有的随机数,还可以分批次生成,每批大小为 arraysize。总共会有 N//arraysize 个批次,加上一个由所有剩余随机数构成的批次。注意 N//arraysize 中的双斜线:这里要进行整除,Python 中通过双斜线显式地指定整除。剩余部分由 mod 运算符获得:rest = N % arraysize。所有批的大小可以存储在列表中:

```
rest = N % arraysize
batch_sizes = [arraysize] * (N//arraysize) + [rest]
```

现在可以一次生成一个批次的随机数,并计算得到 6 的次数:

```
def six_eyes_vec2(N, arraysize=1000000):
    # Split all experiments into batches of size arraysize,
    # plus a final batch of size rest
    # (note: N//arraysize is integer division)
    rest = N % arraysize
    batch_sizes = [arraysize] * (N//arraysize) + [rest]

    M = 0
    for batch_size in batch_sizes:
        eyes = np.random.randint(1, 7, batch_size)
        success = eyes == 6       # True/False array
        M += np.sum(success)      # treats True as 1, False as 0
    return float(M)/N
```

因为固定了种子,所以该函数计算出的结果总是相同的。

验证标量版本

验证随机数的计算需要固定种子。当我们相信函数 six_eyes 的标量版本是正确的(主要通过观察来判断:当实验次数 N 增长时,返回值接近 1/6),可以用小的 N 值调用函数,并记录返回值,将其传递给测试函数:

```
def test_scalar():
    random.seed(3)
    f = six_eyes(100)
    f_exact = 0.26
    assert abs(f_exact - f) < 1E-15
```

验证所有版本

因为现在有 3 个用于计算相同量的替代函数,所以验证可以基于对所有 3 个函数的输出进行比较。这会有点问题,因为标量和向量化版本使用不同的随机数生成器。固定 Python 的 random 模块和 numpy. random 的种子没有作用,因为这两个工具将生成不同的随机整数序列。不过,可以在 six_eyes 函数中使用 np. random. randint 而不是 random. randit:这只要在调用 six_eyes 之前设置 random = np. random(声明

global random）即可。问题是，six_eyes 中的 np. random. randint(1，6)的生成数字中不包括 6，所以 M 总是为 0。一个小技巧可以解决这个问题：将 random. randit 重新定义为一个调用 np. random. randint 的函数：

```
random.randint =lambda a, b: np.random.randint(a, b+1, 1)[0]
```

six_eyes 中 random. randint(1，6)的调用现在变成了 np. random. randint(1，7，1)[0]，即，生成一个随机整数的数组，并提取第一个元素，这样结果还是和前面一样的标量数字。

测试函数可以调用具有相同固定种子的 3 个函数，并比较返回值：

```
def test_all():
    #Use np.random as random number generator for all three
    #functions and make sure all of them applies the same seed
    N =100
    arraysize =40
    random.randint =lambda a, b: np.random.randint(a, b+1, 1)[0]
    tol =1E-15

    np.random.seed(3)
    f_scalar =six_eyes(N)
    np.random.seed(3)
    f_vec =six_eyes_vec(N)
    assert abs(f_scalar - f_vec) <tol

    np.random.seed(3)
    f_vec2 =six_eyes_vec2(N, arraysize=80)
    assert abs(f_vec - f_vec2) <tol
```

上面的所有函数都可以在文件 roll_die. py[①] 中找到。

8.2.3　根据列表生成随机数

给定一个列表 a，语句

```
re =random.choice(a)
```

随机选择 a 中的一个元素，re 指向该元素。上面对 random. choice 的调用等同于

```
re =a[random.randint(0, len(a)-1)]
```

random 模块还有一个函数 shuffle 用于执行列表元素的随机混洗：

```
random.shuffle(a)
```

现在选出 a[0]，和对原始列表执行 random. choice 的效果相同。注意，shuffle 改变的是作为参数提供的列表。

numpy. random 模块也有一个功能相同的 shuffle 函数。

下面的会话说明了从列表中随机选择一个元素的不同方法：

---

① 　http://tinyurl. com/pwyasaa/random/roll_die。

```
>>>awards =['car' ,'computer', 'ball', 'pen']
>>>import random
>>>random.choice(awards)
'car'

>>>awards[random.randint(0, len(awards)-1)]
'pen'
>>>random.shuffle(awards)
>>>awards[0]
'computer'
```

8.2.4 示例:从整副牌中选牌

下面的函数创建了一副牌,其中每张牌都用字符串表示,而整副牌就是一个字符串列表:

```
def make_deck():
    ranks =['A', '2', '3', '4', '5', '6', '7', '8', '9', '10', 'J', 'Q', 'K']
    suits =['C', 'D', 'H', 'S']
    deck =[]
    for s in suits:
        for r in ranks:
            deck.append(s +r)
    random.shuffle(deck)
    return deck
```

这里,'A'表示 A 牌,'J'表示 J 牌,'Q'代表 Q 牌,'K'代表 K 牌,'C'代表梅花,'D'代表方块,'H'代表红桃,'S'代表黑桃。对于列表 deck 的计算也可以用一个单行的列表解析(更紧凑):

```
deck =[s+r for s in suits for r in ranks]
```

可以随机抽一张牌:

```
deck =make_deck()
card =deck[0]
del deck[0]
#or better:
card=deck.pop(0)                #return and remove element with index 0
```

从一副洗好的牌中抽取一手总共 n 张牌的实现代码如下:

```
def deal_hand(n, deck):
    hand =[deck[i] for i in range(n)]
    del deck[:n]
    return hand, deck
```

注意,必须将 deck 返回调用代码,因为 deck 列表已被更改。还要注意,如果牌是洗过的(任何由 make_deck 制作的任何牌都是洗过的),则整副牌的前 n 张牌是随机的。

下列函数为一组玩家分牌:

411

```
def deal(cards_per_hand, no_of_players):
    deck =make_deck()
    hands =[]
    for i in range(no_of_players):
        hand, deck =deal_hand(cards_per_hand, deck)
        hands.append(hand)
    return hands


players =deal(5, 4)
import pprint; pprint.pprint(players)
```

players 列表格式如下：

```
[['D4', 'CQ', 'H10', 'DK', 'CK'],
 ['D7', 'D6', 'SJ', 'S4', 'C5'],
 ['C3', 'DQ', 'S3', 'C9', 'DJ'],
 ['H6', 'H9', 'C6', 'D5', 'S6']]
```

下一步是分析一手牌。首先分析对牌、三张、四张等的数量，即具有相同大小 n_of_a_kind 张牌的组合有多少（例如，n_of_a_kind＝2 找出对牌的数量）：

```
def same_rank(hand, n_of_a_kind):
    ranks =[card[1:] for card in hand]
    counter =0
    already_counted =[]
    for rank in ranks:
        if rank not in already_counted and ranks.count(rank) ==n_of_a_kind:
            counter +=1
            already_counted.append(rank)
    return counter
```

注意，列表对象的 count 方法对于统计列表中某元素的个数很方便。

另一个分析是计算每一种花色有多少张牌。以花色作为键、以该花色的牌数作为值的字典很适合作为返回值。我们只关注出现不止一次的花色：

```
def same_suit(hand):
    suits =[card[0] for card in hand]
    counter ={}        #counter[suit] =how many cards of suit
    for suit in suits:
        count =suits.count(suit)
        if count >1:
            counter[suit] =count
    return counter
```

对于一组玩家，现在可以分析他们手上的牌：

```
for hand in players:
    print """\
The hand %s
```

```
has %d pairs, %s 3-of-a-kind and %s cards of the same suit.""" % \
(', '.join(hand), same_rank(hand, 2),
same_rank(hand, 3),
'+'.join([str(s) for s in same_suit(hand).values()]))
```

输入 printf 字符串的值经过了一些修改：牌值之间加入逗号，并在同花色牌数之间加一个加号（join 函数需要一个字符串参数，这就是从 same_suit 返回的同花色牌的整数统计值必须转换为字符串的原因）。for 循环的输出为

```
The hand D4, CQ, H10, DK, CK
    has 1 pairs, 03-of-a-kind and 2+2 cards of the same suit.
The hand D7, D6, SJ, S4, C5
    has 0 pairs, 03-of-a-kind and 2+2 cards of the same suit.
The hand C3, DQ, S3, C9, DJ
    has 1 pairs, 03-of-a-kind and 2+2 cards of the same suit.
The hand H6, H9, C6, D5, S6
    has 0 pairs, 13-of-a-kind and 2 cards of the same suit.
```

文件 cards.py 包含函数 make_deck、hand、same_rank、same_suit 和上面的测试代码片段。使用 cards.py 文件，就可以实现真实的纸牌游戏了。

8.2.5　示例：牌的类实现

要使用 8.2.4 节的代码来玩牌，需要在函数内外对全局变量 deck 进行混洗。一系列更新全局变量（如 deck）的函数可以作为一个类的初级候选：全局变量保存为数据属性，而函数作为类的方法。这意味着 8.2.4 节的代码最好用一个类来实现。下面引入 Deck 类，它包含一个作为数据属性的牌列表 deck 以及处理一手或几手牌和放回一张牌等方法：

```
class Deck(object):
    def __init__(self):
        ranks = ['A', '2', '3', '4', '5', '6', '7',
                 '8', '9', '10', 'J', 'Q', 'K']
        suits = ['C', 'D', 'H', 'S']
        self.deck = [s+r for s in suits for r in ranks]
        random.shuffle(self.deck)

    def hand(self, n=1):
        """Deal n cards. Return hand as list."""
        hand = [self.deck[i] for i in range(n)]   #pick cards
        del self.deck[:n]                         # remove cards
        return hand

    def deal(self, cards_per_hand, no_of_players):
        """Deal no_of_players hands. Return list of lists."""
        return [self.hand(cards_per_hand) \
                for i in range(no_of_players)]

    def putback(self, card):
        """Put back a card under the rest."""
```

413

```
        self.deck.append(card)

    def __str__(self):
        return str(self.deck)
```

这个类可以在模块文件 Deck.py 中找到。将 5 张牌分给 4 个玩家的代码为

```
from Deck import Deck
deck = Deck()
print deck
players = deck.deal(5, 4)
```

在这里,players 为一个嵌套列表,如 8.2.4 节所示。

可以进一步构造更多的类来协助纸牌游戏。例如,目前为止一张牌用一个纯字符串表示,但也可以把该字符串放在类 Card 中:

```
class Card(object):
    """Representation of a card as a string (suit+rank)."""
    def __init__(self, suit, rank):
        self.card = suit + str(rank)

    def __str__(self):   return self.card
    def __repr__(self):  return str(self)
```

注意,str(self)相当于 self.__str__()。

另一个自然的抽象是让 Hand 包含一组 Card 实例,因此也可以作为类的另一种实现方式:

```
class Hand(object):
    """Representation of a hand as a list of Card objects."""
    def __init__(self, list_of_cards):
        self.hand = list_of_cards

    def __str__(self):   return str(self.hand)
    def __repr__(self):  return str(self)
```

借助于 Card 类和 Hand 类,Deck 类可以重新实现为

```
class Deck(object):
    """Representation of a deck as a list of Card objects."""

    def __init__(self):
        ranks = ['A', '2', '3', '4', '5', '6', '7',
                 '8', '9', '10', 'J', 'Q', 'K']
        suits = ['C', 'D', 'H', 'S']
        self.deck = [Card(s,r) for s in suits for r in ranks]
        random.shuffle(self.deck)

    def hand(self, n=1):
```

```
        """Deal n cards. Return hand as a Hand object."""
        hand = Hand([self.deck[i] for i in range(n)])
        del self.deck[:n]          # remove cards
        return hand

    def deal(self, cards_per_hand, no_of_players):
        """Deal no_of_players hands. Return list of Hand obj."""
        return [self.hand(cards_per_hand) \
                for i in range(no_of_players)]

    def putback(self, card):
        """Put back a card under the rest."""
        self.deck.append(card)

    def __str__(self):
        return str(self.deck)

    def __repr__(self):
        return str(self)

    def __len__(self):
        return len(self.deck)
```

模块文件 Deck2.py 中包含这个实现。两个 Deck 类的用法是相同的：

```
from Deck2 import Deck
deck = Deck()
players = deck.deal(5, 4)
```

唯一的区别是：在后一种情况下，players 保存 Hand 实例的列表，且每个 Hand 实例保存 Card 实例的列表。

在 7.3.9 节中说过，__repr__ 方法应该返回一个字符串，以便利用 eval 根据这个字符串重新创建对象。然而，在实现类 Card、Hand 和 Deck 时并没有遵循这个规则，原因在于要打印 Deck 实例。Python 的 print 或 pprint 作用于列表时，其实是用 repr(e) 打印列表中的元素 e。因此，如果 Card 类的实现为

```
class Card(object):
    ...
    def __repr__(self):
        return "Card('%s',%s)" % (self.card[0], self.card[1:])
class Hand(object):
    ...
    def __repr__(self): return 'Hand(%s)' % repr(self.hand)
```

直接打印 Hand 实例的 deck 列表会产生如下输出：

```
[Hand([Card('C', '10'), Card('C', '4'), Card('H', 'K'), ···]),
···,
Hand([Card('D', '7'), Card('C', '5'), ··· , Card('D', '9')])]
```

而下面的输出则清晰多了：

415

```
[[C10, C4, HK, DQ, HQ],
 [SA, S8, H3, H10, C2],
 [HJ, C7, S2, CQ, DK],
 [D7, C5, DJ, S3, D9]]
```

这就是为什么让类 Card 和 Hand 中的＿＿repr＿＿返回与＿＿str＿＿相同的优化打印字符串（这是通过返回 str（self）得到的）。

8.3　计算概率

根据概率论的数学规则，可以计算某一事件发生的概率，例如从放了 4 个黑球、6 个白球和 3 个绿球的帽子中取出 3 个球时得到一个黑球的概率。不幸的是，如果问题稍有改变，概率的理论计算可能很快变得困难或不可能。有一种简单的计算概率的数值方法，它通常适用于带有不确定性的问题。下面将解释这种近似方法的主要思想，随后是 3 个越来越复杂的例子。

8.3.1　蒙特卡罗模拟的原理

假设进行 N 次实验，每次实验的结果是随机的。假设在这 N 次实验中，一些事件发生了 M 次，因此对这个事件发生概率的估计为 M/N。随着 N 的增加，估计变得更准确，一般假定当 $N\rightarrow\infty$ 时达到准确概率（注意，在这个极限中，$M\rightarrow\infty$ 也成立，因此对于 M 很小的罕见事件，必须将 N 增加到足够大，使得 M 也足够大，这样才能用 M/N 作为概率的较好近似）。

进行大量实验并记录事件结果的程序通常被称为模拟程序（注意，该术语也用于求解在一般数学模型中产生的方程的程序，但是在使用随机数来估计概率时该术语更为常见）。使计算机执行大量基于随机数生成的实验的数学技术通常被称为蒙特卡罗模拟。该技术在涉及科学和工业中的不确定或随机行为的问题时非常有用。

> 只要数学规律指的是现实，它们就是不确定的；只要它们是确定的，它们指的就不是现实。
>
> 阿尔伯特・爱因斯坦，物理学家，1879—1955

例如，在金融方面，股票市场包含随机变量，在尝试优化投资时必须考虑这一点。在近海工程中，风、水流和海浪导致的环境负荷是随机现象。在核物理和粒子物理中，根据量子力学和统计物理学理论，随机行为是基础性的。许多概率问题可以通过概率论中的数学方法精确计算，但是蒙特卡罗模拟经常是解决统计学问题的唯一方法。8.3.2 节～8.3.5 节用例子来阐述蒙特卡罗模拟对于具有内在不确定性问题的重要性。不过，也可以通过蒙特卡罗模拟计算确定性问题（见 8.5 节），例如函数的积分。

在接下来的所有例子中可以看到，即使在小型笔记本电脑上，用纯 Python 编程实现的蒙特卡罗模拟在计算上也是一种可行方法。代码向量化能够得到显著加速，在接下来的许多示例中将详细解释这一点。然而，大规模蒙特卡罗模拟和其他重量级计算在纯 Python 中运行缓慢，因此计算的核心应该转向编译型语言，例如 C 语言。在附录 G 中，有分别用纯 Python、向量化 NumPy Python、扩展的（与 Python 非常接近的）Cython 语言以及纯 C 语言代码实现的蒙特卡罗应用程序。另外，还有将 Python 与 C 语言结合的各种方式。

8.3.2　示例：投掷骰子

投掷两个骰子：一个黑色，一个绿色。黑色骰子点数大于绿色骰子点数的概率是多少？

直接解

可以在一个程序中模拟两个骰子的 N 次投掷。对于每次投掷，看事件是否成功出现，如果成功出现，将 M 加 1：

```
import sys
N = int(sys.argv[1])            #number of experiments

import random
M = 0                           #number of successful events
for i in range(N):
    black = random.randint(1, 6)   #throw black
    green = random.randint(1, 6)   #throw brown
    if black > green:              #success?
        M += 1
p = float(M)/N
print 'probability:', p
```

这个程序名为 black_gt_green.py。

向量化

虽然 black_gt_green.py 程序运行 $N = 10^6$ 只需要几秒,但是蒙特卡罗模拟程序往往需要相当多的模拟时间,因此通常需要通过向量化来加速算法。下面将代码向量化,想法是一次生成所有的随机数($2N$ 个)。构造一个 $1 \sim 6$ 的随机数数组,它有 2 行和 N 列。第一行可被视为所有实验中黑色骰子上的点数,而第二行是绿色骰子上的相应点数:

```
r = np.random.random_integers(1, 6, size=(2, N))
black = r[0,:]              #eyes for all throws with black
green = r[1,:]              #eyes for all throws with green
```

条件 black>green 的结果是长度为 N 的布尔数组:当 black 的元素大于相应的 green 的元素时为 True,否则为 False。因此,布尔数组"black > green"中的 True 元素的个数为 M,这个数字可以通过对所有布尔值求和来计算。在算术运算中,True 为 1,False 为 0,所以总和等于 M。数组的快速求和需要用到 np.sum,而不是 Python 的标准 sum 函数。代码如下:

```
success = black > green    #success[i] is true if black[i]>green[i]
M = np.sum(success)        #sum up all successes

p = float(M)/N
print 'probability:', p
```

这段代码(在文件 black_gt_green_vec.py 中)的运行速度是 black_gt_green.py 中的相应标量代码的 10 倍。

准确解

在这个简单的例子中,可以很容易地计算准确解。为此,首先列出实验的所有结果,即在两个骰子上的所有可能的点数组合:

```
combinations = [(black, green)
                for black in range(1, 7)
                for green in range(1, 7)]
```

然后计算有多少(black, green)对具有性质 black > green:

```
success = [black > green for black, green in combinations]
M = sum(success)
```

结果 M 是 15，概率为 $15/36 \approx 0.41667$（因为总共有 36 种组合）。用 $N = 10^6$ 运行蒙特卡罗模拟通常给出的概率落在区间 $[0.416, 0.417]$ 中。

假设有一个这样的游戏：你必须支付 1 欧元才能投掷两个骰子，如果黑色骰子的点数大于绿色骰子的点数，那么你可以赢得 2 欧元。你会玩这个游戏吗？可以简单地直接模拟该游戏（文件 black_gt_green_game.py）：

```
import sys
N = int(sys.argv[1])                     #number of experiments

import random
start_capital = 10
money = start_capital
for i in range(N):
    money -= 1                           #pay for the game
    black = random.randint(1, 6)         #throw black
    green = random.randint(1, 6)         #throw brown
    if black > green:                    #success?
        money += 2                       #get award

net_profit_total = money - start_capital
net_profit_per_game = net_profit_total/float(N)
print 'Net profit per game in the long run:', net_profit_per_game
```

用几个不同的 N 做实验，结果表明每场游戏的净利润总是为负。也就是说，你不应该玩这个游戏。
向量化的版本有利于提高效率（相应的文件是 black_gt_green_game_vec.py）：

```
import sys
N = int(sys.argv[1])        #number of experiments

import numpy as np
r = np.random.random_integers(1, 6, size=(2, N))

money = 10 - N               #capital after N throws
black = r[0,:]               #eyes for all throws with black
green = r[1,:]               #eyes for all throws with green
success = black > green      #success[i] is true if black[i]>green[i]
M = np.sum(success)          #sum up all successes
money += 2 * M               #add all awards for winning
print 'Net profit per game in the long run:', (money-10)/float(N)
```

假设玩一次游戏的成本是 q，赢得的奖励是 r。一场游戏获胜的净收入为 $r-q$。赢得 N 次游戏中的 M 次意味着成本是 Nq，收入是 Mr，得到净利润 $s = Mr - Nq$。现在 $p = M/N$ 是赢得游戏的概率，因此 $s = (pr-q)N$。公平的游戏意味着长久来说玩家不赢不亏，即 $s = 0$，这意味着 $r = q/p$。也就是说，给定成本 q 和获胜的概率 p，在公平的游戏中，赢得游戏获得的奖励必须是 $r = q/p$。

当有人想出一个游戏，你可以用蒙特卡罗模拟估计 p，结论就是：如果 $r < q/p$，那么你不应该玩这个游

戏。上面的例子中 $p=15/36$（准确值），$q=1$，所以只有 $r=2.4$ 时，游戏才是公平的。

　　上述推理是基于常识和直观的概率解释。从概率论出发的更精确的推理是将游戏视为有两个结果的实验，玩家赢的概率为 p，输的概率为 $1-p$。预期的支出等于事件的概率与相应净收入乘积的总和：$-q(1-p)+(r-q)p$（回忆一下，游戏获胜的净收入是 $r-q$）。公平游戏中预期支出为 0，因此 $r=q/p$。

8.3.3　示例：从帽子中取球

　　假设帽子中有 12 个球：4 个黑色、4 个红色和 4 个蓝色。要编写一个从帽子中随机抽取 3 个球的程序。很自然地将球的集合表示为列表。因为有 3 种不同类型的球，因此每个列表元素可以是整数 1、2 或 3。但是如果球可以用颜色而不是整数表示，程序实现起来会更加容易。这很容易可以通过定义颜色名称来实现：

```
colors ='black', 'red', 'blue'      # (tuple of strings)
hat =[]
for color in colors:
    for i in range(4):
        hat.append(color)
```

随机取球的代码如下：

```
import random
color =random.choice(hat)
print color
```

　　抽取 n 个球而不重新放入时，需要从 hat 列表中删除被抽取的元素。实现该过程有 3 种方法：①执行 hat.remove(color)；②用 randint 从 hat 列表的合法索引集合中产生一个随机索引，然后执行 del hat[index] 删除这个元素；③将②中的代码精简为 hat.pop(index)。

```
def draw_ball(hat):
    color =random.choice(hat)
    hat.remove(color)
    return color, hat


def draw_ball(hat):
    index =random.randint(0, len(hat)-1)
    color =hat[index]
    del hat[index]
    return color, hat


def draw_ball(hat):
    index =random.randint(0, len(hat)-1)
    color =hat.pop(index)
    return color, hat


# Draw n balls from the hat
balls =[]
for i in range(n):
    color, hat =draw_ball(hat)
    balls.append(color)
print 'Got the balls', balls
```

可以延伸上述实验，研究如下问题：从一个有 12 个球（4 个黑色、4 个红色和 4 个蓝色）的帽子中取出两个或更多个黑球的概率是多少？为此，进行 N 次实验，统计得到两个或更多个黑球的次数 M，并估计概率 M/N。每次实验包括：构造 hat 列表，取出一些球，以及统计得到多少个黑球。最后一个任务用列表对象的 count 方法很容易实现：hat.count('black') 统计在列表 hat 中有多少个值为'black'的元素。完成该任务的完整程序如下所示。程序保存在文件 balls_in_hat.py 中。

```python
import random

def draw_ball(hat):
    """Draw a ball using list index."""
    index = random.randint(0, len(hat)-1)
    color = hat.pop(index)
    return color, hat

def draw_ball(hat):
    """Draw a ball using list index."""
    index = random.randint(0, len(hat)-1)
    color = hat[index]
    del hat[index]
    return color, hat

def draw_ball(hat):
    """Draw a ball using list element."""
    color = random.choice(hat)
    hat.remove(color)
    return color, hat

def new_hat():
    colors = 'black', 'red', 'blue'      # (tuple of strings)
    hat = []
    for color in colors:
        for i in range(4):
            hat.append(color)
    return hat

n = int(raw_input('How many balls are to be drawn? '))
N = int(raw_input('How many experiments? '))

# Run experiments
M = 0                                    # number of successes
for e in range(N):
    hat = new_hat()
    balls = []                           # the n balls we draw
    for i in range(n):
        color, hat = draw_ball(hat)
        balls.append(color)
    if balls.count('black') >= 2:        # at least two black balls?
        M += 1
print 'Probability:', float(M)/N
```

用 $n=5$（每次取 5 个球）和 $N=4000$ 运行程序，得到概率为 0.57。如果一次只取 2 个球，概率将降低到约 0.09。

可以借助于概率论推导出这种概率的理论表达式，但是让计算机进行大量的实验来估计近似概率要简单得多。

本节中的代码用类来实现比上面的代码更好，因为类的版本避免了函数内外 hat 变量的混洗。习题 8.21 要求设计并实现 Hat 类。

8.3.4 基因的随机变异

一个简单的变异模型

生物进化中的一个基本原则是 DNA 会变异。因为 DNA 可以用由字母 A、C、G、T 组成的字符串来表示（解释参见 3.3 节），基因的变异可以很容易地通过随机选择的一个 A、C、G、T 字母替换随机选择的 DNA 位置上的字母来模拟。将这个过程编写为一个函数，其最直接的实现方式是：将 DNA 字符串转换为一个字母列表，这是因为在 Python 中不能改变字符串中的字符（除非构造一个新的字符串），而列表中的元素可以原地改变：

```python
import random

def mutate_v1(dna):
    dna_list = list(dna)
    mutation_site = random.randint(0, len(dna_list) - 1)
    dna_list[mutation_site] = random.choice(list('ATCG'))
    return ''.join(dna_list)
```

使用 6.5.3 节中的 get_base_frequencies_v2 和 format_frequencies 可以很容易将基因变异许多次，看看碱基 A、C、G 和 T 的频率是如何变化的：

```python
dna = 'ACGGAGATTTCGGTATGCAT'
print 'Starting DNA:', dna
print format_frequencies(get_base_frequencies_v2(dna))

nmutations = 10000
for i in range(nmutations):
    dna = mutate_v1(dna)

print 'DNA after %d mutations:' % nmutations, dna
print format_frequencies(get_base_frequencies_v2(dna))
```

这里是某次运行程序的输出：

```
Starting DNA: ACGGAGATTTCGGTATGCAT
A: 0.25, C: 0.15, T: 0.30, G: 0.30
DNA after 10000 mutations: AACCAATCCGACGAGGAGTG
A: 0.35, C: 0.25, T: 0.10, G: 0.30
```

向量化版本

函数 mutate_v1 和其周边循环的效率可以通过使用 NumPy 数组一次性执行所有变异而显著提升。这种加速在 DNA 字符串很长和变异次数很多时非常重要。想法就是一次生成所有变异位置以及这些位置的所有新碱基。np. random 模块提供了一次产生多个随机数的函数，但是只能是整数或实数，而不能产生字母 A、C、G、T。因此，只好用数字（例如 0，1，2 和 3）模拟字符，然后可以用一些向量化索引技巧将整数转换成字母。

产生 N 个变异位置其实就是在合法下标中产生 N 个随机整数：

```
import numpy as np
mutation_sites =np.random.random_integers(0, len(dna) -1, size=N)
```

类似地，产生 N 个用整数 0～3 表示的碱基的方法如下：

```
new_bases_i =np.random.random_integers(0, 3, N)
```

例如，将整数 1 转换为碱基 C 可以这样进行：（从布尔数组中）选出 new_bases_i 等于 1 的下标，然后将字符'C'插入到对应的字符数组中：

```
new_bases_c =np.zeros(N, dtype='c')
indices =new_bases_i ==1
new_bases_c[indices] ='C'
```

必须对所有 4 个整数-字母对进行从整数到字母的转换。此后，对于随机变异位置对应的所有下标，在 dna 中插入 new_bases_c：

```
dna[mutation_sites] =new_bases_c
```

最后一步是将 dna 由 NumPy 数组转换回标准字符串：首先将 dna 转换为列表，然后连接列表元素：''. join(dna. tolist())。

完整的向量化函数如下：

```
import numpy as np
#Use integers in random NumPy arrays and map these to characters according to
i2c ={0: 'A', 1: 'C', 2: 'G', 3: 'T'}

def mutate_v2(dna, N):
    dna =np.array(dna, dtype='c')            #array of characters
    mutation_sites =np.random.random_integers(0, len(dna) -1, size=N)
    #Must draw bases as integers
    new_bases_i =np.random.random_integers(0, 3, size=N)
    #Translate integers to characters
    new_bases_c =np.zeros(N, dtype='c')
    for i in i2c:
        new_bases_c[new_bases_i ==i] =i2c[i]
    dna[mutation_sites] =new_bases_c
    return ''.join(dna.tolist())
```

计算 mutate_v2 相对于 mutate_v1 的运行时间很有趣。为此，需要一个很长的测试字符串。下面直接生成随机字母：

```
def generate_string_v1(N, alphabet='ACGT'):
    return ''.join([random.choice(alphabet) for i in xrange(N)])
```

使用上面 mutate_v2 函数的想法,也可构建 generate_string_v1 函数的向量化版本:

```
def generate_string_v2(N, alphabet='ACGT'):
    #Draw random integers 0,1,2,3 to represent bases
    dna_i =np.random.random_integers(0, 3, N)
    #Translate integers to characters
    dna =np.zeros(N, dtype='c')
    for i in i2c:
        dna[dna_i ==i] =i2c[i]
    return ''.join(dna.tolist())
```

文件 mutate.py 中的 time_mutate 函数可以计算生成测试字符串和变异的时间。产生长度为 100 000 的 DNA 链,向量化函数的速度快了大约 8 倍。当对这个字符串进行 10 000 次变异时,向量化版本的速度快了 3000 倍。这些数字对于较大的字符串和更多的变异大致相同。这个关于向量化的案例研究是一个突出的例子,它说明一个简单的函数,如 mutate_v1,在进行大规模计算时有可能非常缓慢。

马尔可夫链变异模型

在基因组中给定位置发生变异的概率与该位置的核苷酸(碱基)类型相关,如在先前的简单变异模型中假设的那样。因此,应该考虑变异概率取决于碱基类型。

对于不同核苷酸观察到的变异概率不相同的原因有很多。例如,从一种碱基到另一种碱基的转变有着不同的机制;又如,在活细胞中普遍存在修复过程,且这种修复机制的效率对于不同的核苷酸是不同的。

可以用从每种核苷酸转变到其他所有核苷酸的不同概率来对核苷酸的变异进行建模。例如,将 A 替换为 C 的概率可以规定为 0.2。总的来说,需要 4×4 个概率值,因为每个核苷酸可以转变成自己(即不变)或 3 个其他核苷酸。给定核苷酸的所有 4 个转变概率的总和必须为 1。这种基于从一个状态转变到另一个状态的概率的统计演化被称为马尔可夫链或马尔可夫过程。

首先,需要设置概率矩阵,即 4×4 概率表,其中每行对应于 A、C、G 或 T 转变到 A、C、G 或 T 的转换。例如,从 A 转变到 A 的概率为 0.2,从 A 转变到 C 的概率为 0.1,从 A 转变到 G 的概率为 0.3,从 A 转变到 T 的概率为 0.4。

可以使用随机数来表示这些概率,而不是仅仅为了测试目的而任意规定一些转变概率。为此,生成 3 个随机数,将区间[0,1]划分成对应 4 个可能转变的 4 个子区间,子区间的长度就是转变概率,且它们的和必须为 1。区间上下限 0、1 和 3 个随机数必须按升序排序以形成子区间。使用函数 random.random()在[0,1]中生成随机数:

```
slice_points =sorted(
    [0] +[random.random() for i in range(3)] +[1])
transition_probabilities =\
    [slice_points[i+1] -slice_points[i] for i in range(4)]
```

很容易把转变概率制成字典:

```
markov_chain[formbase]={'A': ⋯, 'C': ⋯, 'G': ⋯, 'T': ⋯}
```

它可以计算如下:

```
markov_chain[from_base] ={base: p for base, p in zip('ATGC', transition_probabilities)}
```

为了选择一个转变，需要根据概率 markov_chain[b]生成一个随机字母（A、C、G 或 T），其中 b 是当前位置的碱基。实际上，这是非常常见的操作，即从离散概率分布（markov_chain[b]）中产生随机值。因此，自然的方法是编写一个通用函数，用于从以字典给定的一个离散概率分布中生成随机数：

```python
def draw(discrete_probdist):
    """
    Draw random value from discrete probability distribution
    represented as a dict: P(x=value) =discrete_probdist[value].
    """
    #Method:
    #http://en.wikipedia.org/wiki/Pseudo-random_number_sampling
    limit =0
    r =random.random()
    for value in discrete_probdist:
        limit +=discrete_probdist[value]
        if r <limit:
            return value
```

基本上，算法将区间[0,1]划分为长度等于各种结果概率的子区间，并检查在[0,1]中的随机变量落在哪个子区间内。相应的值是随机选择的。

创建所有转变概率并将它们存储在字典的字典中的完整函数如下：

```python
def create_markov_chain():
    markov_chain ={}
    for from_base in 'ATGC':
        #Generate random transition probabilities by dividing
        #[0,1] into four intervals of random length
        slice_points =sorted([0] +[random.random()for i in range(3)] +[1])
        transition_probabilities =
            [slice_points[i+1] -slice_points[i] for i in range(4)]
        markov_chain[from_base] ={base: p for base, p
                        in zip('ATGC', transition_probabilities)}
    return markov_chain

mc =create_markov_chain()
print mc
print mc['A']['T']                #probability of transition from A to T
```

开发一个用于检查所生成的概率是否相容的函数非常自然。从特定碱基到 4 个碱基的转变的发生概率为 1，这意味着一行中的概率总和必须为 1：

```python
def check_transition_probabilities(markov_chain):
    for from_base in 'ATGC':
        s =sum(markov_chain[from_base][to_base]
                for to_base in 'ATGC')
        if abs(s -1) >1E-15:
            raise ValueError('Wrong sum: %s for "%s"' %\
                        (s, from_base))
```

另一个测试是检查 draw 是否真的根据基础概率生成随机值。为此,生成大量的(N 个)值,统计各种值的频率,除以 N,并将这个归一化频率与概率进行比较:

```python
def check_draw_approx(discrete_probdist, N=1000000):
    """
    See if draw results in frequencies approx equal to
    the probability distribution.
    """
    frequencies ={value: 0 for value in discrete_probdist}
    for i in range(N):
        value =draw(discrete_probdist)
        frequencies[value] +=1
    for value in frequencies:
        frequencies[value] /=float(N)
    print ', '.join(['%s: %.4f (exact %.4f)' %
                     (v, frequencies[v], discrete_probdist[v])
                     for v in frequencies])
```

这个测试只是近似的,但确实可以用来验证 draw 函数实现的正确性。

也可以向量化 draw,请参考源代码文件 mutate.py 中的细节(函数比较复杂)。

现在,已经有了在 DNA 序列的随机选择位置上运行马尔可夫链转换所需的所有工具:

```python
def mutate_via_markov_chain(dna, markov_chain):
    dna_list =list(dna)
    mutation_site =random.randint(0, len(dna_list) -1)
    from_base =dna[mutation_site]
    to_base =draw(markov_chain[from_base])
    dna_list[mutation_site] =to_base
    return ''.join(dna_list)
```

习题 8.47 中给出了一些通过这些函数来有效提高模拟变异效率的建议。

下面是使用基于马尔可夫链方法的变异模拟:

```python
dna ='TTACGGAGATTTCGGTATGCAT'
print 'Starting DNA:', dna
print format_frequencies(get_base_frequencies_v2(dna))

mc =create_markov_chain()
import pprint
print 'Transition probabilities:\n', pprint.pformat(mc)
nmutations =10000
for i in range(nmutations):
    dna =mutate_via_markov_chain(dna, mc)

print 'DNA after %d mutations (Markov chain):' %nmutations, dna
print format_frequencies(get_base_frequencies_v2(dna))
```

每次程序运行时,输出都将不同,除非在程序开始时用某个整数 i 调用函数 random. seed(i),这个调用使得随机数序列在每次运行时都是相同的,这对于调试非常有用。下面是一个输出示例:

```
Starting DNA: TTACGGAGATTTCGGTATGCAT
A: 0.23, C: 0.14, T: 0.36, G: 0.27
Transition probabilities:
{'A': {'A': 0.4288890546751146,
       'C': 0.4219086988655296,
       'G': 0.00668870644455688,
       'T': 0.14251354001479888},
 'C': {'A': 0.24999667668640035,
       'C': 0.04718309085408834,
       'G': 0.6250440975238185,
       'T': 0.0777761349356928},
 'G': {'A': 0.16022955651881965,
       'C': 0.34652746609882423,
       'G': 0.1328031742612512,
       'T': 0.3604398031211049},
 'T': {'A': 0.20609823213950174,
       'C': 0.17641112746655452,
       'G': 0.010267621176125452,
       'T': 0.6072230192178183}}
DNA after 10000 mutations (Markov chain): GGTTTAAGTCAGCTATGATTCT
A: 0.23, C: 0.14, T: 0.41, G: 0.23
```

实施变异的各种函数位于文件 mutate.py 中。

8.3.5 示例: 限制人口增长的政策

如果只允许每对夫妇拥有一个孩子,那么此政策可能带来的一个问题是目前人口中男性人数过多(多数家庭更喜欢儿子)。另一种政策是允许每对夫妇继续生孩子,直到他们得到一个儿子。本节模拟这两个政策,看看在"一孩"和"一儿"的政策下人口将如何发展。由于可能需要对多代中的很大数量的人口进行操作,所以直接选择向量化的代码。

假设有 n 个个体的集合,称为 parents,由随机抽取的男性和女性组成,其中某一部分(male_portion)为男性。parents 数组包含整数值,1 为男性,2 为女性。可以引入常数,MALE＝1 和 FEMALE＝2,来使代码更容易阅读。我们的任务是看 parents 数组在两种政策下如何一代代发展。首先展示如何产生随机整数数组 parents,其中 male_portion 为得到 MALE 值的概率:

```
import numpy as np
r = np.random.random(n)
parents = np.zeros(n, int)
MALE = 1; FEMALE = 2
parents[r < male_portion] = MALE
parents[r >= male_portion] = FEMALE
```

可能的夫妇数量是男性和女性数量的最小值。然而,只有一部分(fertility)夫妇实际上得到一个孩子。根据"一孩"政策,这些夫妇可以有一个孩子:

```
males = len(parents[parents==MALE])
females = len(parents) - males
couples = min(males, females)
```

```
n =int(fertility * couples)              #couples that get a child

#The next generation, one child per couple
r =np.random.random(n)
children =np.zeros(n, int)
children[r <  male_portion] =MALE
children[r >=male_portion] =FEMALE
```

每一代中都需要产生新人口的代码。因此,自然将最后一句收集在单独的函数中,这样就可以在需要时重复这些语句:

```
def get_children(n, male_portion, fertility):
    if n ==0: return []
    n =int(fertility * n)                #not all n couples get a child
    r =np.random.random(n)
    children =np.zeros(n, int)
    children[r <  male_portion] =MALE
    children[r >=male_portion] =FEMALE
    return children
```

在"一儿"政策下,家庭可以一直生小孩,直到他们获得一个儿子:

```
#First try
children =get_children(couples, male_portion, fertility)
max_children =1
#Continue with getting a new child for each daughter
daughters =children[children ==FEMALE]
while len(daughters) >0:
    new_children =get_children(len(daughters), male_portion, fertility)
    children =np.concatenate((children, new_children))
    daughters =new_children[new_children ==FEMALE]
```

程序 birth_policy.py 将上述两种政策的代码段组织成函数 advance_generation,可以重复调用这个函数,以便观察人口的演变。

```
def advance_generation(parents, policy='one child',
                       male_portion=0.5, fertility=1.0):
    males =len(parents[parents==MALE])
    females =len(parents) -males
    couples =min(males, females)

    if policy == 'one child':
        children =get_children(couples, male_portion, fertility)
    elif policy == 'one son':
        #First try at getting a child
        children =get_children(couples, male_portion, fertility)
        max_children =1
        #Continue with getting a new child for each daughter.
        daughters =children[children ==FEMALE]
```

```
        while len(daughters) >0:
            new_children =get_children(len(daughters), male_portion, fertility)
            children =np.concatenate((children, new_children))
            daughters =new_children[new_children ==FEMALE]
    return children
```

因此,模拟过程实际上就变成了反复调用 advance_generation:

```
N =1000000                          #population size
male_portion =0.51
fertility =0.92
#Start with a "perfect" generation of parents
parents =get_children(N, male_portion =0.5, fertility =1.0)
print 'onesonpolicy, start: %d' %len(parents)
for i in range(10):
    parents =advance_generation(parents, 'one son', male_portion, fertility)
    print '%3d: %d' % (i+1, len(parents))
```

在 fertility 为 1 和 male_portion 为 0.5 的理想条件下,该程序预测,"一孩"政策使下一代的人口减半;而在"一儿"政策下,由于每对夫妇平均得到一个女儿和一个儿子,因此下一代人口保持不变。稍微增加 male_portion 和减少 fertility(这更符合现实)都会导致人口减少。读者可以用不同的输入参数来尝试运行程序。

一个明显的扩展是加入一部分人不遵守这个政策且平均获得 c 个孩子的影响。程序 birth_policy. py 可以解释这个影响,这是非常戏剧性的:如果 0.01 的人口不遵守"一儿"政策,而平均生了 4 个孩子,那么 10 代之后人口增长的系数为 1.5(male_portion 和 fertility 分别保持理想值 0.5 和 1)。

通常,我们用像附录 A 的 A.1.4 节和 A.1.5 节的式(A.9)和式(A.12)这样的简单模型,或附录 C 的式(C.11)和式(C.23)来模拟人口增长。然而,这些模型用代与代之间非常简单的增长因子来追踪个体数量随时间的变化。上面描述的模型追踪人口中的每个个体,并对每个个体应用涉及随机行为的规则。这样一个详细的、更耗费计算机时间的模型可以用来观察不同政策的效果。借助于这个详细模型的结果,我们(有时)可以为更简单的模型估计生长因子,模拟政策对群体大小的总体影响。习题 8.26 要求研究"一儿"政策的某种实现是否会导致简单的指数增长。

8.4 简单游戏

本节介绍一些基于生成随机数的简单游戏的实现。游戏可以两个人玩,但在这里假设是人与计算机玩。

8.4.1 猜数字

游戏
计算机确定一个秘密数字,玩家猜测该数字。对于每次猜测,计算机会告知该数字是太大还是太小。
实现
计算机在玩家已知的区间(例如[1,100])生成一个随机整数。在 while 循环中,程序提示玩家进行猜测,读取玩家猜测的数字,并检查玩家猜测的数字是高于还是低于程序随机生成的数字,并将适当的消息输出到屏幕。该算法可以直接表示为以下 Python 代码:

```
import random
number =random.randint(1, 100)
```

```
attempts = 0                         # count number of attempts to guess the number
guess = 0
while guess != number:
    guess = eval(raw_input('Guess a number: '))
    attempts += 1
    if guess == number:
        print 'Correct! You used', attempts, 'attempts!'
        break
    elif guess < number:
        print 'Go higher!'
    else:
        print 'Go lower!'
```

该程序可通过文件 guess_number.py 获取。你能想出一个减少尝试次数的策略吗？参见习题 8.27，对两种可能策略进行自动尝试研究。

8.4.2　掷两个骰子

游戏

假设玩家投掷两个骰子，并预先猜测点数的总和。如果猜测的总和是 n 并且结果是正确的，那么，玩家赢得 n 欧元；否则，玩家必须支付 1 欧元。计算机以相同的方式玩，但是计算机猜测的点数是在 2 和 12 之间的均匀分布的数。玩家确定要玩的轮数 r，并且接收 r 欧元作为初始资本。在 r 轮后拥有金额更多的那一个或者赢得所有钱的那一个即为获胜者。

实现

有 3 个动作可以自然实现为函数：①投掷两个骰子并计算总和；②提示玩家猜测点数；③生成计算机的猜测点数。实际上，实现投掷任意数量骰子的游戏如同投掷两个骰子的游戏一样容易。因此，可以引入 ndice 作为骰子数量。3 个函数的实现方式如下所示：

```
import random

def roll_dice_and_compute_sum(ndice):
    return sum([random.randint(1, 6) for i in range(ndice)])

def computer_guess(ndice):
    return random.randint(ndice, 6 * ndice)

def player_guess(ndice):
    return input('Guess the sum of the number of eyes ' 'in the next throw: ')
```

现在来实现玩家或者计算机的一轮游戏。本轮开始时，资金数为 capital，通过调用适当的函数来进行猜测，之后更新资金数 capital：

```
def play_one_round(ndice, capital, guess_function):
    guess = guess_function(ndice)
    throw = roll_dice_and_compute_sum(ndice)
    if guess == throw:
        capital += guess
    else:
```

```
            capital -=1
        return capital, throw, guess
```

这里，guess_function 是 computer_guess 或 player_guess。

使用 play_one_round 函数，可以运行双方的多个回合：

```
def play(nrounds, ndice=2):
    player_capital =computer_capital =nrounds      #start capital

    for i in range(nrounds):
        player_capital, throw, guess =play_one_round(ndice, player_capital, player_guess)
        print 'YOU guessed %d, got %d' % (guess, throw)

        computer_capital, throw, guess =play_one_round(ndice, computer_capital, computer_guess)
        print 'Machine guessed %d, got %d' % (guess, throw)

        print 'Status: you have %d euros, machine has %d euros\n' % (player_capital, computer_capital)

        if player_capital ==0 or computer_capital ==0:
            break

    if computer_capital >player_capital:
        winner ='Machine'
    else:
        winner ='You'
    print winner, 'won!'
```

程序的名称是 ndice. py。

示例

下面是一次会话的情况（种子固定为 20）：

```
Guess the sum of the number of eyes in the next throw: 7
YOU guessed 7, got 11
Machine guessed 10, got 8
Status: you have 9 euros, machine has 9 euros

Guess the sum of the number of eyes in the next throw: 9
YOU guessed 9, got 10
Machine guessed 11, got 6
Status: you have 8 euros, machine has 8 euros

Guess the sum of the number of eyes in the next throw: 9
YOU guessed 9, got 9
Machine guessed 3, got 8
Status: you have 17 euros, machine has 7 euros
```

习题 8.12 要求执行模拟并判断是否存在一个能使玩家最终赢过计算机的策略。

类版本

可以将前面的代码段转换成一个类。许多人认为，基于类的实现更接近于被建模的问题，因此更容易修改或扩展。

一个类是 Dice，它可以投掷出 n 个骰子：

```
class Dice(object):
    def __init__(self, n=1):
        self.n = n        # number of dice

    def throw(self):
        return [random.randint(1,6) for i in range(self.n)]
```

另一个类是 Player，它可以执行玩家操作。可以用 Player 来建立一个游戏。一个 Player 包含名字、初始资金、一组骰子和投掷骰子的 Dice 对象：

```
class Player(object):
    def __init__(self, name, capital, guess_function, ndice):
        self.name = name
        self.capital = capital
        self.guess_function = guess_function
        self.dice = Dice(ndice)

    def play_one_round(self):
        self.guess = self.guess_function(self.dice.n)
        self.throw = sum(self.dice.throw())
        if self.guess == self.throw:
            self.capital += self.guess
        else:
            self.capital -= 1
        self.message()
        self.broke()

    def message(self):
        print '%s guessed %d, got %d' % \
                (self.name, self.guess, self.throw)

    def broke(self):
        if self.capital == 0:
            print '%s lost!' % self.name
```

计算机和玩家的猜测由以下函数表示：

```
def computer_guess(ndice):
    # Any of the outcomes (sum) is equally likely
    return random.randint(ndice, 6 * ndice)

def player_guess(ndice):
    return input('Guess the sum of the number of eyes ' 'in the next throw: ')
```

整个游戏的关键函数如下所示，其中，计算机和玩家使用 Player 类实现：

```
def play(nrounds, ndice=2):
    player =Player('YOU', nrounds, player_guess, ndice)
    computer =Player('Computer', nrounds, computer_guess, ndice)

    for i in range(nrounds):
        player.play_one_round()
        computer.play_one_round()
        print 'Status: user has %d euro, machine has %d euro\n' % (player.capital, computer.capital)
        if player.capital ==0 or computer.capital ==0:
            break                      #terminate game

    if computer.capital >player.capital:
        winner ='Machine'
    else:
        winner ='You'
    print winner, 'won!'
```

完整的代码可以在文件 ndice2.py 中找到。与 ndice.py 实现相比，它并没有新的功能，只是代码具有新的、更好的结构。

8.5 蒙特卡罗积分

随机数的最早应用之一是积分的数值计算，这实际上是非随机（确定性）问题。用随机数计算积分的方法被称为蒙特卡罗积分法，是整个科学和工程中最强大和最广泛使用的数学技术之一。

我们主要关注形为 $\int_a^b f(x)\,dx$ 的积分，这种情况下蒙特卡罗积分比不上梯形法、中点法或辛普森法等简单方法。然而，对于多变量函数的积分，蒙特卡罗方法是最好的方法。这种积分在量子物理学、金融工程和数学计算的不确定性估计时经常用到。单变量函数的蒙特卡罗积分（$\int_a^b f(x)\,dx$）可以直接转换成涉及多变量情况的重要应用实例。

8.5.1 蒙特卡罗积分的推导

有两种方式引入蒙特卡罗积分：一种基于微积分，另一种基于概率论。引入蒙特卡罗积分的目标是计算以下积分式的数值逼近：

$$\int_a^b f(x)\,dx$$

应用均值定理的微积分方法

微积分中的均值定理表示为

$$\int_a^b f(x)\,dx = (b-a)\overline{f} \tag{8.7}$$

其中 $\overline{f}$ 是 f 的平均值，定义如下：

$$\overline{f} = \frac{1}{b-a}\int_a^b f(x)\,dx$$

运用式（8.7）的一种方式是如下定义积分的数值方法：用 f 在 n 个点 $x_0, x_1, \cdots, x_{n-1}$ 的平均值作为 $\overline{f}$ 的近似值：

$$\overline{f} \approx \frac{1}{n}\sum_{i=0}^{n-1}f(x_i) \tag{8.8}$$

让点的编号从 0 到 $n-1$，因为这些数字之后将作为 Python 数组中的下标，而数组下标从 0 开始。

可以自由选择 $x_0, x_1, \cdots, x_{n-1}$。例如，可以让它们在区间 $[a,b]$ 上均匀分布。以下的选取方式

$$x_i = a + ih + \frac{1}{2}h, \quad i = 0, 1, \cdots, n-1, \quad h = \frac{b-a}{n-1}$$

对应数值积分的中点规则。可以直观地预计：使用的点越多，近似值 $\frac{1}{n}\sum_{i}f(x_i)$ 越接近准确值 $\overline{f}$。对于中点规则，可以通过数学方法或实例的数值估计说明，近似误差取决于 n（近似误差为 n^{-2}）。也就是说，点数加倍可以使误差减少为原先的 1/4。

一个略微不同的均匀分布的点集是

$$x_i = a + ih, \quad i = 0, 1, \cdots, n-1, \quad h = \frac{b-a}{n-1}$$

对许多人来说这些点看起来更直观，因为它们从 a 开始到 b 结束（$x_0 = a, x_{n-1} = b$），但是积分中的误差现在变成了 n^{-1}：点数加倍，误差仅仅减半。也就是说，对于通过计算更多函数值以获得更好的积分估计的方法，运用这个点集的计算效率不如使用中点规则略微错位的点集的计算效率高。

也可以使用一组均匀分布在 $[a,b]$ 区间的随机点。这就是蒙特卡罗积分法。现在误差变成了 $n^{-1/2}$，这意味着与中点法相比，需要更多的点和对应的函数值来减少误差。然而令人惊讶的是，对于多变量情况（如在高维向量空间中）使用随机点是一个非常有效的积分法，比将中点规则推广到多变量要有效得多。

概率论方法

熟悉概率论的人通常喜欢将积分解释为随机变量的数学期望（如果读者对这个问题不感兴趣，可以跳到 8.5.2 节，在那里用蒙特卡罗积分法编程计算简单和）。更准确地说，如果 x 是在 $[a,b]$ 上均匀分布的随机变量，那么积分 $\int_a^b f(x)\mathrm{d}x$ 可以被表达为 $f(x)$ 的数学期望。这个数学期望可以通过随机样本的平均值来估计，这就是蒙特卡罗积分法。为了看到这一点，下面从 $[a,b]$ 上均匀分布的随机变量 x 的概率密度函数公式开始：

$$p(x) = \begin{cases} (b-a)^{-1}, & x \in [a,b] \\ 0, & \text{其他} \end{cases}$$

现在可以写出数学期望 $E(f(x))$ 的标准公式：

$$E(f(x)) = \int_{-\infty}^{\infty}f(x)p(x)\mathrm{d}x = \int_a^b f(x)\frac{1}{b-a}\mathrm{d}x = (b-a)\int_a^b f(x)\mathrm{d}x$$

最后一个积分是要计算的。期望的估算通常需要大量样本（此处为 $[a,b]$ 中均匀分布的随机数 $x_0, x_1, \cdots, x_{n-1}$），并计算样本均值：

$$E(f(x)) \approx \frac{1}{n}\sum_{i=0}^{n-1}f(x_i)$$

因此积分可如下估算：

$$\int_a^b f(x)\mathrm{d}x \approx (b-a)\frac{1}{n}\sum_{i=0}^{n-1}f(x_i)$$

这就是蒙特卡罗积分法。

8.5.2　标准蒙特卡罗积分的实现

总而言之，蒙特卡罗积分包括在 $[a,b]$ 上生成 n 个均匀分布的随机数 x_i，然后计算

$$(b-a) \frac{1}{n} \sum_{i=0}^{n-1} f(x_i) \tag{8.9}$$

可以用一个小函数实现式(8.9)：

```python
import random

def MCint(f, a, b, n):
    s = 0
    for i in xrange(n):
        x = random.uniform(a, b)
        s += f(x)
    I = (float(b-a)/n) * s
    return I
```

通常需要一个很大的 n 来获得好的结果，所以 MCint 函数的更快的向量化版本非常有用：

```python
import numpy as np

def MCint_vec(f, a, b, n):
    x = np.random.uniform(a, b, n)
    s = np.sum(f(x))
    I = (float(b-a)/n) * s
    return I
```

以上函数可以在模块文件 MCint.py 中找到。可以在 IPython 会话中用％timeit 测试效率的提升：

```
In [1]: from MCint import MCint, MCint_vec

In [2]: from math import sin, pi

In [3]: %timeit MCint(sin, 0, pi, 1000000)
1 loops, best of 3: 1.19 s per loop

In [4]: from numpy import sin

In [5]: %timeit MCint_vec(sin, 0, pi, 1000000)
1 loops, best of 3: 173 ms per loop

In [6]: 1.19/0.173                     #relative performance
Out[6]: 6.878612716763006
```

注意，在标量函数 MCint 中使用 math 库的 sin 函数，因为这个函数比 NumPy 库的 sin 函数快得多：

```
In [7]: from math import sin

In [8]: %timeit sin(1.2)
10000000 loops, best of 3: 179 ns per loop

In [9]: from numpy import sin
```

```
In [10]: %timeit sin(1.2)
100000 loops, best of 3: 3.22 microsec per loop

In [11]: 3.22E-6/179E-9                    #relative performance
Out[11]: 17.988826815642458
```

一个类似的测试表明,math. sin 比没有前缀的 sin 慢 1.3 倍,而 numpy. sin 和没有前缀的 sin 之间的差距要小得多。

在以上测试中,用 MCint_vec 代替 MCint 提升的效率为 6% ~ 7%,这并不算显著。此外,向量化版本需要在内存中存储 n 个随机数和 n 个函数值。对于大 n 的更好的向量化实现是将 x 和 $f(x)$ 数组分成给定大小 arraysize 的块,这样就可以控制内存的使用。在数学上,它意味着将和 $\frac{1}{n}\sum_i f(x_i)$ 分割为更小的和。一个恰当的实现如下:

```
def MCint_vec2(f, a, b, n, arraysize=1000000):
    s = 0
    #Split sum into batches of size arraysize
    #+a sum of size rest (note: n//arraysize is integer division)
    rest = n % arraysize
    batch_sizes = [arraysize] * (n//arraysize) + [rest]
    for batch_size in batch_sizes:
        x = np.random.uniform(a, b, batch_size)
        s += np.sum(f(x))
    I = (float(b-a)/n) * s
    return I
```

当有 1 亿个点时,MCint_vec2 比 MCint 快大约 10 倍(注意,对于如此之大的 n,后一个函数必须使用 xrange 而不是 range,否则 range 返回的数组可能会非常大,以至于不能存储在小型计算机的内存中;而 xrange 函数一次生成一个 i,而不需要存储所有 i 值。

示例

下面尝试使用蒙特卡罗积分法计算简单线性函数 $f(x)=2+3x$ 从 1 到 2 的积分。其他大多数数值积分方法将精确地计算这样一个线性函数的积分,与函数计算次数无关。蒙特卡罗积分则不是这样。

观察蒙特卡罗逼近的质量如何随 n 而提高非常有趣。为了绘制积分逼近的演变,必须存储中间值 I。这需要修改一下 MCint 方法:

```
def MCint2(f, a, b, n):
    s = 0
    #Store the intermediate integral approximations in an
    #array I, where I[k-1] corresponds to k function evals
    I = np.zeros(n)
    for k in range(1, n+1):
        x = random.uniform(a, b)
        s += f(x)
        I[k-1] = (float(b-a)/k) * s
    return I
```

注意,让 k 从 1 到 n,这样 k 反映在该方法中实际使用的点的数量。由于 n 可能非常大,I 数组需要的内存可能比计算机的内存还要大。因此,每隔 N 个值保存一个近似值。某个值是否要保存可以通过 mod 函数来决定：k%N 给出 k 除以 N 的余数。在本例中，当余数为 0 时保存近似值：

```
for k in range(1, n+1):
    ...
    if k %N ==0:
        #store
```

这种在长循环中每隔 N 个循环执行一些操作的方法在科学计算中应用非常广泛。完整的函数如下：

```
def MCint3(f, a, b, n, N=100):
s =0
#Store every N intermediate integral approximations in an
#array I and record the corresponding k value
I_values =[]
k_values =[]
for k in range(1, n+1):
    x =random.uniform(a, b)
    s +=f(x)
    if k %N ==0:
        I =(float(b-a)/k) * s
        I_values.append(I)
        k_values.append(k)
return k_values, I_values
```

示例应用如下：

```
def f1(x):
    return 2 +3 * x

k, I =MCint3(f1, 1, 2, 1000000, N=10000)
error =6.5 -np.array(I)
```

图 8.4 显示了误差（error）相对于函数求值次数 k 的图。

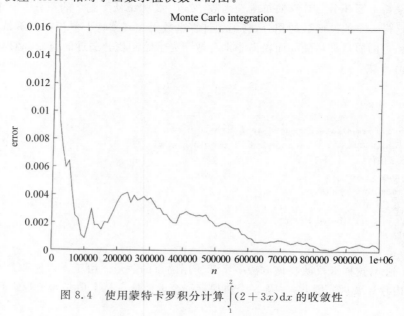

图 8.4　使用蒙特卡罗积分计算 $\int_{1}^{2}(2+3x)\mathrm{d}x$ 的收敛性

说明： 蒙特卡罗方法对于单变量的积分函数很慢。有许多更巧妙的随机数生成方法，即所谓的方差减少技术，可以提高计算效率。

8.5.3 通过随机点来计算区域面积

考虑平面上的几何区域 G 和左下角坐标为 (x_L, y_L)、右上角坐标为 (x_H, y_H) 的外框 B。一种计算 G 的面积的方法是：在 B 内产生 N 个随机点，并统计其中有多少个（用 M 表示）在 G 内；然后，G 的面积可以表示为 M/N（G 占 B 的面积的比例）乘以 B 的面积 $(x_H-x_L)(y_H-y_L)$。这种方法类似于飞镖游戏：在命中 B 的任何一点概率都相同的情况下，记录飞镖有多少次命中 G。

下面公式化这个方法来计算积分 $\int_a^b f(x)\mathrm{d}x$。一个重要的观察是这个积分就是曲线 $y = f(x)$ 之下、x 轴之上、$x=a$ 和 $x=b$ 之间的面积。引入一个矩形 B：
$$B = \{(x,y) \mid a \leqslant x \leqslant b, 0 \leqslant y \leqslant m\}$$
其中 $m \leqslant \max\limits_{x \in [a,b]} f(x)$。计算曲线下方区域面积的算法是：产生 N 个 B 内的随机点，然后计数其中的多少个（用 M 表示）在 x 轴和 $y=f(x)$ 曲线之间，见图 8.5。面积或积分可以根据 $\dfrac{M}{N}m(b-a)$ 进行估算。

首先通过点的简单循环来实现"飞镖"方法：

```
def MCint_area(f, a, b, n, m):
    below = 0        #counter for number of points below the curve
    for i in range(n):
        x =random.uniform(a, b)
        y =random.uniform(0, m)
        if y <=f(x):
            below +=1
    area =below/float(n) * m * (b-a)
    return area
```

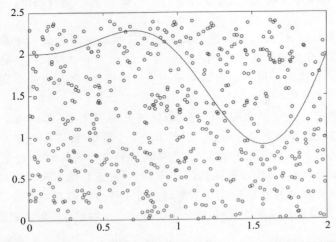

图 8.5　用于计算积分的"飞镖"方法。当两对角顶点坐标为 $(0,0)$ 和 $(2,2.4)$ 的矩形中的 N 个随机点中的 M 个位于曲线下方时，曲线下方的面积估计为矩形区域面积的 M/N 倍，即 $M/N \times 2 \times 2.4$

注意，此方法产生的随机数数量是前一个方法的两倍。

此方法的向量化实现如下：

```
import numpy as np

def MCint_area_vec(f, a, b, n, m):
    x = np.random.uniform(a, b, n)
    y = np.random.uniform(0, m, n)
    below = np.sum(y < f(x))
    area = below/float(n) * m * (b-a)
    return area
```

这里唯一的非平凡线是表达式 y[y<f(x)]，它使用布尔索引（见 5.5.2 节）来提取低于 $f(x)$ 曲线的 y 值。$y<f(x)$ 中的布尔值之和（解释为 0 和 1）给出了曲线下面的点数。

即使对于 200 万个随机数，纯循环版本也不是那么慢，就算在很慢的笔记本电脑上，它也可以在几秒内完成。然而，如果需要在另一个程序中重复计算多次积分，那么向量化版本的高效率可能就很重要了。可以通过以下方式用定时器 time. clock 来量化效率的提升（见附录 H 的 H.8.1 节）：

```
import time
t0 = time.clock()
print MCint_area(f1, a, b, n, fmax)
t1 = time.clock()                      # time of MCint area is t1-t0
print MCint_area_vec(f1, a, b, n, fmax)
t2 = time.clock()                      # time of MCint area is t2-t1
print 'loop/vectorized fraction:', (t1-t0)/(t2-t1)
```

当 $n=10^6$ 时，向量化版本的速度提升了 8%。

8.6 单维度的随机游走

本节将模拟以随机方式运动的粒子集合。这种模拟在物理学、生物学、化学以及其他科学中极为常见，可以用于描述许多现象。其应用领域包括分子运动、热传导、量子力学、聚合物链、群体遗传学、脑研究、危险游戏和金融工具的定价。

想象一下，若干粒子进行随机运动，要么向右要么向左。可以通过抛硬币来决定每个粒子的运动，例如，正面意味着运动到右边，反面意味着运动到左边。每次运动一个单位长度。物理学家使用术语"随机游走"来形容这种粒子运动。读者可以自己尝试以下过程：抛硬币，向左或向右运动一步，然后重复这个过程。

这种运动也被称为"醉汉走路"：一个喝醉酒的人以随机方式前进或后退。由于这些运动总体上使人原地徘徊，因此该模型对于真正的步行来说并不好。需要添加一个漂移，使得前进比后退的概率更大。这很容易调整，参见习题 8.32。令人惊讶的是以下事实：即使前进和后退的概率相同，还是能够从数学上证明醉酒的人总是能到家，或者更准确地说，他将在有限的时间内到家（对于数学家来说必须给这句话加上"几乎肯定"这个限定）。习题 8.33 要求通过实验验证这个事实。对于许多实际目的而言，"有限时间"没有多大帮助，因为在这个时间内，醉汉可能已经足够清醒，以至于能够完全排除步行中的随机成分了。

8.6.1 基本实现

如何在程序中实现 n_p 个粒子的 n_s 次随机运动？本节引入一个坐标系，所有的运动都沿着 x 轴。由一个 x 值数组保存所有粒子的位置。生成随机数来模拟抛硬币，例如，从整数 1、2 中生成随机数，其中 1 表示正面（向右移动），2 表示反面（向左移动）。该算法可以方便地直接表示为如下所示的完整 Python 程序：

```
import random
import numpy
np = 4                          #number of particles
ns = 100                        #number of steps
positions = numpy.zeros(np)     #all particles start at x=0
HEAD = 1;   TAIL = 2            #constants

for step in range(ns):
    for p in range(np):
        coin = random.randint(1,2)    #flip coin
        if coin == HEAD:
            positions[p] += 1         #one unit length to the right
        elif coin == TAIL:
            positions[p] -= 1         #one unit length to the left
```

该程序可以在文件 walk1D. py 中找到。

8.6.2　可视化

可以通过在 step 循环结束处插入 plot 指令使运动可视化，并且添加一点点停顿，以更好地区分动画帧：

```
plot(positions, y, 'ko3', axis=[xmin, xmax, -0.2, 0.2])
time.sleep(0.2)            #pause
```

这两个语句需要从 scitools. std 中导入 plot 和 time 模块：from scitools. std import plot 和 import time。

在生成动画的过程中，轴范围固定不变非常重要，否则会得到错误的视觉印象。在 n_s 步中，粒子的移动距离不可能比 n_s 长，所以 x 轴的范围设为 $[-n_s, n_s]$。然而，达到下限或上限的概率非常小，具体来说，概率为 2^{-n_s}，对于 30 步，这个值约为 10^{-9}。大多数运动将发生在图的中心。因此，可以缩小轴的范围以便更好地观察运动。已知粒子的预期范围为 $\sqrt{n_s}$ 量级，因此，可以将图中的最大值和最小值取为 $\pm 2\sqrt{n_s}$。然而，如果粒子的位置超过这些值，我们分别在 x 的正负方向上将 xmax 和 xmin 扩展 $2\sqrt{n_s}$。

粒子的 y 坐标取 0，但 y 轴必须有一定范围，否则坐标系会崩溃，大多数绘图软件包将拒绝绘图。这里，直接将 y 轴范围设置为从 -0.2 到 0.2。可以在 walk1Dp. py 中找到完整的程序。np 和 ns 参数可以设置为前两个命令行参数：

```
walk1Dp.py 6 200
```

这个程序的动画看起来比较乏味。在 8.7 节中，会让粒子在两个空间维度上运动，那时动画会变得有趣。

8.6.3　以差分方程表示随机游走

随机游走过程可以容易地用差分方程表示（见附录 A 的差分方程介绍）。令 x_n 是粒子在时间 n 时的位置。这个位置由时间 $n-1$ 时的位置演变而来，通过在位置 x_{n-1} 添加一个随机变量 s 来获得，其中 $s=1$ 的概率为 $1/2$；$s=-1$ 的概率也为 $1/2$。在统计上，事件 A 的概率可以表达为 $P(A)$，因此可以写成：$P(s=1)=1/2$，$P(s=-1)=1/2$。现在差分方程的数学表达为

$$x_n = x_{n-1} + s, \quad x_0 = 0, \quad P(s=1) = P(s=-1) = 1/2 \tag{8.10}$$

该方程控制着一个粒子的运动。对于一个含有 m 个粒子的集合，引入 $x_n^{(i)}$ 来作为第 i 个粒子在第 n 步后的位

置。每一个 $x_n^{(i)}$ 都被式(8.10)控制，且所有 m 个方程中的 s 值都是相互独立的。

8.6.4 计算粒子位置的统计量

对随机游走感兴趣的科学家通常对 walk1D.py 程序的图形不感兴趣，而对每一步的粒子位置统计量更感兴趣。因此，可以在每一步计算沿着 x 轴的粒子分布的直方图，并估算平均位置和标准差。这些数学运算很容易通过将 SciTools 函数 compute_histogram、NumPy 函数 mean 和 std 作用于 positions 数组来完成（参见 8.1.5 节）：

```
mean_pos =numpy.mean(positions)
stdev_pos =numpy.std(positions)

pos, freq =compute_histogram(positions, nbins=int(xmax), piecewise_constant=True)
```

直方图中组的数量只与粒子的范围有关。它也可以是一个固定数字。

如前所述，可以将粒子绘制为圆圈，并且为平均值和正、负标准差（后者表示粒子分布的"宽度"）添加直方图和垂直线。垂直线可以由 6 个列表定义：

```
xmean, ymean   =[mean_pos, mean_pos],      [yminv, ymaxv]
xstdv1, ystdv1 =[stdev_pos, stdev_pos],    [yminv, ymaxv]
xstdv2, ystdv2 =[-stdev_pos, -stdev_pos], [yminv, ymaxv]
```

其中，yminv 和 ymaxv 是垂直线的最小 y 值和最大 y 值。以下指令将每个粒子的位置绘制为圆圈，将直方图绘制为曲线，将垂直线加粗：

```
plot(positions, y, 'ko3',            #particles as circles
     pos, freq, 'r-',                #histogram
     xmean, ymean, 'r2',             #mean position as thick line
     xstdv1, ystdv1, 'b2',           #+1 standard deviation
     xstdv2, ystdv2, 'b2',           #-1 standard deviation
     axis=[xmin, xmax, ymin, ymax],
     title='random walk of %d particles after %d steps' % (np, step+1))
```

这样，随机游走的每一步都创建这个图形。通过观察可以发现，绘图时 y 轴范围的计算需要一些考虑。如果将 ymax 基于直方图的最大值（即 max(freq)）再加上一些空间（选择为 max(freq) 的 10%）会很方便。然而，除非 ymax 值与之前的 ymax 值差别大于 0.1，否则不会改变 ymax 的值（不然，轴的"跳跃"会过于频繁）。每次改变 ymax 后，最小值 ymin 被设置为 ymin= $-0.1*$ ymax。完整的代码可以在文件 walk1Ds.py 中找到。如果尝试 2000 个粒子和 30 步，最终的图形如图 8.6 所示。当步数增加时，粒子在正负方向上分散，直方图变得越来越平缓。令 $\hat{H}(i)$ 为第 i 个区间的直方图值，且每个区间宽度为 Δx，那么在第 i 个区间找到一个粒子的概率为 $\hat{H}(i)\Delta x$。可以在数学上证明，该直方图逼近均值为 0、标准差为 $s\sim\sqrt{n}$ 的正态分布的概率密度函数，其中 n 是步数。

8.6.5 向量化实现

程序 walk1Dp.py 或 walk1Ds.py 的单维度随机游走速度没有问题，但是在这种模拟模型的实际应用中，经常是非常多的粒子行走非常多的步数，因此，使程序尽可能高效很重要。正如在上面的程序中那样，对所有粒子和所有步执行两个循环，与向量化实现相比就变得非常慢了。

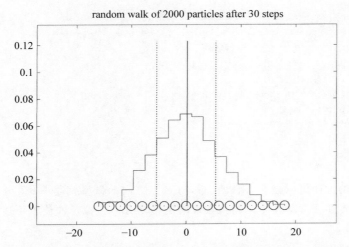

图 8.6　2000 个粒子单维度随机游走 30 步后的粒子位置（圆圈）、直方图（分段
常数曲线）、表示均值的垂线以及关于均值的标准差

单维度游走的向量化实现需要利用来自 NumPy 的 random 模块的函数 randint 或 random_integers。第一个想法是同时产生所有粒子的一步，然后在从 0 到 n_s-1 的循环中重复这个过程。然而，这些重复只是随机数的新向量，可以通过一次产生 $n_p \times n_s$ 个随机数来避免循环：

```
moves =numpy.random.randint(1, 3, size=np * ns)
#or
moves =numpy.random.random_integers(1, 2, size=np * ns)
```

现在这些值要么是 1 要么是 2，但我们想要 -1 或 1。通过简单的数字缩放和转换即可将 1 和 2 转换为 -1 和 1：

```
moves =2 * moves -3
```

然后可以根据 moves 创建一个二维数组，moves[i,j] 是 j 粒子的第 i 步：

```
moves.shape = (np, ns)
```

在代码的向量化版本中绘制粒子的演化和直方图没有意义，因为向量化的重点是加速计算，而可视化花费的时间比产生随机数花费的时间要多得多，即使在 8.6.4 节中的 walk1Dp.py 和 walk1Ds.py 程序里也是如此。因此，只是在所有步的一个循环内计算粒子的位置和一些简单的统计。最后，绘制 n_s 步后粒子分布的直方图以及代表粒子位置的圆圈。程序的其余部分可以在文件 walk1Dv.py 中找到，如下所示：

```
positions =numpy.zeros(np)
for step in range(ns):
    positions +=moves[step, :]

    mean_pos =numpy.mean(positions)
    stdev_pos =numpy.std(positions)
    print mean_pos, stdev_pos
```

```
nbins =int(3 * numpy.sqrt(ns))      #number of intervals in histogram
pos, freq =compute_histogram(positions, nbins, piecewise_constant=True)

plot(positions, numpy.zeros(np), 'ko3',
    pos, freq, 'r',
    axis=[min(positions), max(positions), -0.01, 1.1 * max(freq)],
    savefig='tmp.pdf')
```

8.7 两维度的随机游走

两维度的随机游走的方向可以是北、南、西、东，每一个方向的概率都是 1/4。要展示这个过程，引入 n_p 个粒子的 x 和 y 坐标并产生 1、2、3、4 中的随机数来决定移动方向。粒子的位置可以简单地可视化为 xy 坐标系中的小圆圈。

8.7.1 基本实现

上面描述的算法可以直接表述为一个完整的程序：

```
def random_walk_2D(np, ns, plot_step):
    xpositions =numpy.zeros(np)
    ypositions =numpy.zeros(np)
    #extent of the axis in the plot
    xymax =3 * numpy.sqrt(ns); xymin =-xymax

    NORTH =1;   SOUTH =2;   WEST =3;   EAST =4        #constants

    for step in range(ns):
        for i in range(np):
            direction =random.randint(1, 4)
            if direction ==NORTH:
                ypositions[i] +=1
            elif direction ==SOUTH:
                ypositions[i] -=1
            elif direction ==EAST:
                xpositions[i] +=1
            elif direction ==WEST:
                xpositions[i] -=1

        #Plot just every plot_step steps
        if (step+1) %plot_step ==0:
            plot(xpositions, ypositions, 'ko',
                axis=[xymin, xymax, xymin, xymax],
                title='%d particles after %d steps' %
                    (np, step+1),
                savefig='tmp_%03d.pdf' % (step+1))
    return xpositions, ypositions

#main program:
import random
```

```
random.seed(10)
import sys
import numpy
from scitools.std import plot

np       =int(sys.argv[1])       #number of particles
ns       =int(sys.argv[2])       #number of steps
plot_step=int(sys.argv[3])       #plot every plot_step steps
x, y =random_walk_2D(np, ns, plot_step)
```

这个程序可以在文件 walk2D.py 中找到。图 8.7 展示了两张 3000 个粒子在 40 步和 400 步之后分布情况的快照。这些图像是用命令行参数 3000 400 20 产生的,最后一个参数代表每 20 步可视化一次粒子。

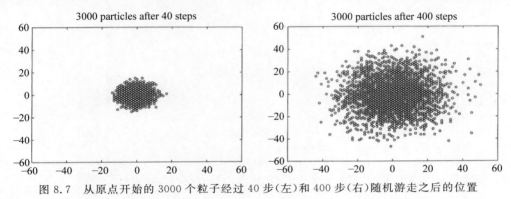

图 8.7　从原点开始的 3000 个粒子经过 40 步(左)和 400 步(右)随机游走之后的位置

为了获得对于两维度随机行走的感受,可以尝试 30 个粒子,走 400 步,并且在每一步都进行可视化(即命令行参数为 30 400 1)。此时,运动更新更快了。

walk2D.py 程序将图像保存为名称形式为 tmp_xxx.pdf 的 PDF 文件,其中 xxx 表示步数。可以用这些单独文件创建动画,使用的工具是 ImageMagick 套装软件中的 convert 程序:

Treminal>convert -delay 50 -loop 1000 tmp_* .pdf movie.gif

现在所有的图像都依次作为动画中的帧,相邻两帧之间延迟 50ms。动画将在循环中运行 1000 次。生成的动画文件命名为 movie.gif,可以通过 animate 程序(也在 ImageMagick 套装软件中)查看,只要写 animate movie.gif 即可。如果在动画中包括的步数太多,那么制作和显示动画的过程会十分缓慢。另一种方法是以 Flash 等格式制作真正的视频文件:

Treminal>avconv -r 5 -i tmp_%04d.png -c:v flv movie.flv

这要求图像文件为 PNG 格式。

8.7.2　向量化实现

walk2D.py 程序运行十分缓慢。现在,可视化过程比粒子的运动快多了。向量化可以显著地加速 walk2D.py 程序。与单维度时一样,一次性生成所有运动,然后通过一个步循环来更新 x、y 坐标。产生 $n_s \times n_p$ 个 1、2、3、4 中的随机数,然后将这些随机数重组为二维数组 moves$[i, j]$,其中 i 代表步数,j 代表粒子数。用来测试当前移动是向东、西、南、北哪个方向的 if 测试可以用 where 函数来向量化。例如,如果 this_move

数组包含了当前步所有粒子的随机数,那么可以用如下方式更新位置的 x 坐标值:

```
xpositions +=numpy.where(this_move ==EAST,1,0)
xpositions -=numpy.where(this_move ==WEST,1,0)
```

其中,EAST 和 WEST 是常数,分别等于 3 和 4。对 y 方向运动也可以采用类似的结构。

完整的程序如下:

```
def random_walk_2D(np, ns, plot_step):
    xpositions =numpy.zeros(np)
    ypositions =numpy.zeros(np)
    moves =numpy.random.random_integers(1, 4, size=ns * np)
    moves.shape = (ns,np)

    #Estimate max and min positions
    xymax =3 * numpy.sqrt(ns); xymin =-xymax

    NORTH =1;  SOUTH =2;  WEST =3;  EAST =4    #constants

    for step in range(ns):
        this_move =moves[step,:]
        ypositions +=numpy.where(this_move ==NORTH,1,0)
        ypositions -=numpy.where(this_move ==SOUTH,1,0)
        xpositions +=numpy.where(this_move ==EAST,1,0)
        xpositions -=numpy.where(this_move ==WEST,1,0)

        #Just plot every plot_step steps
        if (step+1) %plot_step ==0:
            plot(xpositions, ypositions, 'ko',
                axis=[xymin, xymax, xymin, xymax],
                title='%d particles after %d steps' % (np, step+1),
                savefig='tmp_%03d.pdf' % (step+1))
    return xpositions, ypositions

#Main program
from scitools.std import plot
import numpy, sys
numpy.random.seed(11)

np =int(sys.argv[1])                           #number of particles
ns =int(sys.argv[2])                           #number of steps
plot_step =int(sys.argv[3])                    #plot each plot_step step
x, y =random_walk_2D(np, ns, plot_step)
```

读者可以明显地体会到,文件 walk2Dv.py 中的程序比 walk2D.py 中的程序要快得多。

8.8 本章小结

8.8.1 本章主题

产生随机数

随机数可以以各种方式分散在整个区间中,分散情况由数字的分布确定。8.1.2 节讲述了均匀分布,8.1.6

节讲述了正态(或高斯)分布。

表 8.1 显示了 Python 的标准标量 random 模块和向量化的 numpy.random 模块中与随机数相关函数的语法,其中,N 是向量化绘图中的数组长度,而 m 和 s 表示正态分布的均值和标准差。

表 8.1　Python 的 random 模块和 numpy.random 模块中与随机数相关的函数

功　　能	Python 的 random 模块	numpy.random 模块
随机产生[0,1)中均匀分布的数字	random()	random(N)
随机产生[a,b)中均匀分布的数字	uniform(a, b)	uniform(a, b, N)
随机产生[a,b]中的整数	randint(a, b)	randint(a, b+1, N)
随机产生[a,b]中的整数		random_integers(a, b, N)
高斯随机数	gauss(m, s)	normal(m, s, N)
设置种子(i)	seed(i)	seed(i)
列表原地混洗	shuffle(a)	shuffle(a)
从列表中随机选择一个元素	choice(a)	

用蒙特卡罗模拟法进行典型概率计算

许多概率计算程序产生大量的(N 个)随机数并计算其中使某条件为真(成功)的随机数个数 M:

```
import random
M = 0
for i in xrange(N):
    r = random.randint(a, b)
    if success:
        M += 1
print 'Probability estimate:', float(M)/N
```

例如,想获得在投掷骰子时获得至少 4 点的概率。用随机数代表点数,即区间[1,6]上的整数($a=1,b=6$),success 为 r>=4。

对于很大的 N,可以通过向量化来加速程序,即,一次产生所有随机数放到一个大数组中,并通过数组运算来找到 M。上述程序的向量化版本如下:

```
import numpy as np
r = np.random.uniform(a, b, N)
M = np.sum(condition)
# or
M = np.sum(where(condition, 1, 0))
print 'Probability estimate:', float(M)/N
```

condition 参数中的布尔表达式和 where 的结合需要用到习题 8.17 中介绍的特殊结构。在数组很大时应使用 np.sum,而不是 Python 中慢得多的内置 sum 函数。

统计度量

给定一个随机数数组,下面的代码计算数字的均值、方差和标准差,最后显示直方图,这反映了数字分布的统计情况:

445

```
from scitools.std import compute_histogram, plot
import numpy as np
m =np.mean(numbers)
v =np.var(numbers)
s =np.std(numbers)
x, y =compute_histogram(numbers, 50, piecewise_constant=True)
plot(x, y)
```

术语

本节中的重要主题是：

- 随机数。
- 随机数分布。
- 蒙特卡罗模拟法。
- 蒙特卡罗积分法。
- 随机游走。

8.8.2　示例：随机增长

附录 A 的 A.1.1 节给出了最简单的投资增长数学模型：在某个区间，投资资金按利率增加。模型中利率可以随着时间变化。但在预测投资资金的增长情况时，将来的利率很难预测。一个常用的方法是构建一个概率模型来预测利率的发展，其中任意时刻的利率是随机选择的。这给出了投资资金的随机增长，但通过模拟许多随机情景，可以计算平均增长，并使用标准差作为预测的不确定性度量。

问题

假设 $p/100$ 是银行年利率。假设每年分 q 次累加投资资金的利息。新的投资资金 x_n 由之前的投资资金 x_{n-1} 加上 $p/100q$ 的利息得到：

$$x_n = x_{n-1} + \frac{p}{100q}x_{n-1}$$

一般，利息是每天累加的（$q=360$，n 代表天数），但是为了提高效率，在以后的计算中假设利息每个月累加一次，所以 $q=12$，n 为月的计数。

基本假设是：p 随着时间随机变化。假设 p 从一个月到下一个月增加一个随机量 γ：

$$p_n = p_{n-1} + \gamma$$

p 的典型大小为 0.5。然而，中央银行并不会每月调息，而是平均每隔 M 个月调一次。因此，$\gamma \neq 0$ 的概率为 $1/M$。在 $\gamma \neq 0$ 的月份中，如果上调和下调的可能性相同，那么就说 $\gamma=m$ 的概率为 $1/2$ 或 $\gamma=-m$ 的概率为 $1/2$（这不是一个很好的假设，但是这里不讨论 γ 更复杂的变化）。

解答

首先必须给出待实现的准确公式。x_n 和 p_n 的差分方程在这种情况下很容易计算，但是需要弄清楚 γ 的计算细节。

在程序中，产生两个随机数来估计 γ：一个用于判定是否 $\gamma \neq 0$，另一个用于确定变化的符号。因为 $\gamma \neq 0$ 的可能性是 $1/M$，所以可以在整数 $1,2,\cdots,M$ 中产生一个随机数 r_1。在 $r_1=1$ 的情况下，继续从整数 1 和 2 中随机产生第二个数 r_2。如果 $r_2=1$，令 $\gamma=m$；如果 $r_2=2$，令 $\gamma=-m$。同时，必须确保 p_n 不会取到不符合常理的值，因此，p_n 不改变时，选择 $p_n<1$ 和 $p_n>15$。

投资资金的数学模型必须同时追踪 x_n 和 p_n。下面用精确的数学公式表达 x_n 和 p_n 的方程并随机计算 γ 值：

$$x_n = x_{n-1} + \frac{p_{n-1}}{12 \times 100} x_{n-1}, \quad i = 1, 2, \cdots, N \tag{8.11}$$

$$r_1 = [1, M] \text{ 中的随机整数} \tag{8.12}$$

$$r_2 = [1, 2] \text{ 中的随机整数} \tag{8.13}$$

$$\gamma = \begin{cases} m, & \text{若 } r_1 = 1 \text{ 且 } r_2 = 1 \\ -m, & \text{若 } r_1 = 1 \text{ 且 } r_2 = 2 \\ 0, & \text{若 } r_1 \neq 1 \end{cases} \tag{8.14}$$

$$p_n = p_{n-1} + \begin{cases} \gamma, & \text{若 } p_{n-1} + \gamma \in [1, 15] \\ 0, & \text{否则} \end{cases} \tag{8.15}$$

我们注意到,p_n 的演化非常像随机游走过程(8.6 节),唯一的差别在于增/减步发生在 $0, 1, \cdots, N$ 中一些随机的时间点,而不是所有的时间点。p_n 的随机游走的边界在 $p = 1$ 和 $p = 15$,这在标准随机游走中也很常见。

每一次在当前应用中计算 x_n 序列,因为涉及随机数的原因,所以,进展都会有所不同。将 $x_0, x_1, \cdots, x_n$ 的一个进展称为一条路径(或实现,但因为在这里"实现"可以看成 x_n 或 p_n 关于 n 的曲线,所以通常使用路径这个词)。蒙特卡罗模拟方法包含大量关于路径、路径的总和和路径的平方和的计算。根据后两者,可以计算路径的均值和标准差,以观察投资资金的平均进展情况和进展的不确定性。由于我们对完整路径感兴趣,所以需要保存每个路径的完整序列 x_n。我们也可能对利率的统计感兴趣,所以也保存完整的 p_n 序列。

程序应该分成几个部分,以便在测试整个程序之前可以测试每个部分。在当前情况下,给定 M、m 和初始条件 x_0、p_0,一个部分自然就是一个计算有 N 步的 x_n 和 p_n 路径的函数。然后,可以在多次调用该函数之前测试它。代码如下所示:

```
def simulate_one_path(N, x0, p0, M, m):
    x = np.zeros(N+1)
    p = np.zeros(N+1)
    index_set = range(0, N+1)

    x[0] = x0
    p[0] = p0

    for n in index_set[1:]:
        x[n] = x[n-1] + p[n-1]/(100.0 * 12) * x[n-1]

        # Update interest rate p
        r = random.randint(1, M)
        if r == 1:
            # Adjust gamma
            r = random.randint(1, 2)
            gamma = m if r == 1 else -m
        else:
            gamma = 0
        pn = p[n-1] + gamma
        p[n] = pn if 1 <= pn <= 15 else p[n-1]
    return x, p
```

由于随机数的原因,每次结果都不相同,因此,测试这样的函数具有挑战性。验证实现的第一步是"关闭"随机性($m = 0$),并检查差分方程的确定性部分是否正确:

```
x, p =simulate_one_path(3, 1, 10, 1, 0)
print x
```

输出如下：

```
[1.          1.00833333    1.01673611    1.02520891]
```

这些数字可以通过以下公式快速核查：

$$x_n = x_0 \left(1 + \frac{p}{12 \times 100}\right)^n$$

核查的交互式会话如下：

```
>>>def g(x0, n, p):
...     return x0 * (1+p/(12. * 100))**n
...
>>>g(1, 1, 10)
1.0083333333333333
>>>g(1, 2, 10)
1.0167361111111111
>>>g(1, 3, 10)
1.0252089120370369
```

结论：在没有随机性时，函数工作良好。

下一步是仔细检查计算 gamma 的代码，并与数学公式进行比较。

模拟许多路径并计算 x_n 和 p_n 的平均进展情况其实就是重复调用 simulate_one_path 函数，使用两个数组 xm 和 pm 分别收集 x、p 的和，最后将 xm 和 pm 除以计算出的路径数来获得平均路径：

```
def simulate_n_paths(n, N, L, p0, M, m):
    xm =np.zeros(N+1)
    pm =np.zeros(N+1)
    for i in range(n):
        x, p =simulate_one_path(N, x0, p0, M, m)
        #Accumulate paths
        xm +=x
        pm +=p

    #Compute average
    xm /=float(n)
    pm /=float(n)
    return xm, pm
```

还可以用式(8.3)和式(8.6)计算路径的标准差，其中 x_j 作为 x 或 p 数组。小的舍入误差有可能引起小的负方差，然而在数学上它应该略大于 0。这样，取平方根将产生复数数组，绘图时也会出现问题。为了避免该问题，在取平方根之前将方差数组中的所有负元素替换为 0。用于计算标准差数组 xs 和 ps 的新代码行如下所示：

```
def simulate_n_paths(n, N, x0, p0, M, m):
    ...
```

```
    xs = np.zeros(N+1)                    # standard deviation of x
    ps = np.zeros(N+1)                    # standard deviation of p
    for i in range(n):
        x, p = simulate_one_path(N, x0, p0, M, m)
        # Accumulate paths
        xm += x
        pm += p
        xs += x**2
        ps += p**2

    ...
    # Compute standard deviation
    xs = xs/float(n) - xm*xm              # variance
    ps = ps/float(n) - pm*pm              # variance
    # Remove small negative numbers (round off errors)
    print 'min variance:', xs.min(), ps.min()
    xs[xs < 0] = 0
    ps[ps < 0] = 0
    xs = np.sqrt(xs)
    ps = np.sqrt(ps)
    return xm, xs, pm, ps
```

在这里要说到一些有关数组操作效率的问题。从数学角度看,语句 xs += x**2 也可以写成 xs = xs + x**2。然而,在后者中,会产生两个额外的数组(一个用于求平方,另一个用于求和);而在前者中,只产生一个用于求平方数组。因为路径可能很长,需要做很多次模拟,因此这样的优化很重要。

有的人可能会疑惑,既然平方可以用 x*x 来表达(不是运行缓慢的普通平方函数),那么 x**2 是否是明智的? 这正是数组的问题。这个程序用到了附录 H 的 H.8.2 节中的时间度量手段。

simulate_n_paths 函数生成 4 个很容易可视化的数组。对于具有平均值和标准差的曲线,通常用一种颜色或线型绘制平均曲线,然后用另一种颜色绘制两条曲线,对应于正负标准差,这展示了过程的平均进展和不确定性。因此,要绘制两幅图:一幅有 xm、xm+xs 和 xm-xs,另一幅有 pm,pm+ps 和 pm-ps。

为了便于调试,绘制一些实际路径的曲线。可以从模拟中选出 5 条路径并可视化:

```
def simulate_n_paths(n, N, x0, p0, M, m):
    ...
    for i in range(n):
        ...

        # Show 5 random sample paths
        if i % (n/5) == 0:
            figure(1)
            plot(x, title='sample paths of investment')
            hold('on')
            figure(2)
            plot(p, title='sample paths of interest rate')
            hold('on')
    figure(1); savefig('tmp_sample_paths_investment.pdf')
    figure(2); savefig('tmp_sample_paths_interestrate.pdf')
```

```
...
    return ...
```

要注意 figure 的使用，需要保持两个图像来添加新的图像并在图像之间切换，不论是屏幕绘图还是调用 savefig。

在示例路径可视化之后，通过以下代码绘制均值和正负标准差的图形：

```
xm, xs, pm, ps =simulate_n_paths(n, N, x0, p0, M, m)
figure(3)
months =range(len(xm))              #indices along the x axis
plot(months, xm, 'r',
     months, xm-xs, 'y',
     months, xm+xs, 'y',
     title='Mean +/-1 st.dev. of investment',
     savefig='tmp_mean_investment.pdf')
figure(4)
plot(months, pm, 'r',
     months, pm-ps, 'y',
     months, pm+ps, 'y',
     title='Mean +/-1 st.dev. of annual interest rate',
     savefig='tmp_mean_interestrate.pdf')
```

模拟投资资金进展的完整程序可以在文件 growth_random.py 中找到。

用如下输入数据运行程序：

```
x0 =1          #initial investment
p0 =5          #initial interest rate
N =10 * 12     #number of months
M =3           #p changes (on average) every M months
n =1000        #number of simulations
m =0.5         #adjustment of p
```

并将随机生成器的种子初始化为 1，最终获得如图 8.8 所示的 4 个图形。

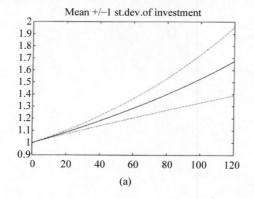
(a)

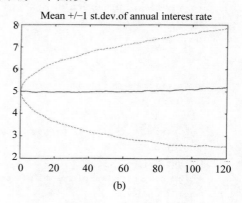
(b)

图 8.8　随机时间点利率随机跳变情况下的投资资金进展（(a)投资资金均值±标准差；(b)利率均值±标准差；(c)投资资金进展的 5 条路径；(d)利率进展的 5 条路径）

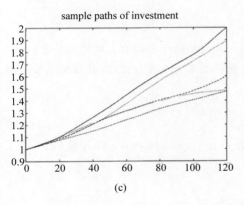

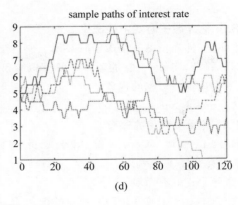

图　8.8(续)

8.9　习题

习题 8.1: 抛硬币。

编写一个模拟抛硬币 N 次的程序。每次抛完后都打印出是正面还是反面,同时累计和打印得到正面的次数。

提示:可以用 r=random.random()并定义正面为 r<=0.5,或用 r=random.randint(0,1)产生{0,1}的随机数并将 r=0 定义为正面。

文件名:ex8-01-flip_coin.py。

习题 8.2: 计算概率。

产生在区间[0,1)中均匀分布的随机数时,获得 0.5 和 0.6 之间的数字的概率是多少?现拟通过实证回答该问题。编写程序,用 Python 的标准 random 模块产生 N 个在[0,1)上均匀分布的随机数,计算其中有多少(用 M 表示)落在区间[0.5,0.6]上,同时计算其概率值 M/N。请用 4 个 $N=10^i$ 来运行程序,其中 $i=1$,2,3,6。

文件名:ex8-02-compute_prob.py。

习题 8.3: 随机选择颜色。

假设有 8 种不同的颜色。请编写程序,从这些颜色中随机挑选一种,并输出挑选的颜色。

提示:可以用一个颜色名称的列表,并使用 random 模块中的 choice 函数来挑选其中的一个列表元素。

文件名:ex8-03-choose_color.py。

习题 8.4: 从帽子中取球。

假设帽子中有 40 个球,其中 10 个是红色的,10 个是蓝色的,10 个是黄色的,10 个是紫色的。从帽子中随机抽取 10 个球时,获得两个蓝色球和两个紫色球的概率是多少?

文件名:ex8-04-draw_10balls.py。

习题 8.5: 计算掷骰子的概率。

回答以下 4 个问题:

(1) 投掷一个骰子获得 6 的概率是多少?

(2) 连续投掷一个骰子 4 次,每次都得到 6 的概率是多少?

(3) 假设已经投掷了 3 次,每次都是 6。在第 4 次还是获得 6 的概率是多少?

(4) 假设已经投掷了 100 次,每次都是 6。在下一次获得 6 的概率是多少?

首先尝试从理论或常识的角度解决问题。然后,编写函数模拟(1)~(3)中的情况。

451

文件名：ex8-05-rolling_dice.py。

习题 8.6: 估计骰子游戏中的概率。

编写程序，估计在投掷 n 个骰子时获得至少一个 6 的概率。从命令行读取 n 和实验次数。

作为部分验证，将 $n=2$ 时的蒙特卡罗模拟结果与精确答案 11/36 进行比较，并观察随着模拟次数的增长，近似概率逼近精确概率的现象。

文件名：ex8-06-one6_ndice.py

习题 8.7: 计算多手牌的概率。

使用 Deck.py 模块（见 8.2.5 节）以及 cards 模块中的 same_rank 和 same_suit 函数（见 8.2.4 节），通过蒙特卡罗模拟计算以下概率：

（1）5 张牌中正好有两对。

（2）5 张牌中有 4 张或 5 张同一花色的牌。

（3）5 张牌中有 4 张相同的牌。

文件名：ex8-07-card_hands.py。

习题 8.8: 判定一个骰子游戏是否公平。

有人建议你玩下面的游戏。你支付 1 欧元，允许投掷 4 个骰子。如果骰子上的点和总和小于 9，你会得到 r 欧元回报，否则你会失去刚才 1 欧元的投资。假设 $r=10$。从长远来看，你会通过玩这个游戏赢钱或输钱吗？编写模拟游戏的程序来回答这个问题。从命令行读取 r 和实验次数 N。

文件名：ex8-08-sum_4dice.py。

习题 8.9: 调整游戏，使其公平。

事实证明，习题 8.8 中的游戏是不公平的。因为从长远来看，你会输钱。本习题的目的是调整获胜的回报，从而使游戏变得公平，即，从长远来看，你不会赢钱也不会输钱。

编写一个 Python 函数，计算投掷 n 个骰子时获得点数总和小于 s 的概率 p。使用 8.3.2 节中的推导来寻找使游戏公平的回报值 r。运行习题 8.8 的程序，在命令行输入找到的 r 值，并验证这个游戏现在是（近似）公平的。

文件名：ex8-09-sum_ndice_fair.py。

习题 8.10: 为蒙特卡罗模拟编写测试函数。

考虑习题 8.9 中用于计算 n 个骰子点数总和小于 s 的概率 p 的 Python 函数。本习题的目的是编写用于验证 p 的测试函数。

a. 找到使 $p=0$ 和 $p=1$ 的 n、s 组合，并在测试函数中编写相应代码。

b. 固定随机数生成器的种子，并将前 8 个随机数记录为 16 位数字的形式。设置 $n=2$，进行 4 次实验，并手动计算概率的估算值（选择任何适当的 s）。在测试函数中写入必要的代码，将此手动计算的结果与习题 8.9 中的函数产生的结果进行比较。

文件名：ex8-10-test_sum_ndice.py。

习题 8.11: 将游戏一般化。

考虑 8.3.2 节的游戏。对游戏进行如下一般化：你投掷一个骰子，直到点数的数量小于或等于前一次投掷的结果。m 是游戏的投掷次数。

a. 使用蒙特卡罗模拟来计算 $m=2,3,4,\cdots$ 时的概率。

提示：对于 $m\geqslant6$，投掷结果必须是 $1,2,3,4,5,6,6,6,\cdots$，每一次的可能性都是 1/6，因此总的概率为 6^{-m}。使用 $N=10^6$ 次实验，这应该足够估算 $m\leqslant5$ 的概率。除此之外，应采用解析表达式。

b. 如果你支付 1 欧元来玩这个游戏，获胜时的回报数额是多少才能使游戏公平？对 $m=2,3,4,5$ 分别回答这个问题。

文件名：ex8-11-incr_eyes.py。

习题 8.12: 比较两种游戏策略。

为 8.4.2 节的游戏设计一个玩家策略。删除文件 ndice2.py 中 player_guess 函数的输入提问,将之替换为选择策略的实现代码。让程序玩大量游戏,并记录计算机获胜的次数。从长远看,哪个策略是最好的——计算机的策略还是你的策略?

文件名:ex8-12-simulate_strategies1.py。

习题 8.13: 研究游戏策略。

扩展习题 8.12 中的程序,使计算机和玩家可以使用不同数量的骰子。让计算机选择 2 到 20 之间的随机数作为骰子数量。通过实验找出是否存在一个对玩家有利的骰子数量。

文件名:ex8-13-simulate_strategies2.py。

习题 8.14: 研究若干游戏的获胜机会。

游乐园提供以下游戏。一个帽子中有 20 个球:5 个红色,5 个黄色,3 个绿色和 7 个棕色。以 $2n$ 欧元为代价,你可以从帽子中随机抽取 $4 \leqslant n \leqslant 10$ 个球(不放回)。在被允许查看取出的球之前,你必须从以下选项中选择一个:

(1) 若你正好取出 3 个红色球,则赢得 60 欧元。

(2) 若你取出至少 3 个棕色球,则赢得 $7+5\sqrt{n}$ 欧元。

(3) 若你正好取出一个黄色球和一个棕色球,则赢得 n^3-26 欧元。

(4) 若你取出每种颜色的球至少一个,则赢得 23 欧元。

对于这 4 种不同类型的游戏,计算(每次游戏)净收入和获胜的概率。从长久来看,是否有某种游戏(即 n 和上面 4 个选项的任何组合)能让你获利?

文件名:ex8-14-draw_balls.py。

习题 8.15: 计算投掷两个骰子的概率。

在程序中大量投掷两个骰子。记录每次的点数总和,并计算总和($2,3,\cdots,12$)中的每个可能性出现的次数。计算相应的概率,并将其与确切值进行比较(要找到确切的概率,先设置投掷两个骰子的所有 6×6 种可能的结果,然后计算它们的点数总和分别为 $s=2,3,\cdots,12$ 的各有多少次)。

文件名:ex8-15-freq_2dice.py。

习题 8.16: 向量化抛硬币代码。

模拟抛硬币 N 次,并输出出现反面的次数。代码应该进行向量化,即在 Python 中不能有循环。

提示:可以使用将 numpy.where(r<=0.5,1,0) 和 numpy.sum 结合起来的构造方法,或 r[r<=0.5].size。其中 r 是 0 到 1 之间的随机数数组。

文件名:ex8-16-flip_coin_vec.py。

习题 8.17: 向量化概率计算。

本习题的目的是通过向量化来提高习题 8.2 中的代码的运行速度。

提示:对于一个在 $[0,1)$ 上均匀分布的随机数数组 r,使用 r1=r[r>0.5] 和 r1[r1<0.6]。另一个选项是将 numpy.where 和 numpy.logical_and(0.5>=r,r<=0.6) 复合布尔表达式结合起来。参见 5.5.3 节关于这个话题的讨论。

文件名:ex8-17-compute_prob_vec.py。

习题 8.18: 掷骰子,计算小概率。

使用蒙特卡罗模拟法计算在掷 7 个骰子时所有骰子上点数都是 6 的概率。

提示:在这个情况下,由于这是一个小概率事件(见 8.3 节第一段),需要进行大量实验,所以向量化的实现非常重要。

文件名:ex8-18-roll_7dice.py。

习题 8.19: 民主决策是否可靠？

民主以多数票数来决策。本习题研究民主决策好还是由一个人决策好。

我们关于纯粹的事实提问，而不是问意见。这意味着人群关于问题的答案是确定的"是"或"否"。例如，"Python 列表能否包含元组作为元素？"的正确答案是"是"。如果人群的能力水平足够高，那么，对人群提出这样一个问题并根据多数票决策是一个可靠的程序。

a. 假设人群的能力水平可以由概率 p 建模。如果你向 N 个人提出问题，他们中的 $M = pN$ 个人会给出正确的答案（$N \to \infty$）。在此，假设每个个体的能力水平都是 p。编写函数 homogeneous(p, N)用于模拟一个人群的多数票答案是否是正确答案，其中一个个体回答正确的概率是 p。再编写函数 homogeneous_ex，在 $N = 5$ 的特定情况下（如同学生小组）做 10 次测试，再在整个城市 $N = 1\,000\,000$ 个人的情况下做 10 次测试。尝试 $p = 0.49$、$p = 0.51$ 和 $p = 0.8$。结果和你凭直觉的预期相同吗？

提示：问一个个体，就像是抛一个带偏向性的硬币，其中得到正面（正确答案）的概率为 p，得到反面（错误答案）的概率为 $1 - p$。

b. a 中的问题可以准确求解，因为每个问题其实就是成功概率为 p 的伯努利试验，而多数票答案正确的概率与 N 次试验成功 $N/2$ 或以上次数的概率相同。对于很大的 N，N 次试验成功 M 次的概率可以用正态分布密度函数来近似：

$$g(M) = (\sqrt{2\pi}Np(1-p))^{-1}\exp\left(-\frac{1}{2}(M-Np)^2/(Np(1-p))\right)$$

当 $M > N/2$ 时，多数票结果是正确的，事件概率为 $1 - \Phi(N/2)$，其中 Φ 是均值为 Np 和方差为 $Np(1-p)$ 的累积正态分布。

绘制正确概率相对于 p 的图形。

假设 5 个问题很重要。与人群答对全部 5 个问题相比，一个国王需要有多高的能力水平 p 才能将 5 个问题都答对？

c. 在异质人群中模拟投票。第 i 个个体回答正确的概率为 p_i，其中 p_i 根据均值为 p、标准差为 s 的正态分布概率密度进行选取。在异质人群中，不同个体的能力水平不同，其中 s 表示知识的普及程度，p 表示平均能力水平。

编写函数 heterogeneous(p, N, s)，返回在异质人群情况下多数票结果是正确还是错误。用 $s = 0.2$ 重新运行 a 中的示例。

d. 在人数变化较大（即 s 比较大）时，根据这个模型，将有一些个体总是提供错误答案或正确答案。为了找到一个合理的 s 值，可以研究总是正确或总是错误的那部分不合理的人。

总是回答错误的概率是 $p_i < 0$ 的概率。这由 $\Phi(-p/s)$ 给出，其中 Φ 是均值为 0 和单位方差的累积正态分布。在 Python 中可以用 scipy. stats. norm. cdf 获得这个概率。总是回答正确的概率是 $p_i > 1$ 的概率，由 $1 - \Phi((1-p)/s)$ 给出。对 $s \in [0.1, 0.6]$，绘制总是正确和总是错误的概率的曲线。要求在函数 extremes(p)中进行该曲线的绘制。

文件名：ex8-19-democracy. py。

习题 8.20: 随机数的差分方程。

简单的随机数生成器是基于模拟差分方程的。以下是由两个方程组成的典型的方程组：

$$x_n = (ax_{n-1} + c)\bmod m \tag{8.16}$$

$$y_n = x_n/m \tag{8.17}$$

$n = 1, 2, 3, \cdots$。必须给定种子 x_0 来开启序列。数字 $y_1, y_2, y_3, \cdots$ 代表随机数，而 $x_0, x_1, x_2, \cdots$ 是"协助"数。尽管 y_n 完全取决于式(8.16)和式(8.17)，序列 y_n 看起来还是随机的。数学表达式 $p \bmod q$ 在 Python 中编码为 p%q。

取 $a = 8121, c = 28411, m = 134456$，在生成 N 个随机数的函数中进行式(8.16)和式(8.17)的求解。请绘

制一个直方图来检查数字的分布（如果直方图近似平坦，则 y_n 是均匀分布的）。

文件名：ex8-20-diffeq_random.py。

习题 8.21: 编写从帽子里取球的类。

考虑 8.3.3 节中从帽子里取球的例子。获得一个具有"帽子"行为的对象很容易：

```
hat =Hat(red=3, blue=4, green=6)
balls =hat.draw(3)
if balls.count('red') ==1 and balls.count('green') ==2:
...
```

a. 编写具有上述功能的 Hat 类。

提示 1：在构造函数中运用灵活语法，让球的颜色和每种颜色的球数可以随意指定，需要使用字典（**kwargs）来处理可变数量的关键字参数，见附录 H 的 H.7.2 节。

提示 2：可以借鉴 balls_in_hat.py 程序中的代码和 8.2.5 节的想法。

b. 应用 Hat 类计算从有 6 个蓝色球、8 个棕色球和 3 个绿色球的帽子中取出 6 个球时获得 2 个褐色球和 2 个蓝色球的概率。

文件名：ex8-21-Hat.py。

习题 8.22: 独立和相依随机数。

a. 生成具有值 0 或 1 的 N 个独立随机变量的序列，并且打印出这个序列，数字之间不要有间隔（例如 0010110101100111010）。

b. 现在拟生成前后相依的随机的 0 和 1 序列。如果上一次生成的数字是 0，则生成新的 0 的概率是 p，生成新的 1 的概率是 $1-p$；相反，如果上一次生成的是 1，则生成新的 1 的概率是 p，生成新的 0 的概率是 $1-p$。由于新的值取决于上一次的值，因此说变量是前后相依的。请在函数中实现此算法，返回包含 N 个 0 和 1 的数组。用上面所述的紧缩格式打印出该数组。

c. 选择 $N=80$，尝试概率 $p=0.5$、$p=0.8$ 和 $p=0.9$。你能观察出独立随机变量和前后相依的随机变量的序列之间的差异吗？

文件名：ex8-22-dependent_random_numbers.py。

习题 8.23: 计算抛硬币的两种结果的概率。

a. 模拟抛一个硬币 N 次。

提示：用 numpy.random.randint 产生 N 个值为 0 和 1 的随机数。

b. 查看 a 中实验的一个子集 $N_1 \leqslant N$，并计算获得头像的概率（M_1/N_1，其中 M_1 是 N_1 次实验中获得头像的次数）。选择 $N=1000$ 并打印出 $N_1=10,100,500,1000$ 时的概率。在程序中一次生成 N 个随机数。你认为计算出的概率的准确性是如何随着 N_1 而变化的？输出结果是否与你的预期一致？

c. 现在想研究获得头像的概率，p 作为 N_1 的函数，其中 $N_1=1,2,\cdots,N$。计算 p 的概率数组的首次尝试如下：

```
import numpy as np
h =np.where(r <=0.5, 1, 0)
p =np.zeros(N)
for i in range(N):
    p[i] =np.sum(h[:i+1])/float(i+1)
```

请在函数中实现这些计算。

d. 数组 q[i]＝np.sum(h([:i]))反映累积和，通过 np.cumsum 生成效率更高：q＝np.cumsum(h)。然

后，通过 q/I 计算 p，其中 I[i]＝i＋1，I 可通过 np.arange(1,N+1) 或 r_[1：N+1]（即 1，2，…，但不包括 N+1）来计算。使用 cumsum 编写 c 中函数的向量化版本。

e. 编写一个测试函数，验证 c 和 d 的结果相同。

提示：可用 numpy.allclose 比较两个数组。

f. 编写一个函数，应用 time 模块来度量 c 和 d 两种实现的相对效率。

g. 当 N＝10 000 时，绘制 p 关于 I 的图形，并为坐标轴和图形添加相关文字。

文件名：ex8-23-flip_coin_prob.py。

习题 8.24: 模拟二项式实验。

习题 4.24 描述了一些可以用式（4.8）准确求解的问题。也可以模拟这些问题，然后找到概率的近似值，这就是本习题的任务。

编写一个执行 n 次实验的通用函数 simulate_binomial(p, n, x)，其中每次实验有两个可能结果，出现概率分别为 p 和 $1-p$。如果具有概率 p 的那个可能结果刚好出现 x 次，那么称 n 次实验是成功的。simulate_binomial 函数必须重复这 n 次实验 N 次。如果 M 是 N 次中成功的次数，那么概率估计为 M/N。要求函数同时返回概率估计和误差，准确值根据式（4.8）计算。用该函数模拟习题 4.24 中的 3 种情况。

文件名：ex8-24-simulate_binomial.py。

习题 8.25: 模拟扑克游戏。

编写程序，模拟 n 个玩家的扑克（或简化的扑克）游戏。本习题使用 8.2.3 节中的想法。

文件名：ex8-25-poker.py。

习题 8.26: 模拟模型增长估计。

8.3.5 节的模拟模型预测了每一代中的个体数量。用"一儿"政策模拟 10 代人，新生儿中男性比例为 0.51。将生育率设置为 0.92，并假设人群中有比例为 0.06 的人会违反政策生 6 个孩子。这些参数将导致人口的显著增长。找到因子 r，使得第 n 代中的个体数量满足如下差分方程：

$$x_n = (1+r)x_{n-1}$$

提示：对于连续的两代 x_{n-1} 和 x_n 计算 $r(r=x_n/x_{n-1}-1)$，并观察 r 是否随着 n 的增加而趋近常数。

文件名：ex8-26-estimate_growth.py。

习题 8.27: 研究猜测策略。

在 8.4.1 节的游戏中，聪明的做法是使用程序反馈来追踪包含秘密数字的区间 $[p,q]$。从 $p＝1$ 和 $q＝100$ 开始。假设用户猜测某个数字 n。如果 n 小于秘密数字，则将 p 更新为 $n＋1$（不需要关心小于 $n＋1$ 的数字了）；如果 n 大于秘密数字，则将 q 更新为 $n－1$（不需要关心大于 $n－1$ 的数字了）。

有没有挑选新猜测 $s\in[p,q]$ 的聪明策略？为了回答这个问题，研究两种可能策略：s 作为区间 $[p,q]$ 的中点，或 s 作为区间 $[p,q]$ 上均匀分布的随机整数。编写实现这两个策略的程序，即，不提示玩家进行猜测，而是计算机直接基于选定策略计算猜测值。让程序运行很多次游戏，从长远来看，两种策略中是否有一种策略更有优势？

文件名：ex8-27-strategies4guess.py。

习题 8.28: 向量化骰子游戏。

借助 numpy.random 和 numpy.sum 函数向量化习题 8.8 中的模拟程序。

文件名：ex8-28-sum9_4dice_vec.py。

习题 8.29: 用蒙特卡罗方法计算 π。

使用 8.5.3 节的方法，通过计算圆的面积来计算 π。令 G 为以原点为中心、半径为 1 个单位的圆，B 为左下角和右上角坐标分别是（－1，－1）和（1,1）的矩形。如果 $x^2+y^2<1$，那么点 (x,y) 位于 G 内。将 π 的近似值与 math.pi 进行比较。

文件名：ex8-29-MC_pi.py。

习题 8.30: 用蒙特卡罗方法计算 π。

本习题和习题 8.29 目的相同,都是计算 π。但这一次,令 G 为以 (2,1) 为中心、半径为 4 的圆。选择一个合适的矩形 B。如果 $(x-x_c)^2+(y-y_c)^2<R^2$,那么点 (x,y) 位于以 (x_c,y_c) 为中心、半径为 R 的圆内。

文件名：ex8-30-MC_pi2.py。

习题 8.31: 用随机数的和计算 π。

a. 让 $x_0,x_1,\cdots,x_N$ 为 $N+1$ 个在 0 到 1 之间均匀分布的随机数。解释为什么随机数的和 $S^N=(N+1)^{-1}\sum_{i=0}^{N}2(1-x_i^2)^{-1/2}$ 可以作为 π 的近似。

提示：将和解释为蒙特卡罗积分,并手工或用 SymPy 计算相应的积分。

b. 计算 $S_0,S_1,\cdots,S_N$(仅使用一个包含 $N+1$ 个随机数的集合)。绘制该序列关于 N 的图形,同时绘制对应 π 值的水平线。选择一个较大的 N 值,如 $N=10^6$。

文件名：ex8-31-MC_pi_plot.py。

习题 8.32: 带漂移的一维随机游走。

修改 walk1D.py 程序,使得向右移动的概率为 r,向左移动的概率为 $1-r$(生成 $[0,1)$ 中的数字,而不是 $\{1,2\}$ 中的整数)。在 100 步后计算 n_p 个粒子的平均位置,其中 n_p 从命令行读取。在数学上可以证明,在 $n_p\to\infty$ 时,平均位置逼近 $rn_s-(1-r)n_s$(n_s 是步数)。同时输出有限数量粒子平均位置的上述精确值和程序计算值。

文件名：ex8-32-walk1D_drift.py。

习题 8.33: 一维随机游走,直到击中目标点。

在 walk1Dv.py 程序中,设置 $n_p=1$,并修改程序来测量一个粒子到达给定点 $x=x_p$ 所需的步数。要求在命令行上输入 x_p。输出 $x_p=5,50,5000,50\,000$ 时的结果。

文件名：ex8-33-walk1Dv_hit_point.py。

习题 8.34: 模拟从游戏获利。

玩家玩一个获胜概率是 p、失败概率是 $1-p$ 的游戏。如果赢了,他赚取 1 欧元;如果输了,他失去 1 欧元。x_i 是玩家玩 i 次游戏后的财富。起始财富是 x_0。假设当 $x_i<0$ 时,玩家可以获得必要的贷款以使得游戏可以继续。目标财富是 F,就是说,当到达 $x=F$ 时,游戏停止。

a. 解释为什么 x_i 是一维随机游走。

b. 修改一维随机游走的程序来模拟目标财富达到 $x=F$ 所需的平均游戏次数。这个平均值必须通过运行大量初始财富值为 x_0 并最终达到 F 的随机游走来计算。例如,$x_0=10,F=100$ 和 $p=0.49$。

c. 假设达到 $x=F$ 的平均游戏次数与 $(F-x_0)^r$ 成正比,其中 r 是某个指数。尝试通过运行程序的实验方式找到 r。r 值表征通过玩游戏获得大量财富的困难程度。注意,当 $p<0.5$ 时,预期收入为负值,但仍然有很小的概率可以达到 $x=F$。

文件名：ex8-34-game_as_walk1D.py。

习题 8.35: 用二维随机游走模拟花粉运动。

单个粒子的运动通常可以用随机游走描述。在水面上,将 1000 个花粉粒子放在一个点上。花粉粒子的运动可以用随机游走模型来模拟,其中,每个粒子在每一秒都将沿着一个二维向量的方向移动一个随机距离,该向量的两个分量都是独立的正态分布(期望值为 0mm,标准差为 0.05mm)。

a. 编写实现这种二维随机游走的函数。返回每个粒子每一步的位置数组。

b. 制作一个动画,显示花粉粒子在 0～100s 的位置变化。

c. 绘制偏离原点的平均距离相对于时间的图形。你看到了什么?

文件名：ex8-35-pollen.py。

习题 8.36: 编写二维随机游走类。

本习题的目的是用类来重新实现 8.7.1 节中的 walk2D.py 程序。

a. 以坐标(x, y)和粒子步数作为数据属性创建 Particle 类。方法 move 向 4 个方向之一移动粒子并更新(x, y)坐标。Particles 类包含一个 Particle 对象列表和一个 plotstep 参数（和在 walk2D.py 中一样）。方法 move 将所有粒子移动一步，方法 plot 绘制所有粒子的图像，而方法 moves 执行时间步循环，并在每次循环中调用 move 和 plot。

b. 使 Particle 和 Particles 类具有打印功能，以便可以通过 print p（对于 Particles 的实例 p）或 print self（在方法内部）以良好的格式打印出所有粒子。

提示：为了使打印结果好看，在 __str__ 中，对粒子列表应用 pprint 模块中的 pformat 函数，且确保 __repr__ 只复用两个类中的 __str__。

c. 创建一个测试函数，将 4 个粒子中的前 3 个的位置与 walk2D.py 程序计算的相应结果进行比较。当然，在两个程序中，随机数发生器的种子必须固定为相同值。

d. 将整个代码组织为一个模块，使 Particle 和 Particle 类可以在其他程序中复用。测试块从命令行读取粒子数并执行模拟。

e. 用附录 H 的 H.8.1 节中的方法比较类版本与向量化版本 walk2Dv.py 的效率。

f. 只要程序的实现是基于 Particle 类的，那么上面开发的程序就不能向量化。然而，如果删除这个类而只使用 Particles 类，那么后者可以使用数组来保存所有粒子的位置，并在 move 方法中向量化地更新这些位置。采用程序 walk2Dv.py 的想法创建一个新类 Particles_vec 来实现 Particles 的向量化。

g. 按照 c 中所述，验证代码是否与 walk2Dv.py 程序一致。要求在测试函数中自动进行验证。

h. 编写一个 Python 函数，用于度量向量化类 Particles_vec 和标量类 Particles 的计算效率。

文件名：ex8-36-walk2D_class.py。

习题 8.37: 有墙的二维随机游走——标量版本。

修改习题 8.36 的 walk2D.py 或 walk2Dc.py 程序，使得游走者不能走出矩形区域 A。如果新的位置在 A 外，那么不移动粒子。

文件名：ex8-37-walk2D_barrier.py。

习题 8.38: 有墙的二维随机游走——向量版本。

修改 walk2Dv.py 程序，使得游走者不能走出矩形区域 A。

提示：首先执行一个方向上的移动，然后测试新位置是否在 A 外，这样的测试会返回一个布尔数组，可以用它作为位置数组的索引来选出被移出 A 的粒子的索引，然后将它们移回 A 的边界内。

文件名：ex8-38-walk2Dv_barrier.py。

习题 8.39: 模拟气体分子的混合。

假设有一个带墙的盒子，墙将盒子分成大小相等的两个部分。其中一个部分装有气体，其分子以随机方式均匀分布。在 $t=0$ 时刻，去掉墙，气体分子可以四处移动并最终充满整个盒子。

这个物理过程可以通过习题 8.37 和习题 8.38 中引入的固定区域 A 内的二维随机游走来模拟（实际上，这里的运动是三维的，但本习题只模拟它的二维部分，因为我们已经有程序来做这件事了）。用习题 8.37 或习题 8.38 中的程序来模拟这个过程，A 的左下角和右上角坐标分别为$(0, 0)$和$(1, 1)$。最初，在盒子的下半部分中均匀、随机地放置 10 000 个粒子，然后开始随机游走过程，并可视化这个过程。通过长时间模拟并制作一个动画（保存为一个动画文件）。结果和你想象中的一样吗？

文件名：ex8-39-disorder1.py。

备注：由于碰撞和粒子间的作用力，粒子倾向于随机运动。前面在讨论随机游走时没有模拟粒子的碰撞，但这种随机游走的本质实际上模拟了碰撞的影响。因此，在很多简单情况下，随机游走可以用来模拟粒子运动。特别地，随机游走可以用来研究一个气体充满半个盒子的有序系统如何随着时间演化成一个更加无序的系统。

习题 8.40: 模拟气体分子的缓慢混合。

假设分隔盒子的墙不完全去掉,而是只开一个小孔,完成习题 8.39。

文件名:ex8-40-disorder2.py。

习题 8.41: 猜啤酒品牌。

你面前有 n 杯品牌互不相同的啤酒,而且已知总共有 $m(m \geqslant n)$ 种可能的品牌以及所有品牌的名字。对于每一杯啤酒,你可以支付 p 欧元来品尝。如果你猜对品牌,就会得到 $q \geqslant p$ 欧元。假设你通常在 100 次猜测中可以猜对品牌 T 次,那么,你猜对品牌的概率是 $b = T/100$。

编写一个函数 simulate(m, n, p, q, b) 来模拟品尝啤酒的过程。让这个函数返回获得的钱数和猜对的次数($\leqslant n$)。通过很多次调用 simulate 函数计算平均收益和在 $m = n = 4$,$p = 3$,$q = 6$,$b = 1/m$ 的情况下(即 4 杯啤酒、4 个品牌、完全随机的猜测以及猜对的报酬是成本的两倍)得到满分(全部猜中)的概率。如果你猜啤酒的能力更高,例如 $b = 1/2$,那么你能从这个游戏中多获利多少?

文件名:ex8-41-simulate_beer_tasting.py。

习题 8.42: 模拟股票价格。

常用的股票价格变化数学模型可以用以下差分方程表示:

$$x_n = x_n + \Delta t \mu x_{n-1} + \sigma x_{n-1} \sqrt{\Delta t} r_{n-1} \tag{8.18}$$

其中,x_n 是 t_n 时刻的股票价格,Δt 是两个时间之间的间隔($\Delta t = t_n - t_{n-1}$),μ 是股票价格的增长率,σ 是股票价格的波动率,$r_0, r_1, \cdots, r_{n-1}$ 是正态分布的随机数(均值为 0,标准差为单位标准差)。股票的初始价格 x_0 和 μ、σ、Δt 都作为输入数据。

注意:式(8.18)是一个关于连续价格方程 $x(t)$ 的随机微分方程的前向欧拉离散化:

$$\frac{\mathrm{d}x}{\mathrm{d}t} = \mu x + \sigma N(t)$$

其中 $N(t)$ 是所谓的白噪随机时间序列信号。这样的方程在股票价格的模拟中占有中心地位。

用 Python 实现式(8.18)。假设 $n = 0, 1, \cdots, N$($N = 5000$ 步),时间 $T = 180$ 天,步长 $\Delta t = T/N$。

文件名:ex8-42-stock_prices.py。

习题 8.43: 计算金融中的期权价格。

本习题讨论亚洲式期权定价方法。亚洲式期权是一种金融契约,其中规定:当特定市场条件满足时,所有者盈利。

该契约指定一个执行价格 K 和一个到期时间 T。它依赖于标的股票的平均价格。如果平均价格高于执行价格 K,那么期权所有者将赚取差价;而如果平均价格低于执行价格,那么所有者收益为零,期权在零值时到期。平均价格通过每日股票的最后交易价格来计算。

根据金融的期权理论,亚洲式期权的价格等于回报的当前预期值。假设股票价格的动态描述如下:

$$S(t+1) = (1+r)S(t) + \sigma S(t)\varepsilon(t) \tag{8.19}$$

其中,r 是日利率;σ 是股票价格的波动率;时间 t 以天计,$t = 0, 1, 2, \cdots$,$\varepsilon(t)$ 是独立恒等分布的随机变量,均值为 0,标准差为单位标准差。为了得到期权价格,必须计算期望:

$$p = (1+r)^{-T} E\left[\max\left(\frac{1}{T}\sum_{t=1}^{T}S(t) - K, 0\right)\right] \tag{8.20}$$

因此,价格作为期望贴现收益给出。本习题使用蒙特卡罗模拟法来估算期望。通常情况下,可以设 $r = 0.0002$,$\sigma = 0.015$。进一步假设 $S(0) = 100$。

a. 编写一个函数模拟 $S(t)$ 的路径,就是说,该函数基于式(8.19)的递归定义计算 $t = 1, 2, \cdots, T$ 的 $S(t)$(给定 T)。该函数返回路径数组。

b. 编写一个函数，计算从 $t=1$ 到 $t=T$ 的 $S(t)$ 的平均值。再编写一个函数，基于 N 个模拟均值计算亚洲式期权的价格。可以选择 $T=100$ 天，$K=102$。

c. 绘制价格 p 关于 N 的函数图形。可以从 $N=1000$ 开始。

d. 绘制价格估算误差关于 N 的函数图形（假设最大 N 值对应的 p 值是"合理"价格。）尝试用形如 $c/\sqrt{n}$ 的曲线来拟合该误差曲线，以表明误差的减小和 $1/\sqrt{N}$ 相同。

文件名：ex8-43-option_price.py。

备注：年利率的合理值约为 5%，与之相对应的日利率 r 为 $0.05/250=0.0002$。选择 250 的原因是开放股票交易的平均天数是 250 天。σ 作为股票价格的波动率，对应由公式 $(S(t+1)-S(t))/S(t)$ 定义的股票的日回报标准差。一般来说，这个波动率约为每天 1.5%。最后，假设股票价格动态由 r 驱动是有理论根据的，这意味着在期权定价时考虑风险中立的股票价格动态。如果想模拟实际市场中的股票价格动态，式(8.19)中的 r 必须替换为 μ（股票的预期回报）。通常，μ 高于 r。

习题 8.44：区分噪声测量。

在某个实验室实验中，波通过模型滑入造波水池来产生（该实验的目的是模拟一个发生在峡湾的海啸事件，以证明它是由松散的岩石落入峡湾而引发的）。在特定位置，用 η 表示水面高度，通过在离散的时间点用超声波计测量来获得。其结果是一个水面垂直高度的时间序列（单位为 m）：$\eta(t_0)$，$\eta(t_1)$，$\cdots$，$\eta(t_n)$。每秒 300 个测量值，意味着两个相邻测量数据 $\eta(t_i)$ 和 $\eta(t_{i+1})$ 之间的时间差为 $h=1/300$s。

a. 从文件 gauge.dat[①] 中读取 η 值，存入数组 eta。要求从命令行读取 h 值。

b. 绘制 η 关于时间值的图形。

c. 用下列公式计算表面速度 v：

$$v_i \approx \frac{\eta_{i+1} - \eta_{i-1}}{2h}, \quad i = 1, 2, \cdots, n-1$$

在单独的图中绘制 v 关于时间值的图形。

d. 用下列公式计算表面加速度 a：

$$a_i \approx \frac{\eta_{i+1} - 2\eta_i + \eta_{i-1}}{h^2}, \quad i = 1, 2, \cdots, n-1$$

在单独的图中绘制 a 关于时间值的图形。

e. 如果有一个噪声信号 η_i（其中 $i=0,1,\cdots,n$ 表示测量批次），噪声衰减由新噪声信号值的计算来描述：某点的新信号值等于该点的信号值及其周围点的信号值的加权平均。更准确地说，给定信号 $\eta_i, i=0,1,\cdots$，n，用下式计算过滤后的信号（平均）值 $\eta_i^{(1)}$：

$$\eta_i^{(1)} = \frac{1}{4}(\eta_{i+1} + 2\eta_i + \eta_{i-1}), \quad i = 1, 2, \cdots, n-1, \quad \eta_0^{(1)} = \eta_0, \eta_n^{(1)} = \eta_n \tag{8.21}$$

编写函数 filter，将数组 eta 中的 η_i 值作为输入，然后用数组返回过滤后的 $\eta_i^{(1)}$ 值。

f. 令 $\eta_i^{(k)}$ 为对信号应用 k 次 filter 函数得到的信号。绘制包含 η_i 和过滤后的 $\eta_i^{(k)}$ 的图形，其中 k 取 3 种值：$1,10,100$。对速度和加速度也绘制类似的图形，即其中包括原始测量的 η 数据和过滤后的数据。讨论绘图结果。

文件名：ex8-44-labstunami.py。

习题 8.45：区分噪声信号。

本习题的目的是研究包含测量误差的时间序列信号的数值微分。在分析习题 8.44 中实验的真实噪声数据时，该研究将很有帮助。

---

① http://tinyurl.com/pwyasaa/random/gauge.dat。

a. 信号计算如下：

$$\bar{\eta}_i = A\sin\left(\frac{2\pi}{T}t_i\right), t_i = i\frac{T}{40}, \quad i = 0,1,\cdots,200$$

绘制 $\bar{\eta}_i$ 关于时间 t_i 的图形。选择 $A=1, T=2\pi$。要求用数组 etabar 储存 $\bar{\eta}$ 值。

b. 带有随机噪声的信号 E_i 计算如下：

$$\eta_i = \bar{\eta}_i + E_i$$

E_i 满足正态分布（均值为 0，标准差 $\sigma=0.04A$）。在同一张图中绘制 η_i 信号圆圈和 $\bar{\eta}_i$。用数组 E 存储 E_i 以便将来使用。

c. 用下式计算 $\bar{\eta}_i$ 的一阶导数：

$$\frac{\bar{\eta}_{i+1} - \bar{\eta}_{i-1}}{2h}, \quad i = 1,2,\cdots,n-1$$

将值保存在数组 detabar 中。绘制其图形。

d. 用下式计算误差项的一阶导数：

$$\frac{E_{i+1} - E_{i-1}}{2h}, \quad i = 1,2,\cdots,n-1$$

并将值保存在数组 dE 中。计算 dE 的平均值和标准差。

e. 绘制 detabar 和 detabar＋dE 的图形。用计算出的标准差解释图形的定性特征。

f. 时间信号 η_i 的二阶导数可以用下式计算：

$$\frac{\eta_{i+1} - 2\eta_i + \eta_{i-1}}{h^2}, \quad i = 1,2,\cdots,n-1$$

将上述公式用于 etabar 数据并将结果保存在 d2etabar 中。同样地，将上述公式用于 E 数据并将结果保存在 d2E。绘制 d2etabar 和 d2etabar＋d2E 的图形。计算 d2E 的标准差，并与 dE 和 E 的标准差进行比较。根据这些标准差讨论上面的图形。

文件名：ex8-45-sine_noise.py。

习题 8.46: 模拟时间信号中的噪声。

假设测量数据可以用一个平滑的时间信号 $\bar{\eta}(t)$ 加上一个随机变化 $E(t)$ 来模拟。根据平滑速度 $\bar{\eta}$ 和噪声信号 E 计算 $\eta=\bar{\eta}+E$ 速度。

a. 可以按下面 E 的一阶导数估计噪声等级。假设随机数 $E(t_i)$ 是独立的并且符合正态分布（均值为 0，标准差为 σ）。公式

$$\frac{E_{i+1} - E_{i-1}}{2h}$$

可以产生符合均值为 0、标准差为 $2^{-1/2}h^{-1}\sigma$ 的正态分布的数字。当速度采用这种数值逼近时，原来用 σ 表示的噪声被放大多少倍？

b. 分式

$$\frac{E_{i+1} - 2E_i + E_{i-1}}{h^2}$$

也会产生符合均值为 0 的正态分布的数字，但标准差变为 $2h^{-2}\sigma$。计算在这个加速度信号下噪声被放大了多少倍。

c. 习题 8.44 的文件 gauge.dat 中的数字用 5 位小数给出。这没有表示测量精度的意思，只是用来验证可以假设 σ 量级为 10^{-4}。核查关于速度和加速度的结果是否与上面的模型中噪声信号的标准差一致。

习题 8.47: 加速马尔可夫链变异。

8.3.4 节的 transition 和 mutate_via_markov_chain 函数是为了易于阅读和理解而编写的。transition 函数在每次计算随机变迁时都要构建 interval_limits。由于要完成大量的随机变迁，为了提升程序的效率，合并这两个函数，预先计算每个 from_base 的区间限制，并添加关于 N 次变异的循环，可以将对区间限制的计算量减到最小。对于 100 万次变异，测量这个新函数的 CPU 时间，并与 mutate_via_markov_chain 函数进行比较。

文件名：ex8-47-markov_chain_mutation2.py。

第9章 面向对象编程

本章介绍面向对象编程的基本概念。不同的人赋予面向对象编程这个术语不同的意义：有些人仅指一般的带有对象的编程，而其他人指关于类层次的编程。本章是指第二种意思，它在计算机科学中被广泛接受。第一种意思更恰当的名称是"基于对象编程"。由于 Python 中的所有事物都是对象，所以前面一直做的都是基于对象编程。但习惯上，一般只有当涉及 Python 基本类型（int、float、str、list、tuple、dict）之外的情况下才使用这个术语。

本章必要的背景知识包括：Python 中类的基本知识——至少是一些概念，如属性（方法属性、数据属性）、方法、构造函数、self 对象以及特殊方法__call__。相关背景知识见 7.1 节、7.2 节和 7.3.1 节。对于 9.2 节和 9.3 节，读者应了解最基本的微积分知识，如附录 B 中所介绍的内容。初读本章时，浏览 9.2.4 节～9.2.7 节中的高级内容会更有益。

与本章有关的程序均可在目录 src/oo 中找到。

9.1 继承与类层次

本章主要讲述如何把相关的类放一起，以便将其视为一个功能单元。该方法有助于将细节藏在程序中，使得修改程序或扩展程序变得更加容易。

一组相关的类称作类族。正如在生物学中的族系一样，类族中也有父类和子类。子类可以继承来自父类的数据和方法，可以修改这些数据和方法，也可以添加新的数据和方法。于是，基于一个具有某种功能的类，只需在其中添加需要的功能扩展，就可以创建该类的一个子类。此时，原类仍然可用，但新得到的子类很小巧，它无须重复父类中已有功能的代码。

面向对象编程的魅力在于程序的其他部分不用关心其操作的对象究竟是父类还是子类的实例，类族中的各代均被视为统一的对象类型。换句话说，一段代码可用于类系中的所有成员。该原则引发了计算机系统的革命性发展。例如，Java 和 C♯ 是今天应用最广泛的两种计算机语言，而这两种语言都要求程序以面向对象的形式编写。

类和面向对象编程的概念产生于 20 世纪 60 年代，首先出现在 Simula 语言中。Simula 由挪威计算机科学家奥利-约翰·达尔(Ole-Johan Dahl)和克利斯登·奈加特(Kristen Nygaard)发明。该语言极大地影响了后来的 C++、Java 和 C♯ 等语言——这 3 种语言都是当今世界上最主要的编程语言。面向对象编程的发明是一项卓越的成就，达尔和奈加特因此获得了最负盛名的奖项——冯·诺依曼奖和图灵奖(后者被称为计算机界的诺贝尔奖)。

父类通常也称作超类或基类，子类也称作派生类。从现在起，本书使用超类和子类这两个术语。

9.1.1 Line 类

假设当前已经为直线 $y = c_0 + c_1 x$ 编写了 Line 类的代码：

```
class Line(object):
    def __init__(self, c0, c1):
        self.c0 = c0
        self.c1 = c1

    def __call__(self, x):
        return self.c0 + self.c1 * x

    def table(self, L, R, n):
        """Return a table with n points for L <= x <= R."""
        s = ''
        import numpy as np
        for x in np.linspace(L, R, n):
            y = self(x)
            s += '%12g %12g\n' % (x, y)
        return s
```

构造函数 __init__ 以直线表达式 $y = c_0 + c_1 x$ 的形式初始化系数 c_0 和 c_1。调用操作符 __call__ 对函数 $c_1 x + c_0$ 进行求值，使用表格法在 n 个点对该函数进行抽样检查，并创建一个 x 和 y 值表。

9.1.2 初试 Parabola 类

抛物线 $y = c_0 + c_1 x + c_2 x^2$ 包含一种特殊情况：当 $c_2 = 0$ 时其为直线。Parabola 类与 Line 类相似，这里要做的就是将新项 $c_2 x^2$ 加入到函数求值中，并将 c_2 引入构造函数：

```
class Parabola(object):
    def __init__(self, c0, c1, c2):
        self.c0 = c0
        self.c1 = c1
        self.c2 = c2

    def __call__(self, x):
        return self.c2 * x**2 + self.c1 * x + self.c0

    def table(self, L, R, n):
        """Return a table with n points for L <= x <= R."""
        s = ''
        import numpy as np
        for x in np.linspace(L, R, n):
            y = self(x)
            s += '%12g %12g\n' % (x, y)
        return s
```

可以看到，这里可以不做任何修改，直接将 Line 类的 table 方法复制过来。

9.1.3 使用继承的 Parabola 类

在 Python 和其他支持面向对象编程的语言中有一种特殊的机制，它可以使 Parabola 类不必重复 Line 类中的代码，可以通过在类标题添加"（Line）"以指定 Parabola 类继承 Line 类：

```
class Parabola(Line):
```

这样 Parabola 类就自动地获得 Line 类的所有代码。习题 9.1 要求说明这个断言的有效性。

但 Parabola 类不应该与 Line 类完全相同：它需要在构造函数中为新项添加相应的数据，并为新项修改 __call__ 操作符，而 table 方法可以被原封不动地继承。若在 parabola 类中实现 __init__ 和 __call__，将会覆盖基类中的相应方法。若不实现 table 方法，则会沿用超类中的 table 方法。

Parabola 类中要有关于 __call__ 及 __init__ 的声明，随后还要在这些方法中添加额外的代码。

程序编码的一个重要的原则就是要避免重复，因此应该复用 Line 类中的功能，而不是把这些语句复制到 Parabola 类中。超类中的任何方法都可以用以下方式直接调用：

```
Line.methodname(self, arg1, arg2, ···)
#or
super(Parabola, self).methodname(arg1, arg2, ···)
```

第二种方式只有当超类从 Python 的 object 类直接或间接派生时（即 Line 类必须是一种新型的类）方可使用。

现在来演示如何将 Parabola 类作为 Line 类的子类，并执行存在于超类中但并未在子类中书写的代码：

```
class Parabola(Line):
    def __init__(self, c0, c1, c2):
        Line.__init__(self, c0, c1)          #let Line store c0 and c1
        self.c2 =c2
    def __call__(self, x):
        return Line.__call__(self, x) +self.c2 * x**2
```

这个简短的 Parabola 类的实现与 9.1.2 节中提供的那个不是继承自 Line 类的实现具有相同的功能。图 9.1 给出了这两个类的 UML 层次图，其中从一个类到另一个类的空心箭头表示继承关系。

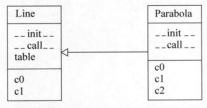

图 9.1 Line 类（超类）与 Parabola 类（子类）的 UML 层次图

下面是用于在主程序中对 Parabola 类进行快速演示的代码：

```
p =Parabola(1, -2, 2)
p1 =p(x=2.5)
print p1
print p.table(0, 1, 3)
```

输出结果为

```
8.5
     0 1
    0.5    0.5
     1      1
```

有类族的时候，程序流就会有点复杂。请看以下代码段：

```
p = Parabola(1, -1, 2)
p1 = p(x=2.5)
```

现在详细说明这两条语句的程序流。和往常一样，可以像附录 F 的 F.1 节讲的那样在调试过程中监控程序流，还可以使用在线 Python Tutor。

调用 Parabola(1,−1,2)会导致对构造方法__init__的调用，这时，参数 c0、c1 和 c2 分别是值为 1、−1 和 2 的 int 对象。构造函数中的 self 参数是由变量 p 返回并引用的对象。在 Parabola 类的构造函数中调用 Line 类的构造函数，后者在 self 对象中创建了两个数据属性 c0 和 c1。通过打印 dir(self)可以显式地给出当前 self 对象中的内容。在 Parabola 类的构造函数中，给 self 对象添加了第三个属性 c2。接下来，self 对象返回至 p 并被其引用。

另一条语句 p1＝p(x=2.5)具有相似的程序流。程序流首先进入 p.__call__，其以 p 作为 self 参数，以值为 2.5 的浮点对象为 x 参数。而后程序流跳转到 Line 类的__call__方法，对抛物线表达式的线性部分 $c_1 x + c_0$ 求值，最后程序流跳回到 Parabola 类的__call__方法，并累加二次项部分。

9.1.4　检查类之类型

Python 函数 isinstance(i,t)可用来检查实例 i 的类型是否为 t：

```
>>>l = Line(-1, 1)
>>>isinstance(l, Line)
True
>>>isinstance(l, Parabola)
False
```

这说明一个 Line 实例不是一个 Parabola 实例，但一个 Parabola 实例是一个 Line 实例吗？

```
>>>p = Parabola(-1, 0, 10)
>>>isinstance(p, Parabola)
True
>>>isinstance(p, Line)
True
```

因此，从类层次角度来看，一个 Parabola 实例也被视为一个 Line 实例，因为它包含后者所应包含的一切。

每个实例都有一个__class__属性，用以指明其所属类型：

```
>>>p.__class__
<class __main__.Parabola at 0xb68f108c>
>>>p.__class__ ==Parabola
True
>>>p.__class__.__name__              #string version of the class name
'Parabola'
```

注意，p.__class__是一个类对象，而 p.__class__.__name__是一个字符串。可交替使用这两个变量对类型进行检验：

```
if p.__class__.__name__ =='Parabola':
    ...
```

```
# or
if p.__class__ ==Parabola:
    ...
```

然而,一般推荐使用 isinstance(p,Parabola)检查对象 p 的类型是否为 parabola。

函数 issubclass(c1,c2)可用于检验 c1 是不是 c2 的子类,例如:

```
>>>issubclass(Parabola, Line)
True
>>>issubclass(Line, Parabola)
False
```

该类的超类以元组的形式存储于__class__对象的__bases__属性中:

```
>>>p.__class__.__bases__
(<class __main__.Line at 0xb7c5d2fc>)
>>>p.__class__.__bases__[0].__name__        #extract name as string
'Line'
```

9.1.5　属性与继承: has-a 与 is-a 关系

若不让 Parabola 类继承 Line 类,还可让 Parabola 类中包含一个 Line 对象作为数据属性加以实现:

```
class Parabola(object):
    def __init__(self, c0, c1, c2):
        self.line =Line(c0, c1)          #let Line store c0 and c1
        self.c2 =c2

    def __call__(self, x):
        return self.line(x) +self.c2 * x**2
```

究竟是使用继承还是使用属性,取决于问题的具体情况。

说一个 Parabola 对象"是"一个 Line 对象是很自然的,因此说 Parabola 与 Line 之间具有 is-a 关系。在本例中,可认为一条抛物线的表达式"是"一条直线外加一个二次项,因此是一种 is-a 关系。

从数学角度,人们会认为抛物线不是直线,反而直线应该是抛物线的特例。依照这种推理方式,那么类之间的继承关系就翻转过来了:现在假设直线是抛物线的子类(直线"是"一种抛物线),那么所需要做的就是

```
class Parabola(object):
    def __init__(self, c0, c1, c2):
        self.c0, self.c1, self.c2 =c0, c2, c2

    def __call__(self, x):
        return self.c0 +self.c1 * x +self.c2 * x**2

    def table(self, L, R, n):          #implemented as shown above

class Line(Parabola):
```

```
    def __init__(self, c0, c1):
        Parabola.__init__(self, c0, c1, 0)
```

从 Parabola 类继承的__call__能够正常工作，因为 c2 系数等于 0。习题 9.4 要求从一个更一般的 Polynomial 类派生出 Parabola 类。

将 Parabola 作为 Line 的子类时，使用了继承来扩展超类的功能。将 Line 作为 Parabola 子类时，是通过在子类中限制超类的构造参数得以实现的。

类如何相互依赖受两个因素的影响：代码共享及逻辑关系。从代码共享方面来看，一般认为应将 Parabola 看作 Line 的子类，因为相对于后者，前者扩展了代码。而从数学中的逻辑关系来看，应将 Line 看作 Parabola 的子类。而当执行数学运算的时候，还应考虑计算效率的问题。如果将 Line 作为 Parabola 的子类，总是需要计算其中 $c_2 x^2$ 这一项的值，尽管这一项永远为 0；反之，如果将 Parabola 作为 Line 的子类，则需要调用 Line.__call__来求二次多项式的线性部分的值，而在 Python 中这种调用代价是很高的。单纯从效率观点来看，宁可在 Parabola.__call__中重新计算线性部分（尽管这有悖于我们一直所推崇的编程习惯）。这里的讨论综合了多方面的考虑，而这些考虑在构建类关系时往往会有用。

9.1.6 将超类作为接口

作为另一个关于类层次结构的例子，现在用类来表示函数，如 7.1.2 节所描述的那样。除了__call__方法之外，还想提供求一阶和二阶导数的方法。该类可以简要描述如下：

```
class SomeFunc(object):
    def __init__(self, parameter1, parameter2, ...)
    #Store parameters
    def __call__(self, x):
    #Evaluate function
    def df(self, x):
    #Evaluate the first derivative
    def ddf(self, x):
    #Evaluate the second derivative
```

对于一个给定的函数，求解一阶和二阶导数的过程必须通过手动编码实现。然而，函数导数的计算过程可从一般的函数类（超类）中继承，于是现在唯一需要实现的就是函数本身了。为此，创建如下的超类：

```
class FuncWithDerivatives(object):

    def __init__(self, h=1.0E-5):
        self.h = h                    #spacing for numerical derivatives

    def __call__(self, x):
        raise NotImplementedError
        ('__call__ missing in class %s' % self.__class__.__name__)

    def df(self, x):
        """Return the 1st derivative of self.f."""
        #Compute first derivative by a finite difference
        h = self.h
        return (self(x+h) - self(x-h))/(2.0*h)
```

```
def ddf(self, x):
    """Return the 2nd derivative of self.f."""
    # Compute second derivative by a finite difference:
    h = self.h
    return (self(x+h) - 2 * self(x) + self(x-h))/(float(h)**2)
```

这个类仅用作其他类的超类。对于一个特定的函数，例如 $f(x) = \cos ax + x^3$，可以构建一个子类来表示它：

```
class MyFunc(FuncWithDerivatives):
    def __init__(self, a):
        self.a = a

    def __call__(self, x):
        return cos(self.a * x) + x**3

    def df(self, x):
        a = self.a
        return -a * sin(a * x) + 3 * x**2

    def ddf(self, x):
        a = self.a
        return -a * a * cos(a * x) + 6 * x
```

这时，超类的构造方法并没有被调用，h 也从未被初始化，因此父类的 df 和 ddf 方法也没有被调用。事实上，这里只会调用子类中被覆盖的版本。

　　提示：多数时候，在子类构造方法中调用超类的构造方法是一个好的编程模式，包括那些极其简单的、并不实际需要超类中的功能的子类。

　　以一个更复杂的函数 $f(x) = \ln|p\tanh(qx\cos rx)|$ 为例，在实现时不需推导导数的解析表达式，只需定义 $f(x)$ 的表达式即可。可以依靠从超类继承来的方法计算导数的数值解：

```
class MyComplicatedFunc(FuncWithDerivatives):
    def __init__(self, p, q, r, h=1.0E-5):
        FuncWithDerivatives.__init__(self, h)
        self.p, self.q, self.r = p, q, r

    def __call__(self, x):
        return log(abs(self.p * tanh(self.q * x * cos(self.r * x))))
```

此时就可以像下面这样使用这个类了：

```
>>> f = MyComplicatedFunc(1, 1, 1)
>>> x = pi/2
>>> f(x)
-36.880306514638988
>>> f.df(x)
-60.593693618216086
>>> f.ddf(x)
3.3217246931444789e+19
```

MyComplicatedFunc 类继承了超类 FuncWithDerivatives 中的 df 和 ddf 方法。这两个方法用于近似地计算一阶和二阶导数，前提条件是类中已经定义了 __call__ 方法。若无此定义，那么就会使用超类中定义的 __call__ 方法，会引发异常。

本节的主要内容是将超类作为一个接口，即指定这个类能够能做的操作（方法）。超类本身并没有直接用途，因为在 __call__ 方法中它并不执行函数求值操作。然而，它中间定义了一个被所有子类可见的变量 h 以及任何子类都可调用的方法 df 和 ddf。一个特定的数学函数表示为一个子类，程序员可以决定究竟是使用解析方法求导，还是通过使用超类中的函数 df 和 ddf 来计算数值导数。

在面向对象编程中，超类界定了一个接口，而超类的实例却不被实例化，实际使用的只是子类的实例。

为了更好地理解本章关于继承的内容，建议读者在阅读 9.2 节之前做习题 9.1～习题 9.4。

9.2 数值微分类

7.3.2 节介绍了 Derivative 类，该类可计算任何一个用可调用类（即实现了 __call__ 方法的类）表示的数学函数的导数。此外，还有许多其他用于计算 $f'(x)$ 的数值方法。

$$f'(x) = \frac{f(x+h) - f(x)}{h} + \mathcal{O}(h) \tag{9.1}$$

$$f'(x) = \frac{f(x) - f(x-h)}{h} + \mathcal{O}(h) \tag{9.2}$$

$$f'(x) = \frac{f(x+h) - f(x-h)}{2h} + \mathcal{O}(h^2) \tag{9.3}$$

$$f'(x) = \frac{4}{3}\frac{f(x+h) - f(x-h)}{2h} - \frac{1}{3}\frac{f(x+2h) - f(x-2h)}{4h} + \mathcal{O}(h^4) \tag{9.4}$$

$$f'(x) = \frac{3}{2}\frac{f(x+h) - f(x-h)}{2h} - \frac{3}{5}\frac{f(x+2h) - f(x-2h)}{4h} +$$
$$\frac{1}{10}\frac{f(x+3h) - f(x-3h)}{6h} + \mathcal{O}(h^6) \tag{9.5}$$

$$f'(x) = \frac{1}{h}\left(-\frac{1}{6}f(x+2h) + f(x+h) - \frac{1}{2}f(x) - \frac{1}{3}f(x-h)\right) + \mathcal{O}(h^3) \tag{9.6}$$

其中，式（9.1）为一阶前向导数，式（9.2）为一阶后向导数，式（9.3）为二阶中心导数，式（9.4）为四阶中心导数，式（9.5）为六阶中心导数，式（9.6）为三阶前向导数。

9.2.1 节介绍了实现这些公式的主要方法。有兴趣的读者可以参考 9.2.4 节～9.2.7 节，这几节也包含了其他的高级内容，这些内容在第一次阅读时可以跳过。不过，这些高级内容使 9.2.1 节中给出的基本实现更加泛化，这可以增强读者对面向对象的理解。

9.2.1 计算微分的类

在 7.3.2 节的讨论中，我们建议实现一个数值微分类，该类将 $f(x)$ 和 h 作为属性，并且通过实现 __call__ 方法使其实例能够像普通 Python 函数那样执行 $f(x)$。于是，当拥有一组不同的数值微分公式时，如式（9.1）～式（9.6），把其中每个公式当作一个类来执行就变得有意义了。

在实现过程中（见习题 7.16），读者会意识到这些类具有完全相同的构造函数，它们都只是完成存储 f 和 h。于是，接下来很自然地会采用面向对象技术实现：为避免代码重复，可以让这些类继承同一个构造函数。为此，这里引进公共超类 Diff，而在其子类中实现不同的数值微分算法。由于这些子类继承了 Diff 的构造函数，它们只需提供实现相关微分计算的 __call__ 方法即可。

下面给出 Diff 类以及实现式（9.1）～式（9.3）的相关子类：

```
class Diff(object):
    def __init__(self, f, h=1E-5):
        self.f = f
        self.h = float(h)


class Forward1(Diff):
    def __call__(self, x):
        f, h = self.f, self.h
        return (f(x+h) - f(x))/h


class Backward1(Diff):
    def __call__(self, x):
        f, h = self.f, self.h
        return (f(x) - f(x-h))/h


class Central2(Diff):
    def __call__(self, x):
        f, h = self.f, self.h
        return (f(x+h) - f(x-h))/(2 * h)
```

这些子类展示了面向对象的一个重要特征：不同子类所共用的代码被放在超类中，而子类中只添加与其他类不同的代码。

按照同样的方法，也可以非常容易地实现式(9.4)~式(9.6)：

```
class Central4(Diff):
    def __call__(self, x):
        f, h = self.f, self.h
        return (4./3) * (f(x+h) - f(x-h)) / (2 * h) - (1./3) * (f(x+2 * h) - f(x-2 * h))/(4 * h)


class Central6(Diff):
    def __call__(self, x):
        f, h = self.f, self.h
        return (3./2) * (f(x+h) - f(x-h)) / (2 * h) -
               (3./5) * (f(x+2 * h) - f(x-2 * h))/(4 * h) +
               (1./10) * (f(x+3 * h) - f(x-3 * h))/(6 * h)


class Forward3(Diff):
    def __call__(self, x):
        f, h = self.f, self.h
        return (-(1./6) * f(x+2 * h) + f(x+h) - 0.5 * f(x) - (1./3) * f(x-h))/h
```

所有的类都已经放在模块文件 Diff.py. 中了。下面是使用该模块通过数值微分方法求正弦函数的交互式示例：

```
>>> from Diff import *
>>> from math import sin
>>> mycos = Central4(sin)
>>> mycos(pi)                    # compute sin(pi)
-1.000000082740371
```

下面不使用简单的 Python 函数，而是用实现了__call__方法的对象来对上述实现进行检验。这里，选取函数 $f(t;a,b,c)=at^2+bt+c$ 的对应实现：

```
class Poly2(object):
    def __init__(self, a, b, c):
        self.a, self.b, self.c =a, b, c

    def __call__(self, t):
        return self.a * t**2 +self.b * t +self.c

f =Poly2(1, 0, 1)
dfdt =Central4(f)
t =2
print "f'(%g)=%g" % (t, dfdt(t))
```

现在来跟踪程序执行流程。当 Python 遇到 dfdt＝Central4(f)语句时，会在类 Central4 中寻找构造函数。由于这个类中并不存在该构造函数，于是 Python 从 Central4 的超类中查找，其所有超类在 Central4. __bases__ 中列出。由于其超类 Diff 包含构造函数，所以这个方法被调用。当 Python 遇到 dfdt(t)调用时，会在类 Central4 中寻找特殊方法__call__，故不需要在超类中查找。查找一个类的方法的过程叫作动态绑定。

从计算机科学视角的备注：动态绑定是指在程序运行时将一个名称绑定到一个函数上。通常，一个函数名称是静态的，因为从某种意义上来说，它被硬编码为函数的组成部分，而且在程序运行期间不会改变。这个原则叫做函数/方法的静态绑定。面向对象提供了将不同的函数与同一个名称绑定的方法，这就形成了一种新的灵活性。特定函数的名称可以在运行时设定，因此叫作动态绑定。

在 Python 中，动态绑定是一个很自然的特性，因为变量名可以指函数，它可以在运行期间赋值，就像普通变量一样。为了阐明这一点，设 func1 和 func2 为两个一元 Python 函数，并考虑下面的代码：

```
if input =='func1':
    f =func1
elif input =='func2':
    f =func2
    y =f(x)
```

这里，程序运行过程中会将名称 f 绑定到 func1 和 func2 中某个函数上。这是以下两个语言特性的共同结果：①动态类型（因而 f 的内容可变）；②函数为普通对象。于是，动态绑定的实现在 Python 中就变得轻而易举，就像在 C++、Java、和 C# 中那样。

9.2.2 验证

现在，有多种数值方法于在 Diff 子类中计算微分，同时 Diff 模块应包含若干测试函数，用于验证执行。然而，一个重要的问题是：即使事先知道一个函数的导数是什么，也难以定位其某个子类实现中的数值错误。这样就无法对数值和准确的导数进行比较。

幸好，前面提到的那些数值微分公式能够准确地对低阶多项式求导。所有的公式都能准确计算 $f'(x)=a$，这里 $f(x)=ax+b$，对于任何 h 都不会有舍入误差。因此，可以利用这个特点构建一个测试函数：

```
def test_Central2():
    def f(x):
```

```
        return a * x +b

    def df_exact(x):
        return a


    a =0.2; b =-4
    df = Central2(f, h=0.55)
    x =6.2
    msg ='method Central2 failed: df/dx=%g !=%g' %(df(x), df_exact(x))
    tol =1E-14
    assert abs(df_exact(x) -df(x)) <tol
```

为每个类编写这样一个测试函数将是令人厌烦的。因此,应使类名称参数化,并重写 test_Central 以使其能够用于 Diff 的任何子类:

```
def _test_one_method(method):
    """Test method in string 'method' on a linear function."""
    f =lambda x: a * x +b
    df_exact =lambda x: a
    a =0.2; b =-4
    df =eval(method)(f, h=0.55)
    x =6.2
    msg ='method %s failed: df/dx=%g !=%g' % (method, df(x), df_exact(x))
    tol =1E-14
    assert abs(df_exact(x) -df(x)) <tol
```

这里需要对这个函数做一些解释:

- 所有的测试函数都是针对 pytest 和 nose 测试框架设计的(关于这些测试函数的详细信息,请参阅附录 H 的 H.9 节)。函数名必须以 test_开头,而且不允许有任何参数。对于带一个参数的辅助函数 _test_one_method,该函数名不能以 test 开头,这就是在其名称前加下画线的原因。
- Lambda 函数(参见 3.3.14 节)可以用更加简短的方式引入 f 和 df_exact 的定义。
- 待测的子类以字符串方式给出。可通过 eval(method)(f)的形式来调用其构造函数。

还需要为所有被测的子类执行一个循环,并依次对其调用_test_one_method。同往常一样,应想办法自动完成重复性的工作,包括列出所有的子类(当添加了新的子类时要记得更新该列表)。文件中的所有全局变量都可以从 globals 返回的字典中获取,其索引是变量名称,值就是相应的对象。打印 globals 就会显示所有已定义的类。例如:

```
'Central2': <class Diff.Central2 at 0x1a87c80>,
'Central4': <class Diff.Central4 at 0x1a87f58>,
'Diff': <class Diff.Diff at 0x1a870b8>,
```

为了找出所有的相关类以进行测试,可以从 globals 字典中获取所有名称,并寻找以大写字母开头的那些名称,找到与 Diff 子类相对应的名称(去掉 Diff,因为这个类不能计算任何东西,因此不能被测试)。实现此算法就获得了一个可测试 Diff 层次中所有子类的函数:

```
def test_all_methods():
    """Call _test_one_method for all subclasses of Diff."""
```

```
    print globals()
    names = list(globals().keys())              #all names in this module
    for name in names:
        if name[0].isupper():
            if issubclass(eval(name), Diff):
                if name !='Diff':
                    _test_one_method(name)
```

9.2.3　构建灵活的主程序

为了展示 Python 编程的强大之处，现在要为 Diff 模块写一个主程序，该模块在命令行接收一个函数以及关于不同方式（中心的、向后的或向前的）的信息、逼近阶数和独立参数的值。相应的输出就是给定函数的导数。可以在命令行中以如下方式使用该程序：

```
Diff.py 'exp(sin(x))' Central 2 3.1
-1.04155573055
```

这里，用二阶中心差分格式（即 Diff 的子类 Central2）求 $f(x) = e^{\sin x}$ 在 $x = 3.1$ 处的微分。

现在，可以输入任何以 x 为变量的函数，求取所需模式的数值导数。Python 的一大优势就是编码简短：

```
from math import *                  #make all math functions available to main

def main():
    from scitools.StringFunction import StringFunction
    import sys
    try:
        formula = sys.argv[1]
        difftype = sys.argv[2]
        difforder = sys.argv[3]
        x = float(sys.argv[4])
    except IndexError:
        print 'Usage: Diff.py formula difftype difforder x'
        print 'Example: Diff.py "sin(x) * exp(-x)" Central 4 3.14'
        sys.exit(1)

    classname = difftype +difforder
    f = StringFunction(formula)
    df = eval(classname)(f)
    print df(x)

if __name__ == '__main__':
    main()
```

逐行阅读代码，确保理解程序的意思。如果需要，请回顾一下 4.3.1 节和 4.3.3 节。

上述代码存在一个局限：它只能用于变量名为 x 的函数。如允许第五个命令行参数带指定变量的名称，就可以把这个名称传递给 StringFunction 的构造函数，这样程序就可用于任意单变量函数了。

```
varname = sys.argv[5]
f = StringFunction(formula, independent_variables=varname)
```

然而,若不提供 5 个命令行参数,程序会崩溃,而且如果严格按照顺序输入命令行参数,程序也不能正常工作。因此,还需要做些额外工作,才能使本程序真正变得对用户友好,但这已经超出本章的讨论范围。

其他许多流行编程语言,如 C++ 、Java、C♯ 等,在程序运行时不能执行 eval 操作。于是,程序员需要进行 if 测试,根据 difftype 和 difforder 等信息生成具体的子类实例。这种风格的代码用 Python 描述如下:

```
if classname =='Forward1':
    df =Forward1(f)
elif classname =='Backward1':
    df =Backward1(f)
...
```

这段代码在面向对象程序设计中非常常见,且经常出现在所谓“工厂函数”里。幸好 Python 中有 eval,实现工厂函数只需将 eval 应用于某个字符串即可。

9.2.4　扩展

当希望扩展某个类的功能时,通过继承共享代码的优势就十分明显,只需在超类添加某些额外的代码就能做到这一点。假设现在想通过对比精确的导数(如果可用)来评估数值逼近的准确度,需要做的就是在超类的构造函数中添加一个额外的参数,并增加一个计算数值导数误差的方法。可以将这些添加至 Diff 类中,也可以添加至子类 Diff2 中,而后让各种数值微分公式对应的子类继承 Diff2 类。这里采用后一种方法:

```
class Diff2(Diff):
    def __init__(self, f, h=1E-5, dfdx_exact=None):
        Diff.__init__(self, f, h)
        self.exact =dfdx_exact

    def error(self, x):
        if self.exact is not None:
            df_numerical =self.f(x)
            df_exact =self.exact(x)
            return df_exact -df_numerical

class Forward1(Diff2):
    def __call__(self, x):
        f, h =self.f, self.h
        return (f(x+h) -f(x))/h
```

其他子类,如 Backward1、Central2 等,也应从 Diff2 派生,以便为其子类配备相应的新功能,用于评估逼近的准确度。

在这个例子中,不需要做其他修改,因为任何子类都能继承超类的构造函数和误差估算方法。新类的 UML 层次图如图 9.2 所示。

下面是一个用法示例:

```
mycos =Forward1(sin, dfdx_exact=cos)
print 'Error in derivative is', mycos.error(x=pi)
```

跟踪语句 mycos. error(x=pi)的执行流是一件有趣的事情。首先,入口函数为 Diff2 类中的 error 方法,该方法调用 self(x),即 Forward1 类中的__call__方法,于是调用流跳转到 self.f,即 math 模块中的 sin 函数。返回

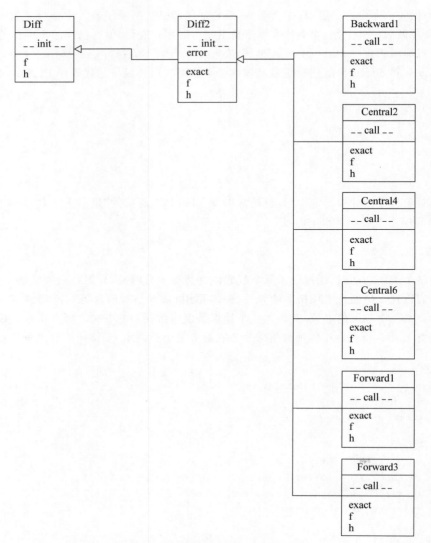

图 9.2　若干微分公式类的 UML 层次图

到 error 方法之后，接下来调用 self. exact，即 math 模块中 cos 函数。

可以通过应用 Diff2 不同子类的方法来了解各种差分公式的准确程度。现在制作一张表，该表中每行对应不同的 h 值，（第一列之外的）每列对应不同的近似方法。表中的值或者是 $f'(x)$ 的数值近似，或者是该近似中的计算误差（若精确的导数已知）。下面的函数输出该表：

```
def table(f, x, h_values, methods, dfdx=None):
    # Print headline (h and class names for the methods)
    print 'h ',
    for method in methods:
        print '%-15s' %method.__name__,
    print                           # newline
    # Print table
    for h in h_values:
```

```
        print '%10.2E' % h,
        for method in methods:
            if dfdx is not None:            # write error
                d = method(f, h, dfdx)
                output = d.error(x)
            else:                           # write value
                d = method(f, h)
                output = d(x)
            print '%15.8E' % output,
    print                                   # newline
```

下面几行代码给出了关于函数 $f(x) = e^{-10x}$ 在 $x = 0$ 处取 $h = 1, 1/2, 1/4, 1/8, \cdots, 1/512$ 时采用 3 种近似方法的计算结果:

```
from Diff2 import *
from math import exp

def f1(x):
    return exp(-10 * x)

def df1dx(x):
    return -10 * exp(-10 * x)

table(f1, 0, [2**(-k) for k in range(10)],
[Forward1, Central2, Central4], df1dx)
```

可以看到,生成一个类名列表是非常方便的,类名可以当作普通变量,想从类名获得相应的字符串,只需使用其__name__属性即可。以上程序的输出为

```
     h          Forward1            Central2            Central4
1.00E+00    -9.00004540E+00   1.10032329E+04    -4.04157586E+07
5.00E-01    -8.01347589E+00   1.38406421E+02    -3.48320240E+03
2.50E-01    -6.32833999E+00   1.42008179E+01    -2.72010498E+01
1.25E-01    -4.29203837E+00   2.81535264E+00    -9.79802452E-01
6.25E-02    -2.56418286E+00   6.63876231E-01    -5.32825724E-02
3.12E-02    -1.41170013E+00   1.63556996E-01    -3.21608292E-03
1.56E-02    -7.42100948E-01   4.07398036E-02    -1.99260429E-04
7.81E-03    -3.80648092E-01   1.01756309E-02    -1.24266603E-05
3.91E-03    -1.92794011E-01   2.54332554E-03    -7.76243120E-07
1.95E-03    -9.70235594E-02   6.35795004E-04    -4.85085874E-08
```

h 值逐行减少一半,而且从第五行起,Forward1 误差也逐行减少大约一半,这与该方法的误差 $O(h)$ 是一致的。看第二列,可以看到第五行的误差减少到原来的 $1/4$,这也与理论相吻合,因为该误差与 h^2 成比例。对于最后两行,用具有 4 阶精度的方法计算,误差减少到原来的 $1/16$,这又符合 $O(h^4)$ 的预期。另一个有趣之处,是可以直观的地观察到使用具有高阶精度的方法(如 Central4)的好处:例如,当 $h = 1/128$ 时,Forward1 的误差值为 -0.7,Central2 将此误差改善至 0.04,而 Central4 进一步优化至 -0.0002。更精确的公式肯定会得到更好的结果。上述测试用例可在 Diff2_example.py 中找到。

9.2.5　基于函数的实现

可以只使用普通函数而不通过面向对象的方式完成 Diff 及其子类的功能吗？答案是"是的，基本上都可以"。但是基于函数的微分计算对用户而言显得极不友好：在调用函数时必须提供更多的参数，因而当前的实现下，每种差分方法都必须提供 $f(x)$、x、h 的相关信息。而在面向对象的实现中，只需先将 f 和 h 作为属性在构造函数中存入，之后在需要计算导数的时候，只需提供 x 参数即可。

一个用来实现数值微分 Python 函数可以写为

```
def central2_func(f, x, h=1.0E-5):
    return (f(x+h) - f(x-h))/(2 * h)
```

其用法与基于类方式也有区别：

```
mycos = central2_func(sin, pi, 1E-6)
#Compute sin'(pi)
print "g'(%g)=%g (exact value is %g)" % (pi, mycos, cos(pi))
```

这时，mycos 只是一个数值，其值等于 Python 函数 sin(x) 的导数，但它不是一个可调用的对象。而采用面向对象的方法时，返回值 mycos 就可以被当作一个 Python 函数。那么，mycos 究竟是一个函数还是一个值很重要吗？若要对其再次应用差分公式计算二阶导数，它就非常重要了。例如，当 mycos 是 Central2 类的一个可调用的对象时，只需要如下书写代码就可以了：

```
mysin = Central2(mycos)
#or
mysin = Central2(Central2(sin))
#Compute g''(pi):
print "g''(%g)=%g" % (pi, mysin(pi))
```

对于 central2_func 函数，上述代码无法运行。同时，当导数是一个对象的时候，还可以把该对象输入任何关于数学函数的算法，这样的算法包括数值积分、微分、插值、常微分方程求解以及方程求根，所以可以用在诸多场合。

9.2.6　基于函数式编程的实现

总结一下，9.2.1 节提供的面向对象的解决方案最大的好处就是：可以获得 Diff（或 Diff2）某个子类的实例 d，并通过 d(x) 求取其在点 x 处的导数。d(x) 调用的行为就像 d 是对一个标准的包含导数计算的 Python 函数的调用一样。

d(x) 关于求导的接口也可用非常直接的方式获得。在以函数为普通对象的编程语言（如 Python）中，可根据指定的数值求导规则返回相应的 d(x) 函数。代码如下（完整的代码见 Diff_functional.py）：

```
def differentiate(f, method, h=1.0E-5):
    h = float(h)                    #avoid integer division
    if method == 'Forward1':
        def Forward1(x):
            return (f(x+h) - f(x))/h
    return Forward1
```

```
    elif method =='Backward1':
        def Backward1(x):
            return (f(x) -f(x-h))/h
    return Backward1
...
```

用法如下

```
mycos =differentiate(sin, 'Forward1')
mysin =differentiate(mycos, 'Forward1')
x =pi
print mycos(x), cos(x), mysin, -sin(x)
```

令人惊奇的是当调用 mycos(x)时只需提供 x,虽然函数本身看起来是

```
def Forward1(x):
    return (f(x+h) -f(x))/h
return Forward1
```

那么,当调用 mycos(x)时,参数 f 和 h 是如何获得的呢? 事实上,在 Forward1 上“附着”着一些变量:当 Forward1 函数被定义时,会将 f 和 h 的值作为局部变量存储于外层的 differentiate 函数中。

以计算机科学术语来描述,Forward1 可以访问该函数被定义时所在范围内的变量。函数 Forward1 称作闭包(在 7.1.7 节中解释过)。闭包多用于函数式编程中。函数式编程的两个重要特征是列表操作(如列表生成式)以及从函数返回函数。Python 支持函数式编程,但是在本书中不讲解这种编程方法。

9.2.7　由单个类实现的数值微分方法

无须为不同的差分方法分别设计相应的类或函数,可将这些方法的基本信息存储在一个表中。单个类中有一个方法能够使用该表中的信息,并通过给定的方法计算导数。为此,需要重新刻画该数学问题(实际上就是使用 9.3.1 节中的概念)。

下面给出一种更通用的数值微分方法的定义:

$$f'(x) \approx h^{-1} \sum_{i=-r}^{r} w_i f(x_i) \tag{9.7}$$

其中,w_i 是权值,x_i 是自变量的取值点。这里选取 $2r+1$ 个点关于 x 的对称点:

$$x_i = x + ih, \quad i = -r, -r+1, \cdots, -1, 0, 1, \cdots, r-1, r$$

权值取决于微分方法。例如,对于中点法[式(9.3)]有

$$w_{-1} = -1, w_0 = 0, w_1 = 1$$

表 9.1 列出了不同差分公式的 w_i 值。差分类型用缩写表示,其中 c、f、b 分别代表 central、forward、backward。一种方法后面的数字表示其阶次(例如,“c 2”就表示 2 阶的中心差分)。现设定 $r=4$,就本书所涉及的方法而言,该设定对于所要求精度已经足够了。

表 9.1　不同差分公式的 w_i 值

差分类型	阶次	$x-4h$	$x-3h$	$x-2h$	$x-h$	x	$x+h$	$x+2h$	$x+3h$	$x+4h$
c	2	0	0	0	$-\dfrac{1}{2}$	0	$\dfrac{1}{2}$	0	0	0

续表

差分类型	阶次	$x-4h$	$x-3h$	$x-2h$	$x-h$	x	$x+h$	$x+2h$	$x+3h$	$x+4h$
c	4	0	0	$\frac{1}{12}$	$-\frac{2}{3}$	0	$\frac{2}{3}$	$-\frac{1}{12}$	0	0
c	6	0	$-\frac{1}{60}$	$\frac{3}{20}$	$-\frac{3}{4}$	0	$\frac{3}{4}$	$-\frac{3}{20}$	$\frac{1}{60}$	0
c	8	$\frac{1}{280}$	$-\frac{4}{105}$	$\frac{1}{5}$	$-\frac{4}{5}$	0	$\frac{4}{5}$	$-\frac{1}{5}$	$\frac{4}{105}$	$-\frac{1}{280}$
f	1	0	0	0	0	1	1	0	0	0
f	3	0	0	0	$-\frac{1}{3}$	$-\frac{1}{2}$	1	$-\frac{1}{6}$	0	0
b	1	0	0	0	-1	1	0	0	0	0

给定 w_i 值，就可以用式 (9.7) 计算导数。可以将 x_i、w_i 及 $f(x_i)$ 存储在 3 个向量中，以获得更加高效的向量化计算。这样 $h^{-1}\sum_i w_i f(x_i)$ 就是 w_i 和 $f(x_i)$ 所在的向量的点积。

下面建立一个类，它将权值表作为静态变量，含有一个构造函数，其 __call__ 方法是通过公式 $h^{-1}\sum_i w_i f(x_i)$ 来计算导数的。这个类的代码如下：

```python
class Diff3(object):
    table ={
    ('forward', 1):
    [0, 0, 0, 0, 1, 1, 0, 0, 0],
    ('central', 2):
    [0, 0, 0, -1./2, 0, 1./2, 0, 0, 0],
    ('central', 4):
    [ 0, 0, 1./12, -2./3, 0, 2./3, -1./12, 0, 0],
    ...
    }
    def __init__(self, f, h=1.0E-5, type='central', order=2):
        self.f, self.h, self.type, self.order =f, h, type, order
        self.weights =np.array(Diff2.table[(type, order)])

    def __call__(self, x):
        f_values =np.array([f(self.x+i * self.h) for i in range(-4,5)])
        return np.dot(self.weights, f_values)/self.h
```

这里，通过 NumPy 的 dot(x,y) 函数来计算 x 和 y 之间的内积。

Diff3 类的代码可在 Diff3.py 中找到。使用 Diff3 类求正弦函数微分的代码如下：

```python
import Diff3
mycos =Diff3.Diff3(sin, type='central', order=4)
print "sin'(pi):", mycos(pi)
```

备注：同其他实现技术相比，Diff3 类在阶数低时采用 $h^{-1}\sum_i w_i f(x_i)$ 计算包含许多因子为 0 的乘法，这些计算事先就知道其结果为 0，所以这对计算机的资源是一种浪费。以前，程序员会想方设法避免这种资源浪费，但由于今天计算资源相当低价，尤其是与计算机的内存资源相比。还有一些影响运算效率的其他因素，但已经超出本书的范围。

9.3　数值积分类

正如有许多求数学函数微分的方法一样,也有许多求数学函数积分的方法。因此,面向对象程序设计和类层次的概念可以与 9.2 节中一样应用于数值积分。

9.3.1　数值积分方法

首先列出一些利用 n 个点计算 $\int_a^b f(x)\mathrm{d}x$ 的不同积分方法。所有的方法可统一写作

$$\int_a^b f(x)\mathrm{d}x \approx \sum_{i=0}^{n-1} w_i f(x_i) \tag{9.8}$$

其中,w_i 是权值,x_i 是求值点,$i=0,1,\cdots,n-1$。对于中点法而言:

$$x_i = a + \frac{h}{2} + ih, \quad w_i = h, \quad h = \frac{b-a}{n}, \quad i = 0,1,\cdots,n-1 \tag{9.9}$$

对梯形法而言:

$$x_i = a + ih, \quad h = \frac{b-a}{n-1}, \quad i = 0,1,\cdots,n-1 \tag{9.10}$$

其权值为

$$w_0 = w_{n-1} = \frac{h}{2}, w_i = h, \quad i = 1,2,\cdots,n-2 \tag{9.11}$$

使用辛普森法则时,其求值点与梯形法则相同,但

$$h = 2\frac{b-a}{n-1}, \quad w_0 = w_{n-1} = \frac{h}{6} \tag{9.12}$$

$$w_i = \frac{h}{3}, \quad i = 2,4,6,\cdots,n-3 \tag{9.13}$$

$$w_i = \frac{2h}{3}, \quad i = 1,3,5,\cdots,n-2 \tag{9.14}$$

注意,在辛普森法则中 n 必须为奇数。一个两点高斯-勒让德积分法形式如下:

$$x_i = a + \left(i + \frac{1}{2}\right)h - \frac{1}{\sqrt{3}}\frac{h}{2}, \quad i = 0,2,4,\cdots,n-2 \tag{9.15}$$

$$x_i = a + \left(i + \frac{1}{2}\right)h + \frac{1}{\sqrt{3}}\frac{h}{2}, \quad i = 1,3,5,\cdots,n-1 \tag{9.16}$$

其中 $h = 2(b-a)/n$,这里 n 必须为偶数。所有的权值具有相同的值:$w_i = h/2, i = 0,1,\cdots,n-1$。图 9.3 展示了各种数值积分法中点的分布情况。

9.3.2　用于积分的类

可以将 x_i 和 w_i 存入两个 NumPy 数组中,并将 $\sum_{i=0}^{n-1} w_i f(x_i)$ 作为积分计算结果。该运算也可以向量化为 w_i 和 $f(x_i)$ 的内积,只要 $f(x)$ 可向量化计算。

7.3.3 节指出了把数值积分基于类来实现的好处。对于 9.3.1 节中的计算公式而言,其典型的实现如下:

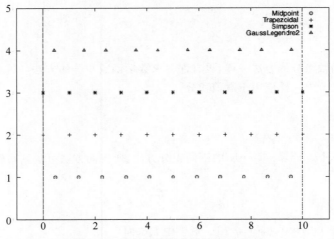

图 9.3　各种数值积分法中点的分布

```
class SomeIntegrationMethod(object):
    def __init__(self, a, b, n):
    #Compute self.points and self.weights

    def integrate(self, f):
    s = 0
    for i in range(len(self.weights)):
        s +=self.weights[i] * f(self.points[i])
    return s
```

因为还有许多其他的积分算法，构建相应的类会导致大量用于计算 $\sum_{i=0}^{n-1} w_i f(x_i)$ 的公共代码。事实上，这部分公共代码可以放在一个超类中，而子类只需给出特定数值积分公式的实现，即权值 w_i 和取值点 x_i。

首先，超类的代码如下：

```
class Integrator(object):
    def __init__(self, a, b, n):
        self.a, self.b, self.n =a, b, n
        self.points, self.weights =self.construct_method()

    def construct_method(self):
        raise NotImplementedError('no rule in class %s' % self.__class__.__name__)

    def integrate(self, f):
        s = 0
        for i in range(len(self.weights)):
            s +=self.weights[i] * f(self.points[i])
        return s
```

上述过程在构造函数中保存了积分过程所需的参数 a、b 以及数据 n，同时将 x_i 和 w_i 分别保存至成员 self.points 和 self.weights 中。这些代码都可被子类继承。

点和权值的赋初值在一个特定的 construct_method 方法中进行，该方法会被所有子类重新定义。但在这里,在超类中给出了该方法的一个默认实现——告诉用户该方法没有执行。因为当子类重新定义一个方法时,这个方法就会被覆盖,因此,如果忘记在子类中重新定义 construct_method,就会使用从超类中继承的方法,而这个方法就会给出一个错误提示——它会告知哪个类中缺少了 construct_method 方法(self 是子类的实例,因此它的__class__. __name__属性就是带有相应的子类名称的字符串)。

在计算机科学中,人们经常谈到的一个概念是重载,也可以用重定义和覆盖这些词语。子类"重载"一个方法,被重载的方法称作是多态的。一个相关的术语——多态性指的就是用这种方式编码。通常,超类提供某个方法的默认实现,而后子类重载该方法,目的是修改此方法以适应特定的应用。

integrate 方法是各类积分法则的通用实现,可被所有子类原封不动地继承。也可在超类中实现其向量化版本,供其所有子类使用:

```
def vectorized_integrate(self, f):
    return np.dot(self.weights, f(self.points))
```

接下来实现其一个子类,这里只需实现 construct_method 方法。例如,对于中点法则,只需将式(9.9)转换成如下 Python 代码即可:

```
class Midpoint(Integrator):
    def construct_method(self):
        a, b, n =self.a, self.b, self.n          #quick forms
        h = (b-a)/float(n)
        x =np.linspace(a +0.5 * h, b -0.5 * h, n)
        w =np.zeros(len(x)) +h
        return x, w
```

可以看到,这里直接执行了向量化的代码。当然还可以基于循环和显式索引实现:

```
x =np.zeros(n)
w =np.zeros(n)
for i in range(n):
    x[i] =a +0.5 * h +i * h
    w[i] =h
```

在继续探讨其他数值积分公式之前,先来跟踪一下使用 Midpoint 类时的程序流。假设想要使用 101 个点来计算积分 $\int_0^2 x^2 \, dx$:

```
def f(x): return x * x
m =Midpoint(0, 2, 101)
print m.integrate(f)
```

这个程序流是什么样的呢?对 m 的分配将导致 Midpoint 类构造函数的调用。由于该类没有构造函数,它将调用超类 Integrator 的构造函数。此时数据属性被保存。接下来调用的是 construct_method 方法。由于 self 是一个 Midpoint 实例,因此这里调用的是 Midpoint 类中的 construct_method 方法,虽然超类中有一个同名的方法。从某种意义上来说,这是从 Integrator 的构造函数"下跳"至 Midpoint 的 construct_method 方法。下一条语句中的 m. integrate(f)只是调用被所有子类所继承的积分方法。

梯形法则的点和权值可在名为 Trapezoidal 的子类中以向量化的方式实现:

```
class Trapezoidal(Integrator):
    def construct_method(self):
        x = np.linspace(self.a, self.b, self.n)
        h = (self.b - self.a)/float(self.n - 1)
        w = np.zeros(len(x)) + h
        w[0] /= 2
        w[-1] /= 2
        return x, w
```

注意这里是如何求取首尾两项均值的：第一个元素对应索引 0，最后一个对应索引−1，并且使用/=算符(a/=b 等价于 a = a/b)。当然还可以基于循环实现一个标量版本。相应的代码见 7.3.3 节中的 trapezoidal 函数。

Simpson 类的实现有更高的要求，至少在对其进行向量化实现时，需要考虑权值分成两种类型这个事实。

```
class Simpson(Integrator):
    def construct_method(self):
        if self.n % 2 != 1:
            print 'n=%d must be odd, 1 is added' % self.n
            self.n += 1
        x = np.linspace(self.a, self.b, self.n)
        h = (self.b - self.a)/float(self.n - 1) * 2
        w = np.zeros(len(x))
        w[0:self.n:2] = h * 1.0/3
        w[1:self.n-1:2] = h * 2.0/3
        w[0] /= 2
        w[-1] /= 2
        return x, w
```

这里，首先通过检查 self.n 除以 2 的余数是否为 1 来确保总共有奇数个点。如果不是，则应抛出异常。但对于这种问题，为保证该类运算的进行，这里会简单地将 n 加 1，使其变为奇数。当然，这种自动输入调整一般来说并不值得提倡，而应该明确通知用户输入的错误。但是，有时这种小小的调整对用户是非常友好的。

在 Simpson 类中，对于权值 w 的计算应以步长 2 求切片，将其分为若干个条块，以便快速实现运算向量化。注意，这些条块的上界不应包括在该集合中。所以，self.n−1 是前一种情况的最大索引，而 self.n−2 是后一种情况的最大索引。若不使用向量化运算来计算 w，还可以基于循环实现：

```
for i in range(0, self.n, 2):
    w[i] = h * 1.0/3
for i in range(1, self.n-1, 2):
    w[i] = h * 2.0/3
```

使用两点高斯-勒让德积分法时，点的计算稍微复杂一些。为保险起见，这里先基于循环给出一个初步实现：

```
class GaussLegendre2(Integrator):
    def construct_method(self):
        if self.n % 2 != 0:
            print 'n=%d must be even, 1 is subtracted' % self.n
```

```
                self.n -=1
            nintervals =int(self.n/2.0)
            h = (self.b -self.a)/float(nintervals)
            x =np.zeros(self.n)
            sqrt3 =1.0/math.sqrt(3)
            for i in range(nintervals):
                x[2 * i] =self.a +(i+0.5) * h -0.5 * sqrt3 * h
                x[2 * i+1] =self.a +(i+0.5) * h +0.5 * sqrt3 * h
            w =np.zeros(len(x)) +h/2.0
            return x, w
```

通过观察发现：$(i+0.5) * h$ 可以通过 np.linspace 来计算，因此对 x 进行向量化计算是可行的。而后可以添加余下的两项：

```
m =np.linspace(0.5 * h, (nintervals-1+0.5) * h, nintervals)
x[0:self.n-1:2] =m +self.a -0.5 * sqrt3 * h
x[1:self.n:2] =m +self.a +0.5 * sqrt3 * h
```

右边数组长度为 x 长度的一半($n/2$)，其长度恰好与左边步长为 2 的切片一致。

以上代码片段可在文件 integrate.py 中找到。

9.3.3　验证

对实现的验证基于以下事实进行：Integrator 的所有子类均可精确地计算线性函数的积分。因此，适宜的验证方法是

```
def test_Integrate():
    """Check that linear functions are integrated exactly."""
    def f(x):
        return x +2

    def F(x):
        """Integral of f."""
        return 0.5 * x**2 +2 * x

    a =2; b =3; n =4                #test data
    I_exact =F(b) -F(a)
    tol =1E-15

    methods = [Midpoint, Trapezoidal, Simpson, GaussLegendre2, GaussLegendre2_vec]
    for method in methods:
        integrator =method(a, b, n)

        I =integrator.integrate(f)
        assert abs(I_exact -I) <tol

        I_vec =integrator.vectorized_integrate(f)
        assert abs(I_exact -I_vec) <tol
```

功能更强的验证方法是检验误差如何随 n 变化，详见习题 9.15。

9.3.4　使用类层次

为了验证实现，应首先尝试计算线性函数的积分。不管求值点有几个，所有的方法都应该计算出准确的积分值：

```
def f(x):
    return x + 2

a = 2; b = 3; n = 4
for Method in Midpoint, Trapezoidal, Simpson, GaussLegendre2:
    m = Method(a, b, n)
    print m.__class__.__name__, m.integrate(f)
```

观察上述程序：可以通过使用若干个逗号得到一个由类名构成的元组；同时，Method 通过 for 获取 Midpoint、Trapezoidal 等的值。例如，在循环的第一遍执行时，Method(a,b,n) 和 Midpoint(a,b,n) 是相同的。

上述测试的输出为

```
Midpoint 4.5
Trapezoidal 4.5
n=4 must be odd, 1 is added
Simpson 4.5
GaussLegendre2 4.5
```

由于 $\int_{2}^{3}(x+2)\,\mathrm{d}x = 9/2 = 4.5$，这说明所有方法都测试通过。

从数值观点来看，下面这个更具挑战性的测试验证

$$\int_{0}^{1}\Big(1+\frac{1}{m}\Big)t^{\frac{1}{m}}\,\mathrm{d}t = 1$$

为可应用于 Integrator 的任何子类，被积函数必须是单变量函数。由于现在这个被积函数依赖于两个变量 t 和 m，用如下的类来表示它：

```
class F(object):
    def __init__(self, m):
        self.m = float(m)

    def __call__(self, t):
        m = self.m
        return (1 + 1/m) * t**(1/m)
```

现在考虑这样一个问题：随着积分点数目（n）的增加，积分中的误差减少了多少？看起来，误差随 n 的增加急剧下降。因此，与其绘制误差与 n 之间的关系，不如绘制误差的对数与 $\ln n$ 之间的关系。这里预计该关系是一条直线，线越陡峭，就意味着误差随 n 的增加下降得越快。一般认为，越快下降到 0 的方法越好。

对于给定的 m 值和积分方法，下列函数分别计算由 $\ln n$ 及误差的对数构成的列表：

```
def error_vs_n(f, exact, n_values, Method, a, b):
    log_n = []                    #log of actual n values (Method may adjust n)
```

```
log_e = []                    # log of corresponding errors
for n_value in n_values:
    method = Method(a, b, n_value)
    error = abs(exact - method.integrate(f))
    log_n.append(log(method.n))
    log_e.append(log(error))
return log_n, log_e
```

这些方法的误差与 n 间的关系可在同一幅图中绘制,并且为每个 m 值绘制一个图形。下面的代码让 m 通过循环遍历,并绘制相应的图形:

```
n_values = [10, 20, 40, 80, 160, 320, 640]
for m in 1./4, 1./8., 2, 4, 16:
    f = F(m)
    figure()
    for Method in Midpoint, Trapezoidal, Simpson, GaussLegendre2:
        n, e = error_vs_n(f, 1, n_values, Method, 0, 1)
        plot(n, e); legend(Method.__name__); hold('on')
    title('m=%g' %m); xlabel('ln(n)'); ylabel('ln(error)')
```

以上代码片段在 integrate. py 文件的 test 函数中可找到。

当 $m > 1$ 时,所有的图形都非常相似;而当 $0 < m < 1$ 时,这些图形也很相似,但与 $m > 1$ 时的情形不同。

这里主要看一下 $m = 1/4$ 与 $m = 2$ 时的结果。当 $m = 1/4$ 时,相应的积分为 $\int_0^1 5x^4 \, \mathrm{d}x$。图 9.4 表明:梯形积分法和中点积分法误差曲线的收敛速度要慢于辛普森积分法和高斯-勒让德积分法的误差曲线。该结果具有普遍性,图 9.4 的结果可以从数学分析的角度加以解释。

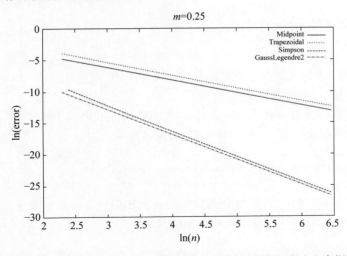

图 9.4　通过梯形积分法和中点积分法(上面两条线)及通过辛普森积分法和高斯-勒让德积分法
　　　　(下面两条线)计算关于 $5x^4$ 的积分的误差的对数与 $\ln n$ 的关系

然而,若考虑积分 $\int_0^1 \frac{3}{2}\sqrt{x} \, \mathrm{d}x$ 在 $m = 2$ 及 $m = 1$ 的一般情况时,所有方法的收敛速度大体相同,如图 9.5 所示。当 $m > 1$ 时,该数值积分难以计算,而且理论上好的方法(如辛普森积分法和高斯-勒让德积分法)并不比更简单的积分法收敛得快，其原因是在 $x=0$ 附近被积函数增速趋于无穷大。

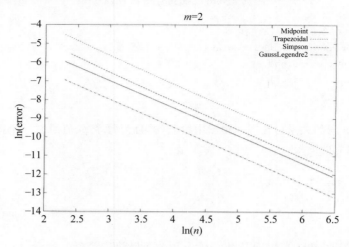

图 9.5   通过梯形积分法和辛普森积分法（上面两条线）以及中点积分法和高斯-勒让

德积分法（下面两条线）计算关于 $\frac{3}{2}\sqrt{x}$ 的积分的误差的对数与 $\ln n$ 的关系

9.3.5   关于面向对象编程

从实现的角度来看，使用面向对象技术进行 Python 编程的优点在于可以略去那些继承自超类的代码，从而缩短编码。在变量类型固定的编程语言中，类的层次特别重要，因为以某种类型为参数的函数也传入该类的任意子类。假设有一个函数，其中涉及积分运算：

```
def do_math(arg1, arg2, integrator):
    ...
    I = integrator.integrate(myfunc)
    ...
```

这里，integrator 必须是某个类的实例或一个模块名，从而使得语句 integrator. integrate(myfunc) 对应于一个函数调用，且无其他额外要求（如类型）。

只要 integrator 中存在一个名为 integrate 的单参数方法，这段代码在 Python 中就能运行。而在其他语言中，一般需要对函数参数指定类型，例如在 Java 中，应该这样写：

```
void do_math(double arg1, int arg2, Simpson integrator)
```

编译器将检查所有的 do_math 的调用，并检查参数类型是否正确。若不将积分方法指定为 Simpson 类，在 Java 或其他面向对象编程的语言中，可使用其超类 Integrator：

```
void do_math(double arg1, int arg2, Integrator integrator)
```

这样就可将 Integrator 类的任何子类对象做为 do_math 的第三个参数。也就是说，该方法可应用于中点积分法、梯形积分法、辛普森积分法等。Python 中的面向对象编程可以忽略 Java、C++ 和 C♯ 等语言中所需的参数类型。在 Python 中不需要类型参数化，因为参数类型不需要声明。因此，在 Python 中，面向对象为编程带来的某些灵活性并不像在其他语言中那么重要。

那么,除了继承之外,面向对象编程还有别的用处吗? 答案是肯定的。对于许多代码开发人员来说,面向对象编程不仅是一种共享代码的方法,更是一种模拟世界和理解待解决的问题的方法。从数学应用的角度,我们有根据数学定义的对象,还有诸如函数、数组、列表、循环等标准程序设计概念,这些通常足以解决比较简单的问题。在非数学应用领域,对象的概念非常有用,因为它有助于构建待解决的问题。例如,设计手机里的电话簿和短信列表软件时,Person 类可用来建模电话簿中一个人的数据,而 Message 类可以描述一条短信的数据。毫无疑问,我们需要知道信息的发送者是谁,所以一个 Message 对象将关联一个 Person 对象或者一个电话号码(若此号码没有登记在电话簿中)。类有助于解决问题和构建程序,类和面向对象编程对现代软件开发的影响非常重大。

9.4　用于绘图的类

实现一个绘图程序是一个非常好的关于面向对象编程的例子。以下将简单地介绍一个小巧而简洁的绘图程序,该程序用于绘制诸如图 9.6 所示的原理图,它描绘了一个典型的物理问题,即一个位于斜面上的滚轴。该图由许多单个元素组成:一个以图案填充的矩形(斜面)、一个以颜色填充的空心轴、带标注的箭头(力 N、力 Mg 和 x 轴)、一个标有符号 θ 的角和一条表示轮子起始位置的虚线。

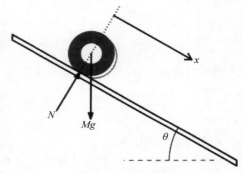

图 9.6　一个物理问题的原理图

使用一般的绘图软件可以很容易地画出这样的图,但是用户需要大量的鼠标操作。使用专用于绘制此类图形的软件能够更方便地运用相关抽象概念,如圆、墙壁、角、力的方向箭头、轴等。采用编程方式绘制图形,从一开始就拥有一系列强大的工具可用。例如,可以非常容易地转换和旋转图中的一些部件,制作一个描述相关问题的物理现象的动画。本节的理念是:编程是一种比交互式绘图更好的选择。

将各种组件组成一幅图的任务很适合基于类来实现。下面将展示:某些类一经创建,就很容易继续创建其他类。类的公共功能增强也容易在公共的代码中实现,这些代码可以被所有已存在的类及将来创建的类共享。

本例所涉及的核心数据结构就是层次树,而且实现过程中的一个关键问题就是如何递归地遍历该树。该问题在许多其他领域也具有重要的应用。

9.4.1　使用对象集合

我们可以从展示如何绘制类似图 9.6 这样的图开始。但更适合的做法是从展示图 9.7 那样极其简单的例子开始。这幅简单的图只包含几个元素:两个圆、两个矩形和一个"地面"。

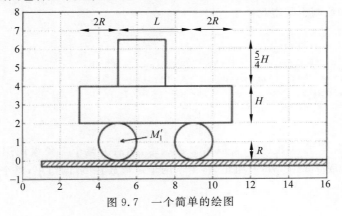

图 9.7　一个简单的绘图

基本绘图

下面展示如何制作这 5 个元素。引入 pysketcher 包之后，一般首先要定义一个坐标系：

```
from pysketcher import *
drawing_tool.set_coordinate_system(
    xmin=0, xmax=10, ymin=-1, ymax=8)
```

不建议将数值固定，这里极力推荐使用变量把长度参数化，因为这样在后面改变尺寸时更加容易。这里引入轮子的半径、轮子的间距等几个重要数值的定义：

```
R = 1                    #radius of wheel
L = 4                    #distance between wheels
H = 2                    #height of vehicle body
w_1 = 5                  #position of front wheel
drawing_tool.set_coordinate_system(xmin=0, xmax=w_1 + 2 * L + 3 * R,
                       ymin=-1, ymax=2 * R + 3 * H)
```

绘图区域准备就绪，现在就可以非常自然地创建第一个 Circle 对象：

```
wheel1 = Circle(center=(w_1, R), radius=R)
```

稍后再来改变它的尺寸。

为将有关 wheel1 对象的几何信息转换为绘图引擎（这里就是 Matplotlib）的指令，需要调用 wheel1. draw。要显示所有已绘制的对象，需要调用 drawing_tool. Display。典型步骤如下面的代码所示：

```
wheel1 = Circle(center=(w_1, R), radius=R)
wheel1.draw()
#Define other objects and call their draw() methods
drawing_tool.display()
drawing_tool.savefig('tmp.png')          #store picture
```

下一个轮子就可通过复制 Wheel1 得到，并利用位移向量$(L,0)$将其移至右边：

```
wheel2 = wheel1.copy()
wheel2.translate((L,0))
```

接下来，两个矩形的绘制也很直观：

```
under = Rectangle(lower_left_corner=(w_1-2 * R, 2 * R),
                  width=2 * R + L + 2 * R, height=H)
over = Rectangle(lower_left_corner=(w_1, 2 * R + H),
                 width=2.5 * R, height=1.25 * H)
```

对象组

不要单独对每个对象调用绘图方法，可以给对象编组，然后为整个对象组调用绘图方法或执行其他操作。例如，可以把这两个轮子放在 wheel 组里，将上下两个矩形放在 body 组里，整个车就是由 wheel 和 body 两个组构成的。代码如下：

```
wheels =Composition({'wheel1': wheel1, 'wheel2': wheel2})
body =Composition({'under': under, 'over': over})
vehicle =Composition({'wheels': wheels, 'body': body})
```

地面是由一个带有标注的 Wall 对象表示的，这种对象主要用来表示力学图中的墙壁或者边界。创建一个 Wall 对象需要一条由一组 x 和 y 坐标确定的曲线及一个厚度参数，它显示为一个有厚度的以简单图案填充的曲线。在这个例子中，该曲线是一条直线，所以只需指定 $(w_1 - L, 0)$ 和 $(w_1 + 3L, 0)$ 这两个点即可：

```
ground =Wall(x=[w_1 -L, w_1 +3 * L], y=[0, 0], thickness=-0.3 * R)
```

厚度参数为负数将使得填充矩形的图案出现在下方，否则它会出现在上方。

现在可以把所有对象收集在一个包含整个图的 top 对象里：

```
fig =Composition({'vehicle': vehicle, 'ground': ground})
fig.draw()                    #send all figures to plotting backend
drawing_tool.display()
drawing_tool.savefig('tmp.png')
```

fig. draw 调用将会遍历图元层次树中所有子组、子组的子组等，并对每个对象调用 draw 方法。

改变线型和颜色

设置线型、颜色以及线宽是图形设计的基础。Pysketcher 包既允许用户在单个对象中设置这些属性，也允许进行通用设置，后者在没有对属性做特别指定时使用。设置通用属性的方法如下：

```
drawing_tool.set_linestyle('dashed')
drawing_tool.set_linecolor('black')
drawing_tool.set_linewidth(4)
```

在对象级别，这些属性的设定方式是相似的：

```
wheels.set_linestyle('solid')
wheels.set_linecolor('red')
```

几何图形可以用颜色或者特定图案填充：

```
#Set filling of all curves
drawing_tool.set_filled_curves(color='blue', pattern='/')

#Turn off filling of all curves
drawing_tool.set_filled_curves(False)

#Fill the wheel with red color
wheel1.set_filled_curves('red')
```

作为对象层次的图形构成

图形中的对象是有层次的，类似于一个家族，其中每个对象有一个父亲和若干孩子。可以通过执行 print fig 来显示这种关系：

```
ground
        wall
vehicle
        body
            over
                rectangle
            under
                rectangle
        wheels
            wheel1
                arc
            wheel2
                arc
```

对象的缩进反映了其在家族中所处的层次。这个输出可理解为

- fig 包含两个对象：ground 和 vehicle。
- ground 包含一个对象：wall。
- vehicle 包含两个对象：body 和 wheels。
- body 包含两个对象：over 和 under。
- wheels 包含两个对象：wheel1 和 wheel2。

该列表中也包括未被程序员定义的对象：rectangle 和 arc，它们均属于 Curve 类，程序中自动产生的实际是 Rectangle 和 Circle 类的实例。

通过语句

```
print fig.show_hierarch('std')
```

可以打印出更详细的信息，其结果为

```
ground (Wall):
    wall (Curve): 4 coords fillcolor='white' fillpattern='/'
vehicle (Composition):
    body (Composition):
        over (Rectangle):
            rectangle (Curve): 5 coords
        under (Rectangle):
            rectangle (Curve): 5 coords
    wheels (Composition):
        wheel1 (Circle):
            arc (Curve): 181 coords
        wheel2 (Circle):
            arc (Curve): 181 coords
```

这里可以看到每个图形对象的类型、基本图形（曲线对象）中包含多少对坐标以及基本图形的特别设置（填充色、线型等）。例如，wheel2 是由一个弧组成的圆对象，而弧又是由 181 个坐标点组成的 Curve 对象。Curve 对象是唯一拥有特定坐标的绘图对象，其他的对象都只是该整个图形的部件分组或者组成成分。

事实上，还能够得到某特定图形 fig 的对象层次概览图。只需调用

```
fig.graphviz_dot('fig')
```

就可以生成一个 dot 格式的文件 fig. dot。这个文件包含图形中对象间的父子关系。再运行 dot 程序,就能够把它转成一个图像,如图 9.8 所示。

Terminal>dot -Tpng -o fig.png fig.dot

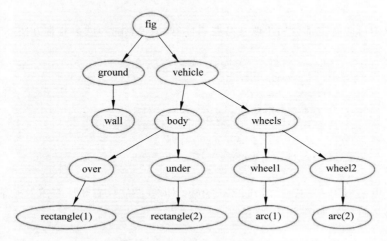

图 9.8　图形对象之间的层次关系

调用 fig. graphviz_dot('fig', classname＝True)生成 fig. dot 文件,在这里每个对象的类类型也会显示出来,见图 9.9。

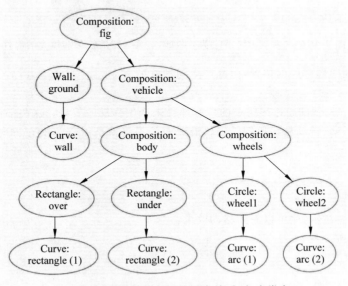

图 9.9　图形对象之间的层次关系,包含类名

当处理层次很多的复杂图形时,输出对象层次或者以图形方式查看对象层次就会非常有帮助。
任何对象在程序中都可以通过它们的名称访问,例如:

493

```
fig['vehicle']
fig['vehicle']['wheels']
fig['vehicle']['wheels']['wheel2']
fig['vehicle']['wheels']['wheel2']['arc']
fig['vehicle']['wheels']['wheel2']['arc'].x          #x coords
fig['vehicle']['wheels']['wheel2']['arc'].y          #y coords
fig['vehicle']['wheels']['wheel2']['arc'].linestyle
fig['vehicle']['wheels']['wheel2']['arc'].linetype
```

以这种方式抓取图形的特定部分用于改变某些属性（如颜色、线型）就会非常方便，如图 9.10 所示。

```
fig['vehicle']['wheels'].set_filled_curves('blue')
fig['vehicle']['wheels'].set_linewidth(6)
fig['vehicle']['wheels'].set_linecolor('black')
fig['vehicle']['body']['under'].set_filled_curves('red')
fig['vehicle']['body']['over'].set_filled_curves(pattern='/')
fig['vehicle']['body']['over'].set_linewidth(14)
fig['vehicle']['body']['over']['rectangle'].linewidth=4
```

最后一行直接访问 Curve 对象，其上一行访问 Rectangle 对象，然后设置相应对象及其他附属对象（如果有）的线宽。以上代码的运行结果如图 9.10 所示。

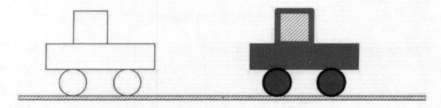

图 9.10　左为基于线条的基本图形，右为加粗的线条和填充的部件

事实上，还可以改变图形部件的位置，由此产生动画效果。

动画：使车辆移动

能使小车移动吗？首先尝试通过移动车的所有部件来产生移动的效果。这些部件恰好构成 fig['vehicle'] 对象，这部分图形可被平移、转动和按比例绘制。沿地面的平移就是沿着 x 的正方向移动，例如向右移动一段长度为 L 的距离：

```
fig['vehicle'].translate((L,0))
```

需要不断地擦除—绘画—显示，才可以看到移动效果：

```
drawing_tool.erase()
fig.draw()
drawing_tool.display()
```

若不进行擦除，原来的车将仍然留在图中，所以就会看到两辆车；假如没有 fig.draw，车的新坐标将不会被传给绘图工具；而如果没有调用 display，则更新后的图不可见。

通过调用 animate 函数可以非常方便地完成图形移动的动画效果。其调用方式为

```
animate(fig, tp, action)
```

其中,fig 是整个图形,tp 是一个由时间点构成的数组,而 action 是一个用户指定的在特定的时刻改变图形的
函数。通常,action 会移动 fig 的部件。

在本例中,可以通过一个速度函数 v(t)来控制该移动,并在一个小的时间间隔 dt 内将图形移动 v(t) * dt
距离。例如,可以将速度函数设置为

```
def v(t):
    return -8 * R * t * (1 - t/(2 * R))
```

用于水平位移 v(t) * dt 的动作函数就变成

```
def move(t, fig):
    x_displacement = dt * v(t)
    fig['vehicle'].translate((x_displacement, 0))
```

由于这里的速度相对于 $t \in [0, 2R]$ 是负值,所以位移的方向向左。

animate 函数将在 tp 中的每个 t 时刻对绘画进行擦除,调用 action(t, fig),并通过 fig. draw 与 drawing_
tool. display 更新图形。这里,将 $[0, 2R]$ 划分为 25 个时间点:

```
import numpy
tp = numpy.linspace(0, 2 * R, 25)
dt = tp[1] - tp[0]                    # time step
animate(fig, tp, move, pause_per_frame=0.2)
```

pause_per_frame 函数会使得动画中每个帧之后产生一个暂停,这里设置为 0.2s。

也可以调用 animate 将每帧的图形保存在一个文件里:

```
files = animate(fig, tp, move_vehicle, moviefiles=True, pause_per_frame=0.2)
```

将 files 变量设置为'tmp_frame_%04d. png',用于指定图形文件名的输出规约。可用此规约通过 ffmpeg(或基
于 Debian Linux 系统,如 Ubuntu 上的 avconv)创建一个视频文件。

Flash 和 WebM 格式的视频可用如下方式创建:

```
Terminal> ffmpeg - r 12 - i tmp_frame_%04d.png - vcodec flv mov.flv
Terminal> ffmpeg - r 12 - i tmp_frame_%04d.png - vcodec libvpx mov.webm
```

使用来自 ImageMagick 套装软件的 convert 程序也可以制作 GIF 动画:

```
Terminal> convert - delay 20 tmp_frame * .png mov.gif
Terminal> animate mov.gif                # play movie
```

帧之间的延迟以(1/100)s 为单位,用以控制电影的速度。要在网页中播放 GIF 动画,只需在 HTML 代码中
插入<img src= "mov. gif">即可。

在 Python 中,通过运行

```
Terminal>scitools movie output_file=mov.html fps=5 tmp_frame *
```

或者调用

```
from scitools.std import movie
movie(files, encoder='html', output_file='mov.html')
```

就可以在浏览器中直接播放单个 PNG 画面。在浏览器中加载结果文件 mov.html 就可以播放动画。

运行 vehicle0.py，然后加载 mov.html 至浏览器，即可播放某个 mov. * videos 文件。也可以在 http://tinyurl.com/oou9lp7/mov-tut/vehicle0.html 观看已制作好的动画。

动画：转动的轮子

到了展示转动的轮子的时候了。为实现该目的，需要给轮子加辐条，辐条由两根交叉的线组成，见图 9.11。

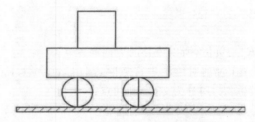

图 9.11　在轮子上添加辐条体现滚动

现在，一个轮子包含一个圆圈和两条直线：

```
wheel1 =Composition({
    'wheel': Circle(center=(w_1, R), radius=R),
    'cross': Composition({'cross1': Line((w_1,0), (w_1,2 * R)),
                          'cross2': Line((w_1-R,R), (w_1+R,R))})})
wheel2 =wheel1.copy()
wheel2.translate((L,0))
```

注意，wheel1. copy 用于复制组成第一个轮子的所有对象，而 wheel2. translate 用于平移所有复制的对象。

现在，move 函数需要移动车中的所有对象，而且还要使两个轮子中的 cross1 和 cross2 对象旋转。旋转角度与位移之间满足如下约束：轮子转过的弧长等于轮子中心的位移。于是：

```
angle =-x_displacement/R
```

以变量 w_1 跟踪前轮中心的 x 坐标，可以通如下代码使该轮子旋转：

```
w1 =fig['vehicle']['wheels']['wheel1']
from math import degrees
w1.rotate(degrees(angle), center=(w_1, R))
```

rotate 函数需要两个参数：旋转角度（单位为度）和旋转中心点（这里就是轮子的中心）。通过以下代码可使另一个轮子旋转：

```
w2 =fig['vehicle']['wheels']['wheel2']
w2.rotate(degrees(angle), center=(w_1 +L, R))
```

也就是说,两个轮子的旋转角度是一样的,只是旋转中心点不同。更新旋转中心点的任务由语句 w_1+＝x_displacement 完成。完整的 move 函数(包括车的平移及两个轮子的旋转)就变成

```
w_1 =w_1 +L                  #start position

def move(t, fig):
    x_displacement =dt * v(t)
    fig['vehicle'].translate((x_displacement, 0))
    #Rotate wheels
    global w_1
    w_1 +=x_displacement

    #R * angle =-x_displacement
    angle =-x_displacement/R
    w1 =fig['vehicle']['wheels']['wheel1']
    w1.rotate(degrees(angle), center=(w_1, R))
    w2 =fig['vehicle']['wheels']['wheel2']
    w2.rotate(degrees(angle), center=(w_1 +L, R))
```

完整的代码可在文件 vehicle1. py 中找到。可以运行该文件或者在 http://tinyurl. com/oou9lp7/mov-tut/vehicle1. html 观看已制作好的动画。

通过编程而不是使用交互式程序绘制图形的优点有很多。例如,可以很容易地通过变量参数化来改变各种尺寸。图形的子部件可能涉及很多图形对象,可通过单一的函数调用改变颜色、线型、填充及其他属性。图形的子部件可以被旋转、平移或按比例缩放。图形的子部件还可被复制和移动到绘图区域的其他地方。然而,最重要是对来自数学公式或物理模拟的数据的动画控制能力,如本例所示。

9.4.2 几何对象的类的例子

下面说明如何通过前面的例子展示的特性来轻松地实现绘图软件。图形中的每个对象都对应于类层次中的某个类。每个类均可以继承来自超类的属性并添加新的几何特性。

本例以 Shape 类作为图形中所有类的超类,该类不保存任何数据,但是提供与子类中共有功能相对应的函数,这一点将在稍后展示。

简单的几何对象

Shape 类的一个简单子类是 Rectangle,该类的对象由左下角坐标、宽度、高度 3 个属性确定:

```
class Rectangle(Shape):
    def __init__(self, lower_left_corner, width, height):
        p =lower_left_corner                  #short form
        x =[p[0], p[0] +width,
        p[0] +width, p[0], p[0]]
        y =[p[1], p[1], p[1] +height,
        p[1] +height, p[1]]
        self.shapes ={'rectangle': Curve(x,y)}
```

Shape 的任何子类都有一个接收该形状的几何信息的构造函数以及一个由更简单的形状对象组成的字

典 self. Shapes。最基本的形状类是 Curve,它包含了长度相同的两个数组 x 和 y 构成的 (x,y) 坐标集合。绘制 Curve 对象的过程就是用 y 数组与 x 数组的对应元素构成坐标再依次连线的过程。对于 Rectangle 类来说,x 和 y 数组包含矩形的 4 个顶点,按逆时针方向开始并终止于左下角。

Line 类也是一种简单的类:

```python
class Line(Shape):
    def __init__(self, start, end):
        x = [start[0], end[0]]
        y = [start[1], end[1]]
        self.shapes = {'line': Curve(x, y)}
```

这里只需要两个点:线的起点和终点。可能还需要添加若干实用的功能,如根据给定的 x 坐标计算相应的 y 坐标:

```python
def __call__(self, x):
    """Given x, return y on the line."""
    x, y = self.shapes['line'].x, self.shapes['line'].y
    self.a = (y[1] - y[0]) / (x[1] - x[0])
    self.b = y[0] - self.a * x[0]
    return self.a * x + self.b
```

但上面的代码过于简化了,因为它不能处理线垂直于 x 轴的情况(self. a 取无穷大)。因此 Line 类的实际代码中提供了一个更普遍的解决方案。当然,其代价是代码变长以及所需测试增多。

圆(Circle 类)的实现更复杂一些。若仍将圆视作 Curve 对象,则必须保存大量的点,才能确保程序绘出一条视觉上平滑的曲线。圆上的点必须在 Circle 类的构造函数中通过编写代码来计算。对于以 (x_0, y_0) 为圆心、以 R 为半径的圆,其上的点 (x,y) 由以下公式给出:

$$x = x_0 + R\cos t$$
$$y = y_0 + R\sin t$$

其中,$t \in [0, 2\pi]$。该区间内 t 的离散值集合确定了圆上相应的 (x,y) 坐标集。用户必须确定所需 t 值的数目。当然,也要指定该圆的半径和圆心。

Circle 类的代码如下:

```python
class Circle(Shape):
    def __init__(self, center, radius, resolution=180):
        self.center, self.radius = center, radius
        self.resolution = resolution
        t = linspace(0, 2 * pi, resolution+1)
        x0 = center[0]; y0 = center[1]
        R = radius
        x = x0 + R * cos(t)
        y = y0 + R * sin(t)
        self.shapes = {'circle': Curve(x, y)}
```

与 Line 类中的情形类似,这里可以提供由指定角度 θ(等同于上面公式中的 t)得到相应的 x 与 y 坐标的功能:

```python
def __call__(self, theta):
    """Return (x, y) point corresponding to angle theta."""
```

```
        return self.center[0] +self.radius * cos(theta), \
               self.center[1] +self.radius * sin(theta)
```

但这种实现有一个缺陷：在对圆进行平移、缩放、旋转后，它有可能会产生不合理的值。

在机械制图中，需要经常与圆弧打交道。圆弧的构成与圆类似，但 t 的取值范围在某个区间 $[\theta_s, \theta_s+\theta_a]$ 中。将 θ_s 与 θ_a 对应于更具描述性的程序变量 start_angle 和 arc_angle，则实现代码如下：

```
class Arc(Shape):
    def __init__(self, center, radius,
                       start_angle, arc_angle,
                       resolution=180):
        self.start_angle =radians(start_angle)
        self.arc_angle =radians(arc_angle)
        t =linspace(self.start_angle,
                    self.start_angle +self.arc_angle,
                    resolution+1)
        x0 =center[0]; y0 =center[1]
        R =radius
        x =x0 +R * cos(t)
        y =y0 +R * sin(t)
        self.shapes ={'arc': Curve(x, y)}
```

有了 Arc 类，就可将 Circle 类定义为其子类，该子类将圆弧特化为一个圆：

```
class Circle(Arc):
    def __init__(self, center, radius, resolution=180):
        Arc.__init__(self, center, radius, 0, 360, resolution)
```

Curve 类

Curve 类对象由待绘制的点的坐标确定，但是怎么绘制呢？该类构造函数中保存了点的坐标，而在 draw 方法中将这些坐标发送给绘图程序进行绘制。更确切地说，为了避免在 Curve 类中大量出现面向特定程序（如使用 Matplotlib）的绘图命令，需要为绘图程序创建一个简单的接口层，这样，将来就可以从 Matplotlib 移植到另一种绘图程序。该接口层由 drawing_tool 对象表示，它包含以下几个函数：

- plot_curve：用来将由若干 x 和 y 坐标确定的曲线发送给绘图程序。
- set_coordinate_system：用来指定图形区域。
- erase：用来删除图形中的所有元素。
- set_grid：用来开启一个网格（在构建图形时很方便）。
- set_instruction_file：用来创建一个包含所有绘图命令（在本例中就是 Matplotlib 命令）的单独文件。
- 一系列 set_X 函数，其中 X 是某一属性，如 linecolor、linestyle、linewidth、filled_curves 等。

这基本上就是与绘图程序交互所需的全部接口。

Shape 的任何子类都会继承用于设置曲线属性的 set_X 函数。该信息还会被传递给 self. Shapes 字典中所有其他的对象中。Curve 类保存线的属性、坐标并把相关信息传递给绘图程序。当执行 vehicle. set_linewidth(10)的时候，组成车的所有对象都会执行 set_linewidth(10)调用，但只有位于层次最末端的 Curve 对象才会实际保存该信息，并把它发送给绘图程序。

Curve 类的实现可粗略地描述如下：

```
class Curve(Shape):
    """General curve as a sequence of (x,y) coordintes."""
    def __init__(self, x, y):
        self.x = asarray(x, dtype=float)
        self.y = asarray(y, dtype=float)

    def draw(self):
        drawing_tool.plot_curve(
                self.x, self.y,
                self.linestyle, self.linewidth, self.linecolor, …)

    def set_linewidth(self, width):
        self.linewidth = width

    def set_linestyle(self, style):
        self.linestyle = style
    …
```

复合几何对象

简单的类，如 Line、Arc 和 Circle，可以只通过一个 Curve 对象来表示几何形状。更复杂的形状是由 Shape 的若干子类的实例组合而成的。用于专业绘图的类在构图中会变得相当复杂，并且有很多需要处理的几何细节，所以一般采取简单的构图方式，例如图 9.7 中的车。也就是说，如果不按前面所说的 Python 程序绘图，可以创建 Shape 的一个子类 Vehicle0 完成同样的事。

Shape 及其子类的实现可在 pysketcher 包中找到，在使用这些类或者派生一个新类时需要导入 pysketcher。Vehicle0 类的构造函数与绘制图 9.7 的示例程序中的相应实现几乎相同。

```
from pysketcher import *
class Vehicle0(Shape):
    def __init__(self, w_1, R, L, H):
        wheel1 = Circle(center=(w_1, R), radius=R)
        wheel2 = wheel1.copy()
        wheel2.translate((L,0))

        under = Rectangle(lower_left_corner=(w_1-2*R, 2*R),
                        width=2*R + L + 2*R, height=H)
        over = Rectangle(lower_left_corner=(w_1, 2*R + H),
                        width=2.5*R, height=1.25*H)

        wheels = Composition(
                {'wheel1': wheel1, 'wheel2': wheel2})
        body = Composition(
                {'under': under, 'over': over})

        vehicle = Composition({'wheels': wheels, 'body': body})
        xmax = w_1 + 2*L + 3*R
        ground = Wall(x=[R, xmax], y=[0, 0], thickness=-0.3*R)

        self.shapes = {'vehicle': vehicle, 'ground': ground}
```

Shape 的任何子类都必须定义形状属性,否则继承的 draw 方法以及很多其他方法将无法实现相应功能。绘制如图 9.10 右半边部分所示的车的方法可由 Vehicle0 类中一个方法提供:

```
def colorful(self):
    wheels = self.shapes['vehicle']['wheels']
    wheels.set_filled_curves('blue')
    wheels.set_linewidth(6)
    wheels.set_linecolor('black')
    under = self.shapes['vehicle']['body']['under']
    under.set_filled_curves('red')
    over = self.shapes['vehicle']['body']['over']
    over.set_filled_curves(pattern='/')
    over.set_linewidth(14)
```

使用该类非常简单。在建立了合适的坐标系统之后,就可以像下面这样:

```
vehicle = Vehicle0(w_1, R, L, H)
vehicle.draw()
drawing_tool.display()
```

进而通过如下代码实现绘图功能:

```
drawing_tool.erase()
vehicle.colorful()
vehicle.draw()
drawing_tool.display()
```

关于 Vehicle0 类的完整代码可以在文件 vehicle2.py 中找到。

pysketcher 包中定义了丰富的几何对象类,尤其是那些频繁用于机械制图的类。

9.4.3　通过递归增强功能

类层次的真正强大之处在于可以给超类 Shape 以及更基本的 Curve 类增加很多功能,此后所有的其他几何形状类便立即获得了这些新的功能。为了阐述这个理念,可以参考前面提到的 draw 方法,这是 Shape 所有子类必须具有的方法。draw 方法的内部工作原理揭示了如何实现一系列图形操作的秘诀。

递归的基本原则

请注意,这里涉及两种类层次:一种是 Python 类层次,该层次以 Shape 为超类;另一种是具体图形中对象元素之间的层次。Shape 的子类将其内部图形保存在 self.shapes 字典中。该字典反映了该对象的图形元素的对象层次。当调用某个类(如 Vehicle0)实例的 draw 方法时,我们希望此调用被传播至 self.Shapes 中所有对象及其嵌套子字典中的所有对象。这一切如何做到呢?

自然,调用过程的起点就是为 self.shapes 字典中的每个 Shape 对象调用 draw 方法:

```
def draw(self):
    for shape in self.shapes:
        self.shapes[shape].draw()
```

这种通用方法可在 Shape 中类提供,并在子类(如 Vehicle0)中被继承。设 v 是 Vehicle0 类的一个实例,那么,看上去对 v.draw 的调用实际上只是在执行

```
v.shapes['vehicle'].draw()
v.shapes['ground'].draw()
```

前面对车对象调用了 draw 方法，该对象的 self. shapes 属性中有两个元素：wheels 和 body。由于 Composition 类继承同样的 draw 方法，该方法将遍历 self. shapes 并调用 wheels. draw 和 body. draw。wheels 同样具有 draw 方法，该方法同样遍历该对象的 self. shapes 列表，它包含 wheel1 和 wheel2 两个对象。wheel1 对象是 Circle 类的对象，所以调用 wheel1. draw 就是调用 Circle 类的 draw 方法。它将遍历该对象的 shapes 字典，这个字典包含一个曲线元素。

Curve 对象真正保存待绘点的坐标，所以这里的 draw 方法将会产生实际动作，即把这些坐标发送给绘图程序。draw 方法的实现在 Curve 类中有相关的简要描述。

可以访问图形层次的任何形状对象，其 draw 方法调用的过程类似。顶层的 draw 调用会引发下一层对象的 draw 调用，直到最终引发处于层次底部的 Curve 对象的 draw 调用，这样该部分图形才能真正被绘制（或者更确切地说，将坐标发送给绘图程序）。

一个方法对自身的调用叫作递归，而这种编程原则叫做递归原则。这种技术经常用来遍历类似于这里的图层结构。即，一个图形是由不同层次的对象构建的，而它们都继承了相同的 draw 方法，因此在绘图时表现出相同的行为。只有 Curve 的绘图方法不同，这时将不再继续递归。

解释递归

理解递归通常是一个挑战。为了更好地理解递归的工作原理，给 Shape 类添加一个 recurse 方法，该方法会访问 shapes 字典中的所有对象，并打印出每个对象的信息。利用这个特性可以对其跟踪执行，并能够看到该过程在哪些层次访问了哪些对象。

recurse 方法与 draw 方法非常相似：

```
def recurse(self, name, indent=0):
    #print message where we are (name is where we come from)
    for shape in self.shapes:
        #print message about which object to visit
        self.shapes[shape].recurse(indent+2, shape)
```

参数 indent 用来指定该递归方法调用层级。层级（这里，一层对应图 9.12 中的一行）每增加一，缩进增加两格。这种缩进可以直观地展示层级。

当以'body'为名称，以 shapes 字典中'over'和'under'为索引时，调用 recurse 打印的信息如下：

```
Composition: body.shapes has entries 'over', 'under'
call body.shapes["over"].recurse("over", 6)
```

每一行开头的缩进对应 indent 的当前值。下面的代码就能够实现这样的打印输出：

```
def recurse(self, name, indent=0):
    space = ' ' * indent
    print space, '%s: %s.shapes has entries' %\
        (self.__class__.__name__, name), \
        str(list(self.shapes.keys()))[1:-1]

    for shape in self.shapes:
        print space,
```

```
print 'call %s.shapes["%s"].recurse("%s", %d)' %\
    (name, shape, shape, indent+2)
self.shapes[shape].recurse(shape, indent+2)
```

下面以 v. resurse('vehicle')调用为例详细了解此过程,其中 v 为 Vehicle0 类的一个实例。在查看输出之前,先大致了解一下 v 对象的图形层次(如通过 print v 输出):

```
ground
    wall
vehicle
    body
        over
            rectangle
        under
            rectangle
    wheels
        wheel1
            arc
        wheel2
            arc
```

recurse 方法对层次执行同样的遍历,但是其过程解释起来比较复杂。

由 v. shapes 表示的数据结构称作树。这棵树的根是 v. shapes 字典。该图形对象的树结构如图 9.12 所示。从根部起,每个节点有一个或多个分支,这里有两个:ground 和 vehicle。沿 vehicle 分支走,又遇到两个分支:body 和 wheels。描述家族时所用的术语也常被用于描述树中元素的关系:vehicle 是 body 的父节点,而 body 是 vehicle 的子节点。一个节点可以有若干个其他的节点作为子节点。

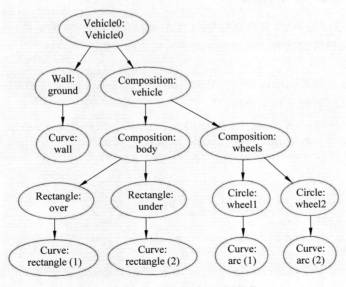

图 9.12 Vehicle0 对象的树结构

递归是遍历树结构的主要技术。在这个树结构中,任何对象都可视为是某个子树的根。例如,wheels 是一个子树的根,它有两个子树 wheel1 和 wheel2。所以,当处理树结构中的一个对象时,首先对其根部进行处理,然后依次递归进入其子树。由于递归进入的第一个对象又可视为是该子树的根,所以针对父对象的处理过程可在此重复进行。

建议手动模拟 recurse 方法的调用过程,并确认访问顺序与下面给出的输出一致。虽然这个过程非常单调乏味,但这是一个能帮助学习者弄清楚递归的综合练习。

下面是调用 v.resurse('vehicle')的部分打印输出。

```
Vehicle0: vehicle.shapes has entries 'ground', 'vehicle'
call vehicle.shapes["ground"].recurse("ground", 2)
    Wall: ground.shapes has entries 'wall'
    call ground.shapes["wall"].recurse("wall", 4)
        reached "bottom" object Curve
call vehicle.shapes["vehicle"].recurse("vehicle", 2)
    Composition: vehicle.shapes has entries 'body', 'wheels'
    call vehicle.shapes["body"].recurse("body", 4)
        Composition: body.shapes has entries 'over', 'under'
        call body.shapes["over"].recurse("over", 6)
            Rectangle: over.shapes has entries 'rectangle'
            call over.shapes["rectangle"].recurse("rectangle", 8)
                reached "bottom" object Curve
        call body.shapes["under"].recurse("under", 6)
            Rectangle: under.shapes has entries 'rectangle'
            call under.shapes["rectangle"].recurse("rectangle", 8)
                reached "bottom" object Curve
...
```

这个例子很清楚地展示了这样一个原则:可以从树结构中的任何对象开始,以其为根进行递归调用。

9.4.4　对图形进行缩放、平移和旋转

正如 9.4.3 节所述,有了递归法,就可以快速地为 Shape 的所有子类(无论是已定义的类还是将来会定义的类)增加缩放、平移和旋转的能力。添加这种功能只需几行代码。

缩放

先从 3 种几何变换中最简单的缩放开始。对于由 n 个坐标点(x_i, y_i)确定的 Curve 对象,按因子 a 对其进行缩放就是用 a 乘以其所有的 x 和 y 坐标:

$$x_i \leftarrow ax_i, \quad y_i \leftarrow ay_i, \quad i = 0, 1, \cdots, n-1$$

这里的箭头理解为赋值运算。在 Curve 类中,相应的 Python 代码如下:

```
class Curve:
    ...
    def scale(self, factor):
        self.x = factor * self.x
        self.y = factor * self.y
```

注意在这里 self.x 和 self.y 是 Python 中的数值数组,因此乘以一个标量值因子执行的是一个向量化运算。

更高效的实现方法可以基于向量的自的乘实现:

```
class Curve:
    ...
```

```
def scale(self, factor):
    self.x *=factor
    self.y *=factor
```

因为这可以省去创建诸如 factor * self. x 这样的临时数组的开销。

对于某个 Shape 类的子类对象而言,调用 scale 方法就意味着要遍历字典 shapes 中的所有对象,并对每个对象按比例缩放。这与我们在 draw 方法(或 recurse 方法)中所做的类似,除 Curve 对象之外,其余所有对象都可共享相同的 scale 方法的实现。因此,把 scale 的实现放在超类 Shape 中,以便供所有子类继承。由于 scale 和 draw 非常相似,在 Shape 类中,scale 方法可通过复制 draw 并稍加修改来实现:

```
class Shape:
    ...
    def scale(self, factor):
        for shape in self.shapes:
            self.shapes[shape].scale(factor)
```

这就是要给 Shape 所有子类增加缩放功能时所要做的一切。如同绘制自身的情形一样,每个组件此时都能按比例对自身进行缩放。

平移

使用以下公式,可以将坐标为 (x_i, y_i) 的点集沿 x 轴方向平移 v_0 个单位,沿着 y 轴方向平移 v_1 个单位:
$$x_i \leftarrow x_i + v_0, \quad y_i \leftarrow y_i + v_1, \quad i = 0, 1, \cdots, n-1$$
对于该平移操作,可以很自然地用向量 $\boldsymbol{v} = (v_0, v_1)$ 表示。

在 Curve 类中,相应的 Python 实现为

```
class Curve:
    ...
    def translate(self, v):
        self.x +=v[0]
        self.y +=v[1]
```

对任一个形状对象的平移与缩放、绘制时的情况非常相似。于是,可以在超类 Shape 中实现通用的 translate 方法,其代码与 scale 方法类似:

```
class Shape:
    ...
    def translate(self, v):
        for shape in self.shapes:
            self.shapes[shape].translate(v)
```

旋转

图形的旋转操作比缩放和平移复杂。将坐标为 (x_i, y_i) 的点绕原点沿逆时针方向旋转 θ 度的变换操作由以下公式给出:
$$x_i \leftarrow x_i \cos \theta - y_i \sin \theta$$
$$y_i \leftarrow x_i \sin \theta + y_i \cos \theta$$
若是绕点 (x, y) 进行旋转,则变换公式为

$$x_i \leftarrow x + (x_i - x)\cos\theta - (y_i - y)\sin\theta$$

$$y_i \leftarrow y + (x_i - x)\sin\theta + (y_i - y)\cos\theta$$

假设 θ 基于角度制而非弧度制给出，那么 Curve 类中旋转操作的相应实现就是

```
def rotate(self, angle, center):
    angle = radians(angle)
    x, y = center
    c = cos(angle); s = sin(angle)
    xnew = x + (self.x - x) * c - (self.y - y) * s
    ynew = y + (self.x - x) * s + (self.y - y) * c
    self.x = xnew
    self.y = ynew
```

即在 Shape 类中，rotate 的实现遵循与 draw、scale 以及 translate 等方法相同的原理。

实际上，在 9.4.1 节最后为轮子增加转动效果时，就已经介绍了 rotate 方法的实现原理。

9.5 用于 DNA 分析的类

这里将基于 3.3.1 节、6.5.1 节~6.5.5 节以及 8.3.4 节中的讲解，举例说明用于进行 DNA 分析的类的用法。这里的方法是通过创建一个代表 DNA 序列的 Gene 类以及一个代表子序列的 Region 类来实现，后者通常是一个外显子或内含子。

9.5.1 表示区域的类

用来表示 DNA 序列某个区域的类非常简单：

```
class Region(object):
    def __init__(self, dna, start, end):
        self._region = dna[start:end]

    def get_region(self):
        return self._region

    def __len__(self):
        return len(self._region)

    def __eq__(self, other):
        """Check if two Region instances are equal."""
        return self._region == other._region

    def __add__(self, other):
        """Add Region instances: self + other"""
        return self._region + other._region

    def __iadd__(self, other):
        """Increment Region instance: self += other"""
        self._region += other._region
        return self
```

除排序及通过 get_region 方法获取该片段之外，还可以为其提供下述功能或接口：

- 用 len(r)获得 Region 对象 r 的长度；
- 检查两个 Region 对象是否相同。
- 对两个 Region 对象 r1 和 r2，运行 r1＋r2 操作。
- 支持 r1＋＝r2 操作。

后两项操作可用来基于某些外显子或内合子得到一个大的基因序列。

9.5.2　表示 Gene 的类

表示 Gene 的类比 Region 类更复杂。前面已经给出许多用以完成基因分析的函数。Gene 类的设计思路是将操作 DNA 序列、外显子、内含子的方法封装在该类中。这里的实现是让这些类方法调用已有的分析函数。这样做有两个优点：用户既可以选择基于函数的接口，也可以选择基于类的接口。同时，执行基于类的接口时程序员可以复用这些现成的函数。

这里选取了以下函数：

- generate_string：生成某个字母表上的随机串。
- download 及 read_dnafile(基于 read_dnafile_v1 版本)：分别完成从网上下载数据及从文件中读取数据的功能。
- read_exon_regions(基于 read_exon_regions_v2)：从文件中读取外显子区域。
- tofile_with_line_sep(基于 tofile_with_line_sep_v2)：将序列写入文件。
- read_genetic_code(基于 read_genetic_code_v2)：从文件中读取从三联体到单字母氨基酸的映射。
- get_base_frequencies(基于 get_base_frequencies_v2)：得到各类基的频率。
- format_frequencies：用两个小数格式化基的频率。
- create_mRNA：由 DNA 和外显子区域得到 mRNA 序列。
- mutate：在某个随机位置引发基因突变。
- create_markov_chain,transition,mutate_via_markov_chain：根据随机迁移概率对基因进行选择突变。
- create_protein_fixed：生成蛋白质序列。

用于 DNA 分析的普通函数位于文件 dna_functions.py 中，dna_classes.py 中则给出了 Gene 类和 Region 类的实现。

Gene 类的基本特性

Gene 类中应该包含 DNA 序列和相关的外显子区域。构造函数需要一组元素形如(start,end)的外显子区域列表，其中的每个元素表征区域的开始和结束：

```
class Gene(object):
    def __init__(self, dna, exon_regions):
        self._dna = dna
        self._exon_regions = exon_regions
        self._exons = []
        for start, end in exon_regions:
            self._exons.append(Region(dna, start, end))
        #Compute the introns (regions between the exons)
        self._introns = []
        prev_end = 0
        for start, end in exon_regions:
            self._introns.append(Region(dna, prev_end, start))
            prev_end = end
        self._introns.append(Region(dna, end, len(dna)))
```

当这些功能已经在独立函数中实现时，Gene 类中相应方法的实现就很简单了。以下是关于这些方法的几个例子：

```python
from dna_functions import *
class Gene(object):
    ...
    def write(self, filename, chars_per_line=70):
        """Write DNA sequence to file with name filename."""
        tofile_with_line_sep(self._dna, filename, chars_per_line)

    def count(self, base):
        """Return number of occurrences of base in DNA."""
        return self._dna.count(base)

    def get_base_frequencies(self):
        """Return dict of base frequencies in DNA."""
        return get_base_frequencies(self._dna)

    def format_base_frequencies(self):
        """Return base frequencies formatted with two decimals."""
        return format_frequencies(self.get_base_frequencies())
```

灵活的构造函数

可以让构造函数变得更灵活。首先，外显子区域可能是未知的，所以应该允许参数取 None 值，这里不妨就使用它作为默认值。其次，DNA 序列开端和末端的外显子区域会产生空的内含子区域对象，所以必须插入对内含子长度非零的测试。最后，DNA 序列和外显子区域的数据既可以以参数的形式传递，也可以从文件中读取，因此，对 Gene 对象两种不同的初始化方法为

```python
g1 = Gene(dna, exon_regions)                     #user has read data from file
g2 = Gene((urlbase, dna_file), (urlbase, exon_file)) #download
```

如果文件已经存在于计算机中，则可将 urlbase 设为 None。这种灵活的构造函数并不罕见，有比这种实现长得多的代码。这种实现充分阐释了 Python 处理其他语言（如 C++ 和 Java）中的重载的构造函数的方法（重载的构造函数接收不同类型的参数来初始化一个实例）：

```python
class Gene(object):
    def __init__(self, dna, exon_regions):
        """
        dna: string or (urlbase,filename) tuple
        exon_regions: None, list of (start,end) tuples
        or (urlbase,filename) tuple
        In case of (urlbase,filename) tuple the file
        is downloaded and read.
        """
        if isinstance(dna, (list,tuple)) and \
            len(dna) ==2 and isinstance(dna[0], str) and \
            isinstance(dna[1], str):
                download(urlbase=dna[0], filename=dna[1])
```

```
                    dna = read_dnafile(dna[1])
        elif isinstance(dna, str):
            pass #ok type (the other possibility)
        else:
            raise TypeError(
                'dna=%s %s is not string or (urlbase,filename) '\
                'tuple' % (dna, type(dna)))

        self._dna = dna

        er = exon_regions
        if er is None:
            self._exons = None
            self._introns = None
        else:
            if isinstance(er, (list,tuple)) and \
                len(er) == 2 and isinstance(er[0], str) and \
                isinstance(er[1], str):
                download(urlbase=er[0], filename=er[1])
                exon_regions = read_exon_regions(er[1])
            elif isinstance(er, (list,tuple)) and \
                isinstance(er[0], (list,tuple)) and \
                isinstance(er[0][0], int) and \
                isinstance(er[0][1], int):
                pass                    #ok type (the other possibility)
            else:
                raise TypeError(
                    'exon_regions=%s %s is not list of (int,int) '
                    'or (urlbase,filename) tuple' % (er, type(era)))

            self._exon_regions = exon_regions
            self._exons = []
            for start, end in exon_regions:
                self._exons.append(Region(dna, start, end))

            #Compute the introns (regions between the exons)
            self._introns = []
            prev_end = 0
            for start, end in exon_regions:
                if start - prev_end > 0:
                    self._introns.append(
                        Region(dna, prev_end, start))
                prev_end = end
            if len(dna) - end > 0:
                self._introns.append(Region(dna, end, len(dna)))
```

上述代码中对以 dna 和 exon_regions 为参数时的对象类型进行了相当详细的测试。确保每个参数只有一种被允许的类型，能够确保使用安全。

其他方法

create_mRNA 方法用来将 mRNA 作为一个序列返回，其代码如下：

```
def create_mRNA(self):
    """Return string for mRNA."""
    if self._exons is not None:
        return create_mRNA(self._dna, self._exon_regions)
    else:
        raise ValueError('Cannot create mRNA for gene with no exon regions')
```

这里将调用一个已经实现了的函数，但需要包含 mRNA 的正确性测试。

类中还包含了若干产生基因突变的方法：

```
def mutate_pos(self, pos, base):
    """Return Gene with a mutation to base at position pos."""
    dna = self._dna[:pos] + base + self._dna[pos+1:]
    return Gene(dna, self._exon_regions)

def mutate_random(self, n=1):
    """
    Return Gene with n mutations at a random position.
    All mutations are equally probable.
    """
    mutated_dna = self._dna
    for i in range(n):
        mutated_dna = mutate(mutated_dna)
    return Gene(mutated_dna, self._exon_regions)

def mutate_via_markov_chain(markov_chain):
    """
    Return Gene with a mutation at a random position.
    Mutation into new base based on transition
    probabilities in the markov_chain dict of dicts.
    """
    mutated_dna = mutate_via_markov_chain(self._dna, markov_chain)
    return Gene(mutated_dna, self._exon_regions)
```

还有一些访问类的基本属性的 get 方法：

```
def get_dna(self):
    return self._dna

def get_exons(self):
    return self._exons

def get_introns(self):
    return self._introns
```

当然，也可以直接通过 gene._dna、gene._exons 等表达式对属性进行访问。这种情况下应该去掉前导下画线，因为它将这些属性标记为"受保护的"，不允许用户直接访问。get 函数中的这种保护实际上没有意义，因为已经把属性给了用户，用户可以对其进行任意操作（甚至删除它们）。

还可以引入用于测试基因长度、添加基因、检查两个基因是否相同以及打印基因信息的特殊方法：

```
def __len__(self):
    return len(self._dna)


def __add__(self, other):
    """self +other: append other to self (DNA string)."""
    if self._exons is None and other._exons is None:
        return Gene(self._dna +other._dna, None)
    else:
        raise ValueError(
            'cannot do Gene +Gene with exon regions')


def __iadd__(self, other):
    """self +=other: append other to self (DNA string)."""
    if self._exons is None and other._exons is None:
        self._dna +=other._dna
        return self
    else:
        raise ValueError(
            'cannot do Gene +=Gene with exon regions')


def __eq__(self, other):
    """Check if two Gene instances are equal."""
    return self._dna ==other._dna and self._exons ==other._exons


def __str__(self):
    """Pretty print (condensed info)."""
    s ='Gene: ' +self._dna[:6] +'···' +self._dna[-6:] +', length=%d' %len(self._dna)
    if self._exons is not None:
        s +=', %d exon regions' %len(self._exons)
    return s
```

下面的交互式会话展示了如何使用 Gene 对象：

```
>>>from dna_classes import Gene
>>>g1 =Gene('ATCCGTAATTGCGCA', [(2,4), (6,9)])
>>>print g1
Gene: ATCCGT···TGCGCA, length=15, 2 exon regions
>>>g2 =g1.mutate_random(10)
>>>print g2
Gene: ATCCGT···TGTGCT, length=15, 2 exon regions
>>>g1 ==g2
False
>>>g1 +=g2                      #expect exception
Traceback (most recent call last):
...
ValueError: cannot do Gene +=Gene with exon regions
>>>g1b =Gene(g1.get_dna(), None)
>>>g2b =Gene(g2.get_dna(), None)
>>>print g1b
```

```
Gene: ATCCGT…TGCGCA, length=15
>>>g3 = g1b + g2b
>>>g3.format_base_frequencies()
'A: 0.17, C: 0.23, T: 0.33, G: 0.27'
```

9.5.3 子类

有两种基本类型的基因：为蛋白质编码的基因（间接通过 mRNA）和只为 RNA 编码的基因（不再进一步转化为蛋白质）。基因的产物取决于基因的类型，因此需要为这两种类型的基因创建两个子类，并以方法 get _product 获取这种基因的产物。

get_product 方法在 Gene 类中的实现如下：

```
def get_product(self):
    raise NotImplementedError('Subclass %s must implement get_product' % self.__class__.__name__)
```

任何 Gene 类的子类若不覆盖 get_product 方法，都会引发异常。

Gene 类的两个子类可采用如下两种简单形式实现：

```
class RNACodingGene(Gene):
    def get_product(self):
        return self.create_mRNA()

class ProteinCodingGene(Gene):
    def __init__(self, dna, exon_positions):
        Gene.__init__(self, dna, exon_positions)
        urlbase = 'http://hplgit.github.com/bioinf-py/data/'
        genetic_code_file = 'genetic_code.tsv'
        download(urlbase, genetic_code_file)
        code = read_genetic_code(genetic_code_file)
        self.genetic_code = code

    def get_product(self):
        return create_protein_fixed(self.create_mRNA(), self.genetic_code)
```

下面的代码展示了如何加载乳糖酶基因以及创建乳糖酶蛋白质：

```
def test_lactase_gene():
    urlbase = 'http://hplgit.github.com/bioinf-py/data/'
    lactase_gene_file = 'lactase_gene.txt'
    lactase_exon_file = 'lactase_exon.tsv'
    lactase_gene = ProteinCodingGene((urlbase, lactase_gene_file),(urlbase, lactase_exon_file))

    protein = lactase_gene.get_product()
    tofile_with_line_sep(protein, 'output', 'lactase_protein.txt')
```

现在，假设乳糖酶基因是基于 RNA 编码的，则唯一要做的就是将对 lactase _ gene 的赋值由 ProteinCodingGene 更改为 RNACodingGene，这样得到的就是一个 RNA 而非蛋白质了。

9.6　本章小结

9.6.1　本章主题

一个子类继承超类的一切,包括所有的数据属性和方法。子类可以添加新的数据属性,还可以重载方法,因此可以扩展或限制超类的功能。

子类的例子

回忆一下 7.7.1 节中表示相隔距离为 r、质量分别为 M 和 m 的两个物体间的万有引力 GMm/r^2 的 Gravity 类。假设现在要为两个电荷 q_1 和 q_2 之间的电场力设计一个类,当电容率为 ε_0、二者距离为 r 时,这两个电荷之间的力的大小为 Gq_1q_2/r^2,其中 $G^{-1}=4\pi\varepsilon_0$。这里,使用近似值 $G=8.99\times10^9\,\mathrm{Nm^2/C^2}$。由于电力和重力相似,所以可以很容易地将电力作为 Gravity 类的一个子类实现,该实现只要重新定义 G 的值即可:

```
class CoulombsLaw(Gravity):
    def __init__(self, q1, q2):
        Gravity.__init__(self, q1, q2)
        self.G = 8.99E9
```

现在可以通过从超类继承的 force(r) 方法来计算电力,并可以用继承的 visualize 方法来绘制相应的力学图形:

```
c = CoulombsLaw(1E-6, -2E-6)
print 'Electric force:', c.force(0.1)
c.visualize(0.01, 0.2)
```

然而,从 Gravity 类继承的 plot 方法产生的标题中带有 Gravity force、质量 m 和 M,这时候就不合适了。简单的修补方法是将数据属性的名称传入构造函数,随后子类就可覆盖该属性的内容,如同覆盖 self.G 一样。一般在把某个类用作超类时,要对这个类作出调整。

通常的子类化

创建一个子类的典型过程如下:

```
class SuperClass(object):
    def __init__(self, p, q):
        self.p, self.q = p, q

    def where(self):
        print 'In superclass', self.__class__.__name__

    def compute(self, x):
        self.where()
        return self.p * x + self.q

class SubClass(SuperClass):
    def __init__(self, p, q, a):
        SuperClass.__init__(self, p, q)
        self.a = a

    def where(self):
```

```
        print 'In subclass', self.__class__.__name__

    def compute(self, x):
        self.where()
        return SuperClass.compute(self, x) +self.a * x**2
```

这个例子展示了一个子类如何基于超类扩展一个数据属性（a）。子类的 compute 方法调用超类的相应方法，同时子类重载超类的 where 方法。下面通过超类和子类的实例来调用 compute 方法：

```
>>>super =SuperClass(1, 2)
>>>sub =SubClass(1, 2, 3)
>>>v1 =super.compute(0)
In superclass SuperClass
>>>v2 =sub.compute(0)
In subclass SubClass
In subclass SubClass
```

可以看到，sub 对象的 compute 方法调用 self. where，于是 SubClass 的 where 方法被调用。然后 SuperClass 的 compute 方法被调用，该方法也会调用 self. where，但这是对 SubClass 的 where 方法的调用。在这个例子中，超类 SuperClass 和子类 SubClass 构成一个类层次。SubClass 从它的超类继承属性 p 和 q，并覆盖方法 where 和 compute。

术语

本章中重要的计算机科学术语有

- 超类。
- 子类。
- 继承。
- 类层次。
- 树结构。
- 递归。

9.6.2 示例：输入数据读取器

作为本章的总结性示例，这里要设计一组将数据读入程序的类。输入数据的来源多种多样，包括命令行、文件、输入对话框、输入表单或者通过其他图形用户界面输入。因此，创建一个类层次就非常必要，在这个类层次中，子类被特化，以读取不同来源的数据，公共代码则放在一个超类中。这样就可以很容易地通过添加几行代码让程序能够读取许多不同输入源的数据。

问题

先用一个例子来说明个问题，假设要编写一个程序将 $x \in [a, b]$ 时 $f(x)$ 取的 n 个特定函数值保存到某个文件中。该程序的部分核心代码如下：

```
import numpy as np
with open(filename, 'w') as outfile:
    for x in np.linspace(a, b, n):
        outfile.write('%12g %12g\n' % (x, f(x)))
```

程序的目的是把数据读至变量 a、b、n、filename 及 f 中。这里需要指定一个公式并使用 StringFunction 工具

（见 4.3.3 节）来实现函数 f：

```
from scitools.StringFunction import StringFunction
f =StringFunction(formula)
```

如何才能把 a、b、n、formula 以及 filename 读入这个程序呢？最基本的想法是：把这些输入数据放在一个字典里，并创建一个工具，能够根据各种来源（如命令行、文件、图形用户界面等）更新该字典。字典描述如下：

```
p =dict(formula='x+1', a=0, b=1, n=2, filename='tmp.dat')
```

该字典指定了参数的名称及这些参数的默认值。

使用该工具的过程就是将 p 输入类的构造函数并提取参数到不同的变量中的过程：

```
inp =Subclassname(p)
a, b, filename, formula, n =inp.get_all()
```

根据 Subclassname 的不同具体名称，这 5 个变量可以从命令行、终端窗口、文件或图形用户界面中读取。现在的任务是设计一个类层次以实现这种灵活的数据读取。

解决方案

首先创建一个非常简单的超类——ReadInput，其主要作用是将参数字典作为数据属性保存起来，提供一个 get 方法提取单个的数值，并提供一个 get_all 方法将所有参数提取至不同的参数：

```
class ReadInput(object):
    def __init__(self, parameters):
        self.p =parameters

    def get(self, parameter_name):
        return self.p[parameter_name]

    def get_all(self):
        return [self.p[name] for name in sorted(self.p)]

    def __str__(self):
        import pprint
        return pprint.pformat(self.p)
```

注意，在 get_all 方法中必须对 self.p 中的索引名排序，以保证返回的变量列表是唯一的（良好定义的）。在调用程序时，可以按照参数名称的字典顺序列出变量，例如：

```
 a, b, filename, formula, n =inp.get_all()
```

__str__ 方法借助 pprint 模块获得所有参数名称并提供格式良好的打印结果。

实际上，抽象的 ReadInput 类并不能从任何源读取，这是具体的子类做的事。接下来分别介绍读取各种类型输入的子类。

命令行提示

将数据读入程序的最简单的方法是使用 raw_input。于是，可以通过"Give＋名称"的方式提示用户，并获得一个合适的对象（注意，字符串必须被引号括起来）。完成此任务的 PromptUser 子类如下：

```
class PromptUser(ReadInput):
    def __init__(self, parameters):
        ReadInput.__init__(self, parameters)
        self._prompt_user()

    def _prompt_user(self):
        for name in self.p:
            self.p[name] = eval(raw_input("Give " + name + ": "))
```

注意变量_prompt_user 名称最前面的下画线，该下画线表示其为 PromptUser 类中的私有方法，是不允许用户调用的。

直接对用户输入使用 eval 有一个问题：当该输入的类型应该是字符串时（如一个文件名 tmp.inp），那么程序将执行 eval(tmp.inp)操作，这将导致异常，因为这里 tmp.inp 被理解为 tmp 模块中名为 inp 的变量，而不是字符串'tmp.inp'。为了解决这个问题，需要使用 scitools.misc 模块中的 str2obj 函数。PomptUser 类的主要操作就变成

```
self.p[name] = str2obj(raw_input("Give " + name + ": "))
```

从文件读取

也可以把形如 name=value 的信息放在一个文件里，并把此信息加载到字典 self.p 中。例如，一个文件中的内容可以组织为如下形式：

```
formula = sin(x) + cos(x)
filename = tmp.dat
a = 0
b = 1
```

这个例子中省略了 n 的值，所以要依靠其默认值。

那么，文件名如何传入呢？一个简单的做法是从命令行读入，而后将标准输入重定向至该文件。例如，文件名为 tmp.inp，那么可以在终端串口按如下方式运行该程序：

Terminal>python myprog.py <tmp.inp

注意，上述重定向对于 IPython 无效，所以此时必须在某个终端窗口中运行。

为了解释输入文件中的内容，这里对其进行逐行读取，每一行中的内容由＝分开左右两边，左边是属性名，右边是该属性的取值。一件非常重要的事情是除去名和值之间不必要的空格。完整的类实现如下：

```
class ReadInputFile(ReadInput):
    def __init__(self, parameters):
        ReadInput.__init__(self, parameters)
        self._read_file()

    def _read_file(self, infile=sys.stdin):
        for line in infile:
            if "=" in line:
                name, value = line.split("=")
                self.p[name.strip()] = str2obj(value.strip())
```

从标准输入读取有一个很好的性质：若不进行重定向，程序会在终端窗口以 type＝name 的形式对用户进行提示，进而对数据进行设置。此时，要结束该会话，需要按下 Ctrl＋D 键才能使程序继续运行。

从命令行读取

对于来自命令行的输入，这里假设参数和值以选项-值对的形式给出，形如

```
--a 1 --b 10 --n 101 --formula "sin(x) +cos(x)"
```

这里使用 argparse 模块（参见 4.4 节）来解析命令行参数。选项名称列表需要从 self.p 字典的 keys 列表提取。完整的类如下：

```python
class ReadCommandLine(ReadInput):
    def __init__(self, parameters):
        self.sys_argv = sys.argv[1:]          #copy
        ReadInput.__init__(self, parameters)
        self._read_command_line()

    def _read_command_line(self):
        parser = argparse.ArgumentParser()
        #Make argparse list of options
        for name in self.p:
            #Default type: str
            parser.add_argument('--'+name, default=self.p[name])

        args = parser.parse_args()
        for name in self.p:
            self.p[name] = str2obj(getattr(args, name))

import Tkinter
try:
```

可以将一个参数的类型设定为 type(self.p[name]) 或者 self.p[name].__class__，但若将一个浮点型参数赋予一个整数作为默认值，该类型将被认为是整型，因此 argparse 将不会接受一个小数为输入。一般普遍采取的方法是不指定该类型，于是 args 对象中所有参数都被视作字符串。接下来用利用 str2obj 函数将其转换为适当类型，该技术将贯穿整个 ReadInput 模块。

从图形用户界面读取

再稍微做点努力，就可以完成从图形用户界面读取输入数据的工作。这样的用户界面如图 9.13 所示。由于这里的某些技术已超出了本书的讨论范围，这里不对负责创建用户界面并加载数据至 self.p 的 GUI 类的内容做过多展示。

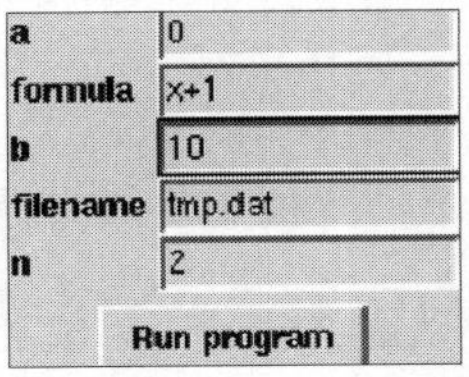

图 9.13　一个用于读入用户输入的图形界面

增强超类的灵活性

通过在超类中添加若干 get 方法，可以使其更加容易访问。例如，可以读取数量不固定的参数：

```python
a, b, n = inp.get('a', 'b', 'n')      #3 variables
n = inp.get('n')                       #1 variable
```

实现这种扩展的关键是附录 H 的 H.7.1 节中讲述的使用数量可变的参数：

517

```
class ReadInput(object):
    ...
    def get(self, * parameter_names):
        if len(parameter_names) ==1:
            return self.p[parameter_names[0]]
        else:
            return [self.p[name] for name in parameter_names]
```

工具演示

下面演示如何使用 ReadInput 及其子类。这里用前面讨论的关于该工作动机的例子。该程序名为 demo_ReadInput.py。其第一个命令行参数指定输入源的名称，对应 ReadInput 某个子类的名称。用于从 ReadInput 所支持的任何数据源加载输入数据的代码如下：

```
p =dict(formula='x+1', a=0, b=1, n=2, filename='tmp.dat')
from ReadInput import *
input_reader =eval(sys.argv[1])                    # PromptUser, ReadInputFile, ...
del sys.argv[1]                                    # otherwise argparse don't like our extra option
inp =input_reader(p)
a, b, filename, formula, n =inp.get_all()
print inp
```

请留意，这里使用 eval 函数自动生成相应的子类会带来极大的方便性。

首先，用下列代码尝试使用 PromptUser 类：

```
demo_ReadInput.py PromptUser
Give a: 0
Give formula: sin(x) +cos(x)
Give b: 10
Give filename: function_data
Give n: 101
{'a': 0,
 'b': 10,
 'filename': 'function_data',
 'formula': 'sin(x) +cos(x)',
 'n': 101}
```

下一个例子是从文件 tmp.inp 中读取数据，文件内容同上。

```
Terminal>demo_ReadInput.py ReadFileInput <tmp.inp
{'a': 0, 'b': 1, 'filename': 'tmp.dat',
 'formula': 'sin(x) +cos(x)', 'n': 2}
```

可以不把标准输入重定向至文件，而是在 IPython 或终端窗口运行一个交互式会话：

```
demo_ReadInput.py ReadFileInput
n =101
filename =myfunction_data_file.dat
^D
```

```
{'a': 0,
 'b': 1,
 'filename': 'myfunction_data_file.dat',
 'formula': 'x+1',
 'n': 101}
```

注意，需要按 Ctrl＋D 键终止交互式会话，并继续程序运行。

命令行参数也可以用如下方式指定：

```
demo_ReadInput.py ReadCommandLine \
--a -1 --b 1 --formula "sin(x)+cos(x)"
{'a': -1, 'b': 1, 'filename': 'tmp.dat',
 'formula': 'sin(x)+cos(x)', 'n': 2}
```

最后，再在图形用户界面中运行一次该程序：

```
demo_ReadInput.py GUI
{'a': -1, 'b': 10, 'filename': 'tmp.dat',
 'formula': 'x+1', 'n': 2}
```

其图形用户界面如图 9.13 所示。

现在，如何使用 ReadInput 的子类来简化程序的输入已经非常清楚了。尤其在带有大量参数的应用中，可以首先将这些参数定义在字典中，而后自动创建具有综合性的用户界面，在该界面中用户可以只使用这些参数的某个子集（如果其余参数的默认值合适）。

9.7 习题

习题 9.1：展示继承的魔力。

考虑 9.1 节中定义的 Line 类和下面定义的 Parabola0 类：

```
class Parabola0(Line):
    pass
```

也就是说，Parabola0 类没有新的代码，它从 Line 类继承代码。在一个程序或交互式会话中使用 dir 查看其 __dict__ 对象（见 7.5.6 节），Parabola0 类的实例包含 Line 类实例的一切属性。

文件名：ex9-01-dir_subclass.txt。

习题 9.2：用多项式创建 Parabda 类的子类。

本习题的任务是创建一个 Cubic 类，刻画下面的三次多项式

$$c_3 x^3 + c_2 x^2 + c_1 x + c_0$$

该类与 9.1 节的 Line 类和 Parabola 类一样，带有一个 __call__ 操作符和一个 table 方法。通过继承 Parabola 类实现 Cubic 类，并像 Parabola 类调用 Line 类中的方法那调用 Parabola 类中的方法。

然后，通过从 Cubic 类继承，实现一个相似的类 Poly4 刻画四次多项式

$$c_4 x^4 + c_3 x^3 + c_2 x^2 + c_1 x + c_0$$

在每个 __call__ 方法中插入 print 语句，以便能够查看程序流以及在不同的类中调用 __call__ 方法的时机。

计算某一点处三次多项式和四次多项式的值，并查看所有来自超类的输出。

文件名：ex9-02-Cubic_Poly4.py。

备注：本习题遵从 9.1 节中的理念，即复杂的多项式是简单的多项式的子类。从概念上说，三次多项式不对应于抛物线，而应该反过来，习题 9.2 遵循该方式。然而，这种继承只用于共享代码，它不能表达"子类对象是该超类对象的一种"这个观念。为了实现代码共享，自然应该以用最简单的多项式作为起始类，而后让更高阶的多项式通过添加新的项来继承超类的数据结构。

习题 9.3：实现函数类的某个子类。

为函数 $f(x) = A\sin wx + ax^2 + bx + c$ 实现一个类。该类具有 __call__ 操作符用以求函数在 x 处的值，并具有一个以 A、w、a、b 和 c 为参数的构造函数。另外，该类还要具有类似于 Line 类和 Parabola 类中的 table 方法。通过派生 Parabola 类来实现这个类，并尽可能调用 Parabola 类中的已有方法。

文件名：ex9-03-sin_plus_quadratic.py。

习题 9.4：创建另一种多项式类层次。

以 7.3.7 节介绍的 Polynomial 类作为超类，将 Parabola 类作为其子类实现。Parabola 类中的构造函数以抛物线的 3 个系数为独立参数。请在子类中尽可能使用来自超类的代码，将 Line 类实现为 Parabola 类的特殊子类。

你更喜欢哪种设计：Line 类作为 Parabola 和 Polynomial 的子类，还是 Line 类作为超类？（另请参阅习题 9.2 的备注。）

文件名：ex9-04-Polynomial_hier.py。

习题 9.5：将圆实现为椭圆的子类。

7.2.3 节介绍了 Circle 类。设计一个类似的 Ellipse 类表示椭圆。然后创建一个新的、作为 Ellipse 的子类的 Circle 类。

文件名：ex9-05-Ellipse_Circle.py。

习题 9.6：实现点的超类和子类。

平面上的一个点 (x, y) 可以用如下的类来表示：

```
class Point(object):
    def __init__(self, x, y):
        self.x, self.y = x, y


    def __str__(self):
        return '(%g, %g)' % (self.x, self.y)
```

可以将 Point 类扩展，使其也包含用极坐标表示的点。为此，需要创建一个 PolarPoint 子类，其构造函数以一个点 (r, θ) 的极坐标为参数，并将 r 和 θ 保存为数据属性，并以相应的 x 和 y 参数调用超类的构造函数（直角坐标与极坐标之间的换算：$x = r\cos\theta, y = \sin\theta$）。在 PolarPoint 类中添加 __str__ 方法，该方法打印 r、θ、x 与 y 的值。编写一个测试函数，该函数创建两个 PolarPoint 实例并将 x、y、r 和 theta 这 4 个数据属性与期望值进行比较。

文件名：ex9-06-PolarPoint.py。

习题 9.7：通过子类化修改函数类。

考虑一个实现函数 $f(t; a, b) = e^{-at}\sin bt$ 的类 F：

```
class F(object):
    def __init__(self, a, b):
```

```
        self.a, self.b = a, b
    def __call__(self, t):
        return exp(-self.a * t) * sin(self.b * t)
```

现在研究当 t 和 a 给定时 $f(t;a,b)$ 如何随着参数 b 变化。从数学角度来看,这意味着计算 $g(b;t,a)=f(t;a,b)$。编写一个 F 的子类 Fs,该子类有一个新的用于求 $g(b;t,a)$ 值的 __call__ 方法。不需重新实现该公式,只需在超类中调用 __call__ 方法来求 $f(t;a,b)$ 的值。Fs 应该如下工作:

```
f = Fs(t=2, a=4.5)
print f(3)              #b=3
```

提示:在超类中调用 __call__ 之前,必须正确设置 b 的值。

文件名:ex9-07-Fb. py。

习题 9.8:探究不同微分计算公式的精度。

本习题的目的是要研究如何使用 Backward1、Forward1、Forward3、Central2、Central4、Central6 等方法计算以下函数的导数时的精度:

$$v(x) = \frac{1 - e^{x/\mu}}{1 - e^{1/\mu}}$$

计算当 $x=0,0.9$ 及 $\mu=1,0.01$ 时的误差。用一幅图描述当 μ 取这两个值时 $v(x)$ 的函数图形。

提示:参看 9.2.4 节最后讨论的生成差分逼近误差表的 src/oo/Diff2_examples. py 程序。

文件名:ex9-08-boundary_layer_derivative. py。

习题 9.9:实现一个子类。

为 $\sin x$ 实现 9.1.6 节的 FuncWithDerivatives 类的一个子类 Sine1。要求:只实现函数的定义式,继承超类的 df 与 ddf 方法以计算一阶、二阶导数。再为 $\sin x$ 实现另一个子类 Sine2,这里要求使用解析方法实现 df 和 ddf。在两个不同的 x 处比较 Sine1 和 Sine2 产生的一阶、二阶导数值。

文件名:ex9-09-Sine12. py。

习题 9.10:实现数值微分类。

做习题 7.16,找出 Derivative、Backward 和 Central 类的公共代码。将这些代码提取至某个公共超类,而后将上述 3 个类作为此公共超类的子类。比较你的代码与 9.2.1 节中代码的异同。

文件名:ex9-10-numdiff_classes. py。

习题 9.11:实现新的数值微分子类。

下面的公式给出了关于 $f(x)$ 的利用单侧 3 点达到二阶精度数值微分的计算方法

$$f'(x) \approx \frac{f(x-2h) - 4f(x-h) + 3f(x)}{2h} \tag{9.17}$$

在 Diff(见 9.2 节)的子类 Backward2 中实现该计算过程。在 $t=0,h=2^{-k}(k=0,1,\cdots,14)$ 处比较 Backward1 与 Backward2 关于 $g(t)=e^{-t}$ 的计算结果(求出关于 $g'(t)$ 的计算结果)。

文件名:ex9-11-Backward2. py。

习题 9.12:了解一个类是否可被递归使用。

假设现在要计算某函数 $f(x)$ 的二阶导数 $f''(x)$,那么在该函数上连续两次应用 9.2 节中的微分类,例如

```
ddf = Central2(Central2(f))
```

能达到目的吗?

提示：跟踪程序执行流程,看该调用结果是否与某个已知函数二阶导数的计算结果相吻合?（事实上,为了补偿计算误差,若外部调用参数为 h,内部参数应为 $h/2$。）

文件名：ex9-12-recurse.py。

习题 9.13：用类层次表示人。

类经常用于模拟现实世界中的对象。可以用一个 Person 类的对象来表示人的属性,包括这个人的姓名、地址、电话号码、出生日期以及国籍。通过方法 __str__ 打印这个人的信息。本习题要求实现这样的 Person 类。

一个工人是指具有特定工作的人。在程序中,工人自然地用从 Person 类派生来的 Worker 类表示,因为一个工人"是"一个人,这里有一种"is-a"的关系。Worker 类用额外的属性扩展 Person 类,例如公司名称、公司地址以及工作电话号码。__str__ 函数也必须做相应的修改。请实现 Worker 类。

科学家是特殊的工人。因此 Scientist 类可以从 Worker 类派生。添加关于科学学科（物理学、化学、数学、计算机科学……)的属性,并添加科学家的类型：理论型、实验型和计算型。这种分类不是互斥的,因为一个科学家可以既是实验型科学家又是计算型科学家（可以把值表示为一个列表或元组)。请实现 Scientist 类。

研究员、博士后和教授是特殊的科学家。既可以为这些工作职位创建类,也可以在 Scientist 类中为其添加一个职位属性。这里采用前一个办法。例如,若用 Researcher 表示研究员类,不需要添加额外的数据或方法。在 Python 中,可以用 pass 语句创建这样一个类：

```
class Researcher(Scientist):
    pass
```

最后,制作一个演示程序,使这个程序可以创建并打印类的实例：人、工人、科学家、研究员、博士后以及教授。请用 dir 函数把每个实例的属性内容打印出来。

备注：另一种设计方式是将 Teacher 类作为 Worker 的子类引入,让 Professor 既是 Teacher 又是 Scientist。这叫作多重继承,在 Python 中可如下实现：

```
class Professor(Teacher, Scientist):
    pass
```

多重继承在计算机科学中一直存在争议。在本例中,Professor 类继承的名称有两个来源：一个来自 Teacher 类,一个来自 Scientist 类（而这两个类都是从 Person 继承的)。

文件名：ex9-13-Person.py。

习题 9.14：在类层次中添加一个新的类。

a. 利用 8.5.2 节中介绍的蒙特卡罗积分法实现 9.3 节中的 Integrator 的 MCint 子类。在新积分类文件中使用 import 语句导入 integrator 模块中的 Integrator 类。

b. 为 MCint 类编写一个测试函数,固定随机数发生器种子,只用 3 种函数计算,并将使用蒙特卡罗积分得到的结果与手动计算的结果进行对比。

c. 对某具有已知分析解的函数使用蒙特卡罗积分类,观察积分中的误差如何随着 n 的值变发生化,这里 $n=10^k, k=3,4,5,6$。

文件名：ex9-14-MCint_class.py。

习题 9.15：数值积分方法的收敛速度。

数值积分法可计算任何积分 $\int_a^b f(x)\,dx$,但是结果不准确。这些方法中有一个参数 n,该参数与被积函数 f

密切相关,一般可以通过增加该参数的值提高结果的准确性。本习题要探讨数值积分的误差 E 与 n 之间的关系,数值方法不同,则这两个变量的关系也不同。

用如下公式刻画这种关系:

$$E = Cn^r$$

其中 C 及 $r<0$ 是待定常数。这里,参数 r 的取值是最重要的。例如,就辛普森积分法而言,该参数取值比梯形积分法的相应取值的绝对值大,这就表明随着 n 值的增加,辛普森积分法的精度提高得更快。

可以根据实验对 r 值进行估算。选定某个函数 $f(x)$,其中 $\int_a^b f(x)\,\mathrm{d}x$ 的准确值可知,对 n 的 $N+1$ 个取值 $n_0 < n_1 < \cdots < n_N$ 计算数值积分,并求出相应的误差。

估算 r 值的一种方法如下。对于两次连续的实验,有

$$E_i = Cn_i^r$$

以及

$$E_{i+1} = Cn_{i+1}^r$$

用第一个公式除以第二个公式以消去 C,然后取对数,有

$$r = \frac{\ln(E_i/E_{i+1})}{\ln(n_i/n_{i+1})}$$

对每两次连续实验均计算 r。记 r_i 为由第 i 次实验和第 $i+1$ 次实验算得的 r 值,即

$$r_i = \frac{\ln(E_i/E_{i+1})}{\ln(n_i/n_{i+1})}, \quad i = 0, 1, \cdots, N-1$$

通常,最后一项 r_{N-1} 最接近真实的 r。得到 r 值之后,就可以使用任意的 i,利用 $E_i n_i^{-r}$ 计算 C 的值。

使用上述方法为中点积分法、梯形积分法、辛普森积分法估算 r 和 C 的值。自行选择 $f(x)$、a、b 的值。令 n 是每个方法中的相应参数,取 $n=2^k+1$,进行实验,其中 $k=2,3,\cdots,11$。再对 9.3 节中所有 Integrator 类进行该估算。

文件名:ex9-15-integrators_convergence.py。

习题 9.16: 在类层次中添加通用功能。

若要使用 9.3 节中的 Integrator 类计算如下形式的积分

$$F(x) = \int_a^x f(t)\,\mathrm{d}t$$

不妨使用习题 7.22 中介绍的方法高效地计算。请在超类 Integrator 中增加 $F(x)$ 计算方法的实现。测试该实现,确保当 $f(x)=2x-3$ 时对所有的积分方法(包括中点积分法、梯形积分法、高斯-勒让德积分法以及辛普森积分法)都正确。

文件名:ex9-16-integrate_efficient.py。

习题 9.17: 为方程求根建立类层次。

本习题的目的是实现求解任意非线性方程 $f(x)=0$ 的类层次。分别基于 3 种方法——牛顿法(见附录 A 的 A.1.10 节)、二分法(见 4.11.2 节)、正割法(见附录 A 的习题 A.10)给出该类的实现。

读者可能对于如何组织这样的类层次没有清晰的思路。一个建议是将函数 $f(x)$ 及其导数 $f'(x)$ 保存超类中(如果提供了导数;若没有提供导数,则使用有限差分法计算数值导数)。在超类中定义方法

```
def solve(start_values=[0], max_iter=100, tolerance=1E-6):
    ...
```

以执行通用的迭代循环。参数 start_values 是由若干迭代中间值构成的列表:牛顿法包含一个点,正割法包

含两个点,二分法则用一个包根区间$[a,b]$的两个端点。solve方法将全部的迭代近似值存储于属性self. x中。于是,self. x的初值为start_value。对于二分法,可以约定a、b、c的值为self. x$[-3:]$,其中$[a,b]$为最近计算的区间,而c是该区间的中点。solve方法返回$f(x)=0$的一个近似根x、相应的$f(x)$值、一个布尔指示符(如果$|f(x)|$小于tolerance参数,则该值为True)以及近似过程中各点及函数值[以$(x,f(x))$为元素的元组]。

请用该类层次重做附录A的习题A.11。

文件名:ex9-17-Rootfinders. py。

习题9.18:实现微积分计算器类。

给定一个定义在$[a,b]$上的函数$f(x)$,在许多数学习题中,会要求画出函数$y=f(x)$对应的曲线,计算其导数$f'(x)$,找出局部/全局极值点,或计算积分$\int_a^b f(x)\mathrm{d}x$。

实现CalculusCalculator类,这个类能够计算任何函数的数值微积分,并能使用习题7.34中介绍的方法对函数求极值。

以下是使用该类的某次交互式会话,其中函数为$f(x)=x^2\mathrm{e}^{-0.2x}\sin 2\pi x$,定义域区间$[0,6]$被700等分:

```
>>>from CalculusCalculator import *
>>>def f(x):
...     return x**2 * exp(-0.2 * x) * sin(2 * pi * x)
...
>>>c =CalculusCalculator(f, 0, 6, resolution=700)
>>>c.plot()                          #plot f
>>>c.plot_derivative()               #plot f'
>>>c.extreme_points()
All minima: 0.8052, 1.7736, 2.7636, 3.7584, 4.7556, 5.754, 0
All maxima: 0.3624, 1.284, 2.2668, 3.2604, 4.2564, 5.2548, 6
Global minimum: 5.754
Global maximum: 5.2548
>>>c.integral
-1.7353776102348935
>>>c.df(2.51)                        #c.df(x) is the derivative of f
-24.056988888465636
>>>c.set_differentiation_method(Central4)
>>>c.df(2.51)
-24.056988832723189
>>>c.set_integration_method(Simpson) #more accurate integration
>>>c.integral
-1.7353857856973565
```

设计并实现这个类,使得以上会话得以完成。

提示:使用9.2节中的Diff类和9.3节中的Integrator类(可将Central2和Trapezoidal作为默认的微积分计算方法)。添加set_differentiation_method方法取得Diff的某个子类名称作参数,并引入一个该子类实例的数据属性df。同样,在类中添加set_integration_method方法,使其可以用Integrator的某个子类名称作为积分方法,而后计算积分$\int_a^b f(x)\mathrm{d}x$,并把值保存于属性integral中。extreme_points方法将打印某个MinMax实例,该实例作为一个属性保存于CalculusCalculator类中。

文件名:ex9-18-CalculusCalculator. py。

习题 9.19：计算反函数。

扩展习题 9.18 中的 CalculusCalculator 类，以提供计算反函数的功能。

提示：附录 A 的 A.1.11 节中介绍了一种计算反函数的数值方法。附录 E 的习题 E.17～习题 E.20 中还介绍了其他更具吸引力的方法。

文件名：ex9-19-CalculusCalculator2.py。

习题 9.20：基于过程实现人物线条画。

要画一个简单的人物示意图，可以用一个圆表示头，用两根线表示手臂，用一条垂直线加一个三角形或矩形表示颈和躯干，用两条线表示腿。在 Shape 层次中选取合适的类完成这样一幅画。

文件名：ex9-20-draw_person.py。

习题 9.21：基于类实现人物线条画。

基于习题 9.20 的代码，实现 Shape 的一个子类，用于绘制人物。在构造函数中提供如下参数：头部的中心及半径 R。让手臂及躯干的长度为 $4R$，双腿长度为 $6R$。双腿之间的夹角可以固定（例如取 $30°$），而手臂与躯干之间的夹角由构造函数的参数传入，并设置合理的默认值。

文件名：ex9-21-Person.py。

习题 9.22：为人物添加挥动的双手。

实现习题 9.21 中 Person 类的一个子类，该类的构造函数的参数中包含手臂与躯干的夹角。并使用该类模拟一个人挥舞双手的动画。

文件名：ex9-22-waving_Person.py。

附录 A　数列和差分方程

数学中的数列是一个具有特定顺序的数字集合,它的一般形式为

$$x_0, x_1, x_2, \cdots, x_n, \cdots$$

例如奇数就是一个数列:

$$1, 3, 5, \cdots, 2n+1, \cdots$$

通项公式是 $2n+1$,n 取自然数 $0, 1, 2, \cdots$,写成更紧凑的形式为 $(x_n)_{n=0}^{\infty}$,其中 $x_n = 2n+1$。数学中其他无限数列的例子还有

$$1, 4, 9, 16, 25, \cdots, (x_n)_{n=0}^{\infty}, x_n = (n+1)^2 \tag{A.1}$$

$$1, \frac{1}{2}, \frac{1}{3}, \frac{1}{4}, \cdots, (x_n)_{n=0}^{\infty}, x_n = \frac{1}{n+1} \tag{A.2}$$

上面提到的数列都是无限的,它们由所有自然数生成,然而现实应用中的大多数数列是有限的。例如在银行存钱,存入金额为 x_0,存钱是有利息的,一年后就增加到金额 x_1,两年后为 x_2,N 年后为 x_N,这个过程产生一个有限的金额数列:

$$x_0, x_1, x_2, \cdots, x_N, \quad (x_n)_{n=0}^{N}$$

通常 N 的值都比较小,典型值为 $20 \sim 30$。其实银行也不可能永远存在,所以数列肯定有限。

数列并不总有通项公式,往往更加容易说清楚的是两个或多个连续项之间的关系。有些数列用这两种方法都可以表示。例如奇数的例子。从第二项起的每一项可以通过以下公式生成:

$$x_{n+1} = x_n + 2 \tag{A.3}$$

这个公式还需要一个初始条件,即指定第一项:

$$x_0 = 1$$

像式(A.3)这种数列中连续项之间的关系叫作递推关系或差分方程。数学上求解一个差分方程很困难,但计算机很容易做到,也就是说差分方程非常适合通过计算机编程来求解,本附录专门讨论这个专题。先导知识主要包括程序设计中的循环、数组和命令行参数的编程,还会用到单变量的函数的可视化。

本附录程序示例在文件夹 src/diffeq[①] 中。

A.1　用差分方程构建数学模型

科学的目的是理解复杂的现象,这些现象可以是自然的一部分、社会中的一个群体、城市交通状况等。之所以用科学来描述这些现象,因为它们看起来很复杂,也很难理解。理解一个现象的常见的科学途径是:先创建这个现象的模型(简称建模),然后讨论模型的性质,因为模型更容易理解,但为了保留问题的基本特征,模型还需要有足够的复杂性。

---

① http://tinyurl.com/pwyasaa/diffeq。

没有正确的模型,只有有用的模型。

乔治·博克斯,统计学家,1919—2013

建模实际上是一个普遍使用的技术方法,不仅仅用于科学。例如,你想邀请一个朋友去你家,他从来没有去过你家,你可以给他画一个你家附近的地图来帮助他。这个地图就是一个模型:它只需要标注最显著的地标,而忽略了无数无关紧要的细节。这就是建模的本质:一个好的模型应该尽可能简单,但要说清楚要解决的问题。

建模要简化到不能再简化为止。

阿尔伯特·爱因斯坦,物理学家,1879—1955

不同学科的建模工具可能很不一样。在自然科学中,数学是用来建模的核心工具。要建立模型,首先需要分析要解决的问题,做到可以用数学来描述它,通常,这个过程产生一组方程;然后求这个方程组的解,只有通过这个解才能知道模型能不能真实地描述现象。差分方程是最简单、最有效的数学模型之一,不但在数学上好理解,编程也简单,从而让人们能更多地关注建模。下面将在不同的应用中推导和求解差分方程。

A.1.1　利息计算

第一个差分方程模型是关于银行存钱问题的。在年利率为 p 的银行中,n 年后,初始金额 x_0 将增长到多少?中学数学介绍过这个公式:

$$x_n = x_0 \left(1 + \frac{p}{100}\right)^n \tag{A.4}$$

不过这个公式有一些限制,例如 n 年的利率不变。此外,这个公式只能算出每年的金额,而不能算几个月或几天后的。如果用差分方程建立一个更基本的利息模型,然后用计算机编程求解,那么利息计算就容易多了。

利息计算的基本模型:如果某个时间点 t_{n-1} 的金额是 x_{n-1},单位时间的利率为 $p\%$,则下一个时间点 t_n 的金额为 x_n:

$$x_n = x_{n-1} + \frac{p}{100} x_{n-1} \tag{A.5}$$

如果时间点 n 以年计,那么 $p\%$ 为年利率。如果 p 是常数,那么由式(A.5)可以推导出以下公式:

$$x_n = \left(1 + \frac{p}{100}\right) x_{n-1} = \left(1 + \frac{p}{100}\right)^2 x_{n-2} = \cdots = \left(1 + \frac{p}{100}\right)^n x_0$$

除了前面直接用 x_n 公式编程,还可以使用式(A.5)这个基本模型,用循环程序计算 $x_1, x_2, x_3, \cdots$,当然,x_0 必须是已知的。这个 growth_years.py 程序如下:

```
from scitools.std import *
x0 = 100    #initial amount
p = 5       #interest rate
N = 4       #number of years
index_set = range(N+1)
x = zeros(len(index_set))
#Compute solution
x[0] = x0
for n in index_set[1:]:
    x[n] = x[n-1] + ( p/100.0) * x[n-1]
print x
plot(index_set, x, 'ro', xlabel='years', ylabel='amount')
```

输出为每年金额 x：

```
[ 100.    105.    110.25    115.7625    121.550625]
```

编写过数学软件的程序员都会注意到一点，如果程序要讲究存储效率，则无须将所有的 x_n 值存储在数组中，也无须使用具有 $0 \sim N$ 完整索引的 list 结构，整个程序只需要一个整数 n 和两个浮点数 x_n、x_{n-1} 就够了。当 N 很大时，这可以节省很多对象资源（内存）。习题 A.3 就需要开发一个这样的节省内存的程序。

现在假设要计算 N 天后的金额。每一天的利率为 $r = p/D$，其中，p 是年利率，而 D 是一年中的天数。基本模型是一样的，只是这里的单位时间 n 以天计，r 替代了 p：

$$x_n = x_{n-1} + \frac{r}{100} x_{n-1} \tag{A.6}$$

国际商务中的惯例是使用 $D = 360$，两个日期之间的天数用 n 来计数（详细的解释参见维基百科词目 Day count convention）。Python 中的 datetime 模块可以方便地完成有关日期和时间的计算，例如计算两个日期之间天数：

```
>>>import datetime
>>>date1 = datetime.date(2007, 8, 3)    #Aug 3, 2007
>>>date2 = datetime.date(2008, 8, 4)    #Aug 4, 2008
>>>diff = date2 - date1
>>>print diff.days
367
```

下面调整程序，把按年计算金额变成按天计算：

```
from scitools.std import *
x0 = 100                 #initial amount
p = 5                    #annual interest rate
r = p/360.0              #daily interest rate
import datetime
date1 = datetime.date(2007, 8, 3)
date2 = datetime.date(2011, 8, 3)
diff = date2 - date1
N = diff.days
index_set = range(N+1)
x = zeros(len(index_set))

#Compute solution
x[0] = x0
for n in index_set[1:]:
    x[n] = x[n-1] + ( r/100.0) * x[n-1]
print x
plot(index_set, x, 'ro', xlabel='days', ylabel='amount')
```

程序命名为 growth_days.py，运行结果打印出的 4 年后金额为 122.5。

很容易将按年计息的式（A.4）改成按日计息的形式。然而，现实生活中的 r 是随时间变化的，采用式（A.6）编写的程序 growth_days.py 就更有优势，其中可以用 $r(n)$ 来逐个记录利率和时间的对应关系。相应存在变化的年利息 $p(n)$ 通常被定义为一个分段常数函数，即利率只在某些特定的日期改变，而在这些日期之间的日子里保持为常数。有了 p 改变的日期，就可以在程序中构造数组 p 了。由于 p 要通过变化的日期来索引定位,所以其构建需要一些技巧,这里不讨论细节,读者如果想计算 p 或者想做一下解决索引问题的训练,可以做习题 A.8。现在假设用数组 p 保存按日记录的利息。那么,growth_days.py 程序也需要稍做改动:

```
p = zeros(len(index_set))
# set up p (might be challenging!)
...
r = p/360.0                         # daily interest rate
for n in index_set[1:]:
    x[n]=x[n-1] + ( r[n-1]/100.0) * x[n-1]
```

非常简单(且不是非常有意义)的情况是 p 线性增长,也就是每天都变化,在一段时间内从 4% 变到 6%。grow_days_timedep.py 中是一个完整的程序。可以将 p 在 4%～6% 线性变化的模拟结果和 p 在对应时间段内采用平均值 5% 的模拟结果进行比较。

形如 $r(n)$ 的差分方程在数学上很难求解,但是这种依赖于 n 的 r 可以很容易用计算机程序的方法解出。

A.1.2　用差分方程处理阶乘问题

差分方程

$$x_n = nx_{n-1}, \quad x_0 = 1 \tag{A.7}$$

可以很快地一步步展开求解:

$$
\begin{aligned}
x_n &= nx_{n-1} \\
&= n(n-1)x_{n-2} \\
&= n(n-1)(n-2)x_{n-3} \\
&= n(n-1)(n-2)\cdots \times 1
\end{aligned}
$$

x_n 其实就是 n 的阶乘,记作 $n!$。式(A.7)是计算 $n!$ 的标准方法。

A.1.3　斐波那契数

各种教材的数列部分都有著名的斐波那契数,其通式通常采用差分方程的形式(参见维基百科的相关条目):

$$x_n = x_{n-1} + x_{n-2}, x_0 = 1, x_1 = 1, n = 2,3,4,\cdots \tag{A.8}$$

这个公式含有数列中的 3 个元素,而不只是前面例子中看到的两个元素。这就是一个二阶的差分方程,而前面的例子中包含两个 n 级项的式子就是一阶差分方程。式(A.8)准确描述的是二阶齐次差分方程。用程序求解方程时,这个分类并不重要;但是用手工求解时,这个分类有助于人们找到最恰当的数学方法。

下面是一个生成斐波那契数的简单程序(名为 fibonacci1.py):

```
import sys
import numpy as np
N = int(sys.argv[1])
x = np.zeros(N+1, int)
x[0] = 1
x[1] = 1
for n in range(2, N+1):
    x[n] = x[n-1] + x[n-2]
    print n, x[n]
```

这个程序产生斐波那契数的数量是通过程序运行参数（sys.argv[1]）赋值给 N 指定的。由于 x_n 是一个无穷数列，运行程序时 N 应该可以非常大，但是非常大的 N 会引起两个问题。第一个问题是数组 x 的内存需求对于计算机来说太大了。第二个问题应该出现得更早，大约在 $N=50$ 之前，x_n 的值已经超出 NumPy 模块的 int 数组中的元素所能表示的最大整数，系统运行会报告溢出（overflow）。解决第二个问题有很多种办法。最直接的一个解决办法是让数组元素的类型为 int64，也就是 64 位二进制整数，而 int 类型为 32 位二进制整数，所以 int64 的数值位数是 int 类型的两倍（参见程序 fibonacci1_int64.py）。另一个解决办法是让数组 x 中的元素使用 float 类型，由于 x_n 理论上都是整数，采用 float 类型以后，虽然 x_n 的计算结果的数值范围大幅度扩大，但是结果已经不是精确的整数了。如果使用 float64 类型作为数组元素，可以计算到 $N=23\ 600$（参见程序 fibonacci1_float.py）。

最佳解决方案如下。回想一下 growth_years.py 程序，在习题 A.3 中也有说明，那里仅用 3 个变量就可以生成数列。在 Python 中可以只使用 3 个标准的 int 变量：

```
import sys
N = int(sys.argv[1])
xnm1 = 1
xnm2 = 1


n = 2
while n <= N:
    xn = xnm1 + xnm2
    print 'x_%d = %d' % (n, xn)
    xnm2 = xnm1
    xnm1 = xn
    n += 1
```

其中，xnm1 表示 x_{n-1}，xnm2 表示 x_{n-2}。为了准备下一遍循环，要先将 xnm1 的值移到 xnm2 中，并将新计算出来的 x_n 的值转移到 xnm1 中。与 NumPy 模块定义的数组中的 int 元素不同，Python 本身的整数类型的好处是可以保存更大的整数。更确切地说，对于普通 int 对象没法表示的大整数，xn 将变成一个 long（长整型）对象，它可以保存计算机内存允许的最大整数，取 $N=250$ 的运行结果为

```
x_2 = 2
x_3 = 3
x_4 = 5
x_5 = 8
x_6 = 13
x_7 = 21
x_8 = 34
x_9 = 55
x_10 = 89
x_11 = 144
x_12 = 233
x_13 = 377
x_14 = 610
x_15 = 987
x_16 = 1597
...
x_249 = 7896325826131730509282738943634332893686268675876375
x_250 = 12776523572924732586037033894655031898659556447352249
```

在数学课程中有斐波那契数列中第 n 项公式的推导。推导过程比编写这个简单的程序来生成数列要复杂得多,但是,推导并得到公式的过程中有很多数学的乐趣!

A.1.4　生物群体的增长

设 x_{n-1} 为时间 t_{n-1} 时某种生物群体中的个体数量,生物群体可以是人类、动物、细胞或者其他任何对象,其中出生与死亡的数目与个体数目成比例,也就是在时间 t_{n-1} 和 t_n 之间,个体出生 bx_{n-1} 个,个体死亡 dx_{n-1} 个,b 和 d 为常数,这段时间里个体数量的净增长为 $(b-d)x_n$,引入 $r=(b-d)100$ 来衡量净增长因子的百分率,那么这段时间里新增的个体数目为

$$x_n = x_{n-1} + \frac{r}{100}x_{n-1} \tag{A.9}$$

这和式(A.5)一样,也是一个差分方程。只要每个个体都具有良好的生长条件(没有意外),这个方程就可以很好地模拟个体数量的增长;如果有意外情况发生,可以按照 A.1.5 节的方法来调整模型。

要求解式(A.9),需要知道起始的个体数量 x_0。而参数 b 和 d 取决于时间差 t_n-t_{n-1},也就是说 n 以年计的 b 和 d 比 n 以代计的要小。

A.1.5　逻辑增长

式(A.9)给出的生物总量增长的模型将导致个体数量的指数级增长,结果和式(A.4)类似。随着时间段 n 的增加,人口增长的速度越来越快,当 $n\to\infty$ 时,$x_n\to\infty$。然而,在实际生活中,同一时间内生存在某个特定环境中的个体数量是有上限的,记为 M。空间和食物的不足、个体之间的竞争、捕食者、传染病的传播等都是限制数量增长的因素。M 通常被称为环境的承载能力(carrying capacity),这是和时间关联的合理的最大生物总量数。考虑限制增长因素,增长因子 r 依赖于时间:

$$x_n = x_{n-1} + \frac{r(n-1)}{100}x_{n-1} \tag{A.10}$$

在增长过程开始时,资源充足,因此增长呈指数形式;但随着 x_n 接近 M,增长停止,也就是 r 必须接近 0。一个符合此性质的简单函数 $r(n)$ 是

$$r(n) = \varrho\left(1 - \frac{x_n}{M}\right) \tag{A.11}$$

对于很小的 n,$x_n \ll M$ 且 $r(n)\approx\varrho$(资源无限时的增长率);当 $n\to M$ 时,$r(n)\to 0$。式(A.11)被称为逻辑增长。相应的逻辑差分方程为

$$x_n = x_{n-1} + \frac{\varrho}{100}x_{n-1}\left(1 - \frac{x_{n-1}}{M}\right) \tag{A.12}$$

下面的程序(growth_logistic.py)模拟 $N=200$ 个时间间隔、初始的 $x_0=100$ 个个体、承载能力为 $M=500$ 且单个时间间隔内初始增长为 $\varrho=4\%$ 的个体数量增长情况:

```
from scitools.std import *
x0 =100      #initial amount of individuals
M =500       #carrying capacity
rho =4       #initial growth rate in percent
N =200       #number of time intervals
index_set =range(N+1)
x =zeros(len(index_set))

#Compute solution
x[0] =x0
```

```
for n in index_set[1:]:
    x[n] =x[n-1] + (rho/100.0) * x[n-1] * (1 -x[n-1]/float(M))
print x
plot(index_set, x, 'r', xlabel='time units',
    ylabel='number of individuals', hardcopy='tmp.pdf')
```

程序执行结果如图 A.1 所示，图中显示了人口数量是如何趋于稳定的，即随着 N 的增大（数量级与 M 相同），x_n 趋近于 M。

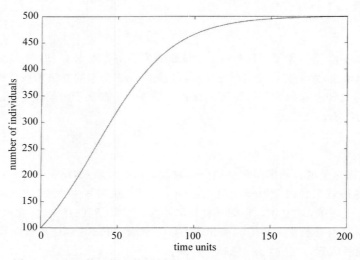

图 A.1　人口数量的逻辑增长（$\varrho=4, M=500, x_0=100, N=200$）

如果随着 $n \rightarrow \infty$，式（A.12）趋于稳定，那么说明在极限情况下 $x_n = x_{n-1}$，式（A.12）可简化为

$$x_n = x_n + \frac{\varrho}{100} x_n \left(1 - \frac{x_n}{M}\right)$$

将 $x_n = M$ 代入，上面的等式也是成立的。同样，令 $x_n = x_{n-1}$，可以检查一个差分方程中的 x_n 是否有极限。

引入变量的比例因子后，像式（A.12）这样的数学模型就更加容易使用。基本原理是：将每个变量都除以该变量的特征值，使新变量的典型值为 1。当前例子中用 M 作为 x_n 的比例因子来引入新变量

$$y_n = \frac{x_n}{M}$$

类似地，x_0 被 $y_0 = x_0/M$ 替代。在式（A.12）中代入 $x_n = y_n/M$，并除以 M，得到

$$y_n = y_{n-1} + q y_{n-1}(1 - y_{n-1}) \tag{A.13}$$

其中 $q = \varrho/100$ 用来保存输入。式（A.13）比式（A.12）简单，其解大致在 y_0 和 1 之间（大于 1 的值可能出现，见习题 A.19），只需要考虑两个无量纲的输入参数：q 和 y_0。要解式（A.12），则需要 3 个参数：x_0、ϱ 和 M。

A.1.6　偿还贷款

贷款额为 L，分为 N 个月偿还。每个月的还款额包含 L/N 加上贷款的利息。记贷款的年利率为百分之 p，则月利率为 $p/12$。n 个月后的贷款额为 x_n，那么它和 x_{n-1} 之间的变化可以建模为

$$x_n = x_{n-1} + \frac{p}{12 \times 100} x_{n-1} - \left(\frac{p}{12 \times 100} x_{n-1} + \frac{L}{N}\right) \tag{A.14}$$

$$x_n = x_{n-1} - \frac{L}{N} \tag{A.15}$$

其中 $n=1,2,\cdots,N$。初始条件为 $x_0=L$。对比式（A.15）和式（A.6），式（A.6）中所有项都与 x_n 或 x_{n-1} 成比例，是齐次线性的，而式（A.15）中包含常数项 L/N，是非齐次线性的。数学上求解非齐次方程的比齐次方程更困难，但对于程序来说没有多大的差别：只要在差分方程的公式中添加额外的 $-L/N$ 项即可。

求解式（A.15）是一个常规过程，重复使用式（A.15）求出解 $x_n=L-nL/N$。我们更感兴趣的是每个月要付的钱 y_n。可以变换前一个模型，同时计算 y_n 和 x_n：

$$y_n = \frac{p}{12 \times 100} x_{n-1} + \frac{L}{N} \tag{A.16}$$

$$x_n = x_{n-1} + \frac{p}{12 \times 100} x_{n-1} - y_n \tag{A.17}$$

式（A.16）和式（A.17）是一个差分方程组。编程时，简单地在一个 n 次循环中先更新 y_n 再更新 x_n 就可以了。这个练习在习题 A.4 中。

A.1.7　使用差分方程来求积分

假设函数 $f(x)$ 被定义为以下积分：

$$f(x) = \int_a^x g(t)\,\mathrm{d}t \tag{A.18}$$

设 $x_0=a<x_1<\cdots<x_N=x$，积分的目标是通过 x_0 到 x_N 一系列点求 $f(x)$ 的值。从数值计算来看，对于 $0\leqslant n\leqslant N$，都可以用梯形积分法来求 $f(x_n)$：

$$f(x_n) = \sum_{k=0}^{n-1} \frac{1}{2}(x_{k+1} - x_k)(g(x_k) + g(x_{k+1})) \tag{A.19}$$

式（A.19）就是求从点 x_0 到 x_n 函数 $g(t)$ 下的一系列梯形面积之和，图 5.22(b) 就是这个方法的图解。其实 $f(x_{n+1})$ 就是 $f(x_n)$ 与下一个梯形面积之和：

$$f(x_{n+1}) = f(x_n) + \frac{1}{2}(x_{n+1} - x_n)(g(x_n) + g(x_{n+1})) \tag{A.20}$$

由于只需要计算第 $n+1$ 个梯形的面积，前 n 个梯形不需要重复计算，因此式（A.20）比式（A.19）的效率高得多。

对照式（A.20），用变量 f_n 保存 $f(x_n)$，对于给定 $x_0=a$ 以及 $x_1,x_2,\cdots,x_N$ 一系列点，有 $f_0=0$，对于 $n=1,2,\cdots,N$，有

$$f_n = f_{n-1} + \frac{1}{2}(x_n - x_{n-1})(g(x_{n-1}) + g(x_n)) \tag{A.21}$$

再用变量 g_n 保存 $g(x_n)$，避免计算 f_{n+1} 时再次重复计算 $g(x_n)$，则

$$g_n = g(x_n) \tag{A.22}$$

$$f_n = f_{n-1} + \frac{1}{2}(x_n - x_{n-1})(g_{n-1} + g_n) \tag{A.23}$$

其中初始条件为 $f_0=0$，$g_0=g(x_0)=g(a)$。

下面编写的积分函数 integral 将 g、a、x 和 N 作为输入，其中：

- g：被积函数。
- a：积分起点。
- x：自变量点数列。
- N：自变量 x 点数列长度。

函数的返回值是两个数组：

- $x=x_0,x_1,\cdots,x_N$：自变量点数列。
- $f=f_0,f_1,\cdots,f_N$：各自变量点相应的积分值数列。

积分计算函数代码如下：

```python
def integral(g, a, x, N =20):
    index_set =range(N+1)
    x =np.linspace(a, x, N+1)
    g_ =np.zeros_like(x)
    f =np.zeros_like(x)
    g_[0] =g(x[0])
    f[0] =0

    for n in index_set[1:]:
        g_[n] =g(x[n])
        f[n] =f[n-1] +0.5 * (x[n] -x[n-1]) * (g_[n-1] +g_[n])
    return x, f
```

由于 g 用作被积函数，程序中使用了 g_数组来保存 g(x[n])值。

计算的程序写好后的第一件事是程序正确性测试。这里先用简单的线性函数作为被积函数 $g(t)$ 来测试梯形积分法的效果：

```python
def test_integral():
    def g_test(t):
        """Linear integrand."""
        return 2 * t +1

    def f_test(x, a):
        """Exact integral of g_test."""
        return x**2 +x - (a**2 +a)

    a =2
    x, f =integral(g_test, a, x=10)
    f_exact =f_test(x, a)
    assert np.allclose(f_exact, f)
```

有些函数的积分是没有解析解的，本程序的一个实际应用是对不存在解析解的函数计算积分，例如：

$$g(t) = \frac{1}{\sqrt{2\pi}}\exp(-t^2)$$

用 integral 程序来计算积分值，其代码如下：

```python
def demo():
    """Integrate the Gaussian function."""
    from numpy import sqrt, pi, exp

    def g(t):
        return 1./sqrt(2 * pi) * exp(-t**2)

    x, f =integral(g, a=-3, x=3, N=200)
    integrand =g(x)
    from scitools.std import plot
    plot(x, f, 'r-',
```

```
        x, integrand, 'y-',
        legend=('f', 'g'),
        legend_loc='upper left',
        savefig='tmp.pdf')
```

图 A.2 展示了被积函数和积分结果。所有代码都在文件 integral.py 中。

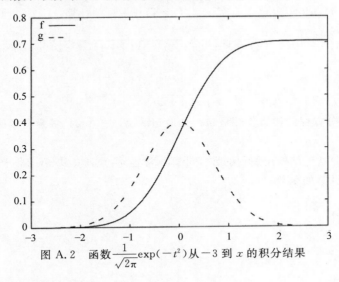

图 A.2　函数 $\dfrac{1}{\sqrt{2\pi}}\exp(-t^2)$ 从 -3 到 x 的积分结果

A.1.8　使用差分方程计算泰勒级数

看下面两个差分方程：

$$e_n = e_{n-1} + a_{n-1} \tag{A.24}$$

$$a_n = \frac{x}{n} a_{n-1} \tag{A.25}$$

其中，初始条件为 $e_0 = 0, a_0 = 1$。下面代入初始条件来求解差分方程：

$$e_1 = 0 + a_0 = 0 + 1 = 1$$
$$a_1 = x$$
$$e_2 = e_1 + a_1 = 1 + x$$
$$a_2 = \frac{x}{2} a_1 = \frac{x^2}{2}$$
$$e_3 = e_2 + a_2 = 1 + x + \frac{x^2}{2}$$
$$e_4 = 1 + x + \frac{x^2}{2} + \frac{x^3}{3 \times 2}$$
$$e_5 = 1 + x + \frac{x^2}{2} + \frac{x^3}{3 \times 2} + \frac{x^4}{4 \times 3 \times 2}$$

接触过泰勒级数的读者会发现这就是 e^x 的泰勒级数：

$$\mathrm{e}^x = \sum_{n=0}^{\infty} \frac{x^n}{n!} \tag{A.26}$$

式（A.24）和式（A.25）是计算 e^x 的泰勒多项式近似，推导从 $\displaystyle\sum_{n=0}^{\infty} \frac{x^n}{n!}$ 这个求和过程开始。求和是通过循环

实现的不断迭代过程，就是不断向累加变量加上新的项。这段程序在数学上其实就是以下差分方程：

$$e_{n+1} = e_n + \frac{x^n}{n!}, \quad e_0 = 0, n = 0, 1, 2, \cdots \tag{A.27}$$

或用 $n-1$ 代替 n 进行等价变换：

$$e_n = e_{n-1} + \frac{x^{n-1}}{n-1!}, \quad e_0 = 0, n = 1, 2, 3, \cdots \tag{A.28}$$

这里有一个重要的情况：$x^n/n!$ 项中包含前面 $x^{n-1}/(n-1)!$ 做过的计算：

$$\frac{x^n}{n!} = \frac{xx\cdots x}{n(n-1)(n-2)\cdots \times 1}, \frac{x^{n-1}}{(n-1)!} = \frac{xx\cdots x}{(n-1)(n-2)(n-3)\cdots \times 1}$$

令 $a_n = x^n/n!$，则

$$\frac{x}{n}a_{n-1} = \frac{x}{n}\frac{x^{n-1}}{(n-1)!} = \frac{x^n}{n!} = a_n \tag{A.29}$$

这就是式（A.25），这个差分方程的初始条件是 $a_0 = 1$，换句话说，式（A.24）求泰勒多项式的和，式（A.25）计算多项式求和中的每一项。

式（A.24）和式（A.25）这种结构用编程的方式计算非常容易，是计算式（A.26）十分有效的方法。下面的 exp_diffeq 就是完成这个计算的函数：

```python
def exp_diffeq(x, N):
    n = 1
    an_prev = 1.0               # a_0
    en_prev = 0.0               # e_0
    while n <= N:
        en = en_prev + an_prev
        an = x/n * an_prev
        en_prev = en
        an_prev = an
        n += 1
    return en
```

注意，这个函数没有将迭代过程中的结果数列保存下来，这里利用了式（A.24）和式（A.25）的以下特征：公式中每一项的计算仅仅用到前一项的计算结果。以上函数和 e^x 的泰勒级数计算以及不同 N 值计算结果的精度比较，都可以在文件 exp_Taylor_series_diffeq.py 中找到。

A.1.9　投资与财产

假设某人的财产量是 F，他用这些钱做了一个安全的投资，年利率为百分之 p。每年他的花销计划为 c_n，n 为年度数。这样，他第 n 年的财产 x_n 以年为单位的变化模型就是

$$x_n = x_{n-1} + \frac{p}{100}x_{n-1} - c_{n-1}, \quad x_0 = F \tag{A.30}$$

一个简单的例子是保持 c 为常数，例如第一年利率的百分之 q，即 $c = pqF/10^4$，则

$$x_n = x_{n-1} + \frac{p}{100}x_{n-1} - \frac{pq}{10^4}F, \quad x_0 = F \tag{A.31}$$

一个更真实的模型是假设每年通胀百分之 I，每年花销 c_n 会因通胀而增加。扩展这个模型可以有两种方法。最简单、清晰的方法是分别计算 x_n 和 c_n 这两个数列的变化：

$$x_n = x_{n-1} + \frac{p}{100}x_{n-1} - c_{n-1}, \quad x_0 = F, c_0 = \frac{pq}{10^4}F \tag{A.32}$$

$$c_n = c_{n-1} + \frac{I}{100} c_{n-1} \tag{A.33}$$

这是一个包含两个未知数、两个差分方程的系统。不过，求解方法并不比一个未知数的单个差分方程复杂，先用式（A.32）求出 x_n，再用式（A.33）计算新的 c_n 值。请读者自行编写这个程序（见习题 A.5）。

另一种差分方程是直接求 c_{n-1}，即合并式（A.32）到一个像式（A.4）一样的公式：

$$c_{n-1} = \left(1 + \frac{I}{100}\right)^{n-1} \frac{pq}{10^4} F$$

把合并后的公式代入式（A.30），就可以得到一个单一的差分方程。

A.1.10 牛顿迭代法

差分方程

$$x_n = x_{n-1} - \frac{f(x_{n-1})}{f'(x_{n-1})}, x_0 \text{ 是确定的} \tag{A.34}$$

会产生一个 x_n 数列，如果数列收敛（即 $x_n - x_{n-1} \to 0$），那么 x_n 将收敛于 $f(x)$ 的一个根，也就是说，$x_n \to x$，其中 x 是方程 $f(x) = 0$ 的解。式（A.34）就是著名的非线性代数方程 $f(x) = 0$ 的牛顿迭代法求根公式。说 $f(x)$ 是非线性的，就是说 $f(x)$ 不是 $ax + b$ 的形式，其中 a、b 为常数，那么式（A.34）就是一个非线性差分方程。非线性导致对差分方程的分析变得复杂，但不会增加求数值解的难度。

下面推导式（A.34）。要求解下面的方程：

$$f(x) = 0$$

假设已经有了一个近似解 x_{n-1}。如果 $f(x)$ 是线性的，$f(x) = ax + b$，那么求解 $f(x) = 0$ 非常容易：$x = -b/a$。现在的想法是在 $x = x_{n-1}$ 附近用线性函数近似 $f(x)$，也就是一条直线 $f(x) \approx \widetilde{f}(x) = ax + b$。这条直线的斜率应该与 $f(x)$ 在 $x = x_{n-1}$ 处的斜率相同，即 $a = f'(x_{n-1})$，且这条直线和 f 在 $x = x_{n-1}$ 处的值应该相等。在这种情况下，可以求出 $b = f(x_{n-1}) - x_{n-1} f'(x_{n-1})$，近似函数（直线）就是

$$\widetilde{f}(x) = f(x_{n-1}) + f'(x_{n-1})(x - x_{n-1}) \tag{A.35}$$

这个表达式正好就是 $f(x)$ 在 $x = x_{n-1}$ 的泰勒级数近似的前两项。现在，对于方程

$$\widetilde{f}(x) = 0$$

很容易得到

$$x = x_{n-1} - \frac{f(x_{n-1})}{f'(x_{n-1})} \tag{A.36}$$

因为 $\widetilde{f}$ 只是 f 的近似，式（A.36）中的 x 也只是 $f(x) = 0$ 的根的近似。希望 x 近似比 x_{n-1} 要好，这样就可以将 $x_n = x$ 设为数列中的下一项，希望这个数列最终收敛到方程的正确的根。由于收敛性在很大程度上取决于 $f(x)$ 的形状，因此不能保证这种方法的有效性。

前面的求解差分方程的程序都是计算一个 x_n 的数列，一直到 $n = N$，这个 N 是给定的。当使用式（A.34）来求非线性方程的根时，是无法预先知道当 N 多大时的 x_n 才能使 $f(x_n)$ 足够接近于 0。因此，只好一直增大 n，直到 $f(x_n) < \varepsilon$，其中 ε 是一个很小的值。当然，如果数列发散，这个过程将永远不会结束，所以一定要给 n 设一个上限，记作 N。

式（A.34）的解可以很方便地写成一个函数，以便重复使用。这里给出一个初级实现：

```
def Newton(f, x, dfdx, epsilon=1.0E-7, N=100):
    n = 0
    while abs(f(x)) > epsilon and n <=N:
        x = x - f(x)/dfdx(x)
        n += 1
    return x, n, f(x)
```

这个函数有可能正常工作，但代码中有以下不足和问题：

（1）f(x)/dfdx(x)有可能执行整数除法，所以必须确保分子或者分母为 float 类型。

（2）在每一次循环中，$f(x)$ 的函数值都要计算两次（一次在循环体内，另一次在 while 语句的条件中）。如果将 $f(x)$ 保存在局部变量中，那么就可以只计算一次。在本节中，$f(x)$ 比较简单，计算两次 f 的函数值并没有什么影响，但是牛顿迭代法还可用于更复杂的函数，到那时两次函数求值的计算量就很大了。程序员要学会通过减少非必要的计算来优化代码。

（3）更严重的问题是分母可能为 0；类似的问题还有分母是一个很小的数字，此时除法产生的结果数值非常大，可能导致牛顿迭代法发散。要为 $f'(x)$ 设置最小值，并给小于最小值或者为 0 的情况编写一个警告或引发一个异常。

改进方法是引入一个布尔参数 store 来标识迭代时是否要将 $(x, f(x))$ 值保存到一个列表中。如果想打印或绘制牛顿迭代法的收敛情况，那么这些中间值将非常有用。

下面是一个改进版本的牛顿迭代法函数：

```python
def Newton(f, x, dfdx, epsilon=1.0E-7, N=100, store=False):
    f_value = f(x)
    n = 0
    if store: info = [(x, f_value)]
    while abs(f_value) > epsilon and n <= N:
        dfdx_value = float(dfdx(x))
        if abs(dfdx_value) < 1E-14:
            raise ValueError("Newton: f'(%g)=%g" % (x, dfdx_value))

        x = x - f_value/dfdx_value

        n += 1
        f_value = f(x)
        if store: info.append((x, f_value))
    if store:
        return x, info
    else:
        return x, n, f_value
```

这个牛顿迭代法函数中需要用 Python 函数实现导数 $f'(x)$ 的计算，并作为 dfdx 参数提供。另外，函数的返回值取决于迭代中是否保存了 $(x, f(x))$。

在实现牛顿迭代法的代码中，一般都要测试 dfdx(x)是否为 0，但在 Python 中可以不进行这个测试，因为除数为 0 会引发一个 ZeroDivisionError 异常。

下面用牛顿迭代法函数求解方程 $e^{-0.1x^2} \sin \frac{\pi}{2} x = 0$：

```python
from math import sin, cos, exp, pi
import sys
from Newton import Newton

def g(x):
    return exp(-0.1 * x**2) * sin(pi/2 * x)


def dg(x):
```

```
        return -2 * 0.1 * x * exp(-0.1 * x**2) * sin(pi/2 * x) +\
               pi/2 * exp(-0.1 * x**2) * cos(pi/2 * x)

x0 = float(sys.argv[1])
x, info = Newton(g, x0, dg, store=True)
print 'root:', x
for i in range(len(info)):
    print 'Iteration %3d: f(%g)=%g' % (i, info[i][0], info[i][1])
```

牛顿迭代法函数和上面的程序可以在文件 Newton.py 中找到。用 1.7 作为 x 的初值运行这个函数,结果如下:

```
root: 1.999999999768449
Iteration  0: f(1.7)=0.340044
Iteration  1: f(1.99215)=0.00828786
Iteration  2: f(1.99998)=2.53347e-05
Iteration  3: f(2)=2.43808e-10
```

由于指数函数永远不等于 0,因此方程的解就是正弦函数等于 0 的 x 值,即 $\pi x/2 = i\pi, i = \cdots, -2, -1, 0, 1, 2, \cdots$,为整数,所以 $x = 2i$。从结果可以看到数列迅速地收敛到解 $x = 2$。程序设置的停止迭代的误差为 10^{-7},而实际误差达到 10^{-10}。

如果设置 x 的初值为 3,预期这个方法能找到 $x = 2$ 或 $x = 4$ 的根,但实际的运行结果是

```
root: 42.49723316011362
Iteration  0: f(3)=-0.40657
Iteration  1: f(4.66667)=0.0981146
Iteration  2: f(42.4972)=-2.59037e-79
```

这个结果的确是在 $|f(x)| \leqslant \varepsilon$ 的条件下求解 $f(x) = 0$ 得到的,其中 ε 的确是一个非常小的值(这里 ε 约为 10^{-79}),但 $x \approx 42.5$ 并不接近正确解($x = 42$ 和 $x = 44$ 是更接近计算出的 x 的正确解)。怎么运用牛顿迭代法的原理来解释这种奇怪的结果?

可以用示例程序 Newton_movie.py 来研究这种奇怪的结果。这个程序需要 5 个命令行参数:一个 $f(x)$ 的公式、一个 $f'(x)$ 的公式(或用单词 numeric 表示 $f'(x)$ 的一个数值近似)、一个根的初值以及绘图中 x 的最小值和最大值。用下面的带参数的命令行运行程序:

```
Newton_movie.py 'exp(-0.1 * x**2) * sin(pi/2 * x)' numeric 3 -3 43
```

看看以 $x = 3$ 作为初值的过程。第一步中计算根的一个新值,是 $x = 4.66667$,如图 A.3 所示,这个根非常接近 $f(x)$ 的极值,因此这个点的导数非常小,这导致用来逼近 $f(x)$ 的近似直线非常平,结果使根的新值 $x \approx 42.5$。这个根距离上一个根非常远,实际上 $f(x)$ 函数值本身随着 x 的增加而迅速减小,在 $x = 42.5$ 时 $f(x)$ 已经小到满足收敛条件了。其实这个区域中 x 取任何值作为根都能满足收敛条件。

可以用别的初值来运行 Newton_movie.py,会发现这种迭代方法总是能找到最近的根。

A.1.11 反函数

给出函数 $f(x)$,称函数 $g(x)$ 为 f 的反函数。f 和 g 具有如下性质:如果将 $f(x)$ 的值代入函数 g,则结果为 x:

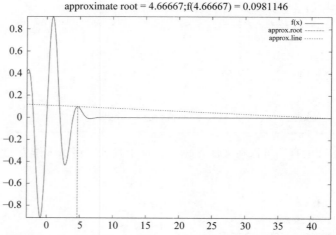

图 A.3　用牛顿迭代法求解 $e^{-0.1x^2}\sin\frac{\pi}{2}x=0$（从 $x=3$ 开始）时的错误，竖虚线标示的是第二个近似根

$$g(f(x)) = x$$

类似地，如果将 $g(x)$ 的值代入函数 f，结果也是 x：

$$f(g(x)) = x \tag{A.37}$$

用 y 替代式（A.37）中的 $g(x)$，并相对于 y 人工求解式（A.37），找到关于 x 的表达式作为反函数。例如，对于函数 $f(x)=x^2-1$，相对于 y 求解 $y^2-1=x$。为了确保解 y 的唯一性，x 值被限制在 $f(x)$ 单调的区间，在这个例子中，$x\in[0,1]$。求解 y 的结果是 $y=\sqrt{1+x}$，因此 $g(x)=\sqrt{1+x}$。很容易验证 $f(g(x))=(\sqrt{1+x})^2-1=x$。

　　数值上可以一次对一个点应用式（A.37）定义的反函数 g。假设对于 x 轴上的点数列 $x_0<x_1<\cdots<x_N$，在区间 $[x_0,x_N]$ 上 f 是单调的，也就是 $f(x_0)>f(x_1)>\cdots>f(x_N)$ 或 $f(x_0)<f(x_1)<\cdots<f(x_N)$，对于每个点 x_i，有：

$$f(g(x_i)) = x_i$$

$g(x_i)$ 的值未知，记为 γ，方程

$$f(\gamma) = x_i \tag{A.38}$$

可以对于 γ 求解。如果 f 是 x 的非线性函数，那么式（A.38）一般也是非线性的，因此需要使用牛顿迭代法来求解式（A.38）。牛顿迭代法用于求解一个形如 $f(x)=0$ 的方程，在本例中方程就是 $f(\gamma)-x_i=0$，即求解方程 $F(\gamma)\equiv f(\gamma)-x_i$，但是牛顿迭代法需要求导数 $F'(\gamma)$，这里可以使用一个简洁的有限差分近似：

$$\frac{\mathrm{d}F}{\mathrm{d}\gamma} \approx \frac{F(\gamma+h)-F(\gamma-h)}{2h}$$

从 γ_0 开始，用前面计算出来的 g 值，即 g_{i-1}，记 $\gamma=\text{Newton}(F,\gamma_0)$ 来表示预置初值为 γ_0 时 $F(\gamma)=0$ 的解。

　　所有 $g_0,g_1,\cdots,g_N$ 值的计算可以表述为

$$g_i = \text{Newton}(F,g_{i-1}), \quad i=1,2,\cdots,N \tag{A.39}$$

用 x_0 作为第一个点的初值：

$$g_0 = \text{Newton}(F,g_0) \tag{A.40}$$

式（A.39）和式（A.40）构成了计算 g_i 的差分方程，给定 g_{n-1}，就可以用式（A.39）计算数列中的下一个元素。因为式（A.39）中新值 g_i 的计算公式是非线性方程，所以式（A.39）是一个非线性差分方程的例子。

　　下面的程序在一组离散点 $x_0,x_1,\cdots,x_N$ 上计算 $f(x)$ 的反函数 $g(x)$，示例函数是 $f(x)=x^2-1$：

```
from Newton import Newton
from scitools.std import *

def f(x):
    return x**2 -1

def F(gamma):
    return f(gamma) -xi

def dFdx(gamma):
    return (F(gamma+h) -F(gamma-h))/(2 * h)

h =1E-6
x =linspace(0.01, 3, 21)
g =zeros(len(x))

for i in range(len(x)):
    xi =x[i]

    #Compute start value (use last g[i-1] if possible)
    if i ==0:
        gamma0 =x[0]
    else:
        gamma0 =g[i-1]

    gamma, n, F_value =Newton(F, gamma0, dFdx)
    g[i]=gamma

plot(x, f(x), 'r-', x, g, 'b-', title='f1', legend=('original', 'inverse'))
```

注意,对于 $f(x)=x^2-1,f'(0)=0$,所以牛顿迭代法会在除数为 0 时停止,除非令 $x_0>0$,这里设 $x_0=0.01$。f 函数很容易改写,以求别的函数的反函数。F 函数可以保持不变,因为它应用一个通用的有限差分来近似 $f(x)$ 的导数。完整的程序在文件 inverse_function. py 中。

A.2 对声音编程

在计算机上声音就是一系列数字,例如国际标准音 A(又叫 A 调)的频率是 440Hz。根据物理学,声波是一种振动的机械波,是由音叉、扬声器、弦或者其他机械介质的振动导致其周围空气振动,并以压缩波(又叫疏密波、纵波)的方式在空气中传播这种振动。这种波通过耳朵的复杂生理过程转换成一种大脑可以接收并识别为声音的电学信号。在数学上,振动可以用时间的 sin 函数来表示:

$$s(t) = A \sin 2\pi ft \tag{A.41}$$

其中,A 是声音的振幅或强度,f 是频率(例如标准音 A 是 440Hz)。在计算机上,$s(t)$ 是把时间点离散后按一定频率采样的函数,CD 音质是每秒采样 44 100 次。采样率有很多种,用 r 表示采样率。用采样率 r 对持续 m 秒的频率为 f 的音调进行采样,可以用以下数列来计算:

$$s_n = A\sin 2\pi f \frac{n}{r}, \quad n = 0,1,\cdots,mr \tag{A.42}$$

用 Python 的数值计算库完成这种计算非常简单方便。下面是一个产生单音(note)的函数,除了 r、A 和 m,其他变量名使用了解释性词汇:

```
import numpy as np

def note(frequency, length, amplitude=1, sample_rate=44100):
    time_points = np.linspace(0, length, length * sample_rate)
    data = np.sin(2 * np.pi * frequency * time_points)
    data = amplitude * data
    return data
```

A.2.1 将声音写入文件

上面的单音函数产生一个浮点数组来表示一种单音，这个数据是不能在计算机的声卡上播放的，声卡能接收的声音振动信息是 2 字节整数数列的形式。通过数组的 astype 将数据从浮点数转换为 2 字节的整数：

```
data = data.astype(numpy.int16)
```

在 NumPy 中 2 字节整数数据类型的名字叫 int16（2 字节就是 16 位）。2 字节整数的范围约为 $-2^{15} \sim 2^{15}-1$，所以最大振幅为 $2^{15}-1$。单音函数中的振幅是强度的相对值，取值为 $0 \sim 1$，现在要按照 2 字节整数来调整这个振幅：

```
max_amplitude = 2**15 - 1
data = max_amplitude * data
```

将由 int16 类型的数字构成的数组 data 写入文件，就可以作为 CD 音质的普通文件播放。这种文件被称为波形文件或 WAV 文件，因为文件的扩展名为 wav。Python 有一个 wave 模块用于创建此类文件。对于声音数组 data，在 SciTools 中有一个 sound 模块，其中的 write 函数可以将 data 写入一个 WAV 文件（使用 wave 模块的功能设计）：

```
import scitools.sound
scitools.sound.write(data, 'Atone.wav')
```

所有音乐播放软件都可以播放 Atone. wav 文件，也可以用下面的方法调用 Python 程序播放：

```
scitools.sound.play('Atone.wav')
```

函数 write 可以有更多参数，可以写出双声道的立体声文件，不过这里不深入探讨了。

A.2.2 从文件读取声音

可以把 WAV 文件中的声音信号读入一个数组，然后对数组中的数据进行数学化操作来改变声音的特点，例如加入回音、高音或低音。从名为 filename 的 WAV 文件中读声音数据的方法是

```
data = scitools.sound.read(filename)
```

数组 data 的元素类型为 int16。对这个数组进行计算时，需要通过以下操作把数组 data 的元素转换为浮点（float）类型：

```
data = data.astype(float)
```

其实 write 函数会自动地将元素类型转换为 int16 再写入文件。

加入回声的操作很容易。在数学上就是加入一个滞后的衰减音：设原声音的权重为 β，那么滞后声音的权重为 $1-\beta$，这样，总振幅不变。d 为延迟的秒数。若采样率为 r，那么延迟这段时间中的采样数为 dr，记为 b，对于原始声音数列 s_n，带回音的声音就是

$$e_n = \beta s_n + (1-\beta)s_{n-b} \tag{A.43}$$

计算不能从 0 开始，因为 $s_{0-b} = s_{-b}$，它不包含在声音数据内。对于 $n = 0, 1, \cdots, b$，可以定义 $e_n = s_n$，此后再加入按照式（A.43）给出的回音。用一个循环算完回音（程序中使用了解释性词汇作为变量名称，不是采用前面公式中的数学符号）：

```
def add_echo(data, beta=0.8, delay=0.002, sample_rate=44100):
    newdata = data.copy()
    shift = int(delay * sample_rate)          #b (math symbol)
    for i in range(shift, len(data)):
        newdata[i] = beta * data[i] + (1 - beta) * data[i - shift]
    return newdata
```

这个函数的问题是运行十分缓慢，尤其当声音片段持续几秒时（CD 音质要求每秒 44 100 个数据）。因此，要对差分方程采用向量化运算来加入回音。新版本的实现基于加入切片：

```
newdata[shift:] = beta * data[shift:] + (1-beta) * data[:len(data)-shift]
```

A.2.3 播放多个单音

如何用计算机程序产生一首数字化乐曲？前面的 note 函数可以生成一个包含特定振幅、频率、时长的单音（note）。单音用数组来记录。将不同单音的数组一个接一个连在一起就形成了乐曲。对于一组声音数组 data1，data2，data3，…，创建一个新的数组，它依次把所有数组中的元素都放进去：

```
data = numpy.concatenate((data1, data2, data3, …))
```

查维基百科可以知道，每个比基频 f 高 h 半调的单音的频率表示为 $f2^{h/12}$。A 调频率为 $440\,\text{Hz}$，定义各种单音和它们相应的频率如下：

```
base_freq = 440.0
notes = ['A', 'A#', 'B', 'C', 'C#', 'D', 'D#', 'E', 'F', 'F#', 'G', 'G#']
notes2freq = {notes[i]: base_freq * 2**(i/12.0) for i in range(len(notes))}
```

有了单音和频率的映射，一系列有一定时长的单音就构成了乐曲：

```
l = .2                    #basic duration unit
tones = [('E', 3*l), ('D', l), ('C#', 2*l),('B', 2*l), ('A', 2*l),
        ('B', 2*l), ('C#', 2*l), ('D', 2*l), ('E', 3*l),
        ('F#', l), ('E', 2*l), ('D', 2*l), ('C#', 4*l)]
```

```
samples = []
for tone, duration in tones:
    s = note(notes2freq[tone], duration)
    samples.append(s)

data = np.concatenate(samples)
data *= 2**15 - 1
scitools.sound.write(data, "melody.wav")
```

播放结果文件 melody. wav，这是国际越野滑雪比赛中经常演奏的乐曲的开头。

这个例子中所有单音的振幅相同，把 tones 中的元素由音调、时长的二元组变成音调、时长和振幅的三元组，就可以增加乐曲的动态。以上的基本代码可以在文件 melody. py 中找到。

A.2.4 数列产生的音乐

问题

本例的目的是聆听两个数列产生的声音。一个数列由一个简明的公式给出，它构成 0 附近振幅衰减的振动：

$$x_n = \mathrm{e}^{-4n/N} \sin 8\pi n/N \tag{A.44}$$

另一个数列由式（A.13）计算生成，为了方便，再次给出该方程：

$$x_n = x_{n-1} + q x_{n-1}(1 - x_{n-1}), \quad x = x_0 \tag{A.45}$$

取 $x_0 = 0.01, q = 2$，数列将迅速从初值逼近到极限 1，然后在这个极限附近振动（这个问题在习题 A.19 中研究）。

数列元素 x_n 的绝对值大致为 $0 \sim 1$，通过 A.2 节中的方法将这个数列转换成声音。首先用下式将 x_n 转换成人耳可以听见的频率：

$$y_n = 440 + 200 x_n \tag{A.46}$$

对于 $x_0 = 0$，它将产生 440Hz 的基准单音 A，而在 x_n 的极值 1 附近得到 640Hz 的单音。通过式（A.44）产生的数列元素的值为 $-1 \sim 1$，因此，相应的频率为 $240 \sim 640$Hz。现在的任务是编写生成并播放这些声音的程序。

解答

使用 scitools. sound 模块中的 note 函数来产生单音。所有单音和对应的频率 y_n 放在列表 tones 里。让 N 代表数列元素的个数，代码段为

```
from scitools.sound import *
freqs = 440 + x * 200
tones = []
duration = 30.0/N          # 30s sound in total
for n in range(N+1):
tones.append(max_amplitude * note(freqs[n], duration, 1))
data = concatenate(tones)
write(data, filename)
data = read(filename)
play(filename)
```

还可以对这个数列绘图：

```
plot(range(N +1), freqs, 'ro')
```

下面编写 oscillations 和 logistic 两个函数,产生式(A.44)和式(A.45)给出的数列。函数以整个数列元素数(N)作为输入,返回值是存于数组里的数列。

函数 make_sound 完成下列工作:计算数列,将每个元素转换成频率,产生乐曲,将乐曲写入声音文件,以及播放声音文件。

按照往常一样,将这些函数收集在一个模块中,并添加一个测试单元,可以通过命令行输入要选择数列以及数列的长度。完整的模块如下:

```
from scitools.sound import *
from scitools.std import *

def oscillations(N):
    x = zeros(N+1)
    for n in range(N+1):
        x[n] = exp(-4 * n/float(N)) * sin(8 * pi * n/float(N))
    return x

def logistic(N):
    x = zeros(N+1)
    x[0] = 0.01
    q = 2
    for n in range(1, N+1):
        x[n] = x[n-1] + q * x[n-1] * (1 - x[n-1])
    return x

def make_sound(N, seqtype):
    filename = 'tmp.wav'
    x = eval(seqtype)(N)
    #Convert x values to frequences around 440
    freqs = 440 + x * 200
    plot(range(N+1), freqs, 'ro')
    #Generate tones
    tones = []
    duration = 30.0/N
    #30s sound in total
    for n in range(N+1):
        tones.append(max_amplitude * note(freqs[n], duration, 1))
    data = concatenate(tones)
    write(data, filename)
    data = read(filename)
    play(filename)
```

已经学习到本书的这个阶段,这段代码应该非常容易读懂了,但还有一个语句需要解释:

```
x = eval(seqtype)(N)
```

参数 seqtype 反映数列的类型,它是一个由用户在命令行提供的字符串。字符串的值为函数名 oscillations 或者 logistic。通过 eval(seqtype)将字符串转换为一个函数名称。如果 seqtype 是 logistic,那么 eval(seqtype)(N)就成了 logistic(N),这种方法让用户在代码内部选择要调用的函数。如果没有 eval,就需要显式地测试输入值(命令行的参数):

```
if seqtype == 'logistic':
    x = logistic(N)
elif seqtype == 'oscillations':
    x = oscillations(N)
```

在本例中,这样做不会增加很多额外的代码,但如果有很多产生数列的函数,那么通过 eval 就可以省去很多烦琐的 if-else 代码。

现在对问题和实现方法都比较清楚了,下面在两种情况下运行这个程序:对于 oscillations 数列取 $N=$ 40,对于 logistic 数列取 $N=100$。把 q 参数调低后可以得到其他的声音——乏味的非振荡逐步增强 $(q<1)$ 的声音。可以对式(A.46)进行改造,例如将频率的变化从 200 增加到 400。

A.3 习题

习题 A.1: 求数列的极限。

a. 用 Python 函数计算,返回数列

$$a_n = \frac{7 + 1/(n+1)}{3 - 1/(n+1)^2}, \quad n = 0.2, \cdots, N$$

对 $N=100$ 写出数列。找到 $N \to \infty$ 时数列的准确极限,并与 a_N 做比较。

b. 用 Python 函数计算,返回数列

$$D_n = \frac{\sin(2^{-n})}{2^{-n}}, \quad n = 0, 1, \cdots, N$$

对于很大的 N,求这个数列的极限。

c. 给定以下数列:

$$D_n = \frac{f(x+h) - f(x)}{h}, \quad h = 2^{-n} \tag{A.47}$$

写出函数 D(f,x,N),输入参数是函数 $f(x)$、x 的值和数列项数 N,返回 $n=0,1,\cdots,N$ 的数列 Dn。用 $f(x)=\sin x, x=0, N=80$ 调用函数 D。绘制数列 Dn 的结果,每个数据点用小圆圈表示。

d. 再调用 D,其中 $x=\pi$,绘制这个数列。这个数列的极限是什么?

e. 对 $x=\pi$,当 N 很大时,解释为什么计算结果是错的。

提示:打印出 D_n 的分子和分母。

文件名:exa-01-sequence_limits.py。

习题 A.2: 通过数列计算 π。

以下数列收敛到 π:

$$(a_n)_{n=1}^{\infty}, \quad a_n = 4 \sum_{k=1}^{n} \frac{(-1)^{k+1}}{2k-1}$$

$$(b_n)_{n=1}^{\infty}, \quad b_n = \left(6 \sum_{k=1}^{n} k^{-2}\right)^{1/2}$$

$$(c_n)_{n=1}^{\infty}, \quad c_n = \left(90 \sum_{k=1}^{n} k^{-4}\right)^{1/4}$$

$$(d_n)_{n=1}^{\infty}, \quad d_n = \frac{6}{\sqrt{3}} \sum_{k=0}^{n} \frac{(-1)^k}{3^k (2k+1)}$$

$$(e_n)_{n=1}^{\infty}, \quad e_n = 16 \sum_{k=0}^{n} \frac{(-1)^k}{5^{2k+1}(2k+1)} - 4 \sum_{k=0}^{n} \frac{(-1)^k}{239^{2k+1}(2k+1)}$$

为每一个数列写一个函数,返回值为包含数列元素的数组。对所有的数列绘图,找到收敛速度最快的计

算 π 的数列。

文件名：exa-02-pi_sequences. py。

习题 A.3: 减少差分方程的内存占用。

回顾 A.1.1 节中的函数 growth_years. py，因为 x_n 只取决于 x_{n-1}，所以无须将所有 $N+1$ 个 x_n 值都保存起来，其实只需要保存 x_n 和它的前一个值 x_{n-1}。对程序进行修改，仅使用两个变量而不是整个数组。没有了 index_set 列表，可使用一个计数器 n 和 while 来实现循环。将数列写入文件，以便随后进行可视化。

文件名：exa-03-growth_years_efficient. py。

习题 A.4: 计算贷款的增长。

用 Python 函数解式（A.16）和式（A.17）。

文件名：exa-04-loan. py。

习题 A.5: 求解差分方程组。

用 Python 函数解式（A.32）和式（A.33）并绘制 x_n 数列。

文件名：exa-05-fortune_and_inflation1. py。

习题 A.6: 修改财产增长的模型。

在式（A.32）和式（A.33）给出的模型中，新的财产等于现有财产加上利息再减去消费。在第 n 年中，x_n 还会而减少，因为第 $n-1$ 年的收入 $x_{n-1}-x_{n-2}$ 要上缴 t 个百分点的税收。

a. 用合适的税收项扩展这个模型并写出代码，绘图展示有税（$t=27$）和无税（$t=0$）的差别。

b. 对于寿命为 N 岁的人，如果财富 x_n 在 N 年后消耗完。选择合适的 p、q、I、t 值，通过程序找到初始值 c_0 多大合适。

文件名：exa-06-fortune_and_inflation2. py。

习题 A.7: 改变差分方程中的索引。

下面的方程在数学上和式（A.5）等价：

$$x_{i+1} = x_i + \frac{p}{100}x_i \tag{A.48}$$

因为索引的名字是可以随意选取的。下面这段程序是求解式（A.48）的：

```
from scitools.std import *
x0 = 100      # initial amount
p = 5         # interest rate
N = 4         # number of years
index_set = range(N+1)
x = zeros(len(index_set))

# Compute solution
x[0] = x0
for i in index_set[1:]:
    x[i+1] = x[i] + (p/100.0) * x[i]
print x
plot(index_set, x, 'ro', xlabel='years', ylabel='amount')
```

这个程序不能正常工作。调试出正确的版本，要求保持差分方程的原有形式，即索引为 i+1 和 i。

文件名：exa-07-growth1_index_ip1. py。

习题 A.8: 利用日期建立时间点。

某确定量 p（可以是利率）是分段常数并且在某些确定的日期改变，例如

$$p = \begin{cases} 4.5, \text{始于 Jan 4，2019} \\ 4.75, \text{始于 March 21，2019} \\ 6.0, \text{始于 April 1，2019} \\ 5.0, \text{始于 June 30，2019} \\ 4.5, \text{始于 Nov 1，2019} \\ 2.0, \text{始于 April 1，2020} \end{cases} \tag{A.49}$$

给出开始日期 d_1 和结束日期 d_2，用正确的 p 值填充数组 P，以天数作为数组索引。用 datetime 模块来计算两个日期之间的天数。

文件名：exa-08-dates2days.py。

习题 A.9: 牛顿迭代法收敛过程的可视化。

设 $x_0, x_1, \cdots, x_N$ 是非线性代数方程 $f(x) = 0$ 采用牛顿迭代法得到的根的数列（见 A.1.10 节）。本习题的目的是绘制数列 $(x_n)_{n=0}^N$ 和 $(|f(x_n)|)_{n=0}^N$ 的图形，以便理解牛顿迭代法的收敛和发散。

a. 出于以上目的，编写一个函数：

```
Newton_plot(f, x, dfdx, xmin, xmax, epsilon=1E-7)
```

参数 f 和 dfdx 分别是代表方程中的 $f(x)$ 函数和其导数 $f'(x)$ 的 Python 函数。牛顿迭代法的终止条件为 $|f(x)| \leqslant \varepsilon$，$\varepsilon$ 值就是 epsilon 参数。Newton_plot 函数在屏幕上对 $f(x)$、$(x_n)_{n=0}^N$ 和 $(|f(x_n)|)_{n=0}^N$ 分别绘制 3 张图并将它们保存为 PNG 文件。用于绘制 $f(x)$ 的 x 区间由参数 xmin 和 xmax 给出。因为 $|f(x_n)|$ 的值的范围可能会很大，所以对 y 轴采用对数坐标是一个聪明的做法。

提示：直接调用 A.1.10 节中改进的牛顿迭代法函数，能够省去一些编码工作。代码在模块文件 Newton.py 中。

b. 用方程 $x^6 \sin \pi x = 0$ 来演示，其中 $\varepsilon = 10^{-13}$。对牛顿迭代法尝试使用不同的初始值：$x_0 = -2.6, -1.2,$ $1.5, 1.7, 0.6$，将它们与精确解 $x = \cdots, -2, -1, 0, 1, 2, \cdots$ 做比较。

c. 用 Newton_plot 函数来观察初值 x_0 对求解下列非线性代数方程的影响：

$$\sin x = 0 \tag{A.50}$$

$$x = \sin x \tag{A.51}$$

$$x^5 = \sin x \tag{A.52}$$

$$x^4 \sin x = 0 \tag{A.53}$$

$$x^4 = 16 \tag{A.54}$$

$$x^{10} = 1 \tag{A.55}$$

$$\tanh x = 0 \tag{A.56}$$

$$\tanh x = x^{10} \tag{A.57}$$

提示：在 IPython notebook 环境中，这类观察实验是可以自动记录下来的。附录 H 的 H.4 节有 IPython notebook 环境的快速入门。

文件名：exa-09-Newton2.py。

习题 A.10: 用割线法解方程。

求解方程 $f(x) = 0$ 的牛顿迭代法［式（A.34）］需要求函数 $f(x)$ 的导数，求导有时困难或不方便。函数的导数可以用最后两个近似根 x_{n-1} 和 x_{n-2} 及其函数值 $f(x_{n-1})$ 和 $f(x_{n-2})$ 来近似：

$$f'(x_{n-1}) \approx \frac{f(x_{n-1}) - f(x_{n-2})}{x_{n-1} - x_{n-2}}$$

将上式代入式（A.34）中，得到

$$x_n = x_{n-1} - \frac{f(x_{n-1})(x_{n-1} - x_{n-2})}{f(x_{n-1}) - f(x_{n-2})} \quad x_0 \text{ 和 } x_1 \text{ 已知} \tag{A.58}$$

其中 $n = 2, 3, 4, \cdots$。这就是用割线法解方程。编写一个程序,使用割线法求解方程 $x^5 = \sin x$。

文件名:exa-10-Secant.py。

习题 A.11: 对不同求根方法的测试。

对于方程 $f(x) = 0$,分别用牛顿迭代法(见 A.1.10 节)、二分法(见 4.11.2 节)和割线法(习题 A.10)编程求解。对于每种方法,列出根的逼近数列(设计好格式)。从命令行读取 $f(x)$、$f'(x)$、a、b、x_0 和 x_1。牛顿迭代法从 x_0 开始,二分法从区间 $[a, b]$ 开始,而割线法从 x_0 和 x_1 开始。

对于习题 A.9d 中的所有方程使用本程序。首先应该绘制 $f(x)$ 的图形,这样就知道每个方程如何选择 a、b、x_0 和 x_1。

文件名:exa-11-root_finder_examples.py。

习题 A.12: 写出中点积分法的差分方程。

按照 A.1.7 节的思路,写一个相似的差分方程以实现下面的中点积分法:

$$\int_a^b f(x)\,\mathrm{d}x \approx h \sum_{i=0}^{n-1} f\left(a - \frac{1}{2}h + ih\right)$$

其中 $h = (b-a)/n$,n 是函数计算的个数(即用于逼近曲线下面积的矩形数)。

文件名:exa-12-diffeq_midpoint.py。

习题 A.13: 计算曲线的弧长。

对于曲线 $y = f(x)$,测量它在 $x \in [a, b]$ 中的长度。从 $f(a)$ 到某点 $f(x)$ 的弧长记为 $s(x)$,它用以下积分定义:

$$s(x) = \int_a^x \sqrt{1 + [f'(\xi)]^2}\,\mathrm{d}\xi \tag{A.59}$$

用 A.1.7 节中给出的差分方程来计算 $s(x)$。

a. 编写 arclength(f, a, b, n) 函数,返回长度为 n 的数组 s,元素是 $s(x)$ 数列,把区间 $[a, b]$ 等分为 $n+1$ 个子区间,x 取分割点的坐标,$f(x)$ 是定义曲线的 Python 函数。

b. 如何验证 arclength(f, a, b, n) 函数的正确性?构造一个(或几个)测试案例,写出自动运行的测试函数。

提示:用长度已知的曲线来测试,例如一个半圆和一条直线。

c. 将函数应用于

$$f(x) = \int_{-2}^x = \frac{1}{\sqrt{2\pi}} \mathrm{e}^{-4t^2}\,\mathrm{d}t, \quad x \in [-2, 2]$$

计算 $s(x)$ 并和 $f(x)$ 绘制在同一张图上。

文件名:exa-13-arclength.py。

习题 A.14: 计算 sin x 的差分方程。

本习题的目的是导出并实现近似计算 $\sin x$ 的泰勒多项式的差分方程:

$$\sin x \approx S(x; n) = \sum_{j=0}^n (-1)^j \frac{x^{2j+1}}{(2j+1)!} \tag{A.60}$$

为了有效地计算 $S(x; n)$,将和记为 $S(x; n) = \sum_{j=0}^n a_j$,并导出两个连续项的关系:

$$a_j = -\frac{x^2}{(2j+1)2j} a_{j-1} \tag{A.61}$$

引入 $s_j = S(x; j-1)$ 和 a_j 作为两个要计算的数列,其中 $s_0 = 0$ 和 $a_0 = x$。

a. 写出 s_j 和 a_j 的差分方程。

提示：A.1.8 节中说明了对于 e^x 的泰勒多项式近似以及如何解决这个问题，并实现了相关的编程。

b. 在函数 sin_Taylor(x, n) 中实现这个差分方程组，它返回 s_{n+1} 和 $|a_{n+1}|$。后者是和中第一个被忽略的项（因为 $s_{n+1} = \sum_{j=0}^{n} a_j$），在泰勒多项式近似中，可以用它作为误差的粗略估计。

c. 对 $n=2$ 手工计算（或用另一个程序计算）差分方程，与 sin_Taylor 函数的输出结果进行比较，来验证程序正确性。要求在测试函数中自动进行比较。

d. 对不同的 x 和 n 值创建 s_n 的列表或绘图，以说明随着 n 的增加和 x 的减小，泰勒多项式（在 $x=0$ 附近）的准确性提高。

提示：注意，在 x 不够小而 n 足够大时，sin_Taylor(x, n) 可能非常不准确。因此，在绘图中，必须合理地定义坐标轴。

文件名：exa-14-sin_Taylor_series_diffeq.py。

习题 A.15: 计算 cos x 的差分方程。

求解习题 A.14 得到 $\cos x$ 的泰勒多项式近似（泰勒级数相关的表达式在数学教材或者互联网上很容易找到）。

文件名：exa-15-cos_Taylor_series_diffeq.py。

习题 A.16: 制作吉他音。

给出初值 $x_0, x_1, \cdots, x_p$，下面是产生吉他音的差分方程：

$$x_n = \frac{1}{2}(x_{n-p} + x_{n-p-1}), \quad n = p+1, \cdots, p+2, \cdots, N \tag{A.62}$$

对于采样率为 r，声音的频率是 r/p。编写一个包含函数 solve(x, p) 的程序，它返回式（A.62）的结果数组 x。初始化数组 $x[0:p+1]$ 有两种方法，分别用两个函数来实现：

- $x_0=1, x_1=x_2=\cdots=x_p=0$。
- $x_0, x_1, \cdots x_p$ 为 $[-1, 1]$ 区间上均匀分布的随机数。

从 scitools.sound 模块中导入 max_amplitude、write 和 play 函数。选择采样率 r 并设 $p=r/440$ 来产生 440 Hz 的音调（单音 A）。创建长度为 $3r$ 的全 0 数组 x1，这样该声音持续时间为 3s。用上面的第一个函数初始化 x1 并计算式（A.62）。用 max_amplitude 使 x1 数组加倍。对长度为 $2r$ 的数组 x2 重复这个过程，初始化时使用上面的第二个函数，选择合适的 p 使得音调的频率为 392 Hz（单音 G）。连接 x1 和 x2，先调用 write，再调用 play 播放这个声音。听了就会发现，这个声音和吉他的声音惊人地相似，首先是 3s 的 A 调，然后是 2s 的 G 调。

式（A.62）叫作 Karplus-Strong 算法，它是 1979 年由斯坦福大学的研究员 Kevin Karplus 和其学生 Alexander Strong 提出的。

文件名：exa-16-guitar_sound.py。

习题 A.17: 消弱低音。

对于数列 $x_0, x_1 \cdots, x_{N-1}$，下面的滤波器将它转换成另一个数列 $y_0, y_1, \cdots, y_{N-1}$：

$$y_n = \begin{cases} x_n, & n = 0 \\ -\dfrac{1}{4}(x_{n-1} - 2x_n + x_{n+1}), & 1 \leqslant n \leqslant N-2 \\ x_n, & n = N-1 \end{cases} \tag{A.63}$$

如果 x_n 代表声音，那么 y_n 代表它经过消弱低音的版本。加载声音文件，例如，用

```
x = scitools.sound.Nothing_Else_Matters()
# or
x = scitools.sound.Ja_vi_elsker()
```

来获得声音数列。对它应用式(A.63)给出的滤波器并播放。绘制 x_n 和 y_n 信号的前 300 个值来观察这个滤波器对于信号都做了什么。

文件名：exa-17-damp_bass.py。

习题 A.18: 消弱高音。

通过习题 A.17 获得使用滤波器的编程经验，并应用在声音信号处理上。本习题的目的是减少高音成分而不是低音的滤波器。一般来说，使信号变得平滑可以除去一些高音，而平滑的典型算法是对原声音数列中的邻近项求平均。

最简单的平滑滤波器可以取邻近的 3 个值进行平均：

$$y_n = \begin{cases} x_n, & n = 0 \\ \dfrac{1}{3}(x_{n-1} + x_n + x_{n+1}), & 1 \leqslant n \leqslant N-2 \\ x_n, & n = N-1 \end{cases} \tag{A.64}$$

下面两个滤波器相对弱化了邻近值的影响：

$$y_n = \begin{cases} x_n, & n = 0 \\ \dfrac{1}{4}(x_{n-1} + 2x_n + x_{n+1}), & 1 \leqslant n \leqslant N-2 \\ x_n, & n = N-1 \end{cases} \tag{A.65}$$

$$y_n = \begin{cases} x_n, & n = 0,1 \\ \dfrac{1}{16}(x_{n-2} + 4x_{n-1} + 6x_n + 4x_{n+1} + x_{n+2}), & 2 \leqslant n \leqslant N-3 \\ x_n, & n = N-2, N-1 \end{cases} \tag{A.66}$$

将上述 3 个滤波器应用于声音文件并聆听结果。绘制 x_n 和 y_n 信号的前 300 个值来看看这 3 个滤波器分别对于信号都做了什么。

文件名：exa-18-damp_treble.py。

习题 A.19: 逻辑方程的振荡解。

a. 编程求解差分方程(A.13)：

$$y_n = y_{n-1} + qy_{n-1}(1 - y_{n-1}), \quad n = 0, 1, \cdots, N$$

从命令行读取输入参数 y_0、q 和 N。A.1.5 节中可以找到对变量和方程的解释。

b. 当 $n \to \infty$ 时，式(A.13)解是 $y_n = 1$。运行程序验证，当 $y_0 = 0.3$、$q = 1$、$N = 50$ 时会出现这种情况。

c. 对于很大的 q 值，y_n 并不趋近于一个常数极限，而是围绕极限值振荡，这种振荡有时可以在野生动物数量上观察到。当 q 为 2 和 3 时验证这个振荡的解。

d. 对于更大的 N 值，有可能出现 y_n 稳定于某个常数值的情况。运行程序验证在 $N = 1000$ 时这种情况不会出现。

文件名：exa-19-growth_logistic2.py。

习题 A.20: 自动计算。

运行像习题 A.19 那样大量输入参数的程序是乏味的。应该让计算机来做这种"体力活"。修改习题 A.19 的程序，让 y_n 的计算和绘图都由一个函数来完成。绘图的标题包含参数 y_0 和 q（N 可以从 x 轴上看出）。同时让绘图文件名反映 y_0、q 和 N 的值。然后，通过 y_0 和 q 循环实现下面更全面的实验：

- $y_0 = 0.01, 0.3$。
- $q = 0.1, 1, 1.5, 1.8, 2, 2.5, 3$。
- $N = 50$。

初始条件（y_0 的值）是如何影响求解的？

提示：如果不想让屏幕上出现大量图形，可以减少对 Matplotlib 中 show 的调用，或者对 SciTools 中的 plot 使用参数 show＝False。

文件名：exa-20-growth_logistic3.py。

习题 A.21: 产生 HTML 格式的报告。

对习题 A.20 的程序进行扩展，产生一个包含所有绘图的报告。这个报告用 HTML 来写，可以在 Web 浏览器中显示，绘制的图形必须为 PNG 格式。典型的 HTML 源文件看起来如下：

```
<html>
<body><p><img src="tmp_y0_0.01_q_0.1_N_50.png">
<p><img src="tmp_y0_0.01_q_1_N_50.png">
<p><img src="tmp_y0_0.01_q_1.5_N_50.png">
<p><img src="tmp_y0_0.01_q_1.8_N_50.png">
...
<p><img src="tmp_y0_0.01_q_3_N_1000.png">
</html>
</body>
```

让程序将 HTML 文本写入文件。可以用函数来绘图并返回图形文件名，这样就可以将这些字符串插入 HTML 文件。

文件名：exa-21-growth_logistic4.py。

习题 A.22: 用类将实验结果和报告存档。

通过创建一个能够运行并记录所有实验的 Python 类，使习题 A.21 的程序更加灵活。下面是这个类的框架：

```python
class GrowthLogistic(object):
    def __init__(self, show_plot_on_screen=False):
        self.experiments = []
        self.show_plot_on_screen = show_plot_on_screen
        self.remove_plot_files()

    def run_one(self, y0, q, N):
        """Run one experiment."""
        #Compute y[n] in a loop
        plotfile = 'tmp_y0_%g_q_%g_N_%d.png' % (y0, q, N)
        self.experiments.append({'y0': y0, 'q': q, 'N': N,
                                 'mean': mean(y[20:]),
                                 'y': y, 'plotfile': plotfile})
        #Make plot

    def run_many(self, y0_list, q_list, N):
        """Run many experiments."""
        for q in q_list:
            for y0 in y0_list:
                self.run_one(y0, q, N)

    def remove_plot_files(self):
        """Remove plot files with names tmp_y0*.png."""
        import os, glob
```

```
        for plotfile in glob.glob('tmp_y0 * .png'):
            os.remove(plotfile)

    def report(self, filename='tmp.html'):
        """
        Generate an HTML report with plots of all
        experiments generated so far.
        """
        #Open file and write HTML header
        for e in self.experiments:
            html.write('<p><img src="%s">\n' %e['plotfile'])
        #Write HTML footer and close file
```

调用 run_one 方法，当前实验的数据就被保存到 experiments 列表中，experiments 包含一个字典的列表。调用 report 方法将已有的全部图形收集到一个 HTML 报告中。对这个类的典型用法如下：

```
N = 50
g = GrowthLogistic()
g.run_many(y0_list=[0.01, 0.3], q_list=[0.1, 1, 1.5, 1.8] +[2, 2.5, 3], N=N)
g.run_one(y0=0.01, q=3, N=1000)
g.report()
```

完整地实现 GrowthLogistic 类，并用以上的小程序测试它。把程序文件构造成一个模块。

文件名：exa-22-growth_logistic5.py。

习题 A.23: 交互式观察逻辑增长。

习题 A.22 的 GrowthLogistic 类非常适合交互。下面是一个会话的例子：

```
>>>from growth_logistic5 import GrowthLogistic
>>>g =GrowthLogistic(show_plot_on_screen=True)
>>>q =3
>>>g.run_one(0.01, q, 100)
>>>y =g.experiments[-1]['y']
>>>max(y)
1.3326056469620293
>>>min(y)
0.0029091569028512065
```

扩展这个会话，加入对解 y_n 中的振荡的研究。编程计算 y_n 的极大值，并为这些极大值建立索引。所谓极大值 y_i 是指

$$y_{i-1} < y_i < y_{i+1}$$

在一张新图中绘制极大值数列。如果 $I_0, I_1, I_2, \cdots$ 是对应于极大值的递增索引数列，定义振荡周期为 $I_1 - I_0$，$I_2 - I_1, I_3 - I_2, \cdots$，另外绘制周期长度的图形。对 $q=2.5$ 重复以上操作。

文件名：exa-23-GrowthLogistic_interactive.py。

习题 A.24: 模拟小麦价格。

某年(t)对于小麦的需求量可以用下式表示：

$$D_t = ap_t + b$$

其中 $a<0, b>0$，p_t 是小麦的价格。小麦的供给量为

$$S_t = Ap_{t-1} + B + \ln(1 + p_{t-1})$$

其中 A 和 B 为给定的常数。假设调整价格 p_t 以保证小麦可以售完，即 $D_t = S_t$。

a. 对于 $A = 1, a = -3, b = 5, B = 0$，通过计算找出一个稳定的价格，使小麦每年产量也是稳定的，也就是找到一个 p，使得 $ap + b = Ap + B + \ln(1 + p)$。

b. 假设某年大旱，小麦的产量远少于计划量。对于价格 $p_0 = 4.5$ 并且 $D_t = S_t$，计算价格 $p_1, p_2, \cdots, p_N$ 如何变化，也就是要解下面的差分方程：

$$ap_t + b = Ap_{t-1} + B + \ln(1 + p_{t-1})$$

从 p_t 值计算 S_t 并绘制 (p_t, S_t) 的图形，其中 $t = 0, 1, \cdots, N$。当 $N \to \infty$ 时，价格将如何变化？

文件名：exa-24-wheat.py。

附录 B　离散微积分简介 [①]

本章讨论如何在计算机上对函数进行微分和积分。首先要知道计算机如何处理数学函数。计算机处理数学函数并不完全采用直接的方式：$f(x)$ 有无限个函数值（在确定的区间上 x 可取无限个值），而计算机只能存储有限数量的数据。对 $\cos x$ 函数，在计算机上通常有两种方法使用它。一种方法是采用算法来计算，如习题 3.37，或者直接调用 $\mathrm{math.cos}(x)$（它运行类似的算法来计算），对于某个 x，用有限次计算求一个近似的 $\cos x$ 值。另一种方法是将有限数量的 x 的 $\cos x$ 值存储在表格中（需要运行一个算法来向表中填充 $\cos x$ 值），并使用这个表格智能地计算 $\cos x$。后一种方法称为函数的离散表示，是本章的重点。使用离散函数表示，还可以轻松地求函数微分和积分。下面会介绍如何做到这一点。

文件夹 src/discalc（可以去 http://tinyurl.com/pwyasaa/discalc 找到）包含本章中的所有程序示例文件。

B.1　离散函数

物理量（例如温度、密度和速度）通常被定义为空间和时间的连续函数。但计算机只能处理离散化以后的函数。下面通过一些例子来说明离散函数的概念。其实计算机绘制曲线就使用了离散函数：定义一组数量有限的坐标 x，将对应的函数值 $f(x)$ 存储在数组中。绘图程序在坐标和函数值的点对之间画直线。从编程的角度来看，连续函数的离散表示就是在数组中存储有限的坐标和函数值集合。本章将通过更正式和精确的数学术语来描述离散函数。

B.1.1　正弦函数

下面生成正弦函数在 x 从 0 到 π 之间的图形，为此需要一组 x 值和其对应的正弦函数值。更确切地说，就是定义以下 $n+1$ 个点：

$$x_i = ih, \quad i = 0,1,\cdots,n \tag{B.1}$$

其中 $h=\pi/n, n \geqslant 1$ 且是整数。对应的函数值为

$$s_i = \sin x_i, \quad i = 0,1,\cdots,n \tag{B.2}$$

有一个自变量数列 $(x_i)_{i=0}^{n}$ 和函数值数列 $(s_i)_{i=0}^{n}$（这里用了数列标记 $(x_i)_{i=0}^{n}=x_0,x_1,\cdots,x_n$），通常将这两个数列合并为一个点数列 $(x_i,s_i)_{i=0}^{n}$。有时不用关注上限，就可以简化标记为 x_i,s_i 或 (x_i,s_i)。自变量集合 $(x_i)_{i=0}^{n}$ 组成了一个网格。单个坐标 x_i 被称为网格中的节点。$[0,\pi]$ 上的正弦函数的离散表示由节点对应的函数值数列 $(s_i)_{i=0}^{n}$ 组成，参数 n 称为网格分辨率。

程序中用一个数组来表示网格坐标，例如 x；用另一个数组表示函数值，例如 s。绘制正弦函数图形的代码为

---

① 本附录由 Aslak Tveito 编写。

```
from scitools.std import *

n = int(sys.argv[1])
x = linspace(0, pi, n+1)
s = sin(x)
plot(x, s, legend='sin(x), n=%d' %n, savefig='tmp.pdf')
```

图 B.1 分别显示了 $n=5,10,20,100$ 的结果图。绘图程序在两个相邻的 (x,s) 点之间画直线，所以，点越多，曲线越平滑。由于 $\sin x$ 是平滑函数，因此，尽管图 B.1 中不是所有曲线看起来都很好，但是肉眼几乎分辨不出 100 点与 20 点所绘图案的区别，所以在这个例子中，20 个点似乎已经足够了。

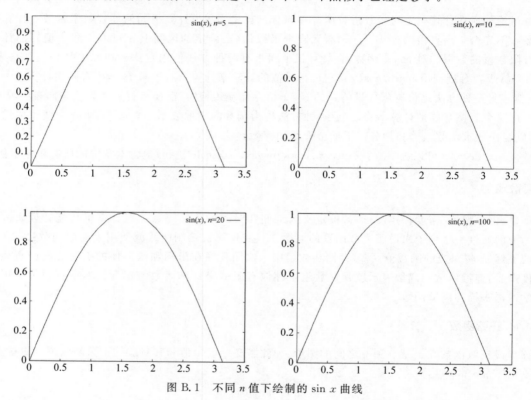

图 B.1　不同 n 值下绘制的 $\sin x$ 曲线

前面程序没有对输入数据 n 的有效性进行测试。包含测试功能的程序如下：

```
from scitools.std import *

try:
    n = int(sys.argv[1])
except:
    print "usage: %s n" %sys.argv[0]
    sys.exit(1)

x = linspace(0, pi, n+1)
s = sin(x)
plot(x, s, legend='sin(x), n=%d' %n, hardcopy='tmp.pdf')
```

这样的测试是良好的编程理念的重要部分。然而，本书中的例子程序都跳过了这样的测试，以使程序更紧凑和易读，同时突出对程序中的数学问题的关注。从文件中下载的函数的版本都包含对输入数据的测试。

B.1.2 插值

设有一个正弦函数的离散表示：$(x_i, s_i)_{i=0}^n$，节点 x_i 有准确的正弦值 s_i，但这些节点之间的点的函数值呢？找到节点之间的函数值称为插值，或者说是对离散函数插值。

对于图 B.1 中的任意一张图，插值过程是找到某两个节点之间的点 x 的函数值。图中两个节点之间用直线连接，这意味着两个节点之间的函数值是通过直线来近似的。严格地说，还需要假定要插值的函数是相当平滑的。如果函数值变化非常快，这个过程可能会失败，即使 n 非常大也不行。5.4.2 节中提供了一个例子。下面使用数学概念来精确地形式化这个过程。

设一个给定的 x^* 位于区间 $x = x_k$ 到 x_{k+1} 之间，k 为给定整数。在区间 $x_k \leqslant x < x_{k+1}$ 上通过坐标点 (x_k, s_k) 和 (x_{k+1}, s_{k+1}) 的线性函数

$$S_k(x) = s_k + \frac{s_{k+1} - s_k}{x_{k+1} - x_k}(x - x_k) \tag{B.3}$$

就是说，$S_k(x)$ 在 x_k 和 x_{k+1} 处与 $\sin x$ 相同，而在这两点之间 $S_k(x)$ 是线性的，则 $S_k(x)$ 是在区间 $[x_k, x_{k+1}]$ 上对离散函数 $(x_i, s_i)_{i=0}^n$ 的插值。

B.1.3 求近似值

给定 $(x_i, s_i)_{i=0}^n$ 的值和式(B.3)，要对 0 到 π 之间的任意 x 计算正弦函数的近似值。首先要对给定的 x 值计算 k，也就是对于给定的 x 找到合适的 k，使得 $x_k \leqslant x < x_{k+1}$。定义

$$k = \lfloor x/h \rfloor$$

函数 $\lfloor z \rfloor$ 代表小于 z 的最大整数，$h = \pi/n$。在 Python 中，$\lfloor z \rfloor$ 通过 $\text{int}(z)$ 来计算。下面的程序的输入是 x 和 n，计算 $\sin x$ 的近似。程序打印出近似值 $S(x)$ 和 $\sin x$ 的准确值，这样可以看到 n 增加时误差的变化。其实 $\sin x$ 的准确值也是近似的，它由计算机的 math.sin(x) 提供，math.sin(x) 也是采用计算 $\sin x$ 近似值的算法完成的。习题 3.37 就是这种算法的一个示例。

```
from numpy import *
import sys

xp =eval(sys.argv[1])
n =int(sys.argv[2])

def S_k(k):
    return s[k] + ((s[k+1] -s[k])/(x[k+1] -x[k])) * (xp -x[k])

h =pi/n
x =linspace(0, pi, n+1)
s =sin(x)
k =int(xp/h)

print 'Approximation of sin(%s):      ' %xp, S_k(k)
print 'Exact value of sin(%s):        ' %xp, sin(xp)
print 'Error in approximation:        ', sin(xp) -S_k(k)
```

为了研究这个近似，令 $x = \sqrt{2}$，并对 $n = 5, 10, 20$ 运行程序 eval_sine.py。

```
Terminal>python src-discalc/eval_sine.py 'sqrt(2)' 5
Approximation of sin(1.41421356237):    0.951056516295
Exact value of sin(1.41421356237):      0.987765945993
Error in approximation:      0.0367094296976
```

```
Terminal>python src-discalc/eval_sine.py 'sqrt(2)' 10
Approximation of sin(1.41421356237):    0.975605666221
Exact value of sin(1.41421356237):      0.987765945993
Error in approximation:      0.0121602797718
```

```
Terminal>python src-discalc/eval_sine.py 'sqrt(2)' 20
Approximation of sin(1.41421356237):    0.987727284363
Exact value of sin(1.41421356237):      0.987765945993
Error in approximation:      3.86616296923e-05
```

注意,误差随着 n 的增大而减小。

B.1.4　连续函数离散化通用过程

下面是将一个连续函数离散化的通用过程。设一个连续函数 $f(x)$ 在区间 $x=a$ 到 $x=b$ 上有定义,给定整数 $n \geqslant 1$,定义节点间距为

$$h = (b-a)/n$$

所有节点为

$$x_i = a + ih, \quad i = 0,1,\cdots,n \tag{B.4}$$

离散的函数值就是

$$y_i = f(x_i), \quad i = 0,1,\cdots,n \tag{B.5}$$

这个 $(x_i, y_i)_{i=0}^{n}$ 就是连续函数 $f(x)$ 的离散化的版本。程序 discrete_func.py 以 f、a、b 和 n 作为输入,计算 f 的离散版本,并用离散版本绘制 f 的图形:

```
def discrete_func(f, a, b, n):
    x = linspace(a, b, n+1)
    y = zeros(len(x))
    for i in xrange(len(x)):
        y[i] = func(x[i])
    return x, y

from scitools.std import *

f_formula = sys.argv[1]
a = eval(sys.argv[2])
b = eval(sys.argv[3])
n = int(sys.argv[4])
f = StringFunction(f_formula)

x, y = discrete_func(f, a, b, n)
plot(x, y)
```

下面是一个向量化版本的 discrete_func 函数：

```
def discrete_func(f, a, b, n):
    x = linspace(a, b, n+1)
    y = f(x)
    return x, y
```

为了使 StringFunction 工具在向量化模式下正常工作，需要使用 5.5.1 节中的方法：

```
f = StringFunction(f_formula)
f.vectorize(globals())
```

相应的向量化程序在文件 discrete_func_vec.py 中。

B.2　用有限差分来实现微分

如果了解导数，就一定熟悉下面的公式：

$$\frac{\mathrm{d}}{\mathrm{d}x}\sin x = \cos x$$

$$\frac{\mathrm{d}}{\mathrm{d}x}\ln x = \frac{1}{x}$$

$$\frac{\mathrm{d}}{\mathrm{d}x}x^m = mx^{m-1}$$

为什么微分如此重要？原因很简单：导数是变化的数学表示，变化以各种现象的模型为基础。如果知道一个系统的状态，又知道变化的规律，那么原则上可以算出该系统的未来状态，附录 C 对此有详细介绍。附录 A 也基于模型变化计算系统的未来，但没有使用微分。在附录 C 中，通过减小微分方程中的步长得到导数，而不是采用纯微分。计算连续函数的微分在计算机上是有些困难的，所以经常用差分来取代导数。这个做法是很普遍的，使用一个函数的离散表示，微分就变成了差分，也就是有限差分。

微分的数学定义为

$$f'(x) = \lim_{\varepsilon \to 0} \frac{f(x+\varepsilon) - f(x)}{\varepsilon}$$

这个定义很常见，但是这个公式很不好使用。虽然定义要求到达极限，但通常使用一个确定的正值 ε 来获得导数的近似。对于一个很小的 $\varepsilon > 0$，有

$$f'(x) \approx \frac{f(x+\varepsilon) - f(x)}{\varepsilon}$$

右侧的分式是 f 在 x 点导数的有限差分近似。在有限差分中通常引入 $h = \varepsilon$，用 h 代替 ε，即

$$f'(x) \approx \frac{f(x+h) - f(x)}{h} \tag{B.6}$$

B.2.1　正弦函数微分

为了验证式（B.6）与真正的导数的近似程度，这里研究一个实例。函数 $f(x) = \sin x$ 的导数为 $\cos x$。当 $x = 1$ 时，有

$$f'(1) = \cos 1 \approx 0.540$$

对式（B.6），取 $h = 1/100$，就得到

$$f'(1) \approx \frac{f(1+1/100) - f(1)}{1/100} = \frac{\sin(1.01) - \sin(1)}{0.01} \approx 0.536$$

程序 forward_diff.py 如下，它使用式(B.6)计算 $f(x)$ 导数的近似值，其中 x 和 h 是输入参数。

```
def diff(f, x, h):
    return (f(x+h) - f(x))/float(h)

from math import *
import sys

x =eval(sys.argv[1])
h =eval(sys.argv[2])

approx_deriv =diff(sin, x, h)
exact =cos(x)
print 'The approximated value is:       ', approx_deriv
print 'The correct value is:            ', exact
print 'The error is:                    ', exact -approx_deriv
```

对 $x=1$ 和 $h=1/100$ 运行这个程序，得到

```
Terminal>python src-discalc/forward_diff.py 1 0.001
The approximate=value is:     0.53988148036
The correct value is:         0.540302305868
The error is:                 0.000420825507813
```

B.2.2　网格上的差分

有限差分近似经常需要转换到定义在网格上的离散函数。假设有一个正弦函数的离散表示：$(x_i, s_i)_{i=0}^{n}$，想用式(B.6)来计算在网格中节点处的正弦函数导数的近似值。因为只在节点处有函数值，所以式(B.6)中的 h 必须是节点之间的差，即 $h=x_{i+1}-x_i$。在节点 x_i 处，导数的近似为

$$z_i = \frac{s_{i+1} - s_i}{h} \tag{B.7}$$

$i=0,1,\cdots,n-1$。注意，在端点 $x=x_n$ 处没有定义近似导数。不能直接应用式(B.7)，因为 s_{n+1} 未定义(在网格之外)。然而，函数的导数也可以定义为

$$f'(x) = \lim_{\varepsilon \to 0} \frac{f(x) - f(x-\varepsilon)}{\varepsilon}$$

对于给定的 $h>0$，可推导出下面的近似：

$$f'(x) \approx \frac{f(x) - f(x-h)}{h} \tag{B.8}$$

这种对导数的替代近似称为反向差分公式，式(B.6)称为正向差分公式。名称是很自然的：正向公式向前，即在 x 和 i 增加的方向上获取函数信息；而反向公式向后，即在 x 和 i 减小的方向上获取函数信息。

在端点可以应用反向公式，从而定义

$$z_n = \frac{s_n - s_{n-1}}{h} \tag{B.9}$$

现在得到了在所有节点处的导数近似。下面是计算网格上的正弦函数的导数，并将该离散导数与精确导数进行比较的简单程序(文件名为 diff_sine_plot1.py)。

```
from scitools.std import *

n = int(sys.argv[1])
h = pi/n
x = linspace(0, pi, n+1)
s = sin(x)
z = zeros(len(s))
for i in xrange(len(z)-1):
    z[i] = (s[i+1] - s[i])/h
#Special formula for end point_
z[-1] = (s[-1] - s[-2])/h
plot(x, z)

xfine = linspace(0, pi, 1001)          #for more accurate plot
exact = cos(xfine)
hold()
plot(xfine, exact)
legend('Approximate function', 'Correct function')
title('Approximate and discrete functions, n=%d' %n)
```

图 B.2 为 $n=5,10,20,100$ 时的结果。可以注意到,随着 n 的增加,误差减小。

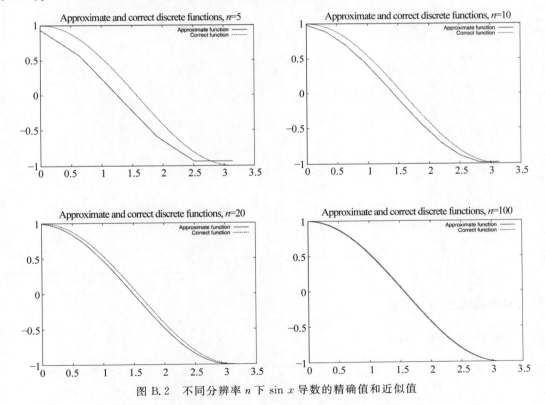

图 B.2　不同分辨率 n 下 $\sin x$ 导数的精确值和近似值

B.2.3　差分实现微分通用过程

在区间 $[a,b]$ 上定义的连续函数 $f(x)$ 的离散版本为 $(x_i,y_i)_{i=0}^n$,其中

$$x_i = a + ih$$

以及

$$y_i = f(x_i)$$

$i = 0, 1, \cdots, n$。这里 $n \geqslant 1$ 且为给定的整数。节点之间的距离由下式给出：

$$h = \frac{b-a}{n}$$

f 的导数的离散近似由 $(x_i, z_i)_{i=0}^{n}$ 给出，其中

$$z_i = \frac{y_{i+1} - y_i}{h}$$

$i = 0, 1, \cdots, n-1$，且

$$z_n = \frac{y_n - y_{n-1}}{h}$$

集合 $(x_i, z_i)_{i=0}^{n}$ 是函数 $f(x)$ 的离散版本 $(x_i, f_i)_{i=0}^{n}$ 的离散导数。下面的程序在文件 diff_func.py 中，该程序以 f、a、b 和 n 作为输入，在由 a、b 和 h 构成的网格上计算 f 的离散导数，然后绘制 f 和离散导数的图。

```
def diff(f, a, b, n):
    x = linspace(a, b, n+1)
    y = zeros(len(x))
    z = zeros(len(x))
    h = (b-a)/float(n)
    for i in xrange(len(x)):
        y[i] = func(x[i])
    for i in xrange(len(x)-1):
        z[i] = (y[i+1] - y[i])/h
    z[n] = (y[n] - y[n-1])/h
    return y, z

from scitools.std import *

f_formula = sys.argv[1]
a = eval(sys.argv[2])
b = eval(sys.argv[3])
n = int(sys.argv[4])
f = StringFunction(f_formula)
y, z = diff(f, a, b, n)
plot(x, y, 'r-', x, z, 'b-', legend=('function', 'derivative'))
```

B.3 用求和实现积分

一些函数积分有解析解，如：

$$\int x^m \, dx = \frac{1}{m+1} x^{m+1}, \quad m \neq -1$$

$$\int \sin x \, dx = -\cos x$$

$$\int \frac{x}{1+x^2} \, dx = \frac{1}{2}\ln(x^2 + 1)$$

这些都是所谓的不定积分。如果函数积分有解析解，那么可以直接求相关的定积分。一般来说：

$$[f(x)]_a^b = f(b) - f(a)$$

一些特殊的例子如下：

$$\int_0^1 x^m \mathrm{d}x = \left[\frac{1}{m+1}x^{m+1}\right]_0^1 = \frac{1}{m+1}$$

$$\int_0^\pi \sin(x)\mathrm{d}x = \left[-\cos(x)\right]_0^\pi = 2$$

$$\int_0^1 \frac{x}{1+x^2}\mathrm{d}x = \left[\frac{1}{2}\ln(x^2+1)\right]_0^1 = \frac{1}{2}\ln 2$$

但是很多函数积分没有解析解，因此必须使用某种数值近似来计算定积分。上面已经引入了离散函数的概念，现在使用这个办法来计算定积分的近似值。

B.3.1 子区间划分

本节先计算 $\sin x$ 从 $x=0$ 到 $x=\pi$ 的积分。这不是激动人心或具有挑战性的数学问题，但是学习一个新方法，最好从已经知道的问题开始。B.1.1 节引入了离散函数 $(x_i, s_i)_{i=0}^n$，这里 $h=\pi/n, s_i = \sin x_i$，且 $x_i = ih$，$i=0,1,\cdots,n$。此外，在区间 $x_k \leqslant x \leqslant x_{k+1}$ 中，定义线性函数

$$S_k(x) = s_k + \frac{s_{k+1} - s_k}{x_{k+1} - x_k}(x - x_k)$$

要计算从 $x=0$ 到 $x=\pi$ 的 $\sin x$ 积分的近似值。积分

$$\int_0^\pi \sin x \mathrm{d}x$$

可以被分成定义在区间 $x_k \leqslant x \leqslant x_{k+1}$ 上的子积分，从而有下面的积分之和：

$$\int_0^\pi \sin x \mathrm{d}x = \sum_{k=0}^{n-1} \int_{x_k}^{x_{k+1}} \sin x \mathrm{d}x$$

为了体会积分的分割，这里只将区间分割成 4 个子区间，即 $n=4, h=\pi/4$，因此：

$$x_0 = 0$$
$$x_1 = \pi/4$$
$$x_2 = \pi/2$$
$$x_3 = 3\pi/4$$
$$x_4 = \pi$$

从 0 到 π 的区间被划分成 4 个等长的子区间，然后类似地分割积分：

$$\int_0^\pi \sin x \mathrm{d}x = \int_{x_0}^{x_1} \sin x \mathrm{d}x + \int_{x_1}^{x_2} \sin x \mathrm{d}x + \int_{x_2}^{x_3} \sin x \mathrm{d}x + \int_{x_3}^{x_4} \sin x \mathrm{d}x \tag{B.10}$$

到目前为止，还没有任何改变——积分没有任何近似，但已经把求积分

$$\int_0^\pi \sin x \mathrm{d}x$$

的近似值的问题变成了求子区间上的积分近似值的问题，即只需要以下所有积分的近似值：

$$\int_{x_0}^{x_1} \sin x \mathrm{d}x, \quad \int_{x_1}^{x_2} \sin x \mathrm{d}x, \quad \int_{x_2}^{x_3} \sin x \mathrm{d}x, \quad \int_{x_3}^{x_4} \sin x \mathrm{d}x$$

该方法的核心是：被积函数在子区间上的改变要比在整个 $[0,\pi]$ 区间上更小，所以在子区间上用直线 $S_k(x)$ 来近似正弦函数可能是合理的。子区间上的积分是非常容易的。

B.3.2　子区间积分

现在对形如

$$\int_{x_k}^{x_{k+1}} \sin x \mathrm{d}x$$

的式子求近似积分。因为

$$\sin x \approx S_k(x)$$

所以，在区间 (x_k, x_{k+1}) 上有

$$\int_{x_k}^{x_{k+1}} \sin x \mathrm{d}x \approx \int_{x_k}^{x_{k+1}} S_k(x) \mathrm{d}x$$

图 B.3 是 $S_k(x)$ 和 $\sin x$ 在区间 (x_k, x_{k+1}) 上的图形，其中 $k=1$、$n=4$。其实 $S_1(x)$ 在区间内的积分就是梯形面积，因此有

$$\int_{x_1}^{x_2} S_1(x) \mathrm{d}x = \frac{1}{2}(S_1(x_2) + S_1(x_1))(x_2 - x_1)$$

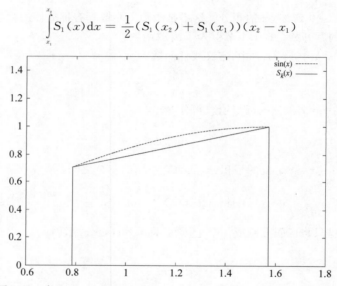

图 B.3　当 $k=1$、$n=4$ 时在区间 (x_k, x_{k+1}) 上的 $S_k(x)$ 和 $\sin x$ 曲线

所以

$$\int_{x_1}^{x_2} S_1(x) \mathrm{d}x = \frac{h}{2}(s_2 + s_1)$$

一般就可以认为有

$$\int_{x_k}^{x_{k+1}} \sin x \mathrm{d}x \approx \frac{1}{2}(s_{k+1} + s_k)(x_{k+1} - x_k) = \frac{h}{2}(s_{k+1} + s_k)$$

B.3.3　子区间求和

将子区间的结果求和，就得到

$$\int_0^{\pi} \sin x \mathrm{d}x = \sum_{k=0}^{n-1} \int_{x_k}^{x_{k+1}} \sin x \mathrm{d}x \approx \sum_{k=0}^{n-1} \frac{h}{2}(s_{k+1} + s_k)$$

因此

$$\int_0^\pi \sin x \mathrm{d}x \approx \frac{h}{2} \sum_{k=0}^{n-1} (s_{k+1} + s_k) \tag{B.11}$$

在 $n=4$ 时,有

$$\int_0^\pi \sin x \mathrm{d}x \approx \frac{h}{2} \left[(s_1 + s_0) + (s_2 + s_1) + (s_3 + s_2) + (s_4 + s_3) \right]$$

$$= \frac{h}{2} \left[s_0 + 2(s_1 + s_2 + s_3) + s_4 \right]$$

把式(B.11)变换为

$$\int_0^\pi \sin x \mathrm{d}x \approx \frac{h}{2} \left[s_0 + 2 \sum_{k=1}^{n-1} s_k + s_n \right] \tag{B.12}$$

这个近似计算公式称为数值积分的梯形法则。使用更一般的程序 ——trapezoidal. py(在 B.3.4 节中介绍)用 $n = 5, 10, 20$ 和 100 求 $\int_0^\pi \sin x \mathrm{d}x$,结果分别为 1.5644、1.8864、1.9713 和 1.9998,积分的精确值为 2。像往常一样,使用的网格点 (n) 越多,近似值越好。

B.3.4 求和实现积分通用过程

对于积分

$$\int_a^b f(x) \mathrm{d}x$$

的近似,可以通过定义在区间 $[a, b]$ 上的连续函数 $f(x)$ 的离散函数版本来计算,f 的离散版本由 $(x_i, y_i)_{i=0}^n$ 给出,其中

$$x_i = a + ih, \text{且 } y_i = f(x_i)$$

$i = 0, 1, \cdots, n$,给定整数 $n \geqslant 1$, $h = (b-a)/n$。梯形法则可以写为

$$\int_a^b f(x) \mathrm{d}x \approx \frac{h}{2} \left[y_0 + 2 \sum_{k=1}^{n-1} y_k + y_n \right]$$

代码 trapezoidal. py 是一般函数 f 的梯形法则实现。

```
def trapezoidal(f, a, b, n):
    h = (b-a)/float(n)
    I = f(a) + f(b)
    for k in xrange(1, n, 1):
        x = a + k * h
        I += 2 * f(x)
    I *= h/2
    return I

from math import *
from scitools.StringFunction import StringFunction
import sys

def test(argv=sys.argv):
    f_formula = argv[1]
    a = eval(argv[2])
    b = eval(argv[3])
```

```
    n =int(argv[4])
    f =StringFunction(f_formula)
    I =trapezoidal(f, a, b, n)
    print 'Approximation of the integral: ', I

if __name__ =='__main__':
    test()
```

将文件做成一个模块，这样就可以轻松地在另一个程序中导入 trapezoidal 函数。下面制作一个表格，展示近似值和相关误差随着 n 的增加而减小的情况。选择积分为 $\int_{t_1}^{t_2} g(t)\,\mathrm{d}t$，其中：

$$g(t) = -a\mathrm{e}^{-at}\sin \pi wt + \pi w\mathrm{e}^{-at}\cos \pi wt$$

准确的积分值为

$$G(t) = \mathrm{e}^{-at}\sin \pi wt$$

这里，a 和 w 是实数，在程序中分别设置为 $1/2$ 和 1，积分上下限选为 $t_1 = 1, t_2 = 4$，因此积分等于 0。程序和其结果如下：

```
from trapezoidal import trapezoidal
from math import exp, sin, cos, pi

def g(t):
    return -a * exp(-a * t) * sin(pi * w * t) +pi * w * exp(-a * t) * cos(pi * w * t)

def G(t):                    #integral of g(t)
    return exp(-a * t) * sin(pi * w * t)

a =0.5
w =1.0
t1 =0
t2 =4
exact =G(t2) -G(t1)
for n in 2, 4, 8, 16, 32, 64, 128, 256, 512:
    approx =trapezoidal(g, t1, t2, n)
    print 'n=%3d approximation=%12.5e error=%12.5e' % (n, approx, exact-approx)
```

```
n=2     approximation=5.87822e+00  error=-5.87822e+00
n=4     approximation=3.32652e-01  error=-3.32652e-01
n=8     approximation=6.15345e-02  error=-6.15345e-02
n=16    approximation=1.44376e-02  error=-1.44376e-02
n=32    approximation=3.55482e-03  error=-3.55482e-03
n=64    approximation=8.85362e-04  error=-8.85362e-04
n=128   approximation=2.21132e-04  error=-2.21132e-04
n=256   approximation=5.52701e-05  error=-5.52701e-05
n=512   approximation=1.38167e-05  error=-1.38167e-05
```

可见，当 n 增加时，误差减小。事实上，至少当 $n > 8$ 时，随着 n 加倍，误差大约减少为原来的 $1/4$。这是梯形法则的一个重要性质，检查程序能否重现此性质是检查程序是否有效的重点之一。

B.4　泰勒级数

计算科学中最重要的单一数学工具就是泰勒级数。它用于推导新的方法,也用于分析近似的精度,本书中多次使用该级数。本节只是引入它,并展示几个应用。

B.4.1　函数在某一点附近的近似值

已知函数 f 在某个点 x_0 的值,要计算 f 在 x 附近的值。更准确地说,假设已知 $f(x_0)$,想要知道 $f(x_0+h)$ 的近似值,其中 h 是一个小数字。如果函数平滑且 h 足够小,则第一个近似值为

$$f(x_0 + h) \approx f(x_0) \tag{B.13}$$

这个近似当然不是很准确。为了得到更准确的近似,须更多了解 x_0 处的 f。假设已知 $f(x_0)$ 和 $f'(x_0)$,那么可以通过

$$f'(x_0) \approx \frac{f(x_0 + h) - f(x_0)}{h}$$

得到一个更为准确的 $f(x_0+h)$ 的近似:

$$f(x_0 + h) \approx f(x_0) + h f'(x_0) \tag{B.14}$$

B.4.2　指数函数近似值

下面看一个具体函数,考虑

$$f(x) = e^x$$

在 $x_0=0$ 附近,因为 $f'(x)=e^x$,且 $f'(0)=1$,由式(B.14)得到

$$e^h \approx 1 + h$$

下面的小程序在文件 Taylor1.py 中,对一系列的 h 值打印出 e^h 和 $1+h$:

```
from math import exp
for h in 1, 0.5, 1/20.0, 1/100.0, 1/1000.0:
    print 'h=%8.6f exp(h)=%11.5e 1+h=%g' % (h, exp(h), 1+h)
```

```
h=1.000000 exp(h)=2.71828e+00   1+h=2
h=0.500000 exp(h)=1.64872e+00   1+h=1.5
h=0.050000 exp(h)=1.05127e+00   1+h=1.05
h=0.010000 exp(h)=1.01005e+00   1+h=1.01
h=0.001000 exp(h)=1.00100e+00   1+h=1.001
```

正如预期,h 越小,$1+h$ 对于 e^h 的近似效果越好。

B.4.3　更高精度的展开

由式(B.13)和式(B.14)给出的近似被称为泰勒级数,在微积分教材中有很多关于泰勒级数的知识。其实式(B.13)和式(B.14)分别叫零阶和一阶泰勒级数。二阶泰勒级数为

$$f(x_0 + h) \approx f(x_0) + h f'(x_0) + \frac{h^2}{2} f''(x_0) \tag{B.15}$$

三阶泰勒级数为

$$f(x_0 + h) \approx f(x_0) + h f'(x_0) + \frac{h^2}{2} f''(x_0) + \frac{h^3}{6} f'''(x_0) \tag{B.16}$$

四阶泰勒级数为

$$f(x_0 + h) \approx f(x_0) + hf'(x_0) + \frac{h^2}{2} f''(x_0) + \frac{h^3}{6} f'''(x_0) + \frac{h^4}{24} f''''(x_0) \tag{B.17}$$

一般地，n 阶泰勒级数为

$$f(x_0 + h) \approx \int_{k=0}^{n} \frac{h^k}{k!} f^{(k)}(x_0) \tag{B.18}$$

其中 $f^{(k)}$ 代表 f 的 n 阶导数，而

$$k! = 1 \times 2 \times \cdots \times (k-1) \times k$$

代表阶乘。再看看 $x_0 = 0$ 时的 $f(x) = e^x$，有

$$f(x_0) = f'(x_0) = f''(x_0) = f'''(x_0) = f''''(x_0) = 1$$

它给出如下的泰勒级数：

$$e^h \approx 1 + h + \frac{1}{2}h^2 + \frac{1}{6}h^3 + \frac{1}{24}h^4$$

下面的 Taylor2.py 程序，对于一个给定的 h 值打印出这些近似值的误差（注意，通过在已有计算项后加入新项，可以很容易地构建泰勒级数）。

```python
from math import exp
import sys

h = float(sys.argv[1])
Taylor_series = []
Taylor_series.append(1)
Taylor_series.append(Taylor_series[-1] + h)
Taylor_series.append(Taylor_series[-1] + (1/2.0) * h**2)
Taylor_series.append(Taylor_series[-1] + (1/6.0) * h**3)
Taylor_series.append(Taylor_series[-1] + (1/24.0) * h**4)

print 'h =', h
for order in range(len(Taylor_series)):
    print 'order=%d, error=%g' % (order, exp(h) - Taylor_series[order])
```

通过用 $h = 0.2$ 运行程序得到以下输出：

```
h = 0.2
order=0, error=0.221403
order=1, error=0.0214028
order=2, error=0.00140276
order=3, error=6.94248e-05
order=4, error=2.75816e-06
```

可以看到增加项提高了近似效果。对于 $h = 3$，这些近似都是没用的：

```
h = 3.0
order=0, error=19.0855
order=1, error=16.0855
order=2, error=11.5855
```

```
order=3, error=7.08554
order=4, error=3.71054
```

然而,加入更多的项就可以对任意 h 获得更精确的结果。A.1.8 节中用 n 项泰勒级数计算 e^x 的方法是通用的。用不同的 h 值运行程序 exp_Taylor_series_diffeq.py 展示了增加泰勒级数中的项可以获得多大好处。对于 $h=3$, $e^3=20.086$,程序运行结果如表 B.1 所示。

表 B.1 $h=3$ 时程序的运行结果

$n+1$	泰勒级数	$n+1$	泰勒级数
2	4	8	19.846
4	13	16	20.086

对于 $h=50$, $e^{50}=5.1847\times10^{21}$,程序运行结果如表 B.2 所示。

表 B.2 $h=50$ 时程序的运行结果

$n+1$	泰勒级数	$n+1$	泰勒级数
2	51	32	1.3928×10^{19}
4	2.2134×10^4	64	5.0196×10^{21}
8	1.7960×10^8	128	5.1847×10^{21}
16	3.2964×10^{13}		

在表 B.2 中,随着项数的增加,泰勒级数的演变是很戏剧化的(且令人信服)。

B.4.4 精度分析

回忆泰勒级数:

$$f(x_0+h) \approx \int_{k=0}^{n} \frac{h^k}{k!} f^{(k)}(x_0) \tag{B.19}$$

引入一个误差项,它可以被重写为一个等式:

$$f(x_0+h) \approx \int_{k=0}^{n} \frac{h^k}{k!} f^{(k)}(x_0) + O(h^{n+1}) \tag{B.20}$$

下面通过 $f(x)=e^x$ 来更仔细地研究这个公式。对于 $n=1$ 有

$$e^h = 1+h+O(h^2) \tag{B.21}$$

这表示,存在一个不依赖于 h 的常数 c,使得

$$|e^h-(1+h)| \leqslant ch^2 \tag{B.22}$$

可见 h 中的误差呈二阶递减。这表示对于分式

$$q_h^1 = \frac{|e^h-(1+h)|}{h^2}$$

当 h 减小时,期望它是有界的。程序 Taylor_err1.py 对 $h=1/10, 1/20, 1/100, 1/1000$ 打印出 q_n^1

```
from numpy import exp, abs

def q_h(h):
```

```
        return abs(exp(h) - (1+h))/h**2

print " h q_h"
for h in 0.1, 0.05, 0.01, 0.001:
    print "%5.3f %f" % (h, q_h(h))
```

观察程序的输出：

h	q_h
0.100	0.517092
0.050	0.508439
0.010	0.501671
0.001	0.500167

可以观察到 $q_h \approx 1/2$，有界且与 h 独立。程序 Taylor_err2.py 打印以下分式的结果：

$$q_h^0 = \frac{|\, e^h - 1\,|}{h}$$

$$q_h^1 = \frac{|\, e^h - (1+h)\,|}{h^2}$$

$$q_h^2 = \frac{\left|\, e^h - \left(1 + h + \dfrac{h^2}{2}\right)\,\right|}{h^3}$$

$$q_h^3 = \frac{\left|\, e^h - \left(1 + h + \dfrac{h^2}{2} + \dfrac{h^3}{6}\right)\,\right|}{h^4}$$

$$q_h^4 = \frac{\left|\, e^h - \left(1 + h + \dfrac{h^2}{2} + \dfrac{h^3}{6} + \dfrac{h^4}{24}\right)\,\right|}{h^5}$$

对 $h = 1/5, 1/10, 1/20, 1/100$，程序如下：

```python
from numpy import exp, abs

def q_0(h):
    return abs(exp(h) -1) / h
def q_1(h):
    return abs(exp(h) - (1 +h)) / h**2
def q_2(h):
    return abs(exp(h) - (1 +h + (1/2.0) * h**2)) / h**3
def q_3(h):
    return abs(exp(h) - (1 +h + (1/2.0) * h**2 + (1/6.0) * h**3)) / h**4
def q_4(h):
    return abs(exp(h) - (1 +h + (1/2.0) * h**2 + (1/6.0) * h**3 +
                    (1/24.0) * h**4)) / h**5

hlist = [0.2, 0.1, 0.05, 0.01]
```

```
print "%-05s %-09s %-09s %-09s %-09s %-09s"
        % ("h", "q_0", "q_1", "q_2", "q_3", "q_4")
for h in hlist:
    print "%.02f %04f %04f %04f %04f %04f"
            % (h, q_0(h), q_1(h), q_2(h), q_3(h), q_4(h))
```

运行这个程序,得到如下表格:

H	q_0	q_1	q_2	q_3	q_4
0.20	1.107014	0.535069	0.175345	0.043391	0.008619
0.10	1.051709	0.517092	0.170918	0.042514	0.008474
0.05	1.025422	0.508439	0.168771	0.042087	0.008403
0.01	1.005017	0.501671	0.167084	0.041750	0.008344

再次体现出式(B.20)描述的近似值误差的高阶特点。

B.4.5　再论导数

导数

$$f'(x) \approx \frac{f(x+h) - f(x)}{h}$$

通过使用泰勒级数可以直接求近似,同时还可获得关于近似值误差的特征。根据式(B.20)可知它满足

$$f(x+h) = f(x) + hf'(x) + O(h^2)$$

因此

$$f'(x) = \frac{f(x+h) - f(x)}{h} + O(h) \tag{B.23}$$

所以误差正比于 h。可以通过计算机验证结论否是正确。令 $f(x) = \ln x$,所以 $f'(x) = 1/x$。程序 diff_ln_err.py 打印 h 和

$$\frac{1}{h} \left| f'(x) - \frac{f(x+h) - f(x)}{h} \right| \tag{B.24}$$

当 $x = 10$ 时,观察不同 h 的值。

```
def error(h):
    return (1.0/h) * abs(df(x) - (f(x+h)-f(x))/h)

from math import log as ln

def f(x):
    return ln(x)

def df(x):
    return 1.0/x

x = 10
hlist = []
for h in 0.2, 0.1, 0.05, 0.01, 0.001:
    print "%.4f %4f" % (h, error(h))
```

从结果

```
0.2000    0.004934
0.1000    0.004967
0.0500    0.004983
0.0100    0.004997
0.0010    0.005000
```

可以看到,式(B.24)中的量为常数(约为 0.5)且独立于 h,这意味着误差与 h 成正比。

B.4.6　更准确的差分近似

可以用泰勒级数得出更准确的导数的近似。由式(B.20)可得

$$f(x+h) \approx f(x) + hf'(x) + \frac{h^2}{2}f''(x) + O(h^3) \tag{B.25}$$

用 $-h$ 代入 h,有

$$f(x-h) \approx f(x) - hf'(x) + \frac{h^2}{2}f''(x) + O(h^3) \tag{B.26}$$

式(B.25)减去式(B.26),有

$$f(x+h) - f(x-h) = 2hf'(x) + O(h^3)$$

因此:

$$f'(x) = \frac{f(x+h) - f(x-h)}{2h} + O(h^2) \tag{B.27}$$

注意,本公式的误差是 $O(h^2)$,而式(B.23)的误差是 $O(h)$。为了证明误差确实减小了,可以计算下面的两个近似:

$$f'(x) \approx \frac{f(x+h) - f(x)}{h}, \quad f'(x) \approx \frac{f(x+h) - f(x-h)}{2h}$$

将它们应用于区间 $(0, \pi)$ 上的离散版本的 $\sin x$ 函数。如往常一样,给定整数 $n \geq 1$,定义网格

$$x_i = ih, \quad i = 0, 1, \cdots, n$$

其中 $h = \pi/n$。节点处函数值为

$$s_i = \sin x_i, \quad i = 0, 1, \cdots, n$$

对内部节点,定义导数的第一(F)和第二(S)阶近似如下:

$$d_i^F = \frac{s_{i+1} - s_i}{h}$$

$$d_i^S = \frac{s_{i+1} - s_{i-1}}{2h}$$

其中 $i = 1, 2, \cdots, n-1$,这个值应该和下面公式给出的准确的导数值相比较:

$$d_i = \cos x_i, \quad i = 1, 2, \cdots, n-1$$

下面的程序在 diff_1st2nd_order.py 中,它对于给定的 n 绘制离散函数 $(x_i, d_i)_{i=1}^{n-1}$、$(x_i, d_i^F)_{i=1}^{n-1}$ 和 $(x_i, d_i^S)_{i=1}^{n-1}$ 的图形。注意,这个程序中的前 3 个函数完全是通用的,可用于任何网格上的任何函数 $f(x)$。特定的 $f(x) = \sin x$ 和一、二阶公式的比较在 example 函数里面,在测试块中调用这个函数。也就是说,这个文件是一个模块,在其他程序中可以重用其中的前 3 个函数(特别地,可以在下一个例子中用到第 3 个函数)。

```
def first_order(f, x, h):
    return (f(x+h) -f(x))/h

def second_order(f, x, h):
```

```
        return (f(x+h) - f(x-h))/(2 * h)

def derivative_on_mesh(formula, f, a, b, n):
    """
    Differentiate f(x) at all internal points in a mesh
    on [a,b] with n+1 equally spaced points.
    The differentiation formula is given by formula(f, x, h).
    """
    h = (b-a)/float(n)
    x = linspace(a, b, n+1)
    df = zeros(len(x))
    for i in xrange(1, len(x)-1):
        df[i] = formula(f, x[i], h)
    # Return x and values at internal points only
    return x[1:-1], df[1:-1]

def example(n):
    a = 0; b = pi;
    x, dF = derivative_on_mesh(first_order, sin, a, b, n)
    x, dS = derivative_on_mesh(second_order, sin, a, b, n)
    # Accurate plot of the exact derivative at internal points
    h = (b-a)/float(n)
    xfine = linspace(a+h, b-h, 1001)
    exact = cos(xfine)
    plot (x, dF, 'r-', x, dS, 'b-', xfine, exact, 'y-',
          legend= ('First-order derivative',
                   'Second-order derivative',
                   'Correct function'),
          title='Approximate and correct discrete '\
                'functions, n=%d' %n)

# Main program
from scitools.std import *
n = int(sys.argv[1])
example(n)
```

用 4 个不同的 n 值运行这个程序的结果显示在图 B.4 中。通过观察可以发现 d_i^S 比 d_i^F 对 d_i 的近似效果好，并且可以注意到这两个近似在 n 很大时效果都是很好的。

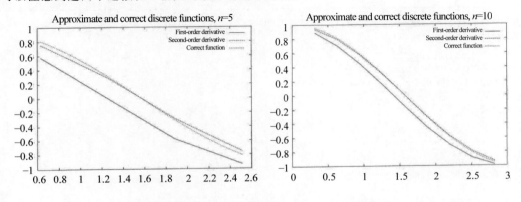

图 B.4　不同网格点数 n 的精确导数和近似导数的比较

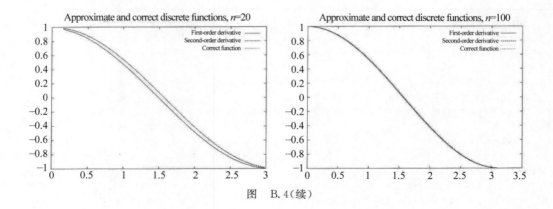

图 B.4（续）

B.4.7 二阶导数

上面已经看到泰勒级数可用于求导数的近似。但是高阶导数呢？下面先看看二阶导数。从式（B.20）有

$$f(x_0 + h) = f(x_0) + hf'(x_0) + \frac{h^2}{2}f''(x_0) + \frac{h^3}{6}f'''(x_0) + O(h^4)$$

将 h 替换成 $-h$ 有

$$f(x_0 - h) = f(x_0) - hf'(x_0) + \frac{h^2}{2}f''(x_0) - \frac{h^3}{6}f'''(x_0) + O(h^4)$$

将两式相加有

$$f(x_0 + h) + f(x_0 - h) = 2f(x_0) + h^2 f''(x_0) + O(h^4)$$

因此

$$f''(x_0) = \frac{f(x_0 - h) - 2f(x_0) + f(x_0 + h)}{h^2} + O(h^2) \tag{B.28}$$

对于离散函数 $(x_i, y_i)_{i=0}^n, y_i = f(x_i)$，可以得到下列二阶导数的近似：

$$d_i = \frac{y_{i-1} - 2y_i + y_{i+1}}{h^2} \tag{B.29}$$

编写一个在网格上求式（B.29）的函数（在文件 diff2nd.py 中）。作为例子，将函数应用于

$$f(x) = \sin e^x$$

它的二阶导数公式为

$$f''(x) = e^x \cos e^x - (\sin e^x)e^{2x}$$

```
from diff_1st2nd_order import derivative_on_mesh
from scitools.std import *

def diff2nd(f, x, h):
    return (f(x+h) -2 * f(x) +f(x-h))/(h**2)

def example(n):
    a =0; b =pi

    def f(x):
        return sin(exp(x))

    def exact_d2f(x):
```

```
        e_x =exp(x)
        return e_x * cos(e_x) - sin(e_x) * exp(2 * x)

    x, d2f =derivative_on_mesh(diff2nd, f, a, b, n)
    h = (b-a)/float(n)
    xfine =linspace(a+h, b-h, 1001)          # fine mesh for comparison
    exact =exact_d2f(xfine)
    plot(x, d2f, 'r-', xfine, exact, 'b-',
        legend= ('Approximate derivative',
              'Correct function'),
        title='Approximate and correct second order ' 'derivatives, n=%d' %n,
              savefig='tmp.pdf')

try:
    n =int(sys.argv[1])
except:
    print "usage: %s n" % sys.argv[0]; sys.exit(1)

example(n)
```

图 B.5 中在 $n = 10, 20, 50, 100$ 时比较了近似导数和准确导数。和以前一样,误差随着 n 的增加而减小,但要注意,在本例中,当 n 很小时,误差非常大。

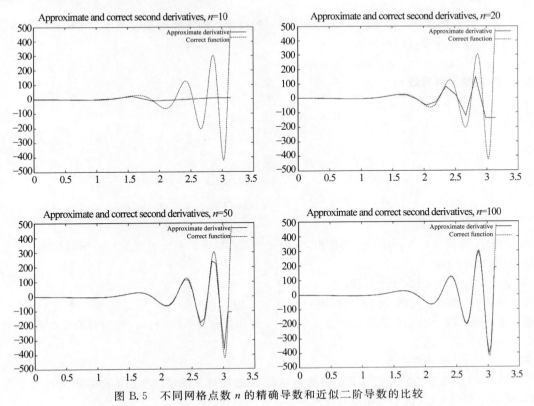

图 B.5 不同网格点数 n 的精确导数和近似二阶导数的比较

B.5 习题

习题 B.1: 离散函数的插值。

对于函数

$$f(x) = \exp(-x^2)\cos 2\pi x$$

把区间 $[-1,1]$ 等分为 $q+1$ 个节点，用 Python 写出相应网格上 $f(x)$ 的离散函数，并返回以下值：

(1) $x=-0.45$ 的插值函数值。

(2) 插值的误差。对 $q=2,4,8,16$ 调用函数并输出误差。

文件名：exb-01-interpolate_exp_cos.py。

习题 B.2: 不同参数值下的函数。

编写程序，绘制函数 $f(x)=\sin\dfrac{1}{x+\varepsilon}$ 的图形，其中 x 在单位区间内，$\varepsilon>0$ 作为给定的输入参数，图中用 $n+1$ 个节点。

a. 取 $n=10$，$\varepsilon=1/5$，测试这个程序。

b. 调整程序，使它可以同时绘制两个不同的 n 值的函数图形，例如 n 和 $n+10$。

c. 为了让这两个不同 n 值的函数之间的差异小于 0.1，需要取多大的 n 值？

提示：每个函数都给出一个数组。创建一个 while 循环并利用数组的 max 函数获取最大值，然后比较。

d. 取 $\varepsilon=1/10$，重新计算。

e. 取 $\varepsilon=1/20$，重新计算。

f. 对于给定的 ε，需要选择多大的 n 值才能使得 n 的继续增加不会对图形产生太大的影响（即不能从屏幕上看出来）。这个问题没有标准答案。

文件名：exb-02-plot_sin_eps.py。

习题 B.3: 函数及其导数。

设 x 为 0~1，考虑函数

$$f(x) = \sin\frac{1}{x+\varepsilon}$$

及其导数

$$f'(x) = \frac{-\cos\dfrac{1}{x+\varepsilon}}{(x+\varepsilon)^2}$$

这里，ε 作为给定的输入参数。

a. 编写程序，绘制 $f=f(x)$ 的导数的图形，采用 n 个节点的有限差分近似算法。同时绘制 $f'=f'(x)$ 函数给出的准确导数图形。

b. 取 $n=10$，$\varepsilon=1/5$，测试这个程序。

c. n 取多大时，可以让这两个函数之间的差异小于 0.1？

提示：每个函数都给出一个数组。创建一个 while 循环并利用数组的 max 函数获取最大值，然后比较。

d. 取 $\varepsilon=1/10$，重新计算。

e. 取 $\varepsilon=1/20$，重新计算。

f. 对于给定的 ε，通过实验确定 n 需要选择为多大，才能使得 n 的继续增加不会对图形产生太大的影响（即不能从屏幕上看出来）。这个问题没有标准答案。

文件名：exb-03-sin_deriv.py。

习题 B.4: 使用梯形积分法。

这个习题的目的是测试程序 trapezoidal.py。

a. 令

$$\bar{a} = \int_0^1 \mathrm{e}^{4x}\,\mathrm{d}x = \frac{1}{4}\mathrm{e}^4 - \frac{1}{4}$$

用程序 trapezoidal.py 计算这个积分,且对于给定的 n,用 $a(n)$ 记录结果。$\varepsilon = 1/100$,通过实验找到当 n 多大时,才能保证

$$|\bar{a} - a(n)| \leqslant \varepsilon$$

b. 取 $\varepsilon = 1/1000$,重新计算。

c. 取 $\varepsilon = 1/10000$,重新计算。

d. 对于给定的 ε,n 要多大才能保证

$$|\bar{a} - a(n)| \leqslant \varepsilon$$

文件名:exb-04-trapezoidal_test_exp.py。

习题 B.5: 计算积分数列。

a. 令

$$\bar{b}_k = \int_0^1 x^k\,\mathrm{d}x = \frac{1}{k+1}$$

用 $b_k(n)$ 记录程序 trapezoidal.py 计算的 $\int_0^1 x^k\,\mathrm{d}x$ 结果。对于 $k = 4, 6, 8$,通过数值实验确定 n 要多大才能使 $b_k(n)$ 满足

$$|\bar{b}_k - b_k(n)| \leqslant 0.0001$$

注意,n 依赖于 k。

提示:对于每个 k 运行程序,观察结果,然后手动计算 $|\bar{b}_k - b_k(n)|$。

b. 尝试将前面的结果归纳到 $k \geqslant 2$。

c. 生成一个 x^k 在单位区间上的图形,$k = 2, 4, 6, 8$ 和 10,考虑到 trapezoidal.py 程序是分段线性近似函数的,a 和 b 中的结果是否合理?

文件名:exb-05-trapezoidal_test_power.py。

习题 B.6: 使用梯形积分法。

本习题的目的是用梯形积分法计算下面的积分的近似值:

$$I = \int_{-\infty}^{\infty} \mathrm{e}^{-x^2}\,\mathrm{d}x$$

a. 对 x 从 -10 到 10 绘制 e^{-x^2} 的图形,并通过绘图讨论

$$\int_{-\infty}^{\infty} \mathrm{e}^{-x^2}\,\mathrm{d}x = 2\int_0^{\infty} \mathrm{e}^{-x^2}\,\mathrm{d}x$$

b. 用 $T(n, L)$ 记录下面的积分的近似:

$$2\int_0^L \mathrm{e}^{-x^2}\,\mathrm{d}x$$

用梯形积分法对 n 个子区间进行计算。对于给定的 n 和 L,编写程序计算 T 值。

c. 扩展程序,使它以表格的形式输出 $T(n, L)$,其中行对应 $n = 100, 200, \cdots, 500$,而列对应 $L = 2, 4, 6, 8, 10$。

d. 扩展程序,对于 c 中相同的 n 和 L,打印 $T(n, L)$ 误差的表格。积分值的准确为 $\sqrt{\pi}$。

文件名：exb-06-integrate_exp. py。

备注：有界的数值积分需要选择一个 n；无界积分也需要确定定义域，也就是选择例子中的 L。精度取决于 n 和 L。

习题 B.7: 计算三角函数积分。

本习题的目的是展示后续会用到的三角函数的性质。这里要用 trapezoidal. py 函数计算积分，取 $n=100$。

a. 考虑积分

$$I_{p,q} = 2\int_0^1 \sin p\pi x \, \sin q\pi x \, \mathrm{d}x$$

在表格中填入 $I_{p,q}$ 的值，行 $q=0,1,\cdots,4$，列 $p=0,1,\cdots,4$。

b. 对下列积分重复上述计算：

$$I_{p,q} = 2\int_0^1 \cos p\pi x \, \cos q\pi x \, \mathrm{d}x$$

c. 对下列积分重复上述计算：

$$I_{p,q} = 2\int_0^1 \cos p\pi x \, \sin q\pi x \, \mathrm{d}x$$

文件名：exb-07-ortho_trig_funcs. py。

习题 B.8: 绘制函数及其导数。

a. 在区间 $x=1/1000$ 到 $x=1$ 上，使用程序 diff_func. py 绘制下列函数的近似导数：

$$f(x) = \ln\left(x + \frac{1}{100}\right)$$
$$g(x) = \cos \mathrm{e}^{10x}$$
$$h(x) = x^x$$

它们是准确（解析）导数是

$$f'(x) = \frac{1}{x + \dfrac{1}{100}}$$
$$g'(x) = -10\mathrm{e}^{10x}\sin \mathrm{e}^{10x}$$
$$h'(x) = (\ln x)x^x + x\, x^{x-1}$$

b. 扩展程序，使它同时绘制函数的离散（近似）导数和解析（准确）导数。解析导数和离散导数采用同样的网格点计算函数值。用 x^3 的离散导数和解析导数测试这个程序。

c. 用程序比较 f、g 和 h 的解析导数和离散导数。看一看 n 选多大才能让图形在屏幕上难以区分。

文件名：exb-08-diff_functions. py。

习题 B.9: 使用梯形积分法。

对于 $x\in[0, 10]$，编写绘制如下函数图形的高效的程序：

$$f(x) = \frac{1}{2} + \frac{1}{\sqrt{\pi}}\int_0^x \mathrm{e}^{-t^2} \, \mathrm{d}t$$

积分使用梯形积分法进行近似，尽可能减少 e^{-t^2} 函数的调用次数。

文件名：exb-09-plot_integra. py。

附录 C 微分方程计算简介[①]

对于科学和技术的建模工作,微分方程已被证明是一种非常成功的工具。可以毫不夸张地说,几乎所有自然科学中的数学模型都使用微分方程来定义。本章将学习在计算机上进行微分方程计算的入门知识。微分方程计算是计算科学的核心问题,其内容远远超出了本书可以覆盖的范围。但是,其思想方法将会在很多高级应用程序中重复使用,因此本章对以后可能会经常遇到的主题加以介绍。

本章关注编写求解微分方程的程序。更确切地说,由于计算机只能处理离散数据,这里研究如何用离散方式来表述一个微分方程,以及如何编写程序来计算离散解。对于最简单的、有解析解的微分方程,可以直接写出解的公式。然而,实际应用中的微分方程通常相当复杂,只能用计算机求数值解,所以这里只研究求解方程的数值方法。附录 E 中描述了更高级的实现方法,其目的在于制作一个求解微分方程的方便易用的工具包。本附录和附录 E 中习题的目的就是解决诸多学科中产生的微分方程。

本章程序源代码在 src 中的子文件夹 ode1 中。常微分方程(ordinary differential equation,ODE)就是本附录要解决的微分方程的类型。实际上,微分方程分为两类:常微分方程和偏微分方程(partial differential equation)。常微分方程包含单个变量(例子中通常为 t)的导数,偏微分方程包含多个变量的导数,通常是空间和时间。一个典型的常微分方程是

$$u'(t) = u(t)$$

而一个典型的偏微分方程是

$$\frac{\partial u}{\partial t} = \frac{\partial^2 u}{\partial x^2} + \frac{\partial^2 u}{\partial y^2}$$

这个方程被称为热传导方程或扩散方程。

C.1 入门案例

考虑求解下面的方程:

$$u'(t) = t^3 \tag{C.1}$$

通过对式(C.1)积分,直接求解得

$$u(t) = \frac{1}{4}t^4 + C$$

其中 C 是一个任意常数。为了获得唯一解,需要一个额外的条件来确定 C。指定在某个时间点 t_1 的值 $u(t_1)$ 可以作为一个额外条件。通常可以将式(C.1)看成函数 $u(t)$ 在 $t \in [0, T]$ 上的微分方程,额外的条件经常是给出 $u(0)$,称为初始条件。例如:

$$u(0) = 1 \tag{C.2}$$

一般来说,满足式(C.2)的微分方程(C.1)的解为

---

① 本附录由 Aslak Tveito 编写。

$$u(t) = u(0) + \int_0^t u'(\tau)\,\mathrm{d}x$$

$$= 1 + \int_0^t \tau^3\,\mathrm{d}\tau$$

$$= 1 + \frac{1}{4}t^4$$

如果分不清上面的 t 和 τ，没有太大关系。

> 数学不是要你搞懂，而是要你习惯。
>
> 约翰·冯·诺依曼（John von Neumann），数学家，1903—1957

现在检查上面得出的解。$u(t) = 1 + \frac{1}{4}t^4$ 真能满足式（C.1）和式（C.2）的条件吗？显然，$u(0) = 1$，且 $u'(t) = t^3$，所以解是正确的。

下面是更一般的方程

$$u'(t) = f(t) \tag{C.3}$$

和初始条件

$$u(0) = u_0 \tag{C.4}$$

这里假设 $f(t)$ 是给定的函数，u_0 是给定的数字。然后，通过推导得到

$$u(t) = u_0 + \int_0^T f(\tau)\,\mathrm{d}\tau \tag{C.5}$$

使用附录 B 中的方法可以通过积分找到 u 的离散近似版本。一般地，下面的积分的近似

$$\int_0^T f(\tau)\,\mathrm{d}\tau$$

可以通过连续函数 $f(\tau)$ 在区间 $[0, t]$ 上的离散函数来计算。f 的离散函数就是 $(\tau_i, y_i)_{i=0}^n$，其中：

$$\tau_i = ih，且 y_i = f(\tau_i)$$

这里 $i = 0, 1, \cdots, n, n \geqslant 1$ 为给定的整数，$h = T/n$。梯形积分法现在可以写成

$$\int_0^T f(\tau)\,\mathrm{d}\tau \approx \frac{h}{2}\Big[y_0 + 2\sum_{k=1}^{n-1} y_k + y_n\Big] \tag{C.6}$$

使用这个近似，通过式（C.3）和式（C.4）求得方程的近似解为

$$u(t) \approx u_0 + \frac{h}{2}\Big[y_0 + 2\sum_{k=1}^{n-1} y_k + y_n\Big]$$

程序 integrate_ode.py 计算式（C.3）和式（C.4）的数值解，其中函数 f、时间 t、初始条件 u_0 和时间步数 n 是程序的输入。

```python
#!/usr/bin/env python

def integrate(T, n, u0):
    h = T/float(n)
    t = linspace(0, T, n+1)
    I = f(t[0])
    for k in iseq(1, n-1, 1):
        I += 2 * f(t[k])
    I += f(t[-1])
```

```
    I  * = (h/2)
    I  += u0
    return I

from scitools.std import *

f_formula = sys.argv[1]
T = eval(sys.argv[2])
u0 = eval(sys.argv[3])
n = int(sys.argv[4])
f = StringFunction(f_formula, independent_variables='t')
print "Numerical solution of u'(t)=%s: %.4f" % (f_formula, integrate(T, n, u0))
```

用上面的程序求解以下方程：

$$u'(t) = t e^{t^t}$$
$$u(0) = 0$$

其中，$T = 2$，$n = 10, 20, 50, 100$：

```
Terminal>python src-ode1/integrate_ode.py 't * exp(t**2)' 2 0 10
Numerical solution of u'(t)=t * exp(t**2): 28.4066
```

```
Terminal>python src-ode1/integrate_ode.py 't * exp(t**2)' 2 0 20
Numerical solution of u'(t)=t * exp(t**2): 27.2060
```

```
Terminal>python src-ode1/integrate_ode.py 't * exp(t**2)' 2 0 50
Numerical solution of u'(t)=t * exp(t**2): 26.8644
```

```
Terminal>python src-ode1/integrate_ode.py 't * exp(t**2)' 2 0 100
Numerical solution of u'(t)=t * exp(t**2): 26.8154
```

精确解是 $\dfrac{1}{2}e^{2^2} - \dfrac{1}{2} \approx 26.799$。可以看到，随着 n 的增加，近似更加精确。

C.2 指数增长

上面的例子并不是一个真正的微分方程，因为它的解是通过直接积分获得的。如果未知函数 u 的导数函数 $u'(t)$ 是已知的，成为如下的方程：

$$u'(t) = f(t) \tag{C.7}$$

这种方程是可以求解的。通常导数是根据解来定的，例如 A.1.4 节中理想条件下的人口增长。引入 v_i 表示 τ_i 时刻的个体数量，v_i 对应 A.1.4 节中的 x_n，v_i 演化的基本模型是式（A.9）：

$$v_i = (1 + r)v_{i-1}, \quad i = 1, 2, 3, \cdots, v_0 \text{ 为已知} \tag{C.8}$$

正如在 A.1.4 节中提到的那样，r 取决于时间差 $\Delta\tau = \tau_i - \tau_{i-1}$：$\Delta\tau$ 越大，r 越大，因此很自然地引入一个与 $\Delta\tau$ 无关的增长率 α：$\alpha = r/\Delta\tau$。α 是固定的，无论在 v_i 的差分方程中的时间间隔取为多长。实际上 α 等于增长的百分数除以 100，再除以单位时间间隔。

现在，差分方程变为

$$v_i = v_{i-1} + \alpha \, \Delta\tau \, v_{i-1}$$

可以得到

$$\frac{v_i - v_{i-1}}{\Delta t} = \alpha v_{i-1} \tag{C.9}$$

现在将时间步长 $\Delta\tau$ 缩小，式（C.9）的左边就是函数 $v(\tau)$（表示时间 τ 的人口数）关于时间的导数的近似。$\Delta\tau \to 0$ 时，左边就成了导数，因此方程为

$$v'(\tau) = \alpha \, v(\tau) \tag{C.10}$$

基本差分方程需要一个初始值 $v(0) = v_0$。而将差分方程中的时间步长减小到 0，就得到微分方程。

缩放像式（C.10）这样的方程时，往往认为其中的变量不具有物理特征，且变量的变化范围一般也是等比例缩放的。这种模型意味着需要引入新的无量纲变量

$$u = \frac{v}{v_0}, \quad t = \frac{\tau}{\alpha}$$

然后推导出 $u(t)$ 的方程。在式（C.10）中插入 $v = v_0 u$ 和 $\tau = \alpha t$，人口增长的原型方程是

$$u'(t) = u(t) \tag{C.11}$$

初值为

$$u(0) = 1 \tag{C.12}$$

计算出无量纲的 $u(t)$ 后，就可以用

$$v(\tau) = v_0 u(\tau/\alpha)$$

计算出 $v(\tau)$。这里先从理想化的情况，即式（C.11）开始，稍后将考虑人口增长方程的实际应用。

解析法求解

微分方程可以写成

$$\frac{\mathrm{d}u}{\mathrm{d}t} = u$$

还可以写成

$$\frac{\mathrm{d}u}{u} = \mathrm{d}t$$

两边同时积分，得到

$$\ln u = t + c$$

其中 c 是必须通过初始条件确定的常数。令 $t=0$，有

$$\ln u(0) = c$$

因此

$$c = \ln 1 = 0$$

所以

$$\ln u = t$$

则解为

$$u(t) = \mathrm{e}^t \tag{C.13}$$

现在验证这个函数确实是式（C.7）～式（C.11）的解。显然，$u(0) = \mathrm{e}^0 = 1$，所以满足式（C.11）。此外，由于

$$u'(t) = \mathrm{e}^t = u(t) \tag{C.14}$$

因此也满足式（C.7）。

数值法求解

指数增长方程的解的公式是可以找到的，所以问题解决了，编写绘制结果图形的程序也很容易。然而，下面还要为这个问题提出一个数值求解的方法。前面的问题确实不需要用数值求解的方法，因为它的解可

以用公式表达;但是前面也说到,为已经知道解的问题开发新方法是一个很好的实际训练,这样,当以后面临更具挑战性的问题时会更有信心。

假设要计算下面的方程的数值近似解:

$$u'(t) = u(t) \tag{C.15}$$

初始条件为

$$u(0) = 1 \tag{C.16}$$

要计算时间 $t=0$ 到 $t=1$ 的近似值。设 $n \geqslant 1$ 且为给定的整数,定义

$$\Delta t = 1/n \tag{C.17}$$

此外,用 u_k 表示 $u(t_k)$ 的近似,其中

$$t_k = k\Delta t \tag{C.18}$$

$k=0,1,\cdots,n$。求微分方程数值的关键步骤是使用精确解的泰勒级数:

$$u(t_{k+1}) = u(t_k) + \Delta t\, u'(t_k) + O(\Delta t^2) \tag{C.19}$$

这意味着

$$u'(t_k) \approx \frac{u(t_{k+1}) - u(t_k)}{\Delta t} \tag{C.20}$$

通过式(C.15),可以得到

$$\frac{u(t_{k+1}) - u(t_k)}{\Delta t} \approx u(t_k) \tag{C.21}$$

$u(t_k)$ 是在时间 t_k 的精确解,u_k 是该时间点的近似解,现在从定义 $u_0 = u(0) = 1$ 开始,要对所有 $k \geqslant 0$ 求 u_k。因为希望 $u_k \approx u(t_k)$,根据式(C.21),u_k 就需要满足下面的等式:

$$\frac{u_{k+1} - u_k}{\Delta t} = u_k \tag{C.22}$$

对式(C.22)进行变换:

$$u_{k+1} = (1 + \Delta t)u_k \tag{C.23}$$

因为 u_0 已知,就可以用式(C.23)计算 u_1、u_2 等。式(C.23)的代码在程序 exp_growth.py 中。其实,这个方法和程序都不是必需的。从式(C.23)可以得到

$$u_k = (1 + \Delta t)^k u_0$$

其中 $k=0,1,\cdots,n$,用一个计算器或者手机就可以计算它。这里再一次用非常简单的例子来为更复杂的情况做好准备。

```python
#!/usr/bin/env python

def compute_u(u0, T, n):
    """Solve u'(t)=u(t), u(0)=u0 for t in [0,T] with n steps."""
    u = u0
    dt = T/float(n)
    for k in range(0, n, 1):
        u = (1+dt) * u
    return u #u(T)

import sys

n = int(sys.argv[1])
#Special test case: u'(t)=u, u(0)=1, t in [0,1]
T = 1; u0 = 1
print 'u(1) =', compute_u(u0, T, n)
```

该程序不存储 u 值：只用一个新的 float 型对象 u 重写原来的值，这样在 n 很大时可以节省大量内存。

用 $n=5,10,20,100$ 运行程序，得到近似值 2.4883、2.5937、2.6533 和 2.7048。时间 $t=1$ 的精确解是 $u(1)=e^1 \approx 2.7183$。这里再一次看到，随着 n 的增加，近似变得越来越精确。

另一个程序用来绘制 $u(t)$，因此需要存储所有的 u_k 和 $t_k = k\,\Delta t$ 值。程序如下：

```python
#!/usr/bin/env python

def compute_u(u0, T, n):
    """Solve u'(t)=u(t), u(0)=u0 for t in [0,T] with n steps."""
    t = linspace(0, T, n+1)
    t[0] = 0
    u = zeros(n+1)
    u[0] = u0
    dt = T/float(n)
    for k in range(0, n, 1):
        u[k+1] = (1+dt) * u[k]
        t[k+1] = t[k] + dt
    return u, t

from scitools.std import *

n = int(sys.argv[1])
#Special test case: u'(t)=u, u(0)=1, t in [0,1]
T = 1; u0 = 1
u, t = compute_u(u0, T, n)
plot(t, u)
tfine = linspace(0, T, 1001)        #for accurate plot
v = exp(tfine)                       #correct solution
hold('on')
plot(tfine, v)
legend(['Approximate solution', 'Correct function'])
title('Approximate and correct discrete functions, n=%d' %n)
savefig('tmp.pdf')
```

用 $n=5,10,20,100$ 运行程序，结果为图 C.1。从这些图形中可以看出指数函数的收敛。

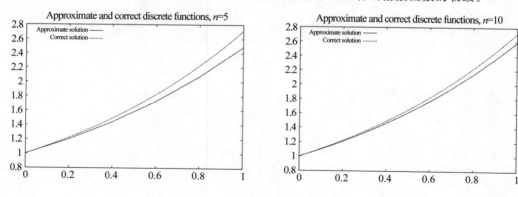

图 C.1　对于 $[0,1]$ 之间不同的时间步，$u'(t)=u(t)$ 方程的精确解和近似解

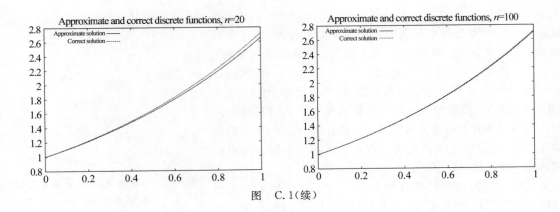

图 C.1(续)

C.3 逻辑增长

指数增长可以通过以下等式来模拟：

$$u'(t) = \alpha u(t)$$

其中 $\alpha > 0$ 是给定常数。如果初始条件为

$$u(0) = u_0$$

那么解就是

$$u(t) = u_0 e^{\alpha t}$$

由于 $\alpha > 0$，所以随着 t 增加，解 $u(t)$ 会变得非常大。在短时间内，人口的这种增长是可能的；但是在更长的时间内，由于环境的限制，人口的增长会受到约束，这个问题在 A.1.5 节中做了讨论。类似式(A.12)那样引入一个逻辑增长项，就得到以下差分方程：

$$u'(t) = \alpha u(t)\left(1 - \frac{u(t)}{R}\right) \tag{C.24}$$

其中 α 是增长率，R 是承载能力(carrying capacity，对应于 A.1.5 节中的 M)。注意，一般来说 R 非常大，所以如果 $u(0)$ 很小，对于很小的 t 有

$$\frac{u(t)}{R} \approx 0$$

因此，当 t 很小时，人口就转化为近似指数增长：

$$u'(t) \approx \alpha u(t)$$

但随着 t 增加，u 也增加，$u(t)/R$ 项将变得重要，并开始限制增长。

逻辑方程式(C.24)的数值求解方案由下式给出：

$$\frac{u_{k+1} - u_k}{\Delta t} = \alpha u_k\left(1 - \frac{u_k}{R}\right)$$

对上式进行转换：

$$u_{k+1} = u_k + \Delta t \alpha u_k\left(1 - \frac{u_k}{R}\right)$$

这就是适合程序实现的方程形式。

C.4 单摆

前面都是标量常微分方程，即方程中只有一个未知函数 $u(t)$。现在要处理常微分方程组，通常 n 个未知函数耦合在 n 个方程的方程组中。这里讨论的摆锤运动的例子是含有两个未知函数 $u(t)$ 和 $v(t)$ 的方程组，

见图 C.2。

质量为 m 的小球连接在长度为 L 的无质量的杆上，依靠重力来回摆动。应用牛顿第二运动定律，这个物理系统的微分方程为

$$\theta'(t) + \alpha \sin \theta = 0 \qquad (C.25)$$

其中 $\theta = \theta(t)$ 是杆与垂直方向之间的角度，以弧度计算，而 $\alpha = g/L$（g 是重力加速度）。要求解的未知函数是 θ，知道了 θ，计算球的位置、速度、加速度和杆上的张力就容易了。因为式(C.25)中的最高阶导数是二次，因此称式(C.25)为二阶微分方程。本附录前面的例子只涉及一阶导数，因此称之为一阶微分方程。

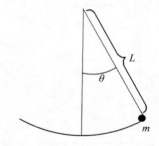

图 C.2 小球质量为 m、无质量的杆长度为 L、角度 $\theta = \theta(t)$ 的单摆

求解式(C.25)的数值计算方法和 D.1.2 节中使用的方法相同，式(C.25)和式(D.8)非常类似，后者是附录 D 的主题，这两个公式的差别是式(D.8)中有一个可以忽略的附加项，同时其中的 kS 项必须被扩展成 $\alpha \sin S$，这样式(D.8)与式(C.25)才相同。这个扩展很容易实现。但本附录不这样求解式(C.25)给出的二阶微分方程，而是将它改写成两个一阶微分方程的方程组，这样就可以用求解一阶微分方程的数值计算方法来求解。

为了将二阶微分方程变换为两个一阶微分方程的方程组，需要为一阶导数（球体的角速度）引入新的变量：

$$v(t) = \theta'(t)$$

将上式代入式(C.25)中，得到

$$v'(t) + \alpha \sin \theta = 0$$

另外，v 和 θ 之间的关系为

$$v = \theta'(t)$$

式(C.25)等效于以下两个耦合的一阶微分方程的系统：

$$\theta'(t) = v(t) \qquad (C.26)$$
$$v'(t) = -\alpha \sin \theta \qquad (C.27)$$

标量微分方程需要初始条件，这里有两个未知函数，所以需要两个初始条件：

$$\theta(0) = \theta_0$$
$$v(0) = v_0$$

这里假定的初始条件是给定初始角度 θ_0 和初始角速度 v_0。

未知量和初始条件组成两个向量：$(\theta(t), v(t))$ 和 (θ_0, v_0)。可以将式(C.26)和式(C.27)看成向量方程，第一个方程元素是式(C.26)，第二个方程元素是式(C.27)。在 Python 中，向量标记使求解标量方程的方法（几乎）立即可用于向量方程组，即常微分方程组。

为了得到求解式(C.26)和式(C.27)给出的方程组的数值方法，可以像前面一样对含有一个未知函数的一个方程进行求解。例如，当 $T > 0$ 为已知时，计算从 $t=0$ 到 $t=T$ 的解，设 $n \geq 1$ 为给定整数，定义时间步长为

$$\Delta t = T/n$$

用 (θ_k, v_k) 记录准确解 $(\theta(t_k), v(t_k))$ 的近似解，$k = 0, 1, \cdots, n$。下面是正向欧拉方法：

$$\frac{\theta_{k+1} - \theta_k}{\Delta t} = v_k \qquad (C.28)$$

$$\frac{v_{k+1} - v_k}{\Delta t} = -\alpha \sin \theta_k \qquad (C.29)$$

该方案可以重写为更适合程序实现的形式：

$$\theta_{k+1} = \theta_k + \Delta t v_k \qquad (C.30)$$

$$v_{k+1} = v_k - \alpha \Delta t \sin \theta_k \tag{C.31}$$

下面的程序(名为 pendulum. py)在函数 pendulum 中实现这个方法。模型的输入参数 θ_0、v_0、最终时间 T 和时间步数 n 通过命令行给出。

```python
#!/usr/bin/env python

def pendulum(T, n, theta0, v0, alpha):
    """Return the motion (theta, v, t) of a pendulum."""
    dt = T/float(n)
    t = linspace(0, T, n+1)
    v = zeros(n+1)
    theta = zeros(n+1)
    v[0] = v0
    theta[0] = theta0
    for k in range(n):
        theta[k+1] = theta[k] + dt * v[k]
        v[k+1] = v[k] - alpha * dt * sin(theta[k+1])
    return theta, v, t

from scitools.std import *

n = int(sys.argv[1])
T = eval(sys.argv[2])
v0 = eval(sys.argv[3])
theta0 = eval(sys.argv[4])
alpha = eval(sys.argv[5])

theta, v, t = pendulum(T, n, theta0, v0)
plot(t, v, xlabel='t', ylabel='velocity')
figure()
plot(t, theta, xlabel='t', ylabel='velocity')
```

通过用输入数据 $\theta_0 = \pi/6$、$v_0 = 0$、$\alpha = 5$、$T = 10$ 和 $n = 1000$ 运行程序,就得到图 C.3 所示的结果,左为角度 $\theta = \theta(t)$,右为角速度。

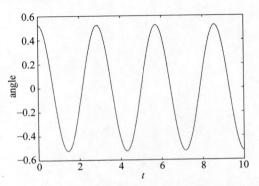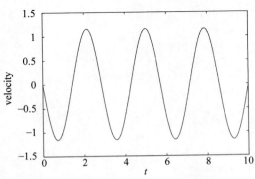

图 C.3 单摆运动方程图形,左为角度 $\theta(t)$,右为角速度 θ'

C.5 疾病传播模型

数学建模被广泛用于分析传染病的传播。最简单的情况是考虑一个数量不变的群体，这个群体由两部分组成：可以感染疾病的易感染者(S)和已经患有该疾病并能够传播它的传染者(I)。一个模拟 S 和 I 演变的微分方程组可以是

$$S' = -rSI \tag{C.32}$$
$$I' = rSI - aI \tag{C.33}$$

这里 r 和 a 是给定的表征传染病性质的常数。初始条件为

$$S(0) = S_0$$
$$I(0) = I_0$$

其中假定初始状态(S_0, I_0)已知。

假设要从时间 $t=0$ 到 $t=T$ 计算该方程组的数值解，根据上面的分析，先引入时间步长：

$$\Delta t = T/n$$

用(S_k, I_k)记录准确解($S(t_k), I(t_k)$)的近似解，方程组的显式正向欧拉方法形式如下：

$$\frac{S_{k+1} - S_k}{\Delta t} = -rS_k I_k$$

$$\frac{I_{k+1} - I_k}{\Delta t} = rS_k I_k - aI_k$$

它的可计算的形式为

$$S_{k+1} = S_k - \Delta t r S_k I_k$$
$$I_{k+1} = I_k + \Delta t (rS_k I_k - aI_k)$$

这个方法在程序 exp_epidemic.py 中实现。其中 r、a、S_0、I_0、n 和 T 通过命令行输入。函数 epidemic 计算微分方程组的解(S, I)，然后在图中分别绘制这一对与时间相关的函数的图形。

```python
#!/usr/bin/env python

def epidemic(T, n, S0, I0, r, a):
    dt =T/float(n)
    t =linspace(0, T, n+1)
    S =zeros(n+1)
    I =zeros(n+1)
    S[0] =S0
    I[0] =I0
    for k in range(n):
        S[k+1] =S[k] -dt * r * S[k] * I[k]
        I[k+1] =I[k] +dt * (r * S[k] * I[k] -a * I[k])
    return S, I, t

from scitools.std import *

n =int(sys.argv[1])
T =eval(sys.argv[2])
S0 =eval(sys.argv[3])
I0 =eval(sys.argv[4])
r =eval(sys.argv[5])
```

```
a =eval(sys.argv[6])

S, I, t =epidemic(T, n, S0, I0, r, a)
plot(t, S, xlabel='t', ylabel='Susceptibles')
plot(t, I, xlabel='t', ylabel='Infectives')
```

　　下面将这个程序应用于具体的案例。在一所有 763 个男孩的英国寄宿学校发生了流感疫情。这个数据取自 Murray 的论文，Murray 在 1978 年 3 月 4 日的《英国医学杂志》上发表了这个数据。疫情从 1978 年 1 月 21 日持续到 2 月 4 日。1 月 21 日为 $t=0$，且 $T=14$ 天，令 $S_0=762$，$I_0=1$，就是 $t=0$ 时只有一个人感染。图 C.4 是 $r=2.18\times10^{-3}$、$a=0.44$、$n=1000$ 时的数值结果，同时还绘制了实际数据结果，表明模拟与真实情况很吻合。

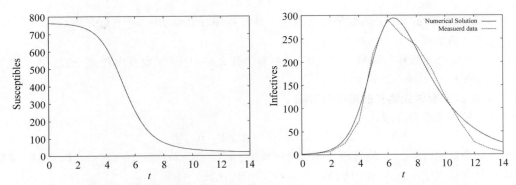

图 C.4　1978 年英国某寄宿学校流感疫情中易感染者（左）和传染者（右）的数学模型图形

　　对感染性疾病传播的数学模型感兴趣的读者可以阅读 JD Murray 的《数学生物学》著作。

C.6　习题

习题 C.1: 求解非齐次线性常微分方程。

使用正向欧拉方法求解以下常微分方程问题：

$$u'=2u-1, u(0)=2, t\in[0,6]$$

选择 $\Delta t=0.25$。绘制数值解和精确解 $u(t)=\dfrac{1}{2}+\dfrac{3}{2}\mathrm{e}^{2t}$ 的图形。

文件名：exc-01-nonhomogeneous_linear_ODE.py。

习题 C.2: 求解非线性常微分方程。

使用正向欧拉方法求解以下常微分方程问题：

$$u'=u^q, u(0)=1, t\in[0,T]$$

精确解为

$$u(t)=\begin{cases}\mathrm{e}^t, & \text{当 } q=1 \text{ 时}\\ (t(1-q)+1)^{1/(1-q)}, & \text{当 } q>1 \text{ 且 } t(1-q)+1>0 \text{ 时}\end{cases}$$

从命令行读取 q、Δt 和 T，求解常微分方程，绘制数值解和精确解的图形。在以下情况下运行程序：$q=2$ 和 $q=3$，$\Delta t=0.01$ 和 $\Delta t=0.1$。$q=1$ 时令 $T=6$，否则 $T=1/(q-1)-0.1$。

文件名：exc-02-nonlinear_ODE.py。

习题 C.3: 求解一个关于 y(x)的常微分方程。

对于下面的常微分方程问题：

$$\frac{\mathrm{d}y}{\mathrm{d}x} = \frac{1}{2(y-1)}, \quad y(0) = 1+\sqrt{\varepsilon}, \quad x \in [0,4] \tag{C.34}$$

其中 $\varepsilon > 0$ 是一个很小的数。为该常微分方程问题构造一个正向欧拉方法，并按照不同的 x 步长（$\Delta x = 1$, $0.25, 0.01$）进行求解。绘制数值解和精确解 $y(x) = 1 + \sqrt{(x+\varepsilon)}$ 的图形，对精确解使用 1001 个网格坐标点来计算。设 $\varepsilon = 10^{-3}$。用 $\Delta x = 1$ 研究数值解，并以此解释为什么这个问题很难求数值解。

文件名：exc-03-yx_ODE.py。

习题 C.4: 体验常微分方程的不稳定性。

用正向欧拉方法求解下面的常微分方程问题：

$$u' = u, u(0) = u_0$$

通过反复使用该方法得到

$$u_k = (1 + \alpha \Delta t)^k u_0$$

对于 $\alpha < 0$ 的情况。如果 $\Delta t > -1/\alpha$，数值解会振荡。编写程序计算 u_k，令 $\alpha = -1$，并展示 $\Delta t = 1.1, 1.5, 1.9$ 时解的振荡情况。精确解 $u(t) = e^{\alpha t}$ 是不振荡的。

如果 $\Delta t > -2/\alpha$ 会怎么样？用程序试一下，并解释为什么在 $k \to \infty$ 时没有出现 $u^k \to 0$。

文件名：exc-04-unstable_ODE.py。

习题 C.5: 求解具有时变增长的常微分方程。

考虑指数增长的常微分方程：

$$u' = \alpha u, u(0) = 1, t \in [0, T]$$

现在引入一个依赖时间的 α，使得增长随着时间减慢：$\alpha(t) = a - bt$。对 $a = 1$、$b = 0.1$、$T = 10$ 求解这个问题。绘制解并与增长因子均值为 $\alpha(t)$ 的指数增长 $e^{(a - bT/2)t}$ 做比较。

文件名：exc-05-time_dep_growth.py。

附录 D 一个完整的微分方程工程

本书第 1～9 章写得较为紧凑,并主要以教学的方式组织程序代码的构建。在附录部分,主要目标是用程序解决实际中的综合应用问题。此处的问题求解过程中使用了一些较为前沿的手段,包括物理上的、数学上的以及程序设计上的,是科学程序设计者应掌握的技术。其中的基本要素/基本问题都较为直接,读者或许在中学的物理、数学课程以及本书中已接触过。对于真正具有挑战性的问题,读者需要将其分解为若干个基本问题,但不需了解问题求解过程的细节。作为一个程序员,需要了解如何将给定的算法应用于当前程序,并知道如何对其进行测试。在读者不完全了解该问题相关数学或物理学背景的情况下,这种做法仍然可行。

阅读 D.1 节与 D.2 节时,读者需要了解循环、列表、函数、使用 argparse 模块命令行解析的相关知识;阅读 D.3 节时,读者需要了解关于曲线绘图的知识。

本附录所有的 Python 文件可在 http://tinyurl.com/pwyasaa/boxspring 获取。

D.1 问题描述:物理中的运动和力

D.1.1 物理问题

下面研究一个简单的振动系统,如图 D.1 所示。一个长为 L 的弹簧一端拴着一个质量为 m、高度为 b 的方块;弹簧的另一端有一个圆盘,在 t 时刻它在垂直方向的位置是 $w(t)$。在初始时刻,可以拉伸或者压缩弹簧,当然也可以移动圆盘。当 $w=0$ 时,方块处于自由振荡状态,否则处于受激振荡。

振动是如何发生的呢? 当将方块下拉时,弹簧处于拉伸状态,这时弹簧会产生一个试图将其向上拉回的力。显然,弹簧拉伸距离越长,相应的力也就越大。这时如果放手,则方块会被弹簧向上拉,同时具有一个向上的加速度。在此过程中,当弹簧回至自然状态时,其不再对方块施加拉力。然而,由于惯性,方块会继续向上移动,于是,弹簧被压缩,此时会产生一个与弹簧运动方向相反,将方块向下推的力。随着方块的上移,向下的力逐渐增大,直至方块速度降为 0。该过程循环往复,就形成了振动。由于在此过程中力总是试图将方块复位,因此该力称为回复力。

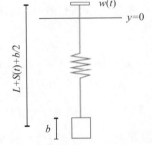

图 D.1 由方块和弹簧组成的振动系统

根据日常经验,该振动将会趋于平静。该过程中一定会存在一个使得该运动衰减的阻尼力。阻尼力产生的原因可能在于弹簧本身。该力往往非常小,然而却可以将其建模至弹簧中,使得对振动过程的刻画更加精确,从而能够更好地控制运动状态。在本例的系统中考虑阻尼力的存在,虽然这一点没有在图 D.1 中体现。

图 D.1 中的振动模型在科学技术中有十分广泛的应用。例如,行驶在颠簸路面上的汽车或者自行车的弹簧系统(这种颠簸会产生对应的 $w(t)$ 函数)。洗衣机洗衣时的上下翻滚就可以建模成一个剧烈颠簸的振动系统(此时 $w(t)$ 与衣服质量分布的不均匀程度有关)。钟表钟摆上虽然没弹簧,但是当振幅较小时,仍可以将其建模带有弹簧的物体,因为这时重力对钟摆的作用就相当于存在一个弹簧(此时,$w(t)=0$)。其他满足此方程的振动系统见习题 E.50。要弄清楚自然界和科学设备中的各类振动现象,首先要理解图 D.1 中的力学模型。

计算目标

本例的目标是计算该方块随时间变化的函数。知道了方块的位置,就可以计算此时的速度、加速度、弹簧的力、阻尼力。从数学角度来看,比较难算的是位置,其他的都相对简单。确切地说,计算位置需要求解一个微分方程,其他的只需要简单的算术运算就可以了。传统观念认为,微分方程的求解是比较难的问题。但是有了计算机的帮助,问题就大大简化了。

假设方块物体只在垂直方向上移动,于是令 $Y(t)$ 为 t 时刻方块中心所在位置。现在建立关于 $Y(t)$ 的微分方程。该方程的求解算法可通过编写程序实现。由于本书是一本关于程序设计的书,所以这里更加关心实现。但本书也考虑到从科学技术角度关心如何将计算机应用于物理数学计算之中的读者的需求,因此这里也给出方程式及其求解算法。

主要相关的量

令 S 为弹簧的伸长量,其中 $S>0$ 时表示弹簧被拉伸,$S<0$ 时表示弹簧被压缩。设弹簧原长为 L,于是在 t 时刻其长度为 $L+S(t)$。给定圆盘的位置 $w(t)$、弹簧长度 $L+S(t)$ 以及方块的高度 b,由图 D.1,$Y(t)$ 可由下式计算:

$$Y(t) = w(t) - (L+S(t)) - \frac{b}{2} \qquad (D.1)$$

可以这样理解式(D.1)的计算过程:首先沿垂直方向到达圆盘位置 $y=w(t)$ 处,而后沿弹簧下降 $L+S(t)$ 长度,进而下降 $b/2$,到达方块中心所在位置。此时,必须要求 L、w、b 均为已知的输入量,$S(t)$ 未知,需由程序计算。

D.1.2 求解算法

现在直接给出程序,并直接给出 $Y(t)$ 的计算方法。下述方法用以计算 $S(t)$,并由此及公式(D.1)可以很容易地计算 $Y(t)$ 在任意时刻 t 的值。$S(t)$ 的计算基于一系列离散时间点 $t=t_i=i\Delta t$ 进行,其中 $i=0,1,\cdots,$ N。将 $S(t_i)$ 简记为 S_i,该值可由下列算法计算。

由输入得到初始拉伸值 S_0,而 S_1 的值就是公式

$$S_{i+1} = \frac{1}{2m}(2mS_i - \Delta t^2 kS_i + m(w_{i+1} - 2w_i + w_{i-1}) + \Delta t^2 mg) \qquad (D.2)$$

当 $i=0$ 时的值。令 $i=1,2,\cdots,N-1$,则由公式

$$S_{i+1} = (m+\gamma)^{-1}(2mS_i - mS_{i-1} + \gamma\Delta tS_{i-1} - \Delta t^2 kS_i + m(w_{i+1} - 2w_i + w_{i-1}) + \Delta t^2 mg) \qquad (D.3)$$

这里,参数 γ 的值等于 $\frac{1}{2}\beta\Delta t$。该算法的输入包括方块的质量 m、弹簧系数 k、阻尼系数 β、重力加速度 g、运动位置函数 $w(t)$、弹窗的初始长度 S_0、时间点数 N 以及相邻两次计算之间的时间间隔 Δt。一般来说,Δt 取得越小,计算就越精确。

读者现在可以继续阅读 D.1.3 节和 D.1.4 节中的算法推导,也可以直接跳至 D.2 节阅读算法的实现部分。

D.1.3 数学模型推导

为了给出算法推导,这里需要建立振动系统的数学模型。该数学模型的建立完全基于物理定律。对于运动的物体而言,最重要的物理定律就是牛顿第二运动定律:

$$F = ma \qquad (D.4)$$

其中,F 为该物体所受合力,m 为该物体的质量,a 是物体获得的加速度。这里的受力物体就是方块。

首先找出全部施加在方块上的力。首先,有一个竖直向下的重力,其值为 mg。令 $F_g = -mg$,这里之所

以添加一个负号,是因为重力的方向与 y 轴的正向相反。

当弹簧被拉长时,其施加在方块上的力是向上的,即,当 $S > 0$ 时,弹簧的拉力 F_s 为正。弹簧的拉力与弹簧的伸长量成正比,于是有 $F_s = kS$,其中 k 称为弹簧系数。弹簧力的标准形式一般为 $F = -kx$,其中 x 为伸长量。这里不带负号是因为 S 的正向为向下,与 y 轴相反。这里同时假设阻尼力的存在,该力总指向运动方向,其值与拉伸速度 $-\dfrac{dS}{dt}$ 成正比。将该比例常数记为 β,于是阻尼力 $f_d = \beta \dfrac{dS}{dt}$。注意,$\dfrac{dS}{dt} > 0$ 时 S 随时间增大,且方块向下运动时该力方向向上,从而取值为正,这是确定该力符号的一种方法。

于是,合力为

$$F = F_g + F_s + F_d = -mg + kS + \beta \frac{dS}{dt} \tag{D.5}$$

现在,得到了式(D.4)的左侧,但 S 是未知量。因此,加速度 a 也未知。但加速度与位移、S 的值之间存在关系,通过该关系,可以将第二个未知量 a 消去。由物理学定理知,加速度是位移关于时间的二阶导数,这里有

$$a = \frac{d^2 Y}{dt^2} = \frac{d^2 w}{dt^2} - \frac{d^2 S}{dt^2} \tag{D.6}$$

注意,L 与 b 是常量。

将式(D.6)代入式(D.4),得到

$$-mg + kS + \beta \frac{dS}{dt} = m \left(\frac{d^2 w}{dt^2} - \frac{d^2 S}{dt^2} \right) \tag{D.7}$$

将未知量移至方程左侧,将已知量移至方程右侧,则可得到

$$m \frac{d^2 S}{dt^2} + \beta \frac{dS}{dt} + kS = m \frac{d^2 w}{dt^2} + mg \tag{D.8}$$

这就是决定该物理系统的方程。一旦解出 $S(t)$,由式(D.1)就可得到方块中心的位置,则速度 v 就可表示为

$$v(t) = \frac{dY}{dt} = \frac{dw}{dt} - \frac{dS}{dt} \tag{D.9}$$

加速度可由式(D.6)算出,其余各力可由式(D.5)算出。

关键的问题在于求解式(D.8)。当 $w = 0$ 时,该式解析解具有如下广为熟知的形式:

$$S(t) = \frac{m}{k} g + \begin{cases} e^{-\zeta t}(c_1 e^{t\sqrt{\beta^2 - 1}} + c_2 e^{-t\sqrt{\zeta^2 - 1}}), & \zeta > 1 \\ e^{-\zeta t}(c_1 + c_2 t), & \zeta = 1 \\ e^{-\zeta t}[c_1 \cos \sqrt{1 - \zeta^2} t + c_2 \sin(\sqrt{1 - \zeta^2} t)], & \zeta < 1 \end{cases} \tag{D.10}$$

其中,ζ 是 $\beta/2$ 的简写,c_1 和 c_2 是任意常数。因此式(D.10)表示的并不是一个唯一解。

要使得该解唯一,需确定 c_1 和 c_2 的值。这可根据系统在特定时刻的取值得到,例如当 $t = 0$ 时。对于该问题,需要指定 S 以及 $\dfrac{dS}{dt}$ 的初值。令 $t = 0$ 时弹簧的伸长量为 S_0。同时,假设 $t = 0$ 时弹簧不存在伸长或者变短的趋势,因而此时有 $\dfrac{dS}{dt} = 0$。由式(D.9)知,此时方块与圆盘具有相同的速度,于是若此时圆盘静止,那么方块也应静止。当 $t = 0$ 时的状况称为初始条件:

$$S(0) = S_0, \qquad \frac{dS}{dt}(0) = 0 \tag{D.11}$$

这两个公式提供了关于 c_1 和 c_2 的两个约束条件。若不给出初始条件,就会产生两个结果:该问题有无穷多解;求解算法不知如何开始计算。

当 $w \neq 0$ 时,式(D.8)也可能会有数学上的解析解,但要求 $w(t)$ 具有极其特殊的形式。而基于程序,对于任何"不太怪"的 $w(t)$,都能非常容易地计算 $S(t)$。当然,该解是一个近似解,然而一般情况下它却可以以任意精度逼近精确解。下面介绍这种强大的求解方法。

D.1.4 算法推导

为求解式(D.8)，需要做两件事情：

（1）计算解在某些离散点 $t=t_i=i\Delta t(i=0,1,\cdots,N)$ 处的值。

（2）将导数用有限差分替代，它会得到近似解。

一阶、二阶导数可用下列差分近似计算：

$$\frac{\mathrm{d}S}{\mathrm{d}t}(t_i) \approx \frac{S(t_{i+1}) - S(t_{i-1})}{2\Delta t} \tag{D.12}$$

$$\frac{\mathrm{d}^2 S}{\mathrm{d}t^2}(t_i) \approx \frac{S(t_{i+1}) - 2S(t_i) + S(t_{i-1})}{\Delta t^2} \tag{D.13}$$

上述公式的推导过程见附录 B 和附录 C。习惯上将 $S(t_i)$ 直接写作 S_i，于是可以将上面两个公式重写为

$$\frac{\mathrm{d}S}{\mathrm{d}t}(t_i) \approx \frac{S_{i+1} - S_{i-1}}{2\Delta t} \tag{D.14}$$

$$\frac{\mathrm{d}^2 S}{\mathrm{d}t^2}(t_i) \approx \frac{S_{i+1} - 2S_i + S_{i-1}}{\Delta t^2} \tag{D.15}$$

例如，在 t_i 时刻，对式(D.8)就是

$$m\frac{\mathrm{d}^2 S}{\mathrm{d}t^2}(t_i) + \beta\frac{\mathrm{d}S}{\mathrm{d}t}(t_i) + kS(t_i) = m\frac{\mathrm{d}^2 w}{\mathrm{d}t^2}(t_i) + mg \tag{D.16}$$

将式(D.14)、式(D.15)代入式(D.16)$\left(\text{注意}\dfrac{\mathrm{d}^2 w}{\mathrm{d}t^2}\text{的近似计算与}\dfrac{\mathrm{d}^2 S}{\mathrm{d}t^2}\text{类似}\right)$，则可得到

$$m\frac{S_{i+1} - 2S_i + S_{i-1}}{\Delta t^2} + \beta\frac{S_{i+1} - S_{i-1}}{2\Delta t} + kS_i = m\frac{w_{i+1} - 2w_i + w_{i-1}}{\Delta t^2} + mg \tag{D.17}$$

算法的计算过程从已知的 S_0 开始，而后计算 S_1、S_2，以此类推。于是，在式(D.17)中可以假设 S_i 与 S_{i-1} 已经算出，S_{i+1} 是新的待求量。通过移项，将未知量置于方程左侧（两端同乘 Δt^2），有

$$mS_{i+1} + \gamma S_{i+1} = 2mS_i - mS_{i-1} + \gamma S_{i-1} - \Delta t^2 kS_i + \\ m(w_{i+1} - 2w_i + w_{i-1}) + \Delta t^2 mg \tag{D.18}$$

其中 γ 是 $\dfrac{1}{2}\beta\Delta t$ 的简写。以 S_{i+1} 为未知量，式(D.18)可以很容易解出：

$$S_{i+1} = (m+\gamma)^{-1}(2mS_i - mS_{i-1} + \gamma S_{i-1} - \Delta t^2 kS_i + m(w_{i+1} - 2w_i + w_{i-1}) + \Delta t^2 mg) \tag{D.19}$$

在着手求解时，需要先解决一个问题：当应用式(D.19)由 S_0 计算 S_1 时，需要用到 S_{i-1}，也就是 S_{-1}，然而该项并不存在。这里就需要用到初始条件。由于当 $t=0$（或者说 $i=0$）时有 $\mathrm{d}S/\mathrm{d}t=0$，因而近似有

$$\frac{S_1 - S_{-1}}{2\Delta t} = 0 \Rightarrow S_{-1} = S_1 \tag{D.20}$$

将该式代入式(D.19)，则可获得当 $i=0$ 时 S_1 的特殊取值（或者认为是 $i=0$ 时 S_{i+1} 的值）：

$$S_{i+1} = \frac{1}{2m}(2mS_i - \Delta t^2 kS_i + m(w_{i+1} - 2w_i + w_{i-1}) + \Delta t^2 mg) \tag{D.21}$$

其中 $i=0$。于是，整个算法过程如下：

（1）初始化 S_0，并作为初始条件。

（2）利用式(D.21)计算在 $i=0$ 时 S_{i+1} 的值。

（3）当 $i=1,2,\cdots,N-1$ 时，利用式(D.19)计算 S_{i+1}。

D.2 程序编写及测试

D.2.1 算法实现

下面的目标是给出实现 D.1.2 节中算法的 Python 程序。很自然，该程序包括两部分：一部分用来读取

诸如 L、m、$w(t)$ 等输入数据,另一部分用于算法计算。这里为每一部分写一个函数。

输入数据对应的数学符号如下:

- m(方块的质量)。
- b(方块的高度)。
- L(弹簧的原长)。
- β(阻尼系数)。
- k(弹簧系数)。
- Δt(相邻两 S_i 对应的时间间隔)。
- N(计算步数)。
- S_0(弹簧原长)。
- $w(t)$(圆盘的位移函数)。
- g(重力加速度)。

首先,需要实现一个专门用于初始化参数的函数 init_prms,它从命令行中的名-值对中对参数进行解析,即用户提供类似于-m 2 或者-dt 0.1(读入 Δt)。这里可以借助 4.4 节介绍的 argparse 模块实现。在 init_prms 函数中为每个参数都提供了默认值。函数返回所有的参数,包括在命令行中被用户赋予新值的那些参数。其中,输入 w 参数需要一个表达式字符串(下面对应变量 w_formula),可以使用 4.3.3 节中介绍的 StringFunction 函数将该串转化为一个 Python 函数。init_prms 函数的概要算法可由下面的 Python 伪代码描述:

```
def init_prms(m, b, L, k, beta, S0, dt, g, w_formula, N):
    import argparse
    parser =argparse.ArgumentParser()
    parser.add_argument('--m', '--mass',
    type=float, default=m)
    parser.add_argument('--b', '--boxheight',
    type=float, default=b)
    ...
    args =parser.parse_args()
    from scitools.StringFunction import StringFunction
    w =StringFunction(args.w, independent_variables='t')
    return args.m, args.b, args.L, args.k, args.beta,
            args.S0, args.dt, args.g, w, args.N
```

以此为着手点进行完善,可将其实现为一个实际可用的 Python 函数,用以将输入参数映射至数学模型中:

```
def init_prms(m, b, L, k, beta, S0, dt, g, w_formula, N):
    import argparse
    parser =argparse.ArgumentParser()
    parser.add_argument('--m', '--mass',
                        type=float, default=m)
    parser.add_argument('--b', '--boxheight',
                        type=float, default=b)
    parser.add_argument('--L', '--spring-length',
                        type=float, default=L)
```

```
        parser.add_argument('--k', '--spring-stiffness',
                            type=float, default=k)
        parser.add_argument('--beta', '--spring-damping',
                            type=float, default=beta)
        parser.add_argument('--S0', '--initial-position',
                            type=float, default=S0)
        parser.add_argument('--dt','--timestep',
                            type=float, default=dt)
        parser.add_argument('--g', '--gravity',
                            type=float, default=g)
        parser.add_argument('--w', type=str, default=w_formula)
        parser.add_argument('--N', type=int, default=N)
                            args =parser.parse_args()
    from scitools.StringFunction import StringFunction
    w =StringFunction(args.w, independent_variables='t')
    return args.m, args.b, args.L, args.k, args.beta, \
            args.S0, args.dt, args.g, w, args.N
```

或许有人会问：既然引力常数 g 是一个已知常量，这里为什么还需要指定该参数？事实上，这会使程序更具灵活性，即可在某些情况下屏蔽该参数。例如，如果将振动方向换为水平方向，该系统的数学模型仍然相同，但此时 $F_g=0$，而相应的程序只需要将 g 的值设为 0 即可。

算法的计算过程非常容易实现，因为从 D.1.2 节中的数学表述到 Python 程序的转换过程非常直接。所有 S_i 的值可以存储在一个列表当中，i 的范围从 0 变化至 N。这里之所以使用列表而不用数组，是为了便利不熟悉数组的用户。

用以计算 S_i 的代码如下：

```
def solve(m, k, beta, S0, dt, g, w, N):
    S = [0.0] * (N+1)              #output list
    gamma =beta * dt/2.0           #short form
    t =0
    S[0] =S0
    #Special formula for first time step
    i =0
    S[i+1] = (1/(2.0 * m)) * (2 * m * S[i] -dt**2 * k * S[i] +
                m * (w(t+dt) -2 * w(t) +w(t-dt)) +dt**2 * m * g)
    t =dt

    for i in range(1,N):
        S[i+1] = (1/(m +gamma)) * (2 * m * S[i] -m * S[i-1] +gamma * dt * S[i-1] -
                dt**2 * k * S[i] +m * (w(t+dt) -2 * w(t) +w(t-dt)) +dt**2 * m * g)
        t +=dt
    return S
```

上述编码的主要难点在于如何正确设置 i 和 t 的值。回忆一下在 t＋dt 时刻更新 S[i+1] 的公式，等号右边出现了 S_i，于是对于执行 t＋＝dt 后的更新操作需要在 S[i+1] 完成计算之后才能进行。这对于计算 S_1 的特殊情形也同样重要。

一般，主程序首先会为 10 个输入参数设置默认值；而后调用 init_prms，让用户对默认值进行调整；接下来再调用 Solve，计算所有 S_i 的值：

```
#Default values
from math import pi
m = 1; b = 2; L = 10; k = 1; beta = 0; S0 = 1;
dt = 2 * pi/40; g = 9.81; w_formula = '0'; N = 80;

m, b, L, k, beta, S0, dt, g, w, N = \
    init_prms(m, b, L, k, beta, S0, dt, g, w_formula, N)
S = solve(m, k, beta, S0, dt, g, w, N)
```

那么,如何使用解得的 S 呢? 可以列出该表中所有的值,但仅通过这些值无法直接对方块的运动产生直观的感觉。因此,最好是以可视化的方法展示函数 $S(t)$,如果能展示函数 $Y(t)$ 则更好。这部分实现将在 D.3 节中给出。在 9.4 节中介绍过绘制类似于图 D.1 的图形的方法。每算得一个 S_i,通过绘出方块、弹簧、圆盘相应位置的方法就可以获得一个表现该振动过程的动画。可以观看以下程序实现的效果: http://tinyurl.com/pwyasaa/boxspring/boxspring_figure_anim.py。

D.2.2 回调函数

最好为每个计算阶段都生成对应的图形表示,而不必等到完整的 S 列表全部算出之后。因此,用户需要在关键的计算步之间加入相关的语句。然而,将用户插入的代码和一般的算法混在一起并不好。因此,这里希望用户提供一个函数,该函数在计算每个 S_i 后被调用。这种机制通常称为回调函数(因为算法中的代码会调用这个由用户指定的任务)。计算过程会为回调函数提供 3 个量: 列表 S、时间点(t)和步数(i+1),于是,这些值可在用户定义的函数中使用。

如果只需要在屏幕上打印出计算结果,该回调函数便非常简单:

```
def print_S(S, t, step):
    print 't=%.2f S[%d]=%+g' % (t, step, S[step])
```

在 solve 函数中,将回调函数用关键字参数 user_action 传入。该参数的默认值为某个空函数,可用如下方式分别定义:

```
def empty_func(S, time, time_step_no):
    return None

def solve(m, k, beta, S0, dt, g, w, N, user_action=empty_func):

...
```

更便捷的方式是传入一个 lambda 函数(具体介绍见 3.1.14 节):

```
def solve(m, k, beta, S0, dt, g, w, N,
    user_action=lambda S, time, time_step_no: None):
```

在新版本的 solve 函数中,每当计算出新的 S 值时,便会调用 user_action:

```
def solve(m, k, beta, S0, dt, g, w, N,
          user_action=lambda S, time, time_step_no: None):
    """Calculate N steps forward. Return list S."""
```

```
        S = [0.0] * (N+1)                    # output list
        gamma = beta * dt/2.0                # short form
        t = 0
        S[0] = S0
        user_action(S, t, 0)
        # Special formula for first time step
        i = 0
        S[i+1] = (1/(2.0*m)) * (2*m*S[i] - dt**2*k*S[i] +
                    m*(w(t+dt) - 2*w(t) + w(t-dt)) + dt**2*m*g)
        t = dt
        user_action(S, t, i+1)

        # Time loop
        for i in range(1,N):
            S[i+1] = (1/(m + gamma)) * (2*m*S[i] - m*S[i-1] + gamma*dt*S[i-1] -
                        dt**2*k*S[i] + m*(w(t+dt) - 2*w(t) + w(t-dt)) + dt**2*m*g)
            t += dt
            user_action(S, t, i+1)

        return S

    def test_constant():
        """Test constant solution."""
        from math import pi
        m = 10.0; k = 5.0; g = 9.81;
        S0 = m/k * g
        m, b, L, k, beta, S0, dt, g, w, N = \
            init_prms(m=10, b=0, L=5, k=5, beta=0, S0=S0,
                        dt=2*pi/40, g=g, w_formula='0', N=40)
        S = solve(m, k, beta, S0, dt, g, w, N)
        S_ref = S0                    # S[i] = S0 is the reference value
        tol = 1E-13
        for S_ in S:
            assert abs(S_ref - S_) < tol

def test_general_solve():
    def print_S(S, t, step):
        print 't=%.2f S[%d]=%+g' % (t, step, S[step])

    # Default values
    from math import pi
    m = 1; b = 2; L = 10; k = 1; beta = 0; S0 = 1;
    dt = 2*pi/40; g = 9.81; w_formula = '0'; N = 80;

    m, b, L, k, beta, S0, dt, g, w, N = \
        init_prms(m, b, L, k, beta, S0, dt, g, w_formula, N)
    S = solve(m, k, beta, S0, dt, g, w, N, user_action=print_S)
    S_reference = [
        1, 1.1086890184669964, 1.432074279830456, 1.9621765725933782,
        2.685916146951562, 3.5854354446841863]
    for S_new, S_ref in zip(S, S_reference):
```

```
            assert abs(S_ref - S_new) <1E-14

def demo():
    def print_S(S, t, step):
        """Callback function: user_action."""
        print 't=%.2f S[%d]=%+g' % (t, step, S[step])

    from math import pi
    m, b, L, k, beta, S0, dt, g, w, N =
        init_prms(m=1, b=2, L=10, k=1, beta=0, S0=0,
                    dt=2 * pi/40, g=9.81, w_formula='0', N=80)

    S = solve(m, k, beta, S0, dt, g, w, N, user_action=print_S)

    import matplotlib.pyplot as plt
    plt.plot(S)
    plt.show()

if __name__ == '__main__':
    #demo()
    test_constant()
```

设置 user_action 最后两个参数时需要特别注意：它们分别对应最近更新 S 的时刻与下标值。

D.2.3　制作模块

init_prms 函数及 solve 函数可以与各种形式的主函数、回调函数（user_action）共同构成完整程序。因此，建议将 init_prms 函数及 solve 函数放在一个名为 boxspring 的模块中，而后在用户自定义的程序中将其包含进来。由 4.9 节的知识，将 init_prms 及 solve 函数放在一个模块中很容易做到，只需把它们放到一个名为 boxspring.py 的文件中即可。

在模块文件中包含一个示例函数以告知用户如何使用相关函数是一个非常好的做法。示例函数一般在测试块中调用，下面是一个例子：

```
def demo():
    def print_S(S, t, step):
        """Callback function: user_action."""
        print 't=%.2f S[%d]=%+g' % (t, step, S[step])

    from math import pi

    m, b, L, k, beta, S0, dt, g, w, N =\
        init_prms(m=1, b=2, L=10, k=1, beta=0, S0=0,
                    dt=2 * pi/40, g=9.81, w_formula='0', N=80)

    S = solve(m, k, beta, S0, dt, g, w, N, user_action=print_S)

    import matplotlib.pyplot as plt
    plt.plot(S)
    plt.show()
```

```
if __name__=='__main__':
    #demo()
    test_constant()
```

D.2.4 验证

要验证程序是否能够正确运行,需要提供一系列具有已知解的问题对其进行测试。这些测试用例需由从数学和物理学角度对这些已解问题有较好理解的人来指定。式(D.10)可以对某些计算进行比较,同时在 $w \neq 0$ 时,也可以制作一些其他测试用例。

此外,在针对式(D.10)进行测试之前,最好先测试一些更为简单的用例。最简单的是不对系统施加任何激励的情况。该结果本身没有什么意思——方块始终处于平稳状态,但是其计算结果值得关注——可以看到程序是否真正输出该解。程序中的许多错误都可以基于这种方式发现。于是,以 $-S0\ 0$ 为唯一命令行参数运行 boxspring.py,其输出如下:

```
t=0.00 S[0]=+0
t=0.16 S[1]=+0.121026
t=0.31 S[2]=+0.481118
t=0.47 S[3]=+1.07139
t=0.63 S[4]=+1.87728
t=0.79 S[5]=+2.8789
t=0.94 S[6]=+4.05154
t=1.10 S[7]=+5.36626
...
```

这说明上述过程中有运动产生。但 S[1],S[2],S[3],…的值都应该为 0 才对! 那么问题出在哪里呢?

可以用两种方式寻找错误原因:一是将该解以可视化的方式绘制出来,以便查看求得的 $S(t)$ 函数图形的具体形状(这可能看出哪里出错了);二是进入算法,手算 S[1] 的值,看看为什么它不是 0。下面分别从这两种方式着手解决。

首先,打印出计算 S[1] 时公式右侧所有的项。此时就会发现,除了最后的 $\Delta t^2 mg$ 之外,其余的值都是 0。因为重力的作用使弹簧向下伸长,由此引发振动。这也可以由式(D.8)得到:若不存在运动,则 $S(t)=0$,于是导数也为 0(注意,程序默认 $w=0$),于是有

$$kS = mg \Rightarrow S = \frac{m}{k}g \tag{D.22}$$

该结果意味着若方块处于静止,弹簧有伸长(这是可能的)。此时,或者初始时刻满足 $S(0)=\frac{m}{k}g$,使得系统处于平衡态;或者在命令行中通过设置 -g 0 将重力设置为 0。于是,设置参数 $-S0\ 0\ -g\ 0$ 或者 $-S0\ 9.81$ 则会使得整个 S 列表中仅包含 0 和 9.81 两个值(因为 $m=k=1$,所以 $S_0=g$)。该常量值输出是正确的,代码看起来也没有什么问题。

这里的第一个测试用例是遵循 nose 框架的自动测试函数:函数名以 test_ 打头,不带任何参数,当测试失效时抛出一个 AssertionError(通过程序中的 assert success 语句,其中布尔条件 success 反映了测试成功与否)。

一个测试函数以对应于系统处平衡时的条件为输入,并测试此时是否所有 S[i] 的取值均是容差范围内的常数:

```
def test_constant():
    """Test constant solution."""
    from math import pi
    m = 10.0; k = 5.0; g = 9.81;
    S0 = m/k * g
    m, b, L, k, beta, S0, dt, g, w, N = 
        init_prms(m=10, b=0, L=5, k=5, beta=0, S0=S0,
                  dt=2 * pi/40, g=g, w_formula='0', N=40)
    S = solve(m, k, beta, S0, dt, g, w, N)
    S_ref = S0                 #S[i] =S0 is the reference value
    tol = 1E-13
    for S_ in S:
        assert abs(S_ref - S_) < tol
```

对于 $S_0 \neq mg/k$ 的情况，可以通过 boxspring_plot 将计算结果绘出，并观察其形状：

```
boxspring_plot.py --S0 0 --N 200
```

图 D.2 展示了此时的 $Y(t)$ 函数，其中初始伸长量为 0，而重力会引起运动。基于数学分析，可以判断该解是正确的。当 $m=k=1$ 及 $w=\beta=0$ 时，动力方程为

$$\frac{\mathrm{d}^2 S}{\mathrm{d}t^2} + S = g, \quad S(0) = 0, \quad \frac{\mathrm{d}S}{\mathrm{d}t}(0) = 0$$

若将 g 项去掉，方程就非常容易解，任何关于微分方程的书都会对此进行介绍。这里用如下的方法将 g 等价地去掉：令 $T=S-g$，于是将 $S=T+g$ 代入上式，则会将 g 消去：

$$\frac{\mathrm{d}^2 T}{\mathrm{d}t^2} + T = 0, \quad T(0) = -g, \frac{\mathrm{d}T}{\mathrm{d}t}(0) = 0 \tag{D.23}$$

这是读者非常熟悉的方程，其解为 $T(t) = -g\cos t$，于是 $S(t) = g(1-\cos t)$ 且

$$Y(t) = -L - g(1 - \cos t) - \frac{b}{2} \tag{D.24}$$

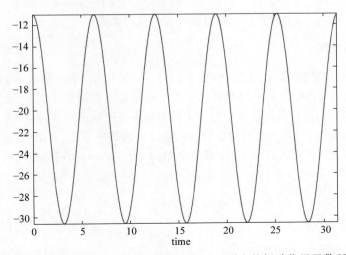

图 D.2　$m=k=1$、$w=\beta=0$、$g=9.81$、$L=10$ 及 $b=2$ 时方块振动位置函数 $Y(t)$ 的图形

当取 $L=10$、$g\approx10$ 及 $b=2$ 为参数时，将会得到一个以 $y\approx21$ 为中心、以 2π 为周期、以 $Y(0)=-L-b/2$

=11 为初值的振动。现在粗略地从图形上看，结果似乎是正确的。更彻底的方法是在一个新的回调函数中引入一个生成数值结果的测试（该程序可在 boxspring_test1.py 中找到）。

```
from boxspring import init_prms, solve
from math import cos

def exact_S_solution(t):
    return g * (1 - cos(t))

def check_S(S, t, step):
    error = exact_S_solution(t) - S[step]
    print 't=%.2f S[%d]=%+g error=%g' % (t, step, S[step], error)

# Fixed values for a test
from math import pi
m = 1; b = 2; L = 10; k = 1; beta = 0; S0 = 0
dt = 2 * pi/40; g = 9.81; N = 200

def w(t):
    return 0

S = solve(m, k, beta, S0, dt, g, w, N, user_action=check_S)
```

该程序的运行结果显示：随着时间增长，错误会增加，最终会达到 0.3。难点在于如何判定这是正常的累积误差（因为这里给出的是一个近似解），还是这个差异意味着代码实现有错误，甚至是计算的数学公式有误。

通过这些关于程序测试的讨论，读者可能意识到关于数学软件的验证是一件非常具有挑战性的工作。尤其是设计测试问题及对输出结果进行解释的工作需要同时具有物理（或其他应用学科）、数学以及编程的经验。

D.3 可视化

本节要为 D.2 节中开发的振动系统应用添加图形显示。回顾一下，solve 函数对问题进行求解，并返回一个下标从 0 到 N 的列表 S。这里的目标是绘制该列表及其相关量。

D.3.1 同步计算及绘图

在完成每个时间点的计算后，solve 函数会回调用户代码（对应于 solve 函数中的 user_action 参数）。回调函数中包含 3 个参数：S、时间、当前时刻的下标。这里希望在回调函数中完成振动过程中位置函数 $Y(t)$ 图形的绘制。一般来说这很容易，但往往 S 中包含了比实际需要绘制的更多的值，因为 S 分配的是全部的时间点，而在调用 user_action 时，只需要用到对应调用时刻之前的那些下标（其余值为 0）。因此需要使用 S 的某个子列表，其下标从 0 到当前点。作为 solve 函数参数的 user_action 回调函数代码如下：

```
def plot_S(S, t, step):
    if step == 0:                    # nothing to plot yet
        return None

    tcoor = linspace(0, t, step+1)
    S = array(S[:len(tcoor)])
    Y = w(tcoor) - L - S - b/2
    plot(tcoor, Y)
```

注意,这里 L、dt、b、w 必须是用户程序中的全局函数。

plot_S 函数的主要问题在于 w(tcoor)求值无法运行。因为 w 是 StringFunction 对象,由 5.5.1 节知,StringFunction 无法直接作用在数组参数上,除非将其向量化。因此,在执行 solve 之前(该函数会反复调用 plot_S),需要执行以下语句:

```
w.vectorize(globals())
```

下面是包含了这个调用的主函数:

```
from boxspring import init_prms, solve
from scitools.std import *

#Default values
m =1; b =2; L =10; k =1; beta =0; S0 =1;
dt =2 * pi/40; g =9.81; w_formula = '0'; N =200;

m, b, L, k, beta, S0, dt, g, w, N =
    init_prms(m, b, L, k, beta, S0, dt, g, w_formula, N)

w.vectorize(globals())

S =solve(m, k, beta, S0, dt, g, w, N, user_action=plot_S)
```

这样,plot_S 函数就能非常好地工作了。输入下列命令来运行程序:

```
boxspring_plot_v1.py
```

固定坐标轴

在每次绘图完成后,t 轴与 y 轴会自适应地做出调整。对 y 轴调整是必要的,因为在计算之前无法预知后续计算的最大值和最小值,因此需要根据当前算得的 Y 对 y 轴进行动态调整。但是,在该计算过程中,t 轴应当保持固定,并且由于计算的起始时刻、终止时刻均为已知,这一点也很容易做到。由结束时刻为 $T=N\Delta t$,因此相关的 plot 命令为

```
plot(tcoor, Y,
     axis=[0, N * dt, min(Y), max(Y)],
     xlabel='time', ylabel='Y')
```

当模拟结束后,最好将最后一次由 plot_S 函数获得的图形保存为文件。因此,当 solve 函数结束后,调用

```
savefig('tmp_Y.pdf')
```

来保存此图形。

实际上,在模拟刚刚开始的时候,可以略过某些绘图步,直至遇到某些重要的与显示相关或与计算坐标轴范围相关的绘图步。这里仍采用 5.5.1 节结尾处给出的建议,将 w 向量化。更确切地说,这里通常使用 w.vectorize。只有当该以字符串表示的函数中含有 if-else 测试时才使用 NumPy 的 vectorize(以避免用户必须使用 where 句式将字符表达式向量化)。在 w 中利用 if-else 进行测试的原因是我们关注圆盘的突然运动,于是表达式中会带有类似于'1 if t>0 else 0'这样的语句。包含所有这些特征的主程序如下:

```
from boxspring import init_prms, solve
from scitools.std import *

def plot_S(S, t, step):
    first_plot_step = 10                    # skip the first steps
    if step < first_plot_step:
        return

    tcoor = linspace(0, t, step+1)          # t = dt * step
    S = array(S[:len(tcoor)])
    Y = w(tcoor) - L - S - b/2.0            # (w, L, b are global vars.)

    plot(tcoor, Y,
         axis=[0, N * dt, min(Y), max(Y)],
         xlabel='time', ylabel='Y')

# Default values
m = 1; b = 2; L = 10; k = 1; beta = 0; S0 = 1
dt = 2 * pi/40; g = 9.81; w_formula = '0'; N = 200

m, b, L, k, beta, S0, dt, g, w, N = \
    init_prms(m, b, L, k, beta, S0, dt, g, w_formula, N)

# Vectorize the StringFunction w
w_formula = str(w)                          # keep this to see if w=0 later
if ' else ' in w_formula:
    w = vectorize(w)                        # general vectorization
else:
    w.vectorize(globals())                  # more efficient (when no if)

S = solve(m, k, beta, S0, dt, g, w, N, user_action=plot_S)

# First make a hardcopy of the the last plot of Y
savefig('tmp_Y.pdf')
```

D.3.2　若干应用

若在 $t=0$ 时刻将圆盘突然从 $y=0$ 位置移至 $y=1$ 位置，将会发生什么呢？当然，系统会产生运动，现在要知道其运动的具体形式。

由于弹簧无初始伸长量，因此初始条件变为 $S_0=0$。这里为简单起见忽略重力，并令函数 $w=1$，这是因为当 $t>0$ 时有 $y=w=1$。

```
boxspring_plot.py --w '1' --S 0 --g 0
```

没有看到任何输出。其原因在于真正对运动产生影响的是 d^2w/dt^2，这里其始终为 0。现在需要指定一个阶梯函数：$t\leqslant 0$ 时 $w=0$ 且 $t>1$ 时 $w=1$。在 Python 中，该函数可用表达式'1 if t>0 else 0'描述。基于该阶梯函数，可以表达盘子在系统初始时刻的跳跃行为。

```
boxspring_plot.py --w '1 if t >0 else 0' --S0 0 --g 0 --N 1000 --beta 0.1
```

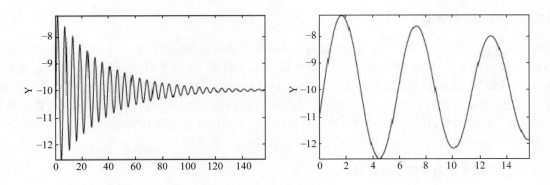

图 D.3 弹簧振动位置图形,其中弹簧末端($w(t)$)在 $t=0$ 时刻被施加了一个突然运动。其余参数为 $m=k=1$,$\beta=0.1,g=0,S_0=0$。左图:1000 个计算步;右图:100 个计算步以放大第一个振动周期

图 D.3 展示的是解的情况。这里可以看出,阻尼力的确使 $Y(t)$ 的振幅发生了衰减,此衰减近似于指数,这与式(D.10)相符合(由于 $w\neq0$,该公式并不完全符合当前的情况,但仍可得到相同的指数型衰减)。方块的初始位置为 $Y=0-(10+0)-2/2=-11$。第一步之后,弹簧获得伸长量 $s=0.5$,同时由于圆盘跳跃至 $y=1$ 的位置,因此方块跳至 $Y=1-(10+0.5)-2/2=-10.5$ 的位置。通过图 D.3 的右图可以看到方块处于正确的初始位置并向下运动,符合预期。

更有趣的是像图 D.4 中那样将圆盘来回移动而产生的运动。

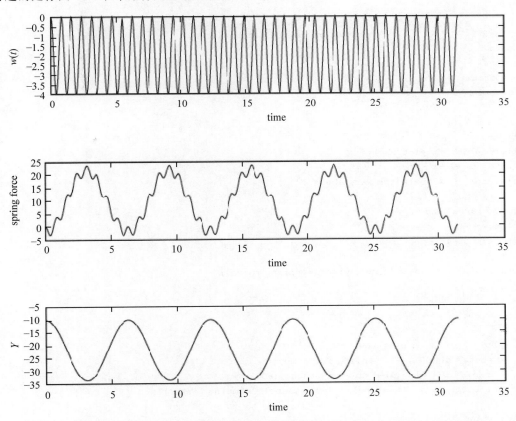

图 D.4 圆盘位置 $w(t)$、弹簧力(正比于 $S(t)$)、方块位置 $Y(t)$ 的图形。在此测试用例中,$w(t)=2(\cos 8t-1)$、$\beta=g=0$、$m=k=1$、$S_0=0$、$\Delta t=0.5236$、$N=600$

D.3.3 关于 Δt 的选取

当输入一个较大的-dt 参数（对应于 Δt）运行 boxspring_plot. py 时，会产生一个奇怪的现象。例如，以 -dt 2-N 20 为命令行参数，可以看到 Y 的图形呈锯齿状上下跳跃，这说明时间间隔取得过大。再试着用 -dt 2.1-N 20 作参数，发现 Y 为非常大的值（10^5 量级）。这种违反物理现象的结果说明程序中包含错误。然而，错不在程序，而在于采用了式（D.8）计算数值解。当 Δt 的取值大于某个关键值时，该方法变得不稳定，从而使程序失效。这里不对该问题进行深究，旨在提醒读者：使用计算机求解数学模型时一定要小心，一定要了解程序的计算原理，并要知晓该程序能力的边界（或者说极限）在哪里。

D.3.4 在子图中对若干量进行比较

目前已经完成了对 Y 的绘制，然而还有许多其他量，如 S、w、弹簧力、阻尼力，也是需要关心的。弹簧力与 S 成正比，因此只要绘制二者之中的一个即可。同时，阻尼力只有在 $\beta \neq 0$ 时才会有效，w 也只有输入公式不是'0'时才起作用。

为紧凑起见，关于上述其他量的绘图可以与原图绘制在一起。为此，需要使用 Easyviz 包中的 subfigure 命令在每一行生成一个单独的子图。生成子图的数目取决于 str(w) 与 beta 的值。关于生成其余图形的代码如下所示，这段代码应该放在前面给出的主程序之后。

```
#Make plots of several additional interesting quantities
tcoor =linspace(0, N * dt, N+1)
S =array(S)

plots =2                    #number of rows of plots
if beta !=0:
    plots +=1
if w_formula !='0':
    plots +=1

#Position Y(t)
plot_row =1
subplot(plots, 1, plot_row)
Y =w(tcoor) -L -S -b/2.0
plot(tcoor, Y, xlabel='time', ylabel='Y')

#Spring force (and S)
plot_row +=1
subplot(plots, 1, plot_row)
Fs =k * S
plot(tcoor, Fs, xlabel='time', ylabel='spring force')

#Friction force
if beta !=0:
    plot_row +=1
    subplot(plots, 1, plot_row)
    Fd =beta * diff(S)        #diff is in numpy
    #len(diff(S)) =len(S)-1 so we use tcoor[:-1]:
    plot(tcoor[:-1], Fd, xlabel='time', ylabel='damping force')

#Excitation
if w_formula !='0':
```

```
    plot_row +=1
    subplot(plots, 1, plot_row)
    w_array =w(tcoor)
    plot(tcoor, w_array, xlabel='time', ylabel='w(t)')

savefig('tmp.pdf')          #save this multi-axis plot in a file
```

图 D.4 给出了盘子振动时的某测试用例运行结果。运行该程序的命令为

```
boxspring_plot.py --S0 0 --w '2 * (cos(8 * t)-1)' --N 600 --dt 0.05236
```

由于盘子快速振动,因此需要输入一个非常小的 Δt 以及较大的步数(大的 N 值)。

D.3.5　比较近似解与精确解

为标注同一张图中和同一个动画中的多条曲线,现在转而研究另一个问题。现在的任务是要以可视化的方式展示参量 Δt 如何影响计算的精确性,即, Δt 越小,计算结果越精确。为了讨论这个问题,需要用一个结果已知的问题作为测试。令 $m=k=1$、$w=\beta=0$,于是其精确解为 $S(t)=g(1-\cos t)$ (见 D.2.4 节)。D.2.4 节中的 boxspring_test1.py 程序可以很容易地进行扩展,使之同时绘制精确解。这里不再使用 user_action 参数,而仅在 solve 函数将完成的 S 计算完成后进行绘制操作。

```
exact =exact_S_solution(tcoor)
plot(tcoor, S, 'r', tcoor, exact, 'b',
    xlabel='time', ylabel='S',
    legend=('computed S(t)', 'exact S(t)'),
    savefig='tmp_S.pdf')
```

这两条曲线会渐渐重叠在一起,所以这里在单独的绘图窗口中仅绘制误差本身,以便能够更方便地对误差进行观察。

```
figure()                #new plot window
S =array(S)             #turn list into NumPy array for computations
error =exact -S
plot(tcoor, error, xlabel='time', ylabel='error', savefig='tmp_error.pdf')
```

从图 D.5 左图可以清楚地看出,误差会随着时间的增长而增加。

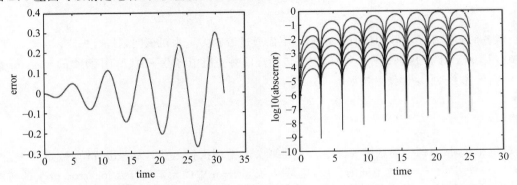

图 D.5　振动系统误差图。左图:误差与时间关系图;右图:误差的对数值与时间的关系,
对于相邻的两条曲线,上面一条曲线的 Δt 值为下面一条曲线的 Δt 值的一半

D.3.6 误差随 Δt 减小而变化的情况

最后研究随着时间步长的减小，误差曲线将如何变化。在一个循环的每一遍中，将 Δt 减半，而后求解，计算误差，绘制误差曲线。由计算科学中的有限差分公式知，预期误差应为 Δt^2 量级。换言之，若 Δt 减半，则误差降至 1/4。

由于误差下降得特别快，因此通过误差图获得的信息并不是太多。更好的办法是计算误差的对数值。由于误差有正有负，因此在求对数之前先要对误差取绝对值。同时，因为 S_0 不存在误差，因此可以不计算该点的误差，以避免求 0 的对数。

上面的思路可以用下面的 Python 代码片段实现：

```
figure()                #new plot window
dt = 2 * pi/10
tstop = 8 * pi          #4 periods
N = int(tstop/dt)
for i in range(6):
    dt /= 2.0
    N *= 2
    S = solve(m, k, beta, S0, dt, g, w, N)
    S = array(S)
    tcoor = linspace(0, tstop, len(S))
    exact = exact_S_solution(tcoor)
    abserror = abs(exact - S)
    #drop abserror[0] since it is always zero and causes
    #problems for the log function
    logerror = log10(abserror[1:])

    plot(tcoor[1:], logerror, 'r', xlabel='time',
        ylabel='log10(abs(error))')
    hold('on')
savefig('tmp_errors.pdf')
```

运行结果如图 D.5 的右图所示。

看上去，图 D.5 的右图中相邻两条曲线之间具有固定的间隔距离。记 d 为该距离，E_i 为间隔为 Δt 时第 i 遍的绝度误差。这里针对 $\log_{10} E_i$ 进行绘图。两曲线之间的距离为 $D_i = \log_{10} E_i - \log_{10} E_{i+1} = \log_{10}(E_i/E_{i+1})$。若该误差约为 0.5（如图 D.5 的右图所示），则

$$\log_{10} \frac{E_i}{E_{i+1}} = d = 0.5 \Rightarrow E_{i+1} = \frac{1}{3.16} E_i$$

也就是说，误差的确变小了，但不是期望的 1/4。下面通过绘制 D_{i+1} 来对该问题进行探究。

这里利用类似于上段代码的一个循环，但在该循环的每一遍中将上一遍（E_i）中算得的 logerror 数组保存在 logerror_prov 数组中，这样便可按如下方式计算 D_{i+1}：

```
logerror_diff = logerror_prev - logerror
```

进行数组相减时，有两个问题需要注意：①在第二遍循环执行之前，logerror_prev 数组并未给出定义；②logerror_prev 与 logerror 具有不同的长度，这是因为 logerror 中的元素数目为 logerror_prev 的两倍。只有当两个数组具有相同长度时，才能用 Python 对二者进行相减。因此，需要间隔一个元素选取 logerror 中

的值。

```
logerror_diff =logerror_prev -logerror[::2]
```

另一个问题是时间轴的设置(对应于 tcoor 变量),在当前循环中,其点数同样也是实际需要绘制的点数的两倍,即 logerror_diff 的长度应对应于 tcoor[::2] 的长度。

绘制误差对数值的完整代码如下:

```
figure()
dt =2 * pi/10
tstop =8 * pi                  #4 periods
N =int(tstop/dt)
for i in range(6):
    dt /=2.0
    N *=2
    S =solve(m, k, beta, S0, dt, g, w, N)
    S =array(S)
    tcoor =linspace(0, tstop, len(S))
    exact =exact_S_solution(tcoor)
    abserror =abs(exact -S)
    logerror =log10(abserror[1:])
    if i >0:
        logerror_diff =logerror_prev -logerror[::2]
        plot(tcoor[1::2], logerror_diff, 'r', xlabel='time',
             ylabel='difference in log10(abs(error))')
        hold('on')
        meandiff =mean(logerror_diff)
        print 'average log10(abs(error)) difference:', meandiff
    logerror_prev =logerror
savefig('tmp_errors_diff.pdf')
```

程序运行结果如图 D.6 所示。在图 D.5 的右图中已经观察到,曲线之间的距离几乎不变,即使 Δt 减小若干个量级。

在循环中,同时打印出图 D.6 所绘曲线间误差的均值。

```
average log10(abs(error)) difference: 0.558702094666
average log10(abs(error)) difference: 0.56541814902
average log10(abs(error)) difference: 0.576489014172
average log10(abs(error)) difference: 0.585704362507
average log10(abs(error)) difference: 0.592109360025
```

这些值基本上不会发生变化。这里用 0.57 作为一个有代表性的值,看会发生什么情况。粗略地说,有

$$\log_{10} E_i - \log_{10} E_{i+1} = 0.57$$

取前两项,并对两边同时应用指数函数 10^x,即有

$$E_{i+1} = \frac{1}{3.7} E_i$$

误差随 Δt 减小的衰减并未像理论上预期的值($1/4$)那样,但是较为接近。这里进行简要分析的目的是想说明如何通过绘图展示误差,以及如何利用数组计算产生各种有意义的量。关于误差与 Δt 之间的关系更加彻

底的分析方法是基于对误差的积分进行分析。

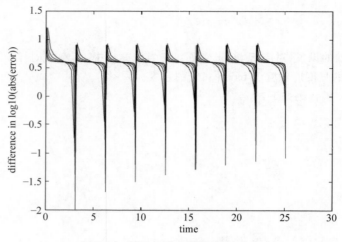

图 D.6　图 D.5 右图中曲线的差值

　　再次说明，读懂本附录中关于问题的完整分析过程是非常具有挑战性的，因为它融合了物理学、数学以及程序设计的内容。在实际工作中，来自科学与工业领域具有交叉学科特性的问题求解往往需要拥有不同知识背景的人员协作完成。作为一名科学程序编写者，必须知道要编写什么样的程序以及如何对结果进行测试。这也是本例对程序编写者的一个素质要求。程序编写者必须接受编程任务被物理与数学细节充斥这个事实。

　　至此，希望本书读者的数学、物理学技能同时也获得了一些提升，从而能够完整地理解问题的细节，至少是后面几步。

D.4　习题

　　习题 D.1：建模盘子的突然性运动。

　　在 boxspring_plot.py 的基础上求解当弹簧具有初始伸长量 1 且忽略重力时的运动模型。在 $t=20$ 与 $t=30$ 之间，将圆盘在 0 到 2 之间反复移动，满足

$$w(t) = \begin{cases} 2, & 20 < t < 30 \\ 0, & \text{其他} \end{cases}$$

运行该程序并观察计算结果。

　　文件名：exd-01-sudden_move.py。

　　习题 D.2：写一个回调函数。

　　通过做习题 D.1，可以发现若在 $t=20$ 和 $t=30$ 之间让圆盘往复运动，那么 Y 的振幅将会大大增加。写一个程序，将 boxspring 作为模块导入，同时提供一个回调函数以检查 $Y<9$ 是否成立，若不成立，则终止程序的执行。

　　文件名：exd-02-boxspring_Ycrit.py。

　　习题 D.3：提升模拟程序的输入。

　　D.1 节中介绍的振动系统存在一个平衡位置：$S=mg/k$[见式(D.22)]。在自然情况下，可让方块将该处作为起始位置，并移动盘子以产生振动。这里需要通过命令行来指定 $S_0=mg/k$，同时其所依赖的 m、g 的值也可通过命令行输入。然而，也可以在命令行中指定 $-S0$ m * g/k，只要在 init_prms 函数中将 S0 设置为带有 elif 测试的字符串格式的函数，再在 for 循环结束后执行 S0＝eval(S0)即可。此时，m 和 k 已从命令行被读

入,于是可以将'm * g/k'或者包含其他数据的表达式作为 eval 的参数。请实现这个想法。

第一个测试应当针对平衡位置 $S(0)=mg/k$ 进行,并给圆盘位置一个从 $y=0$ 到 $y=1$ 的突变量,即

$$w(t) = \begin{cases} 0, & t \leqslant 0 \\ 1, & t > 0 \end{cases}$$

这样就能够产生开始于非平衡位置 $Y=w-L-S_0=-9-2g$ 的振动。

文件名:exd-03-boxspring2.py。

附录 E　编程求解微分方程

附录 C 和附录 D 简单介绍了微分方程,侧重于较为特殊的方程以及这些方程相应的程序。本附录从更抽象的角度看待微分方程,这样就可以系统地阐述数值方法,并且设计出通用软件,用于解决数学、物理学、生物学和金融领域中种类繁多的微分方程问题。更具体地说,这个抽象观点来自"一次实现,随处可用"的原则。事实上,在本书前面各章中已经多次接触到这个原则:3.1.12 节和 7.3.2 节的微分($f''(x)$),3.4.2 节和 7.3.3 节的积分$\left(\int_a^b f(x)\mathrm{d}x\right)$,以及 4.11.2 节和 A.1.10 节的求根($f(x)=0$)。所有参考实现代码都使用了一个通用函数 $f(x)$,所以,只要能够根据函数 $f(x)$ 来定义问题,这个问题就能使用同样的代码段解决。这是对数学力量的展示。根据某个 $f(x)$ 看问题的抽象观点在数值方法及其编程中特别有效。在此,将系统阐述基于抽象形式 $u'=f(u,t)$ 的微分方程,并且设计用于求解当 $f(u,t)$ 给定的情况下的任意方程的软件。

在学习本附录之前,假设读者较熟悉附录 C 涉及的微分方程。虽然附录 D 并不是必需的,但最好也读一下附录 D。本附录中与函数有关的基本内容只会用到循环、列表、数组、函数、if 检测、命令行参数、曲线绘制等基础编程技术。然而,E.1.7 节、E.2.4 节以及许多习题在很大程度上使用了类,因此,要求读者熟悉第 7 章的类的概念。E.3 节关于面向对象编程的内容需要读者非常熟悉第 9 章的类的层次结构和继承机制。

在 src/ode2① 下可以找到本附录相关的所有计算机代码。

E.1　标量常微分方程

本附录将讨论具有以下抽象形式的常微分方程:
$$u'(t) = f(u(t),t) \tag{E.1}$$
这个方程有无数个解。为了使得 $u(t)$ 解唯一,还必须指定初始条件:
$$u(0) = U_0 \tag{E.2}$$
本附录的任务是在给定 $f(u,t)$ 和 U_0 的情况下计算 $u(t)$。

乍一看,式(E.1)只是一个一阶微分方程,方程中只出现了 u' 而没有出现高阶导数。然而,具有高阶导数的方程也能写成式(E.1)这种抽象形式,方法是引进辅助变量,并将 u 和 f 解读为向量函数。原始方程的重写就引出了一阶微分方程组,这会在 E.2 节讨论。本附录的本质内容是非常多的微分方程都能写成式(E.1)形态。后面的实例将会提供证据。

先假设 $u(t)$ 是一个标量函数,也就是说,它的值是一个数据,在 Python 中可以用 float 对象表示。称式(E.1)为标量微分方程。与之相对的是向量函数,那就意味着 u 是一个标量函数向量,相应的方程则被称为常微分方程组(也被称为向量常微分方程)。在程序中,向量函数的值是一个列表或数组。常微分方程组将在 E.2 节介绍。

---

① http://tinyurl.com/pwyasaa/ode2。

E.1.1　右手边函数示例

要写一个具有式(E.1)形态的特定常微分方程,需要确定函数 f 是什么。例如,方程如下:

$$y^2 y' = x, \quad y(0) = Y$$

其中 $y(x)$ 是未知函数。

首先,需要引入 u 和 t 作为新符号:$u=y$,$t=x$。于是得到一个等价方程 $u^2 u' = t$ 和初始条件 $u(0)=Y$。然后,使得方程的左边只出现 u',目的是用式(E.1)表示这个方程。两边同时除以 u^2,得到

$$u' = tu^{-2}$$

这样就符合式(E.1)了。此时,函数 $f(u,t)$ 就是右手边关于 u 和 t 的公式:

$$f(u,t) = tu^{-2}$$

在非常多的情况下,右手边的参数 t 根本就不出现,此时函数仅仅与 u 相关。

下面列出一些常见的标量微分方程以及相应的 f 函数。

货币或人口的指数增长取决于

$$u' = \alpha u \tag{E.3}$$

其中,$\alpha>0$ 是一个给定常数,表示 u 的增长率。在此情况下,

$$f(u,t) = \alpha u \tag{E.4}$$

与之相关的模型是受限资源下人口增长的 Logistic 常微分方程:

$$u' = \alpha u \left(1 - \frac{u}{R}\right) \tag{E.5}$$

其中,$\alpha>0$ 是一个初始增长率,R 是 u 的最大可能值。相应的 f 为

$$f(u,t) = \alpha u \left(1 - \frac{u}{R}\right) \tag{E.6}$$

物质的放射性衰变模型如下:

$$u' = -\alpha u \tag{E.7}$$

其中,$\alpha>0$ 是 u 的衰变率。在此,

$$f(u,t) = -\alpha u \tag{E.8}$$

流体中的落体可以用下式建模:

$$u' + b \mid u \mid u = g \tag{E.9}$$

其中,$b>0$ 时为流体阻力建模,g 是重力加速度,u 是落体速度(见习题 E.8)。通过关于 u' 的求解,可以发现

$$f(u,t) = -b \mid u \mid u + g \tag{E.10}$$

最后,散热的牛顿定律是常微分方程:

$$u' = -h(u - s) \tag{E.11}$$

其中,u 是物体温度;$h>0$ 是比例常数,在实验中通常通过估计得到;s 是环境温度。显然,

$$f(u,t) = -h(u - s) \tag{E.12}$$

E.1.2　前向欧拉方法

现在的任务是定义具有式(E.1)形式的方程的数值求解方法。最简单的此类方法就是前向欧拉方法。如果式(E.1)在 $t \in (0,T]$ 范围内求解,那么,就在离散时间点 $t_i = i\Delta t (i=1,2,\cdots,n)$ 寻找 u 的解。很明显,$t_n = n\Delta t = T$,这决定了点数 $n = T/\Delta t$。为了简化符号,$u(t_i)$ 常常简写为 u_i。

需要计算式(E.1)在所有时间点 $t \in (0,T]$ 的值。然而,在对式(E.1)进行数值求解时,仅需要计算方程在离散时间点 $t_1, t_2, \cdots, t_n$ 的值,也就是

$$u'(t_k) = f(u(t_k), t_k)$$

其中，$k = 1, 2, \cdots, n$。前向欧拉方法的基本思想就是用单边前向差来逼近 $u'(t_k)$：

$$u'(t_k) \approx \frac{u(t_{k+1}) - u(t_k)}{\Delta t} = \frac{u_{k+1} - u_k}{\Delta t}$$

消除导数后，方程为

$$\frac{u_{k+1} - u_k}{\Delta t} = f(u_k, t_k)$$

假设已经计算出 u_k，那么，方程中未知的只有 u_{k+1}，可以计算如下：

$$u_{k+1} = u_k + \Delta t f(u_k, t_k) \tag{E.13}$$

这就是求解标量一阶常微分方程 $u' = f(u, t)$ 的前向欧拉方法。

式（E.13）具有递归性。从初始条件 $u_0 = U_0$ 开始，先计算 u_1：

$$u_1 = u_0 + \Delta t f(u_0, t_0)$$

然后接着计算 u_2：

$$u_2 = u_1 + \Delta t f(u_1, t_1)$$

之后计算 u_3 等等。方法的递归性也表明了必须有一个初始值，否则，方法无从开始。

E.1.3 函数实现

下面的任务是编写实现式（E.13）给出的前向欧拉方法的通用代码段。

完整的原始（连续的）数学问题表述如下：

$$u' = f(u, t), t \in (0, T], u(0) = U_0 \tag{E.14}$$

而离散数值问题则表述如下：

$$u_0 = U_0 \tag{E.15}$$

$$u_{k+1} = u_k + \Delta t f(u_k, t_k), t_k = k\Delta t, k = 1, 2, \cdots, n, n = \frac{T}{\Delta t} \tag{E.16}$$

可以看到数值问题的输入数据包含 f、U_0、T 和 Δt（或 n）。输出数据包含 $u_1, u_2, \cdots, u_n$ 和相应的时间点集 $t_1, t_2, \cdots, t_n$。

函数 ForwareEuler 实现了前向欧拉方法，该函数以 f、U_0、T 和 n 作为输入，返回 $u_0, u_1, \cdots, u_n$ 和 $t_1, t_2, \cdots, t_n$。

```python
import numpy as np

def ForwardEuler(f, U0, T, n):
    """Solve u'=f(u,t), u(0)=U0, with n steps until t=T."""
    t =np.zeros(n+1)
    u =np.zeros(n+1)              #u[k] is the solution at time t[k]
    u[0] =U0
    t[0] =0
    dt =T/float(n)
    for k in range(n):
        t[k+1] =t[k] +dt
        u[k+1] =u[k] +dt * f(u[k], t[k])
return u, t
```

注意实现与问题的数学说明之间的密切对应关系。ForwardEuler 函数的参数 f 必须是实现微分方程中 $f(u, t)$ 函数的一个 Python 函数 f(u, t)。事实上，f 就是待求解方程的定义。例如，$u' = u (t \in (0, 3), u(0) = 1, \Delta t = 0.1)$ 可以使用 ForwardEuler 函数求解，代码如下：

```
def f(u, t):
    return u

u, t =ForwardEuler(f, U0=1, T=4, n=20)
```

根据 u 和 t，可以很容易绘制出方程的解，或者对数进行数据分析。

E.1.4　验证实现

可视化对比

许多计算科学家和工程师通过看图来发现数值解和精确解是否足够接近，如果足够接近，他们就推断程序是可行的。然而，这是一种不十分可靠的检测。仔细考虑运行 ForwardEuler 的第一次尝试(f,U0=1,T=4，n=10)，其绘制的图形如图 E.1 左图所示，解之间的出入很大，观察者可能不确定程序是否可行。令 n=20，重新运行程序，这次结果要好一些，如图 E.1 右图所示。但是，这个改进是否足够好呢？增加 n 使数值曲线更加靠近精确解曲线。这为程序正确提供了证据。但是，也可能代码中还存在错误使曲线偏离数值近似解本身的曲线。无法知道这种问题是否存在。

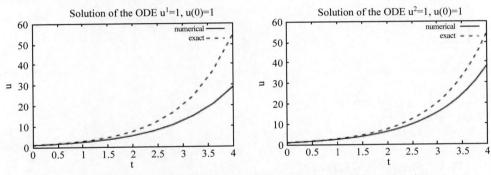

图 E.1　数值解和精确解的比较(左图为 10 个区间，右图为 20 个区间)

与手工计算相比较

验证实现的一个更为严格的方式建立在一个简单原则的基础上：手工多次运行算法，一一与程序运行结果相比较。为了大多数实用目的，手工计算出 u_1 和 u_2 就够了：

$$u_1 = 1+0.1\times 1 = 1.1, u_2 = 1.1+0.1\times 1.1 = 1.21$$

这些值要与代码产生的数进行比较。正确的程序将会使得偏差为 0(相对于机器精度而言)。任何此类检测都应封装为一个适当的检测函数，以便未来能被简单替换。在此，这意味着需要编写如下函数：

```
def test_ForwardEuler_against_hand_calculations():
    """Verify ForwardEuler against hand calc. for 3 time steps."""
    u, t =ForwardEuler(f, U0=1, T=0.2, n=2)
    exact =np.array([1, 1.1, 1.21])         #hand calculations
    error =np.abs(exact -u).max()
    success =error <1E-14
    assert success, '|exact -u| =%g !=0' %error
```

这个检测函数按照很容易与 nose 测试框架集成的方式进行编写，参见附录 H 的 H.9 节以及 3.3.3 节、3.4.2 节和 4.9.4 节的简要示例。这意味着名字以 test_开头，无参，使用 assert success 检查测试是否通过。如果布尔变量 success 为 False，那么检测没有通过。在 assert success 之后的字符串是当检测没有通过时输出的信息。错误值经常方便地采用标量数字，例如，在此使用精确解和数值解之间最大偏差的绝对值。虽然期望误差为 0，但是，还是要防备舍入误差，在测试检测是否通过时必须使用容差。

与精确数值解相比较

另一个验证代码的有效方式是找一个用数值方法刚好能够精确求解的问题。也就是说，当比较精确解和程序产生的数值解时，该问题不需要处理数值近似误差。结果就是，如果解 $u(t)$ 关于 t 是线性的，前向欧拉方法将会生成精确解。因此，选择 $u(t)=at+U_0$，其中（例如），$at=0.2$，$U_0=3$。相应的 f 是关于 u 的导数，即 $f(u,t)=a$。显然，这是一个没有 u 或 t 的简单右手边表达式。然而，也可以通过添加为 0 的某些内容让 f 变得更加复杂，例如，某些包含 $u-(at+U_0)$ 的表达式，例如 $(u-(at+U_0))^4$，结果如下：

$$f(u,t) = a + (u - (at + U_0))^4 \tag{E.17}$$

通过两个函数 f 和 u_exact 分别实现这个特殊的 f 和精确解，同时计算误差的标量值。和上面一样，将检测放在测试函数之中，断言检测误差足够接近于 0。

```
def test_ForwardEuler_against_linear_solution():
    """Use knowledge of an exact numerical solution for testing."""
    def f(u, t):
        return 0.2 + (u - u_exact(t))**4

    def u_exact(t):
        return 0.2 * t + 3

    u, t = ForwardEuler(f, U0=u_exact(0), T=3, n=5)
    u_e = u_exact(t)
    error = np.abs(u_e - u).max()
    success = error < 1E-14
    assert success, '|exact -u| =%g !=0' % error
```

函数若无任何输出信息，意味着检测通过。

上面的函数放在文件 ForwardEuler_func.py 之中。

E.1.5 从离散解到连续解

一个常微分方程的数值解是一个离散函数，只知道某些离散时间点 $t_0, t_1, \cdots, t_N$ 的函数值 $u_0, u_1, \cdots, u_N$。如果想知道两个计算点之间的 u 值怎么办呢？例如，t_i 和 t_{i+1} 之间（例如两者的中点 $t=t_i+\frac{1}{2}\Delta t$）的 u 值是多少？人们可以使用插值技术找到这个 u 值。最简单的插值技术是假设 u 在每个时间区间都是线性变化的。在时间区间 $[t_i, t_{i+1}]$ 线性变化的 u 如下所示：

$$u(t) = u_i + \frac{u_{i+1} - u_i}{t_{i+1} - t_i}(t - t_i)$$

这样，就可以根据这个公式估计 $u\left(t_i+\frac{1}{2}\Delta t\right)$，结果是 $\frac{u_i+u_{i+1}}{2}$。

函数 scitools.std.wrap2callable 能够自动将一个离散函数转换为连续函数：

```
from scitools.std import wrap2callable
u_cont = wrap2callable((t,u))
```

基于线性插值，根据数组 t 和 u，wrap2callable 构造出一个连续函数。结果 u_cont 是一个连续函数，可以计算关于参数 t 的任意结果。

通常,当已经计算出某些离散函数,并且还希望计算这个离散函数在任意点的值时,wrap2callable 函数就派上用场了。

```
dt = t[i+1] - t[i]
t = t[i] + 0.5 * dt
value = u_cont(t)
```

E.1.6　转换数值方法

求解式(E.13)的数值方法有很多。一个最简单的就是 Heun 方法:

$$u_* = u_k + \Delta t f(u_k, t_k) \tag{E.18}$$

$$u_{k+1} = u_k + \frac{1}{2}\Delta t f(u_k, t_k) + \frac{1}{2}\Delta t f(u_*, t_{k+1}) \tag{E.19}$$

这个方法非常容易就能使用 ForwardEuler 函数实现,只需将 ForwardEuler 公式

```
u[k+1] = u[k] + dt * f(u[k],t[k])
```

替换为式(E.18)和式(E.19):

```
u_star = u[k] + dt * f(u[k],t[k])
u[k+1] = u[k] + 0.5 * dt * f(u[k],t[k]) + 0.5 * dt * f(u_star,t[k+1])
```

如果 f 的计算代价很高,通过引进一个辅助变量取消对 f(u[k], t[k])的调用:

```
f_k = f(u[k],t[k])
u_star = u[k] + dt * f_k
u[k+1] = u[k] + 0.5 * dt * f_k + 0.5 * dt * f(u_star,t[k+1])
```

E.1.7　类实现方式

现在,将用一个类来实现数值计算方法,作为 E.1.3 节通用 ForwardEuler 函数的另一种实现方式。本节内容要求读者熟悉第 7 章中类的概念。

函数的类封装

首先,用类 ForwardEuler_v1 简单封装 ForwardEuler 函数(后缀_v1 表示这是第一个类版本)。也就是说,将 ForwardEuler 函数的代码散布到类的方法之中。

构造子可以存储问题的输入数据并初始化数据结构,而 solve 方法执行时间步进过程:

```
import numpy as np

class ForwardEuler_v1(object):
    def __init__(self, f, U0, T, n):
        self.f, self.U0, self.T, self.n = f, dt, U0, T, n
        self.dt = T/float(n)
        self.u = np.zeros(n+1)
        self.t = np.zeros(n+1)
```

```
    def solve(self):
        """Compute solution for 0 <=t <=T."""
        self.u[0] =float(self.U0)
        self.t[0] =float(0)

        for k in range(self.n):
            self.k =k
            self.t[k+1] =self.t[k] +self.dt
            self.u[k+1] =self.advance()
        return self.u, self.t

    def advance(self):
        """Advance the solution one time step."""
        u, dt, f, k, t =self.u, self.dt, self.f, self.k, self.t

        u_new =u[k] +dt * f(u[k], t[k])
        return u_new
```

注意，这里引进了第三个类方法 advance，该方法隔离出数值方法。其动机如下：根据观察，如果给定数值方法，构造子和 solve 方法完全通用、保持不变（至少它对于种类繁多的数值方法是对的）。不同数值方法之间唯一的差别就是更新的公式。因此，好的编程习惯是隔离更新公式，从而，只需替换 advance 方法就能实现另一个方法，其中根本不需要触及类的其他部分。

还需要注意，在 advance 方法中，通过引进与数值方法的数学描述中名字完全相同的局部符号来消除 self 前缀。如果想在视觉上建立数学和计算机代码之间的一一对应关系，这就非常重要了。

类应用（模型问题为 $u' = u, u(0) = 1$）如下：

```
def f(u,t):
    return u

solver =ForwardEuler_v1(f, U0=1, T=3, n=15)
u,t =solver.solve()
```

转换数值方法

举例来说，实现式（E.18）和式（E.19）给出的 Heun 方法只是一个替换 advance 方法的问题：

```
def advance(self):
    """Advancethesolutiononetimestep."""
    u, dt, f, k, t =self.u, self.dt, self.f, self.k, self.t
    u_star =u[k] +dt * f(u[k],t[k])
    u_new =u[k] +0.5 * dt * f(u[k],t[k]) +0.5 * dt * f(u_star,t[k+1])
    return u_new
```

对输入数据进行检查是一个好习惯。在当前类中，构造子可能检测参数 f 是否真正是可以作为函数调用的对象：

```
if not callable(f):
    raise TypeError('fis%s,notafunction' %type(f))
```

任意函数 f 或带有__call__方法的类的实例都会使得 callable(f)计算结果为 True。

更灵活的类

例如,从 $t=0$ 到 $t=T_1$ 求解出 $u'=f(u,t)$。如果要继续求解 $t>T_1$ 的值,只需要简单地从开始状态 $t=T_1$ 重新启动整个过程即可。因此,在实现中需要允许几个连续的求解步。

又如,时间步长 Δt 并非必须是常量。一个有吸引力的求解策略是:在 u 快速变化的区域使用较小的 Δt,而在 u 变化较慢的区域则使用较大的 Δt。为了适应可变时间步长(步长为 $t_{k+1}-t_k$),前向欧拉方法可以重构为如下形式:

$$u_{k+1} = u_k + (t_{k+1} - t_k) f(u_k, t_k) \tag{E.20}$$

类似地,Heun 方法和其他许多方法都可以根据可变步长进行构造,只要将 Δt 替换为 $t_{k+1}-t_k$ 即可。于是,更为合理的是让用户提供需要求解的时间点列表或数组:$t_0, t_1, \cdots, t_n$,并由 solve 方法接收这个点集。

上述扩充引起的类修改如下:

```python
class ForwardEuler(object):
    def __init__(self, f):
        if not callable(f):
            raise TypeError('f is %s, not a function' %type(f))
        self.f = f

    def set_initial_condition(self, U0):
        self.U0 = float(U0)

    def solve(self, time_points):
        """Compute u for t values in time_points list."""
        self.t = np.asarray(time_points)
        self.u = np.zeros(len(time_points))
        #Assume self.t[0] corresponds to self.U0
        self.u[0] = self.U0

        for k in range(len(self.t)-1):
            self.k = k
            self.u[k+1] = self.advance()
        return self.u, self.t

    def advance(self):
        """Advance the solution one time step."""
        u, f, k, t = self.u, self.f, self.k, self.t
        dt = t[k+1] - t[k]
        u_new = u[k] + dt * f(u[k], t[k])
        return u_new
```

类的应用

必须调用 set_initial_condition 方法对示例进行初始化,然后,根据时间点列表或数组调用 solve 方法,计算 u 如下:

```python
def f(u,t):
    """Right-handsidefunctionfortheODEu'=u."""
    return u
```

```
solver = ForwardEuler(f)
solver.set_initial_condition(2.5)
u, t = solver.solve(np.linspace(0, 4, 21))
```

简单的 plot(t,u)指令就能够可视化这个解。

验证

非常自然地，可以像 E.1.4 节对 ForwardEuler 函数那样对本函数进行验证。首先，通过手工计算检测数值解。实现代码使用同样的检测函数，只是调用数值求解器的方式所有不同：

```
def test_ForwardEuler_against_hand_calculations():
    """Verify ForwardEuler against hand calc. for 2 time steps."""
    solver = ForwardEuler(lambda u, t: u)
    solver.set_initial_condition(1)
    u, t = solver.solve([0, 0.1, 0.2])
    exact = np.array([1, 1, 1.21])            # hand calculations
    error = np.abs(exact - u).max()
    assert error < 1E-14, '|exact - u| = %g != 0' % error
```

接下来考虑如何优化代码，使检测更加简洁，主要目的就是展示 Python 能够实现非常短小但仍然具有很好的可读性的代码。使用 λ 函数在构造子参数中直接定义常微分方程的右手边表达式。solve 方法接收时间点的列表、元组或数组，将之统一转换为数组。在 assert 语句中直接插入了不相等检测，而不是一个单独的 success 布尔变量。

第二个验证方法利用了当 u 关于 t 线性变化时前向欧拉方法的结果是精确解的客观事实。执行比 E.1.4 节稍微复杂一点的检测：先求在时间点 $0,0.4,1,1.2$ 上的解，然后针对 $t_1 = 1.4$ 和 $t_2 = 1.5$ 继续求解过程。

```
def test_ForwardEuler_against_linear_solution():
    """Use knowledge of an exact numerical solution for testing."""
    u_exact = lambda t: 0.2 * t + 3
    solver = ForwardEuler(lambda u, t: 0.2 + (u - u_exact(t))**4)

    # Solve for first time interval [0, 1.2]
    solver.set_initial_condition(u_exact(0))
    u1, t1 = solver.solve([0, 0.4, 1, 1.2])

    # Continue with a new time interval [1.2, 1.5]
    solver.set_initial_condition(u1[-1])
    u2, t2 = solver.solve([1.2, 1.4, 1.5])

    # Append u2 to u1 and t2 to t1
    u = np.concatenate((u1, u2))
    t = np.concatenate((t1, t2))

    u_e = u_exact(t)
    error = np.abs(u_e - u).max()
    assert error < 1E-14, '|exact - u| = %g != 0' % error
```

编写模块

一种固定下来的编程习惯是让文件中的类实现能够像 Python 模块一样操作。这意味着所有代码都必须封装在类或函数之中,并且主程序放在一个检测块中执行。这样,一旦进行导入,不会有测试或演示代码被执行。

到目前为止,设计的所有内容都在类或函数之中,因此,剩下的编写模块的任务就是构造一个检测块:

```
if _ _name_ _ =='_ _main_ _':
    import sys
    if len(sys.argv) >=2 and sys.argv[1] =='test':
        test_ForwardEuler_v1_against_hand_calculations()
        test_ForwardEuler_against_hand_calculations()
        test_ForwardEuler_against_linear_solution()
```

从理论上讲,包含 E.1.3 节和 E.1.4 节中函数的 ForwardEuler_func.py 文件就是一个模块,但还没有充分整理好。习题 E.15 要求将这个文件改造为更合适的模块。

备注:不需要在检测块中调用检测函数,因为可以使用 nosetests -s ForwardEuler.py 让 nose 自动运行检测(见附录 H 的 H.9 节)。

E.1.8　逻辑增长的函数方法实现

比上述验证问题更令人激动的应用是模拟人口的逻辑增长。确切的常微分方程如下:

$$u'(t) = \alpha u(t)\left(1 - \frac{u(t)}{R}\right)$$

数学函数 $f(u,t)$ 就是指该常微分方程等号右边的公式。相应的 Python 函数如下:

```
def f(u, t):
    return alpha * u * (1 -u/R)
```

其中,alpha 和 R 是对应于 α 和 R 的全局变量。在调用 ForwardEuler 函数[该函数将调用 f(u, t)]之前,它们必须被初始化。

在当前问题中,假设习题 E.15 已经完成,ForwardEuler_func.py 文件已经整理好,成为更为合适的模块文件(文件名为 ForwardEuler_func2.py)。

```
alpha =0.2
R =1.0

from ForwardEuler_func2 import ForwardEuler
u, t =ForwardEuler(f, U0=0.1, T=40, n=400)
```

计算出 u 和 t 之后,继续可视化解结果(见图 E.2):

```
from matplotlib.pyplot import *
plot(t, u)
xlabel('t'); ylabel('u')
title('Logistic growth: alpha=%s, R=%g, dt=%g' % (alpha, R, t[1]-t[0]))
savefig('tmp.pdf'); savefig('tmp.png')
show()
```

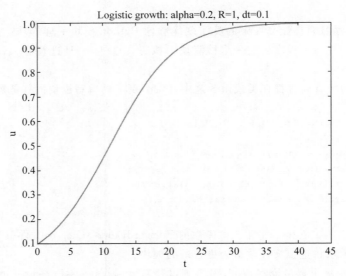

图 E.2　常微分方程 $u'=0.2u(1-u),u(0)=0.1$ 的解的图形

完整的代码放在 logistic_func.py 文件之中。

E.1.9　逻辑增长的类方法实现

本节的任务是重做 E.1.8 节的实现，使用问题类存储物理参数和 $f(u,t)$ 函数，使用 E.1.7 节的 ForwardEuler 类求解该常微分方程。与 E.1.8 节的代码进行比较，就能很好地说明基于函数的实现和基于类的实现之间的差异性。差异性主要有两点。一是关于基于函数编程和基于类编程之间的技术差异。二是心理上的：进行类编程时，人们常常会更加注重编写更多的函数、完整的模块、用户界面、更多的测试等。基于函数的方法，尤其是目前"平坦的"MATLAB 形式的程序往往是临时的，包含的是不那么通用，也不是很好复用的代码。至少这是作者很多年来的经验，这个经验是在观察学生和专业人士使用不同类型的编程技术编写不同类型的代码中发现的。

基于类的示例采用的形式中有几个重要成分，这些成分源于专业编程习惯：

- 用 import module 导入模块，然后使用模块名前缀调用模块中的函数，这样就能很容易看到不同功能的来源。
- 关于原始常微分方程问题的所有信息都放在一个类中。
- 物理和数值参数能够通过命令行设置。
- 主程序放在一个函数中。
- 用模块方式实现，这样，其他程序就能够复用这个类来表示一个 Logistic 问题的数据。

问题类

Logistic 类拥有常微分方程问题的参数 U_0、α、R 和 T 以及 $f(u,t)$ 函数。至于 T 是否作为 Logistic 类的参数是一个"口味"问题，但是 T 的恰当大小与其他参数强相关，因此，自然将它们放在一起描述。数值求解方法中的时间区间个数 n 不属于 Logistic 类，它会影响解的精度，但不像其他参数那样作为解曲线的定性属性。

很自然，$f(u,t)$ 函数作为一个 __call__ 方法来实现，这样，问题实例可以既是实例也是可调用函数。另外，Logistic 类还包含一个用于打印输出常微分方程问题的 __str__ 方法。类的完整代码如下所示：

```
class Logistic(object):
    """Problem class for a logistic ODE."""
```

```
    def __init__(self, alpha, R, U0, T):
        self.alpha, self.R, self.U0, self.T =alpha, float(R), U0, T

    def __call__(self, u, t):
        """Return f(u,t) for the logistic ODE."""
        return self.alpha * u * (1 -u/self.R)

    def __str__(self):
        """Return ODE and initial condition."""
        return "u'(t) =%g * u * (1 -u/%g), t in [0, %g]\nu(0)=%g" %\
                (self.alpha, self.R, self.T, self.U0)
```

从命令行获取输入

最终决定在命令行中按顺序指定 α、R、U_0、T。将命令行参数转换为适当的 Python 对象的函数如下：

```
def get_input():
    """Read alpha, R, U0, T, and n from the command line."""
    try:
        alpha =float(sys.argv[1])
        R =float(sys.argv[2])
        U0 =float(sys.argv[3])
        T =float(sys.argv[4])
        n =float(sys.argv[5])
    except IndexError:
        print 'Usage: %s alpha R U0 T n' %sys.argv[0]
        sys.exit(1)
    return alpha, R, U0, T, n
```

使用标准的 try-except 块处理可能的命令行参数缺失错误。另一个更为友好的方式是允许选项-值对，例如，在命令行中通过-T 40 设置 T 的值，但是这需要更多的程序编码（运用 argparse 模块）。

导入语句

在问题求解过程中需要用到的导入语句如下：

```
import ForwardEuler
import numpy as np
import matplotlib.pyplot as plt
```

后两个语句以及缩写已经演化成 Python 科学计算代码的标准用法了。

求解问题

求解 Logistic 问题必需的剩余代码集中放在以下函数之中：

```
def logistic():
    alpha, R, U0, T, n =get_input()
    problem =Logistic(alpha=alpha, R=R, U0=U0)
    solver =ForwardEuler.ForwardEuler(problem)
    solver.set_initial_condition(problem.U0)
    time_points =np.linspace(0, T, n+1)
```

```
    u, t =solver.solve(time_points)

    plt.plot(t, u)
    plt.xlabel('t'); plt.ylabel('u')
    plt.title('Logistic growth: alpha=%s, R=%g, dt=%g'
              % (problem.alpha, problem.R, t[1]-t[0]))
    plt.savefig('tmp.pdf'); plt.savefig('tmp.png')
plt.show()
```

编写模块

到目前为止，创建的要么是类，要么是函数。确保文件是一个合适的模块的最后一个任务就是将对"主"函数 logistic 的调用放到测试模块中：

```
if __name__ =='__main__':
    logistic()
```

完成后的模块是 logistic_class.py。

基于类方法的正反两面

如果需要快速求解一个常微分方程，那么使用基于函数的代码将会更有吸引力，也更加高效，这是因为基于函数的代码更为直接，也更短小。如果期望软件具有更长的生命周期，并且能够扩充以求解更复杂的问题，有着用户界面和常见测试函数的基于类的模块则会带来更为高质量的代码，这是完全值得的。

一个务实的方法是：先编写快速的基于函数的代码；此后，当代码需要经常修改时，重构代码以实现更容易复用和扩充、带测试函数的类版本。坦率地说，当前简单的 Logistic 常微分方程问题还没有复杂到需要一个类版本，但是本书的主要目的是使用简单的数学问题来阐明类编程。

E.2　常微分方程组

到目前为止，本附录中开发的软件的目标是 $u'=f(u,t)$ 形式的标量常微分方程，其初始条件为 $u(0)=U_0$。接下来的目标是构建灵活的软件来求解标量常微分方程以及常微分方程组，也就是说，希望相同的代码同时适用于标量方程和方程组。

E.2.1　数学问题

标量常微分方程包含以下方程：

$$u'(t) = f(u(t),t)$$

其中，函数 $u(t)$ 未知，而常微分方程组包含 n 个标量常微分方程，因此涉及 n 个未知函数。用 $u^{(i)}(t)$ 表示方程组中的未知函数，其中 i 为计数器，$i=0,1,\cdots,m-1$。从而，n 个常微分方程构成的方程组可以写成如下的抽象形式：

$$\frac{\mathrm{d}u^{(0)}}{\mathrm{d}t} = f^{(0)}(u^{(0)},u^{(1)},\cdots,u^{(m-1)},t) \tag{E.21}$$

$$\vdots$$

$$\frac{\mathrm{d}u^{(i)}}{\mathrm{d}t} = f^{(i)}(u^{(0)},u^{(1)},\cdots,u^{(m-1)},t) \tag{E.22}$$

$$\vdots$$

$$\frac{\mathrm{d}u^{(m-1)}}{\mathrm{d}t} = f^{(m-1)}(u^{(0)},u^{(1)},\cdots,u^{(m-1)},t) \tag{E.23}$$

另外,需要为 n 个未知函数分别设置初始条件:

$$u^{(i)}(0) = U_0^{(i)}, \quad i = 0,1,\cdots,m-1 \tag{E.24}$$

像式(E.21)~式(E.23)那样写出每个等式,数学家更喜欢把各个函数 $u^{(0)}$,$u^{(1)}$,$\cdots$,$u^{(m-1)}$ 收集在一个向量中:

$$\boldsymbol{u} = (u^{(0)},u^{(1)},\cdots,u^{(m-1)})$$

式(E.21)~式(E.23)中不同的右侧函数 $f^{(0)},f^{(1)},\cdots,f^{(m-1)}$ 也可以收集在一个向量中:

$$\boldsymbol{f} = (f^{(0)},f^{(1)},\cdots,f^{(m-1)})$$

类似地,也可将初始条件放在一个向量中:

$$\boldsymbol{U}_0 = (U_0^{(0)},U_0^{(1)},\cdots,U_0^{(m-1)})$$

使用向量 $\boldsymbol{u}$、$\boldsymbol{f}$ 和 $\boldsymbol{U}_0$,可以将带初始条件[式(E.24)]的常微分方程组[式(E.21)~式(E.23)]写成

$$\boldsymbol{u}' = \boldsymbol{f}(\boldsymbol{u},t), \quad \boldsymbol{u}(0) = \boldsymbol{U}_0 \tag{E.25}$$

这与用于标量常微分方程的表示方法完全相同。数学的力量在于抽象可以被推广,以便新问题看起来像熟悉的问题,并且通常情况下无须对方法进行修改,就可以应用于采用新符号表示的新问题。对于面向常微分方程的数值方法也同样如此。

下面将前向欧拉方法应用于方程组中的每个常微分方程:

$$u_{k+1}^{(0)} = u_k^{(0)} + \Delta t f^{(0)}(u_k^{(0)},u_k^{(1)},\cdots,u_k^{(m-1)},t_k) \tag{E.26}$$

$$\vdots$$

$$u_{k+1}^{(i)} = u_k^{(i)} + \Delta t f^{(i)}(u_k^{(0)},u_k^{(1)},\cdots,u_k^{(m-1)},t_k) \tag{E.27}$$

$$\vdots$$

$$u_{k+1}^{(m-1)} = u_k^{(m-1)} + \Delta t f^{(m-1)}(u_k^{(0)},u_k^{(1)},\cdots,u_k^{(m-1)},t_k) \tag{E.28}$$

利用向量表示,式(E.26)~式(E.28)可以紧凑地写成

$$\boldsymbol{u}_{k+1} = \boldsymbol{u}_k + \Delta t \boldsymbol{f}(\boldsymbol{u}_k,t_k) \tag{E.29}$$

同样地,这次也只是将前向欧拉方法应用于标量常微分方程可以得到的公式。

总而言之,从现在开始,符号表示 $u' = f(u,t),u(0)=U_0$ 将既用于标量常微分方程也用于常微分方程组。在前一种情况下,u 和 f 是标量函数,而在后一种情况下它们是向量。这种灵活性也延续到编程中:可以为 $u'=f(u,t)$ 编写代码,使其既适用于标量常微分方程也适用于常微分方程组,唯一的区别是 u 和 f 分别对应于标量常微分方程的浮点对象和常微分方程组的数组。

E.2.2　常微分方程组示例

振荡弹簧-质量系统可由二阶 ODE 控制[关于微分见附录 D 中的式(D.8)]:

$$mu'' + \beta u' + ku = F(t),u(0)=U_0,u'(0)=0 \tag{E.30}$$

其中,参数 m、β 和 k 是已知的,且 $F(t)$ 是预先设定的函数。通过引入两个函数,可以将该二阶方程重写为两个一阶方程:

$$u^{(0)}(t) = u(t),u^{(1)}(t) = u'(t)$$

未知数现在出现的位置是 $u^{(0)}(t)$ 和速率 $u^{(1)}(t)$。然后就可以创建方程,其中两个新的主要的未知数 $u^{(0)}$ 和 $u^{(1)}$ 的导数现在只出现在左侧:

$$\frac{\mathrm{d}}{\mathrm{d}t}u^{(0)}(t) = u^{(1)}(t) \tag{E.31}$$

$$\frac{\mathrm{d}}{\mathrm{d}t}u^{(1)}(t) = m^{-1}(F(t) - \beta u^{(1)} - ku^{(0)}) \tag{E.32}$$

把这个系统写成 $\boldsymbol{u}'(t)=\boldsymbol{f}(\boldsymbol{u},t)$,现在 $\boldsymbol{u}$ 和 $\boldsymbol{f}$ 是向量,其长度如下:

$$\boldsymbol{u}(t) = (u^{(0)}(t),u^{(1)}(t))$$

$$f(t, u) = (u^{(1)}, m^{-1}(F(t) - \beta u^{(1)} - k u^{(0)})) \tag{E.33}$$

注意，向量 $u(t)$ 与式（E.30）中的标量 u 不一样。事实上，根据上下文，对符号 u 有几种解释：式（E.30）的精确解 u；式（E.30）的数值解 u；式（E.30）作为一阶常微分方程组的重写形式中的向量 u；软件中的数组 u，该数组保存了 $u(t) = (u^{(0)}(t), u^{(1)}(t))$ 的数值近似。

E.2.3　函数实现

首先，来看看如何修改 E.1.3 节～E.1.6 节的软件，以将其应用于常微分方程组。下面，先从 E.1.3 节给出的 ForwardEuler 函数以及 E.2.2 节给出的特定方程组开始。其右侧函数 $f(u, t)$ 必须返回式（E.33）中的向量，这里即为 NumPy 数组：

```
def f(u, t):
return np.array([u[1], 1./m * (F(t) - beta * u[1] - k * u[0])])
```

注意，u 是一个包含两个组件的数组，在时刻 t 保存两个未知函数 $u^{(0)}(t)$ 和 $u^{(1)}(t)$ 的值。

初始条件也可以指定为数组：

```
U0 = np.array([0.1, 0])
```

如果只将这些 f 和 U0 对象发送给 ForwardEuler 函数，会发生什么呢？要回答这个问题，必须检查函数内的每条语句，看看 Python 操作是否仍然有效。但更重要的是，必须检查是否进行了正确的数学运算。

第一次失效会发生在声明处：

```
u = np.zeros(n+1)    #u[k] is the solution at time t[k]
```

现在，u 应该是一个数组的数组，因为每个时间级别的解都是一个数组。U0 的长度给出了方程组中有多少个方程和未知数的相关信息。更新后的代码为

```
if isinstance(U0, (float,int)):
    u = np.zeros(n+1)
else:
    neq = len(U0)
    u = np.zeros((n+1,neq))
```

幸运的是，无论是一维数组还是二维数组，其他部分的代码现在都可以正常工作了。在前一种情况下，语句 $u[k+1] = u[k] + \cdots$ 仅涉及浮点对象的计算；而在后一种情况下，$u[k+1]$ 选择二维数组 u 中的第 $k+1$ 行。此行是在时刻 t_{k+1} 处带有两个未知值的数组：$u^{(0)}(t_{k+1})$ 和 $u^{(1)}(t_{k+1})$。这样，在这个具体的示例中，语句 $u[k+1] = u[k] + \cdots$ 就会包含这个长度为 2 的数组的相关数学运算。

允许列表

使用数组来对 f 和 U0 进行规约的可读性不如使用纯列表来规约：

```
def f(u, t):
return [u[1], 1./m * (F(t) - beta * u[1] - k * u[0])]
U0 = [0.1, 0]
```

用户可能更喜欢列表语法。通过对修改后的 ForwardEuler 函数稍微进行调整，就可以允许使用列表、元

组或数组来表达 U0 和 f 的返回对象。使用 U0,只需要采用类似如下的方式:

```
U0 =np.asarray(U0)
```

这是因为,如果 U0 已经是一个数组,np.asarray 只会返回 U0,否则会将数据复制到一个数组。

使用函数 f 的情况要复杂一些。只有当 f 确实返回一个数组(因为列表或元组不能乘以标量 dt),数组操作 dt ＊ f(u[k],t[k])才会正常工作,否则将不起作用。这里的一个技巧是在用户提供的右侧函数外面再封装一个函数:

```
def ForwardEuler(f_user, dt, U0, T):
    def f(u, t):
        return np.asarray(f_user(u, t))
    ...
```

现在,dt ＊ f(u[k],t[k])将调用 f,而 f 会调用用户的 f_user 并将从该函数返回的任何内容转换为一个 NumPy 数组。使用 lambda 函数会产生一种更紧凑的语法(参见 3.1.14 节):

```
def ForwardEuler(f_user, dt, U0, T):
    f =lambda u, t: np.asarray(f_user(u, t))
    ...
```

文件 ForwardEuler_sys_func.py 包含了完整的代码。该文件中的代码尚缺乏一个测试函数以对实现进行验证,但习题 E.24 会鼓励读者编写一个这样的测试函数。

接下来,将应用软件以求解方程 $u'' + u = 0, u(0) = 0, u'(0) = 1$,其解为 $u(t) = \sin t$ 且 $u'(t) = \cos t$。相应的一阶常微分方程组已在 E.2.2 节中介绍了。在该示例中,该方程组的右边为 $(u^{(1)}, -u^{(0)})$。如下 Python 函数用于求解该函数:

```
def demo(T=8 * np.pi, n=200):
def f(u, t):
        return [u[1], -u[0]]
U0 =[0, 1]
u, t =ForwardEuler(f, U0, T, n)
u0 =u[:,0]

#Plot u0 vs t and compare with exact solution sin(t)
from matplotlib.pyplot import plot, show, savefig, legend
plot(t, u0, 'r-', t, np.sin(t), 'b--')
legend(['ForwardEuler, n=%d' %n, 'exact'], loc='upper left')
savefig('tmp.pdf')
show()
```

存储常微分方程组的解

当求解常微分方程组时,计算的解 u 是一个二维数组,其中 u[k,i] 表示在时间点 k 处编号为 i 的未知函数 $u^{(i)}(t_k)$。因此,为了获取与 $u^{(0)}$ 相关的所有值,将 i 固定为 0 并让索引 k 取其所有合法值:u[:,0]。u 数组的这个切片指的是 u 中存储离散值 $u^{(0)}(t_0), u^{(0)}(t_1), \cdots, u^{(0)}(t_n)$ 的片段。u 的剩余部分 u[:,1] 包含了所有已计算的 u' 的离散值。

通过把解可视化,参见图 E.3,可以看到前向欧拉方法会导致振幅增大,而精确解具有恒定的振幅。幸运的是，当 Δt 减小时，振幅效应会降低，当然还有其他方法，尤其是 4 阶 Runge-Kutta 方法，可以更有效地解决这个问题，参见 E.3.7 节。

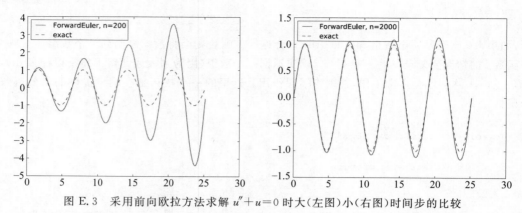

图 E.3　采用前向欧拉方法求解 $u''+u=0$ 时大（左图）小（右图）时间步的比较

为了真正理解如何将标量常微分方程的代码推广到常微分方程组，建议尝试习题 E.25。

E.2.4　类实现

E.2.3 节代码中的类版本自然是从 E.1.7 节的类 ForwardEuler 开始的。第一个任务是对代码进行类似的调整，就像之前对 ForwardEuler 函数所做的那样，技巧在于在构造函数中利用 lambda 函数允许用户的 f 函数返回一个列表，并可以区分标量和向量的常微分方程（通过创建 self.U0 和 self.u 来实现这一点）。一个完整的类形式如下：

```python
class ForwardEuler(object):
    """
    Class for solving a scalar of vector ODE,

        du/dt = f(u, t)

    by the ForwardEuler solver.

    Class attributes:
    t: array of time values
    u: array of solution values (at time points t)
    k: step number of the most recently computed solution
    f: callable object implementing f(u, t)
    """
    def __init__(self, f):
        if not callable(f):
            raise TypeError('f is %s, not a function' %type(f))
        self.f = lambda u, t: np.asarray(f(u, t))

    def set_initial_condition(self, U0):
        if isinstance(U0, (float,int)):        # scalar ODE
            self.neq = 1
        else:                                  # system of ODEs
            U0 = np.asarray(U0)
            self.neq = U0.size
```

```
        self.U0 = U0

    def solve(self, time_points):
        """Compute u for t values in time_points list."""
        self.t = np.asarray(time_points)
        n = self.t.size
        if self.neq == 1:                  # scalar ODEs
            self.u = np.zeros(n)
        else:                              # systems of ODEs
            self.u = np.zeros((n, self.neq))

        # Assume self.t[0] corresponds to self.U0
        self.u[0] = self.U0

        # Time loop
        for k in range(n-1):
            self.k = k
            self.u[k+1] = self.advance()
        return self.u, self.t

    def advance(self):
        """Advance the solution one time step."""
        u, f, k, t = self.u, self.f, self.k, self.t
        dt = t[k+1] - t[k]
        u_new = u[k] + dt * f(u[k], t[k])
        return u_new
```

强烈建议读者做习题 E.26 以了解上面列出的类 ForwardEuler。对于 E.3 节中的 ForwardEuler 类的进一步一般化,这也是一个很好的准备。

E.3　ODESolver 类层次结构

本节以 E.2.4 节的 ForwardEuler 类作为创建更灵活的软件的起点,展示用户可以用很少的编码在问题和数值方法之间进行切换。此外,工具的开发人员必须能够以最少编码来引入新的数值方法。通过利用面向对象的编程可以满足这些要求。推荐的背景材料参见 9.1 节~9.3 节。

E.3.1　数值方法

面向常微分方程的数值方法用于计算离散时间级别 t_k(其中 $k=1,2,3,\cdots$)处的精确解 u 的近似解 u_k。下面列出了一些最简单但也是最广泛使用的常微分方程求解方法。

前向欧拉方法具有如下公式:

$$u_{k+1} = u_k + \Delta t f(u_k, t_k), \Delta t = t_{k+1} - t_k \tag{E.34}$$

Leapfrog 方法(也称为 Midpoint 方法)涉及 3 个时间级别,并可写为

$$u_{k+1} = u_{k-1} + 2\Delta t f(u_k, t_k), 2\Delta t = t_{k+1} - t_{k-1} \tag{E.35}$$

其中 $k=1,2,3,\cdots$。u_1 的计算需要 u_{-1},而 u_{-1} 是未知的。因此,对于第一步,必须使用另一种方法,例如式(E.34)。Heun 方法包括两个步骤:

$$u_* = u_k + \Delta t f(u_k, t_k) \tag{E.36}$$

$$u_{k+1} = u_k + \frac{1}{2}\Delta t f(u_k, t_k) + \frac{1}{2}\Delta t f(u_*, t_{k+1}) \tag{E.37}$$

其中 $\Delta t = t_{k+1} - t_k$。一种密切相关的技术是二阶 Runge-Kutta 方法，通常写成

$$u_{k+1} = u_k + K_2 \tag{E.38}$$

其中：

$$K_1 = \Delta t f(u_k, t_k) \tag{E.39}$$

$$K_2 = \Delta t f\left(u_k + \frac{1}{2}K_1, t_k + \frac{1}{2}\Delta t\right) \tag{E.40}$$

且 $\Delta t = t_{k+1} - t_k$。

可能最著名和最广泛使用的求解常微分方程的方法是 4 阶 Runge-Kutta 方法：

$$u_{k+1} = u_k + \frac{1}{6}(K_1 + 2K_2 + 2K_3 + K_4) \tag{E.41}$$

其中：

$$K_1 = \Delta t f(u_k, t_k) \tag{E.42}$$

$$K_2 = \Delta t f\left(u_k + \frac{1}{2}K_1, t_k + \frac{1}{2}\Delta t\right) \tag{E.43}$$

$$K_3 = \Delta t f\left(u_k + \frac{1}{2}K_2, t_k + \frac{1}{2}\Delta t\right) \tag{E.44}$$

$$K_4 = \Delta t f(u_k + K3, t_k + \Delta t) \tag{E.45}$$

且 $\Delta t = t_{k+1} - t_k$。另一种常见技术是三阶 Adams-Bashforth 方法：

$$u_{k+1} = u_k + \frac{\Delta t}{12}(23f(u_k, t_k) - 16f(u_{k-1}, t_{k-1}) + 5f(u_{k-2}, t_{k-2})) \tag{E.46}$$

其中 Δt 是常量。为了开始新模式，在将式（E.46）应用于 $k \geqslant 2$ 的情形之前，可以先应用二阶 Runge-Kutta 方法或 Heun 方法来计算 u_1 和 u_2。一种更复杂的求解过程是采用迭代的 Midpoint 方法：

$$v_q = u_k + \frac{1}{2}\Delta t(f(v_{q-1}, t_{k+1}) + f(u_k, t_k)) \tag{E.47}$$

$$q = 1, 2, \cdots, N, v_0 = u_k$$

$$u_{k+1} = v_N \tag{E.48}$$

在每个时间级别，运行式（E.47）N 次，值 v_N 变为 u_{k+1}。如果 f 独立于 t，则设置 $N=1$ 可得到前向欧拉方法，而 $N=2$ 时对应于 Heun 方法。可以修正 N 的值，也可以重复式（E.47），直到 v_q 的变化很小，也就是说，直到 $|v_q - v_{q+1}| < \varepsilon$，其中 ε 是一个很小的值。

最后，简单介绍后向欧拉（Backward Euler）方法：

$$u_{k+1} = u_k + \Delta t f(u_{k+1}, t_{k+1}), \Delta t = t_{k+1} - t_k \tag{E.49}$$

如果是 $f(u, t)$ 是 u 的非线性函数，式（E.49）在 u_{k+1} 中构成了非线性方程，而该非线性方程必须通过某种非线性方程方法（例如牛顿方法）求解。

上面列出的所有方法对标量常微分方程和常微分方程组都有效。对上面的讨论而言，u、u_k、u_{k+1}、f、K_1、K_2 均是向量。

E.3.2　求解器层次结构的构造

E.2.4 节给出了 ForwardEuler 类，用于实现式（E.34）给出的标量常微分方程和方程组的前向欧拉方法。为了实现其他数值方法，只需要改进 advance 方法。复制 ForwardEuler 类并仅编辑 advance 方法被认为是错误的编程方法，因为这样会得到 ForwardEuler 类中具有通用性的部分的两个副本。随着实现的方案越来越多，最终会得到相同代码的大量副本。因此，对这种具有通用性的部分，在纠正错误或改进代码时需要在几个几乎相同的类中进行相同的编辑。

一个好的编程习惯是收集一个超类中的所有公共代码。子类可以实现 advance 方法，但是与超类共享构

造函数、set_initial_condition 方法和 solve 方法。

超类

引入类 ODESolver 作为求解常微分方程的各种数值方法的超类。类 ODESolver 应提供面向常微分方程的所有数值方法的所有通用的功能：

- 在数组 u 中的离散时间点保存解 u(t)。
- 保存相应的时间值 t。
- 保存函数 f(u,t) 的相关信息，即一个可调用的 Python 对象 f(u,t)。
- 将当前时间步数 k 保存在数据属性 k 中。
- 保存初始条件 U0。
- 在所有时间步上实现循环。

正如在 E.1.7 节和 E.2.4 节中给出的关于 ForwardEuler 类的论述，将最后一点实现为两种方法：solve 方法，用来执行时间循环；advance 方法，用来推进解决方案的一个步骤。后一种方法的超类是空的，因为该方法将由面向各种特定数值方案的子类来实现。

类 ODESolver 的第一个版本直接来自 E.1.7 节中的类 ForwardEuler，只是让 advance 方法为空方法。还有一种扩展，在某些问题中会很方便，即，如果计算的解具有某些属性，则用户可以终止模拟。扔球就是一个例子：当球击中地面时应停止模拟，而不是在地面上模拟人工运动，直到达到最终时间 T。为了实现所需的特征，用户可以提供函数 terminate(u, t, step_no)，如果时间循环已终止，则返回 True。参数是用于保存解的数组 u、对应的时间点 t 和当前时间步数 step_no。例如，如果要求解一个常微分方程直到其解（足够接近）为 0，可以提供如下函数：

```
def terminate(u, t, step_no):
    eps = 1.0E-6                    # small number
    return abs(u[step_no]) < eps    # close enough to zero?
```

terminate 函数是 solve 方法的可选参数。默认情况下，该函数始终返回 False。

超类 ODESolver 的代码建议采用以下形式：

```
class ODESolver(object):
    def __init__(self, f):
        self.f = lambda u, t: np.asarray(f(u, t), float)

    def advance(self):
        """Advance solution one time step."""
        raise NotImplementedError

    def set_initial_condition(self, U0):
        if isinstance(U0, (float,int)):    # scalar ODE
            self.neq = 1
            U0 = float(U0)
        else:                              # system of ODEs
            U0 = np.asarray(U0)
            self.neq = U0.size
        self.U0 = U0

    def solve(self, time_points, terminate=None):
        if terminate is None:
```

```
                terminate = lambda u, t, step_no: False

        self.t = np.asarray(time_points)
        n = self.t.size
        if self.neq == 1:                          # scalar ODEs
            self.u = np.zeros(n)
        else:                                      # systems of ODEs
            self.u = np.zeros((n, self.neq))

        # Assume that self.t[0] corresponds to self.U0
        self.u[0] = self.U0

        # Time loop
        for k in range(n-1):
            self.k = k
            self.u[k+1] = self.advance()
            if terminate(self.u, self.t, self.k+1):
                break                              # terminate loop over k
        return self.u[:k+2], self.t[:k+2]
```

注意，只返回已填充值的 self.u 和 self.t 部分（其余为 0）：在 terminate 可能返回 True 之前，索引 k+1 及其前面的所有元素都会被计算出来。然后，对应的数组切片为 ":k+2"，这是因为上限并没有包含在切片中。如果 terminate 永不返回 True，可以简单地认为 ":k+1" 就是整个数组。

前向欧拉方法

子类在 advance 方法中实现了特定的数值公式来计算常微分方程的数值解。式（E.34）给出的前向欧拉方法是通过定义子类名称并从 E.1.7 节中的 ForwardEuler 类复制 advance 方法来实现的：

```
class ForwardEuler(ODESolver):
    def advance(self):
        u, f, k, t = self.u, self.f, self.k, self.t
        dt = t[k+1] - t[k]
        u_new = u[k] + dt * f(u[k], t[k])
        return u_new
```

关于剥除 self 前缀的备注

将数据属性提取到使用短名称的局部变量时，这些局部变量应该只用来读取值，而不是设置值。例如，如果执行 k+=1 来更新时间步长计数器，那么增加的值不会反映在 self.k（这是"官方"计数器）中。另一方面，更改列表内的元素，例如 u[k+1]=…，会反映在 self.u 中。使用局部变量来存储数据属性是为了使代码更接近数学思维，但是有可能引入难以追踪的错误。

4 阶 Runge-Kutta 方法

下面是式（E.41）给出的 4 阶 Runge-Kutta 方法的实现：

```
class RungeKutta4(ODESolver):
    def advance(self):
        u, f, k, t = self.u, self.f, self.k, self.t
        dt = t[k+1] - t[k]
        dt2 = dt/2.0
```

```
        K1 = dt * f(u[k], t[k])
        K2 = dt * f(u[k] + 0.5 * K1, t[k] + dt2)
        K3 = dt * f(u[k] + 0.5 * K2, t[k] + dt2)
        K4 = dt * f(u[k] + K3, t[k] + dt)
        u_new = u[k] + (1/6.0) * (K1 + 2 * K2 + 2 * K3 + K4)
        return u_new
```

ODESolver 类层次结构中其他数值方法的实现留做习题。但是,式(E.49)给出的后向欧拉方法比其他方法需要更高级的实现,因此在 E.3.3 节来介绍该方法。

E.3.3　后向欧拉方法

式(E.49)给出的后向欧拉方法本质上会形成一个具有新时间复杂度的非线性方程,而 E.3.1 节中列出的所有方案都用一个简单的公式来刻画新的 u_{k+1} 的值。非线性方程形如

$$u_{k+1} = u_k + \Delta t f(u_{k+1}, t_{k+1})$$

为简单起见,假设常微分方程是标量形式,因此未知的 u_{k+1} 是标量。如果将上述方程写成如下形式,则能更容易看出 u_{k+1} 的方程是非线性的:

$$F(w) \equiv w - \Delta t f(w, t_{k+1}) - u_k = 0 \tag{E.50}$$

其中 $w = u_{k+1}$。如果现在 $f(u, t)$ 是 u 的非线性函数,则 $F(w)$ 也将是 w 的非线性函数。

为了求解 $F(w) = 0$,可以使用 4.11.2 节中的二分法、A.1.10 节的牛顿方法、习题 A.10 中的切割方法。下面将应用牛顿方法和 src/diffeq/Newton.py 中给出的实现。牛顿方法的一个缺点是需要 F 相对于 w 的导数,这需要计算导数 $\partial f(w, t)/\partial w$。一种快速的解决方案是使用数值导数,例如 7.3.2 节介绍的 Derivative 类。

下面创建 BackwardEuler 子类。由于在每个时间步骤都需要求解 $F(w) = 0$,还要实现 $F(w)$ 函数,这可以在 advance 方法中的一个局部函数中很方便地实现:

```
def advance(self):
    u, f, k, t = self.u, self.f, self.k, self.t

    def F(w):
        return w - dt * f(w, t[k+1]) - u[k]

    dFdw = Derivative(F)
    w_start = u[k] + dt * f(u[k], t[k])        # Forward Euler step
    u_new, n, F_value = self.Newton(F, w_start, dFdw, N=30)
    if n >= 30:
        print "Newton's failed to converge at t=%g " "(%d iterations)" % (t, n)
    return u_new
```

advance 函数中的局部变量(例如 dt 和 u)充当 F 函数的全局变量。因此,当 F 被发送到某个 self.Newton 函数时,F 会记住 dt、f、t 和 u 的值。在这个 advance 函数中,导数 dF/dw 是由 Derivative 类通过数值计算得出的,这与 7.3.2 节中的一个类似的类相比略有修改,因为现在想要使用更准确、更核心的公式:

```
class Derivative(object):
    def __init__(self, f, h=1E-5):
        self.f = f
```

```
            self.h = float(h)

    def __call__(self, x):
        f, h = self.f, self.h
        return (f(x+h) - f(x-h))/(2 * h)
```

此代码包含在 ODESolver. py 文件中。

下一步是调用牛顿方法。为此，需要从 Newton 模块导入 Newton 函数。要求 Newton. py 文件或者与 ODESolver. py 位于同一目录中，或者位于 sys. path 列表或 PYTHONPATH 环境变量中列出的目录之一（参见 4.9.7 节）。

A. 1. 10 节的 Newton(f, x_start, dfdx, N)函数在 ODESolver. py 文件中，可以调用并以 F 函数作为参数 f，以迭代的起始值（这里称为 w_start）作为参数 x，以导数 dFdw 作为参数 dfdx。并依赖于 epsilon 和 store 参数的默认值，而最大迭代次数设置为 N=30。如果迭代次数超过该值，则程序终止，因为此时认为该方法不收敛（至少收敛得不够快），因此导致无法计算下一个 u_{k+1} 值。

使用牛顿方法必须选择好起始值。因为期望解不会随着时间级别的变化而发生较大的变化，因此 u_k 可能是一个好的初步猜测。但是，通过使用简单的前向欧拉步 $u_k + \Delta t f(u_k, t_k)$ 可能会得到更好的效果，这正是在上面的 advance 函数中所做的。

由于牛顿方法总是存在收敛缓慢的问题，因此将每个时间级别的迭代次数存储为 BackwardEuler 类中的数据属性会很有趣。为此，可以插入额外的声明：

```
def advance(self):
    ...
    u_new, n, F_value = Newton(F, w_start, dFdw, N=30)
    if k == 0:
        self.Newton_iter = []
    self.Newton_iter.append(n)
    ...
```

注意，在追加元素之前，需要创建一个空列表（在第一次调用 advance 时）。

接下来需要考虑一个重要的问题：advance 方法是否适用于常微分方程组？在这种情况下，$F(w)$ 是函数的向量。当 w 是向量时，F 的实现将起作用，因为公式中涉及的所有量都是数组或标量变量。dFdw 实例将计算向量函数 dFdw. f(这只是 F 函数）的每个分量的数值导数。对牛顿函数的调用更为关键：事实证明，牛顿函数的算法仅适用于标量方程。牛顿方法可以很容易地扩展到非线性方程组，但这里先不考虑这个主题。相反，接下来，为 BackwardEuler 类配备一个构造函数，该构造函数调用 f 对象并控制返回的值是一个浮点数而不是一个数组：

```
class BackwardEuler(ODESolver):
    def __init__(self, f):
    ODESolver.__init__(self, f)
    #Make a sample call to check that f is a scalar function:
    try:
        u = np.array([1]); t = 1
        value = f(u, t)
    except IndexError:               #index out of bounds for u
        raise ValueError('f(u,t) must return float/int')
```

可以观察到,必须显式调用超类构造函数并传递参数 f,以实现对该参数的正确存储和处理。

能够理解类 BackwardEuler,就意味着对类有了一般性的理解,对面向常微分方程、数值微分、寻找函数根的数值方法有了充分的理解,并且很好地理解了如何组合本书不同部分的不同代码段。因此,如果已经消化了 BackwardEuler 类,就有充分的理由相信自己已经消化了本书的关键主题。

E.3.4 验证

测试近似数值方法的基本问题在于通常不知道计算机的输出应该是什么。但是,在某些特殊情况下,可以找到计算机程序要解决的离散问题的精确解。这个精确解应该由程序在机器精度下重现。事实证明,面向常微分方程的大多数数值方法都能够精确地再现线性解。也就是说,如果微分方程的解是 $u=at+b$,则数值方法将产生相同的解:$u_k=ak\Delta t+b$。可以利用这些知识创建测试函数以验证编程实现。

设 $u=at+b$ 为测试问题的解。相应的常微分方程显然是 $u'=a$,且 $u(0)=b$。一个更加合理的常微分方程要添加一个零项,例如 $(u-(at+b))^5$。因此,接下来的目标是求解以下方程:

$$u' = a + (u-(at+b))^5, u(0) = b$$

测试函数循环遍历 ODESolver 层次结构中的已注册求解器,求解测试问题,并检查计算解与精确线性解之间的最大偏差是否在允许范围内:

```python
registered_solver_classes = [ForwardEuler, RungeKutta4, BackwardEuler]

def test_exact_numerical_solution():
    a = 0.2; b = 3

    def f(u, t):
        return a + (u - u_exact(t))**5

    def u_exact(t):
        """Exact u(t) corresponding to f above."""
        return a * t + b

    U0 = u_exact(0)
    T = 8
    n = 10
    tol = 1E-15
    t_points = np.linspace(0, T, n)
    for solver_class in registered_solver_classes:
        solver = solver_class(f)
        solver.set_initial_condition(U0)
        u, t = solver.solve(t_points)
        u_e = u_exact(t)
        max_error = (u_e - u).max()
        msg = '%s failed with max_error=%g' % (solver.__class__.__name__, max_error)
        assert max_error < tol, msg
```

注意如何在类的类型上进行循环(因为该类是 Python 中的普通对象)。新的子类可以将其类的类型添加到 registered_solver_classes 列表中,测试函数也将在测试中包含这样的新类。

备注:如果知道一个数值方法中的错误是如何随着离散化参数(这里即为 Δt)变化的,就可以形成更通用的测试技术。假设已知道某个特定方法具有随 Δt^2 衰减的误差。对于已知精确解析解的问题,可以针对几个 Δt 值运行数值方法,并在每种情况下计算相应的数值误差。如果计算出的误差随 Δt^2 衰减,则它提供了相当有力的证据表明实现是正确的。这些测试称为收敛测试，是验证数值算法实现正确性的最通用的工具。习题 E.37 介绍了该主题。

E.3.5 示例：指数衰减

本节应用 ODESolver 层次结构中的类，看看它们如何解决最简单的常微分方程：$u' = -u$，且初始条件为 $u(0) = 1$。精确解是 $u(t) = e^{-t}$，它随着时间的推移以指数方式衰减。应用类 ForwardEuler 来解决这个问题需要编写以下代码：

```
import ODESolver

def f(u, t):
    return -u

solver = ODESolver.ForwardEuler(f)
solver.set_initial_condition(1.0)
t_points = linspace(0, 3, 31)
u, t = solver.solve(t_points)
plot(t, u)
```

可以在各种 Δt 值下运行程序来看其对精度的影响：

```
#Test various dt values and plot
figure()
legends = []
T = 3
for dt in 2.0, 1.0, 0.5, 0.1:
    n = int(round(T/dt))
    solver = ODESolver.ForwardEuler(f)
    solver.set_initial_condition(1)
    u, t = solver.solve(linspace(0, T, n+1))
    plot(t, u)
    legends.append('dt=%g' % dt)
    hold('on')
plot(t, exp(-t), 'bo')
legends.append('exact')
legend(legends)
```

图 E.4 显示了运行结果。使用 $\Delta t = 2$，会得到一个完全错误的解，它先变为负数，然后再增加。值 $\Delta t = 1$ 给出了一个特殊的解：对于 $k \geqslant 1$，$u_k = 0$。从定性角度看，正确的行为出现在 $\Delta t = 0.5$ 时，随着进一步减小 Δt，结果变得更好。$\Delta t = 0.1$ 时得到的解从图 E.4 中看起来已经很好了。

这些奇怪的结果表明在实现中很可能存在编程错误。幸运的是，对 E.3.4 节中的实现已经进行了一些验证，所以很可能在实验中观察到的是数值方法的问题，而不是实现的问题。

事实上，可以很容易地解释在图 E.4 中观察到的现象。对于本节所讨论的方程，前向欧拉方法计算

$$u_1 = u_0 - \Delta t u_0 = (1 - \Delta t) u_0$$
$$u_2 = u_1 - \Delta t u_1 = (1 - \Delta t) u_1 = (1 - \Delta t)^2 u_0$$
$$\vdots$$
$$u_k = (1 - \Delta t)^k u_0$$

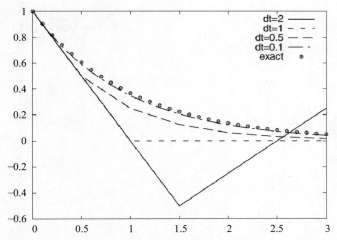

图 E.4 采用前向欧拉方法在 $t \in [0,3]$ 内求解 $u' = -u$ 得到的解,其中 $\Delta t \in \{2.0, 1.0, 0.5, 0.1\}$

使用 $\Delta t = 1$,会得到 $u_k = 0$(其中 $k \geqslant 1$)。对于 $\Delta t > 1$,$1 - \Delta t < 0$,和 $(1 - \Delta t)^k$ 表示将负值提升为整数幂。对于偶数 k,会得到 $u_k > 0$;对于奇数 k,会得到 $u_k < 0$。而且,$|u_k|$ 随 k 减小。当精确解是 e^{-t} 且单调衰减时,这种不断增长的振荡解从定性角度而言是错误的。结论是前向欧拉方法在本例中对于 $\Delta t \geqslant 1$ 情形给出了的无意义结果。

ODESolver 类层次结构的一个特殊优势在于可以轻松地从一种方法切换到另一种方法。例如,可以证明 ODESolver 类层次结构对于这个方程有多优越:只需在前面的代码段中用 RungeKutta4 替换 ForwardEuler 并重新运行程序即可。事实证明,4 阶 Runge-Kutta 方法为所有测试的 Δt 值提供了单调衰减的数值解。特别是对应于 $\Delta t = 0.5$ 和 $\Delta t = 0.1$ 的解在视觉上非常接近精确解。结论是 4 阶 Runge-Kutta 方法是一种更安全、更准确的方法。

接下来,比较两种数值方法,其中 $t = 0.5$:

```
#Test ForwardEuler vs RungeKutta4
figure()
legends =[]
T =3
dt =0.5
n =int(round(T/dt))
t_points =linspace(0, T, n+1)
for solver_class in ODESolver.RungeKutta4, ODESolver.ForwardEuler:
    solver =solver_class(f)
    solver.set_initial_condition(1)
    u, t =solver.solve(t_points)
    plot(t, u)
    legends.append('%s' % solver_class.__name__)
    hold('on')
plot(t, exp(-t), 'bo')
legends.append('exact')
legend(legends)
```

图 E.5 说明了两种方法之间的精确性差异。完整的程序可以在 app1_decay.py 文件中找到。

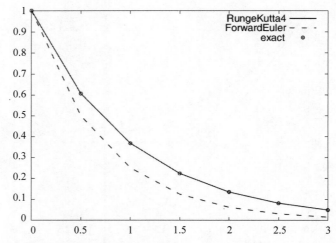

图 E.5　前向欧拉方法与 4 阶 Runge-Kutta 方法的比较，在 $t\in[0,3]$ 内求解 $u'=-u$，其中时间步 $\Delta t=0.5$

E.3.6　示例：具有问题类和求解器类的 Logistic 方程

为方便起见，此处复制了式（E.5）给出的 Logistic 常微分方程：

$$u'(t) = \alpha u(t)\left(1-\frac{u(t)}{R}\right), u(0) = U_0$$

右侧包含参数 α 和 R。已知 $u \to R$ 即 $t \to \infty$，所以在某些时刻 $\hat{t}$，已经在足够小的允许误差范围内接近渐近值 $u=R$ 并且应该停止模拟。这可以通过在 solve 方法中提供函数作为 tolerance 参数来实现。

基本问题和求解器类

E.1.9 节在类中实现与问题相关的数据。在本例中，将所有用户给定的物理数据都存储在类中：

```python
import ODESolver
from scitools.std import plot, figure, savefig, title, show
#from matplotlib.pyplot import plot, figure, savefig, title, show
import numpy as np

class Problem(object):
    def __init__(self, alpha, R, U0, T):
        """
        alpha, R: parameters in the ODE.
        U0: initial condition.
        T: max length of time interval for integration;
        asympotic value R must be reached within 1%
        accuracy for some t <=T.
        """
        self.alpha, self.R, self.U0, self.T =alpha, R, U0, T

def __call__(self, u, t):
    """Return f(u,t) for logistic ODE."""
    return self.alpha * u * (1 -u/self.R)

def terminate(self, u, t, step_no):
```

```
    """"Return True when asymptotic value R is reached."""
    tol =self.R * 0.01
    return abs(u[step_no] - self.R) <tol

def __str__(self):
    """Pretty print of physical parameters."""
    return 'alpha=%g, R=%g, U0=%g' % (self.alpha, self.R, self.U0)
```

注意，terminate 方法中使用的允许误差取决于 R 的大小：$|u-R|/R<0.01$。例如，如果 $R=1000$，则称在 $u \geqslant 990$ 时达到了渐近值。较小的允许误差只会导致解对应的曲线中大部分显示无意义的行为 $u \approx R$。

常规方式求解可以通过如下较短的代码来实现：

```
solver =ODESolver.RungeKutta4(problem)
solver.set_initial_condition(problem.U0)
dt =1.0
n =int(round(problem.T/dt))
t_points =np.linspace(0, T, n+1)
u, t =solver.solve(t_points, problem.terminate)
```

将这些语句打包成 Solver 类，有两种方法得到结果：求解和绘图，还可以添加一些文档并且提高程序的灵活性。代码如下：

```
class Solver(object):
    def __init__(self, problem, dt,
                 method=ODESolver.ForwardEuler):
        """
        problem: instance of class Problem.
        dt: time step.
        method: class in ODESolver hierarchy.
        """
        self.problem, self.dt =problem, dt
        self.solver =method

    def solve(self):
        solver =self.method(self.problem)
        solver.set_initial_condition(self.problem.U0)
        n =int(round(self.problem.T/self.dt))
        t_points =np.linspace(0, self.problem.T, n+1)
        self.u, self.t =solver.solve(t_points, self.problem.terminate)

        #The solution terminated if the limiting value was reached
        if solver.k+1 ==n:     #no termination - we reached final T
            self.plot()
            raise ValueError(
                'termination criterion not reached, '
                'give T >%g' % self.problem.T)

    def plot(self):
        filename ='logistic_' +str(self.problem) +'.pdf'
```

```
        plot(self.t, self.u)
        title(str(self.problem) +', dt=%g' %self.dt)
        savefig(filename)
        show()
```

与解的精确性相关且依赖于问题的数据，例如本例中的时间步长，被放在 Solver 类中。换言之，Problem 类包含了物理学知识，而 Solver 类包含了目标问题的数值信息。

如果最后计算的时间步长 solver.k+1 等于最后一个可能的索引 n，则 problem.terminate 将不会返回 True，这意味着未达到渐近限制。这被视为错误的条件。为了帮助读者理解，在抛出异常（包含一些指导性信息）之前绘制一个图形来展示这一点。完整的代码见 app2_logistic.py 文件。

计算合适的 Δt

选择合适的 Δt 并不总是那么容易。Δt 的影响有时可能与预期不符，正如 E.3.5 节中针对前向欧拉方法展示的那样。可以用自动化的方法找到一个合适的 Δt：从一个大的 Δt 开始，并且不断减半，直到两个连续的 Δt 值对应的两个解之间的差异足够小。

假设 solver 是一个使用时间步长 Δt 进行计算的 Solver 类的实例，而 solver2 是使用 $\Delta t/2$ 进行计算的实例，计算 solver.u 和 solver2.u 之间的差异并不容易。首先，其中一个数组中的元素个数是另一个数组的将近两倍；其次，两个数组中的最后一个元素未必对应于相同的时间值，这是因为时间步进和 terminate 函数可能导致终止时间略有不同。

这两个问题的一种解决方案是将数组 solver.u 和 solver2.u 转换为连续函数，如 E.1.5 节所述，然后评估某些选定时间点上的差异，直至 solver.t[−1] 和 solver2.t[−1] 的最小值。代码如下：

```
#Make continuous functions u(t) and u2(t)
u =wrap2callable((solver.t, solver.u))
u2 =wrap2callable((solver2.t, solver2.u))
#Sample the difference in n points in [0, t_end]
n =13
t_end =min(solver2.t[-1], solver.t[-1])
t =np.linspace(0, t_end, n)
u_diff =np.abs(u(t) -u2(t)).max()
```

下一步是引入一个循环，在每次循环中将时间步长减半，然后使用新的时间步长求解 Logistic 常微分方程并计算 u_diff，如上所示。完整的函数如下：

```
def find_dt(problem, method=ODESolver.ForwardEuler, tol=0.01, dt_min=1E-6):
    """
    Return a "solved" class Solver instance where the
    difference in the solution and one with a double
    time step is less than tol.

    problem: class Problem instance.
    method: class in ODESolver hierarchy.
    tol: tolerance (chosen relative to problem.R).
    dt_min: minimum allowed time step.
    """
    dt =problem.T/10                    #start with 10 intervals
    solver =Solver(problem, dt, method)
```

```
        solver.solve()
        from scitools.std import wrap2callable

        good_approximation =False
        while not good_approximation:
            dt =dt/2.0
            if dt <dt_min:
                raise ValueError('dt=%g <%g -abort' % (dt, dt_min))

            solver2 =Solver(problem, dt, method)
            solver2.solve()

            #Make continuous functions u(t) and u2(t)
            u =wrap2callable((solver. t, solver. u))
            u2 =wrap2callable((solver2.t, solver2.u))

            #Sample the difference in n points in [0, t_end]
            n =13
            t_end =min(solver2.t[-1], solver.t[-1])
            t =np.linspace(0, t_end, n)
            u_diff =np.abs(u(t) -u2(t)).max()
            print u_diff, dt, tol
            if u_diff <tol:
                good_approximation =True
            else:
                solver =solver2
        return solver2
```

设置允许误差 tol 时必须考虑 u 的典型大小,即 R 的大小。在设置 R＝100 和 tol＝1 的情况下,前向欧拉方法对于 Δt＝0.25 就可以满足允许误差。切换到 4 阶 Runge-Kutta 方法,设置 Δt＝1.625 就足以满足允许误差。注意,尽管后一种方法可以使用明显更大的时间步长,但该方法在每个时间步长中对右侧函数的评估次数是前一种方法的 4 倍。

最后,展示如何创建一个行为类似 Solver 但可以自动计算出时间步长的类。如果不向构造函数提供 dt 参数,则刚才显示的 find_dt 函数可用于计算 dt 和解,否则使用标准的 Solver.solve 代码。这个新的类可以方便地实现为 Solver 的子类,在该子类中覆盖构造函数和 solve 方法。plot 方法可以按原样继承。代码变为

```
class AutoSolver(Solver):
    def __init__(self, problem, dt=None,
                 method=ODESolver.ForwardEuler,
                 tol=0.01, dt_min=1E-6):
    Solver.__init__(self, problem, dt, method)
    if dt is None:
        solver =find_dt(self.problem, method, tol, dt_min)
        self.dt =solver.dt
        self.u, self.t =solver.u, solver.t

    def solve(self, method=ODESolver.ForwardEuler):
        if hasattr(self, 'u'):
            #Solution was computed by find_dt in constructor
```

```
        pass
    else:
        Solver.solve(self)
```

如果 u 是对象 self 中的一个数据属性，调用语句 hasattr(self,'u') 将返回 True。在本例中这表示解是由 find_dt 函数中的构造函数计算出来的。一个典型的使用如下：

```
problem = Problem(alpha=0.1, R=500, U0=2, T=130)
solver = AutoSolver(problem, tol=1)
solver.solve(method=ODESolver.RungeKutta4)
solver.plot()
```

处理与时间相关的系数

环境的承载容量 R 可能随时间变化，例如随季节变化。那么，可以扩展前面的代码，以便可以将 R 指定为关于时间的常量或函数吗？

这实际上很容易，可以在右侧函数的实现中假设 R 是时间的函数。如果在类 Problem 的构造函数中将 R 作为常量给出，只需将其封装为时间的函数：

```
if isinstance(R, (float,int)):          #number?
    self.R = lambda t: R
elif callable(R):
    self.R = R
else:
    raise TypeError('R is %s, has to be number of function' %type(R))
```

terminate 方法也会受到影响，因为需要在当前时间级别的 R 值上设置允许误差。此外，必须更改__str__方法，因为打印一个 self.R 的函数无意义。换言之，必须修改广义的问题类中的所有方法，这里称为 Problem2。这里并没有选择将 Problem2 作为 Problem 的子类，即使它们的接口是相同的并且这两个类密切相关。Problem 显然是 Problem2 的一个特例，因为常数 R 是函数 R 的特殊情形，反之不对。

Problem2 类如下：

```
class Problem2(Problem):
    def __init__(self, alpha, R, U0, T):
        """
        alpha, R: parameters in the ODE.
        U0: initial condition.
        T: max length of time interval for integration;
        asympotic value R must be reached within 1%
        accuracy for some t <=T.
        """
        self.alpha, self.U0, self.T = alpha, U0, T
        if isinstance(R, (float,int)):          #number?
            self.R = lambda t: R
        elif callable(R):
            self.R = R
        else:
            raise TypeError(
```

```
                     'R is %s, has to be number of function' %type(R))

    def __call__(self, u, t):
        """Return f(u,t) for logistic ODE."""
        return self.alpha * u * (1 - u/self.R(t))

    def terminate(self, u, t, step_no):
        """Return True when asymptotic value R is reached."""
        tol = self.R(t[step_no]) * 0.01
        return abs(u[step_no] - self.R(t[step_no])) < tol

    def __str__(self):
        return 'alpha=%g, U0=%g' % (self.alpha, self.U0)
```

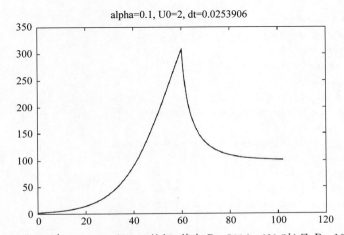

图 E.6 Logistic 方程 $u' = \alpha u(1 - u/R(t))$ 的解,其中 $R = 500(t < 60$ 时$)$且 $R = 100$(其中 $t \geqslant 60$)

可以计算出 $R = 500$(对于 $t < 60$)然后由于环境危机而降至 $R = 100$ 的情形(见图 E.6):

```
problem = Problem2(alpha=0.1, U0=2, T=130, R=lambda t: 500 if t < 60 else 100)
solver = AutoSolver(problem, tol=1)
solver.solve(method=ODESolver.RungeKutta4)
solver.plot()
```

注意,使用 lambda 函数(见 3.1.14 节)指定 R 时可以少写一些编码。相应的图形由两部分组成,基本上先是指数增长,直到环境改变,然后指数减少,直到 u 接近新的 R 值且 u 的变化小了。

读取输入

除了在程序中显式设置数据之外,问题类的最终版本还具有从命令行读取数据的功能。可以使用 4.4 节中描述的 argparse 模块。接下来的想法是构建一个只设置默认值的构造函数。然后,定义一个命令行参数的方法和一个将 argparse 信息转换为属性 alpha、U0、R 和 T 的方法。R 属性应该是一个函数,使用 StringFunction 工具把命令行得到的字符串转换为时间 t 的 Python 函数。

新的问题类的代码如下。

```
class Problem3(Problem):
    def __init__(self):
```

```
        #Set default parameter values
        self.alpha = 1.
        self.R = StringFunction('1.0', independent_variable='t')
        self.U0 = 0.01
        self.T = 4.

    def define_command_line_arguments(self, parser):
        """Add arguments to parser (argparse.ArgumentParser)."""

        def evalcmlarg(text):
            return eval(text)

        def toStringFunction(text):
            return StringFunction(text, independent_variable='t')

        parser.add_argument(
            '--alpha', dest='alpha', type=evalcmlarg,
            default=self.alpha,
            help='initial growth rate in logistic model')
        parser.add_argument(
            '--R', dest='R', type=toStringFunction, default=self.R,
            help='carrying capacity of the environment')
        parser.add_argument(
            '--U0', dest='U0', type=evalcmlarg, default=self.U0,
            help='initial condition')
        parser.add_argument(
            '--T', dest='T', type=evalcmlarg, default=self.T,
            help='integration in time interval [0,T]')
        return parser

    def set(self, **kwargs):
        """
        Set parameters as keyword arguments alpha, R, U0, or T,
        or as args (object returned by parser.parse_args()).
        """
        for prm in ('alpha', 'U0', 'R', 'T'):
            if prm in kwargs:
                setattr(self, prm, kwargs[prm])
        if 'args' in kwargs:
            args = kwargs['args']
            for prm in ('alpha', 'U0', 'R', 'T'):
                if hasattr(args, prm):
                    setattr(self, prm, getattr(args, prm))
                else:
                    print 'Really strange', dir(args)

    def __call__(self, u, t):
        """Return f(u,t) for logistic ODE."""
        return self.alpha * u * (1 - u/self.R(t))

    def terminate(self, u, t, step_no):
```

```
        """Return True when asymptotic value R is reached."""
        tol = self.R(t[step_no]) * 0.01
        return abs(u[step_no] - self.R(t[step_no])) < tol


    def __str__(self):
        s = 'alpha=%g, U0=%g' % (self.alpha, self.U0)
        if isinstance(self.R, StringFunction):
            s += ', R=%s' % str(self.R)
        return s
```

对 parser. add_argument 的调用很简单,但是要注意,这里允许 e、U0 和 T 的字符串由 eval 解析。R 的字符串由 StringFunction 解析为公式。set 方法很灵活:它接收任何一组关键字参数,并首先检查这些是否是问题参数的名称,然后,如果出现"args=",则从命令行获取参数。该类的其余部分与前面的版本非常相似。

Problem3 类的典型用法如下所示。首先,可以直接设置参数:

```
problem = Problem3()
problem.set(alpha=0.1, U0=2, T=130, R=lambda t: 500 if t < 60 else 100)
solver = AutoSolver(problem, tol=1)
solver.solve(method=ODESolver.RungeKutta4)
solver.plot()
```

然后,从命令行读取参数:

```
problem = Problem3()
import argparse
parser = argparse.ArgumentParser(description='Logistic ODE model')
parser = problem.define_command_line_arguments(parser)

#Try --alpha 0.11 --T 130 --U0 2 --R '500 if t < 60 else 300'
args = parser.parse_args()
problem.set(args=args)
solver = AutoSolver(problem, tol=1)
solver.solve(method=ODESolver.RungeKutta4)
solver.plot()
```

E.3.7 示例: 振荡系统

最后一个示例使用与命令行集成的问题类来实现,这是实现常微分方程模型的最灵活方式。

一个连接到弹簧的盒子的运动(如附录 D 中详细描述的那样)可以通过式(E.33)中列出的两个一阶微分方程来建模,这里用 $F(t) = mw''(t)$ 重复代入,其中 $w(t)$ 函数是弹簧末端的受力运动。

$$\frac{du^{(0)}}{dt} = u^{(1)}$$

$$\frac{du^{(1)}}{dt} = w''(t) + g - m^{-1}\beta u^{(1)} - m^{-1}ku^{(0)}$$

与本示例相关的代码见文件 app3_osc.py。因为右侧 f 包含几个参数,所以将其实现为一个带有参数作为数据属性的类和一个用于返回 2 向量 f 的 __call__ 方法。假设类的用户提供 $w(t)$ 函数,因此通过有限差分公式来计算 $w''(t)$ 是很自然的方式。

```
class OscSystem:
    def __init__(self, m, beta, k, g, w):
        self.m, self.beta, self.k, self.g, self.w = \
            float(m), float(beta), float(k), float(g), w

    def __call__(self, u, t):
        u0, u1 = u
        m, beta, k, g, w = self.m, self.beta, self.k, self.g, self.w
        #Use a finite difference for w"(t)
        h = 1E-5
        ddw = (w(t+h) - 2*w(t) + w(t-h))/(h**2)
        f = [u1, ddw + g - beta/m*u1 - k/m*u0]
        return f
```

一个简单的测试用例是：如果设置 $m=k=1$ 且 $\beta=g=w=0$，则有

$$\frac{\mathrm{d}u^{(0)}}{\mathrm{d}t} = u^{(1)}$$

$$\frac{\mathrm{d}u^{(1)}}{\mathrm{d}t} = -u^{(0)}$$

假设 $u^{(0)}(0)=1$ 且 $u^{(1)}(0)=0$。此时，精确的解为

$$u^{(0)}(t) = \cos t, u^{(1)}(t) = -\sin t$$

可以使用这个用例来对比前向欧拉方法与 4 阶 Runge-Kutta 方法：

```
import ODESolver
from scitools.std import *
#from matplotlib.pyplot import *
legends = []
f = OscSystem(1.0, 0.0, 1.0, 0.0, lambda t: 0)
u_init = [1, 0]                        #initial condition
nperiods = 3.5                         #number of oscillation periods
T = 2*pi*nperiods
for solver_class in ODESolver.ForwardEuler, ODESolver.RungeKutta4:
    if solver_class == ODESolver.ForwardEuler:
        npoints_per_period = 200
    elif solver_class == ODESolver.RungeKutta4:
        npoints_per_period = 20
    n = npoints_per_period*nperiods
    t_points = linspace(0, T, n+1)
    solver = solver_class(f)
    solver.set_initial_condition(u_init)
    u, t = solver.solve(t_points)

    #u is an array of [u0,u1] pairs for each time level
    #get the u0 values from u for plotting
    u0_values = u[:, 0]
    u1_values = u[:, 1]
    u0_exact = cos(t)
    u1_exact = -sin(t)
    figure()
```

```
    alg = solver_class.__name__           # (class) name of algorithm
    plot(t, u0_values, 'r-', t, u0_exact, 'b-')
    legend(['numerical', 'exact']),
    title('Oscillating system; position -%s' %alg)
    savefig('tmp_oscsystem_pos_%s.pdf' %alg)
    figure()
    plot(t, u1_values, 'r-', t, u1_exact, 'b-')
    legend(['numerical', 'exact'])
    title('Oscillating system; velocity -%s' %alg)
    savefig('tmp_oscsystem_vel_%s.pdf' %alg)
show()
```

对于这个特殊的应用,事实表明,即使每次振荡只有很少的时间步数(如 20),4 阶 Runge-Kutta 方法也非常准确。前向欧拉方法需要更多的时间才能得到解。图 E.7 显示了两种方法之间的比较。注意,即使前向欧拉方法使用的时间步数是 4 阶 Runge-Kutta 方法的 10 倍,结果仍然不太准确。需要更小的时间步长才能限制用于振荡系统的前向欧拉方法的时间增长。

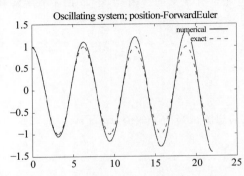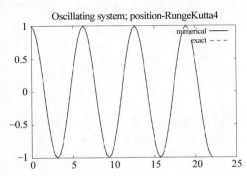

图 E.7 采用时间步长 $\Delta t = 2\pi/200$ 的前向欧拉方法(左)和采用相同时间步长的 4 阶 Runge-Kutta 方法(右)得到的振荡系统($u'' + u = 0$,描述为两个常微分方程组)的解

E.3.8 应用: 球的轨迹

习题 1.13 推导出以下两个球运动的二阶微分方程(忽略空气阻力):

$$\frac{\mathrm{d}^2 x}{\mathrm{d}t^2} = 0 \tag{E.51}$$

$$\frac{\mathrm{d}^2 y}{\mathrm{d}t^2} = -g \tag{E.52}$$

其中(x, y)是球的位置(x 是水平测量值,y 是垂直测量值),g 是重力加速度。为了使用一阶方程的数值方法,必须将两个二阶方程构成的方程组重写为 4 个一阶方程构成的方程组。这通过引入新的未知参数来完成,速度 $v_x = \mathrm{d}x/\mathrm{d}t$ 和 $v_y = \mathrm{d}y/\mathrm{d}t$,然后就可以得到一阶常微分方程组:

$$\frac{\mathrm{d}x}{\mathrm{d}t} = v_x \tag{E.53}$$

$$\frac{\mathrm{d}v_x}{\mathrm{d}t} = 0 \tag{E.54}$$

$$\frac{\mathrm{d}y}{\mathrm{d}t} = v_y \tag{E.55}$$

$$\frac{\mathrm{d}v_y}{\mathrm{d}t} = -g \tag{E.56}$$

初始条件为

$$x(0) = 0 \tag{E.57}$$

$$v_x(0) = v_0 \cos \theta \tag{E.58}$$

$$y(0) = y_0 \tag{E.59}$$

$$v_y(0) = v_0 \sin \theta \tag{E.60}$$

其中，v_0 是球的初始速度；初始速度有一个方向，该方向与水平方向夹角为 θ。

与本示例相关的代码见 app4_ball.py 文件。返回常微分方程组右侧的函数如下：

```
def f(u, t):
    x, vx, y, vy = u
    g = 9.81
    return [vx, 0, vy, -g]
```

这使得只有球高于地面，即要求 $y \geqslant 0$，求解常微分方程组才是有意义的。因此，正如 E.3 节所解释的那样，必须提供 terminate 函数：

```
def terminate(u, t, step_no):
    y = u[:,2]                    #all the y coordinates
    return y[step_no] < 0
```

可以观察到，所有的 y 值都是由 u[:,2] 给出的，且我们想测试当前步的值，即 u[step_no,2]。

求解常微分方程组的主要程序如下：

```
v0 = 5
theta = 80 * pi/180
U0 = [0, v0 * cos(theta), 0, v0 * sin(theta)]
T = 1.2; dt = 0.01; n = int(round(T/dt))
solver = ODESolver.ForwardEuler(f)
solver.set_initial_condition(U0)

def terminate(u, t, step_no):
    return False if u[step_no,2] >= 0 else True

u, t = solver.solve(linspace(0, T, n+1), terminate)
```

现在，u[:,0] 表示所有 $x(t)$ 的值，u[:,1] 表示所有 $v_x(t)$ 的值，u[:,2] 表示所有 $y(t)$ 的值，而 u[:,3] 表示所有 $v_y(t)$ 的值。为了绘制关于 y 与 x 的轨迹，编写如下代码：

```
x = u[:,0]
y = u[:,2]
plot(x, y)
```

式(1.6)给出了精确的解，因此可以利用该式轻松地评估数值解的准确性。图 E.8 显示了这个简单测试问题的数值解和精确解的比较。请注意，即使只对关于 x 的函数 y 感兴趣，也首先需要求解关于 $x(t)$、$v_x(t)$、$y(t)$ 和 $v_y(t)$ 的完整的常微分方程组。

数值方法的真正优势在于可以轻松地增加空气阻力并提升到常微分方程组。物理学的洞察力对于推导还有哪些附加项是必要的,但在上述程序中实现这些项很容易(见习题 E.39)。

E.3.9 ODESolver 的进一步开发

ODESolver 层次结构是一个用于求解常微分方程的更专业的 Python 包(称为 Odespy)的简化原型版。Odespy 软件包具有一系列从简单到复杂的方法,可用于求解标量常微分方程和常微分方程组。一些求解器是用 Python 实现的,而另一些求解器则调用了知名的 FORTRAN 语言编写的常微分方程软件。与ODESolver 层次结构一样,Odespy 为不同的数值方法提供了统一的接口,这意味着用户可以将常微分方程问题规约为函数 $f(u,t)$ 并将此函数发送给所有求解器。利用该特征,可以轻松地在求解器之间切换,以测试针对某个问题的多种数值方法。

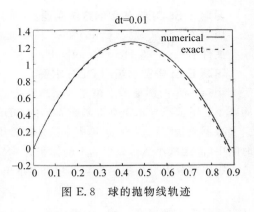

图 E.8 球的抛物线轨迹

Odespy 可以从 http://hplgit.github.com/odespy 下载,并通过 python setup.py install 命令安装。

E.4 习题

习题 E.1: 使用函数编写一个求解简单 ODE 的程序。

本习题的目的在于求解 ODE(常微分方程)问题 $u-10u'=0, u(0)=0.2, t\in[0,20]$。

a. 将数学函数 $f(u,t)$ 写成一般的 ODE 形式:$u'=f(u,t)$。

b. 在 Python 中用函数实现 $f(u,t)$。

c. 使用 E.1.3 节中的 ForwardEuler 方法计算 ODE 问题的数值解,取时间步长 $\Delta t=5$。

d. 绘制数值解和准确解 $u(t)=0.2e^{0.1t}$ 的图形。

e. 设计一个恰当的文件格式,将数值解保存到该文件中。

f. 用更小的 Δt 执行程序并通过图示的方式证明数值解接近准确解。

文件名:exe-01-simple_ODE_func.py。

习题 E.2: 使用类编写一个求解简单 ODE 的程序。

解决与习题 E.1 同样的问题,这一次用 E.1.7 节中的 ForwardEuler 类。将右侧函数 f 也用一个类实现。

文件名:exe-02-simple_ODE_class.py。

习题 E.3: 使用 ODEsolver 及其子类求解一个简单的 ODE。

解决与习题 E.1 同样的问题,这一次要在 E.3 节中的 ODESolver 类中使用 ForwardEuler 类。

文件名:exe-03-simple_ODE_class_ODESolver.py。

习题 E.4: 求解在命令行上定义的 ODE。

创建程序 odesolver_cml.py,它接收在命令行上定义的 ODE。命令行参数是 f u0 dt T,其中 f 是指定为字符串公式的右侧函数 $f(u,t)$,u0 是初始条件,dt 是时间步长,T 是最终模拟的时间。可以指定第 5 个可选参数以指定数值解法的名称,可以将任意一个方法设为默认值。生成以时间为横坐标的曲线图并保存到文件 plot.png 中。

提示 1:使用 scitools.std 模块中的 StringFunction 可以方便地将命令行上的公式转换为 Python 函数。

提示 2:使用 ODESolver 类层次结构来求解 ODE,并设定第 5 个命令行参数是在 ODESolver 类中使用的子类名。

文件名:exe-04-odesolver_cml.py。

习题 E.5: ODE 的数值方法实现。

用数值方法实现式(E.36)和式(E.37)。如何验证实现的正确性？

文件名：exe-05-Heuns_method.py。

习题 E.6: 排空水箱的 ODE 求解。

半径为 R 的圆柱形水箱充水至高度 h_0。打开水箱底部半径为 r_1 的阀门让水流出，水位的高度 $h(t)$ 随时间减小。下面推导水位高度函数 $h(t)$ 的 ODE。

根据质量守恒定律，水箱中水位的高度下降减少的水的质量和从阀门流出的水的质量是相等的。在 Δt 时间中，高度减小 Δh，减少的水的体积为 $\pi R^2 \Delta h$。这段时间内流出水箱的水的体积等于 $\pi r^2 v \Delta t$，其中 v 是水流出阀门的速度。根据伯努利方程可以推出

$$v(t) = \sqrt{2gh(t) + h'(t)^2}$$

其中 g 是重力加速度。$\Delta h > 0$ 意味着 h 增加，所以水箱中减少的水的体积是 $-\pi R^2 \Delta h$，这个体积必须与从阀门流出的水的体积 $\pi r^2 v \Delta t$ 相等。将 v 代入后取 $\Delta t \to 0$ 的极限，就得到下面的 ODE：

$$\frac{dh}{dt} = -\left(\frac{r}{R}\right)^2 \left(1 - \left(\frac{r}{R}\right)^4\right)^{-1/2} \sqrt{2gh}$$

在实际应用中，一般有 $r \ll R$，所以可以近似认为 $1 - (r/R)^4 \approx 1$，其实在计算中还有其他一些近似，如推导中忽略了摩擦，后面还会通过近似的数值计算方法来求解这个 ODE。这样，最终的 ODE 变为

$$\frac{dh}{dt} = -\left(\frac{r}{R}\right)^2 \sqrt{2gh} \tag{E.61}$$

初始条件取为水箱中水的初始高度 h_0：$h(0) = h_0$。

找一个数值方法编程求解式(E.61)。令 $r = 1\text{cm}, R = 20\text{cm}, g = 9.81\text{m/s}^2, h_0 = 1\text{m}$。时间步长取 10s。绘制出解，并通过实验找到适合模拟的时间步长。记得要测试 $h < 0$，防止把负数带入平方根函数。

能不能找到解析解来与数值解进行对比？

文件名：exe-06-tank_ODE.py。

习题 E.7: 求圆弧长度的 ODE。

给定曲线 $y = f(x)$，函数 $s(x)$ 为从点 $x = x_0$ 开始的曲线长度，它解决以下问题：

$$\frac{ds}{dx} = \sqrt{1 + [f'(x)]^2}, s(x_0) = 0 \tag{E.62}$$

因为方程右侧没有 s，所以式(E.62)可以立即从 x_0 到 x 进行积分(参见习题 A.13)，但这里还是要将式(E.62)作为 ODE 求解。采用前向欧拉方法并计算直线(为了验证简单)和抛物线的长度：$f(x) = 0.5x + 1, x \in [0, 2]$ 和 $f(x) = x^2, x \in [0, 2]$。

文件名：exe-07-arclength_ODE.py。

习题 E.8: 模拟物体在流体中的升降过程。

物体在流体(液体或气体)中垂直移动时受到 3 种不同类型的力：

- 重力 $F_g = -mg$，其中 m 是物体的质量，g 是重力加速度。

- 拖曳力 $F_d = -\frac{1}{2}C_d \varrho A |v| v$，其中 C_d 是一个无量纲拖曳系数，取决于物体的形状，ϱ 是流体的密度，A 是横截面积(垂直于运动的切割平面，穿过物体的最厚部分)，v 是速度。

- 上升力或浮力(阿基米德力) $F_b = \varrho g V$，其中 V 是物体的体积。

(大致来说，F_d 公式适用于中速至高速，而对于非常小的速度或非常小的物体，F_d 与速度(而不是速度的平方)成正比，见文献[26]。)

根据牛顿第二定律，力的总和必须等于物体的质量乘以其加速度：

$$F_g + F_d + F_b = ma$$

即

$$- mg - \frac{1}{2}C_d \varrho A \mid v \mid v + \varrho g V = ma$$

这里的未知数是 v 和 a,即,有两个未知数和一个方程。从物理学的运动学知道加速度是速度的时间导数: $a = \mathrm{d}v/\mathrm{d}t$,这就是第二个方程。消去 a,并得到一个 v 关于 t 的微分方程:

$$- mg - \frac{1}{2}C_d \varrho A \mid v \mid v + \varrho g V = m\frac{\mathrm{d}v}{\mathrm{d}t}$$

改写这个方程:将 m 表示为 $\varrho_b V$,其中 ϱ_b 是物体的密度,将 $\mathrm{d}v/\mathrm{d}t$ 放在左侧:

$$\frac{\mathrm{d}v}{\mathrm{d}t} = - g \left(1 - \frac{\varrho}{\varrho_h}\right) - \frac{1}{2}C_d \frac{\varrho A}{\varrho_b V} \mid v \mid v \qquad (E.63)$$

这个微分方程还需要伴随一个初始条件:$v(0) = v_0$。

a. 找一个数值方法,编程求解式(E.63)。

提示:可以用__call__的类的方法实现式(E.63)的右侧部分,其中参数 g、ϱ、ϱ_b、C_d、A 和 V 都是数据。这种实现不是必要的,但是一种很漂亮的 Python 实现。

b. 为了验证程序,假定空气中有一个很重的物体,这样可以忽略空气的浮力 F_b;再假定速度很小,这样空气阻力 F_d 也可以被忽略。在数学上,设置 $\varrho = 0$ 就可以从方程中删除这两个项,解是 $v(t) = y'(t) = v_0 - gt$。通过实验观察,无论 Δt 的值如何,线性解都能通过数值解精确地再现(注意,如果使用前向欧拉方法,则当 Δt 较大时,该方法可能会变得不稳定,参见 E.3.5 节,而高于稳定性临界限制的时间步长不能用于重现线性解)。写一个测试函数,在这个测试案例中自动检查数值解是 $u_k = v_0 - gk\Delta t$。

c. 编写一个函数,绘制 F_g、F_b 和 F_d 作为时间 t 的函数。看到随着时间的推移,各个力的相对重要性,可以加深对不同力如何改变速度的理解。

d. 模拟一个在降落伞打开之前跳伞者的自由落体过程。人体的密度设为 $\varrho_b = 1003\mathrm{kg/m^3}$,质量 $m = 80\mathrm{kg}$,就是说人的体积 $V = m/\varrho_b = 0.08\mathrm{m^3}$。将人体抽象为一个直径为 $50\mathrm{cm}$ 的圆柱来求横截面积 A,则 $A = \pi R^2 = 0.9\mathrm{m^2}$。空气密度随着高度减小,采用海拔 $5000\mathrm{m}$ 的空气密度 $0.79\mathrm{kg/m^3}$,C_d 系数设为 0.6,初始值 $v_0 = 0$。

e. 把足球大小的一个球放置在深水中,模拟其向上运动的过程。与前一示例中 F_b 很小的情况相反,本示例中的 F_b 是动力,重力 F_g 很小。球的截面积 $A = \pi a^2$,其中 $a = 11\mathrm{cm}$。球的质量为 $0.43\mathrm{kg}$,水的密度为 $1000\mathrm{kg/m^3}$,C_d 取 0.4,从 $v_0 = 0$ 开始。

文件名:exe-08-body_in_fluid.py。

习题 E.9: 验证时间增长时解的极限。

式(E.63)的解常常趋向于恒定速度,称为终极速度。当力的总和,即式(E.63)中右侧消失时,就会发生这种情况。

a. 用公式手动计算终极速度。

b. 使用 ODESolver 类求解 ODE,并使用 terminate 函数调用 solve 方法,当达到终极恒定速度,即当 $\mid v(t_n) - v(t_{n-1}) \mid \leqslant \varepsilon$ 时终止计算。其中 ε 是一个小数字。

c. 在习题 E.8 的 d 和 e 的两种情况下,运行一组 Δt 值,绘制终极速度作为 Δt 的函数的图形。在图中,用水平线表示准确的终极速度。

文件名:exe-09-body_in_fluid_termvel.py。

习题 E.10: 缩放 Logistic 方程。

考虑式(E.5)给出的 Logistic 模型:

$$u'(t) = \alpha u(t)\left(1 - \frac{u(t)}{R}\right), u(0) = U_0$$

其中涉及 3 个输入参数：U_0、R 和 α。研究 u 如何随 U_0、R 和 α 变化。由于要改变所有 3 个参数并观察解的情况，需要大量实验。一个更有效的方法是问题缩放。通过这种技术，解仅取决于一个参数：U_0/R。本习题说明如何进行问题缩放。

问题缩放的想法是引入无量纲版本的独立变量和因变量：

$$v = \frac{u}{u_c}, \tau = \frac{t}{t_c}$$

其中 u_c 和 t_c 是 u 和 t 的特征尺寸。这样，无量纲变量 v 和 τ 基本上是单位大小。已知 $t \to \infty$ 时，$u \to R$，所以 R 可以作为 u 的特征尺寸。

将 $u = Rv$ 和 $t = t_c\tau$ 代入 ODE 并选择 $t_c = 1/\alpha$，新函数 $v(\tau)$ 的 ODE 变成

$$\frac{\mathrm{d}v}{\mathrm{d}\tau} = v(1-v), v(0) = v_0 \tag{E.64}$$

3 个参数 U_0、R 和 α 已经从 ODE 中消失，只涉及一个参数：$v_0 = U_0/R$。

如果 $v(\tau)$ 已经计算出结果，那么

$$u(t) = Rv(\alpha t) \tag{E.65}$$

从几何上看，v 到 u 的转换是坐标系中两个轴的拉伸。

编写程序 exe-10-logistic_scaled.py。在 $v_0 = 0.05$ 时计算 $v(\tau)$，然后使用式（E.65）在一张图中对 $R = 100, 500, 1000$ 和 α 绘制 $u(t)$；取 $\alpha = 1, 5, 10$ 和 $R = 1000$，另绘一张图。注意如何不求解 ODE 就可以生成 $u(t)$，注意 R 和 α 如何影响 $u(t)$。

文件名：exe-10-logistic_scaled.py。

习题 E.11: 计算具有时变容量的 Logistic 增长函数。

利用 E.3.6 节中给出的 Problem2 及 AutoSolver 类来研究当环境容量 R 随时间呈现周期性变化时的性质。其中，当 $it_s \leqslant t \leqslant (i+1)t_s$ 时 $R = 500$，当 $(i+1)t_s \leqslant t \leqslant (i+2)t_s$ 时 $R = 200$，这里 $i = 0, 2, 4, 6, \cdots$。仍使用 E.3.6 节中给出的数据，并选取相关的周期值 t_s 进行实验。

文件名：exe-11-seasonal_logistic_growth.py。

习题 E.12: 求解某常微分方程。

牛顿冷却定律

$$\frac{\mathrm{d}T}{\mathrm{d}t} = -h(T - T_s) \tag{E.66}$$

可用来刻画物体与周围环境发生热交换时的温度变化规律，其中 T_s 为环境的温度。这里，参数 h 的单位可建模为 s^{-1}，是一个经验常数（称为传导系数），它刻画了热交换的效率。例如，利用式（E.66）对一个热的比萨饼与烤箱之间的热交换过程建模。现在的问题在于：使用式（E.66）时，必须事先测得 h。假设在 $t = 0$ 及 $t = t_1$ 时分别测量了 T 的值，便可用前向欧拉方法以时间步长 t_1 对式（E.66）进行近似：

$$\frac{T(t_1) - T(0)}{t_1} = -h(T(0) - T_s)$$

并得到近似值

$$h = \frac{T(t_1) - T(0)}{t_1(T_s - T(0))} \tag{E.67}$$

a. 在 $t = 0$ 时将比萨饼从烤箱中拿出，此时比萨饼的温度为 200℃，在室温 20℃ 的房间中经过 50s 后变为 180℃。利用上面的数值对 h 进行估计。

b. 利用数值方法求解式（E.66），获得比萨饼温度的变化函数，并进行绘图。

提示：可以根据个人偏好选取该常微分方程的求解方法，但是 ODESolver 及其子类中的 solve 函数可以接收一个可选的 terminate 函数参数，该参数使得当 T 足够接近 T_s 时终止求解过程。请参阅 E.3.6 节的第一部分。

文件名：exe-12-pizza_cooling1.py。

习题 E.13: 使用 Problem 类存储某常微分方程的相关数据。

本习题与习题 E.12 关注相同的问题，但现在要给出一个面向对象的实现。

a. 构建 Problem 类，用以将 h、T_s、$T(0)$ 及 Δt 作为数据属性存储。在构造方法中对这些属性进行初始化。在 __call__ 方法中实现常微分方程右侧函数。若用 ODESolver 的子类求解此方程，请将 terminate 方法包含至 Problem 类中。

编写方法 estimate_h(t0, t1, T0, T1)，该方法利用习题 E.12 中给出的式(E.67)根据初始温度以及采样点 $(t_1, T(t_1))$ 来估算参数 h 的值。可以在调用 Problem 的构造参数之前用此函数估算 h 的先验值。

提示：关于为何以及如何构造 Problem 类，请参阅 E.3.6 节。

b. 实现测试函数 test_problem 以验证 Problem 类能否正常运行（自行定义测试过程）。

c. 在你看来，同直接使用函数相比，使用 Problem 类的优缺点各是什么？

d. 对参数赋予不同的值：$T_s = 15, 22, 30, T(0) = 250, 200$。对每个给定的 $T(0)$，为 3 个 T_s 取值分别绘制 T 的函数曲线。这里可以使用习题 E.12 中估算 h 的方法。

提示：一种基于 Python 解决该问题的常见方案如下：构建函数 solve(problem)，该函数接收一个名为 problem 的 Problem 对象，并针对该输入求解（包括方程求解及绘图）。构造一个字典，其以每个 $T(0)$ 的值为索引，以所有 T_s 的取值构成的列表为内容。然后，通过遍历字典及列表中的元素，依次调用 solve 方法：

```
#Given h and dt
problems ={T_0: [Problem(h, T_s, T_0, dt) for T_s in 15, 22, 30] for T_0 in 250, 200}
for T_0 in problems:
    hold('off')
    for problem in problems[T_0]:
        solve(problem)
        hold('on')
    savefig('T0_%g'.pdf %T_0)
```

当熟悉并习惯使用这样的代码后，你就成为一名编程专家——在科学计算编程中具有丰富的知识和经验，懂得如何将列表、字典、类有效地协同应用。虽然在本习题中只涉及数量非常少的实验，可以通过 6 次函数调用完成任务，但对于那些具有成百上千个参数的大型科学工程计算任务来说，上述代码的主体仍然保持不变，只是生成 Problem 对象实例的代码复杂一点。

文件名：exe-13-pizza_cooling2.py，exe-13-pizza_cooling2.txt。

习题 E.14: 推导并求解比例化常微分方程问题。

使用习题 E.10 中介绍的比例化方法来求解习题 E.12 中的常微分方程问题。引入一个新的变量 $u = (T - T_s)/(T(0) - T_s)$ 以及一个新的时间比例 $\tau = th$。解此方程，并计算决定 $u(\tau)$ 的初始条件。编写一个用于计算 $u(\tau)$ 的程序，终止条件为 $|u| < 0.001$。将 u 和 τ 的离散值存储在名为 u_tau.dat 的文件中（可以使用 os.path.isfile(f) 函数来检测文件 f 是否存在）。编写函数 T(u, tau, h, T0, Ts)，从 u_tau.dat 中读取 u 和 τ 的值，并返回两个分别以 T 和 t 为值的数组，对应于计算得到的 u 和 τ。绘制 T 关于 t 的图形。在命令行中输入参数 h、T_s 及 $T(0)$。

文件名：exe-14-pizza_cooling3.py。

习题 E.15: 将文件制作成模块。

文件 ForwardEuler_func.py 没有按模块组织。例如，下面的调用会导致问题：

```
>>>from ForwardEuler_func import ForwardEuler
>>>u, t =ForwardEuler(lambda u, t: -u**2, U0=1, T=5, n=30)
```

这是因为第一行的 import 语句会导致 ForwardEuler_func.py 中主程序的执行,包括对某个示例求解的绘图。同时,它也会执行所有的测试用例,这会导致在诸多复杂问题的求解上耗费非常多的时间,因此在 import 语句完成之前,程序处于挂起状态。

对上述文件进行修改,将其制作成一个模块,使它不执行任何语句,除非作为主程序运行。

文件名:exe-15-ForwardEuler_func.py。

习题 E.16: 模拟放射性元素的衰变。

方程 $u'=-au$ 可用来对放射性衰变建模,其中 $u(t)$ 表示在 t 时刻放射性物质的剩余量,a 为该放射性物质平均生命期的倒数。方程的初始条件为 $u(0)=1$。

a. 创建 Decay 类维持该物理问题的相关数据,包括参数 a 以及 __call__ 方法(该方法用来计算微分方程的右端 au)。

b. 以参数 $a=\ln(2)/5600$ 1/y 初始化某个 Decay 实例,这里 $1/y$ 表示"每年"。这个 a 的值对应于碳-14 的放射性同位素的参数,该元素的衰减被广泛应用于测定远古有机物质的年代。

c. 以 500y 为步长求解方程 $u'=-au$,并模拟对应于 $T=20\ 000$y 的衰变过程。绘制函数的图形,并将计算出的最终值 $u(T)$ 与精确值 e^{-aT} 进行比较。

文件名:exe-16-radioactive_decay.py。

习题 E.17: 通过求解微分方程计算反函数。

函数 f 的反函数 g 将 $f(x)$ 映射回 x,即 $g(f(x))=x$。通常,计算反函数的方法是对每个 $y=f(x)$ 计算与之对应的 x,以获得期望的形式:$x=g(y)$。A.1.11 节中就采用了这种方法,它针对 x 的不同离散取值,计算 $y-f(x)=0$ 的数值解。

可以给出一种基于微分方程的更一般的反函数求解方法。若在方程 $y=f(x)$ 两边对 y 进行求导,根据链式法则得到 $1=f'(x)\dfrac{\mathrm{d}x}{\mathrm{d}y}$。对于要求的反函数 $x(y)$,有下列微分方程:

$$x'(y) = \frac{1}{f'(x)} \tag{E.68}$$

这里,将 y 看作自由变量,x 是关于 y 的函数。为避免混淆,不妨引入新的符号 u 和 t 分别替换 x 和 y:

$$u'(t) = \frac{1}{f'(u)}$$

这里的初始条件为 $x(0)=x_r$,其中 x_r 满足方程 $f(x_r)=0$[因为 $x(0)$ 对应于 $y=0$,因而由 $y=f(x)$ 可得 $f(x(0))=0$]。

写一个程序,完成上述方法:给定 x_r,计算函数 $f(x)$ 的反函数。可以自己选定数值求解方法。用 $f(x)=2x$ 对实现进行验证。将此过程用于 $f(x)=\sqrt{x}$,并将该函数与其反函数绘制在同一张图上。

文件名:exe-17-inverse_ODE.py。

习题 E.18: 构造计算反函数的类。

习题 E.17 中给出的计算反函数的方法有很强的通用性。本习题的目的是将此方法封装为更具有可重用性的 Inverse 类,用于计算函数 $f(x)$ 在区间 $I=[a,b]$ 上的反函数。可用如下的代码计算 $\sin x$ 在区间 $I=[0,\pi/2]$ 上的反函数:

```
def f(x):
    return sin(x)

#Compute the inverse of f
inverse = Inverse(f, x0=0, I=[0, pi/2], resolution=100)
x, y = Inverse.compute()
```

```
plot(y, x, 'r-',
     x, f(x), 'b-',
     y, asin(y), 'go')
legend(['computed inverse', 'f(x)', 'exact inverse'])
```

其中,x0 是 x 在 0 处的取值,一般情况下是区间最左端的值:$I[0]$。参数 resolution 指明了求解微分方程时所需长度为 Δy 的区间的数目。若用户未提供该值,可以使用默认值 1000。

编写 Inverse 类,并将其置于某个模块内。同时,在该模块内添加测试函数 test_Inverse,用来测试 Inverse 类的计算是否能够精确生成 $f(x)=2x$ 的反函数。

文件名:exe-18-Inverse1.py。

习题 E.19: 增强类的功能。

扩展习题 E.18 中的模块,使得用户不需要提供 $x(0)$(对应于参数中的 x0)。

提示:Inverse 类利用方程 $f(x)=0$ 计算 $x(0)$ 的值。可以采用 4.11.2 节中介绍的二分法、A.1.10 节中介绍的牛顿法或 A.10 节中介绍的正割法对 $f(x)=0$ 进行求解。当采用二分法时,Inverse 类需要一个合适的初始区间;当采用牛顿法或者正割法时,则需要一个合适的初始点。这可以通过计算 $f(x)$ 在多个 x 处的取值实现。

文件名:exe-19-Inverse2.py。

习题 E.20: 基于插值计算反函数。

可以不使用习题 E.17 中介绍的基于微分方程求解来计算 $f(x)$ 的反函数 $g(y)$ 的方法。事实上,可以基于 E.1.5 节介绍的内容给出一种更简单的实现方法。例如,计算在某些离散点处 x 和 $f(x)$ 的值,分别存储在数组 x 与 y 中。调用 plot(x,y)可绘制关于 x 的函数 $y=f(x)$ 的图形;同样,plot(y,x)将给出 x 关于 y 的函数图形。

然而,若要获得 $f(x)$ 的反函数对应的 Python 函数 g(y),对任意的参数 y 均可调用该函数,可以使用 E.1.5 节介绍的 wrap2callalbe 工具,它将一个以数组 y 为自变量集合,以 x 为相应因变量集合的离散函数转化为一个连续函数 g(y):

```
from scitools.std import wrap2callable
g =wrap2callable((y, x))
y =0.5
print g(y)
```

g(y)是通过在数组 y 的每对相邻点构成的区间内进行线性插值获得的。

在程序中实现该方法。用 $f(x)=2x$ 对该实现进行验证,其中 $x\in[0,4]$。利用该程序计算 $f(x)=\sin x$ 在 $x\in[0,\pi/2]$ 上的反函数。

文件名:exe-20-inverse_wrap2callable.py。

习题 E.21: 基于函数实现 4 阶 Runge-Kutta 方法。

从 E.1.3 节中给出的 ForwardEuler_func.py 文件入手,实现由式(E.41)~式(E.45)给出的著名且具有广泛应用的 4 阶 Runge-Kutta 方法。在测试中用线性函数 $u(t)$ 对其实现的正确性予以验证。在习题 E.23 中会使用此代码。

文件名:exe-21-RK4_func.py。

习题 E.22: 基于类实现 4 阶 Runge-Kutta 方法。

同习题 E.21,但要求基于 E.1.7 节中的 ForwardEuler.py 文件实现。

文件名:exe-22-RK4_class.py。

习题 E.23: 比较微分方程求解方法。

通过求解

$$\frac{\mathrm{d}y}{\mathrm{d}x} = \frac{1}{2(y-1)}, y(0) = 1+\sqrt{\varepsilon}, x \in [0,4] \tag{E.69}$$

探讨 4 阶 Runge-Kutta 方法和前向欧拉方法的精度，其中 ε 是一个很小的数（如 0.001）。在 $[0,4]$ 内以一定步长选取 4 个初始点，而后在每轮迭代中将步长减少为上一轮的一半，直到得到足够精确的解。为每个步长所得的解以及精确解 $y(x) = 1+\sqrt{x+\varepsilon}$ 分别绘制函数图形。

文件名：exe-23-yx_ODE_FE_vs_RK4.py。

习题 E.24: 为微分方程组编写测试函数。

在 E.1.3 节的 ForwardEuler_func.py 中并没有给出关于代码正确性的测试函数。实际上，大多数数值微分方程解法关于线性函数能够获得精确解。一个以线性函数 $v(t)=3+3t$ 以及 $w(t)=3+4t$ 为解的简单微分方程组是

$$v' = 3 + (3+4t-w)^3 \tag{E.70}$$

$$w' = 4 + (2+3t-v)^4 \tag{E.71}$$

编写名为 test_ForwardEuler 的测试函数，以比较该方程组的数值解与精确解。

文件名：exe-24-ForwardEuler_sys_func2.py。

习题 E.25: 基于函数实现求解微分方程的 Heun 方法。

以 E.2.3 节中提供的 ForwardEuler_sys_func.py 实现式（E.36）和式（E.37）给出的求解微分方程组的 Heun 方法。使用习题 E.24 建议的方法进行验证。

文件名：exe-25-Heun_sys_func.py。

习题 E.26: 基于类实现求解微分方程的 Heun 方法。

同习题 E.25，但这里要求利用 E.2.4 节的 ForwardEuler_sys.py 给出一个基于类的实现。

文件名：exe-26-Heun_sys_class.py。

习题 E.27: 实现并测试跳蛙法。

a. 在 ODESolver 的某个子类中实现由 E.3.1 节中式（E.35）描述的跳蛙法。将实现的代码放在独立的模块文件 Leapfrog.py 中。

b. 为代码实现编写相应的测试函数。

提示：可以利用该算法对于线性解 u 是精确的这个特性，见 E.3.4 节。

c. 制作一个动画，以展示随着步长 Δt 的减小，跳蛙法、前向欧拉方法以及 4 阶 Runge-Kutta 方法的收敛过程。这里使用的模型是 $u' = -u, u(0) = 1, t \in [0,8]$，取区间数 $n = 2^k$，其中 $k = 1, 2, \cdots, 14$。将动画生成过程在某个函数中实现。

d. 将模型参数变为 $u' = -u, u(0) = 1, t \in [0,5]$ 之后，重新做 c，区间数仍为 $n = 2^k$，其中 $k = 1, 2, \cdots, 14$。实现这个动画时，让 n 从最大值开始逐步降为 2。本习题想说明的问题是：当步长不够小时，采用跳蛙法求解会产生振荡，从而得到错误的解。

文件名：exe-27-Leapfrog.py。

习题 E.28: 实现并测试 Adams_Bashforth 方法。

基于式（E.46）给出的 Adams_Bashforth 方法完成习题 E.27。

文件名：exe-28-AdamBashforth3.py。

习题 E.29: 求解放射性衰变的方程组。

假设有 A 和 B 两种放射性物质。其中，A 以平均周期 τ_A 衰变为 B，而 B 又以平均周期 τ_B 衰变成 A。设 u_A 和 u_B 是两种物质的初始量，则下面的微分方程组描述了 $u_A(t)$ 与 $u_B(t)$ 的转变规律：

$$u'_A = u_B / \tau_B - u_A / \tau_A \tag{E.72}$$

$$u'_B = u_A / \tau_A - u_B / \tau_B \tag{E.73}$$

且有 $u_A(0) = u_B(0) = 1$。

a. 构造 Problem 类，它含有 τ_A 及 τ_B 参数，并重载了 __call__ 方法以计算方程组右侧构成的向量 ($u_B / \tau_B - u_A / \tau_A, u_A / \tau_A - u_B / \tau_B$)。

b. 使用 ODESolver 的某个子类求解关于 u_A 和 u_B 的微分方程，其中参数 τ_A 设为 8min，τ_B 设为 40min，Δt 取 10s。

c. 绘制 u_A 和 u_B 关于时间（以分为单位）的函数图形。

d. 从该微分方程组可得当 $t \to \infty$ 时 $u_A / u_B \to \tau_A / \tau_B$（假设当 $t \to \infty$ 时 $u'_A = u'_B = 0$）。在 Problem 类中加入一个测试方法，验证所得解 u_A 和 u_B 是否满足该性质。可以直接使用 b 的计算结果进行验证。

文件名：exe-29-radioactive_decay2.py。

习题 E.30: 基于函数实现二阶 Runge-Kutta 方法。

实现式（E.38）所刻画的二阶 Runge-Kutta 方法。使用类似于 E.1.2 节中给出的前向欧拉方法模式的函数 RungeKutta2 来实现。用一个具有已知解析解的用例构造测试，并通过绘图展示解析解和数值解之间的差异。验证数值解将随着 Δt 的减小逐步逼近解析解这个事实。

文件名：exe-30-RungeKutta2_func.py。

习题 E.31: 用类实现二阶 Runge-Kutta 法

a. 在 E.3 节 ODESolver 的类层次结构中创建新的子类 RungeKutta2，用式（E.38）的二阶 Runge-Kutta 法求解常微分方程。

b. 构造一个有确切解的测试问题。在 Δt 取不同值时运行程序，用图形展示数值解在 Δt 减小时逐渐接近准确解。把绘制图形的代码放在函数中。

c. 编写测试函数 test_RungeKutta2_against_hand_calc，按照数学方程计算 u_1 和 u_2。此后，以两个不同的时间步运行 RungeKutta2 类，并证明在一个小的允许误差范围内，可以认为这两种情况下的解相同。找一个 ODE，其右侧函数中包含 t 和 u，这样就可以测试 RungeKutta2 能否正确地处理 $f(u, t)$ 中的 t 参数。

d. 用 RungeKutta2 类和相关的函数做一个模块。从模块文件中的测试代码块调用函数。

文件名：exe-31-RungeKutta2.py。

习题 E.32: 用函数实现迭代中点法。

a. 用函数实现式（E.47）和式（E.48）给出的数值方法：

```
iterated_Midpoint_method(f, U0, T, n, N)
```

其中，f 是 $f(u, t)$ 的一个 Python 实现，U0 是初始条件 $u(0) = U_0$，T 是模拟的最终时间，n 是时间步数，N 是式（E.47）计算方法中的参数 N。iterated_Midpoint_method 应返回两个数组：$u_0, u_1, \cdots, u_n$ 和 $t_0, t_1, \cdots, t_n$。

提示：可能需要用 E.1.3 节中所描述的软件来构建函数。

b. 为了验证正确性，对 $u' = -2u$，其中 $u(0) = 1$，$\Delta t = 1/4$，手动计算 $N = 2$ 时的 u_1 和 u_2，编写测试函数 test_iterated_Midpoint_method，将手算结果与 a 中函数的计算结果自动进行比较。

c. 对 $u' = -2(t-4)u$，其中 $u(0) = e^{-16}$，$t \in [0, 8]$，其精确解为 $u = e^{-(t-4)^2}$。编写一个函数，通过图形比较数值解和精确解。这个函数的 Δt 和 N 可以通过命令行设置，通过改变 Δt 和 N 值来研究数值解的特点。从 $\Delta t = 0.5$ 和 $N = 1$ 开始，连续减小 Δt，同时加大 N。

文件名：exe-32-MidpointIter_func.py。

习题 E.33: 用类实现迭代中点法。

本习题的目的是用类实现式（E.47）和式（E.48）给出的 MidpointIter 中的数值方法，和 E.1.7 节中的正向欧拉类一样。同样，构造测试函数 test_MidpointIter，这里会用到习题 E.32b 中的验证技术。

文件名：exe-33-MidpointIter_class. py。

习题 E.34: 构建迭代中点法子类。

在 ODESolver 类层次结构中，用子类实现式（E. 47）和式（E. 48）给出的数值方法。代码放在一个导入了 ODESolver 类的单独的文件里面。可以固定 N 或者引入 ε 进行迭代，直到 $|v_q - v_{q-1}|$ 小于或等于 ε 值。构造函数将 N 和 ε 作为参数，只要 $q \leqslant N$ 且 $|v_q - v_{q-1}| > \varepsilon$，就计算新的 v_q 值，设 $N = 20$ 和 $\varepsilon = 10^{-6}$。将 N 作为属性存储，这样用户代码就可以访问最后计算出的 N 值。同样，写一个测试函数来进行正确性验证。

文件名：exe-34-MidpointIter. py。

习题 E.35: 比较各种 ODE 方法的精度。

看看不同的数值方法如何处理下面的 ODE：
$$u' = -2(t-4)u, u(0) = e^{-16}, t \in (0,10]$$
精确解是高斯函数 $u(t) = e^{-(t-4)^2}$，把正向欧拉方法和选择的其他数值方法的结果绘制在同一张图上进行比较。相关的方法是 4 阶 Runge-Kutta 法（参见 ODESolver. py 中的类层次结构），还有习题 E. 5、习题 E. 21、习题 E. 22、习题 E. 25 至习题 E. 28、习题 E. 31 或者习题 E. 34 中的方法。将 Δt 的值放进图形的标题中。取 $\Delta t = 0.3, 0.25, 0.1, 0.05, 0.01, 0.001$ 来进行验算，并说明不同方法的特点。

文件名：exe-35-methods4gaussian. py。

习题 E.36: 通过动画展示各类微分方程求解算法的收敛性。

通过一个动画展示习题 E. 35 中 3 种微分方程求解法所得解随步长 Δt 减小而收敛于解析解的过程。令初始步长 $\Delta t = 1$，将 y 的取值范围限定在区间 $[-0.1, 1.1]$ 内，以一个较小的除因子（如 1.5）依次减小两者之间的 Δt。动画应当持续到所有方法解的曲线与解析解的曲线近似相同时为止。

文件名：exe-36-animate_methods4gaussian. py

习题 E.37: 研究数值微分方程求解算法的收敛性。

采用数值方法求解常微分方程带来的误差一般具有形式 $C\Delta t^r$，其中常数 C 和 r 可以通过数值实现获得。常数 r 称为收敛率，人们比较关心这个值。若 $r = 1$，当 Δt 降低一半时，误差也随之降低一半；然而，若 $r = 3$，当 Δt 降低一半时，误差降为原来的 1/8。

习题 9.15 中介绍了一种通过两个连续的实验对 r 进行估算的方法。编写以下函数：

```
ODE_convergence(f, U0, u_e, method, dt=[])
```

该函数返回与一组 Δt（数组参数 dt）相对应的 r 值。参数 f 是微分方程 $u' = f(u, t)$ 中数学函数 $f(u,t)$ 的相应 Python 实现。初始条件为 $u(0) = U_0$，其中 U_0 由参数 U0 给出，u_e 对应于微分方程的解析解 $u_e(t)$。method 是 ODESolver 的某个子类的名称，解析解 u_e 与计算值 $u_0, u_1, \cdots, u_n$ 之间的误差定义为

$$e = \left(\Delta t \sum_{i=0}^{n} (u_e(t_i) - u_i)^2 \right)^{1/2}$$

对若干给定的数值解法调用 ODE_convergence，并打印每种方法对应的 r 值。自选求解算法及微分方程问题，研究相应的收敛率。

文件名：exe-37-ODE_convergence. py。

习题 E.38: 给定速度，计算物体所在位置。

在习题 E. 8 中，已经计算了物体的速度 $v(t)$。物体的位置 $y(t)$ 与速度之间的关系是 $y'(t) = v(t)$。扩展习题 E. 8 的参数，求解下列微分方程组：

$$\frac{dy}{dt} = v$$

$$\frac{dy}{dt} = -g\left(1 - \frac{\varrho}{\varrho_b}\right) - \frac{1}{2}C_d \frac{\varrho A}{\varrho_b V} |v| v$$

文件名：exe-38-body_in_fluid2. py。

习题 E.39: 在小球运动中考虑空气阻力因素。

在重力和空气阻力作用下，小球在 x 和 y 方向上的运动满足如下微分方程：

$$\frac{\mathrm{d}^2 x}{\mathrm{d}t^2} = -\frac{3}{8}C_\mathrm{d}\bar{\varrho}a^{-1}\sqrt{\left(\frac{\mathrm{d}x}{\mathrm{d}t}\right)^2 + \left(\frac{\mathrm{d}y}{\mathrm{d}t}\right)^2}\frac{\mathrm{d}x}{\mathrm{d}t} \tag{E.74}$$

$$\frac{\mathrm{d}^2 y}{\mathrm{d}t^2} = g - \frac{3}{8}C_\mathrm{d}\bar{\varrho}a^{-1}\sqrt{\left(\frac{\mathrm{d}x}{\mathrm{d}t}\right)^2 + \left(\frac{\mathrm{d}y}{\mathrm{d}t}\right)^2}\frac{\mathrm{d}y}{\mathrm{d}t} \tag{E.75}$$

这里 (x,y) 刻画了小球的位置（x 是横坐标，y 是纵坐标），g 是重力加速度，$C_\mathrm{d}=0.2$ 为拖曳系数，$\bar{\varrho}$ 是空气与球的密度比，a 为球的半径。

设球的初始位置 $x=y=0$（即起始位置在原点），并且

$$\frac{\mathrm{d}x}{\mathrm{d}t} = v_0\cos\theta, \frac{\mathrm{d}y}{\mathrm{d}t} = v_0\sin\theta$$

其中 v_0 为初始速度，θ 是运动方向与水平方向的夹角。

a. 将上述二阶微分方程组用等价的包含 4 个微分方程以及 4 个初始条件的一阶微分方程组表示。

b. 将方程右端中涉及的物理量参数 C_d、$\bar{\varrho}$、a、v_0 及 θ 同初始条件一起置于 problem 类中。可以同时在类中添加 terminate 方法，以保证球落地时求解过程终止。

c. 模拟一个以初速 $v_0=120\mathrm{km/h}$，$\theta=30°$ 将足球用力踢出的过程。假设球的密度为 $0.017\mathrm{kg/m}^3$，其半径为 11cm。对 $C_\mathrm{d}=0$（无阻力）和 $C_\mathrm{d}=0.2$ 两种情况分别求解，并绘制 y 关于 x 的函数曲线，以体现阻力的作用。确保所有的物理量以千克、米、秒和弧度为单位。

文件名：exe-39-kick2D. py。

习题 E.40: 求解关于电路的微分方程。

在一个包含电阻、电容和电感的电路中，电源电压可以用如下的微分方程表示：

$$L\frac{\mathrm{d}I}{\mathrm{d}t} + RI + \frac{Q}{C} = E(t) \tag{E.76}$$

其中，$L\dfrac{\mathrm{d}I}{\mathrm{d}t}$ 是有电感振荡产生的电压，I 为电流值（以安为单位），L 为电感值（以亨为单位），R 为电阻值（以欧为单位），Q 为电容电量（以库为单位），C 为电容量（以法为单位），$E(t)$ 是关于时间 t 的电源电压（以伏为单位）函数，t 是时间（以秒为单位）。Q 和 I 之间满足以下关系：

$$\frac{\mathrm{d}Q}{\mathrm{d}t} = I \tag{E.77}$$

式（E.76）和式（E.77）构成了微分方程组。设 $L=1$，$E(t)=2\sin\omega t$，$\omega^2=3.5$（单位为 s^{-2}），$C=0.25$，$R=0.2$，$I(0)=1$，$Q(0)=1$，以步长 $\Delta t = 2\pi/(60\omega)$ 的前向欧拉方法求解此方程组。在某个时刻之后，解同样会以 $E(t)$ 的周期 $2\pi/\omega$ 进行振荡。请模拟 10 个周期。

文件名：exe-40-electric_circuit. py。

注：采用前向欧拉方法会放大振荡的振幅。对于这类微分方程模型，采用 4 阶 Runge-Kutta 方法效果更好。

习题 E.41: 利用 SIR 模型模拟疾病传播。

本习题模拟类似于麻疹或者猪流感这样的传染病毒的传播。假设存在 3 类人群：易感染者（S），该类人可能会被感染疾病；已感染者（I），该类人已经患病，并能够传染易感人群；治愈者（R），该类人已经恢复，并对病毒具有免疫力。令 $S(t)$、$I(t)$、$R(t)$ 分别为 t 时刻易感染者、已感染者、治愈者的人数。$S+I+R=N$，其中 N 为总人数，这里假定 N 是一个常数。

若这些人混合在一起，就有 SI 个易感染者-已感染者对，于是在单位时间内以 βSI 的比率发生感染，即，在 Δt 时间内，有 $\beta SI\Delta t$ 个易感染者被传染，从而从 S 集合转移到 I 集合：

$$S(t + \Delta t) = S(t) - \beta SI \Delta t$$

令 $\Delta t \to 0$，两边除以 Δt，就有如下的微分方程：

$$S'(t) = -\beta SI \qquad (\text{E.78})$$

在单位时间内，有比率为 νI 的患者被治愈，即在 Δt 时间内有 $\nu I \Delta t$ 个患者从集合 I 转移到集合 R。$1/\nu$ 的值通常反映了疾病的持续期。由于同时又有 $\beta SI \Delta t$ 个人从 S 转移到 I，所以此时集合 I 中的人数为

$$I(t + \Delta t) = I(t) + \beta SI \Delta t - \nu I \Delta t$$

若令 $\Delta t \to 0$，则获得如下的微分方程：

$$I'(t) = \beta SI - \nu I \qquad (\text{E.79})$$

最后，集合 R 从 I 中获得新的治愈者后，其数量变为

$$R(t + \Delta t) = R(t) + \nu I \Delta t$$

相应的关于 R 的微分方程为

$$R'(t) = \nu I \qquad (\text{E.80})$$

对于恢复人群中不对疾病免疫的情形，不单独设置集合，而将其与 S 合并。这时，S 在单位时间内转向 I 的比率为 νI，从而构成一个类似于 C.5 节中式（C.31）和式（C.32）刻画的 $S-I$ 系统。

由式（E.78）～式（E.80）构成的微分方程组称为传染病的 SIR 模型（它是疾病传染研究领域的专用术语）。

编写一个基于任意数值方法求解 SIR 模型的程序。编写一个单独的函数，同时绘制 $S(t)$、$I(t)$ 以及 $R(t)$ 的图形。

上述微分方程相加得到 $S' + I' + R' = 0$，这表明 $S + I + R$ 是一个常量。验证在任何时刻 $S + I + R$ 与 $S_0 + I_0 + R_0$（在较小误差范围内）近乎相同。若使用 ODESolver 的某个子类求解该微分方程，那么该测试可由用户指定的 terminate 函数完成（若 $S + I + R$ 变动较大时，直接返回 True）。

假设有 1500 个易感染者以及一个已感染者，想知道疫情会如何演化。令 $S(0) = 1500, I(0) = 1, R(0) = 0$。选取 $\nu = 0.1, \Delta t = 0.5$，其中 t 以天为单位。绘图展示当 $\beta = 0.0005$ 时疾病传播的演化状况。在实际中，采用某些预防措施，如留在户内，可以降低 β。再令 $\beta = 0.0001$，通过图形观察当 β 值降低时如何影响 $S(t)$（在图形上加注解）。

文件名：exe-41-SIR.py。

习题 E.42: 创建求解 SIR 模型的 Problem 类和 Solver 类。

在习题 E.41 介绍的 SIR 模型中，参数 ν 和 β 既可以是常数，也可以是随时间变化的函数。现在，要实现刻画 SIR 系统的微分方程 $f(u, t)$，参数 ν 和 β 可以以常数形式给出，也可以用一个 Python 函数给出。为函数 $f(u, t)$ 创建一个如下的类：

```
class ProblemSIR(object):
    def __init__(self, nu, beta, S0, I0, R0, T):
        """
        nu, beta: parameters in the ODE system
        S0, I0, R0: initial values
        T: simulation for t in [0,T]
        """
        if isinstance(nu, (float,int)):        #number?
            self.nu =lambda t: nu              #wrap as function
        elif callable(nu):
            self.nu =nu

        #same for beta and self.beta
```

```
        ...

        #store the other parameters

    def __call__(self, u, t):
        """Right-hand side function of the ODE system."""
        S, I, R = u
        return [-self.beta(t) * S * I,      #S equation
               ...                          #I equation
               self.nu(t) * I]              #R equation

#Example:
problem = ProblemSIR(beta=lambda t: 0.0005 if t <=12 else 0.0001,
                     nu=0.1, S0=1500, I0=1, R0=0, T=60)
solver = ODESolver.ForwardEuler(problem)
```

完成上述 ProblemSIR 类的全部代码。通常,参数 ν 一般不会有太大变化,毕竟 $1/\nu$ 表示病人的患病周期,除非在这期间发明了一种新的药物,能够缩短患病周期。

接下来可以构造一个求解该问题的 SolverSIR 类(E.3.6 节曾给出过相似的例子)。

```
class SolverSIR(object):
    def __init__(self, problem, dt):
        self.problem, self.dt = problem, dt

    def solve(self, method=ODESolver.RungeKutta4):
        self.solver = method(self.problem)
        ic = [self.problem.S0, self.problem.I0, self.problem.R0]
        self.solver.set_initial_condition(ic)
        n = int(round(self.problem.T/float(self.dt)))
        u, self.t = self.solver.solve(t)
        t = np.linspace(0, self.problem.T, n+1)
        self.S, self.I, self.R = u[:,0], u[:,1], u[:,2]

    def plot(self):
        ...                             #plot S(t), I(t), and R(t)
```

当疫情暴发后,相关机构往往会开展反疾病传播措施。假设现在向公众广泛宣传疫情期间应当勤洗手,那么 β 值在过一段时间后会显著降低。例如,在习题 E.41 中,令

$$\beta(t) = \begin{cases} 0.0005, & 0 \leqslant t \leqslant 12 \\ 0.0001, & t > 12 \end{cases}$$

借助 Problem 和 Solver 类对该场景进行模拟。给出被感染人数的峰值,并与 $\beta(t)=0.0005$ 时的情况进行比较。

文件名:exe-42-SIR_class.py。

习题 E.43: 含有疫苗接种措施的 SIR 模型。

现在考虑在习题 E.41 中引入疫苗接种[①]的情形。若在单位时间内有比率为 p 的易感染者接种疫苗,并

---

① https://www.youtube.com/watch? v=s_6QW9sNPEY。

且假设疫苗会百分之百成活，于是在 Δt 时间内，会有 $pS\Delta t$ 个人从集合 S 中转移。为接种过的人群定义新的分类集合 V，那么关于 S 和 V 的方程变为

$$S' = -\beta SI - pS \tag{E.81}$$
$$V' = pS \tag{E.82}$$

关于 I 和 R 的微分方程维持原样。关于 V 的初始条件可以写作 $V(0)=0$。这种新的模型称为 SIRV 模型。

使用习题 E.41 中相同的参数，同时再令 $p=0.1$，计算 $S(t)$、$I(t)$、$R(t)$ 与 $V(t)$ 的变化情况。对接种疫苗时的患者人数峰值给出标注。

提示：当然可以按照习题 E.42 中的步骤重解此题，但最好能够避免代码重复，使用面向对象的思想，通过派生习题 E.42 中类的某个子类来实现。

文件名：exe-43-SIRV.py。

习题 E.44：在 SIR 模型中引入疫苗接种过程。

在习题 E.43 中，假设在疫情暴发 6 天后疫苗才被研发出来，且接种过程持续 10 天，即

$$p(t) = \begin{cases} 0.1, & 6 \leqslant t \leqslant 15 \\ 0, & 其他 \end{cases}$$

绘制此时 $S(t)$、$I(t)$、$R(t)$ 以及 $V(t)$ 的函数图形（显然，从习题 E.42 中的类派生出新的子类实现该 SIRV 模型是一种好办法）。

文件名：exe-44-SIRV_varying_p.py。

习题 E.45：寻找最优的接种周期。

设习题 E.44 中的疫苗接种过程持续时间为 V_T 天，即：

$$p(t) = \begin{cases} 0.1, & 6 \leqslant t \leqslant 6+V_T \\ 0, & 其他 \end{cases}$$

依次令 $V_T=0,1,\cdots,31$，运行程序，计算感染人数峰值 $\max_t I(t)$ 关于 $V_T \in [0,31]$ 的关系，并绘制相应的图形。从图形中找出最优的 V_T 值，即其值的改变对感染人数峰值影响不再显著的最小的 V_T 值。

文件名：exe-45-SIRV_optimal_duration.py。

习题 E.46：模拟人与僵尸的相互影响。

假设人类被僵尸袭击，这在电影中经常出现，人类的僵尸化可以像疾病一样传播。受到习题 E.41 中 SIR 模型的启发，建立一个微分方程模型，模拟人与僵尸的相互影响。

首先引入 4 个种类的个体：

（1）S：可以变成僵尸的易感者。

（2）I：感染者，即被感染的人，已经被僵尸咬过。

（3）Z：僵尸。

（4）R：消失的个体，就是被除掉的僵尸或死亡的人类。

4 种个体数量的计算函数对应为 $S(t)$、$I(t)$、$Z(t)$ 和 $R(t)$。

在这里考虑的僵尸的类型受到经典电影 *The Night of the Living Dead*（George A. Remero，1968）中现代僵尸标准的启发，对 SIR 模型做一个小扩展就能在数学上模拟人与僵尸的相互影响。一部分易感者被僵尸咬后会变成感染者，一部分感染者会变成僵尸，人类也可以除掉僵尸。

现在就精细地设置人类-僵尸数量模型的所有动态性质。S 种类的改变可能出于 3 个原因：

（1）易感者被僵尸感染，用 $-\Delta t \beta SZ$ 项模拟，与 SIR 模型中 S-I 的相互影响类似。

（2）易感者的自然死亡或被杀，相同数量就进入消失的个体类。如果在单位时间内一个易感者死亡的概率是 δ_S，那么在时间 Δt 内死亡的预计数是 $\Delta t \delta_S S$。

（3）要允许新的人类进入僵尸地区，因为这对于人类和僵尸开战是必要的。每单位时间加入 S 类的新个体的数目被记为 Σ，所以在时间间隔 Δt 内 $S(t)$ 的数量增加 $\Delta t\Sigma$。

当然还可以在 S 类中加入新生儿，但是在几天的时间尺度里，这种情况对系统影响不会很大，所以就忽略了这一点。

在 $\Delta t \to 0$ 时，S 类的平衡是

$$S' = \Sigma - \beta SZ - \delta_s S$$

在时间 Δt 内，从 S 类转化为 I 类的数量为 $\Delta t\beta SZ$，但其中的个体也会损失，转化到 Z 和 R 类中，就是说，一些感染者会变成僵尸，还有一些会死亡。电影中感染者可能自杀或被其他易感者杀死。令 δ_I 是单位时间内被杀死的概率，在时间 Δt 内，$\delta_I \Delta t I$ 会死亡并转移到 R 类中。在单位时间内一个感染者 I 变成僵尸 Z 的概率是 ρ，因此 Δt 时间内有 $\Delta t\rho I$ 个 I 个体变为 Z，因此 I 类的数量有

$$I' = \beta SZ - \rho I - \delta_I I$$

感染者 I 变为僵尸 Z 的数量为 $-\Delta t\rho I$。这里不考虑消失的个体再次变成僵尸。僵尸电影的一个特性是人类战胜僵尸。这里，考虑一对一的人类-僵尸战斗中的僵尸死亡。这个相互影响就像是僵尸化的本质（或者 SIR 模型中的易感者-感染者相互影响），且可以用一个类似于 β 的参数 α 来模拟其减少，即 $-\alpha SZ$。Z 的方程因此变为

$$Z' = \rho I - \alpha SZ$$

对应的 R 类由 S 中自然死亡的 δS、I 中的 δI 和被战胜的僵尸 αSZ 构成：

$$R' = \delta_s S + \delta_I I + \alpha SZ$$

完整的人类-僵尸相互影响的 SIZR 模型可以总结为

$$S' = \Sigma - \beta SZ - \delta_s S \tag{E.83}$$

$$I' = \beta SZ - \rho I - \delta_I I \tag{E.84}$$

$$Z' = \rho I - \alpha SZ \tag{E.85}$$

$$R' = \delta_s S + \delta_I I + \alpha SZ \tag{E.86}$$

其中参数的解释如下：

- Σ：单位时间进入僵尸区域的新人类数目。
- β：理论上单位时间内人类与僵尸发生身体接触而导致人类感染的概率。
- δ_s：单位时间内易感者死亡或被杀的概率。
- δ_I：单位时间内感染者死亡或被杀的概率。
- ρ：单位时间内感染者变成僵尸的概率。
- α：理论上单位时间内在人类与僵尸的战斗中人类杀死僵尸的概率。

注意，单位时间内的概率不一定要在区间 $[0,1]$ 上。真实的、处于区间 $[0,1]$ 上的概率需要再乘以感兴趣的时间间隔。

用习题 E.42 中解释的 Problem 类和 Solver 类实现 SIZR 模型，允许参数随时间改变。时间改变对于构建一个模仿电影情节的真实模型是必不可少的。

用以下数据测试代码：$\beta = 0.0012, \alpha = 0.0016, \delta_I = 0.014, \Sigma = 2, \rho = 1, S(0) = 10, Z(0) = 100, I(0) = 0$，$R(0) = 0$，并设置模拟时间 $T = 24h$。其他参数可以设为 0。这些值是根据电影 *The Night of the Living Dead* 中的瘟病阶段估计的。时间单位是小时。绘制 S、I、Z 和 R 的函数图形。

文件名：exe-46-SIZR.py。

习题 E.47：模拟僵尸电影。

电影 *The Night of the Living Dead* 剧情分 3 个阶段：

（1）初始阶段，持续 4h。其间两个人遇见了一个僵尸，其中一个人被感染。此阶段中一个粗略的参数估

计（考虑到动态过程没有在电影中显示，而它对之后的电影中构建更实际的 S 和 Z 类的演化非常重要）是 $\Sigma=20, \beta=0.33, \rho=1, S(0)=60, Z(0)=1$。其他参数都设为 0。

（2）瘟病阶段。期间僵尸传染非常明显。此阶段持续 24h。相关参数设为 $\beta=0.0012, \alpha=0.0016, \delta_1=0.014, \Sigma=2, \rho=1$。

（3）人类反击阶段。估计持续 5h。参数为 $\alpha=0.006$、$\beta=0$（人类不再受感染），$\delta_S=0.0067, \rho=1$。

用习题 E.46 中的程序模拟该电影的 3 个阶段。

提示：需要使用时间的分段常数函数。可以通过对每个特殊情况进行硬编码来实现，也可以使用一个针对这些函数的已有工具（见习题 3.32）：

```
from scitools.std import PiecewiseConstant

#Define f(t) as 1.5 in [0,3], 0.1 in [3,4] and 1 in [4,7]
f = PiecewiseConstant(domain=[0, 7], data=[(0, 1.5), (3, 0.1), (4, 1)])
```

文件名：exe-47-Night_of_the_Living_Dead.py。

习题 E.48: 模拟人类与僵尸的战争。

人类与僵尸的战争可以通过大规模的有效袭击来实施。可以对习题 E.46 的 SIZR 模型中的 α 引入一个随时间改变的增加量 $w(t)$，以模拟人类在 $m+1$ 个离散的袭击时间点 $T_0 < T_1 < \cdots < T_m$ 处的攻击力。希望 w 值在这些 t 值附近很大，而在袭击点之间很小。一个具有这个性质的数学函数是高斯和函数：

$$w(t) = a \sum_{i=0}^{m} \exp\left(-\frac{1}{2}\left(\frac{t - T_i}{\sigma}\right)^2\right) \tag{E.87}$$

其中，a 衡量袭击的强度（$w(t)$ 的最大值）；σ 衡量袭击的时长，它应该比两个袭击时间点之间的间隔小得多。一般用 4σ 表示袭击的持续时间，且须有 $4\sigma \ll T_i - T_{i-1}, i = 1, 2, \cdots, m$。应选择一个比 α 大得多的 a，使人类与僵尸的战争的强度比一对一杀死僵尸的战斗大得多。

修改习题 E.46 的实现模型，增加人类与僵尸的战争。起始参数设为 50 个人、3 个僵尸以及 $\beta=0.03$，这会导致迅速的僵尸化过程。假设人类对僵尸具有较小的抵抗力：$\alpha=0.2\beta$。此外，人类还实施了 3 次强力攻击：$a=50\alpha$，其发生时间是僵尸化开始后的 5h、10h、18h 时。袭击持续 2h（$\sigma=0.5$）。设置 $\delta_S = \Delta t = \Sigma = 0, \beta = 0.03, \rho = 1$，执行 $T = 20h$ 的模拟。使用前面给出的 $w(t)$ 来模拟对僵尸的战斗是否能拯救人类？

文件名：exe-48-war_on_zombies.py。

习题 E.49: 探索捕食者与被捕食者的相互作用。

假设环境中有两个物种：捕食者与被捕食者。这两者的数量将如何随着时间相互影响并改变？利用常微分方程可以对该问题进行求解。

令 $x(t)$ 和 $y(t)$ 分别为被捕食者和捕食者的数量。若没有捕食者，被捕食者的数量将满足在 C.2 节中导出的微分方程：

$$\frac{\mathrm{d}x}{\mathrm{d}t} = rx$$

其中 $r > 0$，并假设有足够的资源来满足其指数增长。类似地，如果没有被捕食者，捕食者的数量只会受到死亡率 $m > 0$ 的影响：

$$\frac{\mathrm{d}y}{\mathrm{d}t} = -my$$

有了捕食者后，被捕食者的数量会减少，其减少量正比于 xy 的值。因为数量分别为 x 和 y 的动物群体相遇的次数为 xy，且在这些相遇中捕食者有一定的比率吃掉被捕食者，因此捕食者的数量会相应地增长。调整后的方程组变为

$$\frac{\mathrm{d}x}{\mathrm{d}t} = rx - axy \tag{E.88}$$

$$\frac{\mathrm{d}y}{\mathrm{d}t} = -my + bxy \tag{E.89}$$

其中 r、m、a 和 b 都是正的常数。对于参数 $r=m=1$, $a=0.3$, $b=0.2$, $x(0)=1$ 以及 $y(0)=1$, $t\in[0,20]$ 求解这该方程组并绘制 $x(t)$ 与 $y(t)$ 的图形。解释观察到的数量动态变化现象,并尝试用其他 a、b 值做实验。

文件名:exe-49-predator_prey.py。

习题 E.50: 二阶常微分方程组。

在本习题和习题 E.51 中,求解下列具有两个初始条件的二阶常微分方程:

$$m\ddot{u} + f(\dot{u}) + s(u) = F(t), t>0, u(0) = U_0, \dot{u}(0) = V_0 \tag{E.90}$$

其中 $\dot{u}$ 和 $\ddot{u}$ 分别表示 $u'(t)$ 与 $u''(t)$。将式(E.90)写成等价的含两个一阶微分方程的方程组,同时给出相应的初始条件。

式(E.90)在科学和工程中有着广泛的应用。例如,一个基本应用是汽车和自行车中的阻尼弹簧系统,这里 u 表示与轮胎相连接的弹簧的垂直位移,$\dot{u}$ 是相应的速度,$F(t)$ 刻画了颠簸的道路,$s(u)$ 代表弹簧力,$f(\dot{u})$ 模拟了弹簧系统中的阻尼力(摩擦力)。对于这个特殊的应用,f 和 s 都是其参数的线性函数:$f(\dot{u}) = \beta\dot{u}$ 和 $s(u) = ku$,其中 k 是弹簧常量,β 是刻画粘滞阻尼的参数。

式(E.90)还可以用来模拟泊船的过程或者波涛中的石油勘探平台。停泊设备就像一个非线性弹簧 $s(t)$,$F(t)$ 模拟来自波、风和水流的环境激励,$f(\dot{u})$ 模拟运动的阻尼,u 是船或者平台的一维运动。

单摆的振荡也可以用式(E.90)描述:u 的物理意义是单摆与垂直方向的夹角,$s(u) = (mg/L)\sin u$,其中 L 是摆长,m 是摆动物体质量,g 是重力加速度,$f(\dot{u}) = \beta|\dot{u}|\dot{u}$ 模拟空气阻力(β 是某个常量,见习题 1.11 和习题 E.54),$F(t)$ 描述单摆顶部点的运动。

式(E.90)还可以应用在电路中:$u(t)$ 表示电量,$m=L$ 作为电感系数,$f(\dot{u}) = R\dot{u}$ 是电阻 R 上的压降,$s(u) = u/C$ 是电容 C 上的压降,$F(t)$ 是电动力(由电池或发电机提供)。

此外,式(E.90)可以作为其他振荡系统的简化模型,例如机翼、激光、扩音器、麦克风、音叉、吉他弦、超声波图像、声音、潮汐、厄尔尼诺现象、气候变化。

注意,式(E.90)是 D.1.3 节中式(D.8)的非线性一般化。附录 D 中的案例对应 $f(\dot{u})$ 正比于 $\dot{u}$、$s(u)$ 正比于 u、$F(t)$ 对应于弹簧片及重力加速度 $\ddot{w}$ 的特殊情况。

习题 E.51: 求解微分方程 $\ddot{u} + u = 0$。

编写函数

```
def rhs(u,t):
    ...
```

该函数返回一个二元组列表,其元素为习题 E.50 中两个一元微分方程组的右侧表达式。通常,u 参数是由 t 时刻解的两个分量 u[0] 和 u[1] 构成的数组(或列表)。在 rhs 函数内,假设能访问分别用来计算 $f(\dot{u})$、$s(u)$ 和 $F(t)$ 的 3 个全局 Python 函数 friction(dudt)、spring(u) 以及 external(t)。

设定 $f(\dot{u}) = 0$、$F(t) = 0$、$s(u) = u$、$m=1$,运行并测试 rhs 函数。将微分方程改为 $\ddot{u} + u = 0$,并设定初始条件:$u(0) = 1$、$\dot{u}(0) = 0$。可以证明其解为 $u(t) = \cos t$。应用 3 种数值方法求解:E.3 节中 ODESolver 模块中的 4 阶 Runge-Kutta 方法和前向欧拉方法,以及习题 E.31 中介绍的二阶 Runge-Kutta 方法,设定时间步长 $\Delta t = \pi/20$。

绘制 $u(t)$ 与 $\dot{u}(t)$ 解析解关于 t 的图形。同时绘制一个 $\ddot{u}$ 关于 u 的图形(当 u 是通过 Solver 类的 solve 函数返回的结果时,可调用 plot(u[:][0],u[:][1]))。对于后者,精确解的图形应该是圆,因为曲线上的点的坐标为 $(\cos t, \sin t)$,随着 t 变化,它们构成一个圆。使用前向欧拉方法得到一个螺旋线,随着 Δt 的减小,该螺旋线如何演化？

设运动的动能 K 为 $\frac{1}{2}m\dot{u}^2$，而存储于弹簧中的势能 P 由弹簧力做功给出：$P = \int_0^u s(v)\,\mathrm{d}v = \frac{1}{2}u^2$。对上述物理问题，绘制 P 与 K 作为时间的函数图形，求解基于 4 阶 Runge-Kutta 方法和前向欧拉方法。在测试中，动能和势能的和应该为常数。计算该和的解析表达式，同样使用 4 阶 Runge-Kutta 方法和前向欧拉方法计算 $K+P$ 的值，并绘图。

文件名：exe-51-oscillator_v1.py。

习题 E.52: 制作一个分析振动解的工具。

式（E.90）的解 $u(t)$ 往往会表现出振动行为[如习题 E.51 中的测试问题，得到 $u(t) = \cos t$]。一般，人们对振动的波长会感兴趣。本习题的目标在于求解并以可视化的方式显示连续函数数值表示的相邻峰值之间的距离。

给定数组 $(y_0, y_1, \cdots, y_{n-1})$，它表示函数 $y(t)$ 在若干点 $t_0, t_1, \cdots, t_{n-1}$ 处的取样。如果 $y_{k-1} < y_k$ 且 $y_k > y_{k+1}$，就说 $y(t)$ 在 $t = t_k$ 处取得局部极大值。类似地，若 $y_{k-1} > y_k$ 且 $y_k < y_{k+1}$，就说 $y(t)$ 在 $t = t_k$ 处取得局部极小值。遍历 $y_1, y_2, \cdots y_{n-2}$ 的值，通过上述两种测试，分别将局部极大值和局部极小值组织为 (t_k, y_k) 对列表的形式。写一个函数 minmax(t,y)，该函数返回两个列表 minima 和 maxima。请确保 t 值在列表中单调递增。minmax 中的参数 t 和 y 分别保存坐标 $t_0, t_1, \cdots, t_{n-1}$ 和 $y_0, y_1, \cdots, y_{n-1}$。

编写函数 wavelength(peaks)，它接收一个包含 t 和 y（局部极小值或局部极大值）作为参数的二元组列表 peaks 并返回相邻 t 值之间的距离，即两个峰值之间的距离。这些距离反映了计算所得 y 函数的局部波长。确切地说：返回的数组里的第一个元素是 peaks[1][0] − peaks[0][0]，下一个元素是 peaks[2][0] − peaks[1][0]，以此类推。

用 $y = \mathrm{e}^{t/4}\cos 2t$ 和 $y = \mathrm{e}^{-t/4}\cos t^2/5$ 在 $t \in [0, 4\pi]$ 上产生的 y 值测试 minmax 和 wavelength 函数。绘制每种情况下的 $y(t)$ 曲线，并用圆圈和方框分别标记 minmax 计算的局部极小值和局部极大值。绘制一个单独的图形表示从 wavelength 函数返回的数组（绘制数组关于其索引的图形即可，主要观察波长是否改变）。只绘制与最大值对应的波长。

制作一个测试模块，对 minmax 和 wavelength 函数的上述功能进行测试。

文件名：exe-52-wavelenth.py。

习题 E.53: 实现 Problem、Solver 以及 Visualizer 类。

习题 E.51 中用户选取的函数 f、s、F 等必须以特定的名称命名，因而实验时很难对 $s(u)$ 赋予不同的函数。若像 E.3.6 节那样制作一个 Problem 类和 Solver 类，就能够给出更加灵活的实现。本习题借鉴 E.3.6 节中 Problem3 的实现方式，存储 $f(\dot{u})$、$s(u)$、$F(t)$、$u(0)$、$\dot{u}(0)$、m、T 以及解析解（若存在）等属性。Solver 类存储与求方程数值解相关的参数信息，即 Δt 以及 ODESolver 的相关子类名称。此外，还需要构建 Visualizer 类以输出各类绘图。

这里希望所有参数均可通过命令行设置，但同时也具有各自的默认值。如 E.3.6 节所述，可以使用 argparse 模块从命令行中提取数据。Problem 类大体如下：

```
class Problem(object):
    def define_command_line_arguments(self, parser):
        """Add arguments to parser (argparse.ArgumentParser)."""

        parser.add_argument(
            '--friction', type=func_dudt, default='0',
            help='friction function f(dudt)',
```

```
                metavar='<function expression>')
        parser.add_argument(
            '--spring', type=func_u, default='u',
            help='spring function s(u)',
            metavar='<function expression>')
        parser.add_argument(
            '--external', type=func_t, default='0',
            help='external force function F(t)',
            metavar='<function expression>')
        parser.add_argument(
            '--u_exact', type=func_t_vec, default='0',
            help='exact solution u(t) (0 or None: now known)',
            metavar='<function expression>')
        parser.add_argument(
            '--m', type=evalcmlarg, default=1.0, help='mass',
            type=float, metavar='mass')
        ...
        return parser

    def set(self, args):
        """Initialize parameters from the command line."""
        self.friction =args.friction
        self.spring =args.spring
        self.m =args.m
      ...

    def __call__(self, u, t):
        """Define the right-hand side in the ODE system."""
        m, f, s, F =self.m, self.friction, self.spring, self.external
        ...
```

若干函数被指定为 parser. add_argument 的 type 参数，用以将字符串转化为适当的对象，例如使用 StringFunction 对象作用于各独立变量：

```
def evalcmlarg(text):
    return eval(text)

def func_dudt(text):
    return StringFunction(text, independent_variable='dudt')

def func_u(text):
    return StringFunction(text, independent_variable='u')

def func_t(text):
    return StringFunction(text, independent_variable='t')

def func_t_vec(text):
    if text =='None' or text =='0':
        return None
    else:
```

```
            f =StringFunction(text, independent_variable='t')
            f.vectorize(globals())
            return f
```

其中 evalcmlarg 的使用非常关键：该函数通过 eval 函数执行命令行的输入，换言之，可以使用类似于 −T 'a * pi'这样的数学公式。

Solver 类的代码要比 Problem 类的代码短得多：

```
class Solver(object):
    def __init__(self, problem):
        self.problem =problem

    def define_command_line_arguments(self, parser):
        """Add arguments to parser (argparse.ArgumentParser)."""
        #add --dt and --method
        ...
        return parser

    def set(self, args):
        self.dt =args.dt
        self.n =int(round(self.problem.T/self.dt))
        self.solver =eval(args.method)

    def solve(self):
        self.solver =self.method(self.problem)
        ic =[self.problem.initial_u, self.problem.initial_dudt]
        self.solver.set_initial_condition(ic)
        time_points =linspace(0, self.problem.T, self.n+1)
        self.u, self.t =self.solver.solve(time_points)
```

Visualizer 类中存放 Problem 类的一个实例以及 Solver 类的一个实例的引用，用以绘制图形。用户可以在命令行中通过交互式会话绘图。生成一个循环，只要用户不输入 quit 命令，就可以反复进行设置并绘图。绘图相关的命令选项包括 u、dudt、dudt-u、K 以及 wavelength，分别表示绘制 $u(t)$ 关于 t、$\dot{u}(t)$ 关于 t、$\dot{u}$ 关于 u、K（动能）关于 t、u 的波长关于其下标的函数。波长可以用 u 的局部极大值计算（见习题 E.52）。

Visualizer 类的主体如下：

```
class Visualizer(object):
    def __init__(self, problem, solver):
        self.problem =problem
        self.solver =solver

    def visualize(self):
        t =self.solver.t              #short form
        u, dudt =self.solver.u[:,0], self.solver.u[:,1]

        #Tag all plots with numerical and physical input values
        title ='solver=%s, dt=%g, m=%g' % 
            (self.solver.method, self.solver.dt, self.problem.m)
```

```
#Can easily get the formula for friction, spring and force
#if these are string formulas.
if isinstance(self.problem.friction, StringFunction):
    title +=' f=%s' %str(self.problem.friction)
if isinstance(self.problem.spring, StringFunction):
    title +=' s=%s' %str(self.problem.spring)
if isinstance(self.problem.external, StringFunction):
    title +=' F=%s' %str(self.problem.external)

#Let the user interactively specify what
#to be plotted
plot_type =''
while plot_type !='quit':
    plot_type =raw_input('Specify a plot: ')
    figure()
    if plot_type =='u':
        #Plot u vs t
        if self.problem.u_exact is not None:
            hold('on')
            #Plot self.problem.u_exact vs t
        show()
        savefig('tmp_u.pdf')
    elif plot_type =='dudt':
    ...
    elif plot_type =='dudt-u':
    ...
    elif plot_type =='K':
    ...
    elif plot_type =='wavelength':
    ...
```

对上面提到的 3 个类给出完整的实现。同时，编写 main 函数，以完成以下任务：①分别创建 Problem、Solver 和 Visualizer 类的一个实例；②调用从命令行中解析 Problem 和 Solver 类中相关参数的函数；③读取命令行参数；④将解析出的参数传递给 Problem 和 Solver；⑤调用 Solver 对象；⑥调用 Visualizer 对象的 visualize 方法绘图。将这些类和函数打包在 oscillator 模块中，在该模块的测试块中调用 main 函数。

习题 E.51 中第一个任务可通过运行如下命令完成：

```
oscillator.py --method ForwardEuler --u_exact "cos(t)" --dt "pi/20" --T "5*pi"
```

习题 E.51 的另一个任务可按类似的方法进行。

还可以试着在命令行中指定多个函数：

```
oscillator.py --method RungeKutta4 --friction "0.1*dudt"
            --external "sin(0.5*t)" --dt "pi/80" --T "40*pi" --m 10
oscillator.py --method RungeKutta4 --friction "0.8*dudt"
            --external "sin(0.5*t)" --dt "pi/80" --T "120*pi" --m 50
```

文件名：exe-53-oscillator.py。

习题 E.54: 基于类进行灵活的模型选取。

关于式 (E.90) 中 $f(\dot{u})$、$s(u)$ 及 $F(t)$ 的选取，有以下几种典型方式：

- 线性型摩擦力（对应低速情况）：$f(\dot{u}) = 6\pi\mu R\dot{u}$（斯托克斯拖曳），其中 R 是将物体近似为一个球时的半径，μ 是周围流体的粘度。

- 平方型摩擦力（对应高速情况）：$f(\dot{u}) = \frac{1}{2}C_d\varrho|\dot{u}|\dot{u}$。其中符号的意义见习题 1.11。

- 线性型弹簧力：$s(u) = ku$，其中 k 为常数。

- 正弦型弹簧力：$s(u) = k\sin u$，其中 k 为常数。

- 三次型弹簧力：$s(u) = k\left(u - \frac{1}{6}u^3\right)$，其中 k 为常数。

- 正弦型外力：$F(t) = F_0 + A\sin \omega t$，其中 F_0 为外力的均值，A 为峰值，ω 为频率。

- 撞击力：$F(t) = H(t-t_1)(1-H(t-t_2))F_0$，其中 $H(t)$ 是 Heaviside 函数（当 $x<0$ 时 $H=0$，当 $x\geqslant 0$ 时 $H=1$），t_1 与 t_2 是两个给定的时刻，F_0 是力的大小。于是，当 $t<t_1$ 或者 $t>t_2$ 时 $F(t)$ 的值为 0，当 $t\in[t_1, t_2]$ 时 $F(t) = F_0$。

- 第一种随机外力：$F(t) = F_0 + AU(t; B)$，其中 F_0 与 A 为常数，$U(t; B)$ 为在 t 时刻其值在 $[-B, B]$ 区间内均匀分布的函数。

- 第二种随机外力：$F(t) = F_0 + AN(t; \mu, \sigma)$，其中 F_0 与 A 为常数，$N(t; \mu, \sigma)$ 表明在 t 时刻力的值服从以 μ 为均值、以 σ 为方差的高斯分布。

编写一个名为 functions 的模块，将上述每种情况分别实现为一个类，并重载 `__call__` 这个特殊方法。同时，还要创建 Zero 类，其所有属性均保持为 0。自然地，可以将函数的所有参数通过构造函数进行设置。可以为这些类创建一个公共的基类，其中包含属性 k。

文件名：exe-54-functions.py。

习题 E.55: 使用程序计算振荡系统。

本习题的目标是演示如何使用习题 E.54 中构建的类求解式 (E.90) 描述的微分方程。对于 functions.py 文件中给出的各种关于 $f(\dot{u})$、$s(u)$ 和 $F(t)$ 的模型，无法从命令行初始化 self.friction、self.spring 等参数，这是因为程序认为命令行中输入的公式对应一个简单的字符串。现在，希望输入的形式类似于 -spring 'LinearSpring(1.0)'。这可以稍加修改以达到目的：在 Parser.add_argument 调用的 type 指示项中，将所有获得的 StringFunction 对象的特殊转化函数替换为 evalcmlarg。若 oscillator.py 中包含类似于 from functions import * 这样的语句，那么通过调用 eval 可以将形如 'LinearSpring(1.0)' 的字符串转换为实际的对象。

本习题打算采用一种更简单的方法，即不通过命令行初始化参数，而是直接通过代码进行设置。下面是一个例子：

```
problem.m = 1.0
k = 1.2
problem.spring = CubicSpring(k)
problem.friction = Zero()
problem.T = 8 * pi / sqrt(k)
...
```

这是使用 function 模块中对象的最简单的方法。

注意，Solver 类和 Visualizer 类中的 set 方法无法作用于 functions 模块中新添加的类，可以像设置 -dt、-method 及 plot 那样通过灵活的命令行参数设置其余属性。可以尝试对 problem 对象调用 set 方法设置 m、initial_u 等参数，或者为了保险起见，不调用 set 方法，而是显式地在代码中对数据属性进行初始化。

新建 oscillator_test.py，并在其中引入（通过 import 语句）Problem 类、Solver 类、Visualizer 类以及 functions 模块中的所有类。给出函数 main1 以求解如下的问题：$m=1$、$u(0)=1$、$\dot{u}(0)=0$ 以及不存在摩擦（使用 Zero 类），没有外力（同样也使用 Zero 类），线性弹簧 $s(u)=u$、$\Delta t=\pi/20$、$T=8\pi$，以及 $u(t)=\cos t$。计算方法采用前向欧拉方法。

再创建 main2 函数，用以求解 $m=5$、$u(0)=1$、$\dot{u}(0)=0$、线性摩擦力 $f(\dot{u})=0.1\dot{u}$、$s(u)=u$、$F(t)=\sin\frac{1}{2}t$、$\Delta t=\pi/80$、$T=60\pi$，解析式形式未知。使用 4 阶 Runge-Kutta 方法进行求解。

构建一个测试块，利用第一个命令行参数确定是测试 main1 还是测试 main2。

文件名：exe-55-oscillator_test.py。

习题 E.56: 构建渔业经济模型。

鱼的总量可用如下微分方程刻画：

$$\frac{\mathrm{d}x}{\mathrm{d}t}=\frac{1}{10}\Big(1-\frac{x}{10}\Big)-h,x(0)=500 \tag{E.91}$$

其中 $x(t)$ 为鱼在 t 时刻的数目，h 为鱼的捕捞量。

a. 设 $h=0$，求 $x(t)$ 的一个精确解析解。当 t 取何值时 $\frac{\mathrm{d}x}{\mathrm{d}t}$ 取最大值？当 t 取何值时 $\frac{1}{x}\frac{\mathrm{d}x}{\mathrm{d}t}$ 取最大值？

b. 利用前向欧拉方法求解式(E.91)，在同一张图中绘制解析解与数值解。

c. 假设捕捞量 h 与渔民的勤劳程度 E 有如下关系：$h=qxE$，其中 q 是常数。令 $q=0.1$，并假设 E 是常数。对 E 取不同的值，通过在图中绘制若干相应的曲线展示其对 $x(t)$ 的影响。

d. 渔民的最终收益为 $\pi=ph-\frac{c}{2}E^2$，其中 p 为某个常数。在渔业经济学中，人们非常关注捕捞量不规则时导致的经济变化规律。如果有钱赚（$\pi>0$），那么从事渔业的人就会增多。为简便起见，可以用下式刻画 E 与 π 之间的关系：

$$\frac{\mathrm{d}E}{\mathrm{d}t}=\gamma\pi \tag{E.92}$$

其中 γ 是某个常量。在 $\gamma=1/2$ 和 $\gamma\to\infty$ 两种情况下，采用 4 阶 Runge-Kutta 方法分别求解关于 $x(t)$ 和 $E(t)$ 的微分方程组。

文件名：exe-56-fishery.py。

附录 F　调试

调试和查错通常比编码更消耗时间。本附录主要关注调试，包括方法、工具和良好习惯。F.1 节介绍 Python 调试器，它是一个用于检查代码内部工作的关键工具。F.2 节介绍如何编写和调试程序。

F.1　使用调试器

调试器是一个程序，它帮助程序员了解在计算机程序中发生了什么。调试器可以在任何指定的代码行处暂停执行程序、打印变量、继续执行、再次暂停、逐行执行，这些操作可以反复进行，直到追踪到异常行为并发现错误。

本节使用调试器来演示代码 Simpson.py 的程序流（它可以用著名的辛普森规则进行单变量函数积分），在 3.4.2 节中有这个代码的编写说明。强烈建议读者在自己的计算机上一步一步跟着走，以初步了解调试器可以做什么。

步骤 1:

转到 Simpson.py 程序所在的文件夹。①

步骤 2:

如果使用 Spyder 集成开发环境，请在 Run 下拉菜单中选择 Debug 命令。如果在纯终端窗口中运行程序，请启动 IPython:

```
Terminal>ipython
```

运行程序 Simpson.py,用-d 启动调试功能:

```
In [1]: run -d Simpson.py
```

现在进入调试器并看到以下提示:

```
ipdb>
```

在此提示后可以执行各种调试器命令。下面将说明其中最重要的命令。

步骤 3:

输入 continue(或 c)命令转到文件的第一行。现在可以看到程序中的打印输出:

---

① 　http://tinyurl.com/pwyasaa/funcif。

```
1--->    1 def Simpson(f, a, b, n=500):
         2    """
         3    Return the approximation of the integral of f
```

程序的每一行都被编号,箭头指向下面要执行代码行,称为当前行。

步骤 4:

可以在希望程序停止的地方设置一个断点,以便检查变量和跟踪执行过程。首先在 application 函数中设置断点:

```
ipdb>break application
Breakpoint 2 at /home/…/src/funcif/Simpson.py:30
```

也可以输入 break X 设置断点,这里的 X 是文件中的行号。

所谓"断点"是让程序执行暂时停住的地方,一般为一个特定语句。

步骤 5:

通过输入 continue(或 c)命令继续执行程序,直到断点处停止。现在程序在 application 函数的第 31 行暂停:

```
ipdb>c
>/home/…/src/funcif/Simpson.py(31)application()
2        30 def application():
--->     31    from math import sin, pi
         32    print 'Integral of 1.5 * sin^3 from 0 to pi:'
```

步骤 6:

输入 step(或 s)命令,一次只执行一个语句:

```
ipdb>s
>/home/…/src/funcif/Simpson.py(32)application()
         31 from math import sin, pi
--->     32 print 'Integral of 1.5 * sin^3 from 0 to pi:'
         33 for n in 2, 6, 12, 100, 500:


ipdb>s
Integral of 1.5 * sin^3 from 0 to pi:
>/home/…/src/funcif/Simpson.py(33)application()
         32 print 'Integral of 1.5 * sin^3 from 0 to pi:'
--->     33 for n in 2, 6, 12, 100, 500:
         34    approx =Simpson(h, 0, pi, n)
```

再次输入 s,程序执行到对 Simpson 的调用,然后再次输入 s,就进入 Simpson 函数:

```
ipdb>s
--Call--
>/home/…/src/funcif/Simpson.py(1)Simpson()
1--->    1 def Simpson(f, a, b, n=500):
         2 """
         3 Return the approximation of the integral of f
```

再输入几次 s，执行完 if 语句。

步骤 7：

使用 print（或 p）命令检查变量的内容：

```
ipdb>print f, a, b, n
<function h at 0x898ef44>0 3.14159265359 2
```

还可以检查对象的类型：

```
ipdb>whatis f
Function h
ipdb>whatis a
<type 'int'>
ipdb>whatis b
<type 'float'>
ipdb>whatis n
<type 'int'>
```

步骤 8：

在 application 函数中设置新的断点，以便直接跳转到那里，无须手动遍历 Simpson 函数中的所有语句。要查看 X 行周围的行号和相应的语句，可以输入 list X。例如：

```
ipdb>list 32
    27 def h(x):
    28     return (3./2) * sin(x)**3
    29
    30 from math import sin, pi
    31
2   32 def application():
    33     print 'Integral of 1.5 * sin^3 from 0 to pi:'
    34     for n in 2,6,12,100,500:
    35         approx =Simpson(h, 0, pi, n)
    36         print 'n=%3d, approx=%18.15f, error=%9.2E' %\
    37             (n, approx, 2-approx)
```

在第 35 行设置断点：

```
ipdb>break 35
Breakpoint 3 at /home/…/src/funcif/Simpson.py:35
```

输入 c 继续执行到下一个断点，即第 35 行。

步骤 9：

命令 next（或 n）类似于 step（或 s），差别是前者只执行当前行，对于函数只执行函数调用，不进入函数内部，然后停在下一行：

```
ipdb>n
>/home/…/src/funcif/Simpson.py(36)application()
3    35         approx =Simpson(h, 0, pi, n)
```

```
--->36          print 'n=%3d, approx=%18.15f, error=%9.2E' %\
    37              (n, approx, 2-approx)
ipdb>print approx, n
1.9891717005835792 6
```

步骤 10:

命令 disable $X Y Z$ 删除 X 行、Y 行和 Z 行的断点。要删除 3 个断点并继续执行直到程序自然停止,可以输入以下命令:

```
ipdb>disable 1 2 3
ipdb>c
n=100, approx=1.999999902476350, error=9.75E-08
n=500, approx=1.999999999844138, error=1.56E-10

In [2]:
```

可以看到,调试器是一个非常方便的工具,能够监视程序流和检查变量,从而帮助程序员分析错误发生的原因。

F.2 如何调试

有经验的程序员会说:写代码仅占用开发程序的一小部分时间,调试查错才是主要工作。

> 调试是写代码难度的两倍。因此,如果你将所有智慧都用来写巧妙的代码,从这个角度看,你就没有足够的智慧调试它。

Brian W. Kernighan,计算机科学家,1942 年。

编程新手在第一次运行程序时经常心里没底,看到一个貌似神秘的错误信息就卡壳了。如何掌握调试技巧? 本附录给出了这方面的一些重要的建议。其中一些建议不仅对于编写和调试 Python 程序有用,对其他环境下的程序调试也很有用。

F.2.1 程序编写和调试的方法

步骤 1: 了解问题。

确保真正了解程序应该解决的任务。一般来说,不明白问题和求解方法,永远无法写出正确的程序。可能有人认为这种说法并不完全正确,有时候,对问题理解有限的学生能够借鉴类似的程序,猜测着做一些修改,也能做一个实际上可以工作的程序。但这种方法是基于运气,而不是基于理解。著名的挪威计算机科学家 Kristen Nygaard(1926—2002)说过,编程的过程就是理解的过程。在开始对待求解的问题进行编程之前,可能需要仔细阅读问题描述,反复练习并研究相关的背景材料。

步骤 2: 编写示例。

首先制作一个或多个关于程序的输入和输出的示例。这样的示例对于深化理解程序的目的以及验证实现都是很重要的。

步骤 3: 确定用户界面。

确定将数据导入程序的途径。程序可能会从命令行、文件或交互中获取数据。

步骤 4: 编写算法。

确定程序要完成的关键任务并草拟出算法。这个步骤因人而异。一些程序员喜欢在纸上画;另一些程序员喜欢直接在 Python 中开始，用类 Python 语句，采用写注释的方法对程序进行描述，这种描述很容易被开发成真正的 Python 代码。

步骤 5: 查找信息。

所有程序员在编写程序时都要查手册、看书和上网。程序员可能已经了解编程语言的基本结构和问题求解的基本方法，但技术细节需要查找资料。

研究的程序示例越多，例如本书中的示例，就越容易找到现有示例中的想法，转化并应用于解决新问题。

步骤 6: 编写程序。

写数值计算的代码时要特别小心的是数学表达式，要将所有运算语句、数学算法与原始数学表达式进行比较。

如果程序较长，要边写边测试，不要等到程序写完才测试。

步骤 7: 运行程序。

如果程序中止，Python 系统给出报错消息，而且很幸运这些消息相当精确、有用。应先找到发生错误的语句行，然后对照语句仔细阅读错误消息。下面列出最常见的错误或异常。

（1）SyntaxError：非法 Python 代码。

```
    File "somefile.py", line 5
      X = . 5
        ^
  SyntaxError: invalid syntax
```

通常这种错误会被精确地指示出来，如上所示，但有时要看看上一行来查找错误。

（2）NameError：名（变量、函数、模块）未定义

```
    File "somefile.py", line 20, in <module>
      table(10)
    File "somefile.py", line 16, in table
      value, next, error =L(x, n)
    File "somefile.py", line 8, in L
      exact_error =log(1+x) -value_of_sum
  NameError: global name 'value_of_sum' is not defined
```

查看以 File 开头的信息行来确认 Python 系统给出的程序中出现错误的位置。发生 NameError 的常见原因如下：

- 名字拼写错误。
- 变量未初始化。
- 函数未定义。
- 模块未导入。

（3）TypeError：操作对象的类型错误。

```
    File "somefile.py", line 17, in table
      value, next, error =L(x, n)
    File "somefile.py", line 7, in L
      first_neglected_term = (1.0/(n+1)) * (x/(1.0+x))**(n+1)
  TypeError: unsupported operand type(s) for +: 'float' and 'str'
```

只要使用 print x、type(x)、n 和 type(n)打印出对象及其类型,就可能会看到问题。引发 TypeError 的原因通常不在 TypeError 指示信息中给出的程序行。

(4) ValueError:对象取值非法。

```
  File "somefile.py", line 8, in L
    y = sqrt(x)
ValueError: math domain error
```

通过打印可能涉及错误的对象的值,往往就能发现错误。

(5) IndexError:列表、元组、字符串或数组中的索引太大。

```
  File "somefile.py", line 21
    n = sys.argv[i+1]
IndexError: list index out of range
```

打印列表的长度以及索引(如果索引是变量),这里使用 print len(sys. argv),i。

步骤 8: 验证结果。

假设现在有一个程序,它运行时 Python 系统不产生错误消息,这种情况需要在判断程序的结果之前准确地设置一个解已知的测试用例。这个任务通常是相当困难的。在复杂的数学问题中,构建良好的测试用例和流程来验证程序,是一项需要深入学习和反复训练的技巧。

如果程序的最终结果是错误的,那么就要检查中间结果。千万小心你用来测试程序的手算结果,这个手算的结果也可能是错误的。

步骤 9: 使用调试器。

使用 print 语句来检查中间结果是非常基础和重要的调试手段。但是,对于需要在程序中插入大量 print 语句的情况,使用调试器可能会更加方便。可以参见 F.1 节。

可能有些人认为上面列出的 9 个步骤已经非常全面,其实这些步骤只是在开发程序时必须使用的。千万不要忘记计算机编程是一项艰巨的任务。

> 编程比写书要求严格得多。为什么会这样? 我认为主要的原因是编写大型程序比做其他脑力工作更需要集中注意力。
>
> Donald Knuth,计算机科学家,1938 年。

F.2.2 应用实例

下面通过一个编程实例来说明程序调试过程,这个实例是实现中点矩形积分法数值积分。对于积分 $\int_a^b f(x)\mathrm{d}x$,它的中点矩形积分法近似公式为

$$I = h \sum_{i=1}^{n} f\left(a + \left(i - \frac{1}{2}\right)h\right), h = \frac{b-a}{n} \tag{F.1}$$

下面按照 F.2.1 节的步骤来开发代码。

步骤 1: 了解问题。

首先必须理解如何编写式(F.1)的代码,因为程序中不使用推导,所以不需要了解公式是如何导出的。这个公式是近似积分,要将程序的数值积分计算的近似结果与积分数学公式计算的精确值进行比较,显示出两者的差异。结果的差异分析也是一个复杂的工作,有可能是算法近似导致的误差,也可能是编程导致的误差,很难判断。下面就会遇到这个麻烦。

步骤 2: 编写示例。

作为一个测试用例，选择在 0 和 π 之间对反正弦函数积分

$$f(x) = \arcsin x \tag{F.2}$$

查积分公式表可知这个函数的积分结果为

$$\left[x\arcsin x + \sqrt{1-x^2} \right]_0^\pi \tag{F.3}$$

采用式(F.1)作为式(F.2)积分的近似值，因此程序打印的采用式(F.1)计算的结果很可能与式(F.3)计算的结果不同。因此，在没有近似误差的情况下构造计算将是非常有帮助的。常用的数值积分法通常可以准确地求低阶多项式的积分。根据中点矩形积分法的原理，一个常数函数采用这种方法是可以精确积分的。所以选择的测试用例是从 0 到 10 对常数函数 $g(x)=1$ 积分，答案是 10。

计算的输入是要积分的函数和式(F.1)中的积分参数，式(F.1)的参数包括边界 a、b 和网格数 n。计算的输出是积分的近似值。

步骤 3: 确定用户界面。

在开始阶段程序中的两个函数 f(x) 和 g(x) 是最简单的。在程序中指定相应的积分边界 a 和 b，从命令行读取两个积分共用的 n。注意，这不是一个灵活的用户界面，但它作为程序的开始已经足够了。更好的用户界面是从命令行读取 f、a、b 和 n，稍后在更完整的方案中将解决这个问题。

步骤 4: 编写算法。

大多数数学问题的程序结构都一样，有通用部分和应用部分。通用部分是适用于任意函数 f(x) 的式(F.1)，即实现任意指定的 Python 函数 f(x)，并求得它的积分。这要求在 Python 函数中计算式(F.1)，其中 (f,a,b,n) 是输入参数列表。函数标题可以是 integrate(f, a, b, n)，它返回式(F.1)的值。

程序的测试部分包括定义测试函数 f(x) 和 g(x) 以及近似计算相应积分的代码。

程序的第一个粗略框架如下：

```
def integrate(f, a, b, n):
    #compute integral, store in I
    return I

def f(x):
...

def g(x):
...

#test/application part:
n = sys.argv[1]
I = integrate(g, 0, 10, n)
print "Integral of g equals %g" % I
I = integrate(f, 0, pi, n)
#calculate and print out the exact integral of f
```

下一步是实现 integrate 函数。这个函数需要计算式(F.1)中的求和。一般用 for 的循环控制变量来引导求和计算，在每次循环中计算累加和中的一项，再把这一项的计算结果加到累加和变量中。算法写成 Python 代码就是

```
s = 0
for i in range(1, n+1):
```

```
        s = s + f(a + (i - 0.5) * h)
    I = s * h
```

步骤 5: 查找信息。

如何编写程序对测试函数 $f(x) = \arcsin x$ 求值? Python 中许多常见的数学函数是由 math 模块提供的, 因此要看看该模块是否提供反正弦函数。查找 Python 模块内容的最好的地方是 Python 标准库文档(The Python standard library, 见文献[3])[①], 它有搜索功能。输入 math 会打开 math 模块的链接, 从中可以找到需要的函数 math. asin。也可以使用命令行工具 pydoc, 输入 pydoc math 来查找该模块中的所有数学函数。

解决这个简单的问题只使用基本的编程结构, 也几乎不需要看类似的例子就可以开始问题求解的过程。这里只需要知道通过 for 循环和一个累加变量来求累加和即可。在 2.1.4 节和 3.1.8 节中可以找到例子。

步骤 6: 编写程序。

现在第一次写代码。在文件 integrate_v1.py 中有完整代码。

```python
def integrate(f, a, b, n):
    s = 0
    for i in range(1, n):
        s += f(a + i * h)
    return s

def f(x):
return asin(x)

def g(x):
return 1

#Test/application part
n = sys.argv[1]
I = integrate(g, 0, 10, n)
print "Integral of g equals %g" % I
I = integrate(f, 0, pi, n)
I_exact = pi * asin(pi) - sqrt(1 - pi**2) - 1
print "Integral of f equals %g (exact value is %g)' % \
    (I, I_exact)
```

步骤 7: 运行程序。

在 IPython 中首次执行这段代码:

```
In [1]: run integrate_v1.py
```

程序出现错误并中止:

```
  File "integrate_v1.py", line 8
    return asin(x)
       ^
IndentationError: expected an indented block
```

---

① http://docs.python.org/2/library/。

转到第 8 行，查看该行和周围行的代码：

```
def f(x):
return asin(x)
```

Python 系统约定 return 行是缩进的，因为函数体中的所有语句都必须缩进。g(x)函数也有类似的错误。更正这些错误：

```
def f(x):
    return asin(x)

def g(x):
    return 1
```

再次运行程序时 Python 回应

```
  File "integrate_v1.py", line 24
    (I, I_exact)
                ^
SyntaxError: EOL while scanning single-quoted string
```

第 24 行看不出有什么错误，但是第 24 行是从第 23 行开始的语句的一部分：

```
print "Integral of f equals %g (exact value is %g)' %
    (I, I_exact)
```

SyntaxError 意味着代码违背了 Python 语法规范。检查第 23 行发现，要打印的字符串以双引号开始，但以单引号结束。引号必须保持一致，在字符串中要配对使用相同的引号。修改语句：

```
print "Integral of f equals %g (exact value is %g)" %\
    (I, I_exact)
```

再次运行程序，产生以下输出：

```
Traceback (most recent call last):
  File "integrate_v1.py", line 18, in <module>
    n =sys.argv[1]
NameError: name 'sys' is not defined
```

显然需要先导入 sys 模块才能使用它。在添加 import sys 后再次运行程序：

```
Traceback (most recent call last):
  File "integrate_v1.py", line 19, in <module>
    n =sys.argv[1]
IndexError: list index out of range
```

这是一个非常常见的错误：列表 sys.argv 索引超出了范围，因为运行程序时没有提供足够的命令行参数。在测试中使用 n=10，并在命令行中输入该数字：

```
In [5]: run integrate_v1.py 10
```

运行程序时还是有问题：

```
Traceback (most recent call last):
  File "integrate_v1.py", line 20, in <module>
    I = integrate(g, 0, 10, n)
  File "integrate_v1.py", line 7, in integrate
    for i in range(1, n):
TypeError: range() integer end argument expected, got str.
```

第二个含有 File 的提示行才是有用的，而前一个描述是错误发生点之前的嵌套函数调用。第 7 行的错误指示消息是非常精确的：range 的结束参数 n 应该是一个整数，但现在它是一个字符串。需要先将输入的命令行字符串 sys. argv[1]转换为 int 型，然后将其发送到 integrate 函数：

```
n = int(sys.argv[1])
```

在新一轮编辑-运行周期后，还是有错误：

```
Traceback (most recent call last):
  File "integrate_v1.py", line 20, in <module>
    I = integrate(g, 0, 10, n)
  File "integrate_v1.py", line 8, in integrate
    s += f(a + i * h)
NameError: global name 'h' is not defined
```

错误是使用了变量 h 却没有赋值。从式(F.1)中看到 $h=(b-a)/n$，因此需要在 integrate 函数的顶部插入这个赋值语句：

```
def integrate(f, a, b, n):
    h = (b-a)/n
    ...
```

再一次运行程序，产生新的错误：

```
Integral of g equals 9
Traceback (most recent call last):
  File "integrate_v1.py", line 23, in <module>
    I = integrate(f, 0, pi, n)
NameError: name 'pi' is not defined
```

仔细看看所有输出，看到程序在调用以 g 为输入的积分函数后算出了积分。然而，在以 f 作为参数的 integrate 调用中出现了一个 NameError，提示 pi 是未定义的。编写程序时，往往很自然地认为 pi 是 π，但在调用 integrate 之前，需要从 math 导入 pi，使之有定义：

```
from math import pi
I = integrate(f, 0, pi, n)
```

再次运行程序的输出是

```
Integral of g equals 9
Traceback (most recent call last):
  File "integrate_v1.py", line 24, in <module>
    I = integrate(f, 0, pi, n)
  File "integrate_v1.py", line 9, in integrate
    s += f(a + i * h)
  File "integrate_v1.py", line 13, in f
    return asin(x)
NameError: global name 'asin' is not defined
```

发生了类似的错误：asin 未定义，需要从 math 导入该函数：

```
from math import pi, asin
```

也可以导入 math 模块的所有内容：

```
from math import *
```

以避免稍后任何与 math 模块中未定义的名称有关的错误反复出现。调用 sqrt 函数时也有这个错误，所以最好使用 import * 的语句。

还有更多错误：

```
Integral of g equals 9
Traceback (most recent call last):
  File "integrate_v1.py", line 24, in <module>
    I = integrate(f, 0, pi, n)
  File "integrate_v1.py", line 9, in integrate
    s += f(a + i * h)
  File "integrate_v1.py", line 13, in f
    return asin(x)
ValueError: math domain error
```

Python 认为是 f 函数中的 x 值错了。打印 x 的值：

```
def f(x):
    print x
    return asin(x)
```

输出为

```
Integral of g equals 9
0.314159265359
0.628318530718
0.942477796077
1.25663706144
Traceback (most recent call last):
```

```
File "integrate_v1.py", line 25, in <module>
I = integrate(f, 0, pi, n)
  File "integrate_v1.py", line 9, in integrate
    s += f(a + i * h)
  File "integrate_v1.py", line 14, in f
    return asin(x)
ValueError: math domain error
```

从输出中可以看到,一直到 x=0.942477796077,asin(x)的计算都是成功的,但是到 x=1.25663706144 时出错了。math domain error 可能指向 arcsin x 的一个错误的 x 值,回想函数的定义域的概念,是该函数合法的自变量 x 取值区间。

　　要处理好这个问题就考虑所涉及的数学:由于 $\sin x$ 值域为$[-1,1]$,因此反正弦函数自变量不能在区间$[-1,1]$之外取值。如果尝试在$[0,\pi]$区间对 arcsin x 积分,则只在$[-1,1]$上的积分计算有意义(除非允许复值三角函数)。因此,这个测试从数学的角度来看是错误的,需要调整限制区间,例如 0 到 1,而不是 0 到 π。将语句修改为

```
I = integrate(f, 0, 1, n)
```

再次运行程序,得到以下输出:

```
Integral of g equals 9
0
0
0
0
0
0
0
0
0
Traceback (most recent call last):
  File "integrate_v1.py", line 26, in <module>
    I_exact = pi * asin(pi) - sqrt(1 - pi**2) - 1
ValueError: math domain error
```

虽然在本例中可以直接处理 ValueError,但还是应该从上到下检查输出。如果在 Python 报错之前有奇怪的输出,有可能是 print 语句存在错误。本例不是这样,但是从输出的顶部开始检查是一个好习惯。在 f 函数中的所有 print x 语句输出的 x 都是 0,这肯定是错误的,积分规则的思路是在积分区间$[0,1]$中选择 n 个不同的点。

　　在 integrate 函数中调用了 f(x)函数。参数 f、a+i＊h 似乎总是 0,为什么? 这里打印出参数和形成参数的变量的值:

```
def integrate(f, a, b, n):
    h = (b-a)/n
    s = 0
    for i in range(1, n):
        print a, i, h, a+i * h
        s += f(a + i * h)
    return s
```

运行程序显示 h 为 0，因此 a＋i＊h 为 0。

为什么 h 为 0？下面用一个新的 print 语句来计算 h：

```
def integrate(f, a, b, n):
    h = (b-a)/n
    print b, a, n, h
    ...
```

输出显示 a、b 和 n 是正确的。这里遇到了在 Python 2 和 C 等编程语言中一个非常常见的错误：整数除法（参见 1.3.1 节）。根据整数除法，(1−0)/10＝1/10＝0。原因是：在调用 integrate 时 a 和 b 被指定为 0 和 1，而 0 和 1 意味着 a 和 b 是 int 型对象。这样，b−a 也变成一个 int 型对象，且 n 是一个 int 型对象，导致整数除法。因此必须确保 b−a 是 float 型对象，在计算 h 时才能执行正确的数学除法：

```
def integrate(f, a, b, n):
    h = float(b-a)/n
    ...
```

现在认为反正弦函数中关于 x 值错误的问题已经解决了。删除程序中所有 print 语句，然后再次运行程序。现在的输出为

```
Integral of g equals 9
Traceback (most recent call last):
  File "integrate_v1.py", line 25, in <module>
    I_exact =pi * asin(pi) -sqrt(1 -pi**2) -1
ValueError: math domain error
```

也就是说又回到了前面见到的 ValueError，原因是：asin(pi)没有意义，且 sqrt 的参数是负数。简单地说，错误就是在计算精确结果时忘记调整积分上限，这是另一个常见的错误。正确的代码是

```
I_exact =1 * asin(1) -sqrt(1 -1**2) -1
```

可以通过引入积分边界变量来避免错误，同时把 $\int f(x)\,dx$ 定义成函数可以使代码更清晰：

```
a =0; b =1
def int_f_exact(x):
    return x * asin(x) -sqrt(1 -x**2)
I_exact =int_f_exact(b) -int_f_exact(a)
```

虽然这样增加了一点工作量，但在调试阶段使用这种方法做准备，通常能在调试阶段节省时间。

程序最终工作了，输出了两个 print 语句的结果：

```
Integral of g equals 9
Integral of f equals 5.0073 (exact value is 0.570796)
```

步骤 8：验证结果。

现在是检查数值结果是否正确的时候了。对常数 1 从 0 到 10 积分，答案应该是 10，而不是 9。这个特别

选定的积分函数是不包括近似误差的(但可能存在小的舍入误差)。因此,一定是存在编程错误。

为了继续下去,需要手动计算一些中间结果,并将它们与程序中的相应语句进行比较。选择一个非常简单的测试问题:n=2 和 h=(10-0)/2=5。式(F.1)变为

$$I = 5 \times (1+1) = 10$$

用 n=2 运行程序,得到

```
Integral of g equals 1
```

在 integrate 函数中插入一些 print 语句:

```
def integrate(f, a, b, n):
    h = float(b-a)/n
    s = 0
    for i in range(1, n):
        print 'i=%d, a+i*h=%g' % (i, a+i*h)
        s += f(a + i * h)
    return s
```

输出如下:

```
i=1, a+i*h=5
Integral of g equals 1
i=1, a+i*h=0.5
Integral of f equals 0.523599 (exact value is 0.570796)
```

integrate 中的循环只执行了一遍,根据公式,循环应该执行 n 遍,在这个测试用例中应该为两遍。由此可以判断循环控制变量 i 的边界控制一定出错了。循环控制由调用 range(1,n)产生,这个调用产生从 1 到 n 的整数,但不包括 n。算法需要将 n 作为 i 值,因此对 range 的正确调用是 range(1,n+1)。

更正语句后重新运行程序。现在的输出是

```
i=1, a+i*h=5
i=2, a+i*h=10
Integral of g equals 2
i=1, a+i*h=0.5
i=2, a+i*h=1
Integral of f equals 2.0944 (exact value is 0.570796)
```

对 1 的积分结果还是不正确。这就需要观察更多的中间结果。

通过手算可知 $g(x)=1$,这样所有的 $f\left(a+\left(i-\frac{1}{2}\right)h\right)$ 求值不断被 1 取代,现在计算公式中使用的所有 x 坐标:

$$i = 1 : a + \left(i - \frac{1}{2}\right)h = 2.5$$

$$i = 2 : a + \left(i - \frac{1}{2}\right)h = 7.5$$

查看程序的输出,发现 g 的参数有一个不同的值——很幸运,找到了编码公式的错误,它应该是 a+(i-0.5)*h。

更正此错误并运行程序：

```
i=1, a+(i-0.5)*h=2.5
i=2, a+(i-0.5)*h=7.5
Integral of g equals 2
...
```

积分还是不对。真想放弃编程,但是调试中收获的技能越多,找错就越有趣! 调试就像读一本激动人心的犯罪小说：循着各种不同的思路和轨迹侦破案件,在把罪犯绳之以法之前永不放弃。

现在要更仔细地阅读代码,并将程序中的表达式与数学公式中的表达式反复进行比较。当然,在编写程序时应该已经做到了这一点,但是在编写代码时往往很容易感到兴奋,想快点看到结果。以上调试过程表明,仔细阅读代码可以节省大量的调试时间。实际上,对编码内容非常小心仔细,并一点一点地将所有编码公式与原始数学公式进行比较核实,可能是花费更少时间学习编程的最佳方式!

显然程序中已经将所有的 f 求值结果正确地累加了,但是这个累加和必须乘以 h,在代码中忘记乘以 h 了。因此,integration 中的 return 语句必须修改为

```
return s*h
```

再次运行程序,最后,输出变成

```
Integral of g equals 10
Integral of f equals 0.568484 (exact value is 0.570796)
```

现在已经能够按照问题和公式要求写一个对常量函数积分的程序了,第二个积分看起来也很有希望。

为了评判反正弦函数积分的效果,运行几个递增的 n 值,发现近似值变得越来越精确。对于 $n=2, 10,$ $100, 1000$,结果得到 0.550371、0.568484、0.570714、0.570794,与精确值 0.570796 进行比较,逐渐减小的误差说明了程序是正确的,但这不是一个强有力的证据,还应该尝试更多函数,特别是线性函数利用中点积分规则精确积分。还有一个数学上更高级的问题,就是测量误差减小的速度,并检查误差减小速度与中点积分规则的属性是否一致。

用 asin 函数计算的反正弦函数积分的精确值 0.570796 并不是数学上的精确值,这个计算涉及 arcsin x 的计算方法,目前只是通过 math 模块中的 asin 函数来近似计算,当然,math 模块中提供的函数近似误差非常小,大约为 10^{-16}。

从上面的调试过程中学到的一个非常重要的内容是应该从一个简单的测试问题开始验证调试,其中所有公式都可以手动计算。如果一开始就使用 $n=100$ 并对反正弦函数进行积分,调试工作会变得更难,也很难跟踪所有的错误。

步骤 9: 使用调试器。

从上面的调试中学到的另一个内容是用 print 语句来查看中间结果,这也是编程中最基本的能力。使用调试器并在相关行停止代码是否会比使用 print 语句更有效,是一个开放的问题。在这里采用的边编辑边运行的工作方式中,经常需要检查许多数值结果,调整某些代码,并再次运行以查看中间结果。对于这种需要大量输出中间结果的场合,与调试器的纯手动操作相比,普通 print 语句通常更适用,除非有人编写一个程序与调试器自动交互。

在 integrate_v2.py 中可以找到实现中点矩形积分法的正确代码。有些读者可能会担心调试这个代码需要付出很多辛苦,但这就是编程的本质。开发程序并使其最终能工作,这种经验才是最好的工作奖励。

计算机程序员：对细节执着，追求控制机器的能力，并且能够日复一日地承受他人的不屑。

Gregory JE Rawlins，计算机科学家[24]

（1）优化用户界面。

前面简要地提到过，程序现在采用的用户只能指定 n 的界面不是特别友好。应该允许在命令行中指定 f、a、b 和 n。由于 f 是一个函数，而命令行只能向程序提供字符串，因此需要使用 scitools. std 中的 StringFunction 对象将表示要积分的函数的字符串表达式转换为一个普通的 Python 函数（见 4.3.3 节）。如果理解了 4.2 节，其他参数应该很容易从命令行中找到。按 4.7 节的做法，将输入语句和一个特定的异常类型 IndexError 一起放在 try-except 块中，sys. argv 索引超出范围是唯一期望在这里处理的错误类型：

```
try:
    f_formula =sys.argv[1]
    a =eval(sys.argv[2])
    b =eval(sys.argv[3])
    n =int(sys.argv[4])
except IndexError:
    print 'Usage: %s f-formula a b n' %sys.argv[0]
    sys.exit(1)
```

注意，使用 eval 允许用户将 a 和 b 指定为 pi 或 exp(5) 或某个数学表达式。

通过上面的输入处理，下面就可以执行程序的正常任务：

```
from scitools.std import StringFunction
f =StringFunction(f_formula)
I =integrate(f, a, b, n)
print I
```

（2）编写测试函数。

为了不使用一大堆测试语句作为主程序，遵循 4.9 节中的良好习惯制作一个包含以下功能的模块：

- integrate 函数。
- test_integrate 函数，用于测试 integrate 函数对线性函数进行精确积分的能力。
- main 函数，用于从命令行读取数据并调用 integrate 来解决用户的问题。

任何模块都应该有一个测试块以及用于模块本身和所有函数说明的文本字符串。

test_integrate 函数可以对某些指定的 n 值执行循环，并检查中点矩形积分法是否精确地对线性函数积分。通常还必须明确允许误差，例如"精确计算"是指误差不大于 10^{-14}。相关代码变为

```
def test_integrate():
    """Check that linear functions are integrated exactly."""

    def g(x):
        return p * x +q                    #general linear function

    def int_g_exact(x):
        return 0.5 * p * x**2 +q * x       #integral of g(x)

    a =-1.2; b =2.8                        # "arbitrary" integration limits
    p =-2;   q =10
```

```
    success =True              #True if all tests below are passed
    for n in 1, 10, 100:
        I =integrate(g, a, b, n)
        I_exact =int_g_exact(b) - int_g_exact(a)
        error =abs(I_exact - I)
        if error >1E-14:
            success =False
    assert success
```

遵循以下编程标准会使这个测试函数自动适用于 nose 测试框架：

- 函数的名称以 test_ 开头。
- 函数没有参数。
- 通过 assert 来检查是否通过测试。

如果 success 为 false，则 assert success 语句引发一个 AssertionError 异常，否则不会发生任何操作。nose 测试框架搜索名称以 test_开头的测试函数，执行每个测试函数，并记录是否引发了 AssertionError。对于小程序不需要使用 nose，但是在具有多个文件和多个函数的大型项目中，nose 可以用一条简短的命令运行所有测试，并返回对所有项目的测试结果。

main 函数只是上面给出的主程序的一个包装。调用的是测试块还是 test_integrate 函数或者 main，取决于用户是要测试这个模块还是要使用它：

```
if __name__ =='__main__':
    if sys.argv[1] =='verify':
        verify()
    else:
        #Compute the integral specified on the command line
        main()
```

这里是一个使用 integrate.py 计算 $\int_{0}^{2\pi} (\cos x + \sin x)\mathrm{d}x$ 的小例子：

```
Terminal>integrate.py 'cos(x)+sin(x)' 0 2*pi 10
-3.48786849801e-16
```

F.2.3 从代码分析器获取帮助

工具 PyLint[1] 和 Flake8[2] 可以分析代码并指出错误和不推荐的代码风格。在上面列出的步骤 7"运行程序"之前，运行 PyLint 和/或 Flake8 来了解代码的问题是聪明的做法。一般对 Flake8 的抱怨比 PyLint 少，对于数学软件来说，Flake8 可能是一个更有用的工具，至少在下面的例子中是这样，但是这两个软件在程序开发过程中对于提高代码质量和降低调试难度都是非常有用的。

考虑 integrate 代码的第一个版本——integrate_v1.py。运行 Flake8，分析 integrate_v1.py：

---

[1] http://www.pylint.org/。
[2] https://flake8.readthedocs.org/en/2.0/。

```
Terminal>flake8 integrate_v1.py
integrate_v1.py:7:1: E302 expected 2 blank lines, found 1
integrate_v1.py:8:1: E112 expected an indented block
integrate_v1.py:8:7: E901 IndentationError: expected an indented block
integrate_v1.py:10:1: E302 expected 2 blank lines, found 1
integrate_v1.py:11:1: E112 expected an indented block
```

Flake8 检查程序是否符合官方的 Python 代码样式指南（称为 PEP8），该指南中的规则之一是在函数和类之前有两个空行，本书中没有遵循这个习惯，这是为了减少代码片段的篇幅。重要并且有用的错误提醒是第 8 行和第 11 行的两个 expected an indented block。前面通过运行程序也很快找到了此错误。

PyLint 关于 integrate_v1.py 的报告要少一些：

```
Terminal>pylint integrate_v1.py
E: 8, 0: expected an indented block (syntax-error)
```

用 Flake8 分析 integrate_v2.py 只给出 3 个问题：在函数和 from math import * 前面缺少两个空行。用 PyLint 分析 integrate_v2.py 则给出更多问题：

```
Terminal>pylint integrate_v2.py
C: 20, 0: Exactly one space required after comma
I =integrate(f, 0, 1, n)
                   ^ (bad-whitespace)
W: 19, 0: Redefining built-in 'pow' (redefined-builtin)
C: 1, 0: Missing module docstring (missing-docstring)
W: 1,14: Redefining name 'f' from outer scope (line 8)
W: 1,23: Redefining name 'n' from outer scope (line 16)
C: 1, 0: Invalid argument name "f" (invalid-name)
C: 1, 0: Invalid argument name "a" (invalid-name)
```

还有更多的输出，先总结一下 PyLint 认为有问题的代码：

- 多余的空格（在调用 integrate 的逗号后）。
- 文件开头缺少说明（文档字符串）。
- 在函数中缺少说明（文档字符串）。
- 同一个名字 f 既用作 f(x) 函数的全局函数名又用于 integrate 中的局部变量名。
- 变量命名过短，如 a、b、n 等。
- "星号导入"的形式：from math import * 。

在短程序中，数学符号和变量名之间的一一对应对于代码的自明性是非常重要的，此时本书认为只有前 3 个问题需要注意。然而，对于较大的非数学程序，上列 6 点都是严重的问题，并导致读取、调试、维护和使用代码更加困难。

附录 G　提高 Python 运行效率的技术

Python 在进行科学计算时是一种非常方便的语言，因为它的代码与数学算法的形式非常接近。但是 Python 代码的执行速度大大低于其他编程语言，如 FORTRAN、C/C++，这些语言将程序编译为机器语言，能高效地利用计算资源。多数情况下 Python 已经足够快了，包括本书中的几乎全部例子。但在速度非常重要时，是不是无须用 FORTRAN、C/C++ 重写整个程序就可以提高效率？答案肯定的，接下来用一些实例来示范。

幸运的是设计 Python 的初衷就是为了与 C 语言整合。这个特性衍生并发展了很多从 Python 调用编译语言的技术和工具，能够相对容易地让 Python 重用那些高速的、充分测试过的 FORTRAN、C/C++ 的库，或者将慢速的 Python 代码移植到编译语言中。实际上代码中只有很小一部分让人感觉到慢，一般是那些进行大量数值计算的 for 循环，这些部分能从 FORTRAN、C/C++ 的实现中获益。

本附录使用的主要方法是 Cython。Cython 可以看成是 Python 的延伸，其中变量可以用类型或其他信息来声明，这样，Cython 能够自动从 Python 代码产生出专用的、快速的 C 语言代码。这里将展示如何使用 Cython 和它能够带来的哪些计算方面的效益。

本附录研究的实例中包含统计模拟的计算问题，这类问题的程序执行时间很长，尤其是需要准确解的时候。

G.1　用 Python 编写蒙特卡罗模拟的代码

在本节中，首先开发一种简短、直观的 Python 算法；然后使用 Numerical Python 包的功能将此代码向量化；接下来为了进行对比，将算法移植为 Cython 代码和简单的 C 代码；最后，按计算效率对各种技术进行排名。

G.1.1　计算问题

掷一个骰子 m 次，获得 6 点至少 n 次的概率是多少？例如 $m=5$ 和 $n=3$，这和"5 个骰子中有 3 个以上是 6 点"的概率相同。

概率可以通过蒙特卡罗模拟来估计，它的背景知识参见 8.3 节：通过对过程进行 n 次大数量模拟，实验成功 m 次，即 m 个骰子中至少有 n 个点数为 6。

蒙特卡罗模拟长久以来被视为非常耗时的计算方法，通常需要在非常高端、快速的计算机上用编译型语言来实现。有个疑问是，像 Python 这样的高级语言和配套工具对蒙特卡罗模拟有多大用处？现在就探讨这个问题。

G.1.2　Python 实现的标量版本

先引入更加具有描述性的变量：用 ndice 表示 m，用 nsix 表示 n。蒙特卡罗方法只是一个重复 N 次的简单循环，循环体代码就是要解决的问题。在循环中产生 ndice 个 $[1,6]$ 中的随机整数 r，其中点数等于 6 的为

six 个。如果 six ＞＝nsix，则实验成功，将计数器 M 增加 1。

实现此方法的 Python 函数如下：

```
import random
def dice6_py(N, ndice, nsix):
    M = 0                                #number of successful events
    for i in range(N):                   #repeat N experiments
        six = 0                          #how many dice with six eyes?
        for j in range(ndice):
            r = random.randint(1, 6)     #roll die no. j
            if r == 6:
                six += 1
        if six >= nsix:                  #successful event?
            M += 1
    p = float(M)/N
    return p
```

float(M)很重要，因为 M 和 N 都是整数，在 Python 2.x 和许多其他语言中 M/N 为整数除法。

这个实现是纯 Python 代码。可以采用如下操作对这个函数计时：

```
import time
t0 = time.clock()
p = dice6_py(N, ndice, nsix)
t1 = time.clock()
print 'CPU time for loops in Python:', t1-t0
```

G.3.4 节的表 G.1 这个简单的纯 Python 代码与其他方法的计算效率比较。

上述函数可以通过研究 $m = n$ 的情况来进行简化的验证，此时概率变为 6^{-n}。随着 n 的增加，概率迅速变小。对于这样的小概率，成功事件的数目 M 很小，且 M/N 将不是概率的很好的近似，除非 M 相当大，这需要非常大的 N。例如，对于 $n = 4$ 和 $N = 10^5$，25 个蒙特卡罗实验的平均概率是 0.00078，而精确答案是 0.00077。使用 $N = 10^6$，从蒙特卡罗模拟中得到两位正确的有效数字，但这两位额外的有效数字消耗了 10 倍的计算资源，因为 CPU 时间与 N 线性相关。

G.1.3　Python 实现的向量化版本

上面程序的向量化版本包含使用高效的向量或数组操作替换 Python 中的循环，这时采用了 Numerical Python(NumPy)包中的功能。每个数组操作都按照 C 或 FORTRAN 方式运行，因此比 Python 中的循环版本更高效。

首先，生成要在一次数组操作中要使用的所有随机数，它运行很快，因为所有的随机数都是由高效的 C 代码计算的，这里使用 numpy.random 模块来实现。其次，通过适当的向量/数组运算对大量随机数集合进行分析，这样就不需要使用 Python 的循环了。因此，求解算法必须通过一系列对 NumPy 库函数的调用来表示。向量化需要了解 NumPy 库的功能，知道如何将相关结构按照算法的要求成块加载，而不是对单个数组元素进行操作。

N 次实验中产生 ndice 个点数的随机数的代码如下：

```
import numpy as np
eyes = np.random.random_integers(1, 6, size=(N, ndice))
```

eyes 数组中的每一行对应于一次蒙特卡罗实验。

下一步是计算每次实验的成功次数，此计数不应使用任何循环。替换的方法是通过测试 eyes==6 得到一个二维布尔数组，如果第 i 次蒙特卡罗实验中第 j 次掷骰子的点数 6，那么元素 i,j 是 True。当布尔值 True 被解释为 1 而 False 为 0 时，这个布尔数组中行的和 sum 就是本次实验中点数为 6 的次数。再找出 sum 大于或等于 nsix 的行，因为这些行的数量就是成功事件的数量。向量化算法可以表示为

```
def dice6_vec1(N, ndice, nsix):
    eyes =np.random.random_integers(1, 6, size=(N, ndice))
    compare =eyes ==6
    throws_with_6 =np.sum(compare, axis=1)        #sum over columns
    nsuccesses =throws_with_6 >=nsix
    M =np.sum(nsuccesses)
    p =float(M)/N
    return p
```

使用 np. sum 而不是 Python 自带的 sum 函数对于提高这个函数的运行速度非常重要：使用 M＝sum (nsucccesses)会将代码的运行速度减慢为 1/10。将 dice6_vec1 函数称为向量化 Python 版本 1。

dice6_py 函数中的代码与原始问题描述在字面上几乎相同，而向量化版本的缺点是代码变得比原始问题描述复杂得多。必须理解各种 NumPy 功能的调用，才能理解 dice6_py 和 dice6_vec 对应的数学计算是相同的。

下面是另一个可能的向量化算法，它保留了蒙特卡罗循环，只向量化每个单独的实验，因此它更容易理解：

```
def dice6_vec2(N, ndice, nsix):
    eyes =np.random.random_integers(1, 6, (N, ndice))
    six =[6 for i in range(ndice)]
    M =0
    for i in range(N):
        #Check experiment no. i:
        compare =eyes[i,:] ==six
        if np.sum(compare) >=nsix:
            M +=1
    p =float(M)/N
    return p
```

这个实现称为向量化 Python 版本 2。在 G.3.4 节的评测中可以看到，这种实现比纯 Python 实现还要慢，且比向量化 Python 版本 1 慢得多。结论是：可读性好的部分向量化的代码可能比标量代码运行得慢。

G.2 将标量 Python 代码移植到 Cython

G.2.1 最直接的 Cython 实现

Cython 程序的基础是标量版的 Python 程序，但是所有变量类型都要用 Cython 的变量声明语法来指定。例如，在标准 Python 中变量声明为 M＝0，在 Cython 中为 cdef int M＝0。在标量 Python 程序中添加这样的变量声明是很简单的：

```
import random

def dice6_cy1(int N, int ndice, int nsix):
```

```
    cdef int M = 0                    # number of successful events
    cdef int six, r
    cdef double p
    for i in range(N):                # repeat N experiments
        six = 0                       # how many dice with six eyes?
        for j in range(ndice):
            r = random.randint(1, 6)  # roll die number. j
            if r == 6:
                six += 1
        if six >= nsix:               # successful event?
            M += 1
    p = float(M)/N
    return p
```

这一段代码必须放在扩展名为.pyx 的单独文件中。运行 Cython 将此文件的 Cython 代码转换为 C 代码。此后这段 C 代码必须经过编译和连接以形成共享库,在 Python 中可以作为模块导入。所有这些任务通常由 setup. py 脚本自动完成。把上面的 dice6_cy1 函数存储在文件 dice6. pyx 中。正确的 setup. py 脚本为

```
from distutils.core import setup
from distutils.extension import Extension
from Cython.Distutils import build_ext

setup(
    name='Monte Carlo simulation',
    ext_modules=[Extension('_dice6_cy', ['dice6.pyx'],)],
    cmdclass={'build_ext': build_ext},
)
```

运行脚本:

```
Terminal>python setup.py build_ext --inplace
```

将产生 C 代码并生成一个(共享库)文件__dice6__cy. so(称为 C 扩展模块),通过名字_dice6_cy 把它作为模块加载到 Python 中:

```
from _dice6_cy import dice6_cy1
import time
t0 = time.clock()
p = dice6_cy1(N, ndice, nsix)
t1 = time.clock()
print t1 - t0
```

这个实现称为 Cython random. randint。虽然 dice6_cy1 函数中的大部分语句都变成了简单、快速的 C 代码,但与原始的标量 Python 代码相比,速度并没有太大的提高。

要查出在这个 Cython 实现中什么占用了较多的时间,可以进行概要分析。用于对 Python 函数进行概要分析的模板是

```
import cProfile, pstats
cProfile.runctx(statement, globals(), locals(), 'tmp_profile.dat')
```

```
s =pstats.Stats('tmp_profile.dat')
s.strip_dirs().sort_stats('time').print_stats(30)
```

其中 Python 函数调用的语法格式保存在一些 statement 字符串中。

概要分析的数据保存在文件 tmp_profile.dat 中，这里仅关注 dice6_cy1 函数，所以设置

```
statement ='dice6_cy1(N, ndice, nsix)'
```

此外，一个包含要分析的函数的 Cython 文件必须以下面一行语句开始：

```
#cython: profile=True
```

以便在创建扩展模块时启动概要分析功能。当前例子的概要分析输出为

```
    5400004 function calls in 7.525 CPU seconds

Ordered by: internal time

ncalls  tottime  percall  cumtime  percall  filename:lineno(function)
1800000  4.511    0.000    4.863    0.000    random.py:160(randrange)
1800000  1.525    0.000    6.388    0.000    random.py:224(randint)
      1  1.137    1.137    7.525    7.525    dice6.pyx:6(dice6_cy1)
1800000  0.352    0.000    0.352    0.000    {method 'random' …
      1  0.000    0.000    7.525    7.525    {dice6_cy.dice6_cy1}
```

可以看出，random.randint 的调用几乎消耗了所有的时间。其原因是生成的 C 代码必须调用一个 Python 模块（random），这导致很大的开销。C 代码应该直接调用 C 函数，如果必须调用 Python 函数，被调用的函数应该是计算密集型的，这样才可以忽略 C 代码调用 Python 函数的开销。

概要分析除了发现低效的结构外，还可以生成一个可视化的表示，说明如何将 Python 代码转换为 C 代码。运行

```
Terminal>cython -a dice6.pyx
```

创建 dice6.html 文件，用 Web 浏览器打开该文件，看看 Cython 如何处理 Python 代码，如图 G.1 所示。

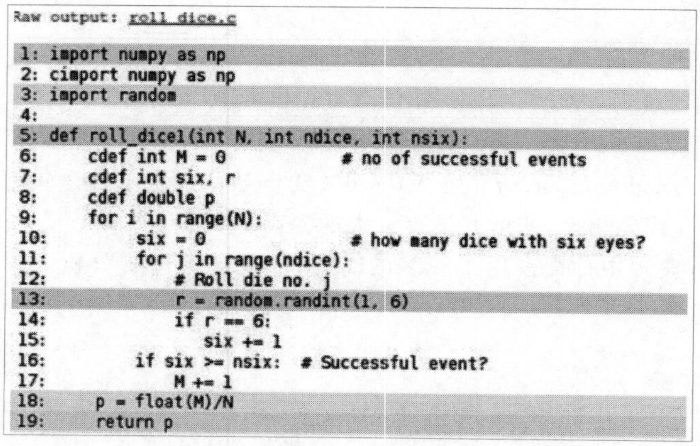

```
Raw output: roll_dice.c

1: import numpy as np
2: cimport numpy as np
3: import random
4:
5: def roll_dice1(int N, int ndice, int nsix):
6:     cdef int M = 0              # no of successful events
7:     cdef int six, r
8:     cdef double p
9:     for i in range(N):
10:        six = 0                 # how many dice with six eyes?
11:        for j in range(ndice):
12:            # Roll die no. j
13:            r = random.randint(1, 6)
14:            if r == 6:
15:                six += 1
16:        if six >= nsix:  # Successful event?
17:            M += 1
18:    p = float(M)/N
19:    return p
```

图 G.1　在 Web 浏览器中打开的 Python 代码

浅色底部分表示被翻译为 C 代码的 Python 代码,而深色底部分表示生成的 C 代码必须反过来调用 Python 函数(使用 Python 的 C API,这导致开销增加)。这里的 random. randint 调用语句是深色底的,所以这个调用没有被转换为高效的 C 代码。

G.2.2 改良的 Cython 实现

要加快前面的 Cython 代码,就不能在每次需要随机变量时都调用 random. randint 函数。要么调用 C 函数来生成随机变量;要么一次创建一批随机数,就像 G.1.3 节的向量化函数那样。这里先采用后一种策略,用 numpy. random 模块一次生成所有随机数:

```
import numpy as np
cimport numpy as np

@cython.boundscheck(False)    #turn off array bounds check
@cython.wraparound(False)     #turn off negative indices ([-1,-1])
def dice6_cy2(int N, int ndice, int nsix):
    #Use numpy to generate all random numbers
    ...
    cdef np.ndarray[np.int_t, ndim=2, mode='c'] eyes =
        np.random.random_integers(1, 6, (N, ndice))
```

下面解释一下这段代码。cimport 语句为 Cython 导入一个特殊版本的 NumPy,它必须放在标准的 NumPy 导入之后。随机数数组的声明可以采用如下形式:

```
cdef np.ndarray eyes =np.random.random_integers(1, 6, (N, ndice))
```

但是 eyes 数组的处理会很慢,因为 Cython 没有关于该数组的足够的信息。要优化生成的 C 代码,就必须提供数组元素类型、数组维数、数组在内存中是否连续存放等信息。在程序中不应检查数组索引是否越界,也不应存在减慢数组索引过程的负数索引,这两个属性分别由函数前面带修饰符的语句@cython. boundscheck(False)和@cython. wraparound(False)来处理,而其余信息在 cdef np. ndarray 声明的方括号内指定,np. int_t 表示整数数组元素(np. int 是通常的数据类型对象,但 np. int_t 是该对象的 Cython 预编译版本),ndim=2 表示数组有两个维度(索引),mode='c'表示数组是连续存放的。有了这些信息,Cython 就可以生成像原始的 C 数组一样与 NumPy 数组一起高效工作的 C 代码。

其余的代码都是 dice6_py 函数的副本,但是对 random. randint 的全部调用被替换为对随机数数组 eyes [i,j]的遍历过程,逐个核对所有骰子的全部点数情况。这两个循环现在就像纯 C 代码一样高效。

dice6_cy1 函数高效版本的完整代码如下:

```
import numpy as np
cimport numpy as np
import cython
@cython.boundscheck(False)    #turn off array bounds check
@cython.wraparound(False)     #turn off negative indices ([-1,-1])
def dice6_cy2(int N, int ndice, int nsix):
    #Use numpy to generate all random numbers
    cdef int M =0               #number of successful events
    cdef int six, r
    cdef double p
```

```
    cdef np.ndarray[np.int_t, ndim=2, mode='c'] eyes =
        np.random.random_integers(1, 6, (N, ndice))
    for i in range(N):
        six = 0                    #how many dice with six eyes?
        for j in range(ndice):
            r = eyes[i,j]          #roll die number. j
            if r == 6:
                six += 1
        if six >= nsix:            #successful event?
            M += 1
    p = float(M)/N
    return p
```

这个 Cython 实现被称为 Cython numpy.random。

dice6_cy2 函数的缺点是在大量模拟时（N 很大时）也需要大量的内存，通常内存比 CPU 更影响模拟精度。因此，希望在 C 语言中找到一个像 random.randint 一样的快速随机数发生器。C 语言库 stdlib 中有一个随机整数发生器 rand()，生成从 0 到整数 RAND_MAX 的数字。在 Cython 程序中访问 rand 函数和整数 RAND_MAX 都很容易：

```
from libc.stdlib cimport rand, RAND_MAX

r = 1 + int(6.0 * rand()/RAND_MAX)    #random integer 1,2,…,6
```

注意，rand() 返回一个整数，所以必须用 $6.0 * rand()$ 把分子转换为实数，以避免整数除法。然后还需要显式地使用 int 函数将分数的实数结果转换为整数，因为 r 被声明为 int 类型。

通过这种方式生成随机数，就可以创建一个与 dice6_cy 一样快的 dice6_cy1 修订版，但是避免了额外的内存需求和 dice6_cy 复杂的数组声明：

```
from libc.stdlib cimport rand, RAND_MAX
def dice6_cy3(int N, int ndice, int nsix):
    cdef int M = 0                 #number of successful events
    cdef int six, r
    cdef double p
    for i in range(N):
        six = 0                    #how many dice with six eyes?
        for j in range(ndice):
            #Roll die no. j
            r = 1 + int(6.0 * rand()/RAND_MAX)
            if r == 6:
                six += 1
        if six >= nsix:            #successful event?
            M += 1
    p = float(M)/N
    return p
```

最后这个 Cython 实现被称为 Cython stdlib.rand。

G.3 将 Python/Cython 代码移植到 C 代码中

G.3.1 编写 C 程序

下一个改进自然就是直接用可编译的编程语言编写蒙特卡罗模拟，以确保最快的运行速度。这里选择 C 语言，dice6 函数的 C 语言版本和相关的主程序如下：

```c
#include <stdio.h>
#include <stdlib.h>

double dice6(int N, int ndice, int nsix)
{
  int M = 0;
  int six, r, i, j;
  double p;

  for (i = 0; i < N; i++) {
    six = 0;
    for (j = 0; j < ndice; j++) {
      r = 1 + rand()/(RAND_MAX * 6.0);      /* roll die no. j */
      if (r == 6)
      six += 1;
    }
    if (six >= nsix)
      M += 1;
  }
  P = ((double) M)/N;
  return p;
}

int main(int nargs, const char* argv[])
{
  int N = atoi(argv[1]);
  int ndice = 6;
  int nsix = 3;
  double p = dice6(N, ndice, nsix);
  printf("C code: N=%d, p=%.6f\n", N, p);
  return 0;
}
```

此代码在文件 dice6_c.c 中。该文件的编译和运行通常为

```
Terminal> gcc -O3 -o dice6.capp dice6_c.c
Terminal> ./dice6.capp 1000000
```

后面将这个解决方案称为 C 程序。

G.3.2 通过 f2py 将循环移植到 C 代码中

除了用 C 编写整个应用程序外，还可以考虑将循环移植到 G.3.1 节的 C 函数 dice6 中，然后将其余的代

码（主要是调用主程序）保留为 Python 代码。如果还要用 Python 做许多对 CPU 运行时间的要求不那么高的其他事情，这是一个方便的方案。

从 Python 调用 C 函数的方法有很多。这里解释其中两种。第一种用 f2py 程序生成将 Python 代码和 C 代码黏合在一起的必要代码。f2py 程序是为了黏合 Python 和 FORTRAN 而开发的，但它也可以黏合 Python 代码和 C 代码。这里需要定义一个 C 函数来调用一个 FORTRAN 90 模块。虽然这样的模块可以人工编写，但是 f2py 可以生成它。为此制作一个 FORTRAN 文件 dice6_c_signature.f 和用 FORTRAN 77 语法编写的带注释的 C 函数：

```fortran
      real * 8 function dice6(n, ndice, nsix)
Cf2py intent(c) dice6
      integer n, ndice, nsix
Cf2py intent(c) n, ndice, nsix
      return
      end
```

这里的 intent(c) 说明是必需的，它告诉 f2py 要将 FORTRAN 变量视为普通 C 变量而不是指针，这是 FORTRAN 对变量的默认解释。C2fpy 是 f2py 可识别的特殊注释行，这些行用于向 f2py 提供额外的信息，这些信息在 FORTRAN 77 中没有意义。

运行 f2py 生成 .pyf 文件和要调用的 C 函数的 FORTRAN 90 模块的定义：

```
Terminal>f2py -m _dice6_c1 -h dice6_c.pyf dice6_c_signature.f
```

这里的 _dice6_c1 是带有要在 Python 中导入的 C 函数的模块的名称，dice6_c.pyf 是要生成的 FORTRAN 90 模块文件的名称。会用 FORTRAN 90 的程序员可以人工编写 dice6_c.pyf 文件。

下一步是使用 dice6_c.pyf 中的信息生成（C 扩展）模块_dice6_c1。f2py 可以生成必要的代码并编译和连接相关文件，通过一个简短的命令就能形成共享库文件_dice6_c1.so：

```
Terminal>f2py -c dice6_c.pyf dice6_c.c
```

接下来可以测试这个模块：

```
>>>import _dice6_c1
>>>print dir(_dice6_c1)          #module contents
['__doc__', '__file__', '__name__', '__package__',
'__version__', 'dice6']
>>>print _dice6_c1.dice6.__doc__
dice6 - Function signature:
  dice6 = dice6(n, ndice, nsix)
Required arguments:
  n : input int
  ndice : input int
  nsix : input int
Return objects:
  dice6 : float
>>>_dice6_c1.dice6(N=1000, ndice=4, nsix=2)
0.145
```

通过 f2py 生成的模块调用 C 函数 dice6 的实现称为 C via f2py。

G.3.3　通过 Cython 将循环移植到 C 代码中

Cython 工具不仅可以利用 Cython 代码生成 C 代码,也可以用于调用 C 代码。C 代码在文件 dice6_c.c 中,但是要让 Cython 处理这个代码,还需要创建头文件 dice6_c.h,在其中列出要从 Python 中调用的函数的定义。头文件如下:

```
extern double dice6(int N, int ndice, int nsix);
```

下一步是在 .pyx 文件中创建这个 C 函数以及一个调用这个 C 函数的 Python 函数:

```
cdef extern from "dice6_c.h":
    double dice6(int N, int ndice, int nsix)

def dice6_cwrap(int N, int ndice, int nsix):
    return dice6(N, ndice, nsix)
```

Cython 必须使用这个名为 dice6_cwrap.pyx 的文件来生成 C 代码,该代码编译后与 dice6_c.c 代码连接。所有这一切都在 setup.py 脚本中完成:

```
from distutils.core import setup
from distutils.extension import Extension
from Cython.Distutils import build_ext

sources = ['dice6_cwrap.pyx', 'dice6_c.c']

setup(
  name='Monte Carlo simulation',
  ext_modules=[Extension('_dice6_c2', sources)],
  cmdclass={'build_ext': build_ext},
)
```

运行这个 setup.py 脚本:

```
Terminal>python setup.py build_ext --inplace
```

结果产生共享库文件 _dice6_c2.so:

```
>>>import _dice6_c2
>>>print dir(_dice6_c2)
['__builtins__', '__doc__', '__file__', '__name__',
 '__package__', '__test__', 'dice6_cwrap']
```

它可以作为一个模块加载到 Python 中。可以看到该模块包含了函数 dice6_cwrap,它用来调用底层的 C 函数 dice6。

G.3.4　效率比较

上述各种实现对应的文件都可以在目录 src/cython 中找到。文件 make.sh 执行所有编译,compare.py

运行所有方法并打印出每个方法所需的 CPU 时间(以其中最快的方法为基准进行归一化)。取 $N=450\ 000$ 的运行用时比较如表 G.1 所示,这些结果是在 MacBook Air 的 VMWare Fusion 虚拟机上运行 Ubuntu 的环境下取得的。

表 G.1　$N=450\ 000$ 时各种实现的 CPU 时间

方　　法	CPU 时间
C 程序	1.0
Cython stdlib. rand	1.2
Cython numpy. random	1.2
C via f2py	1.2
C via Cython	1.2
向量化 Python 版本 1	1.9
Cython random. randint	33.6
普通 Python	37.7
向量化 Python 版本 2	105.0

　　普通 Python 版本的 CPU 时间为 10s,这对于获得当前问题如此精确的结果来说是相当快的。蒙特卡罗模拟可以首先用普通 Python 代码实现。如果需要更高的速度,可以只添加类型信息以创建 Cython 代码。学习网上有关 Cython 代码如何转换到 C 代码的文档,可以得到一些提示,以分析 Cython 代码质量以及找到优化点,例如,本例中是通过避免调用 random. randint 来优化的,对于本例中最耗时的循环,优化后的 Cython 代码的运行速度与调用人工编写的 C 函数大致相同。需要注意的是,纯 C 程序的运行速度比从 Python 代码调用 C 代码快,可能是因为计算量还不够大,调用 C 代码的开销不能忽略。

　　如果做对了,与普通 Python 代码中的循环相比,向量化 Python 代码确实大大加快了速度,但效率与 Cython 代码或人工编写的 C 代码还是不在一个级别上。更重要的是,相对普通 Python 代码、Cython 代码或 C 代码,向量化代码不易读。因此,Cython 的优点是将可读性好、易编程和运行速度快融于一体。

附录 H 技术主题

H.1 获取 Python

过去要在一台计算机上安装好用于科学计算的完整的 Python 生态系统具有一定的挑战性，对于初学者而言更是如此。这个问题现在或多或少已解决。目前有几种不同的方案可以很方便地访问 Python 资源以及用于科学计算的一些重要的软件包。因此，现在初学者需要考虑的问题就是选择一个合适的方案。下面概要地介绍各种方案以及作者个人推荐的方案。

H.1.1 需要的软件

本书需要用到如下软件包：

- Python[1] 2.7 版本。[23]
- Numerical Python[2]（即 NumPy，用于数值计算）。[19, 20]
- Matplotlib[3]（用于绘图）。[8, 9]

还需要用到的一些辅助软件包：

- IPython[4]（用于交互式编程）。[21, 22]
- SciTools[5]（用于 NumPy 的插件）。[14]
- pytest6[6] 或 nose[7]（用于测试程序）。
- pip[8]（用于安装 Python 包）。
- Cython[9]（用于将 Python 代码编译为 C 代码）。
- SymPy[10]（用于符号数学）。[2]
- SciPy[11]（用于高级科学计算）。[10]

可以用不同的方式访问包含上述软件包的 Python：

（1）使用一台位于某机构的已安装好这些软件的计算机系统。这样就可以利用本地的一台笔记本电脑

---

[1] http://python.org。

[2] http://www.numpy.org。

[3] http://matplotlib.org。

[4] http://ipython.org。

[5] https://github.com/hplgit/scitools。

[6] http://pytest.org/latest/。

[7] https://nose.readthedocs.org。

[8] http://www.pip-installer.org。

[9] http://cython.org。

[10] http://sympy.org。

[11] http://scipy.org。

通过远程登录网络的方式来使用该系统。

（2）在自己的笔记本电脑上安装这些软件。

（3）使用 Web 服务。

系统管理员可以依据软件包列表在计算机上安装缺少的软件。下面介绍另外两种方式。

将数学软件安装在自己的笔记本电脑上具有一定的技术挑战性。Linux Ubuntu（或任何基于 Debian 的 Linux 版本）现在有很大的软件仓库，其中包含了大量预先构建好的数学软件，使得安装非常简单，并不需要特别的技能。尽管 Mac 和 Windows 系统都具有很好的用户友好性，但是要让功能强大的数学软件在这些平台上工作起来则需要具备一定的能力。

使用 Web 服务非常简单，但其缺点是受限于允许在 Web 服务上安装的软件包。在作者编写本书时，网上能找到可以支撑本书大部分内容的相关的 Web 服务。但如果要解决更复杂的数学问题，则需要更强大的数学 Python 包、更多的存储空间和更多的计算机资源。这时，如果在自己的笔记本电脑上安装 Python，就会更加方便。

H.1.2 在 MacOS X 和 Windows 平台上安装软件

可以用以下方法在 MacOS X 或 Windows 平台上安装软件：

（1）使用 .dmg（MacOS）或 .exe（Windows）文件安装单个软件包。

（2）使用 Homebrew 或 MacPorts 安装软件包（仅限 MacOS）。

（3）使用用于科学计算的已预先构建好的环境：

- Anaconda[①]。
- Enthought Canopy[②]。

（4）使用运行 Ubuntu 的虚拟机：

- VMWare Fusion[③]。
- VirtualBox[④]。
- Vagrant[⑤]。

第（1）种方式也许是最简单的方法，但是长远来看，如果需要使用（3）种基本软件包之外的其他 Python 软件包，通常需要掌握一定的操作系统技能。本书作者不建议采用第（2）种方式。如果读者预计以后在工作中会广泛使用 Python，强烈建议在 Ubuntu 平台上使用 Python 并选择第 4 种方式，因为最简单也是最灵活的方式就是构建和维护自己的软件生态系统。第（3）种方式推荐给那些目前尚不确定将来会怎么使用 Python 且认为第（4）种方式太复杂的人。这时，本书作者建议使用 Anaconda 作为 Python，使用 Spyder[⑥]（Anaconda 附带的）作为图形化用户界面，它包含编辑器、输出区域并提供了多种灵活的方式来运行 Python 程序。

H.1.3 Anaconda 与 Spyder

Anaconda[⑦] 是由 Continuum Analytics 公司提供的 Python 免费发行版，包含 400 多个 Python 软件包以及 Python 本身，用于支持广泛的科学计算。Anaconda 可以从 http://continuum.io/downloads 下载，选择 Python 版本 2.7。

---

① https://store.continuum.io/cshop/anaconda/。

② https://www.enthought.com/products/canopy/。

③ http://www.vmware.com/products/fusion。

④ https://www.virtualbox.org/。

⑤ http://www.vagrantup.com/。

⑥ https://code.google.com/p/spyderlib/。

⑦ https://store.continuum.io/cshop/anaconda/。

集成开发环境 Spyder 包含在 Anaconda 中。这也是作者推荐的工具,用于在 MacOS 和 Windows 上编写和运行 Python 程序。除非有特别的偏好,建议选择纯文本编辑器来编写程序和终端窗口来运行它们,否则可考虑 Spyder。

MacOS 上的 Spyder

Spyder 通过在 Terminal 应用程序中输入 spyder 来启动。如果收到错误消息 unknown locale,则需要在 Terminal 应用程序中输入如下命令(最好将该行放到 UNIX 初始化文件 $ HOME/. bashrc 中):

```
export LANG=en_US.UTF-8; export LC_ALL=en_US.UTF-8
```

安装其他软件包

安装 Anaconda 之后,可以使用 conda 工具来安装在 binstar. org[①] 上注册的其他软件包。例如:

```
Terminal>sudo conda install --channel johannr scitools
```

在 Windows 上不需要 sudo。

Anaconda 中还包含使用起来很方便的 pip 工具,用于安装那些没有在 binstar. org 上注册的其他软件包。在 MacOS 上的 Terminal 应用程序或 Windows 上的 PowerShell 终端中,输入如下命令:

```
Terminal>sudo pip install --user packagename
```

在 Windows 上不需要 sudo。

在 Windows 上安装 SciTools

如果命令 conda install 或 pip install 在 Windows 上不能成功执行,最安全的方式是下载所需软件包的源代码并运行 setup. py。要安装 SciTools,请转到 https://github. com/hplgit/scitools/并单击 Download ZIP 下载。在 Windows 资源管理器中双击已下载的文件,然后执行 Extract all files(提取所有文件)以创建一个新的文件夹,把所有 SciTools 文件放在该文件夹中。找到该文件夹所在的位置,打开 PowerShell 窗口,然后进入该文件夹,例如:

```
Terminal>cd C:\Users\username\Downloads\scitools-2db3cbb5076a
```

安装可通过如下命令来完成:

```
Terminal>python setup.py install
```

H.1.4　VMWare Fusion 虚拟机

虚拟机允许在一个单独的窗口中运行另一个完整的计算机系统。对于 MacOS 用户,比起 VirtualBox,作者更推荐使用 VMWare Fusion 来运行 Linux(或 Windows)虚拟机(VMWare Fusion 的硬件集成比 VirtualBox 的硬件集成要好)。VMWare Fusion 是商业软件,但有一个免费的试用版可以试用。也可以使用更简单的 VMWare Player,它对于个人使用是免费的。

安装 Ubuntu

下面给出在 VMWare Fusion 上安装 Ubuntu 虚拟机的步骤。

---

① 　https://binstar.org。

（1）下载 Ubuntu[①]。选择一个与你的计算机兼容的版本，现在通常是 64 位版本。

（2）启动 VMWare Fusion（这里的指令适用于版本 7）。

（3）选择菜单 File→New 命令，然后选择 Install from disc or image。

（4）单击 Use another disc or disc image，然后选择对应的 Ubuntu 镜像.iso 文件。

（5）选择 Easy Install，填入密码，然后勾选与主机操作系统共享文件的选项。

（6）选择 Customize Settings，然后进行如下设置（这些设置后面还可以根据需要修改）：

- 处理器和内存：最小内存为 2GB，但不要超过计算机总内存的一半。虚拟机可以使用所有处理器。
- 硬盘：选择要在虚拟机内使用多大磁盘空间（最低 20GB）。

（7）选择要将虚拟机文件存储在硬盘上的什么位置。默认位置通常就很好。虚拟机文件所在文件夹需要经常备份，因此应确保知晓其位置。

（8）Ubuntu 不需要进一步对话就可以自行安装，但需要一些时间。

（9）可能需要将运行 Ubuntu 的计算机的显示分辨率设置得更高些。找到左侧的 System settings（系统设置）图标，转到 Display（显示），选择一些显示方案。可以尝试几个，直到满意时单击 Keep this configuration（保留此配置）。

（10）可以在 Ubuntu 上安装多个键盘。启动 System settings（系统设置），转到 Keyboard（键盘），单击 Text entry 超链接，添加键盘（Input sources to use），然后在 Switch to next source using 域中选择一种快捷方式，例如 Ctrl＋空格键或 Ctrl＋\键。这样，就可以使用快捷键来快速切换键盘。

（11）终端窗口对于程序员而言非常关键。单击左侧窗格顶部的 Ubuntu 图标，搜索 gnome-terminal，在左侧窗格中右击它的图标，在快捷菜单中选择 Lock to Launcher 命令，这样在登录之后就始终可以轻松访问终端。gnome-terminal 可以有多个标签（可用 Ctrl＋Shift＋T 键来创建一个新标签）。

在 Ubuntu 上安装软件

现在有了一台完整的 Ubuntu 计算机，但是上面并没有什么软件可以用来进行科学计算。通常通过 Ubuntu Software Center（Ubuntu 软件中心，一个图形化应用程序）或通过 UNIX 命令来安装，命令形如

```
Terminal>sudo apt-get install packagename
```

要查找正确的软件包名称，请运行 apt-cache search 命令搜索想要的软件包，后面写上可以代表该软件包的典型单词。通过 apt-get 方式安装软件的优势在于该软件包及其所依赖的所有软件包都是通过 apt-get install 命令自动安装的。这也表明 Ubuntu（或基于 Debian 的 Linux 系统）对于安装复杂的数学软件非常方便、友好。

Python 包也可以通过 pip 来安装：

```
Terminal>sudo pip install --user packagename
```

要为科学计算工作安装许多有用的软件包，请转到 http://goo.gl/RVHixr，单击 install_minimal_ubuntu.sh，单击 Raw，下载该文件并运行它：

```
Terminal>cd ~/Downloads
Terminal>bash install_minimal.sh
```

程序 install_minimal.sh 会运行 pip install 和 apt-get install 命令，这个过程要花费一段时间。如果安装过程

---

① http://www.ubuntu.com/desktop/get-ubuntu/download。

在中间停止了,请在停止所在的行前面添加注释符号♯,然后重新运行上面的命令。

文件共享

如果下载了 VMWare Tools,则在 Ubuntu 计算机上可以查看主机系统中的文件。在 VMWare Fusion 中选择 Virtual Machine 菜单,然后选择 Install VMWare Tools 命令,一个 tarfile 就会自动下载。单击该文件,就会打开 vmware-tools-distrib 文件夹,它通常位于 home 文件夹中。在打开的文件夹中运行 sudo perl vmware-install.pl。接下来,可以选择所有问题的默认答案。

在 MacOS 上,必须选择 Virtual Machine→Settings 命令,然后选择 Sharing,会打开一个对话框。在该对话框中,可以添加要在 Ubuntu 中可见的文件夹。通常只需选择 home 文件夹。然后打开文件共享按钮。转到 Ubuntu,并检查是否可以在 mnt/hgfs/中看到所有主机系统的文件。

如果稍后检测到/mnt/hgfs/文件夹已变为空,则必须先关闭共享文件夹,然后重新安装 VMWare Tools,再运行以下命令:

```
Terminal>sudo /usr/bin/vmware-config-tools.pl
```

偶尔需要通过 sudo perl vmwareinstall 完全重新安装。

在 MacOS 上备份一个 VMWare 虚拟机

整个 Ubuntu 计算机是主机上的一个文件夹,通常具有像 Documents/Virtual Machines/Ubuntu 64-bit 这样的名称。备份 Ubuntu 计算机的意思是备份这个文件夹。但是,如果使用 Time Machine 等工具并在备份期间继续在 Ubuntu 中工作,则 Ubuntu 计算机状态的副本很可能会损坏。因此强烈建议在运行 Time Machine 之前关闭虚拟机,或者仅将虚拟机对应的文件夹复制到某个备份磁盘上。

如果虚拟机出现问题,通常要重新创建一个新虚拟机并从以前的虚拟机中自动导入数据和软件。

H.1.5　Windows 双重启动

除了在虚拟机中运行 Ubuntu 以外,Windows 用户还可以在开机时决定进入哪个操作系统(即双重启动)。Wubi[1] 工具使得在 Windows 计算机上非常容易实现与 Ubuntu 的双重启动。但是,Wubi 在 Windows 8 上存在问题,具体请参阅相关指南[2]来应对这些问题。直接安装 Ubuntu 也很简单,可以下载一个 Ubuntu 镜像,在 Windows[3] 或 Mac[4] 上创建一个可启动的 U 盘,重新启动计算机,然后就可以开始安装 Ubuntu[5] 了。然而,现在的计算机的计算能力很强,使用虚拟机显得更加灵活,因为可以像切换窗口一样轻松地在 Windows 和 Ubuntu 之间切换。

H.1.6　Vagrant 虚拟机

Vagrant 虚拟机与标准虚拟机的不同之处在于 Vagrant 虚拟机运行在一台 MacOS 或 Windows 计算机的终端窗口中。可以在 MacOS/Windows 上编写程序,然后在装了 Ubuntu 的 Vagrant 虚拟机中运行这些程序,Vagrant 虚拟机可以直接操作 MacOS/Windows 上的文件和文件夹。与 VMWare Fusion 虚拟机相比,这项技术显得更简单一点,并允许用户在宿主操作系统上工作。首先需要安装 VirtualBox 和 Vagrant,在 Windows 上还要安装 Cygwin。然后,就可以下载一个安装了 Ubuntu 的 Vagrant 虚拟机,并安装好相关软件,也可以下

---

[1]　http://wubi-installer.org。

[2]　https://www.youtube.com/watch? v=gZqsXAoLBDI。

[3]　http://www.ubuntu.com/download/desktop/create-a-usb-stick-on-windows。

[4]　http://www.ubuntu.com/download/desktop/create-a-usb-stick-on-mac-osx。

[5]　http://www.ubuntu.com/download/desktop/install-ubuntu-desktop。

载一个现成的虚拟机。本书作者已经制作了一个特殊的虚拟机[①]，还有一个更大、更丰富的虚拟机[②]，用户名和密码是 fenics。

i3/5/7 之前的 Intel 处理器以及 32 位或 64 位虚拟机问题

如果你的计算机用的是 i3/5/7 之前的 Intel 处理器并且处理器未启用 VT-x，则无法使用上述预打包的 64 位虚拟机。这样就要下载一个普通的 32 位 Ubuntu 映像并安装需要的软件（请参阅 H.1.4 节）。可使用如下工具来检查你的计算机是否启用了 VT-x（硬件虚拟化）：https://www.grc.com/securable.htm。

H.2 如何编写和运行 Python 程序

可以用 3 种方式开发和测试 Python 程序：

（1）使用 IPython Notebook。

（2）使用集成开发环境，如 Spyder。集成开发环境一般提供了一个带有文本编辑器的窗口，并提供了各种功能以运行程序与观察输出。

（3）使用文本编辑器和终端窗口。

IPython Notebook 将在 H.4 节进行简单介绍。接下来先介绍后两种方式。

H.2.1 文本编辑器

由于程序由纯文本组成，因此需要在一个可以编辑文本的程序的帮助下编写程序。读者都有在计算机上编写文本的经验，但编写程序需要特殊的程序，称为编辑器。编辑器可以精确保存输入的字符。广泛使用的文字处理软件，如 Word，旨在编写看起来很美观的报告。这些程序会对文本进行各种格式化处理，但是它不是一个适合用来编写程序的工具，即使它们可以将文档保存为纯文本格式。空格在 Python 程序中通常很重要，文本编辑器可以完全控制程序文件中的空格和所有其他字符。

Spyder

Spyder 是用于开发和运行 Python 程序的图形化应用程序，适用于所有的主流平台。Anaconda 和其他一些用于 Python 科学计算的集成环境中都附带 Spyder。在 Ubuntu 上，通过 sudo apt-get install spyder 就可以很方便地安装 spyder。

Spyder 窗口的左侧包含一个纯文本编辑器。在这个窗口中输入 print 'Hello!'，然后从 Run 菜单中选择 Run 命令，在用于显示程序输出的右下角窗口中观察输出。

还可以使用涉及图形化的更高级的语句：

```
import matplotlib.pyplot as plt
import numpy as np
x = np.linspace(0, 4, 101)
y = np.exp(-x) * np.sin(np.pi * x)
plt.plot(x,y)
plt.title('First test of Spyder')
plt.savefig('tmp.png')
plt.show()
```

选择菜单 Run→Run 命令后就出现一个单独的窗口和函数 $e^{-x} \sin \pi x$ 的图形。图 H.1 为 Spyder 的界面。

上述程序生成的图形文件 tmp.png 默认位于程序开始部分运行时提示文本中列出的 Spyder 文件夹中。

[①] http://goo.gl/hrdhGt.

[②] http://goo.gl/uu5Kts.

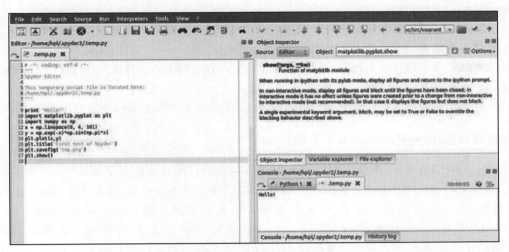

图 H.1 Spyder 的界面

也可以选择 Run→Configure 命令，根据需要修改此文件夹的位置。用户编写的程序将存入默认文件夹中的 .temp.py 文件中，也可以通过标准的 File→Save as 菜单命令指定其他名称和文件夹。

Spyder 的一个很方便的功能是右上方的窗口不断显示用户在编辑器中输入的语句的相关提示文档。

文本编辑器

用于编写程序的最流行的编辑器包括 Atom、Sublime Text、Emacs 和 Vim，它们都可以在所有主流平台上使用。适合初学者的编辑器如下：

- Linux 平台：Gedit。
- MacOS X 平台：TextWrangler。
- Windows 平台：Notepad++。

前面提到 Python 自带的名为 Idle 的编辑器，它可以用来在上述 3 个平台上编写程序，但是用 Idle 的命令行参数来运行程序对于初学者而言有点复杂，所以 Idle 不是本书作者首选推荐。

Gedit 是 Linux 平台上的标准程序，所有其他编辑器也必须相应地安装在系统中。这很简单：只需通过 Google 搜索名称，下载文件，并按照标准过程进行安装即可。所有上面提到的编辑器都有直观易用的图形用户界面，但 Atom、Sublime Text、Emacs 和 Vim 之所以能流行起来，主要归功于其丰富的键盘命令，从而可以避免使用鼠标，以更快的速度进行编辑。

H.2.2 终端窗口

要运行 Python 程序，需要一个终端窗口。在这个窗口中，可以在 Linux 和 MacOS X 系统中执行 UNIX 命令，并在 Windows 中执行 DOS 命令。在 Linux 计算机上，gnome-terminal 是本书作者最喜欢的，但其他选择同样适用，例如 xterm 和 konsole。在 MacOS 计算机上，执行 Utilities→Terminal 命令启动应用程序。在 Windows 计算机上，启动 PowerShell。

必须先使用 cd foldername 命令进入正确的文件夹。然后输入 python 命令就可以运行 Python 程序 prog.py。无论程序输出什么，都可以在终端窗口中看到。

使用文本编辑器和终端窗口

使用文本编辑器和终端窗口编写和运行程序的步骤如下：

（1）创建一个可以放置 Python 程序的文件夹，例如 home 文件夹下的名为 mytest 的文件夹。最方便的方式是在终端窗口中完成这个任务，因为最后需要使用终端窗口来运行程序。用于创建 mytest 文件夹的命令是 mkdir mytest。

（2）进入 mytest 文件夹，命令是 cd mytest。

（3）启动文本编辑器。

（4）在文本编辑器中编写一个程序，例如，只包含一行：print 'Hello!'。将该程序保存为 mytest 文件夹下名为 myprog1.py 的文件。

（5）进入终端窗口并输入命令 python myprog1.py，这时应该能看到在窗口中会打印出"Hello!"这个词。

H.3　Web 服务：SageMathCloud 与 Wakari

使用允许编写和运行 Python 程序的 Web 服务，就不必在自己的计算机上安装 Python。但是，科学计算项目通常需要某种可视化工具和相关的图形包，除非所选的 Web 服务提供 IPython Notebook，否则通过 Web 服务很难实现这一点。有两种支持 IPython Notebook 的优秀 Web 服务：SageMathCloud（https://cloud.sagemath.com/）和 Wakari（https://www.wakari.io/wakari）。要使用这两个网站提供的服务，必须先创建一个账户，然后才能在 Web 浏览器中撰写笔记并将它们下载到自己的计算机上。

H.3.1　SageMathCloud 简介

登录后，单击 New Project，为项目设置一个标题，并决定是私有还是公开项目，当项目出现在浏览器中时单击该项目，然后单击 Create or Import a File，Worksheet，Terminal or Directory。如果 Python 程序需要图形化，就需要选择 IPython Notebook，否则可以选择 File，在该按钮上方写入文件的名称。假设不需要任何图形化，可以创建一个普通的 Python 文件，如 py1.py。通过单击 File，就会进入一个带有文本编辑器的浏览器窗口，在文本编辑器中可以编写 Python 代码。编写一些代码后单击 Save 按钮。要运行该程序，单击加号图标（New），选择 Terminal。假设已经安装了一个普通的 UNIX 终端窗口，可以在其中输入命令 python py1.py 来运行该程序。通过终端窗口或编辑器窗口的标签可以轻松地在两者之间切换。要下载文件，单击 Files，单击与该文件相关的行，就会在右侧出现下载图标。IPython Notebook 的相关操作与此类似，请参见 H.4 节。

H.3.2　Wakari 简介

在 wakari.io 网站上登录后，将自动进入 IPython Notebook 的简要介绍页面，主要介绍如何使用 Notebook。单击 New Notebook 按钮创建一个新的笔记本。Wakari 也支持创建和编辑 Python 程序：单击左侧窗格中的 Add file 图标，填写程序名称，然后进入编辑器编写程序。单击 Execute 图标将在终端窗口中启动 IPython 会话，如果 prog.py 是程序的名称，则可以通过命令 run prog.py 来运行该程序。要下载该文件，请在左侧窗格中选择 test2.py 并单击 Download file 图标。

在 Wakari 界面中有一个下拉菜单，在其中选择所需的终端窗口类型：普通 UNIX shell、IPython shell 或带绘图包 Matplotlib 的 IPython shell。后者可以运行带图形化功能的 Python 程序或命令。只需选择终端类型，然后单击＋Tab 键创建所选类型的新终端窗口。

H.3.3　安装自己的 Python 包

SageMathCloud 和 Wakari 都允许安装自己的 Python 软件包。要安装 PyPi[①] 提供的软件包 packagename，命令如下：

```
pip install -user packagename
```

[①]　https://pypi.python.org/pypi。

要安装 SciTools 软件包（对于本书内容很有用），命令如下：

```
pip install --user -e \
    git+https://github.com/hplgit/scitools.git#egg=scitools
```

H.4 IPython Notebook 的使用

IPython Notebook 是一个用于科学研究的优秀交互工具，它也可以用作开发 Python 代码的平台。可以在本地计算机上运行它，也可以在 SageMathCloud 或 Wakari 等 Web 服务中运行它。在 Ubuntu 上安装 IPython Notebook 很简单，只需执行 sudo apt-get install ipython-notebook 命令。在 Windows 和 MacOS 上[①]安装 IPython Notebook 也很简单，可以使用 Anaconda 或 Enthought Canopy 进行安装。

IPython Notebook 的界面是一个网页浏览器，可以在浏览器窗口中编写代码并查看结果。有很多 YouTube 视频介绍如何使用 IPython Notebook，所以本书只提供了非常简单的入门介绍。

H.4.1 启动 IPython Notebook

通过命令 ipython notebook 在本地启动 IPython Notebook，或按照上述步骤转到 SageMathCloud 或 Wakari。默认输入区域是 Python 代码的单元格。在单元格中输入

```
g = 9.81
v0 = 5
t = 0.6
y = v0 * t - 0.5 * g * t**2
```

然后单击 Run Selected（在本机上运行的 IPython Notebook）或 Play 按钮（在云中运行的 IPython Notebook）执行该单元格中的代码。该操作将执行 Python 代码并初始化变量 g、v0、t 和 y。然后，可以在新单元格中输入 print y，执行该单元格中的代码，并在浏览器中查看此代码的输出。很容易就可以回到单元格，编辑代码并重新执行它。

要将 IPython Notebook 下载到本地计算机，选择 File→Download as 菜单命令并选择要下载的文件类型：笔记本（文件扩展名 .ipynb）或普通 Python 程序（文件扩展名 .py）。

H.4.2 混编文本、数学、代码和图形

当你想写一份报告来记录如何探索和解决问题时，IPython Notebook 的真正优势就体现了。打开一个新笔记本文档，单击第一个单元格，然后选择 Markdown 格式（IPython Notebook 在本地运行）或在下拉菜单中从 Code 切换为 Markdown（运行云中的 IPython Notebook）。该单元格现在是一个文本域，可以使用 Markdown[②] 语法编写文本。数学表达式可以通过 LaTex 代码实现。尝试在单独一行中输入使用了内联数学表达式和一个等式的文本：

```
Plot the curve $y=f(x)$, where

$$
```

---

① http://ipython.org/install.html。

② http://daringfireball.net/projects/markdown/syntax。

```
f(x) =e^{-x}\sin (2\pi x),\quad x\in [0, 4]
$$
```

执行该单元格中的代码,可以在浏览器中看到排得很好的数学公式。在新的单元格中,添加一些代码来绘制 f(x):

```
import numpy as np
import matplotlib.pyplot as plt
%matplotlib inline              #make plots inline in the notebook

x =np.linspace(0, 4, 101)
y =np.exp(-x) * np.sin(2 * pi * x)
plt.plot(x, y, 'b-')
plt.xlabel('x'); plt.ylabel('y')
```

执行这些语句,会在浏览器中产生一个图形,如图 H. 2 所示。一种很流行的启动 IPython Notebook 的方式是执行 ipython notebook-pylab 命令导入 NumPy 和 matplotlib. pyplot 中的所有内容,并使所有图形内联,但现在官方不鼓励使用-pylab 选项[1]。如果希望 IPython Notebook 看起来更像 MATLAB,并且不使用 np 和 plt 前缀,则可以将前面 3 行替换为 %pylab。

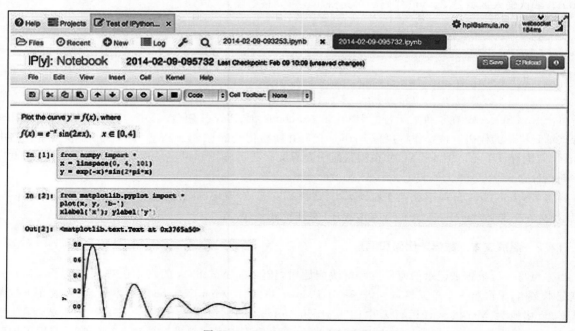

图 H. 2　IPython Notebook 示例

H.5　运行 Python 程序的不同方式

　　Python 程序代码由一个称为 python 的程序编译和解释。要运行一个 Python 程序代码,需要告诉操作系统该程序代码将被 python 程序解释。本节将介绍几种运行 Python 程序的方式。

---

　　[1]　http://carreau. github. io/posts/10-No-PyLab-Thanks. ipynb. html。

H.5.1 在 IPython 中运行 Python 程序

运行 Python 程序最简单、最灵活的方法是在 IPython 中运行该程序。关于 IPython 的入门介绍参见 1.5.3 节。可以通过终端窗口中的命令 ipython 或双击 IPython 程序图标(在 Windows 中)来启动 IPython。然后,在 IPython 中,可以通过如下方式来运行程序 prog.py:

```
In [1]: run prog.py arg1 arg2
```

其中 arg1 和 arg2 是命令行参数。

以这种方法运行 Python 程序在所有平台上的工作方式都是一样的。在 IPython 下运行程序的另一个好处是:如果引发异常,可以自动进入 Python 调试器(参见 F.1 节)。虽然本书提倡在 IPython 下运行 Python 程序,但也可以在特定操作系统中直接运行它们。接下来,介绍如何在 UNIX、Windows 和 MacOS X 操作系统中直接运行 Python 程序。

H.5.2 在 UNIX 中运行 Python 程序

在基于 UNIX 的系统中执行 Python 程序 prog.py 有两种方法。第一种方法是显式地告诉 UNIX 系统使用哪个 Python 解释器:

```
UNIX>python prog.py arg1 arg2
```

其中,arg1 和 arg2 是命令行参数。

用户的计算机系统上可能有很多个 Python 解释器,通常对应于不同版本的 Python 或附加包与模块中的解释器。上述命令中使用的 Python 解释器(python)是在 PATH 环境变量中列出的文件夹中第一个名为 python 的程序。要将一个特定的 Python 解释器用作默认选项,例如位于 /home/hpl/local/bin 中的 Python 解释器,通过将这个文件夹名称放在 PATH 变量中,就可以实现这一点。PATH 通常在 .bashrc 文件中进行设置。也可以在运行 prog.py 时指定解释器的完整文件路径:

```
UNIX>/home/hpl/bin/python prog.py arg1 arg2
```

在 UNIX 中执行 Python 程序的另一种方法是只写出文件的名称:

```
UNIX>./prog.py arg1 arg2
```

开头的 ./ 是不能省略的,它说明该程序位于当前文件夹中。也可以输入

```
UNIX>prog.py arg1 arg2
```

但是,此时需要把点号放到 PATH 变量中,出于安全原因不推荐这样做。

在后面的两个命令中,没有关于使用哪个 Python 解释器的信息。该信息必须在程序的第一行中提供,通常形如

```
#!/usr/bin/env python
```

这看起来像一个注释行,并且在以 python prog.py 方式运行该程序时,这一行的行为确实如同注释行。但

是，当以 ./prog.py 方式运行该程序时，以 #! 开头的第一行告诉操作系统使用第一行其余部分所指定的程序来解释程序。这个例子使用 PATH 变量中列出的文件夹中第一个 python 程序。也可以用以下形式指定特定的 python 程序：

```
#!/home/hpl/special/tricks/python
```

H.5.3　在 Windows 中运行 Python 程序

在 DOS 或 PowerShell 窗口中，始终可以通过终端运行 Python 程序：

```
PowerShell>python prog.py arg1 arg2
```

其中 prog.py 是程序的名称，arg1 和 arg2 是命令行参数。扩展名 .py 可以省略：

```
PowerShell>python prog arg1 arg2
```

如果系统中安装了多个 Python，则可以指定使用某个特定的 Python：

```
PowerShell>E:\hpl\myprogs\Python2.7.5\python prog arg1 arg2
```

具有特定扩展名的文件可以在 Windows 中与文件类型相关联，并且文件类型可以与某个特定程序相关联，以使用该程序来处理该文件。例如，很自然地会将扩展名 .py 与 Python 程序关联。解释 .py 文件所需的程序就是 python.exe。当只输入 Python 程序文件的名字时，例如：

```
PowerShell>prog arg1 arg2
```

该文件总是由指定的 python.exe 程序解释。关于将由 python.exe 解释的 .py 文件的详细信息可通过如下方式获取：

```
PowerShell>assoc .py =PyProg
PowerShell>ftype PyProg =python.exe"%1"% *
```

对于特定的 Python，这种文件扩展名关联可能已经建立了。可以通过如下方式来对此进行检查：

```
PowerShell>assoc | find "py"
```

要查看与文件类型关联的程序，输入命令 ftype name，其中 name 是 assoc 命令指定的文件类型的名称。输入命令 help ftype 和 help assoc 会打印出关于这些命令的更多信息以及示例。

如果程序文件的扩展名在 PATHEXT 环境变量中注册了，也可以通过输入程序文件的基本名来运行 Python 程序，即输入 prog 而不是 prog.py。

双击 Python 文件

在 Windows 中运行程序的常用方式是双击文件图标。这对于没有图形用户界面的 Python 程序来说不太适用。当双击 prog.py 文件的图标时，会打开一个 DOS 窗口，prog.py 会被某个 python.exe 程序解释执行。当程序终止时，DOS 窗口也会被关闭。用户只有很短暂的时间在 DOS 窗口活跃期内观察输出。

可以通过插入一条需要等待用户输入的语句来暂停该程序的执行：

```
raw_input('Type CR:')
```

或者

```
sys.stdout.write('Type CR:'); sys.stdin.readline()
```

该程序将挂起,直到用户按下 Return 键。在这个暂停期间,DOS 窗口一直是可见的,用户可以查看该程序在暂停之前的语句的输出。

在最后加入一条输入语句的缺点是,总是需要按下 Return 键来终止程序。如果将该程序移到 UNIX 计算机上,就会很不方便。一种方法是,只有当程序在 Windows 中运行时,才使在最后加入的输入语句处于活动状态:

```
if sys.platform[:3] == 'win':
    raw_input('Type CR:')
```

对于具有图形用户界面的 Python 程序,如果文件扩展名为 .pyw,则可以通过双击的方式来运行该程序。

H.5.4 在 MacOS X 中运行 Python 程序

由于 MacOS X 操作系统使用 UNIX 的变种作为其核心,在 MacOS 下用户总是可以启动一个 UNIX 终端并使用 H.5.2 节中的技巧来运行 Python 程序。

H.5.5 制作完整的独立可执行文件

Python 程序需要 Python 解释器,并且通常需要在计算机系统中安装一些模块。有时候这很不方便,例如,要把程序给另一个人,而这个人没有安装 Python 或者没有安装所需的模块。

幸运的是,有一些工具可以将 Python 程序创建为一个独立的可执行程序。这个独立的可执行文件可以在各种具有相同类型操作系统和相同类型芯片的计算机上运行。这种独立的可执行文件将程序与 Python 解释器和所需模块捆绑在一个文件中。

用于创建独立可执行文件(或包含所有必需文件的文件夹)的主要工具是 PyInstaller[①]。假设有一个程序 myprog.py,想把该程序分发给另一个人,而这个人的计算机上可能没有必要的 Python 环境。运行如下命令:

Terminal>pyinstaller --onefile myprog.py

会创建文件夹 dist,其中包含独立的可执行文件 myprog(在 Windows 中为 myprog.exe)。

H.6 在 Python 中执行操作系统命令

Python 为操作系统任务(如文件和文件夹的管理)提供了很多的支持。在 Python 中而不是直接在操作系统中执行操作系统任务的主要优势在于 Python 代码在 UNIX/Linux、Windows 和 MacOS(有例外,但很少)上都可以工作。下面列出了一些可以在 Python 程序或者在交互会话中执行的操作。

创建文件夹

Python 使用术语目录(directory)而不是文件夹(folder)。等价于 UNIX 命令 mkdir mydir 的是

---

① http://www.pyinstaller.org/.

```
import os
os.mkdir('mydir')
```

普通文件是由 Python 中的 open 和 close 函数创建的。

创建中间文件夹

假设想在 home 文件夹下创建一个子文件夹：

```
$HOME/python/project1/temp
```

但中间文件夹 python 和 project1 不存在。这要求用 os. mkdir 单独创建每个新文件夹，也可以通过 os. makedirs 一次创建所有的文件夹：

```
foldername =os.path.join(os.environ['HOME'], 'python', 'project1', 'temp')
os.makedirs(foldername)
```

使用 os. environ [var]，可以以字符串的形式获取任何环境变量 var 的值。os. path. join 函数以与平台无关的方式将文件夹名称和文件名连接起来。

移至指定文件夹：

等价于 cd 命令的是 os. chdir，而等价于 cwd 的命令是 os. getcwd：

```
origfolder =os.getcwd()        #get name of current folder
os.chdir(foldername)           #move("change directory")
...
os.chdir(origfolder)           #move back
```

重命名文件或文件夹

等价于 mv 的命令是

```
os.rename(oldname, newname)
```

列出文件

UNIX 通配符表示法可用于列出文件。如下代码的功能相当于 ls * . py 和 ls plot * [1—4] * . dat

```
import glob
filelist1 =glob.glob('* .py')
filelist2 =glob.glob('plot * [1-4] * .dat')
```

列出文件夹中的所有文件和文件夹

ls-a mydir 和 ls-a 的对应代码是

```
filelist1 =os.listdir('mydir')
filelist1 =os.listdir(os.curdir)     #current folder (directory)
filelist1.sort()                     #sort alphabetically
```

检查文件或文件夹是否存在

广泛用于测试一个文件或文件夹是否存在的 UNIX 脚本构造是 if [-f ＄ filename]；then 和 if [-d

$ dirname]；then。这些在 Python 中都有可读性好的对应代码：

```
if os.path.isfile(filename):
inputfile =open(filename, 'r')
...
if os.path.isdir(dirnamename):
filelist =os.listdir(dirname)
...
```

删除文件

使用 os. rename 删除单个文件，而实现 rm tmp_ * . df 则需要用到循环：

```
import glob
filelist =glob.glob('tmp_ * .pdf')
for filename in filelist:
    os.remove(filename)
```

删除文件夹及其所有子文件夹

rm-rf mytree 命令删除整个文件夹树。在 Python 中，跨平台的有效命令变为

```
import shutil
shutil.rmtree(foldername)
```

注意,使用这个命令时必须非常小心。

将文件复制到另一个文件或文件夹中

cp fromfile tofile 在 Python 中对应的命令是 shutil. copy：

```
shutil.copy('fromfile','tofile')
```

复制文件夹及其所有子文件夹

用于文件夹树的递归复制命令 cp-r 在 Python 中对应 shutil. copytree：

```
shutil.copytree(sourcefolder, destination)
```

运行操作系统命令

在 Python 中运行另一个程序最简单的方法是使用 os. system：

```
cmd ='python myprog.py 21 --mass 4'      #command to be run
failure =os.system(cmd)
if failure:
    print 'Execution of "%s" failed!\n'   %cmd
    sys.exit(1)
```

运行操作系统命令的推荐方法是使用 subprocess 模块。以上命令相当于

```
import subprocess
cmd ='python myprog.py 21 --mass 4'
```

```
failure = subprocess.call(cmd, shell=True)

# or
failure = subprocess.call(['python', 'myprog.py', '21', '--mass', '4'])
```

操作系统命令的输出可以存储在字符串对象中：

```
try:
    output = subprocess.check_output(cmd, shell=True, stderr=subprocess.STDOUT)
except subprocess.CalledProcessError as e:
    #Raise a more informative exception
    msg = 'Execution of "%s" failed! (error code: %s)' +
        '\nOutput: %s' % (cmd, e.returncode, e.output)
    raise subprocess.CalledProcessError(msg)
    #or do sys.exit(1)

#Process output
for line in output.splitlines():
    ...
```

stderr 参数确保了 output 字符串中包含命令 cmd 写入标准输出和标准错误的所有内容。

上述构造主要用于运行独立程序。任何文件或文件夹的显示或操作都应该由 os 和 shutil 模块中的功能来完成。

分割文件或文件夹名称

给定 data/file1.dat 作为相对于 home 文件夹/users/me 的文件路径（UNIX 中为 $ HOME/data/file1.dat）。Python 提供了可以提取完整的文件夹名称/users/me/data、文件基本名 file1 和扩展名.dat 的工具：

```
>>>path = os.path.join(os.environ['HOME'], 'data', 'file1.dat')
>>>path
'/users/me/data/file1.dat'
>>>foldername, basename = os.path.split(path)
>>>foldername
'/users/me/data'
>>>basename
'file1.dat'
>>>stem, ext = os.path.splitext(basename)
>>>stem
'file1'
>>>ext
'.dat'
>>>outfile = stem + '.out'
>>>outfile
'file1.out'
```

H.7 可变数量的函数参数

Python 函数的参数有 4 种类型：
- 位置参数，其中每个参数都有一个名称。

- 关键字参数,其中每个参数都有一个名称和一个默认值。
- 可变数量的位置参数,其中每个参数都没有名称,而仅仅是列表中的一个位置。
- 可变数量的关键字参数,其中每个参数都是字典中的一个名值对。

相应的通用函数定义可以描述为

```
def f(pos1, pos2, key1=val1, key2=val2, *args, **kwargs):
```

其中,pos1 和 pos2 是位置参数,key1 和 key2 是关键字参数,args 是保存可变数量的位置参数的元组,kwargs 是包含可变数量的关键字参数的字典。本节介绍如何使用 args 和 kwargs 变量进行编程,以及为什么这些变量在许多情况下都很方便。

H.7.1 可变数量的位置参数

首先定义一个函数,该函数有任意数量的参数,函数的功能是计算这些参数之和:

```
>>>def add(*args):
…    print 'args:', args
…    s = 0
…    for arg in args:
…        s = s + arg
…    return s
…
>>>add(1)
args: (1,)
1
>>>add(1,5,10)
args: (1, 5, 10)
16
```

可以观察到,args 是一个元组,并且调用 add 时传递的所有参数都存储在 args 中。

函数的形参允许既有普通位置参数又有可变数量的位置参数,但 *args 参数必须必须出现在普通位置参数之后,例如:

```
def f(pos1, pos2, pos3, *args):
```

在每次调用 f 时,必须提供至少 3 个参数。如果调用时提供了更多的参数,那么这些参数就会被 f 函数内部的 args 元组收集起来。

考虑某个带有一个独立变量 t 和一个参数 v_0 的数学函数,例如 $y(t; v_0) = v_0 t - g t^2 / 2$。更一般的情形是带有 n 个参数,如 $f(x; p_1, p_2, \cdots, p_n)$。此类函数的 Python 实现可以将独立变量和这些参数都作为函数参数,如 y(t,v0) 和 f(x,p1,p2,…,pn)。假设有一个操作单变量函数的通用库例程,该例程可以执行一些功能,例如执行数值微分、积分或求根。一个简单的例子是一个数值微分函数:

```
def diff(f, x, h):
    return (f(x+h) - f(x))/h
```

该 diff 函数不能用于带多个参数的函数 f。例如,如果将 y(t,v0) 函数传递给 f,就会导致异常:

```
TypeError: y() takes exactly 2 arguments (1 given)
```

在 7.1.1 节提供了解决此问题的方法，需要将 y 改成某个类的实例。这里介绍另一种解决方法，使得 y(t, v0)函数可以被使用。

基本想法是，通过 diff 函数为 f 函数传递附加的参数。换言之，在 diff 中把 f 函数当作 f(x, * f_prms)。diff 例程可以写成

```
def diff(f, x, h, * f_prms):
    print 'x:', x, 'h:', h, 'f_prms:', f_prms
    return (f(x+h, * f_prms) -f(x, * f_prms))/h
```

在进一步详细解释该函数之前，首先通过一个例子演示该例程是如何工作的：

```
def y(t, v0):
    g =9.81
    return v0 * t -0.5 * g * t**2

dydt =diff(y, 0.1, 1E-9, 3) #t=0.1, h=1E-9, v0=3
```

调用 diff 的输出为

```
x: 0.1 h: 1e- 09 f_prms: (3,)
```

此处的关键点在于要传递给函数 y 的参数 v0 此时是存储在 f_prms 中的。在 diff 函数内部，调用

```
f(x, * f_prms)
```

与调用如下函数是一样的：

```
f(x, f_prms[0], f_prms[1], …)
```

换言之，* f_prms 在调用中会接收元组 * f_prms 中所有的值，并将它们依次作为位置参数。在这个带有 y 函数的例子中，f(x, * f_prms)表示 f(x, f_prms[0])，而对于本示例中给出的当前参数值，即调用 y(0.1, 3)。

对于具有多个参数的函数，例如：

```
def G(x, t, A, a, w):
    return A * exp(-a * t) * sin(w * x)
```

调用形式如下：

```
dGdx =diff(G, 0.5, 1E-9, 0, 1, 0.6, 100)
```

输出为

```
x: 0.5 h: 1e- 09 f_prms: (0, 1, 1.5, 100)
```

在参数序列中将传递参数 t、A、a、w 作为 diff 的最后 4 个参数，并把所有的值都存储在 f_prms 元组中。

diff 函数也适用于只有一个参数的普通函数 f：

```
from math import sin
mycos =diff(sin, 0, 1E-9)
```

在这种情况下，*f_prms 将成为空元组，而类似于 f(x, *f_prms)的调用仅相当于 f(x)。

正如上面以 diff 函数为例所展示的那样，通过一般性的库函数利用函数参数的可变集合来传递问题特有的一些参数可能是 *args 类型函数参数最常见的用法。

H.7.2　可变数量的关键字参数

首先考虑如下的 test 函数：

```
>>>def test(**kwargs):
…    print kwargs
```

以该函数为例，kwargs 是 test 函数中的一个字典，可以给 test 传递任何一组关键字参数，例如：

```
>>>test(a=1, q=9, method='Newton')
{'a': 1, 'q': 9, 'method': 'Newton'}
```

可以将一组位置参数和关键字参数构成的任意集合组合起来作为函数的参数，前提是所有关键字参数要放在参数列表的后半部分进行传递：

```
>>>def test(*args, **kwargs):
… print args, kwargs
…
>>>test(1,3,5,4,a=1,b=2)
(1, 3, 5, 4) {'a': 1, 'b': 2}
```

从输出可以看出：调用所有提供了名称和值的参数都被视为关键字参数，存放在 kwargs 中；而所有剩下的参数都是位置参数，放在 args 中。

可以对 H.7.1 节的例子进行扩展，以使用可变数量的关键字参数而不是可变数量的位置参数。假设除了独立变量以外，所有带参数的函数都将参数作为关键字参数。例如：

```
def y(t, v0=1):
    g =9.81
    return v0 * t - 0.5 * g * t**2
```

在 diff 函数中，将函数 f 中的参数作为一组关键字参数**f_prms 传递：

```
def diff(f, x, h=1E-10, **f_prms):
    print 'x:', x, 'h:', h, 'f_prms:', f_prms
    return (f(x+h, **f_prms) - f(x, **f_prms))/h
```

一般来说，在以下调用中：

```
f(x, **f_prms)
```

**f_prms 表示其中的所有键-值对都作为关键字参数提供：

```
f(x, key1=f_prms[key1], key2=f_prms[key2], ···)
```

针对函数 y 及其调用的特定情形：

```
dydt =diff(y, 0.1, h=1E-9, v0=3)
```

f(x,** f_prms)即为 y(0.1, v0=3)。diff 的输出为

```
x: 0.1 h: 1e-09 f_prms: {'v0': 3}
```

从中可以看出，在对 diff 的调用中，v0=3 是放在 f_prms 字典中的。

H.7.1 节的 G 函数也可以将其参数作为关键字参数：

```
def G(x, t=0, A=1, a=1, w=1):
    return A * exp(-a * t) * sin(w * x)
```

对于如下调用：

```
dGdx =diff(G, 0.5, h=1E-9, t=0, A=1, w=100, a=1.5)
```

diff 的输出如下：

```
x: 0.5 h: 1e-09 f_prms: {'A': 1, 'a': 1.5, 't': 0, 'w': 100}
```

可以看到，所有的参数都存储在 f_prms 中。其中，参数 h 可以放在关键字参数集合中的任何位置，例如：

```
dGdx =diff(G, 0.5, t=0, A=1, w=100, a=1.5, h=1E-9)
```

可以允许带有一个变量和一组参数的 f 函数具有如下通用形式：f(x, * f_args, **f_kwargs)。也就是说，参数可以是位置参数，也可以是关键字参数。diff 函数必须使用参数 * f_args 和**f_kwargs 并将它们传递给 f 函数：

```
def diff(f, x, h=1E-10, * f_args, **f_kwargs):
    print f_args, f_kwargs
    return (f(x+h, * f_args, **f_kwargs) -f(x, * f_args, **f_kwargs))/h
```

这个 diff 函数为 f 函数的编写者提供了很大的自由度来选择将参数作为位置参数还是关键字参数。下面是一个 G 函数的例子，其中，参数 t 为位置参数，其他参数为关键字参数：

```
def G(x, t, A=1, a=1, w=1):
    return A * exp(-a * t) * sin(w * x)
```

调用 G 函数：

```
dGdx =diff(G, 0.5, 1E-9, 0, A=1, w=100, a=1.5)
```

将得到如下输出：

```
(0,) {'A': 1, 'a': 1.5, 'w': 100}
```

从该输出可以看到，t 被放入 f_args 中并作为位置参数传递给 G，而 A、a 和 w 被放入 f_kwargs 中并作为关键字参数传递给 G。需要注意的是，在最后一次的 diff 调用中，h 和 t 必须被视为位置参数，即除非调用中的所有参数都是 name＝value 的形式，否则不能写成 h＝1E－9 和 t＝0。

如果在 f 中同时使用 * f_args 和 **f_kwargs 参数并且这些参数又不需要时，* f_args 变为空元组，而 **f _kwargs 变为空字典。例如：

```
mycos =diff(sin, 0)
```

其元组和字典确实是空的，因为 diff 只打印出

```
() {}
```

因此，一组位置参数和关键字参数构成的可变集合可以合并到一般性的库函数（例如 diff）中。这样只会带来好处，不会带来任何缺点，diff 可以适用于不同类型的 f 函数：全局变量作为函数参数，附加位置参数作为函数参数，附加关键字参数作为函数参数，或实例变量作为函数参数（见 7.1.2 节）。

src/varargs 文件夹[①]中的程序 varargs1.py 实现了本附录中的示例。

H.8 评估程序执行效率

H.8.1 测量时间

"时间"这个术语在计算机中有多种含义。流逝时间（elapsed time）或挂钟时间（wall clock time）与通常在手表或挂钟上显示的时间相同，而 CPU 时间是指程序占用 CPU 的时间（即，使得 CPU 忙于执行当前程序的时间）。系统时间是 I/O 等操作系统任务所花费的时间。用户时间是 CPU 时间和系统时间的差。如果计算机被许多并发进程占用，则程序的 CPU 时间可能与流逝时间有很大差别。

time 模块

Python 提供了 time 模块，提供了一些用来测量流逝时间和 CPU 时间的函数：

```
import time
e0 =time.time()    #elapsed time since the epoch
c0 =time.clock()    #total CPU time spent in the program so far
<do tasks…>
elapsed_time =time.time() -e0
cpu_time =time.clock() -c0
```

epoch 表示初始时间（time. time()将返回 0），即 1970 年 1 月 1 日 00：00：00。time 模块还提供了许多功能，

---

① http://tinyurl. com/pwyasaa/tech。

可以很好地格式化日期和时间，而较新的 datetime 模块提供了更多的功能和改进的接口。虽然时间的测量单位比秒更精细，但为了获得可靠的结果，应该设计能持续运行数秒的测试用例。

使用来自 IPython 的 timeit 模块

为了测量某组语句、某个表达式或某次函数调用的效率，代码应该运行很多次，从而使得总的 CPU 时间达到秒级。Python 的 timeit 模块具有重复运行代码段的功能。使用 timeit 最简单、最为方便的方式是在 IPython shell 中运行。下面给出一个比较 sin(1.2) 与 math.sin(1.2) 效率的会话：

```
In [1]: import math

In [2]: from math import sin

In [3]: %timeit sin(1.2)
10000000 loops, best of 3: 198 ns per loop

In [4]: %timeit math.sin(1.2)
1000000 loops, best of 3: 258 ns per loop
```

也就是说，通过 math 前缀查找 sin 函数会使性能降低约 30%。

任何语句（包括函数调用）都可以以相同的方式来计时。使用 %% timeit 可以实现多条语句的计时。timeit 模块可以在普通程序中使用，如文件 pow_eff.py 中所示。

硬件信息

除了 CPU 时间测量外，为了方便，通常还需要打印出实验依托的硬件平台的有关信息。Python 提供了 platform 模块，能够输出当前硬件的信息。函数 scitools.misc.hardware_info 应用了 platform 模块和其他模块的功能来提取相关的硬件信息。示例如下：

```
>>>import scitools.misc, pprint
>>>pprint.pprint(scitools.misc.hardware_info())
{'numpy.distutils.cpuinfo.cpu.info': {
 {'address sizes': '40 bits physical, 48 bits virtual',
   'bogomips': '4598.87',
   'cache size': '4096 KB',
   'cache_alignment': '64',
   'cpu MHz': '2299.435',
   ...
 },
 'platform module': {
   'identifier': 'Linux-3.11.0-12-generic-x86_64-with-Ubuntu-13.10',
   'python build': ('default', 'Sep 19 2013 13:48:49'),
   'python version': '2.7.5+',
   'uname': ('Linux', 'hpl-ubuntu2-mac11', '3.11.0-12-generic',
             '#19-Ubuntu SMP Wed Oct 9 16:20:46 UTC 2013',
             'x86_64', 'x86_64')}}
}
```

H.8.2　分析 Python 程序性能

性能分析器主要计算程序中的各个函数所花费的时间。根据时间，可以创建一个排序列表，对耗时较多的函数进行排序。这是一种用来检测代码中性能瓶颈的不可或缺的工具。在投入时间进行代码优化之前，一般都需要先进行性能分析。一条黄金法则是：首先编写一个易于理解的程序，验证它，对其进行性能分析，然后考虑代码优化。

> 过早优化是万恶之源。

Donald Knuth，计算机科学家，1938—

Python 2.7 附带了两个推荐的性能分析器，在 cProfile 和 profiles 模块中都实现了。Python 标准库文档[3]中的 The Python Profilers [①]介绍了这些模块的用法。模块产生的结果通常由一个针对性能分析结果而开发的统计工具 pstats 来处理。profile、cProfile 和 pstats 模块的使用很简单，但略显乏味。因此，SciTools 软件包附带了 scitools profiler 命令，可以用该命令分析任何程序的性能，例如：

```
Terminal> scitools profiler m.py c1 c2 c3
```

这里，c1、c2 和 c3 是 m.py 的命令行参数。

输出如下：

```
    1082 function calls (728 primitive calls) in 17.890 CPU s

Ordered by: internal time
List reduced from 210 to 20 due to restriction <20>

ncalls   tottime  percall  cumtime  percall  filename:lineno
     5     5.850    1.170    5.850    1.170  m.py:43(loop1)
     1     2.590    2.590    2.590    2.590  m.py:26(empty)
     5     2.510    0.502    2.510    0.502  m.py:32(myfunc2)
     5     2.490    0.498    2.490    0.498  m.py:37(init)
     1     2.190    2.190    2.190    2.190  m.py:13(run1)
     6     0.050    0.008   17.720    2.953  funcs.py:126(timer)
...
```

在这个测试中，loop1 是计算耗时最长的函数，使用了 5.85s；其次是函数 empty，耗费了 2.59s。tottime 列给出了在特定函数中花费的总时间，而 cumtime 列反映了在当前函数以及它调用的所有函数中花费的总时间。可以参考 Python 标准库文档中的性能分析工具的相关内容，以理解这些输出的详细信息。

在 profile 模块的管理下运行时，Python 程序的 CPU 时间通常会增加约 5 倍。然而，各函数的相对 CPU 时间不会受到性能分析器额外开销的影响。

H.9 软件测试

单元测试是一种广泛使用的用于检查软件实现正确性的技术。其主要思想是：先识别出小的代码单元并测试每个单元，理想情况是使得一个测试不依赖于其他测试结果。一些称为测试框架的工具可用于自动运行软件包中的所有测试并报告失败的测试。在软件开发过程中使用此类工具非常有价值。下面将介绍如何编写可由 nose[②] 或 pytest[③] 测试框架支持的测试。对于初学者而言，这两种测试框架的难度都不大，所以

---

① http://docs.python.org/2/library/profile.html。

② https://nose.readthedocs.org/。

③ http://pytest.org/latest/。

一旦学会了编程中与函数相关的知识，就应该使用 nose 或 pytest。

模型软件

首先需要一个要测试的目标软件。这里选择一个通过运行牛顿方法来求解代数方程 $f(x)=0$ 的函数。下面给出一个非常简单的实现：

```
def Newton_basic(f, dfdx, x, eps=1E-7):
    n = 0                    #iteration counter
    while abs(f(x)) >eps:
        x = x - f(x)/dfdx(x)
        n += 1
return x, f(x), n
```

H.9.1 测试函数需要遵循的约定

使用 pytest 或 nose 测试框架最简单的方法是编写一组测试函数，分散在文件中，这样 pytest 或 nose 可以自动查找并运行这些测试函数。为此，测试函数需要遵循某些约定。

测试函数的相关约定

（1）测试函数的名称以 test_ 开头。

（2）测试函数不能带任何参数。

（3）任何测试都必须表述为布尔条件。

（4）如果布尔条件为假（即测试失败时），则引发 AssertionError 异常。

有很多方法可以引发 AssertionError 异常：

```
#Formulate a test
tol =1E-14          #comparison tolerance for real numbers
success =abs(reference - result) <tol
msg ='computed_result=%d !=%d' % (result, reference)

#Explicit raise
if not success:
    raise AssertionError(msg)

#assert statement
assert success, msg

#nose tools
import nose.tools as nt
nt.assert_true(success, msg)
#or
nt.assert_almost_equal(result, reference, msg=msg, delta=tol)
```

本书包含了许多遵循 pytest 和 nose 测试框架约定的测试函数，并且基本上只使用了简单的 assert 语句来对测试条件进行控制。

H.9.2 编写测试函数及预先计算数据

应用牛顿方法求解代数方程 $f(x)=0$ 只能得到一个近似的根 x_r，使得 $f(x_r) \neq 0$，但是 $|f(x_r)| \leqslant \varepsilon$，其

中 ε 是一个接近 0 的预先设定的数值。问题在于事先不知道 x_r 和 $f(x_r)$ 的值将是多少。但是,如果坚信要测试的函数是正确实现的,可以在测试用例中把函数的输出都记录下来,并将该输出作为以后测试的参考。

试用 $x=-\pi/3$ 作为求解 $\sin x=0$ 的起始值。以一个适中的 eps(即 ε)值 10^{-2} 运行 Newton_basic 将给出 x=0.000769691024206,f(x)=000769690948209 且 n=3。接下来测试函数就可以将新计算的结果与这些参考结果进行比较。由于另一台计算机上的计算可能会产生舍入误差,因此必须在一个小的误差范围内对浮点数进行比较:

```
def test_Newton_basic_precomputed():
    from math import sin, cos, pi

    def f(x):
        return sin(x)
    def dfdx(x):
        return cos(x)

    x_ref = 0.000769691024206
    f_x_ref = 0.000769690948209
    n_ref = 3

    x, f_x, n = Newton_basic(f, dfdx, x=-pi/3, eps=1E-2)

    tol = 1E-15                    # tolerance for comparing real numbers
    assert abs(x_ref - x) < tol    # is x correct?
    assert abs(f_x_ref - f_x) < tol # is f_x correct?
    assert n == 3                  # is n correct?
```

涉及浮点数比较的 assert 语句也可以由 nose.tools 提供的功能来实现:

```
nose.tools.assert_almost_equal(x_ref, x, delta=tol)
```

为简单起见,这里给出一些可选信息,以说明如果测试失败会出哪些错。

H.9.3 编写测试函数以及获得精确数值解

在某些特殊情况下,近似数值方法是精确的。事先已知确切的答案是测试工作的一个好起点,因为实现应该在机器精度下重现已知答案。对于牛顿方法,如果 $f(x)$ 是 x 的线性函数,它会在一次迭代中找到 $f(x)=0$ 的确切根。这个事实使得需要用 $f(x)=ax+b$ 来进行测试,其中 a 和 b 的值可自由选择,但最好不选择 0 和 1,因为这两个数值具有特殊的算术属性,可以隐藏编程错误带来的后果。

测试函数包含以下几部分:问题设置,对要验证的函数的调用,对输出进行测试的断言 assert,以及在测试失败时显示的错误消息:

```
def test_Newton_basic_linear():
    """Test that a linear func. is handled in one iteration."""
    f = lambda x: a * x + b
    dfdx = lambda x: a
    a = 0.25; b = -4
    x_exact = 16
    eps = 1E-5
```

```
    x, f_x, n = Newton_basic(f, dfdx, -100, eps)

    tol = 1E-15          #tolerance for comparing real numbers
    assert abs(x - 16) < tol, 'wrong root x=%g !=16' % x
    assert abs(f_x) < eps, '|f(root)|=%g >%g' % (f_x, eps)
    assert n == 1, 'n=%d, but linear f should have n=1' % n
```

H.9.4   测试函数鲁棒性

目前的 Newton_basic 函数只有基本功能，存在几个问题：

- 对于发散的迭代，该函数将永远迭代下去。
- 该函数可能在 f(x)/dfdx(x) 中除以 0。
- 该函数可能在 f(x)/dfdx(x) 中执行整数除法。
- 它不测试参数是否具有可接受的类型和值。

处理这些潜在问题的更鲁棒的实现如下：

```
def Newton(f, dfdx, x, eps=1E-7, maxit=100):
    if not callable(f):
        raise TypeError(
            'f is %s, should be function or class with __call__'
            % type(f))
    if not callable(dfdx):
        raise TypeError(
            'dfdx is %s, should be function or class with __call__'
            % type(dfdx))
    if not isinstance(maxit, int):
        raise TypeError('maxit is %s, must be int' % type(maxit))
    if maxit <= 0:
        raise ValueError('maxit=%d <=0, must be >0' % maxit)

    n = 0                #iteration counter
    while abs(f(x)) > eps and n < maxit:
        try:
            x = x - f(x)/float(dfdx(x))
        except ZeroDivisionError:
            raise ZeroDivisionError(
            'dfdx(%g)=%g - cannot divide by zero' % (x, dfdx(x)))
        n += 1
    return x, f(x), n
```

　　该程序的数值功能性可以采用前面示例中所述的方法进行测试，但是还应该增加一些针对附加功能的测试。可以在不同的测试函数中进行不同的测试，也可以在一个测试函数中包含多个测试，这取决于问题本身。只有当 $f(x)$ 公式不同以避免重复代码时，使用不同的测试函数才显得比较自然。

　　为了测试发散情形，可以选择 $f(x) = \tanh x$，该函数在 x 不是足够接近根 $x = 0$ 时会导致发散的迭代。起始值 $x = 20$ 显示迭代是发散的，所以设置 maxit = 12 并测试实际迭代次数是否达到此限制。还可以在 x 上添加一个测试，例如，x 的值很大，实际上 12 次迭代后 $x > 1050$。测试函数变为

```
def test_Newton_divergence():
    from math import tanh
    f = tanh
    dfdx = lambda x: 10./(1 + x**2)

    x, f_x, n = Newton(f, dfdx, 20, eps=1E-4, maxit=12)
    assert n == 12
    assert x > 1E+50
```

为了测试除零错，可以找到 $f(x)$ 和 x，使得 $f'(x)=0$。一个简单的例子是 $x=0$，$f(x)=\cos x$ 和 $f'(x)=-\sin x$。如果 $x=0$ 是起始值，显然在第一次迭代中将除以 0，这将导致 ZeroDivisionError 异常。程序可以显式处理这个异常并引入一个布尔变量 success，如果异常被触发，则该变量的值为 True，否则为 False。相应的测试函数如下：

```
def test_Newton_div_by_zero1():
    from math import sin, cos
    f = cos
    dfdx = lambda x: -sin(x)
    success = False
    try:
        x, f_x, n = Newton(f, dfdx, 0, eps=1E-4, maxit=1)
    except ZeroDivisionError:
        success = True
    assert success
```

nose.tools.assert_raises 函数可以用于测试函数是否引发某个异常。assert_raises 的参数包括异常类型、要调用的函数的名称以及函数调用中的所有位置参数和关键字参数：

```
import nose.tools as nt
def test_Newton_div_by_zero2():
    from math import sin, cos
    f = cos
    dfdx = lambda x: -sin(x)
    nt.assert_raises(ZeroDivisionError, Newton, f, dfdx, 0, eps=1E-4, maxit=1)
```

接下来继续测试 Newton 函数捕获的错误输入。由于针对不同类型的错误引发了相同类型的异常，因此现在还将检查（部分）异常消息。第一个测试涉及的参数 f 不是一个函数：

```
def test_Newton_f_is_not_callable():
    success = False
    try:
        Newton(4.2, 'string', 1.2, eps=1E-7, maxit=100)
    except TypeError as e:
        if "f is <type 'float'>" in e.message:
            success = True
```

如上所示，success=True 要求引发正确的异常，并且以 f 开头的消息是 <type 'float'>。从 Newton 函数中的源代码可以看出消息中预期的文本是什么。

nose.tools 模块还具有测试异常类型和消息内容的函数。这一点可以通过 dfdx 不能被调用时的情形来展示：

```
def test_Newton_dfdx_is_not_callable():
    nt.assert_raises_regexp(
        TypeError, "dfdx is <type 'str'>", Newton,
        lambda x: x**2, 'string', 1.2, eps=1E-7, maxit=100)
```

检查 Newton 函数是否能捕获具有错误类型或负的值的 maxit，可以通过如下测试函数来实现：

```
def test_Newton_maxit_is_not_int():
    nt.assert_raises_regexp(
        TypeError, "maxit is <type 'float'>",
        Newton, lambda x: x**2, lambda x: 2 * x,
        1.2, eps=1E-7, maxit=1.2)

def test_Newton_maxit_is_neg():
    nt.assert_raises_regexp(
        ValueError, "maxit=-2 <=0",
        Newton, lambda x: x**2, lambda x: 2 * x,
        1.2, eps=1E-7, maxit=-2)
```

pytest 中为测试异常提供的相应支持为

```
import pytest
with pytest.raises(TypeError) as e:
    Newton(lambda x: x**2, lambda x: 2 * x, 1.2, eps=1E-7, maxit=-2)
```

H.9.5 自动执行测试

在文件 eq_solver.py 中有函数 Newton_basic 和 Newton 的代码及相应的测试代码。运行名称以 test_ 开头的所有测试函数，都使用 nosetests 或 py.test 命令，例如：

```
Terminal>nosetests -s eq_solver.py
...
-------------------------------------------------------------
Ran 10 tests in 0.004s
OK
```

选项-s 使程序 eq_solver.py 中被调用函数的所有输出都出现在屏幕上（默认情况下，nosetests 和 py.test 会抑制所有输出）。最后的 OK 输出表示没有测试失败的情形。添加选项-v 会打印出每个测试函数的结果。如果失败，将显示 AssertionError 异常和相关消息（如果有）。pytest 还会显示出现失败的代码。

警告：不要在带有测试函数的文件的名称中使用多个句点（例如，避免 ex7.23.py 之类的名字）。另外，不要在（子）目录的名字中使用连字符。这两种结构都容易让 nosetests 和 py.test 出现问题。

也可以在文件名以 test_ 开头的单独文件中收集测试函数。nosetests-s-v 命令可用来查找此文件夹以及所有子文件夹中的所有的此类文件（文件夹名称以 test_ 开头或以_test 或_tests 结尾）。通过遵循此命名约定，nosetests 可以自动运行大量测试并提供快速反馈。py.test-s-v 命令将查找并运行任何子文件夹的整个目录树中的所有测试文件。

关注经典的基于类的单元测试

　　pytest 和 nose 测试框架允许普通函数(如上所述)执行测试。然而,最普遍的实现单元测试的方法是使用基于类的框架。这也可以通过 nose 和标准 Python 附带的模块 unittest 来实现。对于使用过 Java 中的 JUnit 和其他语言中的类似工具的人来说,基于类的方法非常容易使用。如果没有这样的背景,遵循 pytest 和 nose 约定的普通函数比基于类的对应函数更容易编程实现,也更为清晰。

参考文献

[1] Beazley D. Python Essential Reference[M]. 4th ed. Addison-Wesley, 2009.

[2] Certik O. SymPy: Python Library for symbolic Mathematics[EB/OL]. http://sympy. org/.

[3] Python Software Foundation. The Python standard library[EB/OL]. http://docs. python. org/2/library/.

[4] Führer C, Solem J E, Verdier O. Computing with Python: An Introduction to Python for Science and Engineering [M]. Pearson, 2014.

[5] Grayson J E. Python and Tkinter Programming[M]. Manning, 2000.

[6] Gruet R. Python Quick Reference[EB/OL]. http://rgruet. free. fr/.

[7] HarmsD, McDonald K. The Quick Python Book[M]. Manning, 1999.

[8] Hunter J D. Matplotlib: A 2D Graphics Environment[J]. Computing in Science & Engineering, 9, 2007.

[9] Hunter J D. Matplotlib: Software Package for 2D Graphics[EB/OL]. http://matplotlib. org/.

[10] Jones E, Oliphant T E, Peterson P, et al. SciPy Scientific Computing Library for Python[EB/OL]. http://scipy. org.

[11] Knuth D E. Theory and Practice[J]. EATCS Bull, 1985, 27: 14-21.

[12] Langtangen H P. Quick Intro to version Control Systems and Project Hosting Sites[EB/OL]. http://hplgit. github. io/teamods/bitgit/html/.

[13] Langtangen H P. Python Scripting for Computational Science: Volume 3 of Texts in Computational Science and Engineering[M]. 3rd ed. Springer, 2009.

[14] Langtangen H P, Ring J H. SciTools: Software Tools for Scientific Computing[EB/OL]. http://code. google. com/p/scitools.

[15] Lerner L S. Physics for Scientists and Engineers[M]. Jones and Barlett, 1996.

[16] Lutz M. Programming Python[M]. 4th ed. O'Reilly, 2011.

[17] Lutz M. Learning Python[M]. O'Reilly, 2013.

[18] Murray J D. Mathematical Biology I: An Introduction[M]. 3rd ed. Springer, 2007.

[19] Oliphant T E. Python for Scientific Computing[J]. Computing in Science & Engineering, 2007, 9(3): 10-20.

[20] Oliphant T E. NumPy array Processing Package for Python[EB/OL]. http://www. numpy. org.

[21] PerezF, Granger B E. IPython: A System for Interactive Scientific Computing[J]. Computing in Science & Engineering, 2007, 9(3): 21-29.

[22] Perez F, Granger B E. IPython software Package for Interactive Scientific Computing [EB/OL]. http://ipython. org/.

[23] Python Software Foundation. Python Programming Language[EB/OL]. http://python. org.

[24] Rawlins G J E. Slaves of the Machine: The Quickening of Computer Technology[M]. MIT Press, 1998.

[25] Ward G, Baxter A. Distributing Python Modules[EB/OL]. http://docs. python. org/2/distutils/.

[26] White F M. Fluid Mechanics[M]. 2nd ed. McGraw-Hill, 1986.